PALAEOHISTORIA

PALAEOHISTORIA

ACTA ET COMMUNICATIONES
INSTITUTI BIO-ARCHAEOLOGICI
UNIVERSITATIS GRONINGANAE

37/38

1995/1996

A.A.BALKEMA/ROTTERDAM/BROOKFIELD/1996

Editorial staff: P.A.J. Attema, Mette Bierma, T.R. Hoekstra, J.N. Lanting & Miriam Weijns
Address: Vakgroep Archeologie, Poststraat 6, 9712 ER Groningen, Netherlands

Published by

A.A. Balkema, P.O. Box 1675, 3000 BR Rotterdam, Netherlands (Fax: +31.10.4135947)

A.A. Balkema Publishers, Old Post Road, Brookfield, VT 05036, USA (Fax: 802.276.3837)

ISSN 0552-9344

ISBN 90 5410 652 2

CONTENTS

HANDAXES FROM DENMARK: NEANDERTAL TOOLS OR 'VICIOUS FLINTS'?

LYKKE JOHANSEN

Institut for Arkæologi og Etnologi, København, Denmark

DICK STAPERT

Vakgroep Archeologie, Groningen, Netherlands

ABSTRACT: Four handaxe-like tools from Denmark (Fænø, Villestrup, Karskov Klint, Skellerup) and their surface modifications are described. In the authors' opinion, only one of these tools probably dates from the Middle Palaeolithic: the Fænø handaxe. The other implements are thought to be preforms of bifacial tools dating from the Neolithic or the Early Bronze Age.

One blade was found in a sand quarry near Seest, Jutland. It must derive from gravelly water-laid deposits, presumably meltwater deposits, because it is slightly rounded. Therefore it too most probably dates from the Middle Palaeolithic.

Several other sites in Denmark have produced flint material ascribed to the Early or Middle Palaeolithic, e.g. Vejstrup Skov and Ejby Klint. We believe that these do not necessarily date from the Palaeolithic. At these and similar localities we may in fact be dealing with *atelier*-sites dating from much later periods: Mesolithic, Neolithic, or Early Bronze Age.

It is argued that for dating any 'primitive-looking' flint artefacts to the Palaeolithic, when found outside a stratigraphic context, features independent of typology should be used. Surface modifications on the flints, if studied in relation to the geological context, may provide such independent arguments.

KEYWORDS: Denmark, Early/Middle Palaeolithic, handaxes, Neolithic, preforms, *atelier*-sites, surface modifications on flint.

1. INTRODUCTION

In Denmark, as in other countries, there has always been a lively interest in possible traces of Early Palaeolithic man, among both professional and amateur archaeologists. Much has been written about the relatively few artefacts in Denmark which have been thought to date from this remote period.

Artefacts from the Early or Middle Palaeolithic, especially if they are stray finds, are difficult to identify with confidence. The reason is that the evolution of flint technology through prehistory was a cumulative process: new tricks were added, but there were no extinctions. Previously developed techniques continued to be used. Therefore, it is dangerous to rely on typology alone. Direct hard percussion always remained in use, for example in the preparatory stages of the production of such advanced tools as axes or daggers. Hard-percussion flakes, Levallois-like flakes, and handaxe-like forms are all known to occur at sites dating from long after the end of the Palaeolithic, especially from the Neolithic and the Early Bronze Age. In the Netherlands and elsewhere, rough-outs of Neolithic axes have repeatedly been interpreted as handaxes (Stapert, 1981).

In Denmark, preforms of bifacial tools such as daggers, spearheads and sickles may resemble Palaeolithic handaxes. Professor Peter Vilhelm Glob (1911-

1985) always vigorously opposed any claims of Early/Middle Palaeolithic artefacts in Denmark when these finds could alternatively, and more plausibly, be interpreted as preforms of bifacial tools from the Neolithic or the Early Bronze Age. In the sixties, he fought a noisy battle with Eli Jepsen (whom we shall meet again in section 4). Jepsen had made a big case in the media for the presence of Neandertal people in Denmark, based on what Glob believed to be Neolithic preforms. Glob repeatedly accused Jepsen of seeing archaeological 'flying saucers' (e.g. Glob, October 27th, 1963). Later, Glob engaged in a similar discussion with professor Carl Johan Becker (Becker, 1971; Glob, 1972; see section 4). The title of Glob's 1972 paper, *Farlig flint*, has become a famous expression in Danish archaeology (here translated as 'vicious flint').

However, Glob was not of the opinion that Middle Palaeolithic people could not have lived in Denmark, and he accepted a Middle Palaeolithic dating for the sites at Hollerup and Seest (Glob, October 27th, 1963). Seest is one of the sites investigated by Erik Westerby (see section 8). Westerby visited Eli Jepsen (October 26th, 1963), to have a look at Jepsen's collection of 'Acheulian' handaxes from various sites in Denmark, but was too sceptical to be converted (manuscript by Westerby, kept in the National Museum, Copenhagen).

Artefacts dating from the Mesolithic too may pre-

1

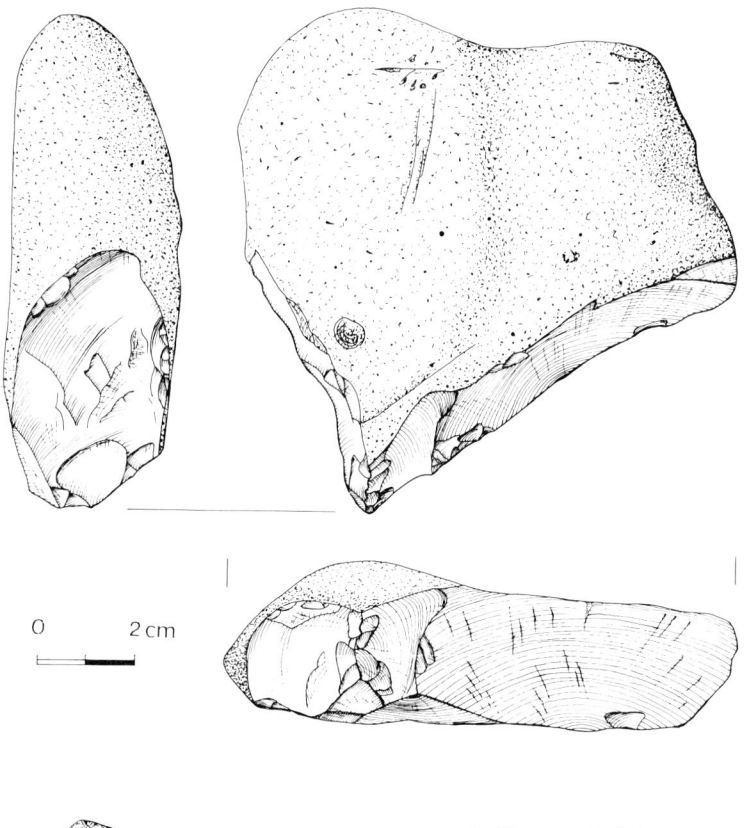

0   2 cm

Fig. 1. 'Claudi-kiler' from Gammelholm,
Samsø. Drawing Lykke Johansen.

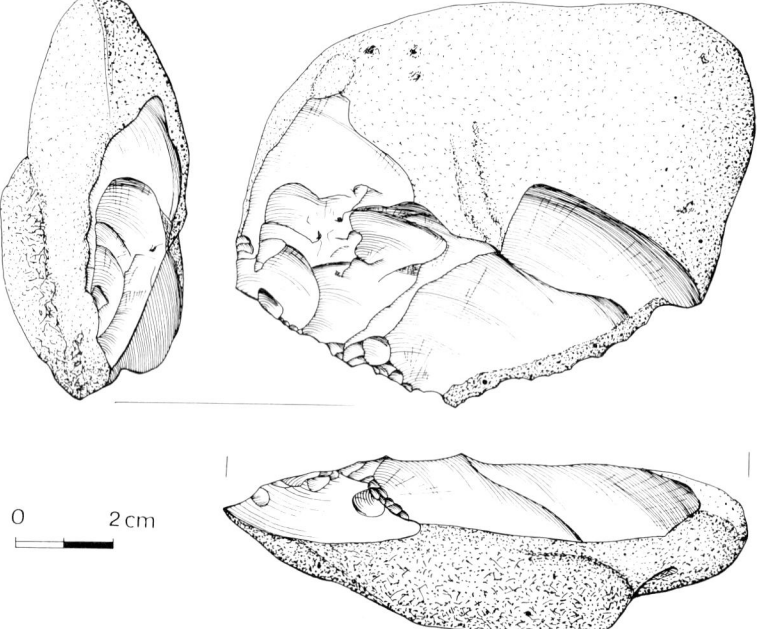

0   2 cm

Fig. 2. 'Chopper' from Gammelholm, Samsø.
Drawing Lykke Johansen.

sent an Early Palaeolithic *habitus*. Therkel Mathiassen (1935) published material from a series of sites in the Stavns Fjord on the island of Samsø. A substantial number of 'primitive-looking' tools were collected here, showing a broad unworked basal part opposite a crudely pointed end ('Claudi-kiler', named after the finder of the first specimens, Mr Claudi-Hansen). Some of these tools looked very much like 'handaxes' to Mathiassen, which made him wonder about their dating. Moreover, some cores from these sites, made on rounded flint pebbles, did resemble 'choppers'. Figures 1 and 2 show examples of these implements, from the Gammelholm site in Stavnsfjord on Samsø. In this area there are many shell-middens, mostly dating from the Ertebølle Culture. At these midden-sites, the handaxe-like tools did not occur; they were mostly found at some distance seawards of these sites, often under water. Though these coarse pointed tools did strike Mathiassen as 'Palaeolithic', he admitted that they could not be dated with certainty.

Jørgen Troels-Smith (who, as a student, joined Mathiassen's trip to Samsø) analysed some of the Samsø material. He believed that these tools belonged to the Ertebølle Culture, and were used to cut molluscs, especially oysters, from the sea bottom. Ulrik Møhl-Hansen found a Claudi-kiler (the one illustrated in fig. 1) and a flake axe under water, in front of the Gammelholm site, near an oyster bank (Troels-Smith, 1995).

Inspired by the work of Mathiassen, Ole Højrup (1947) described nine tools of the 'Samsø type', which he collected from the beach, or under water, near Mesolithic sites in the Roskilde fjord area, which most-

ly belonged to the Kongemose Culture. Therefore he argued that a Pleistocene dating for these tools would be improbable.

Given these and similar problems, artefacts considered to originate from the Early or Middle Palaeolithic should preferably be dated by stratigraphical means. Typology can be misleading. Unfortunately, none of the Danish flint artefacts supposedly dating from these periods was found in a stratigraphical context. So, how can we feel reasonably confident that any of the published 'Early/Middle Palaeolithic' material from Denmark really belongs to that era, and not to much later prehistoric periods? In this paper, we shall approach this problem by studying the surface modifications that can be observed on the artefacts under discussion.

We were prompted to write this paper when the handaxe-like tool from Skellerup (described under 7) was presented to the first author in 1994.

2. GEOLOGICAL BACKGROUND

Except for the southwestern part of Jutland, the whole

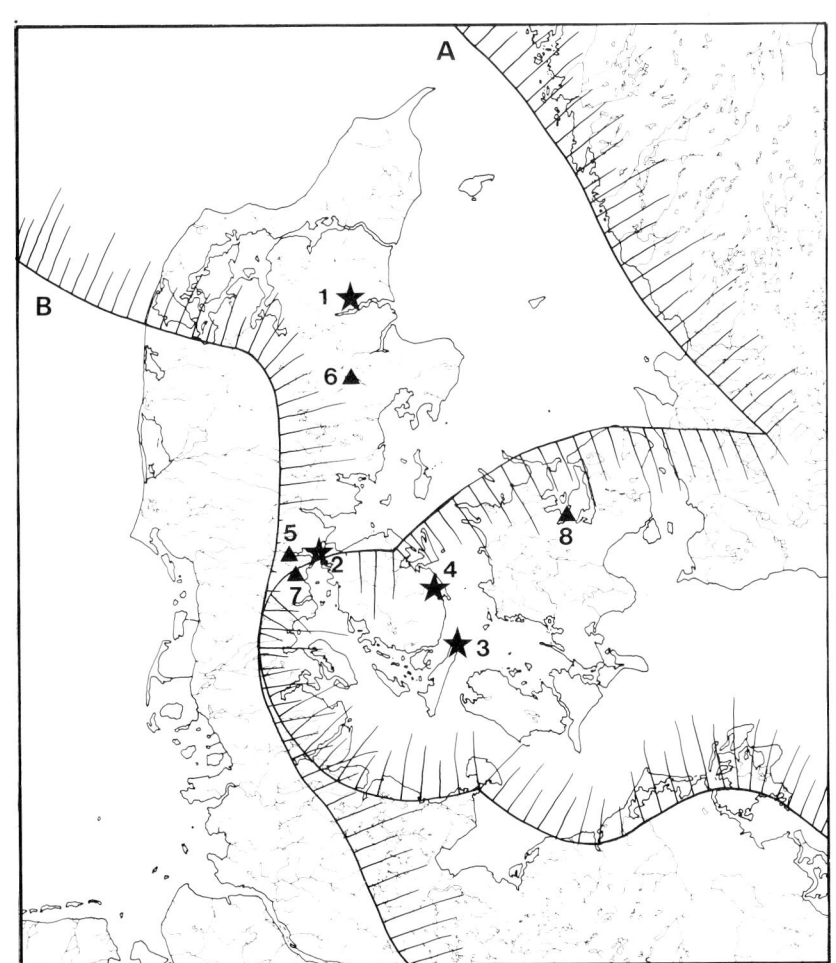

Fig. 3. Map of Denmark, showing the sites discussed in this paper. A. Extent of the ice-sheet during the Lower Pleniglacial of the Weichselian; B. Extent of the ice-sheet during the Upper Pleniglacial of the Weichselian (after Houmark-Nielsen, 1989). Asterisks: handaxe sites; triangles: other sites. Sites: 1. Villestrup; 2. Fænø; 3. Karskov Klint; 4. Skellerup; 5. Seest; 6. Hollerup; 7. Vejstrup Skov; 8. Ejby Klint. Drawing Lykke Johansen.

of Denmark was covered by the Weichselian ice-sheet. Two major glaciations and many smaller ones are known from the last glacial, with the result that the 'young moraine landscape' has a complicated geological history (for overviews of the Late Pleistocene of Denmark, see: Houmark-Nielsen, 1989; Petersen, 1985).

The most important glaciation took place around 20,000 BP, during the period known in the Netherlands as the Upper Pleniglacial. (In Denmark, this is part of the 'Late Weichselian' – which also includes the Late Glacial – (Houmark-Nielsen, 1989: p. 49), or of the 'Late Middle Weichselian' (Petersen, 1985); the two terms are somewhat confusing). In this period, the Weichselian ice-sheet reached its maximum extent (B in fig. 3).

Much earlier, during a period we take to correspond to the Dutch Lower Pleniglacial, eastern Denmark was covered by a Baltic ice-sheet, coming from the east, which just reached the east coast of Jutland (A in fig. 3).

Between these two major glaciations, there was a complex of interstadials and moderately cold stadials (called the Middle Pleniglacial in the Netherlands, c. 60-25,000 BP), during which Denmark must have been ice-free most of the time.

During the last interglacial, the Eemian, most of eastern Denmark was covered by sea (Petersen, 1985:

fig. 2). Chances for Palaeolithic habitation of eastern Denmark must have been better in what is known in the Netherlands as the Early Weichselian. During this period, which was a complex of important interstadials (Amersfoort, Brørup, Odderade) and not very cold stadials, at least parts of eastern Denmark must have been dry land (Houmark-Nielsen, 1989: fig. 5).

Summarizing: during the Eemian, settlement was possible in Jutland; eastern Denmark was then covered by sea. During the Early Weichselian, Jutland and at least parts of eastern Denmark were inhabitable.

Theoretically, Denmark could have been inhabited also during the final stages of the Middle Palaeolithic – during the Hengelo Interstadial, one of the interstadials of the Middle Pleniglacial, c. 50-40,000 BP. From this period, several leaf-point industries are known in northern and central Europe, e.g. in Poland, Germany and the Netherlands (e.g. Allsworth-Jones, 1986; Hülle, 1977).

Any Middle Palaeolithic tool in eastern Denmark dating from, for example, the Early Weichselian would have been affected by the glaciations during the Lower and Upper Pleniglacial. It might have been transported by the ice-sheet, becoming damaged in the process, or even heavily crushed. Or it could have become embedded in meltwater deposits, which would at least have

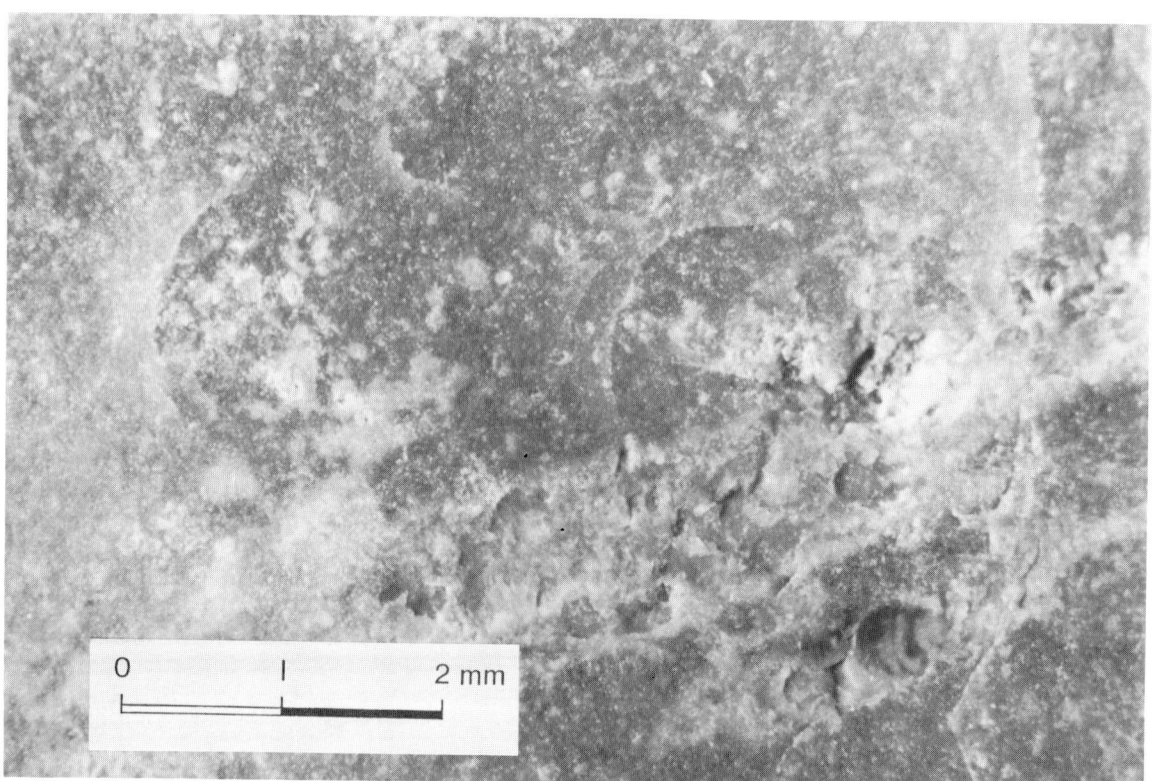

Fig. 4. Very severe scratches on a (natural) flint, collected by the authors on the gravel beach at Møns Klint, 1995. The massive scratching must be the result of glacial transport. Photo: Dick Stapert.

meant some rounding of the implement. On the beach at Møns Klint, we collected a flint pebble (unworked by man) that must have derived from the moraines at the top of the cliff. The flint has a brown patina, and shows abundant scratching (fig. 4), while moreover a lot of large pressure cones are present. The coarse scratches were produced during glacial transport.

An important point to note is that, in eastern Denmark, Middle Palaeolithic artefacts cannot have lain at the surface for thousands of years during the severely cold stadials of the Weichselian, for example during the Upper Pleniglacial. This is in sharp contrast to the 'old moraine landscape', in southwestern Jutland, which remained ice-free during the Weichselian. Southwestern Jutland was covered by ice during the penultimate glacial, the Saalian. This area is therefore, geologically speaking, comparable to the Saalian moraine landscape of the northern Netherlands, which also was never reached by the Weichselian ice-sheets.

Up till now, Early or Middle Palaeolithic artefacts have not been found in the old moraine landscape of southwestern Jutland. Any such artefacts would look very different from artefacts of the same antiquity left behind in the young moraine landscape. In these two areas, Middle Palaeolithic artefacts would have had very different depositional histories, and this would be reflected by their surface modifications.

3. SURFACE MODIFICATIONS ON FLINT ARTEFACTS

It has proved very useful to study in detail the natural surface modifications occurring on problematic flint artefacts. In this way it has been possible to prove that several large collections of 'Middle Palaeolithic handaxes' in the Netherlands in fact were forgeries (Stapert, 1976a; 1976b; 1986).

This game entails linking the observed surface modifications to either geological processes or stratigraphical units, or – even better – both. With some luck, flint artefacts may at least be given a relative dating in this way. In specific geological contexts, this method may prove that an artefact could not possibly date from the Palaeolithic; alternatively, the method may show that an implement can only be Palaeolithic. Of course, in most cases no definite conclusions can be reached. The method is not without pitfalls, but in many cases it is the only one at our disposal.

We are here dealing with a whole series of phenomena of widely varying origin, which should be studied in relation to the geological context of the findspots. Some of these phenomena are more useful than others, because of the more specific information they convey about the depositional history of the artefacts under discussion. Several surface modifications are so common, or take so little time to develop, that they are hardly interesting for the purpose of relative dating, except in quite special

circumstances. In most cases, for example, white or brown patinas do not necessarily indicate that flint artefacts are of great antiquity, and the same is true for low gloss (also called 'soil sheen' or 'gloss patina'). More interesting are the modifications resulting from only one, well-understood process, especially if this process can be associated with a specific period, or with a stratigraphical unit in the locality from which the problematic flints derive. Some phenomena will be briefly discussed below.

Artefacts from gravelly water-laid sediments will mostly – but not always – show rounding. This is a result of many collisions with gravel particles. The rounding is created by micro-scale splintering, and the surface of the rounded parts will display many little circular breaks – collision cones. Rounded edges and ridges caused by this process therefore are quite characteristic, when viewed through a stereomicroscope. The rounding is not smooth – as would be the case if the rounding was only the result of chemical dissolution, but 'rough'. Of course, this type of rounding is not only produced in rivers. On gravel beaches, flints can become extremely rounded, and the whole surface may then be densely covered by collision cones.

Transport by moving water in a gravelly sedimentary context may also produce fine scratches on flints. Moreover, small damaged spots caused by splintering will gradually develop over the whole surface – not only on the rounded parts. Moreover, 'retouches' and 'flake scars' will also be produced.

Many different processes can result in scratching. One type of coarse scratch, with a flat bottom, seems to be associated with flints from water-laid gravelly deposits. Such scratches are known, for example, from Early Middle Palaeolithic material from several sites near Rhenen in the central Netherlands (Stapert, 1987; 1991). These flints derive from Middle Pleistocene gravelly sands, deposited by the river Rhine. There are good reasons to believe that this type of very coarse scratch is produced by creeping ice floes during severe winters (Stapert & Zandstra, 1985). There is a correlation between the degree of rolling and the occurrence of these scratches: the more heavily a flint has been rolled, the more scratches it will have, generally speaking. This is easily understood under the above hypothesis, because the longer a flint was in the active riverbed, the greater the chance of its becoming incorporated in an ice floe.

On Middle Palaeolithic artefacts from the old moraine landscape in the northern Netherlands, scratches of a specific type can be observed: fine scratches that are 'segmented' (consisting of many small parts), suggesting that they developed very slowly, 'by fits and starts'. This type of scratch can be associated with soil movements such as cryoturbation, during periods of permafrost. Under such conditions, pressure from stone on stone would gradually build up in the soil, until at last a tiny movement occurred – resulting in a small part of a slowly lengthening scratch. These segmented scratches go together with little 'pressure cones' in the surface of the flint, and in some cases segmented scratches and pressure cones have been found directly together (Stapert, 1976a). Pressure cones are similar to collision cones, so one needs good arguments to decide whether small cones in flint surfaces are either collision or pressure cones. As stated above, collision cones occur in quantity especially on the rounded ridges of rolled flints. Pressure cones can be observed especially near, but at a slight distance from ridges between flake scars. This can be explained: the ridges acted as barriers to other stones in their route over the flint in question. Cryoturbation may also produce series of oblique pressure cones, which may or may not be associated with scratches.

When pressure cones, and the accompanying scratches, are very coarse (clearly visible to the naked eye), and very abundant, an origin in glacial transport is the most probable explanation. Besides, 'flake scars' and 'retouches' may result from cryoturbation and glacial transport.

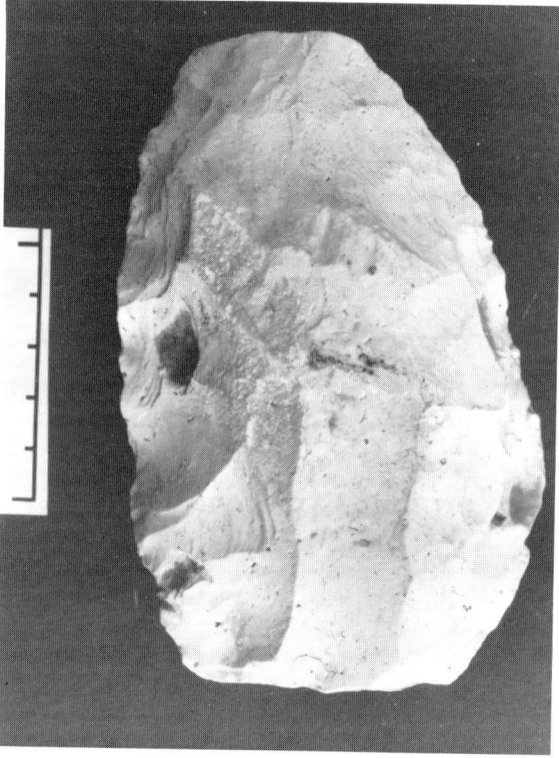

Fig. 5. The handaxe recently found near Oldeholtwolde in the northern Netherlands. The implement originates from bouldersand on top of Saalian till. The surface modifications include windgloss and scratches produced by cryoturbation – characteristic features of Middle Palaeolithic artefacts from the old moraine landscape. Photo: University of Groningen.

'Friction gloss' refers to a group of poorly understood phenomena: usually very small patches of very high gloss on the surface of flint (see e.g.: Juel Jensen, 1994: pp. 42-45; Moss, 1983: pp. 81-83 and 221-224; Moss, 1987; Stapert, 1976a; Vaughan, 1985). Under a microscope, the surface within these 'bright spots' appears to be extremely smooth, and may show sub-parallel striping or rippling (Juel Jensen calls the latter phenomenon 'fluting'). There seem to be two main types of friction gloss: 'flat' and 'raised'. The origin of the flat type (in fact the glossy patch is mostly somewhat depressed) is unknown, but in several cases there are reasons to believe that some living organism might be responsible (roots?). Friction gloss of the flat type can occur on flints from virtually all periods and in many sedimentary environments, and therefore is not an indicator of great antiquity.

The raised type of friction gloss occurs especially on ridges between flake scars, or other exposed parts of the surface, and is often of the ripple type. It can be associated with movement under some pressure of stone (or some other hard material) on the flint. Moss (1983) found this type of friction gloss ('polish G') on Late Palaeolithic flints that she considered to be 'curated': carried together with other artefacts in some container for an extended period of time. Hafting is also a possibility (Juel Jensen, 1994; Moss, 1987). Stapert (1976a: p. 37) described a small patch of raised and rippled friction gloss, occurring ventrally on a ridge between flake scars on a Mousterian point, and suggested that it was the result of friction caused by hafting. Patches of raised friction gloss may be produced by cryoturbation, and may also develop in many other situations where movement of stone on stone occurs under some pressure, for example on gravel beaches.

Windgloss is a recurrent phenomenon on Middle Palaeolithic artefacts from the old moraine landscape in the northern Netherlands. Windgloss is a relatively high, but often variable sheen on flint, and is mostly associated with 'small pits' in the surface (Stapert, 1976a). It can clearly be linked to very cold periods, when the landscape was without vegetation. Most ventifacts, as well as severe windgloss on flints, must have originated during the Upper Pleniglacial, the most extreme stadial of the Weichselian. We would expect Middle Palaeolithic artefacts from the southwestern part of Jutland to display windgloss. However, we would not expect windgloss to occur on Middle Palaeolithic artefacts in eastern Denmark. This area was covered by ice during the cold stadials of the Weichselian, so that windgloss simply could not develop on any artefacts that man might have left there during the Early Weichselian.

To summarize, we would expect at least the following surface modifications to be present on Middle Palaeolithic artefacts in the old moraine landscape:

windgloss and phenomena caused by soil movements such as cryoturbation. A handaxe recently found near Oldeholtwolde in the northern Netherlands (fig. 5) exemplifies what may be expected in this region (Stapert, 1995). This implement shows the following surface modifications: white patina, brown patina, windgloss, small pits, scratches, friction gloss, pressure cones, rounding of edges and ridges due to chemical dissolution, and cryoturbation-retouches (for other examples from the northern Netherlands, see: Stapert, 1976b; 1982).

In the young moraine landscape, on the other hand, we would not expect windgloss, but instead coarse scratching caused by glacial transport, or rounding caused by meltwater, or both. As in the old moraine landscape, other types of surface modification may also be present, such as white or brown patinas, gloss patina, and naturally produced 'retouches'.

4. THE HANDAXE FROM VILLESTRUP
(Astrup sogn, Hindsted herred, Jutland)

4.1. Find history

The Villestrup handaxe (Nationalmuseet, A 51116, J.nr. 618-71) was found in 1931 by Elly Jensen from Arden, then a 13-year old girl (she later married a Mr Petersen), during the digging-up of potatoes in a field. The tool was given to the local schoolmaster, Michael Christensen of Møldrup school. In 1950, it became part of the collection of the Ålborg Historical Museum. Later, the implement came into the possession of Jørn Bower (Ålborg), a dealer in antiquities. He sold the tool to *consul* Eli Jepsen (of Herning), a well-known collector, who wrote a book in which this handaxe and its history were mentioned (Jepsen, 1973).

The findspot was pointed out to archaeologist Oscar Marseen of the Ålborg Museum, both by the finder and – independently – by her father, in 1972 (Elly Jensen was at that time Marseen's domestic help). It is located about 1 km to the NW of Astrup, at the southern tip of Elsehøj Plantage. The field has been searched many times since then, but nothing of interest has been collected: "Bower and I carefully searched the field, which has not yet been harrowed, in the hope of finding a concentration of flint artefacts. First of all, it has to be said that this is the most sterile field we ever saw. In total, we only found 5 artefacts. We did not make any test pits. In many places we saw ploughed-up gravel and stones" (Marseen, 1972).

The Fænø handaxe (described in section 5) was found in 1957 by Mrs Gine Jacobson from Middelfart. Together with her husband, she had been collecting artefacts from Fænø for many years. Now and then, the above-mentioned Eli Jepsen bought artefacts from them. One of these artefacts was the Fænø handaxe, acquired by Jepsen in 1971. The Jacobsons were not aware of the possible significance of this find.

In 1971, professor Carl Johan Becker visited Eli Jepsen, and inspected his collection. Jepsen believed many of his artefacts to date from the Early or Middle Palaeolithic. Becker singled out only two implements which he believed could indeed be of that age: the handaxes of Villestrup and Fænø. In 1982, Eli Jepsen donated both handaxes to the National Museum in Copenhagen.

The precise findspot of the Fænø handaxe now became an important issue. Eli Jepsen considered Fænø to be such a small island, that a more detailed description of the find location seemed superfluous. When the National Museum asked for more information, he tried to obtain further details from the finder. Unfortunately, the Jacobsons by then had both died.

The handaxes from Villestrup and Fænø were first published by Becker in *Skalk* (Becker, 1971; see also Becker, 1979; 1985). Becker was convinced that these implements were Palaeolithic, though he had some reservations concerning the antiquity of the Fænø handaxe. The late professor François Bordes (of Bordeaux) also examined both handaxes, and agreed that they probably both dated from the Palaeolithic. Bordes ascribed both handaxes to the Acheulian, and on the basis of the flint types he excluded the possibility that these tools could have been imported from France (Becker, 1971).

Although Becker did discuss the possibility, he dismissed the idea of these tools being preforms of bifacial tools dating from the Neolithic or the Early Bronze Age. Glob, who recently had excavated a Late Neolithic flint-workshop at Fornæs, Djursland, did not agree with Becker. He argued that the handaxes from Villestrup and Fænø could be preforms of sickles or daggers (Glob, 1972).

4.2. Description of the tool (figs 6 and 7)

This subtriangular handaxe-like tool, somewhat asymmetrically shaped, is made of fine-grained, homogeneous grey-coloured Senonian flint, containing few Bryozoan fossils. Max. length 13.1 cm, max. width (measured as the short side of a circumscribing rectangle, of which the long side is parallel to the longitudinal axis of the tool) 7.4 cm, max. thickness 3.1 cm, weight 227 g. Side-edges are fairly straight in side-view. The handaxe was made by direct soft percussion. At the base of face 2, a large flake scar (coming from the right) is present, creating the cutting base, somewhat like that on a *tranchet* axe. This scar was used as a striking platform for the removal of several basal thinning flakes on face 1, more or less parallel to the longitudinal axis of the tool. The only technological problem with this piece is the occurrence of several step fractures near the right edge of face 2. However, this would have been only a minor problem for a good flint-knapper.

There are quite a lot of rust patches on the tool, probably resulting from ploughing, and several recent

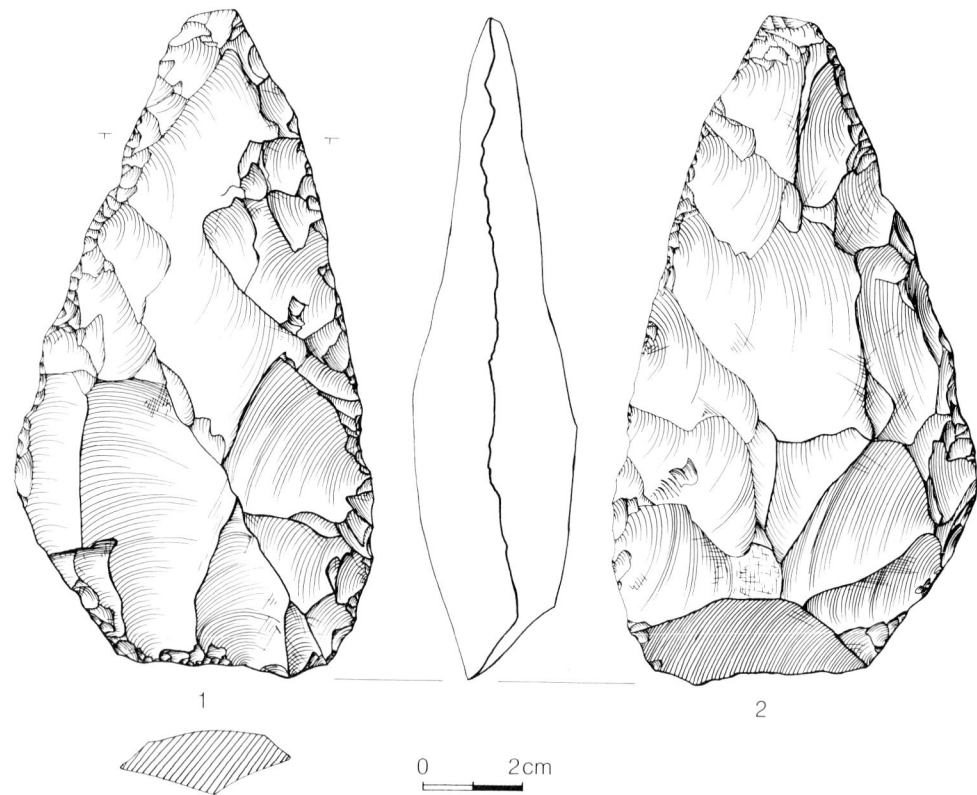

Fig. 6. The handaxe from Villestrup. Drawing Lykke Johansen.

Fig. 7. The handaxe from Villestrup. Photo: Kit Weiss, National Museum, Copenhagen.

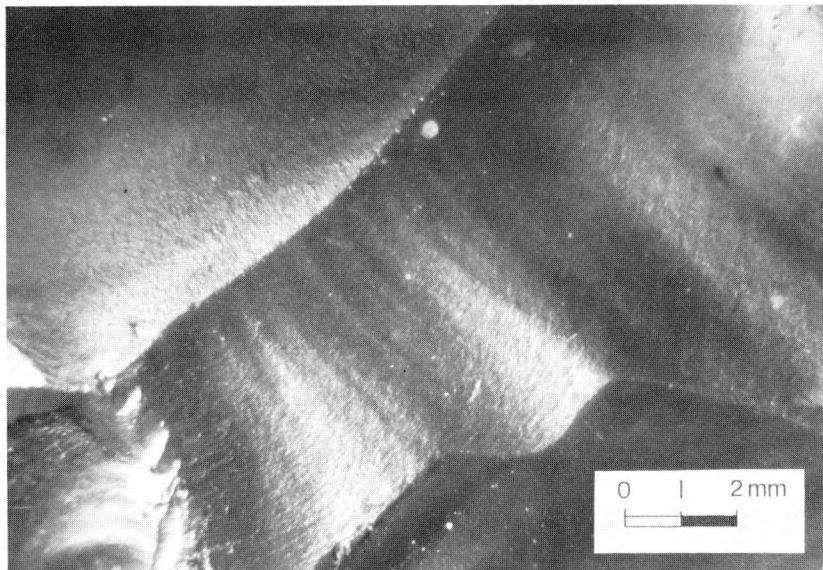

Fig. 8. The handaxe from Villestrup. Area in the top part of face 1, showing the fresh state of the flint surface. Stereomicroscope photo: Dick Stapert.

scratches can also be attributed to ploughing. A low gloss is present. This gloss is not windgloss, however, and there are no 'small pits', which are mostly present in flint surfaces with windgloss (Stapert, 1976a). Most of the surfaces in the top part are quite fresh, and the ridges are sharp (fig. 8). Near the top, on face 1, a few 'bright spots' occur (friction gloss of the 'flat type'). The basal part shows a light white patina (somewhat yellowish on face 2), and the gloss is higher here. Moreover, ridges in the basal part are slightly rounded, most probably due to dissolution processes in the soil rather than fluviatile rolling. No clearly old scratches were observed, nor were any pressure cones. Near the base, on face 2, a remnant of an old face is present – predating the making of the tool. Within this old surface, many old scratches can be observed.

4.3. Discussion

None of the observed surface modifications on the tool from Villestrup indicates a Palaeolithic dating. Gloss patina, white patina, and bright spots of the flat type could all have been produced in the last few thousand years. There are no signs of glacial transport, or of rolling by meltwater; indeed the surface of this tool is relatively fresh. Our conclusion is that this implement probably is a preform of a bifacial tool from the Neolithic or the Early Bronze Age.

5. THE HANDAXE FROM FÆNØ
(Middelfart landsogn, Vends herred, Fænø)

5.1. Find history

The find history of this tool (Nationalmuseet, A 51117,

J.nr. 617-71) is connected to that of the handaxe-like tool from Villestrup, and is therefore described under 4.1.

5.2. Description of the tool (figs 9 and 10)

This is a more or less *cordiforme*-shaped tool, somewhat asymmetrical. The tool is manufactured of fine-grained Senonian flint. Max. length 11.0 cm, max. width 7.3 cm, max. thickness 2.7 cm, weight 184 g. The max. width and thickness occur at about 4.5 cm from the base, which is a cutting edge. On face 1, a remnant of the cortex is present, greyish-white and weathered. The tool was made by direct soft percussion. A remarkable feature is that the right sides of both face 1 and face 2 are worked more carefully than the left sides, by small flakes from bottom to top. This is reminiscent of what Bosinski (1967) has called *wechselseitig gleichgerichtete Kantenbearbeitung*, a feature considered by him to be typical of bifacial tools of the Micoquien Tradition (dated to the Early Weichselian). One flake-negative in the basal part of face 1 shows a hinge, but this does not appear to have been problematic. On face 2, there is one step fracture, roughly halfway along the right edge. The flint-knapper tried to repair it, but was unsuccessful.

The implement from Fænø is quite heavily patinated. Face 1 is covered by a yellowish mixture of white and light-brown patina; most of face 2 has a thick white patina, in the top part and along the right edge brown patina is also present. Within the brown-coloured zones, especially on face 2, there are roundish patches, up to 1 cm in diameter, of dark-brown, organic residue (algae?).

Many scratches can be observed on this tool. Most of them look old; they appear to be 'embedded' in the thick

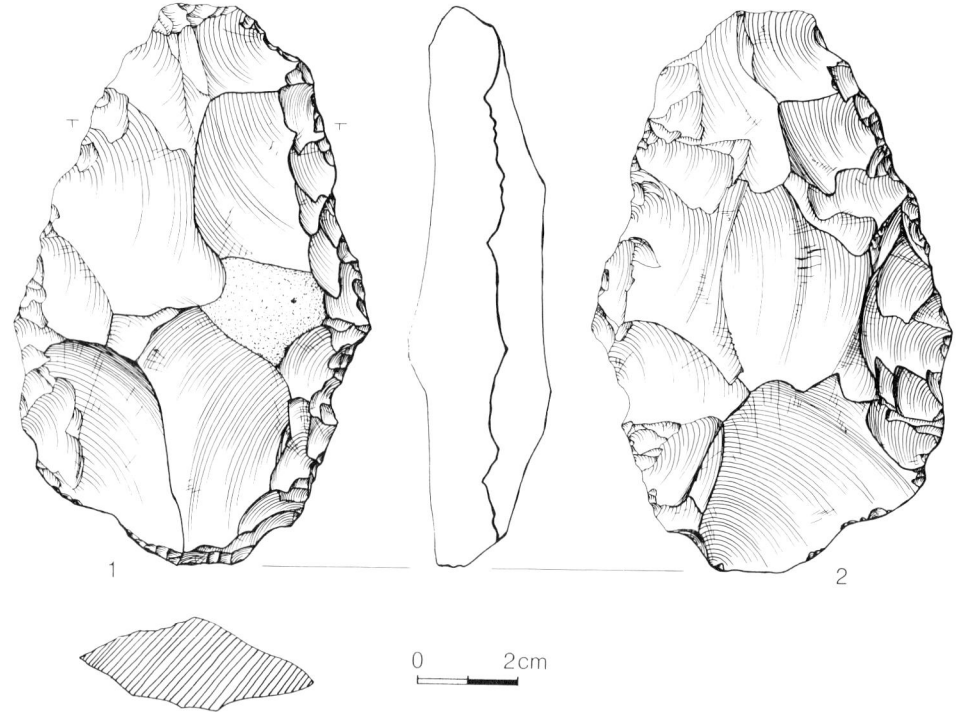

Fig. 9. The handaxe from Fænø. Drawing Lykke Johansen.

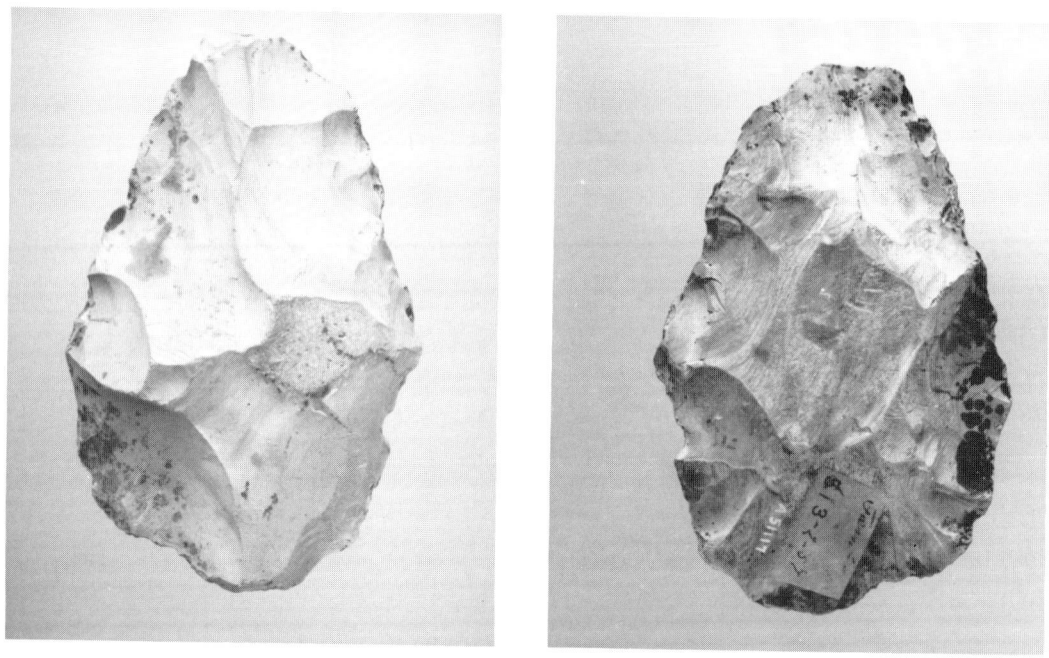

Fig. 10. The handaxe from Fænø. Photo: Kit Weiss, National Museum, Copenhagen.

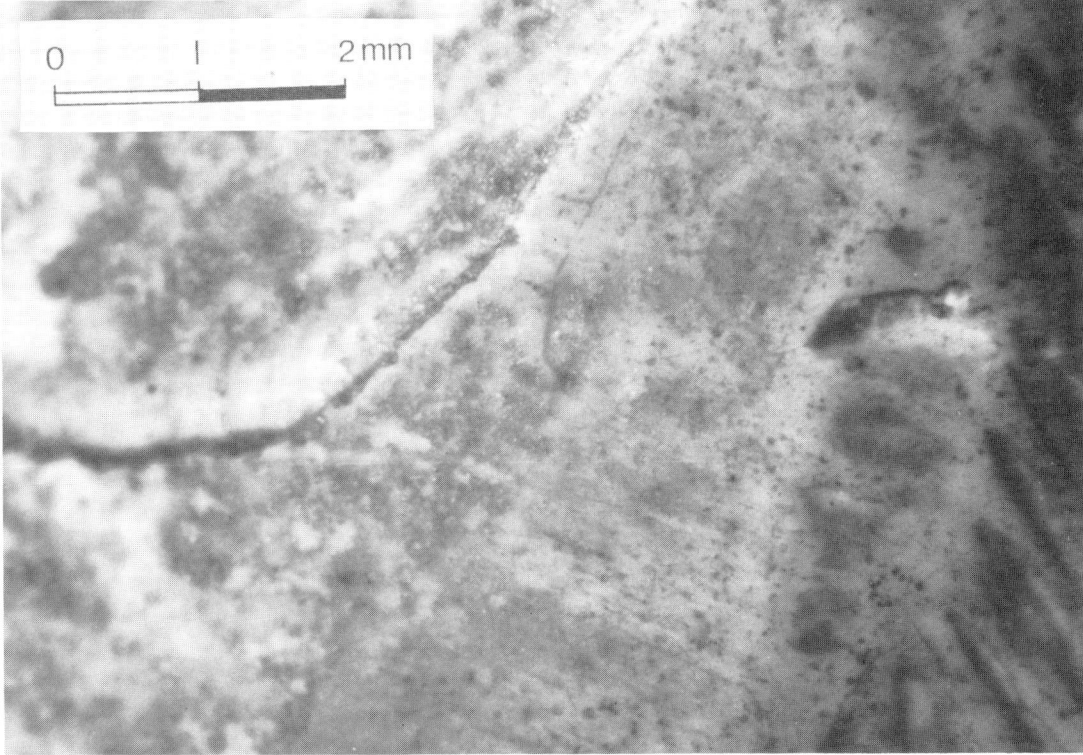

Fig. 11. The handaxe from Fænø. Face 2, at about one third from the top: area with massive subparallel scratching. Stereomicroscope photo: Dick Stapert.

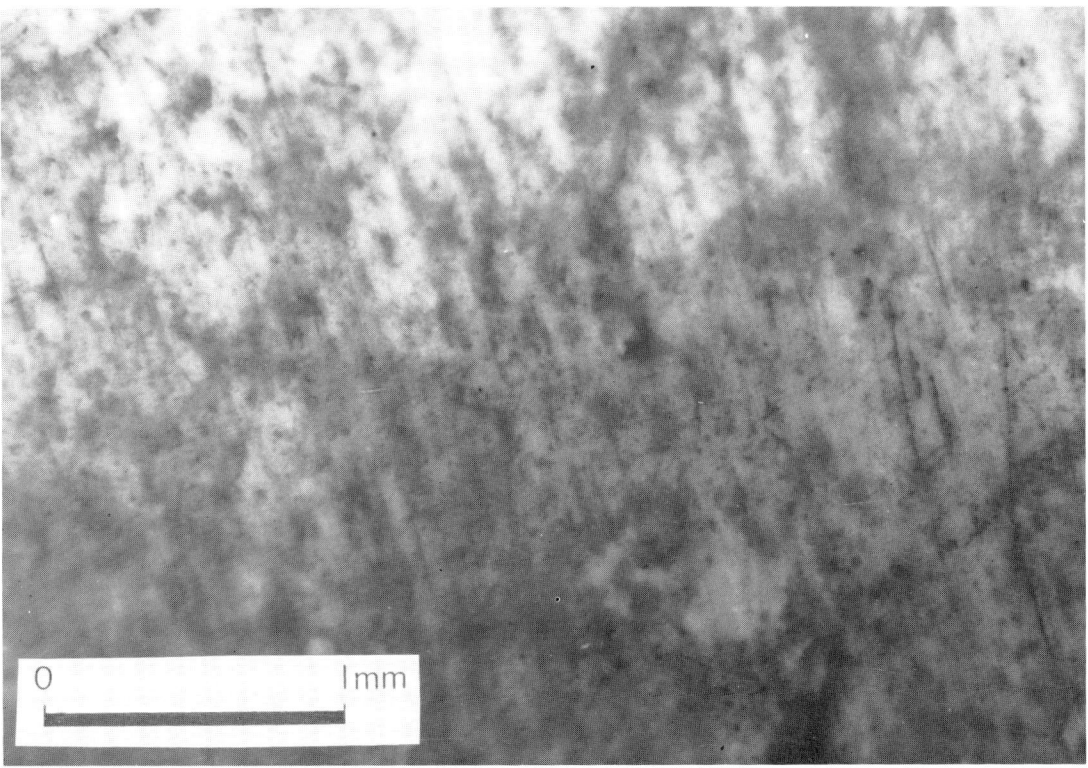

Fig. 12. The handaxe from Fænø. Detail of an area with massive subparallel scratching; face 2. Stereomicroscope photo: Dick Stapert.

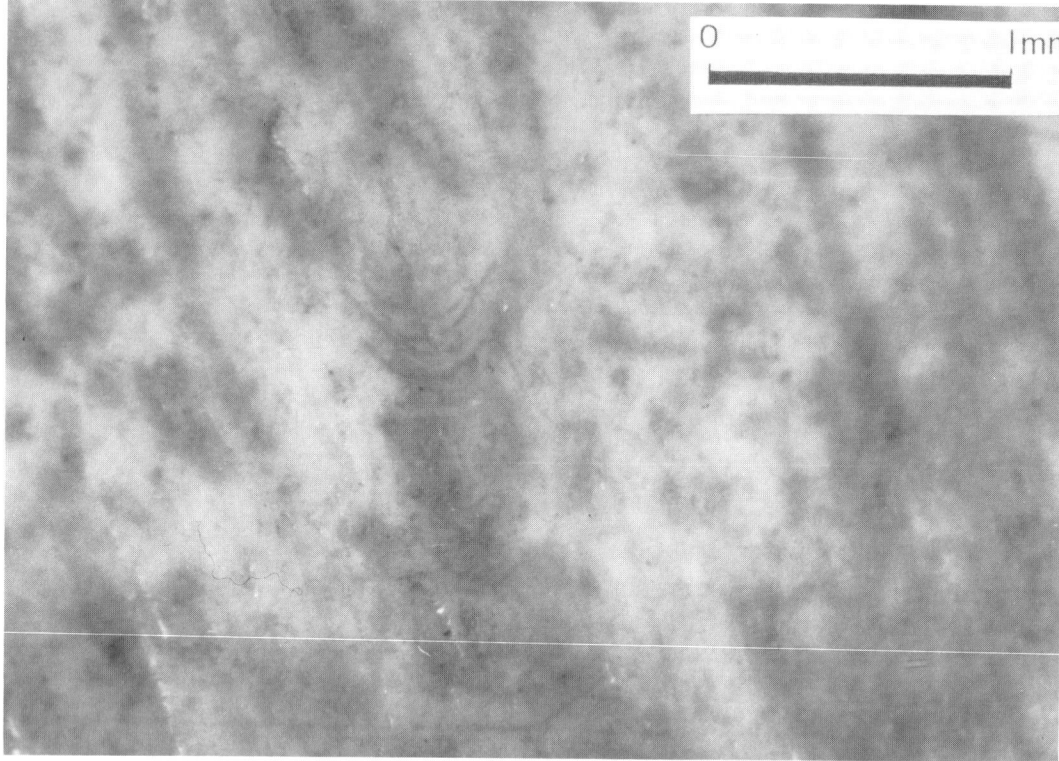

Fig. 13. The handaxe from Fænø. Series of oblique pressure cones in an area with subparallel scratching. Stereomicroscope photo: Dick Stapert.

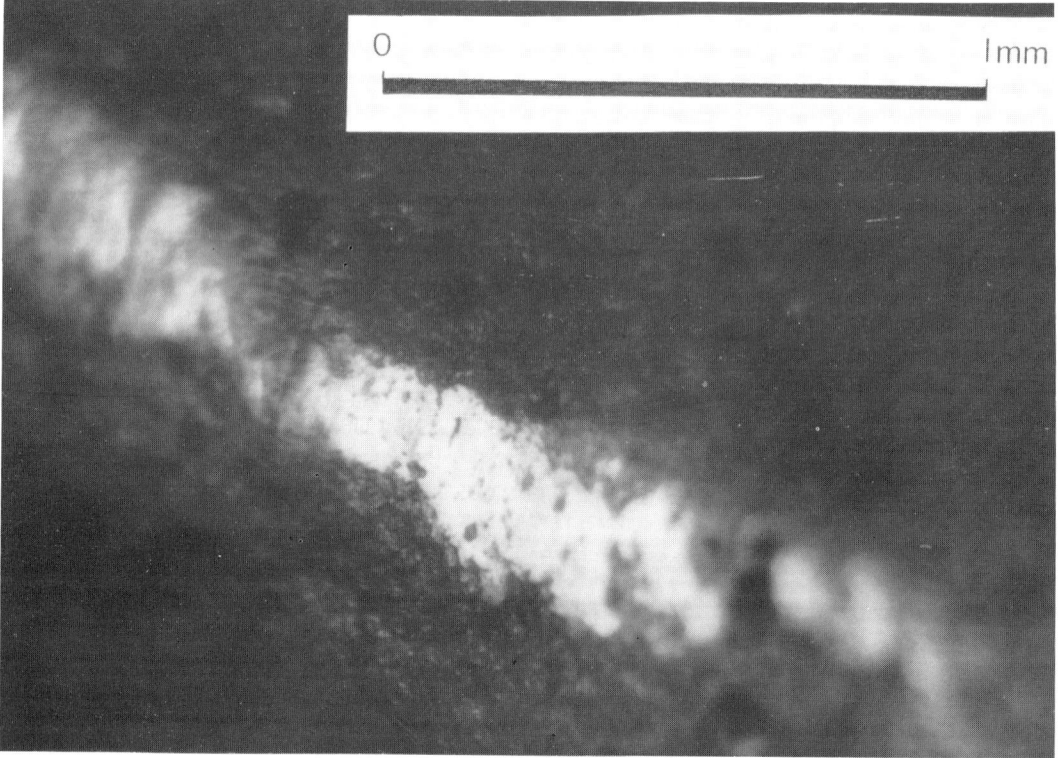

Fig. 14. The handaxe from Fænø. Friction gloss (with striping), on a ridge between flake scars, face 2. Stereomicroscope photo: Dick Stapert.

white patina. In some areas, there is an abundance of scratches in all directions. There are also several places, especially on face 2, where dense bundles of subparallel scratches are present (figs 11 and 12), which are suggestive of scratching produced during glacial transport. Series of oblique pressure cones were observed in several areas, for example near the base on face 1, and at about one third from the top on face 2 (fig. 13). A patch of friction gloss is present on a ridge between flake scars, on face 2 (fig. 14). This friction gloss is of the raised type (see 3), and most probably indicates contact with another stone under some pressure, as do the series of oblique pressure cones mentioned above. The whole surface of this tool displays a fairly high gloss, which is, however, not windgloss (no 'small pits' are present; see 3). Ridges between flake scars are slightly rounded, most probably by chemical dissolution in the soil.

On both faces, especially on face 1, there are rust patches, most probably resulting from ploughing. Several recent scratches can be attributed to ploughing. In view of these rust patches, and the absence of heavy rounding, the handaxe must have come from a field, not from a beach.

5.3. Discussion

Several surface modifications on the Fænø handaxe suggest that it could date from the Palaeolithic. The abundant scratching, and especially the dense bundles of subparallel scratches, suggest that the piece derives from moraine deposits. The series of oblique pressure cones and the patch of raised friction gloss may also have been produced in ground moraine.

Since the tool has suffered from contact with agricultural machinery, one could wonder whether the observed scratches and series of oblique cones might be recent. However, in our experience ploughing does not result in dense bundles of parallel scratches, such as can be observed on the tool from Fænø. Therefore, in our opinion, this implement is most probably a handaxe dating from the Middle Palaeolithic. Typologically, it might be a tool of either the Late Acheulian or the Mousterian of Acheulian Tradition.

6. THE HANDAXE FROM KARSKOV KLINT
(Karskov Klint, Snode sogn, Langelands Nørre herred, Langeland)

6.1. Find history

The handaxe of Karskov (Nationalmuseet, A 51111, J.nr. 4621-82) was found in 1973, at the foot of the Karskov cliff (1.5-2 m high). According to the finder, the findspot is located 'a few metres' (10-20 m, according to Grote & Jacobsen, 1982) north of the northern edge of the Karskov forest. The finder is Dr Klaus Palandt

(Hannover, Germany), who spent a holiday in Denmark. In 1979, he showed the tool to Dr Klaus Grote of the *Denkmalpflege* in the Göttingen *Landeskreis*. The National Museum in Copenhagen became aware of the handaxe through a publication in the *Archäologisches Korrespondenzblatt* (Grote & Jacobsen, 1982). Subsequently, the National Museum staff approached Dr Grote, because they wished to acquire the handaxe for the Museum's collection. As a result of the negotiations, Dr Palandt presented the handaxe to the Museum, as a gift.

The handaxe was not found in a stratigraphical context, but as a stray find, at the foot of the cliff, on the beach. This is made very clear in a letter by Dr Palandt to Ebbe Lomborg of the National Museum (dated Feb. 27th, 1983): "Der Stein lag unmittelbar am Fusse der etwa 1,5-2 m hohen Abbruchkante. Ich vermute, dass der Stein aus dem Kliff herausgebröckelt ist. Jedenfalls lag der Stein nicht in der Nähe der Wasserkante. Leider kann ich Ihnen also nicht sagen, in welcher Erdschicht sich der Stein befunden hat".

Unfortunately, Grote & Jacobsen (1982: p. 281) explicitly state that the handaxe was found in situ – in the moraine layers exposed in the cliff face: "(...) ist es aber die Einbettung in eine durch das Karskov-Kliff aufgeschlossene weichselzeitliche Grundmoräne, die das mittelpaläolithische Alter der Faustkeils belegt". This incorrect idea is repeated in a report by Jacobsen (n.d.: p. 3): "The finding is of special interest because of its age and the fact that it is not a surface finding, but was situated in a profile". We also encounter this idea in Holm (1986: p. 79): "It was found in till deposited during the latest Weichselian glacier advance".

The geologist Erik Maagaard Jacobsen studied the cliff. In the cliff face, moraine layers of the Late Weichselian are exposed. In the course of his research, Jacobsen discovered a pit dug from the top, that had become exposed in the cliff face as a result of erosion. The pit contained charcoal and fishbones (cod); Jacobsen did not observe any flint artefacts in the pit (Jacobsen, n.d.). Cod remains might date from the Atlantic, but they could also be much younger. The handaxe could theoretically have come from the pit fill, but we consider this to be highly improbable, because the implement is heavily rounded.

Grote & Jacobsen ascribed the handaxe to the Early/Middle Palaeolithic. Their arguments concerned the shape of the artefact, the heavy rounding of the piece, and especially its allegedly being embedded in the moraine layers. They dismissed the possibility of the implement being a preform of a bifacial tool dating from the Neolithic or the Early Bronze Age. Jørgen Skaarup of the Langelands Museum, however, suggested that it might be a preform of, for example, a dagger (in a letter to Grote, dated Nov. 11th, 1982). Grote replied (on Feb. 2nd, 1983) that he did not believe this, his most important argument being the non-cutting base of the tool, an oblique transverse face (see below): "(...)

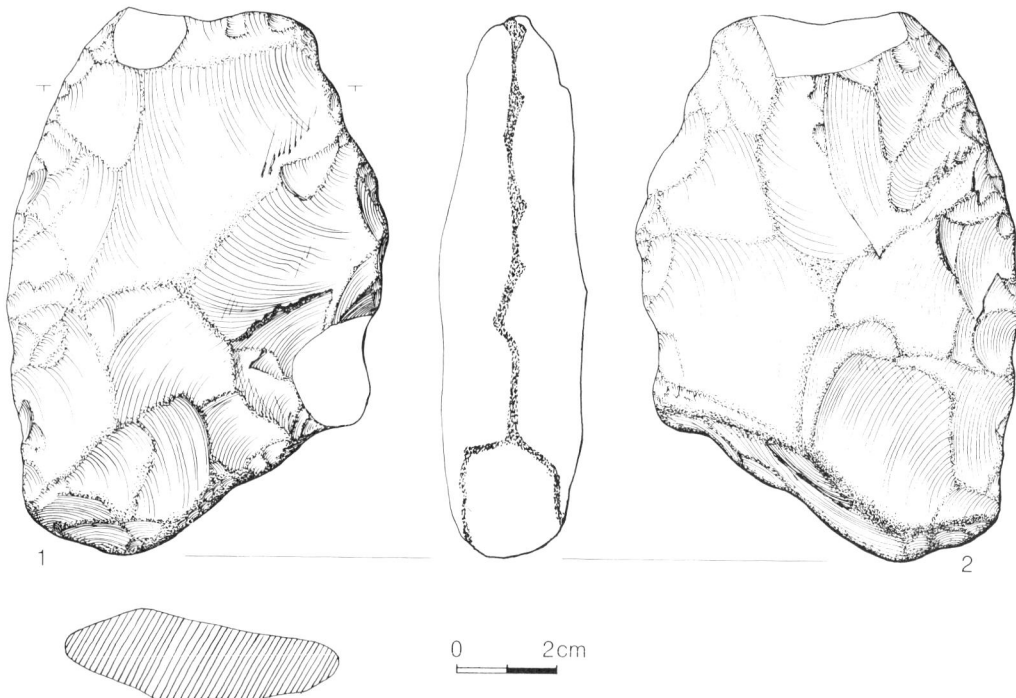

Fig. 15. The handaxe from Karskov Klint. Drawing Lykke Johansen.

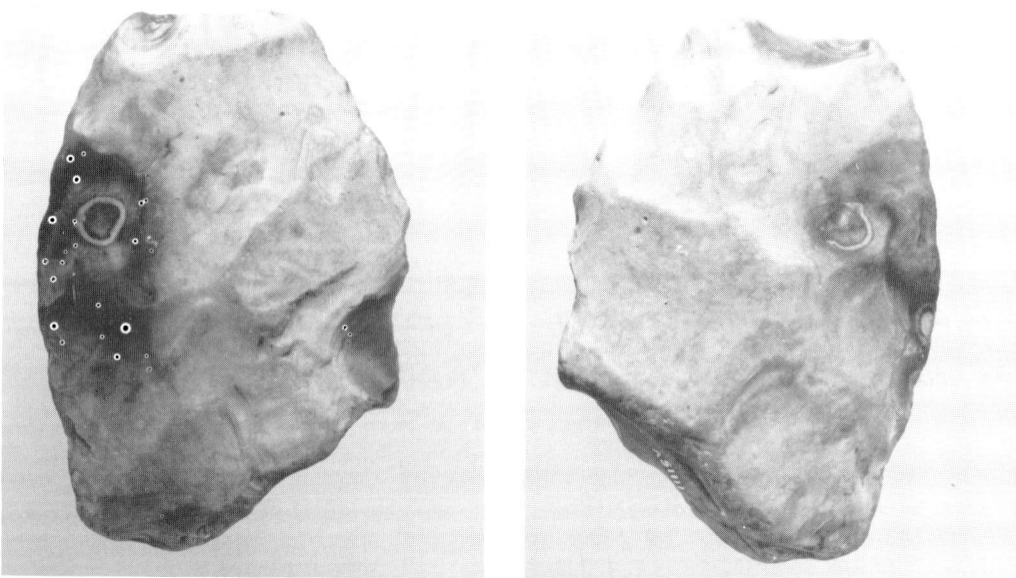

Fig. 16. The handaxe from Karskov Klint. Photo: Kit Weiss, National Museum, Copenhagen.

ein Charakteristikum für viele jungacheulzeitliche Faustkeile".

6.2. Description of the tool (figs 15 and 16)

This tool is fragmentary; both from the top and the right side of face 1, parts have been broken off in sub-recent times. Max. length 10.8 cm, max. width 7.9 cm, max. thickness 3.1 cm, weight 300 g. This implement is made of fine-grained Senonian flint. The tool is made by direct soft percussion. It has an oblique non-cutting base, consisting of a transverse face, a flake scar, 2.3 cm

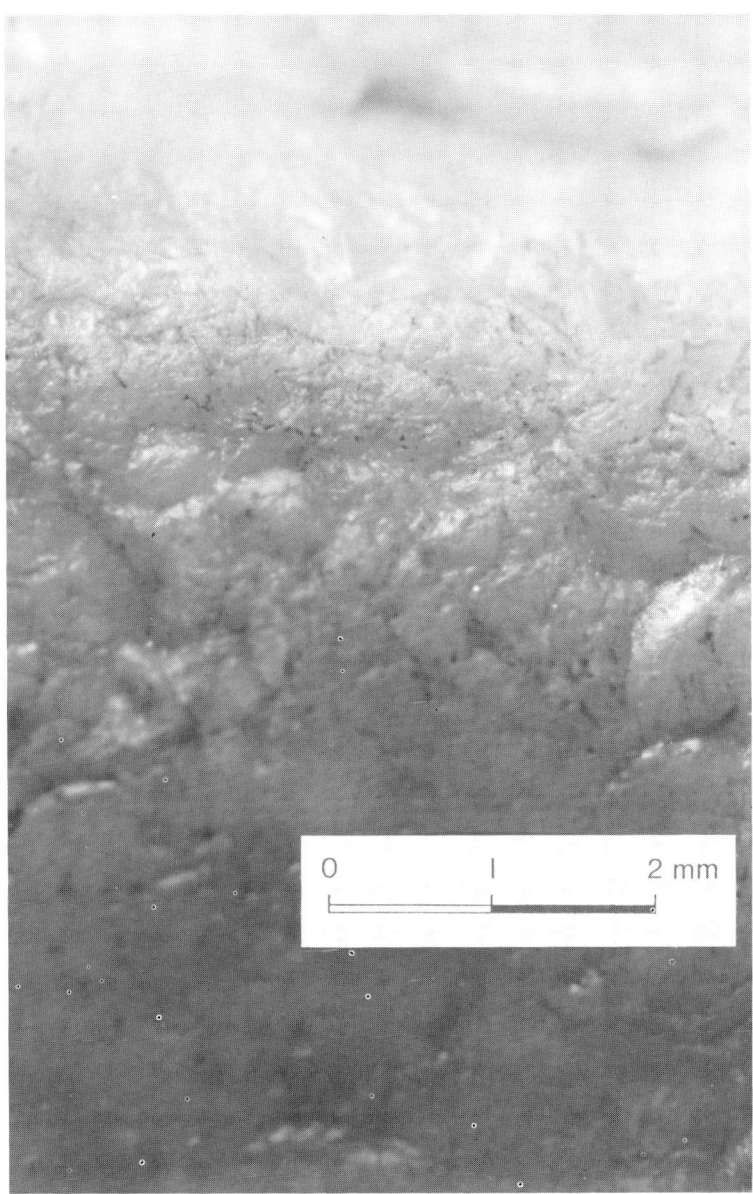

Fig. 17. The handaxe from Karskov Klint. Ridge between flake scars on face 1. The ridge is severely rounded as a result of splintering. Stereomicroscope photo: Dick Stapert.

wide. Using this face as a platform, several thinning flakes were removed from face 1. Some slight technical problems were caused by a hinge fracture on face 2, and a step fracture near the middle of the right side of face 1, but in both cases further working of the piece still was possible.

The tool is heavily rounded owing to surf action. Edges and ridges are much affected, and show a lot of splintering and small collision cones (fig. 17). Collision cones occur over the whole surface of the handaxe. Several fine scratches can be associated with the rounding process, and the same goes for the occurrence of many small damaged spots on the surface of the tool. The original colour of the flint is grey, as can be ascertained from several recently damaged areas. It has a rather thick white patina, with yellowish spots in parts.

In a few places, bundles of very coarse scratches occur (fig. 18). These are very similar to coarse scratches occurring on artefacts from the Middle Palaeolithic near Rhenen in the central Netherlands (see under 3); these scratches are interpreted as the result of creeping ice floes. Since the Karskov tool was found on the beach, this is likely to be the explanation in this case as well.

On face 2, some stripes of friction gloss are present (fig. 19). These probably are the result of contact with another stone, under some pressure. Both strong surf action and creeping ice floes might be responsible for the friction gloss.

Fig. 18. The handaxe from Karskov Klint. Bundle of broad, flat-bottomed scratches, lower part of face 2. Stereomicroscope photo: Dick Stapert.

6.3. Discussion

None of surface modifications on the tool from Karskov Klint necessarily indicates a dating in the Palaeolithic. Heavy rounding, white patina, scratches and friction gloss could all have been produced during the last few thousand years. In view of the information presented by the finder, the implement could have been left on the beach by prehistoric man. Therefore, it is our opinion that the tool of Karskov could very well be a preform of a bifacial tool dating from the Neolithic or the Early Bronze Age.

In June 1995, we visited Karskov Klint. On the beach, near the findspot indicated by Palandt, but also up to several hundred metres to the left and right of it,

we collected about twenty flakes, some of which were elongated (but no real blades). Almost all flakes are certainly hard percussion flakes; one or two could be soft percussion flakes. Most of these artefacts have a thick white patina, and are heavily rolled, just like the handaxe. Some display a brown patina, or a mixture of white and brown patina. Some flakes are only lightly patinated and slightly rounded.

In the near vicinity of the handaxe-site indicated by Palandt, in the cliff face, we found a core; it was situated in the ploughed topsoil on top of the moraine layers. It is a residual core, showing at least four flake negatives (fig. 20). The flint surface is fresh: no rounding, no white patina. Before leaving, we walked the field on top of the cliff, for only five minutes (because it was planted

Fig. 19. The handaxe from Karskov Klint. Group of bright spots: friction gloss with striping, to the left of the middle of face 2. Stereomicroscope photo: Dick Stapert.

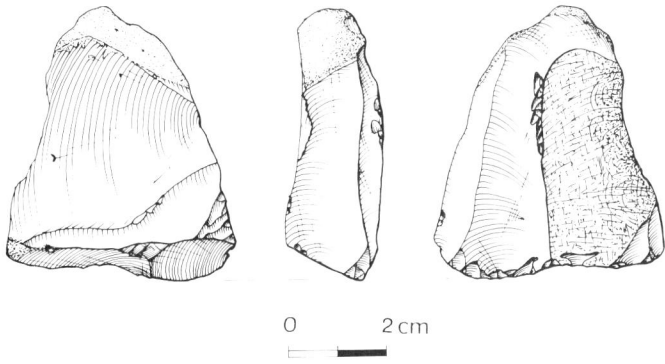

Fig. 20. Karskov Klint. Core found in the topsoil of the cliff face near the findspot of the handaxe. The core is unpatinated and not rolled. Drawing Lykke Johansen.

with wheat). We found a handful of artefacts, all flakes, not rounded, and either unpatinated or showing a light brown patina. There are no tools in our little collection, so we cannot closely date these artefacts. However, this material is certainly Holocene in age – Mesolithic, Neolithic and/or Early Bronze Age.

During the past few thousand years, flint artefacts have of course been eroded from the fields on top of the cliff, and ended up on the beach. After arriving on the beach, most of these flint artefacts will soon acquire a white patina, and rounded edges. The longer they lie on the beach, the more severe these modifications will be. Some artefacts found on the beach had evidently ended up there only recently, being rolled and patinated only lightly. On the other hand, some of the flakes collected on the beach were more heavily rolled and patinated than the handaxe-like tool. On the beach of Karskov we may expect two categories of artefact to be present: artefacts deriving from settlements on top of the cliff, and artefacts resulting from testing and preparing flint nodules on the beach, possibly left behind by the same people.

7. THE HANDAXE FROM SKELLERUP
(Skellerup sogn, Skovby herred, Fyn)

7.1. Find history

This tool (numbered '4299' by the finder; the tool is donated to the National Museum in Copenhagen) was found by Helge Kierkegaard (Viby, Zealand), between 1960 and 1965. He was a boy then, and did not systematically record findspots. From 1965 on, however, he numbered his finds, which were collected at four localities on Funen. The handaxe must have come from one of these. In 1995, Kierkegaard inspected his collection at our request, looking for any clues that might help to 'rediscover' the handaxe-site. He concluded that three of his findspots could be excluded, because the artefacts from these sites have a different patina than the handaxe, while the artefacts from the fourth are similar in that respect.

On the basis of this information, the handaxe can 'with 95% certainty' be regarded as deriving from the area between Hjulby and Skellerup in the eastern part of

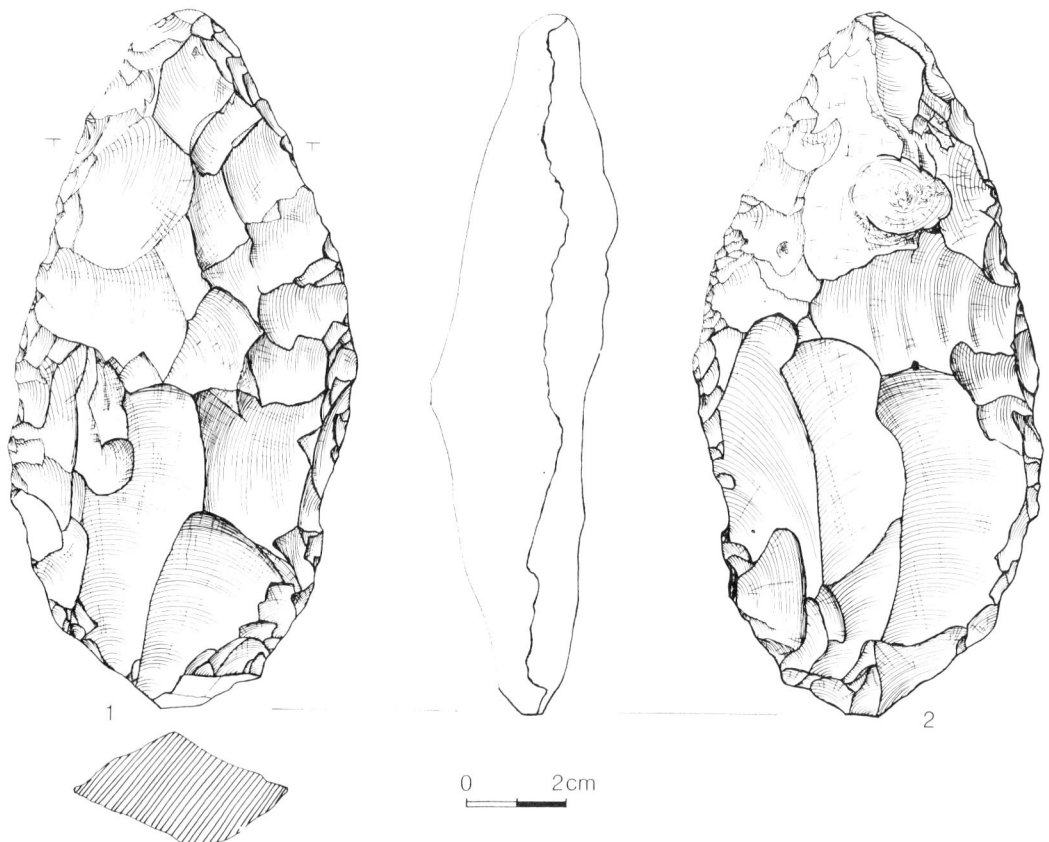

Fig. 21. The handaxe from Skellerup. Drawing Lykke Johansen.

Fig. 22. The handaxe from Skellerup. Photo: Kit Weiss, National Museum, Copenhagen.

Funen. Kierkegaard collected many artefacts from the fields to the north of the small brook running between the two villages. On both sides of the brook there are gently rolling hills, and especially the slopes down to the brook are locally rich in artefacts. Among the finds from this area is a series of unambiguous Neolithic tools.

7.2. Description of the tool (figs 21 and 22)

This is an elongated handaxe-like tool with a pointed oval shape. Max. length 13.7 cm, max. width 7.2 cm, max. thickness 3.2 cm, weight 260 g. The implement is made of Senonian flint, full of Bryozoan fossils (this type of flint is quite common on Funen). The tool is made by direct soft percussion. The base is a cutting edge. Both on face 1 and face 2, there are several scars of thinning flakes from the base, more or less parallel to the longitudinal axis, which resulted in the top part of the tool being thicker than the basal part, the opposite of what is normally observed on Palaeolithic handaxes. It is remarkable that this piece of flint should have been selected by a prehistoric flint-knapper for the production of a bifacial tool, because of a large cone fracture in the top part of face 2, which must have been visible from the very beginning. Perhaps the knapper believed that the fracture was not very deep, so that he could remove it. But he did not succeed, because the fracture is in fact quite deep, and this probably is the reason why this tool was not worked further.

The tool displays a low gloss patina, but as a whole the surface looks relatively fresh. Brown patina is present on both faces. The original colour of the flint is a pale grey, as can be seen at several recently damaged spots. There are rust patches from contact with iron machinery, probably through ploughing, and several recent scratches can also be attributed to ploughing. No clearly old scratches were observed. Edges and ridges between flake scars are not clearly rounded.

7.3. Discussion

None of the surface modifications on this tool indicates a dating in the Palaeolithic. Gloss patina and brown patina could have been formed during the Holocene. We consider it to be a preform of a bifacial tool dating from the Neolithic or the Early Bronze Age. It should be stated here that the finder never believed that the tool should date from the Palaeolithic.

8. THE BLADE FROM SEEST
(Oluf Jensen's gravel quarry, Seest sogn, Anst herred, Jutland)

8.1. Find history

Erik Westerby (1901-1981) was a police officer, High Court barrister, and a famous Danish amateur archaeologist. His best-known achievement is the discovery of the Bromme site, in 1944.

Westerby was very much interested in the quarries near Seest. In these pits, bones of giant deer, red deer, fallow deer, bison, beaver, forest rhino, and molars of either the forest elephant or a primitive form of mammoth were found (kept in the Zoological Museum, Copenhagen). Westerby hoped that these quarries might also provide clues concerning Palaeolithic man, and during many years carefully studied the quarries. His abundant notes, sketches and photographs relating to his research are kept in the National Museum, Copenhagen, and these contain a wealth of information about the layers exposed in the many sand and gravel quarries near Seest. In 1957 he received the Worsaae Medal for his geological and archaeological work in the quarries.

Westerby asked the workmen to collect any flint implements that might come to light, especially those that might turn up in the older layers exposed in the pits. The blade from Seest (Nationalmuseet, A 51589, J.nr. 4700-82; Erik Westerby numbered it 759:2) derives from one of these pits, Oluf Jensen's quarry. It was found in 1954 by one of the workmen in this quarry, Børge Svendson, when it fell from a sifting machine into a wheelbarrow. Sediment residues on the blade were examined by an unidentified French expert, who concluded that the blade could not have derived from the uppermost layers (topsoil) in the quarry, but that it could have been embedded originally in Weichselian meltwater deposits (Andersen, 1957).

In the files left by Westerby, several photographs of the quarry walls are present, with transparent overlays describing the exposed layers; we have reproduced one photo, taken by Westerby in 1957 (fig. 23). His notes were used to make a schematic drawing of this section (fig. 24). Westerby also made many sketches of quarry sections. Most of the exposed layers evidently are gravelly meltwater deposits. Locally, however, thin layers or lenses of loamy fine sand or sandy clay are intercalated. In some drawings by Westerby three such fine-grained layers are indicated, in other sketches one or two. In some cases Westerby remarked that these fine-grained layers are dark-coloured.

Andersen mentions that Westerby possessed six other artefacts, supposedly flakes, from Seest. In the paper by Nielsen (1985), apart from the blade, four flake-like flints are illustrated in a photograph (his fig. 12; at least two of these appear to be rounded). In the inventory files of the National Museum, mention is made of the following pieces from Seest: "1 blade, 1 flake (natural?), 10 flakes/pieces of flint, on which it is written that they were found in Olaf Jensen's gravel pit". The first author was able to study these pieces. Apart from the blade (see below), no definite artefacts are present.

Unfortunately, the blade was found out of stratigraphical context. Nielsen (1985) cited a text by Wes-

Fig. 23. Photo of one of the quarry walls in Oluf Jensen's gravel pit near Seest, taken by Erik Westerby in 1957. This is one of several photos in Westerby's notebooks, kept in the National Museum, Copenhagen. The height of the section is between 15 and 18 m. Reproduction by the National Museum, Copenhagen.

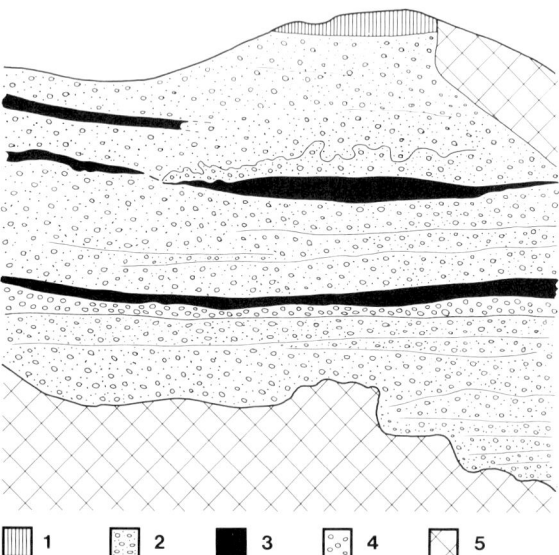

Fig. 24. Schematic drawing of the section shown in fig. 23, based on the descriptions by Westerby on a transparent overlay. Key: 1. topsoil, 2. gravelly sands, 3. fine-grained layers (loam or clay), 4. gravel (immediately beneath the lowest clay layer), 5. disturbed. Note the cryoturbated deposits in the top part. Drawing Lykke Johansen.

terby (kept in the National Museum): "Once or twice a year, a blade or flake is found in the quarry, worked by Stone Age man. There was always the problem that these pieces were found either in the loose soil at the foot of the quarry walls, or collected by the quarry workmen when sorting the stones, and I have not yet had the improbable luck of finding an artefact in an undisturbed gravel layer. At least for the majority of the finds, however, indications are that the artefacts derive from the gravelly layers, and not from the topsoil; sand matrix still attached to some of the artefacts is similar to the sand in the gravelly layers". Westerby also offered the opinion that the artefacts dated from the Eemian, and were subsequently redeposited by Weichselian meltwater, thus ending up in the gravelly deposits described earlier.

Westerby wrote two articles in the *Jyllands-Posten* ('Kronik'; 2 & 9 January, 1956. Westerby's original typescript is kept in the National Museum, Copenhagen). Both articles bear the title: *Nyt fra min Grusgrav*: 'News from my gravel quarry', which if nothing else shows his attachment to this site. His own drawing of the blade was published in the 'Kronik' of 9 January. In the article he writes that, apart from the blade, three flakes from the quarry were then part of his collection. He did not feel very sure about these, because they were found in gravel heaps, and could therefore derive from the topsoil. However, as he goes on to say, in the case of the blade an origin in the topsoil is excluded because of the find circumstances, even though it was not found in situ. Westerby believed that the blade came from the youngest meltwater gravels in the quarry, because the yellowish patina it displays is very common in those layers.

8.2. Description of the blade (figs 25 and 26)

This is a fairly regular blade, with two dorsal ridges. Max. length 8.7 cm, max. width 3.5 cm (not original, because part of the left edge was broken off in recent times), max. thickness 0.9 cm, weight 24 g. There is a prominent bulb of percussion, and a little bulbar scar. The blade was probably produced by direct hard percussion, but it is difficult to be sure of this, because the striking platform remnant shows negatives coming from the ventral face, probably due to splintering during manufacture. Technically speaking, the blade could have been struck from a Levallois core, but this cannot be proved.

The blade displays a light-brown/yellowish patina. The original colour of the flint is pale grey, as can be seen at several recently damaged spots. The blade is manufactured from Senonian flint of good quality; it contains some Bryozoan fossils. A light gloss is present. Ridges and edges are slightly rounded, very much like those on flints which have been in an active riverbed for some time. Under the stereomicroscope it can be seen that this rounding was caused by collisions with gravel particles (see under 3), so that an origin in gravel-bearing water-laid deposits seems very probable (fig. 27). Many small retouches along the edges may be explained in the same way. A bundle of scratches was observed near a dorsal ridge (fig. 28). These scratches have a flat bottom, and presumably could have been caused by creeping ice floes, though they are rather fine. However, in this case we have to be careful, because they occur near a spot with rust patches, caused by some iron implement. Though the scratches look old, we cannot entirely exclude the possibility that they are recent. Nevertheless, they look different from some

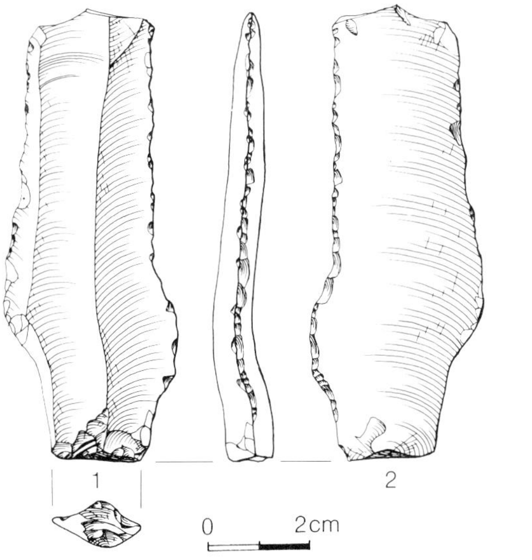

Fig. 25. The blade from Oluf Jensen's gravel quarry near Seest. Drawing Lykke Johansen.

Fig. 26. The blade from Oluf Jensen's gravel quarry near Seest. Photo: Kit Weiss, National Museum, Copenhagen.

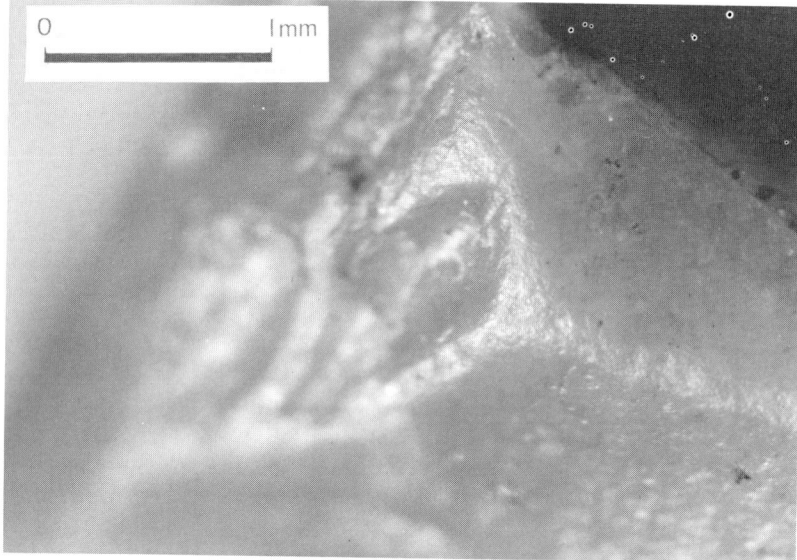

Fig. 27. The blade from Seest. Rounded ridges between flake scars, near the base of the dorsal face. Stereomicroscope photo: Dick Stapert.

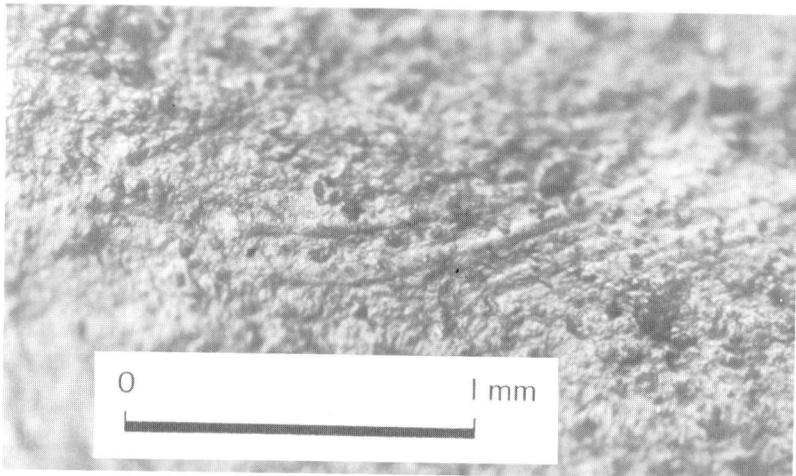

Fig. 28. The blade from Seest. Bundle of scratches, near a ridge between flake scars, middle of the dorsal face. Stereomicroscope photo: Dick Stapert.

clearly recent fine scratches near the rust patches, which are more superficial.

On the dorsal face, near the distal end, some sediment is still attached to the blade. It consists of brown-coloured loam or fine sand.

8.3. Discussion

The rounding of edges and ridges points to an origin in gravelly water-laid deposits. Therefore, we are convinced that Erik Westerby was right in believing that the blade derives from the gravelly meltwater deposits exposed in the quarry. This means that it is very probably Middle Palaeolithic in age. It is not possible to date the artefact more precisely, but since at least the upper meltwater deposits date from the Weichselian, both the Eemian and the Early Glacial of the Weichselian are realistic options. In principle, however, an older dating is not impossible. Similar regular blades are known from sites such as Markkleeberg in eastern Germany (Mania & Baumann, 1981) and Rhenen in the Netherlands (Stapert, 1987). Both sites can probably be dated to an interglacial predating the Eemian though postdating the classic Holsteinian.

9. HOLLERUP (JUTLAND)

One of the best-known sites presenting (inferred) evidence for human presence in Denmark before the last Ice Age, is Hollerup. The zoologist Ulrik Møhl-Hansen described bones of roe deer found in the Hollerup quarry near Randers in northern Jutland (Møhl-Hansen, 1954). They derive from several individuals, and at least one skeleton is fairly complete. The Holle-rup bones were collected in 1897 and 1925 by the geologist N. Hartz. They derive from a layer which is dated by stratigraphy to the Eemian (Aaris-Sørensen, 1988). When going through all fossil finds of roe deer from Denmark, Møhl-Hansen came across the Hollerup bones, and concluded that these were fractured by Palaeolithic man. He did not find any cutmarks on the bones, however, nor any indications of the use of fire. The evidence consisted of traces that led Møhl-Hansen to believe that the bones were fractured intentionally – presumably to release the marrow. Stone artefacts are not reported from the Hollerup locality.

To our minds, it would be very desirable to conduct fieldwork at the Hollerup site. The present state of the evidence, fractured animal bones but no stone artefacts, is most unsatisfactory. Taphonomical studies have shown that many mechanisms might result in bone-fracturing, and that it is not always easy to demonstrate human agency (e.g. Binford, 1981; Brain, 1981). Therefore, it would be good to have an archaeological context in this case. Binford (1978; 1981) describes the process of bone-fracturing for marrow extraction, as practised by the Nunamiut Eskimos. Extracting marrow is likely to have been done at an encampment (see also Grønnow, 1985). Typically, this work results in many bone splinters. The Nunamiut mostly crack the bones near a fireplace.

10. VEJSTRUP SKOV (JUTLAND)

At the site of Vejstrup Skov near Christiansfeld in southern Jutland, an excavation was carried out in 1971-1972, by Søren H. Andersen of the University of Aarhus. At this locality, near the stream in a deep erosion valley, the brothers Niels and Åge Boysen had previously collected a large number of "(...) extremely primitive-looking flint artefacts: flakes, choppers/cores – but no handaxes – which appeared to be very much like the types and techniques of the Clactonian industry" (Holm, 1986: p. 77). The excavation is said to have produced some finds in situ, in sand, beneath about 8 m of Weichselian tills (Holm, 1986: p. 77). Holm is inclined to date the material in the Holsteinian.

According to the excavator, however, the excavation finds derive not from a primary stratigraphical context. The excavated artefacts derive from slope deposits; therefore, they lack sound stratigraphical dating (S.H. Andersen, pers. comm. 1995).

Though a Palaeolithic dating certainly cannot be excluded, this information leaves open the possibility that we are dealing with an *atelier*-site (or several such sites) dating from much later periods of the Stone Age, or the Early Bronze Age. At such localities, the archaeological residue could easily create an 'extremely primitive" impression, because especially waste from testing and preparing flint nodules would have been left behind. Søren H. Andersen kindly informed us that the large collections of Vejstrup Skov consist only of hard percussion flakes and crude cores; no well-defined tool forms are present. The weathering of the artefacts is varied. Some flints have little or no surface modification, while others are strongly patinated (both white and brown patinas occur).

Thorough technological studies of the material, and especially an investigation of the surface modifications present on the artefacts, are needed before anything can be concluded about the antiquity of this material.

11. EJBY KLINT (ZEALAND)

Erik Madsen (1963) described many flint artefacts that he collected on the gravel beach of Ejby Klint (northern Zealand). Most of his finds are said to have been found 'close together', on the beach north of the *Fiskerhuse*. In the cliff face, moraine layers are exposed, and – roughly in the middle – a marine deposit dating from the Eemian (Holm, 1986). Holm states that "(...) about one thousand primitive flint artefacts, crude flakes and cores (...)" were collected here (Holm, 1986: p. 77).

Madsen described his material as containing very crude bifacial tools, large flake tools and core-like pieces, made by hard percussion. He compares his finds to both the Clactonian and the 'Altonian'. This last name refers to material published by Rust (1962), which nowadays is considered by most Stone Age researchers to consist of pseudo-artefacts. In his paper, Madsen is rather hesitant concerning the dating, because the finds all derive from a secondary context – the beach. One of his arguments for a Palaeolithic dating is that in this area he could not find any artefacts clearly dating from the Mesolithic or Neolithic.

The present authors visited the site in June, 1995. We searched the beach from Ejby Havn to the mouth of the Ejby Å. The beach gravel is very rich in flints, and there are plenty of 'incerto-facts' – pieces for which it cannot be decided whether they are man-made or not. The environment is very iron-rich, and many stones are coloured brown. In most cases, however, the brown patina is not deep, but very superficial. Near the mouth of the Ejby Å, brown patinas are much rarer, and we more often encounter flints with white patina.

We found two 'sites'. The first, which must be the site described by Madsen, is a 'concentration' of flakes and cores, occurring between about 200 and 300 m north of Ejby Havn. Apart from several incerto-facts, our collection comprises three cores and nine flakes. The largest artefact is a core about 17 cm in length (fig. 29). It was manufactured from a rolled flint cobble, and there are series of flake scars on both faces, clearly resulting from direct hard percussion. It could represent an attempt at making a preform of a bifacial tool from the Neolithic or Early Bronze Age, but it was abandoned quite soon because 'bad angles' had developed along

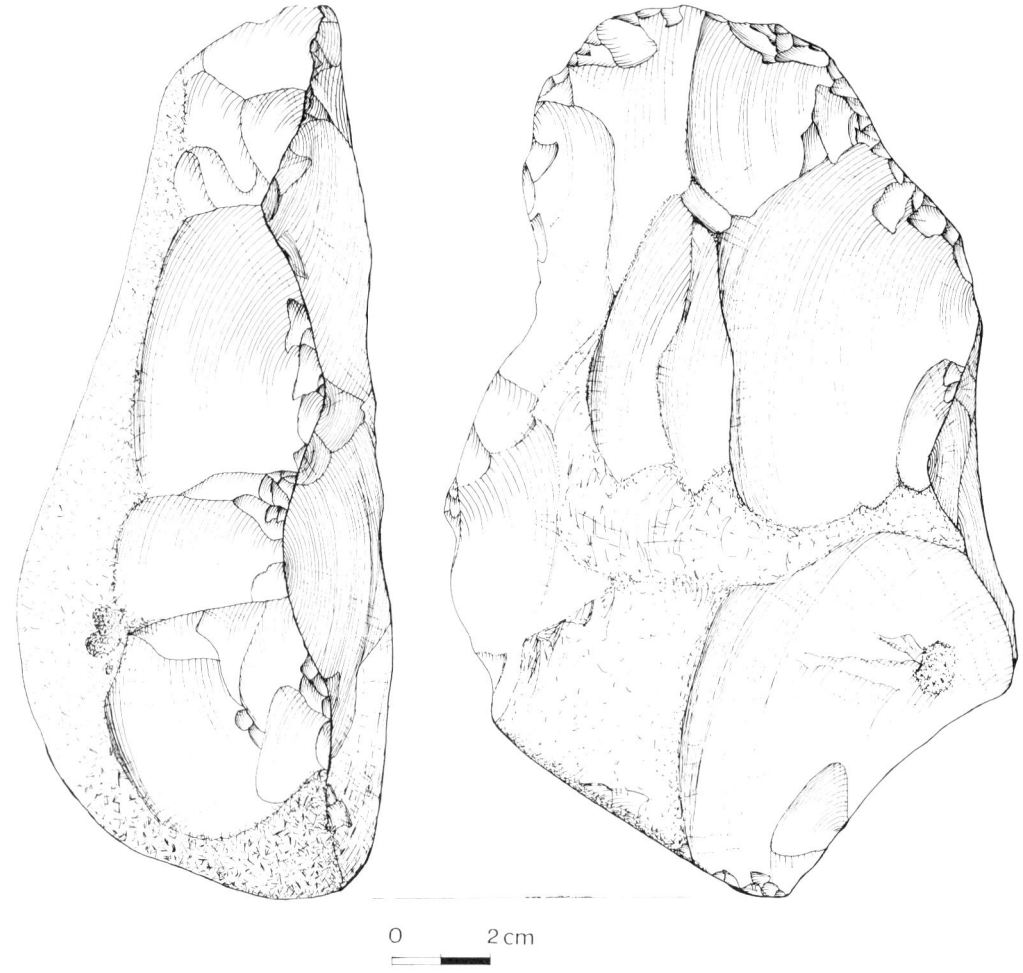

0   2 cm

Fig. 29. Ejby Klint, gravel beach, a few hundred metres north of Ejby Havn. Large core. Drawing Lykke Johansen.

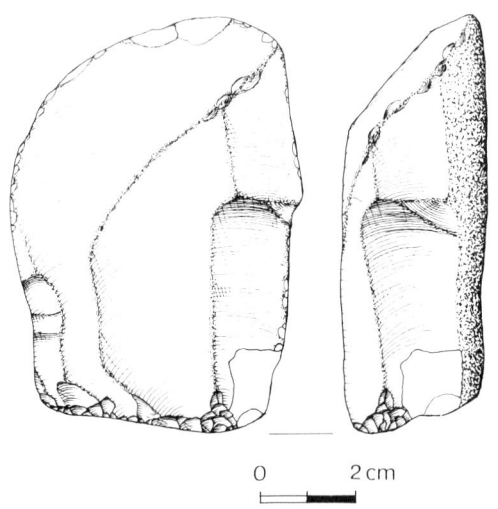

0   2 cm

Fig. 30. Ejby Klint, gravel beach, a few hundred metres north of Ejby Havn. Core with several negatives of blade-like flakes. Drawing Lykke Johansen.

one of the edges, which made further working more or less impossible. Another core produced at least two blade-like flakes; it was worked by direct hard percussion (fig. 30); it could date from the Ertebølle Culture. One or two flakes could be described as 'wing-shaped' (fig. 31); such flakes might result from the production of Neolithic axes with a rectangular cross-section.

The surface modifications present on our artefacts are variable. Some artefacts have a strong brown patina and are heavily rolled. Other artefacts are hardly patinated, or only slightly white-patinated. Several flakes are relatively fresh, and hardly rolled.

The second 'site' we found, not mentioned by Madsen, is the beach on either side of the mouth of the Ejby Å. Here we collected three cores or core-like pieces, two flakes, two blades and one blade fragment (fig. 32). Most of these artefacts are lightly white-patinated, and not heavily rolled. We are of the opinion that this latter site most probably dates from either the Mesolithic or the Neolithic. It is quite likely that people lived near the

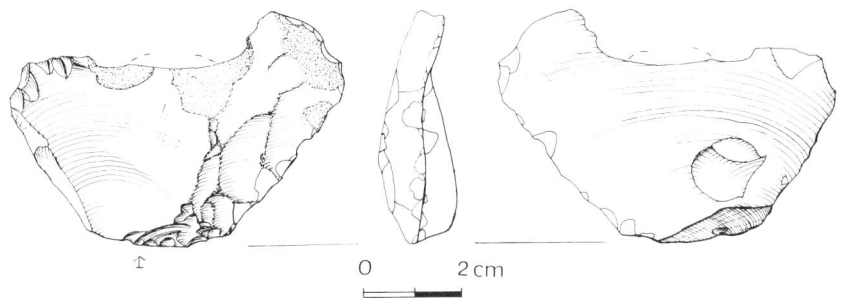

Fig. 31. Ejby Klint, gravel beach, a few hundred metres north of Ejby Havn. 'Wing-shaped' hard percussion flake. Drawing Lykke Johansen.

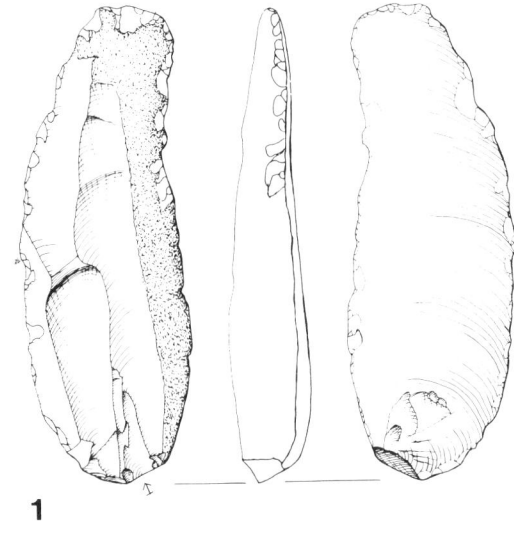

1

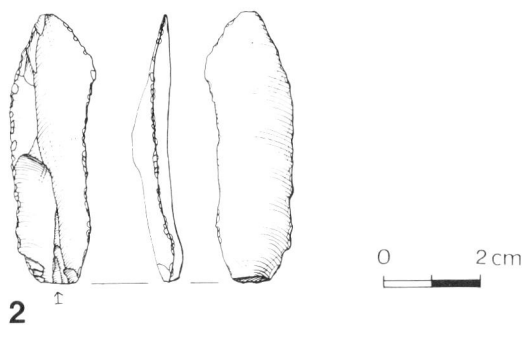

2

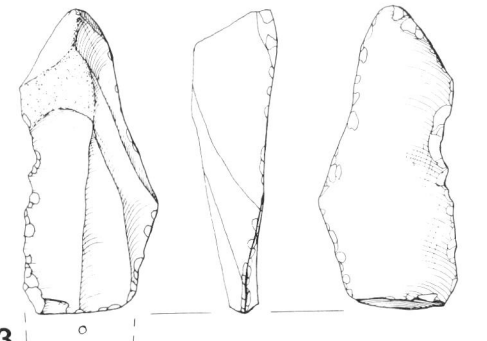

3

Fig. 32. Ejby Klint, gravel beach near the mouth of the Ejby Å. Two blades (1, 2) and one blade fragment (3). Drawing Lykke Johansen.

river mouth, because it is a favourable location for settlement.

The flakes and cores occurring on the beach near Ejby Havn might be residues of testing and preparing flint nodules on the beach. There are no compelling reasons to believe that these artefacts date from the Palaeolithic. For example, none of our finds shows very coarse scratching (as may be present on flints deriving from moraine deposits); we observed only fine scratches, which could easily have been produced by the surf.

12. DISCUSSION

The problem that 'handaxe-like' tools might date from much later periods than the Palaeolithic was recognized many years ago (e.g. Montelius, 1919). Typology is simply not good enough for confidently cataloguing artefacts as Palaeolithic, when these have been found without a stratigraphical context. The problem is that if one cannot exclude the possibility that a tool is Palaeolithic, this does not necessarily make it a Palaeolithic tool. Because of the inherent weakness of the typological approach, one needs extra arguments for such an ascription, independent of typology. The study of surface modifications that can be observed on the artefacts may, at least in some cases, provide such extra arguments.

In this paper four handaxe-like tools are described. In our opinion, there are reasons to believe that one of these, the Fænø handaxe, might indeed be Palaeolithic. The extra argument in this case is the presence of dense bundles of parallel scratches. Assuming that the handaxe was not found on a beach, we cannot explain this modification if the piece should date from the Holocene. For example, ploughing is not known to result in this kind of modification. For considering the tool as Palaeolithic, we have to assume that it does not come from a beach, because it is at least theoretically possible that such parallel scratching was produced by creeping ice floes along the coast, during the Holocene. The tool is not clearly rolled, however, so that a provenance on a beach seems unlikely; moreover, it shows traces of contact with agricultural machinery. An origin on a beach is all the more improbable because of the positive correlation that exists between coarse scratching and rounding in such situations, as noted under 3. The reason why we have to be cautious is that we do not know anything more detailed about the findspot than that it is on Fænø.

One of the 'handaxe-like' tools described in this paper, from Langeland, was found on a beach. It made a great impact, because in the publication by Grote & Jacobsen (1982) it was said to have been collected in situ, from moraine deposits. The finder, however, declared that he found it on the beach, not in the moraine deposits.

Given this information, the modifications that can be observed on the tool do not force us to date it to the time when Palaeolithic implements were produced. In other words, even if this tool should really date from the Pleistocene, we would not be able to prove this antiquity. From what we can observe, an origin in for instance the Neolithic is not excluded. The fact that on top of the cliff there is a rich findspot of the Mesolithic, Neolithic and/or Early Bronze Age makes a post-Pleistocene dating of the handaxe more likely.

In the cases of Villestrup and Skellerup, a Pleistocene dating is even more improbable, because the surface modifications on these tools are much less severe than would be expected on Palaeolithic tools from near the surface (fields) in the young moraine landscape.

Above, in discussing the tool from Langeland, we argued that in the case of beach finds it will generally be very difficult to prove that they cannot possibly be younger than the Pleistocene. We would need to observe, for example, unambiguous traces of glacial transport – proving an origin in moraine deposits. However, not every flint in moraines shows such traces. Moreover, heavy scratching could also have been produced by creeping ice floes during the Holocene. This is the reason why we will probably never know whether there are any Palaeolithic artefacts among the flints from the gravel beach near Ejby. The same is true for many other beach finds in Denmark, for example those from Emmerlev (southern Jutland) and Asnæs (western Zealand) (both sites are mentioned – without Palaeolithic pretensions – by Becker (1979)).

It is of interest to note that similar problems exist in other regions of Europe. From the beach near Wimereux in northwestern France (north of Boulogne), thousands of artefacts have been collected that were ascribed to the Early Palaeolithic ('Clactonian': e.g. Bourdier, 1976; Tuffreau, 1978). This material largely consists of crude cores ('choppers', 'chopping tools') and hard percussion flakes. At this findspot, no artefacts have been collected in situ from Pleistocene deposits. The present authors have observed that on top of the dunes, close to the beach, rich Neolithic sites are present. At these sites we found cores, flakes, blades and tools. Among the tools are a transverse arrow-head, a resharpening flake from a polished axe, and a blade retouched on both sides.

These artefacts were evidently manufactured from flint cores deriving from the beach, because many among them preserve remnants of old faces that are rounded and patinated in the same way as the flints (either natural or worked by man) occurring on the beach. The idea that the artefacts occurring on the beach are waste from testing and preparing cores during the Neolithic therefore is a realistic option. Ascribing these artefacts to the Early Palaeolithic would require arguments independent of typology. Such arguments have not been presented. The existence of an Early Palaeolithic site at Wimereux has therefore not been demonstrated beyond reasonable doubt.

The situation in the case of Vejstrup Skov and similar sites (artefact collections from the bottom of deep valleys) is somewhat different. At Vejstrup Skov, artefacts have not been found in a clear stratigraphical context. The excavation produced only artefacts deriving from slope deposits (comparable to 'colluvium' deposits in loess areas), and these deposits may well be of Holocene age (S.H. Andersen, pers. comm., 1995). Therefore, we would again need strong arguments, independent of typology, for dating these finds as Pleistocene.

The advantage over beach sites is that here are better opportunities for proving a Pleistocene age by studying the surface modifications on the artefacts. For example, traces clearly resulting from soil movements such as cryoturbation ('segmented scratches' associated with pressure cones, see section 3), or heavy parallel scratching as a result of glacial transport, could provide such arguments, because at Vejstrup Skov creeping ice floes can be practically excluded as scratching agents.

If these finds should belong to the Early/Middle Palaeolithic, the river must have washed them out of Pleistocene, non-moraine deposits, occurring stratigraphically below the moraines. This is because there were so many finds close together, which we would not expect in moraine or meltwater deposits. Of course, this implies that the artefacts should show signs of this erosion; we would expect at least part of the material to be clearly rounded. At Vejstrup Skov, this is indeed the case. However, if the artefacts were produced along the stream in the valley during the Neolithic, we would also expect rounding, because we are dealing here with a gravelly river bed. Therefore, as in the case of beach finds, rounding does not constitute an argument for classification as Palaeolithic.

At Vejstrup Skov, convincing non-typological arguments for the existence of an Early Palaeolithic site up till now have not been presented. This does not mean that these artefacts cannot be Palaeolithic. However, as long as careful studies of the surface modifications on these artefacts, in relation to the local geological context, have not been published, we are essentially left in the dark. As noted above, in such situations it has to be proved that the artefacts cannot possibly be post-

Palaeolithic. We believe that at the Vejstrup Skov site we may well be dealing with Neolithic or Early Bronze Age *atelier*-sites.

A site similar to Vejstrup Skov, Vejstrup Ådal, near the eastern coast of Funen, is mentioned by Holm (1986).

At Seest, we are dealing with sand and gravel quarries. The blade from Oluf Jensen's gravel pit is an unambiguous artefact, and it was rounded by moving water in a gravelly sedimentary context – which could be the gravelly meltwater layers exposed in the quarry. There are some scratches on the blade, and it is patinated similarly to the natural flints occurring in the meltwater deposits. Some sediment matrix is still attached to it: loamy fine sand, coloured brown. So here we have some extra arguments, and it should be concluded that this blade is most probably a Middle Palaeolithic artefact. Mention has been made in several publications of some ten other artefacts from this quarry, presumably flakes or flake-like pieces. Westerby himself did not feel sure about these pieces, however. According to the first author, these pieces are probably not man-made (this opinion is shared by Peter Vang Petersen of the National Museum: pers. comm. 1995).

Even if several of the other finds at Seest were definite Middle Palaeolithic flakes, the number of artefacts from the quarry would be very small, considering that a keen archaeologist such as Westerby visited the quarry very often. Therefore, we seem to be dealing with a very 'poor' site, if we compare Seest with e.g. the sites at Rhenen and Markkleeberg, where many thousands of Middle Palaeolithic artefacts, deriving from coarse river deposits, have been collected. There probably was no 'base camp' near Seest. The blade of Seest might represent a 'low density site', like those at Lehringen (Thieme & Veil, 1985) and Gröbern (Mania et al., 1990). These were kill and butchering sites (dating from the Eemian), where not more than some 25 or 30 flakes were left behind.

Our conclusion is that of the several thousands of Danish flints ascribed to the Early or Middle Palaeolithic, so far only two can indeed be argued probably to belong to that period: a handaxe and a blade. It's a start.

13. ACKNOWLEDGEMENTS

We are grateful to the following persons and institutions for their part in the production of this paper: Charlie Christensen (geologist at the National Museum, Copenhagen), for critically reading chapters 1-3; Xandra Bardet (Groningen), for expertly correcting our English text; the National Museum in Copenhagen, Department of Archaeology and Early History (OMA), for permission to study the artefacts from Fænø, Villestrup, Karskov Klint and Seest, and to publish photographs of these implements; Helge Kierkegaard (Viby), for information on the handaxe-like tool from Skellerup; Peter Rasmussen (Danmarks Geologiske Undersøgelse, Copenhagen), for information on the Samsø material; Peter Vang Petersen (National Museum, Copenhagen), for his help in locating the material from Seest, and for critically reading a first draft of this paper; Søren Andersen (Moesgård, Århus University), for information on Vejstrup Skov; Poul Otto Nielsen (National Museum, Copenhagen), Helle Juel Jensen (Moesgård, Aarhus), Jørgen Skaarup (Langelands Museum) and Professor Bert Boekschoten (Geological Department, Free University, Amsterdam) for critically reading the first draft of this paper; Professor Reinder Reinders (Department of Archaeology, Groningen University), for granting the second author permission to participate in this research project, during the spring of 1995; Lars Boesen (photographer at the Lejre Experimental Centre for Archaeology and History), for practical help with the printing of microscope photos; Erik Brinch Petersen (Institute for Archaeology and Ethnology, Copenhagen University), for kindly permitting the second author to stay and work at the Institute during the spring of 1995.

14. REFERENCES

AARIS-SØRENSEN, K., 1988. *Danmarks forhistoriske dyreverden. Fra istid til vikingetid.* Gyldendal, Copenhagen.

ALLSWORTH-JONES, P., 1986. *The Szeletian and the transition from Middle to Upper Palaeolithic in Central Europe.* Clarendon Press, Oxford.

ANDERSEN, H., 1957. Istidsmandens redskaber? *Skalk* 1957 (2), pp. 14-16.

BECKER, C.J., 1971. Istidsmandens redskaber. *Skalk* 1971 (4), pp. 3-7.

BECKER, C.J., 1979. Om istids-jægerne og deres redskaber. In: J. Brøndsted, *De ældste tider. Danmark indtil år 600* (= Særudgave af Danmarks Historie I). Efterskrift. Politikens Forlag, Copenhagen, pp. 521-525.

BECKER, C.J., 1985. Danske fund af istids-menneskets redskaber i Nationalmuseet. In: P.O. Nielsen (ed.), *De ældste fund.* Nationalmuseet, Copenhagen, pp. 6-9.

BINFORD, L.R., 1978. *Nunamiut ethnoarchaeology.* Academic Press, New York etc.

BINFORD, L.R., 1981. *Bones. Ancient men and modern myths.* Academic Press, New York etc.

BOSINSKI, G., 1967. *Die mittelpaläolithischen Funde im westlichen Mitteleuropa* (= Fundamenta A/4). Böhlau Verlag, Köln/Graz.

BOURDIER, F., 1976. Les premières industries humaines dans le Nord-Ouest. In: H. de Lumley (ed.), *La Préhistoire Française,* Tome I-2. C.N.R.S., Paris, pp. 804-809.

BRAIN, C.K., 1981. *The hunters or the hunted? An introduction to African cave taphonomy.* University of Chicage Press, Chicago/London.

GLOB, P.V., 1963. Arkæologiens flyvende tallerkner. 'Kronik' in: *Berlingske Tidende,* 27-10-1963.

GLOB, P.V., 1972. Farlig flint. *Skalk* 1972 (1), pp. 18-20.

GROTE, K. & E.M. JACOBSEN, 1982. Der Faustkeil von Karskov-Kliff auf Langeland (Danemark). *Archäologisches Korrespondenzblatt* 12, pp. 281-285.

HOLM, J., 1986. The quaternary and the Early/Middle Palaeolithic of Denmark. In: A. Tuffreau & J. Sommé (eds), *Chronostratigraphie et faciès culturels du Paléolithique inférieur et moyen dans l'Europe du nord-ouest* (= Suppl. au Bull. de L'A.F.E.Q.). Soc. Préh. Fr. & l'Assoc. Fr. pour l'étude du Quaternaire, Paris, pp. 75-80.

HOUMARK-NIELSEN, M., 1989. Danmark i istiden – en tegneserie. *VARV* 2, pp. 43-72.

HÜLLE, W.M., 1977. *Die Ilsenhöhle unter Burg Ranis/Thüringen*. Gustav Fischer, Stuttgart.

HØJRUP, O., 1947. Bopladser med håndkiler fra Roskilde fjord. *Aarbøger for Nordisk Oldkyndighed og Historie* 1946, pp. 95-102.

JACOBSEN, E. MAAGAARD, n.d. *A geological description of the Karskov Cliff; Langeland, Denmark*. Geokon A/S, Copenhagen.

JEPSEN, E.M., 1973. *Dansk føristidskultur for amatører*. Ålborg.

JUEL JENSEN, H., 1994. *Flint tools and plant working. Hidden traces of Stone Age technology*. Aarhus University Press, Aarhus.

MADSEN, E., 1963. Primitiv flintkultur ved Isefjord. *Aarbøger for Nordisk Oldkyndighed og Historie* 1962, pp. 79-93.

MANIA, D. & W. BAUMANN, 1981. Neue paläolithische Funde aus dem Mittelpleistozän von Markkleeberg. *Beiträge zur Ur- und Frühgeschichte* 1 (= Beihefte d. Arb.- u. Forsch.-ber. z. Sächs. Bodendenkmalpflege 16). Berlin, pp. 41-109.

MANIA, D., M. THOMAE, T. LITT & T. WEBER, 1990. *Neumark-Gröbern. Beiträge zur Jagd des mittelpaläolithischen Menschen*. Deutscher Verlag der Wissenschaften, Berlin.

MARSEEN, O., 1972. Notat vedrørende Eli Jepsen og omstridt håndkile fra Villestrup. Report, unpublished, kept in the National Museum of Copenhagen, under J.nr. 618/71.

MATHIASSEN, T., 1935. Primitive flintredskaber fra Samsø. *Aarbøger for Nordisk Oldkyndighed og Historie* 1934, pp. 39-54.

MONTELIUS, O., 1919. De mandelförmiga flintverktygens ålder. *Antiquarisk Tidskrift för Sverige* 20.

MØHL-HANSEN, U., 1955. Første sikre spor af mennesker fra interglacialtid i Danmark. Marvspaltede knogler fra diatomeforden ved Hollerup. *Aarbøger for Nordisk Oldkyndighed og Historie* 1954, pp. 101-126.

MOSS, E.H., 1983. *The functional analysis of flint implements. Pincevent and Pont d'Ambon: two case studies from the French Final Palaeolithic* (= BAR reports, International Series 177). BAR, Oxford.

MOSS, E.H., 1987. Polish G and the question of hafting. In: D. Stordeur (ed.), *La main et l'outil*. (= Travaux de la Maison de l'Orient, 15). Lyon, pp. 97-102.

NIELSEN, P.O., 1985. Fortiden i grusgravene. In: P.O. Nielsen (ed.), *De ældste fund*. Nationalmuseet, Copenhagen, pp. 17-20.

PETERSEN, K. STRAND, 1985. The Late Quaternary history of Denmark; the Weichselian icesheets and land/sea configuration in the Late Pleistocene and Holocene. *Journal of Danish Archaeology* 4, pp. 7-22.

RUST, A., 1962. *Die Artefakte der Altonaer Stufe von Wittenbergen* (= Offa-Bücher 17). Wachholtz Verlag, Neumünster.

STAPERT, D., 1976a. Some natural surface modifications on flint in the Netherlands. *Palaeohistoria* 18, pp. 7-41.

STAPERT, D., 1976b. Middle Palaeolithic finds from the Northern Netherlands. *Palaeohistoria* 18, pp. 43-72.

STAPERT, D., 1981. Handaxes in southern Limburg (the Netherlands) – how old? In: F.H.G. Engelen (ed.), *Third international symposium on flint, Maastricht 1979* (= Staringia 6). Nederlandse Geologische Vereniging, Heerlen, pp. 107-113.

STAPERT, D., 1982. A Middle Palaeolithic artefact scatter, and a few younger finds, from near Mander NW of Ootmarsum (province of Overijssel, the Netherlands). *Palaeohistoria* 24, pp. 1-33.

STAPERT, D., 1986. The Vermaning stones: some facts and arguments. *Palaeohistoria* 28, pp. 1-25.

STAPERT, D., 1987. A progress report on the Rhenen Industry (Central Netherlands) and its stratigraphical context. *Palaeohistoria* 29, pp. 219-243.

STAPERT, D., 1991. Archaeological research in the Fransche Kamp pit near Wageningen (Central Netherlands). *Mededelingen Rijks Geologische Dienst* 46, pp. 71-88.

STAPERT, D., 1995. De vuistbijl van Oldeholtwolde (Fr.). *Paleoaktueel* 6, pp. 9-11.

STAPERT, D. & J.G. Zandstra, 1985. Een zuidelijk archeologisch erraticum te Opende Zuid (Groningen). *Grondboor en Hamer* 39, pp. 57-71.

THIEME, H. & S. VEIL, 1985. Neue Untersuchungen zum eemzeitlichen Elefanten-Jagdplatz Lehringen, Ldkr. Verden. *Die Kunde* N.F. 36, pp. 11-58.

TROELS-SMITH, J., 1995. Claudi-kiler, østersbanker og tidevand. In: H.H. Hansen & B. Aaby (eds), *Stavns Fjord. Et natur- og kulturhistorisk forskningsområde på Samsø*. Carlsbergfondet & Nationalmuseet, Copenhagen.

TUFFREAU, A., 1978. Le Paléolithique dans le Nord de la France (Nord-Pas-de-Calais). *Bulletin de l'Association Française pour l'Etude du Quaternaire* 54/55/56, pp. 15-25.

VAUGHAN, P., 1985. *Use-wear analysis of flaked stone tools*. University of Arizona Press, Tucson.

RING & SECTOR ANALYSIS, AND SITE 'IT' ON GREENLAND*

DICK STAPERT
Vakgroep Archeologie, Groningen, Netherlands

LYKKE JOHANSEN
Institut for Arkæologi og Etnologi, København, Denmark

ABSTRACT: A technique for applying the ring and sector method to grid-cell data is introduced. In cases where the cells are not larger than 50x50 cm, it is possible to adjust for distortions ('pseudo-peaks') created by the artefacts from the sieve having artificial coordinates in the centres of the cells. This is achieved by comparing the observed ring (or sector) distributions with those produced on the basis of a theoretical test file reflecting randomness. The procedure is tested and illustrated, using mainly the data of an early Dorset site on Greenland ('IT'). The outcomes of the ring and sector analysis are contrasted with the results of a refitting analysis of the same site. The main subject of the paper is the use of ring and sector analysis for establishing the presence of dwelling structures, independently of archaeologically visible features.

KEYWORDS: Intrasite spatial analysis, ring and sector method, grid-cell data, dwelling structures, Upper/Late Palaeolithic in Europe, Dorset Culture in Greenland.

1. INTRODUCTION

The ring and sector method was developed for intrasite spatial analysis of Stone Age sites with a central hearth (Stapert, 1990; 1992). Around the centre of the hearth a system of rings and sectors is positioned, and the frequencies of artefacts in the rings and sectors are counted per class. One of the main contributions of the method is that, in many cases, it may reveal whether a hearth was located inside a dwelling or in the open air. Unimodal ring distributions were found to be characteristic of outdoor hearths, while multimodal ring distributions (showing two or three peaks) are associated with hearths inside dwellings. In this paper, the ring and sector approach is critically evaluated, partly prompted by the review by De Bie (1993), and partly as a result of our analysis of the 'IT' site on Greenland. IT is an early Dorset site in the Disko Bay area of western Greenland, where several dwelling structures with central hearths have been excavated (see under 6).

A computer program for executing ring and sector analysis has been developed by Akili Software in Groningen; it operates with Cartesian coordinates (Boekschoten & Stapert, 1993; in press). The program makes it possible to explore the ring and sector method in depth. Among other things, it allows the optimum level of resolution for any site to be established, which is a prerequisite for meaningful quantitative approaches in spatial analysis. In this paper it is shown that the quest for an appropriate measuring scale is of crucial importance especially in applying the ring approach.

One of the main topics of our work was to develop ways to perform ring analysis in the case of sites where part of the material was collected per quarter square metre. At many modern excavations the excavated soil is sieved per quarter square metre. In the case of the IT site, sieving was precluded because of the nature of the soil (peat). All excavated soil was carefully sorted through by hand on a table, per quarter square metre. However, tools and larger artefacts were measured in individually. Up till now, the ring and sector method was mostly applied only to artefacts with individual coordinates, which of course is the most reliable approach. However, this also implies a serious restriction. It is unsatisfactory that only part of the available evidence is used in the analysis. Using grid-cell data is possible only if the method is adapted to that situation, and this paper is an attempt to do just that. This seemed very important to us, because it would make the method applicable even at sites where the bulk of the material was collected in grid cells. In the case of IT, of the total of 15,980 artefacts, only 596 have exact coordinates: 3.7%. The rest were collected by the quarter square metre in the way described above. This situation makes it very clear that we need reliable procedures to cope with grid-cell data. We believe that the methods developed in this paper will prove to be a step in the right direction. If they do, the scope and usefulness of the ring and sector method will be greatly enhanced.

* The computer drawings in this paper, by Dick Stapert, were made using both 'Rings & Sectors' and 'SlideWrite Plus'.

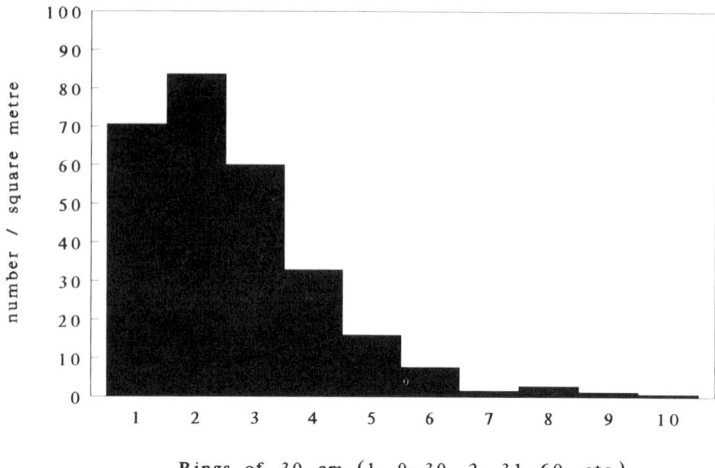

Fig. 1. Pincevent T112. Tools in rings of 30 cm, expressed as densities: number/square metre. In all ring diagrams in this paper, the X-axis indicates the distance to the hearth centre. N = 334.

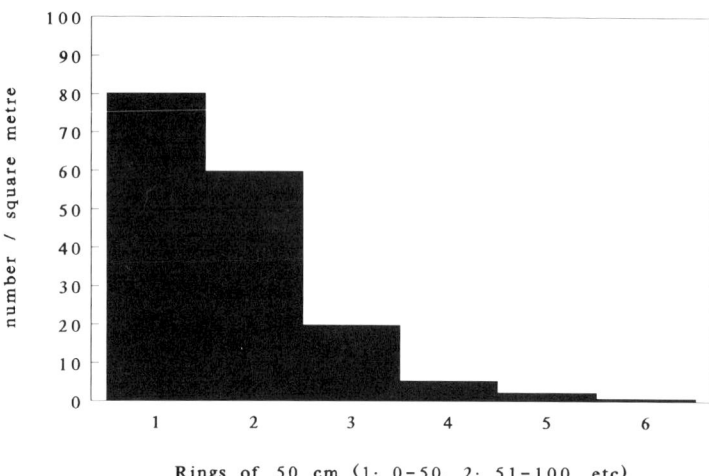

Fig. 2. Pincevent T112. Tools in rings of 50 cm, expressed as densities: number/square metre.

2. RING ANALYSIS AS A ONE-DIMENSIONAL APPROACH

Up till now, ring analysis was performed by counting the actual frequencies in the rings, per artefact group, and presenting these in the form of histograms (Stapert, 1992). In most cases, rings of 0.5 m were employed. Several commentators (e.g. Blankholm, 1991/92; De Bie, 1993; E. Cziesla, pers. comm. 1989; L.P. Louwe Kooijmans, pers. comm. 1992) have expressed some amazement at this procedure. Since the rings grow (linearly) in surface area, going outwards from the centre, it might seem more logical to transform the ring frequencies into densities, i.e. numbers per square metre. The first author has always avoided this transformation, for several reasons (see Stapert, 1989: p. 7). The most important of these is the realization that ring data are *distance* data. In other words, we may regard ring analysis as a one-dimensional approach. Therefore, it would perhaps be more precise not to speak of rings, but of *distance classes*. One may imagine a single prehis-

toric activity, for example the production of an antler spearhead, for which five burins were used. These would always be the same five burins, irrespective of whether the work was done close to the hearth or at a large distance. We are interested in the distance to the hearth of these five burins, not in the averaged density of these tools, calculated for a complete ring. Ring densities would create the false impression that tools are scattered evenly in the rings, which is not the case. Therefore, this transformation seemed superfluous and in some cases even misleading. Density patterns are more usefully studied in a grid, preferably with cells of 50x50 cm.

However, transforming ring frequencies into ring densities is not without value altogether. This procedure may convey information about global density patterns in relation to the hearth. In most cases, it can be shown in this way that the hearth is associated with high densities in the artefact scatter. In a paper on Pincevent (France), a ring density diagram for the tools at Concentration T112 was included, for comparison with

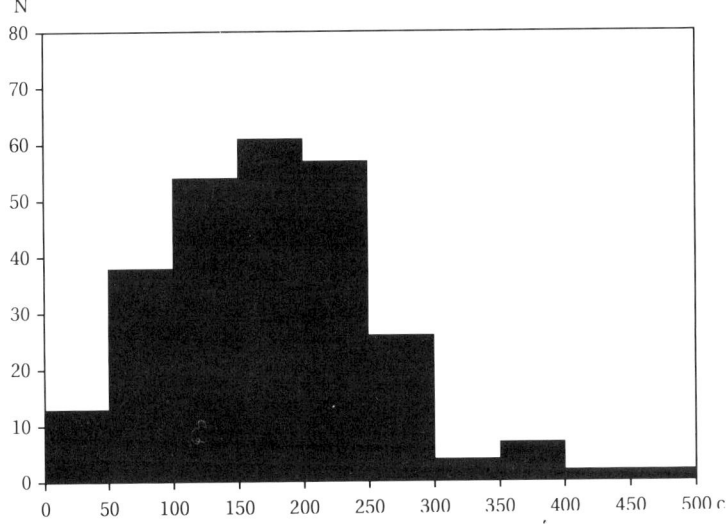

Fig. 3. Oldeholtwolde. Tools (including broken-off borer-tips) in rings of 50 cm: frequencies. N = 264; mean D: 1.75 m.

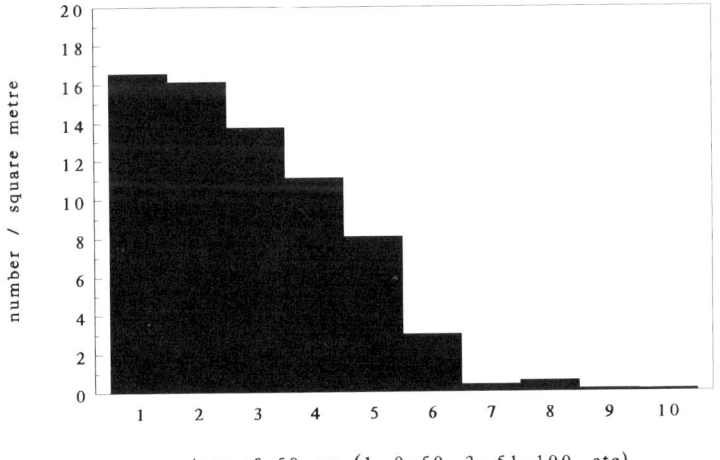

rings of 50 cm (1: 0-50, 2: 51-100, etc)

Fig. 4. Oldeholtwolde. Same data as in fig. 3, now expressed as densities: number/square metre.

an 'ordinary' ring diagram showing frequencies per ring (Stapert, 1989: figs 2 and 16, respectively). Density diagrams are illustrated here again for Pincevent T112, using rings of 30 cm and 50 cm (figs 1 and 2; compare these figures with figs 9 and 10, in which the frequencies using the same ring widths are given). Note that the mode in the density diagrams is closer to the centre than in the frequency diagrams. In the case of rings 50 cm wide, the mode of the density diagram even falls in the first ring. The same difference can be observed, even more markedly, in figures 3 and 4, which show a frequency diagram and a density diagram for the tools of the Hamburgian site at Oldeholtwolde (the Netherlands), using ten rings of 50 cm. The density diagram very clearly shows the 'central tendency': the association of the hearth with high density. The highest density occurs in the first ring, 0-50 cm from the hearth centre. In terms of frequency, there are only 13 tools in this ring. In the ring with the highest number of tools, between 1.5

and 2 m, there are 61 tools – almost five times as many. The point, illustrated by figure 3, is that it is clearly at some distance from the hearth, between about 1 and 2.5 m from its centre, that most activities involving the use of tools were performed – not very close to, or even within the hearth, as the density diagram seems to suggest. In other words, it is the frequency diagram that shows where activities were really going on. The density diagram expresses something else. It shows that, globally speaking, the hearth was indeed the focus of the artefact scatter under discussion, but not much more.

A nasty consequence of transforming ring frequencies to densities is that the patterns we wish to study become blurred. With increasing distance from the hearth, patterns evident in the ring distributions will become less and less visible, because the ring frequencies have to be divided by ever larger surface areas. Fluctuations in ring frequencies are thus more and more suppressed and marginalized as we move outwards from the hearth.

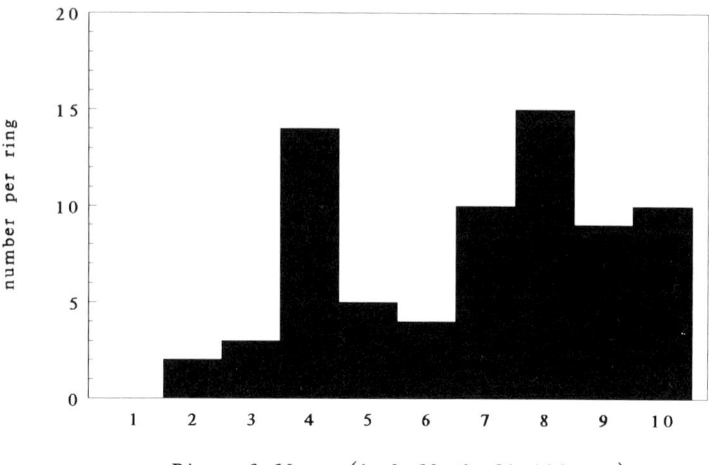

Fig. 5. Gönnersdorf II. Backed bladelets in the NW quarter in rings of 50 cm: frequencies. N = 72.

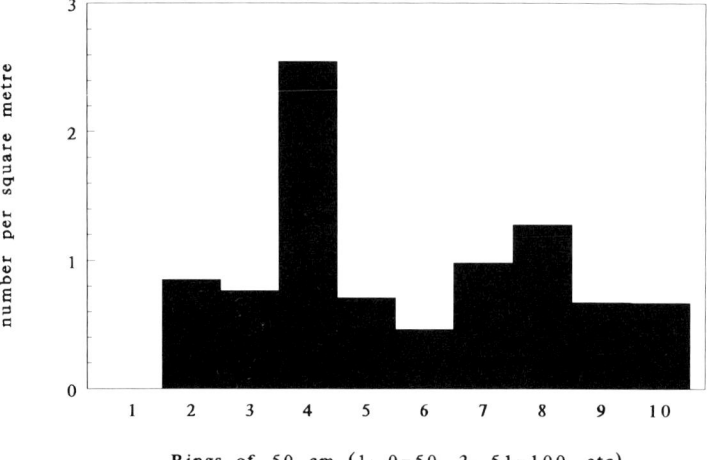

Fig. 6. Gönnersdorf II. Same data as in fig. 5, now expressed as densities: number/square metre.

This is a problem especially with multimodal ring distributions. As an example, the frequency diagram for backed bladelets in the northwestern quarter of Concentration II at Gönnersdorf (Germany) is shown in figure 5 (see Boekschoten & Stapert, 1993: fig. 5A). In this diagram, a second peak between 3.5 and 4 m is very conspicuous. Transforming the data to densities results in the diagram shown in figure 6. The bimodal pattern is not lost, but it has become much less prominent. In the frequency diagram the second peak is about as high as the first (n = 15 and 14, respectively); in the density diagram the second mode is only half as high as the first (n/sq.m. = 2.55 and 1.27, respectively). This is solely the result of the growing surface areas of the rings. If the second peak in the frequency diagram had been lower, it could have disappeared completely in the density diagram. Transforming the data shows that the second peak, caused by the barrier effect of the tent wall, is a modest phenomenon in terms of density. Nevertheless, it is a remarkable phenomenon in the frequency diagram. It is also a very useful phenomenon, because it

can be interpreted, so there seems little reason to obscure it. The answer probably is that De Bie (and others) felt that using densities is more 'honest' than using frequencies. In our opinion, however, it is perfectly legitimate to consider ring analysis as a one-dimensional approach.

There is one aspect of the growing rings, however, which merits closer consideration. The surface areas of the rings may, to a certain degree, be used to investigate whether or not patterns observed in ring diagrams could be a product of chance. We shall return to this possibility in later sections of this paper.

3. SEARCHING FOR THE OPTIMUM LEVEL OF RESOLUTION

The use of histograms to present distance data has several weaknesses. As De Bie (1993: p. 139) rightly remarked, their shape is partly dependent on the selected ring width. This problem has two important aspects:

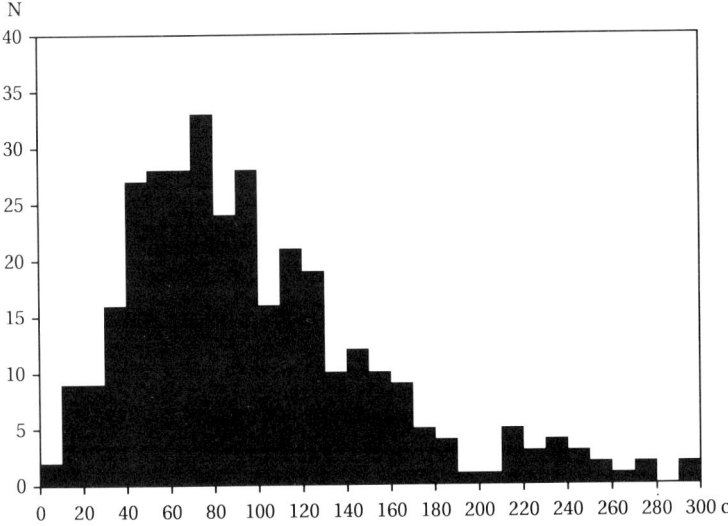

Fig. 7. Pincevent T112. Tools in rings of 10 cm. N = 334; mean D: 0.98 m.

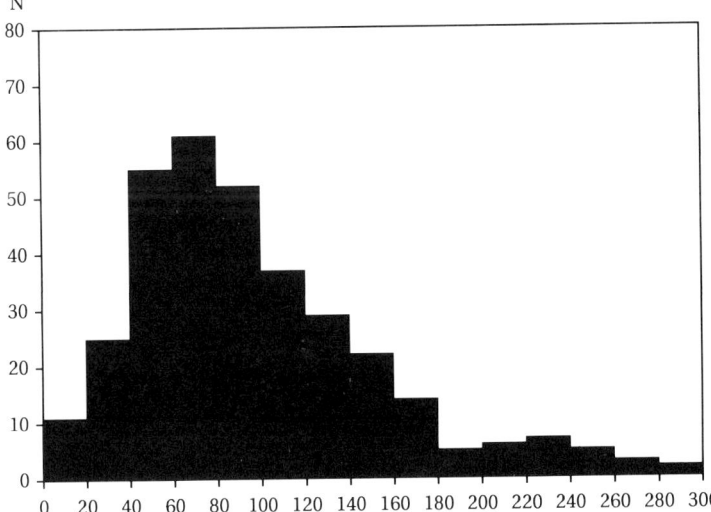

Fig. 8. Pincevent T112. Tools in rings of 20 cm.

reliability and precision. In other words, we are confronted with the search for the optimum level of resolution. Throughout the thesis of the first author (Stapert, 1992), rings of 0.5 m were employed. A computer program was not available at that time, and all the measurements and subsequent data manipulation were done by hand. Since then, the computer package 'RINGS & SECTORS' (R&S for short) has been developed (Boekschoten & Stapert, 1993; in press). One of the main advantages of a program such as R&S is that it enables the user to 'play about' with spatial data. This possibility of playing does not necessarily imply improper manipulation of the data. The goal is to find structure in the data jungle; playing is part of the pattern-recognition process. Most patterns, including those displayed by distance data, are not indifferent to scale. Therefore, one has to find the optimum parameters for each site under analysis. In other words, one has

to 'focus' any method for spatial analysis, by establishing the optimum level of resolution in each case (Boek-schoten et al., 1994).

Finding the optimum level of resolution is a basic problem in any quantitative science. This quest is an interplay between the wish to preserve and use as much information as possible and the need for statistical reliability. The more artefacts, the finer our measuring scales can be. Using too narrow rings may lead to fragmentation of the data, and the histogram will then show many irregularities. Using too wide rings could easily obscure the patterns we are looking for. For example, when dealing with a dwelling structure with a diameter of less than 5 m, rings of 0.5 m may in some cases be too wide for bringing out the position of the walls. One would need narrower rings in such cases (40 or 30 cm, or even less), but this makes sense only if there are enough artefacts. If their number is too small,

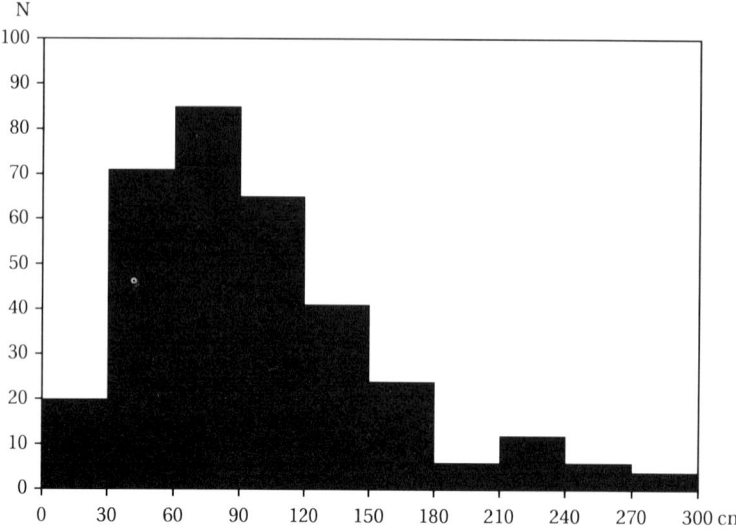

Fig. 9. Pincevent T112. Tools in rings of 30 cm.

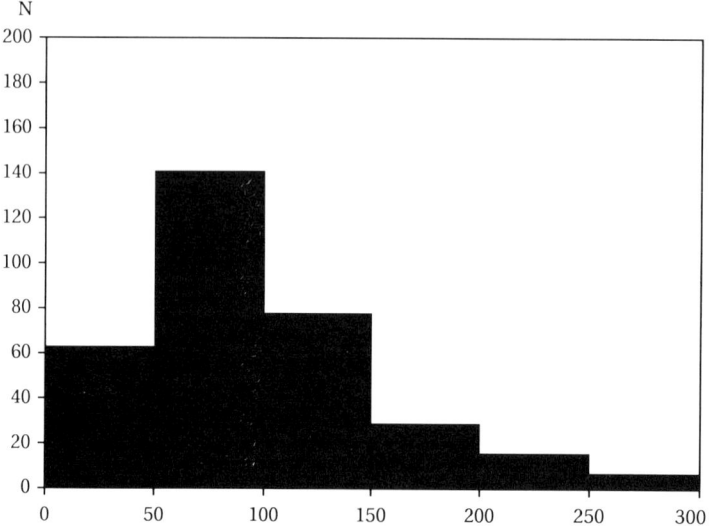

Fig. 10. Pincevent T112. Tools in rings of 50 cm.

any structures could remain undetectable to the ring and sector method. The R&S program makes it possible to explore the whole scale of measurement, from fine to coarse, and to establish the scale that is appropriate for any individual site. To illustrate this search, ring diagrams for the tools of Pincevent T112 are shown, using rings of 10, 20, 30 and 50 cm (figs 7-10). In the case of rings 10 cm wide (fig. 7), the curve shows many irregularities. The graph has not 'stabilized', because the measuring scale is too fine-grained. By virtue of the large number of tools (334 within 3 m from the hearth centre), the graph has already stabilized when rings of 20 cm are used (fig. 8). With 10 rings of 30 cm, still a clear picture is obtained (fig. 9). In the case of 50-cm rings (fig. 10), the graph is somewhat too coarse-grained. For example, the small peak between 2 and 2.5 m, visible in figures 8 and 9, is now lost. In the case of Pincevent T112, because of the

large number of tools, the use of rings 25 cm wide would probably be the best choice.

Large tents, such as those of Gönnersdorf, are clearly visible when rings of 50 cm are used (see fig. 5). As noted above, finding the optimum level of resolution is especially important when we are dealing with relatively small dwellings. This is illustrated here by the case of Andernach-Oben (Germany), the *Federmesser* site stratigraphically overlying the well-known Magdalenian site at Andernach-Martinsberg. The data were kindly made available to us by Dr Martin Street (Forschungs-stelle Monrepos, Neuwied). In figures 11-15, only the artefacts that were measured in individually have been taken into account. At this site, Street identified three hearths, on the basis of dense concentrations of burnt bone. The westernmost one, hearth A, is associated with nine different raw materials, both local and exogenous. In figures 11-15, the artefacts of these raw materials,

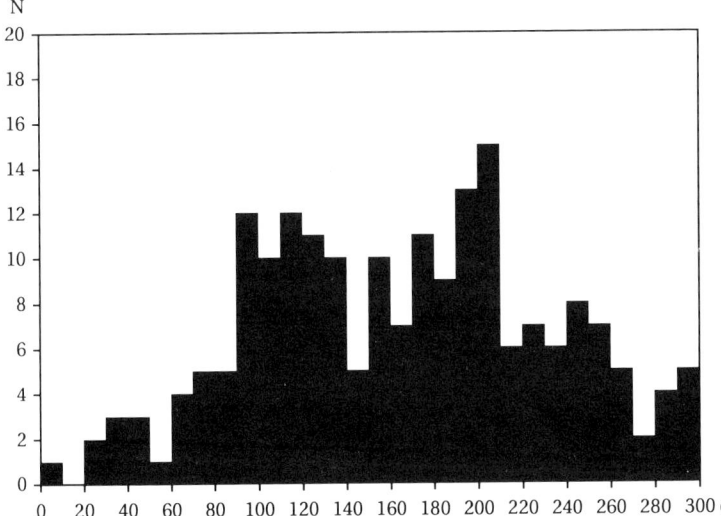

Fig. 11. Andernach-Oben. Artefacts of nine raw materials in rings of 10 cm around the centre of Hearth A (coordinates: 19.0/86.5). N = 199.

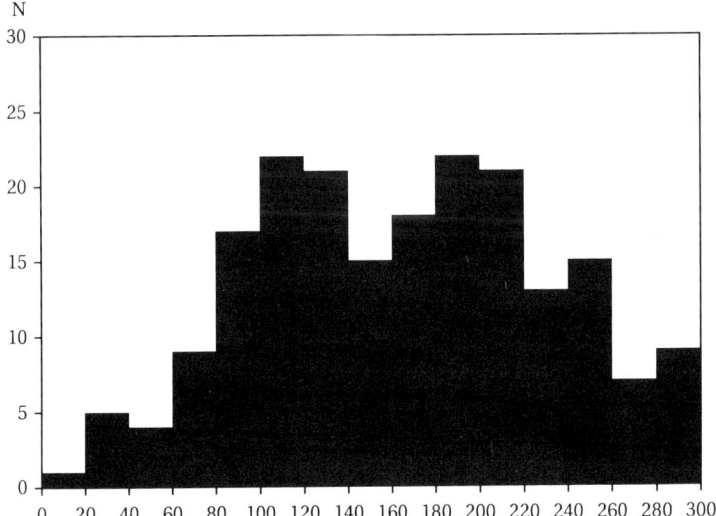

Fig. 12. Andernach-Oben. The same artefacts as in fig. 11, now in rings of 20 cm.

both tools and non-tools, are presented in rings of 10, 20, 30, 40 and 50 cm width. Though the diagram for rings of 20 cm already shows bimodality, there are still some irregularities. With rings of 30 cm the graph is stabilized. It is bimodal with the second mode between 1.8 and 2.1 m, suggesting the presence of a tent or hut with a diameter of about 4 m. In the diagram using rings of 40 cm, bimodality has become all but invisible. In the case of rings 50 cm wide, the graph has changed into a unimodal histogram, and the bimodality which is evident when we use smaller rings has been lost. Using the same procedure, tents with diameters of about 4 m can be demonstrated at three units at the Magdalenian site of Marsangy (France): H17, D14 and X18. For the first two of these, Schmider (e.g. 1993) had postulated tents with diameters of 3 to 3.5 m.

Tents with diameters below about 3.5 m will be difficult to detect by the ring and sector method,

especially if the numbers of artefacts are relatively small. The two modes will then overlap, because they are so close together. Such situations might result in just a single relatively wide mode, unless very narrow rings could be employed. On the other hand, small tents – with diameters less than about 3 m – would not be expected to have an interior hearth, for lack of space. Buschkämper (1993) analysed two structures at Gönnersdorf (SW1 and SW2), consisting of stone rings with diameters of 2 to 2.5 m, and interpreted them as tent rings. There were no hearths within these rings, and Busskämper therefore did not expect bimodal ring distributions. The centre of the ring and sector system was placed at the geometrical centre of the stone rings. He hypothesized unimodal ring diagrams in such cases, in which the only mode would roughly coincide with the tent walls. He used rings of 25 cm, and indeed found only one peak, indicating the location of the walls.

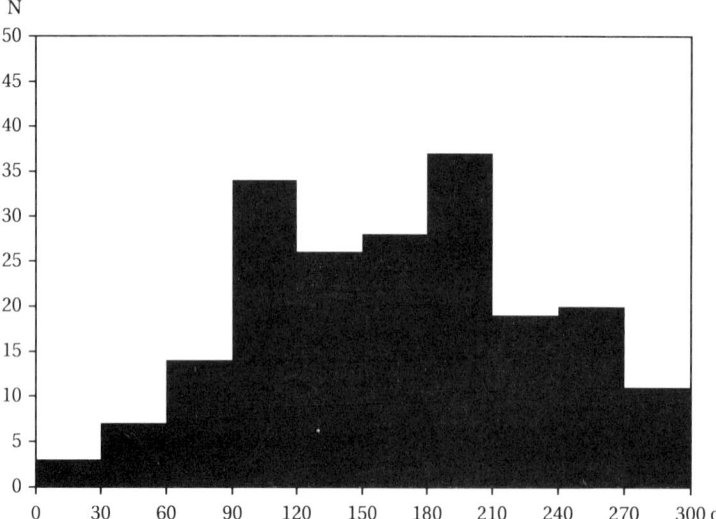

Fig. 13. Andernach-Oben. The same artefacts as in fig. 11, now in rings of 30 cm.

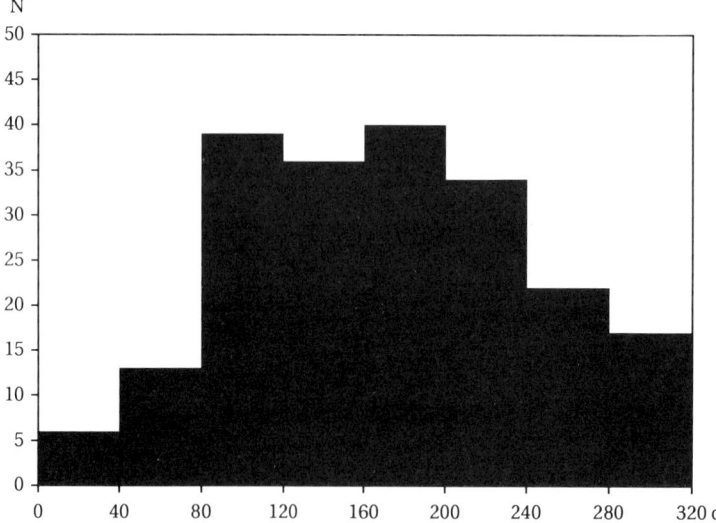

Fig. 14. Andernach-Oben. The same artefacts as in fig. 11, now in rings of 40 cm.

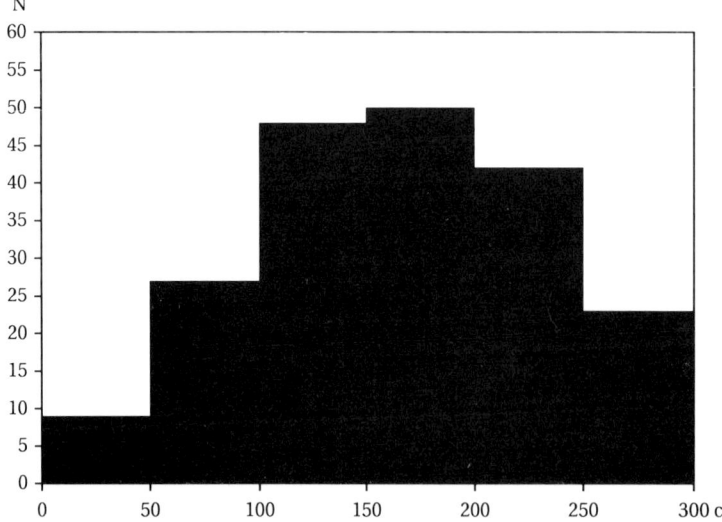

Fig. 15. Andernach-Oben. The same artefacts as in fig. 11, now in rings of 50 cm.

Naturally, finding the optimum level of resolution is also important in sector analysis: the more artefacts, the more sectors can be employed.

4. TRACE LINES

Finding the optimum level of resolution for ring histograms can be done by going through the whole scale of measurement, from narrow to wide rings, and establishing the smallest ring width at which the graph stabilizes. Even then, however, class boundaries remain somewhat arbitrary. An alternative way of analysing distance data is the trace line or ogive. This is a cumulative frequency graph. The artefacts are ranked according to their distance from the hearth centre. In the bottom left corner of the graph, the artefact closest to the hearth is plotted; in the top right corner the farthest one. 'An ogive takes the form of a graph with the values on the

horizontal axis representing the stated value and all values below. The vertical axis can be scaled in frequencies or percentages (or both). Ogives can be used for grouped data and for actual values of continuous data.' (Fletcher & Lock, 1991: p. 27). In the R&S program, the actual values are shown in the graph as dots. On the Y-axis, either frequencies or percentages can be indicated. The dots may or may not be connected by a line. It is possible to place a grid over the diagram, so that interesting spots in the graph can easily be located on both axes.

This procedure results in characteristically S-shaped trace lines for artefact scatters around open-air hearths. The steep part in the curve reflects the only peak in the corresponding unimodal histogram: the drop zone. In figure 16, the trace line for the tools of Pincevent T112 is given (compare with figs 7-10), and figure 17 shows the trace line for the tools of Oldeholtwolde (compare with fig. 3). At sites with a hearth inside a dwelling

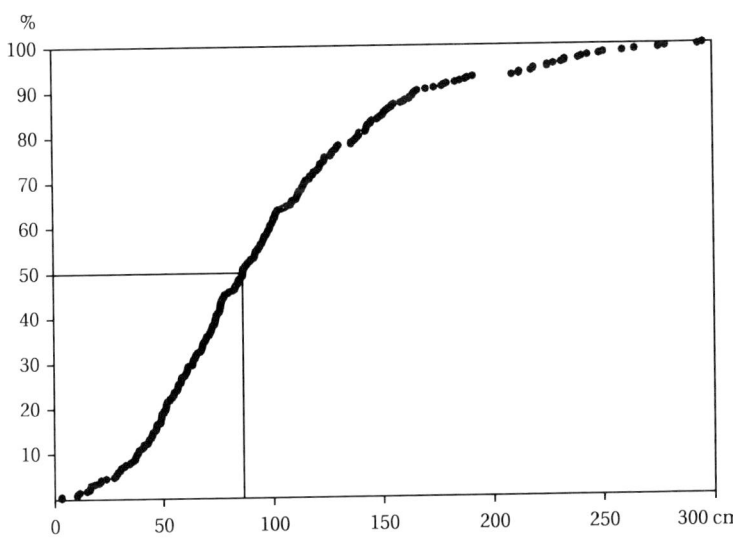

Fig. 16. Pincevent T112. Trace line for the tools. The X-axis indicates the distance to the hearth centre. On the Y-axis, the frequencies are expressed as percentages. N = 334. The median (0.86 m) is indicated in the figure.

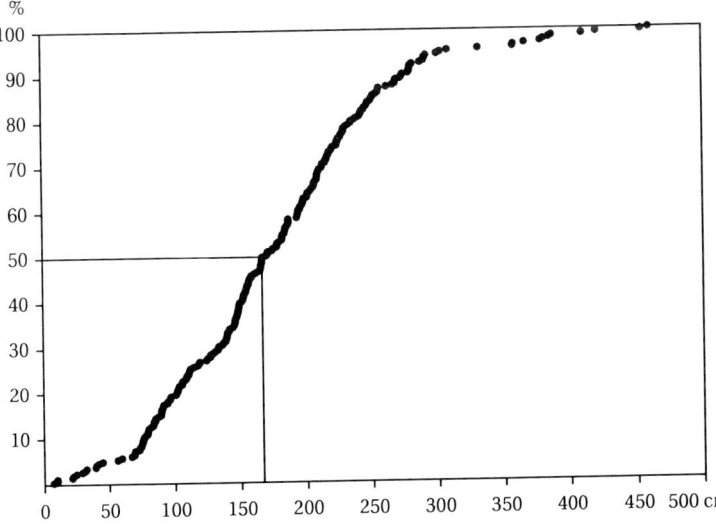

Fig. 17. Oldeholtwolde. Trace line for the tools, including broken-off borer-tips. N = 264. Median: 1.67 m.

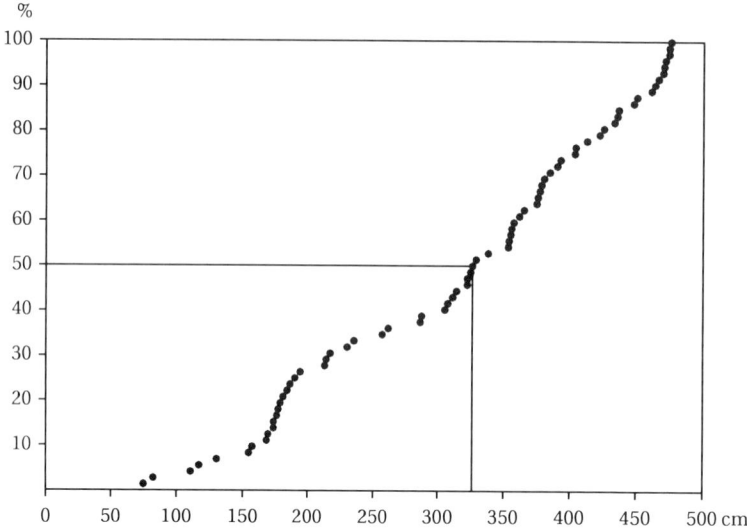

Fig. 18. Gönnersdorf II. Trace line for the backed bladelets in the NW quarter. N = 72. Median: 3.26 m.

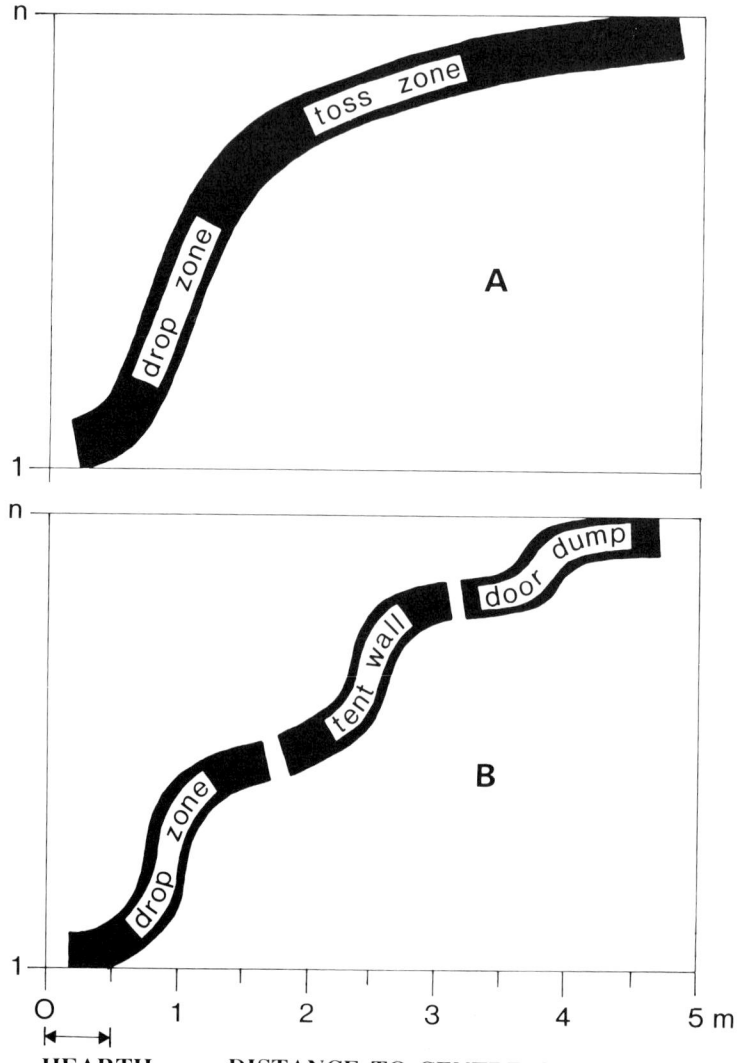

Fig. 19. Diagram showing the global shape of trace lines in the cases of open-air hearths (A) and hearths inside dwellings (B). Drawing Dick Stapert/Lykke Johansen.

structure, two or three S-shaped sections will be observed in the trace line. As an example, the trace line for the backed bladelets in the northwestern quarter of Gönnersdorf II is given (fig. 18; compare with fig. 5). The first 'S' reflects the drop zone. The second is caused by the tent wall, which will have been located just beyond the end of the steep part. A third S-shaped section, if present, may represent a door dump outside the entrance. For a schematic impression of what trace lines will look like for unimodal and multimodal ring distributions, see figure 19. The advantage of trace lines over ring diagrams (histograms) is that no class division is needed. Therefore it is more precise in establishing the position of the tent wall, especially when trace lines are produced for 4 or 8 sectors rather than for the site as a whole.

Note that trace lines illustrate the one-dimensional approach in distance analysis; they are equivalent to frequency histograms.

5. GROWING RINGS

Though ring analysis can be considered a one-dimensional approach, it nevertheless remains true that the artefacts, and the rings, are located in two-dimensional space. It is important to be aware of this during the analysis, for example in situations where some rings are incomplete (because they partly extend outside the excavation borders). However, this is not a crucial problem, because in such cases both frequencies and densities will be affected. Moreover, it is possible to some degree to 'compensate' for partial rings (Stapert & Terberger, 1989; see also under 8). When using frequencies, we do not take into account at all the fact that the rings grow in surface area, going outwards from the hearth. There is one reason, however, to look also at our data in a two-dimensional way: it may be useful to know how much any observed ring distribution deviates from a random (or regular) distribution. To accomplish this, we can produce a histogram showing the surface areas of the rings we use in our analysis (they grow linearly), and compare this theoretical distribution with the observed distribution. To do this, the Y-axis has to be standardized, i.e. transformed into percentages. When ten rings are used (of whatever width), the surface areas of the rings, expressed as percentages of the total area, grow in the way illustrated in figure 20. This figure also represents what we would expect a ring distribution to look like for a site where the artefacts are scattered in a random (or regular) way. Comparison with any observed distribution will show in which rings the actual ring frequencies are higher or lower than would be expected in the case of a random scatter (randomness is here approximated by a regular spatial distribution). This procedure was followed in the case of Gönnersdorf III (Stapert & Terberger, 1989: fig 14). Note that the theoretical distribution can be corrected for missing ring parts. The same procedure is illustrated here for Concentration T112 of Pincevent (fig. 21). It is immediately clear from this graph that up to 1.5 m from the hearth centre, ring percentages are higher than would be expected if the artefacts within 3 m from the hearth centre were scattered randomly or regularly. Beyond 1.5 m, the observed percentages fall below those of the theoretical graph.

The information contained in figure 21 can also be presented in another way, which is perhaps more transparent. For any observed distribution, we can calculate the deviations from the theoretical curve, positive or negative, and present these in a diagram, in which zero on the Y-axis represents the ring percentage of the theoretical distribution reflecting randomness. The resulting graphs for Pincevent T112 and Oldeholtwolde are shown in figures 22 and 23. The two graphs are similar in shape, but note that different ring widths were used; the crossing of the zero-line at Pincevent occurs at 1.5 m, at Oldeholtwolde at 2.5 m. The backed

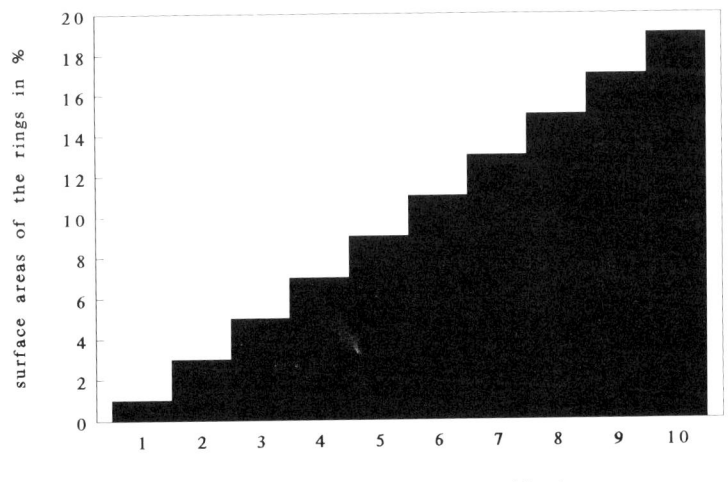

Distance to hearth centre: 10 rings

Fig. 20. Surface areas of 10 rings, expressed as percentages of the total area on the Y-axis.

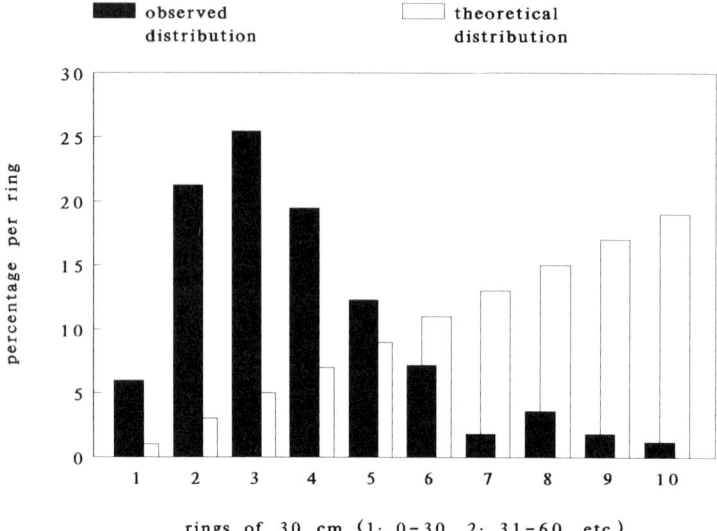

Fig. 21. Pincevent T112. Observed ring distribution of the tools in rings of 30 cm, expressed as percentages on the Y-axis, contrasted with the theoretical distribution of fig. 20 for random or regular spatial scatters.

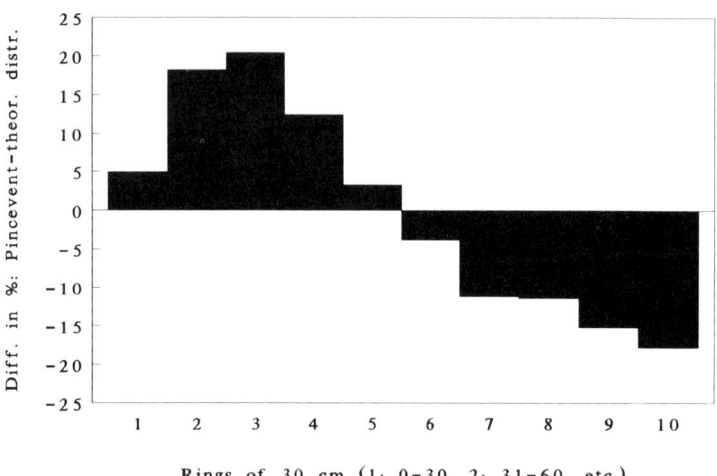

Fig. 22. Pincevent T112. The same data as in fig. 21, but now the deviations from the theoretical curve, as displayed by the observed distribution, are given in percentages on the Y-axis. This curve is more transparent than that of fig. 21.

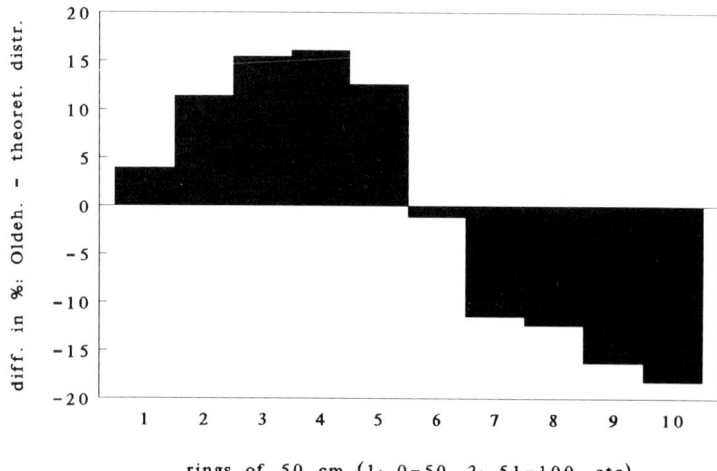

Fig. 23. Oldeholtwolde. Deviations from the theoretical curve of fig. 20, displayed by the observed distribution, are given in percentages on the Y-axis. Rings of 50 cm.

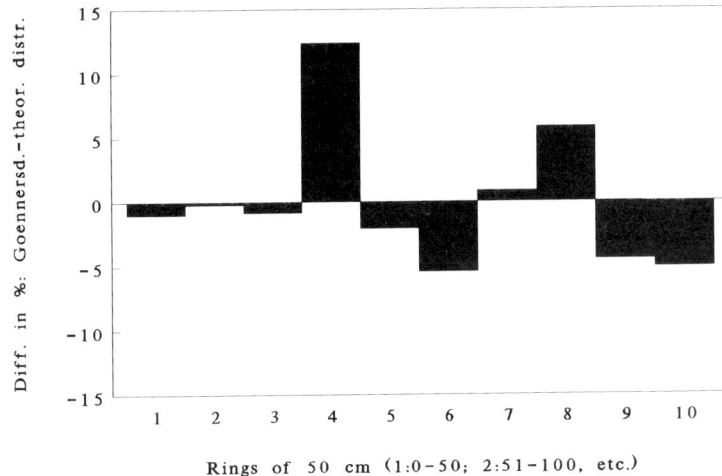

Diff. in %: Goennersd.-theor. distr.

Rings of 50 cm (1:0-50; 2:51-100, etc.)

Fig. 24. Gönnersdorf II. Deviations from the theoretical curve of fig. 20, displayed by the observed distribution of the backed bladelets in the NW quarter, are given in percentages on the Y-axis. Rings of 50 cm.

blades in the NW quarter of Gönnersdorf show a very different type of graph (fig. 24). The drop zone near the hearth, and the second peak – reflecting the barrier effect of the tent wall – clearly show up. The tent wall in this quarter will have been located at about 4 m from the hearth centre. This type of diagram will be explored in this paper for the analysis of the IT site on Greenland. The reason for this exercise is not only the wish to investigate to what degree observed ring distributions could be the result of chance (randomness). There is a more practical reason as well, which is to make it possible to use the ring method in cases where most of the material was collected per quarter sq.m.

Note that the method proposed here is not another way of transforming distance data to densities. Ring frequencies are not divided by surface areas; instead, the latter are subtracted from the frequencies (both expressed as percentages). Note also that the shape of the resulting curve is partly dependent on the area covered by the analysis.

6. IKKARLUSSUUP TIMA ('IT')

Ikkarlussuup Tima, hereafter called 'IT', is an early Dorset site (first millennium BC) in Disko Bay, Western Greenland. It was excavated in the summer of 1993 for Aasiaat Museum (Greenland), by a team from Aasiaat Museum, the Memorial University of St. John's (Canada) and the University of Copenhagen (Denmark). The second author took part in the excavation and together with another participant, Erik Brinch Petersen (Copenhagen), she completed a classification of the material. She also produced the data file under the format of R&S, and performed a refitting analysis of the lithic material at IT (see section 12). In 1995 and 1996, further excavation at IT took place, the results of which are not considered in this paper.

The site is located on a raised beach (1.5 m) on the

outermost tip of the Nuuk Peninsula. The excavated area is on a cobble beach, which sometimes made it difficult to distinguish between stones occurring naturally and stones incorporated in man-made constructions. In total, some 16,000 artefacts were excavated at IT (fig. 25). About 13,000 of these are chips: pieces smaller than 1 cm.

Three main structures have been recognized (fig. 26). In the southern part of the excavated area a platform, or stone pavement, was present. The stones used to build the platform all derive from the nearby rocks. Around the platform there was a rather indistinct and partial tent ring (not indicated in fig. 26), constructed of stones larger than those occurring naturally on the beach. Inside the tent ring there were three hearths, of which at least one must have been contemporaneous with the tent ring, because it was located centrally. The two other hearths might be of a later date. The entrance of the tent probably faced north, because there seems to be a door dump in that area. At the southern periphery of the tent ring there was a meat-cache, probably contemporaneous with the tent ring.

In the northeastern part of the excavated area another tent ring was excavated. It had a clear ring of large stones around a central hearth, which was built in a small depression and paved with large slabs. In the northern part of this tent ring there was a raised sleeping platform. Outside the tent ring, to the west, there was a rather disturbed meat-cache, which might have belonged to the tent.

In the middle of the northern part of the excavated terrain a large dwelling structure was excavated, interpreted during excavation as a sod house. An outer ring of stones was very distinct in the eastern half, but less clear in the west. An inner ring of stones also seems to be present but is less clear than the outer ring. The central hearth was constructed in a small depression, but without a stone pavement; it was filled with burnt blubber and burnt bones. On either side of the hearth (N

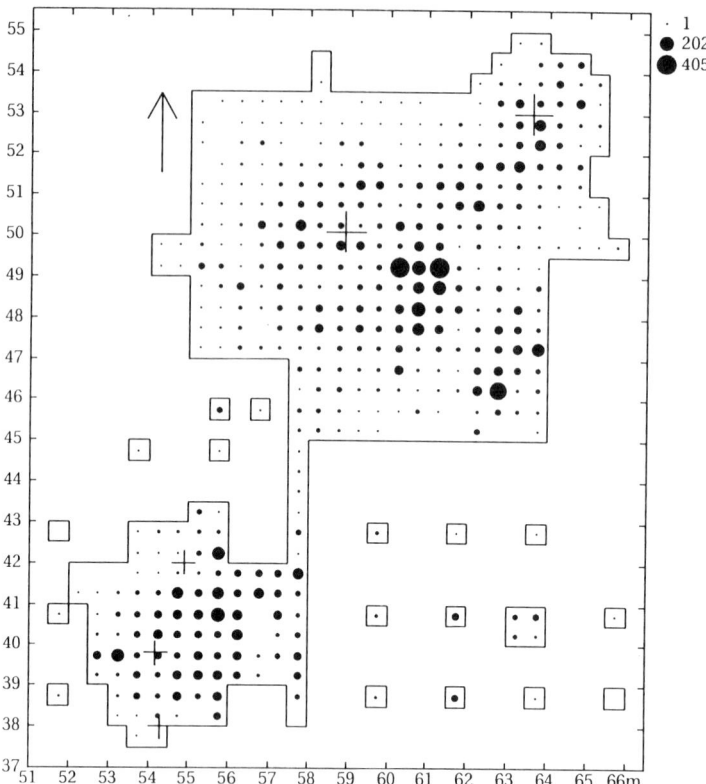

Fig. 25. IT. All artefacts in 1/4 sq.m. cells. N = 15,980.
The density map has no classes: every frequency has its
own diameter. The diameters of the circles are drawn
according to the 'peripheral option', emphasizing the
lower frequencies (see Cziesla, 1990; Boekschoten &
Stapert, in press). Crosses: hearths.

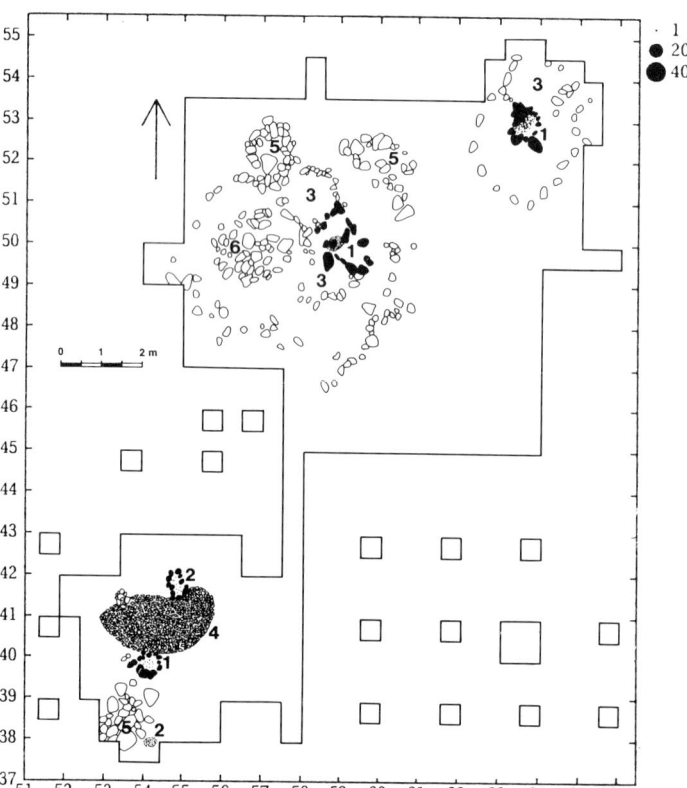

Fig. 26. IT, site-map of the 1993 excavation, in which
the main features are indicated. Key: 1. Hearths inside
dwelling structures; 2. Peripheral hearths; 3. 'Beds'; 4.
Stone platform; 5. Meat caches; 6. Box-like structure.
Stones interpreted as structural elements of hearths are
indicated in black. Drawing Lykke Johansen.

Table 1. IT, 1993 excavation. Lithic artefacts: quartz, rock crystal, chalcedony and killiaq (silicified slate).

Types	Number	Percentage of subtotal
Tools		
End-scraper	66	11.2
'Side-scraper' (concave)	8	1.4
Bifacial point or knife	87	14.7
Bifacial leaf-shaped tool	28	4.7
Fragment of bifacial tool	37	6.3
Preform of bifacial tool	64	10.8
Burin-like tool	38	6.4
Polished point	11	1.9
Retouched blade or flake	7	1.2
Axe	6	1.0
Polished chisel	2	0.3
Microblade with basal retouch	228	38.6
Saqqaq tool	5	0.8
Other	3	0.5
Subtotal	590	99.8
Percentage of total		3.72
		Percentage of total
Non-tools		
Microblade-core	27	0.17
Flake-core	9	0.06
Nodule	4	0.03
Complete microblade or proximal fragment	334	2.11
Medial or distal fragment of microblade	323	2.04
Blade	5	0.03
Flake	1657	10.44
Chip (<1 cm)	12916	81.41
Subtotal	15275	96.28
Total	15865	100.00

Table 2. IT, 1993 excavation. Artefacts of soapstone.

Types	Number	Percentage of total
Fragment of soapstone lamp	18	41.9
Fragment of soapstone bowl	11	25.6
Bead of soapstone	3	7.0
Facet-cut soapstone	1	2.3
Reworked fragment of soapstone	10	23.3
Total	43	100.1

and S), raised sleeping platforms were observed, consisting of a close-set pavement of small stones with an outer ring of larger stones. In the western part of the house, a box structure made of big slabs was present. In the northern wall of the house there was a meat-cache.

As far as lithic material is concerned, four major groups of raw materials can be discerned. The most important material is the exogenous chalcedony, which comprises many subtypes (between 15 and 25). Some of these subtypes occur clustered within small areas of the site. Furthermore, there are quartz (two subtypes) and rock crystal (two subtypes), both exogenous as well. These are all quite hard materials. Relatively soft materials were also used at IT. A large number of the lithic tools are made of 'killiaq' (three subtypes), a kind of silicified slate. Killiaq is a 'granular' material, unlike both chalcedony and rock crystal. Finally, bowls, lamps and pendants were made of soapstone. None of the

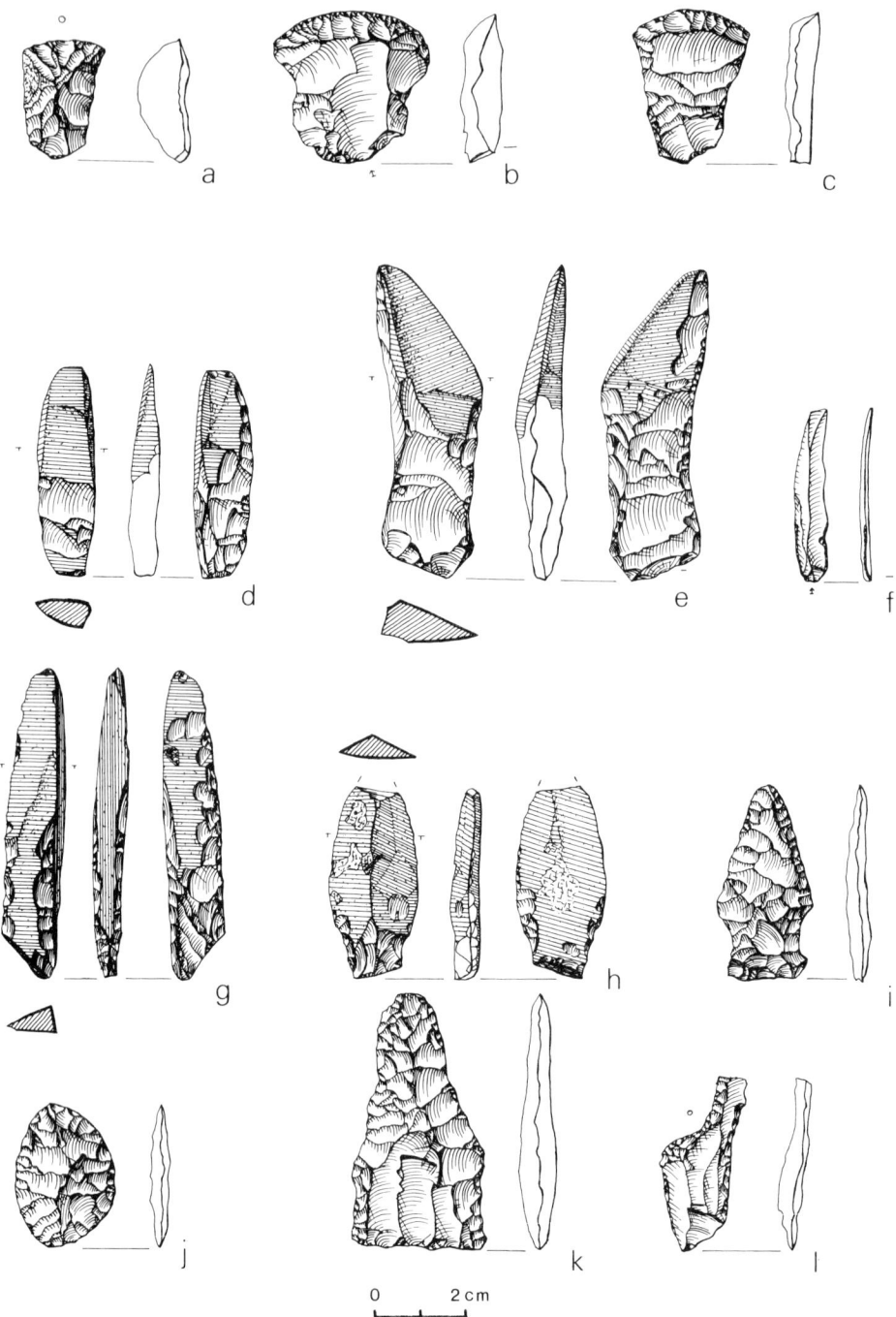

Fig. 27. IT, selection of the tools. a-c. Scrapers; d, e, g. 'Burin-like tools'; f. Microblade with basal retouch; h, i, k. Bifacial points and knives; j. Leaf-shaped bifacial tool ('side-blade'); l. 'Side-scraper'. Drawing Lykke Johansen.

mentioned raw materials is available locally, as far as we know. They were probably all imported over distances larger than 75 km, possibly from the northern coastal zone along Disko Bay or from Disko Island. An overview of the lithic material excavated at IT is presented in tables 1 and 2. In total, 590 tools of non-soapstone materials were collected (fig. 27). These include end-scrapers (a-c), 'burin-like tools' (polished; d, e and g), microblades with basal retouch (f), bifacial points and knives (h, i and k), leaf-shaped bifacial tools ('side-blades'; j) and 'side-scrapers' (concave; l). The numerous microblades are made of chalcedony or rock crystal. Burin-like tools are made of killiaq. The bifacial tools are normally manufactured from chalcedony, but some are made of killiaq. Tools made of killiaq are mostly polished. A single harpoon head, made of bone, is of early Dorset type.

In this paper, we will concentrate on the dwelling structure in the northern part of the excavation. We analysed the area within 4 m from the centre of the hearth present in its interior. This text is not in the first place meant as a report on the IT site. The IT site appears in this paper especially for the development of methodological ideas concerning the ring and sector approach.

7. GRID-CELL DATA AND SPURIOUS PEAKS

Within 4 m from the hearth inside the analysed dwelling structure, a total of 7317 artefacts were recovered. Only 292 of these (4%) were measured in individually: the tools recognized during excavation. The remainder were collected per quarter square metre by careful sorting through the soil. This tedious procedure is analogous to sieving, and we use the word 'sieving' for this procedure in the remainder of this text. All the chips, pieces smaller than 1 cm, come from the sieve. In the analysed area they number 5829, which is about 80% of the total number of artefacts. An important artefact group are the microblades, some of which have basal retouch. Of their total of 382 within the analysed area, only 46 (12%) have exact coordinates.

Sieved material confronts us with several problems when we want to apply the ring and sector method. In the first place, the cells should not be too large. If sieving is done per sq.m., ring and sector analysis is utterly useless, because such cells are too large. If the soil is sieved per 1/4 sq.m., however, we consider it possible and worthwhile to use the method. The sieved artefacts of IT were given artificial coordinates at the centres of the grid cells. With cells of 50x50 cm, this

results in a maximum error of 35 cm. The mean error, however, is only 19 cm, with a standard deviation of 8. Therefore, ring analysis seems justified, if not too narrow rings are employed. It has to be realized, however, that two artefacts originally lying close together might still be estimated to be 70 cm apart.

In the case of IT we used ten rings of 40 cm for most artefact groups. It soon became evident to us that we had to confront problems resulting from the fact that most of the artefacts at IT had been collected per quarter square metre, and given artificial coordinates in the middle of the cells. We repeatedly encountered ring diagrams like figure 28. In this figure, the ring distribution of the chips in sector 7 (of 8; see fig. 46) is shown. It can clearly be seen that there are cyclical peaks, at about every 80 cm. These are caused by the clustering of the chips in the centres of the 1/4 sq.m. cells. With the specific location of the hearth centre used in this case, these 'pseudo-peaks' are especially evident in some sectors to the NW and SE, and less in other sectors. With a different hearth centre, such spurious peaks would have been created in other sectors.

This problem turns up only when distance data are analysed in sectors. If the data from the whole area under analysis are used, as was done in the case of Gönnersdorf III (Stapert & Terberger, 1989), the spurious peaks will not show up, because they are smoothed away. The problem becomes serious especially when four or eight sectors are used, as will be shown in the next chapter.

8. THE USE OF AN ARTIFICIAL DATA FILE

We have to find a way to deal with the distortion created by the sieved artefacts. This is all the more necessary because the excavation technique used at IT is the standard technique nowadays. The degree and the pattern

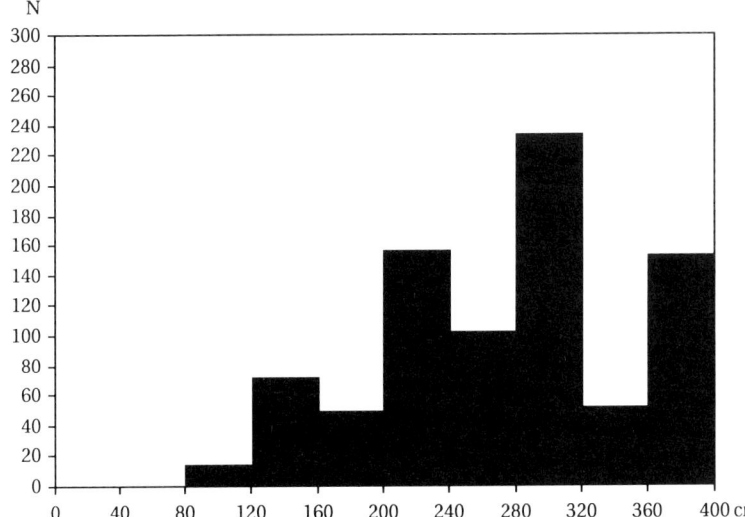

Fig. 28. IT. Ring distribution of the chips (artefacts smaller than 1 cm) in sector 7 (SSE; for sector boundaries see fig. 46). Ten rings of 40 cm are used; zero on the X-axis is the centre of the indoor hearth. Note the cyclical peaks. N = 835.

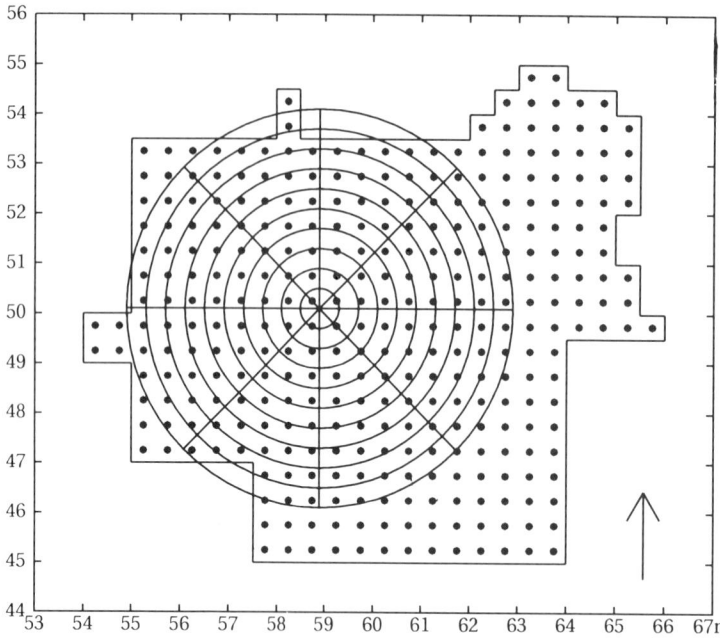

Fig. 29. IT, northern part of the 1993 excavation. The test file, used for comparison with the observed ring distributions. At the centre of each excavated cell of 50x50 cm, one artefact is located. Ten rings of 40 cm and eight sectors are indicated.

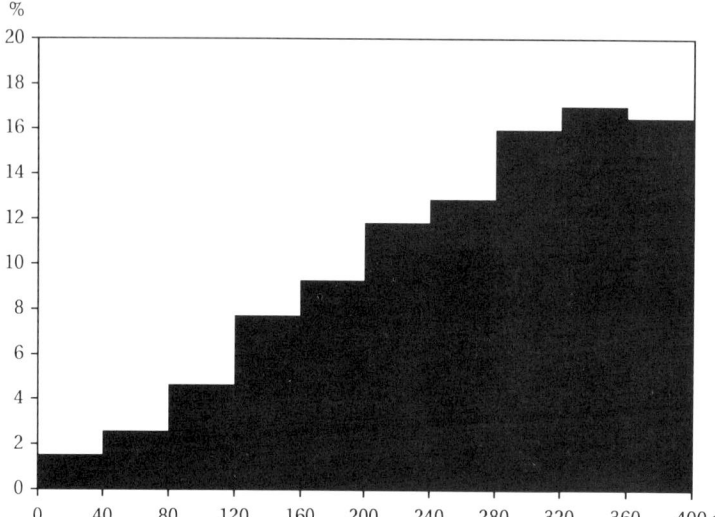

Fig. 30. IT. Ring distribution for the test file (of fig. 29), using 10 rings of 40 cm around the centre of the hearth inside the dwelling at IT: the whole area within 4 m from the centre. Compare with fig. 20. N = 194.

of the distortion can be made visible by using theoretical ring distributions. An artificial test file is created, in which every excavated quarter square metre has one artefact at its centre. The test file for the site of IT is shown in figure 29. Now, with the given 'centre' of the ring analysis, theoretical ring distributions can be created for any selected sector, using any selected ring width. These theoretical distributions, and the observed ones, can be made to show percentages on the Y-axis, instead of frequencies. The R&S program can print out the percentage values in a table.

We can now compare observed ring distributions with the theoretical ones. The ring percentages as found in the theoretical distributions are subtracted from the observed percentages. This produces a curve showing the deviations of the observed distribution from a totally regular spatial distribution, in which the distorting effect of using grid-cell data has been taken into account. This procedure is basically comparable to what we did under 5, but now adapted to the analysis of artefacts deriving from the sieve. Note that in this way also missing ring parts are taken into account. For example, the outermost ring of 40 cm is incomplete at IT, and this will be taken care of by the theoretical distribution.

In figure 30, the theoretical ring histogram is given for the whole area within 4 m from the hearth centre. Note that this graph is almost identical to the one shown

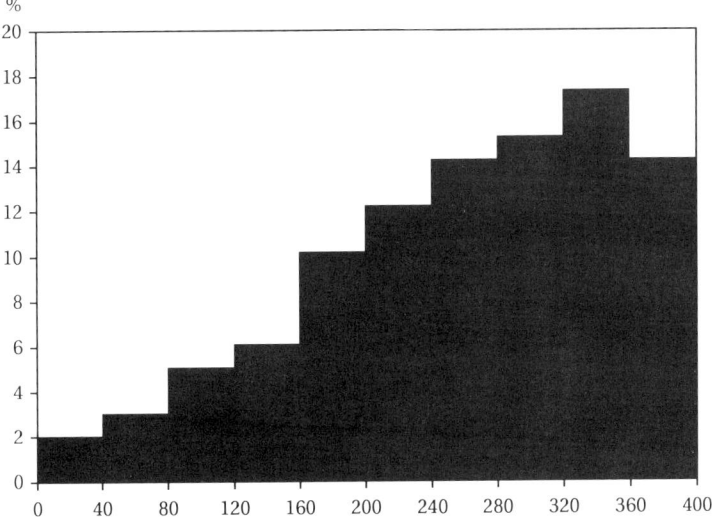

Fig. 31. IT. Ring distribution for the test file: northern half. N = 98.

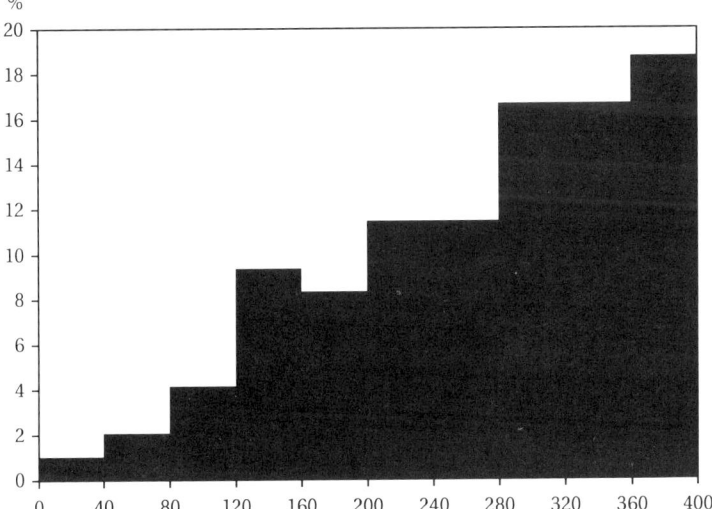

Fig. 32. IT. Ring distribution for the test file: southern half. N = 96.

in figure 20. There are no pseudo-peaks. The incomplete outermost ring has a lower percentage than the penultimate one. We may conclude that if we were to analyse the whole area by the conventional procedure (using raw ring frequencies), significant distortions would not arise. In the analysis of site-halves, the problems begin to be visible. Figures 31 and 32 show the theoretical distributions for the northern and southern halves, respectively. In the diagram for the southern half a small pseudo-peak is visible between 1.2 and 1.6 m. Pseudo-peaks also appear in the theoretical diagrams for the NW and the SE quarters. In the SE quarter especially we can observe the 'cyclical' peaks referred to above (fig. 33). Figure 34 presents the observed ring distribution for the chips in the SE quarter. It is clearly bimodal, with a second peak in the 2.4-2.8 m ring. Now we will see what happens when we subtract the theoretical distribution of figure 33 from the observed

distribution: figure 35. The bimodal character is not affected by the distorting effect of the sieving. We still see a first peak in the fourth ring (1.2-1.6 m), reflecting the drop zone near the hearth, and a conspicuous second peak in the seventh ring (2.4-2.8 m), created by the barrier effect of the wall. We may reconstruct the wall of the dwelling, in this quarter, at a distance of about 2.8 m from the hearth centre.

The use of theoretical ring distributions, derived from an artificial test file, has three advantages. In the first place, and most importantly, it makes it possible to use grid-cell data for ring analysis, because it removes the 'pseudo-peaks' resulting from the clustering in the centres of the cells. In the second place, it presents us with the possibility of comparing the observed ring distributions with distributions reflecting randomness. In other words, if peaks are still clearly visible after subtracting the theoretical distribution from the observed

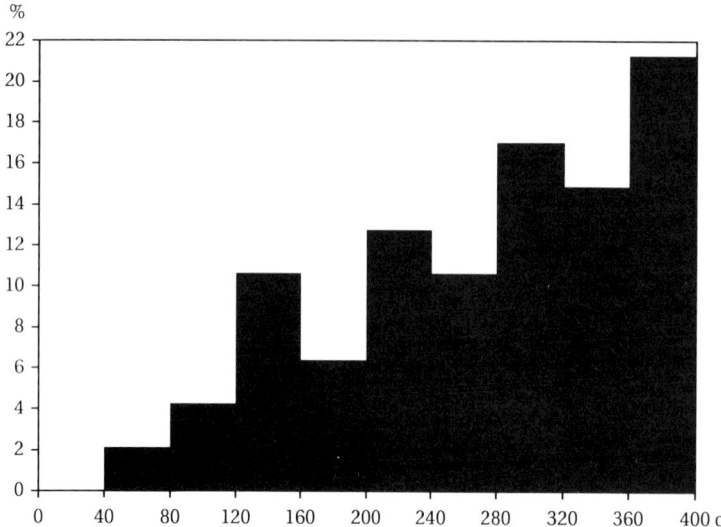

Fig. 33. IT. Ring distribution for the test file: SE quarter. Note the cyclical 'pseudo-peaks'. The Y-axis indicates percentages. N = 47.

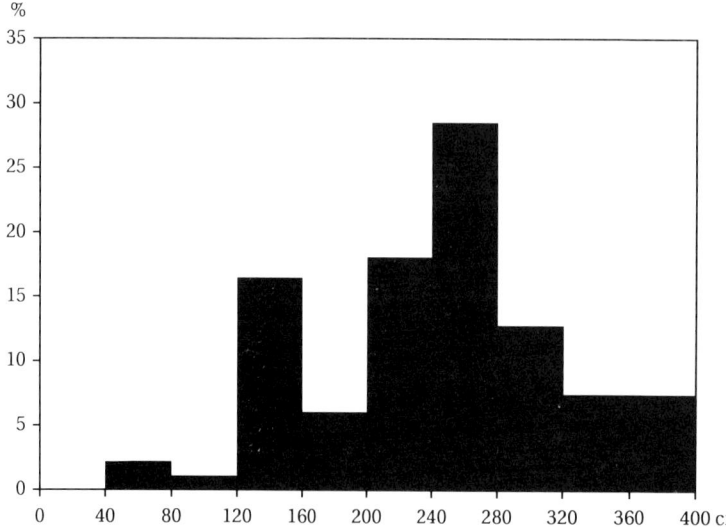

Fig. 34. IT. Ring distribution of the chips in the SE quarter. The Y-axis indicates percentages. Compare with fig. 33. N = 2801.

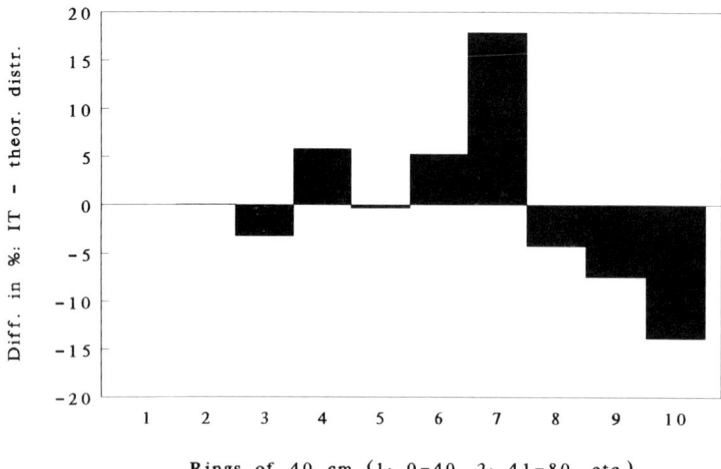

Fig. 35. IT. The ring distribution of chips in the SE quarter, after subtracting the ring distribution of the test file (in both cases the values are expressed as percentages). Note that a conspicuous peak remains in ring 7: 2.4-2.8 m. Compare with figs 33 and 34.

one, we may have greater confidence that we are dealing with real patterns. The third advantage is that the ring distributions are adjusted for missing ring-parts.

9. RECONSTRUCTING THE OUTLINE OF THE DWELLING

In order to make a reliable reconstruction of the outline of the dwelling at IT, we would like to work with at least 8 sectors. The reason is that ring analysis of the area as a whole could result in misleading reconstructions if the hearth was located eccentrically, or if the outline was not round but oval. Performing a ring analysis for eight sectors means that the artefact class subjected to analysis must be quite numerous. If numbers are too small, ring diagrams lose their reliability. For example, it is not possible to study the ring distributions in eight sectors of the bifacial implements. Most of these tools were measured in individually, so it would be desirable to

study their ring distributions. However, there are too few of them for this approach. Bifacial tools of all types taken together, including preforms and fragments, total only 91 within 4 m from the hearth centre. Therefore we can only perform a ring analysis of the bifacial implements for the whole area. In figure 36, their ring distribution is presented in the conventional way: frequencies per ring. A conspicuous second peak is present between 2.4 and 2.8 m, suggesting the presence of a dwelling with a diameter of about 5.5 m. Though only 29 (32%) of these implements come from the sieve, it was nevertheless decided to subtract the theoretical distribution given in figure 30 from the observed one. The reason is that this procedure also makes up for missing ring parts. The resulting diagram is presented in figure 37. We see a broad 'drop zone', up to about 2 m from the hearth centre. We then see a much narrower positive peak between 2.4 and 2.8 m, which can be interpreted as resulting from the barrier effect of the wall. Beyond 2.8 m, the curve plummets through the

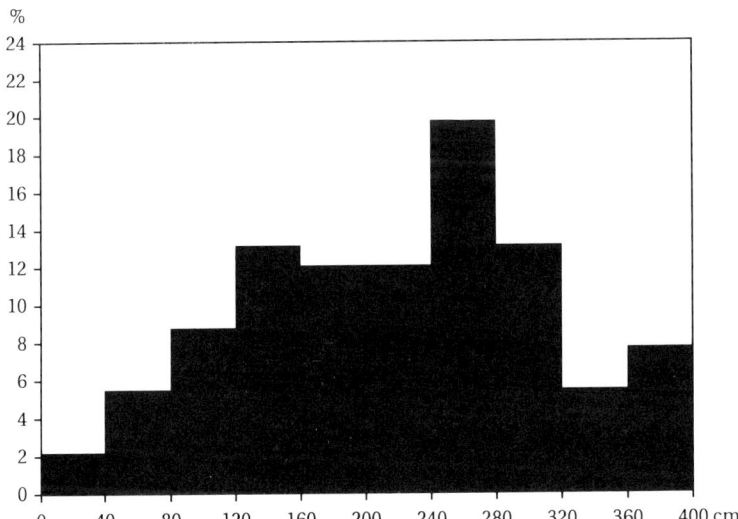

Fig. 36. IT. The ring distribution, over the whole analysed area, of all bifacial tools, including preforms. The values are expressed as percentages. Note the peak in the ring of 2.4-2.8 m. N = 91.

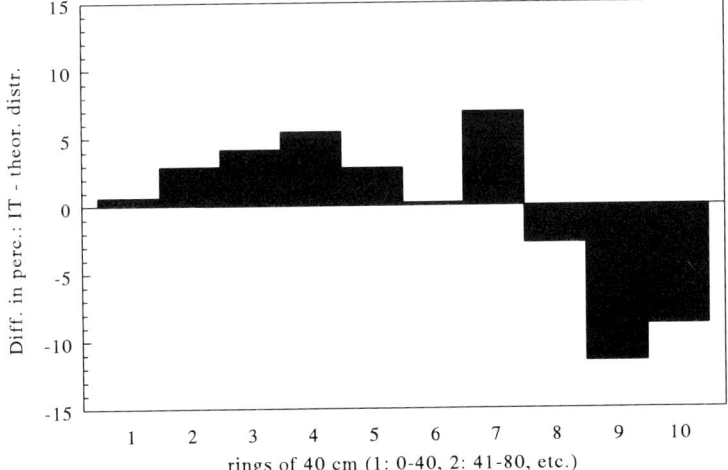

Fig. 37. IT. The ring distribution of all bifacial tools, after subtracting the ring distribution of the test file. Compare with fig. 36.

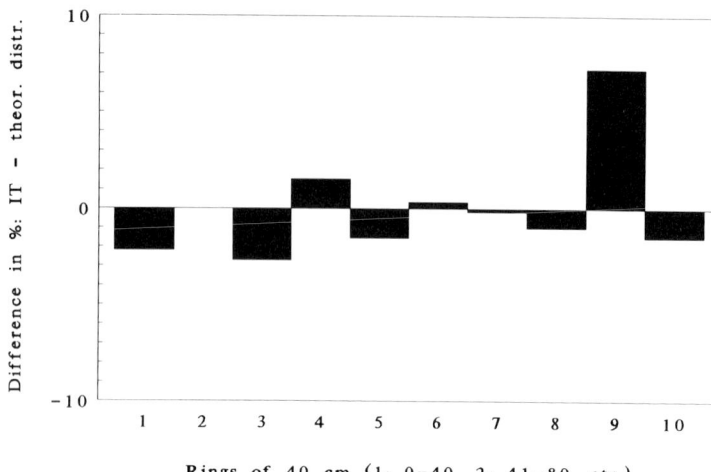

Fig. 38. IT. The ring distribution of the chips in sector 1 (ENE; for sector boundaries see fig. 46), after subtracting the ring distribution of the test file in the same sector. In both cases, the values are expressed as percentages. N = 1015.

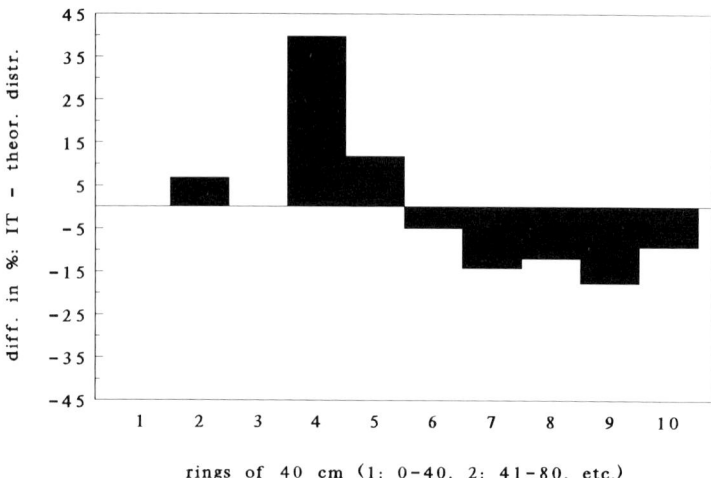

Fig. 39. IT. The ring distribution of the chips in sector 2 (NNE), after subtracting the ring distribution of the test file in the same sector. N = 271.

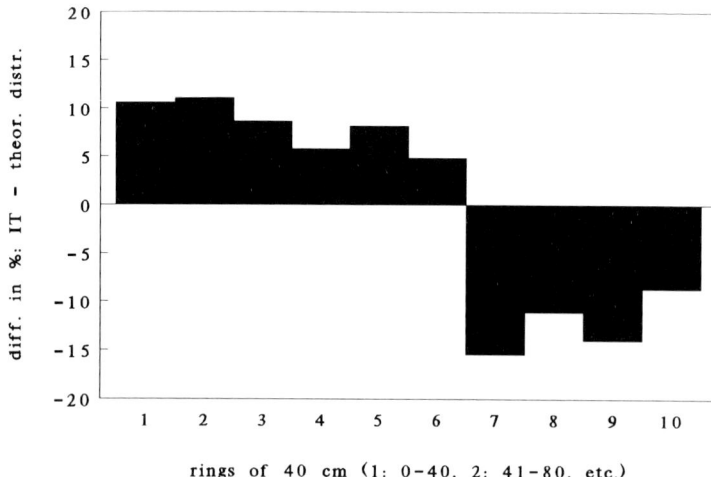

Fig. 40. IT. The ring distribution of the chips in sector 3 (NNW), after subtracting the ring distribution of the test file in the same sector. N = 207.

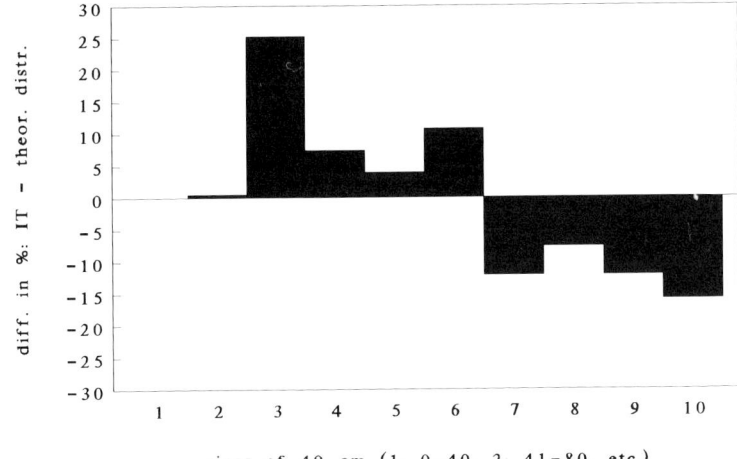

Fig. 41. IT. The ring distribution of the chips in sector 4 (WNW), after subtracting the ring distribution of the test file in the same sector. N = 379.

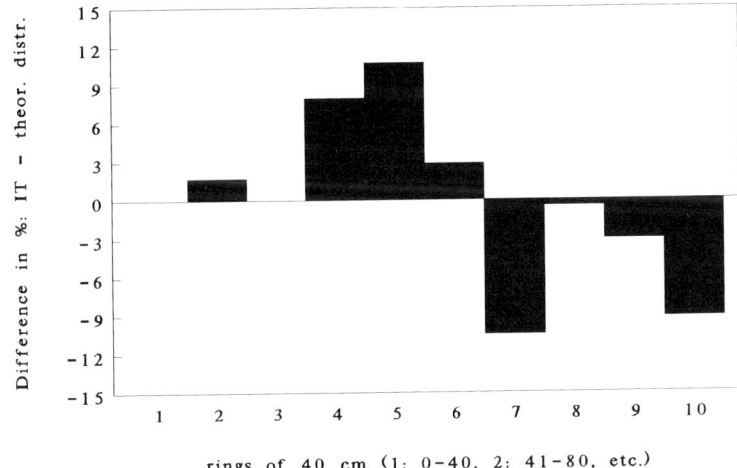

Fig. 42. IT. The ring distribution of the chips in sector 5 (WSW), after subtracting the ring distribution of the test file in the same sector. N = 510.

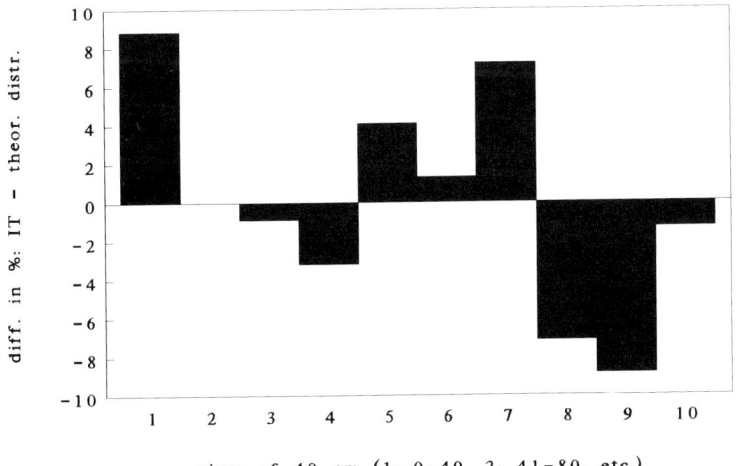

Fig. 43. IT. The ring distribution of the chips in sector 6 (SSW), after subtracting the ring distribution of the test file in the same sector. N = 646.

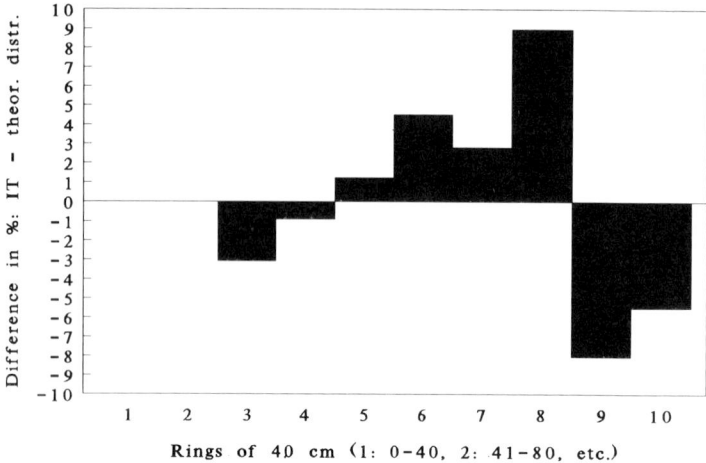

Fig. 44. IT. The ring distribution of the chips in sector 7 (SSE), after subtracting the ring distribution of the test file in the same sector. N = 835.

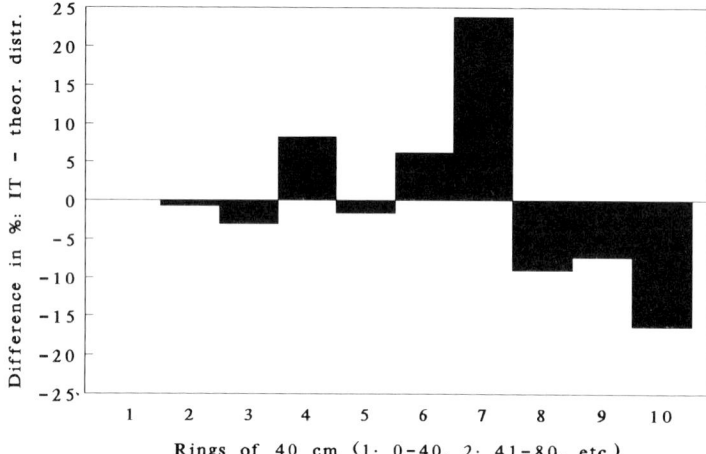

Fig. 45. IT. The ring distribution of the chips in sector 8 (ESE), after subtracting the ring distribution of the test file in the same sector. N = 1966.

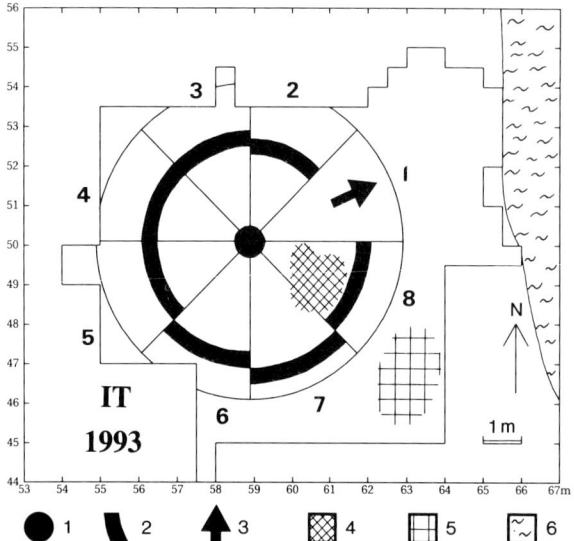

Fig. 46. IT. Reconstruction of the dwelling in the northern part of the 1993 excavation, based on the ring distributions of chips in eight sectors (figs 38-45). Key: 1. Hearth; 2. Reconstructed wall of the dwelling; 3. Supposed entrance; 4. Working area (resharpening etc. of lithics) inside the dwelling; 5. Dump outside the dwelling; 6. Coast line. Drawing Lykke Johansen/Dick Stapert.

zero line. Figure 37 supports the hypothesis that there was indeed a dwelling here. It does not, however, allow us to reconstruct its outline with any precision.

As noted earlier, chips constitute the most numerous artefact group at IT. Within 4 m from the hearth centre, there are 5829 chips (79.7% of all artefacts). Their number is sufficiently high to allow the study of ring distributions in eight sectors. Thanks to the use of theoretical distributions, it is now possible to use these artefacts, which all come from the sieve. It has been argued that especially tool locations are suitable for ring and sector analysis, if one wishes to investigate the presence/absence of walls (Stapert, 1989: pp. 4-5). Chips would be expected especially to occur clustered at knapping locations. In the case of IT, however, the chips are thought to derive from repairing or resharpening of imported tools (see 6 and 12).

Figures 38-45 present the ring distributions of the chips in eight sectors, compared to the theoretical distributions for the same sectors. In most sectors, the 'wall effect' can clearly be seen. However, the points where the curves cross the zero line after the second peak are not everywhere at the same distance from the hearth. This suggests that the hearth was located not exactly in the middle of the dwelling, which moreover probably had a somewhat oval outline. In our reconstruction of the house, based on the analysis of the chips, it has an inner diameter of 5-5.5 m (fig. 46). A more or less identical outline is found when all artefacts with individual coordinates (mostly tools) are analysed, though their number is relatively low.

10. RING PAIRS

Both drop zones and zones of accumulation against the walls of dwellings due to the barrier effect, will produce peaks in ring distributions. Theoretically, it is not imperative that these peaks should be positive in the curves we used in the last chapter. If they are indeed positive, they stand out quite clearly in the curves, so we can feel confident that we are dealing with real patterns. There is another way, however, to look at these diagrams,

which is closer to the nature of the phenomena we are dealing with. Drop zones and accumulation zones against walls of dwellings in fact imply that ring frequencies first increase and then decrease, going outwards from the hearth. With the second peak, reflecting the barrier effect of the wall, in many cases the decrease especially should be quite dramatic, because few if any artefacts would have ended up within the wall. (However, this effect could be dampened to some degree through the chosen ring width. If the wall starts in the middle of a ring, part of the abruptness will be lost. The same is true when the hearth is not exactly in the middle of the dwelling.)

This sequence of increase and decrease should always show up, whatever kind of transformation of the raw frequencies is employed. It is therefore of interest to compare pairs of consecutive rings with each other: first rings 1 and 2, then rings 2 and 3, etc. For 10 rings, we then get 9 values, positive or negative, showing in each case whether the next ring frequency is higher or

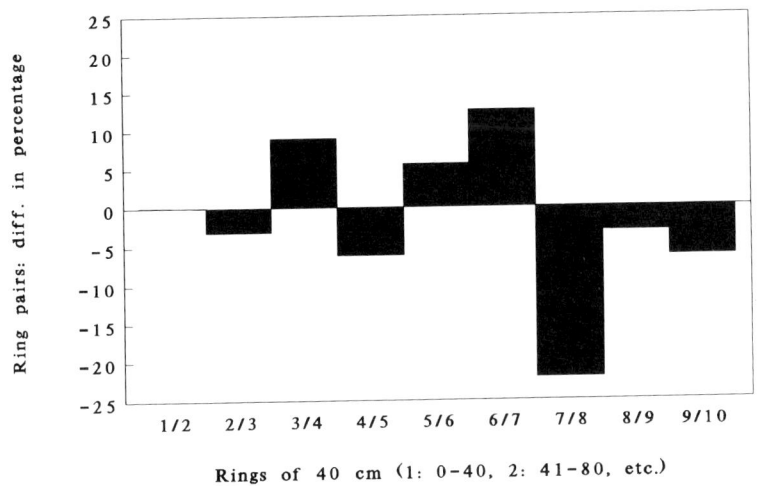

Rings of 40 cm (1: 0-40, 2: 41-80, etc.)

Fig. 47. IT. Chips in the SE quarter. Differences (in percentage) between pairs of consecutive rings, after subtracting the theoretical ring distribution, for the SE quarter (compare with fig. 35). Note the dramatic 'fall off' going from ring 7 to ring 8, indicating the position of the wall. N = 2801.

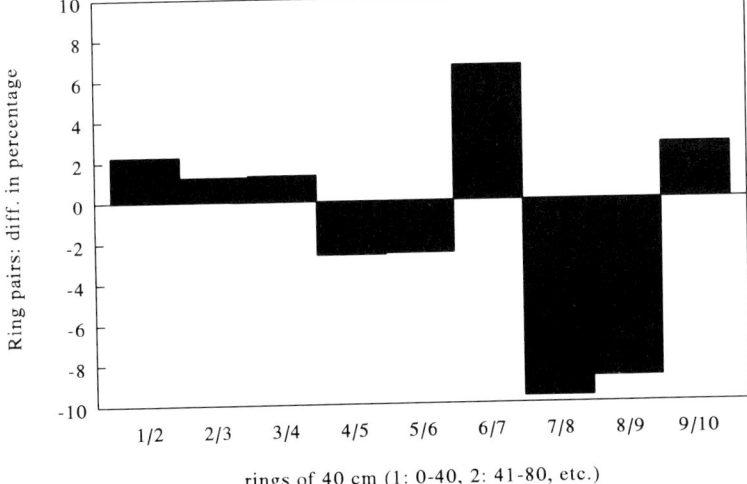

rings of 40 cm (1: 0-40, 2: 41-80, etc.)

Fig. 48. IT. All bifacial tools, including preforms, in the whole analysed area; rings of 40 cm. Differences (in percentage) between pairs of consecutive rings, after subtracting the theoretical ring distribution (compare with fig. 37). Again we see a conspicuous 'fall off' going from ring 7 to ring 8. N = 91.

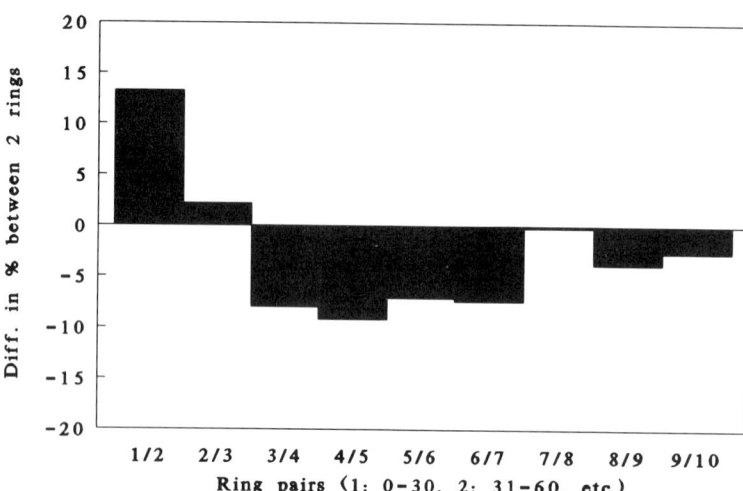

Fig. 49. Pincevent T112. Tools in rings of 30 cm. Differences (in percentage) between pairs of consecutive rings, after subtracting the theoretical ring distribution (compare with fig. 22). As at Oldeholtwolde (fig. 50), the curve does not return to the positive area after having dipped below the zero line. N = 334.

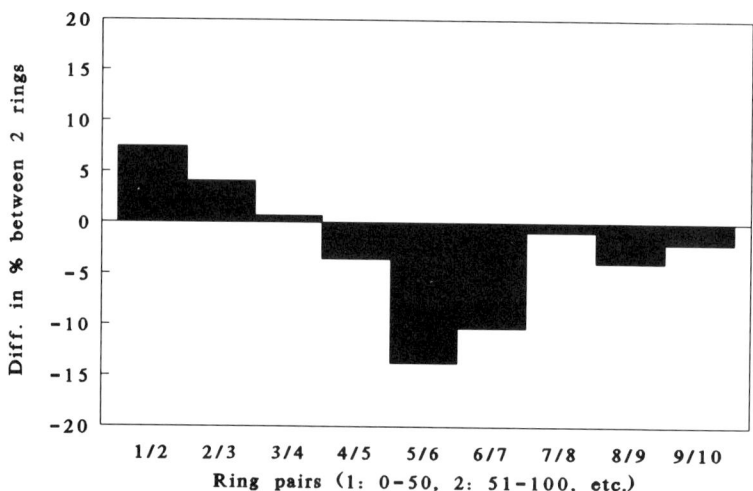

Fig. 50. Oldeholtwolde. Tools in rings of 50 cm. Differences (in percentage) between pairs of consecutive rings, after subtracting the theoretical ring distribution (compare with fig. 23). N = 264.

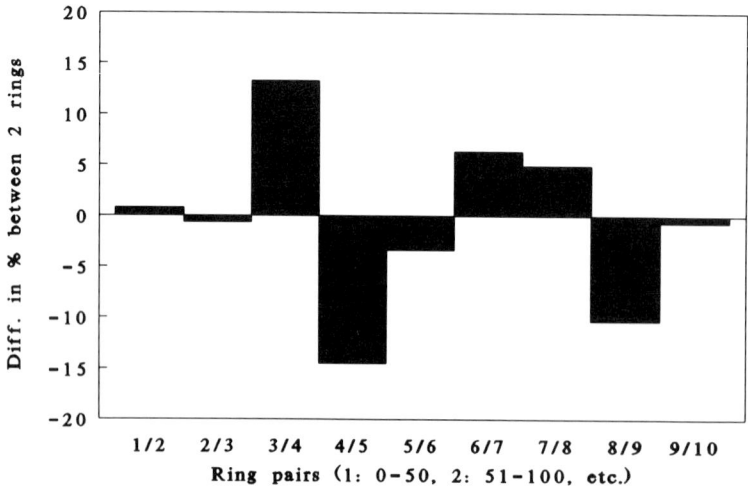

Fig. 51. Gönnersdorf II. Backed bladelets in the NW quarter; rings of 50 cm. Differences between pairs of consecutive rings, after subtracting the theoretical ring distribution (compare with fig. 24). As at IT, the presence of a wall can be observed. N = 72.

lower than the preceding ring frequency. Of course, when analysing chips at the IT site, we should use the values found by subtracting the theoretical ring percentages from the observed ones. To illustrate this kind of curve, the chips in the SE quarter of IT will be used. Using the ring percentages found by subtracting the theoretical distribution from the observed one (see fig. 35), we get the curve shown in figure 47. There is an increase going from ring 6 to ring 7, and a sharp decrease going from ring 7 to ring 8. This is the kind of pattern that we should expect to see when a wall is present. Figure 48 presents the curve showing differences between ring pairs for the bifacial implements, including preforms (compare with figs 36 and 37). Again the 'wall effect' is very obvious. Going from ring 7 to ring 8, there is a sharp decrease – indicating the position of the wall.

As further illustrations of this 'ring-pair curve', we present the distributions (compared to the theoretical distributions) of Pincevent (fig. 49; compare with fig. 22), Oldeholtwolde (fig. 50; compare with fig. 23) and Gönnersdorf II: backed bladelets in the NW quarter (fig. 51; compare with fig. 24). The point of these curves seems to be the following. In the case of open-air hearths, the curve does not return to the positive area after having dipped below the zero line; in the case of hearths inside dwellings it does – just inside the wall – after which it plummets quite dramatically. This kind of curve, showing increase or decrease in pairs of consecutive rings, after subtraction of the theoretical distribution, is in our opinion quite useful in demonstrating the absence of presence of walls of any kind. We hope to explore this approach more fully in the coming years, in cooperation with Akili Software in Groningen.

11. LOCATING THE ENTRANCE

At site IT, the richest area in terms of artefact numbers is located about 2 m to the southeast of the hearth (4 in fig. 46). This is an area where lithic materials were worked, though it could partly be a dump; chips and flakes especially are very numerous here. It has a diameter of about 1.5 m. Quite a number of different types of raw material have been worked here, in many episodes: at least ten subtypes of chalcedony, cream-coloured killiaq, and cracked rock crystal. Probably transparent rock crystal was worked here too, but that material was worked predominantly in an area of its own: immediately north of the hearth (see also section 13). About 2 m to the southeast of the main working area for lithics, there is another area with high artefact numbers (5 in fig. 46). Our impression, based on refitting, is that this latter area for the most part at least was a dump.

At Gönnersdorf II, there are also indications for a dump outside the dwelling (also to the southeast of it;

see Boekschoten & Stapert, 1993: fig. 10). Inside the tent, the southeastern quarter is also the richest in tool numbers. Therefore, it seemed obvious that the richest sector, of, for example, eight sectors, would indicate the position of the tent entrance, because during occupation there would have been a continuous movement of waste material towards the entrance and the door dump located outside it. However, a door dump could have been located to one of the sides of the entrance, or at some distance, and in such cases the richest-sector approach for locating the entrance might produce misleading results.

Theoretically, the best way of locating the entrance of dwellings is to look for a sector where the barrier effect of the wall cannot be demonstrated. In other words, we may expect the entrance to be located in the sector where a second peak in the ring diagram is absent or insignificant. In the case of IT, the ring diagram of the chips in sector 1 (ENE of the hearth) does not show the wall effect (fig. 37). There is only one conspicuous peak, which is in the area between the dwelling and the tent ring. We might be dealing here with a small door dump, shared by the tent and the dwelling, but one or several outdoor activity areas were also located here. At least some resharpening of tools (axes, burin-like tools) was done. For example, this area yielded quite a lot of dark-grey killiaq chips and flakes with polishing. The most probable location of the entrance of the dwelling seems to be the ENE (see fig. 46).

It has proved useful to make maps showing all cells containing at least 10, 15, 20, etc., chips. At a certain level the outline of the dwelling should become visible in this way. In figure 52, all cells of 50x50 cm containing at least 30 chips are illustrated. The dense scatter of artefacts in the southeast, supposedly a dump, is not connected to the interior of the house; there is an empty zone about 0.5 m wide between the dump and the working area for lithics. It seems, therefore, that the wall was located between this working area, inside the dwelling, and the dump outside it, as was already indicated by the ring diagrams of the chips shown above. In the northeast, on the other hand, there is a zone of cells rich in chips emerging from the dwelling and joining up with the concentration of artefacts inside the tent ring. Therefore, the entrance could have been located in the NE.

In figure 53, all cells containing at least 4 artefacts that are not chips or flakes are indicated. For the northeast and the southeast, the picture we found for the chips is repeated. Figure 53 again suggests a location of the entrance in the northeast. A difference from the distribution of the chips (fig. 52), however, is that now additional concentrations to the northwest and the south can be observed, outside the dwelling. Here, specialized outdoor activity areas may have been present. The northwestern concentration is connected with two raw materials represented hardly anywhere else on the site: olive-green chalcedony with pale yellow and black

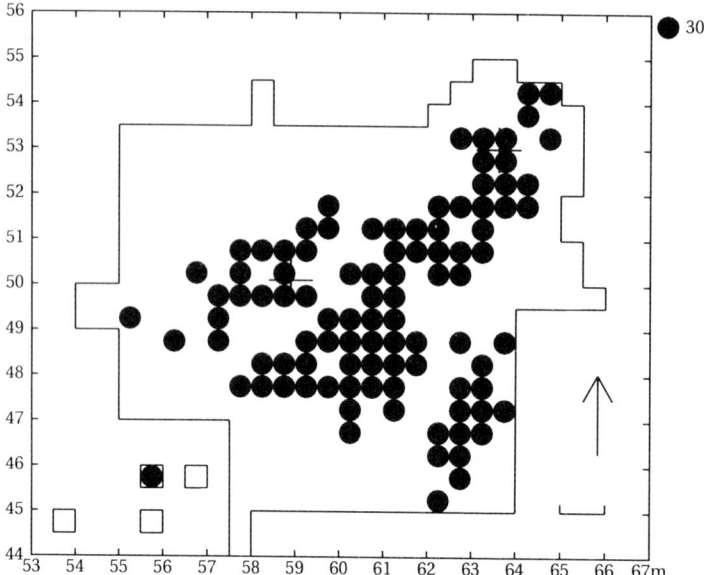

Fig. 52. IT. Map showing all cells of 50x50 cm containing at least 30 chips. Note the empty zone between the interior of the dwelling and the dump to the southeast of it: the location of the wall?

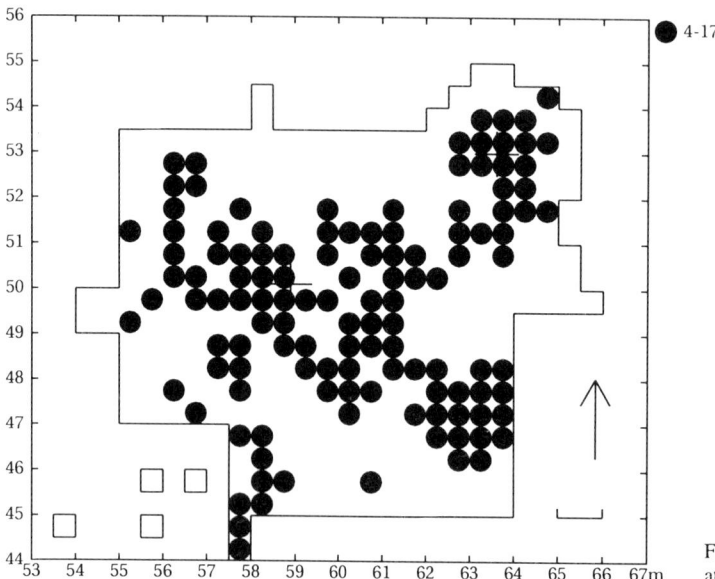

Fig. 53. IT. Map showing all cells of 50x50 cm containing at least 4 artefacts that are neither chips nor flakes.

stripes, and white chalcedony with red/brown spots. The artefacts made of these materials comprise 18 microblades, some with basal retouch, and about ten chips, occurring tightly clustered. This area also produced some bifacial tools, including a few preforms, of other materials. Furthermore, there is a concentration of burnt material in this area. There is no way to tell whether or not this activity area is contemporaneous with the occupation of the dwelling. The concentration to the south is an area where dark-grey killiaq was worked (see also sections 12 and 13). Large numbers of chips and flakes of this material occur both inside and outside the reconstructed wall of the dwelling.

12. REFITTING ANALYSIS

Among the artefacts of quartz, rock crystal, chalcedony and killiaq, a total of 384 could be refitted. This is 13.0% of all artefacts larger than 1 cm of these materials (n = 2949). The refitting percentage is rather low, which reflects the fact that only very few, if any at all, of the tools found at the site were produced there. Chips, pieces smaller than 1 cm, are the dominating artefact class at IT. They were not included in the refitting analysis. Most of the chips probably do not result from primary knapping, but from resharpening of tools and reworking of broken tools. On the tools, especially on the burin-like tools and the axes, but also on the scrapers,

Table 3. IT, 1993 excavation. Refitting analysis of artefacts other than chips of quartz, rock crystal, chalcedony and killiaq (silicified slate): refit types. Key: ( ): Number of fire-cracked artefacts; they are included in the total per type; [ ]: Number of artefacts in a sequence that consist of several fragments (refitted); these are counted here as one; *: Refitting groups containing both breaks and sequences are counted only once: under B.

Type	Number of artefacts	Number of ref. groups*
A. Breaks		
Broken tools (except retouched microblades)	36 (2)	18 (1)
Broken retouched microblades	27 (2)	13 (1)
Broken unret. microblades	141 (26)	60 (12)
Broken flakes	59 (6)	23 (3)
Subtotal	263 (36)	114 (17)
B. Dorsal/ventral sequences		
Microblades	31 [14]	10
Flakes	90 [10]	38
Subtotal	121 [24]	48
Total		162

Table 4. IT, 1993 excavation. Refitting analysis of artefacts other than chips of quartz, rock crystal, chalcedony and killiaq (silicified slate): raw materials. Key: A. Number of non-chips; B. Number of refitted broken artefacts; C. Number of refitting groups: breaks (refitting groups containing both breaks and sequences are counted only once: under E); D. Number of ventral/dorsal refitted artefacts (sequences); E. Number of refitting groups: sequences; F. Total number of artefacts involved in refitting groups; G. Refitting percentage.

Raw material groups	A	B	C	D	E	F	G
Killiaq	748	33	12	57	23	90	12.0
Quartz	10	2	1	0	0	2	20.0
Rock crystal	326	16	7	5	2	21	6.4
Chalcedony	1865	212	94	59	23	271	14.5
Total	2949	263	114	121	48	384	13.0

traces of resharpening and reworking can often be observed. Many points from which the tip had broken off were repaired by resharpening around all the edges except for the basal part. A reduction in size happened several times during the functional 'life-span' of many IT tools. Preforms of various tool types were imported to the site, often in quite an advanced phase of production. Many preforms of bifacial tools have been heat-treated in an earlier stage of the production sequence. Only four 'nodules' (unworked pieces of raw material) are present at IT, which all have shapes and dimensions suitable for exploitation as microblade-cores.

The most common type of refit is between parts of broken artefacts: 64.8% of all refitted artefacts (included are breaks resulting from fire). Artefacts refitted ventrally/dorsally come second: 35.2%. For an overview of the results of the refitting analysis, see tables 3 and 4. Significant differences exist between the various types of raw material in terms of refitting percentage. Killiaq and chalcedony have relatively high refitting percentages. The refitting percentage of rock crystal is lower, because this material is much more difficult to refit. The

relatively high refitting percentage for quartz is due to the fact that there are so few artefacts of this material.

The number of refitted sequences (ventral/dorsal) is higher for killiaq than for chalcedony, which is interesting because chalcedony artefacts are much more numerous. The reason probably is that killiaq tools were reworked more often after they broke or were damaged through use, because killiaq artefacts are on average larger than chalcedony artefacts. Most, or possibly all, of the refitted production sequences of chalcedony do not document knapping on the site, but series of microblades produced elsewhere.

As noted above, refits of broken artefacts constitute the largest proportion of refits. Most refitted breaks concern microblades: 144 fragments fit together, resulting in 70 microblades, some of which still are incomplete in the refitted state (fig. 54). The relatively large number of refits of broken microblades reflects the fact that microblades are very thin and therefore apt to break. The risk of breakage would have been high especially when microblades were used as 'knives'. Apart from retouched microblades, 36 tool fragments

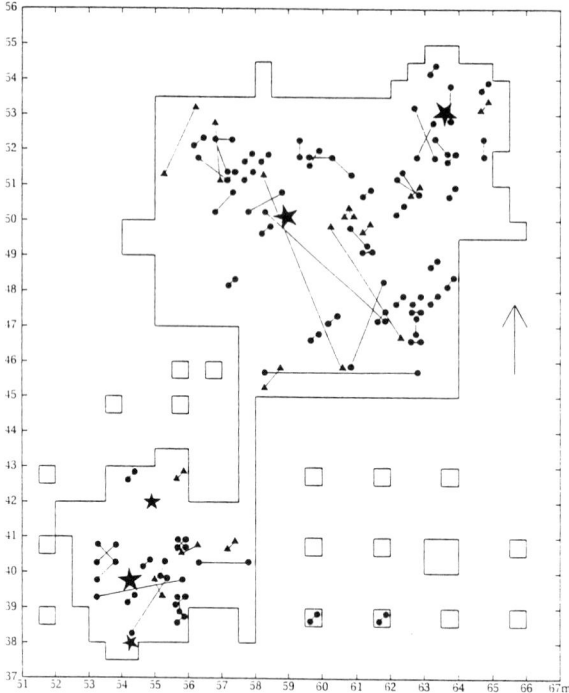

Fig. 54. IT. Map showing refits between fragments of microblades. Key: circles = unretouched microblades; triangles = retouched microblades; large stars = central hearths inside dwellings; small stars = 'satellite hearths'. Drawing Lykke Johansen.

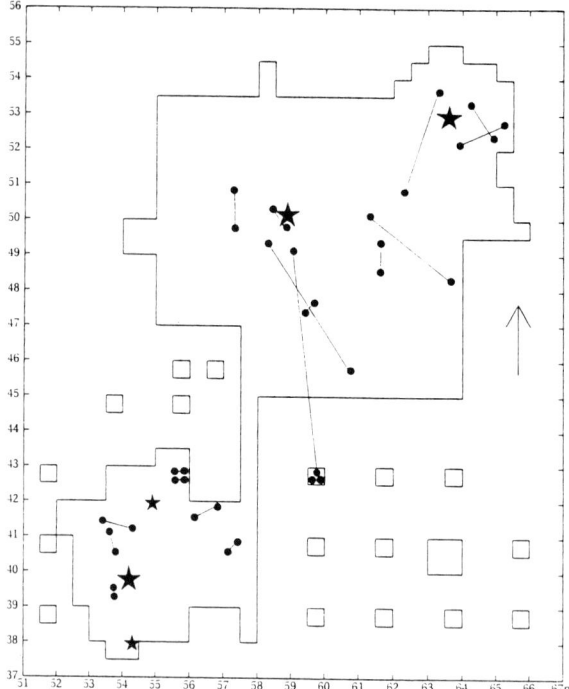

Fig. 55. IT. Map showing refits between fragments of tools other than retouched microblades. Drawing Lykke Johansen.

were refitted to 18 tools of other types (fig. 55); most breaks probably occurred as a result of use.

Two fitting fragments of a microblade with retouch were more than 6 m apart: the distal fragment was found in the northern 'bed' inside the dwelling, while the proximal fragment was outside the dwelling – to the SE of it. Of a second broken retouched microblade also, the distal fragment occurred inside the dwelling, and the proximal fragment to the SE of it. Fragments of two broken retouched microblades lay close together in the entrance area of the dwelling. Two refits of broken tools of types other than retouched microblades also show fairly long connecting lines, in both cases connecting the southern 'bed' inside the dwelling to the outside area SE of it.

Refittable fragments of unretouched microblades occur clustered in the northern part of the dwelling and in the dump area to the SE of it. A refit over a longer distance connects the hearth inside the dwelling with the dump area to the SE. Relatively many refits occur over short distances around the meat cache and just outside the dwelling – to the NE and SE of it. Most refits between flake fragments (fig. 56) occur around the hearth inside the dwelling. One refit connects the interior of the dwelling with an area to the S.

Series of ventrally/dorsally refitted microblades (all unretouched) are rare inside the dwelling (fig. 57). Interesting are two series: one connecting the box

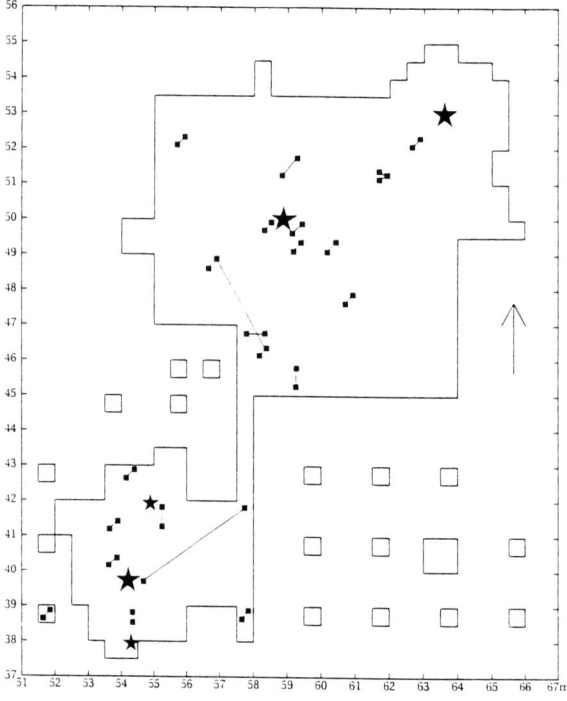

Fig. 56. IT. Map showing refits between flake-fragments. Drawing Lykke Johansen.

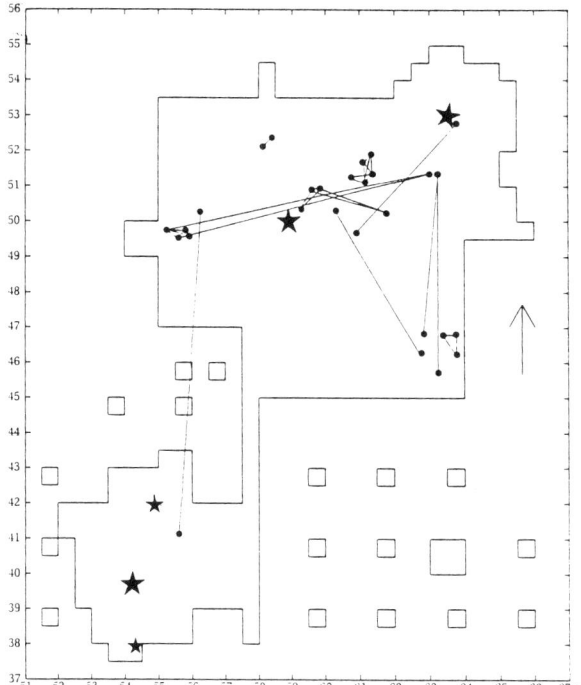

Fig. 57. IT. Map showing ventral/dorsal refits of microblades. In figs 57 and 58, some refits of breaks are indicated too, if they are part of the illustrated sequence; these refits are drawn as -.-. Drawing Lykke Johansen.

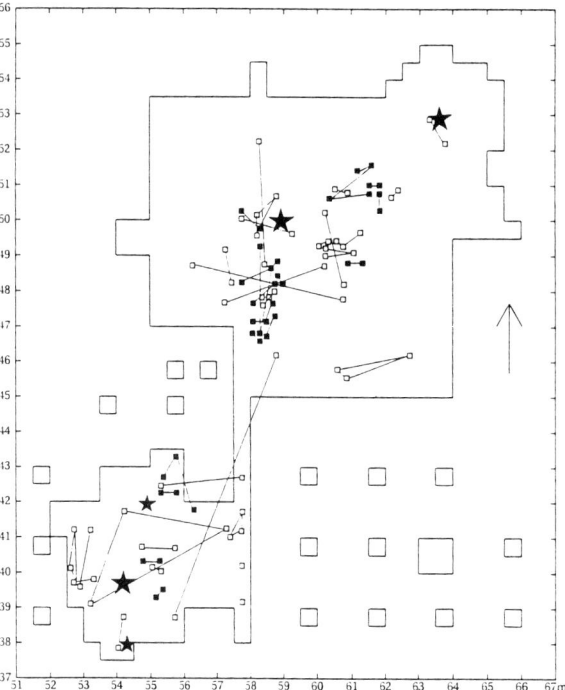

Fig. 58. IT. Map showing ventral/dorsal refits of flakes. Key: black squares = dark-grey killiaq; white squares = flakes of other materials. Drawing Lykke Johansen.

structure inside the dwelling with the 'platform' in the southern part of the excavated area, the other connecting the box structure inside the dwelling with the tent ring to the northeast. Another refit connects the entrance of the dwelling with the dump to the SE of it. There is also a refit between two microblades one of which lay in the entrance area of the dwelling and the other near the hearth in the NE tent ring. Several series of refitted microblades have connecting lines involving the entrance area of the dwelling. One series of three microblades connects the tent ring in the NE with the dump to the SE of the dwelling. The ventral/dorsal series of microblades show remarkably many refits over long distances, connecting the three main dwelling structures. This brings up the question of possible 'scavenging' of lithics from older, abandoned dwellings. This is a realistic option in the case of the IT site, because all raw materials had to be imported. In this connection it may be mentioned that although there are 27 microblade-cores at IT (all of rock crystal), it has not been possible to refit a single microblade to any of these. Rock crystal is a difficult material to refit. Nevertheless, it is probable that most of the ventral/dorsal series of microblades were produced elsewhere, and this is certainly true for the microblades of chalcedony. The majority of microblades are made of chalcedony. All series are very short, comprising no more than two or three microblades.

Dorsal/ventral refits of flakes (fig. 58) are heavily dominated by flakes of dark-grey killiaq. Several series

occur around the hearth inside the dwelling. Quite a few ventral/dorsal series of killiaq were found in the entrance zone of the dwelling, or to the south of it. The lines of several series crossing the postulated southern wall of the dwelling are particularly interesting. They might represent activities dating from after the habitation of the house (however, see also section 13). As in the case of ventral/dorsal series of microblades, series of flakes are very brief, comprising two to four flakes only. No primary knapping seems to have been going on. The series of dark-grey killiaq probably all document the repairing of axes, or the reworking of broken or damaged axes into chisels or burin-like tools.

In the case of IT, refitting analysis cannot tell us much about the position of the walls. One of the few indications is the occurrence in the supposed wall zone (especially to the north of the hearth) of short lines between refitted breaks, for example of microblade fragments (fig. 54).

Regarding the stones interpreted as structural elements, the dwelling seems to be more heavily disturbed than the tent ring to the NE. This might indicate a different building style, but it might also mean that the dwelling was erected earlier than the tent, and was scavenged for stones later.

Both to the left and right of the supposed entrance of the dwelling (in the ENE), outside the house, there seem to have been activity areas and/or door dumps, because there are higher numbers of refits there than inside the

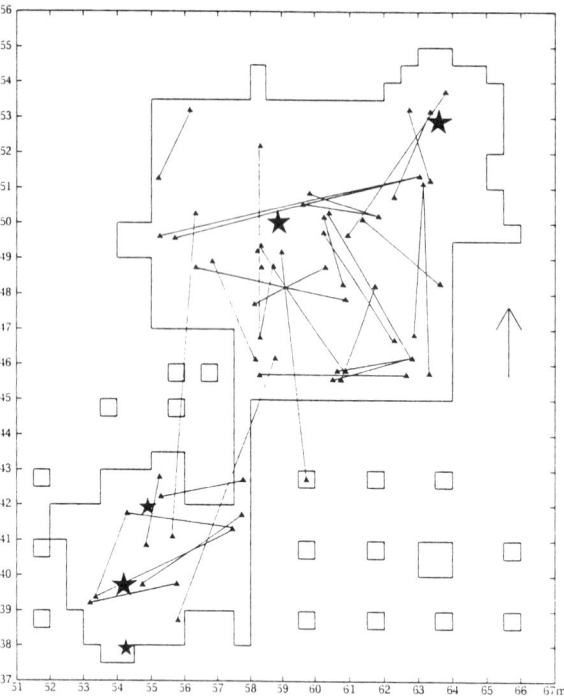

Fig. 59. IT. Map showing all refitting lines longer than 2 m (both breaks and sequences). Drawing Lykke Johansen.

13. RAW MATERIALS AND SPATIAL PATTERNS

For the area within 4 m from the centre of the hearth inside the dwelling in the northern part of the excavation, artefact numbers of four raw material groups (quartz, chalcedony, rock crystal and killiaq) are given in table 5. In this section we shall investigate whether or not these raw materials show different spatial distributions. For this, we will use both density maps and sector graphs. Quartz artefacts are clustered in the extreme east of the excavated area, and there are hardly any artefacts of this material inside the dwelling, so we shall not further discuss this material here. Chalcedony, rock crystal and killiaq occur in large numbers, also inside the dwelling. Each of these raw materials has several sub-types, showing different distributions in space.

The second author has distinguished 25 sub-types of chalcedony at IT. Of 11 sub-types of chalcedony there are less than 10 artefacts per sub-type within 4 m from the hearth centre; these are not discussed here. Of the remaining 14 sub-types of chalcedony, sector graphs were produced for all chips and flakes together. Sector graphs are in fact a combination of a pie chart and a bar graph (see Boekschoten & Stapert, 1993; in press). The area within 4 m from the hearth centre is divided into 8 sectors (see fig. 46). In a sector graph, the centre of the 'wheel' has the value zero. The circle represents the average number of artefacts per sector. Sectors with a number of artefacts higher than the mean have a black bar protruding outwards, sectors below the mean have a white bar extending inwards. In this way one can easily establish in which sector the raw material in question has its greatest amount of flint waste (chips and flakes). Ten of the fourteen sub-types of chalcedony have their richest sector in the SE: the reworking/ repairing location indicated in figure 46: 4. A density map of the chips and flakes of all of these ten sub-types of chalcedony together, is presented in figure 60. It can be seen that this is a very numerous group of raw materials, represented throughout the northern part of the IT excavation. Within 4 m from the hearth centre, there are over 4000 chips and flakes. The sector graph (fig. 61) shows very clearly that most repairing, resharpening or reworking took place to the southeast of the hearth. The remaining four sub-types are represented by only 59 flakes and chips within 4 m from

dwelling. In figure 59, all refitting lines longer than 2 m have been mapped. Many refitting lines indicate the presence of a dump area outside the dwelling, to the SE of it. Refitting analysis indicates that this dump was used both by the inhabitants of the dwelling and by those of the tent in the NE. From ethnographic sources about Inuit people we know that when the occupants of a winterhouse break up in the spring, a small group will sometimes stay behind, composed mainly of older people. The stay-behinds then tend to move out of the house into a tent. This might have been the case at IT. Maybe something similar happened in the case of the large structure at Gönnersdorf I and the tent ring located near to it (see Bosinski, 1979; Franken & Veil, 1983).

Table 5. IT, 1993 excavation. Raw materials within 4 m from the centre of the hearth inside the house in the northern part of the excavation.

Raw material groups	Chips	Chips: % per group	Non-chips	Total	Perc. of N
Chalcedony	3905	83.1	796	4701	64.8
Quartz	4	50.0	4	8	0.1
Rock crystal	826	81.9	183	1009	13.9
Killiaq	1094	71.4	438	1532	21.1
Total	5829	80.4	1421	7250	99.9

the hearth centre. One sub-type is present especially to the NE, outside the entrance; another to the northwest, near the meat cache (and inside it). The other artefacts are located close to the hearth, mainly to the west of it (fig. 62).

Rock crystal consists of two sub-types: 'clear' (transparent) and 'cracked'. These two sub-types have very different spatial distributions. The flakes and chips of cracked mountain crystal are present especially in the working area to the southeast of the hearth, just like the majority of the chalcedony artefacts (figs 63 and 64).

Clear mountain crystal, on the other hand, has its main concentration to the north of the hearth, though there is a secondary concentration to the southeast (figs 65 and 66).

Killiaq can be subdivided into three sub-types. One of these, cream-coloured killiaq, once again shows a main concentration to the southeast of the hearth (figs 67 and 68). The two other sub-types are concentrated to the west of the hearth (light-grey killiaq: figs 69 and 70), and to the SSW of the hearth (dark-grey killiaq: figs 71 and 72), although they overlap somewhat in their

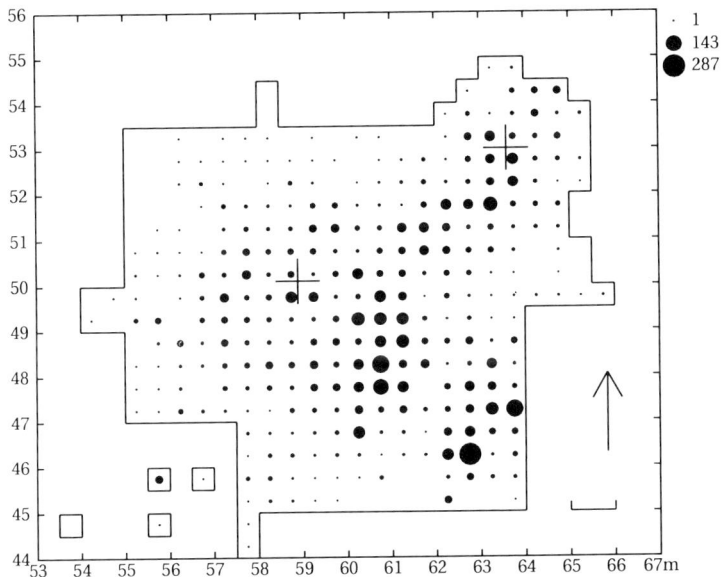

Fig. 60. IT. Density map of all chips and flakes of 10 sub-types of chalcedony: those having their richest sector in the SE or ESE. No classes, peripheral.

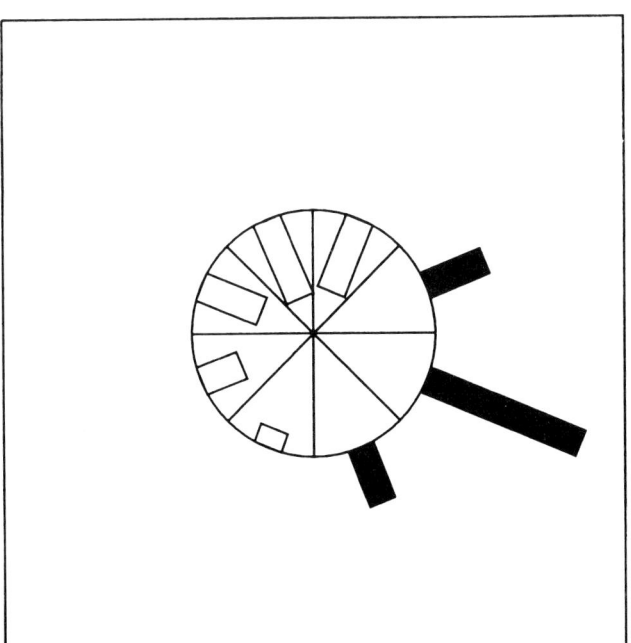

Fig. 61. IT. Sector graph of the chips and flakes of the same 10 sub-types of chalcedony as in fig. 60, within 4 m from the hearth centre. The centre of the sector wheel has the value zero; the circle represents the average number per sector (502.6). N = 4021.

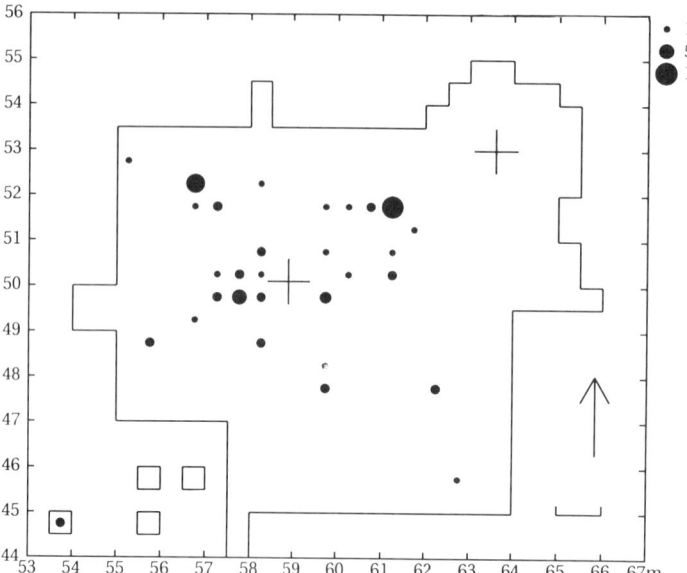

Fig. 62. IT. Density map of all chips and flakes of 4 sub-types of chalcedony: those having their richest sector not in the SE or ESE. No classes, peripheral.

distributions. The dark-grey killiaq presents us with a problem. On the basis of refitting (see fig. 58), the second author at first believed that this material might represent an occupation dating from after the occupation of the dwelling, because quite a few refitting lines cross its supposed wall, to the south of the hearth (compare with fig. 46). To investigate this matter more fully, a ring diagram for dark-grey killiaq (all artefacts) in sector 6 (SSW of the hearth) was produced: figure 73. Contrary to expectation, a clear wall effect can be seen, and the wall can be reconstructed in this sector at a distance of about 2.8 m from the hearth centre. Possibly, this state of affairs indicates a second opening in the wall, to the SSW of the hearth. The artefacts outside the wall might in that case reflect a small 'door dump' (or a 'window dump'?).

A special group of killiaq implements is constituted by pieces with a markedly rounded end. These mostly are broken tools, such as burin-like tools, which were re-used for some other purpose, which resulted in the rounding. The authors have experimented with this type of rounding at Lejre Research Centre, in the spring of 1995. The rounding is very similar to rounding observed on Late Palaeolithic, Mesolithic and Neolithic tools from various sites in northern Europe (see Johansen & Stapert, 1995). In the authors' opinion, the rounding was caused by use of these implements on pyrite, to make fire. Drawings of these tools, and microscope photos of their rounding, will be published elsewhere. Yet we may note that at both Dorset and Saqqaq sites in the Disko Bay area, pieces of pyrite have been found. Here, we will only present a map of these implements, eleven in total, at IT (fig. 74). It can be seen that these rounded killiaq implements cluster neatly near the three hearths thought to have been located inside dwellings. Several more possible fire-lighters have been found

during the excavation at IT in the summer of 1995.

Finally, we present two density maps for soapstone fragments: one for fragments of bowl-shaped containers (fig. 75), the second for fragments of lamps (fig. 76). Interestingly, the lamp fragments mainly occur in the periphery of the dwelling in the northern part of IT, just inside the reconstructed walls. The bowl fragments, on the other hand, cluster near the hearths – just like the presumed fire-lighters. These bowls most probably served as cooking pots.

14. DISCUSSION AND SOME CONCLUSIONS

The main goal of this paper is to develop a technique for applying the ring and sector method in cases where most of the material was collected in grid cells of 50x50 cm. It is suggested that this can be done by constructing a theoretical file reflecting randomness. The observed ring (or sector) distributions are then compared with those displayed by the theoretical file, by subtracting the latter from the former (both expressed as percentages). This procedure not only takes care of incomplete rings, but also removes the 'pseudo-peaks' in ring (or sector) diagrams caused by the fact that the artefacts are given artificial coordinates in the middle of the grid cells. The 'pseudo-peaks' could also be removed by giving the artefacts random coordinates within the grid cells, instead of placing them at the centre. However, this would enlarge the mean estimation error (the maximum distance between the artificial locations and the real ones would then be 70 instead of 35 cm). Moreover, by applying random coordinates instead of the technique adopted in this paper, we would lose the advantage of correction for incomplete rings. Therefore, we believe that the procedure developed in this paper is to be preferred for dealing with grid-cell data. It has to be stressed, however, that the use of grid cells larger than 50x50 cm precludes ring and sector analysis.

Using the technique described above, the ring distributions of the chips (flakes smaller than 1 cm) at the northern part of the IT site in Greenland were analysed, in eight sectors. On the basis of the obtained diagrams, the outline of the dwelling structure was reconstructed (fig. 46). The entrance was hypothesized to be in the ENE, because in that sector no clear 'barrier effect' in the ring diagram can be observed. Just outside the

supposed entrance a small 'door dump' seems to be present. A much larger dump seems to be located a few metres to the southeast of the dwelling. Inside the dwelling, SE of the hearth, a large number of chips and flakes are found, of many different raw materials, in an area with a diameter of about 1.5 m. Here an activity area was located where tools were resharpened, reworked or repaired. The reconstructed outline of the dwelling, based on the ring and sector analysis, does not correspond completely with the excavators' expectations. For example, in the southeast the reconstructed wall is farther

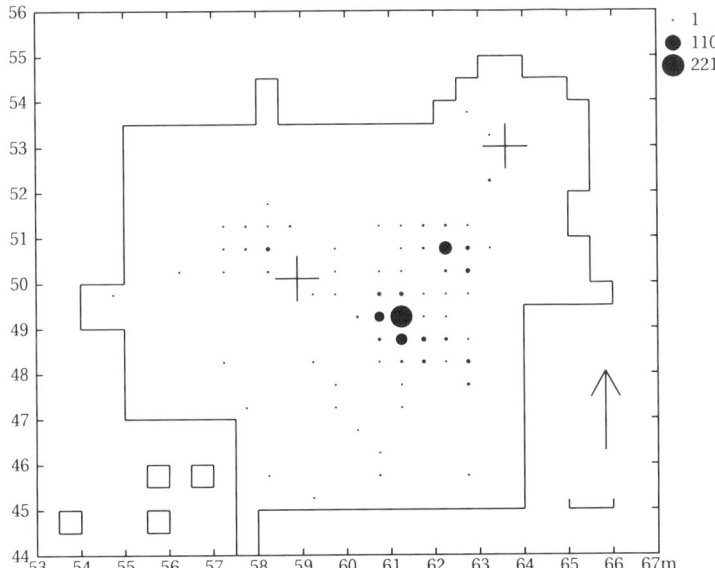

Fig. 63. IT. Density map of all chips and flakes of cracked rock crystal. No classes, peripheral.

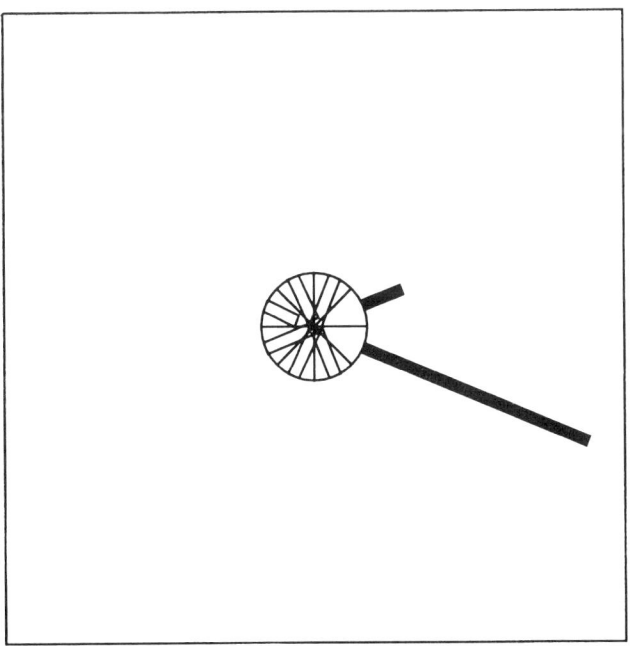

Fig. 64. IT. Sector graph of the chips and flakes of cracked rock crystal, within 4 m from the hearth centre. N = 574; mean: 71.7.

away from the hearth than anticipated on the basis of archaeologically visible features (larger stones considered to be structural elements). For the rest, however, the two approaches seem to be largely congruent in their conclusions.

It was hoped that analysis by the ring and sector method would also result in reliable hypotheses concerning the possibility of multiple occupations. However, we did not reach any definite conclusions regarding that matter. On the basis of refitting analysis, the second author has suggested that the concentration

of dark-grey killiaq artefacts, south of the hearth, represents an activity of a later date than the occupation of the dwelling, because quite a few refitting lines cross the reconstructed wall of the dwelling. However, ring analysis reveals a clear 'wall effect' in this area by artefacts of dark-grey killiaq. One possible explanation is that there was a secondary opening in the wall here, with a door dump outside it. This seems to be all the more probable because the larger implements of this material cluster nicely around the hearth inside the dwelling. Ring and sector analysis and refitting analysis

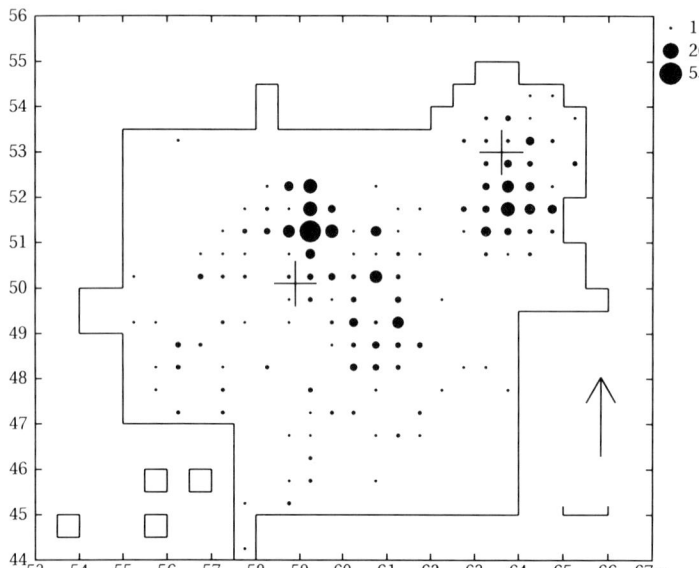

Fig. 65. IT. Density map of all chips and flakes of clear rock crystal. No classes, peripheral.

Fig. 66. IT. Sector graph of the chips and flakes of clear rock crystal, within 4 m from the hearth centre. N = 363; mean: 45.4.

appear to contradict each other in this matter. We want to state that this is most probably only an 'optical illusion', caused by the fact that they work with very different types of data. In reality, the two techniques neatly complement each other. Several other types of raw material also have deviating spatial distributions. For example, some types of chalcedony, represented by relatively few artefacts, show distributions radically different from most of the other raw materials. However, we have no way of investigating whether or not these materials represent later occupations.

The main conclusion of this paper is that analysis by the ring and sector method confirms the excavators' hypothesis that we are dealing with a dwelling structure in the northern part of the excavated area. On the basis of the work reported in this paper, this dwelling has an estimated inner diameter of 5-5.5 m, with the entrance in the ENE – facing the coast.

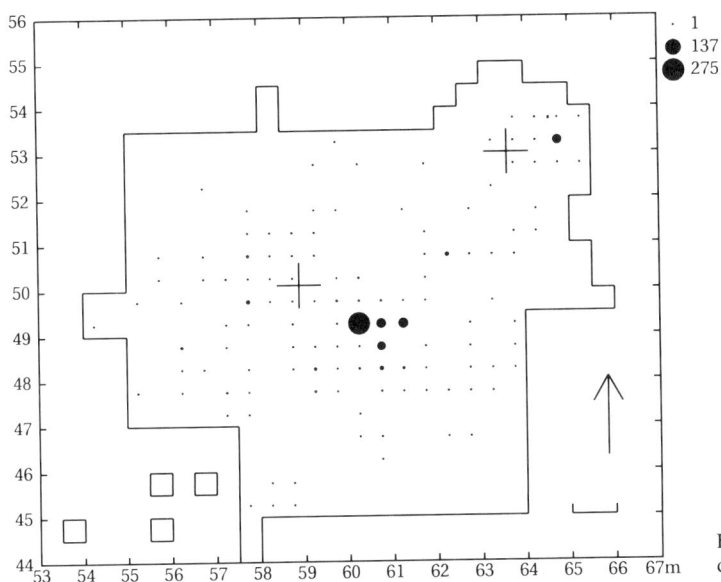

Fig. 67. IT. Density map of all chips and flakes of cream-coloured killiaq. No classes, peripheral.

Fig. 68. IT. Sector graph of chips and flakes of cream-coloured killiaq, within 4 m from the hearth centre. N = 603; mean: 75.4.

15. ACKNOWLEDGEMENTS

We are grateful to the following persons and institutions for their contribution to the research reported in this text:

Gijsbert R. Boekschoten (Groningen) and Manfred Schweiger (Akili Software b.v., Groningen), for developing the R&S program, without which this paper could not have been written, and for stimulating discussions; Elisa Evaldsen (Aasiaat Museum) and Erik Brinch Petersen (Copenhagen), for permission to analyse spatial patterns of the IT site on Greenland. The first author also wishes to thank Brinch for the permission to stay and work at the Institut for Arkæologi og Etnologi for several months during the spring of 1995 – it was one of the most pleasant times of his life; Martin Street (Forschungsstelle Monrepos, Neuwied), for the opportunity to study the site of Andernach-Oben (we are preparing a paper devoted to that site), and for making several stays at Neuwied (by both of us) as pleasant as they were; Gerhard Bosinski (Forschungsstelle Monrepos, Neuwied), for his interest in the ring

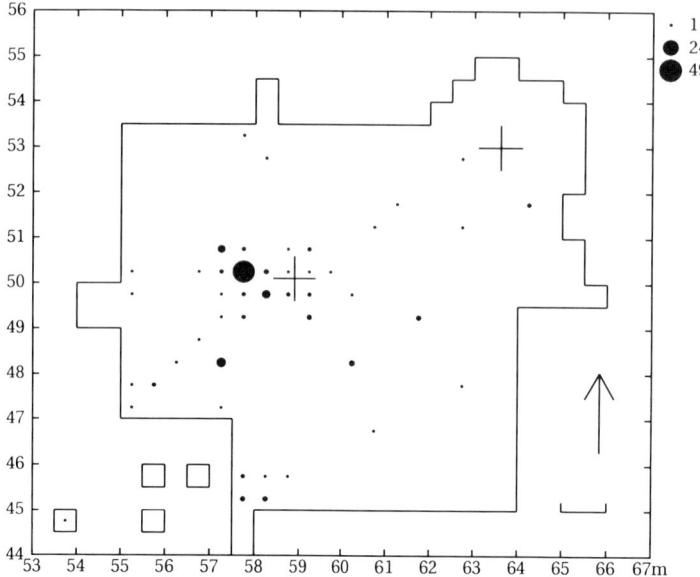

Fig. 69. IT. Density map of all chips and flakes of light-grey killiaq. No classes, peripheral.

Fig. 70. IT. Sector graph of chips and flakes of light-grey killiaq, within 4 m from the hearth centre. N = 118; mean: 14.8.

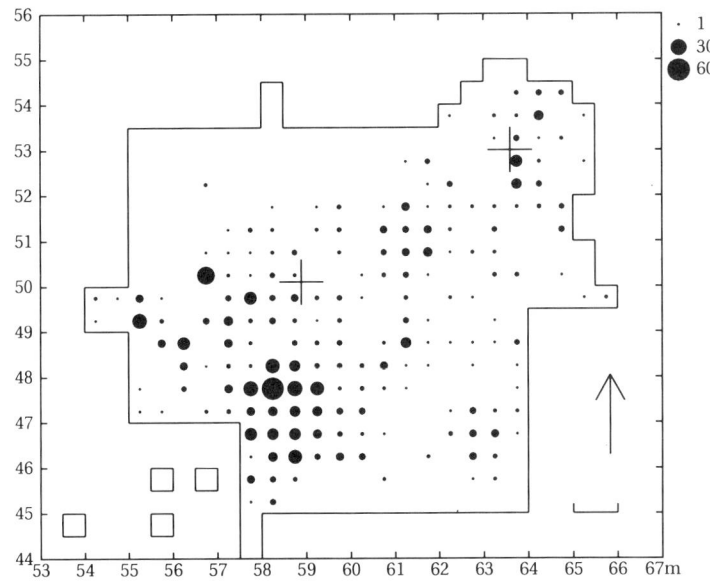

Fig. 71. IT. Density map of all chips and flakes of dark-grey killiaq. No classes, peripheral.

Fig. 72. IT. Sector graph of chips and flakes of dark-grey killiaq, within 4 m from the hearth centre. N = 769; mean: 96.1.

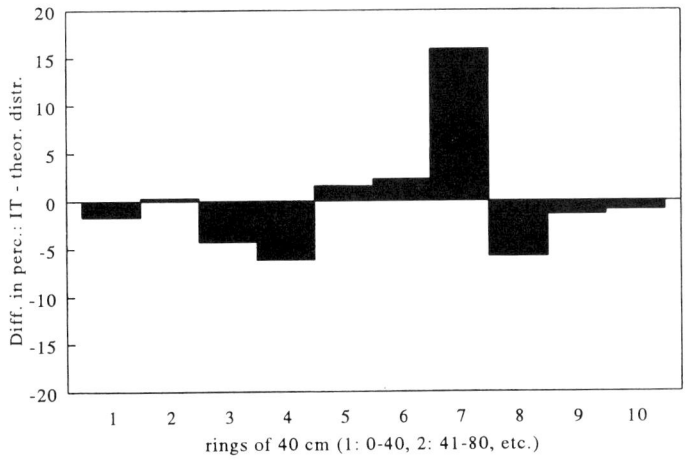

Fig. 73. IT. The ring distribution of all artefacts of dark-grey killiaq in sector 6 (SSW), after subtraction of the values of the theoretical distribution in the same sector, both expressed as percentages. Note the 'wall effect' in rings 7 and 8. N = 320.

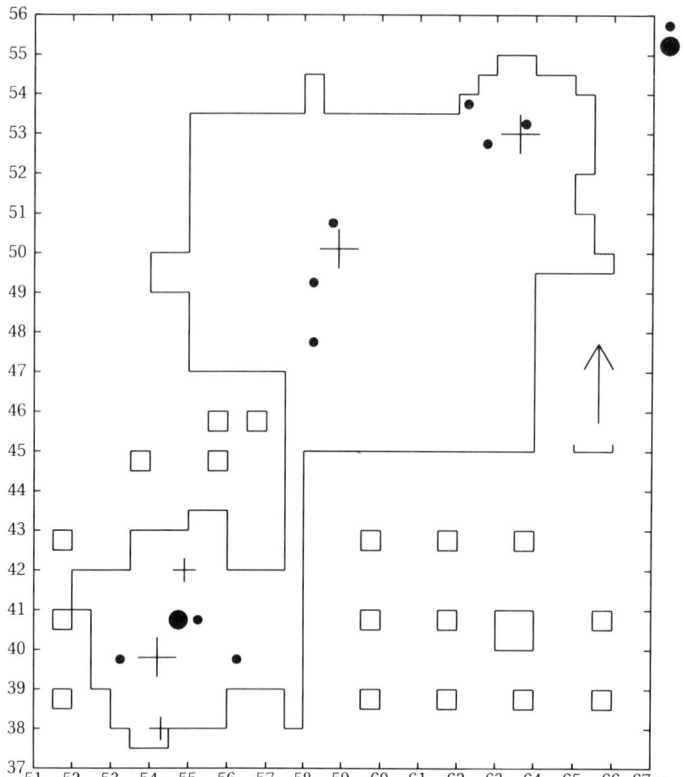

Fig. 74. IT. Density map of killiaq implements with a rounded end: fire-lighters? N = 11. Large crosses: hearths inside dwelling structures.

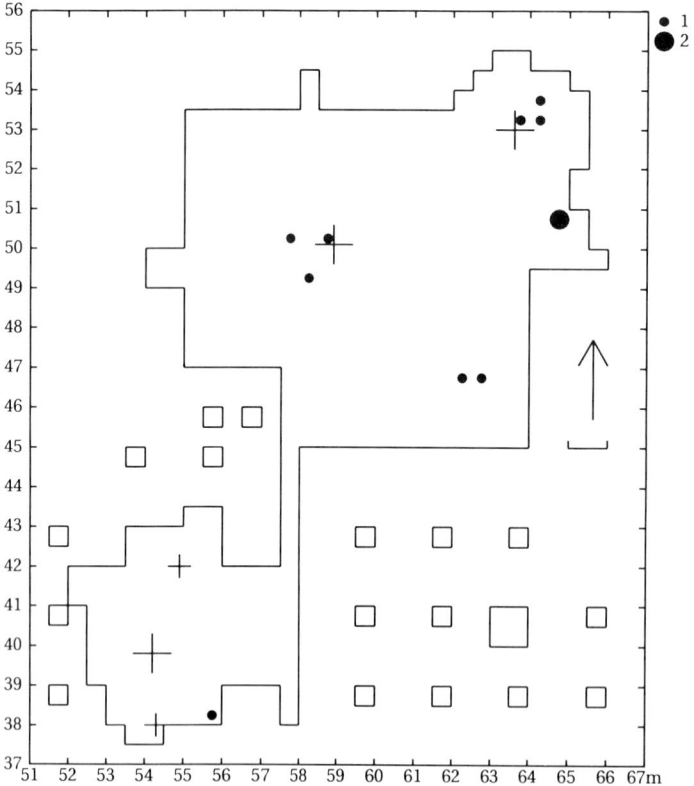

Fig. 75. IT. Density map of fragments of bowl-shaped containers made of soapstone. N = 11.

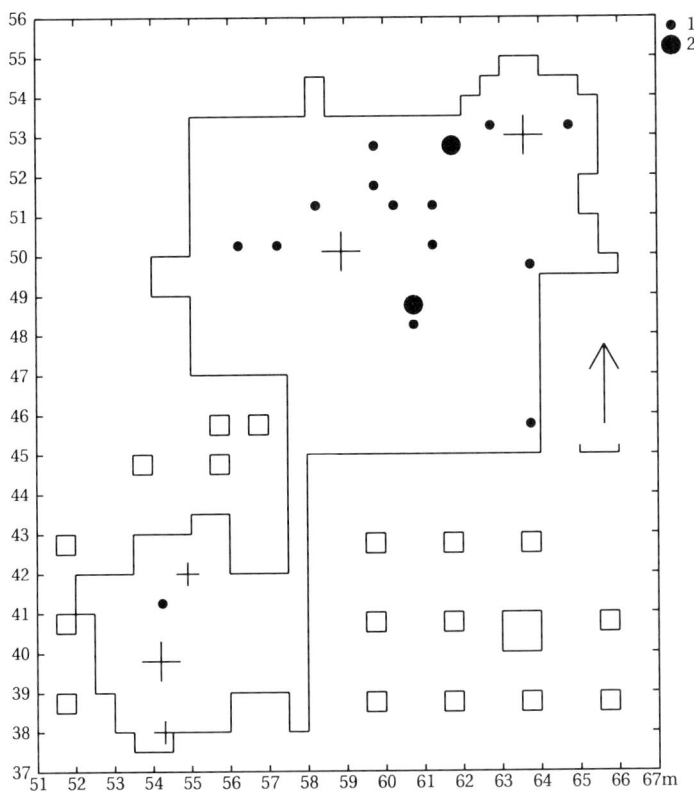

Fig. 76. IT. Density map of fragments of lamps made of soapstone. N = 18.

and sector method and his support during its development, and for his permission to work with the data of the site of Gönnersdorf; Sabine Eickhoff (Brandenburg), for kindly making available her data concerning Gönnersdorf Concentration II; Marc de Bie (Louvain), for critically reading a first draft; Per Enggærd Pedersen (National Museum, Copenhagen), for his help in starting up the IT project in the spring of 1995; Groningen Institute of Archaeology, especially Reinder Reinders, for giving the first author leave to participate in this research project – which entailed a three-month absence from the institute; Xandra Bardet (Groningen), for expertly correcting our English text.

16. REFERENCES

BLANKHOLM, H.P., 1991/1992. Rings, sectors and Barmose I: a reply to Stapert. *Palaeohistoria* 33/34, pp. 53-57.

BOEKSCHOTEN, G.R. & D. STAPERT, 1993. Rings & Sectors: a computer package for spatial analysis; with examples from Oldeholtwolde and Gönnersdorf. *Helinium* 33, pp. 20-35.

BOEKSCHOTEN, G.R. & D. STAPERT, in press. A new tool for spatial analysis: 'Rings & Sectors 3.1 plus Density Analysis and Tracelines. Paper presented at the 23ed CAA Conference, 'Interfacing the Past'; Leiden 31 March – 2 April 1995.

BOEKSCHOTEN, G.R., M.M. SCHWEIGER & D. STAPERT, 1994. *Manual for the computer package 'Rings & Sectors 2.0 plus Density Analysis'*. Akili Software B.V., Groningen.

BOSINSKI, G., 1979. *Die Ausgrabungen in Gönnersdorf 1968-1976 und die Siedlungsbefunde der Grabung 1968*. (= Gönnersdorf Band 3). Franz Steiner, Wiesbaden.

BUSCHKÄMPER, TH., 1993. Die Befunde im Südwestteil der Gönnersdorfer Grabungsfläche. Magisterarbeit, University of Cologne.

CZIESLA, E., 1990. *Siedlungsdynamik auf steinzeitlichen Fundplätzen; methodische Aspekte zur Analyse latenter Strukturen.* (= Studies in Modern Archaeology, Vol. 2). Holos, Bonn.

DE BIE, M., 1993. Compte-rendu of: Stapert, 1992. *Helinium* 33, pp. 138-141.

EVALDSEN, E. & E. BRINCH PETERSEN, 1995. The Museum of Aasiaat: Ikkarlussuup Tima; Excavation of an Early Dorset site in Disko Bay, Western Greenland. *Prince of Wales, Northern Heritage Centre; Archaeology Report* 16, pp. 46-50.

FLETCHER, M. & G.R. LOCK, 1991. *Digging numbers; elementary statistics for archaeologists* (= Oxford University Committee for Archaeology, Monograph 33). Oxford.

FRANKEN, E. & S. VEIL, 1983. *Die Steinartefakte von Gönnersdorf* (= Gönnersdorf Band 7). Franz Steiner, Wiesbaden.

JOHANSEN, L. & D. STAPERT, 1995. 'Vuur-stenen' in het late Paleolithicum. *Paleo-aktueel* 6, pp. 12-15.

SCHMIDER, B. (ed.), 1992. *Marsangy; un campement des derniers chasseurs magdaléniens, sur les bords de l'Yonne* (= Etudes et Recherches Archéologiques de l'Université de Liège vol. 55). Liège.

STAPERT, D., 1989. The ring and sector method: intrasite spatial analysis of Stone Age sites, with special reference to Pincevent. *Palaeohistoria* 31, pp. 1-57.

STAPERT, D., 1990. Within the tent or outside? Spatial patterns in Late Palaeolithic sites. *Helinium* 30, pp. 14-35.

STAPERT, D., 1992. Rings and sectors: intrasite spatial analysis of Stone Age sites. Thesis, Groningen University.

STAPERT, D. & Th. TERBERGER, 1989. Gönnersdorf Concentration III: investigating the possibility of multiple occupations. *Palaeohistoria* 31, pp. 59-95.

DE ¹⁴C-CHRONOLOGIE VAN DE NEDERLANDSE PRE- EN PROTOHISTORIE
I: LAAT-PALEOLITHICUM

J.N. LANTING
Vakgroep Archeologie, Groningen, Netherlands

J. VAN DER PLICHT
Centrum voor Isotopen Onderzoek, Groningen, Netherlands

ABSTRACT: The most recent survey of radiocarbon dates for Dutch pre- and protohistory is Lanting & Mook (1977). This paper is the first of a series of updates, dealing with the Upper Palaeolithic in the Netherlands. In the next volumes of *Palaeohistoria* papers on Mesolithic, Neolithic, Bronze & Iron Age, Roman Period & Early Middle Ages are planned.

The present paper deals not only with the radiocarbon dates of Upper Palaeolithic archaeological materials, but also with the calibration of the radiocarbon time-scale during the Late Glacial (ch. 1.7), with the evidence for wiggles, plateaux and steep slopes in the calibration curve during Bølling-Younger Dryas (ch. 1.8) and with reconstruction of the climate during the Late Glacial (ch. 2). In ch. 4.5.2.3 the traditional pollen dating to the Younger Dryas of the Ahrensburg Culture in northern Germany is rejected.

KEYWORDS: Radiocarbon dating, calibration, climate, Late Glacial, Upper Palaeolithic.

1. INLEIDENDE OPMERKINGEN

1.1. Een nieuw overzicht van de ¹⁴C-chronologie van de Nederlandse pre- en protohistorie

Het laatste overzicht van de ¹⁴C-chronologie van de Nederlandse pre- en protohistorie is bijna 20 jaren geleden gepubliceerd: *The pre- and protohistory of the Netherlands in terms of radiocarbon dates* van Lanting & Mook (1977), geschreven ter gelegenheid van het 25-jarig bestaan van het Groninger ¹⁴C-laboratorium. Op dat moment was al duidelijk dat de enige manier om een overzicht te blijven geven van beschikbare ¹⁴C-dateringen het publiceren van soortgelijke overzichten zou zijn. Een tweede, vermeerderde en verbeterde druk van Lanting & Mook is echter nooit verschenen, hoewel daar halverwege de jaren '80 wel aan gewerkt is. In navolging van Alexandre Dumas werd gedacht aan publicaties onder de titels *Tien jaar later* en *Twintig jaar later*. In 1987 waren de hoofdstukken Paleolithicum en Mesolithicum inderdaad herschreven, maar de tijd ontbrak om ook aan de jongere perioden te werken. Het hoofdstuk Paleolithicum is sindsdien regelmatig bijgewerkt. Aangezien er echter nog steeds geen vooruitzicht is dat ook de jongere perioden op korte termijn beschreven zullen worden, hebben we besloten dit hoofdstuk nu maar te publiceren als deel 1 van de ¹⁴C-chronologie van de Nederlandse pre- en protohistorie. Deel 2, het Mesolithicum, zal in de eerstvolgende *Palaeohistoria*, deel 39/40 (1997/98), verschijnen. Hopelijk zal het lukken om in de daarop volgende delen Neolithicum, Bronstijd & IJzertijd en Romeinse tijd & Vroege Middeleeuwen te publiceren. Aangezien

Palaeohistoria in de toekomst om de twee jaren als dubbelnummer zal verschijnen, is het laatste hoofdstuk dus pas in 2004 beschikbaar. We realiseren ons dat de eerste hoofdstukken dan al weer aan een herziene versie toe zijn!

1.2. Definities en inhoud

Het begin van het Laat-Paleolithicum kan worden gedefinieerd als het moment dat in de fabricage van werktuigen gebruik gaat worden gemaakt van een goed ontwikkelde klingtechniek op basis van speciaal geprepareerde kernen. In het oosten van Europa doet deze techniek mogelijk al zijn intrede rond 40.000 BP, in het westen rond 35.000 BP. Het ziet ernaar uit dat de introductie en verspreiding van deze techniek te danken is aan *H. sapiens sapiens*.

Vaak wordt het einde van het Laat-Paleolithicum gelijkgesteld aan het einde van het Laat-Glaciaal, dat wil zeggen op ca. 10.200 BP. Anderen hebben nogal arbitrair gekozen voor een eind bij 10.000 BP. Er zijn echter geen dwingende redenen om dat te doen. De typisch laatpaleolithische Ahrensburg-cultuur kwam ook in het Preboreaal nog voor. Typisch vroegmesolithische vuursteencomplexen en typisch vroegmesolithische wijze van vuursteenbewerking treden pas aan het eind van het Preboreaal op. Het ligt dan ook meer voor de hand om het einde van het Laat-Paleolithicum laat in het Preboreaal, rond 9600 BP, te plaatsen. De ¹⁴C-ijkcurve vertoont daar een plateau.

In dit artikel zal eerst aandacht worden besteed aan lithostratigrafie en biostratigrafie gedurende Boven-Pleniglaciaal, Laat-Glaciaal en Preboreaal. Vervolgens zal aandacht worden besteed aan de mogelijkheden tot ijking van de ^{14}C-tijdschaal en het optreden van *wiggles* gedurende het Laat-Glaciaal. Tenslotte zullen klimaats-ontwikkeling en de ^{14}C-dateringen van laatpaleolithi-sche jagersculturen de revue passeren.

De principes van beide methoden van ^{14}C-datering – gebaseerd op radioactief verval (gastelbuizen, vloei-stofscintillatie) resp. massaverschil (AMS) – worden bekend verondersteld (Mook & Steurman, 1983; Mook & Waterbolk, 1985; van der Plicht, 1991). Eveneens wordt bekend verondersteld dat bij de evaluatie van ^{14}C-dateringen 'graad van zekerheid van associatie' en 'eigen leeftijd van het monster' een belangrijke rol spelen (Waterbolk, 1983; Mook & Waterbolk, 1985). Het is in de praktijk echter lang niet altijd mogelijk om deze factoren op waarde te schatten op grond van de informatie die op de ^{14}C-formulieren wordt verstrekt, of die in *datelists* wordt vermeld.

Daarnaast speelt ook de chemische voorbehandeling in het ^{14}C-laboratorium een belangrijke rol. Mook & Streurman (1983) hebben een overzicht gegeven van de voorbehandelingen die in Groningen gebruikelijk zijn, en gewezen op het belang van een zuur-loog-zuur-(ZLZ-)behandeling, en op bepaling van het koolstof-gehalte van de gedateerde fractie (C_v) als indicatie voor de zuiverheid van die fractie. Ook $\delta^{13}C$ kan aanwijzin-gen geven voor mogelijke verontreinigingen. Voor zover mogelijk hebben wij van de Groninger dateringen voorbehandeling, C_v en $\delta^{13}C$ vermeld; bij oudere date-ringen zijn deze gegevens echter niet altijd bekend. Bij dateringen van andere laboratoria hebben we voor-behandeling en $\delta^{13}C$ vermeld als deze gepubliceerd zijn.

In dit artikel worden zowel ^{14}C-dateringen als date-ringen in kalenderjaren gebruikt. Deze laatste zijn ge-baseerd op verschillende dateringsmethoden: dendro-chronologie, jaargelaagdheid in ijs, warven, U/Th. ^{14}C-dateringen worden geciteerd in jaren BP, dateringen in kalenderjaren, ongeacht de herkomst, in jaren Cal BP. In beide gevallen is 'Present' het jaar 1950 AD.

Een verklaring van de gebruikte laboratorium-codes is opgenomen als bijlage 1.

1.3. Lithostratigrafie van Boven-Pleniglaciaal

De lithostratigrafie van het Boven-Pleniglaciaal in Nederland is in grote lijnen bekend. Een belangrijke bijdrage is geleverd met de beschrijving van de laatkwartaire geologie van de Dinkel Vallei (van der Hammen & Wijmstra (eds.), 1971). Tijdens het zoge-naamde Denekamp-interstadiaal (in feite een complex van korte interstadialen, volgens de gegevens uit de ijsboorkernen op Groenland; zie 2) was het klimaat bij tijden gunstig genoeg voor de vorming van een toendra-vegetatie en van veen. De jongste veenafzettingen date-ren rond 29.000 BP. Op bodems en veen van Denekamp-ouderdom worden vaak fluviatiele zand- en grint-afzettingen gevonden. Na ca. 26.000 BP veranderde het

klimaat zodanig dat eolisch transport de overhand kreeg. Daarbij moet vooral aan droogte worden gedacht, niet zozeer aan koude. Het gelaagde Oud Dekzand I, met een afwisseling van lemiger en zandiger bandjes, werd afgezet in de periode tot ca. 23.000 BP. In het zuiden des lands en plaatselijk langs de zuidrand van de Veluwe werd löss afgezet.

De verschijnselen in de daaropvolgende ca. 9000 ^{14}C-jaren worden samengevat als het zogenaamde Beuningen Complex. Allereerst volgde er een periode van continue permafrost, hetgeen zich o.a. uitte in de vorming van vorstwiggen in de bovenzijde van het Oud Dekzand I, en van vorstheuvels (pingo's). Ook ontstond een arctische bodem, de zogenaamde Beuningen-bo-dem. Elders in Europa resulteert deze extreme koude in uitbreiding van het landijs. Na de vorming van de Beuningen-bodem kreeg niveo-fluviatiel transport de overhand. Er werd grof zand en grint afgezet. Boven-dien zijn in de top van het Oud Dekzand I plaatselijk erosiegeulen aanwezig. Deze zand/grintafzettingen worden de Beuningen Grint Laag genoemd. Aangezien in deze afzettingen geen diepe, brede vorstwiggen meer gevormd werden, moet de afzetting plaatsgevonden hebben in een periode met een duidelijk beter klimaat. Waarschijnlijk speelde hierbij niet alleen temperatuur-stijging een rol, maar ook toename van neerslag. Dat zou namelijk de vorming van lemig veen aan de basis van de Beuningen Grint Laag kunnen verklaren.

Bij *Staphorst* werd een erosiegeul aan de basis van de Beuningen Grint Laag aangetroffen (Kolstrup, 1980). Op de bodem lag grof zand, gevolgd door een dunne laag lemig veen. Verder was de geul gevuld met zand en leem, afgezet in water. Uit het onderste, meer organi-sche deel van de geulvulling werd een monster voor ^{14}C-datering genomen. Pollenanalyse wees op verontreini-ging met resistent ouder materiaal. Daarom werden twee dateringen verricht:

GrN-8506   residu   23.750 ± 130 BP   (ZLZ, C_v = 54,4%, $\delta^{13}C$ = -27,7 ‰)
GrN-8594   extract   19.100 ± 180 BP   (C_v = 50,4%, $\delta^{13}C$ = -28,4 ‰)

De datering van het extract kan in dit geval als een betrouwbaarder indicatie voor het tijdstip van vorming van het lemige veen worden beschouwd, dan die van het residu. Een vergelijkbaar laagje lemig veen werd aan-getroffen in de *Stokersdobbe*, een pingoruïne bij Bakkeveen. Het werd twee keer gedateerd (Paris, Cleveringa & de Gans, 1979):

GrN-8429   18.080 ± 210 BP   (zuur, C_v = 38%, $\delta^{13}C$ = -27,4 ‰)
GrN-10042   18.140 ± 230 BP   (ZLZ, C_v = 25%, $\delta^{13}C$ = -28,4 ‰)

Het loogextract van GrN-10042 werd eveneens geda-teerd:

GrN-10051   18.240 ± 110 BP   (C_v = 48,8%, $\delta^{13}C$ = -28,0 ‰)

Deze bepaling toont aan dat noch ouder resistent ma-teriaal aanwezig was, noch infiltratie met jongere hu-maten had plaatsgevonden.

In boorprofielen bij *Papenvoort*, gem. Rolde werden dergelijke laagjes humeuze leem meerdere malen aangetroffen. Twee ervan werden gedateerd:

GrN-10041   profiel VI   18.240 ± 140 BP   (zuur, C_v = 43,9%, $\delta^{13}C$ = -27,5 ‰)
GrN-10040   profiel IX   20.850 ± 220 BP   (zuur, C_v = 40,0%, $\delta^{13}C$ = -26,0 ‰)

In hoeverre beide laatstgenoemde dateringen beïnvloed kunnen zijn door geabsorbeerde humaten of door de aanwezigheid van resistent ouder materiaal, is niet bekend. Het ziet er echter naar uit, dat de genoemde venige leemlaagjes te dateren zijn tussen 20.000 en 18.000 BP, en dat daarmee ook de begindatum van de periode van niveo-fluviatiele afzettingen van de Beuningen Grint Laag gegeven is.

Het is opvallend dat de maximale uitbreiding van het landijs (althans in Engeland, maar waarschijnlijk ook elders) in deze periode plaatsvond. Kennelijk is de toenemende neerslag hier debet aan. Bij *Dimlington*, Yorkshire, werd mos ontdekt direct onder de keileem. Dit heeft ter plaatse gegroeid tot het moment dat de gletsjers er overheen schoven. Het materiaal werd twee keer gedateerd (zie Rose, 1985):

I-3372   18.500 ± 400 BP
Birm-108   18.240 ± 250 BP

Na de vorming van de Beuningen Grint Laag volgde een periode van droogte, hetgeen tot forse winderosie van de onderliggende lagen leidde. Herkenbaar is deze periode op vele plaatsen in de vorm van een opvallende dunne grintlaag, de zogenaamde Laag van Beuningen.

Rond 14.000 BP veranderden de condities opnieuw, en wel zodanig dat het opnieuw tot afzetting van gelaagd dekzand kwam, het Oud Dekzand II.

In *Epe* werd bovenin een geul die de Beuningen Grint Laag sneed, een vulling van fijn zand en bruine leem aangetroffen, die kennelijk de onderkant van Oud Dekzand II vertegenwoordigde (Kolstrup, 1980). Zaden uit deze laag werden gedateerd:

GrN-8509   14.000 ± 150 BP   (zuur, C_v = 60,5%, $\delta^{13}C$ = -15,9 ‰)

De afzetting van Oud Dekzand II, en in het zuiden des lands van löss, ging door tot aan het begin van de Bølling s.s.

1.4. Chronostratigrafie van Laat-Glaciaal en Preboreaal

De chronostratigrafische eenheden van het Laat-Glaciaal - Oudste Dryas, Bølling, Oudere Dryas, Allerød en Jongere Dryas – zijn uiteindelijk gebaseerd op de biostratigrafische eenheden van de Zuidscandinavische pollenanalyse. Aan deze koppeling kleeft een aantal bezwaren. De biostratigrafische zones geven de vegetatieontwikkeling weer, en deze was niet alleen afhankelijk van de klimaatsontwikkeling, maar ook van migratiesnelheden van planten. Dat betekent dat pollenzones diachroon zullen zijn, met name waar ze gebaseerd zijn op de eerste uitbreiding van een thermofiele soort. Bij gebrek aan beter zullen deze biostratigrafische eenheden hier vertaald worden in chronostratigrafische eenheden, waarbij in het vervolg de termen Dryas 1,

Bølling s.l., Bølling s.s., Dryas 2, Allerød en Dryas 3 worden gebruikt. De term Bølling s.l. (*sensu lato*) heeft betrekking op Dryas 1 + Bølling s.s. (*sensu stricto*), en duidt aan dat de opwarming van het Bølling interstadiaal al begonnen was voor de eerste uitbreiding van *Betula* (definitie van de Bølling als biostratigrafische zone).

De grenzen van de biostratigrafische zones van het Laat-Glaciaal en het vroege Holoceen in Nederland zijn als volgt:

– begin Dryas 1, resp. Bølling s.l.   ca. 12.800 BP
– begin Bølling s.s.   ca. 12.500/400 BP
– begin Dryas 2   ca. 12.000 BP
– begin Allerød   ca. 11.800 BP
– begin Dryas 3   ca. 10.800 BP
– begin Preboreaal   ca. 10.150 BP
– Rammelbeek-fase   ca. 9900-9700 BP
– eind Preboreaal   ca. 9500-9400 BP

Deze grenzen zijn gebaseerd op een groot aantal dateringen van overgangen van pollenzones in pollendiagrammen.

Een complicatie van een geheel andere soort wordt gevormd door het feit dat het eerste *Betula*-maximum in het pollenprofiel van Bøllingsø – de type-site van de Bølling biostratigrafische zone – in feite het eerste maximum van de meertoppige *Betula*-curve van de Allerød is (Usinger, 1985: pp. 32-34). Desondanks kan de term Bølling beter gehandhaafd blijven, aangezien deze inmiddels algemeen gebruikt wordt. Mocht echter een nieuwe benaming nodig zijn, kan komt *Meiendorf*-interstadiaal als eerste in aanmerking. Want het is duidelijk dat dit door Menke (zie Bokelmann et al., 1983: pp. 228-231) onderscheiden interstadiaal in feite de Bølling is, terwijl Menke's Bølling eveneens het eerste *Betula*-maximum van de Allerød is. Wat dat betreft laten de door Bokelmann et al. (1983: p. 210, noot 32) vermelde ^{14}C-dateringen van Hainholz-Esinger Moor geen twijfel toe.

De door Mangerud et al. (1974) voorgestelde chronozones in het Laat-Glaciaal – Bølling 13.000-12.000 BP, Oudere Dryas 12.000-11.800 BP, Allerød 11.800-11.000 BP en Jongere Dryas 11.000-10.000 BP – verdienen onzes inziens geen navolging.

1.5. De lithostratigrafie van Laat-Glaciaal en Preboreaal

Aan de bovenzijde van het Oud Dekzand II, waarvan de afzetting al gedurende de laatste fase van het Boven-Pleniglaciaal begon, maar gedurende Dryas 1 voortging, wordt vaak een lemige(r) band gevonden, (*Lower Loamy Bed*), die geacht wordt tijdens de Bølling s.s. te zijn afgezet. Op andere plaatsen kan gedurende Bølling s.s. een dunne uitgeloogde zone, dus een bodemvorming, zijn ontstaan. In depressies kon het gedurende Bølling s.s. tot veenvorming komen, in open water tot afzetting van gyttja.

Gedurende Dryas 2 werd het Jong Dekzand I afgezet. In hoeverre deze afzetting al begon tijdens de laatste

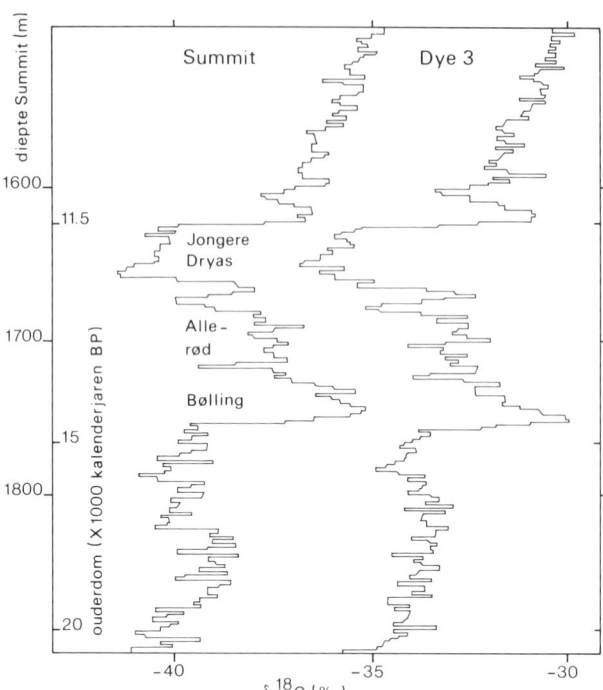

Fig. 1. δ^{18}O-profielen van twee Groenlandse ijskernen tijdens het late Boven-Pleniglaciaal, Laat-Glaciaal en vroege Holoceen. Dieptes en datering hebben betrekking op de Summit (= GRIP) ijskern (gebaseerd op Johnsen et al., 1992: fig. 2).

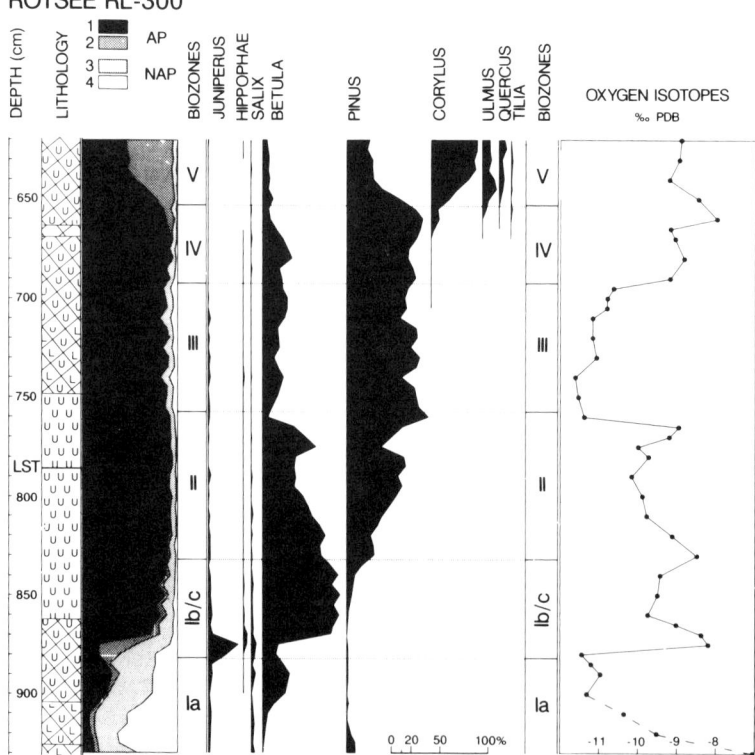

Fig. 2. Pollendiagram en δ^{18}O-profiel van het laatglaciale/vroegholocene gedeelte van boorkern RL-300 uit de Rotsee bij Luzern, Zwitserland. De drie onderste δ^{18}O-waarden zijn beïnvloed door allochthone carbonaat, en dienen buiten beschouwing te blijven. Opvallend zijn de abrupte stijgingen van δ^{18}O-waarden aan het begin van Bølling (biozone Ib) en van het Preboreaal (biozone IV) en de scherpe daling aan het begin van de Jongere Dryas (biozone III) (naar: Lotter et al., 1992: fig. 2).

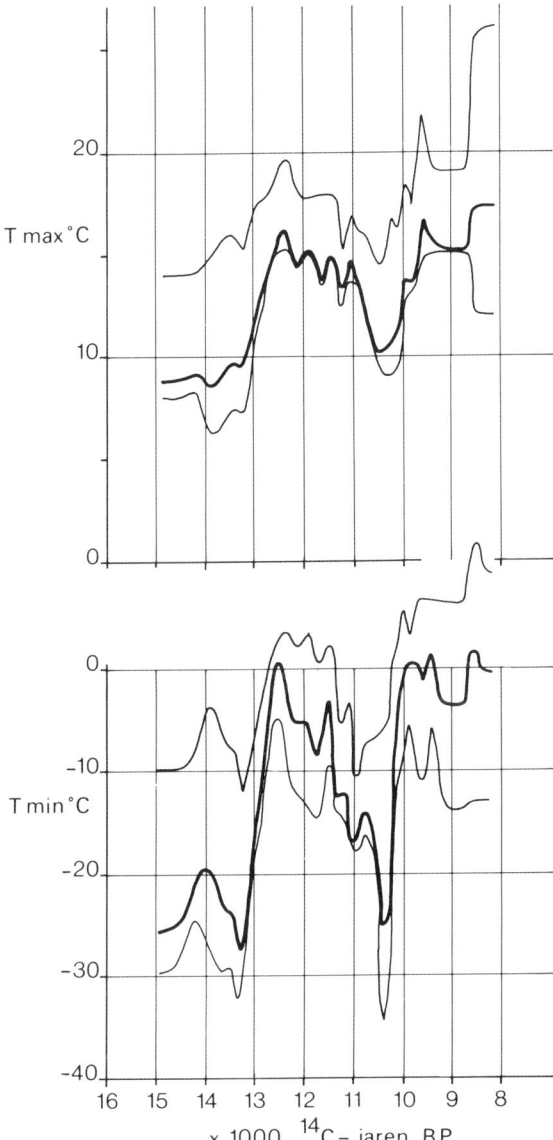

Fig. 3. Reconstructie van gemiddelde zomer- (T-max) en winter-temperaturen (T-min) gedurende Laat-Glaciaal en Vroeg-Holoceen, op basis van fossiele *Coleoptera*-fauna's. De dikke lijnen geven de meest waarschijnlijke waarden aan, de dunne lijnen zijn boven- en ondergrenzen van de Mutual Climatic Ranges (naar: Atkinson, Briffa & Coope, 1987: fig. 2c).

fase van Bølling en nog doorging tijdens de vroegste fase van Allerød, is niet duidelijk. In Noord-Nederland is dit gelaagd en bevat het dunne leembandjes. In Oost-Nederland is dit niet het geval, behalve hier en daar in depressies. Stapert (1986) ziet hierin een aanwijzing voor de aanwezigheid van (discontinue) permafrost ten noorden van de Overijsselse Vecht gedurende Dryas 2. Deze zou tijdens de Allerød verdwenen zijn en tijdens Dryas 3 niet teruggekeerd, want zowel in Noord- als Oost-Nederland is het Jong Dekzand II niet gelaagd. Gezien de klimaatsontwikkeling sinds ca. 18.000 BP en

de spaarzame vegetatie is echter niet waarschijnlijk dat gedurende Dryas 2 nog permafrost aanwezig zou zijn geweest (Maarleveld, 1976: p. 65).

Gedurende de Allerød vond bodemvorming plaats in de vorm van een uitgeloogde grijze zone en beginnende oerbankvorming, de zogenaamde Laag van Usselo. Deze bodemvorming moet gezien worden als het resultaat van een langdurig proces, en kan in geen geval ook nog zijn opgetreden op lokale overstuivingen uit de late Allerød. In depressies werd gedurende de Allerød veen gevormd, in open water gyttja afgezet. In de Laag van Usselo komt vaak houtskool voor, afkomstig van *Pinus*. Dat deze afkomstig zou zijn van branden in de door de kou van de beginnende Dryas 3 afgestorven dennenbossen is niet waarschijnlijk. Van der Hammen toonde in profiel B bij Usselo al aan dat daar twee brandlagen in het veen voorkwamen, die correspondeerden met twee minima in de *Pinus*-curve tijdens de tweede helft van de Allerød (van der Hammen, 1951: diagram V). Gedetailleerd heronderzoek van profiel C bij Usselo (van Geel et al., 1984) liet zien dat daar gedurende de tweede helft van de Allerød regelmatig bosbranden plaatsvonden. De spreiding van de *14C*-getallen voor houtskool uit de laag van Usselo is daarmee in overeenstemming.

Gedurende Dryas 3 werd Jong Dekzand II afgezet, dat in Noord- en Oost-Nederland geen afwisseling van grovere en fijnere laagjes vertoont. Mogelijk begon de afzetting van dit Jong Dekzand II lokaal al gedurende de laatste fase van Allerød. Dat Jong Dekzand II ook nog tijdens het Preboreaal, en lokaal misschien nog wel in het vroege Boreaal plaatsvond, staat wel vast.

1.6. Biostratigrafie van het Laat-Glaciaal en het Preboreaal

Veel werk werd en wordt verricht op het gebied van de vegetatie-ontwikkeling gedurende het Laat-Glaciaal en het Holoceen. De globale ontwikkelingen kunnen bekend verondersteld worden. Usinger (1975; 1978; 1985) kon door nauwgezette vergelijking van pollen-diagrammen een opeenvolging van 15 *pollen assemblage zones* (PAZ) uitwerken voor het Bølling-Allerød-complex in Sleeswijk-Holstein. Vergelijking met pollen-diagrammen in Nederland, Noordwest-Duitsland, Denemarken, Zuid-Zweden en Groot-Brittannië toonde aan dat daar vergelijkbare ontwikkelingen plaatsvonden. Daarnaast kunnen ook enkele recente onderzoeken in Nederland worden vermeld, waarbij niet alleen veel meer pollen worden geïdentificeerd dan in oudere onderzoekingen, maar ook algae, fungi, rhizopoda en andere palynomorfen, en verder ook macrofossielen (van Geel, Bohncke & Dee, 1980-1981; van Geel, de Lange & Wiegers, 1984; van Geel, Coope & van der Hammen, 1989). In twee gevallen werden botanische onderzoekingen gecombineerd met onderzoek aan resten van fossiele kevers (Bohncke, Vandenberghe, Coope & Reiling, 1987; van Geel, Coope & van der Hammen, 1989).

Op grond van dit gedetailleerde vergelijkende onderzoek bleek het ook mogelijk afwijkende ^{14}C-dateringen op te sporen. Met name in het jongmoraine gebied blijkt het dateren met behulp van ^{14}C van laatglaciale afzettingen nogal problematisch te zijn. Vaak vallen dateringen te oud uit, soms vanwege verontreiniging met ouder organisch materiaal (Björke & Håkansson, 1982), vaker vanwege het 'hardwater-effect' (vergelijk Zagwijn, 1983: p. 82).

Traditioneel wordt de vegetatie-ontwikkeling in het Laat-Glaciaal en het Preboreaal beschouwd als het resultaat van temperatuurswisselingen. Bølling en Allerød zouden warmere perioden, Dryas 2 en 3 koudere perioden zijn geweest. Wel werd al vroeg rekening gehouden met een stijging van de temperatuur vóór het beging van de Bølling, dat wil zeggen vóór de stijging van de *Betula*-curve in de pollendiagrammen, aangezien met de migratiesnelheid van *Betula* rekening gehouden moest worden. Op grond daarvan introduceerde Van der Hammen (1951) de Bølling s.l., die de biostratigrafische zones Oudste Dryas en Bølling omvatte. Deze liet hij beginnen bij de toename van *Artemisia*, die rond 13.000 BP werd gedateerd.

1.7. IJking van de ^{14}C-tijdschaal in het Laat-Glaciaal

Voor de periode die in dit hoofdstuk wordt behandeld, zijn op dit moment nog geen ijkcurves op basis van ^{14}C-gedateerde jaarringen in hout bekend. Voor het Boven-Pleniglaciaal is het zeer onwaarschijnlijk dat zo'n curve ooit beschikbaar zal komen, zelfs al hebben dateringen aangetoond dat hout uit de laatste 40.000 jaren beschikbaar is uit venen en rivierafzettingen in Nieuw-Zeeland (Bridge, 1987), Tasmanië (Barbetti et al., 1994) en elders. Voor het Laat-Glaciaal zijn de vooruitzichten beter. Er zijn zwevende jaarringcurves voor den beschikbaar, die Bølling s.s., Dryas 2, Allerød en Preboreaal omvatten (Becker & Kromer, 1986). Het grootste probleem is de overbrugging van Dryas 3. Benoorden de Alpen lijkt alleen hout uit de laatste honderden jaren van deze periode aanwezig te zijn, maar wellicht zal het mogelijk blijken hout uit de eerste helft van Dryas 3 te vinden in gebieden ten zuiden van de Alpen. Bij gebrek aan dendrodateringen moet uitgeweken worden naar andere methoden van absolute datering, gebaseerd op jaargelaagdheid van het landijs op Groenland, resp. op jaargelaagdheid in rivier- en meerafzettingen (warven) in Europa en Japan. In principe zijn beide methoden nauwkeurig, maar de ijking van de ^{14}C-tijdschaal is indirect.

In het Groenlandse ijs kan de klimaatsontwikkeling in het Noordatlantische gebied o.a. worden afgelezen uit de fluctuaties van δ^{18}O (fig. 1). De klimaatsontwikkeling tijdens het Laat-Glaciaal is ook zichtbaar in pollendiagrammen in Europa, die wel ^{14}C-gedateerd kunnen worden. Vaak kunnen deze pollendiagrammen bovendien gecombineerd worden met δ^{18}O-curves (fig. 2), waar het kalkhoudend sediment betreft, en/of met temperatuurcurves gebaseerd op insectenresten (fig. 3). Op die wijze kan vertraagde respons in de vegetatie-ontwikkeling opgespoord worden (zie hfdst. 2). Het is door combinatie van de verschillende methoden mogelijk gebleken de klimaatsontwikkeling gedurende het Laat-Glaciaal van absolute dateringen te voorzien, naast de reeds bestaande ^{14}C-chronologie.

De correlatie warvenchronologie/^{14}C-chronologie is mogelijk via de datering van terrestrische macrofossielen (zaden, bladeren etc.), ingebed in de gelaagde afzettingen. IJking van de ^{14}C-tijdschaal is ook mogelijk door de combinatie van ^{14}C- en U/Th-dateringen aan koraal. Uitgangspunten hierbij zijn dat U/Th-dateringen ouderdommen in kalenderjaren opleveren, dat geen uitwisseling van U en Th plaatsvindt na de vorming van het koraal en dat de ^{14}C-dateringen met 400 jaren gecorrigeerd kunnen worden voor marien reservoireffect. Op basis van gedetailleerde gegevens over de schommelingen in de intensiteit van het aardmagnetische veld gedurende de laatste 80.000 jaren, en gebruik makend van een *two box model* voor de anorganische koolstofkringloop in oceaan en atmosfeer, hebben Mazaud et al. (1992) de veranderingen in het atmosferische ^{14}C-gehalte berekend. Die veranderingen gedurende de laatste 50.000 jaren zijn weergegeven in figuur 4. De overeenstemming van beide laatste onafhankelijke methoden van ijking van de ^{14}C-tijdschaal is dusdanig dat wij in deze publicatie gebruik zullen maken van deze getallen in de periode vóór 15.000 jaren geleden. Voor de laatste 15.000 jaren zullen wij gebruik maken van ijkingen op basis van jaarringen en van globale ijkingen op basis van jaargelaagdheid in het Groenlandse ijs.

Volgens de laatste dateringen aan de hand van jaargelaagdheid in de GRIP (Summit)- en GISP 2-ijskernen op Centraal-Groenland eindigde Dryas 3 rond 11.510 ± 70 (± 70) (Johnsen et al., 1992), respectievelijk 11.640 (± 250) Cal BP (Taylor et al., 1993; deze publicatie: fig. 5). De datering van ca. 11.500 Cal BP wordt in grote lijnen bevestigd door de U/Th- en ^{14}C-dateringen van koralen bij Barbados en Mururoa (Bard et al., 1993). De dendrochronologische gegevens uit Zuid-Duitsland wijzen in dezelfde richting. Wel moet voor ogen worden gehouden dat die Zuidduitse jaarringchronologie nog niet definitief is. In een aantal korte publicaties hebben Becker, Kromer & Trimborn (1991), Becker (1993) en Kromer & Becker (1993; 1994) de verlenging van de aanvankelijk alleen op eik gebaseerde ijkcurve van 9971 Cal BP tot 11.597 Cal BP beschreven. Vóór 9971 Cal BP bestaat de curve uit jaarringen in den. De overlap van den en eik zou 295 jaren bedragen. In de ^{14}C-dateringen van dit deel van de ijkcurve zijn plateaus aanwezig bij ca. 10.150 en ca. 10.000 BP (samen minstens 600 kalenderjaren omvattend, volgens Kromer & Becker, 1994) en bij ca. 9600 BP, terwijl bij 8800/8900 BP een kleine oneffenheid zichtbaar is. Goslar et al. (1995) hebben echter aannemelijk gemaakt dat een correctie van ca. 200 jaren in het vroegholocene deel van de dendrocurve nodig is, daar

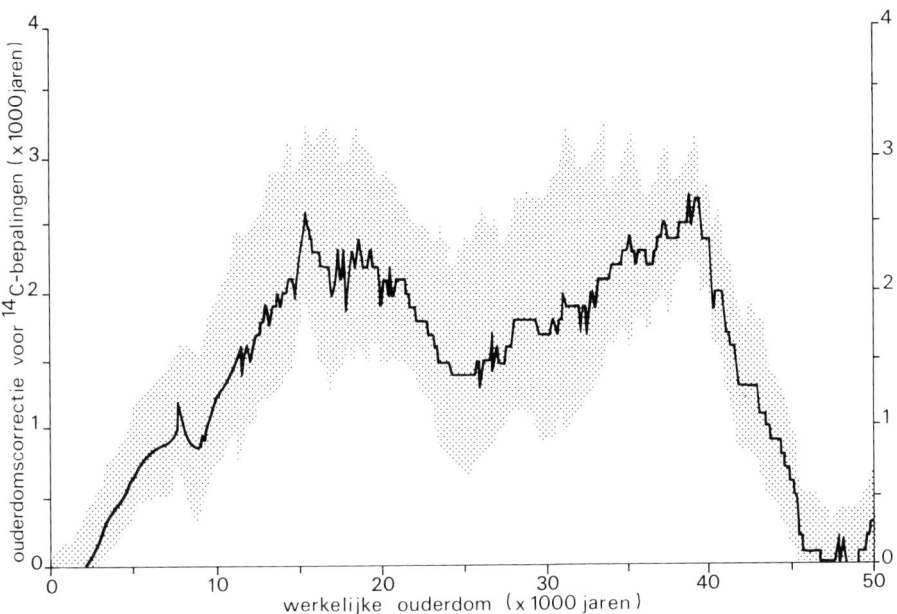

Fig. 4. Geomagnetische ijking van de 14C-tijdschaal. De gerasterde zone correspondeert met de onzekerheidsmarge, ten gevolge van onzekerheden in de bepalingen van de magnetische intensiteiten (naar: Mazaud et al., 1992: fig. 3).

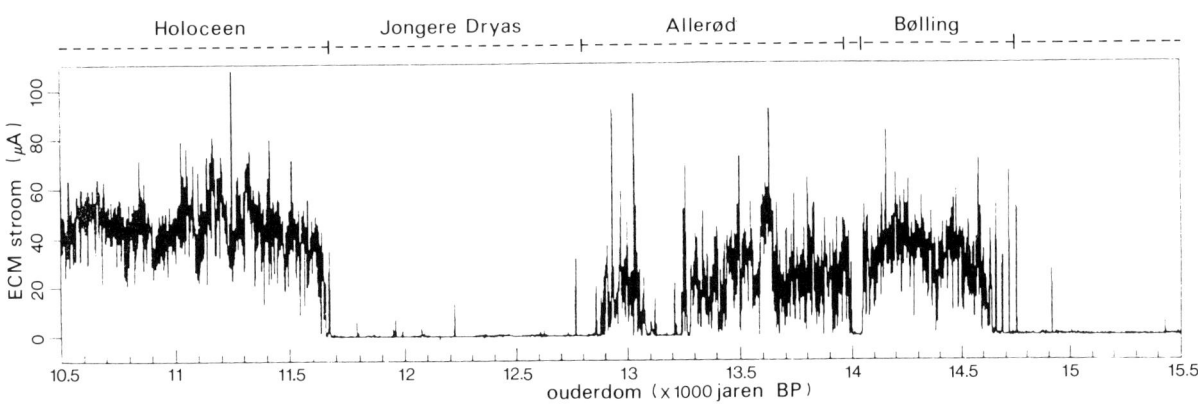

Fig. 5. Jaarlijkse gemiddelden van de elektrische geleidbaarheid (Electric Conductivity Measurement = ECM) in ijs uit het late Boven-Pleniglaciaal, Laat-Glaciaal en vroege Holoceen van de GISP 2-boorkern. De geleidbaarheid is afhankelijk van de klimatologische omstandigheden (naar: Taylor et al., 1993: fig. 2).

waar eik en den overlappen. Of de fout in de correlatie van eiken- en dennenringen zit, dan wel in het laatste deel van de eikencurve, is niet duidelijk. Toevoeging van deze ca. 200 jaren betekent dat rond 8800/8900 BP nu een plateau van enkele eeuwen ontstaat.

Op grond van het verloop van de curves van δ^2H en $\delta^{13}C$, gemeten aan dezelfde jaarringen als 14C, concludeerden Kromer & Becker (1993; 1994) dat het begin van het Preboreaal herkenbaar was rond 11.050 Cal BP. Met de correctie van ca. 200 jaren zou die grens bij ca. 11.250 Cal BP liggen. Goslar et al. (1995) wijzen er echter op dat *wiggle matching* de overgang Dryas 3/ Preboreaal in Lake Gosziac bij 11.440 (± 120) Cal BP plaatst, vergelijkbaar met de getallen van 11.510 (±70)

en 11.640 (± 250) Cal BP in de GRIP- en GISP 2-ijskernen. Zij menen dat in de Zuidduitse dennen sprake moet zijn van een vertraagde respons op de klimaatsverbetering, die wat δ^2H betreft het gevolg zou kunnen zijn van verhoogde smeltwaterafvoer tijdens het vroege Holoceen. Die vertraging zou dus 200 of meer jaren hebben bedragen.

Het is echter de vraag of er wel sprake is van een vertraagde respons; er is namelijk ook een andere verklaring mogelijk. De snelle toename in de δ^2H- en $\delta^{13}C$-curves valt weliswaar samen met het einde van het 10.000 BP-plateau in de 14C-curve, maar het einde van de biostratigrafische periode Dryas 3 ligt bij 10.150-10.200 BP (zie 1.8). Dateringen tussen 10.150 en 10.000

BP, en in het steile stuk van de ^{14}C-curve tussen 10.000 en 9600 BP horen thuis in het vroege Holoceen, de biostratigrafische zone Preboreaal. Met name moet het steile stuk geplaatst worden rond de zogenaamde Rammelbeek-fase, de korte koudere periode in het Preboreaal. Dit wordt o.a. gedemonstreerd door de dateringen van Denekamp-de Borchert, Denekamp-Nieuwe Dinkel Kanaal en Bedburg-Königshoven (zie onder; voor Bedburg zie ook Street, 1991). Als de stijging in de δ^2H- en δ^{13}C-curves al samenhangt met een opwarming, dan is dat de opwarming aan het eind van de Rammelbeek-fase geweest! Volgens Kromer & Becker (1993) omvat het plateau van ca. 10.000 BP minstens 340 jaarringen, met een dendrodatering voor de oudste ring van 11.389 jaren Cal BP, te corrigeren tot ca. 11.590 Cal BP. Aangezien het einde van Dryas 3 in ^{14}C-jaren bij 10.150 BP ligt, moeten dus 340 jaren tot het Preboreaal worden gerekend en ligt de overgang Dryas 3/Preboreaal voor of bij 11.590 Cal BP. Dat is een getal dat goed overeenkomt met de waarden van 11.510 ± 70 em 11.640 ± 250 Cal BP in de GRIP- en GISP-2-ijskernen, en met het getal van 11.440 ± 120 Cal BP, dat Goslar et al. (1995) in Lake Gosciaz vonden. De Rammelbeekfase is in de δ^{18}O-curves van de GRIP- en GISP-2-ijskernen goed herkenbaar en ligt met zijn minimum inderdaad zo'n 300 jaren na het einde van Dryas 3 (fig. 1).

Indien het einde van Dryas 3 werkelijk bij ca. 11.600 BP gezocht moet worden, behoren de oudste 200 dennenringen dus tot het Laat Glaciaal. Kennelijk waren de omstandigheden in Zuid-Duitsland dus al voor het einde van Dryas 3 zover verbeterd dat in de riviervalleien al weer groei van den mogelijk was.

Sterk afwijkend zijn echter de warvendateringen in Zweden. Volgens Strömberg (1994) is de meest waarschijnlijke datering voor de overgang Dryas 3/Preboreaal in de Zweedse warvenchronologie 10.740+100/-250 Cal BP. Het verschil met de GRIP- en GISP 2-ijsdateringen kan volgens Strömberg ten dele verklaard worden door retardatie in de ijsafsmelting en door het gebruik van verschillende definities voor de zonegrenzen. Maar 800-900 jaar verschil ziet ook hij als onverklaarbaar groot. De voor de hand liggende verklaring dat de Zweedse warvenchronologie toch minder nauwkeurig is dan werd gedacht, is inmiddels bevestigd door Wohlfarth (1996) die een fout van 500-700 jaren als gevolg van missende Holocene warven ontdekt heeft.

Ook warvendateringen elders in Europa zijn minder nauwkeurig gebleken dan in eerste instantie werd geclaimd. Zo werden in Meerfelder Maar en Holzmaar in de Eifel getallen van ca. 10.000 respectievelijk ca. 10.630 Cal BP geleden verkregen voor de overgang Dryas 3/Preboreaal (Zolitschka, 1988; Zolitschka et al., 1992). Recentelijk is echter gebleken dat in de jongere sedimenten van Holzmaar een hiaat aanwezig is, dat eerst op 1066 jaren (Hajdas, 1993), later op 878 jaren (Hajdas et al., 1995) werd bepaald. Indien deze laatste correctie juist is, dateert de overgang Dryas 3/Preboreaal rond 11.490 Cal BP, wat inderdaad redelijk overeenkomt met de ijsdateringen. Ongetwijfeld zijn in Meerfelder Maar overeenkomstige, nog grotere hiaten aanwezig. In Soppensee in Zwitserland wordt de overgang Dryas 3/Preboreaal bij 10.986 ± 89 Cal BP geplaatst (Hajdas, 1993). Alleen in Lake Gosciaz lijkt een volledige serie warven aanwezig te zijn, die overigens door middel van *wiggle matching* van absolute dateringen zijn voorzien, omdat het subrecente sediment een slechte gelaagdheid toont. Zoals gezegd wordt de overgang Dryas 3/Preboreaal hier op 11.440 ± 120 Cal BP gedateerd (Goslar et al., 1995).

Volgens de GISP 2-ijskern moet het einde van Allerød rond ca. 12.900 Cal BP worden gezocht (Taylor et al., 1993). Dryas 3 heeft volgens dezelfde onderzoekers ca. 1300 jaren geduurd. In Holzmaar wordt het einde van Allerød nu rond 11.940 Cal BP geplaatst, waardoor Dryas 3 slechts 450 jaren geduurd zou hebben (Hajdas et al., 1995). In Soppensee wordt het einde van Allerød bij 12.125 ± 86 Cal BP geplaatst, en duurde Dryas 3 1140 ± 110 jaren (Hajdas, 1993). In Holzmaar lijken dus aanzienlijke hiaten in het sediment van Dryas 3 aanwezig, in Soppensee in het Holocene sediment.

In de GISP 2-ijskern ligt het begin van Allerød bij ca. 14.000 Cal BP, en vindt de snelle temperatuurstijging die het begin van Bølling s.s. inluidt rond 14.700 Cal BP plaats (zie fig. 5). Op basis van deze getallen zou Allerød ca. 1100 jaren hebben geduurd en Bølling s.s. en Dryas 2 samen ca. 700 jaren. In deze kern is Dryas 2 als een kortstondige koude fase herkenbaar, vlak voor 14.000 Cal BP, die hooguit 60-70 jaren duurde. Het is echter mogelijk dat de vegetatie in NW-Europa langere tijd nodig had voor herstel. Tussen ca. 13.250 en ca. 13.100 Cal BP, dus in het laatst van de Allerød, is in GISP 2 eveneens een koude periode herkenbaar.

Vergelijken we de dateringen op basis van de GISP 2-ijskern met de conventionele ^{14}C-dateringen, dan blijkt het verschil tussen dateringen in kalenderjaren en die in ^{14}C-jaren aan het einde van Dryas 3 ca. 1450 jaren te bedragen (11.600 Cal BP vs. 10.150 BP), aan het einde van Allerød ca. 2100 jaren (12.900 Cal BP vs. 10.800 BP), aan het begin van Allerød ca. 2200 jaren (14.000 Cal BP vs. 11.800 BP) en aan het begin van Bølling s.l. ca. 1900 jaren (14.700 Cal BP vs. 12.800 BP). Dit zijn verschillen die overeenkomen met die welke Mazaud et al. (1992) voorstellen. Vergelijkbare verschillen werden berekend door Bard et al. (1993) op basis van U/Th- en ^{14}C-dateringen van koraal bij Barbabos en Mururoa.

Mazaud et al. (1992) verwachten een verschil van ruim 2000 jaren in de periode tot ca. 21.000 Cal BP, van ca. 1500 jaren rond 25.000, van ruim 2500 jaren rond 40.000 Cal BP en van hooguit enkele honderden jaren tussen 45.000 en 50.000 Cal BP (fig. 4).

1.8. Aanwijzingen voor wiggles in Laat-Glaciaal en Preboreaal

Minstens zo interessant als de absolute datering van de verschillende fasen van het Laat-Glaciaal en het Preboreaal, en als het verschil in ouderdom in ^{14}C- en kalenderjaren, zijn de fluctuaties in het atmosferische ^{14}C-gehalte in deze periode. Deze fluctuaties zijn af te lezen uit ^{14}C-gedateerde reeksen jaarringen in hout. Het zijn de plateaus en steile stukken, en daarnaast de *wiggles* in deze curve, die aantonen of in een bepaalde periode met behulp van ^{14}C gedetailleerde chronologische uitspraken mogelijk zijn, of dat volstaan moet worden met zeer globale benaderingen.

Lotter et al. (1992) hebben aangetoond, door middel van dateringen aan terrestrische macrofossielen in gelaagd meersediment, dat de ^{14}C-curve tijdens het Laat-Glaciaal en het Preboreaal in ieder geval drie langdurige plateaus kent, namelijk rond ca. 9500 BP, rond ca. 10.000 BP en rond ca. 12.700 BP. Uit onderzoek van Kromer & Becker (1993, 1994) blijkt dat het eerstgenoemde plateau ca. 300 kalenderjaren lang is en rond 9600 BP ligt, het tweede minstens 550 kalenderjaren lang is (de curve reikt nog niet verder terug!) en in feite bestaat uit twee plateaus, rond 10.150 respectievelijk 10.050 BP. Aangenomen mag worden dat ook het plateau rond 12.700 BP (of waarschijnlijker 12.800 BP) eveneens een realiteit is. De lengte van dit plateau staat echter niet vast.

Overigens is de curve van Lotter et al. (1992) niet gedetailleerd genoeg om *wiggles* tijdens het Laat-Glaciaal te kunnen herkennen of uit te sluiten. Systematische ^{14}C-datering van de zwevende jaarringtrajecten in het Laat-Glaciaal (zie Becker & Kromer, 1986) heeft nog niet plaatsgevonden. Wel heeft Suess (1979) een aantal dennen uit Dättnau (Zw.) gedateerd, maar alleen van den K-212 is een groter aantal monsters (15, verdeeld over 290 ringen) gedateerd. In die serie zijn dan ook fluctuaties in het atmosferisch ^{14}C-gehalte tijdens de laatste eeuwen van Allerød zichtbaar. De curve van Lotter et al. (1992) suggereert overigens dat tijdens de Bølling rekening moet worden gehouden met een plotselinge afname van ^{14}C-getallen rond 12.800 naar getallen rond 12.400 BP. In de archeologische dateringen zijn eveneens aanwijzingen voor een dergelijke sprong aanwezig (zie 4.1.2.5 en 4.3.2.5).

Bij gebrek aan ^{14}C-gedateerde jaarringtrajecten moeten we ons voorlopig nog behelpen met gedetailleerd gedateerde pollenprofielen. In Nederland kan in de eerste plaats verwezen worden naar het bekende 'beek'-profiel van *Usselo*. Dit werd in 1949 voor pollenanalyse bemonsterd door Van der Hammen als profiel Usselo B. Dryas 1, Bølling s.s. en het begin van Dryas 2 waren aanwezig in de vorm van een venige laag, de rest van Dryas 2 als een steriele zandlaag, Allerød en het begin van Dryas 3 als veen. Opmerkelijk was het voorkomen van twee brandlagen bovenin het Allerød-veen, die naast veel houtskool ook gedeeltelijk aangekoolde berke-en dennestammen bevatten. Deze brandlagen lieten zich vervolgen in de Laag van Usselo in het dekzand naast de 'beek' (van der Hammen, 1951). In 1955 werd dit 'beek'-profiel bemonsterd voor ^{14}C-onderzoek door H. Krog en S. Hansen van de Deense Geologische Dienst, in samenwerking met Nederlandse archeologen en palynologen. Dit tweede profiel bevond zich echter niet op dezelfde plaats als profiel B van 1949, maar ongeveer 15 m ervandaan (zie Archeologisch Nieuws, K.N.O.B. 1956 *19). Dit nieuwe profiel werd getekend door A. Bruyn van de R.O.B. (zie Slicher van Bath et al., 1970: fig. op pp. 20-21; Bloemers et al., 1981: fig. op p. 30). Voor de uitvoerige beschrijvingen van de bemonsterde profielgedeelten is gebruik gemaakt van Bruyns meetlijn. Aangezien ook de onderlinge afstanden van de drie bemonsterde trajecten is genoteerd, is het mogelijk de plaatsen van de dertien ^{14}C-monsters precies aan te geven. Dat maakt het mogelijk de fout te corrigeren in de toeschrijving van het monster BaI in Copenhagen Datelist IV (Tauber, 1960). Ook is de exacte plaats van de in Rome gedateerde berkestam in dit profiel beschreven. Opmerkelijk is overigens het verschil tussen beide profielen. In dat van 1949 was het Allerød-veen intact en was zelfs een dunne laag Hypnumveen uit Dryas 3 aanwezig. Tussen Bølling- en Allerød-veen lag een steriele zandlaag (van der Hammen, 1951: afb. 17). In het profiel van 1955 had het Allerød-veen aan de bovenzijde een zeer onregelmatig verloop, kennelijk als gevolg van erosie. Blijkens de ^{14}C-datering was een flink deel van het jongste Allerød-veen en het veen uit Dryas 3 verdwenen. Opvallend was bovendien het voorkomen van een groot aantal soms zelfs vrij dikke veenlaagjes in het zand tussen Bølling- en Allerød-veen (Slicher van Bath et al. (eds.), 1970: pp. 20-21; Bloemers et al., 1981: p. 30). Deze verschillen maken het moeilijk de profielen van 1949 en 1955 te koppelen, maar het ligt voor de hand in beide profielen de onderkant van het dikke Allerød-veen dezelfde ouderdom toe te kennen, evenals de bovenzijde van het onregelmatig geërodeerde Bølling-veenpakket. Dat houdt in dat de veenlaagjes tussen Bølling- en Allerød-veen grotendeels tijdens Dryas 2 zullen zijn gevormd, hoewel niet is uit te sluiten dat het zandige veen direct onder het Allerød-veen tijdens de vroegste Allerød werd gevormd, toen de afzetting van Jong Dekzand I nog aan de gang was.

In 1988 werd besloten het profiel opnieuw te dateren met behulp van de vrij grote restanten van de in 1955 ingeleverde monsters, die nog in het Groninger ^{14}C-laboratorium bewaard werden. De plaatsen van de gedateerde monsters zijn in figuur 6 aangegeven. In tabel 1 zijn ze stratigrafisch gerangschikt en is de meest waarschijnlijke biostratigrafische classificatie aangegeven. Voor zover bekend werden in 1955 de monsters in Kopenhagen en Groningen alleen met zuur voorbehandeld en werd δ^{13}C niet bepaald. De in 1988 gemeten monsters kregen een volledige voorbehandeling met zuur, loog en zuur. Verder werden δ^{13}C, as- en

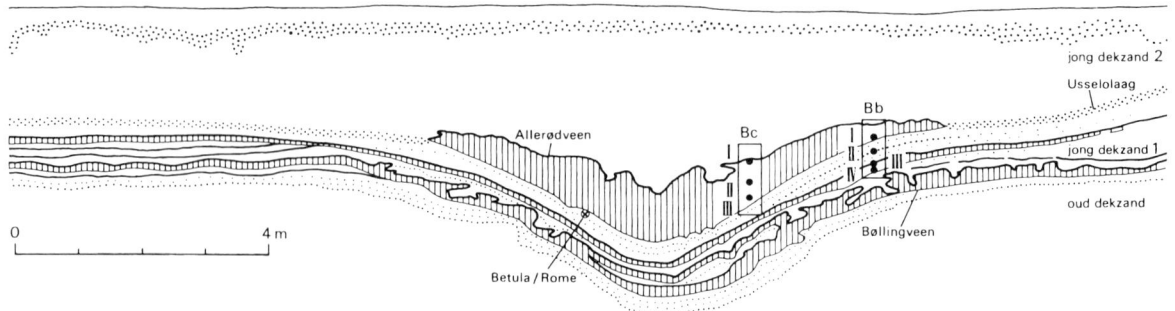

Fig. 6. Het 'beekprofiel' van Usselo: geschematiseerde versie van de tekening van 1955 (vgl. Slicher van Bath et al., 1970: pp. 20-21; Bloemers et al., 1981: p. 30). De plaatsen van de ^{14}C-gedateerde monsters zijn aangegeven (zie ook tabel 1).

Tabel 1. ^{14}C-dateringen van het 'beekprofiel' van Usselo.

Monster	Omschrijving	Dateringen 1955 (BP)		Dateringen 1988 (BP)		C_v(%)	$\delta^{13}C$(‰)
ALLERØD							
BcI	Bovenzijde Allerød-veen	K-552	11.300±140	GrN-15590	11.050±90	62.1	-28.3
	Ongeveer begin *Pinus*-fase	GrN-925	11.305±120				
BcII	Allerød-veen, 16-19 cm	-	-	GrN-15591	11.400±40	59.2	-28.5
	boven onderkant						
BcIII	Allerød-veen, 4-8 cm	K-553	11.620±140	GrN-15592	11.620±60	57.8	-29.2
	boven onderkant	GrN-933	12.115±120				
		GrN-947	11.710±90				
		GrN-948	11.755±120				
BbI	Onderkant Allerød-veen	K-547	11.700±140	GrN-15586	11.710±60	51.2	-28.3
-	*Betula*-hout, gevonden	R-106a	11.800±280	-	-	-	-
	direct onder Allerød-veen	R-106b	11.740±100				
DRYAS 2							
BbII	Zandig veen, 23-24 cm	GrN-921	11.800±100	GrN-15587	11.460±100	46.6	-28.0
	onder Allerød						
BbIII	Bovenzijde 10 cm dikke	-	-	GrN-15588	11.960±80	48.9	-32.6
	laag *Hypnum*-veen	-	-				
BbIV	Onderzijde 10 cm dikke			GrN-15589	11.660±80	45.4	-34.0
	laag *Hypnum*-veen						
BaI	Laagje zandig veen, 5-8	K-541	11.770±140	GrN-15580	11.700±90	51.7	-30.5
	cm boven Bølling-veen	GrN-926	12.065±120				
BØLLING							
BaII	Top Bølling-veen	K-542	12.070±120	GrN-15581	11.910±60	51.7	-28.8
BaIII	Bølling-veen, 9-11	K-543	12.200±140	GrN-15582	12.230±45	61.4	-28.9
	cm boven onderkant	GrN-927	12.595±170				
BaIV	Bølling-veen,	K-544	12.410±140	GrN-15583	12.350±70	60.7	-28.2
	onderste 3 cm						
BaV	Humeus zand, 4-8 cm	K-545	12.440±140	GrN-15584	12.050±90	55.6	-28.3
	onder Bølling-veen	GrN-1104	12.540±100				
DRYAS I							
BaVI	Dun veenlaagje, 14 cm	K-546	12.530±140	GrN-15585	12.070±70	55.1	-28.1
	onder Bølling-veen	GrN-928	12.440±100				
		GrN-935	12.620±130				

koolstofgehalte bepaald. In het algemeen is de overeenstemming tussen beide series redelijk. Daarbij moet rekening worden gehouden met het feit dat in 1955 geen correctie voor isotopenfractionering werd toegepast, waardoor de dateringen ca. 50 ($\delta^{13}C$ = -28 ‰) tot ca. 80 jaar ($\delta^{13}C$ = -30 ‰) te oud zijn. Verrassend blijft echter het grote verschil in ouderdom tussen de dateringen

BaV en BaVI. Mogelijk speelt hier het verschil in voorbehandeling een rol. Maar eigenlijk passen de ouderdommen van 1955 beter dan die van 1988 (zie onder).

In 1975 werd profiel Usselo C (van der Hammen, 1951) opnieuw vrij gelegd en bemonsterd voor pollenanalyse en onderzoek van *Coleoptera*-resten (Stapert &

Veenstra, 1988; van Geel et al., 1989). Het profiel werd ca. 1 m dieper uitgegraven dan in 1949 en dat leidde tot de ontdekking van een dunne, lemige laag (3 à 4 cm dik) die organisch materiaal bevatte, ca. 40 cm onder de Bølling s.s. Pollen-, zaden- en keverinhoud van dit laagje wijzen op vroeg-Bølling s.l.-ouderdom. AMS-dateringen in Uppsala van twee zadenmonsters bevestigen dit (van Geel et al., 1989):

Ua-381	12.840 ± 200 BP
Ua-382	12.930 ± 210 BP

Helaas is het niet mogelijk de profielen Usselo C en B te correleren, zodat de stratigrafische relatie van het lemige laagje onderin profiel C (1975) en het venige laagje BaVI in profiel B niet te bepalen is.

Een tweede profiel dat gedetailleerd is gedateerd, is dat van *Achterberg* (onderzoek J. de Jong, R.G.D.). Dit profiel omvat het grootste gedeelte van het Laat-Glaciaal, tussen -107 en -280 cm. Dryas 3 ontbreekt echter geheel. Helaas zijn door enkele zandige banden in het veen de pollencurves onderbroken rond -260 en -230 cm. Daarvan valt de onderste waarschijnlijk in de Bølling s.s., de bovenste op een cruciaal punt, namelijk de overgang Dryas 2/Allerød. De monsters werden met zuur, loog en zuur voorbehandeld; $\delta^{13}C$, as- en koolstofgehalte werden bepaald. De resultaten zijn weergegeven in tabel 2. In vier gevallen werden ook loog-extracten gedateerd:

GrN-17789	monster 2	10.240 ± 140 BP	($\delta^{13}C$ = -28,7 ‰)
GrN-17790	monster 9	10.870 ± 90 BP	($\delta^{13}C$ = -29,6 ‰)
GrN-17791	monster 10	10.520 ± 90 BP	($\delta^{13}C$ = -29,3 ‰)
GrN-18434	monsters 16+17	10.640 ± 100 BP	($\delta^{13}C$ = -29,2 ‰)

De loogextracten tonen aan dat alleen absorptie van jongere humusverbindingen heeft plaatsgevonden.

Vergelijking van de Usselo- en Achterberg-dateringen laat zien dat het verloop tijdens Bølling en Dryas 2 vergelijkbaar is. Met name de wijze waarop in de loop van Dryas 2 de ^{14}C-ouderdom weer toeneemt van ca. 11.700 BP tot ca. 12.000 BP in beide profielen is opvallend. Waarschijnlijk hebben we hier te maken met een reële *wiggle*. Door het ontbreken van het laatste deel van Dryas 2 en het begin van Allerød, is in Achterberg de *wiggle* gevormd door de monsters Usselo BbII, het in Rome gedateerde hout en BbI niet zichtbaar. De zeer geprononceerde *wiggle* in Achterberg, gevormd door de monsters 11, 10, 17, 16 en 9 is in Usselo niet aanwezig, maar zal daar vermoedelijk gemist zijn door de grote afstand tussen de monsters BcIII en BcII. De datering van Achterberg 2 vormt een probleem. Hoewel de datering een Dryas 3-ouderdom suggereert, is dat op grond van de pollencurves en van het gedateerde materiaal (bosveen) uiterst onwaarschijnlijk. Aangezien bij monster 2 residu- en extractdateringen geen verschil van betekenis tonen en C_v en $\delta^{13}C$ vergelijkbaar zijn met die van monsters 3, 4 en 5, moet de mogelijkheid worden opengelaten dat tijdens de dennenfase van de Allerød ook een *wiggle* aanwezig is (fig. 7).

Bevestiging van de fluctuaties in Usselo en Achterberg is in andere gedateerde pollenprofielen niet te vinden. Maar dat komt omdat in de regel slechts overgangen tussen de verschillende pollenzones worden gedateerd ter bevestiging van de pollenanalytische resultaten. Lange series AMS-dateringen van stratigrafisch verzamelde macrofossielen (voornamelijk berkezaden) in pollenanalytisch goed gedateerd sediment in Zwitserse meren, zijn gepubliceerd door Zbinden et al. (1989) en Lotter et al. (1992). Op het eerste gezicht lijkt de reeks dateringen, die van Vroeg-Dryas 1 tot Vroeg-Boreaal loopt, een vrij regelmatig verloop te hebben. Er zijn plateaus met ^{14}C-ouderdommen van ca. 12.700 (Lotter), respectievelijk ca. 12.500 (Zbinden) en ca. 10.000 BP, maar grote *wiggles* lijken afwezig. Dat is echter voornamelijk het gevolg van de compressie van de verticale tijdschaal. In werkelijkheid kunnen in de curve series *wiggles* schuilgaan. Van *high-resolution radiocarbon stratigraphy* kan dan ook geen sprake zijn. Op basis van deze Zwitserse dateringen kan dus niet gesteld worden dat de fluctuaties die in Usselo en Achterberg aanwezig lijken te zijn, niet bestaan.

Tijdens de tweede helft van de Allerød is een abrupte daling in de ^{14}C-curve aanwezig, en wel vlak voor de uitbarsting van de Laacher See, die pollenanalytisch rond de overgang Allerød B/Allerød C is te plaatsen (Usinger, 1977; 1982; Riezebos & Slotboom, 1984). Deze is o.a. zichtbaar in de serie AMS-dateringen van Miesenheim IV en II, vindplaatsen die door een dikke laag tephra van de Laacher See-eruptie werden bedekt.

In *Miesenheim IV* werden skeletresten van een vermoedelijk door wolven gedode eland gevonden. De afgeknaagde botten waren gedeeltelijk met mos begroeid, maar er is reden om aan te nemen dat de dood van deze eland niet al te ver voor de Laacher See-eruptie plaatsvond. Drie ribben en een monster mos op de skeletresten werden gedateerd (Hedges et al., 1993):

OxA-3584	rib	11.190 ± 90 BP	($\delta^{13}C$ = 20,8 ‰)
OxA-3585	rib	11.310 ± 95 BP	($\delta^{13}C$ = -19,5 ‰)
OxA-3586	rib	11.190 ± 100 BP	($\delta^{13}C$ = -20,4 ‰)
OxA-3587	mos	11.170 ± 100 BP	($\delta^{13}C$ = -27,1 ‰)

Het gewogen gemiddelde van de drie ribdateringen is 11.230 ± 55 BP.

In *Miesenheim II* werden resten van een door de tephra bedolven bos onderzocht (Hedges et al., 1993):

OxA-2609	hout	10.960 ± 110 BP	($\delta^{13}C$ = -26,4 ‰)
OxA-2610	hout	10.960 ± 110 BP	($\delta^{13}C$ = -28,5 ‰)
OxA-2611	hout	11.030 ± 110 BP	($\delta^{13}C$ = -28,8 ‰)
OxA-2612	houtskool	10.880 ± 110 BP	($\delta^{13}C$ = -26,2 ‰)
OxA-2613	houtskool	11.040 ± 110 BP	($\delta^{13}C$ = -26,9 ‰)
OxA-2614	houtskool	11.060 ± 110 BP	($\delta^{13}C$ = -28,9 ‰)

Het gemiddelde van deze zes dateringen is 10.986 ± 46 BP. Het is dus duidelijk dat vlak voor de uitbarsting van de Laacher See de ^{14}C-curve een abrupte daling kent van waarden rond 11.250 BP naar waarden rond 11.000 BP.

Houtmonsters uit Miesenheim II werden ook in Keulen gedateerd met conventionele methoden, en dus aan grotere hoeveelheden. De geconstateerde spreiding

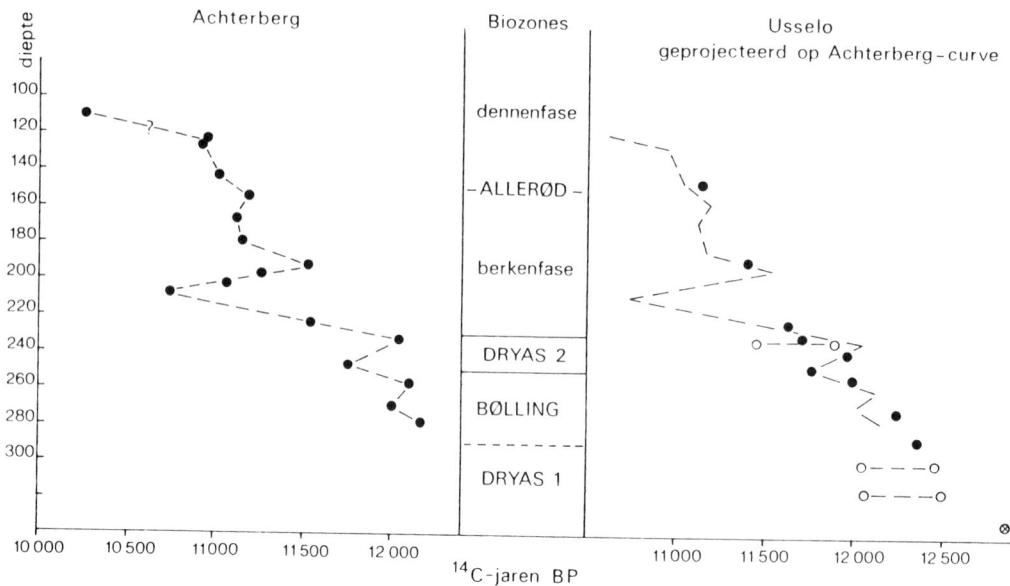

Fig. 7. De ¹⁴C-dateringen van Achterberg grafisch weergegeven, gerangschikt volgens diepte (links) en biozone (midden). De ¹⁴C-dateringen van Usselo zijn gerangschikt volgens biozone, op basis van de in 1955 genoteerde plaatsen van bemonstering (zie fig. 6). In de regel zijn de gemiddelde waarden van de ouderdomsbepalingen van 1955 en 1988 gebruikt. Waar deze te ver uit elkaar liggen, zijn beide metingen aangegeven, met een open symbool verbonden door een onderbroken lijn. De metingen uit 1955 lijken realistischer te zijn dan die uit 1988. De cirkel met kruis rechtsonder is de gemiddelde datering van het humeuze laagje onder het Bøllingveen in profiel Usselo-C (na-onderzoek 1975).

Tabel 2. ¹⁴C-dateringen van het pollendiagram van Achterberg.

Monster	Diepte	Omschrijving	Droge as (%)	Datering		$C_v(\%)$	$\delta^{13}C(\%o)$
ALLERØD							
Dennenfase							
2	107-112	Bosveen	1	GrN-17325	10.260±60	57,7	-28,6
3	119-124	Overgangsveen	8	GrN-17326	10.960±60	57,8	-28,8
4	125-130	Overgangsveen met menyantheszaden	4	GrN-17327	10.940±60	57,6	-29,2
5	140-145	Overgangsveen	8	GrN-17328	11.020±60	58,0	-29,2
Berkenfase							
6	153-158	Overgangsveen met menyantheszaden	1	GrN-17329	11.200±60	57,4	-29,7
7	165-170	Idem	50	GrN-17330	11.130±60	57,2	-29,8
8	178-183	Idem	30	GrN-17331	11.160±60	57,4	-29,3
9	190-195	Idem	41	GrN-17332	11.540±70	-	-29,0
16	196-199	Veen met weinig zand en veel menyantheszaden	74	GrN-18334	11.260±60	55,4	-29,8
17	200-204	Iets zandig veen	73	GrN-18335	11.070±60	53,5	-29,7
10	204-209	Zandig veen	50	GrN-17333	10.740±60	40,0	-29,3
11	223-229	Zandig mosveen	56	GrN-17334	11.550±80	46,6	-29,8
Hiaat							
DRYAS 2							
12	232-237	Iets zandig mosveen	81	GrN-17335	12.050±90	-	-28,7
13	244-249	Idem	68	GrN-17336	11.770±60	45,8	-28,0
BØLLING							
14	256-261	Sterk zandig mosveen	73	GrN-17337	12.110±70	49,2	-28,6
Hiaat							
15	268-272	Idem	53	GrN-17338	12.010±90	50,0	-31,2
1	276-281	Mosveen	?	GrN-8844	12.190±60	43,7	-30,9

van de dateringen, van 11.040 ± 220 tot 11.460 ± 100 BP (Street, 1986) is grotendeels te verklaren met de in de AMS-dateringen zichtbare sprong en is niet het gevolg van de aanwezigheid van oud, dat wil zeggen lang voor de eruptie afgestorven, hout. Wel speelt een ander 'oud houteffect' een rol, namelijk het feit dat de grote monsters voor conventionele dateringen grotere aantallen jaarringen zullen hebben omvat.

Daarentegen heeft de spreiding van de ^{14}C-ouderdommen van houtskool uit de Laag van Usselo niets van doen met schommelingen in het atmosferische ^{14}C-gehalte. Deze spreiding is te wijten aan het feit dat tijdens de *Pinus*-fase van de Allerød regelmatig bosbranden plaatsvonden. Dienovereenkomstig spreiden de dateringen over meerdere eeuwen.

De overgang Dryas 3/Preboreaal wordt gekenmerkt door een getrapt plateau in de ^{14}C-ijkcurve, met ouderdommen van 10.150 en 10.050 BP, dat ca. 550 kalenderjaren lang is (Kromer & Becker, 1994). Hoeveel langer dit plateau is, is nog niet duidelijk. Op grond van de ijsdateringen en van de in 1.7 beschreven correctie van de dendrochronologie van Kromer & Becker is het echter voor de hand liggend aan te nemen dat van de nu bekende 550 jaren van het plateau minstens 350 jaren tot het Preboreaal behoren.

Goede ^{14}C-dateringen voor het eind van Dryas 3 zijn schaars. In *Denekamp-de Borchert* (van Geel et al., 1980-1981) werd een monster gyttja ter dikte van 1,8 cm direct boven de overgang Dryas 3/Preboreaal gedateerd:

GrN-7755 10.150 ± 90 BP   (ZLZ, $C_v = 53,7\%$, $\delta^{13}C = -24,3\%_0$)

In *Denekamp-Nieuwe Dinkel Kanaal*, diagram 7 (van der Hammen & Wijstra (eds.), 1971: fig. 45 en 53) werd een stuk hout uit de vulling van een erosiegeul gedateerd. De opvulling vond plaats tijdens de late Dryas 3. De ouderdom van het hout:

GrN-4723 10.300 ± 60 BP   (ZLZ, $\delta^{13}C = -26,7\%_0$)

Een tijdelijke klimaatsverslechtering (kouder, droger) gedurende het vroege Preboreaal leidde o.a. tot het afsterven op grote schaal van *Betula*. Deze zogenaamde Rammelbeek-fase (van der Hammen & Wijmstra (eds.), 1971: ch. II) is het best gedateerd in enkele profielen bij Denekamp. Bij *Denekamp-Nieuwe Dinkel Kanaal* (van der Hammen & Wijmstra (eds.), 1971: ch. VII) werden in drie profielen grote stukken berk gevonden op een niveau dat pollenanalytisch correspondeerde met een plotselinge, sterke afname van *Betula*. De dateringen voor dit hout zijn:

GrN-4722   diagram 1 10.010 ± 60 BP   (ZLZ, $\delta^{13}C = -29,1\%_0$)
GrN-4731   diagram 4 10.030 ± 60 BP   (ZLZ, $\delta^{13}C = -29,2\%_0$)
GrN-4724   diagram 5 10.040 ± 60 BP   (ZLZ, $\delta^{13}C = -27,8\%_0$)

De betreffende berken hebben uiteraard gegroeid vóór de Rammelbeek-fase, de dateringen zijn dus een *t.p.q.* voor het begin ervan.

In *Denekamp-de Borchert* werden begin en eind van

de Rammelbeek-fase gedateerd aan veenmonsters ter dikte van 0,8 cm (van Geel et al., 1980-1981). Een monster van het begin van de Rammelbeek-fase werd twee keer gedateerd:

GrN-7756 9850 ± 90 BP   (ZLZ)
GrN-8020 9465 ± 45 BP   (ZLZ, $\delta^{13}C = -33,2\%_0$)

Een monster tussen 0,8 en 1,6 cm vóór het eind van de Rammelbeek-fase:

GrN-7757 9800 ± 90 BP   (ZLZ, $\delta^{13}C = -24,2\%_0$)

De laatste 0,8 cm van de Rammelbeek-fase:

GrN-8021 9730 ± 50 BP   (ZLZ, $\delta^{13}C = -28,2\%_0$)

GrN-8020 is duidelijk te jong. De zeer lage waarde van $\delta^{13}C$ doet vermoeden dat dit monster ondanks de voorbehandeling met zuur, loog en zuur sterk verontreinigd was met (jongere) humaten. GrN-7756 werd direct boven het gyttja-monster genomen, dat op 10.150 ± 90 BP (GrN-7755, zie boven) werd gedateerd. Het is duidelijk dat het plateau met dateringen rond 10.050 BP eindigt op het moment dat de Rammelbeek-fase begint.

Een bevestiging voor de datering van de Rammelbeek-fase tussen ca. 9900 en 9700 BP wordt gevonden in het gedateerde pollendiagram van de late Ahrensburg-vindplaats *Bedburg-Königshoven*. De bewoning valt samen met het eind van een *Betula*-minimum met ^{14}C-dateringen van 9780 ± 100 BP (KN-3999) en 9600 ± 100 BP (KN-3998) voor onderkant en bovenkant van de vondstenlaag (Street, 1989: Abb. 3).

1.9. De ^{14}C-ouderdom van het eind van het Preboreaal

De overgang Preboreaal/Boreaal wordt op verschillende wijze gedefinieerd. Meestal wordt de eerste uitbreiding van *Corylus* in het pollendiagram gekozen. Aangezien het een thermofiele soort betreft, kan verwacht worden dat deze niet overal gelijktijdig op grote schaal begint op te treden. Met andere woorden: de overgang Preboreaal/Boreaal zal tot op zekere hoogte diachroon zijn.

In *Emmererfscheidenveen* (van Zeist, 1955) werd de overgang Preboreaal/Boreaal gedateerd op:

GrN-481 8630 ± 180 BP   (voorbehandeling: alleen zuur?)

Waarschijnlijk is deze datum veel te jong door onvoldoende voorbehandeling.

In *Denekamp-de Borchert* (van Geel et al., 1980/1981) werd een monster Sphagnum-veen ter dikte van 0,8 cm uit het late Preboreaal (maar niet het eind) gedateerd:

GrN-8482 9380 ± 80 BP   (ZLZ, $C_v = -$, $\delta^{13}C = -27,7\%_0$)

en een monster Sphagnum-veen ter dikte van 1,6 cm direct boven de overgang Preboreaal/Boreaal op:

GrN-8483 9125 ± 90 BP   (ZLZ, $C_v = 56,5\%$, $\delta^{13}C = -28,5\%_0$)

In *Berkenwoude* (analyse RGD) werd een monster gyttja, dat pollenanalytisch op de overgang Preboreaal/

Boreaal bleek thuis te horen, gedateerd op:

GrN-10.234   9480 ± 60 BP   (ZLZ, C_v = 54,5%, $\delta^{13}C$ = -28,5 ‰)

In een profiel bij *Valthe* (analyse B.A.I.) werd een monster gyttja op het niveau met de eerste uitbreiding van *Corylus* gedateerd op:

GrN-14550   9130 ± 210 BP   (zuur, C_v = 50,8%, $\delta^{13}C$ = -27,6 ‰)

Waarschijnlijk is deze datering te jong vanwege het ontbreken van voorbehandeling met loog.

De vroegmesolithische nederzetting *Duvensee 8* (Bokelmann et al., 1981) kon pollenanalytisch op de overgang Preboreaal/Boreaal worden gedateerd. Uit de nederzetting werden twee monsters berkeschors gedateerd:

KI-1818   9640 ± 100 BP   (ZLZ, $\delta^{13}C$ = -25,4 ‰)
KI-1819   9410 ± 110 BP   (ZLZ, $\delta^{13}C$ = -26,7 ‰)

en twee monsters hazelnootdoppen:

KI-1885.01   9420 ± 130 BP   (ZLZ, $\delta^{13}C$ = -24,8 ‰)
KI-1885.02   8610 ± 120 BP   (ZLZ, $\delta^{13}C$ = -27,0 ‰)

Bij KI-1885.01 ging het om verkoolde hazelnootdoppen, bij KI-1885.02 om niet-verkoold materiaal. Deze laatste waren sterk vergaan en bovendien flink doorworteld. KI-1885.02 moet daarom als onbetrouwbaar worden beschouwd. Van dezelfde vindplaats werd bovendien nog een monster houtskool gedateerd:

KI-1885.03   9440 ± 130 BP   (ZLZ, $\delta^{13}C$ = -23,9 ‰)

Het gemiddelde van de vier betrouwbare dateringen bedraagt 9490 ± 55 BP en geeft een goede indicatie voor de ^{14}C-ouderdom van de overgang Preboreaal/Boreaal in dit deel van Noord-Duitsland.

In het pollendiagram van *Bedburg-Königshoven* (Street, 1989: Abb. 3) ligt de overgang Preboreaal/Boreaal ongeveer op de overgang rietveen/broekveen, tussen ^{14}C-gedateerde niveaus van 9690 ± 85 respectievelijk 9310 ± 80 BP, dus pakweg rond 9500 BP.

1.10. Samenvatting

Samengevat kan worden gesteld dat de grenzen van de verschillende biostratigrafische zones van het Laat-Glaciaal en het vroege Preboreaal in Nederland als volgt gedateerd kunnen worden:

	^{14}C	*Kalenderjaren*
Begin Bølling s.l.	ca. 12.800 BP	ca. 14.700 Cal BP
Begin Bølling s.s.	ca. 12.500/12.400 BP	ca. 14.500 Cal BP
Begin Dryas 2	ca. 12.000 BP	ca. 14.100 Cal BP
Begin Allerød	ca. 11.800 BP	ca. 14.000 Cal BP
Begin Dryas 3	ca. 10.800 BP	ca. 12.900 Cal BP
Begin Preboreaal	ca. 10.150 BP	ca. 11.550 Cal BP
Rammelbeek-fase	ca. 9900-9700 BP	ca. 9000/9100 Cal BP
Eind Preboreaal	ca. 9400-9500 BP	ca. 8500/8600 Cal BP

Binnen deze zones kunnen echter *wiggles* voorkomen, met maximum- en minimum-ouderdommen die buiten de hier genoemde grenzen liggen, waardoor ^{14}C-gedateerde monsters lang niet altijd met zekerheid aan een bepaalde zone kunnen worden toegeschreven. Dat geldt

ook voor archeologische monsters! Het begin van het Preboreaal ligt in een plateau in de ^{14}C-curve.

Overigens moet er nog op gewezen worden dat in de Franse literatuur gedeeltelijk afwijkende dateringen worden gehanteerd voor het grootste deel van het late Glaciaal, namelijk voor de Bølling, ca. 13.000-ca. 12.400 BP en voor Dryas 2 ca. 12.400-ca. 11.800 BP (Evin, 1979). Dat verklaart bijvoorbeeld waarom A. Leroi-Gourhan de ^{14}C-dateringen van Gönnersdorf (12.380 ± 230 en 12.660 ± 370 BP, zie Brunnacker et al., 1978) in overeenstemming acht met haar pollenanalytische datering, die deze nederzetting aan het eind van Bølling zou plaatsen. Waarschijnlijk berusten deze afwijkende dateringen voor Bølling en Dryas 2 op ^{14}C-bepalingen aan gyttja die verontreinigd was met *redeposited organic material*, of dit te oud was vanwege het 'hardwater-effect'. Ten dele kan het ook een kwestie van definitie zijn. In de Scandinavische literatuur worden tegenwoordig eveneens afwijkende dateringen gebruikt, waarbij Bølling eindigt rond 12.300 BP, Dryas 2 rond 12.100 BP en Allerød rond 11.000 BP (Berglund et al., 1984). Ongetwijfeld zijn deze 'te oude' dateringen terug te voeren op verontreiniging met verspoeld ouder organisch materiaal en/of op het 'hardwater-effect'.

2. KLIMAAT GEDURENDE BOVEN-PLENIGLACIAAL, LAAT-GLACIAAL EN PREBOREAAL

Indicaties voor het klimaat gedurende het Boven-Pleniglaciaal, Laat-Glaciaal en Preboreaal kunnen o.a. worden verkregen uit studies aan stabiele zuurstof-isotopen ($^{18}O/^{16}O$) in landijs en zoetwaterkalk, vegeties, keverresten, periglaciale verschijnselen, etc. Maar al deze studies blijken hun beperkingen te hebben.

Een beeld van het verloop van de gemiddelde jaartemperatuur van het gebied rond de noordelijke Atlantische Oceaan wordt verkregen uit meting van de $^{18}O/^{16}O$-ratio in het landijs op Groenland. De ratio in de neerslag is namelijk temperatuurafhankelijk (Mook, 1968). Absolute getallen voor het temperatuurverloop in Noordwest-Europa zijn hier niet uit af te leiden; wel kan eenzelfde trend als op Groenland worden aangenomen. In de GRIP (Summit)- en GISP 2-ijskernen (Johnsen et al., 1992; Dansgaard et al., 1993; Taylor et al., 1993) is duidelijk te zien dat het traditionele beeld van een laatste ijstijd met een beperkt aantal interstadialen niet meer houdbaar is. In feite zijn minstens 23 interstadialen te herkennen vóór de Bølling (Dansgaard et al., 1992: fig. 1), maar mogelijk zijn er meer geweest (fig. 8). Het is niet altijd even duidelijk hoeveel waarde aan kleinere pieken mag worden toegekend. Tussen ca. 35.000 en ca. 25.000 Cal BP – volgens Mazaud et al. (1992) corresponderend met ouderdommen in ^{14}C-jaren van ca. 32.500 en ca. 23.500 BP – kwamen meerdere korte warmere en langere koudere periodes voor. Tussen ca. 25.000 en ca. 21.500 Cal BP – d.i. tussen ca.

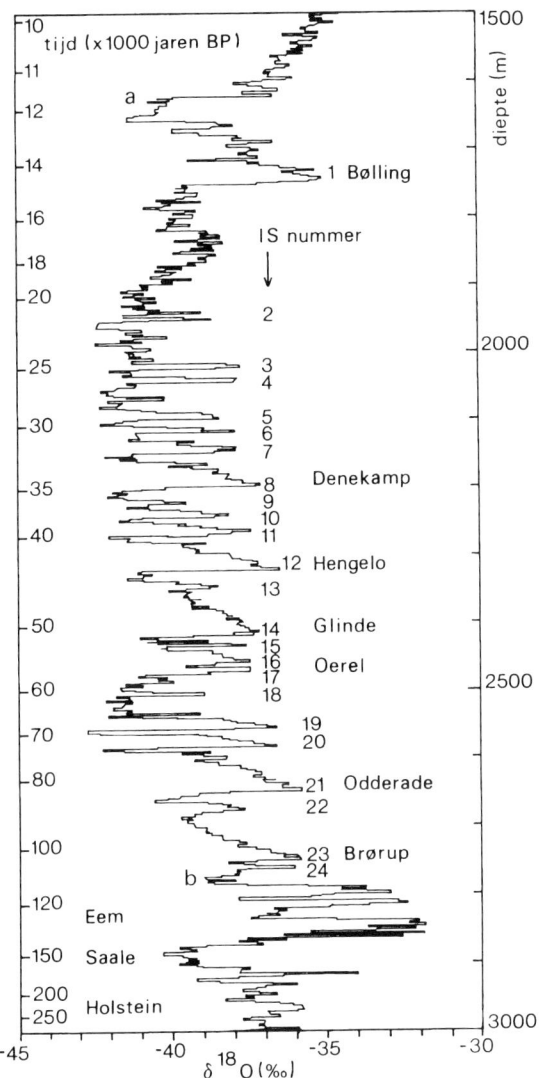

Fig. 8. δ18O-curve van het ijs van de GRIP boorkern. De tijdschaal is gebaseerd op telling van jaargelaagdheid gedurende de jongste 14.500 jaren, en op ijsstroommodellen voordien. De interstadialen gedurende het Weichselian (tussen a en b) zijn genummerd; de langer durende zijn gecorreleerd met de door kwartair-geologen herkende interstadialen (naar: Dansgaard et al., 1993: fig. 1).

23.500 en ca. 19.500 14C-jaren BP – was het zonder meer koud. Daarna volgde een korte, iets warmere periode, waarna het weer koud was tot ca. 19.000 kalenderjaren geleden – d.i. ca. 17.000 BP in 14C-jaren. Na ca. 19.000 Cal BP werd het geleidelijk warmer, tot rond ca. 16.500 Cal BP (ca. 14.500 BP) een afkoeling plaatsvond, die tot 14.700 Cal BP (d.i. tot ca. 12.800 BP) duurde. Daarna begon de snelle opwarming van de Bølling. In de ijskernen is het Laat-Glaciaal duidelijk te herkennen. Anders dan verwacht werd op grond van de pollenanalyse, blijken de hoogste gemiddelde temperaturen direct aan het begin van het Laat-Glaciaal voor te komen, dat wil zeggen aan het begin van Bølling s.l. Daarna daalt de gemiddelde temperatuur geleidelijk,

met korte koudere intermezzo's tijdens Dryas 2 en op de overgang van Allerød B naar Allerød C. Echt koud wordt het overigens pas tijdens Dryas 3, als temperaturen vergelijkbaar met de koudste perioden van het Boven-Pleniglaciaal voorkomen. Aan het einde van Dryas 3 stijgt de temperatuur zeer sterk in korte tijd. Opmerkelijk is de kortstondige periode met duidelijk lagere temperatuur in het vroege Preboreaal. Dit is zeer waarschijnlijk de Rammelbeek-fase van Van der Hammen (1971).

Ook in zoetwaterkalk is de 18O/16O-verhouding temperatuurafhankelijk indien geen aanvoer van carbonaat van elders heeft plaatsgevonden (Mook, 1968). In combinatie met pollenanalyse van hetzelfde sediment kan 18O/16O-onderzoek bruikbare aanwijzingen geven over het temperatuurverloop tijdens het Laat-Glaciaal. Dat is o.a. toegepast in Gerzensee (profiel III: Oeschger et al., 1980), Faulenseemoos (Eicher & Siegenthaler, 1976) en Rotsee (Amman & Lotter, 1989; deze publicatie: fig. 2) in Zwitserland, in Graenge (Kolstrup & Buchardt, 1982) in Denemarken, en in Tingstäde Träsk (Mörner, 1980) op Gotland. De Scandinavische profielen omvatten echter niet het vroegste deel van het Laat-Glaciaal. Het beeld dat deze zoetwaterkalken leveren is in grote lijnen identiek aan dat van de ijskernen op Groenland. In Zwitserland kon door middel van AMS-datering van zaden van terrestrische planten de snelle temperatuurverhoging aan het begin van Bølling gedateerd worden rond 12.800 BP (Ammann & Lotter, 1989: p. 114).

Uit het voorkomen van zaden of andere macrofossielen, of van pollen indien windtransport over grotere afstand kan worden uitgesloten, kunnen conclusies worden getrokken over gemiddelde zomer- en/of wintertemperaturen ten tijde van de vorming van het sediment waarin deze resten voorkomen. Dit geschiedt op basis van vergelijking met de huidige verspreiding van de betreffende soorten, en met name de gemiddelde zomer- en wintertemperaturen aan de koudste kant van het verspreidingsgebied. Brinkkemper et al. (1987) hebben er echter op gewezen dat deze methode niet zonder problemen is. Want hoewel temperatuur een belangrijke factor is, kunnen andere condities een minstens even belangrijke rol spelen, zoals standplaatsconcurrentie (vooral belangrijk bij huidige verspreidingsbeelden: denk bijvoorbeeld aan het voorkomen van *Dryas octopetala* op zeeniveau in het westen van Ierland!), bodemrijpheid, stikstof- en fosfaatgehalte van de bodem (vooral in laatglaciale omstandigheden; zie ook van Geel et al., 1984; Pennington, 1986), etc. Bovendien blijven planten aan de koude rand van hun verspreidingsgebied vaak in vegetatieve toestand. Indien in laatglaciale sedimenten pollen of zaden worden aangetroffen, kan de gemiddelde zomertemperatuur dus enkele graden hoger zijn geweest dan op grond van de minimumtemperatuur aan de rand van het huidige verspreidingsgebied besloten kan worden. Daar staat tegenover dat plaatselijk een aanzienlijk gunstiger microklimaat de groei van bepaalde soorten mogelijk maakte. Dat kan bijvoorbeeld een rol spelen bij het voorkomen van zaden en pollen in sedimenten in pingoruïnes en rivierdalen.

Een betrekkelijk recente ontwikkeling is reconstructie van het klimaat op basis van fossiele keverresten (*Coleoptera*), die onder bepaalde omstandigheden in sedimenten uit Boven-Pleniglaciaal en Laat-Glaciaal bewaard zijn gebleven (Coope & Brophy, 1972; Coope, 1975; Coope & Joachim, 1980; Osborne, 1980). Kevers zijn aanzienlijk mobieler dan thermofiele bomen en reageren dus sneller op temperatuurstijgingen. Aanvankelijk werden reconstructies van het klimaat gebaseerd op vergelijking met het huidige verspreidingsgebied in Eurazië, en dat resulteerde in te stellige uitspraken. Recentelijk (Atkinson et al., 1987) is een verfijnder methode ontwikkeld, gebaseerd op de *tolerance range*, uitgedrukt in temperatuur van de warmste maand en het temperatuurverschil tussen warmste en koudste maand, voor elke kever in een bepaalde laag. Uit de verschillende *tolerance ranges* kan een *mutual climatic range* worden gereconstrueerd, uitgedrukt in temperaturen van warmste en koudste maand. In de regel zijn deze *mutual climatic ranges* echter vrij breed, dat wil zeggen de maximum en minimum temperatuur kunnen alleen met een vrij ruime onzekerheidsmarge worden bepaald. Atkinson et al. (1987) berekenen ook nog een gewogen gemiddelde van de verschillende bepalingen en presenteren deze als de meest waarschijnlijke temperatuurcurves.

De curves die Atkinson et al. (1987: fig. 2c) produceren zijn zeer interessant. De overeenkomst met de $^{18}O/^{16}O$-curves in poolijs en in zoetwaterkalk in Zwitserse meren is opvallend groot. De *Coleoptera*-curves hebben in principe het voordeel dat geen gemiddelde jaartemperaturen worden gepresenteerd, maar de temperaturen van de warmste en de koudste maand. Problematisch blijft echter de grote onzekerheidsmarge.

Uit het voorkomen van periglaciale verschijnselen als pingo's, vorstwiggen en -scheuren en cryoturbatie, kunnen met het nodige voorbehoud conclusies over gemiddelde jaartemperatuur worden getrokken. Een overzicht van periglaciale verschijnselen in Nederland, en daaruit voortvloeiende indicaties met betrekking tot de gemiddelde jaartemperatuur, is verschenen van de hand van Maarleveld (1976; 1989). Zijn temperatuurindicatie voor smalle vorstscheuren – gemiddelde jaartemperatuur 0°C (1976) of lager (1989) – moet echter met enige argwaan bekeken worden. Uit een studie van Washburn et al. (1963) blijkt dat dergelijke vorstscheuren ook in strenge winters met weinig sneeuwdek kunnen ontstaan in gebieden met aanzienlijk hogere gemiddelde jaartemperatuur. In Hanover, New Hampshire (gem. jaartemperatuur 6.6°C, gemiddelde juli-temperatuur 20.3°C, gemiddelde januari-temperatuur -8.1°C, gemiddelde minimum-januari-temperatuur -13.6°C) ontstonden dergelijke smalle vorstscheuren in december 1958 bij een gemiddelde

minimumtemperatuur van -15.3°C, en een gemiddelde sneeuwdikte van 13 cm. Onder die omstandigheden bevroor de bodem tot een diepte van 1,4 (zandige klei) à 2 m (grof zand). Ook in januari 1940, met een gemiddelde minimumtemperatuur van -16.4°C en een sneeuwdek van gemiddeld 13,8 cm, ontstonden smalle vorstscheuren.

Een reconstructie van het klimaat gedurende het Boven-Pleniglaciaal en Laat-Glaciaal kan alleen geschieden op basis van combinatie van gegevens verkregen uit de verschillende deelstudies. Het globale verloop van de gemiddelde jaartemperatuur, gebaseerd op $^{18}O/^{16}O$-metingen in landijs en zoetwaterkalk, kan van min of meer absolute getallen worden voorzien op basis van studies aan vegetatie, keverresten en periglaciale verschijnselen.

Volgens Kolstrup (1980) waren gedurende de vorming van Denekamp-veen de gemiddelde juli-temperatuur ca. 10°C, de gemiddelde januari-temperatuur -8°C. Zij wijst echter op involutieverschijnselen in Denekampsedimenten, die aanwijzingen zijn voor koudere fasen gedurende Denekamp. De polleninhoud van organische laagjes in Oud Dekzand I wijzen op gemiddelde juli-temperaturen van 9 à 10°C en gemiddelde januari-temperaturen van -8°C. Ook gedurende deze periode wijzen periglaciale verschijnselen op koudere fasen. Na ca. 23.000 BP volgde volgens Kolstrup een extreem koude periode, gedurende welke het landijs zich uitbreidde. De gemiddelde juli-temperaturen lagen tussen 6 en 10°C, de gemiddelde januari-temperaturen tussen -18 en -22°C of nog lager. De klimaatsverbetering na ca. 19.000 BP resulteerde in de vorming van uitgestrekte vlaktes van smeltwaterafzettingen. De temperatuurindicaties voor de periode tot ca. 15.500 BP wijzen op gemiddelde juli-temperaturen van 8 à 10°C, en gemiddelde januari-temperaturen van -8°C of iets hoger. Na ca. 15.500 BP bleven de temperaturen op hetzelfde niveau, maar werd het waarschijnlijk droger, waardoor winderosie een belangrijke rol ging spelen. Rond 14.000 BP schijnt het iets warmer te zijn geworden. De polleninhoud van het venige laagje van Epe wijst op gemiddelde juli-temperaturen van ca. 12°C, en gemiddelde januari-temperaturen van -8°C of hoger. Wellicht werd het na 14.000 BP weer iets kouder. Tussen 14.000 BP en het begin van de Bølling werd Oud Dekzand II afgezet. De door Kolstrup geschetste ontwikkelingen zijn in de grote lijnen wel herkenbaar in de klimaatschommelingen in het Groenlandse landijs (zie fig. 8).

Guiot & Couteaux (1992) berekenen met behulp van de *modern analog method* voor een profiel bij Echternach (Luxemburg) tussen 15.000 en 13.000 BP gemiddelde juli-temperaturen van 8°C, en gemiddelde januari-temperaturen van -20°C. Rond 14.000 BP echter waren de januari-temperaturen aanzienlijk hoger, rond -10°C. De juli-temperaturen veranderden in die periode nauwelijks. De *modern analog method* produceert voor het Laat-Glaciaal te lage temperaturen (zie onder); waarschijnlijk geldt dat ook voor het Pleniglaciaal.

De temperatuurreconstructies gedurende het Laat-Glaciaal die in de laatste jaren zijn gepubliceerd (Bohncke et al., 1987; van Geel et al., 1989) proberen indicaties op grond van vegetatie, keverresten en periglaciale verschijnselen te combineren. Daarbij blijkt het mogelijk vrij redelijke indicaties voor de gemiddelde zomertemperatuur te geven, maar niet voor de gemiddelde wintertemperatuur. Gecombineerd geven deze studies gemiddelde juli-temperaturen tussen 15 en 18°C aan, gemiddelde januari-temperaturen tussen -12 en +1°C, gedurende de hele periode van begin Bølling s.l. tot eind Allerød. Gedurende Dryas 3 zouden de gemiddelde juli-temperaturen ca. 10-11°C zijn geweest, de gemiddelde januari-temperaturen ergens tussen -15 en -7°C hebben gelegen.

Van Dryas 3 staat vast dat het een echte koude periode was. Maarleveld (1976: fig. 5) heeft aangetoond dat in Zuid-Nederland en België alleen zeer smalle vorstscheuren uit deze periode bekend zijn, maar dat verder naar het noorden deze scheuren breder worden, en dat in Zuid-Scandinavië al sprake is van brede vorstscheuren (Maarleveld, 1976: fig. 4). Kolstrup (1985) heeft waarschijnlijk gemaakt dat bij Egtved Skov in Midden-Jutland gedurende Dryas 3 een vorstheuvel werd gevormd. Volgens Maarleveld (1976) wijzen brede vorstscheuren en vorstheuvel samen op gemiddelde jaartemperatuur beneden -2°C. Voor Nederland moet derhalve gerekend worden op gemiddelde jaartemperaturen gedurende Dryas 3 van -2 tot 0°C.

Op grond van $^{18}O/^{16}O$-curves in het landijs op Groenland en in zoetwaterkalk, is duidelijk dat de gemiddelde jaartemperatuur tijdens de periode begin Bølling s.l. tot eind Allerød aanzienlijk hoger lag dan die tijdens Dryas 3, vermoedelijk in de orde van grootte van 5-6°C in de vroege Bølling s.l., tot 3-4°C in de late Allerød. Uitgaand van bovengenoemde gemiddelde juli-temperaturen, gemiddelde jaartemperaturen en de geleidelijke afkoeling na het begin van de Bølling s.l. ontstaat dan het volgende beeld:

	Gemiddelde juli-temperatuur	Gemiddelde januari-temperatuur
vroege Bølling	+18°C	-6°C
late Allerød	+15°C	-7°C
Dryas 3	+10°C	-12°C

Voor Bølling en Allerød zijn dat temperaturen zoals die thans in Wit-Rusland, respectievelijk Midden-Zweden voorkomen. Temperaturen vergelijkbaar met die tijdens Dryas 3 komen voor langs de kusten van de Barentszee. In dit gebied komt ook thans nog discontinue permafrost voor.

In het vroege Preboreaal zullen de temperaturen vergelijkbaar zijn geweest met die in de vroege Bølling s.l. Momenteel bedragen de gemiddelde januari-, juli- en jaartemperaturen +1°C, +16.5°C en +9°C in Midden-Drenthe, en +1.5°C, +17.5°C en +9.5°C in Oost-Brabant.

Voor Dryas 2 staat op grond van de $^{18}O/^{16}O$-curves in het Groenlandse landijs wel vast dat het een kortstondige koudere periode was, die echter minder koud was dan de Dryas 3. Waarschijnlijk speelde naast de temperatuur ook relatieve droogte een rol bij de afname van *Betula*. Zowel Van Geel & Kolstrup (1978) als Kolstrup (1982) hebben op deze mogelijkheid gewezen. De studie van Bohncke & Wijmstra (1988) heeft waarschijnlijk gemaakt dat gedurende Dryas 2 de depressies een noordelijker route volgden dan tijdens Bølling en Allerød, met als gevolg minder neerslag in deze streken.

Overigens mag niet onvermeld blijven dat deze waarden nogal afwijken van die welke berekend zijn volgens de *modern analog method* voor een pollenprofiel bij Echternach (Luxemburg). Daar berekenen Guiot & Couteaux (1992) aanzienlijk lagere temperaturen. De opvallende verschillen kunnen waarschijnlijk verklaard worden door de nogal extreme klimaatomstandigheden waaronder vergelijkbare vegetaties momenteel nog voorkomen. Volgens Guiot & Couteaux waren Dryas 1, 2 en 3 niet alleen koudere, maar ook drogere periodes, met name 's winters.

3. BEWONING TIJDENS HET BOVEN-PLENIGLACIAAL

3.1. Nomenclatuur

In het Midden- en Benedenrijngebied en in België zijn bewoningssporen uit het Boven-Pleniglaciaal bekend, grotendeels uit grotten maar ook van enkele openluchtsites. Het betreft overblijfselen van het Aurignacien als oudere fase en van het Périgordien supérieur of Gravettien als jongere fase. Aanvankelijk was het Périgordien onderverdeeld in fasen I-V. Later bleek dat fase II aan het Aurignacien kon worden toegeschreven en dat fase III jonger was dan V en dus omgenummerd diende te worden naar VI. Périgordien I bleek gebaseerd op een geavanceerde Levallois-techniek en heeft een eigen naam, Chatelperronien, gekregen. De term 'Périgordien' wordt voornamelijk in de Franstalige literatuur gebruikt, de term 'Gravettien' voornamelijk daarbuiten. Oorspronkelijk heette alleen het Périgordien IV ook wel *Périgordien de type de la Gravette*. Na alle wijzigingen is de term Gravettien voor Périgordien IV-VI (Périgordien supérieur) gebruikelijk geworden.

Een aantal Belgische vindplaatsen van het Périgordien wordt gekenmerkt door Font-Robertspitsen en behoort daardoor tot het Périgordien V (Otte, 1984). Ook in Zuid-Nederland zijn vondsten van het Périgordien supérieur/Gravettien bekend, o.a. van de site 'De Fransman' bij Heijthuizen met een Périgordien V-industrie met Font-Robertspitsen (Wouters, 1984).

De bewoning tijdens het Boven-Pleniglaciaal zal in Nederland, België en het Duitse Benedenrijngebied zeker discontinu zijn geweest. Tijdens warme fasen was bewoning mogelijk, tijdens de koudere niet (zie hoofdstuk 2).

3.2. Aurignacien

Trooz, Grotte Walou (België)
In deze grot, die sinds 1985 wordt onderzocht, werden vijf laatpaleolithische bewoningsniveaus herkend (Dewez, 1989; 1992). Twee daarvan behoren tot het Aurignacien. Laag C7a bevatte een Aurignacien I-industrie. Been uit deze laag werd gedateerd:

Lv-1641   33.830 ± 1790 BP

Laag C6c/d bevatte een Aurignacien II-industrie. Twee beenmonsters werden gedateerd:

Lv-1587   29.800 ± 760 BP
Lv-1592   29.470 ± 640 BP

Lommersum, Kr. Euskirchen (BRD)
Dit is een openlucht-site, waar in de löss meerdere lagen met overblijfselen van Aurignacien-bewoning werden aangetroffen. Voor de best onderzochte laag – IIc – zijn vier dateringen bekend:

GrN-6191   verbrand
           been   33.420 ± 500 BP   (ZLZ, δ¹³C = -26,9 ‰)
GrN-6699   verbrand
           been   31.950 ± 320 BP   (ZLZ, C_v = 66,4%, δ¹³C = -27,0 ‰)
H-4148/3347 been   31.880 ± 950 BP
H-4745/4144 been   31.000 ± 1500 BP

Deze dateringen wijzen op een ouderdom voor IIc van ca. 32.500 BP.

Furfooz, Trou de Renard (België)
Uit de opgraving van 1900 werden botsplinters gedateerd, gevonden in een laag met Aurignacien III-artefacten. De datering vond plaats aan de collageen-fractie:

Lv-721   24.530 ± 470 BP

Couvin, Trou de l'Abime (België)
De vuursteenindustrie van deze vindplaats is een laatmiddenpaleolithische bladspitsindustrie, die gedateerd lijkt te worden door de beendatering:

Lv-1559   46.820 ± 3290 BP

Twee andere beendateringen wijzen echter op bewoning gedurende het late Aurignacien, hoewel geen bijbehorende artefacten zijn gevonden:

Lv-720   25.800 ± 700 BP
OxA-2452   26.750 ± 460 BP   (δ¹³C = -21,5 ‰)

Pont-à-Lesse, Trou Magrite (België)
Onderzoek in 1991-1992 toonde de aanwezigheid van twee lagen met Aurignacien aan (Noiret et al., 1994). Er zijn vier dateringen verricht aan botcollageen:

GX-17017 G   laag 2   26.580 ± 1310 BP
GX-18538 G   laag 2   30.100 ± 2200 BP
GX-18537 G   laag 2   34.225 ± 1925 BP
GX-18540   laag 3   27.900 ± 3400 BP

Daarnaast zijn er enkele dateringen verricht aan materiaal dat ongeschikt is voor dit doeleinde, namelijk apatiet:

GX-17071 A   laag 2   22.700 ± 1050 BP
GX-18539 G   laag 3   >33.800 BP

Een houtskooldatering uit laag 2 leverde een teleurstellend jong resultaat op:

OxA-4040   17.900 ± 200 BP

Kennelijk betreft het gedeeltelijk geïnfiltreerd materiaal uit laag 1 met Gravettien en/of Magdalénien.

Spy, grotte (België)
Opgraving 1909. Been uit laag met een vroege Aurignacien-industrie:

IRPA-203   25.300 ± 510 BP

Marche-les-Dames, Grotte de la Princesse (België)
Opgraving 1922. Been uit laag met een ontwikkelde Aurignacien-industrie:

IRPA-201   23.460 ± 500 BP

3.3. Périgordien supérieur/Gravettien

Magdalenahöhle, Kr. Daun (BRD)
Opgravingen in 1970-1972 hebben een weinig karakteristieke vuursteenindustrie opgeleverd. Op grond van het voorkomen van enkele versierde ringen van ivoor volgde toewijzing aan het Gravettien. Volgens Weiss (in Veil (ed.), 1978: p. 105) werd een stuk rendiergewei gedateerd. Volgens Scharpenseel (brief 28 juli 1988) werd de collageenfractie gebruikt. Hij deelde ons ook laboratoriumnummer en de juiste standaarddeviatie mee:

BONN-1568   25.540 ± 770 BP

Huccorgne, Station de l'Hermitage (België)
Een openlucht-site die al sinds lang bekend is en waar door verschillende onderzoekers is gegraven; het laatst in 1993 door de universiteiten van Luik en New Mexico. De vuursteenindustrie behoort tot het Périgordien V. Uit de opgravingen van Destexhe in 1969-1970 is een verzameling botsplinters gedateerd aan de collageenfractie:

GrN-9234   23.170 ± 160 BP   (δ¹³C = -20,2 ‰)

De carbonaatfractie werd eveneens gedateerd, maar bleek overeenkomstig de verwachtingen veel te jong:

GrN-9237   6250 ± 180 BP   (δ¹³C = -8,9 ‰)

Uit de opgravingen van 1993 werden drie monsters mammoetbeen gedateerd, waarvan één monster twee keer:

OxA-3886   1   26.300 ± 460 BP
CAMS-5893   2   24.170 ± 250 BP
CAMS-5891   2   28.390 ± 430 BP
CAMS-5895   3   26.670 ± 350 BP

De dateringen lijken te wijzen op bewoning rond 24.000-26.000 BP, waarbij GrN-9234 mogelijk iets te jong is en CAMS-5891 zeker te oud.

Spy, grotte (België)

Uit de laag met Périgordien V zijn twee monsters gedateerd:

| IRPA-132 | verbrand been | 22.105 ± 500 BP |
| IRPA-202 | carbonaatfractie van been | 20.675 ± 445 BP |

De laatstgenoemde datering is vrijwel zeker te jong.

Maisières-Canal (België)

Van deze belangrijke openlucht-site met een vroege Périgordien V-industrie zijn alleen dateringen bekend aan de humeuze bodem waarin deze industrie werd aangetroffen. Het betreft in alle gevallen dateringen aan in NaOH-oplosbare bestanddelen (= humaten) uit deze bodem:

GrN-5523	27.965 ± 260 BP	(δ¹³C = -27,1 ‰)
Lv-304/1	31.080 ± 2040/-1620 BP	
Lv-304/2	30.150 ± 1890/-1540 BP	
Lv-305/1	35.970 ± 3140/-2250 BP	
Lv-305/2	24.100 ± 650/-610 BP	
Lv-353	25.280 ± 1040/-920 BP	

Bovendien werd een tweede humeuze bodem, gelegen onder de bodem met de vondsten, gedateerd, eveneens aan de NaOH-oplosbare fractie:

GrN-5690	30.780 ± 400 BP	(δ¹³C = -26,3 ‰)
Lv-306	24.400 ± 700/-640 BP	
Lv-307	23.160 ± 550/-510 BP	

Geen van deze dateringen levert een betrouwbare ouderdom voor de vuursteenindustrie op, hoewel de jongste dateringen in de buurt komen. Niet vergeten moet worden dat hier humaten werden gedateerd en niet organisch materiaal dat bij de bewoning hoort.

Trooz, Grotte Walou (België)

In deze grot (zie boven) werd eveneens een niveau met een Gravettien-industrie ontdekt in laag B5 (Dewez, 1989; 1992). Drie monsters werden gedateerd:

Lv-1651	gewei	22.800 ± 400 BP
Lv-1837	beensplinters	24.500 ± 580 BP
Lv-1867	beensplinters	25.860 ± 450 BP

Daarnaast werd een stuk been van een beer opgeofferd voor datering. Het staat echter niet vast dat dit bot door mensen naar de grot is gebracht, aangezien bewerkingssporen ontbreken. De datering zou ook een *t.a.q.* voor de Gravettien-bewoning kunnen zijn:

| Lv-1581 D | 21.230 ± 650 BP |

Tenslotte zijn er nog twee dateringen voor sites waar de vuursteenindustrie dusdanig pover bleek dat toeschrijving aan een bepaalde traditie of cultuur niet mogelijk was.

Sprimont, Caverne de la 'Traweye Rotche' (België)

Onderzoek 1981-1982. In laag 3 werd een vuursteenindustrie van vroeg laatpaleolithisch type gevonden. Beensplinters uit deze laag werden gedateerd (Touissaint, 1988):

| Lv-1241 | 25.440 ± 680 BP |

Moha, Trou Dubois (België)

Stukken been die door mensenhand kapotgeslagen leken te zijn, uit een laag met artefacten die vroeg laatpaleolithisch aandoen, werden gedateerd (Dewez, 1989):

| Lv-1625 | 22.840 ± 220 BP |

Op grond van bovengenoemde dateringen is duidelijk dat de Aurignacien-bewoning in deze streken waarschijnlijk rond 33.000 BP begon en voortduurde tot ca. 25.000 BP. De daarop volgende bewoning met Périgordien supérieur/Gravettien duurde tot ca. 23.000 BP. De dateringen tonen echter een flinke overlap, die waarschijnlijk het gevolg is van verschillende wijzen van voorbehandeling, etc. In beide gevallen was de bewoning discontinu: alleen tijdens warmere fasen. De langere periode met extreem lage temperaturen na ca. 23.500 BP (corresponderend met ca. 25.000 Cal BP) die in de Groenlandse ijskernen zichtbaar is, maakte een definitief einde aan de bovenpleniglaciale bewoning.

3.4. Menselijke fossielen

3.4.1. Bovenpleniglaciale overblijfselen

Uit aangrenzend westelijk Duitsland zijn twee ¹⁴C-gedateerde hominiden bekend (Bräuer, 1981-1983; Berger & Protsch, 1989):

| UCLA-2363 | Hahnöfersand/Hamburg | 33.200 ± 2990 BP |
| UCLA-2360 | Paderborn | 25.650 ± 1300 BP |

In beide gevallen werden aminozuren geïsoleerd als gedateerde fractie. Volgens Bräuer (1981-1983) zou het voorhoofdsbeen van Hahnöfersand ook in Frankfurt gedateerd zijn: Fra-24 36.300 ± 600 BP, maar deze datering is niet in *Radiocarbon* gepubliceerd. De vondst van Hahnöfersand is vooral van belang omdat het voorhoofdsbeen kenmerken van de klassieke Neandertaler en van de anatomisch moderne mens combineert. De vondst van menselijke overblijfselen bij Paderborn hoeft geen verbazing te wekken. Er is Aurignacien uit die buurt bekend, bijvoorbeeld uit de Balver Höhle (Günther, 1988). Uit de buurt van Hamburg is echter geen cultuur met bladspitsen of Vroeg-Aurignacien bekend. Op grond van de conserveringstoestand is het uiterst onwaarschijnlijk dat het voorhoofdsbeen van Hahnöfersand over grotere afstand verplaatst is.

3.4.2. De zogenaamde River Valley People

In een serie publicaties hebben Bosscha Erdbrink, Meiklejohn & Tacoma fossiele menselijke resten uit Nederland beschreven, grotendeels afkomstig uit rivieren of rivierafzettingen en om die redenen collectief voorzien van de naam River Valley People. Op grond van bepaalde kenmerken werden aan enkele van deze fossielen zeer hoge ouderdommen toegekend. De betreffende resten zouden ten dele zelfs niet afkomstig zijn van *Homo sapiens sapiens* in zijn huidige verschijningsvorm, maar van een ouder stadium met kenmerken van *H.s. neanderthalensis*. Tot deze groep behoren o.a. de fossielen *Beegden 1* (Erdbrink & Tacoma, 1966), *Rhenen 1* (Bosscha Erdbrink, Meiklejohn & Tacoma, 1979), *Rhenen 2* (Bosscha Erdbrink, Meiklejohn & Tacoma, 1982a) en *Elst/Amerongen 3* (Bosscha Erdbrink, Meiklejohn & Tacoma, 1982a). Stapert (1986a) heeft gewezen op het onjuiste gebruik van bepalingen van stikstof- en fluorgehaltes door Bosscha Erdbrink c.s. en heeft aannemelijk gemaakt dat deze fossielen veel jonger moeten zijn. Dat hij gelijk had wordt bewezen door de ^{14}C-dateringen aan de betreffende fossielen:

OxA-726	Beegden 1	aminozuren	2450 ± 90 BP
GrN-12079	Rhenen 1	collageen	1330 ± 110 BP
OxA-727	Rhenen 2	aminozuren	1640 ± 100 BP
OxA-728	Elst/Amerongen 3	aminozuren	2900 ± 130 BP

Een menselijk schedeldak dat in een sloot in een nieuwbouwwijk van *Zwolle* werd gevonden, maar afkomstig had kunnen zijn uit opgespoten pleistoceen zand, zou volgens de discriminantanalyse van G.N. van Vark significant afwijken van zowel het huidige menstype als van de Neandertalers, en dus mogelijk zeer oud zijn (Stapert, 1986a). Stapert had al aannemelijk gemaakt, op grond van fluor- en uraniumgehaltes, dat het bot waarschijnlijk zeer jong moest zijn. De, mede op aandringen van Van Vark, verrichte ^{14}C-datering toonde aan dat inderdaad het geval is:

GrN-7307   collageen   465 ± 80 BP   (δ^{13}C = -18,2 ‰)

Op grond van de veronderstelde ligging in pleistoceen zand onder veen werd aan een schedeldak uit *Smilde*, dat tijdens het opgraven van een bouwput werd gevonden, door Tj. Vermaning een ouderdom van ca. 40.000 jaar toegekend, mede op grond van allerlei neandertalerachtige kenmerken die hij meende te kunnen constateren. Dit laatste werd door Bosscha Erdbrink et al. (1982b) echter niet bevestigd. Zij wilden niet verder gaan dan een vroegholocene ouderdom. Anderen beredeneerden echter dat de schedel hooguit uit een recente ophogingslaag ter plaatse kon komen en niet meer dan enkele honderden jaren oud kon zijn (vgl. van der Sanden, 1991). Een ^{14}C-datering bevestigde laatstgenoemde redenering:

Ua-1499   aminozuren   480 ± 90 BP   (δ^{13}C = -19,3 ‰)

Ook van de ooit als 'pleistoceen' beschreven schedel van *Hengelo* (Florschütz et al., 1936) staat vast dat het om een betrekkelijk jong fossiel gaat:

OxA-3758   aminozuren   2260 ± 60 BP   (δ^{13}C = -19,7 ‰)

Voorlopig moet dus vastgesteld worden dat menselijke overblijfselen uit het Boven-Pleniglaciaal in Nederland niet bekend zijn. Wel ziet het er naar uit dat ook bij de huidige vertegenwoordigers van *H. sapiens sapiens* meer primitieve kenmerken voorkomen dan in het algemeen wordt verondersteld.

3.5. Bewoning tijdens het late Boven-Pleniglaciaal?

Na een korte, iets warmere fase rond 19.000 BP verbeterde het klimaat pas na ca. 17.000 BP geleidelijk, maar dat resulteerde niet direct in herbewoning van dit gebied. Lange tijd heeft de ^{14}C-datering van een skelet uit *Pavilland Cave* (Gower Peninsula in zuidelijk Wales) voor verwarring gezorgd:

BM-374   18.460 ± 340 BP

Dit leek de bijzetting te dateren ten tijde van de laatste uitbreiding van het landijs (zie 1.3), op een moment dat menselijke aanwezigheid in Wales onwaarschijnlijk was. Een AMS-datering heeft aan deze anomalie een eind gemaakt:

OxA-1815   26.350 ± 550 BP

Daarmee wordt het skelet geplaatst in de periode waarin het op grond van de geassocieerde benen en ivoren artefacten thuishoort (Jacobi, 1980: pp. 28-31). Aangenomen moet worden dat de collageenfractie van de BM-datering nog aanzienlijke hoeveelheden verontreiniging met jongere koolstof bevatte.

Er zijn echter andere dateringen bekend die op een kortstondige bewoning tussen ca. 16.500 en 16.000 BP zouden kunnen wijzen. Dat zou corresponderen met een ouderdom in kalenderjaren van ca. 18.000-18.500 jaren geleden, wanneer in de Groenlandse ijskernen inderdaad sprake is van geleidelijke temperatuurstijging.

Oetrange, Plateau Haed (Luxemburg)

Op deze vindplaats werden in de jaren 1932-1939 in de puinhelling aan de zuidzijde van het plateau, en in diepe spleten aan de noordzijde, beenderen en werktuigen van vuursteen en been gevonden. De benen werktuigen bleken later vervalsingen te zijn. Bij de stenen werktuigen bevinden zich typische Périgordien-artefacten (Ziesaire, 1986), hetgeen op menselijke activiteit ter plaatse tussen ca. 25.000 en ca. 22.500 BP wijst.

Er werden twee monsters gedateerd:

Lv-466	rendiergewei uit puinhelling	16.070 ± 450 BP
Lv-467	beensplinters (vnl. paard)	
	uit spleten aan noordzijde	16.770 ± 390 BP

De dateringen zijn te jong voor de Périgordien-artefacten. Anderzijds gaat het bij het been en gewei om materiaal waarvan niet vaststaat dat het door mensen ter plaatse is achtergelaten. De dateringen kunnen daarom niet als een eenduidige aanwijzing voor menselijke bewoning tussen 16.500 en 16.000 BP worden opgevat, maar sluiten dat evenmin uit.

Vaucelles, Trou des Blaireaux (België)

Bij recente opgravingen werden in deze grot vier bewoningsfasen aangetroffen (Bellier & Cattelain, 1986). Onderin laag III, direct op de rotsondergrond, werd een niveau met beenderen van rendier en holenbeer gevonden. Het door opgravers vermelde rendiergewei met snijsporen is omstreden (Charles, 1994). Een vuursteenindustrie was niet aanwezig. Uit dit niveau werden twee beenmonsters gedateerd:

Lv-1385   16.270 ± 230 BP
Lv-1558   16.130 ± 250 BP

Zo'n 80 cm hoger in laag III werd een niveau met een Magdalénien-industrie en dateringen rond 13.800 BP aangetroffen. De genoemde ouderdommen kunnen niet door vermenging van oud en jong materiaal zijn ontstaan. Maar bij gebrek aan duidelijke aanwijzingen in de vorm van artefacten of snijsporen op botten, geldt dat ook in Vaucelles dus geen eenduidige aanwijzingen voor menselijke activiteit tussen 16.500-16.200 BP aanwezig zijn.

In het uiterste noordwesten van Frankrijk is een openlucht-site bekend bij *Hallines* (Pas-de-Calais). De vuursteenindustrie heeft geen goede tegenhangers elders, maar wordt beschouwd als 'Middel-Magdalénien van noordelijke type' (Fagnart, 1988: p. 45). Op de vindplaats werden beenderresten van vooral mammoet aangetroffen. Aan collageen van botfragmenten werd een datering verricht:

Gif-1712   16.000 ± 300 BP

Het is zeer wenselijk aan geselecteerde botfragmenten van deze vindplaats AMS-dateringen te verrichten om de Gif-datering te checken. Indien deze bevestigd wordt, is een duidelijke aanwijzing verkregen dat rond 16.000 BP inderdaad bewoning zover noordelijk mogelijk was.

4. BEWONING GEDURENDE HET LAAT-GLACIAAL

4.1. Magdalénien

4.1.1. *Stand van onderzoek*

De noordelijkste vindplaatsen van het Magdalénien zijn openlucht-sites in laagland-België, Zuid-Nederland en het aangrenzende Duitse Benedenrijngebied, min of meer langs de randen van de lössplateaus (Wouters, 1982; 1983a; Arts & Deeben, 1984; 1987; Rensink, 1986; 1992). Opgravingen zijn o.a. verricht in Sweikhuizen (Arts & Deeben, 1984; 1987), Mesch-Steenberg (Rensink, 1986), Eyserheide (Rensink, 1992), Kanne (Vermeersch et al., 1985), Orp-le-Grand (Vermeersch & Vynckier, 1980) en Alsdorf (Löhr, 1978). Systematisch verzameld over langere periode werd in Kamphausen bij Jülich (Thissen, 1989) en in Beeck (Jöris et al., 1993). Daarnaast zijn overblijfselen van het Magdalénien bekend uit grotten in hoog-België en langs de Rijn, en van openlucht-sites in het Middenrijngebied, waar o.a. opgravingen zijn verricht in Gönnersdorf en Andernach-Martinsberg. De meest recente kartering is die van Jöris et al. (1993: Abb. 1). Het Magdalénien van het Middenrijngebied is vergelijk-

baar met dat uit de Belgische grotten. Otte (1984) benadrukt het verschil met het Magdalénien van de laagland-sites in België. Ook de Nederlandse vindplaatsen en Alsdorf wijken af. Kenmerkend is het ontbreken van *pièces esquillées*. Onderling zijn de laagland-sites echter ook niet gelijk. Volgens Arts & Deeben (1987) moet het Magdalénien in België, Nederland en het Duitse Midden- en Benedenrijngebied tot de fasen V en VI worden gerekend. Rensink (1992) ziet de laagland-sites als tijdelijke kampementen van jagers die hun basiskampen in het Middenrijngebied hadden. Dat kan ook de verklaring voor de verschillen in vuursteeninventarissen zijn. Tot dezelfde conclusie komen Jöris et al. (1993).

4.1.2. *Datering*

4.1.2.1. *Pollenanalytische dateringen*
Van de laagland-sites in België, Nederland en aangrenzend West-Duitsland zijn geen pollenanalytische dateringen bekend. De nederzetting Gönnersdorf werd door A. Leroi-Gourhan (in Brunnacker et al., 1978), op basis van pollenanalyse van het lösspakket waarin de vondsten werden aangetroffen, gedateerd aan het einde van Bølling. Het is echter de vraag of dit soort pollenanalyse betrouwbare resultaten kan opleveren. In ieder geval is het resultaat in tegenspraak met de *14C*-dateringen.

4.1.2.2. *Geologische dateringen*
In *Griendtsveen* (Wouters, 1983a) werden de artefacten 50-60 cm onder een Laag van Usselo aangetroffen, in een iets organogene zone met sporadische kleine houtskooldeeltjes in spierwit, iets lemiger dekzand. Deze zone werd door ir. Van Diepen (Stiboka) beschouwd als een Bølling-bodem.

4.1.2.3. *14C-dateringen*
Van geen van de laagland-sites in België, Nederland en West-Duitsland is een *14C*-datering bekend. Er zijn echter meerdere dateringen bekend voor de bewoning in grotten in de Ardennen en van de sites in het Middenrijngebied. Bij de genoemde dateringen moet rekening worden gehouden met het feit dat de Leuven-dateringen niet gecorrigeerd zijn voor isotopenfractionering. Dat betekent dat de werkelijke *14C*-ouderdommen 80-120 jaren ouder zullen zijn.

Andernach-Martinsberg (Veil, 1982)
Hier werd Magdalénien stratigrafisch onder een vroege Federmesser-occupatie aangetroffen in een 5-20 cm dikke laag. Bij de vuursteenindustrie gaat het om Magdalénien V. Het jachtwild bestaat vooral uit paard; rendier was in kleine aantallen aanwezig. De fauna maakt een 'koude' indruk, d.i. Pre- of Vroeg-Bølling. Op grond van de verspreiding van de vuursteen kunnen drie concentraties worden onderscheiden.

De volgende dateringen aan aminozuren uit botcollageen zijn bekend, waarbij correctie voor isotopenfractionering plaatsvond op basis van een aangenomen waarde voor $\delta^{13}C$ van -19 ‰:

OxA-1125	beensplinters, conc. I, kuil 20	12.930 ± 180 BP
OxA-1126	been, paard, conc. I, kuil 20	12.890 ± 140 BP
OxA-1127	beensplinters, conc. II, kuil 12	12.820 ± 130 BP
OxA-1129	been, paard, conc. II, kuil 12	13.090 ± 130 BP
OxA-1128	been, paard, conc. II,kuil 11	13.200 ± 140 BP
OxA-1130	beensplinters, conc. III, kuil 13	12.950 ± 140 BP

De drie concentraties ontlopen elkaar niet veel in ouderdom, zijn te dateren rond 13.000-12.900 BP en daarmee te plaatsen voor het begin van Bølling s.l., d.i. voor het begin van de sterke opwarming.

Gönnersdorf (Bosinski, in Veil (ed.), 1978)
Deze Magdalénien-site werd 20-40 cm diep in löss ontdekt, die afgedekt was met puim van de Laacherzee-eruptie. Op grond van de vondstversspreiding en van steenplaten in de nederzettingshorizont werden vier concentraties vastgesteld, met een diameter van 6-10 m. Het jachtwild in deze concentraties varieerde enigszins, maar paard was in alle gevallen goed vertegenwoordigd. Rendier was vooral in de vorm van geweistangen aanwezig. De vuursteenindustrie behoort tot Magdalénien V en is direct vergelijkbaar met Andernach-Martinsberg. De fauna maakt eveneens een 'koude' indruk.
Er zijn drie dateringen verricht aan kleine fragmenten bot, voornamelijk paard, uit de nederzettingslaag. De gedateerde fractie is collageen. De dateringen werden gecorrigeerd voor isotopenfractionering.

Ly-768	12.380 ± 230 BP
Ly-1172	12.660 ± 370 BP
Ly-1173	11.100 ± 650 BP

Op grond van deze dateringen, met name Ly-768 en Ly-1172 zou men geneigd zijn Gönnersdorf in het begin van Bølling s.s. te plaatsen. Zelfs bij Ly-1173 zou een dergelijke datering binnen twee standaarddeviaties liggen. Op grond van de fauna en de met Andernach-Martinsberg vergelijkbare vuursteenindustrie moet een dergelijke datering echter als te jong worden beschouwd, en zou een datering rond 13.000 BP te verwachten zijn. Gezien de grootte van de standaarddeviaties is het wel mogelijk Gönnersdorf nog rond 12.800-12.900 BP te plaatsen, maar dan is Ly-1173 veel te jong.
Naast de botdateringen zijn ook twee dateringen aan slakkehuisjes bekend:

KN-I 979	sediment boven cultuurlaag	10.540 ± 210 BP
KN-I 980	sediment onder cultuurlaag	12.910 ± 105 BP

KN-I 979 is niet voorbehandeld, KN-I 980 heeft een behandeling met zuur gehad. Hoewel KN-I 980 in overeenstemming is met de verwachtingen, mag deze datering niet zonder meer gebruikt worden. Sommige landslakken plegen namelijk met hun voedsel oude koolstof in de vorm van kalk op te nemen en dateringen van slakkehuisjes zijn daarom vaak te oud, tot 1200 jaar toe (Evin et al., 1980). Of dat ook hier het geval is valt

niet na te gaan. KN-I 979 is kennelijk veel te jong vanwege het ontbreken van een voorbehandeling.
Recentelijk is ook nog ivoor uit concentratie II gedateerd:

OxA-2069	11.830 ± 110 BP

De datering is veel te jong, waarschijnlijk omdat het ivoor nauwelijks collageen bevatte.
De conclusie kan dus zijn dat Gönnersdorf niet bevredigend gedateerd is tot dusverre.

Uit Belgische grotten zijn de volgende dateringen bekend (Gilot, 1984 + diverse Oxford date lists). De Leuven-dateringen zijn niet gecorrigeerd voor isotopenfractionering, en dus 80-120 jaren te jong.

Vaucelles, Trou des Blaireaux
Bij recente opgravingen werden in laag III twee niveaus met beenderen en rendiergewei en met enkele artefacten van (vermoedelijk) Midden-Magdalénien ontdekt. De verticale afstand tussen beide niveaus bedroeg 40 cm (Bellier & Cattelain, 1986). Uit het onderste niveau werden drie monsters been/gewei gedateerd:

Lv-1433	13.930 ± 120 BP
Lv-1309D	13.850 ± 335 BP
Lv-1434D	13.730 ± 400 BP

Uit het bovenste niveau werd één monster gewei gedateerd:

Lv-1314	13.790 ± 150 BP

Een fragment paardebot met mogelijke snijsporen werd in Oxford gedateerd. Niet vermeld wordt uit welk niveau dit fragment stamt:

OxA-4200	13.330 ± 160 BP

In laag II werd een niveau met veel rendiergewei en enkele artefacten van een typologisch jonger Magdalénien ontdekt. Eén monster werd gedateerd:

Lv-1386	12.440 ± 180 BP

Ondanks de weinige artefacten en het gebrek aan duidelijke menselijke bewerkingssporen op been en gewei, lijkt het erop dat de Trou des Blaireaux al voor 13.500 werd bewoond. Deze bewoning was echter tijdelijk.

Trooz, Grotte Walou
In deze grot werd ook een niveau met Magdalénien-bewoning aangetroffen (Dewez, 1989). Been uit deze laag (B4) werd gedateerd:

Lv-1582	13.030 ± 140 BP
Lv-1593	13.120 ± 190 BP

Grotte de Verlaine (of Sy Verlaine)
Opgraving 1888. De Magdalénien-laag was in dit geval 'verzegeld' met een stalagmietlaag. Een bot met snijsporen werd gedateerd:

OxA-4041	12.870 ± 110 BP

Al eerder was een monster beensplinters 'conventioneel' gedateerd:

Lv-690	13.780 ± 220 BP

Het is niet onmogelijk dat laatstgenoemde datering te oud is door bijmenging van beensplinters van de pleniglaciale fauna in oudere lagen. Maar gezien de dateringen van Vaucelles (zie boven) is het niet uitgesloten dat Lv-690 betrekking heeft op een oudere Magdalénien-fase.

Bomal-sur-Ourthe, Grotte de Coléoptère
Opgraving 1972 (Dewez, 1975; Charles, 1993). Drie monsters uit laag 8 met typologisch jong Magdalénien werden gedateerd:

Lv-717	rendiergewei	12.400 ± 110 BP
Lv-686	beensplinter	12.150 ± 150 BP
OxA-3635	paardebot met snijsporen	12.875 ± 95 BP

Alleen van de Oxford-datering staat vast dat het betreffende bot verband houdt met menselijke aanwezigheid.

Hulsonniaux, Trou de Chaleux
Opgraving 1865. Eén cultuurlaag waaruit vier monsters beensplinters met snijsporen werden gedateerd (Charles, 1993):

Lv-1136	12.710 ± 150 BP
OxA-3632	12.790 ± 100 BP
OxA-3633	12.880 ± 100 BP
OxA-4192	12.860 ± 140 BP

In 1985 werd een aanvullend onderzoek verricht (Otte & Teheux, 1986). Twee monsters botsplinters werden gedateerd:

Lv-1568	12.370 ± 170 BP
Lv-1569	12.990 ± 140 BP

Een vijfde monster been met snijsporen, in dit geval een humerus van *Sus scrofa* uit het materiaal dat in 1865 werd verzameld, bleek een jongere bijmenging:

OxA-4193	3060 ± 85 BP

Furfooz, Trou de Frontal
Opgraving 1864. De Magdalénien-laag lag direct onder een laag met neolithische bewoningssporen, en vermenging van oud en jong materiaal kan verwacht worden. Gedateerd werden twee botfragmenten met snijsporen:

OxA-4196	*H. sapiens*	4430 ± 80 BP
OxA-4197	*Equus ferus*	12.800 ± 130 BP

Een verzameling beensplinters werd 'conventioneel' gedateerd:

Lv-1135	10.720 BP

Zeer waarschijnlijk bestond dit monster uit een mengsel van Magdalénien- en jonger materiaal.

Furfooz, Trou des Nutons
Opgraving 1864. Ook hier werd de Magdalénien-laag afgedekt met een laag met neolithisch en jonger materiaal. Gedateerd werden twee botfragmenten met snijsporen:

OxA-4194	*C. elaphus*	2210 ± 80 BP
OxA-4195	*Equus ferus*	12.630 ± 140 BP

Een verzameling beensplinters werd 'conventioneel' gedateerd:

Lv-1137	7720 ± 110 BP

Ook dit monster moet uit een mengsel van oud en jong materiaal bestaan hebben.

Trou Burnot
Deze site wordt momenteel onderzocht door de Universiteit van Luik. Een bewerkt stuk gewei uit de Magdalénien-laag werd gedateerd:

OxA-4198	12.660 ± 140 BP

Trou da Somme
Ook deze site is nog in onderzoek door de Universiteit van Luik. Een bewerkt stuk gewei uit de Magdalénien-laag werd gedateerd:

OxA-4199	12.240 ± 130 BP

4.1.2.4. *TL-dateringen*
TL-dateringen dragen weinig bij tot de absolute chronologie van het Magdalénien vanwege de zeer grote onzekerheidsmarges. Uit ons gebied zijn TL-dateringen bekend voor Orp-Oost en Orp-West (Vermeersch, 1991).

4.1.2.5. *Conclusie*
Op grond van de beschikbare dateringen is duidelijk dat het oudste Magdalénien in onze streken te vinden is in grotten in Z.O.-België. De vroegste dateringen die met enige mate van waarschijnlijkheid met Magdalénien in verband gebracht kunnen worden liggen tussen ca. 14.000 en 13.700 BP. Dat correspondeert mogelijk met een iets warmere fase tijdens de overigens als koel te betitelen fase tussen ca. 16.500 en ca. 14.700 kalenderjaren geleden (d.i. ca. 14.500 en ca. 12.800 BP).

Waarschijnlijk moet ook het dubbelgraf van *Bonn-Oberkassel* (Joachim, 1988) in deze periode geplaatst worden. Eerste pogingen om beide menselijke skeletten en bijbehorende hond met behulp van AMS te dateren zijn mislukt, omdat de beenderen met conserveringsmiddelen behandeld bleken te zijn (pers. meded. R.A. Housley). De archeologische datering is gebaseerd op de *contour découpé* (die als grafgift werd meegegeven?) en die zijn beste tegenhanger in Magdalénien IV-context in Zuid-Frankrijk en Noord-Spanje heeft (Wüller, 1993).

Minder zeker is dat ook in Zuid-Engeland rond deze tijd een kortstondige herbewoning plaatsvond. Uit *Kent's Cavern* (Devon) zijn twee dateringen bekend die op het eerste gezicht op zijn herbewoning lijken te wijzen:

| GrN-6203 | bot, bruine beer | 14.275 ± 120 BP |
| OxA-2845 | benen naald | 14.140 ± 110 BP |

Het bot toont geen sporen van menselijke bewerking en kan dus niet als een directe aanwijzing voor menselijke aanwezigheid worden opgevat. De benen naald met een omgekeerd-kegelvormige kop zou zijn beste tegenhangers in het Franse Aurignacien hebben, en de datering wordt daarom als te jong beschouwd. Oorzaak zou verontreiniging met jonge koolstof kunnen zijn, in de vorm van een behandeling met beenderlijm (die overigens niet gedocumenteerd is!).

Van een continue Magdalénien-bewoning na 14.000 BP lijkt overigens geen sprake te zijn. Een klimaatsverslechtering – droog gezien de afzettingen van Oud Dekzand 2, en wat kouder volgens de ijskernen – zou tot afbreking van de bewoning na ca. 13.700 BP kunnen hebben geleid.

Een volgende fase van bewoning startte volgens bovengenoemde ^{14}C-gegevens rond 13.000 BP, vlak voor de sterke opwarming van de Bølling s.l., zowel in de Belgische grotten als op openlucht-sites in het Middenrijngebied. Het verschijnen van Magdalénien in het laagland van België, Nederland en het Duitse Benedenrijngebied hangt vermoedelijk samen met de al vaker genoemde snelle opwarming rond 12.800 BP. Overigens zou de spreiding van dateringen van één bewoningsfase, met getallen rond 12.800 en 12.400 BP, wel eens veroorzaakt kunnen worden door een steil stuk in de ^{14}C-curve, waardoor in korte tijd in kalenderjaren ^{14}C-ouderdommen met enkele honderden jaren afnamen.

Het jongste Magdalénien in onze streken kan gedateerd worden rond 12.000 BP, waarna het vervangen wordt door *Federmesser* in het Middenrijngebied, en Creswell in België en Zuid-Nederland.

4.2. Hamburg-cultuur

4.2.1. *Stand van onderzoek*

De oorsprong van de Hamburg-cultuur moet volgens de meeste onderzoekers (zie o.a. Burdukiewicz, 1981a; 1989) gezocht worden in het late Magdalénien van West-Europa. In dit verband kan bijvoorbeeld gewezen worden op enkele Noordwestfranse vuursteeninventarissen met typische kerfspitsen, van *La Grotte de Clèves* bij Rinxent (Fagnart, 1988: pp. 46-47) en van *Belloy-sur-Somme*, onderste niveau (Fagnart, 1988: pp. 89-115, speciaal fig. 67). Eerstgenoemde site is zelfs ^{14}C-gedateerd aan een stuk rendiergewei:

| OxA-1343 | 13.030 ± 120 BP |

De ondanks alle overeenkomsten toch wel duidelijke verschillen in het werktuigenspectrum moeten het gevolg zijn van adaptatie aan een ander milieu en daaruit voortvloeiende wijzigingen in de economie.

Nog steeds van het grootste belang voor de studie van de Hamburg-cultuur zijn de opgravingen van Rust in het *Stellmoorer Tunneltal* bij Ahrensburg (Rust, 1937; 1943; 1958). Recentere ontdekkingen in hetzelfde gebied en elders in Noordwest-Duitsland zijn door Tromnau (1975a; 1975b) gepubliceerd. Een overzicht van oudere opgravingen en vondsten in Nederland is te vinden in Bohmers (1947). Latere ontdekkingen werden gepubliceerd door Stapert (1981; 1982; 1986b). Vrij recent werden ook Hamburg-sites ontdekt en onderzocht in Polen (Burdukiewicz, 1981b; 1986b) en Denemarken (Holm & Rieck, 1983; 1987; Vang Petersen & Johansen, 1996).

Bohmers (1947) onderscheidde binnen de Hamburg-cultuur een oudere (I) en een jongere (II) groep. De oudere groep werd volgens hem gekarakteriseerd door het optreden van kerfspitsen, de jongere door steelspitsen van Havelter type. De jongere groep werd om die reden ook wel aangeduid als 'Havelte-groep'. Rust (1958) bracht een onderverdeling aan in Bohmers' oudste groep. Hij onderscheidde een ouder Meiendorf-complex en een jonger Poggenwisch-complex op basis van kleine verschillen in de types kerfspitsen en van het voorkomen van klingschrabbers met geretoucheerde zijden in het Meiendorf-complex en zonder zijretouch in het Poggenwisch-complex. Tromnau (1975b) introduceerde een vierde groep, de Teltwisch-groep, waarin nog geen steelspitsen voorkomen, maar wel spitsen met geretoucheerde rug van Gravette-en Tjonger-type en kerfspitsen van Poggenwisch-type. Volgens Tromnau komen de Meiendorf-, Poggenwisch- en Teltwisch-groepen in het hele verspreidingsgebied van de Hamburg-cultuur voor, de typologisch jongere Havelte-groep alleen in het westelijk deel ervan. Deze zou gelijktijdig kunnen zijn met de Teltwisch-groep. Recente opgravingen van de Deense sites Jels I en II (Holm & Rieck, 1987), Slotseng (Holm, 1992) en Sølbjerg 2 en 3 (Vang Petersen & Johansen, 1996) hebben echter aangetoond dat Havelter steelspitsen ook aan de noordrand van het verspreidingsgebied voorkomen. In Olbrachcice 8 in westelijk Polen onderzocht Burdukiewicz (1981b) een Hamburg-site met kerfspitsen, maar ook met spitsen met geretoucheerde rug en korte schrabbers die meer kenmerkend zijn voor de *Federmesser*-traditie. Op de nabijgelegen vindplaats Siedlnica 17a (Burdukiewicz, 1986b) kwamen deze korte schrabbers niet voor. De daar gevonden spits met geretoucheerde rug is overigens nogal atypisch, het fragment van een tweede weinig overtuigend.

Op grond van zijn eigen onderzoekingen, speciaal die van de site Oldeholtwolde, concludeerde Stapert (1982) dat steelspitsen alleen op late vindplaatsen voorkomen, dat spitsen met geretoucheerde rug eveneens op late vindplaatsen voorkomen, maar waarschijnlijk af en toe al op typologische oudere zoals Olbrachcice 8, dat korte schrabbers niet noodzakelijkerwijs aanwezig zijn op alle jongere sites, dat klingschrabbers met geretoucheerde zijden niet alleen op oudere sites voorkomen, en dat steelspitsen en spitsen met geretoucheerde rug elkaar niet uitsluiten. Volgens Stapert zijn er goede redenen om aan te nemen dat de bovenbeschreven onderverdelingen van de Hamburg-traditie niet erg bruikbaar zijn, omdat ze voornamelijk gebaseerd zijn op speculatieve typologische overwegingen en op niet-bewezen chronologische toewijzingen van vindplaatsen. Het ziet er echter naar uit dat ook Stapert slachtoffer is van onjuiste chronologische voorstellingen. Er is namelijk alle reden om te twijfelen aan de interpretatie van Olbrachcice 8 als een oudere vindplaats. Gezien het feit dat op de site Siedlnica 17a korte schrabbers niet voorkomen en gezien de veronderstelde herkomst van de Hamburg-cultuur, moeten deze korte schrabbers van Olbrachcice 8 een jong element zijn. De ^{14}C-datering sluit dat ook niet uit (zie onder). Daarom kunnen Staperts conclusies o.i. vereenvoudigd worden tot:

– Steelspitsen komen voor op typologisch jongere sites;

– Spitsen met geretoucheerde rug en korte schrabbers komen eveneens voor op typologisch jongere sites, maar hoeven niet samen op te treden;

– Klingkrabbers met geretoucheerde zijden komen op typologisch oudere en jongere sites voor;

– Steelspitsen en spitsen met geretoucheerde rug sluiten elkaar niet uit.

In feite komt dit dus neer op een ontwikkeling waarin kerfspitsen worden vervangen door, respectievelijk zich ontwikkelen tot steelspitsen, terwijl geleidelijk aan typen die later in de *Federmesser*-traditie dominant worden, zoals spitsen met geretoucheerde rug en korte schrabbers, hun intrede doen.

Een totaal afwijkende benadering werd gepubliceerd door Burdukiewicz (1981a; 1986a). Hij voerde een taxonomische analyse uit van vuursteenmateriaal van sites van Hamburg- en Creswell-cultuur, die hij beide tot zijn Kerfspits Technocomplex rekent. De analyse was gebaseerd op frequenties van werktuigen per typegroep. Typologische verschillen werden grotendeels verwaarloosd. In het resulterende clusterdiagram waarin de graad van onderlinge verwantschap van sites is af te lezen, clusteren Hamburg-vindplaatsen in drie groepen, terwijl alle Creswell-vindplaatsen een vierde groep vormen. Van de bovengenoemde onderverdeling van Hamburg is in Burdukiewicz' clusterdiagram niets terug te vinden. In groep III komen bijvoorbeeld sites voor die alle vier groepen volgens Tromnau vertegenwoordigen. Stapert (1982) wees erop dat een dergelijke clusteranalyse nauwelijks chronologische uitspraken toelaat, waarschijnlijk echter gegevens oplevert over functionele verschillen tussen de verschillende sites.

4.2.2. Dateringen

4.2.2.1. Pollenanalyse

In *Stellmoor* (Schütrumpf, 1943) en *Meiendorf* (Schütrumpf, 1937) werden de Hamburg-nederzettings-resten in het sediment van de 'doodijskuilen' naast de nederzettingen pollenanalytisch gedateerd. Deze analyses vonden echter plaats voordat de Bølling s.s. als zodanig werd herkend. De onderlinge afstand van de pollenmonsters in de profielen was tamelijk groot, terwijl bovendien weinig soorten werden geïdentificeerd (waarvan een enkele wellicht nog fout ook: zie Usinger, 1985: pp. 23-24). Latere herinterpretatie leek erop te wijzen dat de Hamburg-resten vóór de Bølling s.s. geplaatst dienden te worden. Usinger (1975: pp. 116-124) kwam na een kritische analyse van de vegetatie-ontwikkeling gedurende het Laat-Glaciaal in Noord-Duitsland echter tot de conclusie dat ze in de Bølling s.s. gedateerd moesten worden (Usinger, 1975: pp. 136, 163; Usinger, 1978: p. 55). In Poggenwisch plaatste Schütrumpf (1958) de laag met nederzettingsafval in Dryas I. Op grond van het gepubliceerde diagram lijkt het echter correcter te stellen dat de Hamburg-cultuur hier in het prille begin van Bølling s.s. valt (Usinger, 1975: p. 122).

Op de vindplaats *Klein-Nordende* CR bij Hainholz-Esinger Moor werd een vuursteenindustrie zonder kenmerkende spitsen, maar in andere opzichten vergelijkbaar met de Hamburg-industrie van Teltwisch I, aangetroffen in een humeuze laag die blijkens de pollenanalyse tijdens de Bølling moet zijn gevormd (Menke's Meiendorf-interstadiaal). In deze humeuze laag werden stengels van *Hippophae* aangetroffen. Twee ^{14}C-dateringen aan dit materiaal spreken de Bølling-ouderdom (Bokelmann et al., 1983: p. 210, noot 32) niet tegen:

KI-2124	12.035 ± 110 BP
KI-2152	11.990 ± 100 BP

4.2.2.2. Geologische dateringen

Op een aantal Nederlandse vindplaatsen bleek het mogelijk de Hamburg-artefacten globaal te dateren op grond van hun ligging in de dekzandstratigrafie. Op de vindplaatsen *Texel* (Stapert, 1981), *Oldeholtwolde*, *Luttenberg*, *Haren-'Sassenhein'* (Stapert, 1986b), *Weersel* (Beersma & Wouters, 1985) en *Agelerbroek* (Veldhuis & Wouters, 1993) lagen de artefacten in Jong Dekzand I, dat tijdens Dryas 2 werd afgezet. In Oldeholtwolde lagen de artefacten zelfs bovenin het pakket, ca. 30 cm onder een goed ontwikkelde Usselo-laag, zodat het waarschijnlijk is dat de bewoning laat in Dryas 2, misschien zelfs op de overgang Dryas 2/Allerød plaatsvond.

Op de vindplaats *Duurswoude II* (Bohmers & Houtsma, 1961; Stapert, 1986b; Houtsma, 1990) lagen Hamburg-artefacten boven een 'vegetatiehorizont' (d.i. een laag gebleekt zand), die verderop overging in een lemige laag. Deze vegetatiehorizont/lemige laag zou een bodem uit de Bølling kunnen zijn. Bij de artefacten die in dat geval dus in Dryas 2 gedateerd dienen te worden, was ook een spits van Havelter type.

Op de vindplaats *Duurswoude IV* lagen de Hamburg-artefacten in een vegetatiehorizont die ca. 30 m verderop onder de Laag van Usselo bleek te liggen (Bohmers & Houtsma, 1961; Houtsma, 1990). Waarschijnlijk betrof het ook hier een Bølling-bodem. Bij de artefacten waren meerdere steelspitsen van Havelter type. In dit geval kunnen deze in de Bølling s.s. of in het begin van Dryas 2 worden gedateerd.

Aangezien alle Nederlandse vindplaatsen die door middel van dekzandstratigrafie gedateerd kunnen worden steelspitsen hebben geleverd, dus tot de jongere fase behoren, zijn de dateringen niet in tegenspraak met die van de pollenanalytisch gedateerde vindplaatsen van de oudere fase in Noord-Duitsland. Tromnau (1975b) vond in *Teltwisch I* en in de site 'westlich von Meiendorf 9' Hamburg-artefacten en enkele spitsen met gebogen geretoucheerde rug vlak onder een *verbrodelte Bleichsandschicht*, die hij beschouwt als een Allerød-bodem. Volgens bodemkundige analyses zou dat inderdaad het geval kunnen zijn (Miehlich, 1975). Op grond daarvan sluit hij niet uit dat de bewoning gedurende Dryas 2 plaatsvond.

Volgens Brodzikowski & Van Loon (1987) liggen de Hamburg-sites *Olbrachcice 8* en *Siedlnica 17a* in een Bølling-bodem gevormd op een pre-Bølling sediment, en onder dekzand uit Dryas 2. De Bølling-bodem is gedeformeerd, voornamelijk door biogene activiteit, gedeeltelijk ook door cryogene condities, waarschijnlijk gedurende Dryas 2. Voor Olbrachcice 8 komt dit overeen met eerdere mededelingen van Burdukiewicz (1986a); voor Siedlnica 17a betekent het een correctie. Daar wilde Burdukiewicz (1986b) de Hamburg-artefacten namelijk bovenin een pakket eolisch zand uit Dryas 1 plaatsen.

4.2.2.3. *¹⁴C-dateringen*
Poggenwisch (Rust, 1958)
Van deze site van de oudere fase van de Hamburg-cultuur zijn verschillende dateringen bekend. Op grond van voorbehandeling en materiaalkeuze zijn van deze oudere dateringen slechts enkele betrouwbaar:

H-31/67	organische fractie in been	13.050 ± 270 BP
H-32/118C	organische fractie in kalk-gyttja verkregen door behandeling met zuur, gevolgd door dialyse	12.850 ± 500 BP
H-136/116	takjes	12.980 ± 370 BP

Recentelijk werden echter nieuwe dateringen verkregen (voor de Kopenhagen-dateringen, zie Fischer & Tauber, 1986):

GrN-11.254	takjes, zelfde monster als H136/116 (ZLZ, δ¹³C = -28,6‰)	12.460 ± 60 BP
K-4331	collageen uit rendierbot (Longin, δ¹³C = -18,8 ‰)	12.440 ± 115 BP
K-4332	collageen uit rendierbot (Longin, δ¹³C = -18,6 ‰)	12.570 ± 115 BP
K-4577	collageen uit rendierbot (Longin, δ¹³C = -17,4 ‰)	12.440 ± 115 BP

Het lijkt erop dat de Heidelberg-dateringen zo'n 400-500 ¹⁴C-jaren ouder uitvallen dan de Groningen- en Kopenhagen-dateringen. Gezien de zeer grote standaarddeviaties van de Heidelberg-dateringen is voorzichtigheid bij deze uitspraak echter op zijn plaats.

Minder betrouwbaar, vanwege de aard van het gedateerde materiaal en/of onvolledige voorbehandeling, zijn:

H-32/118A	kalk-gyttja, niet voorbehandeld	17.100 ± 560 BP
H-32/60	kalk-gyttja, residu na behandeling met zuur	15.700 ± 350 BP
W-93	kalk-gyttja, niet voorbehandeld	15.150 ± 350 BP
W-271	rendiergewei, verbrand zonder voorbehandeling	11.750 ± 200 BP

Meiendorf (Rust, 1937)
Ook van deze site van de oudere Hamburg-cultuur is een serie dateringen uit de beginjaren van de ¹⁴C-methode bekend. Slechts enkele hiervan kunnen op basis van materiaal en voorbehandeling van het monster als betrouwbaar gekenschetst worden:

H-38/121B	zuuroplosbare bestanddelen (d.w.z. proteïnefractie) in rendiergewei	12.300 ± 300 BP
H-38/121A	idem, maar extra gereinigd door middel van dialyse	12.000 ± 200 BP
W-281	zuuroplosbare bestanddelen in rendiergewei	11.870 ± 200 BP

Recentelijk werd een nieuw monster gedateerd (Fischer & Tauber, 1986):

| K-4329 | collageen uit rendiergewei (Longin, δ¹³C = -18,3 ‰) | 12.360 ± 110 BP |

De volgende dateringen zijn minder betrouwbaar:

W-264	rendiergewei, oppervlakkig gewassen met zuur	11.790 ± 200 BP
Y-158-2	zuurresistente fractie in rendiergewei	10.760 ± 250 BP
Y-158	rendiergewei, oppervlakkig gewassen met zuur	9540 ± 130 BP
Y-158-1	zuuroplosbare fractie in rendiergewei (carbonaat?)	7060 ± 400 BP
W-172	kalkgyttja	15.750 ± 800 BP
H-38/121C	carbonaatfractie uit rendiergewei	6150 ± 500 BP

Stellmoor (Rust, 1943)
Ook het materiaal van deze site behoort tot de oudere fase van de Hamburg-cultuur. Er is één datering uit de beginjaren van de ¹⁴C-methode bekend:

| W-261 | rendiergewei, voorbehandeling niet bekend | 12.450 ± 200 BP |

Onlangs werden twee nieuwe monsters gedateerd (Fischer & Tauber, 1986):

| K-4261 | collageen uit rendiergewei (Longin, δ¹³C = -18,6 ‰) | 12.190 ± 125 BP |
| K-4328 | collageen uit rendierbot (Longin, δ¹³C = -18,0 ‰) | 12.180 ± 130 BP |

Olbrachcice 8 (Burdukiewicz, 1986a)
Deze site is afwijkend van de meeste Hamburg-sites, ook van het nabijgelegen Siedlnica 17a, door het voorkomen van korte schrabbers. Dit moet wijzen op een late ontwikkeling. Gedateerd werd een monster houtskool afkomstig van een haard in het centrum van de vuursteenconcentratie, respectievelijk woonstructuur:

LOD-111   12.680 ± 230 BP   (ZLZ)

Deze datering werd gepubliceerd als 12.658 ± 235 (Burdukiewicz, 1981b) en 12.685 ± 235 BP (Burdukiewicz, 1986a). De hier vermelde ouderdom is die welke in *Radiocarbon* 26 (1984) werd meegedeeld.

Oldeholtwolde (Stapert, 1982; 1986b)
Van deze nederzetting met Havelte-spitsen werd een monster 'houtskool' (*Salix*) gedateerd, gevonden onder de stenen van de centrale haard.

GrN-10.274   11.540 ± 270 BP   (ZLZ, C_v = 57,2%, $\delta^{13}C$ = -25,0 ‰)

Het koolstofgehalte van 57,2% wijst op verkoold hout in plaats van houtskool. Kennelijk zijn de betreffende wilgentakken onder de stenen niet volledig verkoold.
Een tweede monster, eveneens bestaande uit brokjes houtskool van *Salix*, werd tussen de stenen van de haard verzameld:

GrN-12.280   11.080 ± 280 BP   (zuur, C_v = 70,0%)

Het koolstofgehalte wijst in dit geval op zuivere houtskool, maar de ouderdom maakt waarschijnlijk dat het hier niet om houtskool uit de haard gaat. Hoogstwaarschijnlijk heeft verwisseling van monsters plaatsgevonden. Immers, een monster houtskool (niet gedetermineerd) waarvan werd verondersteld dat het uit de Laag van Usselo op deze vindplaats afkomstig was, bleek een veel te oude ¹⁴C-leeftijd te hebben:

GrN-13.083   11.600 ± 250 BP   (ZLZ, C_v = 69,4%)

Ter controle werd een drietal brokjes houtskool (*Salix*) uit de haard voor AMS-datering naar Oxford gestuurd, evenals een monster houtskool uit de Laag van Usselo. De resultaten waren:

OxA-2558   11.810 ± 110 BP   ($\delta^{13}C$ = -25,3 ‰)
OxA-2559   11.470 ± 110 BP   ($\delta^{13}C$ = -24,6 ‰)
OxA-2561   11.680 ± 120 BP   ($\delta^{13}C$ = -23,5 ‰)

Het gewogen gemiddelde is 11.650 BP, wat zeer goed overeenkomt met de bovengenoemde dateringen GrN-10.274 en -13.083.

OxA-2560   Laag van Usselo   11.300 ± 110 BP   ($\delta^{13}C$ = -25,5 ‰)

Deze datering is overeenkomstig de verwachting en komt goed overeen met GrN-12.280.
Het ziet er dus inderdaad naar uit dat in Groningen twee monsters werden verwisseld. De spreiding van de GrN- en OxA-dateringen lijkt te wijzen op een behoorlijke *wiggle* ten tijde van de bewoning in Oldeholtwolde. In aanmerking komt eigenlijk alleen maar de *wiggle* tijdens Dryas 2, die in de veenprofielen van Usselo en Achterberg werd waargenomen (zie 1.8).

Querenstede (Zoller, 1963; 1981)
Hier werd in 1962 een Hamburg-site met drie met stenen geplaveide haarden ontdekt, onder ruim 2 m dekzand en ca. 1 m beneden een goed-ontwikkelde Allerød-bodem met veel houtskool (Laag van Usselo).

De vuursteeninventaris bestond uit 392 afslagen en 121 werktuigen. De voor de typologische indeling van dit materiaal zo belangrijke spitsen lijken echter te ontbreken, zodat classificatie op archeologische gronden niet mogelijk is.
Houtskool uit één van de haarden werd gedateerd (brieven R. Vogelsang, Keulen: 9-9-1988 en 23-11-1988):

KN-2707   12.650 ± 320 BP   (ZLZ)

Het laboratorium in Keulen stelde het restant van het gedateerde monster beschikbaar voor AMS-datering. Helaas bleek het in Oxford echter alleen mogelijk humuszuren uit dit restant te isoleren. Deze gaven de volgende datering:

OxA-2562   11.840 ± 110 BP   (loogextract; $\delta^{13}C$ = -24,4 ‰)

Er moet ernstig rekening mee gehouden worden dat de humuszuren jonger zijn, dat wil zeggen later geïnfiltreerd zijn. De datering kan het beste als een *t.a.q.* worden opgevat.

Slotseng (Holm, 1992)
In een doodijskuil met een diameter van ca. 10 m werden, bovenin een ca. 0,6 m dikke gyttjalaag onder ca. 4 m jonger sediment, rendierbotten met snijsporen en een krombeksteker gevonden. Ca. 70 m ten Z.O. van de doodijskuil werd een Hamburg-vindplaats met krombekstekers en steelspitsen van type Havelte opgegraven. Het is verre van zeker dat er direct verband bestaat tussen de vondsten in de doodijskuil en de opgegraven nederzetting (zie ook Larsson, 1993: p. 281). Een stuk rendiergewei uit de doodijskuil werd gedateerd op de versneller in Aarhus:

AAR-906   12.520 ± 190 BP

Van diverse sites van de Hamburg-cultuur zijn dateringen bekend die op latere activiteit ter plaatse wijzen.

Luttenberg
Deze vindplaats werd ontdekt door de eigenaar van het perceel. Hij groef ca. 6 m² om en verzamelde een aantal typische Hamburg-artefacten en een kleine hoeveelheid houtskool (Verlinde, 1975). Omdat hij niet lang daarna onverwacht overleed, bleven de vondstomstandigheden van de houtskool onbekend. Datering wees echter uit dat het aan laatneolithische activiteit ter plaatse toegeschreven moet worden:

GrN-8081   4090 ± 60 BP   (ZLZ, C_v = 69,6%, $\delta^{13}C$ = -25,9 ‰)

Tijdens de opgraving in 1976 (Stapert, 1986b) werd een haardje gevonden naast de boomkuil waarin de meeste artefacten lagen. Houtskool uit deze haard bleek echter van mesolithische ouderdom:

GrN-7942   7750 ± 70 BP   (zuur, C_v = 63,3%, $\delta^{13}C$ = -26,2 ‰)

Donderen
Houtskool uit een haardje, ontdekt tijdens het onderzoek van een Hamburg-site, werd twee keer gedateerd:

GrN-152   6950 ± 160 BP   (zuur)
GrN-216   7365 ± 400 BP   (ZLZ)

Van de houtskool van GrN-216 werd ook het loog-extract gedateerd:

GrN-206   7630 ± 140 BP

Het is duidelijk dat het hier om een mesolithisch haardje gaat.

Elsloo-Tronde

Houtskool (*Pinus*) uit een haardje in een Hamburg-concentratie. De houtsoort is al een aanwijzing dat het hier om een jongere verstoring moet gaan. Inderdaad werden ook enkele mesolithische artefacten in de omgeving gevonden.

GrN-4869   7790 ± 95 BP   (ZLZ, $\delta^{13}C$ = -25,0 ‰)

Schalkholz

Houtskool (*Pinus + Quercus*) uit een haardje naast een 'woonkuil' in een Hamburg-concentratie (Tromnau, 1974):

KI-406   7530 ± 190 BP

Deimern 41 of 44

Houtskool uit een Hamburg-concentratie, verzameld in 1964 door W. Nowothnig, 0,6-0,7 m onder de B-horizont. De exacte vindplaats is niet bekend; in 1964 werden Deimern 41 en 44 onderzocht (Tromnau, 1975a).

GrN-4653   8160 ± 60 BP   (ZLZ)

Deimern 42

Houtskool uit Quadrat III-E (Tromnau, 1975a).

GrN-10269   6595 ± 45 BP   (ZLZ. C_v = 78,4%, $\delta^{13}C$ = -24,7 ‰)

Duurswoude II

De ^{14}C-datering van deze vindplaats vormt een speciaal probleem. Er werd hier een Hamburg-inventaris gevonden op en boven een 'vegetatiehorizont', die waarschijnlijk een Bølling-bodem is. Aangezien ook steel-spitsen van Havelte-type aanwezig waren, is deze ligging in Jong Dekzand I niet onwaarschijnlijk. Tussen de artefacten werden verspreide houtskoolbrokjes gevonden. De ouderdom daarvan leek echter te wijzen op Allerød:

GrN-1565   11.090 ± 90 BP   (ZLZ)

Er zijn twee verklaringen mogelijk voor deze afwijkende datering. De eerste is dat ter plaatse een Allerød-bodem met houtskool (Laag van Usselo) aanwezig was, die in het jongere podsolprofiel is opgegaan en daardoor onherkenbaar geworden. Dank zij de activiteiten van graafkevers zou houtskool uit deze Usselo-laag verplaatst kunnen zijn. Inderdaad wijzen Bohmers & Houtsma (1961: p. 133) erop dat de vegetatiehorizont onder de artefacten enkele uitstulpingen vertoonde. Dat wijst op gangen van graafkevers. De door Lanting & Mook (1977: p. 15) gegeven verklaring – verstuiving

van een Usselo-laag, waardoor houtskool en artefacten in één horizont terecht kwamen – is minder plausibel. Evenmin is het waarschijnlijk dat Laat-Hamburgien nog zou optreden in de late Allerød, zoals Houtsma (1990: p. 10) wil.

De tweede verklaring is gebaseerd op de *wiggles* in de Achterberg-dateringen (zie 1.8). Ook in de vroege Allerød is een datering van ca. 11.000 BP mogelijk. Het kan niet helemaal uitgesloten worden dat de laatste Hamburg-jagers in de vroege Allerød leefden. Wij geven echter aan de eerste verklaring – verplaatste Usselo-houtskool – de voorkeur.

4.2.2.4. Archeologische dateringen

Op de vindplaats *Poggenwisch* werd tussen het neder-zettingsafval van de Hamburg-cultuur een versierde geweistaf gevonden. Volgens Bosinski (1978) zijn vergelijkbare objecten bekend uit Magdalénien IV-context in de Pyreneeën. Magdalénien IV wordt in de regel vóór 13.000 BP gedateerd. Dat is niet te verenigen met de nieuwe ^{14}C-dateringen en de pollenanalytische datering van Poggenwisch. AMS-datering van het artefact is derhalve gewenst.

4.2.2.5. Conclusie

Bij de beoordeling van bovengenoemde ^{14}C-dateringen moet ook rekening worden gehouden met de aard van het gedateerde materiaal, met de voorbehandeling en tenslotte ook met mogelijke *wiggles*.

Volgens pollenanalytische onderzoekingen moet Poggenwisch aan het begin van Bølling s.s. worden geplaatst en moeten Meiendorf en Stellmoor tijdens Bølling s.s. bewoond zijn geweest. De ^{14}C-dateringen spreken dat niet tegen. Op basis van met name de nieuwe dateringen moet voor deze sites gedacht worden aan ouderdommen van ca. 12.400/500, ca. 12.350 respectievelijk ca. 12.200 BP. Ook Querenstede moet waarschijnlijk in de Bølling s.s. geplaatst worden, hetgeen aansluit bij de dekzandstratigrafie ter plaatse. In het geval van Olbrachcice 8 lijkt de ^{14}C-datering op het eerste gezicht in tegenspraak met de te verwachten jonge datering, op grond van het voorkomen van *Federmesser*-elementen in de vuursteenindustrie. Gezien de grote standaarddeviatie is een datering aan het eind van Bølling s.s. echter niet uit te sluiten. Oldeholtwolde moet op basis van de dekzandstratigrafie in Dryas 2 of zelfs in het begin van de Allerød worden gedateerd. De ^{14}C-dateringen lijken op het eerste gezicht op laatstgenoemde mogelijkheid te wijzen. Op grond van de ^{14}C-dateringen van de pollenprofielen Usselo en Achterberg is het echter zeer waarschijnlijk dat gedurende Dryas 2 een forse *wiggle* in de ^{14}C-curve aanwezig is, die praktisch elke ouderdom tussen ca. 12.000 en ca. 11.500 BP gedurende deze relatief korte periode mogelijk maakt. Oldeholtwolde zou in dat geval ook op grond van de ^{14}C-dateringen in Dryas 2 geplaatst kunnen worden.

Het ontstaan van de Hamburg-traditie hangt kennelijk samen met de snelle klimaatsverbetering rond ca. 12.800 BP. Toen werd de Noordeuropese laagvlakte in principe bewoonbaar, hoewel het nog enige tijd duurde voordat flora en fauna zich hadden aangepast bij deze nieuwe situatie en de Noordeuropese laagvlakte inderdaad bejaagd kon worden.

4.3. Creswell-cultuur

4.3.1. *Stand van onderzoek*

Evenals bij de Hamburg-cultuur moet de oorsprong van de Creswell-cultuur gezocht worden in het late Magdalénien van West-Europa. Ook in dit geval zal de snelle klimaatsverbetering rond 12.800 BP uiteindelijk de doorslaggevende factor zijn geweest voor de uitbreiding naar het noord-westen.

De term 'Creswellian' werd geïntroduceerd door Garrod (1926) om materiaal te beschrijven van vindplaatsen als Kent's Cavern en Mother Grundy's Parlour. Bohmers (1956) zag verschillen tussen vindplaatsen met spitsen met twee hoeken in de geretoucheerde rug, die hij Cheddar-spitsen noemde naar de vindplaats Gough's Cave bij Cheddar, en vindplaatsen met spitsen met één hoek in de geretoucheerde rug, die hij Creswell-spitsen noemde naar de vindplaatsen in Creswell Crags. Campbell (1977: p. 189) onderscheidde in het Britse Laat-Paleolithicum, dat ruwweg overeenkomt met Garrod's Creswellian, drie fasen. Fase 1 zou gekenmerkt zijn door het optreden van Creswell-spitsen, fase 2 door *penknife*-spitsen en fase 3 door schuinafgeknotte spitsen. Hij dateerde deze fasen als volgt: fase I in pollenzones I-III, fase II in pollenzones II-IV en fase III in pollenzones III-V(?). Campbell ontkende het bestaan van een fase gekenmerkt door Cheddar-spitsen. Later stelde Campbell (1980) een nieuwe onderverdeling voor met vier fasen, die te dateren zouden zijn tussen ca. 23.000 en 9000 BP. Uiteindelijk voegde Campbell (1986) daar nog een 'nulde' fase – proto-Creswellian – aan toe.

Volgens Jacobi (1980; 1981) begon de herbewoning van de Britse eilanden na het glaciale maximum, niet veel eerder dan ca. 12.000 BP. Ook wees hij erop dat de beschikbare stratigrafische waarnemingen eerder wezen op het optreden van *penknife*-spitsen vóór dan na Creswell-spitsen, in plaats van andersom. Zorgvuldige bestudering van de beschikbare gegevens leidde er uiteindelijk toe dat hij de waarnemingen waarop deze uitspraak was gebaseerd, als onbetrouwbaar verwierp (A. Leroi-Gourhan & Jacobi, 1986). Mede op grond van nieuwe 14C-dateringen kwam bij tot de conclusie dat de oudste fase van het Creswellian op de Britse eilanden gekenmerkt werd door het voorkomen van Cheddar-spitsen en atypische kerfspitsen, de jongste fase door *penknife*-spitsen. Het begin van de herbewoning werd teruggeschoven naar ca. 13.000 BP. Hij is thans van mening (zie Stapert, 1985: noot 1) dat op veel Britse sites het aantal Cheddar-spitsen in feite groter is dan het

aantal Creswell-spitsen. Hij schrijft: "Campbell's figures which suggest the contrary depend on optimistic classification of fragments which may well be no more than halves of Cheddar points. I would suggest that it is this dominance of Cheddar points, which identifies the Creswellian. No British findspot included by Garrod in her definition of the Creswellian is dominated by Creswell points". Gedeeltelijk is dit natuurlijk niet meer dan een kwestie van definities en nomenclatuur. Anderzijds lijkt hier een indicatie aanwezig dat in het Britse Laat-Paleolithicum een oudste fase met Cheddar-spitsen en atypische kerfspitsen, een middenfase met voornamelijk Creswell-spitsen en een jongste fase met *penknife*-spitsen herkenbaar zijn.

Betreffende vondsten van het Creswellian op het continent zijn de meningen verdeeld. Een goed overzicht van deze verschillende inzichten is gegeven door Stapert (1985). Sommige auteurs hebben het continentale Creswellian in de *Federmesser*-traditie willen plaatsen, anderen zagen meer connecties met de Hamburg-cultuur. Heel ver gaat wel Burdukiewicz (1981a; 1986a), die Hamburg en Creswell samenvat tot een 'Shouldered Point Technocomplex'. Op grond van nieuwe studies en vondsten is echter duidelijk dat in Noord-Frankrijk, België, Nederland en Noordwest-Duitsland wel degelijk sites voorkomen die tot het Creswellian volgens de definities van Garrod, Campbell en Jacobi gerekend moeten worden. Stapert (1985) merkt in dit verband terecht op dat voor definities van de verschillende groepen gekeken moet worden naar kleine kampementen, die slechts kort gebruikt zijn geweest. Op grote, langdurig gebruikte nederzettingen is de kan op vermenging van materiaal groot. Stapert stelt voor tot het Creswellian het materiaal te rekenen van sites met enkelvoudige bewoning, waar Creswell-spitsen (Campbells types AC 1-5) en/of Cheddar-spitsen (AC 6-10) de meerderheid van de spitsen vormen. Op dezelfde manier zouden Hamburg-sites kunnen worden gedefinieerd als sites waar kerfspitsen of steelspitsen van Havelter type de meest voorkomende spitstypen zijn, en *Federmesser*-sites als sites waar Tjonger/Azilien/Gravette-spitsen overheersen.

4.3.2. *Datering*

4.3.2.1. *Pollenanalyse*
Goede pollenanalytische dateringen van Creswell-sites zijn niet beschikbaar. Pollenanalyse van sedimenten in grotten zoals beschreven door Campbell (1977), Jacobi (1980) en Leroi-Gourhan & Jacobi (1986) achten wij onbetrouwbaar. In het geval van Cough's Cave is er ook een duidelijke tegenspraak tussen de 14C-dateringen die deze site in de Bølling plaatsen (zie onder), en de pollenanalyse die op bewoning tijdens Dryas 2 zou wijzen (A. Leroi-Gourhan & Jacobi, 1986).

4.3.2.2. *Geologische dateringen*
Op enkele continentale sites bleek het mogelijk het

Creswellian globaal te dateren op grond van dekzand-stratigrafie.

In *Emmerhout* (Stapert, 1985) werden de artefacten gevonden aan de basis van een pakket Jong Dekzand II, afgezet tijdens Dryas 3, liggend op Jong Dekzand I, afgezet tijdens Dryas 2. Een Usselo-laag was niet aanwezig, zodat aangenomen moet worden dat de toplaag van het Jong Dekzand I door winderosie was verdwenen, waarschijnlijk vlak voor de afzetting van het Jong Dekzand II. Vermoedelijk lagen de artefacten oorspronkelijk in of op dit Jong Dekzand I. Dat betekent dat ze te dateren zijn in Dryas 2, de Allerød of op zijn laatst in het prille begin van Dryas 3.

In *Siegerswoude II* (Kramer, Houtsma & Schilstra, 1985) werden de Creswell-artefacten bovenin het Jong Dekzand I gevonden, direct onder de jongere podsollaag. Of in deze podsollaag nog Jong Dekzand II schuil ging was niet met zekerheid vast te stellen, maar op grond van de volgende waarneming wel waarschijnlijk. Een gedeelte van de artefacten werd namelijk ontdekt in een komvormige kuil, waarschijnlijk een boomkuil, waarin door verplaatsing ook een stuk Usselo-laag bewaard was gebleven. De artefacten lagen in de A-horizont van dit bodemprofiel. Het niveau van de artefacten kwam dus ongeveer overeen met het oppervlak gedurende de Allerød. Dit wijst erop dat in Siegerswoude II de bewoning gedurende Dryas 2 of tijdens de Allerød plaatsvond. Door een onjuiste interpretatie is in de literatuur over dit onderwerp de vermelding verschenen dat in Siegerswoude II de artefacten boven de Laag van Usselo, dus in dekzand van Dryas 3, gevonden zouden zijn en dus in de Dryas 3 te dateren zouden zijn (Newell, 1973: p. 429, note 4; en in navolging o.a. Lanting & Mook, 1977: p. 18 en p. 21; en Jacobi, 1980: p. 44).

Evenmin is de vermelding juist dat in Haule V Creswell-artefacten boven de Laag van Usselo werden gevonden. Haule V was een *Federmesser*-site, waar de artefacten niet meer in situ lagen. Door winderosie was het oorspronkelijke vondstniveau verdwenen (Houtsma, Kramer & Newell, 1990).

In *Gießelhorst, Ldkr. Ammerland* (Zoller, 1981) werden artefacten aangetroffen in en op een goed-ontwikkelde Allerød-bodem, ca. 0,8 m onder het huidige oppervlak. Gedeeltelijk lagen de artefacten in een secundaire positie in een brede vorstscheur, die te vervolgen was tot in het dekzand boven de Allerød-bodem en die gedurende Dryas 3 moet zijn gevormd. Bij de afgebeelde artefacten bevinden zich spitsen met een hoek in de geretoucheerde rug en klingschrabbers, zodat een toewijzing aan de Creswell-groep verantwoord is. De ligging pleit voor een bewoning gedurende de Allerød.

Er zijn goede aanwijzingen dat op de vindplaats *Usselo*, die gezien het grote aantal artefacten langdurig bewoond moet zijn geweest, ook Creswell-jagers hebben verbleven (Stapert & Veenstra, 1988). De artefacten werden, voor zover bekend, alle in de Laag van Usselo gevonden. Dat betekent dat de bewoning van de

Creswell-jagers plaats moet hebben gehad aan het eind van Dryas 2 of gedurende de Allerød.

4.3.2.3. ^{14}C-dateringen

Vooral dank zij het AMS-laboratorium in Oxford zijn recentelijk ^{14}C-dateringen voor het Britse Laat-Paleolithicum beschikbaar gekomen. Helaas betreft het in de regel dateringen aan materiaal uit oude opgravingen, en is het slechts zelden mogelijk om na te gaan wat de samenstelling van het bijbehorende vuursteen-materiaal is.

Een uitzondering kan worden gemaakt voor *Gough's New Cave* (Mendip, Somerset). Daar werd een industrie met overwegend Cheddar-spitsen en atypische kerf-spitsen ontdekt (A. Leroi-Gourhan & Jacobi, 1986). De volgende dateringen zijn beschikbaar voor materiaal waarvan de herkomst min of meer bekend is. De BM-dateringen zijn herziene resultaten; de oorspronkelijke resultaten, zoals gepubliceerd door A. Leroi-Gourhan & Jacobi (1986) behoren tot de serie die systematisch te jong waren uitgevallen (Tite et al., 1987). De OxA-dateringen zijn gecorrigeerd voor isotopenfractionering op basis van een aangenomen $\delta^{13}C$-waarde van -19 ‰.

BM-2183R	been, paard, spit 10	12.350 ± 160 BP	(collageen, $\delta^{13}C$ = -20,6 ‰)
OxA-589	zelfde monster	12.340 ± 150 BP	(collageen)
OxA-590	zelfde monster	12.370 ± 150 BP	(aminozuren)
OxA-843	been, rund, spit 11	11.900 ± 140 BP	(aminozuren)
OxA-1200	been, poolvos, spit 11	12.400 ± 110 BP	(aminozuren)
BM-2184R	been, paard, spit 12	12.250 ± 160 BP	(collageen, $\delta^{13}C$ = -20,3 ‰)
BM-2185R	been, paard, spit 13	12.200 ± 250 BP	(collageen, $\delta^{13}C$ = -20,2 ‰)
BM-2186R	been, paard, spit 14	12.470 ± 240 BP	(collageen, $\delta^{13}C$ = -20,2 ‰)
BM-2187R	been, paard, spit 16	12.300 ± 200 BP	(collageen, $\delta^{13}C$ = -19,9 ‰)
OxA-591	zelfde monster	12.260 ± 160 BP	(collageen)
OxA-592	zelfde monster	12.500 ± 160 BP	(aminozuren)
BM-2188R	been, paard, spit 18	12.380 ± 230 BP	(collageen, $\delta^{13}C$ = -19,9 ‰)

Zonder vermelding van laag:

OxA-463	been, saiga	12.380 ± 160 BP	(aminozuren)
OxA-464	been, paard	12.470 ± 160 BP	(aminozuren)
OxA-465	been, paard	12.360 ± 170 BP	(aminozuren)
OxA-466	been, edelhert	12.800 ± 170 BP	(aminozuren)
OxA-588	been, rund	12.030 ± 150 BP	(aminozuren)
OxA-1071	been, rund	12.300 ± 180 BP	(aminozuren)

Een monster van een bewerkte staf van mammoet-ivoor, gevonden tijdens de opgravingen in 1987 in een smalle spleet aan de noordkant van de ingang van de grot en geassocieerd met laatpaleolithische artefacten:

OxA-1890	12.170 ± 130 BP

Gough's Cave (Cheddar, Somerset)

Beenderen met snijsporen uit recente opgravingen, en in één geval uit de opgravingen van Parry tussen 1927 en 1931, werden gedateerd:

OxA-3411	femur, lynx	12.650 ± 120 BP	($\delta^{13}C$ = -18,4 ‰)
OxA-3412	tibia, edelhert	12.490 ± 120 BP	($\delta^{13}C$ = -20,8 ‰)
OxA-3413	wervel, paard	12.940 ± 140 BP	($\delta^{13}C$ = -18,7 ‰)
OxA-3414	rib	12.570 ± 120 BP	($\delta^{13}C$ = -19,8 ‰)
OxA-3452	phalange, paard	12.400 ± 110 BP	($\delta^{13}C$ = -20,5 ‰)
OxA-4106	wervel, paard	12.670 ± 120 BP	($\delta^{13}C$ = -20,2 ‰)
OxA-4107	aangepunte tibia, haas	12.550 ± 130 BP	($\delta^{13}C$ = -20,1 ‰)
OxA-1890	staaf ivoor	12.170 ± 130 BP	

OxA-2797 commandostaf, 11.870 ± 110 BP (δ¹³C = -20,6 ‰)
rendiergewei

Daarnaast zijn twee menselijke skeletresten gedateerd:

OxA-2795 11.820 ± 120 BP (δ¹³C = -20,3 ‰)
OxA-2796 12.380 ± 110 BP (δ¹³C = -20,2 ‰)

Aveline's Hole (Burrington, Somerset)

Uit deze grot werden een runderbot met sporen van menselijke bewerking en een stuk onbewerkt rendiergewei gedateerd. De vuursteenindustrie zou vergelijkbaar zijn met die van Cough's New Cave (Hedges et al., 1987: p. 290).

OxA-1121 runderbot 12.380 ± 130 BP
OxA-1122 rendiergewei 12.480 ± 130 BP

Fox Hole Cave (Earl Sterndale, Derbyshire)

Tijdens opgravingen in 1974 van de zogenaamde 'First Chamber' werden vuursteenartefacten, waaronder *shouldered points* en een *penknife point*, gevonden (Hedges et al., 1989: p. 214). Een bewerkt stuk rendiergewei werd gedateerd:

OxA-1493 11.970 ± 120 BP

Robin Hood's Cave (Creswell, Derbyshire)

In 1969 verrichte Campbell een opgraving in de ingang van de grot. De lagen B/A, LSB, OB en USB (van onder naar boven) bleken een industrie met Creswell-spitsen en *shouldered points* te bevatten. De bovenste laag, USB, bevatte daarnaast ook *penknife points* (Campbell, 1977: pp. 64-69, 174-175, figs. 27-36 en LUP-Gazeteer, table 70).

Er zijn meerdere ¹⁴C-dateringen bekend, die deels zeer tegenstrijdige resultaten hebben opgeleverd. Ten dele moet dit het gevolg zijn van niet-herkende verstoringen veroorzaakt door opgravingen in de 19e eeuw, ten dele van erosie van oudere lagen tijdens de vorming van jongere. Voor de houtskooldateringen geldt ongetwijfeld dat kleine houtskoolpartikels gemakkelijk in oudere lagen kunnen terechtkomen.

De meest betrouwbare dateringen lijken die te zijn welke verricht werden aan beenderen met snijsporen van sneeuwhaas, die verzameld werden in vak A-I tijdens de opgravingen in 1969.

OxA-1616 laag USB/OB, spit 12 12.600 ± 170 BP
OxA-1617 laag OB, spit 16 12.420 ± 200 BP
OxA-1618 laag LSB/A, spit 21 12.480 ± 450 BP
OxA-1619 laag LSB/A, spit 21 12.450 ± 150 BP
OxA-1670 laag LSB, spit 18 12.290 ± 120 BP
OxA-3416 verwerkte grond 1875, 12.580 ± 110 BP
aangepunte tibia

Op het eerste gezicht lijkt er geen groot verschil in ouderdom tussen de verschillende 'spits' te bestaan. We kennen echter het verloop van de ¹⁴C-ijkcurve in deze tijd niet! Uit de opgravingen van 1875 werd een schouderblad van een sneeuwhaas, eveneens met snijsporen, gedateerd:

OxA-3415 12.340 ± 120 BP

Een fragment mammoet-ivoor, in 1875 ontdekt tijdens opgravingen in de ingang van de grot, werd gedateerd op:

OxA-1462 12.320 ± 120 BP

Hoewel dit fragment geen sporen van bewerking toont, is het ongetwijfeld door mensen naar de grot gebracht.

Afwijkend in ouderdom zijn twee dateringen aan been van *Equus*, eveneens uit de opgravingen van 1969:

BM-603 metacarpus, laag OB, vak B2 10.390 ± 90 BP
BM-604 humerus, laag LSB, vak C2 10.590 ± 90 BP

In beide gevallen werd de collageenfractie gedateerd en werd gecorrigeerd voor isotopenfractionering. Campbell (1977: p. 67) beschouwde deze dateringen als 500 à 1500 jaar te jong. Maar er moet op gewezen worden dat beide beenderen geen sporen van menselijke bewerking toonden en dus niet persé op menselijke bewoning hoeven te wijzen. Ons inziens zouden deze dateringen ook gebruikt kunnen worden als aanwijzing voor een vorming van de bovenste lagen na de Creswell-bewoning.

AMS-dateringen aan houtskool uit laag LSB, eveneens opgegraven in 1969, tonen aan dat kleine stukjes houtskool gemakkelijk door erosie in jongere lagen terecht kunnen komen of in oudere lagen kunnen penetreren.

OxA-380 onderzijde haard, vak C3 4250 ± 75 BP
OxA-199 bovenzijde haard, vak C3 >36.000 BP
OxA-382 laag LSB 3100 ± 80 BP

Ossom's Cave (Grindon, Staffordshire)

Tijdens de opgravingen in 1954-1956 werd in laag C een ca. 0,15 m dikke laag met rendierbeenderen gevonden, geassocieerd met 43 vuursteenartefacten. Hiervan waren zes geretoucheerde werktuigen, waaronder één spits met gebogen geretoucheerde rug (Scott, 1986). Er werden vier monsters gedateerd:

GrN-7400 splinters rendierbot 10.590 ± 70 BP (collageen, δ¹³C = -19,1 ‰)
BM-2127R rendierbeen 12.220 ± 320 BP (collageen, δ¹³C = -22,2 ‰)
OxA-631 rendierbeen 10.780 ± 160 BP (aminozuren)
OxA-632 rendiergewei 10.600 ± 140 BP (aminozuren)

De OxA-dateringen zijn gecorrigeerd voor isotopenfractionering op basis van een aangenomen waarde van δ¹³C van -19 ‰.

Op het eerste gezicht lijken deze dateringen op een langdurige bewoning te wijzen. Het is echter waarschijnlijker dat deze kortstondig was en rond 10.700-10.600 BP geplaatst moet worden, d.i. in het begin van Dryas 3, of vroeg in de Allerød, als de *wiggle* in het Achterberg-profiel bevestigd wordt. In het eerste geval wijst de BM-datering op de aanwezigheid van ouder botmateriaal in de grot, maar niet persé op oudere bewoning; in het tweede geval kan deze datering verklaard worden met behulp van de *wiggle* tijdens de late Dryas 2. Zover bekend toonde het gedateerde bot geen sporen van menselijke bewerking. Jacobi (1980: pp. 63-

64) beschouwt de in Groningen gedateerde beensplinters als met de artefacten geassocieerd voedselafval.

Mother Grundy's Parlour (Derbyshire)

In de discussie over deze site spelen alleen de gegevens
van de opgraving in 1924 van Armstrong en Garfitt een
rol. Aanvankelijk liet Jacobi (1980: pp. 61-63) zich
nogal positief uit over dit onderzoek, dat zou hebben
aangetoond dat spitsen met gebogen geretoucheerde
i.e. *penknife points*, rug ouder zouden zijn dan spitsen
met geknikte, geretoucheerde rug, i.e. Creswell/Ched-
dar-spitsen. Deze mening heeft hij later echter herroe-
pen (A. Leroi-Gourhan & Jacobi, 1986). De in 1924
gevolgde opgravingswijze – horizontale vlakken in
sterk hellende lagen – zou zijns inziens toch tot meer
vermenging van materiaal hebben geleid dan hij aanvankelijk mogelijk achtte. Desondanks lijkt het ons niet
juist om de ^{14}C-dateringen van deze site zonder meer
buiten beschouwing te laten. Deze dateringen zijn verricht aan runderbeenderen uit de 'Base Zone', de onderste, ca. 0,30 m dikke, arbitraire opgravingszone van de
opgravingen van 1924. In deze 'Base Zone' bleken de
spitsen voornamelijk van het type met gebogen
geretoucheerde rug te zijn.

Drie grote monsters beensplinters (rund; kennelijk
voedselafval) werden in Cambridge gedateerd:

Q-1484	bovenste deel van 'Base Zone'	11.320 ± 230 BP	(collageen)
Q-1483	uit haard, onderste deel van 'Base Zone'	11.285 ± 180 BP	(collageen)
Q-1459	zelfde haard	11.160 ± 170 BP	(collageen)

Er is echter reden om te twijfelen aan de betrouwbaarheid van deze dateringen. Recentelijk werden twee
stukken been uit dezelfde haard met de AMS-methode
gedateerd:

OxA-733	12.060 ± 160 BP
OxA-734	12.190 ± 140 BP

Hoe deze verschillen verklaard moeten worden, is niet
duidelijk. We geven echter de voorkeur aan de OxA-
dateringen.

Pin Hole Cave (Creswell Crags, Derbyshire)

Deze grot werd onderzocht door Armstrong tussen
1924 en 1926. Menselijke aanwezigheid tijdens het
Laat-Glaciaal blijkt uit de dateringen van twee tibia's
van sneeuwhaas met snijsporen:

OxA-1467	12.350 ± 120 BP
OxA-3404	12.510 ± 110 BP

Dead Man's Cave (North Anston, Yorkshire)

Hier werd in 1969 een opgraving in de ingang van de
grot verricht door Mellars en White. In de spits 9 en 10
werd een Creswell-industrie gevonden (Campbell, 1977:
p. 103; Mellars, 1969). Uit dezelfde laag, die afgedekt
was met archeologisch steriele lagen en een dikke
stalagmietlaag, werden twee beenmonsters gedateerd,
beide uit spit 9:

BM-439	9850 ± 115 BP
BM-440a	9940 ± 115 BP

Uit een hogere laag (spit 6) werd een fragment rendiergewei gedateerd:

BM-440b	9750 ± 110 BP

In alle drie gevallen werd de collageenfractie gedateerd. Waarschijnlijk vond geen correctie voor isotopenfractionering plaats, maar dat zal deze dateringen
slechts in geringe mate (80 à 100 jaren) te jong maken.
De dateringen zullen vermoedelijk wel correct zijn. Het
moet echter betwijfeld worden of hier wel sprake is van
een echte associatie van vuursteenindustrie en gedateerde beenderen. Mogelijk zijn de lagen pas door
erosie in het vroege Preboreaal gevormd, waarbij oud
(vuursteen) en jong materiaal (beenderen) gemengd
zijn geraakt.

Van de continentale Creswell-sites zijn slechts twee
gedateerd:

Presle II/Trou de l'Ossuaire (Henegouwen, België)

In en voor de Trou de l'Ossuaire vonden tussen 1950-
1960 en 1983-1984 opgravingen plaats waarbij een
typische Creswell-industrie werd ontdekt, die vergeleken wordt met die van Cough's Cave (Léotard & Otte,
1988). Aan collageen uit botfragmenten uit laag I/II in
de grot werd een ^{14}C-datering verricht:

Lv-1472	12.140 ± 160 BP

Deze datering is niet gecorrigeerd voor isotopenfractionering; de werkelijke ^{14}C-leeftijd is 80-120 jaren
ouder.

Een AMS-datering aan een kaak van een edelhert
zonder menselijke bewerkingssporen, leverde een veel
jongere datering op:

OxA-1344	10.950 ± 200 BP

Deze datering werd verricht aan aminozuren en werd
gecorrigeerd voor isotopenfractionering op basis van
een aangenomen waarde van δ^{13}C van -19,0 ‰. Waarschijnlijk gaat het bij deze kaak om het fragment dat in
de terrasafzettingen buiten de grot in omgewerkt materiaal werd gevonden. De erosie van de terrasafzettingen
zou in de vroege Allerød kunnen hebben plaatsgevonden (zie Achterberg, zie 1.8) of anders in de late Allerød
of vroege Dryas 3.

Marsangy (Yonne, Frankrijk)

Op deze openlucht-vindplaats werd een vuursteenindustrie met kerfspitsen, Creswell-spitsen en enkele
Cheddar- en Tjonger-spitsen aangetroffen. Hoewel de
opgraafster eerder denkt aan een late Magdalénien-
industrie van het Zuidwestduitse type Petersfels
(Schmider, 1979), is het o.i. waarschijnlijk dat het om
een Creswell-industrie of een Laat-Magdalénien met
zeer sterke Creswell-invloeden gaat. Drie beenderen
werden gedateerd:

OxA-178	11.600 ± 200 BP
OxA-505	9770 ± 180 BP
OxA-740	12.120 ± 200 BP

De dateringen werden verricht aan aminozuren en gecorrigeerd voor isotopenfractionering. OxA-505 wordt door het laboratorium als onbetrouwbaar beschouwd vanwege het zeer lage collageengehalte van het bot. Het relatief grote verschil tussen OxA-178 en OxA-740 hoeft niet te wijzen op langdurige of herhaalde bewoning van deze site. Een andere verklaring kan gevonden worden in de *wiggle* gedurende Dryas 2, die in de veenprofielen van Usselo en Achterberg (zie 1.8) aanwezig lijkt te zijn. Binnen zeer korte tijd fluctueerden ¹⁴C-ouderdommen kennelijk tussen 12.000 en 11.600 BP.

De datering van het Creswell-niveau in de *grot Walou* bij Trooz (België), verricht aan beensplinters:

| Lv-1556 | 9990 ± 160 BP |

is veel te jong. Een verklaring is te vinden in de cryoturbatie van dit niveau (Dewez, 1992: p. 314).

4.3.2.4. *Archeologische dateringen*
Het voorkomen van gesteelde schrabbers op enkele continentale Creswell-sites, bijvoorbeeld in Siegerswoude II (Kramer, Houtsma & Schilstra, 1985) en waarschijnlijk ook in Usselo (Stapert & Veenstra, 1988) wijst erop dat deze sites in Dryas 2, op de overgang Dryas 2/Allerød of zelfs vroeg in Allerød gedateerd moeten worden. Vergelijkbare schrabbers komen namelijk ook voor in laat-Hamburg-context (bijvoorbeeld Jels I) en in de Wehlengroep van de *Federmesser*-cultuur. Omgekeerd wijst ook het voorkomen van Creswell-spitsen en van kerfspitsen met Creswell-kenmerken op de late Hamburg-site Luttenberg, op een datering van een deel van het continentale Creswellian in Dryas 2.

4.3.2.5. *Conclusie*
De beschikbare dateringen voor het Creswellian in Groot-Brittannië geven een enigszins vertekend beeld. Tot dusverre zijn voornamelijk bewoningssporen in grotten gedateerd en die blijken in de Bølling thuis te horen. (Weliswaar kan op grond van de dateringen van Usselo en Achterberg – zie 1.8 – aangenomen worden dat dateringen rond 12.000 BP ook nog gedurende Dryas 2 voorkomen, maar in dat geval zouden ook dateringen tot ca. 11.600 BP moeten voorkomen, en die zijn er niet). Dat betekent niet dat er geen jongere laatpaleolithische bewoning is. Alleen zijn de aanwijzingen daarvoor, in de vorm van gedateerde vuursteencomplexen, zeer schaars. Alleen in Ossom's Cave zijn aanwijzingen voor bewoning in een latere periode, vermoedelijk op de overgang Allerød-Dryas 3. Daarnaast zijn bovendien nog een zestal dateringen uit vijf grotten te noemen, zonder geassocieerde vuursteenindustrie:

Dowel Cave	gewei-artefact	OxA-1463	11.200 ± 120 BP
Elder Bush Cave	wervel van edelhert	OxA-811	10.600 ± 110 BP
Victoria Cave	gewei-artefact	OxA-2455	11.750 ± 120 BP
	tweezijdig getande spits	OxA-2607	10.810 ± 100 BP
Kinsey Cave	gewei-artefact	OxA-2456	11.270 ± 110 BP
Coniston Dib	beenspits	OxA-2847	11.210 ± 90 BP

Kennelijk vond bewoning tijdens Dryas 2 en Allerød voornamelijk buiten de grotten plaats, maar betrouwbare dateringen voor openlucht-sites zijn er tot dusverre niet. Wel zijn enkele artefacten gedateerd die op bewoning tijdens deze periode wijzen, zoals de eenrijige harpoenen van:

Leman and Ower Banks	OxA-1950	11.740 ± 150 BP
Porth-y-waen	OxA-1946	11.390 ± 120 BP
Sproughton	OxA-517	10.910 ± 150 BP
	OxA-518	10.700 ± 160 BP

Voorlopig gaan we ervan uit dat in het Britse materiaal drie fasen zijn te herkennen: een oudste met Cheddar-spitsen en atypische kerfspitsen, die in de Bølling gedateerd kan worden (zie Jacobi, 1991: p. 133 en table 13.1), een middenfase met voornamelijk Creswell-spitsen, die vermoedelijk in Dryas 2 en vroege Allerød gedateerd kan worden, en een jongste fase met *penknife*-spitsen, die vermoedelijk in de late Allerød thuishoort. De bewoning begon rond 12.800 BP, kennelijk iets eerder dan de Hamburg-bewoning op de Noordeuropese laagvlakte. Ook bij de Britse Creswell-dateringen moet rekening worden gehouden met een mogelijk steil stuk in de ¹⁴C-curve, waardoor ¹⁴C-ouderdommen in korte tijd van ca. 12.800 naar ca. 12.400 BP veranderden.

Op het Continent kan het Creswellian, op grond van geologische dateringen, gedurende Dryas 2 en Allerød gedateerd worden. De Belgische site Presle II lijkt op het eerste gezicht in de late Bølling thuis te horen, maar kan, gezien de *wiggle* tijdens Dryas 2, ook in laatstgenoemde periode geplaatst worden. Een datering in Dryas 2 geldt vrijwel zeker voor de Noordfranse site Marsangy.

Er zijn geen aanwijzingen dat het Creswellian in Groot-Brittannië doorloopt in Dryas 3. Op het Continent lijkt het Creswellian van korte duur te zijn geweest, en chronologisch een intermezzo te vormen tussen het einde van Magdalenien in het zuiden respectievelijk Hamburgien in het noorden, en het begin van *Federmesser*.

4.4. Federmesser-cultuur

4.4.1. *Stand van onderzoek*
De gangbare opvatting is dat de *Federmesser*-cultuur zich ontwikkeld heeft uit het late Magdalénien. Om die reden wordt deze cultuur dan ook vaak aangeduid als 'epi-Magdalenien'. Er bestaat nauwe verwantschap met het Zuidfranse-Noordspanse Azilien.

Het standaardwerk op het gebied van de *Federmesser*-cultuur is de studie van Schwabedissen (1954), waarin ook een groot gedeelte van het toen bekende Nederlandse materiaal is behandeld. Schwabedissen onderscheidde drie groepen binnen de *Federmesser*-cultuur, namelijk Tjonger, Rissen en Wehlen. Deze driedeling werd overgenomen door o.a. Bohmers (1960) en Narr (1968). Paddayya (1971) was echter van mening dat het onderscheid vanwege het gebrek aan precisie, zowel in definitie van de typerende werktuigen als in de ruimtelijke verspreiding ervan, niet verantwoord is. Volgens Bokelmann (1978: p. 42) is deze kritiek slechts ten dele gerechtvaardigd. Uit zijn opmerkingen kan men opmaken dat hij in principe de driedeling wel accepteert. Hij ziet verwantschap tussen de vuursteentechniek van de Wehlen-groep en die van de Deense Bromme-Segebrogroep, en meent dat in Noord-Duitsland met een chronologische volgorde van Wehlen en Rissen gerekend moet worden (Bokelmann, 1978: p. 47). Gezien het feit dat typische Wehlen-schrabbers in de late Hamburgcultuur in Jels I voorkomen en dat de Bromme-Segebrogroep als een directe ontwikkeling uit dit late Deense Hamburg gezien kan worden (zie 4.5.1), is er veel voor deze chronologisch vroege positie van Wehlen te zeggen. Daarnaast moet onzes inziens rekening worden gehouden met regionale verschillen tussen de *Federmesser*-groepen, met Tjonger als meer westelijke en Wehlen en Rissen als meer oostelijke variant. Voor een verspreidingskaart van de Wehlen-groep kan verwezen worden naar Tromnau (1976-1977: Abb. 2).

Het onderzoek van de *Federmesser*-cultuur zou zeer gebaat zijn bij nauwkeurige opgraving en publicatie van kleine, slechts éénmaal bewoonde sites. Het probleem van vermenging van ouder en jonger materiaal, dat op grote, meermaals bewoonde sites optreedt, zou op die manier worden vermeden. In dat verband zijn de opgravingen van Belgische vindplaatsen als Rekem en van Duitse vindplaatsen in het Middenrijngebied als Andernach-Martinsberg en Niederbieber van groot belang.

4.4.2. Dateringen

4.4.2.1. Pollenanalytische dateringen
Volgens Waterbolk (1962: p. 230) was het in *Milheeze Ib* mogelijk de woonlaag van de *Federmesser*-site op de zandrug te volgen in het aangrenzende ven, dankzij de aanwezigheid van nederzettingsafval in de vorm van bewerkte stukken hout. Volgens pollenanalytisch onderzoek van het sediment in het ven zou deze afvallaag gedateerd moeten worden in de *Betula*-fase van de Allerød. Arts (1988) heeft terecht vraagtekens bij deze datering gezet. Het blijkt namelijk dat de *Federmesser*-artefacten in de depressie grotendeels onder de gyttjalaag werden aangetroffen (Arts, 1988: fig. 12). Het pollendiagram (Arts, 1988: fig. 13) laat bovendien een heel andere datering toe. De gyttja in kwestie is waarschijnlijk pas tijdens Dryas 3 en Preboreaal gevormd. Van een vroege, pollenanalytische datering voor een *Federmesser*-industrie is hier dus geen sprake.

In *Usselo* herkende Van der Hammen in het sediment van de depressie naast de *Federmesser*-nederzetting een zandige laag met houtskoolpartikels in het veen, dat tijdens de Allerød werd gevormd (van der Hammen, 1951: profiel A: 132-137 cm). Hij bracht deze laag met de laatpaleolithische bewoning in verband. In het profiel dat in 1975 werd onderzocht (van Geel et al., 1984; van Geel et al., 1988) kwam deze zandige laag niet voor. Wel bleek bij deze zeer gedetailleerde studie dat in het veen dat gedurende de *Pinus*-fase van de Allerød werd gevormd, op meerdere niveaus houtskooldeeltjes aanwezig waren. Deze werden door de onderzoekers (van Geel et al., 1984: p. 541) met natuurlijke bosbranden in verband gebracht. Ook de zandige laag in Van der Hammens profiel A hangt waarschijnlijk met zo'n bosbrand samen. In het veen werden namelijk geen artefacten of andere nederzettingsresten gevonden, zodat het niet waarschijnlijk is dat naast de depressie zo intensief gewoond werd dat daardoor verstuiving of erosie optrad.

Pollenanalytische datering van lössleem, zoals A. Leroi-Gourhan o.a. verricht heeft in Andernach-Martinsberg (Veil, 1982), achten wij onbetrouwbaar.

4.4.2.2. Geologische dateringen
Op veel plaatsen in Nederland, België en Noordwest-Duitsland zijn *Federmesser*-artefacten in de Laag van Usselo gevonden, zodat datering in de Allerød voor de hand ligt. Te noemen zijn in dit verband o.a. de vindplaatsen Usselo, Donkerbroek, Milheeze I, Budel II, Budel IV, Horn-Haelen, Lommel (Bohmers, 1960), Rissen (Schwabedissen, 1954), Querenstede (Zoller, 1981) en Alt-Duvenstedt (Clausen, 1993).

Afwijkend zijn echter de vondstomstandigheden op de vindplaats *Duurswoude-Oud Leger*, waar Bohmers & Houtsma (1961: afb. I en III; zie ook Houtsma, 1990) *Federmesser*-artefacten vonden op een diepte van 20 cm onder een goed ontwikkelde Usselo-laag in Jong Dekzand I. Deze vondst wijst op het voorkomen van *Federmesser*-bewoning gedurende het laatst van Dryas 2 of eventueel het prille begin van Allerød. Stapert (1968) meende dat de door Bohmers & Houtsma (1961) afgebeelde artefacten heel goed zouden passen in een late Hamburg-industrie en dat in Duurswoude-Oud Leger eenzelfde geologische situatie aanwezig was als op de naburige sites Duurswoude II en IV (zie 4.2.2.2). Houtsma (1990) heeft onzes inziens zeer aannemelijk gemaakt, mede op grond van het grotere aantal werktuigen dat inmiddels bekend is geworden, dat het wel degelijk om een *Federmesser*-industrie handelt.

In het *Stellmoorer Tunneltal* vond Tromnau (1975b) *Federmesser*-artefacten in de *verbrodelte Bleichsandschicht*, die beschouwd wordt als een Allerød-bodem (zie ook Miehlich, 1975). Ook die waarneming wijst dus op datering van *Federmesser* in de Allerød.

Op de site *Klein-Nordende A* bij Hainholz-Esinger Moor werden *Federmesser*-artefacten aangetroffen in een duidelijk ontwikkelde Allerød-bodem, aan de bovenzijde van een dun zandpakket, dat op een Bølling-bodem was afgezet (Bokelmann, Heinrich & Menke, 1983).

In *Niederbieber* werd een *Federmesser*-vindplaats ontdekt, liggend in lösslemm, direct onder de puimsteen die afkomstig is van de uitbarsting van de Laacher See rond 11.000 BP (Loftus, 1982).

Eveneens in het Middenrijngebied werden in *Andernach-Martinsberg Federmesser*-artefacten in lösslemm onder een Allerød-bodem gevonden (Veil, 1982). De opgraver meent dat dit voor een datering aan het eind van Dryas 2 pleit. De *14C*-dateringen lijken dit te bevestigen (zie onder).

Eenduidige waarnemingen van *Federmesser*-artefacten in Jong Dekzand II en/of boven een Allerød-bodem zijn er niet. De vermelding bij Newell (1973: p. 429, note 4) dat in Haule V en Prikkedam *Federmesser*-artefacten boven de Laag van Usselo werden gevonden, is onjuist. Volgens Houtsma, Kramer & Newell (1990) werden in Haule V wel *Federmesser*-artefacten gevonden, maar lagen deze als gevolg van winderosie niet meer in situ. Bovendien was ter plaatse geen Laag van Usselo aanwezig! In Prikkedam was een lösslaag aanwezig. Maar de stratigrafische relatie lösslaag-*Federmesser*-artefacten is niet bekend (Houtsma, mondelinge mededeling). Het voorkomen van een lösslaag doet onzes inziens eerder een Bølling-bodem vermoeden (Lower Loamy Bed) dan een Allerød-bodem.

In *Westerkappeln*, Kr. Tecklenburg, Fundstelle A (Günther, 1973) werd een kampement met *Federmesser*-artefacten gevonden in dekzand, ca. 50 cm onder het maaiveld. De nederzettingslaag was ca. 20 cm dik en was door fijnverdeelde houtskool grijs verkleurd. Deze houtskoolhoudende laag reikte tot enige meters buiten de vuursteenverspreiding en hield vervolgens op. Kennelijk betrof het geen Usselo-laag. Bij het uitgraven van (boom)kuil 2 werd op ca. 1 m beneden het maaiveld een dunne laag grijs zand aangesneden (Günther, 1973: Abb. 7). Dit zou de Laag van Usselo kunnen zijn, maar ook een Bølling-bodem behoort tot de mogelijkheden. Het onderzoek door Brunnacker (1973) heeft geen opheldering van dit probleem gebracht. Datering op grond van dekzandstratigrafie is in dit geval dus niet mogelijk.

Op de vindplaats *Helchteren-Sonnisse Heide* (prov. Limburg, België) werden *Federmesser*-artefacten ontdekt onderin de B-horizont van het podsolprofiel op een dekzandrug langs een ven (Vermeersch, 1974). Ca. 0,4-0,6 m onder het vondstniveau bevond zich in het dekzand een dunne laag zwak uitgeloogd, grijs zand. Vermeersch wil deze zien als een post-Allerød-bodem (vanwege het ontbreken van houtskool zou correlatie met de Laag van Usselo niet mogelijk zijn!), zodat de artefacten in een late fase van Dryas 3 of zelfs in het Preboreaal gedateerd zouden moeten worden. Het is echter waarschijnlijker dat het hier om een Bølling-bodem gaat en dat de artefacten in Jong Dekzand liggen. Mogelijk correspondeert het niveau van de vondsten

met een Allerød-bodem, die in het jongere podsolprofiel niet meer herkenbaar is. De opmerkelijk jonge datering die Vermeersch aan deze bodem geeft, is mede gebaseerd op de chronostratigrafie van de dekzanden in de Kempen, opgesteld door De Ploey (1963). In dat systeem worden pleniglaciale dekzanden (Formatie van Wildert) en dekzanden uit Dryas 3, Preboreaal en zelfs Vroeg-Boreaal (Formatie van Beerse) onderscheiden. Dekzanden uit Dryas 1 en 2, corresponderend met Oud Dekzand II en Jong Dekzand I volgens het Nederlandse systeem, worden niet onderscheiden. Het is echter waarschijnlijk dat de formatie van Beerse alle laatglaciale dekzanden omvat.

Ook op de vindplaats *Meer II* werden *Federmesser*-artefacten in het recente podsolprofiel van een dekzandrug gevonden (van Noten, 1978). Net als in Helchteren-Sonnisse Heide, werd het dekzand waarin de artefacten lagen, gerekend tot de Formatie van Beerse, die afgezet zou zijn in Dryas 3 en/of Preboreaal (Moeyersons, in: van Noten, 1978). Deze interpretatie is echter zeer discutabel. In het dekzandpakket zijn geen bodemvormingen corresponderend met Bølling en/of Allerød aanwezig. Er is onzes inziens niets op tegen om het dekzand te correleren met Jong Dekzand I en de artefacten dus in de Allerød te plaatsen.

4.4.2.3. *14C*-dateringen

Van de vindplaats *Andernach-Martinsberg* (Veil, 1982) is een aantal AMS-dateringen van beenmonsters bekend. De dateringen werden verricht aan aminozuren; ze zijn gecorrigeerd voor isotopenfractionering op basis van een aangenomen $\delta^{13}C$-waarde van -19,0 ‰.

OxA-984	hert; omgeving van mogelijke haard, waarschijnlijk behorend tot grootste concentratie	11.950 ± 250 BP
OxA-999	zelfde monster	12.500 ± 500 BP
OxA-985	gems(?); zeker geassocieerd met genoemde haard	12.300 ± 200 BP
OxA-998	rund(?); gevonden zuidelijk van grootste concentratie	11.370 ± 160 BP
OxA-997	hert; gevonden in testputje, ca. 20 m zuidelijk van grootste concentratie	11.800 ± 160 BP

Daarnaast is er nog een oude Heidelberg-datering bekend:

| H-85/91 | collageen uit gewei, gezuiverd d.m.v. dialyse; opgraving 19e eeuw | 11.300 ± 220 BP |

Op het eerste gezicht lijkt het alsof hier twee fasen vertegenwoordigd zijn, met dateringen rond 12.010 ± 110 BP (gemiddelde van OxA-984, -999, -985 en -997) en rond 11.350 ± 140 (idem van OxA-998 en H-85/91). Gezien de *wiggles* in de veenprofielen van Usselo en Achterberg – zie 1.8 – kan de bewoning echter in een betrekkelijk korte periode rond de overgang Dryas 2/Allerød geplaatst worden.

Op veel vindplaatsen liggen de *Federmesser*-artefacten in de Laag van Usselo. Deze bevat regelmatig vrij veel houtskool van *Pinus*, die kennelijk afkomstig is van bosbranden in de tweede helft van de Allerød.

Soms komt deze houtskool voor in concentraties die gemakkelijk kunnen worden aangezien voor haardjes. De dateringen van deze natuurlijke houtskool liggen globaal tussen 11.200 en 10.800 BP.

In *Duurswoude-Oud Leger* werden enkele artefacten, waaronder een Tjonger-spits, ca. 20 cm onder een goed ontwikkelde Laag van Usselo met veel houtskool aangetroffen (Bohmers & Houtsma, 1961; Houtsma, 1990). Tussen de artefacten werden verspreide houtskoolbrokjes gevonden. Deze werden tweemaal gedateerd:

GrN-607   10.800 ± 250 BP
GrN-4871   11.150 ± 190 BP   (ZLZ; δ¹³C = -25,0 ‰)

De houtskool is vermoedelijk van Laat-Allerød-ouderdom en zal in dat geval wel door bioturbatie (graafkevers!) uit de Laag van Usselo naar beneden verplaatst zijn. Theoretisch is nog een tweede verklaring mogelijk: de ligging van de artefacten wijst op een datering in Dryas 2 of vroege Allerød en, volgens de Achterberg-dateringen (zie 1.8), komen in de vroege Allerød ouderdommen van 10.800 en 11.150 BP ook inderdaad voor!

Op de site *Milheeze-Hutseberg* (Arts, 1988), ook bekend als Milheeze Ia (Rozoy, 1978: pp. 107-114) werden *Federmesser*-artefacten ontdekt in de Laag van Usselo. Houtskool uit een kuil met vuursteenartefacten en oker werd gedateerd:

GrN-2314   10.880 ± 125 BP   (ZLZ)

Volgens Arts (1988: p. 300) lag deze kuil, die 60 cm diep was, onder een ononderbroken Laag van Usselo. De houtskool zou dus niet afkomstig zijn van een concentratie in een haardje, zoals Lanting & Mook (1977: p. 190) schreven. Gezien de ouderdom van de houtskool zou aan de door Arts beschreven stratigrafische situatie getwijfeld kunnen worden. Volgens de Achterberg-dateringen zouden dergelijke ouderdommen echter ook in de vroege Allerød voor kunnen komen!

Bij *Milheeze-Hogeloop* werden door J. Deeben in 1988 artefacten ontdekt in een uitgeloogde laag met houtskoolpartikels, in een zandrug. Blijkens de ¹⁴C-datering van de houtskool kan deze laag als de Laag van Usselo worden beschouwd. Waarschijnlijk is de houtskool van natuurlijke herkomst.

GrN-16508   10.810 ± 60 BP   (ZLZ, C$_v$ = 68,7%, δ¹³C = -25,1 ‰)

In het naastgelegen vennetje werden vuursteenartefacten onder een laag gyttja gevonden. De gyttja werd gedateerd:

GrN-16509   11.455 ± 35 BP   (ZLZ, C$_v$ = 52,2%, δ¹³C = -27,8 ‰)

De datering kan gelden als een *t.a.q.* voor de artefacten en voor de bewoning op de rug. Hoewel kennelijk geen typerende werktuigen aanwezig waren, kan het gezien de vondstomstandigheden eigenlijk alleen maar om *Federmesser*-bewoning gaan.

Er is enige verwarring in de literatuur betreffende een

datering van houtskool uit *Budel II*. In een eerste publicatie werd vermeld dat hier *Federmesser*-artefacten waren gevonden aan de basis van de B-horizont van een recent podsol en dat geen houtskool aanwezig was (Wouters, 1954: pp. 131-133). Dezelfde auteur schreef later echter dat in Budel II de artefacten in een Laag van Usselo waren aangetroffen (Wouters, 1959: p. 40). In Vogel & Waterbolk (1963: p. 169) werd vermeld dat de houtskool werd verzameld uit de *Federmesser*-woonlaag. Paddayya (1971: p. 262) beweerde zelfs dat de artefacten onder de Laag van Usselo waren gevonden, maar dat berust onzes inziens op een onjuiste interpretatie van de in 1954 gepubliceerde profielschets van Wouters. Duidelijkheid wordt verschaft door Van Noort & Wouters (1987: pp. 90-91). Het gedateerde monster (Budel II-2) blijkt afkomstig uit een haardje en dateert Tjonger-bewoning:

GrN-1675   11.440 ± 120 BP   (ZLZ)

Ten onrechte nemen Van Noort & Wouters echter aan dat ook de aan de Ahrensburg-site Budel IV toegeschreven datering GrN-1687 11.070 ± 90 BP bij Budel II hoort. Het zou gaan om het uit de 'cultuurlaag' (d.i. Laag van Usselo) genomen monster Budel II-4. Uit een brief van Wouters aan Waterbolk van 17 februari 1958 blijkt echter dat eerstgenoemde wel degelijk houtskool van Budel IV heeft ingeleverd (zie ook 4.5.2.2).

Ook in *Horn-Haelen* werden *Federmesser*-artefacten in de Laag van Usselo gevonden (Bohmers, 1960). Houtskool uit deze laag werd drie keer gedateerd:

GrN-497   11.000 ± 320 BP   (ZLZ)
GrN-498   10.950 ± 300 BP   (ZLZ)
GrN-7297   11.200 ± 100 BP   (ZLZ, C$_v$ = 68,9%, δ¹³C = -27,7 ‰)

In dit geval is niet uit te maken of de houtskool in verband staat met menselijke activiteit of afkomstig is van natuurlijke bosbranden. Wouters wijst er echter op dat ter plaatse van de *Federmesser*-nederzetting de houtskoolbrokjes groter waren en veelvuldiger voorkwamen dan elders in de Laag van Usselo (brief d.d. 26-3-1958).

Rond *Rissen 14/14a* was de Laag van Usselo over grote afstand te vervolgen in de laatglaciale dekzanden. Vrijwel overal was houtskool in deze bodem aanwezig (Schwabedissen, 1954: p. 34). Rissen 14 was een vindplaats van *Federmesser*-artefacten in genoemde Laag van Usselo. Houtskool uit de nederzetting werd gedateerd:

H-75/68   11.450 ± 180 BP

Op het eerste gezicht lijkt deze datering te oud voor Usselo-houtskool (zie 1.4) en zou gedacht kunnen worden aan een datering die bij de bewoning past. Oude Heidelberg-dateringen hebben echter een tendens om te oud uit te vallen (zie 4.2.2.3; er zijn echter meer voorbeelden bekend). Zekerheid dat de datering de menselijke activiteit ter plaatse dateert is er dus niet. Houtskool uit dezelfde laag werd ook in Yale gedateerd. Maar, zoals zo vaak bij oude Yale-dateringen, wijken de resultaten sterk af van de verwachtingen:

Y-157-A	houtskool uit 'haardje'	10.560 ± 200 BP
Y-157-B	verspreide houtskool	9280 ± 290 BP

Vooral Y-157-B is veel te jong; Y-157-A zou nog als datering voor Usselo-houtskool kunnen doorgaan, rekening houdend met de grote standaarddeviatie.

In *Westerkappeln*, Fundstelle A (Günther, 1973) werden de *Federmesser*-artefacten aangetroffen in geologisch niet nader te dateren dekzand. De nederzettingslaag, die slechts enkele meters buiten de vuursteenconcentratie doorliep, was grijs gekleurd door fijnverdeelde houtskool. Kennelijk betrof het geen Laag van Usselo. De ¹⁴C-datering van deze fijnverdeelde houtskool is opvallend jong:

KI-270	10.200 ± 200 BP

De voorbehandeling van het monster in het laboratorium is niet bekend. Aannemende dat het monster grondig is behandeld ten einde jongere humusverbindingen te verwijderen, zijn er twee verklaringen mogelijk. Volgens de dateringen van het veenprofiel van Achterberg (zie 1.8) zijn in de vroege Allerød ¹⁴C-dateringen rond 10.550 BP mogelijk. Weliswaar is KI-270 jonger, maar een ouderdom van 10.550 BP ligt binnen twee standaarddeviaties van de gemeten waarde. KI-270 zou dus op een Vroeg-Allerød ouderdom van Westerkappeln A kunnen wijzen! Een mogelijke *wiggle* tijdens de dennenfase van de Allerød, waarvoor in Achterberg aanwijzingen zijn gevonden, moet nog in andere veenprofielen bevestigd worden. Een andere mogelijkheid is dat het houtskoolmonster verontreinigd zou kunnen zijn door de geringe diepte (0,5 m) beneden het maaiveld. Door bioturbatie zou jongere houtskool (er is mesolithische bewoning op hetzelfde duin geweest) naar beneden kunnen zijn verplaatst. Wat dat betreft zijn de AMS-dateringen aan houtskoolpartikels in Rekem (zie onder) zeer verhelderend.

In *Westerkappeln*, Fundstelle C (Günther, 1973) werden de *Federmesser*-artefacten ca. 0,65 m onder het huidige maaiveld aangetroffen in een oude bodem, die, te oordelen naar de foto's, een Laag van Usselo is. Ter plaatse van de vuursteenconcentratie was deze bodem opvallend bruin verkleurd. Houtskool uit de nederzettingslaag werd gedateerd:

KI-271	11.800 ± 200 BP

De datering is in ieder geval te oud voor Usselohoutskool. Waarschijnlijk geeft de datering dus een indicatie voor de ouderdom van de bewoning.

In *Rekem* (Belgisch Limburg) werden in 1984-1985 tijdens grootschalige opgravingen 14 concentraties van vuursteenartefacten van de Tjonger-groep ontdekt (Lauwers, 1985; 1986). Sommige concentraties, als Re-5, 6 en 10, worden gekenmerkt door het grote

oppervlak waarover de bewoningsresten verspreid liggen, gemiddeld ca. 50 m². Alle typen worden op deze plaatsen aangetroffen. Verder zijn grote hoeveelheden zandsteen en kwartsiet aanwezig en wijzen groeperingen van in loco stukgesprongen zandstenen op de aanwezigheid van haarden. Andere concentraties, zoals RE-1, 7, 11 en 14, kenmerken zich door de beperkte ruimtelijke spreiding van zelden meer dan 5 m². Het vuursteenmateriaal wijst op eenmalige en kortstondige debitage-activiteit. Niet alle concentraties vallen echter binnen deze beide categorieën. Er zijn vijf AMS-dateringen verricht. De houtskoolmonsters kregen een standaard ZLZ-voorbehandeling; correctie voor isotopenfractionering vond plaats op basis van een aangenomen δ^{13}C-waarde van -25 ‰.

OxA-942	hars, gehecht aan een Tjonger-spits, Conc. RE-7	11.350 ± 150 BP
OxA-943	houtskoolbrokje, gevonden tussen stenen van vernielde haard, RE-5	2230 ± 70 BP
OxA-944	houtskoolbrokje, gevonden tussen stenen van vernielde haard, RE-5	6390 ± 100 BP
OxA-945	houtskool uit gebied van concentratie RE-10, geassocieerd met geretoucheerde afslagen	9900 ± 110 BP
OxA-1375	houtskoolbrokje, RE-10	5220 ± 100 BP

Lauwers (in Gowlet et al., 1987) memoreert dat het harsmonster van OxA-942 een optimale associatie voorstelt. De datering is uiteraard volgens verwachting. De betrouwbaarheid van de monsters van OxA-943 en 944 is gering, aangezien het om verspreide fragmenten ging. Verder schrijft hij dat er op uitgebreide schaal jongere bewoning was op deze site, en dat de zandige grond bovendien sterk gehomogeniseerd was door bodemvorming en bioturbatie. Datering OxA-945 zou RE-10 volgens hem aan het eind van de dateringsspanne van Tjonger in Noordwest-Europa plaatsen. Dat er een tijdsinterval zou zijn tussen de verschillende concentraties in Rekem is niet onmogelijk, maar dient getest te worden. Tot zover het commentaar van Lauwers. Op grond van welke dateringen hij het einde van de *Federmesser*-cultuur rond 10.000 BP stelt, is ons overigens niet duidelijk.

De datering voor de *Federmesser*-site bij *Usselo*, waar Paddayya (1971: p. 261, note 1) naar verwijst:

Y-139-2	10.880 ± 160 BP

werd niet verricht aan houtskool uit de nederzettingslaag (d.i. in feite de Laag van Usselo), maar aan zandig veen tussen 127 en 132 cm in profiel A (van der Hammen, 1951). Dit vormde de basis van dat deel van het pollenprofiel, dat 'menselijke beïnvloeding' toonde (d.i. ingestoven zand en houtskool, maar geen artefacten). Uit hetzelfde profiel werden twee andere monsters gedateerd:

Y-139-1	zandig veen aan basis van Allerød, 100-165 cm	12.500 ± 180 BP
Y-139-3	zandig veen aan basis van Dryas 3, 107-113 cm	11.350 ± 150 BP

Deze twee dateringen wijken aanzienlijk af van de verwachtingen (ca. 11.800 en ca. 10.800 BP), zodat ook aan de betrouwbaarheid van Y-139-2 getwijfeld mag worden. Inderdaad zou hier een ouderdom van ca. 11.300 BP meer op zijn plaats zijn.

Bij *Een-Schipsloot* (Houtsma, Roodenberg & Schilstra, 1981) werden de *Federmesser*-artefacten in een 6-7 cm dikke horizont in het Jonge Dekzand gevonden. Er was geen Laag van Usselo aanwezig, waarschijnlijk ten gevolge van latere winderosie. De vondstenlaag was op verschillende plaatsen onderbroken door komvormige kuilen. Casparie & Ter Wee (1981) willen deze kuilen in verband brengen met periglaciale verschijnselen tijdens Dryas 3, maar deze verklaring is onwaarschijnlijk. Het is zonder meer twijfelachtig of al deze kuilen op dezelfde wijze en in dezelfde periode zijn ontstaan. In meerdere kuilen werden artefacten op de bodem gevonden, kennelijk in secundaire positie. In één geval (kuil II) lagen echter artefacten zowel op de bodem, als op de vulling.

Kuil I, ca. 90 cm diep en uitgaand van het niveau van de vondstenlaag, was al grotendeels vergraven vóór het onderzoek startte. Op de bodem van de kuil werden artefacten gevonden in een dunne laag grof zand. Verder was de kuil gevuld met zwart veen (vlak boven de bodem) en grof zand, afgewisseld met dunne, lemige bandjes. Het veen werd gedateerd:

GrN-6341   10.495 ± 60 BP   (ZLZ, $\delta^{13}C$ = -27,4 ‰)

Deze datering is echter niet meer dan een *t.a.q.* voor de artefacten in de kuil. In geen geval kan uit deze datering en uit het feit dat bij kuil II artefacten zowel op de bodem als boven de vulling werden aangetroffen, worden geconcludeerd dat de *Federmesser*-bewoning in Een-Schipsloot ook nog plaatsvond gedurende Dryas 3. Dateringen rond 10.500 BP zijn volgens het ^{14}C-gedateerde pollendiagram van Achterberg (zie 1.8) immers ook in de Vroege Allerød mogelijk. Wel wijst de stratigrafie van kuil II op meermalige of langdurige bewoning.

Er zijn daarnaast verscheidene dateringen bekend van houtskoolconcentraties of haardjes, gevonden tijdens onderzoek van *Federmesser*-sites, die blijkens de resultaten noch bij die bewoning horen, noch wijzen op de aanwezigheid van Usselo-houtskool.

De afwijkende ^{14}C-datering van *Een*, die door Paddayya (1971: table 1) werd vermeld, hoort bij een site waar zowel *Federmesser*- als mesolithische artefacten werden gevonden:

GrN-236   7030 ± 140 BP

Op de *Federmesser*-site *Eext-Hooidijk* (B.A.I.-opgraving 1974) werden in de ondergrond meerdere ondiepe depressies gevonden, gevuld met lichtgrijze grond, waarin houtskoolpartikels aanwezig waren. Gedacht werd aan restanten van een woonlaag of van de Laag van Usselo, weggezakt in vorstscheuren. Dat

werd echter niet bevestigd door de ^{14}C-datering van houtskool (monster A, 100% *Pinus*) uit één van deze depressies:

GrN-8073   8795 ± 50 BP   (ZLZ, $\delta^{13}C$ = -26,2 ‰, C_v = 66,5%)

Het is niet onwaarschijnlijk dat de depressie en de houtskool een natuurlijke oorsprong hadden.

De sites *Meer I en II* (prov. Antwerpen, België) lagen 30-40 m van elkaar op de flank van Meirberg. Meer I werd in 1966 onderzocht (van Noten, 1967), Meer II in 1967-1969 en 1975-1976 (van Noten, 1978). Op beide vindplaatsen werd een Tjonger-industrie ontdekt, grotendeels liggend in het recente podsolprofiel of vlak eronder.

Meer I was reeds gedeeltelijk vergraven; alleen de rand van de vuursteenconcentratie kon nog onderzocht worden. Er waren enkele haardjes aanwezig, waarvan er één, nr. 5b, werd gedateerd:

GrN-4961   8950 ± 80 BP   (ZLZ, $\delta^{13}C$ = -25,3 ‰)

Verder werd verspreide houtskool uit de sleuven I en II gedateerd:

GrN-4960   8940 ± 85 BP   (ZLZ, $\delta^{13}C$ = -25,1 ‰)

In *Meer II* waren drie concentraties herkenbaar. De haarden lagen gedeeltelijk binnen de concentraties, gedeeltelijk ertussen. De ligging suggereert niet direct een functioneel verband met de concentraties (vgl. van Noten, 1978: planche 70). Er werden vier houtskool-monsters gedateerd:

GrN-5706	haard in centrum concentratie I, sleuf III (ZLZ, $\delta^{13}C$ = -26,1 ‰)	8740 ± 60 BP
GrN-7939	haard in sleuf XX (zuur, C_v = 72,9%, $\delta^{13}C$ = -24,7 ‰)	8930 ± 150 BP
IRPA-93I	grote haard in sleuf VI	7080 ± 290 BP
IRPA-93II	haard in sleuven X en XI	8025 ± 315 BP

De beide IRPA-dateringen zijn minder betrouwbaar. Het ontbreken van een chemische voorbehandeling heeft kennelijk tot gevolg gehad dat de monsters verontreinigd bleven met geïnfiltreerde, jongere humus.

De dateringen van Meer I en II houden geen verband met de Tjonger-bewoning, maar wijzen op latere activiteit op dezelfde plaats. Op de site Meer II zijn inderdaad jongere artefacten gevonden, namelijk 36 microlithen en 24 microstekers (van Noten, 1978: p. 47 en table 11). De aanwezige typen wijzen op een vroegmesolithische bewoning. Het ontbreken van dergelijke artefacten in Meer I zegt niet veel, vanwege het feit dat de site reeds grotendeels vernield was en het onderzochte oppervlak klein was.

De site *Meer IV*, die ca. 300 m ten ZW van Meer I/II lag, omvatte in feite twee vindplaatsen, de eerste op een dekzandrug, de tweede aan de voet ervan. De nederzetting aan de voet bestond uit een langgerekte concentratie van ca. 40x2 m, met aan weerszijden enkele haarden (van Noten et al., 1985: fig. 2 onder). De vuursteenindustrie is volgens Nijs (1986) typisch Tjonger, verge-lijkbaar met Meer II. Een klein monster houtskool (*Pinus*) uit de haard in vak V G2/3 werd gedateerd:

GrN-10290   5940 ± 180 BP   (zuur, C_v = 72,2%, $\delta^{13}C$ = -25,8 ‰)

De datering kan uiteraard geen betrekking hebben op de Tjonger-bewoning, maar wijst op zeer late, mesolithische activiteit, tenzij de haard een natuurlijke oorsprong had. Mesolithische artefacten zijn aan de voet van de rug overigens niet gevonden, met uitzondering van een kernstuk (Nijs, 1990).

De nederzetting op de rug bestaat uit twee kleine ellipsvormige concentraties, respectievelijk 6,5 en 5 m^2 groot. Opvallend is het grote aantal 'haarden', waarvan slechts één binnen een concentratie ligt (van Noten et al., 1985: fig. 2 boven). Aanvankelijk werd een verband met de Tjonger-nederzetting aan de voet van de rug verondersteld. Nijs (1990) maakt echter duidelijk dat het hier om twee concentraties mesolithische vuursteen gaat. Enkele Tjonger-artefacten op de rug lagen ver-spreid buiten de concentraties. Houtskool (*Pinus*) uit drie haarden werd gedateerd:

GrN-10291   vak IX D-8   8400 ± 70 BP   (ZLZ, C_v = 56,9%, $\delta^{13}C$ = -25,5 ‰)
GrN-10292   vak IX D-9/10 7660 ± 100 BP   (ZLZ, C_v = 51,6%, $\delta^{13}C$ = -25,6 ‰)
GrN-12050   vak X C-4   8820 ± 60 BP   (zuur, C_v = 72,9%, $\delta^{13}C$ = -25,0 ‰)

De koolstofgehaltes van GrN-10291 en -10292 wijzen op verkoold hout in plaats van houtskool. De dateringen geven aan dat de haardjes bij de mesolithische bewo-ning horen. Er moet echter rekening worden gehouden met meervoudige bewoning uit die tijd.

In *Achel-De Waag* (Belgisch Limburg) werden in een kleine zandgroeve, waar al een toplaag van 30-50 cm was weggegraven, Tjonger-artefacten en enkele haar-den en grijze vlekken ontdekt (Vermeersch, 1979). Twee monsters werden gedateerd:

Lv-482   houtskool uit grijze vlek V   8630 ± 130 BP
Lv-879   houtskool (*Pinus*) uit haard IV   7730 ± 100 BP

Beide monsters werden normaal voorbehandeld. Hoe-wel geen mesolithische artefacten werden ontdekt (maar deze kunnen zijn afgevoerd met de bovengrond!), wij-zen de dateringen op mesolithische activiteit, met name die van haard IV. Het is niet uit te sluiten dat grijze vlek V van natuurlijke oorsprong was.

In *Helchteren-Sonnisse Heide* (Belgisch Limburg) werd een deel van een Tjonger-site onderzocht aan de rand van een zandgroeve. De vondsten lagen voornamelijk in de B-horizont van het recente podsolprofiel. In de nabijheid (sector X) werd een tweede, kleine concentra-tie onderzocht. Hier werd ook een structuurloze 'haard' gevonden (Vermeersch, 1974). Vermeersch beschouwt de vuursteen van sector X ook als typisch Tjonger, maar er zijn wel microlithen aanwezig. De dateringen van de haard:

Lv-687   7400 ± 120 BP
Lv-713   7210 ± 120 BP

wijzen duidelijk op mesolithische activiteit, die gezien de microlithen niet verrassend is. Lv-713 werd verricht aan houtskool van den.

Uit *Oirschot 7*, conc. III (opgraving Groels/Kuenen, 1972) werden twee haarden gedateerd. Hoewel hier een typische Tjonger-industrie werd gevonden, bovendien in de Laag van Usselo, bleken de haarden mesolithisch te zijn.

GrN-13330   8230 ± 210 BP   (ZLZ, C_v = 64,1%, $\delta^{13}C$ = -25,2 ‰)
GrN-13331   7940 ± 80 BP   (ZLZ, C_v = 64,2%, $\delta^{13}C$ = -25,7 ‰)

Reeds eerder werd een monster houtskool uit de 'cultuur-laag' van Oirschot 7 (conc. I?) gedateerd:

GrN-2171   6690 ± 50 BP   (ZLZ)

Uit *Nederweert-De Banen* werd houtskool uit de 'cul-tuurlaag', in dit geval de ongedifferentieerde laag waarin de artefacten lagen, gedateerd:

GrN-908   9555 ± 120 BP   (ZLZ)

De 'cultuurlaag' lag hier ca. 40 cm onder het oppervlak. Deze geringe diepte maakt het waarschijnlijker dat de gedateerde houtskool een door bioturbatie ontstaan mengsel van *Federmesser*-houtskool en jonger materi-aal is (vgl. ook de dateringen van verspreide houtskool-partikels in Rekem, zie boven).

De in Groningen Datelist II vermelde datering van *Lommel* heeft niet betrekking op *Federmesser*-bewo-ning. Het gaat om:

GrN-911   7790 ± 100 BP   (ZLZ)

In een brief van 26 maart 1958 aan Waterbolk schrijft Wouters dat te Lommel slechts enkele afslagen werden gevonden tijdens het bemonsteren, maar dat op deze vindplaats voordien al duizenden mesolithische artefacten waren verzameld en dat het dus waarschijn-lijker om mesolithische houtskool ging. Overigens blijkt uit genoemde brief ook dat de bewuste site door Wouters aan Waterbolk en Bohmers werd gewezen.

4.4.2.4. *Conclusie*

Op grond van geologische, pollenanalytische en radiometrische dateringen kan het *Federmesser*-com-plex in onze streken gedateerd worden in de Allerød, misschien al beginnend in het laatst van Dryas 2. De *Federmesser*-cultuur begon in het zuidelijke deel van het verspreidingsgebied mogelijk iets vroeger dan in het noordelijke deel. Het is verleidelijk de *Federmesser*-cultuur als een specifieke adaptatie aan de van zuid naar noord oprukkende bebossing te zien. Ook het vrij plot-selinge verdwijnen aan het begin van Dryas 3, met zijn snelle klimaatsverslechtering en de daarmee samen-hangende verdwijning van het bos, zou op die manier verklaard kunnen worden. Van een verdere ontwikke-ling van *Federmesser* lijkt wel sprake te zijn in Noord-Frankrijk, waar een typologisch late vorm van deze

traditie bekend is, met spitsen met min of meer rechte
rug en al dan niet afgeknotte basis (Fagnart, 1987).

In België en Zuid-Nederland werd de *Federmesser*-
cultuur kennelijk vroeg in Dryas 3 vervangen door de
Ahrensburg-cultuur. Het is vrijwel zeker dat verder
naar het noorden gedurende Dryas 3 de bewoning
volledig ophield en pas hervat werd aan het begin van
het Preboreaal.

4.4.3. Rivier- en veenvondsten

a. *Eenzijdig getande spitsen van been of gewei*
Bij *Dinslaken* werden tijdens bouwwerkzaamheden
drie eenzijdig getande spitsen (2x been, 1x gewei)
gevonden in een veenlaag, die op grond van pollenanalyse tijdens de late Allerød moet zijn gevormd
(Stampfuss & Schütrumpf, 1970). Dit werd bevestigd
door ^{14}C-datering van hout uit dit veenlaagje:

Hv-1414   10.790 ± 105 BP

Louwe Kooijmans (1974: p. 15, noot 35) twijfelde aan
de reconstructie van de vondstomstandigheden. Maar
zijn twijfel berustte vooral op de veronderstelde
vroegmesolithische ouderdom van dit type spits (Louwe
Kooijmans, 1974:: p. 52). Dat eenzijdig getande spitsen
van been en gewei gedurende de Allerød en zelfs
vroeger in gebruik waren, wordt bevestigd door andere
gedateerde vondsten.

Bij *Lemförde am Dümmer* (Ldkr. Diepholz, Niedersachsen) werd een eenzijdig getande spits gevonden in
een dunne gyttjalaag in een kleine depressie (Veil et al.,
1991). Deze gyttja bleek van laatglaciale ouderdom
volgens pollenanalytisch onderzoek. De spits was vervaardigd van edelhertgewei. Een klein monster gewei
werd gedateerd (collageenfractie):

Hv-14972   10.955 ± 315 BP

Nabij *High Furlong* (Lancashire) werd in een detrituslaag het skelet van een eland gevonden, samen met
twee eenzijdig getande spitsen van been. Op grond van
pollenanalyse werd aangenomen dat de detrituslaag
gedurende de Allerød was gevormd (Hallam, Edwards,
Barnes & Stuart, 1973). ^{14}C-dateringen van detritus en
skelet wijzen echter uit dat de eland in de Bølling
geleefd moet hebben:

St-3836	detritus, direct boven het skelet 11.665 ± 140 BP	(δ^{13}C = -23,7 ‰)
St-3832	debritus rond het skelet 12.200 ± 160 BP	(δ^{13}C = -18,6 ‰)
OxA-150	aminozuren van	
	collageen uit elandbot 12.400 ± 300 BP	
OxA-151	geëxtraheerde	
	conserveringsmiddelen 21.500 ± 250 BP	
	uit monster OxA-150	

Skelet en spitsen kunnen dus rond 12.300 BP gedateerd
worden.

De bekende eenzijdig getande spits van gewei, die in
1932 werd opgevist in een brok veen bij *Leman en Ower*

Banks in de Noordzee (Louwe Kooijmans, 1970-1971;
Verhart, 1988: noot 108) werd rechtstreeks gedateerd
met behulp van AMS:

OxA-1950   11.740 ± 150 BP

Bij *Porth-y-waen* (Llanyblodwel, Shropshire) werd een
eenzijdig getande spits van gewei gevonden tijdens het
graven van een vijver (Britnell, 1984). Het voorwerp
zelf werd gedateerd:

OxA-1946   11.390 ± 120 BP

Bij *Sproughton* (Suffolk) werden in een opgevulde
rivierbedding twee eenzijdig getande spitsen gevonden
op verschillend niveau (Wymer, Jacobi & Rose, 1975:
fig. 1). Beide werden rechtstreeks gedateerd:

OxA-517	spits 1, been	10.910 ± 150 BP
OxA-518	spits 2, gewei	10.700 ± 160 BP

Alle hier genoemde OxA-dateringen vonden plaats aan
aminozuren en werden gecorrigeerd voor isotopenfractionering op basis van een aangenomen waarde van
δ^{13}C = -19 ‰.

Het zal duidelijk zijn op basis van bovengenoemde
dateringen dat in ieder geval in een zone lopend an
Wales tot Weser en Beneden-Rijn, gedurende de periode ca. 12.300-10.700 BP de eenzijdig getande spits
van been of gewei bekend was. In Groot-Brittannië zijn
deze spitsen toe te schrijven aan Creswell, op het
continent vrijwel zeker aan *Federmesser*. Opvallend is
wel dat hetzelfde type spits aan het begin van het
Preboreaal weer voorkomt in hetzelfde gebied en vervolgens nog ca. 2000 jaren in gebruik blijft. Dat doet
vermoeden dat dit type ook gedurende Dryas 3 in
gebruik was, en wel in Ahrensburg-context. Bewijzen
voor gebruik tijdens Dryas 3 zijn echter niet voorhanden. Wel komt dit type in laat-Ahrensburg context voor,
in het vroege Preboreaal.

b. *Tweezijdig getande spitsen*
Hoewel de eenzijdig getande spits de meest voorkomende vorm is, zijn tweezijdig getande spitsen niet
onbekend tijdens de Allerød in Groot-Brittannië, gezien de volgende datering van een exemplaar gevonden
in 1870 in *Victoria Cave*, Yorkshire (Hedges et al.,
1992):

OxA-2607   10.810 ± 100 BP   (δ^{13}C = -21,3 ‰)

c. *De kaak van Roermond*
Zeer verrassend was het resultaat van de datering aan
collageen uit de onderkaak van een reuzehert met
'ingeschoten Tjongerspits' uit de Maas bij *Roermond*
(Wouters, 1958). Voor deze datering werd een deel van
de kaak geofferd en vervangen door een afgietsel:

GrN-8043A   30.700 ± 400 BP   (Longin, C_v = 48,5 %, δ^{13}C = -20,0 ‰)

Ook het residu van de voorbehandeling werd gedateerd:

GrN-8043B 24.680 ± 470 BP (C$_v$ = 37,7%, δ^{13}C = 19,6 ‰)

De residu-datering toont aan dat in ieder geval geen verontreiniging met oude koolstof, als gevolg van conservering met kunststoffen, meer voorhanden was. In dat geval had het residu namelijk ouder moeten zijn dan het botcollageen. We moeten derhalve concluderen dat de kaak en Tjongerspits niet bij elkaar horen en dat de combinatie van de twee later heeft plaatsgevonden. Daarvoor bestaan inderdaad aanwijzingen (Stapert, 1977).

4.5. Ahrensburg-cultuur

4.5.1. *Stand van onderzoek*

Een uitvoerige studie van de Ahrensburg-cultuur en van verwante laatpaleolithische groepen met steelspitsen werd verricht door Taute (1968). Hij leidt de steelspitsen van de Ahrensburg-cultuur af van die van de Bromme-cultuur en veronderstelt daarbij een verplaatsing van de dragers van de Bromme-cultuur van Denemarken en Zuid-Zweden gedurende Dryas 3 naar het zuiden, in het gebied dat voordien door *Federmesser*-mensen werd bewoond. Hij is van mening dat het microlithische element in de Ahrensburg-cultuur een nieuwe, eigen bijdrage was, maar dat het element 'werktuigen met geretoucheerde rug' werd overgenomen van de *Federmesser*-cultuur.

In Nederland wordt de Ahrensburg-cultuur voornamelijk aangetroffen in het oostelijke deel van de provincie Noord-Brabant en in Midden-Limburg. Het aantal vindplaatsen noordelijk van de rivieren is zeer klein (van Noort & Wouters, 1993). Een grotendeels vergraven site met *Grossklinge*, B-spitsen en één steelspits bij Oudehaske werd onderzocht (Stapert, 1989; 1991; Dijkstra, Niekus & Stapert, 1992). Meerdere vindplaatsen zijn bekend uit België (Arts & Deeben, 1981: bijlage). Oostelijk van de Rijn verbindt een dunne spreiding van vindplaatsen langs de rand van het Middengebergte en het Wesergebied de Nederlands/Belgische groep met de vindplaatsen in het Beneden-Elbegied en in Sleeswijk-Holstein. Van laatstgenoemde zijn die in het *Stellmoorer Tunneltal* wel de bekendste. Taute (1968) onderscheidt in Zuid-Nederland, België en Westfalen een oudere Geldrop-Callenhardt-groep en een jongere Budel-Neer-groep. In beide groepen meende Taute een zekere mate van beïnvloeding van de kant van de *Federmesser*-cultuur te herkennen. De Budel-Neer-groep wordt volgens hem gekenmerkt door meer ontwikkelde microlithische vormen. De op kleine klingen gebaseerde vuursteenindustrie van Remouchamps wordt verondersteld eveneens een latere ontwikkeling te zijn.

Paddayya (1971) schreef een kritische verhandeling over de denkbeelden van Taute. Hij is van mening dat de Ahrensburg-cultuur zich lokaal ontwikkelde uit de *Federmesser*-cultuur en dat de Ahrensburg-sites in de zuidelijke Nederlanden ruwweg in twee chronologische groepen kunnen worden verdeeld. De oudere groep omvat o.a. de sites Budel IV en Geldrop I en zou in feite een overgangsfase tussen *Federmesser* en Ahrensburg zijn. De jongere groep, die o.a. de sites Neer III en Vessem-Rouveen omvat, zou de volledig ontwikkelde Ahrensburg-cultuur vertegenwoordigen. Ook Rozoy (1978) gaat uit van een ontwikkeling van Ahrensburg uit *Federmesser*. De ideeën van Rozoy en Paddayya staan of vallen met de veronderstelde relatie van *Federmesser* en Ahrensburg. In de laatste jaren is duidelijk geworden dat Taute's ideeën over de herkomst van Ahrensburg in grote lijnen juist zijn. Nieuwe opgravingen in Denemarken van late Hamburg-sites als Jels I en II (Holm & Rieck, 1983; 1987) en van Bromme-sites als Bro (Andersen, 1972), Løvenholm, Langå I (Madsen, 1983) en Trollesgave (Fischer & Mortensen, 1977) en typologisch-technologische studies van laatpaleolithische artefacten (Fischer, 1978) maken duidelijk dat de Bromme-cultuur enerzijds de typologische opvolger is van Laat-Hamburg, anderzijds de directe voorganger van Ahrensburg. Fischer (1978) heeft dit laatste heel fraai gedemonstreerd aan de typologische en technologische ontwikkeling van steelspitsen en stekers van Bromme- en Ahrensburg-culturen. Het blijkt dat een vindplaats als Teltwisch-Mitte, die door de opgraver (Tromnau, 1975b) als een uitzonderlijke Ahrensburg-site met vroege kenmerken werd beschouwd, nog zeer dicht bij de late Bromme-nederzettingen staat. Het materiaal van de 'klassieke' site Stellmoor is duidelijk afwijkend (zie fig. 9). In dit verband is het nuttig om de datering van de Bromme-cultuur onder de loep te nemen.

Op grond van dekzanddateringen van Hamburg-complexen met Havelte-spitsen in Nederland en van de ^{14}C-dateringen van Oldeholtwolde (zie 4.2.2.3) kan aangenomen worden dat Hamburg-sites als Jels I en II laat in Dryas 2 of rond de overgang Dryas 2/Allerød gedateerd moeten worden. Dat levert dus een *t.p.q.* op voor de Bromme-cultuur. Twee Deense sites van de Bromme-cultuur werden pollenanalytisch gedateerd en bleken tijdens Allerød bewoond te zijn geweest. Het betreft *Bromme A* (Iversen, 1946; Fischer, 1978: fig. 2) en *Trollesgave* (Fischer, 1978: fig. 2; Fischer, 1979). Laatstgenoemde site werd zelfs laat in de Allerød gedateerd. Dat komt goed overeen met de beide ^{14}C-dateringen van nederzettingsafval in het meertje naast de site (vgl. Fischer & Mortensen, 1977):

| K-2509 | gedeeltelijk verkoolde wilgetak | 11.100 ± 160 BP |
| K-2641 | houtskool | 11.070 ± 120 BP |

(brieven H. Tauber en A. Fischer, d.d. 7-12-1987 en 8-12-1987).

Ook van de Bromme-site *Fensmark Skydebane* is houtskool gedateerd (Hedges et al., 1993: p. 309):

| OxA-3614 | 10.810 ± 120 BP | (δ^{13}C = -25,5 ‰) |

In dit geval werd de houtskool verzameld uit een solifluctielaag, die tijdens Dryas 3 of Preboreaal werd

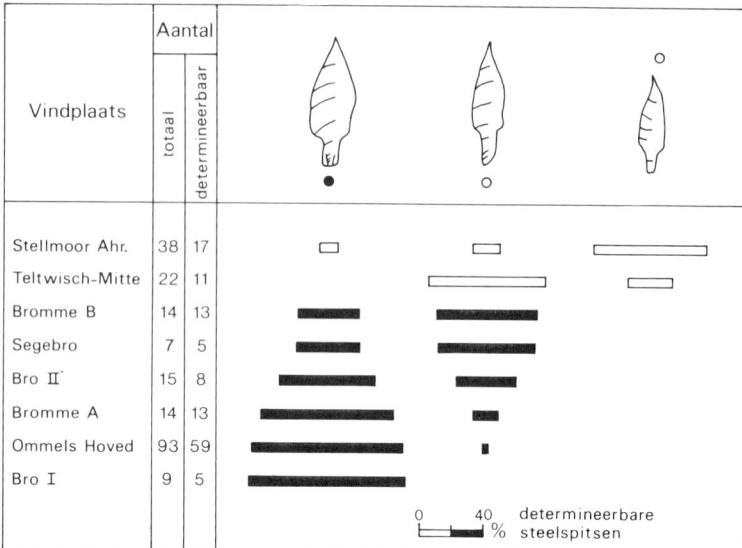

Vindplaats	Aantal				
	totaal	determineerbaar			
Stellmoor Ahr.	38	17			
Teltwisch-Mitte	22	11			
Bromme B	14	13			
Segebro	7	5			
Bro II'	15	8			
Bromme A	14	13			
Ommels Hoved	93	59			
Bro I	9	5			

0   40   determineerbare
%   steelspitsen

Fig. 9. Seriatie van steelspitsen van Bromme- (zwart) en Ahrensburg- (wit) vindplaatsen. Bij de afbeeldingen van steelspitsen is de plaats van de slagbult aangegeven: een gevulde cirkel betekent dat de slagbult nog (deels) aanwezig is, een open cirkel dat deze is weggewerkt. Bij de vindplaats Stellmoor moet er rekening mee gehouden worden, dat deze over langere tijd bewoond is geweest (naar: Fischer, 1978).

gevormd. Contaminatie van de site met jongere houtskool kan niet helemaal uitgesloten worden. Maar dateringen rond 10.800 BP komen tijdens de late Allerød al voor (zie 1.7).

Volgens Fischer (Fischer & Tauber, 1986: p. 12) hoort de Trollesgave-industrie zeker niet tot de vroegste fase van Bromme. Fensmark Skydebane is niet identiek aan Trollesgave, maar wel nauw verwant. Gezien de overeenkomsten die tussen Bromme-complexen en de vroege Ahrensburg-site Teltwisch-Mitte bestaan (Fischer, 1978: fig. 2; deze publicatie: fig. 9), lijkt het redelijk te veronderstellen dat de Ahrensburg-cultuur rond de overgang Allerød/Dryas 3 tot ontwikkeling kwam. In ^{14}C-jaren betekent dat ca. 11.000-10.800 BP.

Indien Fischers typologisch-technologische kenmerken van steelspitsen ook buiten Denemarken/Noord-Duitsland geldigheid hebben, dan moet bijvoorbeeld een Ahrensburg-site als Vessem-Rouwven (Arts & Deeben, 1981), waar ca. 75% van de steelspitsen de slagbult aan de steelzijde hebben, als zeer vroeg worden beschouwd. Dat zou dus betekenen dat de Ahrensburg-bewoning van Westfalen, Zuid-Nederland en België reeds vroeg in Dryas 3 kan zijn begonnen. Dit plotselinge verschijnen in een gebied waar kort te voren nog *Federmesser*-groepen verbleven, hangt ongetwijfeld samen met de drastische klimaatsverslechtering gedurende Dryas 3. Het is niet onwaarschijnlijk dat contact met deze *Federmesser*-groepen, of wellicht zelfs vermenging, heeft geleid tot het optreden van *Federmesser*-elementen in de vuursteenindustrie van vroege Ahrensburg-groepen. Op grond van nieuwe ^{14}C-dateringen (zie onder) is inmiddels duidelijk geworden dat het 'klassieke' Ahrensburg van vindplaatsen als Stellmoor, met typische steelspitsen en *Riesenklinge*, in het vroegste Preboreaal gedateerd moet worden. Waarschijnlijk hoort ook de Deense vindplaats Sølbjerg I op Lolland in deze periode thuis (Vang Petersen & Johansen, 1991; 1996).

Gedurende Dryas 3 en het aansluitende Preboreaal bleven Ahrensburg-groepen in Westfalen, Zuid-Nederland en België aanwezig. Er is een duidelijke ontwikkeling in de vuursteenindustrie zichtbaar: steelspitsen worden geleidelijk minder belangrijk; het aantal microlithische elementen neemt toe, vooral van B-spitsen met en zonder basisretouche. Kenmerkend voor een jonger Ahrensburg zijn ook de atypische kerfspitsen, zoals die bijvoorbeeld in Remouchamps zijn gevonden. Bij typologisch zeer late Ahrensburg-groepen, ook wel als 'epi-Ahrensburg' aangeduid, komen tenslotte nauwelijks of geen steelspitsen meer voor, maar voornamelijk brede B-spitsen (Zonhoven-spitsen). Deze late vuursteenindustrieën hebben echter nog steeds een laatpaleolithische habitus. Nederzettingen van dit epi-Ahrensburgien zijn o.a. gevonden bij Gramsbergen en Swalmen (Stapert, 1979), Oudega (Niekus & Stapert, 1994), Oudehaske (Dijkstra, Niekus & Stapert, 1992) bij Reingsen (Blank, 1985), Duisburg-Kaiserberg (Tromnau, 1979), Bedburg-Königshoven (Street, 1989), en bij Zonhoven-Kapelberg (Huyge, 1985a, b; 1986). In Noord-Duitsland vond een soortgelijke ontwikkeling plaats. Late Ahrensburg-groepen met een hoog percentage microlithische elementen werden opgegraven in Deimern 45 (Taute, 1968) en Höfer (Veil, 1987).

4.5.2. Datering

4.5.2.1. Geologische dateringen
Op vindplaats LA-121 bij *Alt Duvenstedt*, Kr. Rendsburg-Eckernförde (Clausen, 1993) werd een Ahrensburg-vindplaats, bestaande uit meerdere concentraties rond een niet-ingediepte haard, aangetroffen op een zwak humeuze Allerød-bodem, onder dekzand. In het dekzand hadden zich diepe vorstwiggen gevormd, die tot 2,5 m onder de Allerød-bodem reikten. Dat toont aan dat het dekzand tijdens Dryas 3 al aanwe-

zig was. Bij de artefacten zijn vijf typische Ahrensburg-steelspitsen. Verder komen klingkrabbers en een pijlschachtslijper voor. De vondstomstandigheden maken duidelijk dat deze Ahrensburg-vindplaats aan het eind van de Allerød of in de vroege Dryas 3 gedateerd moet worden, maar in ieder geval vóór de koudste periode van Dryas 3.

Op de vindplaats *Geldrop I* (Wouters, 1957; 1983b) werd een onduidelijke, licht organogene cultuurlaag met haardje van een Ahrensburg-nederzetting aangetroffen, liggend op een dunne laag Jong Dekzand II met daaronder een goed ontwikkelde Laag van Usselo en afgedekt met een laag Jong Dekzand II. Van dit afdekkende pakket was een laag van onbekende dikte verdwenen door verstuiving; er was namelijk geen bodemprofiel in de bovenzijde meer aanwezig. Op het ongestoorde Jong Dekzand II lag een pakket recent stuifzand met een dikte van 1-1,5 m. De stratigrafie wijst op bewoning gedurende Dryas 3, maar niet noodzakelijkerwijs vroeg in Dryas 3, omdat de deponering van dekzand niet meteen in het begin van deze periode hoeft te zijn begonnen. Het materiaal van deze vindplaats hoort overigens tot Taute's vroege Geldrop-Callenhardt-groep (Taute, 1968: p. 219).

Op de vindplaatsen *Geldrop II en III* was kennelijk eenzelfde stratigrafische situatie aanwezig, maar hier waren vondstenlaag en Allerød-bodem in het recente podsolprofiel opgenomen (Wouters, 1983b).

Op de vindplaats *Geldrop-Mie Peels* werd een Ahrensburg-industrie ontdekt in een pakket Jong Dekzand II, aan de onderkant begrensd door een Laag van Usselo, aan de bovenzijde door een pakket recent stuifzand. De cultuurlaag lag ca. 20 cm boven de Laag van Usselo en bevatte twee houtskoolconcentraties. In het onderzochte deel werden geen steelspitsen gevonden (Deeben, 1988).

Op de vindplaats *Rissen 14/14a* (Schwabedissen, 1954) werden Ahrensburg-artefacten aangetroffen in een podsolprofiel dat was gevormd in de bovenzijde van een 1-1,2 m dik pakket dekzand. Aangezien dit dekzand op een duidelijk ontwikkelde Laag van Usselo lag, betreft het dus Jong Dekzand II. De ligging van de artefacten wijst op bewoning die plaatshad aan het eind van Dryas 3 of in het Preboreaal. De artefacten behoren tot Taute's jongere Eggstedt-Stellmoor-groep (Taute, 1968: p. 215).

Eenzelfde vondstsituatie schijnt aanwezig in *Meppen-Nödike*, maar de voorlopige publicaties (Laufer, 1979; Thieme, 1985) laten nog geen definitieve uitspraken toe.

Onderzoek in 1990 en 1991 heeft aangetoond dat de vindplaats *Oudehaske* in de bouwvoor op een pakket Jong Dekzand II lag, ca. 70 cm boven een duidelijke Usselo-laag. Datering laat in Dryas 3 of zelfs in het Preboreaal is waarschijnlijk. De vuursteeninventaris wijst op een late Ahrensburg-industrie (Dijkstra, Niekus & Stapert, 1992).

Op de *Teltwisch* in het Stellmoorer Tunneltal vond

Tromnau (1975b: p. 16) op verschillende sites – inclusief Teltwisch-Mitte met een typologisch vroege industrie – Ahrensburg-artefacten in ongestoorde positie op de *verbrodelter Bleichsandschicht*, die hij als een Allerød-bodem interpreteert. Dit wijst dus op een laat- of post-Allerød-ouderdom.

In *Gramsbergen I* werden artefacten van een typologisch late Ahrensburg-groep gevonden op een dekzandrug (Stapert, 1979). Onder het dekzand, op een diepte van ca. 2 m, werd een 17 cm dikke veenlaag aangetroffen. Volgens pollenanalyse was dit veen gevormd rond de overgang Allerød-Dryas 3. Dit werd bevestigd door een *14C-datering van het veen:

GrN-8074   11.130 ± 60 BP   (ZLZ, $\delta^{13}C$ = -29,1 ‰)

Dit betekent dat het dekzand werd afgezet gedurende Dryas 3 en dus Jong Dekzand II is. De bewoning vond plaats aan het eind van, of zelfs na afloop van Dryas 3. Het gaat in dit geval om een vuursteenindustrie die nog een duidelijke laatpaleolithische habitus heeft, zonder steelspitsen, maar met Zonhoven-spitsen.

Op de epi-Ahrensburg-site *Oudega* (Niekus & Stapert, 1994) heeft nog geen geologisch onderzoek plaatsgevonden.

4.5.2.2. *14C-dateringen*
Stellmoor (Rust, 1943)
Van deze 'klassieke' site is een drietal dateringen uit de beginperiode van de *14C-methode bekend. Op grond van de destijds toegepaste voorbehandelingsmethode kan slechts één ervan als redelijk betrouwbaar gelden:

Y-159-2   organische fractie uit rendierbot   10.320 ± 250 BP

Wegens onvoldoende voorbehandeling moeten twee andere dateringen als onbetrouwbaar gelden:

Y-159	rendiergewei, alleen gewassen met zuur	9310 ± 260 BP
W-262	rendiergewei (niet voorbehandeld?)	9500 ± 200 BP

Recentelijk werd een nieuwe serie collageenmonsters uit been en gewei van rendier gedateerd (Fischer & Tauber, 1986). Op grond van opschriften of labels behoren de volgende monsters in ieder geval tot de Ahrensburg-laag:

K-4262	10.110 ± 105 BP	($\delta^{13}C$ = -17,9 ‰)
K-4323	9930 ± 100 BP	($\delta^{13}C$ = -18,1 ‰)
K-4324	9900 ± 105 BP	($\delta^{13}C$ = -18,0 ‰)
K-4325	10.010 ± 100 BP	($\delta^{13}C$ = -17,9 ‰)
K-4326	10.140 ± 105 BP	($\delta^{13}C$ = -17,4 ‰)
K-4578	10.100 ± 100 BP	($\delta^{13}C$ = -19,2 ‰)
K-4579	9980 ± 105 BP	($\delta^{13}C$ = -17,5 ‰)
K-4580	9810 ± 100 BP	($\delta^{13}C$ = -18,6 ‰)
K-4581	9990 ± 105 BP	($\delta^{13}C$ = -19,2 ‰)

Eén datering van een geweimonster, dat op grond van het opschrift aan de Hamburg-laag werd toegeschreven, moet op grond van de *14C-ouderdom ook uit de Ahrensburg-laag afkomstig zijn. De verwisseling heeft waarschijnlijk al tijdens de opgraving plaatsgevonden:

K-4327   10.130 ± 105 BP   ($\delta^{13}C$ = -17,7 ‰)

Wellicht is ook een rendierbot dat, op grond van het opschrift op de doos waarin het werd bewaard, aan de Hamburg-cultuurlaag in Meiendorf werd toegeschreven, in feite uit Stellmoor afkomstig. De datering pleit daar sterk voor, vooral omdat in Meiendorf zelf geen Ahrensburg-overblijfselen werden aangetroffen. Waarschijnlijk heeft in de magazijnen van het museum verwisseling plaatsgevonden:

K-4330   10.110 ± 85 BP   (δ¹³C = -18,3 ‰)

De serie van 9 + 2 dateringen geeft een zeer consistent beeld. Kennelijk moeten de Ahrensburg-resten van Stellmoor gedateerd worden in het prille begin van het Preboreaal en dus aanzienlijk later dan op grond van de pollenanalyse van Schütrumpf (1943) werd gedacht. We menen echter aangetoond te hebben dat de interpretatie van deze pollendiagrammen onjuist is (zie onder). Het ziet ernaar uit dat gedurende Dryas 3 geen sedimentatie heeft plaatsgevonden, hooguit erosie van Allerød-veen. De sedimentatie van gyttja begon kennelijk pas weer in het Preboreaal.

Meiendorf 9
Ca. 40 m ten noorden van de jongpaleolithische site Meiendorf 9 werd een met gyttja en veen gevulde depressie ontdekt (Tromnau, 1975b: pp. 74-78). In 1971 werden hier enkele boringen verricht. Er werden twee cultuurlagen aangetroffen, die aan Hamburg-, respectievelijk Ahrensburg-cultuur kunnen worden toegeschreven. Met de boor werd niet alleen been, maar ook hout opgeboord. Twee houtmonsters werden gedateerd:

GrN-11.253   boring 1971-1, diepte 5,8 m, uit niveau met   9550 ± 40 BP
              beenderresten Ahrensburg-cultuur
              (ZLZ, C_v = 56,5%, δ¹³C = -25,6 ‰)
GrN-11.251   boring 1971-2 m, diepte 6,2 m, ca. 1 m   10.000 ± 40 BP
              boven niveau met beenderresten van de
              Ahrensburg-cultuur
              (ZLZ, C_v = 55,4%, δ¹³C = -27,2 ‰)

Bij de beoordeling van deze dateringen moet rekening worden gehouden met het verloop van de ¹⁴C-ijkcurve tijdens het vroege Preboreaal. Binnen een eeuw in kalenderjaren had een verandering van 400 ¹⁴C-jaren plaats (Becker & Kromer, 1986: fig. 2).

Remouchamps (Dewez, 1974)
Van deze typologisch jongere Ahrensburg-site, die o.a. opvalt door het optreden van microlithische kerfspitsen (Rozoy, 1978: pp. 141-146) zijn inmiddels vier dateringen bekend:

Lv-535   beensplinters, collageen   10.380 ± 170 BP
OxA-3634   rendierbot met snijsporen   10.320 ± 80 BP
OxA-4190   auerhoenbot met snijsporen   10.330 ± 110 BP
OxA-4191   rendierbot met snijsporen   10.800 ± 110 BP

De OxA-dateringen werden gecorrigeerd voor isotopenfractionering, de Lv-datering niet. De werkelijke ¹⁴C-leeftijd van Lv-535 is dus 80-120 jaren ouder.
    OxA-4191 wijst mogelijk op oudere bewoning van

de Ahrensburg-cultuur in deze grot, maar, gezien ons gebrek aan kennis van de werkelijke vorm van de ¹⁴C-curve tijdens Dryas 3 – er zou een steil verloop in de curve aanwezig kunnen zijn! -, moet deze uitspraak met de nodige voorzichtigheid worden gebruikt.

Geldrop I (Wouters, 1957: 1983b)
Op deze vindplaats werd een Ahrensburg-cultuurlaag met haardje ontdekt in een pakket Jong Dekzand II, vlak boven de Laag van Usselo (zie Wouters, 1983b: foto 2). Er werden twee monsters gedateerd:

GrN-1059   houtskool uit haard   10.960 ± 85 BP   (ZLZ)
GrN-603   houtskool uit Laag van Usselo 11.020 ± 230 BP   (ZLZ)

De datering van het haardje lijkt op het eerste gezicht aan de oude kant te zijn. Maar de te verwachten ouderdom van ca. 10.800 BP ligt binnen 2 sigma. We hoeven daarom niet aan te nemen dat de houtskool geheel of gedeeltelijk uit de Laag van Usselo afkomstig zou zijn.
    De vuursteenindustrie behoort overigens tot Taute's vroege Geldrop-Callenhardt-groep.

Geldrop-Mie Peels (Deeben, 1988)
Hier werden de Ahrensburg-artefacten eveneens ontdekt in Jong Dekzand II, zo'n 20 cm boven een Laag van Usselo. Er werden twee haardjes gevonden, die beide werden gedateerd:

GrN-16507   haard aan rand van vuursteenconcentratie   10.090 ± 110 BP
            (ZLZ, C_v = 65,2%, δ¹³C = -24,4 ‰)
OxA-2563   haard in centrum van vuursteenconcentratie   10.610 ± 100 BP
            (ZLZ, δ¹³C = -22,7 ‰)

Het verschil in ouderdom is niet gemakkelijk te verklaren. De vuursteeninventaris bevatte geen steelspitsen, hetgeen op een typologisch jongere industrie zou kunnen wijzen. Dat zou dus beter passen bij GrN-165078. Maar de mogelijkheid dat twee bewoningsfasen aanwezig zijn (één vroeg in Dryas 3, de andere laat), kan niet helemaal worden uitgesloten.

Melbeck, Kr. Lüneburg (Richte, 1992)
Op de begraafplaats van Melbeck zijn op meerdere plaatsen laatpaleolithische artefacten gevonden. Een kleine opgraving (3x3 m) gaf aanwijzingen voor klingenproduktie rond een haardje. Kenmerkende artefacten werden niet ontdekt. Op grond van de vele *Groß*- en *Riesenklinge* is toeschrijving aan de Ahrensburg-traditie echter voor de hand liggend. Houtskoolpartikels (*Pinus*) uit de haard werden gedateerd:

Hv-17306   10.515 ± 95 BP

Bedburg-Königshoven (Street, 1989; 1991)
Hier werden in een grote bruinkoolgroeve op het laatste moment nog resten van een oude, verlande bocht van het riviertje Erft onderzocht. In een laag gyttja, liggend op laatglaciale, fluviatiele leem en afgedekt met een pakket veen, werden vuursteen en been gevonden, behorend bij een nederzetting die helaas al was

afgegraven. Het gaat om nederzettingsafval en twee mogelijk opzettelijk in het water gedeponeerde gewei-maskers. Pollenanalytisch bleek de gyttjalaag gedateerd te kunnen worden in het Preboreaal. De vondsten bevonden zich halverwege de laag. De vuursteen-industrie bestond uit ca. 150 artefacten. Daarvan waren drie microlithische spitsen met schuingeretoucheerd uiteinde (B-spitsen) en vijf korte schrabbers. Morfologisch betreft het een laatpaleolithische industrie. Gezien de werktuigen kan het alleen maar om een late Ahrensburg-industrie handelen.

Een aantal hout- en veenmonsters uit de stratigrafie werd gedateerd. Deze dateringen leveren een consistent beeld (zie Street, 1991: Abb. 3). Van belang zijn de beide dateringen aan hout uit de vondstenlaag zelf:

KN-3998	bovenzijde	9600 ± 100 BP
KN-3999	onderzijde	9780 ± 100 BP

Daarnaast werd een vijftal beenmonsters van *Bos primigenius* gedateerd. De betreffende botten werden in de vondstenlaag geborgen (Street, Baales & Weninger, 1994):

KN-4135	9740 ± 100 BP
KN-4136	10.920 ± 100 BP
KN-4137	10.290 ± 100 BP
KN-4138	10.670 ± 100 BP
KN-4139	10.140 ± 100 BP

Het is duidelijk dat vier van deze dateringen te oud zijn. Het is echter niet zonder meer duidelijk wat de oorzaak daarvan is (oudere humus is de meest waarschijnlijke!). Bedburg-Königshoven moet, ook volgens de pollen-analyse, in het Preboreaal gedateerd worden, en wel tijdens de Rammelbeek-fase, tussen 9800 en 9600 BP.

Kartstein (Baales, 1989; 1992)
Op deze reeds lang bekende, maar slecht gedocumenteerde vindplaats (zie Löhr, in Veil (ed.), 1978: p. 136) werd in 1977 een noodopgraving verricht (Baales, 1992). Er bleek een duidelijke stratigrafie aanwezig. In laag 2 werden Ahrensburg-artefacten aangetroffen. Naast typische steelspitsen waren ook B- en Zonhoven-spitsen aanwezig. Dat zou o.i. op langdurige of regelmatig herhaalde bewoning ter plaatse kunnen wijzen. Van het materiaal dat in 1977 werd verzameld, werden drie monsters been gedateerd, namelijk van sneeuwhoen (*Lagopus lagopus*) en van rendier. De sneeuwhoenbeenderen zijn volgens Baales (1989) op natuurlijke wijze op deze vindplaats terecht gekomen. De sterk gefragmenteerde rendierbeenderen hangen met menselijke bewoning samen. De dateringen zijn:

KN-4023	sneeuwhoen	10.090 ± 100 BP
KN-4072	rendier	9550 ± 90 BP
KN-4073	rendier	9530 ± 90 BP

Street, Baales & Weninger (1994) beschouwen de dateringen aan de rendierbotten als te jong ten gevolge van secundaire kalk, maar geven niet aan wat de voorbehandeling van de monsters is geweest. Bij voorbehandeling met zuur zou kalk immers moeten oplos-

sen. Wij zijn van mening dat laag 2 niet uitsluitend tijdens Dryas 3 gevormd hoeft te zijn. De datering van de sneeuwhoenbeenderen plaatst deze immers in het Preboreaal (zie 1.7). Preboreale bewoningssporen zijn niet uit te sluiten. En het rendier zou best nog tijdens het Preboreaal in de Eifel geleefd kunnen hebben.

Gramsbergen I (Stapert, 1979)
Binnen de vondstconcentratie van deze typologisch zeer late Ahrensburg-site (zonder steelspitsen, maar met Zonhoven-spitsen) werd een kuil gevonden, die *Pinus*-'houtskool' bevatte. Deze 'houtskool' werd gedateerd:

GrN-7793   9320 ± 60 BP   ($C_v = 55,7\%$, $\delta^{13}C = -25,0 \%_e$)

Tijdens de voorbehandeling bleek dat het eerder om aangekoold hout dan om houtskool ging. Het monster loste namelijk op in 2% NaOH-oplossing. Daarom werd de oplossing aangezuurd en ingedampt en werd het residu gedateerd. Het koolstofgehalte bedroeg 55,7%, hetgeen eveneens op aangekoold hout wijst (Mook & Steurman, 1983). Als gevolg van deze werkwijze zijn humeuze verontreinigingen niet verwijderd en zal de datering zeer waarschijnlijk te jong zijn uitgevallen. De relatie kuil/vuursteenindustrie is niet helemaal duidelijk. Het gaat in geen geval om een haard. In de vulling werd vuursteenmateriaal aangetroffen, maar dat sluit een vorming na de bewoning niet uit.

Daarnaast zijn er enkele dateringen bekend die óf op onjuiste toeschrijving aan Ahrensburg, óf op latere activiteit op Ahrensburg-sites betrekking hebben.

Budel IV
In Groningen Date List IV werd een datering gepubliceerd die verricht zou zijn aan houtskool van de Ahrensburg-site Budel IV:

GrN-1687   11.070 ± 90 BP   (ZLZ)

Van Noort & Wouters (1987: pp. 90-91) hebben er echter op gewezen dat Budel IV een oppervlakte-vindplaats is, waar geen houtskool zou zijn verzameld. De toeschrijving zou dus onjuist zijn. Zij gaan ervan uit dat een vergissing werd gemaakt en dat in feite het monster Budel II-4, dat wil zeggen monster no. 4 van de Tjonger-site Budel II werd ingeleverd en gedateerd. De hele discussie bij Taute (1968) en Paddayya (1971) of deze datering ca. 1000 jaar te oud, respectievelijk correct is, zou dus overbodig zijn. Uit een briefje van 17 februari 1958 van Wouters aan Waterbolk blijkt echter dat wel degelijk houtskool van Budel IV, behorend tot "Ahrensburgfaze met de eerste grote plompe driehoeken", werd ingeleverd. Dat deze houtskool niet zonder meer aan Ahrensburg kan worden toegeschreven, is duidelijk.

Geldrop III-1 (Wouters, 1983b; van Noort & Wouters, 1987)
Houtskool (vdnr. 3823) uit een haardje binnen de vondst-

concentratie van deze Ahrensburg-site werd gedateerd:

GrN-6841   8055 ± 75 BP   (ZLZ, C$_v$ = 64,2%, δ^{13}C = -25,1 ‰)

Gezien de volledige voorbehandeling kan van een te jonge uitkomst, veroorzaakt door geïnfiltreerde jongere humaten, geen sprake zijn. Ondanks de tegenwerpingen van Wouters (1983b: p. 120) moet aangenomen worden dat de datering van dit haardje wijst op mesolithische activiteit ter plaatse. Volgens Deeben (brief 2 november 1990) ligt inderdaad aan de noordkant van Geldrop III-2 een concentratie mesolithische artefacten aan de oppervlakte, met nogal wat Wommersom kwartsiet. De spits met oppervlakteretouche, die Rozoy (1978: III, pl. 17: 36) voor Geldrop III-2 afbeeldt, hoort hier eveneens bij. De ^{14}C-datering is in overeenstemming met de verwachte ouderdom voor dit complex.

Duisburg-Kaiserberg (Tromnau, 1979)

Binnen de vondstenconcentratie van deze typologisch zeer late Ahrensburg-site werden twee kuilen ontdekt, die niet alleen vuursteenartefacten, maar ook houtskoolpartikels bevatten. Een combinatie van houtskool uit de vulling van beide kuilen werd gedateerd:

GrN-11265   7950 ± 90 BP   (ZLZ, C$_v$ = 62,9%, δ^{13}C = -24,2 ‰)

De datering is uiteraard te jong voor Laat-Ahrensburg. Of er sprake is van mesolithische activiteit, of dat de kuilen een natuurlijk verschijnsel zijn, is niet bekend.

4.5.2.3. Pollenanalytische datering

Sinds de publicatie van de pollendiagrammen van Stellmoor (Schütrumpf, 1943) is algemeen geaccepteerd dat de Ahrensburg-cultuur in Dryas 3 gedateerd dient te worden. Het nederzettingsafval in de depressie aan de voet van de heuvel waarop de Ahrensburg-nederzetting was gelegen, lag namelijk verspreid in een dikke laag sediment, die pollenanalytisch de hele Dryas 3 leek te omvatten. Kritiek heeft deze voorstelling van zaken tot dusverre nauwelijks ontmoet. Alleen Usinger (1975: p. 149) heeft erop gewezen dat de hoge Pinus-waarden (tot 40%) in de gyttja tussen -421 en -357 cm in het pollendiagram Stellmoor B en de zandige insluitingen op vermenging van Allerød- en Dryas 3-sediment ten gevolge van erosie gedurende Dryas 3 zijn terug te voeren. De scherpe sedimentgrens bij -421 cm (Allerød-veen en Dryas 3-gyttja) wijst op een hiaat, van een type dat Usinger (1981) in veel Noordduitse pollendiagrammen meent te kunnen aanwijzen. Recente ^{14}C-dateringen en kritische bestudering van de pollendiagrammen laten echter zien dat er van aanzienlijk ingrijpender hiaten in de sedimentatie sprake is, en dat van datering van de Ahrensburg-cultuur in Noord-Duitsland in Dryas 3 geen sprake kan zijn.

In Stellmoor maken de ^{14}C-dateringen aan rendiergewei en -been, die onlangs door Kopenhagen zijn gedaan (zie boven), duidelijk dat het sediment met het nederzettings-afval in het vroege Preboreaal werd gevormd. Profiel Stellmoor A is onderin vrij duidelijk. Het eerste Betula-maximum rond -670 cm is de Bølling, het Betula-minimum rond -550 cm de Dryas 2 en de rest van het diagram tot -390 cm de Allerød. Het Allerød-diagram eindigt in de Pinus-fase met zeggeveen. Waarschijnlijk is bij -390 cm een hiaat aanwezig, gezien de scherpe sedimentgrens. De pollencurves spreken dit niet tegen. Het rietveen tussen -330 en -300 cm moet gezien zijn polleninhoud, dat wil zeggen gezien de hoge waarden van Betula en Pinus, gevormd zijn in het late Preboreaal. Bij -300 cm is waarschijnlijk een tweede hiaat aanwezig, te oordelen naar de exceptioneel grote sprongen in Pinus- en Betula-curves. Direct boven dit hiaat begint de gesloten Corylus-curve, zodat dit deel van het profiel op de overgang Preboreaal/Boreaal moet beginnen. Het hiaat was kennelijk van korte duur en waarschijnlijk strikt lokaal. Het sediment tussen -390 en -330 cm zou in principe gedurende Dryas 3 en/of het vroege Preboreaal gevormd kunnen zijn. Maar de ^{14}C-dateringen tonen aan dat het uitsluitend om sediment uit het vroege Preboreaal gaat. Kennelijk vond in Dryas 3 helemaal geen sedimentatie plaats. Overigens bevat de gyttja tussen -390 en -330 cm nogal wat verslagen Allerød-sediment, te oordelen naar de hoge waarden van Pinus en Betula.

Ook bij de vindplaats Poggenwisch ligt een met sediment gevulde depressie. Middenin deze depressie werden onderin de ter plaatse 2,90 m dikke laag moeras-veen enkele botfragmenten en een stuk rendiergewei gevonden (Rust, 1958: p. 105). Schütrumpf (1958: pp. 16-19) meende dat deze onderste laag veen gedurende het Preboreaal werd gevormd. In zijn pollendiagram betreft het de laag tussen -225 en -245 cm. Het stuk rendiergewei werd in Groningen gedateerd, op verzoek van G. Tromnau, Duisburg:

GrN-11262   11.250 ± 50 BP   (Longin, C$_v$ = 49,2%, δ^{13}C = -19,1 ‰)

Rust (1958: p. 105) benadrukte dat het gewei in primaire positie werd gevonden en in geen geval uit de Hamburg-nederzettingslagen kon stammen. Dat betekent dat het onderste moerasveen gedurende de Allerød moet zijn gevormd. Nadere bestudering van het pollendiagram maakt duidelijk dat die verklaring allerminst onwaarschijnlijk is. Er is namelijk een hiaat aanwezig bij -210 cm, zoals blijkt uit de zeer abrupte veranderingen in de pollencurves van Betula en Pinus. Schütrumpf zag deze veranderingen als de overgang Preboreaal/Boreaal. Waarschijnlijker is echter dat de onderste 35 cm moerasveen tijdens de Pinus-fase van de Allerød werden gevormd en dat het veen boven -210 cm thuishoort in het Boreaal. De laatste fase van Allerød, Dryas 3 en Preboreaal zijn in het sediment dus niet vertegenwoordigd.

Tenslotte kan nog worden gewezen op het boorprofiel in de depressie ten noorden van Meiendorf 9 (Tromnau,

1975b: pp. 74-78, Abb. 38-39). Daar wordt tot ca. 2,5 m beneden het maaiveld elzebroekveen aangetroffen, tot ca. -4 m rietveen, tot ca. -6 m gyttja. Daarna volgt een dunne laag veen met houtresten en vervolgens weer gyttja tot op de zandondergrond. Een pollendiagram werd helaas niet vervaardigd. De veenlaag bij -6 m wordt aan de Allerød toegeschreven. Vlak boven deze veenlaag wordt nederzettingsafval van de Ahrensburg-cultuur, voornamelijk rendierbeenderen en hout, aangetroffen. Twee stukken hout werden gedateerd (zie boven):

GrN-11253	9550 ± 40 BP	(ZLZ, C_v = 56,5%, $\delta^{13}C$ = -25,6 ‰)
GrN-11251	10.000 ± 40 BP	(ZLZ, C_v = 55,4%, $\delta^{13}C$ = -27,2 ‰)

Ook hier dateert de gyttja met de Ahrensburg-resten dus uit het Preboreaal en ontbreken sedimenten uit Dryas 3.

Overeenkomstige verschijnselen zijn ook in enkele andere profielen zonder ¹⁴C-dateringen herkenbaar. In profiel *Stellmoor B* (Schütrumpf, 1943) ligt de bovengrens van het intacte Allerød-sediment waarschijnlijk bij -436 cm. Ook hier werd het zeggeveen gedurende de *Pinus*-fase van de Allerød gevormd. Het sediment tussen -421 en -436 cm (*mehr oder weniger grobdetritischer Torf mit wechselndem Sandgehalt*) zou wel eens omgewerkt Allerød-veen kunnen zijn. Het rietveen boven -319 cm is ongestoord sediment, vergelijkbaar met het rietveen in profiel A tussen -330 en -300 cm, en zal dus tijdens het late Preboreaal zijn gevormd. Alle sediment tussen -319 en -421 (-436) cm moet in dat geval dus gevormd zijn gedurende Dryas 3 en/of het vroege Preboreaal. Gezien het ontbreken van Dryas 3-sediment in profiel A zal ook hier wel gedacht moeten worden aan sediment uit het vroege Preboreaal. Behre's (1967) interpretatie van dit profiel, met het Preboreaal tussen -310 en -360 cm, is onzes inziens dus onjuist.

In *Meiendorf A1* (Schütrumpf, 1937) is de Bølling herkenbaar in het *Betula*-maximum rond -460, Dryas 2 als het minimum rond -440 cm. De Allerød is herkenbaar tot -305 cm en breekt ergens in de *Pinus*-fase af, met de scherpe sedimentgrens tussen zeggeveen en gyttja. Bij -200 cm is een tweede hiaat aanwezig, met een scherpe sedimentgrens op de overgang van gyttja naar rietveen. De grote sprongen in *Pinus*- en *Betula*-curves precies op deze overgang bevestigen dit. Gezien de gesloten *Corylus*-curve moet de vorming van het rietveen in het vroege Boreaal zijn begonnen. Het sediment tussen -305 en -200 cm moet gedurende Laat-Allerød, Dryas 3 en/of het Preboreaal zijn gevormd. Gezien de afwezigheid van sediment uit Dryas 3 in nabijgelegen profielen (voor de ligging van Poggenwisch, Stellmoor en Meiendorf ten opzichte van elkaar, zie Rust, 1958: Abb. 5), is het zeer waarschijnlijk dat ook hier de gyttja tijdens het Preboreaal werd gevormd. En ook hier bevat de gyttja kennelijk vrij veel verslagen Allerød-veen, gezien de hoge *Pinus*-waarden.

In *Meiendorf A* zijn profielopbouw en pollendiagram vergelijkbaar, maar de grens tussen zeggeveen uit de tweede helft van de Allerød en gyttja ligt bij -475, de

grens tussen gyttja en rietveen bij -295 cm. Het sediment tussen -475 en -295 cm moet veel secundaire pollen bevatten gezien de hoge *Pinus*-waarden.

Onderling tonen de pollendiagrammen van Meiendorf, Stellmoor en Poggenwisch grote overeenkomst, terwijl ook het boorprofiel van Meiendorf 9 goed in te passen is. In alle gevallen werd gedurende de *Pinus*-fase van de Allerød veen gevormd. Eveneens in alle gevallen werd opnieuw veen gevormd gedurende het late Preboreaal of het vroege Boreaal. In enkele gevallen begon de veenvorming met rietveen, dat zeker van preboreale ouderdom is. De vorming van broekveen begon waarschijnlijk pas in het Boreaal. De verschillende dikte van de gyttjalaag tussen beide veenlagen hangt kennelijk samen met de absolute diepte. Deze wordt weliswaar bij geen van de profielen vermeld, maar uit de hoogtelijnenkaart van dit deel van het Stellmoorer Tunneltal (Tromnau, 1975b: Abb. 2) blijkt dat de huidige maaiveldhoogtes op de verschillende vindplaatsen niet erg verschillend kunnen zijn geweest. In Poggenwisch, waar het Allerød-veen tot -210 cm bewaard bleef, werd geen gyttja afgezet of rietveen gevormd. Naarmate het Allerød-veen dieper ligt, is meer gyttja aanwezig. In de pollendiagrammen zijn aanwijzingen voor erosie van het Allerød-veen aanwezig, in de vorm van een abrupte overgang van veen naar gyttja en het afbreken van de pollencurves tijdens de *Pinus*-fase. De gyttja is pollenanalytisch niet te dateren vanwege de menging met verslagen Allerød-veen. Dit verklaart de hoge waarden van *Pinus* en *Betula*. De ¹⁴C-dateringen van Stellmoor, Poggenwisch en Meiendorf 9 brengen echter uitkomst: de gyttja moet tijdens het (vroege) Preboreaal zijn gevormd. Kennelijk heeft gedurende Dryas 3 in dit gebied geen sedimentatie plaatsgevonden, hooguit erosie. De afwezigheid van sediment uit Dryas 3 mag verbazing wekken, maar er kan in dit verband op gewezen worden dat ook in het Hunzedal bij Emmen gedurende deze periode geen sediment werd gevormd, waarschijnlijk vanwege droogte (Casparie, 1972: pp. 64-65). Maar waarschijnlijk speelde ook de lage temperatuur een rol.

4.5.2.4. Conclusie

De Ahrensburg-cultuur heeft zich ontwikkeld uit de Bromme-cultuur. Het ziet ernaar uit dat de vroegste Ahrensburg-industrieën van de typen die op de vindplaatsen Teltwisch-Mitte en Alt-Duvenstedt werden opgegraven, rond de overgang Allerød/Dryas 3 gedateerd kunnen worden. Vanwege de drastische klimaatsverslechtering gedurende Dryas 3 werd bewoning in Denemarken, Noord-Duitsland en kennelijk ook Noord-Nederland gedurende die periode vrijwel onmogelijk. De dragers van de Ahrensburg-cultuur trokken zich terug in een brede zone langs de rand van het middengebergte in België, Zuid-Nederland, Rijnland, Westfalen, etc. Het ziet ernaar uit dat in dit gebied Federmesser-elementen werden geabsorbeerd. Pas rond de overgang Dryas 3/Preboreaal vond in Noord-Duitsland opnieuw bewoning door Ahrensburg-jagers plaats, o.a. op de 'klassieke' site Stellmoor. Ook de Ahrensburg-sites ten noorden van de grote rivieren in Nederland waarin steelspitsen optreden, moeten waarschijnlijk in deze periode worden gedateerd. Dat geldt zeker voor de vindplaats Oudehaske.

Daarnaast breidde de Ahrensburg-cultuur zich kennelijk ook uit naar Groot-Brittannië, dat eveneens ontvolkt was geraakt tijdens Dryas 3. Aanwijzingen hiervoor zijn o.a. het optreden van industrieën met typische Ahrensburg-spitsen als Avington VI en Risby Warren, en van verspreide Ahrensburg-spitsen op sites in Zuid-Engeland (Barton, 1991) en in Schotland (Morrison & Bonsall, 1989) en van een Lyngby-bijl bij Earl's Barton (zie onder). Lyngby-bijlen zijn ook uit de zuidelijke Noordzee bekend (van Noort & Wouters, 1993). De kenmerkende vuursteenindustrie van deze late fase is vermoedelijk die van de *long blade assemblages* in Zuidoost-Engeland (Barton, 1989; 1991) en Noordwest-Frankrijk (Fagnart, 1988; 1991). Op enkele Engelse vindplaatsen komen steelspitsen of Zonhoven-spitsen in deze *long blade assemblages* voor. Van de Franse vindplaatsen zijn tot dusverre deze niet bekend.

Twee vindplaatsen zijn gedateerd, één in Engeland en één in Frankrijk:

Uxbridge (Lewis, 1991)

OxA-1788	paardekies	10.270 ± 100 BP
OxA-1902	paardekaak	10.010 ± 120 BP

Belloy-sur-Somme (Fagnart, 1988; 1991)
Van twee concentraties uit het bovenste niveau van deze site zijn paardetanden gedateerd:

OxA-462	B117	9720 ± 130 BP
OxA-722	B117	10.110 ± 130 BP
OxA-723	B131	9890 ± 150 BP
OxA-724	B131	10.260 ± 160 BP

De spreiding van de Belloy-sur-Somme-dateringen wordt verklaard door de snelle verandering van het atmosferische ^{14}C-gehalte vlak voor de Rammelbeek-fase, en door de grote standaarddeviaties.

Elders in Groot-Brittannië zijn de volgende dateringen bekend voor vroege postglaciale bewoning zonder geassocieerde vuursteenindustrie.

Creag nan Uamh-grotten (Noordwest-Schotland)

SRR-1788	10.080 ± 70 BP

De datering werd verricht aan fragmenten rendiergewei uit een grot die kennelijk door mensen gebruikt werd voor de opslag van afgeworpen geweistangen van uitsluitend vrouwelijke en juveniele rendieren (Morrison & Bonsall, 1989).

Kendrick's Cave (Gwynedd, Noord-Wales)

OxA-111	10.000 ± 200 BP

Versierde paardekaak, opgegraven in 1880.

4.3.5.3. Rivier- en veenvondsten

Rechtstreekse dateringen aan werktuigen van been of gewei behorend tot de Ahrensburg-cultuur, zijn tot dusverre schaars. AMS biedt hier echter mogelijkheden, zoals de volgende dateringen aantonen.

a. *Getande spitsen van been/gewei*
Als kenmerkend voor de Ahrensburg-cultuur werden tot nu toe eenzijdig en tweezijdig getande spitsen met grote wijdgespatieerde weerhaken en vaak een schildvormige basis beschouwd. Een fragment van een dergelijke tweezijdig getande spits, gevonden in opgespoten grond in *Europoort* (Verhart, 1988: fig. 2: MS 139) werd gedateerd en leek deze veronderstelling te bevestigen:

Ua-644	9690 ± 125 BP

Op grond van een tweetal recente AMS-dateringen (Hedges et al., 1995) van eenzijdig getande spitsen met schildvormige basis uit Zuid-Zweden (Larsson, 1977-78: pp. 62-63, met verwijzingen naar vergelijkbare exemplaren in Denemarken) moet echter aangenomen worden dat dit type tot in het Boreaal in gebruik bleef, althans in Zuid Zweden:

OxA-2789	Aggarp	8360 ± 90 BP	(δ^{13}C = -23,1 ‰)
OxA-2792	Rönneholms Mosse	8610 ± 90 BP	(δ^{13}C = -22,1 ‰)

Op grond van een aantal dateringen is duidelijk dat ook eenzijdig getande spitsen van type 03.02 volgens Verhart (1988) ten tijde van de late Ahrensburg-cultuur in gebruik waren:

Europoort
Fragment van een getande spits van type 03.02, gevonden in Europoort in opgespoten grond (Verhart, 1988: fig. 12: n 1982/6.6):

Ua-642	9945 ± 115 BP

Waltham (Essex)
Projectielspits, gemaakt uit een splinter gewei van edelhert, gevonden in 1974 tussen het afval van een grintgroeve in het dal van de Lea (Hedges et al., 1989: p. 216). Hoewel ons geen afbeelding van dit voorwerp bekend is, gaat het op grond van de beschrijving kennelijk om een eenzijdig getande spits van Verharts type 03.02:

OxA-1427	9790 ± 100 BP

Eenzijdig getande spitsen van dit type komen reeds in de periode ca. 12.500 – ca. 10.700 BP voor in een zone lopend van Wales tot het Benedenrijngebied, in Creswell- en *Federmesser*-context (zie 1.3.4.3). Daarnaast treedt dit type op in vroegmesolithische context tot ca. 8000 BP, van Engeland tot in het Oostbaltische gebied (Verhart, 1988: fig. 30). Het optreden van dit type tijdens het Preboreaal ten tijde van de late Ahrensburg-cultuur, hoeft dan ook niet te verbazen. Waarschijnlijk is dit type ook door jagers van de Ahrensburg-cultuur gedurende Dryas 3 vervaardigd. Alleen ontbreken tot dusverre vondsten die dit kunnen bevestigen. Misschien kwamen de typische Ahrensburg-projectielspitsen met grote, wijdgespatieerde weerhaken en schildvormige basis, meer in het noordelijke en oostelijke deel van het verspreidingsgebied voor (zie Bokelmann, 1988: Abb. 2) en de eenzijdig getande spitsen van type 03.02 meer in het zuidelijke en westelijke deel.

b. *Lyngby-bijlen*

Lyngby-bijlen, vervaardigd uit rendiergeweitakken, golden tot nu toe als kenmerkende artefacten van de Ahrensburg-cultuur, op grond van de bekende associaties. Drie van de vier ^{14}C-dateringen die tot nu toe bekend zijn en verricht aan de objecten zelf, spreken dat niet tegen:

OxA-803	Earl's Barton, Engeland	10.320 ± 150 BP	
OxA-3173	Arreskov, Denemarken	10.600 ± 100 BP	(δ^{13}C = -18,4 ‰)
OxA-2791	Mickelsmosse, Zweden	10.980 ± 110 BP	(δ^{13}C = -19,4 ‰)

De vierde datering lijkt echter te wijzen op een voortleven van Lyngby-bijlen tijdens het Boreaal:

| OxA-2793 | Bara Lilla Mosse, Zweden | 9090 ± 90 BP | (δ^{13}C = -20,8 ‰) |

Larsson, die deze Lyngby-bijl liet dateren, sluit echter niet uit dat het monster verontreinigd was met een chemisch conserveringsmiddel (zie commentaar in Hedges et al., 1995: pp. 417-418). Anderzijds moet er wel op gewezen worden dat ook 'typische' Ahrensburg-spitsen in Zuid-Zweden nog in het Boreaal lijken voor te komen (zie boven).

c. *De leeuw van Lathum*

Curiositeitshalve vermelden we ook de datering van de rechter onderkaak van een holenleeuw, opgebaggerd bij Lathum. De datering werd verricht aan aminozuren en gecorrigeerd voor isotopenfractionering op basis van een aangenomen waarde van δ^{13}C van -19 ‰:

| OxA-729 | | 10.670 ± 160 BP |

Tijdens de laatste ijstijd was de leeuw geen zeldzame verschijning in Europa (zie Wagner, 1981: pp. 30-33), maar het moment van zijn verdwijnen is slecht gedocumenteerd. In ieder geval is zeker dat de leeuw tijdens het Denekamp-interstadiaal nog voorkwam ten noorden van de Alpen. Uit deze periode dateren het leeuwekopplastiekje van de Vogelherdhöhle en het curieuze beeldje van een mens met leeuwekop uit Hohlenstein-Stadel, beide in Zuidwest-Duitsland. Het eerste is vermoedelijk te dateren rond 32.000-29.000 BP (Wagner, 1981), het tweede rond 32.000 BP (Schmid, 1989). Uit Zuid-Engeland is een AMS-datering bekend aan een fragment van een schouderblad van een holenleeuw, gevonden in Pin Hole Cave, Derbyshire: OxA-1806

27.400 ± 700 BP (Hedges et al., 1989: p. 212). Dat de leeuw in de koude periode na ca. 22.000 BP verdween, wordt algemeen geaccepteerd (Bonifay, 1976; Cordy, 1984). Aanwijzingen voor terugkeer in het late Glaciaal ontbraken tot nu toe eigenlijk.

5. BIBLIOGRAFIE

ALLEY, R.B., D.A. MEESE, C.A. SHUMAN, A.J. GOW, K.C. TAYLOR et al., 1993. Abrupt increase in Greenland snow accumulation at the end of the Younger Dryas event. *Nature* 362, pp. 527-529.

AMMANN, B. & A.F. LOTTER, 1989. Late-glacial radiocarbon- and palynostratigraphy on the Swiss Plateau. *Boreas* 18, pp. 109-126.

Andersen, S.H., 1972. Bro, en senglacial boplads på Fyn (with English summary). *Kuml*, pp. 7-60.

ARTS, N., 1988. A survey of Final Palaeolithic archaeology in the Southern Netherlands. In: M. Otte (ed.), *De la Loire à l'Oder. Les civilisations du Paléolithique final dans le Nord-Ouest européen* (= Actes du Colloque de Liège, décembre 1985) (= BAR International Series 444 (I & II)). Oxford, pp. 287-356.

ARTS, N. & J. DEEBEN, 1981. *Prehistorische jagers en verzamelaars te Vessem: een model* (= Bijdragen tot de studie van het Brabantse heem 20). Stichting Brabants Heem, Eindhoven.

ARTS, N. & J. DEEBEN, 1984. Voortgezet onderzoek naar de Magdalénien nederzetting van Sweikhuizen, gemeente Schinnen. *Archeologie in Limburg* 22, pp. 23-28.

ARTS, N. & J. DEEBEN, 1987. On the northwestern border of Late Magdalenian territory: ecology and archaeology of early Late Glacial band societies in northwestern Europe. In: J.M. Burdukiewicz & M. Kobusiewicz (eds.), *Late Glacial in central Europe. Culture and environment*. Polska Akademia NAUK, Wroc aw etc., pp. 25-66.

ATKINSON, T.C., K.R. BRIFFA & G.R. COOPE, 1987. Seasonal temperatures in Britain during the past 22,000 years, reconstructed using beetle remains. *Nature* 325, pp. 587-592.

BAALES, M., 1989. Das Schneehuhn – ein begehrtes Jagdtier im Spätpleistozän? *Archäologische Informationen* 12, pp. 195-202.

BAALES, M., 1992. Überreste von Hunden aus der Ahrensburger Kultur am Kartstein, Nordeifel. *Archäologisches Korrespondenzblatt* 22, pp. 461-471.

BARBETTI, M., G. TAYLOR, M. QUAN HUA et al., 1994. Precision ^{14}C measurements from annual tree-rings 12,700 years old by accelerator mass spectrometry. *15th International Radiocarbon Conference, Glasgow 1994, Book of Abstracts*, C-05.

BARD, E., M. ARNOLD, R.G. FAIRBANKS & B. HAMELIN, 1993. ^{230}Th-^{234}U and ^{14}C ages obtained by mass spectrometry on corals. *Radiocarbon* 35, pp. 191-199.

BARTON, R.N.E., 1989. Long blade technology in southern Britain. In: C. Bonsall (ed.), *The Mesolithic in Europe* (= Papers presented at the third international symposium, Edinburgh 1985). John Donald Publishers, Edinburgh, 1989, pp. 264-271.

BARTON, N., 1991. Technological innovation and continuity at the end of the Pleistocene in Britain. In: N. Barton, A.J. Roberts & D.A. Roe (eds.), *The Late Glacial in north-west Europe* (= CBA Research Report 77). London, pp. 234-245.

BECKER, B., 1993. An 11,000-year German oak and pine dendrochronology for radiocarbon calibration. *Radiocarbon* 35, pp. 201-213.

BEERSMA, A. & A. WOUTERS, 1985. Een vindplaats van het Hamburgien IV (Teltwisch-component) uit Weersele (Ov.). *Archaeologische Berichten* 16, pp. 175-188.

BEHRE, K.-E., 1967. The late glacial and early postglacial history of vegetation and climate in northwestern Germany. *Review of Palaeobotany and Palynology* 4, pp. 149-161.

BELLIER, C. & P. CATTELAIN, 1986. Le Trou des Blaireaux à Vaucelles. *Helinium* 26, pp. 46-57.

BERGER, R. & R. PROTSCH, 1989. UCLA radiocarbon dates XI. *Radiocarbon* 31, pp. 55-67.

BERGLUND, B.E., G. LEMDAHL, B. LIEDBERG-JÖNSSON & T. PERSSON, 1984. Biotic response to climatic changes during the time span 13,000-10,000 B.P. – a case study from SW Sweden. In: N.-A. Mörner & W. Karlén (eds.), *Climatic changes on a yearly to millennial basis*. D. Reidel Publishing Company, Dordrecht/Boston/Lancaster, pp. 25-36.

BJÖRCK, S. & G. DIGERFELDT, 1989. Lake Mullsjön – a key site for understanding the final stage of the Baltic Ice Lake east of Mt. Billingen. *Boreas* 18, pp. 209-219.

BJÖRCK, S. & S. HÅKANSSON, 1982. Radiocarbon dates from Late Weichselian lake sediments in South Sweden as a basis for chronostratigraphic subdivision. *Boreas* 11, pp. 141-150.

BLANK, R., 1985. Ein Fundplatz der endpaläolithischen Stielspitzengruppe am nördlichen Mittelgebirgsrand. *Archäologisches Korrespondenzblatt* 15, pp. 287-292.

BLOEMERS, J.H.F., L.P. Louwe Kooijmans & H. Sarfatij, 1981. *Verleden Land*. Meulenhoff Informatief, Amsterdam.

BOHMERS, A., 1947. Jong-palaeolithicum en vroeg-mesolithicum. In: *Een kwart eeuw oudheidkundig bodemonderzoek in Nederland* (= Gedenkboek A.E. van Giffen 1922-1947). Boom, Meppel, pp. 129-201.

BOHMERS, A., 1956. Statistics and graphs in the study of flint assemblages. II. A preliminary report on the statistical analysis of the Younger Palaeolithic in Northwestern Europe. *Palaeohistoria* 5, pp. 7-25.

BOHMERS, A., 1960. Statistiques et graphiques dans l'étude des industries lithiques préhistoriques. V. Considérations générales au sujet du Hambourgien, du Tjongerien, du Magdalénien et de l'Azilien. *Palaeohistoria* 8, pp. 15-37.

BOHMERS, A. & P. HOUTSMA, 1961. De praehistorie. In: *Boven-Boorngebied* (= Rapport betreffende het onderzoek van het Lânskip-genetyske Wurkforbân van de Fryske Akademy Nr. 178). Laverman, Drachten, pp. 126-151.

BOHNCKE, S., J. VANDENBERGHE, R. COOPE & R. REILING, 1987. Geomorphology and palaeoecology of the Mark valley (southern Netherlands): palaeoecology, palaeohydrology and climate during the Weichselian Late Glacial. *Boreas* 16, pp. 69-85.

BOHNCKE, S. & L. WIJMSTRA, 1988. Reconstruction of late-glacial lake-level fluctuations in the Netherlands based on palaeobotanical analyses, geochemical results and pollen-density data. *Boreas* 17, pp. 403-425.

BOKELMANN, K., 1978. Ein Federmesserfundplatz bei Schalkholz, Kreis Dithmarschen. *Offa* 35, pp. 36-54.

BOKELMANN, K., 1988. Eine Rengeweihharpune aus der Bondenau bei Bistoft, Kreis Schleswig-Flensburg. *Offa* 45, pp. 5-12.

BOKELMANN, K., D. HEINRICH & B. MENKE, 1983. Fundplätze des Spätglazials am Hainholz-Esinger Moor, Kreis Pinneberg. *Offa* 40, pp. 199-239.

BONIFAY, M.-F., 1976. Les carnivores: Canidés, Hyaenidés, Félidés et Mustélidés. In: H. de Lumley (ed.), *La Préhistoire Française, tome I: Les civilisations paléolithiques et mésolithiques de la France*. CNRS, Paris, pp. 371-375.

BOSINSKI, G., 1978. Der Poggenwischstab. *Bonner Jahrbücher* 178, pp. 83-92.

BOSSCHA ERDBRINK, D.P., C. MEIKLEJOHN & J. TACOMA, 1979. An incomplete, probably neanderthaloid femur from the Grebbeberg in the central Netherlands. *Proceedings of the Koninklijke Nederlandse Akademie van Wetenschappen* C82, pp. 409-420.

BOSSCHA ERDBRINK, D.P., C. MEIKLEJOHN & J. TACOMA, 1982a. River Valley People: fossil human remains from river deposits along the Rhine between Arnhem and Amerongen in the Netherlands. *Proceedings of the Koninklijke Nederlandse Akademie van Wetenschappen* C85, pp. 149-178.

BOSSCHA ERDBRINK, D.P., C. MEIKLEJOHN & J. TACOMA, 1982b. River Valley People: isolated fossil human cranial material from seven widely separated Dutch localities. *Proceedings of the Koninklijke Nederlandse Akademie van Wetenschappen* C85, pp. 473-496.

BRÄUER, G., 1981-1983. Der Stirnbeinfund von Hahnöfersand – und einige Aspekte zur Neandertaler-Problematik. *Hammaburg* NF 6, pp. 15-28.

BRIDGE, M.C., 1987. The dendrochronological study of sub-fossil wood in New Zealand. In: R.G.W. Ward (ed.), *Applications of tree-ring studies* (= BAR International Series 333). Oxford, pp. 227-232.

BRINKKEMPER, O., B. VAN GEEL & J. WIEGERS, 1987. Palaeoecological study of a Middle-Pleniglacial deposit from Tilligte, the Netherlands. *Review of Palaeobotany and Palynology* 51, pp. 235-269.

BRITNELL, W., 1984. A barbed point from Porth-y-waen, Llanyblodwel, Shropshire. *Proceedings of the Prehistoric Society* 50, pp. 385-386.

BRODZIKOWSKI, K. & A.J. VAN LOON, 1987. Palaeogeographic development of the Kopanica Valley (Southern Great-Polish Lowland) during the Late Pleistocene and the Holocene. In: J.M. Burdukiewicz & M. Kobusiewicz (eds.), *Late Glacial in central Europe. Culture and environment*. Polska Akademia NAUK, Wrocław etc., pp. 215-239.

BRUNNACKER, K., 1973. Die Dünen und deren Böden bei Westerkappeln/Westfalen. In: H. Beck (ed.), *Bodenaltertümer Westfalens XIII*. Aschendorff, Münster, pp. 69-76.

BRUNNACKER, K., A. KO I, A. LEROI-GOURHAN & J.J. PUISSÉGUR, 1978. Stratigraphie im Bereich der Gönnersdorfer Siedlung. In: K. Brunnacker (ed.), *Geowissenschaftliche Untersuchungen in Gönnersdorf* (= Der Magdalénien-Fundplatz Gönnersdorf 4). Franz Steiner Verlag, Wiesbaden, pp. 35-64.

BURDUKIEWICZ, J.M., 1981a. Creswellian and Hamburgian (The Shouldered Point Technocomplex). In: *Préhistoire de la Grande Plaine de l'Europe* (= Actes du Colloque International organisé dans le cadre de Xe congres U.I.S.P.P. à Mexico; Archaeologia Interregionalis 1). Krakow-Warszawa, pp. 43-56.

BURDUKIEWICZ, J.M., 1981b. The flint technology of the Hamburgian Culture (Olbrachcice, S.W. Poland). In: *Derde Internationale Symposium over Vuursteen* (= Staringia 6). Nederlandse Geologische Vereniging, pp. 67-70.

BURDUKIEWICZ, J.M., 1986a. *The late pleistocene shouldered point assemblages in western Europe*. Brill, Leiden.

BURDUKIEWICZ, J.M., 1986b. Siedlnica 17a – Eine neue Fundstelle der Hamburger Kultur im Odergebiet. *Archäologisches Korrespondenzblatt* 16, pp. 399-406.

BURDUKIEWICZ, J.M., 1989. Le Hambourgien: origine, évolution dans un contexte stratigraphique, paléoclimatique et paléogéographique. *L'Anthropologie* 93, pp. 189-218.

CAMPBELL, J.B., 1977. *The Upper Palaeolithic of Britain. A study of man and nature in the late Ice Age*. Clarendon Press, Oxford.

CAMPBELL, J.B., 1980. Le problème des subdivisions du Paléolithique supérieur brittanique dans son cadre européen. *Bulletin de la Société Royale Belge d'Anthropologie et de Préhistoire* 91, pp. 39-77.

CAMPBELL, J.B., 1986. Hiatus and continuity in the British Upper Palaeolithic: a view from the Antipodes. In: D.E. Roe (ed.), *Studies in the Upper Palaeolithic of Britain and Northwest Europe* (= BAR International Series 296). Oxford, pp. 7-42.

CASPARIE, W.A., 1972. *Bog development in southeastern Drenthe (the Netherlands)*. Dissertatie Groningen.

CASPARIE, W.A. & M.W. TER WEE, 1981. Een-Schipsloot – the geological-palynological investigation of a Tjonger site. *Palaeohistoria* 23, pp. 29-44.

CHARLES, R., 1993. Towards a new chronology for the Belgian Lateglacial: recent radiocarbon dates from the Oxford AMS system. *Notae Praehistoricae* 12, pp. 59-62.

CHARLES, R., 1994. Towards a new chronology for the Lateglacial archaeology of Belgium. Part II: recent radiocarbon dates from the Oxford AMS system. *Notae Praehistoricae* 13, pp. 31-39.

CLAUSEN, I., 1993. Artefakte der Ahrensburger Kultur im Allerødboden von Alt Duvenstedt, Kr. Rendsburg-Eckernförde. *Archäologie in Deutschland*, p. 54.

COOPE, G.R., 1975. Climatic fluctuations in northwest Europe since the last interglacial, indicated by fossil assemblages of Coleoptera. In: A.E. Wright & F. Moseley (eds.), *Ice Ages: ancient and modern*. Seel House Press, Liverpool, pp. 95-120.

COOPE, G.R. & J.A. BROPHY, 1972. Late glacial environmental changes indicated by a Coleopteran succession from North Wales. *Boreas* 1, pp. 97-142.

COOPE, G.R. & M.J. JOACHIM, 1980. Lateglacial environmental changes interpreted from fossil Coleoptera from St. Bees, Cumbria, NW England. In: J.J. Lowe, J.M. Gray & J.E. Robinson (eds.), *Studies in the Lateglacial of north-west Europe*. Pergamon Press, Oxford etc., pp. 55-68.

CORDY, J.-M., 1984. Évolution des faunes quaternaires en Belgique. In: D. Cahen & P. Haesaerts (eds.), *Peuples chasseurs de la Belgique préhistorique dans leur cadre naturel*. Institut royal des sciences naturelles de Belgique, Brussel, pp. 67-77.

DANSGAARD, W., S.J. JOHNSEN, H.B. CLAUSEN et al., 1993. Evidence for general instability of past climate from a 250-kyr ice-core record. *Nature* 364, pp. 218-220.

DEEBEN, J., 1988. The Geldrop sites and the Federmesser occupation of the Southern Netherlands. In: M. Otte (ed.), *De la Loire à l'Oder. Les civilisations du Paléolithique final dans le Nord-Ouest européen* (= Actes du Colloque de Liège, décembre 1985) (= BAR International Series 444 (I & II)). Oxford, pp. 357-398.

DEWEZ, M.C., 1974. Préhistoire. In: M.C. Dewez (ed.), Nouvelles recherches à la Grotte de Remouchamps. *Bulletin de la Société Royale Belge d'Anthropologie et de Préhistoire* 85, pp. 5-161, met name pp. 42-111.

DEWEZ, M.C., 1975. Nouvelles recherches à la Grotte du Coléoptère à Bomal-sur-Ourthe (province du Luxembourg). Rapport provisoire de la première campagne de fouille. *Helinium* 15, pp. 105-133.

DEWEZ, M., 1989. Données nouvelles sur le Gravettien de Belgique. *Bulletin de la Société Préhistorique Française* 86, pp. 138-142.

DEWEZ, M., 1992. La grotte Walou à Trooz (province de Liège, Belgique), présentation du site. In: M. Toussaint (ed.), *Cinq millions d'années, l'aventure humaine* (= E.R.A.U.L. 56). Liège, pp. 311-318.

DOMBEK, G., 1983. Die Radiocarbondatierung des Aurignacien, Gravettien und Perigordien. *Archäologisches Korrespondenzblatt* 13, pp. 429-435.

DIJKSTRA, Y., M. NIEKUS & D. STAPERT, 1992. Het onderzoek van de Ahrensburg-vindplaats te Oudehaske (Fr.) in 1991. *Paleo-aktueel* 3, pp. 37-43.

EICHER, U. & U. SIEGENTHALER, 1976. Palynological and oxygen isotope investigations on late-glacial sediment cores from Swiss lakes. *Boreas* 5, pp. 109-117.

ERDBRINK, D.P. & J. TACOMA, 1966. Enkele fossiele menselijke overblijfselen uit de Maas bij Roermond. *Natuurhistorisch Maandblad* 55, pp. 47-57.

EVIN, J., 1979. Réflexions générales et données nouvelles sur la chronologie absolue 14C des industries de la fin du Paléolithique supérieur et du début du Mésolithique. In: *La fin des temps glaciaires en Europe* (= Colloques internationaux du CNRS 271). Paris, pp. 5-13.

EVIN, J., J. MARECHAL, C. PACHIAUDI & J.J. PUISSEGUR, 1980. Conditions involved in dating terrestrial shells. *Radiocarbon* 22, pp. 545-555.

FAGNART, J.-P., 1987. L'industrie à Federmesser du Bois d'Holnon à Attilly (Aisne, France) dans le contexte du Nord-Ouest européen. *Helinium* 27, pp. 33-45.

FAGNART, J.-P., 1988. *Les industries lithiques du paléolithique supérieur dans le nord de la France* (= Revue Archéologique de Picardie, numéro spécial). Amiens.

FAGNART, J.-P., 1991. New observations on the Late Upper Palaeolithic site of Belloy-sur-Somme (Somme, France). In: N. Barton, A.J. Roberts & D.A. Roe (eds.), *The Late Glacial in north-west Europe* (= CBA Research Report 77). London, pp. 213-226.

FISCHER, A., 1978. På sporet af overgangen mellem palaeoliticum og mesoliticum i Sydskandinavien (with English summary). *Hikuin* 4, pp. 27-50 en 150-153.

FISCHER, A., 1989. A late palaeolithic 'school' of flint-knapping at Trollesgave, Denmark. Results from refitting. *Acta Archaeologica* 60, pp. 33-49.

FISCHER, A. & B.N. MORTENSEN, 1977. Trollesgave-bopladsen. Et eksempel på anvendelse af EDB inden for arkaeologien. *Nationalmuseets Arbejdsmark*, pp. 90-95.

FISCHER, A. & H. TAUBER, 1986. New C-14 datings of late palaeolithic cultures from Northwestern Europe. *Journal of Danish Archaeology* 5, pp. 7-13.

GARROD, D.A.E., 1926. *The Upper Palaeolithic in Britain*. Clarendon Press, Oxford.

GEEL, B. VAN, S.J.P. BOHNCKE & H. DEE, 1980/1981. A palaeoecological study of an upper late glacial and holocene sequence from "De Borchert", the Netherlands. *Review of Palaeobotany and Palynology* 31, pp. 367-448.

GEEL, B. VAN, G.R. COOPE & T. VAN DER HAMMEN, 1989. Palaeoecology and stratigraphy of the Lateglacial type section at Usselo (the Netherlands). *Review of Palaeobotany and Palynology* 60, pp. 25-129..

GEEL, B. VAN & E. KOLSTRUP, 1978. Tentative explanation of the Late Glacial and early Holocene climatic changes in north-western Europe. *Geologie & Mijnbouw* 57, pp. 87-89.

GEEL, B. VAN, L. DE LANGE & J. WIEGERS, 1984. Reconstruction and interpretation of the local vegetational succession of a lateglacial deposit from Usselo (the Netherlands), based on the analysis of micro- and macro-fossils. *Acta Botanica Neerlandica* 33, pp. 535-546.

GILOT, E., 1984. Datations radiométriques. In: D. Cahen & P. Haesaerts (eds.), *Peuples chasseurs de la Belgique préhistorique dans leur cadre naturel*. Institut royal des sciences naturelles de Belgique, Bruxelles, pp. 115-125.

GOB, A., 1988. L'Ahrensbourgien de Fonds-de-Forêt et sa place dans le processus de mésolithisation dans le nord-ouest de l'Europe. In: M. Otte (ed.), *De la Loire à l'Oder. Les civilisations du Paléolithique final dans le nord-ouest européen* (= Actes du Colloque de Liège, décembre 1985) (= BAR International Series 444 (I & II)). Oxford, pp. 259-285.

GOB, A., 1991. The early Postglacial occupation of the southern part of the North Sea Basin. In: N. Barton, A.J. Roberts & D.A. Roe (eds.), *The Late Glacial in north-west Europe* (= CBA Research Report 77). London, pp. 227-233.

GOSLAR, T., M. ARNOLD, E. BARD, T. KUC, M.F. PAZDUR et al., 1995. High concentration of atmospheric 14C during the Younger Dryas cold episode. *Nature* 377, pp. 414-417.

GOWLETT, J.A.J., E.T. HALL, R.E.M. HEDGES & C.. PERRY, 1986. Radiocarbon dates from the Oxford AMS system: Archaeometry datelist 3. *Archaeometry* 28, pp. 116-125.

GRØNNOW, B., 1985. Meiendorf and Stellmoor revisited. An analysis of late palaeolithic reindeer expoitation. *Acta Archaeologica* 56, pp. 131-166.

GÜNTHER, K., 1973. Der Federmesser-Fundplatz von Westernkappeln, Kr. Tecklenburg. In: H. Beck (ed.), *Bodenaltertümer Westfalens XIII*. Aschendorff, Münster, pp. 5-67.

GÜNTHER, K., 1988. *Alt- und mittelsteinzeitliche Fundplätze in Westfalen*, Teil 2. Westfälisches Museum für Archäologie, Münster.

GUIOT, J. & M. COUTEAUX, 1992. Quantitative climate reconstruction from pollen data in the Grand Duchy of Luxembourg since 15000 yr BP. *Journal of Quaternary Science* 7, pp. 303-309.

HAJDAS, I., 1993. Extension of the radiocarbon calibration curve by AMS dating of laminated sediments of Lake Soppensee and Lake Holzmaar. Dissertatie ETH-Zürich.

HAJDAS, I., B. ZOLITSCHKA, S.D. IVY-OCHS et al., 1995. AMS radiocarbon dating of annually laminated sediments from Lake Holzmaar, Germany. *Quaternary Science Reviews* 14, pp. 137-143.

HALLAM, J.S., B.J.N. EDWARDS, B. BARNES & A.J. STUART, 1993. The remains of a Late Glacial elk associated with barbed points from High Furlong, near Blackpool, Lancashire. *Proceedings of the Prehistoric Society* 39, pp. 100-128.

HAMMEN, T. VAN DER, 1951. *Late-glacial flora and periglacial phenomena in the Netherlands*. Dissertatie Leiden. Ook verschenen in: *Leidse Geologische Mededelingen* 17, pp. 71-183.

HAMMEN, T. VAN DER & T.A. WIJMSTRA (eds.), 1971. The Upper Quaternary of the Dinkel valley. *Mededelingen Rijks Geologische Dienst* NS 22, pp. 55-213.

HAMMER, C.U., H.B. CLAUSEN & H. TAUBER, 1986. Ice-core dating of the Pleistocene/Holocene boundary applied to a calibration of the ^{14}C time scale. *Radiocarbon* 28, pp. 284-291.

HEDGES, R.E.M., R.A. HOUSLEY, C.R. BRONK & G.J. VAN KLINKEN, 1992. Radiocarbon dates from the Oxford AMS system: Archaeometry datelist 14. *Archaeometry* 34, pp. 141-159.

HEDGES, R.E.M., R.A. HOUSLEY, C. BRONK RAMSEY & G.J. VAN KLINKEN, 1993. Radiocarbon dates from the Oxford AMS system: Archaeometry datelist 17. *Archaeometry* 35, pp. 305-326.

HEDGES, R.E.M., R.A. HOUSLEY, C. BRONK RAMSEY & G.J. VAN KLINKEN, 1995. Radiocarbon dates from the Oxford AMS system: Archaeometry datelist 20. *Archaeometry* 37, pp. 417-430.

HEDGES, R.E.M., R.A. HOUSLEY, I.A. LAW & C.R. BRONK, 1989. Radiocarbon dates from the Oxford AMS system: Archaeometry datelist 9. *Archaeometry* 31, pp. 207-234.

HEDGES, R.E.M., R.A. HOUSLEY, I.A. LAW, C. PERRY & J.A.J. GOWLETT, 1987. Radiocarbon dates from the Oxford AMS system: Archaeometry datelist 6. *Archaeometry* 29, pp. 289-306.

HOLM, J., 1991. Settlements of the Hamburgian and Federmesser Cultures at Slotseng, South Jutland. *Journal of Danish Archaeology* 10, pp. 7-19.

HOLM, J., 1992. Rensdyrjaegerbopladser ved Slotseng – og et 13.000-årigt dødiskul med knogler og flint (with English summary). *Nationalmuseets Arbejdsmark*, pp. 52-63.

HOLM, J. & F. RIECK, 1983. Jels I – the first Danish site of the Hamburgian Culture. *Journal of Danish Archaeology* 2, pp. 7-11.

HOLM, J. & F. RIECK, 1987. Die Hamburger Kultur in Dänemark (mit einem Beitrag von Else Kolstrup: Die geologischen Verhältnisse um Jels und das Klima im frühen Spätglazial). *Archäologisches Korrespondenzblatt* 17, pp. 151-168.

HOUTSMA, P., 1990. Enige aanvullingen en opmerkingen betreffende de 'laag van Duurswoude'. *Archeologie* 2, pp. 6-13.

HOUTSMA, P., E. KRAMER & R.R. NEWELL, 1990. De jongpaleolithische vindplaats Haule V: van opgravingsrapport naar een reconstructie van Federmesser-nederzettingspatroon en -landgebruik. In: A.T.L. Niklewicz-Hokse & C.A.G. Lagerwerf (eds.), *Bundel van de Steentijddag 1 april 1989*. Groningen, pp. 40-44.

HOUTSMA, P., J.J. ROODENBERG & J. SCHILSTRA, 1981. A site of the Tjonger tradition along the Schipsloot at Een (*gemeente* of Norg, province of Drenthe, the Netherlands). *Palaeohistoria* 23, pp. 45-74.

HUYGE, D., 1985a. An early mesolithic site at Zonhoven-Kapelberg (Belgian Limburg). *Notae Praehistoricae* 5, pp. 37-42.

HUYGE, D., 1985b. Een vroeg-mesolithisch wooncomplex te Zonhoven-Kapelberg (Belgisch Limburg). *Notae Praehistoricae* 5, p. 133.

HUYGE, D., 1986. Een vroeg-mesolithisch wooncomplex te Zonhoven-Kapelberg (Belgisch Limburg). *Notae Praehistoricae* 6, pp. 29-32.

IVERSEN, J., 1946. Geologisk datering af en senglacial boplads ved Bromme (avec résumé français). *Aarbøger for Nordisk Oldkyndighed og Historie*, pp. 198-231.

JACOBI, R.M., 1980. The Upper Palaeolithic in Britain, with special reference to Wales. In: J.A. Taylor (ed.), *Culture and environment in prehistoric Wales* (= BAR British Series 76). Oxford, pp. 15-100.

JACOBI, R.M., 1981. The Late Weichselian peopling of Britain and North-West Europe. In: *Préhistoire de la Grande Plaine de l'Europe* (= Actes du Colloque International organisé dans le cadre de Xe congres U.I.S.P.P. à Mexico; Archaeologia Interregionalis 1). Krakow-Warszawa, pp. 57-76.

JACOBI, R., 1991. The Creswellian, Creswell and Cheddar. In: N. Barton, A.J. Roberts & D.A. Roe (eds.), *The Late Glacial in north-*

west Europe (= CBA Research Report 77). London, pp. 128-140.

JOACHIM, H.-E., 1988. Die vorgeschichtlichen Fundstellen und Funde im Stadtgebiet von Bonn. *Bonner Jahrbücher* 188, pp. 1-96.

JÖRIS, O., R.W. SCHMITZ & J. THISSEN, 1993. Beeck: ein *special-task-camp* des Magdalénien. Neue Aspekte zum späten Jungpaläolithikum im Rheinland. *Archäologisches Korrespondenzblatt* 23, pp. 259-273.

JOHNSEN, S.J., H.B. CLAUSEN, W. DANSGAARD et al., 1992. Irregular glacial interstadials recorded in a new Greenland ice core. *Nature* 359, pp. 311-313.

KOLSTRUP, E., 1980. Climate and stratigraphy in northwestern Europe between 30.000 BP and 13.000 BP, with special reference to the Netherlands. *Mededelingen Rijks Geologische Dienst* 32, pp. 181-253.

KOLSTRUP, E., 1982. Late-glacial pollen diagrams from Hjelm and Draved Mose (Denmark) with a suggestion of the possibility of drought during the Earlier Dryas. *Review of Palaebotany and Palynology* 36, pp. 35-63.

KOLSTRUP, E., 1985. A fossil frost mound of Late Dryas age in middle Jutland (Denmark). *Boreas* 14, pp. 217-223.

KOLSTRUP, E. & B. BUCHARDT, 1982. A pollen analytical investigation supported by an ^{18}O-record of a late glacial lake deposit at Graenge (Denmark). *Review of Palaeobotany and Palynology* 36, pp. 205-230.

KRAMER, E., P. HOUTSMA & J. SCHILSTRA, 1985. The Creswellian site Siegerswoude II (gemeente Opsterland, province of Friesland, the Netherlands). *Palaeohistoria* 27, pp. 67-88.

KROMER, B. & B. BECKER, 1993. German oak and pine ^{14}C calibration, 7200-9439 BC. *Radiocarbon* 35, pp. 125-135.

LANTING, J.N. & W.G. MOOK, 1977. *The pre- and protohistory of the Netherlands in terms of radiocarbon dates*. Groningen.

LARSSON, L., 1977-1978. Mesolithic antler and bone artefacts from central Scania. *Meddelanden från Lunds universitets historiska museum* new series vol. 2, pp. 28-67.

LARSSON, L., 1993. Neue Siedlungsfunde der Späteiszeit im südlichen Schweden. *Archäologisches Korrespondenzblatt* 23, pp. 275-283.

LAUFER, M., 1979. Das Emsland – eine Schatzkammer der Urgeschichtsforschung II. *Jahrbuch des Emsländischen Heimatbundes* 25, pp. 192-208.

LAUWERS, R., 1985. Eerste opgravingscampagne op de Tjongeriaannederzetting te Rekem. *Archaeologia Belgica* I-2, pp. 7-12.

LAUWERS, R., 1986. Verder onderzoek op de Tjongeriaannederzetting te Rekem (gem. Lanaken). *Archaeologia Belgica* II-1, pp. 9-14.

LEOTARD, J.-M. & M. OTTE, 1988. Occupation paléolithique final aux grottes de Presle. Fouilles de 1983-1984 (Aiseau-Belgique). In: M. Otte (ed.), *De la Loire à l'Oder. Les civilisations du Paléolithique final dans le Nord-Ouest européen* (= Actes du Colloque de Liège, décembre 1985) (BAR International Series 444 (I & II). Oxford, pp. 189-215.

LEROI-GOURHAN, ARL. & R.M. JACOBI, 1986. Analyse pollinique et matériel archéologique de Gough's Cave (Cheddar, Somerset). *Bulletin de la Société Préhistorique Française* 83, pp. 83-90.

LEWIS, J., 1991. A Late Glacial and early Postglacial site at Three Ways Wharf, Uxbridge, England: interim report. In: N. Barton, A.J. Roberts & D.A. Roe (eds.), *The Late Glacial in north-west Europe* (= CBA Research Report 77). London, pp. 246-255.

LOFTUS, J., 1982. Ein verzierter Pfeilschaftglätter von Fläche 64/74-73/78 des spätpaläolithischen Fundplatzes Niederbieber/Neuwieder Becken. *Archäologisches Korrespondenzblatt* 12, pp. 313-316.

LÖHR, H., 1978. Alsdorf, Kr. Aachen. In: S. Veil (ed.), *Alt- und mittelsteinzeitliche Fundplätze des Rheinlandes*. Rheinland-Verlag, Köln, pp. 114-117.

LOTTER, A.F., B. AMMANN, J. BEER et al., 1992. A step towards an absolute time-scale for the Late-Glacial: annually laminated sediments from Soppensee (Switzerland). In: E. Bard & W.S.

Broecker (eds.), *The last deglaciation: absolute and radiocarbon chronologies* (= NATO ASI Series I2). Springer-Verlag, Berlin/ Heidelberg, pp. 45-68.

LOUWE KOOIJMANS, L.P., 1970-1971. Mesolithic bone and antler implements from the North Sea and from the Netherlands. *Berichten van de Rijksdienst voor het Oudheidkundig Bodemonderzoek* 20-21, pp. 27-73.

MAARLEVELD, G.C., 1976. Periglacial phenomena and the mean annual temperature during the last glacial time in the Netherlands. *Biuletyn Peryglacjalny* 26, pp. 57-78.

MAARLEVELD, G.C., 1989. Note on the geocryological paleoclimatic reconstruction of the time between 30,000 B.P. and 10,000 B.P. in the central part of the Netherlands. (Appendix II bij Van Geel et al., 1989). *Review of Palaeobotany and Palynology* 60, pp. 122-125.

MADSEN, B., 1983. New evidence of late palaeolithic settlement in east Jutland. *Journal of Danish Archaeology* 2, pp. 12-31.

MANGERUD, J., S.T. ANDERSEN, B.E. BERGLUND & J.J. DONNER, 1974. Quaternary stratigraphy of Norden, a proposal for terminology and classification. *Boreas* 3, pp. 109-128.

MAZAUD, A., C. LAJ, E. BARD et al., 1992. A geomagnetic calibration of the radiocarbon time-scale. In: E. Bard & W.S. Broecker (eds.), *The last deglaciation: absolute and radiocarbon chronologies* (= NATO ASI Series I2). Springer Verlag, Berlin/ Heidelberg, pp. 163-169.

MELLARS, P.A., 1969. Radiocarbon dates for a new Creswellian site. *Antiquity* 43, pp. 308-310.

MIEHLICH, G., 1975. Das Schichtungsprofil der Grabung "Teltwisch". In: G. Tromnau, *Neue Ausgrabungen im Ahrensburger Tunneltal* (= Offa-Bücher 33). Wachholtz Verlag, Neumünster, pp. 99-103.

MÖRNER, N.-A., 1980. A 10,700 years' paleotemperature record from Gotland and Pleistocene/Holocene boundary events in Sweden. *Boreas* 9, pp. 283-287.

MOOK, W.G., 1968. *Geochemistry of the stable carbon and oxygen isotopes of natural waters in the Netherlands.* Dissertatie Groningen.

MOOK, W.G. & H.J. STREURMAN, 1983. Physical and chemical aspects of radiocarbon dating. In: W.G. Mook & H.T. Waterbolk (eds.), Proceedings of the First International Symposium ¹⁴C and Archaeology, Groningen 1981. *PACT* 8, pp. 31-55.

MORRISON, A. & C. BONSALL, 1989. The early post-glacial settlement of Scotland: a review. In: C. Bonsall (ed.), *The Mesolithic in Europe* (= Papers presented at the third international symposium Edinburgh 1985). John Donald Publishers, Edinburgh, pp. 134-142.

NARR, K.J., 1968. *Studien zur älteren und mittleren Steinzeit der Niederen Lande.* Habelt, Bonn.

NEWELL, R.R., 1973. The post-glacial adaptations of the indigenous population of the northwest European plain. In: S. Kozowski (ed.), *The Mesolithic in Europe.* University Press, Warsaw, pp. 399-440. (De afbeeldingen bij dit artikel zijn niet afgedrukt).

NIEKUS, M.J.L.TH. & D. STAPERT, 1994. Een vindplaats van de overgang laat-palaeolithicum/mesolithicum bij Oudega (Fr.). *Paleo-Aktueel* 5, pp. 17-21.

NOIRET, P., M. OTTE, L.-G. STRAUS et al., 1994. Recherches paléolithiques et mésolithiques en Belgique, 1993: Le Trou Magrite, Huccorgne et l'Abri du Pape. *Notae Praehistoricae* 13, pp. 45-62.

NOORT, G. VAN & A. WOUTERS, 1987. De jagers-verzamelaars van de Ahrensburgkultuur. *Archaeologische Berichten* 18, pp. 63-138.

NOORT, G.J. VAN & A.M. WOUTERS, 1993. Nieuwe stippen en aanvullingen op de verspreidingskaart van de Ahrensburgkultuur. *Apan/Extern* 2, pp. 39-51.

NOTEN, F. VAN, 1967. Een Tjongervindplaats te Meer. *Archaeologia Belgica* 98.

NOTEN, F. VAN, 1978. *Les chasseurs de Meer* (avec la collaboration de D. Cahen, L.H. Keeley et J. Moeyersons). De Tempel, Brugge.

NOTEN, F. VAN, J. GYSELS, K. NIJS & V. VREYSEN, 1985. De Tjongervindplaats Meer IV. *Notae Praehistoricae* 5, pp. 4-28.

NIJS, K., 1990. A Tjonger and a mesolithic site at Meer, Belgium. In: E. Cziesla, S. Eickhoff, N. Arts & D. Winter (eds.), *The Big Puzzle* (= Studies in Modern Archaeology 1). Holos, Bonn, pp. 493-506.

OESCHGER, H., M. WELTEN, U. EICHER et al., 1980. ¹⁴C and other parameters during the Younger Dryas cold phase. *Radiocarbon* 22, pp. 299-310.

OSBORNE, P.J., 1980. The Late Devensian-Flandrian transition depicted by serial insect fanaus from West Bromwich, Staffordshire, England. *Boreas* 9, pp. 139-147.

OTTE, M., 1984. Paléolithique supérieur en Belgique. In: D. Cahen & P. Haesaerts (eds.), *Peules chasseurs de la Belgique préhistorique dans leur cadre naturel.* Institut royal des sciences naturelles de Belgique, Brussel, pp. 157-179.

OTTE, M. & E. TEHEUX, 1986. Fouilles 1986 à Chaleux. *Notae Praehistoricae* 6, pp. 63-77.

PADDAYYA, K., 1971. The Late Palaeolithic of the Netherlands – a review. *Helinium* 11, pp. 257-270.

PARIS, F.P., P. CLEVERINGA & W. DE GANS, 1979. The Stokersdobbe: geology and palynology of a deep pingo remnant in Friesland (the Netherlands). *Geologie en Mijnbouw* 58, pp. 33-38.

PENNINGTON, W., 1986. Lags in adjustment of vegetation to climate caused by the pace of soil development: evidence from Britain. *Vegetatio* 67, pp. 105-118.

PLICHT, J. VAN DER, 1991. Dateren met behulp van koolstof-14: conventioneel en AMS. In: H. Heijnis & J. van der Plicht (eds.), *Dateringsmethoden in de kwartair geologie en archeologie.* Groningen, CIO/RUG, pp. 7-21.

PLOEY, J. DE, 1963. Palynological investigations of Upper Pleistocene and Holocene deposits in the Lower Kempenland (Belgium). *Grana Palynologica* 4, pp. 428-438.

RENSINK, E., 1986. Opgraving van een jongpalaeolithische vindplaats in de gemeente Eijsden (provincie Limburg, Nederland). *Notae Praehistoricae* 6, pp. 79-81.

RENSINK, E., 1992. Eijserheide: a late Magdalenian site on the fringe of the northern loessbelt (Limburg, the Netherlands). *Archäologisches Korrespondenzblatt* 22, pp. 315-327.

RICHTER, P.B., 1992. Ein spätglazialer Fundplatz auf dem Friedhof in Melbeck, Ldkr. Lüneburg. *Nachrichten aus Niedersachsens Urgeschichte* 61, pp. 3-32.

RIEZEBOS, P.A. & R.T. SLOTBOOM, 1984. Three-fold subdivision of the Allerød chronozone. *Boreas* 13, pp. 347-353.

ROSE, J., 1985. The Dimlington Stadial/Dimlington Chronozone: a proposal for naming the main glacial episode of the Late Devensian in Britain. *Boreas* 14, pp. 225-230.

ROZOY, J.-G., 1978. *Les derniers chasseurs: L'Epipaléolithique en France et en Belgique* (= Bulletin de la Société Archéologique Champenoise, numéro special). Reims.

RUST, A., 1937. *Das altsteinzeitliche Rentierjägerlager Meiendorf* (mit Beitragen von K. Gripp, W. Krause, R. Schütrumpf & G. Schwantes). Wachholtz, Neumünster.

RUST, A., 1943. *Die alt- und mittelsteinzeitlichen Funde von Stellmoor* (mit Beiträgen von K. Gripp, R. Schütrumpf & W. Kollau). Wachholtz, Neumünster.

RUST, A., 1958. *Die jungpaläolithischen Zeltanlagen von Ahrensburg* (mit Beiträgen von R. Schütrumpf, W. Herre & H. Requate) (= Offa-Bücher 15). Wachholtz, Neumünster.

SANDEN, W.A.B. VAN DER, 1991. De 'Neandertaler'-schedel van Smilde opnieuw bekeken. *Nieuwe Drentse Volksalmanak* 108, pp. 149-155.

SCHMID, E., 1989. Die altsteinzeitliche Elfenbeinstatuette aus der Höhle Stadel im Hohlenstein bei Asselfingen, Alb-Donau-Kreis (mit Beiträgen von Joachim Hahn und Ute Wolf). *Fundberichte aus Baden-Württemberg* 14, pp. 33-118.

SCHMIDER, B., 1979. Un nouveau faciès du Magdalénien final du Bassin parisien: l'industrie du gisement du Pré des Forges, à Marsangy (Yonne). In: D. de Sonneville-Bordes (ed.), *La fin des temps glaciaires en Europe.* CNRS, Paris, pp. 763-771.

SCHÜTRUMPF, R., 1937. Die paläobotanisch-pollenanalytische Untersuchung. In: A. Rust, *Das altsteinzeitliche Rentierjägerlager Meiendorf.* Wachholtz, Neumünster, pp. 10-47.

SCHÜTRUMPF, R., 1943. Die pollenanalytische Untersuchung der Rentierjägerfundstätte Stellmoor in Holstein. In: A. Rust, *Die alt- und mittelsteinzeitlichen Funde von Stellmoor*. Wachholtz, Neumünster, pp. 6-45.

SCHÜTRUMPF, R., 1958. Die pollenanalytische Untersuchung an den altsteinzeitlichen Moorfundplätzen Borneck und Poggenwisch. In: A. Rust, *Die jungpaläolithischen Zeltanlagen von Ahrensburg* (= Offa-Bücher 15). Wachholtz, Neumünster, pp. 11-22.

SCHWABEDISSEN, H., 1954. *Die Federmesser-Gruppen des nordwesteuropäischen Flachlandes* (= Offa-Bücher 9). Wachholtz, Neumünster.

SCOTT, K., 1986. Man in Britain in the Late Devensian: evidence from Ossom's Cave. In: D.A. Roe (ed.), *Studies in the Upper Palaeolithic of Britain and Northwest Europe* (= BAR International Series 296). Oxford, pp. 63-87.

SLICHER VAN BATH, B.H., G.D. VAN DER HEIDE, C.C.W.J. HIJSZELER et al., 1970. *Geschiedenis van Overijssel*. Kluwer, Deventer.

STAMPFUSS, R. & R. SCHÜTRUMPF, 1970. Harpunen der Allerödzeit aus Dinslaken, Niederrhein. *Bonner Jahrbücher* 170, pp. 19-35.

STAPERT, D., 1977. The combination of "the mandibula of a giant deer and a Tjonger point having been shot into it", from Roermond, is of recent date. *Helinium* 17, pp. 235-244.

STAPERT, D., 1979. Zwei Fundplätze vom Übergang zwischen Paläolithikum und Mesolithikum in Holland. *Archäologisches Korrespondenzblatt* 9, pp. 159-166.

STAPERT, D., 1981. A site of the Hamburg tradition on the Wadden island of Texel (province of North-Holland, Netherlands). *Palaeohistoria* 23, pp. 1-27.

STAPERT, D., 1982. A site of the Hamburg tradition with a constructed hearth near Oldeholtwolde (province of Friesland, the Netherlands); first report. *Palaeohistoria* 24, pp. 53-89.

STAPERT, D., 1985. A small Creswellian site at Emmerhout (province of Drenthe, the Netherlands). *Palaeohistoria* 27, pp. 1-65.

STAPERT, D., 1986a. Het 'Neandertaler-achtige' bot van Rhenen, en een paar andere menselijke resten uit Nederland: dateringsproblemen. *Cranium* 3, pp. 56-68.

STAPERT, D., 1986b. Two findspots of the Hamburgian tradition in the Netherlands dating from the Early Dryas stadial: stratigraphy. *Mededelingen Werkgroep Tertiaire en Kwartaire Geologie* 23, pp. 21-41.

STAPERT, D., 1989. Een vindplaats van de Ahrensburg-traditie bij Oudehaske (Fr.). *Paleo-Aktueel* 1, pp. 16-20.

STAPERT. D., 1991. Het onderzoek van de Ahrensburg-vindplaats te Oudehaske (Fr.) in 1990. *Paleo-Aktueel* 2, pp. 19-24.

STAPERT, D. & H.J. VEENSTRA, 1988. The section at Usselo: brief description, grain-size distributions, and some archaeological remarks. *Palaeohistoria* 30, pp. 1-28.

STREET, M., 1986. Ein Wald der Allerødzeit bei Miesenheim, Stadt Andernach (Neuwieder Becken). *Archäologisches Korrespondenzblatt* 16, pp. 13-22.

STREET, M., 1989. *Jäger und Schamanen: Bedburg-Königshoven, ein Wohnplatz am Niederrhein vor 10.000 Jahren*. Verlag RGZM, Mainz.

STREET, M., 1991. Bedburg-Königshoven: a Pre-Boreal mesolithic site in the Lower Rhineland, Germany. In: N. Barton, A.J. Roberts & D.A. Roe (eds.), *The Late Glacial in north-west Europe* (= CBA Research Report 77). London, pp. 256-270.

STREET, M., M. BAALES & B. WENINGER, 1994. Absolute Chronologie des späten Paläolithikums und des Frühmesolithikums im nördlichen Rheinland. *Archäologisches Korrespondenzblatt* 24, pp. 1-28.

STRÖMBERG, B., 1991. A revised Swedish clay varve chronology: present state of the art. *Radiocarbon* 33, p. 247.

SUESS, H.E., 1979. Were the Allerød and Two Creeks substages contemporaneous? In: R. Berger & H.E. Suess (eds.), *Radiocarbon Dating* (= Proceedings of the Ninth International Radiocarbon Conference, Los Angeles and La Jolla 1976). University of California Press, Berkeley/Los Angeles/London, pp. 76-82..

TAUBER, H., 1960. Copenhagen Radiocarbon Dates IV. *Radiocarbon* 2, pp. 12-25.

TAUTE, W., 1968. *Die Stielspitzen-Gruppen im nördlichen Mitteleuropa*. Böhlau, Köln-Graz.

TAYLOR, K.C., G.W. LAMOREY, G.A. DOYLE et al., 1993. The 'flickering switch' of late Pleistocene climate change. *Nature* 361, pp. 432-436.

THIEME, H., 1985. Siedlungsplatz-Strukturen der späten Altsteinzeit in Meppen, Landkreis Emsland. In: K. Wilhelmi (ed.), *Ausgrabungen in Niedersachsen. Archäologische Denkmalpflege 1979-1984*. Konrad Theiss Verlag, Stuttgart, pp. 68-72.

THISSEN, J., 1989. Ein Fundplatz des Magdalénien am linken Niederrhein bei Kamphausen, Gem. Jüchen, Kreis Neuss. *Archäologisches Korrespondenzblatt* 19, pp. 315-323.

TITE, M.S., S.G.E. BOWMAN, J.C. AMBERS & K.J. MATTHEWS, 1987. Preliminary statement of an error in British Museum radiocarbon dates (BM-1700 to BM-2315). *Antiquity* 61, p. 168.

TOUSSAINT, M., 1988. Le Paléolithique supérieur ancien de la caverne de la Traweye Rotche à Sprimont (province de Liège, Belgique), une occupation datant de l'oscillation de Tursac/Les Wartons. *Bulletin de la Société Préhistorique Française* 85, pp. 92-96.

TROMNAU, G., 1974. Der jungpaläolithische Fundplatz Schalkholz, Kreis Dithmarschen. *Hammaburg* NF 1, pp. 9-22.

TROMNAU, G., 1975a. *Die Fundplätze der Hamburger Kultur von Heber und Deimern, Kr. Soltau*. August Lax, Hildesheim.

TROMNAU, G., 1975b. *Neue Ausgrabungen im Ahrensburger Tunneltal* (= Offa-Bücher 33). Wachholtz, Neumünster.

TROMNAU, G., 1976/1977. Jungpaläolithische Funde der Wehlener Gruppe aus Hamburg-Poppenbüttel. *Hammaburg* NF 3/4, pp. 141-145.

TROMNAU, G., 1979. Rentierjäger am Kaiserberg – eine Freilandstation der ausgehenden Altsteinzeit in Duisburg. *Niederrheinisches Museum der Stadt Duisburg*, pp. 9-10.

USINGER, H., 1975. Pollenanalytische und stratigraphische Untersuchungen an zwei Spätglazial-Vorkommen in Schleswig-Holstein. *Mitteilungen der Arbeitsgemeinschaft Geobotanik in Schleswig-Holstein und Hamburg* 25.

USINGER, H., 1977. Bølling-Interstadial und Laacher Bimsstuff in einem neuen Spätglazial-Profil aus dem Vallensgård Mose/Bornholm. Mit pollengrössenstatistischer Trennung der Birken. *Danmarks Geologiske Undersøgelse Årbog*.

USINGER, H., 1978. Pollen- und grossrestanalytische Untersuchungen zur Frage des Bölling-Interstadials und der spätglazialen Baumbirken-Einwanderung in Schleswig-Holstein. *Schriften der Naturwissenschaftlichen Verein Schleswig-Holsteins* 48, pp. 41-61.

USINGER, H., 1981. Ein weit verbreiteter Hiatus in spätglazialen Seesedimenten: mögliche Ursache für Fehlinterpretation von Pollendiagrammen und Hinweis auf klimatisch verursachte Seespiegelbewegungen. *Eiszeitalter und Gegenwart* 31, pp. 91-107.

USINGER, H., 1982. Pollenanalytische Untersuchungen an spätglazialen und präborealen Sedimenten aus dem Meerfelder Maar (Eifel). *Flora* 172, pp. 373-409.

USINGER, H., 1985. Pollenstratigraphische, vegetations- und klimageschichtliche Gliederung des "Bölling-Alleröd-Komplexes" in Schleswig-Holstein und ihre Bedeutung für die Spätglazial-Stratigraphie in benachbarten Gebieten. *Flora* 177, pp. 1-43.

VANG PETERSEN, P. & L. JOHANSEN, 1991. Sølbjerg I – an Ahrensburgian site on a reindeer migration route through eastern Denmark. *Journal of Danish Archaeology* 10, pp. 20-37.

VANG PETERSEN, P. & L. JOHANSEN, 1996. Tracking Late Glacial reindeer hunters in eastern Denmark. In: L. Larsson (ed.), *The earliest settlement of Scandinavia and its relationship with neighbouring areas* (= Acta Archaeologica Lundensia, series in 8°, No. 24), pp. 75-88.

VEIL, S. (ed.), 1978. *Alt- und mittelsteinzeitliche Fundplätze des Rheinlandes* (= Kunst und Altertum am Rhein 81). Rheinland Verlag, Köln.

VEIL, S., 1982. Der späteiszeitliche Fundplatz Andernach, Martinsberg. *Germania* 60, pp. 391-424.

VEIL, S., 1987. Ein Fundplatz der Stielspitzen-Gruppen ohne Stielspitzen bei Höfer, Ldkr. Celle. Ein Beispiel funktionaler Variabilität paläolithischer Steinartefaktinventare (mit Beiträgen von Gabriele Lass und Hans-Heinrich Meyer). *Archäologisches Korrespondenzblatt* 17, pp. 311-322.

VELDHUIS, J. & A.M. WOUTERS, 1993. Hamburgien uit het Agelerbroek (Agelo, gem. Denekamp). *Apan/Extern* 2, pp. 52-59.

VERHART, L., 1988. Mesolithic barbed points and other implements from Europoort, the Netherlands. *Oudheidkundige Mededelingen uit het Rijksmuseum van Oudheden te Leiden* 68, pp. 145-194.

VERLINDE, A.D., 1975. Paleolithische gegevens uit Overijssel. *Grondboor + Hamer* 29, pp. 110-122. (= ROB-overdruk 72)

VERMEERSCH, P.M., 1974. Epipalaeolithicum en mesolithicum te Helchteren, Sonnisse Heide. *Archaeologia Belgica* 169.

VERMEERSCH, P.M., 1979. Epipaleolithicum te Achel, De Waag. *Limburg* 58, pp. 117-129.

VERMEERSCH, P., 1991. TL Dating of the Magdalenian sites at Orp, Belgium. *Notae Praehistoricae* 10, pp. 27-29.

VERMEERSCH, P.M., R. LAUWERS & PH. VAN PEER, 1985. Un site magdalénien à Kanne (Limbourg). *Archaeologia Belgica* NR 1, pp. 17-54.

VERMEERSCH, P.M. & P. VYNCKIER, 1980. Un site magdalénien à Orp. *Archaeologia Belgica* 223, pp. 10-14.

VOGEL, J.C. & H.T. WATERBOLK, 1963. Groningen Radiocarbon Dates IV. *Radiocarbon* 5, pp. 163-202.

WAGNER, E., 1981. Eine Löwenkopfplastik aus Elfenbein von der Vogelherdhöhle. *Fundberichte aus Baden-Württemberg* 6, pp. 29-58.

WASHBURN, A.L., D.D. SMITH & R.H. GODDARD, 1963. Frost cracking in a middle-latitude climate. *Biuletyn peryglacjalny* 12, pp. 175-189.

WATERBOLK, H.T., 1962. The Lower Rhine Basin. In: R.J. Braidwood & G.R. Willey (eds.), *Courses toward urban life*. Aldine Publishing Company, Chicago, pp. 227-253.

WATERBOLK, H.T., 1983. Ten guidelines for the archaeological interpretation of radiocarbon dates. In: W.G. Mook & H.T. Waterbolk (eds.), Proceedings of the First International Symposium ¹⁴C and Archaeology, Groningen 1981. *PACT* 8, pp. 57-70.

WOHLFARTH, B., 1996. The chronology of the Last Termination: a review of radio-dated, high resolution terrestrial stratigraphies. *Quaternary Science Reviews* 15(4), pp.

WOUTERS, A., 1954. Voor-neolithische culturen in Brabant. *Brabants Heem* 6, pp. 122-148.

WOUTERS, A., 1957. Een nieuwe vindplaats van de Ahrensburgcultuur onder de gemeente Geldrop. *Brabants Heem* 9, pp. 2-12.

WOUTERS, A., 1958. Een kaakfragment van Cervus giganteus met ingeschoten Gravettespits, Limburg. *Berichten van de Rijksdienst voor het Oudheidkundig Bodemonderzoek* 8, pp. 6-10.

WOUTERS, A., 1959. Hoe oud? *Brabants Heem* 11, pp. 32-41.

WOUTERS, A.M., 1982. Magdalénien in Echt (L)? Site M.3. *Archaeologische Berichten* 11/12, pp. 114-121.

WOUTERS, A.M., 1983a. Uit de oude doos. Magdalénien uit het Peelgebied. *Archaeologische Berichten* 14, pp. 99-108.

WOUTERS, A.M., 1983b. De "Ahrensburg-sites" van Geldrop. *Archaeologische Berichten* 14, pp. 115-122.

WOUTERS, A., 1984. "De Fransman", een jongpaleolithische vindplaats, behorend tot een der componenten van het "Gravettien" (Perigordien). *Archaeologische Berichten* 15, pp. 70-125.

WÜLLER, B., 1993. Die chronologische Stellung eines 'contour découpé' aus dem Magdalenien-Grab von Oberkassel bei Bonn. *Archäologische Informationen* 16, pp. 144-146.

WYMER, J.J., R.M. JACOBI & J. ROSE, 1975. Late Devensian and early Flandrian barbed points from Sproughton, Suffolk. *Proceedings of the Prehistoric Society* 41, pp. 235-241.

ZAGWIJN, W.H., 1983. Applications of radiocarbon dating in geology. In: W.G. Mook & H.T. Waterbolk (eds.), Proceedings of the First International Symposium ¹⁴C and Archaeology, Groningen 1981. *PACT* 8, pp. 71-90.

ZBINDEN, H., M. ANDREE, H. OESCHGER et al., 1989. Atmospheric radiocarbon at the end of the last glacial: an estimate based in AMS radiocarbon dates on terrestrial macrofossils from lake sediments. *Radiocarbon* 31, pp. 795-804.

ZIESAIRE, P., 1986. Les pointes pédonculées du paléolithique supérieur ancien du Grand-Duché de Luxembourg. *Helinium* 26, pp. 182-192.

ZOLITSCHKA, B., 1988. Spätquartäre Sedimentationsgeschichte des Meerfelder Maares (Westeifel) – Mikrostratigraphie jahreszeitlich geschichteter Seesedimente. *Eiszeitalter und Gegenwart* 38, pp. 86-93.

ZOLITSCHKA, B., B. HAVERKAMP & J.F.W. NEGENDANK, 1992. Younger Dryas oscillation – varve dated microstratigraphic, palynological and palaeomagnetic records from Lake Holzmaar, Germany. In: E. Bard & W.S. Broecker (eds.), *The last deglaciation: absolute and radiocarbon chronologies* (= NATO ASI Series I2). Springer Verlag, Berlin/Heidelberg, pp. 81-101.

ZOLLER, D., 1963. Vorläufiger Bericht über eine Rentierstation der Hamburger Stufe bei Querenstede, Kreis Ammerland. *De Kunde* NF 14, pp. 17-25.

ZOLLER, D., 1981. Neue jungpaläolithische und mesolithische Fundstellen im nordoldenburgischen Geestgebiet. *Archäologische Mitteilungen aus Nordwestdeutschland* 4, pp. 1-12.

BIJLAGE: Lijst van laboratoriumcodes. AMS-laboratoria zijn met een asterisk aangegeven.

AAR*	Aarhus University, Institute of Physics
Birm	University of Birmingham, Department of Geological Sciences
BM	British Museum, Londen, Research Laboratory
BONN	Bonn University, Institut für Bodenkunde (verplaatst naar Hamburg en voortgezet met code HAM)
CAMS*	Centre for Accelerator Mass Spectrometry, Lawrence Livermore National Laboratory, Livermore, Cal.
Fra	Frankfurt, J.W. Goethe University, Radiocarbon Laboratory
Gif	Gif-sur-Yvette, Centre des Faibles Radioactivités CNRS
GrN	Groningen, Rijksuniversiteit, Centrum voor Isotopenonderzoek
GX	Geochron Laboratories, Cambridge, Mass.
H	Heidelberg, Institut für Umweltphysik (in 1983 vervangen door code Hd)
Hv	Hannover, Niedersächsisches Landesamt für Bodenforschung
I	Teledyne Isotopes, Westwood, NJ
IRPA	Institut Royal du Patrimoine Artistique, Brussel
K	Kopenhagen, Nationaal Museum
KI	Kiel, Christian-Albrechts-Universität, Institut für Kernphysik
KN	Keulen, Institut für Ur- und Frühgeschichte
LOD	Lodz, Archeologisch en Ethnografisch Museum
Lv	Louvain la Neuve, Université Catholique de Louvain, Institut de Physique Nucléaire
Ly	Lyon, Université Claude Bernard, Centre de datation par le radiocarbone
OxA*	Oxford University, Radiocarbon Accelerator Unit
Q	Cambridge University, Godwin Laboratory
R	Rome, Universita 'La Sapienza', Dipartimento di Fisica
SRR	NERC Radiocarbon Laboratory, vroeger: Scottish Universities Research and Reactor Centre, East Kilbride
St	Stockholm, Swedish Museum of Natural History
Ua*	Uppsala University, Tandem Accelerator Laboratory
W	Reston, Virginia, vroeger: Washington, US Geological Survey
Y	Yale University, New Haven, Conn. (opgeheven)

EEN ONDERZOEK NAAR DE DEPOSITIE VAN VUURSTENEN BIJLEN

A. TER WAL

Vakgroep Archeologie, Groningen, Netherlands

ABSTRACT: This paper is a study of the deposition of post-Mesolithic flint axes in the province of Drenthe. These axes were in use during a long period, from the early Neollithic (4900-4200 BC) to the early Bronze Age (2000-1800 BC), or even later. Most of the flint axes in Drenthe can be attributed to Funnel Beaker Culture, Single Grave Culture and Bell Beaker Culture (3400-2000 BC), however.

The variations in type, dimensions and find circumstances within this group of artefacts are great. The aim of this study is to find out whether significant differences in type, dimensions, etc. exist between axes from different find contexts. Both cultural contexts (graves, multiple finds, single finds) and physical contexts (in particular dry environments as opposed to wet ones) are included. In order to detect changes in the meaning behind the deposition of axes during the Neolithic, it is necessary to distinguish axes belonging to different cultures. To a certain degree this can be done on basis of types, dimensions, indices, and non-metrical characteristics, such as *Kantenschliff*, pecking, irregular shaping, and contour-following polish.

The study shows that at least some of the depositions, both of single axes and of multiple finds, were deliberate, in most cases in or near humid places. These depositions probably had a ritual meaning.

KEYWORDS: Drenthe, flint axes, Neolithic, hoards, ritual.

1. INLEIDING

1.1. De doelstelling

Post-mesolithische vuurstenen bijlen vormen, mede door hun grote herkenbaarheid als prehistorisch artefact, een grote vondstcategorie. Deze bijlen stammen uit een lange periode, beginnend in het vroeg-neolithicum en eindigend in de vroege bronstijd, zo niet later. De variatie, zowel in vondstcontext als in afmetingen en type, binnen de bijlen is groot. Het doel van dit onderzoek is vast te stellen of er significante verschillen bestaan in afmetingen, type etc. tussen bijlen uit verschillende vondstcontexten en te proberen een verklaring te vinden voor de eventuele verschillen. Daarbij wordt gekeken naar zowel de culturele context zoals bijvoorbeeld graven, meervoudige depots en losse vondsten, als ook de fysische/landschappelijke context, met de nadruk op de tegenstelling natte/droge omgeving. Geprobeerd zal worden eventuele verschillen tussen culturen en/of veranderingen van tradities in verloop van tijd te bekijken door de bijlen typologisch in te delen.

De nadruk bij dit onderzoek ligt op de los gevonden bijlen, oftewel die bijlen die niet in associatie met andere voorwerpen en/of constructies van menselijke makelij gevonden zijn. Soortgelijke onderzoeken als dit zijn al gedaan naar andere vondstcategorieën zoals stenen en bronzen bijlen (resp. Beuker e.a., 1992 en Hielkema, 1994), aardewerk en koeiehoorns. Net als bij deze onderzoeken vormt de provincie Drenthe het studiegebied. Als basis voor dit onderzoek werden de collecties van het Drents Museum (D.M.) te Assen en van het Biologisch-Archeologisch Instituut (B.A.I.) van de Rijksuniversiteit Groningen genomen. Daarnaast werd gebruik gemaakt van de catalogus van amateurcollecties zoals aanwezig op het D.M. Uiteraard is hiermee niet het totale aantal vuurstenen bijlen uit de provincie Drenthe omvat, maar dat was ook niet het doel van dit onderzoek. Het streven was een representatieve hoeveelheid bijlen te verkrijgen. Het uit de genoemde collecties verkregen aantal (433 stuks) is groot genoeg om conclusies uit te kunnen trekken.

1.2. Het chronologisch kader

In navolging van Van den Broeke e.a. (1991) is de hier behandelde periode onder te verdelen in de volgende fasen:

Jaartallen	Periode	Belangrijkste culturen
4900-4200 v.Chr.	vroeg-neolihicum	Swifterbant
4200-3400	midden-neolithicum A	Laat-Swifterbant
3400-2900	midden-neolithicum B	TRB
2900-2500	laat-neolithicum A	EGK
2500-2000	laat-neolithicum B	KB
2000-1800	vroege bronstijd	Wikkeldraad

Natuurlijk zijn de grenzen niet zo scherp als hierboven aangegeven; er bestaat zekere overlap. Overigens moet uit dit schema niet de conclusie worden getrokken, dat Drenthe gedurende deze periode constant bewoond was, of dat de bewoning altijd even intensief was. In feite weten we over de bewoning tijdens het vroeg-neolithicum en midden-neolithicum A heel weinig. Uit Bronneger is de vondst van een pot van de Swifter-bantcultuur en twee edelhertgeweien bekend, met een datering van ca. 4800 v.Chr. (Ufkes, 1993). Uit de Aschbroeken bij Weerdinge is de vondst van één scherfje van de Swifterbantcultuur bekend. Verder kunnen tot deze periode de vondsten van doorboorde schoenleest-bijlen, *Rössener Breitkeile*, T-vormige geweibijlen (van der Waals, 1972) en *Plättbolzen* (Jager, 1981) gerekend worden. Al met al bestaat echter de indruk dat de bewoning van Drenthe niet intensief was, en mogelijk zelfs discontinu. Zo zijn er geen duidelijke aanwijzingen dat Drenthe bij het begin van het midden-neolithicum B nog bewoond was. Het begin van de TRB zou namelijk wel eens samen kunnen hangen met immigratie vanuit Noord-Duitsland en/of Zuid-Scandinavië (Brindley, 1986). Vanaf het begin van het midden-neolithicum B lijkt de bewoning continu te zijn.

Van de bijlen van de Swifterbantcultuur is weinig bekend. Van de vindplaatsen S-3 en S-4 zijn enkele afslagen van geslepen vuurstenen bijlen bekend. Maar geen ervan was groot genoeg om een indruk te verkrijgen van het type bijl (Dekkers, 1982: p. 35). In nederzettingen bij Schokkerhaven werden fragmenten van vuurstenen bijlen met ovale doorsnede gevonden (Hogestijn, 1990: p. 174). Uit Drenthe is geen enkele vuurstenen bijl bekend die met zekerheid aan de Swifterbantcultuur kan worden toegeschreven. Wel zou het depot(?) met een *Walzenbeil* van kwartsiet en 2 vuurstenen klingen dat bij Elp werd gevonden (Harsema, 1975) aan deze cultuur kunnen hebben toebehoord. Dat betekent dat de culturen waaraan de meerderheid van de Drentse vuurstenen bijlen toe te wijzen zijn, de Trechterbeker-, de Enkelgraf- en de Klokbekercultuur zijn (verder afgekort tot respectievelijk TRB, EGK en KB).

In Drenthe en aangrenzende streken zijn bijlen bekend uit graven van de TRB en de EGK. Bij de TRB komen bijlen echter alleen voor in graven van de horizonten 1-4 volgens Brindley (1986), dit is tussen ca. 3400 en ca. 2950 v.Chr. De fraaie vuurstenen bijl die door Bakker & van der Waals (1973) als grafgift van een TRB-graf bij Denekamp, met aardewerk van Brindley's horizont 7 werd gepubliceerd, behoort niet tot de grafgiften (mond. mededeling C.C.W.J. Hijszeler aan J.N. Lanting). De vroegste EGK-graven kunnen rond 2900-2850 v.Chr. gedateerd worden. Tussen de laatste TRB-bijlen en de vroegste EGK-bijlen uit graven is dus een klein hiaat aanwezig.

Uit Drenthe zijn geen bijlen uit KB-context bekend. Er zijn echter twee vondsten uit Friesland en één uit Gelderland, die aan de KB kunnen worden toegeschre-ven. Dit zijn een vuurstenen bijltje uit een vlakgraf met een vroege klokbeker uit Fochteloo (Lanting & van der Waals 1976), een vuurstenen bijltje (en 3 of 4 fragmenten) uit een nederzetting met Veluwse klokbekers en halspotbekers bij Oldeboorn (Fokkens, 1991) en een vuurstenen bijltje uit een grafheuvel bij Lunteren (Butler & van der Waals, 1966: fig. 13:b). Wat afwerking, type en afmetingen betreft wijken deze bijlen niet af van de bekende exemplaren uit EGK-context. Het is echter onmogelijk op grond van zo weinig vondsten een uitspraak te doen over de kenmerken van KB-bijlen.

De Deense periodisering van het midden-neolithicum A zoals die ter sprake komt bij de bespreking van de typologie is als volgt (Nielsen, 1993):

3400-3100 v.Chr.	MN I
3100-3000	MN II – Blandebjerg
3000-2900	MN III+IV – Bundsø/Lindsø
2900-2800	MN V – Valby

1.3. De bronnen

In de inventaris van het D.M. wordt per voorwerp de vindplaats beschreven. De duidelijkheid en nauwkeurigheid van deze beschrijving verschilt nogal per voorwerp. Vooral de oudste inschrijvingen – de eerste inschrijving van een vuurstenen bijl dateert van 9 november 1854 – laten nogal aan nauwkeurigheid te wensen over. Veelal wordt alleen de dichtstbijzijnde plaats vermeld. Vanaf ca. 1880 wordt de vindplaats duidelijker omschreven; vaak wordt vermeld in wat voor terrein de bijl gevonden is, bijvoorbeeld heideveld, akkers etc., eventueel met vermelding van afstanden tot kenmerkende punten in het landschap of perceelnummers. Zoals te verwachten valt worden de omschrijvingen in verloop van tijd steeds nauwkeuriger. Soms wordt ook vermeld hoe de bijl gevonden werd, bijvoorbeeld bij wat voor activiteiten. Dit kan een aanwijzing zijn voor het bepalen van de vondstcontext, bijvoorbeeld bij vermeldingen als: gevonden bij het veengraven of slootgraven. Geprobeerd is van zoveel mogelijk bijlen te achterhalen in wat voor omstandigheden zij gevonden zijn.

Voor de catalogus van de amateurcollecties geldt hetzelfde. Ook hier verschilt de kwaliteit van de omschrijving van de vindplaatsen. In tegenstelling tot de bijlen uit de collectie van het D.M., die allemaal persoonlijk bekeken, beschreven en gemeten zijn, bleek dit voor de bijlen uit de amateurcollecties niet mogelijk. Voor deze bijlen moest worden afgegaan op de informatie in de catalogus. Deze vermeldt vaak slechts een beperkt aantal maten (meestal maximale lengte, breedte en dikte) en een beschrijving van de bijl. Dit maakte dat deze bijlen niet meegenomen konden worden in de analyse van de topindex en de zijvlakkenhoek. Ook de bepaling van het type bleek onmogelijk met alleen behulp van de gegevens uit de catalogus. In de praktijk bleek het alleen mogelijk de bijlen uit de particuliere collecties te gebruiken voor het onderzoek naar de vondstcontext en de lengte.

2. DE VONDSTCONTEXT

2.1. Indeling

Zoals in de inleiding al werd vermeld is een van de doelstellingen van dit artikel te onderzoeken of de plaats van depositie van de bijlen (de tegenwoordige vindplaats), en in het bijzonder het milieu waarin dit gebeurde, met zorg uitgekozen werd of dat zij door toeval bepaald werd. Om dit te kunnen onderzoeken moest er een indeling van vindplaatsen gemaakt worden. Deze is vrij grof omdat van veel bijlen de vindplaats alleen in grote lijnen bekend is en er toch zoveel mogelijk bijlen ingepast moeten kunnen worden. Mede in verband met de vergelijkbaarheid met een eerder, soortgelijk onderzoek naar stenen bijlen (Beuker e.a., 1992) werd besloten tot een indeling in drie hoofdgroepen. Deze groepen zijn: droge context (D), overgang droog naar nat (D>N) en natte context (N).

Tot groep D worden die vindplaatsen gerekend waarvan met redelijke zekerheid is aan te nemen dat zij altijd droog zijn geweest. Deze zekerheid is vaak moeilijk te verkrijgen met behulp van de vindplaatsomschrijvingen in de vondstadministratie. Dit komt waarschijnlijk omdat voor de vinders, en degenen die de bijlen inschreven in de vondstadministratie van het museum, de omstandigheid dat iets gevonden werd op een droge plaats niet het vermelden waard leek. Tot deze groep worden bijvoorbeeld bijlen gerekend die gevonden zijn in stuifzand, in een urnenveld of bij het stenen rooien. Bij de laatste activiteit, die vooral plaats vond op de droge flanken van de Hondsrug, werden volgens H. Tiesing (1897) in de jaren 1850-1880 vele tientallen 'steenen beitels' gevonden. Hoewel in ieder geval een gedeelte van de gevonden bijlen naar het Drents Museum verzonden is, is uit de vondstadministratie niet op te maken dat specifiek bij dit stenen rooien veel bijlen gevonden zijn. Dit heeft tot gevolg dat de aldus gevonden bijlen, hoewel thuis horend in groep D, niet aan die groep toegewezen konden worden. In navolging van Beuker e.a. (1992) worden tot groep D, hoewel onder voorbehoud, ook bijlen gerekend die gevonden zijn op een es. Essen liggen in het algemeen wel op hoger gelegen, droge plaatsen, maar de aanwezigheid van een ven of andere vochtige plaats kan niet uitgesloten worden.

De groep D>N is makkelijker te definiëren; hiertoe worden alle bijlen gerekend die in de directe nabijheid van een vochtige plaats gevonden zijn. Deze vochtige plaatsen, groep N, kunnen bijvoorbeeld zijn: venen in alle soorten en maten, beekdalen, open water zoals vennen en beken, etc. Dit kunnen tegenwoordig hele bescheiden laagten zijn, zoals bleek bij een nader onderzoek van de vindplaats van een fraaie, grote bijl

(Jager, 1981). Dit onderzoek, dat werd verricht door onder anderen S.W. Jager en J.N. Lanting, bracht naar voren dat deze vindplaats op de rand lag van een laagte. Deze laagte, die tegenwoordig alleen na hevige regenval water bevat, kan in het verleden groter zijn geweest.

Tijdens de voortgang van het onderzoek bleek de vorming van een vierde vindplaatsgroep noodzakelijk. Deze groep, D>N/N, bevat een aantal bijlen dat aangetroffen is in zand onder veen. Hiervan is niet duidelijk of zij ingegraven zijn door het veen heen of dat de plaats van ingraving later overgroeid is door het veen.

Een vijfde groep, G, is die van de bijlen die aangetroffen zijn in graven. Deze groep hoort eigenlijk niet thuis in het rijtje van de vier voorafgaande contextgroepen, die ingedeeld zijn naar het fysische milieu waarin de bijlen gevonden zijn. De bijlen uit graven zouden volgens dit criterium dus eigenlijk ingedeeld moeten worden bij groep D aangezien de graven in een droge omgeving liggen. De bijlen uit TRB- en EGK-graven zijn in principe gescheiden gehouden. Een groot gedeelte van de TRB-grafbijlen (32 van de 36) is echter afkomstig uit hunebedden. Aangezien in verschillende hunebedden nabijzettingen van zowel de EGK als de KB zijn aangetroffen (Tempel, 1979; Bakker, 1992), bestaat de mogelijkheid dat enkele van deze bijlen toebehoren aan deze culturen. Deze onzekerheid is helaas niet te vermijden, aangezien de bijlen uit TRB-vlakgraven te klein in aantal zijn voor een zinvolle analyse.

In eerste instantie zijn de bijlen, waarvan het toebehoren tot een bepaalde contextgroep onzeker is, apart gehouden. Deze bijlen zijn gegroepeerd onder vermelding van een vraagteken.

Resultaten
Helaas bleek bij de indeling van de bijlen in de verschillende groepen dat de meerderheid van de vindplaatsbeschrijvingen te vaag is om op grond daarvan de bijlen in te delen. Van de 433 bijlen bleken er 241 (55,7%) niet

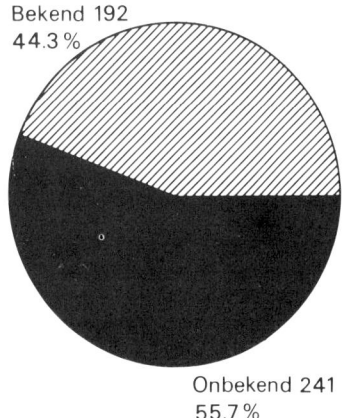

Fig. 1. Vindplaatsdocumentatie van de onderzochte vuurstenen bijlen in Drenthe.

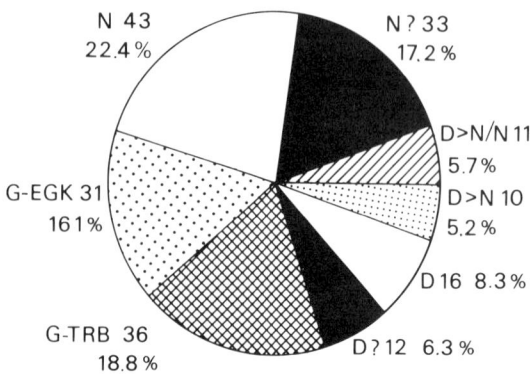

Fig. 2. Indeling naar context van de onderzochte vuurstenen bijlen in Drenthe met bekende vindplaats: N = nat; N? = waarschijnlijk nat; D = Droog; D? = waarschijnlijk droog; D>N = overgang droog/nat; D>N/N = zand onder veen; G = graf; EGK = Enkelgrafcultuur; TRB = Trechterbekercultuur.

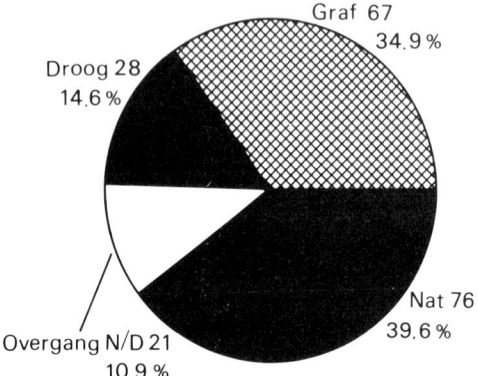

Fig. 3. Indeling naar context van de onderzochte vuurstenen bijlen in Drenthe met bekende vindplaats: vereenvoudigde versie.

indeelbaar (fig. 1). Naast een groot aantal waarvan de vindplaats alleen grofweg bekend is, bijvoorbeeld alleen de gemeente of de provincie, zijn er ook veel bijlen waarvan de vindplaats omschreven wordt als (heide)veld of akkerland. Bij dit soort omschrijvingen is het onmogelijk uit te maken tot welke groep de betrokken bijlen behoren. De aanwezigheid van vennen en venen in deze heidevelden en akkers (vaak voormalige heide) is namelijk niet uit te sluiten.

Gelukkig blijven er nog 192 bijlen (44,3%) over die wel indeelbaar zijn. De resultaten van deze eerste indeling zijn te zien in figuur 2. Aangezien de aparte vermelding van de bijlen met twijfelachtige toewijzing een versnipperd beeld opleverde, werden deze toegevoegd aan hun 'moedergroepen'. Met hetzelfde argument werden ook de bijlen uit grafcontext ongeacht hun cultuur samengevoegd (fig. 3).

Opvallend zijn de relatief grote aantallen voor de groepen G en N. Het grote aantal bijlen afkomstig uit graven is te verklaren door de gerichte opgravingen van onder andere het B.A.I. Vooral onder leiding van A.E.

van Giffen heeft dit instituut vele grafheuvels en hunebedden in Drenthe onderzocht, waarbij het merendeel van de 'grafbijlen' aangetroffen is. Minder gemakkelijk verklaarbaar is het grote aantal bijlen uit een natte context. Als we kijken naar de losse vondsten, dus zonder de bijlen uit graven, dan is deze groep goed voor ruim 60%. Er zijn verschillende redenen om aan te nemen dat dit een geflatteerd cijfer is.

Ten eerste zouden we hier te maken kunnen hebben met een ondervertegenwoordiging van de andere groepen. Zoals al besproken bij de behandeling van groep D kan dit liggen aan de registratie van de vindplaatsen. Dit zou ook kunnen gelden voor de groepen D>N en D>N/ N, aangezien het goed voorstelbaar is dat de nabijheid van een ven of een, misschien ten tijde van de vondst nauwelijks zichtbare, laagte niet het vermelden waard leek. Aan de andere kant was de aanwezigheid van een bijl in het veen waarschijnlijk wel zo opvallend. Een steen, of een stenen voorwerp, valt in het veen meer op dan in het zand waar van nature al veel stenen aanwezig zijn. Bij het vervenen, waarbij een tiental vondsten werd gedaan, werd het veen veelal met de hand gestoken, waardoor de kans dat iets wat in het veen zat, ook daadwerkelijk gevonden werd vrij groot was.

Ik denk niet dat alleen op grond van deze aantallen geconcludeerd mag worden dat er buitensporig veel bijlen in een natte context zijn terechtgekomen. Aanvullend bewijs voor het moedwillig deponeren van bijlen in zo'n context moet op andere gronden geleverd worden.

2.2. Patina

Van een groot aantal bijlen is dus de vindplaats niet of niet precies genoeg bekend om ze in een van de contextgroepen in te delen. Om deze bijlen toch in te kunnen delen is onderzoek naar patinering nuttig. Een aantal bijlen is namelijk geheel of gedeeltelijk verkleurd door chemische processen. Voor dit onderzoek zijn de bijlen met een oranje-rood-bruine verkleuring van belang. Deze verkleuring wordt veroorzaakt door de absorptie van ijzeroxyden door het vuursteen en is dus eigenlijk geen echte patinering, aangezien patinering een verweringsproces is. Volgens Shepherd (1972) neemt het vuursteen deze oxyden op vanuit de directe omgeving waar zij in opgeloste vorm voorkomen. Voor een verkleuring van het vuursteen is een geringe concentratie van ijzeroxyden in het water al voldoende. Een andere verklaring voor dit soort verkleuringen wordt gegeven door Rottländer (1975), die oppert dat de verkleuring ontstaat door de oxydatie van ijzer dat al aanwezig is in de vuursteen. Nog weer een andere theorie, van Van Gijn (1990), stelt dat veen op zich een geel-bruine verkleuring kan veroorzaken. Men gaat er echter van uit dat dit soort verkleuringen alleen in vochtige bodems optreedt. Ook een zwarte verkleuring, de zogenaamde onderwaterpatina, kan wijzen op een vochtige vindplaats. Deze verkleuring komt voor bij

Tabel 1. Aantal bijlen met patina per context.

Context	Aantal
N + N?	23
D>N/N	0
D>N	5
D	0
G	0
?	42

vuursteen dat afkomstig is uit zeer natte milieus zoals rivieren en meren, maar is ook bij vuursteen uit het veen waargenomen. Geen van de Drentse bijlen heeft echter deze verkleuring.

In tabel 1 is het aantal bijlen met een oranje-rood-bruine verkleuring per context vermeld. Hieruit blijkt dat een dergelijke verkleuring bijna alleen voorkomt bij bijlen die gevonden zijn in of in de nabijheid van een vochtig milieu. Er mag dus worden aangenomen dat alle bijlen met oranje-rood-bruine verkleuring uit die contextgroepen afkomstig zijn. Opvallend is dat een dergelijke verkleuring niet of nauwelijks voorkomt bij bijlen die in veen gevonden zijn. Van een 'veenpatina' is dus geen sprake, zoals Rech (1979: p. 13) al terecht opmerkte. Dit betekent dat het totale aantal bijlen dat afkomstig is uit de contextgroepen N, D>N en D>N/N stijgt met 42 en dus uitkomt op 139. Dat komt neer op een aandeel van 59% van de bijlen met bekende context. Als we alleen kijken naar de los gevonden bijlen, dus niet de bijlen uit de graven, dan komt dit aandeel zelfs op 83%. De toevoeging van de bijlen met patina aan de groep bijlen uit context N, D>N of D>N/N zorgt echter voor een nog grotere vertekening ten gunste van deze groepen.

3. DE BIJLEN

3.1. De maten

In het geval bijlen bewust gedeponeerd werden, heeft mogelijk niet alleen de plaats van depositie aan voorwaarden moeten voldoen. Het zou kunnen zijn dat ook de bijlen speciaal werden uitgekozen. Daarbij zou gedacht kunnen worden aan een bepaalde (minimum) lengte of een bepaald type bijl. Daarnaast kunnen bepaalde maten en het type van de bijl iets zeggen over de datering ervan. Om dit te kunnen onderzoeken zijn alle bijlen, voor zover dat mogelijk was, opgemeten en typologisch ingedeeld. Op grond van eerdere typologische studies van onder anderen Nielsen (1977; 1979) en Becker (1957; 1973) is besloten een aantal maten van elke bijl te nemen:
1. Grootste lengte, parallel gemeten aan de lengte-as;
2. Grootste breedte, haaks op de lengte-as gemeten;
3. Grootste dikte;
4. Snede-breedte, haaks op de lengte-as gemeten;
5. Breedte van de top. In navolging van Becker (1957) en Nielsen (1977/1979) is deze gemeten op 2 cm van de top; dit in verband met mogelijke onregelmatigheden van de top door bijvoorbeeld beschadigingen.
6. Dikte van de top. Ook gemeten op 2 cm van de top.

Van deze zes primaire maten zijn twee verhoudingsmaten afgeleid, te weten:
7. Topindex (TI) (Duits: *Nackenindex*). Dit is de verhouding tussen de breedte en de dikte van de top, hier gemeten op twee centimeter van de top. Deze wordt als volgt berekend:

$$\text{Topindex} = \frac{\text{de dikte van de top}}{\text{de breedte van de top}} \times 100$$

De verhouding tussen de breedte en de dikte van de top is voor het eerst gebruikt door Becker (1957) als onderscheidend criterium in zijn typologie van midden-neolithische TRB-bijlen. Nielsen (1977) gebruikt voor zijn typologie de topindex zoals hierboven beschreven;
8. Zijvlakkenhoek (Duits: *Schmalseitenwinkel*). Dit is de hoek tussen beide zijvlakken van de bijl, gemeten in het 'symmetrievlak' door snede en top. Wanneer de zijvlakken gebogen zijn, wordt de hoek genomen tussen de verbindingslijnen van de uiteinden van de snede en de beide tophoeken. In de praktijk is deze hoek aanzienlijk eenvoudiger te meten aan een tekening dan aan het voorwerp zelf. Mede daarom is in dit onderzoek de hoek bepaald met behulp van maten die toch al genomen waren, namelijk de snedebreedte, de breedte van de top (gemeten 2 cm onder de top) en de grootste lengte. Van deze laatste maat werden 2 cm afgetrokken, vanwege de plaats waar de breedte van de top werd gemeten. De halve zijvlakkenhoek volgt dan uit de volgende berekening, met de maten uitgedrukt in cm:

$$\text{cotangens } \delta \ \frac{(\text{breedte snede} - \text{breedte top}) : 2}{\text{grootste lengte} - 2}$$

De resultaten
In principe zijn van alle bijlen de bovenstaande maten genomen. Een aantal bijlen is echter dusdanig beschadigd dat het onmogelijk was van sommige deze maten te nemen. Daarnaast zijn om verschillende redenen de maten van enkele bijlen overgenomen uit de literatuur. Hierin worden echter niet altijd alle maten vermeld. Ditzelfde geldt voor de bijlen in particulier bezit die opgenomen zijn in de catalogus van amateurcollecties van het D.M. Ten gevolge hiervan kan het totaal aantal per maat (= het aantal bijlen waarvan die maat bekend is) verschillen.

3.1.1. *Lengte*

De vorm van de grafiek (fig. 4) waarin de maximale lengte van alle bijlen is uitgezet (in klassen van 10 mm) is weinig verrassend. Hoewel de beide uitersten ver uit elkaar liggen, de langste bijl is ruim 8 x zo lang als de

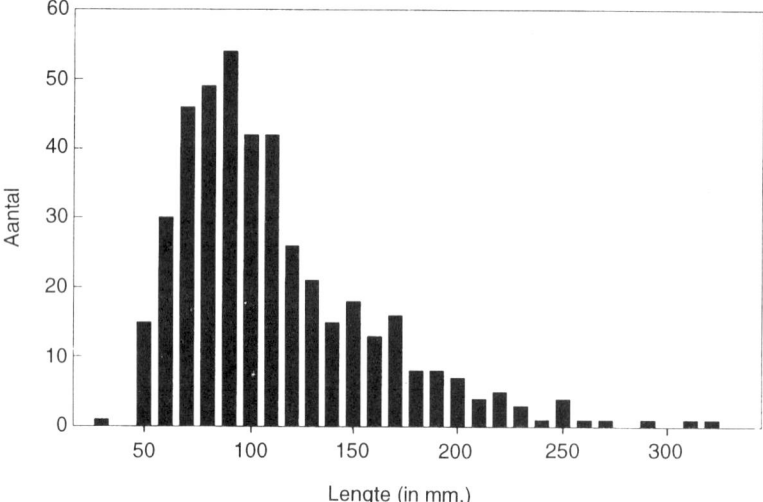

Fig. 4. Lengteverdeling van de onderzochte vuur-stenen bijlen (N = 433).

kortste, heeft de grafiek een regelmatige vorm. De curve begint bij een lengte van 50 mm en loopt vandaar zeer snel omhoog naar haar top. De kleinste bijl met een lengte van 39 mm vormt daarbij duidelijk een uitzondering. Een mogelijke verklaring voor deze kleine bijltjes ligt misschien in het voorkomen van EGK-kindergrafjes. Deze graven (zoals bijvoorbeeld gevonden op het Hij-kerveld; graf III) bevatten naast een uitzonderlijk kleine beker soms ook een mini-bijltje. Deze bijltjes waren mogelijk niet bedoeld voor daadwerkelijk gebruik, maar werden speciaal vervaardigd als grafgift voor kinderen.

Kennelijk is 50 mm of daaromtrent de minimale lengte voor een nog praktisch bruikbare bijl. Deze grens wordt duidelijk uit de vorm van de curve. Deze loopt niet geleidelijk op naar de top, maar loopt juist steil omhoog. Dit in tegenstelling tot de andere zijde van de grafiek die geleidelijk afdaalt naar de grootste lengte van 321 mm. Een scherpe grens lijkt hier niet te bestaan en daarmee ook geen maximale lengte voor een prak-tisch bruikbare bijl, althans deze vormt niet de beper-kende factor. Dit is ook gebleken uit experimenten met betrekking tot de bruikbaarheid van langere vuurstenen bijlen (Ollauson, 1982). Die beperkende factor moet misschien meer gezocht worden in de mate van be-schikbaarheid van vuursteenknollen, groot genoeg voor het fabriceren van zulke bijlen, of de beperkte aanvoer van dergelijke grote importbijlen.

Zo lijkt de vorm van de curve en daarmee het lengtespectrum van de vuurstenen bijlen bepaald te worden door twee factoren: 1. De minimale, praktische lengte van een bijl; 2. De beperkte beschikbaarheid van grotere vuursteenknollen of van grote importbijlen. Als we dan kijken naar figuur 4, dan kunnen we conclu-deren dat het compromis tussen deze twee factoren ligt rond een lengte van 90-100 mm, aangezien hier de top van de curve ligt. Bijlen, kleiner dan 90 mm, zijn minder praktisch, maar de grondstof is in dit formaat ruim voorhanden, terwijl bijlen, langer dan 90 mm, mis-

schien wel praktischer, maar ook moeilijker verkrijg-baar zijn. De overgrote meerderheid van de bijlen heeft een lengte tussen de 50 en 140 mm (331 stuks – ± 76%). Bijlen met een lengte tussen de 140 en 200 mm komen nog wel regelmatig voor (80 stuks – ± 19%), maar zijn niet alledaags. Een lengte boven de 200 mm is een zeldzaamheid (22 stuks – ± 5%).

De grafiek geeft geen uitsluitsel over verschillen in lengte tussen bijlen die lokaal in Drenthe gemaakt zijn en bijlen die geïmporteerd zijn uit bijvoorbeeld Dene-marken. Het ligt voor de hand aan te nemen dat kortere bijlen plaatselijk gemaakt konden worden en ook ge-maakt werden. Vuursteenknollen benodigd voor de fabricage van grotere bijlen zijn zeldzaam in Drenthe. De minimale lengte waarbij aangenomen mag worden dat een bijl geïmporteerd is, is moeilijk te bepalen. Bakker (1979) houdt de vuistregel aan dat alle bijlen langer dan 150 mm in ieder geval geïmporteerd moeten zijn, maar gaat er vanuit dat dat met vele kortere bijlen ook het geval is. Dit baseert hij op de lengten van een door Brandt (1967) gedefinieerd type, de *Flint-Flach-beil*. Dit type is alleen bekend uit Noord-Duitsland en Nederland en niet uit Sleeswijk-Holstein en Denemar-ken waar de meeste importbijlen vandaan komen. Het kan dus alleen vervaardigd zijn uit lokaal gevonden morenevuursteen. De maximaal voorkomende lengte van dit type is 15 cm en dus, redeneert Bakker, is dit de maximale lengte voor een bijl vervaardigd van morene-vuursteen. Stilzwijgend gaat hij er daarbij vanuit dat de grondstof hier de enige beperkende factor is voor de lengte. Dit lijkt vooral bij dit type onwaarschijnlijk. Het belangrijkste onderdeel van de definitie van dit type is de voorwaarde dat de maximale breedte groter moet zijn dan de helft van de maximale lengte. Dit levert bij een grote lengte al gauw een onnodig brede en daarmee onpraktische bijl op. Dit blijkt onder anderen uit het feit dat lange bijlen in het algemeen een relatief kleine breedte hebben, zoals te zien is in figuur 5. Uit deze

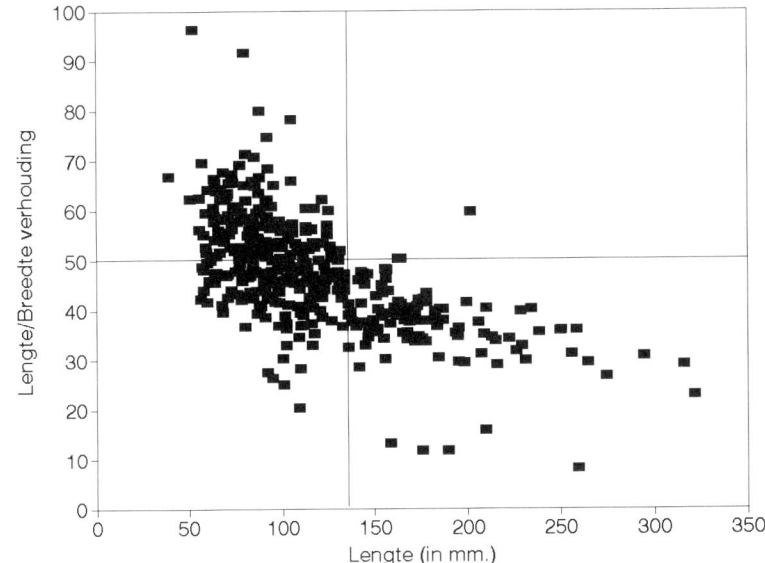

Fig. 5. Lengte-breedteverhouding van de onderzochte vuurstenen bijlen, uitgezet tegen lengte.

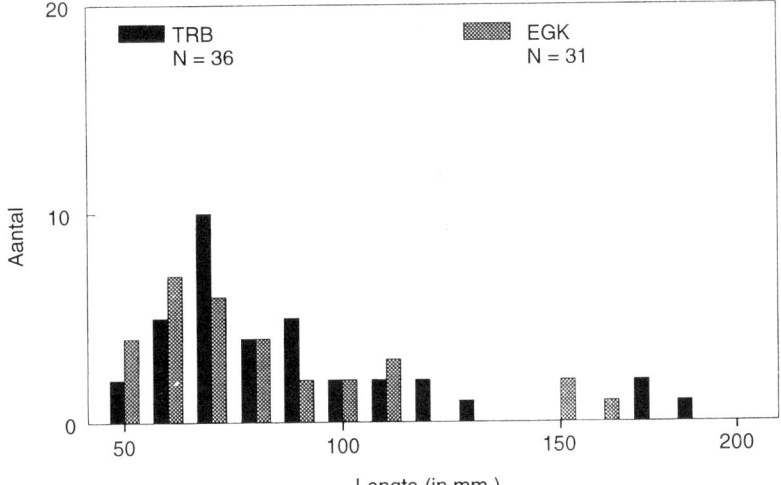

Fig. 6. Lengteverdeling van de onderzochte vuurstenen bijlen uit TRB- en EGK-graven.

grafiek blijkt wel dat bijlen waarvan de breedte groter is dan de halve lengte, dus met een lengte-breedte verhouding groter dan 50, inderdaad niet langer zijn dan ±137 mm, twee uitzonderingen daargelaten. In dit geval lijkt dus eerder de definitie van het type een beperking op te leggen aan de lengte dan de grootte van de vuursteenknollen.

Nu we het algemene beeld van de lengte en lengte-verdeling bekeken hebben kunnen we hetzelfde doen per vondstcontext afzonderlijk;

Graven (N= 67). Uit figuur 6 blijkt dat het verschil in lengteverdeling tussen bijlen uit TRB- en EGK-context te verwaarlozen is. Hoewel TRB-bijlen gemiddeld iets langer lijken te zijn dan EGK-bijlen, is de curve vrijwel gelijk van vorm. Als we deze curven bij elkaar optellen krijgen we een curve die qua vorm niet veel afwijkt van het algemene beeld; steil oplopend naar de top dan geleidelijk dalend. Er is echter een duidelijk verschil in lengte. De hoogste frequentie ligt hier tussen de 70 en 80 mm, slechts een enkele bijl is langer dan 140 mm.

Nat + Nat? (N=76). Hoewel er wel degelijk kleine verschillen bestaan tussen de curven van deze twee groepen is toch besloten deze bijeen te voegen. De kans dat de bijlen uit groep N? bij groep N horen is toch nog groter dan de kans dat zij bij één van de andere groepen thuishoren. Scheiding van de beide groepen levert een onnodig onduidelijk beeld op aangezien bij de andere groepen de twijfelgevallen ook toegevoegd moesten worden (zie daar). Uit deze samenvoeging komt figuur 7 voort. Afgezien van de piek bij lengteklasse 90-100 mm, toont de grafiek een bijna symmetrische verdeling met de hoogste frequentie bij 120 mm. Uit de toon

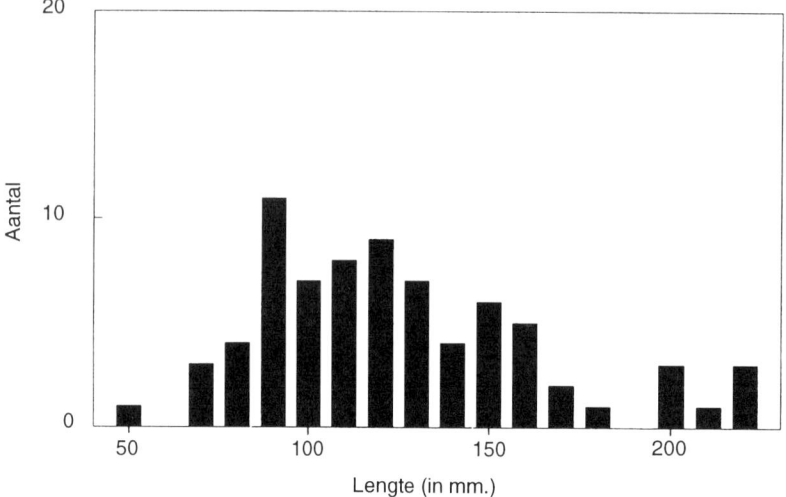

Fig. 7. Lengteverdeling van de onderzochte vuurstenen bijlen behorend tot groep N+N?

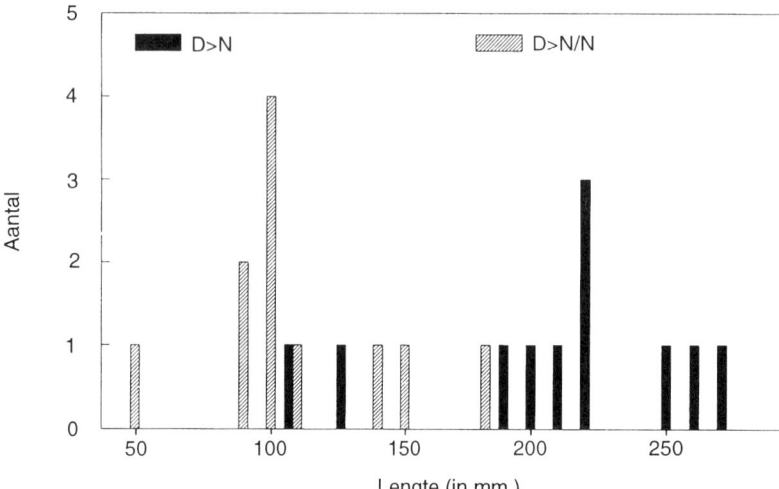

Fig. 8. Lengteverdeling van de onderzochte vuurstenen bijlen behorend tot de groepen D>N en D>N/N.

vallen de piek bij 90 mm en een aantal uitzonderlijk lange bijlen van 200 mm en langer. De lengteklasse 90-100 mm is ook bij het totale aantal bijlen de klasse met de hoogste frequentie.

D>N + D>N/N (N=21). Vanwege de lage aantallen bijlen die aan deze groepen konden worden toegeschreven (10 stuks voor D>N en 11 voor D>N/N) kunnen aan deze grafieken (fig. 8) geen verregaande conclusies worden verbonden. Toch lijkt er een duidelijk verschil te zijn tussen beide lengteverdelingen in bereik en gemiddelde. De gemiddelde lengten voor D>N en D>N/N zijn respectievelijk ±213 mm en ±114 mm. Een kanttekening hierbij is echter dat van de 11 bijlen van D>N/N er 7 afkomstig zijn van dezelfde gesloten vondst, namelijk een groepsdepot gevonden bij De Pieperij te Zuidwolde (zie 4.3.1). Iets dergelijks is aan de hand bij D>N: 5 bijlen zijn afkomstig uit twee meervoudige depots uit Een en Wildeveen. De waargenomen verschillen kunnen dus mede veroorzaakt zijn door facto-

ren die samenhangen met de deponering van deze drie depots, zoals de reden van deponering en de datering van de depots.

Droog (N=28). De curve van de lengteverdeling van de bijlen, gevonden in een droge context, vertoont een tweetoppigheid (fig. 9). Naast een top tussen 80 en 90 mm vertoont de curve een tweede, hoewel minder nadrukkelijke top tussen 130 en 140 mm.

Conclusie
Uit de vergelijking van de lengteverdelingen per vondstcontext kunnen een aantal conclusies getrokken worden. De belangrijkste conclusie is dat er wel degelijk verschillen in lengteverdeling bestaan tussen bijlen gevonden in verschillende contexten. Deze verschillen zijn niet absoluut; uit alle groepen zijn zowel zeer lange als korte bijlen bekend, met uitzondering van D>N. Uit deze groep zijn maar 2 bijlen bekend met een lengte kleiner dan 160 mm, met een kleinste lengte van 116

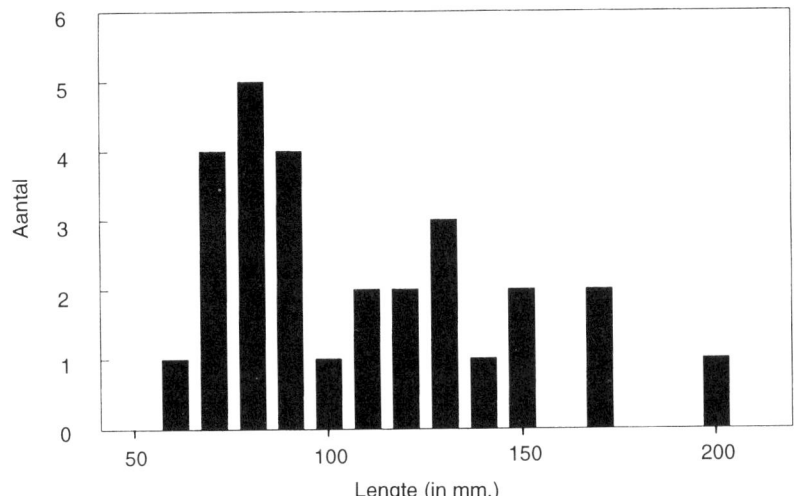

Fig. 9. Lengteverdeling van de onderzochte vuurstenen bijlen behorend tot groep D.

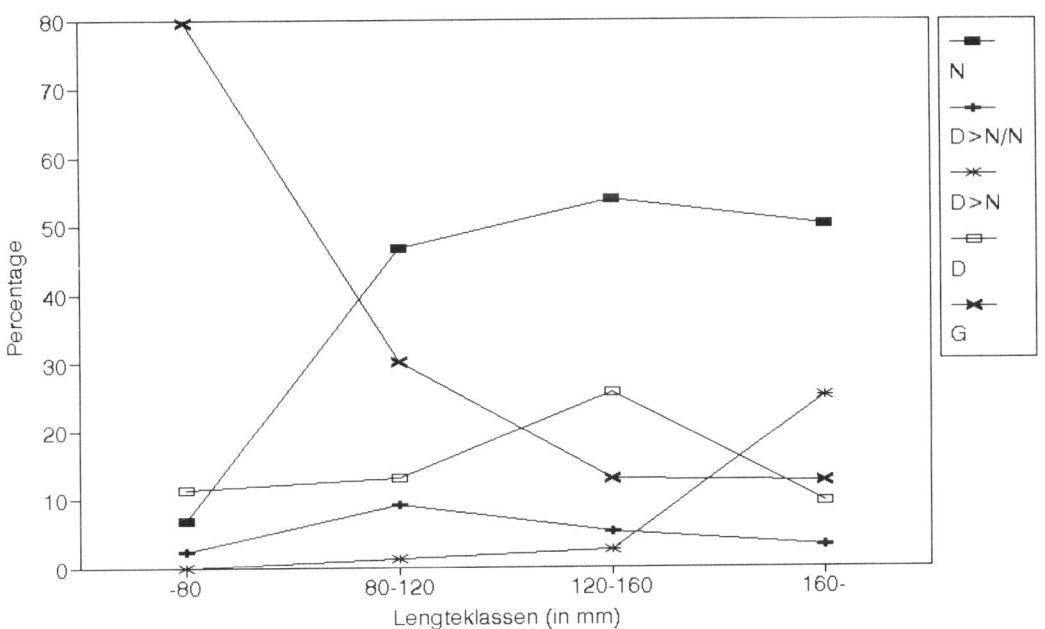

Fig. 10. Procentuele verdeling van de vuurstenen bijlen van de groepen N, D>N, D>N/N, D en G over 4 lengteklassen (zie tabel 2).

Tabel 2. Aandelen van de bijlen uit de contexten per lengteklasse.

	<80mm in %	80-120 mm in %	120-160 mm in %	>160 mm in %	in % van het tot.
N	6,8	46,8	53,8	50,0	39,6
D>N/N	2,3	9,1	5,1	3,1	5,7
D>N	0,0	1,3	2,6	25,0	5,2
D	11,4	13,0	25,6	9,4	14,6
G	79,5	29,9	12,8	12,5	34,9
Totaal	100,0	100,1	99,9	100,0	100,0

mm, terwijl bekeken over het totaal de lengteklasse 80-90 mm de hoogste frequentie heeft. De relatieve verschillen worden duidelijk in figuur 10 en tabel 2. In figuur 10 is van vier lengteklassen, 0 tot 80, 80 tot 120, 120 tot 160 en >160 mm, het aandeel van elke contextgroep in procenten uitgezet, ten opzichte van het gemiddelde aandeel van die contextgroep. Bijvoorbeeld: groep G heeft over alle bijlen genomen een aandeel van ±35%, maar in de klasse 0-80 mm heeft zij een aandeel van maar liefst bijna 80%. Deze groep is dus sterk oververtegenwoordigd bij de kleinste bijlen en ondervertegenwoordigd bij de groep bijlen langer dan 80 mm.

Precies het tegenovergestelde geldt voor de bijlen uit de groep N. Opvallend is ook het verloop van de grafiek voor de groep D>N. Het aandeel van deze groep bij de bijlen kleiner dan 160 mm is zeer klein, terwijl uit deze groep een kwart van de bijlen langer dan 160 mm afkomstig is. Dit is vooral opvallend omdat deze groep maar 5,2% uitmaakt van het totale aantal bijlen. Maar ook hier geldt natuurlijk ook dat het kleine aantal bijlen in deze groep een duidelijke conclusie onmogelijk maakt.

De beide andere groepen, D en D>N, hebben een meer gemiddeld verloop, zonder echte uitschieters. Bij deze conclusies moet wel vermeld worden dat door het grote aandeel van groep G bij de kleine bijlen de percentages voor de andere groepen in die categorie sterk terugvallen. Het omgekeerde geldt natuurlijk voor de aandelen bij de langere bijlen.

Samengevat zijn er twee groepen die wat betreft hun lengteverdeling echt opvallen: G en D>N. De andere groepen zijn, voor zover een goede vergelijking mogelijk is door de soms wel erg kleine aantallen, niet sterk afwijkend van het gemiddelde beeld. Dit blijkt ook uit de resultaten van de statistische toetsen die gebruikt zijn voor de vergelijking. De gebruikte toets is de Mann-Whitney U-test (Siegel, 1956) met als kritische waarde .05. De uitkomsten van deze toetsen zijn te vinden in tabel 3. Weergegeven in een Venn-diagram leveren zij figuur 11 op. Hieruit blijkt dat op grond van hun lengteverdelingen de contexten te verdelen zijn in drie groepen; 1. D>N; 2. N + D>N/N + D; 3. G. De overlap tussen de groepen 2 en 3 volgt uit het niet-significante verschil tussen de groepen G en D enerzijds en D en N anderzijds. De affiniteit van groep D met de groepen G en N is ook af te leiden uit de vorm van de curve van de

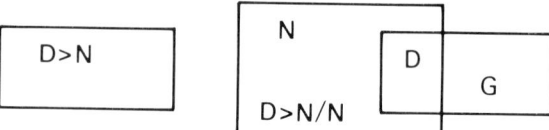

Fig. 11. Venn-diagram: lengteverdelingen per context.

lengteverdeling (fig. 9). De twee toppen, tussen 80 en 90 mm en 130 en 140 mm, komen overeen met de hoogste frequenties van de lengteverdelingen van respectievelijk groep G en groep N + N?. De overeenkomst tussen de groepen D en G is te verklaren door aan te nemen dat een gedeelte van de bijlen uit een droge context afkomstig is uit vernielde of niet als zodanig herkende graven. De verklaring voor de overeenkomst van groep D met groep N ligt misschien in het toevoegen van bijlen afkomstig van essen bij groep D. Een aantal escomplexen omvat veentjes en/of vochtige laagten, al dan niet gedempt. Bijlen die in of bij deze vochtige plaatsen gedeponeerd werden, zijn op grond van de ligging van de vindplaats op een es ten onrechte tot groep D gerekend.

3.1.2. Topindex

De topindex (zie 3.1) wordt vaak beschouwd als een belangrijk criterium voor het onderscheid tussen verschillende typen bijlen. Zo zouden TRB-bijlen in het algemeen een lagere topindex hebben dan EGK-bijlen. Dit wordt bevestigd door het Drentse materiaal. Als we de indices van de TRB- en de EGK-grafbijlen vergelijken, blijkt het verschil zelfs vrij groot. Het merendeel van de TRB-bijlen heeft een topindex tussen de 28 en 42, met de hoogste frequentie voor een waarde rond de 38. Slechts 5 bijlen, waaronder 2 beitels, hebben een topindex groter dan 42. De verdeling van de topindices van de EGK-bijlen geeft een heel ander beeld. Hier vallen de meeste waarden tussen 42 en 70, met een aantal uitschieters naar boven (2 stuks) en onderen (5 stuks). Een van de bijlen met een lagere waarde (34) is een kling met geslepen snede. Deze wijkt dus in meerdere opzichten af van de andere bijlen. De hoogste frequentie ligt bij de EGK-bijlen bij een waarde rond 48 (fig. 12). Ook statistische toetsing laat het verschil in topindex tussen TRB- en EGK-bijlen zien (Mann-Whitney U-test (Siegel, 1956): p=.0146 – significant verschil bij een kritische waarde van .05).

De kritische waarde van de topindex voor het onderscheid tussen TRB- en EGK-bijlen lijkt te liggen rond 42. Van de TRB-bijlen valt 86% daaronder en van de EGK-bijlen heeft 90% een hogere waarde. Berekenen we nu deze percentages ook voor de andere contextgroepen dan krijgen we de waarden zoals gegeven in tabel 4. Uit deze getallen blijkt dat van alle bijlen, ongeacht de context waarin zij gevonden zijn, met uitzondering van de bijlen uit TRB-graven en misschien uit groep D>N, het overgrote deel een topindex

Tabel 3. Resultaten van de statistische toetsing van de lengteverdelingen.

	D>N/N	D>N	D	G
N	,429	,010	,383	<,05
D>N/N	-	,001	,085	,014
D>N	-	-	,000	,000
D	-	-	-	,127
G	-	-	-	-

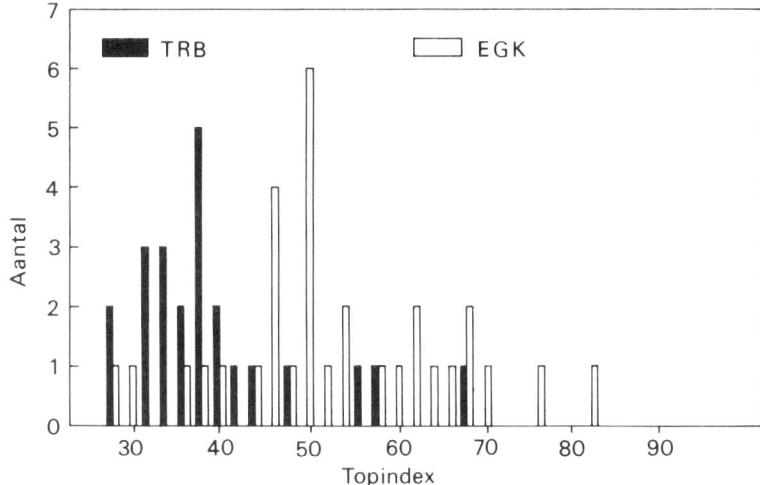

Fig. 12. Verdeling van de topindices van de onderzochte vuurstenen bijlen uit TRB- en EGK-graven.

Tabel 4. Percentage bijlen met een topindex groter dan 42 per context.

G-TRB	14%
G-EGK	90%
N	93%
N?	69%
D>N/N	82%
D>N	57%
D	83%
?	72%

(TI) heeft van groter dan 42. Voor het totaal aan bijlen is dit 72%. Het is nu verleidelijk om te stellen dat 28% van de bijlen afkomstig is van de TRB-cultuur en 72% van de EGK-cultuur, de kleine overlap buiten beschouwing latend. Dit zou, helaas, misschien ietwat te simpel gesteld zijn. De bijlen waarvan bekend is van welke cultuur zij een produkt zijn, zijn alle afkomstig uit graven. Zoals gebleken is bij de bestudering van de lengteverdelingen zijn deze grafbijlen in zoverre afwijkend, dat zij gemiddeld kleiner zijn dan de bijlen uit andere contexten. Kennelijk bestond er een voorkeur voor kleinere bijlen als grafgift. Daarnaast bestond er een voorkeur voor bepaalde typen (zie 3.2.2). Zoals hieronder (zie 3.2.3) zal worden betoogd heeft dit echter geen consequenties voor de representativiteit van de grafbijlen voor het totaal aan TRB- of EGK-bijlen, wat betreft de topindex.

Interessant bij de vaststelling van een hogere topindex bij EGK-bijlen is dat Becker (1957) in zijn typologische studie van midden-neolithische bijlen een toename zag van de topindex gedurende het midden-neolithicum. Echter, als we aannemen dat een topindex van 42 de grenswaarde tussen TRB- en EGK-bijlen is dan zou dat betekenen dat 88 van de bijlen aan de TRB toegeschreven zou moeten worden en 226 aan de EGK. Hoe waarschijnlijk is deze grote meerderheid voor de EGK? Als we er van uit gaan dat de topindex inderdaad

toenam in de tijd en dat de culturen na de EGK, tenminste die culturen die ook vuurstenen bijlen gebruikten, zich ook aan deze regel hielden, dan komen we op een periode van minstens 1100 jaar (2900-1800 BC; EGK tot en met de vroege bronstijd). In deze periode zouden dan deze 226 bijlen geproduceerd moeten zijn. De TRB-periode heeft ca. 550 jaren geduurd. Gezien de zeer geringe aanwijzingen voor bewoning tijdens het vroege neolithicum en het midden-neolithicum A zijn waarschijnlijk nauwelijks bijlen uit die periode aanwezig. Aannemende dat de bevolkingsdichtheid ten tijde van de EGK etc. hoogst waarschijnlijk wel groter zal zijn geweest dan die gedurende het midden-neolithicum, kan dit verschil in bevolkingsgrootte het verschil in aantal bijlen grotendeels verklaren.

De verdeling van de topindex voor alle bijlen (fig. 13) spreekt een duidelijke scheiding op grond van topindex echter tegen. Bij een werkelijk duidelijke grenswaarde zou in deze figuur een tweedeling zichtbaar moeten zijn in de vorm van een 'dal' rond deze waarde. Dit is echter niet het geval. Dit betekent niet dat er geen verschil in topindex tussen TRB- en EGK-bijlen bestaat. Het betekent wel dat er geen duidelijke grens is, hoogstens een geleidelijke overgang. Aangezien deze grens bij bijlen uit grafcontext wel lijkt te bestaan moet hier iets anders aan de hand zijn. Het kan zijn dat de grenswaarde wel bestaat, maar dat deze vertroebeld wordt door de bijlen van de KB-cultuur en de bijlen uit het vroeg-neolithicum en de vroege bronstijd. Ik kom op dit onderwerp terug in paragraaf 3.2.3. Hoe dan ook, de grenswaarde voor de topindex van 42 kan dus niet gebruikt worden voor de culturele toewijzing van individuele bijlen.

3.1.3. *Zijvlakkenhoek*

Hoewel deze waarde wel gebruikt is voor de definitie van bijltypen, o.a. door Nielsen (1977), levert zij bij het

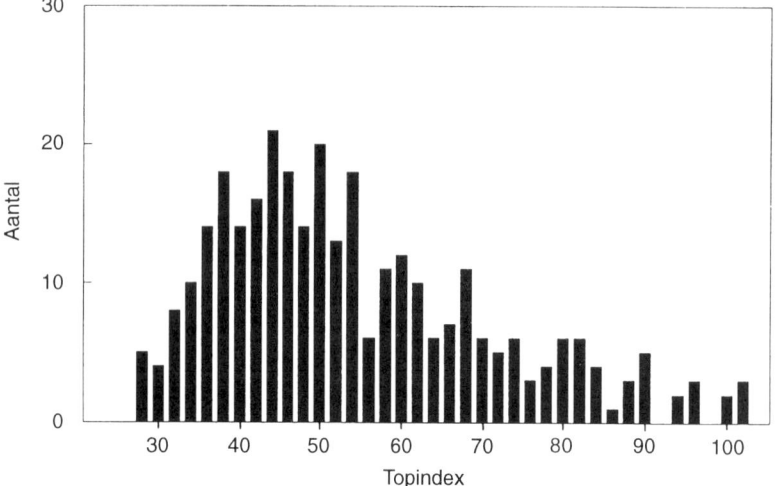

Fig. 13. Verdeling van de topindices van de onderzochte vuurstenen bijlen.

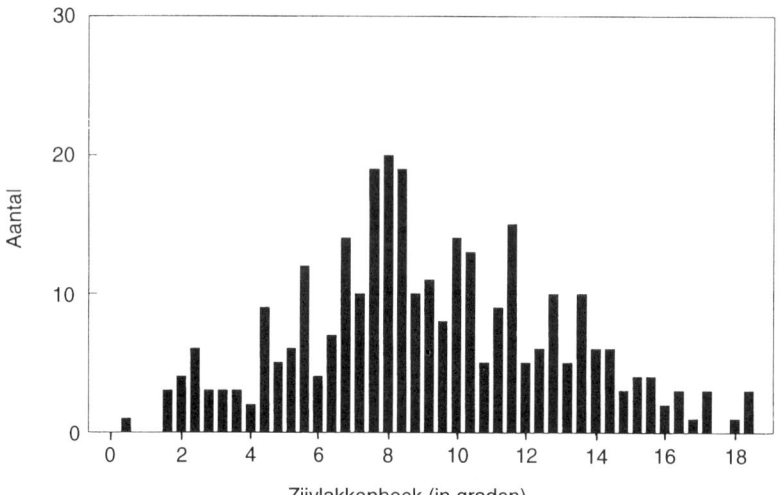

Fig. 14. Verdeling van de zijvlakkenhoek van de onderzochte vuurstenen bijlen.

Drentse materiaal geen duidelijke verschillen op tussen de diverse contexten. De zijvlakkenhoek van alle bijlen, uitgezet in een grafiek, is te zien in figuur 14. De waarden lopen van een negatieve hoek voor enkele beitels, tot een hoek van maximaal 22,5 graden. De zijvlakkenhoek van de meeste bijlen ligt tussen de 7 en 11 graden.

3.2. Typologie

De typologie van vuurstenen bijlen en de datering aan de hand daarvan, is een gecompliceerd onderwerp. Dit is niet te wijten aan een tekort aan wetenschappelijke aandacht voor dit onderwerp, eerder aan een teveel daarvan, voor zover dat mogelijk is. Vooral voor het Scandinavische gebied is het aantal typologische studies zo groot en zijn de meningen zo uiteenlopend dat een overzicht moeilijk te krijgen is (zie bijvoorbeeld voor een overzicht van typologische studies met betrekking tot de *dicknackige Flint-Rechteckbeil* Strahl,

1985). Het feit dat de verschillende auteurs verschillende criteria gebruiken voor de indeling van hun typen maakt de vergelijking van hun typologieën zeer moeilijk. Het bestuderen van deze typologieën doet vermoeden dat de vormen van de bijlen zo divers zijn dat één scherp geformuleerde, voor datering zinvolle, typologische indeling wel altijd een utopie zal blijven, waarschijnlijk omdat de vorm van een bijl te veel bepaald wordt door de functie, de grondstof en de individuele voorkeur en vaardigheid van de maker van de bijl. Ondanks dit sombere beeld zou het fout zijn geen poging te wagen tot een typologische indeling van de Drentse bijlen.

Vanwege de bovenstaande problemen is besloten om gebruik te maken van één enkele typologie. Hiermee worden de problemen met overlappende typen en verschillende criteria omzeild, zodat de toewijzing van individuele bijlen aan een bepaald type zo eenvoudig mogelijk gehouden wordt. Gekozen is voor de typologie van Brandt, zoals beschreven is in zijn *Studiën über steinerne Äxte und Beile der jüngere Steinzeit und der Stein-Kupferzeit Nordwestdeutschlands* (1967). Er is een aantal redenen voor deze keuze. Ten eerste is dit één van de weinige studies die alle typen geslepen vuurstenen bijlen behandelt, ongeacht hun datering. Dit is wel zo praktisch als je werkt met een verzameling bijlen uit een veelal onbekende culturele context. Er zijn genoeg deelstudies die bijlen uit bepaalde periodes of bepaalde typegroepen behandelen, maar die schenken vaak te weinig aandacht aan onderscheidende criteria ten opzichte van bijlen uit andere perioden en/of typegroepen. Ten tweede behandelt Brandt de bijlen uit Noordwest-Duitsland, het gebied direct grenzend aan Drenthe. Dit gebied is archeologisch gezien zeer goed vergelijkbaar met Drenthe. Verwacht mag daarom worden dat Brandts typologie ook goed bruikbaar is voor de bijlen uit ons gebied.

Een nadeel van deze typologie is echter dat de type-omschrijvingen soms onduidelijk zijn door het ontbreken van scherpe criteria. Hierdoor lopen soms twee typen bijna naadloos in elkaar over of overlappen elkaar soms zelfs, waardoor een aantal bijlen tussen twee typen in valt. Dit lijkt een groot bezwaar maar is helaas niet te voorkomen. Het is een illusie te denken dat een goede typologie alle bijlen feilloos kan onderbrengen. Typen ontwikkelen zich tot andere typen zonder scherpe grens, bijlen worden bijgewerkt en de vorm van de grondstof legt beperkingen op aan de vorm van de bijl. Niet vergeten moet worden dat de bijl in de eerste plaats een werktuig is en daardoor vooral praktisch bruikbaar moet zijn, ongeacht het uiterlijk.

3.2.1. *Brandts typologie*

Het onderstaande is een korte samenvatting van Brandts typologie, aangevuld met een korte discussie van de denkbeelden van enkele andere auteurs. Varianten en subtypen worden alleen beschreven als zij van belang zijn voor een nadere datering. De typebenamingen zijn zoveel mogelijk letterlijk vertaald. De nummering is ook die van Brandt. Dit met uitzondering van de beitels (nr. 9) die niet door Brandt worden behandeld.

1. *Spitstoppige bijlen met ovale doorsnede* (Brandt, 1967: pp. 82-87). Met spitstoppig wordt hier bedoeld de vorm van de top in vooraanzicht, dus de vorm van de top van het hoofdvlak. Dit type heeft een hoofdvlak met een omtrek met min of meer driehoekige vorm, waarbij vaak één (of beide) van de lange zijden licht gekromd is (zijn). Dit resulteert dan in een meer spits-klokvormige omtrek. De meeste bijlen van dit type zijn goed geslepen. Een aanzienlijk deel van deze bijlen uit Brandts werkgebied is vervaardigd van zuidelijke vuursteen.

Brandt geeft als culturele context voor Scandinavië laat-Ertebölle en vroeg-TRB (fase A). In Duitsland ziet hij vroege associaties met de Rössener cultuur en in Frankrijk met de S.O.M.-cultuur. Nielsen (1977) komt tot dezelfde datering voor Denemarken. Bakker (1979) dateert dit type tot in tenminste MN-I, o.a. op grond van

een bijl uit het hunebed van Drouwen (D 19), die hij tot dit type rekent. Brandt zelf rekent deze bijl tot type 2, wat op grond van de gepubliceerde tekening (Deunhouwer, 1983; fig.7) meer voor de hand ligt.

2. *Smaltoppige bijlen met ovale doorsnede* (Brandt: pp. 87-90). Brandt gebruikt in plaats van smaltoppig het begrip *dünnackig*, wat te vertalen is als 'dun'toppig. Het onderscheidende kenmerk van dit type heeft echter niets te maken met de dikte van de top, maar met de breedte. Het begrip 'duntoppig' wordt meestal (terecht) gebruikt als tegengesteld aan 'diktoppig', zoals bij type 4. Het verkeerde gebruik van de term 'duntoppig' leidt tot verwarring, zoals bij H. Fokkens in *Verdrinkend landschap* (1991). Hier wordt duntoppig zowel gebruikt ter onderscheiding van spitstoppig, dus in de betekenis van smaltoppig, als van diktoppig in de betekenis van duntoppig. Ook Bakker (1979) maakt deze fout en gebruikt *thin-butted* in deze twee betekenissen.

Dit type is nauw verwant aan type 1 en is net als deze een Westeuropese vorm. In principe onderscheidt dit type zich van type 1 door meer trapeziumvormige hoofdvlakken en dus een niet-spitse top. In de praktijk lopen spits- en smal-toppig geleidelijk in elkaar over. Dit komt omdat ook bij de smaltoppige bijlen de top afgeronde hoeken heeft en min of meer vloeiend overloopt in de lange zijden. De overige kenmerken zijn gelijk aan die van type 1, ook dit type is vaak vervaardigd van zuidelijke vuursteen.

Ook qua datering en verspreiding vertonen de typen 1 en 2 grote overeenkomsten. Volgens Brandt is de smaltoppige bijl al vroeg voortgekomen uit de spitstoppige en kwamen zij lang naast elkaar voor. Op grond van het voorkomen van dit type in hunebedden, bijvoorbeeld in hunebed D19, komt hij tot een levensduur voor dit type tot ten minste in MN-I. Behalve met de TRB is het type meer naar het zuiden ook geassocieerd met de Michelsberg-cultuur en de Rössener cultuur.

Onderdeel uitmakend van dit type, en dus eigenlijk een subtype, is het type Buren (Bakker, 1982), voorheen bekend als de Vlaardingen-bijl (van Regteren Altena, 1963). Dit type heeft een spitsovale doorsnede, waarbij de zijvlakken vaak in facetten geslepen zijn, is duntoppig en is vervaardigd van zuidelijke vuursteen uit het gebied tussen Rijckholt, Rullen, Spiennes en het bekken van Parijs. Dit type was in gebruik van ± 4000-2500 v.Chr. onder meer bij de Vlaardingen-, Michelsberg-, Stein-, S.O.M.- en TRB-cultuur (Bakker, 1982).

Nielsen (1977) onderscheidt geen apart smaltoppig type met ovale doorsnede, maar rekent deze tot de spitstoppige, wat, gezien de geringe verschillen in vorm, datering en verspreiding, ook voor de hand lijkt te liggen.

3. *Dunbladige bijlen met ovale doorsnede* (Brandt: pp. 90-94). Deze kleine bijlen (60% <10 cm, max. lengte 14,7 cm) hebben een vlak-, spitsovale doorsnede en een geringe dikte. De top is spits tot smal en meestal afgerond waardoor de omtrek van de hoofdvlakken klokvormig is. De meerderheid heeft een volledig ge-

slepen snede met een slijpvlak dat, steeds smaller wordend, uitloopt naar de top. Brandt associeert dit type met de (late) EGK. Dit ondanks het feit dat 4 van de 6 grafbijlen van dit type afkomstig zijn uit TRB-megalietgraven. De associatie met de EGK baseert hij op de verspreiding van dit type (Brandt, 1967: *Karte* 23), die overeenkomt met de verspreiding van het hamerbijltype K. Daarnaast noemt hij het voorkomen van dit type in samenhang met *Schnurkeramik* buiten Noordwest-Duitsland.

Bakker (1979) kent deze bijlen in Noord-Nederland alleen uit TRB-context. Een van deze bijlen is gevonden in een TRB-vlakgraf samen met aardewerk van de fasen Bakker B en C, dus zelfs een vroege fase van de TRB. In het zuiden, in het Rijn-Maas-gebied, komen wel associaties met AOO-aardewerk voor, wat overeenkomt met Brandts datering (Lanting & van der Waals, 1976).

4. *Duntoppige bijlen met rechthoekige doorsnede* (Brandt: pp. 94-101). Zoals alle vuurstenen bijlen met een rechthoekige doorsnede is dit een typisch noordelijk type. Het type heeft hoofdvlakken met een trapeziumvormige tot bijna rechthoekige omtrek. Vaak zijn de zijden daarbij gekromd. De zijvlakken zijn lancetvormig, met de grootste dikte in het midden. Door bijslijpen van de bijl kan dit echter veranderd zijn in meer druppelvormig. De top kan uitlopen in een scherpe rand (*grätformig* – snedevormig) of kan vlakrechthoekig zijn. In doorsnede zijn de hoofdvlakken meestal gewelfd, in tegenstelling tot de meestal vlakke zijvlakken. De overgrote meerderheid van deze bijlen is geheel geslepen.

Dit type kent zijn grootste concentratie in Denemarken. Brandt schrijft het type op grond van meerdere vondsten in megalietgraven toe aan de TRB, maar laat het doorlopen tot in de EGK. Dit vanwege een enkele vondst in EGK-context. Bakker (1979) dateert het type in MN I en MN II, oftewel strikt behorend tot de TRB. Hij baseert dit op het ontbreken van associaties met EGK-materiaal in Nederland en de datering van dit type voor Scandinavië door Becker (1957; 1973). Becker onderscheidt twee typen duntoppige bijlen: het 'oude' type met licht gewelfde hoofd- en zijvlakken, een brede dunne, vaak ook scherpe top en vier geheel geslepen zijden en het type Blandebjerg met alleen gewelfde hoofdvlakken, een dikkere top en alleen geslepen hoofdvlakken. Deze typen plaatst hij respectievelijk in MN I en MN II. Nielsen (1977) deelt Beckers 'oude' type nog eens op in zes typen, o.a. op grond van de zijvlakkenhoek, de vorm van de top en de gewelfdheid van de zijden. Hij dateert deze typen in een periode lopende van VN B tot MN I. Het type 'Blandebjerg' (zijn type VII) dateert ook hij in het MN II.

5. *Vlakbijlen* (Brandt: pp. 102-108). Typerend voor dit type is de relatief grote breedte en geringe dikte. Brandt definieert alleen de grootste breedte; die moet groter zijn dan de halve lengte. Deze lengte is meestal vrij klein: 65% is kleiner dan 10 cm. De omtrek van de

hoofdvlakken is variabel en loopt van trapeziumvormig tot rechthoekig-klokvormig. De doorsnede is rechthoekig. De meeste vlakbijlen zijn geheel geslepen; kenmerkend is het geslepen topvlak.

Op grond van de verspreidingskaart (Brandt, 1967: *Karte* 25), die een duidelijke concentratie in het oosten van zijn onderzoeksgebied laat zien, beschouwt Brandt de vlakbijl als een lokaal type. Vlakbijlen komen voornamelijk voor in TRB-context, vrijwel vanaf het eerste optreden van deze cultuur in dit gebied. In tegenstelling tot wat Bakker (1979: p. 83) beweert, kent Brandt wel degelijk vlakbijlen uit EGK-context en hij laat het type dan ook doorlopen tot in het laat-neolithicum. Ook Bakker ziet in de vlakbijl een duidelijk lokaal type, typerend voor zijn TRB-Westgroep, hoewel ook hij het type tevens aan de EGK toeschrijft. Bakker plaatst een kanttekening bij het belang van een geslepen topvlak; hij ziet dit niet als een bepalend kenmerk voor dit type.

6. *Dikbladige bijlen met rechthoekige doorsnede* (Brandt: pp. 109-118). Waar andere auteurs de nadruk leggen op de dikte van de top en dit type betitelen als 'diktoppig', ziet Brandt de 'dikbladigheid' als belangrijkste kenmerk. Ter onderscheiding van het dunbladige type (type 7) stelt hij de voorwaarde dat de maximale dikte groter is dan de halve grootste breedte. De vorm van de top kan volgens Brandt variëren van snedevormig tot hoog-rechthoekig. De omtrek is meestal slank trapeziumvormig waarbij de breedte van de top groter is dan de halve snedebreedte.

Brandt deelt het type in drie variëteiten in naar de kromming van de hoofdvlakken en de vorm van de zijvlakken: A. Deze heeft sterk gekromde hoofdvlakken, een snedevormige top en een lancetvormig zijvlak (grootste dikte in het midden); B. Hier zijn de hoofdvlakken vlak tot licht gekromd en is het topvlak vlakrechthoekig van vorm. De grootste dikte ligt hier bij de snede waardoor het zijvlak druppelvormig is. De doorsnede is op het dikste gedeelte bijna vierkant; C. Deze variant heeft zwak gewelfde, parallellopende hoofdvlakken waardoor de dikte over een groot gedeelte even groot is. Het topvlak is meestal vlakrechthoekig, soms vierkant, zelden hoogrechthoekig.

Tweederde van de bijlen van dit type uit Noordwest-Duitsland blijkt afkomstig te zijn uit EGK-graven, terwijl slechts enkele uit onbetwiste TRB-context komen. Onderzoek door Brandt naar andere, cultureel bepaalde kenmerken bij bijlen van dit type (zie 3.3) bevestigde dit beeld. Dikbladige bijlen uit TRB-context in Denemarken bleken voornamelijk te voldoen aan de definitie van Brandts variant C. Op grond van deze constateringen schrijft Brandt de varianten A en B toe aan de EGK en de variant C aan de TRB.

Becker (1957) definieert drie, elkaar in tijd opvolgende typen diktoppige bijlen. Het oudste type, het type Bundsø, volgt direct op zijn jongste duntoppige bijl, type Blandebjerg. Becker ziet in de opeenvolging van de verschillende typen bijlen één doorlopende ontwikkeling van een snedevormige tot een hoog-rechthoekige top. Het type Bundsø heeft nog steeds een vrij dunne top, die echter wel zo dik is dat "we must call the form thick-butted" (Becker, 1957: p. 35). Waar precies de grens ligt tussen dun- en diktoppig vermeldt Becker niet. Het volgende type is het type Lindø met een dikkere top dan het Bundsø-type en met een topindex tussen de 50 en de 75. Laatste in de rij is het type Valby, met een topindex tussen de 75 en de 100. De looptijden van deze typen (inclusief de duntoppige) vallen, volgens Becker, ongeveer samen met de vijf perioden waarin Becker het midden-neolithicum op grond van TRB-aardewerk heeft ingedeeld. Het Bundsø-type komt voor in MN III en eventueel MN II en IV, het Lindø-type voornamelijk in MN IV en in mindere mate in MN V; het Valby-type is in enkele gevallen bekend uit MN IV-context maar behoort grotendeels tot MN V.

7. *Dunbladige bijlen met rechthoekige doorsnede* (Brandt: pp. 118-122). De dunbladige bijlen zijn nauw verwant aan de dikbladige. Ter onderscheid van deze hanteert Brandt de stelregel dat de grootste dikte kleiner moet zijn dan de halve breedte. Net als bij de dikbladige is de omtrek meestal zwak-trapeziumvormig waarbij de top breder is dan de halve lengte. De verspreiding van dit type en die van de TRB-cultuur in het algemeen zijn volgens Brandt voldoende verschillend om te mogen concluderen dat de dunbladige bijl geen rol van betekenis speelde binnen de TRB-cultuur. Daar komt bij dat het type maar enkele keren is aangetroffen in directe TRB-context. In EGK-graven daarentegen is het type meerdere keren gevonden. Gezien ook de typologische verwantschap met de dikbladige bijl, die ook bijna uitsluitend uit EGK-context bekend is, rekent Brandt de dunbladige bijl tot het typenassortiment van de EGK. Dit ondanks het feit dat het Scandinavische dunbladige type daar van VN-C tot en met MN-V bij de TRB in gebruik was. Bakker (1979) kent ook geen voorbeelden van dunbladige bijlen in TRB-context in het gebied van de TRB-Westgroep.

8. *Breedsnedige bijlen met rechthoekige doorsnede, dissels en 'Hohlbeile' (bijlen met gutsvormige snede)* (Brandt: pp. 123-126). Dit type bestaat uit drie vormen met een aantal gezamenlijke kenmerken: een trapeziumvormige omtrek, waarbij de breedte van de top kleiner is dan de helft van de snedebreedte, en gewelfde hoofd- en zijvlakken. Deze kenmerken onderscheiden het type van de overigens gelijke dikbladige bijl. De eerste vorm is de breedsnedige bijl. Deze vorm heeft verder geen speciale kenmerken. Bij de dissels zijn de hoofdvlakken in verschillende mate gekromd, waardoor in zijaanzicht de snede meer aan één zijde ligt. De *Hohlbeil* tenslotte heeft een hol geslepen snede. Elk van deze drie vormen lijkt uitsluitend in gebruik te zijn geweest in de laatste fase van de EGK en eventueel bij latere culturen (KB?).

9. *Beitels met rechthoekige doorsnede.* De benaming beitels werd vroeger algemeen gebruikt voor alle typen bijlen. Hier wordt onder een beitel verstaan een bijl waarvan, over de gehele lengte, de breedte ongeveer gelijk is aan de dikte en de zijden ongeveer parallel lopen. Deze beitels zijn gewoonlijk vrij lang en hebben een relatief smalle snede. In de literatuur worden twee typen beschreven. Het eerste type, dat in het algemeen aan de TRB wordt toegeschreven, heeft regelmatige, geheel geslepen zijden. Het tweede type, gewoonlijk toegeschreven aan de EGK, is vaak zeer onregelmatig van vorm en heeft alleen een geslepen snede. De top is onregelmatig knopvormig en vaak breder en dikker dan de rest van het beitellichaam. Dit type is in Nederland niet uit dateerbare context bekend, maar komt in Zuid-Scandinavië voor in EGK-context (Højlund, 1974).

Bakker (1979) bepleit, op grond van een vondst van een beitel van het TRB-type in combinatie met EGK-bijlen (meervoudig depot De Pieperij; zie 4.3.1), dat het TRB-type in ieder geval ook bij de EGK nog in gebruik was. Dit roept natuurlijk de vraag op of hier wel gesproken mag worden van een TRB-type. Deze benaming wordt hieronder voor het gemak wel aangehouden.

3.2.2. *De culturele toewijzing van de Drentse bijlen*

Van het totale aantal bijlen bleek iets meer dan de helft (240 stuks) toegewezen te kunnen worden aan een bepaald type. Dat dit toch een vrij klein aantal is, heeft een aantal oorzaken. De belangrijkste daarvan is dat een bijl toch in de eerste plaats een gebruiksvoorwerp is, met als voornaamste vereiste een praktische bruikbaarheid. De vorm is daarbij minder belangrijk; ook een minder fraai gevormde bijl kan heel goed bruikbaar zijn. Daarbij komt dat veel bijlen in de loop van hun 'gebruiksleven' bijgeslepen en bijgewerkt zijn tot een nieuwe, min of meer toevallig ontstane vorm.

Zoals al gezegd zijn de type-omschrijvingen van Brandt verschillend te interpreteren. Een andere onderzoeker zal sommige bijlen zeker bij een ander type ingedeeld hebben. Dit is echter inherent aan een dergelijke typologie. De resultaten van de indeling naar type per vondstcontext zijn te zien in tabel 5. Ten eerste moet bekeken worden of de culturele toewijzing van de typen door Brandt, Bakker en anderen gesteund wordt door de resultaten.

Hiervoor zijn de bijlen uit de graven van belang. De 22 bijlen uit TRB-context zijn onder te verdelen in 6 typen. Zes van die bijlen zijn van de typen 2 en 4; deze typen behoren tot het typische TRB-assortiment. Drie bijlen zijn van het type 3. Brandt en Bakker verschillen van mening over bij welke cultuur dit type in gebruik was. Brandt acht, op zwakke gronden, een toebehoren aan de EGK waarschijnlijk. De resultaten, zoals zij staan in tabel 5, steunen de bevindingen van Bakker, die dit type alleen uit TRB-context kent (Bakker, 1979: p. 86). Daarnaast zijn er maar liefst 10 exemplaren van type 5 gevonden, waarvan er 5 afkomstig zijn uit hunebed D19. Dit type, de vlakbijl, wordt zowel aan de TRB als aan de EGK toegeschreven. De enige bijl die niet tot een TRB-type behoort is een bijltje van type 7 uit hunebed D21 bij Bronneger. Het is niet onmogelijk

Tabel 5. Aantal bijlen van een bepaald type per vondstcontext.

Type	Context							Totaal
	N/N?	D>N	D>N/N	D	G -	G -	?	
1	0	0	0	0	0	0	0	0
2	0	0	0	0	1	0	5	6
3	1	0	0	0	3	0	4	8
4	2	1	2	4	5	0	16	30
5	5	0	1	1	10	6	31	54
6a/b	14	2	2	8	0	6	29	61
6c	2	0	0	0	0	0	6	8
7	6	0	6	5	1	11	23	52
8	1	0	0	0	0	0	0	1
Beitels	0	0	1	2	2	0	5	10
Vlaardingen	2	0	0	0	0	0	2	4
Totaal	33	3	12	20	22	23	121	244

dat dit bijltje deel uitmaakte van een EGK-nabijzetting in het hunebed. De twee beitels tenslotte behoren noch tot het TRB-, noch tot het EGK-type. Deze beiteltjes, met een lengte van 58 en 60 mm, zijn afkomstig uit twee verschillende hunebedden maar zijn opvallend gelijk van vorm, zelfs in afmetingen. Ze zijn vierkant in doorsnede, vrij onregelmatig bewerkt en zijn alleen bij de snede geslepen. Deze kenmerken, samen met hun beperkte afmetingen (br. ± 25 mm, d. ±25 mm), onderscheiden hen van de andere bijltypen.

De 23 bijlen afkomstig uit EGK-graven behoren tot slechts 3 typen. Ten eerste 6 bijlen van type 6a/b en 11 van type 7. Beide typen worden zowel door Brandt als Bakker beschouwd als typische EGK-bijlen. Daarnaast zijn er 6 bijlen van type 5 gevonden in EGK-graven. Al met al worden de conclusies van Brandt betreffende de culturele toewijzing van de verschillende typen door het Drentse materiaal gesteund. Dit met uitzondering van type 3.

Als we nu alleen die typen bekijken die met enige zekerheid aan de TRB of EGK toe te schrijven zijn, dus de typen 2, 3, 4, 6c voor de TRB en de typen 6a/b, 7, 8 en de EGK-beitels voor de EGK, dan blijkt het volgende. Van het totaal van 240 bijlen die typologisch in te delen waren, zijn er 175 toe te wijzen aan één van beide culturen. Van deze 175 bijlen zijn er 53 (±30%) van een TRB-type en 122 (±70%) van een EGK-type. Ook hier is dus een grote meerderheid toe te schrijven aan de EGK. Per vondstcontext afzonderlijk bekeken is deze verhouding voor elke context ongeveer gelijk, met uitzondering van N/N?. Van deze groep zijn 5 bijlen van een TRB-type tegen 21 van een EGK-type (81%). De EGK lijkt hier dus extra oververtegenwoordigd te zijn, maar gezien de kleine aantallen moet dit resultaat met enige voorzichtigheid bekeken worden.

De verdeling van de bijlen van hetzelfde type over de contextgroepen is niet regelmatig. Sommige typen lijken een 'voorkeur' voor een bepaalde context te hebben, ook als we er rekening mee houden dat sommige

contexten meer bijlen opleverden dan andere. Bijlen van het type 5, de vlakbijlen, komen relatief vaak voor in graven en zijn niet vaak aangetroffen in een natte context. Hetzelfde geldt voor type 7 en in mindere mate voor type 4. Dit type komt ook relatief vaak voor in groep D, maar hierbij moet wel rekening worden gehouden met het feit dat van de vier bijlen van dit type uit deze groep er drie afkomstig zijn uit één meervoudige depotvondst (meervoudig depotnr. 9 Drouwen I, zie 4.3.1). Type 6a/b is duidelijk oververtegenwoordigd bij groep N/N? en iets minder duidelijk bij groep D.

3.2.3. Nogmaals de topindex

De indeling in typen stelt ons in staat nader in te gaan op het verschil in topindex tussen TRB- en EGK-bijlen. In figuur 15 zijn de topindices weergegeven van de gecombineerde TRB-typen (2, 3, 4, 6c) en de gecombineerde EGK-typen (6A/B, 7, 8) in figuur 16 die van type 5. Bij de grafbijlen (zie 3.1.2) leek er een vrij scherpe grens te bestaan tussen de topindices van de TRB- en EGK-bijlen. Deze grens bevond zich rond een topindex van 42. In figuur 15 is het verschil nog steeds duidelijk zichtbaar, al lijkt de overlap veel groter. Deze overlap wordt voornamelijk veroorzaakt door het type 6c en, in mindere mate, type 2. De bijlen van type 6c hebben een topindex van tussen 68 en 110, ruim boven de grens van 42. Hetzelfde geldt voor bijlen van type 2 met een topindex tussen 48 en 63. De typen 6C en 2 komen echter zelden voor, respectievelijk 8 en 6 keer. Bijlen van type 5, die veelvuldig voorkomen in zowel TRB- als EGK-graven, hebben een topindex tussen 20 en 68, met een gemiddelde van ca. 42. Hoewel de bijlen van type 5 uit de graven zich wel houden aan de topindexgrens van 42, is deze grens niet terug te vinden in figuur 16. De bijlen van de typen 6A/B, 7 en 8 houden zich wel aan de grens van 42 met slecht een gering aantal (8) bijlen met een topindex kleiner dan 42. Concluderend kunnen we zeggen dat het verschil in topindex tussen

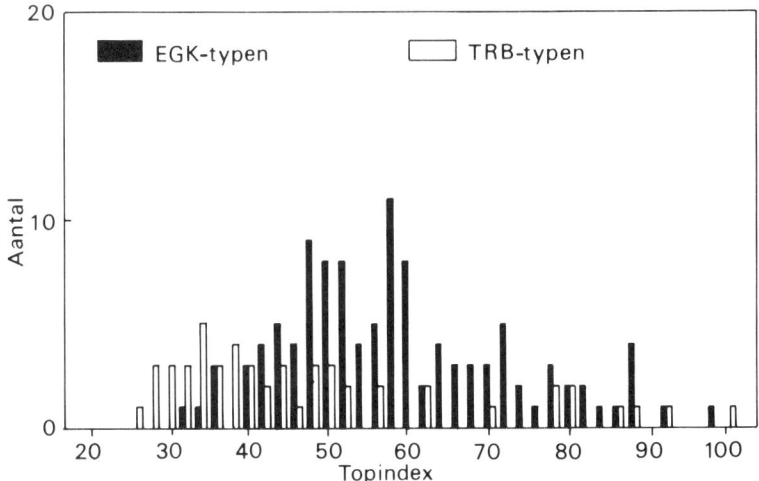

Fig. 15. Verdeling van de topindices van de onderzochte vuurstenen bijlen van TRB-type (typen 2, 3, 4 en 6c), resp. EGK-type (typen 6a/b, 7, 8).

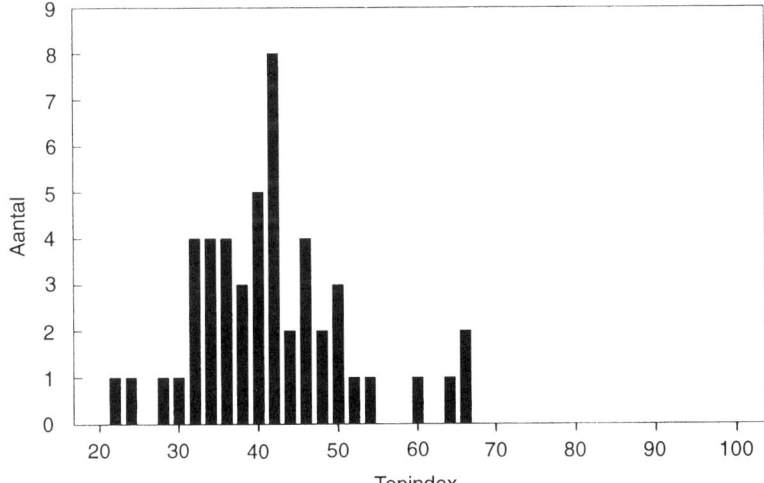

Fig. 16. Verdeling van de topindices van de onderzochte vuurstenen bijlen van type 5.

TRB- en EGK-bijlen zoals waargenomen bij de grafbijlen ook lijkt te gelden voor het totaal aan bijlen. De overlap is echter groter dan op grond van alleen de grafbijlen geconcludeerd leek te kunnen worden. Dit versterkt alleen maar de conclusie van paragraaf 3.1.2, dat de topindex op zich niet gebruikt mag worden voor de culturele toewijzing van individuele bijlen.

3.3. Overige cultureel bepaalde kenmerken

Culturele toewijzing van individuele vuurstenen bijlen lijkt op grond van de bestaande typologieën niet altijd mogelijk. Sommige typen, zoals Brandts typen 5 en 6, waren zowel bij de TRB als bij de EGK in gebruik, terwijl van andere de culturele toewijzing omstreden is.

Veel auteurs echter zien naast typologische ook andere, meest technologische verschillen tussen bijlen van de TRB en de EGK. Meerdere auteurs wijzen op de meer 'primitieve' techniek van de EGK-bijlen, zoals Bakker (1979), die wijst op de 'beter gevormde' TRB-bijlen, Glob (1945) en Arnold (1978/1979), die een grovere slagtechniek en het voorkomen van *pecking* bij de EGK noemt. Pieper (1940) zegt iets dergelijks met betrekking tot de vorm van de top: "Je undefinierbarer ein Nacken sei, um so sicherer gehöre das Flintbeil der Einzelgrabkultur an" (naar Brandt, 1967: p. 115). Daarnaast lijken er verschillen in de mate en techniek van slijpen te bestaan. Bakker (1979) merkt op dat TRB-bijlen beter geslepen zijn en dat de snede van deze bijlen afgewerkt is met een grovere slijpsteen waardoor er parallelle groeven in het oppervlakte van het snededeel zijn ontstaan. Het geslepen oppervlak van de EGK-bijlen omschrijft hij zeer lyrisch als "a well-trodden snow-ice track in the sun", oftewel volgend het onregelmatige oppervlak van de bijl. Ook Arnold (1978/1979) merkt op dat het geslepen oppervlak de negatieven volgt. Beiden laten in het midden met welke slijptechniek dit effect bereikt kan worden.

EGK-bijlen zijn vaak alleen bij de snede geslepen volgens Højlund (1974) of de snede is zorgvuldiger geslepen dan de rest van de bijl (Arnold 1978/1979). Een ander verschijnsel, exclusief voor de EGK, volgens Pieper (1940) en Arnold (1978/1979), is het bijslijpen van de hoeken tussen hoofd- en zijvlakken (*Kantenschliff*). Een vaak aan de EGK toegeschreven kenmerk (o.a. door Arnold 1978/1979) is een scheve snede. Glob (1945) en Stuve (1955) bestrijden dit met het argument dat dit vaak het gevolg is van onzorgvuldig bijwerken en/of bijslijpen. Een sterker gekromd zijvlak echter komt volgens Glob (1945) wel alleen bij de EGK voor.

De observatie dat de EGK-bijlen vaak gemaakt zijn met een minder verfijnde techniek is interessant maar van weinig nut voor een culturele toewijzing van een individuele bijl. De grote moeilijkheid is het subjectieve karakter van deze waarneming. Wie bepaalt hoe primitief een primitieve techniek is of hoe goed gevormd een bepaalde bijl is? Het is erg moeilijk deze begrippen zo te definiëren dat er geen onduidelijkheid over bestaat. Daarnaast is er het grote verschil tussen zorgvuldig gemaakte en slordig gemaakte exemplaren van hetzelfde type en/of dezelfde cultuur. Een onzorgvuldig gemaakte TRB-bijl kan bijvoorbeeld veel lijken op een EGK-bijl die gemaakt is met behulp van een typische EGK-techniek. In de praktijk lijken deze verschillen dus weinig geschikt om afzonderlijke bijlen aan een cultuur toe te wijzen.

Enkele van de genoemde mogelijke verschillen zijn eventueel wel bruikbaar omdat zij wel duidelijk te definiëren zijn. Deze kenmerkende verschillen zijn:

A. *Kantenschliff*;

B. *Pecking*. Hiermee wordt een techniek van steenbewerking bedoeld waarbij met een klopsteen de vuursteen versplinterd wordt. Dit levert een onregelmatig ruw oppervlak op, gekenmerkt door vele scheurtjes en putjes in het oppervlak;

C. *Ongelijke zijden*. Hiertoe worden alle bijlen gerekend waarvan een van de lange zijden van het hoofdvlak gekromd is of sterker gekromd is dan de andere zijde;

D. *Golvende slijping*. Van golvende slijping wordt gesproken als het geslepen oppervlak de onregelmatigheden (negatieven e.d.) volgt.

Al deze vier kenmerken hebben met elkaar gemeen dat hun aanwezigheid kan wijzen op hun toebehoren aan de EGK. Uit de afwezigheid van deze kenmerken kan echter niet geconcludeerd worden dat een bepaalde bijl niet tot deze cultuur behoorde. Dit blijkt onder andere uit tabel 6. In totaal hebben 97 bijlen één of meer van deze kenmerken. Het meest algemeen komt *Kantenschliff* voor (63x), ongelijke zijden en *pecking* komen veel minder vaak voor (resp. 30 en 29x). Golvende slijping komt maar een enkele keer voor, in totaal 12x.

Vergelijken we nu de frequentie van het voorkomen van deze kenmerken bij de EGK-grafbijlen en die van de TRB-grafbijlen dan blijkt dat die bij de EGK-bijlen veel hoger ligt. Deze kenmerken komen 9x voor bij 6 EGK-bijlen tegen 1x bij een TRB-bijl. Uit het relatief kleine aantal EGK-bijlen dat deze kenmerken bezit, maar 6 van de 33, blijkt al dat de afwezigheid van deze kenmerken niets zegt over de culturele herkomst van een bijl. De resultaten spreken niet tegen dat de genoemde vier kenmerken exclusief voorkomen bij EGK-bijlen. Het ene exemplaar uit hunebed D9 met (gedeeltelijk) afgeronde hoeken zou eventueel afkomstig kunnen zijn van een EGK-nabijzetting, hoewel de vrij lage topindex dit tegenspreekt. De waarde van *pecking* als determinant is onduidelijk; dit treedt bij geen enkel bijl met bekende culturele context op.

Als we kijken naar de andere contextgroepen, dan valt op dat bijna de helft van de bijlen uit een natte context (fig. 3) een of meer van de kenmerken bezit (35 van de 76). Dit is vele malen meer dan bij de zekere EGK-bijlen. Ook bij de bijlen uit een droge context komen de kenmerken vrij vaak voor, namelijk bij 13 van de 28. Opvallend is ook de verdeling van deze kenmerken over de verschillende typen. EGK-slijp komt in totaal 12x voor; 9x bij een bijl van type 6a/b, 2 x bij type 7 en 1x bij type 6c, dus 11x bij een EGK-type en slechts 1x bij een TRB-type. Iets soortgelijks is bij *Kantenschliff* het geval; 21x bij type 6a/b, 13x bij type 7, 11x bij type 5, 2x bij type 6c en 1x elk bij type 2, bij type 4 en bij een TRB-beitel. Met andere woorden: 34x bij een EGK-type en 5x bij een TRB-type. Bij 'ongelijke zijden' en *pecking* is het beeld hetzelfde: hier is de verhouding tussen de EGK- en de TRB-typen resp. 16:2

Tabel 6. Bijlen met niet-typologische kenmerken per vondstcontext.

Kenmerk	N	D>N	D>N/N	D	G - EGK	G - TRB	?
Golv.slijp.	4	-	1	-	3	-	4
Kantenschliff	15	-	3	8	4	1	3
							3
Ongelijke zijden	8	-	1	2	2	-	1
							7
Pecking	8	-	-	3	-	-	1
							8
Totaal	35		5	13	9	1	7
							2

en 15:3. Uit deze cijfers blijkt dat deze kenmerken, inclusief *pecking*, voornamelijk bij bijlen van de EGK voorkomen.

Eén kenmerk is nog buiten beschouwing gelaten: de mate van slijpen. Volgens Højlund zijn EGK-bijlen vaak alleen bij de snede geslepen. Ter controle van deze bewering zijn alle bijlen, waarvan maximaal het onderste eenderde gedeelte geslepen is, geteld. Uit deze telling blijkt dat 15 van de 34 EGK-grafbijlen alleen bij de snede geslepen zijn, tegen 4 van de 24 TRB-grafbijlen. Højlund lijkt dus gelijk te hebben, hoewel bijlen met enkel een geslepen snede ook bij de TRB niet ongewoon zijn. De andere vondstcontexten hebben geen ongewoon groot of klein aantal bijlen met alleen een geslepen snede.

3.4. Schachtingssporen

Op een aantal van de bijlen (153 stuks) zijn schachtingssporen zichtbaar: sporen veroorzaakt door de bevestiging van het bijlblad aan een steel. Door het gebruik van de bijl beweegt het bijlblad ten opzichte van de steel. Hierdoor ontstaan sterk glanzende plekken op de vuursteen, meestal zichtbaar op de tophelft van het bijlblad (Ollauson, 1982). Deze plekken kunnen in grootte variëren van minuscuul tot enkele centimeters. Deze sporen zijn een duidelijke aanwijzing dat de betreffende bijlen ook daadwerkelijk gebruikt zijn. De afwezigheid van deze sporen wil echter niet zeggen dat de bijl niet geschacht is geweest. In tabel 7 is de verdeling van de bijlen met schachtingssporen per vondstcontext te zien. Opmerkelijk is het relatief grote aantal bijlen uit graven dat schachtingssporen bezit: in totaal 39 van de 67. Hieruit blijkt dat de bijlen die aan een overledene werden meegegeven meestal, zo niet altijd, gebruikt waren.

3.5. Conclusie

Wat valt er nu te concluderen uit het bovenstaande? Er blijken wel degelijk verschillen te bestaan tussen de bijlen uit de verschillende contexten, al zijn deze vaak niet erg duidelijk. Er zijn echter wel trends aan te wijzen. Hieronder zal per context een samenvatting worden gegeven van het bovenstaande.

Tabel 7. Aantal bijlen met schachtingssporen per vondstcontext.

Context	Totaal aantal	Aantal bijlen met schachtingssporen	
		N	%
N	76	21	27,6
D>N/N	11	8	72,7
D>N	10	1	10,0
D	28	8	35,0
G - TRB	36	18	36,0
G - EGK	31	21	67,8
?	241	76	31,5

De bijlen uit de graven, zowel van de TRB als de EGK, kenmerken zich door hun relatief kleine lengte. Het zijn vaak eenvoudige bijltjes die opvallend vaak schachtingssporen vertonen. Er zijn geen aanwijzingen dat men speciaal vervaardigde of extra fraaie bijlen als grafgift koos. De bijlen geven eerder de indruk dat zij de dagelijks gebruikte bijlen uit het bezit van de overledene waren. Het type en de topindex zijn afhankelijk van de cultuur waartoe de graven behoren.

De rest van de bijlen, de losse vondsten, lijken voor het grootste deel aan de EGK toe te behoren. Dit blijkt onder andere uit het feit dat 68% van de typologisch indeelbare bijlen van een EGK-type is. Daarnaast heeft 72% van de bijlen een topindex van groter dan 42, wat zou kunnen wijzen op een toebehoren aan de EGK.

Bij de bijlen uit een natte context (N+N?) lijkt het aandeel van de EGK nog hoger te liggen dan deze gemiddelden. 81% van de bijlen uit deze groep is van een EGK-type en maar liefst 92% heeft een topindex van groter dan 42. Dit beeld wordt nog versterkt door het grote aantal bijlen in deze groep met kenmerken als golvende slijp, *Kantenschliff*, ongelijke zijden en *pecking*. De lengte van de bijlen uit deze groep is gemiddeld iets groter dan de gemiddelde lengte van alle Drentse vuurstenen bijlen.

De bijlen uit de groep D>N zijn erg lang: zij zijn alle langer dan 160 mm. Zij zijn voornamelijk van een TRB-type; dit uit zich ook in de afwezigheid van EGK-kenmerken. In de paragrafen over de meervoudige (4.3.1.1) en enkelvoudige (4.3.2) depots wordt nader op deze bijlen ingegaan. De groep D>N/N wordt voornamelijk beheerst door het depot van De Pieperij (zie 4.3.1: nr. 1).

De bijlen uit groep D tenslotte wijken in geen enkel opzicht echt af van het gemiddelde. Ook hier lijkt het aandeel van de EGK iets boven het gemiddelde te liggen, maar echt overtuigend zijn de verschillen niet. Qua lengte vertonen de bijlen uit deze groep overeenkomsten met de bijlen uit de graven. Dit zou verklaard kunnen worden door aan te nemen dat veel van deze bijlen afkomstig zijn uit vernielde graven. Dit blijkt echter niet uit de vertegenwoordigde typen, vooral het lage aantal bijlen van het type 5, dat toch vaak in graven voorkomt. Ook hebben de bijlen uit deze groep niet vaak schachtingssporen, in tegenstelling tot de bijlen uit graven.

4. DE DEPOTVONDSTEN

4.1. Theorie

4.1.1. *Definitie en voorkomen*

Het begrip 'depotvondst' wordt meestal gebruikt in de betekenis van een gesloten vondst, bestaande uit één of meer voorwerpen die ergens met voorbedachten rade en met een duidelijk doel gedeponeerd zijn, niet gevonden

in de context van een nederzetting, graf of iets dergelijks. Vaak gebruikt men de term echter alleen voor
vondsten met meerdere voorwerpen. Dit is echter meer
vanuit praktische overwegingen. Bij vondsten bestaande
uit één voorwerp bestaat altijd de mogelijkheid dat dit
voorwerp daar verloren is. Bij een vondst bestaande uit
meerdere voorwerpen is dit veel onwaarschijnlijker.
Hierdoor echter zijn veel auteurs geneigd de mogelijkheid van enkelvoudige depots te vergeten. Over de
interpretatie van depotvondsten en de moeilijkheden
die daarbij optreden gaat het nu volgende.

Depots zijn een wijd verbreid fenomeen. Ze komen
over de hele wereld voor, in alle tijdperken. In de
periode waarin wij geïnteresseerd zijn, ±3500-2000
v.Chr., zijn ook in Europa verschillende culturen die
depots kennen: in de eerste plaats natuurlijk de TRB-
cultuur (Ebbesen, 1980; Midgley, 1992; Nielsen, 1985;
Rech 1979; 1980). Depots lijken zich binnen de verschillende groepen van deze cultuur (Bakker, 1979)
echter alleen voor te doen binnen de Noord- en de West-
Groep, dat wil zeggen in Scandinavië, Noord-Duitsland
en Nederland. Binnen de Oost-Groep van de TRB
komen alleen enkele aardewerkdepots voor. In de rest
van Europa kennen we gedurende deze periode alleen
depots in Zuid-Engeland (Windmill-Hill-cultuur),
Noord-Frankrijk/Zuid-Duitsland (Michelsberg, Chas-
séen en S.O.M.-cultuur) en in Midden- en Zuidoost-
Europa (vroege kopertijdculturen). Bij al deze culturen
gaat het echter om ten hoogste enkele tientallen depots,
terwijl binnen de TRB ettelijke honderden depots bekend zijn. Voor de veendepots van de TRB zijn in deze
periode geen parallellen bekend.

Voor het laat-neolithicum is het beeld ongeveer
hetzelfde; ook in die periode beperken de deponeringen
zich voornamelijk tot het verspreidingsgebied van de
voormalige TRB (Becker, 1952; Ebbesen, 1980; 1982;
Rech, 1979; 1980; Nielsen, 1985). De verantwoordelij-
ke culturen zijn dan de EGK, de *grübchenkeramische*
cultuur en verwante culturen. Van de KB zijn onder
andere in Noord-Frankrijk/Zuid-Duitsland enkele bijlendepots bekend (Rech, 1979).

Naast depots bestaande uit bijlen kennen de TRB en
de EGK in ons gebied ook depots van andere voorwerpen en materialen. Rech (1979) behandelt al deze depots, met een keur aan verschillende materialen, zoals
barnsteen, aardewerk en hout. Ook uit Drenthe zijn vier
of vijf aardewerkdeponeringen bekend van de TRB
(Bakker, 1959). Van de 10 vondsten uit het veen van in
totaal 15 schijfwielen (van der Waals, 1964) kan in
ieder geval een aantal aan de EGK worden toegeschreven. De ^{14}C-dateringen sluiten echter niet uit dat enkele
van deze wielen aan de TRB of KB toegeschreven
moeten worden. De depots met stenen voorwerpen zijn
echter in de meerderheid.

4.1.2. *Betekenis van de depots*

De discussie over de betekenis van depotvondsten is al

een oude. Sinds de ontdekking van depots en de herken-
ning als een aparte vondstgroep zijn er steeds meer
redenen voor hun depositie geopperd. Deze discussie
behelsde eerst vooral de spectaculaire bronstijddepots
aangetroffen in de venen van Denemarken, maar al
gauw trokken ook de neolithische (bijlen)depots de
aandacht. Ongeacht de periode of de gedeponeerde
voorwerpen ontwikkelde zich een discussie over het
waarom van de depots. De eerste die over dit vraagstuk
publiceerde was Worsaae (1866). Zonder zelf een echte
poging te doen deze vraag te beantwoorden zorgde deze
publicatie ervoor dat de kwestie onder de aandacht
werd gebracht. Wat de definitie van het begrip 'depot'
betreft noemde hij twee punten van belang: ten eerst
moest volgens hem een depot uit tenminste twee voorwerpen bestaan, en ten tweede moest er een samenhang
bestaan met andere vondsten zoals bot of houtskool.

Müller pakte in 1886 de discussie weer op. Deze
betrok als eerste de neolithische bijlendepots bij het
vraagstuk. Hierbij viel hem vooral op dat deze depots
vaak bestonden uit een serie gelijkvormige bijlen. Deze
afwijking van de karakteristieken van andere depots
was voor hem een aanwijzing dat aan hun deponering
een andere reden ten grondslag lag. De zorgvuldigheid
waarmee de depots samengesteld waren, maakte het
onwaarschijnlijk dat deze voorwerpen gewoon verloren waren zoals nog vaak werd aangenomen. In het
samen voorkomen van gelijke voorwerpen in een depot
vermoedde Müller een sacrale reden voor hun
deponering zonder daar een echt argument voor te
geven.

Een ander nieuw aspect dat Müller aan de discussie
toevoegde is de plaats van deponering. Als karakteris-
tiek voor offervondsten ziet hij een vindplaats in een
veen of moeras, naast een grote steen of in een
steenpakking. Na discussie van mogelijke andere betekenissen van depots (handelsvoorraden, verborgen
schatten in roerige tijden, etc.) verwerpt hij deze en
komt tot de conclusie dat de meeste depots, zo niet alle,
een rituele betekenis hebben. In een latere publicatie
(Müller, 1897) doet hij een poging tot een systematische indeling van de depotvondsten. Hierbij gebruikt
hij de termen *Depotfunde* en *Opferfunde* als twee tegenovergestelde begrippen, waarbij de *Depotfunde* een
profane betekenis bezitten. Hoewel hij hier dus wel
ruimte geeft voor een interpretatie van depotvondsten,
anders dan die als offergaven, blijft deze laatste groep
toch wel de grootste. Dit met het besef dat de grenzen
tussen de groepen erg onzeker zijn. Müllers theorieën
werden niet zonder meer door iedereen geaccepteerd.
Petersen (1890) waarschuwt dat vondsten uit venen niet
automatisch als offergaven beschouwd kunnen worden, onder verwijzing naar een historisch voorval waarbij de inwoners van het Deense stadje Æbektoft bij een
aanval hun schatten in het water wierpen.

Een volgende stap werd gezet door Schuhmacher
(1914). In een artikel over neolithische depots deelt hij
uiteindelijk de depots in vijf groepen in:

1. Handelsdepots, bestaande uit gelijksoortige, volledig bewerkte en/of halffabrikaten, vaak gelegen langs verkeerswegen, uit de buurt van nederzettingen, niet zelden gemarkeerd door grote stenen en dergelijke;

2. Werkplaatsdepots, gekenmerkt door voorwerpen in alle stadia van bewerking plus grondstoffen en afval;

3. Voorwerpen verborgen in tijden van onrust, bestaande uit verschillende voorwerpen, min of meer een huisinventaris, gelegen in de buurt van een nederzetting;

4. Votiefdepots, gedeponeerd in plaatsen waarvandaan ze niet meer teruggehaald kunnen worden (bijvoorbeeld venen); en

5. Zogenaamde dodenoffers (*Totenopfer*), ter vervanging van grafgiften, vaak uitzonderlijk mooie voorwerpen, vaak paarsgewijs geplaatst onder stenen of in het veen.

Deze indeling is puur theoretisch. Schuhmacher erkende dan ook dat in de praktijk een scherpe scheiding niet te maken is. Een kentering in de discussie werd teweeggebracht door een artikel van Reinecke (1926) over ijzerbaren. Hierin kwam hij tot de conclusie dat de prehistorische depotvondsten, ook de neolithische, in wezen niet verschillen van de muntvondsten uit bijvoorbeeld de Romeinse tijd. Hetzelfde geldt zijns inziens ook voor solitair gevonden voorwerpen, de met name voor de grotere en fraaiere voorwerpen die hij als enkelvoudige depots beschouwde. Deze muntvondsten worden meestal geïnterpreteerd als *Verwahrfunde*: kostbare voorwerpen, verstopt voor mogelijke aanvallers in tijden van oorlog door bewoners van nabijgelegen nederzettingen. Reinecke zag geen reden om de prehistorische depots anders te interpreteren. Door deze historische uitleg, die nog zeker 25 jaar de heersende theorie bleef, werden de depotvondsten belangrijk als bron voor de reconstructie van historische gebeurtenissen door de vorming van 'depothorizonten'; series gelijktijdige depots. Deze zag men als bewijs voor oorlogen, invasies, etc.

Tot een heel andere conclusie komt Hundt (1955) in een artikel over depotvondsten uit het 'Nordische Kreis'. Hij schrijft alle depots uit venen en dergelijke een sacrale betekenis toe, met de nadruk op dodenoffers en *Selbstausstattungen für das Jenseits*: deponeringen voor eigen gebruik in het hiernamaals. Hierdoor legt hij grote nadruk op de vindplaats als bepalend voor de interpretatie.

Een soort samenvatting van het voorafgaande wordt gegeven door Müller-Karpe (1955). Zonder een profane interpretatie uit te sluiten geeft hij enige criteria voor een interpretatie als sacraal depot. Als typische kenmerken voor offervondsten ziet hij een vindplaats in het veen, in een rotsspleet of onder/bij een grote steen en een samenstelling uit meerdere, gelijke voorwerpen. Hij verwerpt hierbij het idee van de depothorizonten als neerslagen van historische gebeurtenissen. Müller-Karpe geeft kenmerken die volgens hem een interpretatie als offergave de meest waarschijnlijk maken. Voorwaarden zijn het niet; ook voor vondsten die geen van deze kenmerken bezitten wil hij geen rituele betekenis uitsluiten. Dit geldt echter ook andersom; ook depots die wel deze kenmerken bezitten zijn niet met zekerheid te beschouwen als offergaven. Dit maakt stellige uitspraken over de betekenis van de depots onmogelijk. Om dit toch mogelijk te maken stelt Stjernquist (1962/1963) een strenge voorwaarde, die volgens haar een interpretatie als offergave de enige mogelijke maakt. Zij stelt dat, om absolute zekerheid te verkrijgen, alleen die depotvondsten als offergaven beschouwd kunnen worden die in duidelijke relatie met een offerplaats gevonden zijn. Als bepalend voor de identificatie van een offerplaats ziet zij de aanwezigheid van resten van offers van organische materialen zoals mens, dier of plant. Als zodanig ziet zij aardewerk dat deze materialen bevat kan hebben. Deze voorwaarden maakt de groep van depots met zekere sacrale betekenis wel erg klein. De gedachte om de interpretatie van enkel- of meervoudige depotvondsten te verbinden aan eventuele vondsten in de directe nabijheid was niet nieuw. Wahle (1925) stelt als onderdeel van de definitie voor *Weihefunde* (offers om de zegen af te roepen), dat zich binnen 10 m² andere vondsten moeten bevinden. Met andere woorden: offervondsten moeten gerelateerd zijn aan meerdere malen gebruikte, goed gedefinieerde offerplaatsen. Dit laat dus voor de meeste depotvondsten een interpretatie als profane deponering over, aangezien de meeste depotvondsten geïsoleerd voorkomen.

Voor hulp bij de duiding van depotvondsten heeft men ook gezocht naar etnologische parallellen. Otto (1958) stelt, analoog aan een gebruik in de Stille Zuidzee, depots voor als een *thesaurierter Sippenbesitz*: de verzamelde schatten van een groep (bijvoorbeeld een familie of een dorp) voor gebruik in noodgevallen.

Levy (1982) zoekt in etnologische bronnen naar criteria voor het onderscheiden van sacrale en profane depots. Op grond van etnologische parallellen uit Oceanië, Afrika en Noord- en Zuid-Amerika, historische bronnen als Tacitus' *Germania* en de gegevens over de depots in Denemarken stelt zij een aantal criteria op. Rituele depots kenmerken zich door een vindplaats in een vochtig milieu op aanzienlijke diepte of in een grafheuvel zonder bijzetting, en bestaande uit overwegend wapens en sieraden of meer in het algemeen: persoonlijke en/of statusverlenende voorwerpen en voorwerpen met een symbolische waarde of een 'kosmologische relevantie'. Vaak bestaan deze depots uit overwegend complete, voltooide voorwerpen, neergelegd in een bijzondere ordening, eventueel in combinatie met voedsel. Profane depots onderscheiden zich door een vindplaats in een droog milieu op geringe diepte, soms naast een steen of een ander markeringspunt. Ze zijn meestal samengesteld uit een wijd spectrum aan voornamelijk kleinere voorwerpen met daarnaast fragmenten en grondstoffen.

Op zoek naar mogelijke verklaringen voor de depots werden ook de legenden niet vergeten. Kiekebusch

(1920/1921) haalt voorbeelden aan uit de Griekse mythologie, waarin bij wijze van erfenis voorwerpen door de erflater verborgen worden op een plaats, waar de begunstigde deze na de dood van de erflater kan ophalen.

De *Nichtwiederhebbarkeit* is een belangrijke onderscheidende factor tussen profane en sacrale depots. Als er geen mogelijkheid bestond om de voorwerpen weer terug te halen van de plaats waar zij neergelegd waren, is een betekenis als zogenaamde *Verwahrfunde* uit te sluiten. Dit betekent echter niet dat als die mogelijkheid wel bestond, dit automatisch betekent dat dit ook de bedoeling was. Hoewel uit etnografische bronnen bekend is dat offers vaak onbruikbaar of onbereikbaar gemaakt werden, is dit geen absolute regel. Zo is van enkele depots aannemelijk gemaakt dat zij op het (veen-)oppervlak geplaatst zijn en dat zij geruime tijd zichtbaar zijn geweest (Rech 1979). Dit pleit niet alleen tegen een interpretatie als verborgen schat, aangezien daarbij het verborgen houden voor anderen het voornaamste doel was, maar het laat ook zien dat offers niet beslist onbereikbaar gemaakt moesten worden. *Wiederhebbarkeit* is dus geen argument tegen een interpretatie als offer. Kennelijk woog het respect, voor het offer en hetgeen waarvoor dat offer bestemd was, zwaarder dan de hebzucht voor het gemiddelde lid van de gemeenschap.

Samenvattend kunnen de verschillende interpretaties van depotvondsten, zoals gegeven in de literatuur, ingedeeld worden in drie hoofdgroepen:

a. *'Verwahrfunde' (bewaarvondsten)*. Definitie: Een of meer voorwerpen, neergelegd uit verschillende beweegredenen, met het doel ze later weer op te halen. Mogelijke betekenissen van deze depots zijn: 1. Handelsvoorraad van een handelaar of ambachtsman; 2. Eigendom van een persoon of groep, verborgen in roerige tijden om roof te voorkomen; 3. *Thesaurierter Sippenbesitz*; 4. *Vermächtnisfunde*; 5. Vuursteenvoorraad, begraven om deze vers te houden.

b. *Rituele depots*. 1. Offers. Definitie: Een of meer voorwerpen, neergelegd met het specifieke doel te communiceren met, te verzoeken, prijzen, bedanken of gunstig stemmen van een bovennatuurlijke macht (naar Levy, 1982: p. 20); 2. 'Alternatieve grafgiften'. Deze groep is, hoewel ook van rituele aard, wezenlijk anders dan groep b.1. In plaats van dat deze gaven bestemd zijn voor een bovennatuurlijke macht, zijn zij bedoeld voor een specifiek overleden of nog te overlijden persoon. Twee mogelijkheden worden genoemd in de literatuur: 1. Dodenschat (*Totenschätze*); 2. *Selbstausstattungen für das Jenseits*;

c. *Verlies*.

Zoals al opgemerkt zijn dit groepen gevormd uit interpretaties van depots door verschillende auteurs; het is een indeling van interpretaties en meningen, niet van depots. Het is zeer goed mogelijk dat er depots zijn neergelegd uit andere beweegredenen dan hier genoemd zijn. Andersom is het ook goed mogelijk dat de hierboven genoemde redenen nooit werkelijk reden zijn geweest voor de depositie van voorwerpen.

4.2. De Noordeuropese depots

Het belangrijkste werk op het gebied van (meervoudige) depotvondsten in Noord-Europa is dat van M. Rech, *Studien zu Depotfunden der Trichterbecher- und Einzelgrabkultur des Nordens* (1979). Het is het enige werk dat de depotvondsten en hun vondstomstandigheden grondig bespreekt. Het volgende is een korte bespreking van zijn bevindingen, als kader voor de Drentse meervoudige depotvondsten.

Rech behandelt de depots in twee groepen, ingedeeld naar hun vindplaats: 'droge' en veenvondsten. Per groep beschrijft hij de depots per cultuur. De TRB-depots uit 'droge' context worden toch vaak gevonden op vochtige plaatsen of in de nabijheid van een veen, beek, etc. Daarnaast lijken ze ook vaak voor te komen op hoogten in het landschap. De plaats van depositie was in een aantal gevallen gemarkeerd door een duidelijk zichtbare grote steen. De TRB-depots bestaan grotendeels uit duntoppige bijlen, ongeveer tweederde van het totaal. Dit wel met de kanttekening dat de culturele toewijzing van de diktoppige bijlen vaak onzeker is. Dit zou betekenen dat de meeste TRB-depots uit de periode tot en met MN-II afkomstig zijn. Meestal bestaan de depots uit twee voorwerpen, minder vaak uit drie, en zo aflopend in frequentie naar mate het aantal voorwerpen stijgt. Meer dan zeven voorwerpen komt zelden voor. Deze bijlen lijken vaak zorgvuldig bij elkaar uitgekozen. Meestal vertonen zij grote onderlinge overeenkomst in type, grootte, mate van bewerking en mate van gebruik. Maar liefst 80% van de depots bestaat uit bijlen van hetzelfde type, terwijl 86% alleen geslepen of alleen ongeslepen bijlen bevat. De meeste bijlen uit de depots lijken ongebruikt. Vaak lijken de bijlen zorgvuldig neergelegd te zijn; parallel naast elkaar liggend, al dan niet dezelfde kant opwijzend, bovenop elkaar, parallel of kruislings, rechtop staand in de grond of in andere figuren. Soms is het depot dan ook nog afgedekt met een platte steen.

De EGK-depots uit 'droge' context zijn zeldzamer. Ook deze depots bevinden zich vaak in de nabijheid van venen etc. Het meest voorkomende type in deze depots is een ongeslepen bijl met holle snede. In tegenstelling tot de TRB-depots komen hier vaak verschillende typen bij elkaar voor. Er zijn geen bewijzen voor het neerleggen van de bijlen op speciale manieren.

De TRB-depots uit venen lijken in alle opzichten op die uit een droge context. Er zijn geen wezenlijke verschillen in soorten bijlen, manier van depositie of dergelijke factoren tussen depots uit droge of natte context. De ligging van de depots in de venen varieert van aan de rand tot ver het veen in en van op de bodem tot aan het oppervlak. Ook de EGK-depots uit de venen zijn in principe gelijk aan die uit een droge context.

4.3. De Drentse vondsten

4.3.1. *De meervoudige depots*

Omdat in principe elke los gevonden bijl een depot zou kunnen zijn concentreert deze paragraaf zich ten eerste op de meervoudige depots. Hiervan zijn een aantal bekend in de provincie Drenthe. Deze depots zijn vaak al geruime tijd bekend en een aantal is al vroeg beschreven in de literatuur (o.a. van Giffen, 1943). De eerste inventarisatie van deze vondsten is gerealiseerd door Achterop (1960). Bij de volgende beschrijving van de 18 bekende meervoudige depots is zijn nummering aangehouden. Het depot van Noord-/Zuidbarge was niet bekend bij Achterop, dit heeft nummer 20 gekregen (nummer 18 is het depot van Boerakker, nummer 19 het depot van Veenhuizen, gem. Onstwedde (Bakhuizen, 1967), beide provincie Groningen).

1. *De Pieperij, gemeente Zuidwolde* (PMD 1963 III 2-8); Lit.: Achterop, 1960; aanvullende informatie: brief Koopmans 19-08-1930 (archief B.A.I.).
Dit depot is gevonden bij het gehucht De Pieperij tussen Balkbrug en Zuidwolde vlakbij de oostelijke oever van de Reest. Ze werd daar gevonden door een veenarbeider aan de voet van een zandkop, 'op het zand onder het veen' (zie brief Koopmans). Op grond van deze laatste omstandigheid valt deze vindplaats in groep D>N/N aangezien het niet uitgesloten kan worden dat het depot later door het veen overgroeid is. Het depot bestaat uit 8 voorwerpen: 6 bijlen, een beitel en een schrabber, alle van vuursteen.
1. Bijl (PMD 1963 III 2); Lengte: 156 mm; TI: 53; Type: Br. 7.
Bijzonderheid: Van een zijde is alleen de onderste helft geslepen (bij de snede), de andere helft is wel geheel geslepen. Gedeeltelijke EGK-slijp. Schachtsporen aanwezig. Opm.: Zowel het type, de topindex als de aanwezigheid van EGK-slijp wijst op het toebehoren van deze bijl aan de EGK.
2. Bijl (PMD 1963 III 3); Lengte: 103 mm; TI: 57; Type: Br. 7.
Bijzonderheid: Onregelmatig bewerkt, grove negatieven. Alleen het onderste derde gedeelte is geslepen. Opm.: Type, topindex en de gedeeltelijke slijpwijzen op de EGK.
3. Bijl (PMD 1963 III 4); Lengte: 102 mm; TI: 51; Type: Br. 7.
Bijzonderheid: Onregelmatig van vorm, grove negatieven. Alleen onderste derde geslepen. Hoeken gedeeltelijk afgerond (*Kantenschliff*). Schachtsporen aanwezig. Opm.: Type, topindex en de afgeronde hoeken wijzen op de EGK.
4. Beitel (PMD 1963 III 5); Lengte: 189 mm; TI: 83; Type: 'TRB-beitel'.
Bijzonderheid: Geheel geslepen.
5. Bijl (PMD 1963 III 6); Lengte: 113 mm; TI: 53; Type: Br. 7.
Bijzonderheid: Hoeken gedeeltelijk afgerond. Schachtsporen aanwezig. Opm.: Type, topindex en afgeronde hoeken wijzen op de EGK.
6. Bijl (PMD 1963 III 7); Lengte: 100 mm; TI: 51; Type: /.
Bijzonderheid: Onregelmatige ovale doorsnede.
7. Bijl (PMD 1963 III 8); Lengte: 56 mm; TI: 62; Type: Br. 6b?
Bijzonderheid: Één zijde geheel geslepen, andere alleen onderste derde. Gedeeltelijk *Kantenschliff*.
Opm.: Waarschijnlijk EGK, gezien het type, de afgeronde hoeken en de topindex.
8. Schrabber (PMD III 9).
Opm.: Niet kenmerkend voor de EGK of de TRB. Het is hoogst onzeker of deze schrabber daadwerkelijk tot het depot behoorde. Hij wordt namelijk niet genoemd in de brief van Koopmans.

Conclusie: Zes van de zeven bijlen van dit depot behoren qua type en

andere kenmerken toe aan de EGK. De beitel is van het type dat meestal aan de TRB toegeschreven wordt. Het voorkomen van dit type in combinatie met typische EGK-bijlen in deze depotvondst spreekt dit echter tegen. Op grond van deze vondst bepleit Bakker (1979) een looptijd voor dit type tot in de EGK. Men ziet het optreden van dit type samen met EGK-bijlen echter ook wel als een bewijs voor directe contacten tussen TRB en EGK. Duidelijk lijkt wel dat dit depot aan de EGK moet worden toegeschreven.

2. *Een II, Eenerschans, gemeente Norg* (PMD 1940 X 1,1a-f); Lit.: Harsema, 1979.
Dit depot werd gevonden in 1940 in de omgeving van Een. Volgens de inventaris van het Drents Museum werd het depot gevonden "even onder de heideplag, op het hoge gedeelte aan de rand van een plas, ongeveer 10 cm diep". Afgaande op deze omschrijving behoort het depot tot groep D>N. Echter, bij een onderzoek naar de vindplaats door Harsema (1979) bleek het kaartje in de inventaris niet te kloppen met de omschrijving van de ligging van de vindplaats. De omschrijving "aan de rand van een plas" is volgens Harsema eventueel afgeleid van het foutieve kaartje. Echter, de situatie ter plaatse is dusdanig – een smalle zandrug omgeven door veen – dat zelfs al is het kaartje fout de omschrijving "aan de rand van een plas" wel degelijk juist kan zijn.
Het depot bestaat uit 2 bijlen en 5, al dan niet ruw bewerkte, vuursteenknollen, waarvan één van rode Helgoland-vuursteen. Ook de bijlen en de andere vuursteenknollen zijn mogelijk van – grijze – Helgoland-vuursteen (Beuker, 1986):
1. Bijl (PMD 1940 X 1); Lengte: 295 mm; TI: 29; Type: Br. 4 – Beckers oude type duntoppige bijl.
Bijzonderheid: Regelmatig van vorm. Alle zijden geheel geslepen. Opm.: TRB.
2. Bijl (PMD 1940 X 1a); Lengte: 194 mm; TI: 44; Type: Br. 4.
Bijzonderheid: Alleen de snede geslepen. Opm.: TRB.
3. Halffabrikaat (PMD X 1b); Lengte: 202 mm.
Bijzonderheid: Vuursteenknol ruw gekapt in bijlvorm.
4-7. Vier onbewerkte vuursteenknollen (PMD X 1c-f); Lengte: resp. 274, 230, 252 en 194 mm.
Opm.: Volgens de geoloog Boekschoten (Harsema, 1979) gaat het hier duidelijk om geïmporteerde stukken aangezien de cortex geen sporen van ijstransport vertoont.

Conclusie: Aangezien de twee voltooide bijlen duidelijk van een TRB-type zijn, moet dit depot aan die cultuur worden toegeschreven.

3. *Wildeveen, gemeente Zuidlaren* (PMD 1923 XI 3, 3a-b).
De vindplaats wordt in de inventaris omschreven als een terreinverheffing bij het Wildeveen tussen Zuidlaren en de Punt. Al hoewel de afstand tussen de vindplaats en het Wildeveen niet duidelijk is, is een relatie met het veen niet onmogelijk, vandaar de indeling in groep D>N.
1. Bijl (1923 XI 3); Lengte: 279 mm; TI; Type: Br. 4.
Bijzonderheid: Ongeslepen. Oranje-bruine patina. Opm.: TRB.
2. Bijl (1923 XI 3a); Lengte: 226 mm; TI: 35; Type: Br. 4.
Bijzonderheid: Alleen snede geslepen. Opm.: TRB.
3. Bijl (1923 XI 3b); Lengte: 226 mm; TI: 30; Type: Br. 4.
Bijzonderheid: Alle vier zijden geslepen. Opm.: TRB.

Conclusie: Hoogstwaarschijnlijk toebehorend aan de TRB.

4. *Valtherveen, gemeente Odoorn* (PMD 1931 X 10a-b).
Gevonden "bij het ploegen van een stuk veenland ± 0,25 m diep op de stobbenlaag in het hoogveen"; dus duidelijk behorend tot groep N. Het depot bestaat uit 2 bijlen en een vuursteenknol. Eerder is door dezelfde vinder, waarschijnlijk op hetzelfde stuk land, echter nu onder een stobbenlaag, nog een bijl gevonden. Deze bijl (1930 I 2) zou deel uit kunnen maken van hetzelfde depot, het zou echter ook een zelfstandig depot kunnen zijn.
1. Vuursteenknol (1931 X 10); Lengte: 525 mm.
Bijzonderheid: Langwerpige, knotsvormige vuursteenknol, geen morenevuursteen.

2. Bijl (1931 X 10a); Lengte: 316 mm; TI: 63; Type: Br. 4.
Bijzonderheid: Eén kant grotendeels, van andere kant alleen de snede geslepen. Opm.: TRB.
3. Bijl (1931 X 10b); Lengte: 250 mm; TI: ; Type: Br. 4.
Bijzonderheid: Waarschijnlijk alle zijden geslepen. Gestolen uit expositie. Opm.: TRB.
4. Bijl (1930 I 2); Lengte: 195 mm; TI: 88; Type: Br. 6c?
Bijzonderheid: Hoofdvlakken geheel geslepen, zijvlakken ongeslepen. Opm.: Hoewel het niet duidelijk is of deze bijl werkelijk van het type 6 variant c is, doet de regelmatige bewerking dit, en daarmee het toebehoren aan de TRB, wel vermoeden.

Conclusie: Het depot van 1931 behoort ongetwijfeld tot de TRB. Van de bijl van 1930 is dit minder zeker.

5. *Benneveld, gemeente Zweelo* (PMD 1895 XI 1-4).
Van dit depot is wel de vindplaats bekend, maar zonder nader onderzoek is niet uit te maken in welke groep het thuis hoort. De bijlen bevonden zich 1 m onder de grond. Dit depot bestaat uit 3 bijlen en 1 beitel:
1. Bijl (1895 XI 1); Lengte: 162 mm; TI: 45; Type: Br. 7.
Bijzonderheid: Alleen de onderste helft geslepen. Opm.: EGK.
2. Bijl (1895 XI 2); Lengte: 165 mm; TI: 45; Type: Br. 7.
Bijzonderheid: Geheel geslepen. Opm.: EGK.
3. Beitel (1895 XI 3); Lengte: 260 mm; TI: 83; Type: 'TRB-type'.
Bijzonderheid: Alleen snede geslepen.
4. Bijl (1895 XI 4); Lengte: 116 mm; TI: 57; Type: ?
Bijzonderheid: Zeer ruw gevormd. Ongeslepen.

Conclusie: De twee voltooide bijlen (nrs 1-2) zijn duidelijk van een EGK-type. De beitel is van een type dat waarschijnlijk ten onrechte aan de TRB wordt toegeschreven (zie meervoudige depot nr. 1: De Pieperij).

6. *Valthe I, gemeente Odoorn* (PMD 1953 XI 1 + 1953 XII 1, en particulier bezit).
Dit depot is gevonden tussen Odoorn en Valthe in onbekende context. Het bestaat uit 3 bijlen waarvan er echter maar 2 in het bezit van het D.M. zijn. De derde maakt deel uit van de collectie van wijlen J. Zoer te Odoorn:
1. Bijl (1953 XI 1); Lengte: 206 mm; TI: Type: .
2. Bijl (1953 XII 1); Lengte: 98 mm; TI: 32; Type: Br. 7.
Bijzonderheid: Alle zijden geheel geslepen. Schachtsporen aanwezig.

Conclusie: Dit depot behoort waarschijnlijk tot de EGK.

7. *Valthe II, gemeente Odoorn* (PMD 1953 XI 2 + 1953 XII 2).
Dezelfde vindplaats als Valthe I, maar dan 50 m verderop. Het depot bestaat uit een stenen en een vuurstenen bijl:
1. Stenen bijl (1953 XI 2);
2. Bijl (1953 XII 2); Lengte: 141 mm; TI: 67; Type: Br. 6?
Bijzonderheid: Onregelmatig gevormd. Eén hoofdvlak grotendeels geslepen, van andere kant alleen de snede. Zijvlakken ongeslepen. *Pecking* aanwezig. Slijp volgt het onregelmatige oppervlak. Opm.: Gezien het type, *pecking* en het golvende geslepen oppervlak waarschijnlijk EGK.

Conclusie: Waarschijnlijk EGK.

8. *Drouwen I, gemeente Borger* (PMD 1855 I 28, 29, 31).
Volgens de inventaris "gevonden in 1851, op een diepte van 1 m in het zand van Drouwen". Onduidelijk is of men 'het zand' als een plaatsaanduiding gebruikt (in plaats van het Drouwenerzand) of alleen de grondsoort. Een droge vindplaats is echter wel waarschijnlijk. Dit depot bestaat uit minstens 3 bijlen. Samen met deze drie bijlen werd ook een beitel aan het Drents Museum verkocht die ook een meter diep in het zand was aangetroffen. Deze beitel werd volgens de inventaris gevonden in 1855, 4 jaar later dan de drie bijlen. Dit zou het toebehoren van de beitel aan het depot op zijn minst onzeker maken. Echter, in de catalogus van een tentoonstelling gehouden in 1854 te

Assen wordt de beitel, in samenhang met en als komende van dezelfde vindplaats, al genoemd. Waarschijnlijk berust het jaartal 1855 als vindjaar van de beitel op een vergissing en behoort de beitel wel degelijk tot het depot.
1. Bijl (1855 I 28); Lengte: 158 mm; TI: 50; Type: Br. 4.
Bijzonderheid: Vrij ruw gevormd. Ongeslepen. Opm.: TRB.
2. Bijl (1855 I 29); Lengte: 159 mm; TI: 41; Type: Br. 4.
Bijzonderheid: Vrij ruw gevormd. Ongeslepen. Opm.: TRB.
3. Bijl (1855 I 31); Lengte: 142 mm; TI: 52; Type: Br. 4
Bijzonderheid: Vrij ruw gevormd. Ongeslepen. Opm.: TRB.
4. Beitel (1855 I 30); Lengte: 176 mm; TI: 166; Type: TRB-type.
Bijzonderheid: Alle vier zijden geslepen. Top afgebroken. Opm.: TRB.

Conclusie: TRB.

9. *Drouwen II, gemeente Borger* (PMD 1890 III 8-9, verloren gegaan).
Precieze vindplaats onbekend. Het depot bestaat uit 2 bijlen:
1. Bijl (1890 III 8); Lengte: 181 mm; TI: ; Type: ?
Opm.: Cultuur onduidelijk.
2. Bijl (1890 III 9); Lengte: 157 mm; TI:; Type: ?
Bijzonderheid: Onvolledig geslepen, top beschadigd. Opm.: Cultuur onduidelijk.

Conclusie: Cultuur onduidelijk.

10. *Exloo, gemeente Odoorn* (PMD 1890 VI 2-3).
Gevonden 1 m onder het oppervlak te Exloo. Het depot bestaat uit 2 bijlen:
1. Bijl (1890 VI 2); Lengte: 115 mm; TI: 66; Type: Br. 6b.
Bijzonderheid: Ongelijke zijden. Geheel geslepen. Hoeken gedeeltelijk afgerond (*Kantenschliff*). Schachtsporen aanwezig. Opm.: Waarschijnlijk EGK, gezien de ongelijke zijden, de *Kantenschliff* en het type.
2. Bijl (1890 VI 3); Lengte: 145 mm; TI: 41; Type: Br. 4 of 7?
Bijzonderheid: Geheel geslepen. Hoeken gedeeltelijk afgerond (*Kantenschliff*). Opm.: Cultuur onduidelijk.

Conclusie: Gezien de eerste bijl (VI 2) waarschijnlijk EGK.

11. *Holsloot, gemeente Sleen* (PMD 1959 IX 1a-e).
Dit depot werd aangetroffen bij de herontginning van een perceel madeland, ca. 50 m van de oever van het Holslootdiep. De voorwerpen lagen "horizontaal op gelijke hoogte, ca. 25 cm onder het oppervlak, in een scheidingslaag tussen min of meer vertrapt zanderig veen (boven) en meer houterig veen (onder)". De vindplaats bevindt zich ± 450 m stroomopwaarts van de samenvloeiing van het Holslootdiep met het Drostendiep. Het depot werd in twee gedeelten gevonden, ± 50 cm van elkaar gelegen. Het eerste groepje bestaat uit een stenen bijl (1a) en een vuurstenen bijl (1b), het tweede uit twee vuurstenen bijlen en een kling (1c-e):
1. Stenen bijl (1959 IX 1a); Lengte: 100 mm.
Opm.: Volgens Achterop (1960) van een EGK-type.
2. Bijl (1959 IX 1b); Lengte: 129 mm; TI: 60; Type: Br. 7.
Bijzonderheid: Uitwaaierende snede en een afhangende top waardoor de omtrek iets heeft van een vroeg-middeleeuwse werpbijl. Alleen het onderste derde geslepen (snedeel). Hoeken gedeeltelijk afgerond (*Kantenschliff*). Schachtsporen aanwezig. Opm.: EGK, gezien het type en de *Kantenschliff*.
3. Bijl (1959 IX 1c); Lengte: 94 mm; TI: 51; Type: Br. 7.
Bijzonderheid: Onderste helft geslepen. Hoeken gedeeltelijk afgerond. Schachtsporen aanwezig. Opm.: EGK.
4. Bijl (1959 IX 1d); Lengte: 109 mm; TI: 50; Type: Br. 7.
Bijzonderheid: Onregelmatig oppervlak. Een zijde geheel geslepen, op de andere zijde enkele grote negatieven. Hoeken afgerond. *Pecking*. Schachtsporen. Opm.: EGK.
5. Kling (1959 IX 1e); Lengte: 193 mm.
Opm.: Zulke lange klingen zijn min of meer typerend voor de EGK (Harsema, 1981; zie ook Depot Nieuw-Dordrecht).

Conclusie: Dit depot behoort ongetwijfeld tot de EGK.

12. *Een I, Eenerveld, gemeente Norg* (Leiden c 98 I 4-8); Lit.: van den Broeke, 1979.
Dit depot werd aangetroffen onder een veenlaag van een halve meter dikte. Niet duidelijk is of het depot zelf ook in het veen lag, of dat het op of in het zand lag. In eerste instantie werden er vier bijlen, een ruw bewerkte en een niet-bewerkte vuursteenknol aangetroffen. Later werd een vijfde bijl (c 98 I 8) door het RMO aangekocht, ook gevonden in het Eenerveld, die eventueel ook tot het depot zou kunnen behoren. Bewijs is hier echter niet voor.
1. Bijl (c 98 I 4); Lengte: 298 mm; TI: 25 ?; Type: Br. 4 – Beckers duntoppige 'Oude Type'.
Bijzonderheid: Alle vier zijden geslepen. Opm.: TRB.
2. Bijl (c 98 I 5); Lengte: 184 mm; TI: 12 ?; Type: Br. 4.
Bijzonderheid: Ongeslepen, nog resten van cortex. Opm.: TRB.
3. Bijl (c 98 I 6); Lengte: 241 mm; TI: 15?
Bijzonderheid: Ongeslepen, nog resten van cortex. Opm.: TRB.
4. Bijl (c 98 I 7); Lengte: 157 mm; TI: 27 ?; Type: Br. 4.
Bijzonderheid: Eén hoofdvlak geslepen, met uitzondering van de snede. Opm.: TRB.
5. Bijl (c 98 I 8); Lengte: 196 mm; TI: 22 ?; Type: Br. 4.
Bijzonderheid: Ongeslepen, nog resten van de cortex. Opm.: TRB
6-7. Vuursteenknollen. Deze voorwerpen werden niet door het RMO aangekocht. In de correspondentie van het Drents Museum worden zij beschreven als: "een platte vuursteen die alreeds een weinig den vorm van bijl had verkregen" en "een stuk vuursteen (-) ter lengte van een halve M. rond van vorm"

Conclusie: Dit depot behoort duidelijk tot de TRB. Gezien het type en het gelijke uiterlijk is het niet onmogelijk dat de later gevonden bijl (c 98 I 8) ook tot het depot behoort.

13. *Nieuw Dordrecht, gemeente Emmen* (Leiden c 1955 VII 1-8); Lit.: Harsema, 1981.
De voorwerpen uit dit depot werden aangetroffen in een afgeveend stuk land, in het zand of op de scheiding van zand en veen. Het depot bestond uit 1 bijl en 10 of 11 klingen, waarvan er zich zeven in het bezit van het RMO bevinden. De klingen lagen op elkaar, de bijl lag een paar centimeter dieper.
1. Bijl (c 1955 VII 1); Lengte: 244 mm; TI: ± 47; Type: Br. 6b.
Bijzonderheid: Geheel ongeslepen. Ruw bewerkt. Opm.: Waarschijnlijk EGK.
2-8. Klingen (c 1955 VII 2-8); Lengte: resp. 160, 126, 120, 125, 105, 102 en 77 mm. Opm.: Dergelijke klingen zijn niet met zekerheid aan een cultuur toe te schrijven, maar de EGK lijkt het meest waarschijnlijk. In graven van deze cultuur worden regelmatig lange klingen aangetroffen.

Conclusie: Dit depot moet waarschijnlijk aan de EGK worden toegeschreven.

14. *Ees, gemeente Borger* (Leiden c 1936 V 15-16).
1. Bijl (c 1936 V 15); Lengte: 140 mm; Type: Br. 6?
Bijzonderheid: Ongeslepen.
2. Bijl (c 1936 V 16); Lengte: 130 mm; Type: ?
Bijzonderheid: Geslepen.

Conclusie: Culturele herkomst onbekend.

15. *Peest, gemeente Norg* (particulier bezit)
Dit depot is gevonden in een stuk groenland, op een diepte van 1 meter. De aanduiding groenland zegt in principe alleen iets over het grondgebruik, maar het meeste groenland is meestal laag gelegen, vaak in een beekdal. Het depot bestaat uit een bijl en een beitel.
1. Beitel; Lengte: 205 mm; TI: ? Type: TRB-type.
Bijzonderheid: Alleen de snede geslepen. Opm.: Onmiskenbaar van het TRB-type.
2. Bijl; Lengte: 193 mm; TI: ? Type: Br. 4 – Beckers Blandebjerg-type.

Bijzonderheid: Alleen de hoofdvlakken geslepen. Opm.: TRB.
Conclusie: TRB.

16. *Valthe III, gemeente Odoorn* (particulier bezit); Lit.: Jager, 1989; codenr. 273.
Dit depot is gevonden langs de bovenloop van het dal van de Kampervenen bij Valthe. Dit dal is een, tegenwoordig droog, oud smeltwaterdal. Langs dit dal zijn nog twee grote bijlen (codenrs 274, 276) gevonden, op ± 200 en 500 m van de vindplaats van het depot, op een onderlinge afstand van ± 350 m. Het depot bestaat uit 3 bijlen:
1. Bijl; Lengte: 304 mm; Type: Br. 4 – Beckers smaltoppige 'Oude type'.
Bijzonderheid: Alle vier zijden geslepen. Opm.: TRB.
2. Bijl; Lengte: 296 mm; Type: Br. 4 – Beckers smaltoppige 'Oude type'.
Bijzonderheid: Alle vier zijden geslepen. Opm.: TRB.
3. Bijl; Lengte: 275 mm; Type: Br. 4 – Beckers smaltoppige 'Oude type'.
Bijzonderheid: Alle vier zijden geslepen. Opm.: TRB.

Conclusie: TRB.

17. *Vennebroek, gemeente Eelde*.
Dit depot is alleen bekend uit de literatuur (Pleyte, 1882: p. 52). Pleyte vermeldt dat in het begin van de 19e eeuw op het landgoed Vennebroek bij het graven van een vijver "een menigte steenen wiggen, beitels enz." waren gevonden. Hij merkt daarbij op dat op het landgoed het zand en veen aan elkaar grenzen. Kennelijk zag hij al een verband tussen depots en de overgang zand-veen.

Conclusie: Gezien de omschrijving van Pleyte (wiggen, beitels) kunnen we aannemen dat dit depot uit verschillende voorwerpen bestond. Dit zegt echter weinig over de culturele herkomst (zie 4.3.1.1).

20. *Noord-/Zuidbarge, gemeente Emmen* (PMD 1883 X 5-6).
Dit mogelijke depot, bestaande uit twee bijlen, werd gevonden in de es tussen Noord- en Zuidbarge:
1. Bijl (1883 X 5); Lengte: 90 mm; TI: 79; Type: Br. 6b.
Bijzonderheid: Geheel geslepen. Hoeken gedeeltelijk afgerond (*Kantenschliff*). Opm.: Gezien type, topindex en *Kantenschliff*: EGK.
2. Bijl (1883 X 6); Lengte: 77 mm; TI: 54; Type: Br. 6b.
Bijzonderheid: Alleen snede geslepen. Hoeken gedeeltelijk afgerond. Opm.: EGK.

Conclusie: Het is onduidelijk of het hier om een depot gaat of om een gedeelte van een grafinventaris. Feit is dat er geen andere vondsten gemeld zijn, vondsten die wel te verwachten zijn bij een graf dat, gezien de twee bijlen, vrij rijk moet zijn geweest. Graven met twee vuurstenen bijlen komen bij de EGK vaker voor, maar daarbij is een van de bijlen meestal aanzienlijk langer. De mogelijkheid van een depot blijft bestaan, hoewel dan wel een depot van beperkte omvang. Het kleine formaat van de bijlen is op zich niet afwijkend van de bijlen uit de depots van bijvoorbeeld Holsloot en De Pieperij. De bijlen horen in ieder geval toe aan de EGK.

4.3.1.1. *Discussie (tabel 8)*
Het is moeilijk op grond van zo weinig vondsten algemene conclusies te trekken over de praktijk van de meervoudige vuurstenen bijlendepots. Over de context waarin zij gevonden zijn is echter wel iets te zeggen. Van de tien depots waarvan het karakter van de vindplaats bekend is, zijn er acht in of nabij een veen gevonden. Van de vijf depots (nrs 1, 4, 11, 12 en 13) die daadwerkelijk in een veen gevonden zijn, zijn er twee die onder het veen, op of net in het zand gevonden zijn (nrs 1 en 13). Van het depot nr. 12 is de positie in het

Tabel 8. Meervoudige depots. Vermeld zijn alleen de vuurstenen bijlen. Sch.Sp. Schachtingssporen; Gesl. Geslepen; Ongesl. Ongeslepen; Deels. Deels geslepen; B. Beitel.

Depot	Cont.	Cult.	Type 4	Type 5	Type 6	Beitel	?	L.	TI	Mate van bewerking Gesl.	Mate van bewerking Ongesl.	Mate van bewerking Deels	Sch.Sp. Ja	Sch.Sp. Nee
1	D>N/N	EGK	-	1	4	1	1	156	53	3	-	4	3	4
								103	57					
								102	51					
								189b	83					
								113	53					
								100	51					
								56	62					
2	D>N	TRB	2	-	-	-	-	295	29	1	-	1	-	2
								194	44					
3	D>N	TRB	3	-	-	-	-	279	-	1	1	1	-	3
								226	35					
								226	30					
4	N	TRB	2	1	-	-	-	316	63	2	-	1	-	3
								250						
								195	88					
5	?	EGK	-	-	2	1	1	162	45	1	1	2	-	4
								165	45					
								260b	83					
								116	57					
6	?	EGK	-	-	1	-	-	98	32	1	-	-	1	-
7	?	EGK	-	1	-	-	-	141	67	-	-	1	-	1
8	D?	TRB	3	-	-	1	-	158	50	1	3	-	-	4
								159	41					
								142	52					
								176b	166					
9	?	?	-	-	-	-	-	181	-	-	-	1	-	-
								157						
10	?	EGK	1	-	-	-	1	115	66	2	-	-	1	1
								145	41					
11	N	EGK	-	-	3	-	-	129	60	-	-	3	3	-
								94	51					
								109	60					
12	N	TRB	5	-	-	-	-	298	25	1	3	1	-	5
								184	?					
								241	12					
								157	?					
								196	15					
									?					
									27					
									?					
									22					
									?					
13	D>N/N	EGK	-	1	-	-	-	244	47	-	1	-	-	1
14	?	?	-	1	-	-	-	140	-	-	1	-	-	-
								130						
15	N?	TRB	1	-	-	1	-	205b	-	1	-	1	-	-
								193						
16	?	TRB	3	-	-	-	-	304	-	3	-	-	-	-
								296						
								275						
19	D?	EGK	-	2	-	-	-	90	79	1	-	1	-	2
								77	54					

veen niet duidelijk. Van het depot nr. 15 is niet geheel zeker of zij wel in een natte context is gevonden. De twee depots die in de omgeving van een veen gevonden zijn (nrs 2 en 3) zijn beide afkomstig van een hoogte naast het veen. Bij geen van beide is echter een directe relatie met het veen duidelijk, gezien de onbekende afstand tot het veen. De twee overgebleven depots (nrs 8 en 19) behoren beide tot de contextgroep D?. Van deze depots kan dus niet met zekerheid gezegd worden dat zij in een droge context gevonden zijn. Verschillen wat betreft de vondstcontext tussen TRB- en EGK-depots lijken niet te bestaan, maar zullen bij zulke kleine aantallen ook niet snel duidelijk worden. Het bovenstaande lijkt in overeenstemming met de bevindingen van Rech; ook bij zijn onderzoek bleek er in veel gevallen een relatie te bestaan tussen de vindplaats van de depots en de nabijheid van een veen.

Over de wijze van neerleggen van de Drentse depots is helaas zeer weinig bekend. Alleen van het depot van Holsloot (nr. 11) wordt vermeld dat zij horizontaal op gelijke hoogte lagen. Een verschil tussen depots van de TRB en de EGK is volgens Rech, dat de depots van de TRB vaak bestaan uit bijlen van hetzelfde type, grootte, mate van bewerking en mate van gebruik. Dit is bij de EGK-depots vaak niet het geval. Van de zeven Drentse depots die aan de TRB konden worden toegeschreven, bestaan er vier (nrs 2, 3, 12 en 16) uit bijlen van hetzelfde type. Een vijfde (nr. 8) bevat naast drie bijlen van hetzelfde type misschien ook een beitel. Ook in het geheel genomen zijn de TRB-depots vrij uniform wat het type bijlen betreft; van de 22 bijlen zijn er 19 van het type 4, 1 van type 6 en 2 beitels. Dit is zeer afwijkend van de bijlen uit TRB-graven. Daar is type 5 verreweg het meest voorkomende type, een type dat in de depots helemaal niet voorkomt.

Gelijkheid van lengte binnen één depot is veel minder vaak het geval. Alleen bij de depots nrs 8 (met uitzondering van de beitel) en 16 zijn de bijlen ongeveer van dezelfde lengte. Deze twee depots zijn ook de enige waarvan de bijlen zich in hetzelfde stadium van bewerking bevinden. De bijlen van depot nr. 8 zijn, weer met uitzondering van de beitel, ongeslepen. De bijlen van depot nr. 16 zijn alle geheel geslepen.

Van een sortering van de bijlen in EGK-depots is inderdaad veel minder sprake dan bij de TRB-depots. Van de 21 bijlen uit deze depots zijn er 10 van type 7, 6 van type 6, 2 beitels en 3 bijlen waren typologisch niet in te delen. Dit lijkt veel meer op de typenverdeling van de bijlen uit de EGK-graven. Alleen missen we hier ook de bijlen van type 5. Slechts twee depots (nrs 11 en 20) bestaan uit meerdere bijlen van hetzelfde type. De bijlen van depot nr. 11 zijn ook alle deels geslepen en vertonen alle drie schachtsporen. De aanwezigheid van schachtsporen is iets wat alleen voorkomt bij bijlen uit de EGK-depots, namelijk bij de depots nrs 1, 6, 10 en 11. Geen van de bijlen uit de TRB-depots vertoont zulke sporen; dit sluit echter niet uit dat zij wel geschacht zijn geweest.

Een ander verschil tussen de depots van beide culturen is de mate van slijping van de bijlen. Zoals we ook al zagen bij de individueel gevonden bijlen, zijn de EGK-bijlen vaker alleen bij de snede geslepen. Een opvallender verschil is het aantal ongeslepen bijlen in de depots. Hiervan komen er 7 uit een TRB-depot en slechts 2 uit een EGK-depot. Hoewel het niet uitgesloten is dat ongeslepen bijlen wel gebruikt zijn, is dit toch minder waarschijnlijk. Een ongeslepen bijl, of eigenlijk een bijl met ongeslepen snede, raakt sneller beschadigd aan de snede door gebruik.

Het feit dat deze, waarschijnlijk niet-gebruikte, ongeslepen bijlen vaker in TRB-depots voorkomen en nauwelijks in EGK-depots, versterkt het algemene beeld van het karakter van de depots van beide culturen. De TRB-depots zijn over het algemeen beter gesorteerd, bestaan uit zorgvuldig vervaardigde, lange (gem.l.= 226 mm) bijlen, waarvan een groot gedeelte waarschijnlijk nooit gebruikt of geschacht is geweest. De EGK-depots daarentegen zijn nauwelijks gesorteerd en bestaan over het algemeen uit vrij slordig bewerkte, korte (gem.l.=126 mm zonder beitels, 135 mm met) bijlen waarvan er minstens acht geschacht zijn geweest. De EGK-depotbijlen vallen tussen het totaal aan bijlen niet of nauwelijks op, terwijl de TRB-depotbijlen alleen al door hun grote lengte, maar ook door hun fraaiheid er uit springen. Samengevat lijken de bijlen uit de EGK-depots meer op gewone gebruiksbijlen, terwijl die van de TRB toch een bijzonder karakter hebben.

Naast vuurstenen bijlen komen in de depots ook nog andere voorwerpen voor (tabel 9). Ook hier tekent zich een verschil af tussen de TRB en de EGK. De EGK-depots bevatten ook stenen bijlen (nrs 6, 7 en 11) en klingen (nrs 11 en 13). Het depot van Holsloot (nr. 11) bevat naast 3 vuurstenen bijlen zowel een stenen bijl als een kling. Het is hoogst onzeker of de schrabber uit het depot van De Pieperij (nr. 1) werkelijk bij dit depot behoort. Bij de TRB komen naast vuurstenen bijlen alleen vuursteenknollen voor, varirend in aantal van 1 (nr. 4), 2 (nr. 12) tot 5 (nr. 2).

Dit lijkt in overeenstemming met het voorkomen van ongeslepen bijlen in de TRB-depots. In deze depots zijn alle fabricagestappen van een bijl vertegenwoordigd, van onbewerkte vuursteenknollen (bijvoorbeeld nr. 2: 4

Tabel 9. Depots met andere vondsten naast vuurstenen bijlen.

Nr	Cultuur	Vondsten
1	EGK	1 schrabber??
2	TRB	5 vuursteenknollen
4	TRB	1 vuursteenknol
6	EGK	1 stenen bijl
7	EGK	1 stenen bijl
11	EGK	1 stenen bijl + 1 kling
12	TRB	2 vuursteenknollen
13	EGK	10/11 klingen

t/m 7), ruw bewerkte vuursteenknollen (nrs 2-3), ruw bewerkte, ongeslepen bijlen (bijvoorbeeld nr. 8: 1 t/m 3), gedeeltelijk geslepen bijlen (bijvoorbeeld nr. 2: 2) tot volledig geslepen bijlen. Een mooi voorbeeld hiervan is het depot van Eenerschans (nr. 2) dat bijlen in praktisch alle stappen van vervaardiging bevat. Op grond van dit kenmerk wordt dit depot door Harsema (1976; 1979) geïnterpreteerd als een handelsdepot: "materiaal door een handelaar die een nederzetting naderde tijdelijk in het onbewoonde gebied (...) verborgen, om te worden opgehaald nadat uit een verkenning was gebleken dat er een veilige kans bestond tot het uitvoeren van een transactie die hij beoogde" (Harsema, 1979: p. 124). Een dergelijke interpretatie van een depot is moeilijk te bewijzen, hoe aannemelijk het ook mag klinken. Het feit op zich dat het hier om onvoltooide voorwerpen gaat, en vijf van de TRB-depots 1 of meer onvoltooide voorwerpen bevatten, sluit een andere interpretatie als bijvoorbeeld votiefdepot niet uit. Onbewerkt of niet, deze objecten vertegenwoordigen een zekere waarde en zijn het daardoor waard om bewaard of geofferd te worden. De aard van de vindplaats zegt weinig in dit geval. Zelfs bijlen die in het veen zijn begraven kunnen weer opgegraven worden. Alleen als blijkt dat zij in open water of een moerassig stuk veen gedeponeerd zijn, kunnen we uitsluiten dat het de bedoeling was om de voorwerpen later weer op te halen. Dit valt echter voor geen van de Drentse depots te bewijzen.

De sortering van de TRB-depots sluit mijns inziens een aantal interpretaties uit, of maken ze in ieder geval onwaarschijnlijker. Als men een depot beschouwt als de verborgen rijkdommen van een persoon of groep dan verwacht men een samenraapsel van kostbaarheden; bijlen, en dan van verschillende typen, maar ook andere kostbare voorwerpen, zoals bijvoorbeeld sieraden. Het is onwaarschijnlijk om aan te nemen dat een persoon of groep toevallig alleen vuurstenen bijlen van hetzelfde type te verbergen had. Ditzelfde argument geldt tegen een interpretatie van deze depots als zogenaamde *Vermächtnisfunde*. Ook depots als alternatieve grafgiften zijn niet erg waarschijnlijk. In dat geval zou men overeenkomsten verwachten tussen bijlen uit graven en bijlen uit depots. Zoals we al gezien hebben is dit zeker niet het geval. We hoeven alleen maar de gemiddelde lengte en de typenverdeling te vergelijken om de grote verschillen te zien. In feite blijven er maar twee geschikte interpretaties voor de gesorteerde TRB-depots over: een voorraad van een ambachtsman of handelaar of een sacrale depositie. De gelijkvormigheid van de bijlen in sommige depots doet vermoeden dat zij uit dezelfde bron afkomstig zijn. Dat zij samen gevonden zijn betekent waarschijnlijk ook dat zij samen, in het bezit van een 'handelaar', aangevoerd zijn. Nu is het niet onmogelijk dat zij na aankomst gezamenlijk geofferd zijn, maar dit lijkt het verhaal onnodig ingewikkeld te maken. Daarnaast wijst de aanwezigheid van de ruwe grondstof in sommige depots erop dat een ambachts-

man of handelaar bij de depositie betrokken was. Dus een interpretatie als handelsvoorraad lijkt hier voor de hand te liggen. Er zijn echter argumenten tegen een dergelijke verklaring. De lengte van de bijlen in deze TRB-depots is opvallend groot. Overeenkomstig lange bijlen zijn verder voornamelijk bekend uit enkelvoudige depots (zie hieronder), maar nauwelijks uit TRB-graven of andere TRB-contexten. Bij die bijlen uit graven betreft het bovendien nog de groep met een lengte van tussen 15 en 20 cm, niet de extreem lange bijlen. Overwogen moet worden of deze extreem lange bijlen specifiek als statusobject of offergave werden geïmporteerd.

Deze argumenten gelden natuurlijk alleen voor de gesorteerde depots en niet voor de ongesorteerde, waartoe de meeste EGK-depots behoren. Deze depots met hun gevarieerde samenstelling doen veel meer denken aan de samengeraapte eigendommen van een persoon of groep. Het feit dat een aantal van deze bijlen geschacht en waarschijnlijk dus ook gebruikt is geweest, versterkt deze indruk. Andere interpretaties, zoals offers of handelsvoorraad, zijn voor deze depots echter niet uit te sluiten. Als deze depots, en dan in het bijzonder de EGK-depots, een handelsvoorraad vertegenwoordigen, dan wel een van een armoediger handelaar of ambachtsman dan die van de TRB-depots. Dit doet ons terugkomen op de verschillen in lengte tussen de bijlen uit de TRB- en de EGK-depots. Bijlen met een lengte van de exemplaren die we aantreffen in de TRB-depots zijn in EGK-context in Nederland vrijwel onbekend, met als uitzonderingen de EGK-grafbijlen van Vaassen, tumulus 1 (Lanting & van der Waals, 1976) en van Silvolde (Bantelmann, Lanting & van der Waals, 1979/1980) met lengten van 26,5 en 22,5 cm. Dit terwijl in bijvoorbeeld Denemarken tot aan het einde van het laatneolithicum bijlen van aanzienlijk formaat voorkomen. Dit kan niet te wijten zijn aan verminderende contacten met Scandinavië. De overeenkomstige ontwikkelingen van aardewerk en hamers tijdens de EGK wijzen op intensief contact. De verklaring moet daarom eerder gezocht worden in een verandering van gebruiken betreffende de samenstelling van depots in Nederland tijdens de EGK. In plaats van buitengewoon lange bijlen werden bijlen van meer doorsnee-lengte gekozen.

4.3.2. *De enkelvoudige depots*

De bewijsvoering voor enkelvoudige depots (Bakhuizen, 1967; Jager, 1982) is veel moeilijker dan die van meervoudige depots. Per slot van rekening wil de definitie van het begrip depot, dat de vondst niet mag worden gedaan in de context van een graf, nederzetting, etc. (zie 4.1.1). Dit betekent dat elke losse vondst, dus niet de bijlen die in gezelschap van andere voorwerpen of in een graf gevonden zijn, een potentieel enkelvoudig depot is. Van de 433 bijlen uit dit onderzoek zijn er 326 alleen gevonden. Een gedeelte hiervan zal gewoon

Tabel 10. Bijlen langer dan 150 mm, met uitzondering van de bijlen uit meervoudige depots.

Context	>150 mm <200 mm	> 200 mm	Totaal >150 mm
N	16	4	20
D>N/N	-	-	-
D>N	-	3	3
D	1	1	2
G	5	-	5
?	32	15	46
Totaal	54	23	76

verloren of afkomstig zijn van vernielde graven. Hoe kunnen we die bijlen scheiden van de werkelijke enkelvoudige depots?

Zoals we gezien hebben komen de meeste meervoudige depots uit de contextgroepen N, D>N/N en D>N. Het is dus het meest waarschijnlijk dat ook de meeste enkelvoudige depots uit deze groepen komen, als we uitgaan van dezelfde motieven voor depositie van zowel enkel- als meervoudige depots. De bijlen uit de TRB-depots onderscheiden zich daarnaast, in tegenstelling tot de bijlen uit de EGK-depots, door enkele kenmerken van 'de gemiddelde bijl'. De TRB-depotbijlen zijn gemiddeld erg lang, zijn meestal van type 4 en een vrij groot gedeelte van hen is ongeslepen.

De lengte van de bijlen uit de TRB-depots varieert van 142 mm tot 316 mm, terwijl de meerderheid (16 van de 22) een lengte heeft van rond de 200 mm of langer. Onze belangstelling gaat dus uit naar bijlen van 150 mm en langer (tabel 10). In totaal zijn er 76 bijlen langer dan 150 mm, waarvan 30 met een bekende context, uitgezonderd de bijlen uit de depots. Van deze 30 zijn er maar liefst 20 afkomstig uit een natte context en 3 uit een overgang van nat naar droog.

Dit komt samen neer op een aandeel van ±77%, een aandeel dat voor het totale aantal bijlen ±51% is (fig. 3). De overgrote meerderheid van de langere bijlen is dus afkomstig uit dezelfde contextgroepen als de meerderheid van de meervoudige depots. De langere bijlen zijn grotendeels van twee typen: de typen 4 en 6. Dit is niet zo verwonderlijk aangezien dit min of meer in de type-omschrijvingen besloten ligt. Het type 6 komt het meest voor (23x), waarvan er 14 aan het EGK en 9 aan de TRB konden worden toegeschreven. Deze toeschrijving gebeurde voornamelijk op niet-typologische gronden (zie 3.3) en is dus vrij arbitrair. Het tweede veel voorkomende type is type 4 dat 14x voorkomt. Deze kunnen aan de TRB toegeschreven worden, wat het totaal aan TRB-bijlen binnen deze groep op 23 brengt, tegen 14 van de EGK. Opvallend is dat ook hier, net als bij de meervoudige depots, de TRB-bijlen gemiddeld langer zijn dan de EGK-bijlen (206 mm tegen 170 mm). Dit blijkt ook uit het feit dat van de 23 bijlen langer dan 200 mm er 11 van een TRB-type zijn en slechts 2 van een EGK-type.

Een ander opvallend feit is het aantal ongeslepen bijlen. Dat zijn er in deze groep 12: 11 van een TRB-type en 1 die niet toegeschreven kon worden aan een cultuur. Dit komt overeen met het beeld van de bijlen uit de meervoudige depots. Daar waren 10 ongeslepen bijlen, waarvan 7 van een TRB-, 2 van een EGK- en 1 van een onbepaald type. Dit is des te opmerkelijker wetende dat er van het totale aantal bijlen slechts 26 ongeslepen waren.

Samenvattend kunnen we zeggen dat de TRB-bijlen van 150 mm en langer, wat betreft de context waarin zij gevonden zijn, het grote aantal ongeslepen exemplaren en hun type, niet verschillen van de bijlen uit de meervoudige TRB-depots. Van de EGK-bijlen is dit moeilijker te zeggen, aangezien de bijlen uit de EGK-depots zich niet onderscheiden door hun lengte, of door iets anders, van 'de gemiddelde bijl'. Opvallend blijft wel dat ook deze bijlen voornamelijk in dezelfde context als de depots gevonden zijn.

Gezien de overeenkomsten tussen de los gevonden TRB-bijlen met een lengte van meer dan 150 mm en de bijlen uit de TRB-depots lijkt het meer dan waarschijnlijk dat ook deze bijlen (enkelvoudige) depots zijn. Dat er een relatie bestaat tussen de depots en de lange, los gevonden bijlen wordt onder meer bevestigd door de vondsten rondom het meervoudig depot van Valthe III (nr. 16). Dit depot werd gevonden aan de rand van een droog dal. Op een afstand van 200 en 500 m van dit depot, en met een onderlinge afstand van 350 m, werden aan de rand van hetzelfde dal twee uitzonderlijk lange bijlen gevonden (Jager, 1984: p. 39). Deze vondsten en het bestaan van enkelvoudige depots werpt nieuwe vragen op over de betekenis van de depots. De overeenkomsten tussen de enkelvoudige en de meervoudige depots doen vermoeden dat zij met dezelfde bedoeling zijn neergelegd. Een aantal interpretaties van meervoudige depots lijkt veel minder waarschijnlijk voor enkelvoudige depots. Een handelsvoorraad van één bijl lijkt nauwelijks de moeite waard. Ditzelfde argument lijkt te spreken tegen een interpretatie als verborgen rijkdommen van een persoon of groep. Men zou dan meerdere voorwerpen verwachten. Ook de vondsten rondom het depot Valthe III spreken tegen een interpretatie als handelsvoorraad. Het zou te toevallig zijn dat drie handelsvoorraden op zo'n kleine afstand van elkaar verborgen zouden zijn. Nog toevalliger is dan het feit dat geen van drieën ooit weer opgehaald is, of men zou een handelaar moeten voorstellen als een eekhoorn die een aantal van zijn her en der verborgen wintervoorraden vergeten is. Tegen een interpretatie als alternatieve grafgiften gelden dezelfde argumenten als bij de meervoudige depots. Het enige overgebleven alternatief is dat de enkelvoudige depots een sacrale betekenis hadden.

Deze conclusie heeft ook consequenties voor de duiding van de meervoudige depots, aangezien, zoals hierboven beredeneerd, de enkelvoudige en de meervoudige depots waarschijnlijk dezelfde betekenis hadden. De conclusie is dus, dat in ieder geval voor de enkel- en meervoudige TRB-depots een interpretatie als offer het meest waarschijnlijk is.

Een dergelijke redenering is voor de EGK-depots helaas niet te maken. Het is wel opvallend dat ook de langere EGK-bijlen uit dezelfde contexten afkomstig zijn, maar de beperkte overeenkomsten tussen deze bijlen en die uit de meervoudige depots maakt het bewijzen van het bestaan van enkelvoudige EGK-depots moeilijk. Misschien ligt hier een verklaring voor het grote aandeel van EGK-bijlen in de groep bijlen uit een natte context (zie 3.3). De bijlen uit deze groep zijn gemiddeld ook langer dan het totaal-gemiddelde. Het zou kunnen zijn dat de EGK wel degelijk bijlen deponeerde in het veen en andere natte plaatsen maar dat deze minder opvallen onder het totaal bestand aan vuurstenen bijlen. Dit lijkt de enige verklaring voor het relatief grote aantal bijlen uit deze context dat toegeschreven kan worden aan de EGK. Het is helaas moeilijk te bewijzen.

5. BESLUIT

Als conclusie van dit onderzoek kunnen we stellen dat in ieder geval de meervoudige TRB-depots met opzet zijn gedeponeerd, hoogstwaarschijnlijk met een religieuze bedoeling. Ditzelfde geldt waarschijnlijk ook voor de meeste TRB-bijlen die langer zijn dan ± 150 mm, hoewel over deze grens te twisten valt.

Naar de betekenis van de meervoudige EGK-depots kunnen we alleen maar gissen. Men kan een continuïteit van gebruiken en religie vanuit de TRB vermoeden, maar echte bewijzen zijn daar niet voor. Ook het bestaan van enkelvoudige EGK-depots is onzeker, al mag dit op basis van het hoge aantal EGK-bijlen uit een natte context wel vermoed worden. Het onderzoek van Beuker e.a. (1992) naar de deponering van stenen bijlen werpt geen nieuw licht op de zaak. Men gaat er ook hier van uit dat een gedeelte van de bijlen uit een natte context rituele deponeringen zijn, maar een bewijs wordt hiervoor niet gegeven.

Zoals hierboven beredeneerd (zie 2.1) is een relatief groot aantal bijlen uit een natte context niet voldoende. Ook de gedachte dat een bijl uit het veen alleen een opzettelijke deponering kan zijn is onjuist. Het is een misvatting de grote venen als een ondoordringbaar moeras te zien. Hoewel 's winters het veen moeilijk begaanbaar was, was het 's zomers zeer goed mogelijk het veen te betreden. Je kunt je natuurlijk afvragen wat men daar te zoeken had, naast jagen en kruiden, vruchten en dergelijke te verzamelen. Een bezigheid op het veen die het gebruik van een bijl vereiste, springt echter niet snel in gedachten. Het begraven van mensen in het veen is wel eens voorgekomen (veenlijken!), maar dat kan toch nauwelijks de vrij grote hoeveelheid bijlen uit het veen verklaren. Wat dus overblijft als verklaring is verlies of rituele deponering. Aangezien het onwaar-

schijnlijk lijkt dat er druk verkeer op het veen was, lijkt de tweede optie het meest waarschijnlijk. Maar nogmaals, voor de meeste van deze bijlen zijn daar geen directe aanwijzingen, laat staan bewijzen, voor.

De bewijsvoering voor enkelvoudige deponeringen van bronzen bijlen (Hielkema 1994) is helaas niet veel eenvoudiger. Ook hier heeft men te maken met dezelfde problemen; deponering lijkt waarschijnlijk maar positief bewijs is moeilijk te leveren.

Als we er van uit gaan dat in ieder geval een gedeelte van de bijlen rituele depots zijn, dan rest de vraag vanuit welke gedachte men dit deed. Hebben we hier te maken met offers aan een 'bijlgod', zoals wel geopperd in de oudere Deense literatuur? Of offers aan een bovennatuurlijke macht in ruil voor bewezen of nog te bewijzen diensten? Of offers met een sociale bijbedoeling, als mogelijkheid voor een elite om hun rijkdom te tonen of kapitaalvernietiging ter voorkoming van sociale spanningen (Levy, 1982)? Het is moeilijk gebleken het bestaan van rituele depots te bewijzen; het zal nog moeilijker blijken om een antwoord op deze vraag te geven.

6. DANKBETUIGING

Ik wil in het bijzonder drs. J.N. Lanting bedanken voor zijn hulp en voor zijn vele suggesties en toevoegingen. Daarnaast wil ik prof.dr. H.R. Reinders, dr. W.A.B. van der Sanden en J.R. Beuker bedanken voor het kritisch doorlezen van het manuscript. Speciale dank ben ik daarbij W.A.B. van der Sanden verschuldigd voor het aandragen van dit onderwerp. Verder wil ik J.H. Zwier bedanken voor het tekenwerk.

7. LITERATUUR

ACHTEROP, S.H., 1960. Een depot van vuurstenen bijlen bij de Reest. *Nieuwe Drentse Volksalmanak* 78, pp. 179-189.
ARNOLD, V., 1978/1979. Zu einigen Depotfunden mit Flintbeilen aus dem jüngeren Neolithikum Schleswig-Holsteins. *Kölner Jahrbuch für Vor- und Frühgeschichte* 16, pp. 54-60.
BAKHUIZEN, S.C., 1967. Drie grote vuurstenen bijlen uit de provincie Groningen. *Groningse Volksalmanak*, pp. 125-138.
BAKKER, J.A. & J.D. VAN DER WAALS, 1973. Denekamp-Angelslo cremations, collared flasks and a corded ware sherd in Dutch final TRB contexts. In: G. Daniel & P. Kjaerum (eds), *Megalihic graves and ritual – Papers presented at the IIIrd Atlantic colloquium, Moesgård 1969.* Nordisk Verlag, Kopenhagen, pp. 17-50.
BAKKER, J.A., 1959. Veenvondsten van de Trechterbekercultuur In: *Honderd eeuwen Nederland* (= Antiquity and Survival Vol. II 5-6). Luctor et emergo, Den Haag, pp. 93-99.
BAKKER, J.A., 1979. *The TRB West-group studies in the chronology and geography of the makers of hunebeds and tiefstich pottery* (= Cingula V). I.P.P., Amsterdam.
BAKKER, J.A., 1982, TRB settlement patterns on the Dutch sandy soils. *Analecta Praehistoria Leidensia* 15, pp. 87-124.
BAKKER, J.A., 1992. *The Dutch hunebedden. Megalithic tombs of the Funnel Beaker culture* (= International monographs in prehistory; Archaeological series 2). Ann Harbor.

BANTELMANN, N., A.E. LANTING & J.D. VAN DER WAALS, 1979/1980. Wiesbaden "Hebenkies", das Grabdenkmal auf dem Weg nach der Platte. *Fundberichte aus Hessen* 19/20 (= Festschrift U. Fischer), pp. 183-249.

BECKER, C.J., 1952. Die nordschwedische Flintdepots. Ein Beitrag zur Geschichte des neolithischen Fernhandels in Skandinavien. *Acta Archaeologica* 23, pp. 31-79.

BECKER, C.J., 1957. Den tyknakkede flintøkse studier over tragtbaegerkulturens svaere retokser i mellem-neolitisk tid. *Aarbøger for Nordisk Oldkyndighed og Historie*, pp. 1-37.

BECKER, C.J., 1973. Studien zu neolithischen Flintbeilen. Methodische Probleme – Neue Formen und Varianten der dicknackige Beile innerhalb der Trichterbecherkultur – Chronologische Probleme. *Acta Archaeologica* 44, pp. 125-180.

BEUKER, J., 1986. De import van Helgoland-vuursteen in Drenthe. *Nieuwe Drentse Volksalmanak* 103, pp. 111-135.

BEUKER, J.R., E. DRENTH, A.E. LANTING & A.P. SCHUDDE-BEURS, 1992. De stenen bijlen en hamerbijlen van het Drents Museum: een onderzoek naar de gebruikte steensoorten. *Nieuwe Drentse Volksalmanak* 109, pp. 111-139.

BRANDT, K.H., 1967. *Studien über steinerne Äxte und Beile der jüngere Steinzeit und der Stein-Kupferzeit Nordwestdeutschlands* (= Münstersche Beiträge zur Vorgeschichtsforschung 2). A. Lax Verlagsbuchhandlung, Hildesheim.

BRINDLEY, A.L., 1986. The typochronology of TRB West Group pottery. *Palaeohistoria* 28, pp. 93-132.

BROEKE, P.W. VAN DE, 1979. Een depot met vuurstenen bijlen uit het Eenerveld bij Een, gem. Norg. *Nieuwe Drentse Volksalmanak* 96, pp. 105-115.

BROEKE, P.W. VAN DE e.a., ongepubl. (1991). Concept chronologie/periodisering handboek Nederlandse prehistorie.

DECKERS, P.H., 1982. Preliminary notes on the Neolithic flint material from Swifterbant (Swifterbant contribution 13). *Helinium* 22, pp. 33-39.

DEUNHOUWER, P., ongepubl. (1983). Drouwen D19. De studie van het vuursteenmateriaal uit een Nederlands hunebed. Doctoraalscriptie I.P.L.

EBBESEN, K., 1980. Die Silex-Beil-Depots Südskandinaviens und ihre Verbreitung. In: K. Weisgerber (red.), *5000 Jahre Feuersteinbergbau. Die Suche nach dem Stahl der Steinzeit*. Deutsches Bergbau-Museum, Bochum, pp. 299-304.

EBBESEN, K., 1982. Flint celts from Single-grave burials and hoards on the Jutlandic peninsula. *Acta Archaeologica* 53, pp. 119-181.

FOKKENS, H., 1991. Verdrinkend landschap. Archeologisch onderzoek van het westelijk Fries-Drents plateau 4400 BC tot 500 AD. Proefschrift RU Groningen.

GIFFEN, A.E. VAN, 1943. Opgravingen in Drente tot 1941. In: J. Poortman (red.), *Drente. Handboek tot het kennen van het Drentsche leven in voorbije eeuwen*. Boom, Meppel, pp. 393-564.

GLOB, P.V., 1945. Studier over den jyske enkeltgravskultur. Proefschrift Kopenhagen, Gyldendalske Boghandel.

GIJN, A.L. VAN, 1990. The wear and tear of flint. Principals of functional analysis applied to Dutch Neolithic assemblages. Proefschrift RU Leiden (Ook als *Analecta Praehistoria Leidensia* 22).

HARSEMA, O.H., 1975. Kroniek van opgravingen en vondsten in Drenthe in 1973. *Nieuwe Drentse Volksalmanak* 92, pp. 143-148.

HARSEMA, O.H., 1976. Enkele onvoltooide stenen werktuigen van de Standvoetbekercultuur in Drenthe. *Nieuwe Drentse Volksalmanak* 93, pp. 169-178.

HARSEMA, O.H., 1979. Het neolithische vuursteendepot, gevonden in 1940, bij Een, gem. Norg. *Nieuwe Drentse Volksalmanak* 96, pp. 117-128.

HARSEMA, O.H., 1981. Het neolithische vuursteendepot van Nieuw-Dordrecht, gem. Emmen en het optreden van lange klingen in de prehistorie. *Nieuwe Drentse Volksalmanak* 98, pp. 113-128.

HIELKEMA, J.B., ongepubl. (1994). Bronzen bijlen in Noord-Nederland. Doctoraalscriptie B.A.I.

HOGESTIJN, J.W., 1990. From Swifterbant to TRB in the IJssel-Vecht basin – some suggestions. In: D. Jankovska (red.), *Die Trichterbecherkultur. Neue Forschungen und Hypothesen, Teil I*. Poznan.

HØJLUND, F., 1973/1974. Stridoksekulturens flintøkser og -mejsler. *Kuml*, pp. 179-196.

HUNDT, H.J., 1955. Versuch zur Deutung der Depotfunde der nordischen jüngeren Bronzezeit. *Jahrbuch des Römisch-Germanischen Zentralmuseums Mainz* 2, p. 95.

JAGER, S., 1981. Een grote vuurstenen bijl en een 'Plättbolzen' uit Fochteloo, gem. Ooststellingwerf, prov. Friesland. *Helinium* 21, pp. 225-245.

JAGER, S., 1982. Duntoppige vuurstenen bijlen uit Oudemolen, gem. Vries en Gees, gem. Oosterhesselen. *Nieuwe Drentse Volksalmanak* 99, pp. 115-123.

JAGER, S., zonder jaar. Odoorn – het landinrichtingsgebied 'Odoorn'-een archeologische kartering, inventarisatie en waardering Interim-rapport (fase 1). R.O.B., Amersfoort.

KIEKEBUSCH, A., 1920/1921. Der Bronzefund von Damnfelde bei Cöpenick und vorgeschichtliche Fundstelle bei Alt-Glienicke, südl. von Cöpenick. *Zeitschrift für Ethnologie* 52/53, pp. ??

LANTING, J.N. & J.D. VAN DER WAALS, 1976. Beaker culture relations in the Lower Rhine basin In: *Glockenbechersymposion Oberried 1974*. Fibula-van Dishoeck, Bussum/Haarlem, pp. 2-80.

LEVY, J.E., 1982. *Social and religious organisation in Bronze Age Denmark* (= BAR Intern. Series 124). BAR, Oxford.

MIDGLEY, M.S., 1992. *TRB culture. The first farmers of the North European plain*. Edinburgh University Press, Edinburgh.

MÜLLER, S., 1886. Votivfund fra sten- og bronzealdern. *Aarbøger for Nordisk Oldkyndighed og Historie*, pp. 216-250.

MÜLLER, S., 1897. *Nordische altertumskunde I*. K.J. Trübner, Strassburg.

MÜLLER-KARPE, H., 1958. Neues zu Urnenfeldenkultur Bayerns. *Bayerische Vorgeschichtsblätter* 23, pp. 4-34.

NIELSEN, J.P., 1993. The Neolithic. In: *Digging into the past – 25 years of archaeology in Denmark*. Universitetsvorlag, Aarhus, pp. 84-91.

NIELSEN, P.O., 1977. Die Flintbeile der frühen Trichterbecherkultur in Dänmark. *Acta Archaeologica* 48, pp. 62-138.

NIELSEN, P.O., 1979. De tyknakkede flintøkse kronologi. *Aarbøger for Nordisk Oldkyndighed og Historie*, pp. 5-71.

NIELSEN, P.O., 1985. Neolithic hoards from Denmark. In: K. Kristiansen (red.), *Archaeological formation processes. The representativity of archaeological remains from Danish prehistory*. Nationalmuseet, Kopenhagen, pp. 102-109.

OLLAUSON, D., 1982. Lithic technological analysis of the thin-butted flint-axe. *Acta Archaeologica* 53, pp. 1-87.

OTTO, K.H., 1958. Sociologisches zur Leubinger Gruppe der Aunjetitzer Kultur. *Ausgrabungen und Funde* 3, pp. 208-210.

PETERSEN, H., 1890. Hypothesen om religiøse offer- og votivfund fra Danmarks forhistoriske tid. *Aarbøger for Nordisk Oldkyndighed og Historie*, pp. 209-252.

PIEPER, E., ongepubl. (1940). Die Steingeräte der Riesensteingräber in Holstein. Proefschrift Kiel.

PLEYTE, W., 1882. *Nederlandse oudheden van de vroegste tijden tot op Karel de Groote – Drenthe*. E.J. Brill, Leiden.

RECH, M., 1979. *Studien zu Depotfunden der Trichterbecher- und Einzelgrabkultur des Nordens* (= Offa Bücher 39). K. Wachholtz Verlag, Neumünster.

RECH, M., 1980. Die Silexbeildeponierungen in Norddeutschland. In: K. Weisgerber (red.), *5000 Jahre Feuersteinbergbau. Die Suche nach dem Stahl der Steinzeit*. Deutschen Bergbau-Museum, Bochum, pp. 294-298.

REGTEREN ALTENA, J.F. VAN, e.a., 1962; 1963. The Vlaardingen culture. *Helinium* 2, pp. 3-35, 97-103, 215-243 en *Helinium* 3, pp. 39-54, 97-120.

REINECKE, P., 1926. Die Herkunft des Eisens unserer vorrömischen Funde. *Germania* 10, pp. 87-95.

RITTERSHOFER, F.K., 1983. Der Hortfund von Bühl und seine Beziehungen. *Bericht der Römisch-Germanischen Kommission* 64, pp. 139-416.

ROTTLANDER, R., 1975. The formation of patina on flint. *Archaeometry* 17, pp. 106-110.

SCHUHMACHER, K., 1914. Neolithische Depotfunde im westlichen

Deutschland. *Prähistorische Zeitschrift* 6, pp. 29-56.

SHEPHERD, W., 1972. *Flint. It's origin, properties and uses*. Faber & Faber, Londen.

SIEGEL, S., 1956. *Nonparametric statistics for the behavioral sciences*. Tokyo.

STEIN, F., 1976. *Bronzezeitliche Hortfunde in Süddeutschland* (= Saarbrücker Beiträge zur Altertumskunde 23). R. Habelt Verlag, Bonn.

STJERNQUIST, B., 1962/1963. Präliminarien zu einer Untersuchung von Opferfunden. *Meddelanden från Lunds Universitets Historiska Museum*, pp. 5-64.

STRAHL, E., 1985. Zum Stand der Forschung über das dicknackige Flint-Rechteckbeil. Ein unendliche Geschichte? *Die Kunde* 36, pp. 105-206.

STRUVE, K.W., 1955. *Die Einzelgrabkultur in Schleswig-Holstein und ihre kontinentalen Beziehungen*. K. Wachholtz Verlag, Neumünster.

TEMPEL, W.-D., 1979. Nachbestattungen in Grosssteingräber: Die Einzelgrabkultur und die Glockenbecherkultur. In: H. Schirnig (red.), *Grosssteingräber in Niedersachsen*. Hildesheim.

TIESING, H., 1897. Eenige mededeelingen omtrent het vinden van oudheidkundige voorwerpen in de gemeente Borger. *Nieuwe Drentse Volksalmanak* 16, pp. 98-102.

UFKES, A., 1993. Vroeg-neolithische votiefgaven? Edelhertgeweien uit Drenthe en Groningen. *Paleo-aktueel* 4, pp. 28-30.

WAALS, J.D. VAN DER, 1964. Prehistoric disc wheels in the Netherlands. Proefschrift RU Groningen (ook: *Palaeohistoria* 10, pp. 103-156).

WAALS, J.D. VAN DER, 1972. Die durchlochten Rössener Keile und das frühe Neolithikum in Belgien und in den Niederlanden. In: J. Lüning (red.), *Die Anfänge des Neolithikums vom Orient bis Nordeuropa, T. Va: westliches Europa* (= Fundamenta A, Band 3). Böhlau Verlag, Keulen etc., pp. 153-184.

WAHLE, E., 1925. Ein Schwert der späten Bronzezeit von Nussloch bei Heidelberg. *Badische Fundberichte* 1, pp. 84-88.

WORSAAE, J.J.A., 1866. Om nogle mosefund fra bronzealdern. *Aarbøger for Nordisk Oldkyndighed og Historie,* pp. 313-326.

BRONZE AGE METAL AND AMBER IN THE NETHERLANDS (PART II:1) CATALOGUE OF FLAT AXES, FLANGED AXES AND STOPRIDGE AXES

J.J. BUTLER

Vakgroep Archeologie, Groningen, Netherlands

ABSTRACT: Catalogue of the flat axes, flanged axes, and stopridge axes of the Early and Middle Bronze Age found in the Netherlands, ordered by types; with consideration of their chronology, distribution, and origins.

KEYWORDS: Netherlands, Bronze Age (Early and Middle); flat axes, flanged axes, stopridge axes, distributions.

1. INTRODUCTION

In Part I of this study (*Palaeohistoria* 32, 1990: pp. 47-110) we presented a catalogue of the richer grave finds and the hoards of the Early and Middle Bronze Age in the Netherlands. Part II continues the catalogue with the presentation of the single finds of Early and Middle Bronze Age axes (flat axes, flanged axes, stopridge axes). The arrangement is according to types; and includes discussion of the chronology, distribution (with maps for the Netherlands) and origin of the types. Palstaves will be similarly presented in Part II:2.

In so doing, consideration must obviously be given to the placing of the material found in the Netherlands in the wider classificatory frameworks created by scholars in adjacent areas, and in more distant regions with which the Netherlands had contact during the Early and Middle Bronze Age. Of special importance in this respect are the PBF corpora of Abels (1972) for the flanged axes of Switzerland and parts of southwestern Germany and eastern France, of Kibbert (1980) for the axes of middle western Germany, and of Schmidt & Burgess (1981) for the axes of northern Britain. Some use has also been made of the unpublished theses on the axes of the Maas (Meuse) valley of Belgium and the southern part of the Netherlands by Wielockx (1986) and on the axes of the northern provinces of the Netherlands by Hielkema (1994); we are grateful to these two authors for making duplicated copies available.

Regrettably, there were at the time of writing no such corpus works available for southern Britain, Lower Saxony (one is in preparation, however, by F. Laux), Belgium west of the Maas valley, and the northern part of France (material for which has, however, been collected and is being edited by myself and W.H. Metz). There are, of course, also numerous treatments of aspects of the material of neighbouring areas which are of great value, and which we have taken into consideration as far as possible.

In this presentation we make use of existing type designations wherever and whenever practicable. At present, the most complete and systematic typology for bronze axes of this and adjacent regions is that proposed and employed by Kibbert, 1980 (for his schematic overview see his p. 57: *Tabelle* 5, for flat axes, and p. 93: *Tabelle* 6, here reproduced as figure 1, for flanged axes) and 1984 (for the later axe types). Inevitably, his type divisions serve as the basis for those used here, and especially for those axe types which are relatively common in western Germany and scarce in the Netherlands. In some cases, differences of terminology and definition seem advisable.

We can identify a comparatively large number of types and varieties of axes in the Netherlands, though for many of these types only a few examples are present. Since there are in this region no natural sources of copper or tin, in the beginning all metals had to be imported from afar; at first presumably only in the form of finished objects, later as scrap metal. Their sources were heterogeneous, which helps explain the diversity of types. Import was certainly not in large quantities, and one may suppose that a high percentage of the earlier imports were recycled, so that few were left over for possible deposition in graves or as votive offerings. Local production of metal trinkets, whether of copper or gold, seems, thanks to the finds of smith's stone hammers and anvils at Lunteren and Soesterberg (Butler & van der Waals, 1966), to have begun during Veluwe Bell Beaker times, though it is by no means certain that cast objects such as axes were already then being locally made. There is, however, a likelihood that low-flanged axes were produced in this area at the time of the Salez, Neyruz and Emmen axes; and the comparatively large number of high-flanged axes of Type Oldendorf might suggest a more considerable regional production in Sögel-Wohlde times.

We make no claim that the type attributions put forward here have eternal validity. The truth, it has been said, is rarely pure and never simple. The classification of Bronze Age artefacts is by no means an exact

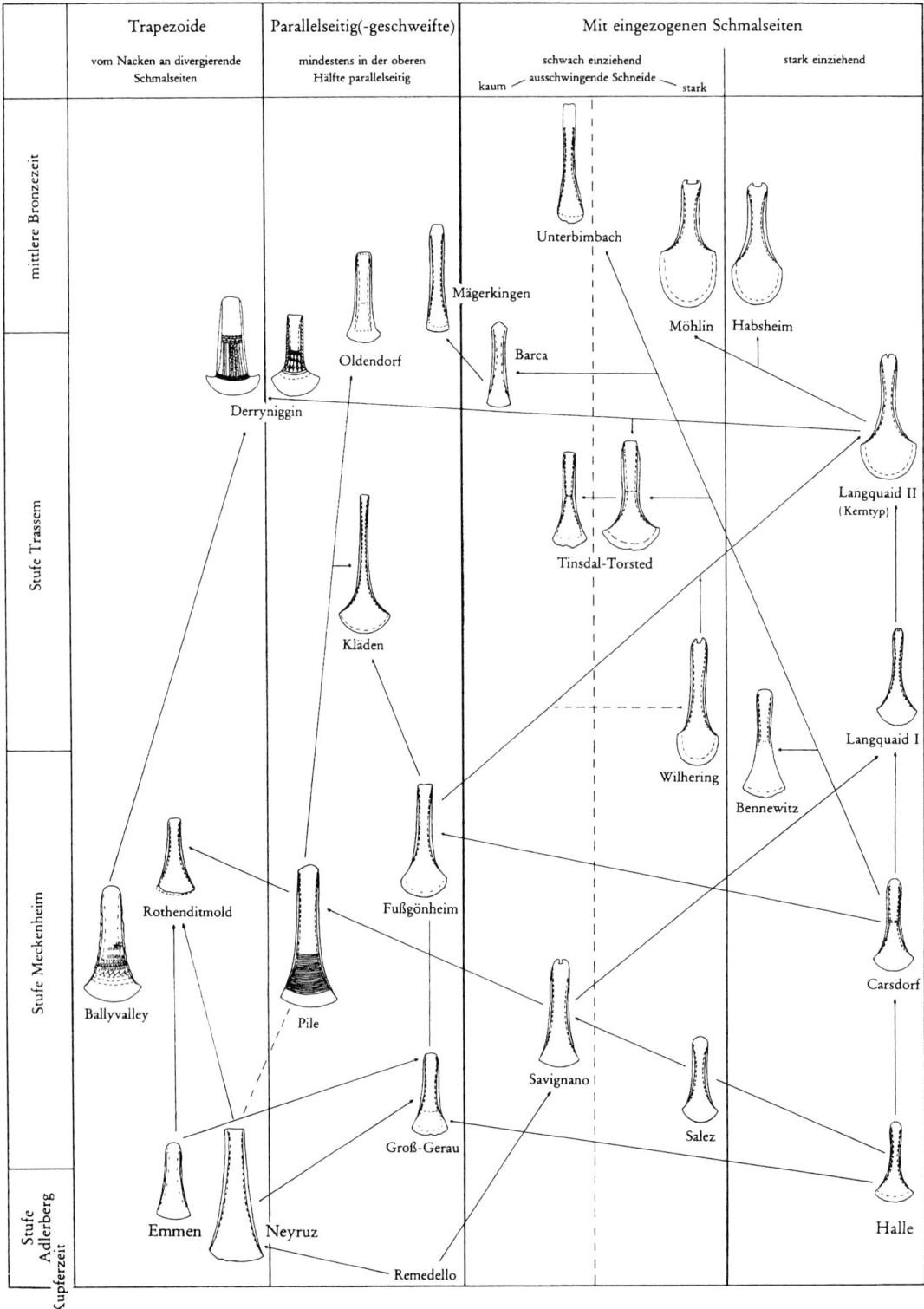

Fig. 1. Classification, development and possible interrelationships of flanged axes, according to Kibbert (1980: p. 93, *Tabelle* 2).

science, despite all efforts to make it so.

The facts, as van Giffen reminded us, remain, but their interpretations can change. And sometimes even the facts change, as when past misapprehensions need to be corrected, or forgotten documentation comes to light. Future finds and subsequent publications will undoubtedly alter some perspectives and compel modifications. Other criteria may come to seem more important; borderline cases will always be subject to varying assessment. Be this as it may, there is certainly profit when we pull together a diverse material, scattered over numerous public and private collections and therefore hitherto unoverseeable, and subject it to scrutiny in the light of the present state of knowledge.

The distribution maps utilize a base map of the Netherlands per *gemeente* belonging to the p.c. version of the cartographic program *Gekaart* of the Faculty of Spatial Sciences of the University of Groningen. The base map was improved and the points were plotted by J. Steegstra (who also admirably fulfilled the role of database manager). We are grateful to J.T. Ubbink of the Faculty for Spatial Sciences and J. Kraak of the

University of Groningen Computer Centre for making the program available, and for their advice and assistance therewith. In comparison with the similar base map previously used (Butler, 1987), the *gemeente* boundaries have been suppressed, the major rivers have been rendered somewhat heavier, and the modern provincial boundaries have been added for the easier orientation of the reader.

For the sake of comparison, we have provided a combined distribution map of all mappable flat, flanged and stopridge axes in the Netherlands (Map 18) and another of all palstaves, unlooped and looped (Map 19). These indicate broadly the areas occupied and frequented by copper and bronze axe-users in the Early and Middle Bronze Age.

The occupied areas correspond, in general, with the comparatively high and dry sand grounds of Drenthe and Twente in the north and east, the Veluwe in the centre, and the Campine in the south; and, to a limited degree, the western coastal dune barrier. Generally unoccupied were the marine-clay coastal areas, some river-clay areas, and the interior peat-filled basins.

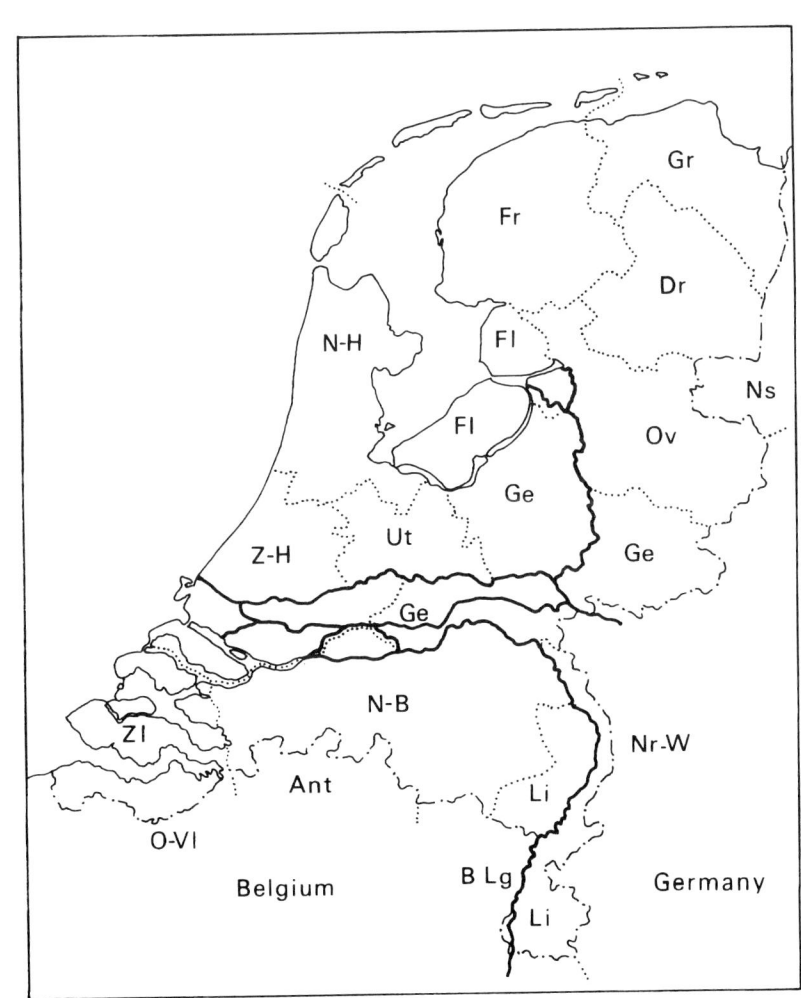

Map 1. Provinces of the Netherlands and neighbouring areas. Provinces of the Netherlands: Fr. Friesland; Gr. Groningen; Dr. Drenthe; Ov. Overijssel; Ge. Gelderland; Ut. Utrecht; N-H. Noord-Holland; Z-H. Zuid-Holland; N-B. Noord-Brabant; Li. (Ned.) Limburg; Fl. Flevoland; Zl. Zeeland. Belgian provinces: O-Vl. Oost-Vlaanderen; Ant. Antwerpen; B Lg. (Belg.) Limburg. German Länder: Ns. Niedersachsen; Nr-W. Nordrhein-Westfalen. Dot-dash lines: national boundaries; dotted lines: provincial boundary.

parallel-sided
narrow trapeze
trapeze, "Altheim"
trapeze, thin butt
double axe

(C) 1981 GEKAART: FRW/RC RUGroningen

Map 2. (AXF) Flat axes of 'Aeneolithic' types.

Noteworthy is the relative scarcity of finds in some other inland areas such as southern Limburg and the eastern part (Achterhoek) of Gelderland.

In the catalogue entries, all measurements cited are in centimetres, unless otherwise specified. Dimensions which have been importantly reduced by damage to the object are enclosed in brackets.

Besides the catalogue number heading the entry for each object, we cite in brackets a DB number, which identifies the object in my computer data base. This will prove to be a convenience for cross-referencing.

The various types have each been assigned a code name, which permits a compact manner of reference. The code for all the axe types in this section begins with AX. These broad groups are subdivided with AXF for flat axe, AXI for low-flanged axe, AXR for axe with medium to high flanges, and AXS for flanged stopridge axe. Individual types and variants are further specified by adding additional letters to the right.

2. FLAT AXES OF 'AENEOLITHIC' TYPES

Few flat axes of Aeneolithic types have been found in the Netherlands; and even fewer have known and recorded find-spots. Most of the flat axes were published and discussed previously (Butler & van der Waals, 1966). In the light of the metal analyses of some of these objects, it is by no means certain they are actually of pre-Bronze Age manufacture; and we have therefore chosen to include them in the present work.

The small number of flat axes include both thick-butted (AXFU, AXFUT, AXFA) and thin-butted (AXFV) varieties. In quite a separate category is the one example, recently found, of a double axe (AXD).

2.1. Primitive flat axe (fig. 2)

Here we list, for the sake of completeness, a small copper flat axe which, with its oval cross-section, rather resembles stone axes in form. We make no attempt otherwise to assign it to a type or guess at an origin.

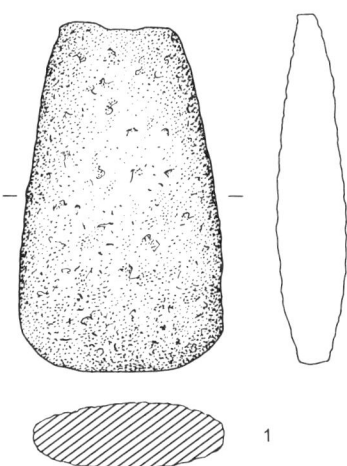

Fig. 2. Primitive flat axe. Cat.No. 1. Unknown provenance.

CAT.NO. 1. PROVENANCE UNKNOWN.

L. 9.0; w. 5.5; th. 1.9 cm. Roughly straight thick butt; trapeze outline, with slightly convex, flattened sides; convex faces; cutting edge battered. Patina mottled green and brown. Museum: Nijmegen, Inv.No. xxx.d.1; ex coll. Kam. (DB 982)

2.2. Large trapeze-shaped flat axes with thick butt; Kibbert *Form Bygholm* (AXFU) (fig. 3: 2-5)

For Kibbert's rather complicated definition of *Form Bygholm* within his broad schematic flat axe typology (*Form* 5 within his *Tabelle* 5), see his pp. 58 and 62-65.

CAT.NO. 2. PROVENANCE UNKNOWN; PROVINCE LIMBURG?

L. 16.9; w. 7.1 (blade), 3.5 (butt); th. 1.2 cm. Patina mottled green, dendritic. Cutting edge moderately sharp, partly with recent damage. Museum: Maastricht, Inv.No. 202A. (DB 208)

Metal analysis (TNO): As 4.0, Ni 0.37 (Pb 0.01, Sb 0,05, Ag 0.015, Bi 0.0003, Fe 0.005). Thus a copper with high arsenic and moderate nickel; cf. 'Dutch Bell Beaker metal' (see below, under 'metal composition of the 'Aeneolithic' flat axes'). The analysis would thus suggest a Late Neolithic dating.

References: Butler & van der Waals, 1966: p. 79, fig. 20 left; p. 106, No. 19, with analysis No. BW 26.

CAT.NO. 3. PROVENANCE UNKNOWN; FROM THE VELUWE? (possibly a hoard, with flat axe Cat.No. 4 immediately below, as the two axes are very similar in size, form and patination).

L. 17.4; w. 7.7; th. 0.8 cm. Blade sharpened, but recently blunted. Patina dark brown, with lighter brown and grey-green patches. Surface rough. Museum: Barneveld, Inv.No. 52. (DB 1323)

Metal analysis (TNO): As 0.1, Sb 0.29, Ag 0.45, Ni 0.14 (Bi 0.003, Fe 0.005). Thus a multi-impurity copper, with the same impurities as copper of Singen type; but not typical Singen-type metal, as the impurities are at only moderate levels, and Sb and Ni do not have the highest values.

References: van der Waals, 1957: p. 23; Metz, 1975: pp. 21-22, afb. 19; Butler & van der Waals, 1966: p. 78, fig. 19 left; p. 106, No. 16, with metal analysis No. BW 18.

CAT.NO. 4. PROVENANCE UNKNOWN; FROM THE VELUWE? (possibly a hoard, together with Cat.No. 3 immediately above, as these two flat axes are very similar in size, form and patination).

L. 16.6; w. 7.7; th. 0.6 cm. Blade sharpened. Patina dark brown,

with patches of reddish brown and light green. Museum: Barneveld, Inv.No. 53 (ex. coll. Nairac?). (DB 1322)

Metal analysis (TNO): As 2.8, Sb 0.2, Ag 0.12, Ni 0.52 (Co 0.01). Thus a multi-impurity copper with high arsenic and moderate Ni, Sb and Ag; fairly similar in composition to the flat axe from 'Limburg' (Cat.No. 1; analysis No. BW 26).

References: van der Waals, 1957: p. 23; Metz, 1975: pp. 21-22, afb. 19; Butler & van der Waals, 1966: p. 78, fig. 19 right; p. 106, No. 17, with analysis No. BW 19.

Note on provenance, flat axes 3 and 4: there is a tradition that these two flat axes were found somewhere on the Veluwe. But van der Waals in his catalogue of the Barneveld museum collection (1957: p. 23) admits that "the provenance of the two here exhibited examples is alas unknown"; his successor as curator, Metz (1975: pp. 21-22) could only state that "one assumes that they were found on the Veluwe, but they have been in the Museum so long that no one knows with certainty that this is so".

These two large flat axes (similar in patina, thus possibly a hoard) and the similar example without exact provenance from 'Limburg' (Cat.No. 2 above) have been grouped by Kibbert (1980: p. 63) with his *trapez-Flachbeile der Form Bygholm*.

CAT.NO. 5. BEEK, *GEMEENTE* BERGH, GELDERLAND.

L. 10.7; w. 5.4; th. 0.55 cm; weight 340 gr. Thick, straight butt (with some modern damage); slightly trapeze-shaped in outline, with very slightly everted blade tips; faintly convex faces, flat sides. Blade re-sharpened recently. Patina mottled green (smooth, glossy on one face, lighter and rougher on the other). Museum: Nijmegen, Inv.No. AC 22 (earlier E III No. 12); acquired 1866, ex coll. Gemeente Nijmegen. (DB 1491)

Map reference: Sheet 40H, c. 210/435.

Metal analysis (TNO): Sb 1.1, Ag 0.6, As 0.2 (Ni 0.01, Bi 0.01); thus a multi-impurity copper; see comments below, under 'metal composition of the 'Aeneolithic' flat axes'.

References: *Museumverslag* 1866: p. 1, No. 9; Boeles, 1920: p. 286, fig. 1; Butler & van der Waals, 1966: p. 79, fig. 20 right, p. 106, No. 18, with metal analysis No. BW 22.

The flat axe from Beek (Cat.No. 5), similar to but rather smaller than the 'Veluwe' and 'Limburg' specimens, has been classified by Kibbert (1980: p. 69, cited as under the find-spot 'Berg') as a *trapez-Flachbeil der Form Gladbeck*. This designation is very weakly justifiable, since Kibbert can cite only the Gladbeck axe and one other example (his Nos 35 and 36) as *Form Gladbeck* axes in his own West German area; and can mention as further parallels (apart from numerous but most probably irrelevant examples in Ireland) only one in Sweden (in the Fjälkinge hoard, together with a 'Bygholm' axe: Forssander, 1936: Taf. 2:2) and one in Slovakia! We are not, however, in a position to suggest a better type name, and for the moment it seems reasonable to consider the Beek axe simply as a small rendering of the 'Bygholm' axe; while its metal analysis suggests a probable Early Bronze Age date.

Discussion of 'Bygholm' axes: Kibbert's choice of Bygholm (from the well-known Danish hoard with flat axes, spiral bracelets, and a Funnel Beaker: Forssander, 1936: Taf. I) as a type name should certainly not be taken as suggesting a Scandinavian origin for such flat axes; indeed, as Kibbert indicates, flat axes of this form are very widely scattered in place and time (he cites examples extending as far east as the Harappa culture in India), and thus production centres cannot be determined

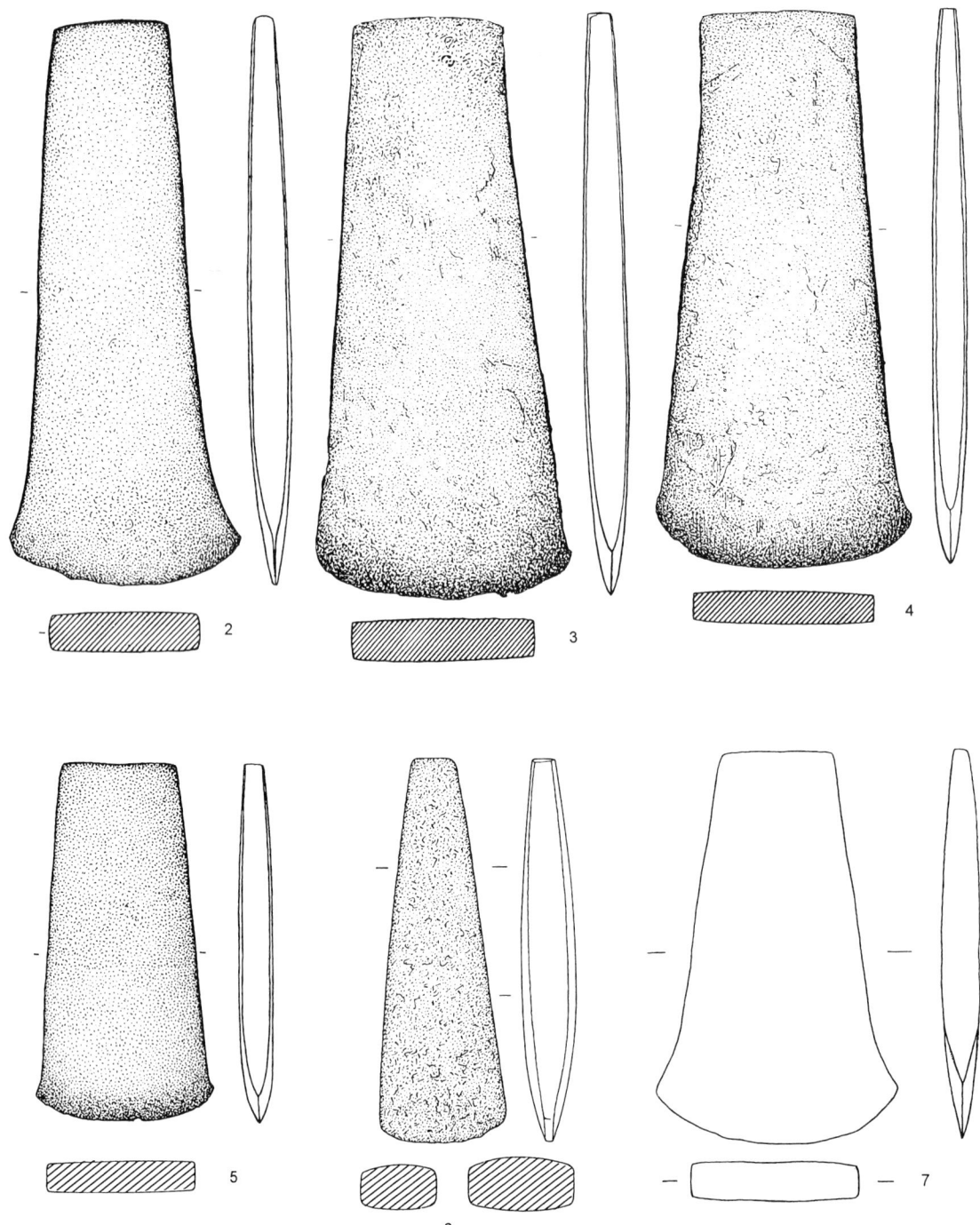

Fig. 3. 'Aeneolithic' flat axes with thick butt. 2. Unknown provenance; 3-4. Unknown provenance ('Veluwe?'); 5. Beek, Li; 6. Glanerbrug, Ov; 7. Escharen, N-B (drawing 7, R.O.B.).

on the basis of the form alone. From his own Middle West German area of study, Kibbert had only five examples (his Nos 20-24) to offer, plus two 'related' (his Nos 25 and 26); and indeed the majority of these (his Nos 20-22 and 26) are without exact provenance, being attributed only to 'Rheinhessen', and No. 26 has a question mark as to the 'Kreis Bad Kreuznach' find-spot attribution. The two remaining provenanced examples are from the Rhein-Main area; none have associations.

Dating of 'Bygholm' axes: On the broad European

scale, such flat axes were already current in the time of the TRB culture, but there is little to show how long thereafter their manufacture and use may have continued. For typological or metallurgical reasons, Kibbert would spread his examples out chronologically from Funnel Beaker to Bell Beaker times.

The 'Bygholm' flat axes in the Netherlands seem, despite their 'Aeneolithic' analogues, not to be made of early copper, but rather of multi-impurity metals which, on present views, did not come into use earlier than Bell Beaker and Early Bronze Age times. Warmenbol (1992: pp. 75-76), illustrating a 'Bygholm' axe from the Schelde at Wichelen, Oost-Vlaanderen (his No. 50), suggests its possible attribution to Bell Beaker times.

2.3. Narrow trapeze-shaped thick-butted flat axe; Kibbert *Form Nieder-Ramstadt* (AXFUT) (fig. 3: 6)

Definition: Kibbert, 1980: pp. 65-66, his *Grundform* 7a.

CAT.NO. 6. GLANERBRUG, *GEMEENTE* ENSCHEDE, OVER-IJSSEL.
    L. 11.5; w. 3.8; th. 2.7 cm. Long trapeze outline; small rectangular thick butt; straight flat sides; concave faces; surface rough and pitted. Longitudinally somewhat asymmetrical. Patina: dark bronze, corroded, very rough. Museum: Enschede, Inv.No. 412 (old No. 0.361). (DB 1352)
    Map reference: Sheet 35A, 263.50/470.10.
    Reference: Butler & Van der Waals, 1966: p. 79 Fig. 20:2; p. 106 No. 20.

Discussion: This axe is assigned by Kibbert (1980: pp. 65-66 with footnote 8, cited as from 'Enschede'), together with three more or less similar, but admittedly inhomogeneous West German specimens of low-impurity copper (and one possibly related tiny fragment), and a host of widely spread near-parallels elsewhere, to his *trapez-Flachbeile der Form Nieder-Ramstadt* (his Nos 27-30). But the form is widespread; as Kibbert's listing of related examples over a very wide area, from the Baltic to Yugoslavia, indicates; cf. also Mayer, 1977, under *Typ Stollhof* and its *Var. Hartberg*.

Dating: Kibbert suggests (Central European) Early to Middle Copper Age.

2.4. Trapeze-shaped thick-butted flat axe of Type Altheim (AXFA)

Definition: Kibbert, 1980: pp. 69-70; his *Grundform* 8.

CAT.NO. 7. ESCHAREN, *GEMEENTE* GRAVE, NOORD-BRABANT.
    L. 11.2; w. 7.25; th. 1.0 cm. Sides flat, butt flat; faces faintly convex. Surface slightly rough. Cutting edge sharp. Patina: greenish-black. Found 1 Oct. 1983 by owner. (DB 603).
    Map reference: Sheet 45F: 415.910/179.810.
    References: *Jaarverslag A.W.N. Nijmegen* 1983: p. 41; Verwers, 1988: p. 26, afb. 15.

Distribution: In the Netherlands, this axe is unique. Kibbert (1980: pp. 69-70) claims in his area only two axes of Type Altheim (his Nos 75 and 76a; the one in Hessen, the other in the Moselle area) and briefly cites the eastern and Central European occurrences. The Altheim axes in Austria are illustrated, and discussed in their wider context, by Mayer (1977: pp. 53-63, No. 131 164, including related specimens; distribution map his Taf. 108). The Belgian specimen from Ledeberg, prov. Oost-Vlaanderen (Warmenbol, 1992: pp. 75-76, No. 49) and the Escharen flat axe are thus probable imports from (broadly) the Central European area.

Dating: As the occurrences from the Balkans and the Alpine area to the Baltic region and Ireland cited by Kibbert (1980: p. 70) suggest, a typological origin can hardly be pinned down. Kibbert attributes the type chiefly to the Early and Middle Copper Age, but extending nevertheless into the Late Copper Age; see also Mayer, 1977.

2.5. Medium-sized trapeze-shaped flat axes with thin butt; Kibbert *Form Erpolzheim* (AXFV) (fig. 4)

Definition: Kibbert, 1980: pp. 70-72; his *Grundform* 12.

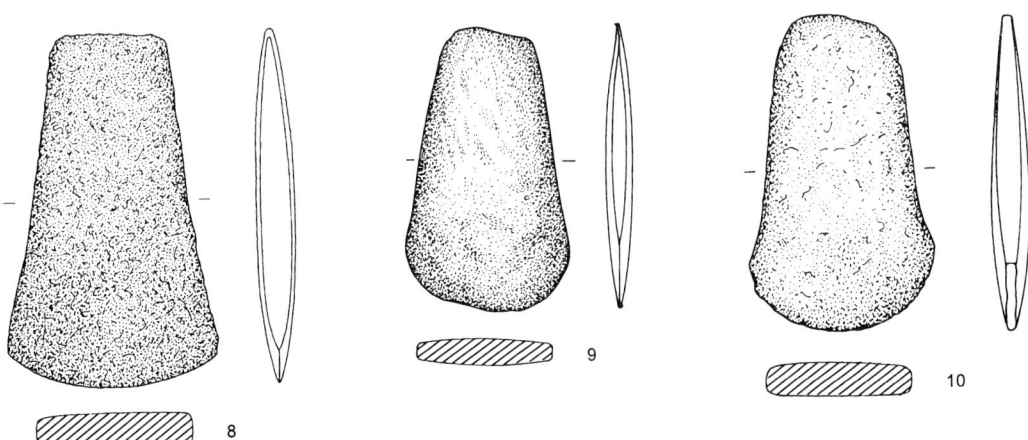

Fig. 4. 'Aeneolithic' flat axes with thin butt. 8. Holthone Ov; 9. Unknown provenance; 10. Halder, N-B.

CAT.NO. 8. HOLTHONE, *GEMEENTE* GRAMSBERGEN, OVERIJSSEL, near Grote Schere.
    L. 9.1; width (blade) 5.6, (butt) 3.0; th. 0.8 cm. Found November 1987 by J. Bergsma of Lutten with metal detector; purchased from finder 1988. Patina dark green; corroded. Museum: Zwolle, Inv.No. 6431. (DB 602)
    Map reference: Sheet 22E, 243.75/517.8.
    Reference: Verlinde, 1988: pp. 169-171, afb. 4a.

CAT.NO. 9. FIND-SPOT UNKNOWN.
    L. 7.4; w. 4.4; th. 0.8. Thin butt, straight or slightly curved (has been hammered over slightly); faces convex; sides straight, flat; cutting edge strongly curved, sharp. Patina mottled green to blackish, dull; slightly pocked. Museum: Nijmegen, Inv.No. xxx.d.2; ex coll. Kam. (DB 983)

Origins and dating: Kibbert (1980: pp. 70-72) cites seven examples of his *Form Erpolzheim* in his Middle West German area (ten, if three examples just beyond his border on the southwest are taken into account), mostly in the Middle Rhine and Moselle regions. He can cite widely spread approximate parallels (*in den Umkreis der Form*) elsewhere, which he attributes in time mostly to his Middle and Late Copper Age. The only flat axe from the Belgian Meuse area, formerly attributed to Goesnes-Filée, Prov. Namur, but more probably from Flostoy-Wachenne (Warmenbol, 1991-1992: p. 150 with note 3, Pl. I: middle) is also of this type.
    Closest to the Holthone axe are Kibbert's Nos 40-42; others in this group have, rather, rounded butt or more everted blade ends. Kibbert attributes his No. 42 to the Late Copper Age (= Bell Beaker times) because of its JSS Group G metal analysis, with moderate As and Sb. The small axe without find-spot from the Nijmegen museum mostly resembles Kibbert's Nos 44-47.

CAT.NO. 10. HALDER, *GEMEENTE* SINT-MICHIELSGESTEL, NOORD-BRABANT.
    L. (8.6); w. 5.0; th. 0.9. The cutting edge is nearly semicircular; has heavy recent abrasion. Sides straight and nearly parallel, slightly expanding toward cutting edge. Faces convex. Thin butt, but now severely abraded. Patina reddish brown; heavily weathered; original smooth surface mostly preserved on one side. Private possession. (DB 903)
    At the find-spot earth had been heaped up from a nearby ditch, but it was not established whether the axe came from the fill or the earth thereunder.
    Map reference: Sheet 45D, 150.12/407.14.
    Reference: Verwers, 1991: p. 116, fig. 10a.
    Parallels: Kibbert (1980: pp. 62-65) classifies a flat axe with semicircular blade (his No. 26, from 'Rheinhessen', without exact provenance, with 2% Ag) as a *Form Bygholm* axe, but without detailed discussion. Some British flat axes have similar cutting edges.

Netherlands distribution of 'Aeneolithic' flat axes: Map 2 shows that the five 'Aeneolithic' flat axes with recorded provenance found in the Netherlands are from find-spots along the eastern edge of the country. The two 'uncertainly Veluwe' axes, if these were indeed found in the centre of the country, would extend the distribution accordingly.

Metal composition of the 'Aeneolithic' flat axes: The four metallurgical analyses available of the thick-butted flat axes found in or attributed to the Netherlands do not show them to be in any way a homogeneous group. Two examples attributed to the Netherlands ('Veluwe', Cat.No. 4 and 'Limburg', Cat.No. 2) are of highly arsenical copper, with As at 2.8 and 4% respectively; the other two have much lower arsenic (0.1 and 0.2%). In comparison, three of Kibbert's specimens (his Nos 20, 21, 22) are of arsenical copper, with As at 0.5, 1.9 and 1.5% respectively. The other two of Kibbert are arsenic-free, with Ag as the only moderate impurity. Our two 'Veluwe' specimens (Nos 3 and 4) have As, Sb, Ag and Ni as moderate impurities. In 1966 we pointed out that the metal of the 'Limburg' specimen, with high As-moderate Ni combination, resembles the metal which we have elsewhere characterized as 'Dutch Bell Beaker metal', and which has Breton and Scottish connections (Butler & van der Waals, 1966; Coles, 1968-1969: pp. 63-64, with graph fig. 48). On reflection, it seems appropriate to regard the 'Veluwe' specimen, Cat.No. 4 (Anal. No. BW 19) as also belonging to this metal group.
    Though broadly similar in that they are objects of arsenical copper, none of the four Netherlands specimens fits comfortably in detail into the BYGMET pattern which Liversage & Liversage (1989: graph 2) has shown to characterize almost all of the analyzed Danish thick-butted flat axes.
    The metal composition of the Beek axe (Cat.No. 5), with high Sb and moderate Ag and As, is rather unusual. We have previously (Butler & van der Waals, 1966: pp. 77, 97) assessed it as falling within the category of *Ösenring* metal. This is justified by its possession of As, Sb, Ag, and Bi as impurities; though in the Beek axe the As is present at a lower level than is usual in *Ösenring* metal.
    Since then, however, Menke (1978-1979: esp. pp. 24-26) has published several analyses of *Ösenring* ingots from the huge Early Bronze Age ring-hoard of Piding-Mauthausen, in South Bavaria, bordering on the Austrian Land Salzburg. Twelve analyses, from six of the Piding rings, show a metal with Sb at 1.00 to 2.30% and Ag at 0.27 to 0.45%; Bi is present, although not quantitatively reported. One ring has 0.04-0.05% Ni.
    On the whole the Beek analysis fits quite remarkably into this small Piding series (see graph I). Only the 0.2% As of the Beek analysis remains unmatched at Piding; but since only six of the more than 650 Piding rings have so far been analyzed, it would not be surprising if this element should turn up when further analyses are made (cf. the case of the nickel content, which is absent in five of the analyzed Piding rings, but shows up in the sixth analyzed specimen). The location of the find-spot of the Piding hoard, along the Saalach valley, strongly suggests that its metal comes from the Salzburg-Tyrolean copper-mining area to its south (cf. Menke, 1978-1979: Abb. 28 and 120). It seems probable, therefore, that the Beek axe was made of Early Bronze Age metal from the Salzburg-Tyrol copper-mining area.

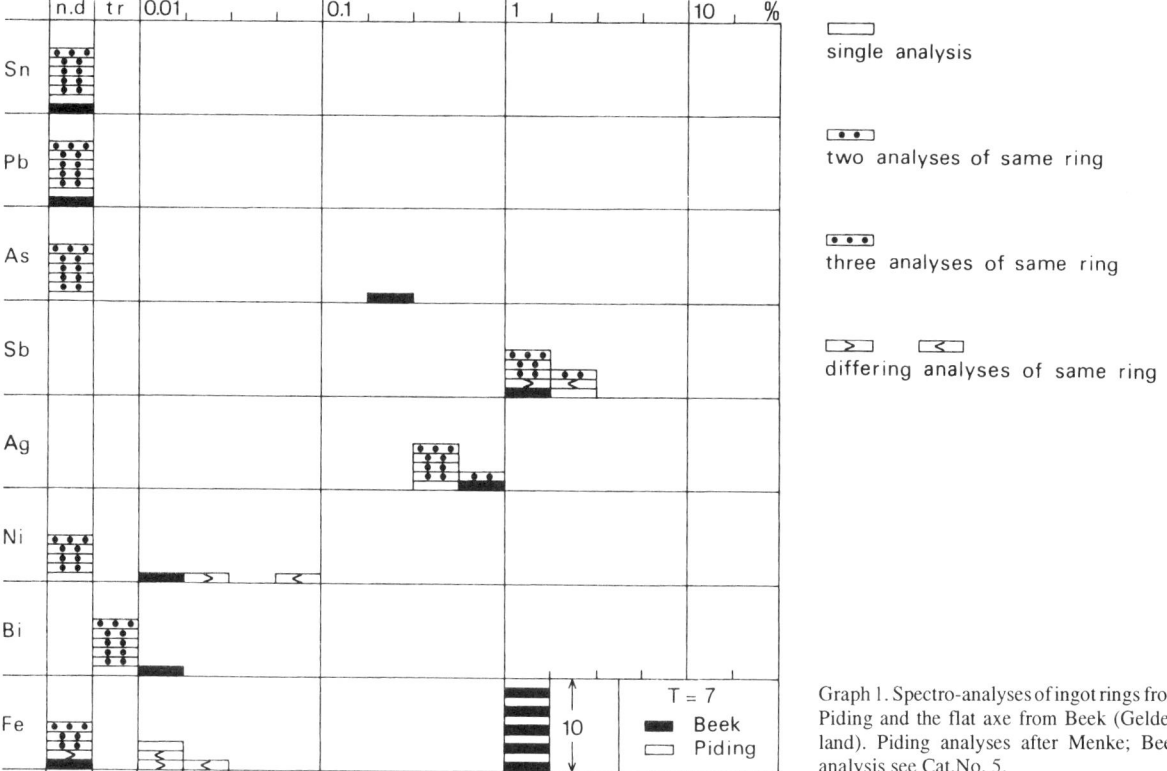

Graph 1. Spectro-analyses of ingot rings from Piding and the flat axe from Beek (Gelderland). Piding analyses after Menke; Beek analysis see Cat.No. 5.

In summary: none of the flat axes so far analyzed in the Netherlands is of pure copper or simple Aeneolithic arsenical copper. Nor is the early 'Irish' metal of Case Type A (now claimed as probably of British origin: Budd et al., 1992) represented in the Netherlands. One 'Veluwe' axe (Cat.No. 3) and the 'Limburg' axe (Cat.No. 2) are of multi-impurity copper resembling 'Dutch Bell Beaker' metal, while the Beek axe Cat.No. 5 may well be of Tyrol-Salzburg Early Bronze Age copper, and the second 'Veluwe' axe is also of seemingly Central European Early Bronze Age metal.

General comments on the 'Aeneolithic' flat axes: We have, thus, in the Netherlands a total of ten 'Aeneolithic' flat axes (or only five if we discount the examples of uncertain provenance), which are divided among five different types; plus two unclassified examples, and the one double axe. This modest inventory is certainly insufficient to suggest local manufacture, so we must at present assume that we have only to do with occasional importation from varied Central European sources.

A similar situation seems to prevail in Belgium; only one flat axe is known to have been found in the whole of the Maas region, and for the Schelde area Warmenbol (1992: p. 75) can cite only six specimens. Northern France seems also to be similarly ill provided (Blanchet, 1984: pp. 126-128, fig. 53; his distribution map p. 146, fig. 67).

Both in Belgium and northern France commentators

have suggested that their flat axes date at the earliest to Bell Beaker times. The evidence in the Netherlands, such as it is, also points to Bell Beaker and Early Bronze Age dating.

2.7. Double axe; Kibbert Type Zabitz, Var. Westeregeln (AXD) (fig. 5)

CAT.NO. 11. ESCHAREN, *GEMEENTE* GRAVE, NOORD-BRABANT, near house on the Beersemaasweg.
L. 36.9; width blades 7.5/7.35; width middle 2.2; th. 2.25; perforation (external) 2.0 x 0.95 cm. Weight 980 grams.
Large X-shaped double axe. Faces flat, rising toward a central transverse ridge; sides slightly convex (slightly dished around the perforation). Perforation flattened-oval in outline, hourglass-form inside. No evident casting seams. The cutting edges are fairly sharp; the surfaces of the blade are slightly wrinkly. Patina dull green, with ochreous patches on both faces. Some modern file marks on one side over a space of c. 3 cm; battered on part of one side. Museum: R.M.O., Leiden (on loan). (DB 613)
Found by C. Emons (concierge of local school) during building of the garage of his house on the Beersemaasweg, at a depth of c. 1 meter. Sold c. 1986 at flea market in Escharen; purchased by J. van Hoogen, then *wethouder* (alderman) of Escharen, who traced the original finder via a newspaper advertisement, and made the find known.
Location: included on Map 2.
Map reference: Sheet 45F, 179.875/416.850.
References: newspaper *De Gelderland*, 10 April 1987; W. Beex & J.J. Butler, in preparation.

Discussion: unique in the Netherlands. The Escharen example is clearly not a Mediterranean product, but is attributable to the Type Zabitz of Kibbert (1980: pp. 35-

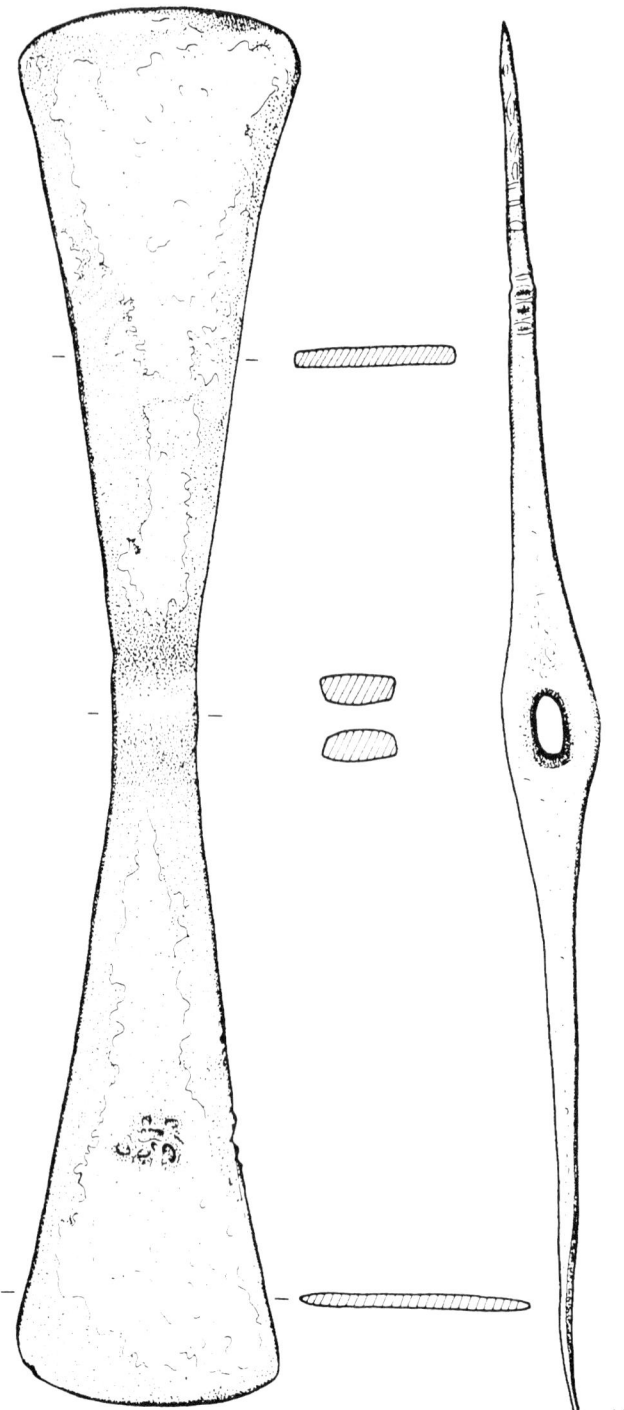

Fig. 5. Double axe, Type Zabitz, Var. Westeregeln. 11.
Escharen, N-B (drawing I.P.P., Amsterdam).

11

54; with further references; distribution map his Taf.
60B; cf. also Schauer, 1985: p. 163, Abb. 34), and more
specifically to Kibbert's *Variant Westeregeln.*

Double axes of the Westeregeln variety occur chiefly
in Central Germany, and were presumably produced in
that region. Several specimens have been found in
North Hessen and Westphalia, intermediate between
the Central German area and the Esacharen specimen in
the Netherlands. The Escharen axe would accordingly
be an import from Central Germany.

The elongated perforation of the Escharen axe (far
too small, incidentally, to have served for a practical
hafting) resembles perforations found in a some
Westeregeln double axes, but also in some of those of

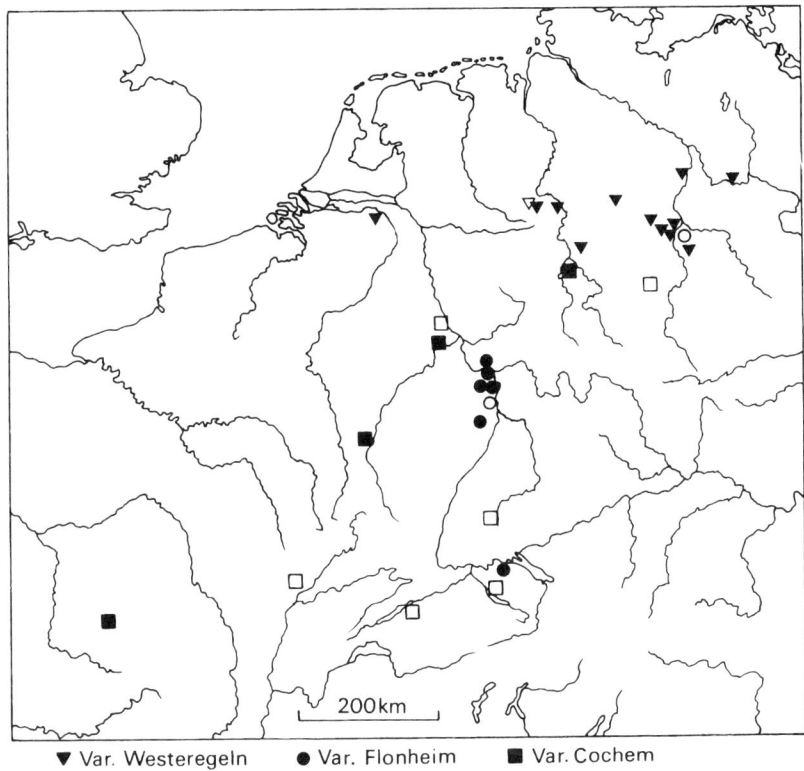

Fig. 6. Non-Mediterranean types of double axes in northern part of Europe. After Kibbert (1980: Taf. 60B; Escharen example added). Open symbols: related to the type indicated.

▼ Var. Westeregeln　　● Var. Flonheim　　■ Var. Cochem

the Variant Cochem (e.g. Kibbert, 1980: Nos 7, 7A, 8, 9).

Perhaps not irrelevant or purely co-incidental is the find at Wijchen, Gelderland (only 8 km from Escharen) of a stone double axe with symmetrically biconcave sides. In outline it greatly resembles the copper double axes of Kibbert's Var. Cochem (though thicker, and with a neatly drilled circular cylindrical central perforation of 2 cm diameter) (Modderman, 1951: pp. 28-29, Afb. 1:3; Hoof, 1970: p. 262, Gelderland No. 100, Taf. 23:216: the same drawing as Modderman's, but with added cross-section, and with an evidently incorrect scale).

The Wijchen stone double axe has convex sides; the upper and lower surfaces are concave. It is 21.5 cm long and of a reddish stone with darker grains slightly projecting (apparently the result of some erosion of the original surface; Hoof suggests secondary burning, but it is possibly merely weathered). Museum: R.M.O. Leiden, Inv.No. e1937/2.1.

Modderman assumes a connection with Beaker pottery (not more closely characterized, and not illustrated) found in the vicinity.

Comparable stone double axes are otherwise unknown in the Rhine-Maas area. The nearest copper double axes of the variety Cochem are in the Rhine-Mosel region. It would seem likely that the Wijchen double axe is a stone imitation of a copper Cochem double axe (or, alternatively, that the Cochem copper

double axe form derives from the stone examples). The Wijchen axe can be seen as a derivative of the third-millennium parallel-sided stone double axes of the Lattrigen type (Winiger, 1989: p. 87, Abb. 34; we are grateful to Albert Lanting for information about and references to the Lattrigen axes).

Dating: The very meagre evidence for the dating of Zabitz double axes has been examined in considerable detail by Kibbert (1980: pp. 35-54). A prominent role is, no doubt, to be attributed to the metal analyses. Almost all (27 examples) of the Zabitz double axes have been spectro-analyzed (though not yet our Escharen example). None are of tin bronze; several are of pure or nearly pure copper, and most are of copper containing medium to high arsenic, sometimes also with medium Sb.

As for, in particular, the Zabitz double axes of the variety Westeregeln, eleven examples have been analyzed. Of these, three are of pure or practically pure copper, and eight are of arsenical copper (four of which have arsenic => 1%). The larger number of the arsenical copper examples are assigned to JSS Copper Group G. The significance of this is not easily determinable. Group G is a comparatively small and rather loosely defined group (cf. SAM 21, p. 163: As >0.025; Sb >0.025; Ag <= 0.1; Ni <= 0.02; Bi <0.02), with datings according to JSS chiefly in Copper Age II and Early Bronze Age I, and with rather curious and unconvincing distribution patterns (see their *Karten* 76-78). Kibbert, following Otto and Witter, assumes that this sort of metal is of Central German origin, whereas JSS seem inclined to attribute it to the Mediterranean region. The Zabitz double axes of the Flonheim variant tend, in contrast thereto, to be of copper in which Ag is the predominant impurity (As and Ag in the case of the Zabitz specimen). The axe from Worms (Kibbert's No. 15) is, however, of multi-impurity copper (As, Sb, Ag, Ni), which put it in the JSS A group. Kibbert therefore considers this axe to be of Adlerberg date, i.e. early in the Early Bronze Age; but the percentages of the impurities are not really closely comparable with the Singen-Adlerberg metals.

The metal analyses, together with the occurrence of what he considers to be a double-axe decorative motif on some Bell Beaker *Metopenbecher*, lead Kibbert to suggest a dating for the copper double axes in the Bell Beaker period, perhaps running on into the first phase of the Early Bronze Age, since two double axes (his Nos 12 and 15; neither of the Zabitz variant) have analyses which Kibbert interprets as of Early Bronze Age character (assigned by Kibbert to JSS Groups '~A/B'

and 'A' respectively). But neither of these analyses are really in fact typically Early Bronze Age. Albert Lanting (to whom I am grateful for numerous references to related stone axes) argues, however, that the copper double axes must be much earlier than Kibbert allows.

3. DEVELOPED FLAT AXES AND LOW-FLANGED AXES

Axes with faint side-flanges (or, in the paraphrase of Schmidt & Burgess (1981), axes with 'raised face edges'), rising only a millimetre or thereabouts above the face of the axe, occur very frequently in the Early Bronze Age in many parts of Europe. We need only here mention, as examples, the axes of Neyruz, Salez and Griesheim types of Switzerland and South Germany, the 'Saxon' axes of Central Germany, the Pile axes of the South Scandinavian area, the Armorican type. Kibbert (1980: p. 93, *Tabelle* 6; here fig. 1) has set up a family tree schematically suggesting the development and interrelationships of the main types.

● Type Migdale
■ ditto in hoard
✳ Breton affinities

(C) 1981 GEKAART: FRW/RC RUGroningen

Map 3. (AXFFM) Migdale and related West European flat axes.

Such flanges could have been raised by hammering them up (or, additionally or alternatively, thinning down the faces with the hammer and anvil); or could have been pre-formed in the mould; or by a combination of these techniques.

Now that the low-flanged axe has acquired an unexpectedly high antiquity through the Hauslabjoch 'glacier mummy' find, in the Alps along the modern Italian-Austrian border, which has been dated by ^{14}C to around 3300 BC calibrated, one must ask whether the low-flanged axe has not played a hitherto little recognized role during the whole course of the 3rd millennium. Be this as it may, the low-flanged axe was certainly the leading axe type during the Early Bronze Age at least up to the beginning of the Langquaid phase, when cast-flanged axes become typical.

Typologically, the low-flanged axes are a transitional form between the flat axe and the axe with high, unmistakably cast flanges. To Megaw & Hardy (1938), flat axes and axes with low side-flanges were together their Type I. Recent German authors tend, however, to clump axes with low flanges together with those with high, certainly cast flanges, under the heading of *Randleistenbeile*, while Schmidt and Burgess (1988) go the opposite way and treat low-flanged axes under the heading of 'advanced flat axes'.

The employment of copper with hardening components (arsenic, silver, antimony, nickel, tin: whether or not deliberately added) and the provision of side-flanges made it practicable to cast and utilize axes with rather thinner blades. The work-hardening of the blade by hammering (attested most clearly in the case of the facially decorated axes) also facilitated this process.

In the Netherlands, axes with slight flanges are the first group of axes to occur in some numbers; some 50 examples are known. In previous studies (Butler, 1963a, 1963b; Butler & van der Waals, 1966) we sought to distinguish among them varieties possibly having different origins; in particular those which seemed to have affinities with the Anglo-Irish series, possible imports from the West Central European area, and possibly locally made axes. Features regarded as Anglo-Irish include punched, incised or hammered ornament, such as is frequently found on Anglo-Irish axes; the presence of a transverse medial ridge; etc. In terms of metal composition, we found reason to suggest that the Anglo-Irish axes tended to be of high-tin, low-impurity bronze, while the non-Anglo-Irish axes had quite different sorts of composition. The axes of Anglo-Irish affinity, few in number though they were, tend to concentrate in the river area in the central part of the country. We interpreted the axes of Emmen type, occurring chiefly in the northern part of the country, as a local reaction to forms imported from the British Isles, or perhaps manufactured in the Lower Rhine area by itinerant British-Irish smiths.

The work of Harbison, Abels, Kibbert, Schmidt and Burgess, and others have in the meantime greatly enlarged our knowledge of the relevant backgrounds, and placed the problem in a somewhat different perspective.

Harbison (1968: p. 182) took a rather cautious view of Irish Early Bronze Age exports of axes to the Continent, but did not actually deny relationships between some examples and the Irish series. In Harbison's view the axe in the Dieskau II hoard in the Saale valley and an example from the Schelde area (between Durme and Schilderhoek near Hamme), plus some axes found in Denmark, are acceptable as Irish exports; and two axes from the Netherlands (Haren and Nijmegen here Cat. Nos 28 and 29) "can be taken to be, if not actually direct Irish exports, pieces which are very closely linked with the Irish bronze industry". The axes from Gemert and 's-Hertogenbosch (here Cat.Nos 26 and 27) he characterized as 'close to the Irish industry' but probably of Continental manufacture, especially in view of their non-Irish metal composition.

Kibbert (1980: pp. 107-109) assigned the Dieskau II axe, together with the axes from 's-Hertogenbosch and Gemert, and half a dozen Danish specimens from Sjaelland, to his *Form Sassenberg*. To this grouping belong, in his area of study, only the two bronze axes constituting the Sassenberger Heide hoard (his Nos 114 and 114A). We do not find this reclassification at all helpful. His Danish 'parallels' do not seem particularly convincing in this context. Nor are the Sassenberg axes such that one should choose to name a type after them: the one axe, with hammered facial arcs in the manner of some Irish axes, has the blade part missing, so that its exact form is indeterminate, and the complete specimen is undecorated. We follow, rather, Schmidt & Burgess (1981: p. 63) in their view that the Dieskau II axe is a British export and belongs to their Type Falkland (which includes their Nos 322-333); to this type belong also, for example, one of the axes in the Lumby Taarup, Fyn axe hoard (Butler, 1963a: pp. 34, 46 (No. 12), 242, Pl. IIb; Aner & Kersten III: No. 1805, in probable hoard); Mount Pleasant, Dorset (Wainwright, 1979: pp. 40, 236, table XXI), and numerous related specimens in Ireland.

3.1. Flat axe of Armorican affinities (AXFFA) (fig. 7)

CAT.NO. 12. NORTHEAST POLDER, SECTION L OR M, FLEVOLAND.

L. 12.1; w. 5.2; th. 0.8 cm. Thin sharp rounded butt; gently curved, convex sides; faintly concave sides in outline. Edge sharpened, but battered. Patina mottled green partly filed off, showing golden bronze colour. Surface somewhat corroded and pitted. Probably dug up during drainage. Museum: Schokland, Inv.No. Z.1953/1.77. (DB 1128)

Documentation: Letter G.D. van der Heide to Butler, 5 Jan. 1970.

Discussion: This axe, with its comparatively thin body, rounded butt and nearly straight sides, has parallels in at least a few of the axes (though most are relatively wider in the butt) in the Armorican Early Bronze Age series. Several pertinent examples, of varying size, from

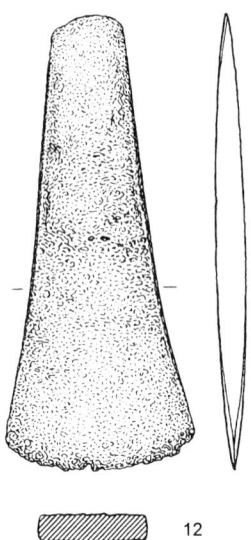

12

Fig. 7. Low-flanged axe of Armorican affinities (AXFFA). 12.
Schokland (Noordoostpolder), Fl.

Armorican tumuli have lately been illustrated or re-
illustrated by Balquet (1944: figs 17-19), from the
tumuli of Tossen-Maharit, Mouden-Bras, Rumédon
and La Motillais. There is also one from a probable
grave find at Longues-sur-Mer, Calvados (Gallay, 1981:
Taf. 53A5), and another from Guidel, Morbihan (Gallay,
1981: Taf. 54B:14); both in classical Armorican Tumulus
assemblages. Similar axes can also be found in some
numbers in the Irish Ballyvalley series (although they
are rather exceptional in comparison to the more curved-
sided models preferred there). Needham (1979: pp.
274-275) has called attention to two similarly-shaped
low-flanged axes in southern England: one, rather larger
than our Dutch specimen, from Hengistbury Head,
Hants (his fig. 9:1) and a much smaller 'axe-chisel'
from the Wessex grave group of Wilsford G.58 (his fig.
9:2; cf. Annable & Simpson, 1964: pp. 47-48, Nos 211-
218, p. 102, No. 213), the rich primary grave in a large
Bell Barrow (Colt Hoare's barrow 18), for which he
suggests a date more or less contemporary with Wessex
I. Since Needham regards both these axes as imports to
Britain from Armorica, we can safely assume that this
form is not common in Britain, and that the Northeast
Polder axe as well as the Hengistbury and Wilsford
specimens are, thus, probable Armorican exports.

3.2. Flat axes of 'Migdale' affinities (AXFFM)
    (fig. 8; Map 3)

CAT.NO. 13. WAGENINGEN, *GEMEENTE* WAGENINGEN,
GELDERLAND.
    L. 11.5; W. 7.5; th. 1.5 cm. From the hoard; see Part I (Butler,
1990), pp. 68-71 (Find No. 10), fig. 13. Additionally: colour
photographs of the axe and of the entire hoard in Verhart, 1993: pp.
48-49. Thin, sharp, rounded butt; slightly convex faces; sides with
two facets. Edge sharpened, but slightly battered. Finely polished

faces, with slightly 'tinny' surface. Museum: R.M.O. Leiden, Inv.No.
R.W.4. (DB 329)
    Metal analysis (TNO): Sn 1.6; Ni 0.66; Ag 0.33; As 0.2; Sb 0.13
(Pb 0.01; not detected: Bi, Fe).
    Map reference: Sheet 39F, 176-177/443.4-444.5.

Discussion: (see also Part I). Although this flat axe is in
form evidently a member of the British 'Migdale'
family (Schmidt & Burgess, 1981: pp. 35-59), its metal
analysis indicates that a Continental (Singen-like, but
atypical) high-impurity copper was employed for its
manufacture. There is no evidence that such an alloy
was employed in Ireland or Britain; one must therefore
assume that the axe was made in one of the numerous
areas on the Continent where this type of metal would
have been available, yet under Migdale influence as to
style.

CAT.NO. 14. ARNHEM, *GEMEENTE* ARNHEM, GELDERLAND.
    L. 8.7; w. 5.1; th. 1.0 cm. Round butt, Trapeze-shaped body with
gently expanding blade. Found Spring 1978 in garden. Private
possession. [This axe has not been seen by the present writer; in
October 1995 it was not available]. (DB 831)
    Map reference: Sheet 40A, 188.82/445.27.
    Reference: Modderman & Montforts, 1991: p. 147, afb. 4,3.

CAT.NO. 15. HALER, *GEMEENTE* HUNSEL, LIMBURG.
    L. 10.8, w. 5.1+; th. 1.3 cm. Flat axe with rounded thin butt; upper
part with parallel sides, but expanding blade. Faint flanges are now
discernible on one side only. Private possession. (DB 1692)
    Map reference: Sheet 58C, 182.50/355.70.
    Parallels: Axes similar to the Haler specimen are classified by
Schmidt & Burgess (1981) under the heading 'developed flat axes of
Type Aylesford'; cf. especially their No. 310B, Goole, and 313,
Collynie. Numerous Irish examples fall under Harbison's Types
Killaha and Ballyvalley. A number of North French parallels can be
cited (Blanchet, 1984: fig. 53; the low-flanged No. 5, from Maisnières,
and several other flat examples). In contrast, Kibbert (1980) has only
one more or less similar axe (his No. 95, *an der Nahe*, without exact
provenance; but this axe has low flanges, and is classified by Kibbert
as Emmen-related).

CAT.NO. 16. HAPERT, *GEMEENTE* HOOGELOON, HAPERT
EN CASTEREN, NOORD-BRABANT.
    L. 11.0; w. 6.4 cm; th. 1.3 cm. Rounded, sharp butt; upper part with
parallel sides, but splaying out gradually to wide blade (which is
heavily damaged). Faint side-flanges (clearly present on one side; the
other side is abraded). Patina mottled dark green; the breaks are
brownish. Heavily corroded; the original surface survives only in
patches. Found 28 September 1993 in the centre of Hapert, at
playground of school (later site of library), 20 cm below the surface
in humus-rich earth; with metal detector. Museum: Archeologisch
Museum Eicha, Bergeijk (on loan). (DB 704)
    Map reference: Sheet 51D, 145.64/375.50.
    Reference: Detector Magazine 14, April 1994: p. 27.
    Parallels: Some British Migdale axes are very similar in form
(Schmidt & Burgess, 1981: Pl. 5 ff.); the comparatively narrow,
parallel-sided butt perhaps suggesting a relatively late date within the
Migdale series. The 'raised edges' of this specimen take it, however,
out of the Migdale class as defined by Schmidt & Burgess, and
associate it with their developed flat axes of Type Aylesford; their No.
316A, from the Sherburn Carr, E.R. Yorkshire hoard (found with
another axe of similar form but with transverse medial ridge, No.
316C; their Pl. 134C). The dating would be in their Phase Aylesford
(Falkland/Bandon), their Stage VI, which 'ought to be' more or less
contemporary with the Bush Barrow phase in southern Britain (their
p. 6).

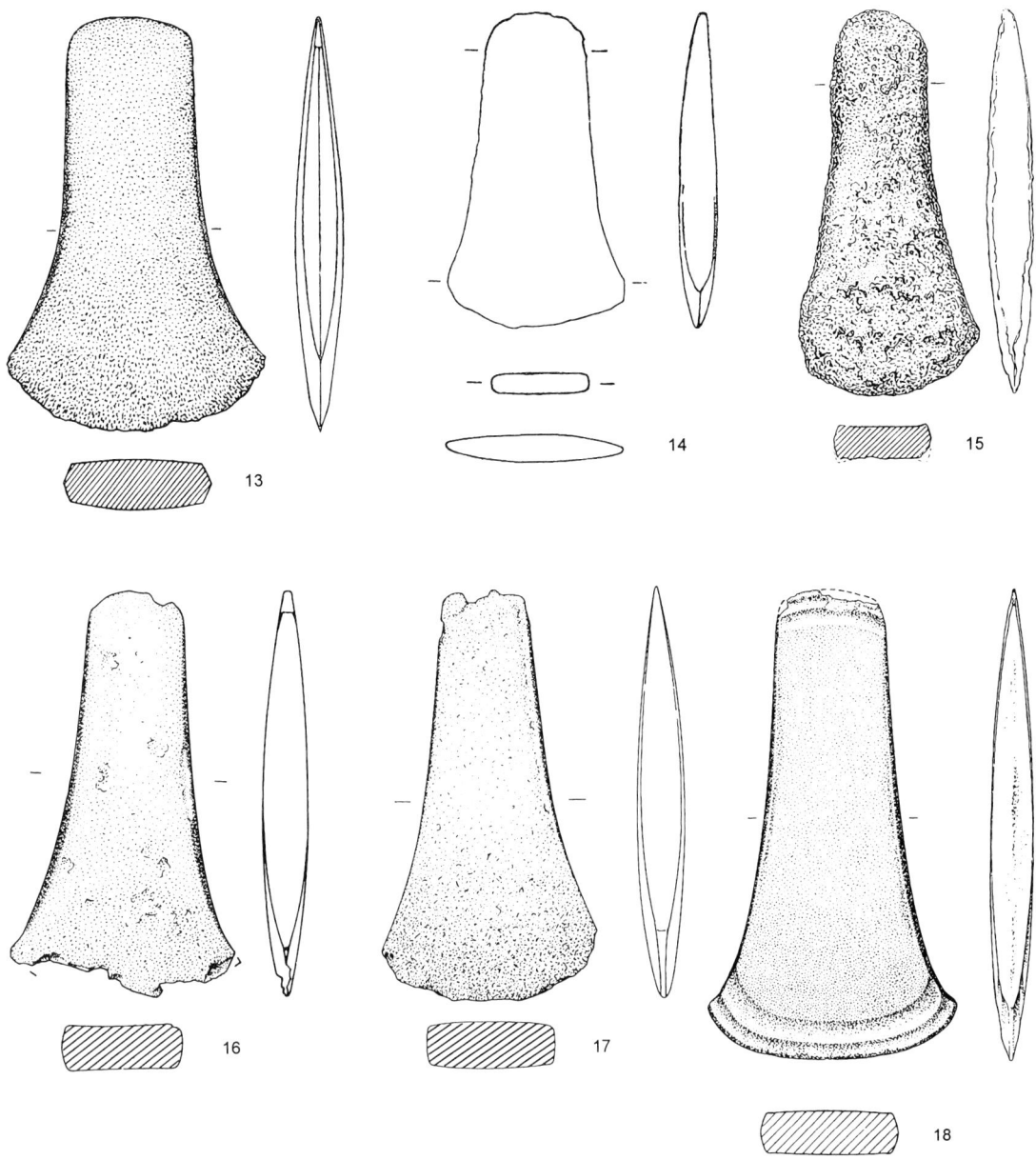

Fig. 8. Flat and low-flanged axes of Migdale affinities (AXFM). 13. Wageningen, GE (hoard). 14. Arnhem, Ge (drawing, R.O.B.); 15. Haler, Li; 16. Hapert, N-B; 17. Drouwen, Dr; 18. Wijchen, Ge.

CAT.NO. 17. DROUWEN, *GEMEENTE* BORGER, DRENTHE (E of the Smitsveen, NW of Drouwen).

L. 11.35; w. 6.0 (corners slightly abraded); th. 1.25 cm. Thin, sharp, originally probably rounded butt, now with modern damage; cutting edge sharpened but with modern abrasion. Slightly convex faces; sides faceted. Patina slightly glossy, brownish where original surface preserved, light dull green where peeled off. Found 1990 while planting trees in a field that had previously been deep-ploughed. Private possession. (DB 2093)

Map reference: Sheet 12G, 248.750/552.775.

References: van der Sanden, 1992: pp. 69-70, fig. 4; Hielkema, 1994: p. 7, No. 22.

Parallels: In Schmidt & Burgess (1981) axes similar to the Drouwen specimen appear both under the Type Migdale heading sec and under Type Migdale, variant Biggar.

CAT.NO. 18. WIJCHEN, *GEMEENTE* WIJCHEN, GELDERLAND, De Homberg.

L. 13.1; w. 7.2; th. 1.2 cm. Flat axe, with faint hammer-flanges. Butt thin, sharp, rounded with two shallow grooves parallel to it; also two broad shallow grooves parallel to cutting edge. Cutting edge sharp, slightly battered. Excellent condition, except for damage at butt (ancient damage). Patina: black, but dark green patches on one face. Private possession. (DB 1925)

Map reference: Sheet 45F, 177.450/424.650.

References: Letter Burgess to Butler 12 Sept. 1982; Modderman & Montforts, 1991: p. 147.

Parallels: In outline this axe resembles examples of Schmidt & Burgess Type Dunotter (their Nos 43-55) as well as many of their Migdale type; cf. Needham (in Needham et al., 1985: pp. 5-8), Oddington, Gloucestershire hoard. The hammered arcs outlining the butt and cutting edge are an atypical arrangement, though such grooves on the face of the axe are not uncommon on British and Irish axes and their relatives on the Continent.

Netherlands distribution of Migdale-related axes (Map 3): The few finds in the Netherlands of axes of Migdale affinities are rather widely scattered. At present there are two examples in the North, two examples in the central river area, and two in the southern part of the country.

Dating of Migdale-related axes: Schmidt & Burgess (1981: esp. pp. 54-58) attribute the Migdale axes in Britain in general to a Phase IV, an Early Bronze Age phase preceding that of the Wessex Culture, with its Dieskau (Reinecke A2a in the current terminology) and Pile connections. They leave open, however, the question of possible survivals into the subsequent phase. The Wageningen hoard, with its Singen as well as Migdale connections, offers strong support to this conception.

3.3. Low-flanged axes with s-curved sides, of 'Saxon' type or affinities (AXIS) (fig. 9)

We group under this heading a rather miscellaneous assortment of low-flanged axes having as their common feature more or less S-curved sides *(mit eingezogenen Schmalseiten* in the terminology of Kibbert, 1980: pp. 157 ff.), and especially those of 'Saxon' type or affinity.

CAT.NO. 19. PROVENANCE UNKNOWN.
    L. 11.3; w. 4.7; th. 1.85 cm. Slightly rounded butt; flat-sectioned face, gentle curve in long-section; sides flat with facets; straight ground; one tip slightly damaged. Edge sharp. Patina: dark brown, partly dark green. Museum: Army Museum Delft, Inv.No. Daa.6. (DB 1122)

CAT.NO. 20. PROVENANCE UNKNOWN.
    L. 15.8; w. 6.9; th. 1.55 cm. Thick pointed butt; shaft flat-faced, gentle curve in long section; edges rounded, with low flanges which do not extend the full length of the blade; broad blade with arc-shaped edge. Patina: dark green; loamy encrustation. Edge sharp. Museum: Army Museum Delft, Inv.No. Daa.5. (DB 1121)
    Parallels: 'Saxon' axes usually have a rounded butt, but occur occasionally with pointed butt similar to this specimen (Mayer, 1977: Nos 232, 239). Resembles Kibbert's No. 330 (Bad Dürkheim/

● "Saxon" affinities
■ miniature "Saxon"

(C) 1981 GEKAART: FRW/RC RUGroningen

Map 4. (AXIS) Low-flanged axes with S-curved sides.

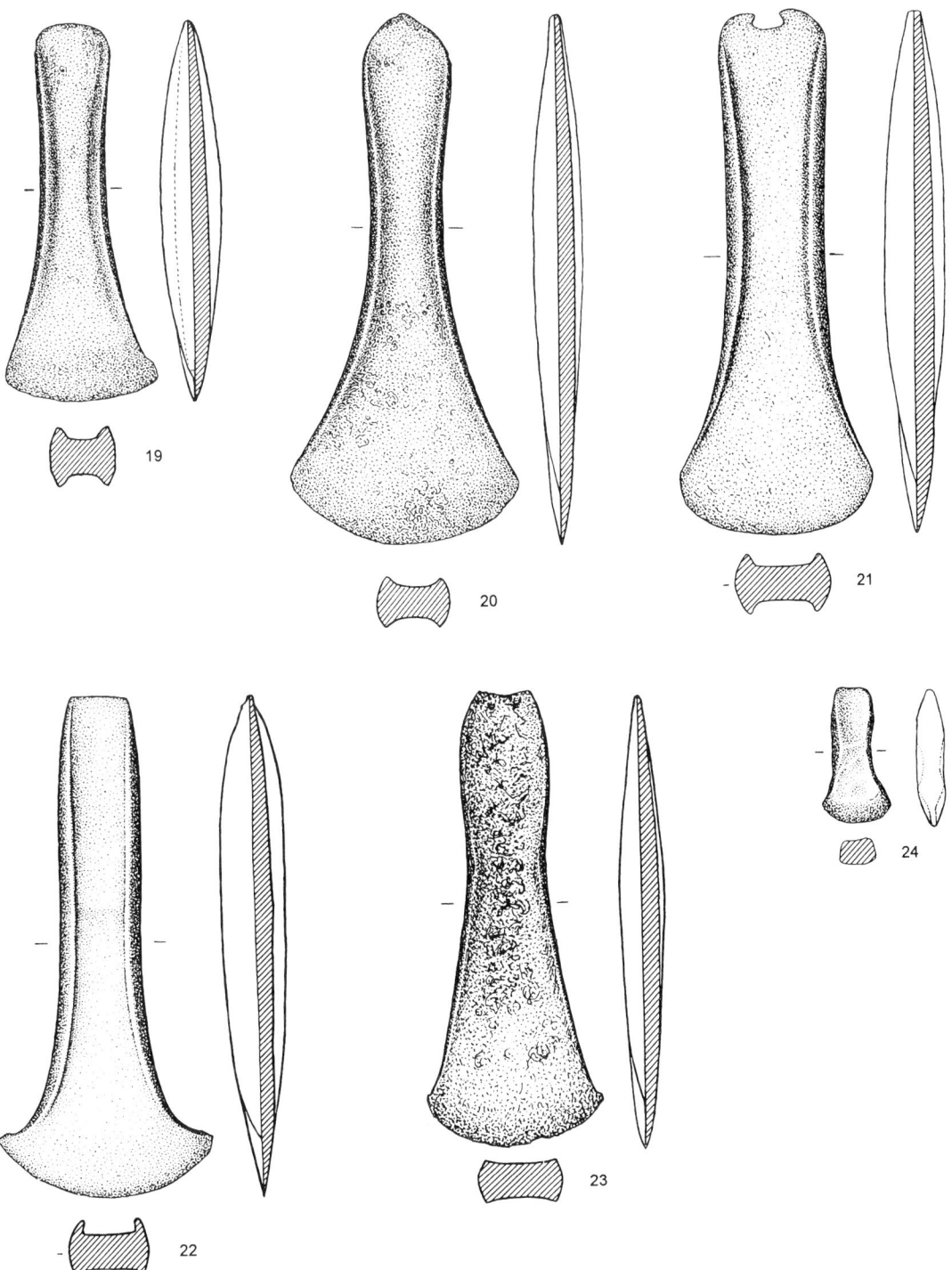

Fig. 9. Low-flanged axes of 'Saxon' affinities (AXIS). 19-20. Unknown provenance; 21. Wageningen, Ge; 22. Elzen, Ov; 23. Emmen, Dr; 24. Wijchen, Ge.

Erpolzheim); which Kibbert in turn compares more or less to Saxon axes of the Variant Carsdorf (see his pp. 158 and 160).

CAT.NO. 21. WAGENINGEN, *GEMEENTE* WAGENINGEN, GELDERLAND.
 L. 15.7; w. 5.8; th. 1.8 cm. Rounded butt with oval indentation.

Edge sharp (has recently been re-sharpened). Patina blackish. Museum: Arnhem, Inv.No. BH 120. (DB 11)
 Map reference: Sheet 39F, c. 174/442.
 Parallels: Resembles, with its large, sturdy size and C-shaped butt indentation, the axes described under Type Salzburg, Variant Hellbrunn by Mayer (1977: pp. 100-101, Nos 300-302), and dated by him to his

Horizont Bühl-Niederosterwitz (= Lochham, Tumulus B).

CAT.NO. 22. ELSEN, *GEMEENTE* MARKELO, OVERIJSSEL.
    L. 15.2; w. 6.6; th. 2.0 cm. Straight butt; transverse ridge on
septum; cutting edge widely expanded. Museum: Zwolle, Inv.No.
111; presented by P.C. Molhuysen. (DB 241)
    Map reference: Sheet 28D, c. 233/476.

CAT.NO. 23. EMMEN, *GEMEENTE* EMMEN, DRENTHE.
    L. 13.6; w. 5.3; th. 1.4 cm. Very low flanges, hardly present on the
upper part, which is of convex outline; the lower part is trapezoidal.
Patina leathery brown, with light green blistered area on both faces.
Bored for metal sample. Found Dec. 1904 during building of the local
rail line by the workman M. Schutrups of Noord-Barge. Museum:
Assen, Inv.No. 1905/1.4. (DB 103)
    Map reference: Sheet 17H, c. 256/534.
    References: *Verslag* 1905, p. 10, No. 8; Hielkema, 1994: p. 12,
No. 39.

3.4. Miniature 'Saxon' low-flanged axe (AXISM)

CAT.NO. 24. *GEMEENTE* WIJCHEN/*GEMEENTE* OVER-
ASSELT (NOW *GEMEENTE* HEUMEN) (BORDER BETWEEN),
GELDERLAND.
    L. 4.05; w. 2.1; th. 0.8 cm. Cutting edge blunted. Patina mottled

green; rolled. Museum: Nijmegen, Inv.No. 3.1941.1; purchased 1941
from A. Albers of Wijchen. (DB 1582)
    Map reference: Sheet 45F, c. 178/424.
    Note: for another miniature low-flanged axe, but with parallel
rather than S-curved sides, see Cat.No. 34 (Exaten, *gemeente* Baexem,
Limburg).

*Netherlands distribution of low-flanged axes of 'Saxon'
affinities*: Map 4. The four mappable examples are in
the eastern part of the country.

3.5. Low-flanged axes/advanced flat axes of British-Irish affinities, undecorated (AXIB) (fig. 10a)

This small group comprises low-flanged axes with
rounded butt, sides which are parallel in the upper part
but gradually widen below, and a mildly expanding
blade. They are comparatively thin, and have a transverse
medial ridge on the face. A recent find in Limburg
(Cat.No. 25) supplements the two previously known
examples from North Brabant.

● undecorated
■ decorated

(C) 1981 GEKAART: FRW/RC RUGroningen

Map 5. (AXIB) British-Irish advanced flat axes.

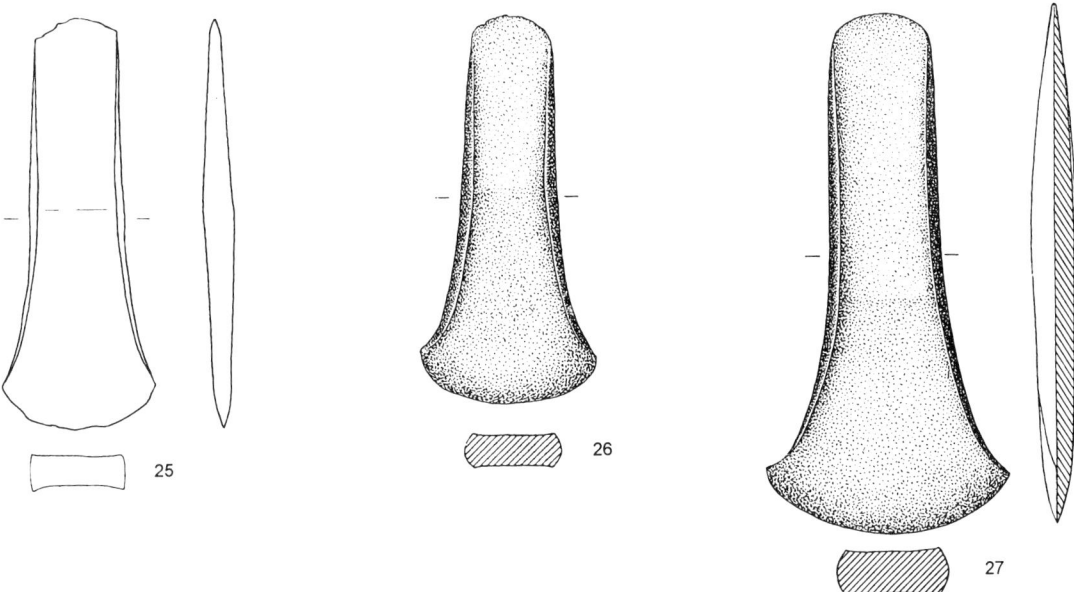

Fig. 10a. Undecorated low-flanged axes of British-Irish affinities (AXIB). 25. Groot Haasdal, Li (drawing, R.O.B.); 26. Gemert, N-B; 27. 's-Hertogenbosch, N-B.

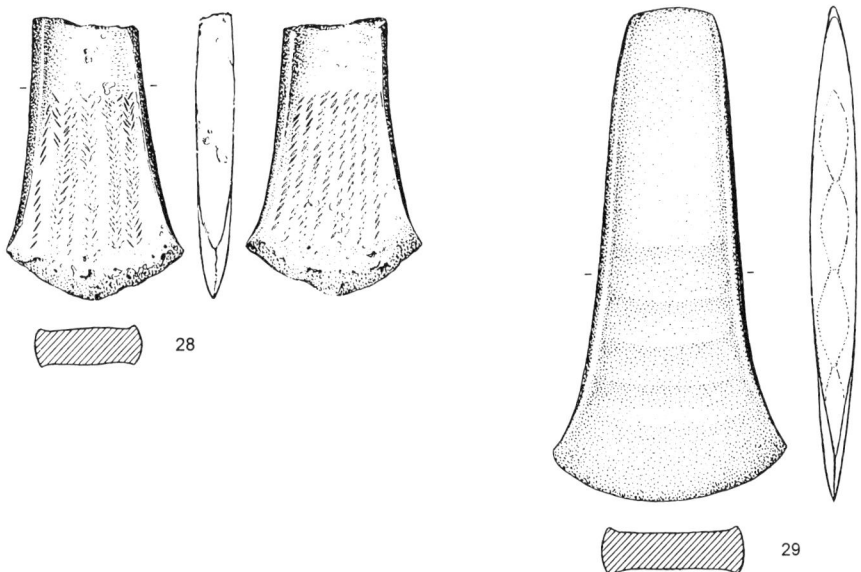

Fig. 10b. Decorated low-flanged axes of British-Irish affinities (AXIBD). 28. Haren, N-B; 29. Presumably Nijmegen, Ge.

CAT.NO. 25. GROOT HAASDAL, *GEMEENTE* SCHIMMERT (NOW *GEMEENTE* NUTH), LIMBURG, in a field 'Bosscherveld'.

L. 11.0; w. 4.2; th. 0.8 cm. Found January 1981 with metal detector. Museum Maastricht, Inv.No. 3336A; on loan. (DB 2037) N.B. We have not seen this axe; to judge from the published drawing it is very similar to the following axe, from Gemert, though narrower.

Map reference: Sheet 62A, 186.50/322.75.

References: *Archeologie in Limburg* 11, 1981: p. 20, with drawing; Willems, 1983: pp. 209-210, afb. 7:1 (photo); Wielockx, 1986: Cat.No. Ra.26.

CAT.NO. 26. GEMERT (KOKS, NEAR G.), *GEMEENTE* GEMERT, NOORD-BRABANT.

L. 10.3; w. 4.8; th. 0.9 cm. Hoard (?): according to the Museum inventory, found under a stone, 'lying between' two flint axes (of the Neolithic Vlaardingen type). Museum: 's-Hertogenbosch, Inv.No. 611; the flint axes are Inv.Nos 608 and 609; all three objects gift of Aug. Sassen of the Hague. (DB 1408)

Metal analysis (TNO): Sn 7.2%; As 0.2, Sb 0.24, Ag 0.26, Ni 0.05. Pb and Bi n.d. Thus a high-tin bronze, with a multi-impurity copper resembling that of many Únětice metals.

N.B. According to a Museum catalogue (Holwerda & Smit, 1917: pp. 17 and 19) and Beex (1969: p. 50) the correct find-spot may be not

Koks near Gemert (as stated in the inventory in the Museum which we followed in earlier publications), but Kols (or Kolse Hoeve) near Nuenen, some 13 km to the SW of Gemert.

References: Holwerda & Smit, 1917: pp. 17 and 19; Butler, 1963: p. 38, fig. 6; pp. 41, 47, No. 22; Butler & van der Waals, 1966: pp. 82-84, fig. 22: lower left; p. 107, No. 31 (Anal. No. BW 29); Beex, 1969: p. 50. This axe is assigned by Kibbert (1980: p. 107) to his *Form Sassenberg*.

CAT.NO. 27. 's-HERTOGENBOSCH, *GEMEENTE* 's-HERTOGENBOSCH, NOORD-BRABANT, Bossche Broek.
    L. 13.9; w. 6; th. 1.2 cm. Found 1957, by the Nieuwe Rotonde, between the R. Dommel and the Vuchterweg, in sand infill. Patina reddish on one face, clean bronze on other face and sides. Cutting edge sharp. Museum: 's-Hertogenbosch, Inv.No. 9487; purchased from G. Driebach. (DB 276)
    Metal analysis (TNO): Sn 1.0, Ag 1.6, Ni 1.5, As 0.2. Thus resembles metal of Singen type.
    References: Butler, 1959b: pp. 291-292, afb. 14; Butler, 1963a: pp. 38 (fig. 6:5), 41, 47 (No. IV:23); Butler & van der Waals, 1966: p. 107, No. 32, with metal analysis No. BW 30. Assigned by Kibbert (1980: p. 108) to his *Typ Sassenberg*.
    N.B. The punch-decorated fragmentary low-flanged bronze axe from Haren (below, Cat.No. 28) may well belong to this type, though its incomplete state makes exact classification uncertain.
    Parallels: A very similar axe in Belgium (length 10.75 cm; Museum Antwerpen, Inv.No. 56.35.2281, ex coll. Hasse; black patina) is attributed to Wichelen, Oost-Vlaanderen; thus in the Schelde area.

Discussion: Comparable axes in North Britain are included by Schmidt & Burgess (1981) under the heading of 'developed flat axes of Type Falkland'. Their Nos 323 ('Caithness'), 329 (Ryal, Northumberland), 330 (Preston under Scar, NR Yorkshire), and 328 (from the hoard of Wold Farm, Willerby, ER Yorkshire; associated with two other 'Falkland' axes and one of Type Scrabo Hill; newly republished (Kinnes et al., 1985: p. 235, No. 235:6-9, with analyses table I: Nos 25-28; cf. Needham, 1985: card 5, pp. 17-20, esp. Nos 3 and 4)) seem to be the best parallels as to form, though the Wold Farm and Ryal specimens are decorated.

A few comparable examples are assigned by Schmidt & Burgess to other types; e.g. their No. 312 (a decorated axe, from Langdon Wold, ER Yorkshire); and the undecorated specimens No. 315 (Wansford, ER Yorkshire); No. 316 (Angram Farm, ER Yorkshire) under *Typ Aylesford*; No. 388 ('Aberdeenshire?') under 'unclassified'). Presumably such axes are also to be found in southern Britain. Many parallels, flat or low-flanged, with or without decoration, are included by Harbison (1969) within his *Typ Ballyvalley*'.

Very similar in form, though much larger (but of the same size as an axe in the Willerby hoard), is an undecorated axe from the Skeldal hoard in Jutland (Vandkilde, 1988: pp. 126-127, fig. 5i). Vandkilde attributes this axe to her *Typ Gallemose*' (we presume that she hereby refers to the Irish-type axe in the Gallemose hoard, rather than its axes of Pile type). The metal analysis (by P. Northover, in Vandkilde, 1990: Anal. No. 10; NMC B 1768: Sn 3.13%, As 0.77, Sb 0.87, Ag 0.70, Ni 0.21; Bi 0.02, Au 0.05, Zn tr), suggests a Únětice-type metal.

These axes are so similar in form that it would be tempting to suppose that they are products of a single production centre, which would presumably, in view of the many parallels, be in Britain or Ireland. Yet they are made of varied sorts of metal: e.g. some of high-tin bronze with insignificant impurities (Willerby, Dieskau II, Lumby Taarup), of Únětice-like metal with high tin (Gemert/Kols, Cat.No 26 above), of Únětice-type metal with modest tin (the Danish Skeldal find), of Singen-type metal with modest tin ('s-Hertogenbosch).

We have already suggested (above, under 'Developed flat axes and low-flanged axes') that we do not find assignment to a *Form Sassenberg* realistic; nor are these axes typical Pile axes.

Dating: 'Developed flat axes' of these types are assigned by Schmidt & Burgess to Burgess Phase IV, chronologically equivalent to Wessex I in southern England and the Leubingen phase in Central Germany.

3.6. Low-flanged axes of British-Irish affinities, decorated (AXIBD) (fig. 10b)

CAT.NO. 28. HAREN, *GEMEENTE* MEGEN, HAREN EN MACHAREN (NOW *GEMEENTE* OSS), NOORD-BRABANT.
    L. 7.5+; w. 4.8+; th. 1 cm. Butt end broken off and missing; blade severely abraded. Flattish septum, rounded sides. The faces are ornamented with punched 'rain' and chevron patterns; sides are plain. Patina: glossy blue-green. Surface slightly pitted. Museum: R.M.O. Leiden, Inv.No. k. 1970/2.1. Purchased, 1970, with other objects, from H.G.M. Teunissen of Berchem. (DB 1697)
    Metal analysis (TNO): Sn 9.0%, As 0.2 (Sb 0.04, Ag 0.02; not detected: Pb, Ni, Bi, Fe); thus of high-tin bronze with moderate As. Found south of village Haren in April 1959 by F.X.A. van Swaay of Berchem, in sand up-cast from new ditch.
    References: Modderman, 1959: pp. 290-291, afb. 13; Butler, 1959b: pp. 291-292; Butler, 1963a: p. 46, fig. 6:4; Butler, 1963b: p. 187, fig. 2; 208, No. IA2; Butler & van der Waals, 1966: p. 107, No. 33, Analysis No. BW 32.

CAT.NO. 29. PRESUMABLY NIJMEGEN (SURROUNDINGS), GELDERLAND.
    L. 13.1; w. 6.4; th. 1.3 cm. Rounded blunt butt, plastic hammered lozenges on sides, shallow arcs on face. Blade sharp. Slightly dimpled at base of sides. Patina: mottled brown on one face, greeny-black on other. Museum: Nijmegen, Inv.No. xxx.d.4; ex coll. Kam. (Missing since theft 26 Sept. 1992) (DB 1528)
    Metal analysis (TNO): Sn 9.0; As 0.7 (Ag 0.06, Ni 0.01; not detected: Pb, Sb, Bi, Fe). Thus of high-tin bronze, with moderate As.
    References: Boeles, 1920: pp. 241, 295, fig. 2; Butler, 1960: Pl. XVI.2; Butler, 1963a: p. 46, fig. 6:7, Pl. IX:2; Butler, 1963b: p. 187, fig. 2.

Netherlands distribution (Map 5): Taking the decorated and undecorated examples of the low-flanged axes of British-Irish affinities together, there is an apparent tendency to cluster in the eastern part of the central river area; with one outlier in South Limburg.

This certainly contrasts sharply with the distribution of the low-flanged axes of Type Emmen (below, section 3.10).

Parallels and dating: The Haren and Nijmegen axes

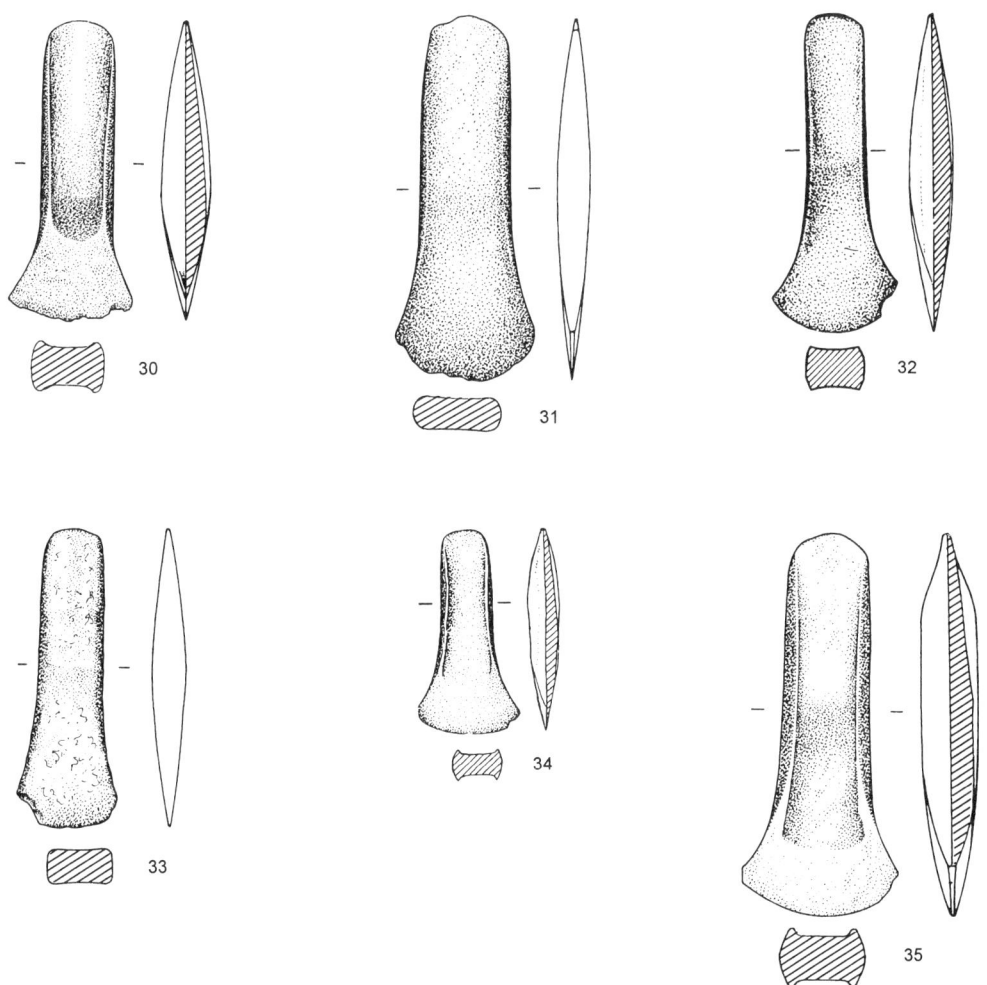

Fig. 11. Narrow. parallel-sided low-flanged axes with mild blade expansion (AXIM). 30. Buinen, Dr; 31. Kesseleik, Li; 32. Ellertslo, Dr; 33. Hessum, Ov; 34. Exaten, Li; 35. 'Utrecht ridge', Ut.

were considered by Harbison (1968) to be axes 'close to the Irish industry' if not actual Irish exports. Both would fall under the 'developed flat axes' of Schmidt & Burgess (1981: pp. 59 ff.). In North Britain the decoration with concentric grooves on the face seems to be confined to axes of the Falkland type, which Schmidt & Burgess date to their Stage IV (Aylesford stage), corresponding to Wessex I in South Britain and the Leubingen-Pile stage on the Continent.

3.7. Narrow, parallel-sided low-flanged axes, Type Salez and related (AXIM) (fig. 11)

We group together in this category a half-dozen somewhat varied low-flanged axes having in common a rounded butt, parallel or nearly parallel sides, and only moderately expanded fan-shaped blade. All have a transverse medial ridge (but only very faintly in the case of Cat.No. 32). Cat.Nos 30, 34 and 35 have blade portions rather reduced in length by re-sharpening

(Cat.No. 30 drastically). Cat.Nos 30 and 35 rather resemble our axes of Type Oldenburg (AXRO2) but their round butt and low flanges take them out of that category.

The form may be ultimately derived from the Swiss-South German Type Salez (Abels, 1972: pp. 4-5, his Nos 1-87; a minor proportion of these have a transverse medial ridge); but our Cat.Nos 30, 32 and 35 more closely resemble a few of the low-flanged axes classified by Kibbert (1980: pp. 111-113) under the heading of *Form Nienborg* - in particular the two Westphalian examples from Nienborg, Kr. Ahaus (his Nos 125 and 126; not found together) and his No. 130 from Butzbach, Wetteraukr., Hessen. But the other *Form Nienborg* axes of Kibbert, and the few specimens cited by him (p. 112, Notes 1-3) from the Lüneburg region, Slovakia and Saxony, are less like our Netherlands specimens.

It is thus difficult to ascribe our AXIM axes to a specific type name and origin. We were inclined to attribute them to the Salez type, but Dr. Jakob Bill (personal discussion April 1996 and letter 20 June 1996) has dissuaded us therefrom.

A special case is our Cat.No. 34, the mini-axe from Exaten, Limburg. While on excursion with the Bronze Age Studies Group in Normandy in April 1996 we had opportunity to make acquaintance in the museum at Bayeux with the hoard from Maisons (Calvados), which includes an assortment of variously sized low-flanged axes of Early Bronze Age types, along with two spearheads of the Middle Bronze Age Tréboul type and other objects (for earlier references, as well as drawings, colour photograph, inventory and brief descriptions, see Verney, 1994: cover, pp. 23-25, Pl. V.) Certainly the smallest 'axe' in this hoard, only 4.9 cm long (Verney's Pl. V:11), is remarkably similar in size and form to our example from Exaten, and is similarly re-sharpened by straight grinding.

There are some comparable axes from the departments Somme and Oise in France (Blanchet, 1984: fig. 72:3, 5, 10; also fig. 73:7), which are assigned (why?) to the earlier Middle Bronze Age. Especially when illustrations fail to provide adequate information about the thickness of the axe and the height of its flanges, it may be difficult to draw a line between such French and British Salez-related low-flanged axes, on the one hand, and, on the other hand, the smaller specimens of the Arreton series such as are represented in the Arreton Down, Moons Hill and Plymstock hoards.

Low-flanged axes of similar outline but slightly wider are Schmidt & Burgess' Nos 315 and 316 (No. 316 is, however, a flat axe); in southern Britain specimens like those from West Overton G1, Wiltshire (flat) and Breach Farm, Llanbieddian, Glamorgan (with slight flanges), are certainly related.

CAT.NO. 30. NEAR BUINEN, *GEMEENTE* BORGER, DRENTHE: WESTERLANDEN.

L. 8.0; w. 3.45; th. 1.42 cm. Round sharp butt, parallel sides (faintly narrowing in the middle) with blade fanning out; rounded sides, with slight facets at their edges. Transverse medial ridge (thickness 1.3 cm). Straight ground; slightly pouched. Cutting edge sharp, with some modern damage. Almost all of original surface has peeled off; original patina was brown (small patches preserved at base of sides), now dull mottled green and brown. Found 1974 in cultivated field, S. of sluice No. 1 on the east side of the canal Buinen-Schoonoord. Private possession. (DB 664)

Map reference: Sheet 12H, 250.26/551.30.

References: Baas, 1980: p. 134, afb. a; Hielkema 1994: p. 6, No. 17.

CAT.NO. 31. KESSELEIK, *GEMEENTE* KESSEL, LIMBURG.

L. 9.7; w. 3.75; th. 1.1. cm. Round sharp butt; parallel sides with slightly expanding blade; faint transverse medial ridge. Blade sharpened but anciently damaged. Patina light green; surface rather rough. Found 1980 in a field. Private possession. (DB 842)

Map reference: Sheet 58B, 198.81/367.51.

References: Willems, 1983: p. 209, afb. 7:2 (photo); Wielockx, 1986: Cat.No. Ra.15.

CAT.NO. 32. ELLERTSLOO (OR ELDERSLOO?), *GEMEENTE* ROLDE, DRENTHE.

L. 8.5; w. 3.4 (corner missing); th. 1.2 (medial ridge 1.1) cm. Thin rounded butt, parallel sides, moderately expanded blade-tips; sides faceted; transverse midridge; narrow form. One blade-tip damaged. Patina: bronze colour; traces of blackish. Found 1909 "in een veenplas aan de westzijde van het diepje bij Ellertsloo" [found in a bog pond on the west side of the stream at Ellertsloo]. Museum: Assen, Inv.No. 1909/VI.2. (DB 111)

Possibly found together with a bronze spearhead and a whetstone. The longish-socketed spearhead is, however, a much later type than the axe, and it would seem unlikely that they were actually associated.

Map reference: Sheet 12D, c. 237/553-554.

References: Verslag 1909, p. 10, No. 19; Butler & van der Waals, 1966: No. 51; Beuker, van der Sanden & van Vilsteren, 1991: p. 35, fig. 1:10, a photo; p. 37, p. 366 note 61 (stating, with respect to the find-spot: "the inventory book lists the find under Ellertsloo. Eldersloo is doubtlessly therewith intended; but that lies east of the stream)"; Hielkema, 1994: p. 29, No. 110.

CAT.NO. 33. HESSUM, *GEMEENTE* DALFSEN, OVERIJSSEL.

L. 7.8; w. 2.7; th. 1.0 cm. Rounded thin butt, parallel sides; inner edge of flanges S-curved; transverse medial ridge. Cutting edge damaged. Patina originally dark brown. Heavily corroded. Found with metal detector in a cornfield at Hessum. Private possession. (DB 614)

Map reference: Sheet 21H, 218.63/502.25.

Reference: Verlinde, 1988: pp. 141-142, Afb. 3.

[*Note:* This axe illustrates the difficulties sometimes met with in classification. On the one hand, it has a strong resemblance to (although it is very slightly curvier than) the axe from Ellertsloo (above, Cat.No. 32). On the other hand it is remarkably similar to, if slightly smaller than, the axe from Butzbach (Wetteraukr., Hessen) which Kibbert (1980: No. 130) includes among his axes of his rather small group of *parallelseitig-geschweifte Randleistenbeile der Form Nienborg*. And yet: it would also seem to fall within the typological range of the low-flanged axes of Saxon type, as a glance through the axe series of, for example, Billig (1958) demonstrates].

CAT.NO. 34. EXATEN, *GEMEENTE* BAEXEM (NOW *GEMEENTE* HEYTHUYSEN), LIMBURG.

L. 5.4; w. 2.7; th. 0.9 cm. Thin rounded butt, parallel sides, faceted, with low flanges; transverse septal ridge; blade sharp. Patina: glossy dark green. Private possession. (DB 1804)

Map reference: Sheet 58D, 190.4/358.8.

Metal analysis (TNO): Sn 11.0; Ag 0.83; Ni 0.64; Sb 0.6; As 0.5. Thus high-tin bronze, but alloyed with copper having some similarity to that of Singen type.

Reference: Butler & van der Waals, 1966: p. 109, No. 46, Analysis No. BW31.

CAT.NO. 35. PROVENANCE UNKNOWN, BUT 'ON THE UTRECHT RIDGE'.

L. 10.15; w. 4.2 (both blade tips anciently damaged); th. 1.55. Rounded butt, rounded sides; flat septum, with transverse medial ridge. Straight ground, but not pouched. Cutting edge sharpened, but slightly battered. Patina dark green, glossy; pitted. Collection: Provinciaal Utrechts Genootschap voor Kunsten en Wetenschappen (province Utrecht) on loan to Museum Rhenen, Inv.No. Aa127. (DB 980)

Netherlands distribution (cf. Map 6): Five of the six Salez axes are in the eastern part of the Netherlands, but from south to north extending from Limburg to Drenthe. This distribution would tend to support the hypothesis that the axes in question were derived from the West Central European area via western Germany.

Chronology: Salez axes are attributed by Abels to his *Stufe* Salez-Neyruz, which he identifies with the South German-Swiss Early Bronze Age Period A1.

To this phase are also attributed the classic cemeteries

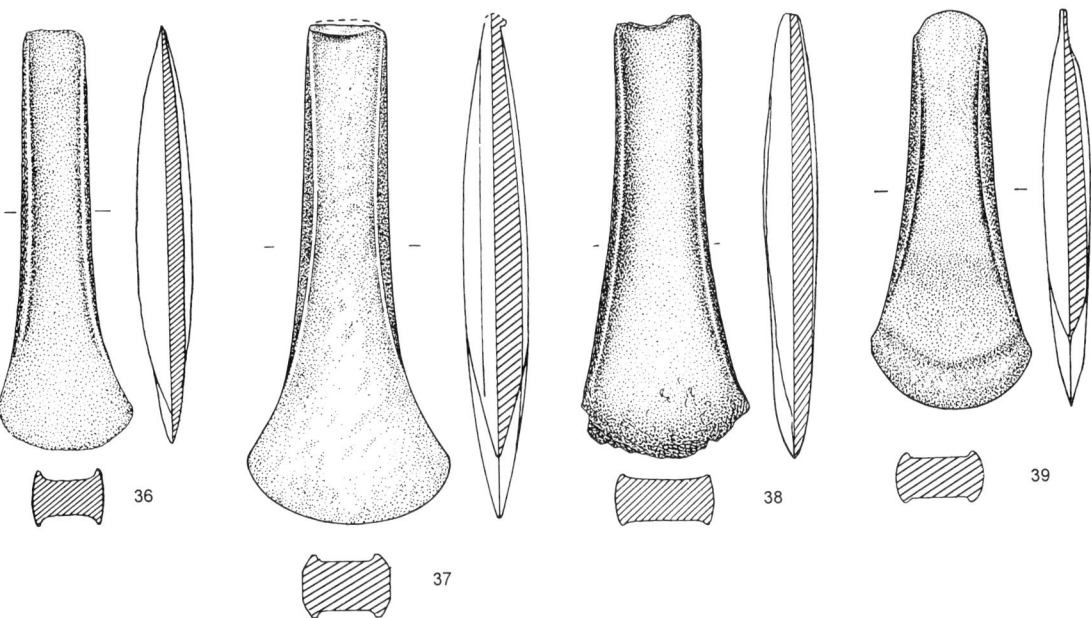

Fig. 12. Low-flanged axes of *Form Gross-Gerau* (AXIGG). 36. 'Along the Maas'; 37. Nattenhoven, Li; 38. Bergen, Li; 39. Heel, Li.

of Singen and Adlerberg. It is presumed that Salez axes continued in use into the subsequent (classical Únětice/A2a) phase (cf. Bill, 1977; Kibbert, 1980: p. 16 n 11, pp. 157-159 with n 3); Krause, 1988: pp. 219 ff.).

3.8. Narrow low-flanged axes with parallel sides but expanding blade; Kibbert *Form Gross-Gerau*, var. A & B (AXIGG) (fig. 12)

Definition: We group here a small number of low-flanged axes with more or less rounded butt, comparatively long and narrow body and almost parallel sides on the upper part, with fan-shaped lower part. For Kibbert's definition of his *Form Gross-Gerau*, see his 1980: pp. 109-110.

CAT.NO. 36. 'ALONG THE MAAS', WITHOUT EXACT PROVENANCE.

L. 11.1; w. 3.8, th. 1.5 cm. Weight 156 gr. Very narrow body, comparatively slight blade expansion. The cutting edge is slightly skew. Patina greeny bronze (partly removed). Museum: Nijmegen, Inv.No. 23/10/29 (not mentioned in *Jaarverslag*); purchased from Verschuren. (DB 1572)

CAT.NO. 37. NATTENHOVEN, *GEMEENTE* STEIN, LIMBURG.

L. 13.2; w. 5.6, th. 1.6 cm. Sides facetted. Butt, originally probably rounded, has been hammered flat recently. Original surface with glossy black patina survives only in patches. Museum: Stein, Inv.No. IIb4 (ex coll. Beckers; formerly Museum Beek, Inv.No. IIb4). Found in the 1930's by one Knoors of Nattenhoven; according to his son, during the placing of a silo behind his farmhouse. (DB 1327)

Map reference: Sheet 60C, 182.35/336.05.

References: Beckers & Beckers, 1940: p. 174, afb. 59, No. 4, p. 176, as from Berg, *gemeente* Urmond. (The revised find-spot and further details: letter W.P.A.M. Hendrix to Butler, 20 April 1995, with recent information from the son of the finder); Wielockx, 1986: Cat.No. Ra.3.

CAT.NO. 38. BERGEN, *GEMEENTE* BERGEN, LIMBURG.

L. 11.7+ (butt end damaged); w. 4.5+, th. 1.5 cm. Patina mottled, light green and brownish; the surface is rough and pitted. Cutting edge damaged. Museum: Maastricht, Inv.No. 205 (old No. 1011). (DB 210)

Map reference: Sheet 46D, 199.80/401.50.

Metal analysis (TNO): Sn 0.21; Ag 2.7, Sb 1.6, Ni 0.4, As 0.3 (Pb 0.05, Bi 0.006, Fe 0.005, Co 0.002). Thus a multi-impurity copper; the high Ag and Sb values are noteworthy.

References: Butler & van der Waals, 1966: p. 109, No. 44, analysis No. BW 22; Wielockx, 1986: Cat.No. Ra.2.

CAT.NO. 39. HEEL, *GEMEENTE* HEEL & PANHEEL (NOW *GEMEENTE* HEEL), LIMBURG.

L. 10.6; w. 4.3; th. 1.4 cm. Semicircular thin, sharp butt; in cross-section, upper part of septum flat, lower part slightly convex; sides rounded. Arc-shaped medial ridge on one face; a second arc-shaped ridge somewhat lower down on the face. Crescentic ground; cutting edge sharp; the cutting-edge facet is slightly hollow. Patina: dark glossy green *Edelpatina* (or lab-treated?). Very well preserved, smooth surface, but some pitting on one face. Found 'on the surface' (in moved ground?) in or before 1983. Private possession. (DB 916).

Map reference: Sheet 58D, 190.00/355.40.

References: Willems, 1984: p. 365; p. 364 afb. 8:1 (photo); Wielockx, 1986: No. Ra.12.

Discussion: Three of these axes (Nos 36, 37, 38) belong to, or are at least closely related to, Kibbert's *parallelgeschweifte Randbeile der Form Gross-Gerau*, variant A (i.e., without transverse medial ridge).

Kibbert has only seven of these, which form a fairly compact group occurring along the left bank of the Rhine in the Rhine-Main area (his pp. 109-111, Nos 116-120; map his Taf. 62B, standing triangles). But he also claims as Gross-Gerau A axes 14 examples from Abels (extracted from axes classified by Abels as belonging to types Salez and Griesheim; all except three are of Abels' Salez D), occurring broadly in the

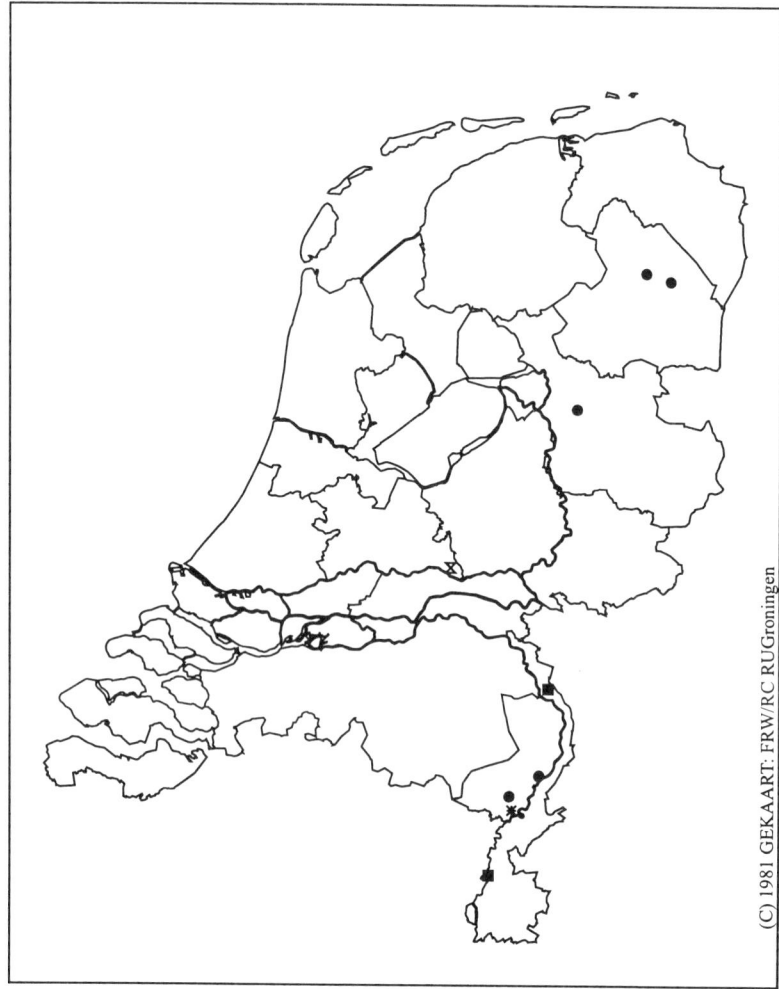

narrow parallel-sided

●   mild blade exp.
■   Gross-Gerau Var. A
✳   Gross-Gerau Var. B
⊠   Type Griesheim

(C) 1981 GEKAART: FRW/RC RUGroningen

Map 6. (AXIM) C. Eur. narrow parallel-sided low-flanged axes.

Bodensee area; and refers also to some examples in Central Germany (including Neuenheiligen) and on the Lüneburger Heide (citing Laux, 1971: under the designation *Form Bostelwiekbeck-Buchholz*). Kibbert would also include some axes in Denmark and South Sweden in this category (in Kibbert's opinion, many of the smaller Pile axes are really Gross-Gerau axes).

The 14 Abels' axes cited by Kibbert (p. 111, Note 1) include examples from the 'Salez' hoards of Mels, Hindelwangen, Salez and Griesheim. The Gross-Gerau A type as Kibbert defines it is, thus, most likely to be of Swiss-Southwest German origin, though the possibility of secondary centres of production farther north cannot be excluded.

Axe Cat.No. 39 (from Heel, Limburg), with transverse medial ridge(s), may best be compared with Kibbert's small group to which he gives the name *Gross-Gerau variant B*. Kibbert has four examples (his Nos 121-124, all in the Rhein-Main area in Hessen) to which he adds six specimens which Abels had assigned to Type Salez (Abels' Nos 45, 46, 80, 81, 82) and one of Abels' Type Griesheim (Abels' No. 156).

It would thus seem appropriate to assess the Northwest-German examples and the finds in the Netherlands of Gross-Gerau A and B axes as probable imports from the Swiss-South German area.

Dating: The axes of Gross-Gerau type are considered by Kibbert to belong for the most part to his Stufe Meckenheim (later Early Bronze Age, following upon the Adlerberg phase of Abels and Krause).

Netherlands distribution (included on map 6): The three Dutch examples with exact provenance are all from the Maas area in Limburg.

3.8.1. *Parallel-sided low-flanged axe of Type Griesheim (AXIL)* (fig. 13)

Definition: According to Abels (1972: pp. 14-15; q.v. for further details) a Swiss-South German form typologically intermediate between his Salez and Neyruz types.

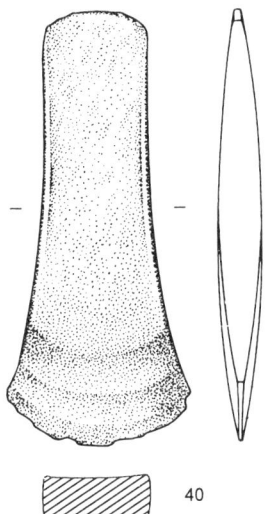

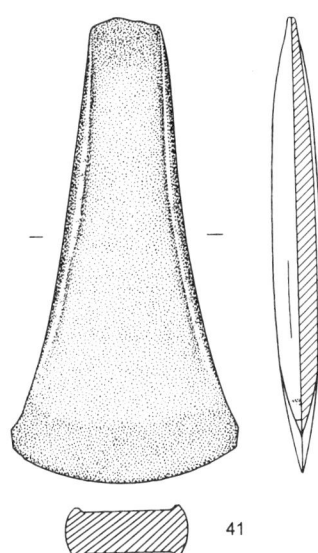

40

41

Fig. 13. Low-flanged axes of Type Griesheim (AXIL) and of Type Neyruz (AXIN). 40. De Donderberg, Utr; 41. Caberg, Li.?

CAT.NO. 40. DE DONDERBERG, *GEMEENTE* RHENEN, UTRECHT.

L. 10.6; w. 5.0; th. 1.3 cm. Low-flanged axe with thin rounded butt, rounded sides; two faint crescentic furrows above sharpening facet of cutting edge. Edge sharpened, but battered. Dark glossy green (*Edelpatina* or lab-treated?). Collection: Provinciaal Utrechts Genootschap voor Kunsten en Wetenschappen (Utrecht), acquired in 1980; on loan in Museum Rhenen; Inv.No. Aa128. (DB 981)

Map reference: Sheet 39E, c. 167/441.

Reference: van Tent, 1988: pp. 62-63.

Parallels: Low-flanged axes of Type Griesheim, esp. Var. A (Abels, 1972: pp. 14-16, Nos 134-153, distribution Taf. 46C). The distribution is confined to the western part of the Swiss Mittelland and the Middle Rhine area in Baden. Abels lists 19 examples, eight of which comprise the hoard of Griesheim, Kr. Offenbach. No examples are cited for the West German area of Kibbert (1980).

Several of the axes of Griesheim A type (Abels' Nos 137, 147, 149, 153) have a double sharpening facet or faint furrows just above the cutting edge such as occurs on our Donderberg axe. A similar treatment of the cutting edge occurs also on a trapeze-shaped Type Neyruz axe from Bad Münster am Stein, Kr. Bad Kreuznach, Rheinland-Pfalz (Kibbert, 1980: No. 81), and on a few axes of Saxon-Halle type (including examples made of Singen-type metal) in West Germany not far from the Netherlands border (in a possible hoard attributed to Mechernich, Kr. Euskirchen; Kibbert, 1980: Nos 323, 326; also the specimen with unknown provenance No. 329). The Donderberg axe is thus a probable import from the West Swiss-South German area, or at least due to influence from that area.

Dating: In the absence of datable finds, Abels assigns the Griesheim type to his Salez-Neyruz phase on the basis of its general resemblance to the Salez and Neyruz axe types.

Location: included on Map 6 (the Donderberg lies c. 1 km northwest of the town Rhenen).

3.9. Trapeze-shaped low-flanged axe of Type Neyruz (AXIN) (fig. 13)

CAT.NO. 41. CABERG, *GEMEENTE* MAASTRICHT, LIMBURG?

L. 12.4; w. 6.2; th. 1.3 cm. Low-flanged axe with concave-trapeze outline; somewhat rounded butt, flat septum. Patina blackish; well preserved; some abrasion on the flanges, showing a yellowish bronze colour. Small bore-hole on one face.

Collection: B.A.I. Groningen, 1939/IV.105; purchased April 1939 from A. Schurgers, garage-holder of Maastricht, with as intermediary

the Maastricht publisher A. van Aelst, together with a miscellaneous collection of c. 100 archaeological and other objects. (DB 707)

Note regarding provenance: Schurgers was reticent about the provenance of the items in his collection; but in a letter to van Giffen, dd. 28 April 1939, offered sparse information about several of the objects. A sentence in this letter reads: "Wat de bronzen beitels betreft, deze komen van Caberg vlak bij de Belgische grens op betrekkelijk korten afstand van elkaar. De holle lagen apart en de platte een stuk verder" [as for the bronze chisels, these come from Caberg close to the Belgian border at relatively short distance from each other. The hollow (ones) lay apart and the flat one a bit farther]. He declined to specify more exact locations. By the 'hollow chisels' he apparently refers to two long thin socketed axes of Type Geistingen (Butler, 1973: pp. 339-341), which had been purchased by the B.A.I. from Schurgers via van Aelst the previous year. The 'flat one' could be presumed to refer to the present low-flanged axe, though it might conceivably refer to the Urnfield knife bought by the B.A.I. along with socketed axes. A letter from van Aelst to van Giffen dd. 10 May 1939 reports that the former had also obtained some information from Schurgers; its content corresponds to what Schurgers had already imparted to van Giffen, but with respect to the 'bronze chisels' from Caberg he adds the phrase 'opposite the plateau Kengen'....

Discussion: This low-flanged axe is more strongly trapeze-shaped than our Emmen axes; its best parallels are found among the numerous axes of Abels' *Typ Neyruz, Variante A*, distributed mostly in western Switzerland: cf. his Taf. 46B; cf. also Kibbert (1980: Nos 74-81, Distribution Taf. 62, squares) adding 8 examples broadly in the Middle Rhine area.

If genuinely a Netherlands find, the Caberg axe would be a likely import from the West Swiss region.

Dating: Abels (1972: pp. 9-10) assigned the Neyruz axes to a *Stufe* Salez-Neyruz (BzA1); Kibbert (1980: pp. 98-99) argues, however, for a longer life, extending from the Late Copper Age to the beginning of the Middle Bronze Age.

● North Netherlands
＊ southern/eastern
■ Emmen/Neyruz
⊠ Emmen-related

(C) 1981 GEKAART: FRW/RC RUGroningen

Map 7. (AXIE) Low-flanged axes, Type Emmen.

3.10. Trapeze-shaped low-flanged axes of Type Emmen (AXIE)

Definition: We have included under the heading Emmen axes a series of low-flanged axes of approximately trapeze outline; but with rather uniformly curved sides, so that the sides are on the upper part nearly parallel, but then widen gradually toward the cutting edge; which is usually not, however, sharply everted. The butt is generally rounded (except for Cat.No. 48); the sides are rounded or (Cat.Nos 47 and 46) faintly faceted, the faces concave.

No transverse medial ridge is present on the faces; nor is there decoration (features which help distinguish the Emmen axes from the low-flanged axes of western European affinities listed above under Types AXIB and AXID). Netherlands distribution: Map 7.

Recent finds have made it possible to offer a tentative distinction between the Emmen axes in the northern part of the Netherlands and a small series of two specimens in the south and east (Cat.Nos 53 and 54 below).

3.10.1. *Emmen axes, North-Netherlands variety (AXIEN) (fig. 14a-b)*

CAT.NO. 42. VALTHERSPAAN, *GEMEENTE* ODOORN, DREN-THE.

L. 12.6; w. 5.7; th. 1.3 cm. Rounded butt, gently curved sides, flat faces; butt sharp. Patina: glossy mottled green/brown. Finely polished surface, only slightly damaged by corrosion. Found 1921 "in een der verstoven bronstijdheuvels zdl. van diens huis, Zd.O. van het prov. hunebed" [in one of the wind-eroded Bronze Age tumuli south of his house, south-east of the hunebed] by Geert Drent, labourer of Valthe. Museum: Assen, Inv.No. 1921/XII.12; acquired 30 Dec. 1921 from finder. (DB 124)

Map reference: Sheet 17F, c. 254.95/540.275.

Metal analyses: 1 (Anorg. Chem. Lab., Univ. of Gron., 1934): Cu 92.8, Ni 4.8, Sn 2.2, Pb 0.1. 2 (TNO Delft, BW 17): Sn 0.02, As 0.3, Sb 2.9, Ag 1.7, Ni 1.5 (Co 0.03; Pb 0.005; not detected: Bi, Fe). Thus a metal of Singen type.

References: *Verslag* 1921: p. 10, No. 9; Butler, 1961: pp. 199-233, Pl. XVI:1; Butler, 1963a: p. 42, fig. 81; Butler, 1963b: p. 209, B.5 en p. 188, fig. 3; Butler & van der Waals, 1966: p. 108, No. 39 (analysis No. BW17), p. 112, No. 10, p. 120, No. 10; Hielkema, 1994: p. 26, No. 98.

CAT.NO. 43. VRIES, *GEMEENTE* VRIES, DRENTHE, Achterste Holten.

L. 9.95; w. 4.5; th. 1.1 cm. Rounded sharp butt, faces faintly

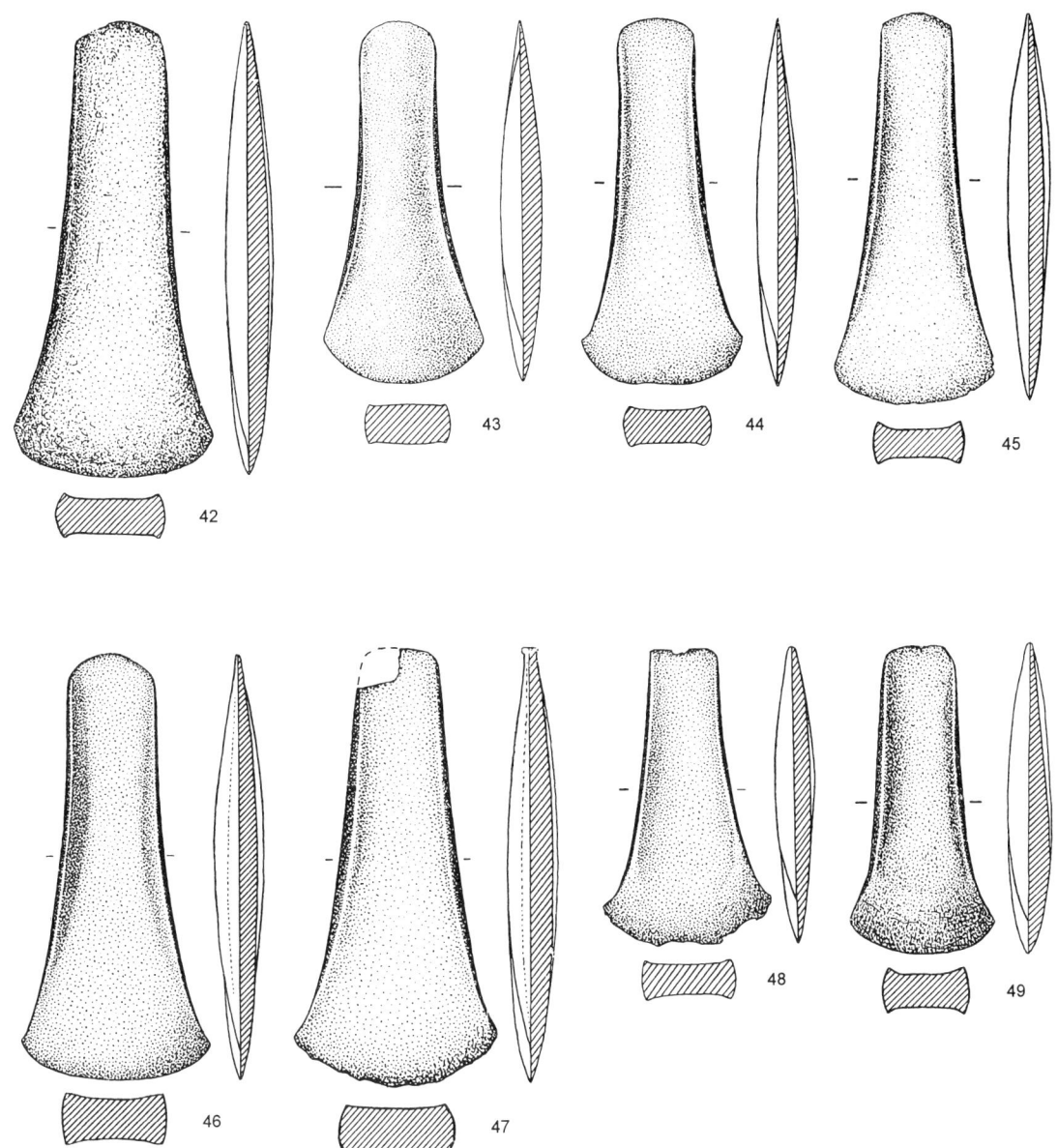

Fig. 14a. Low-flanged axes of Type Emmen, North-Netherlands variety. 42. Valterspaan, Dr; 43. Vries, Dr; 44. Noordveen, Dr; 45. Donkerbroek, Fr; 46. Suawoude, Fr; 47. Near Emmen, Dr; 48. Gieten, Dr; 49. Gasselterboerveen, Dr.

convex, sides convex, with faint flanges, no medial ridge. Edge sharp. Patina: dull green; surface slightly rough. Otherwise very well preserved. Found by son of owner in deep-ploughed field. On loan 1977 in Museum Assen. (DB 1705)

Map reference: Sheet 12B, 233.10/565.30.

Reference: Hielkema, 1994: p. 32, No. 124.

CAT.NO. 44. 'NOORDVEEN', *GEMEENTE* EMMEN, DREN-THE.

L. 10.05; w. 4.5; th. 1.15 cm. Thin very sharp butt, low flanges, slightly rounded sides, blade sharp. Patina: brownish, with blackish and green patches. Museum: Assen, Inv.No. 1962/II.36, ex coll. Sneijders de Vogel, acquired by him from a Mr. Alberts. Donated to Oudheidkamer Emmen, along with other objects (1962/II. 1-90) by M.A. Sneijders-van der Horst. (DB 1018)

Noordveen is an area between Weerdinge and Nieuw-Weerdinge (information J.N. Lanting).

References: *Verslag* 1962, in *Nieuwe Drentse Volksalmanak* 82 (1964): p. 275, No. 36; Butler, 1963b: p. 209, B.7, Butler & van der Waals, 1966: p. 108, No. 41; Hielkema, 1994: p. 15, No. 52.

CAT.NO. 45. DONKERBROEK, *GEMEENTE* OOSTSTELLING-WERF, FRIESLAND.

L. 10.7; w. 4.5; th. 1.2 cm (of blade 0.9). Rounded thin sharp butt; sharp cutting edge. Patina: clean. Surface rough and pitted. Found "in het veen, bij het baggeren op ca. 7 m diepte" [found in the bog during dredging at a depth of c. 7 m]. Acq. 1904. Museum: Leeuwarden, Inv.No. 1-3. (DB 193)

Metal analysis (TNO; BW 14): Sn 0.77, Sb 1.5, Ni 0.51, Ag 0.35, As 0.2 (Co 0.03); thus with general resemblance to metal of Singen type, though the major impurities are a 'moderate' level.

Map reference: Sheet 11H, 212.00/559.30.

[Kibbert, 1980: p. 77, note 3, p. 102, note 3, classifies this axe as belonging to his flat axes of *Form Windeck*, cf. his Nos 56-58, but erroneously; for our comment see below under 'Discussion of Emmen axes'].

References: Boeles, 1951: p. 482, pl VI-4; Butler, 1963a: p. 42, fig. 8:3, Pl. IV:6; Butler, 1963b: p. 208, B.3; Butler & van der Waals, 1966: p. 108, No. 36 (analysis BW 14); Fokkens, 1991: p. 196; Hielkema, 1994: p. 47, No. 6.

CAT.NO. 46. SUAWOUDE, *GEMEENTE* TIETJERKSTERA-DEEL, FRIESLAND, Schalkediep.

L. 11.7; w. 5.35; th. 1.4 (of blade 1.05) cm. Rounded thin butt; very slight flanges; faceted sides. Cutting edge sharp. Patina: dark bronze colour. Very well preserved. Museum: Leeuwarden, Inv.No. 229-34. Acq. 1 Jan. 1938 from ir. Volker. (DB 205)

Map reference: Sheet 6D, 191.80/576.45.

Metal analysis (TNO): Sn 3.0; As 0.5 (Ag 0.02. Ni 0.01; not detected: Pb,Sb,Bi,Fe). Thus a sub-standard tin bronze (like Emmen, Cat.No. 47) with As as the main impurity.

References: Boeles, 1951: fig. 13-1; Butler, 1963a: p. 42, fig. 8:2 and Pl IV-6; Butler, 1963b: p. 208, B2; Butler & van der Waals, 1966: p. 108, No. 35 (analysis BW 13); Fokkens, 1991: p. 185; Hielkema, 1994: p. 48, No. 9.

CAT.NO. 47. NEAR EMMEN, *GEMEENTE* EMMEN, DRENTHE.

L. 12; w. 5.7; th. 1.4 cm. Rounded butt (recently damaged), sides expanding uniformly; cutting-edge abraded. Patina: dark green. Bored for metal sample. Museum: Assen, Inv.No. 1855/I. 54, ex coll. Willings. (DB 66)

Metal analysis (TNO): Sn 3.1%; As 0.2, Sb 0.2, Ag 0.31, Ni 0.15.

Thus a tin-bronze, but with sub-standard tin level. The As-Sb-Ag-Ni impurities are those occurring in metal of Singen type; but all at a moderate level, and rather falling within the JSS definition of their 'Únětice' Group B2 metal (SAM II:2, *Tabelle* I).

References: Butler, 1960: Pl XVI:1; Butler, 1963b: p. 209, B4 and p. 188, fig. 3; Butler & van der Waals, 1966: p. 108, No. 37, Analysis No. 15, p. 111, table I, No. 1, p. 120, No. 1; Hielkema, 1994: p. 9, No. 30.

CAT.NO. 48. GIETEN, *GEMEENTE* GIETEN, DRENTHE.

L. 8.1; w. 4.8; th. 1.1 cm. Thin straightish butt (slightly damaged); sides expanding uniformly to out-turned tips of cutting-edge, which is rather abraded. The cutting edge has been re-sharpened by hammering and grinding. Patina: mottled green. Bore-hole for metal analysis. Found April 1872 "5 à 6 voet onder het oppervlak in het

welzand" [five to six feet under the surface, in the welled-up sand]. Museum: Assen, Inv.No. 1872/I.15. (DB 79)

Map reference: Sheet 12G, c. 247/558.

Metal analyses: 1 (Anorg. Chem. Lab. Univ. Gron., 1934): Cu 95.2, Sn 0.8, Ni 2.8 (trace Fe, Co, P). 2 (TNO, BW 16): Sn 0.37, Sb 2.3, Ni 2.1, Ag 0.7, As 0.2 (Co 0.03; n.d. Pb, Bi, Fe). Thus metal of Singen type.

References: *Verslag* 1872: p. 3, al. 9; Butler, 1963a: p. 42, fig. 8; Butler, 1963b: p. 209, B.6; Butler & van der Waals, 1966: p. 108, No 38, BW 16, p. 120, No. 5; Kibbert, 1980: p. 102; Hielkema, 1994: p. 20, No. 75.

N.B.: Kibbert (1980: p. 104) cites this axe as being related (*nahestehend*) to his *Form Rothenditmold*, as being too *schmalnackig* (narrow in the butt) for his *Form Emmen*. We find this attribution unconvincing. The Gieten axe has little in common with most of the axes which Kibbert assigns to his *Form Rothendithmold*,

CAT.NO. 49. GASSELTERBOERVEEN, *GEMEENTE* GASSELTE, DRENTHE.

L. 8.5; w. 3.6; th. 1.2 cm. Thin rounded butt, slight flanges. The cutting edge has been re-sharpened by hammering and grinding. Patina: black. Museum: R.M.O. Leiden, Inv.No. B.S.9. (old No. I.539) Acq. Nov. 1858. Ex coll. F.A. Brugmans at Amsterdam. (DB 282)

Map reference: Sheet 12G, 253.850/558.50-254.750/558.700.

References: Janssen, 1848: pp. 152-153; Butler, 1963b: p. 208, No. B.1; Butler & van der Waals, 1966: p. 108, No. 42); Hielkema, 1994: p. 19, No. 68.

CAT.NO. 50. EASTERN DRENTHE OR WESTERWOLDE (EASTERN GRONINGEN), exact provenance unknown.

L. 9.3; w. 5.0; th. 1.75 cm (max. thickness of septum 1.4 cm). Rounded thin, sharp butt; U septum; trapeze outline expanding at blade edge; has been heavily re-sharpened, with straight grinding and side pouches. Sides faceted. Cutting edge sharp. Patina: remnants of black on smooth surface; now mostly dark bronze, with faint greenish patch on one face and one side. Very well preserved. Found by J. Oortwijn amidst potatoes transported to potato-flour factory T.P.P. at Stadskanaal, Prov. Groningen, from unknown site presumably in E. Drenthe or Westerwolde. Museum: Groningen, Inv.No. 1974/III.2. (DB 1999)

References: Hielkema, 1994: p. 43, No. 30; *Jaarverslag* 1974.

CAT.NO. 51. AALTEN, *GEMEENTE* AALTEN, GELDERLAND.

L. 11.3; w. 5.4; th. 1.4 cm. Irregularly straightish thin butt; in cross-section flattish faces, rounded sides; crescent ground, edge sharp. Well preserved, but surfaces somewhat rough and pitted.

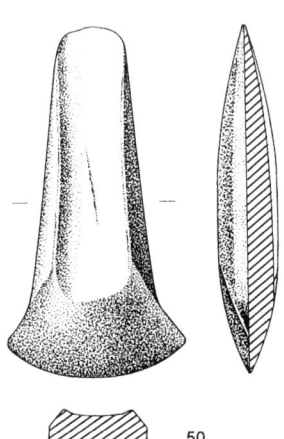

50

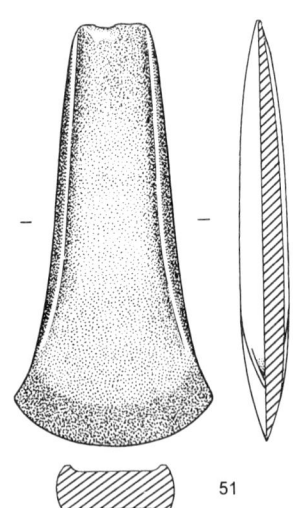

51

Fig. 14b. 50. eastern Dr or eastern Gr; 51. Aalten, Ge.

Patina dark brown, with some green in pits; somewhat glossy (has been treated with linseed oil and a hardener). Found while picking potatoes in a field along the Aladnaweg, north of Aalten. Museum: Aalten, Inv.No. 2105; on loan. (DB 878)

Map reference: Sheet 41B, 235.65/439.25.

References: Hulst, 1993: p. 208, fig. 3; *Jaarverslag* ROB 1992: p. 159; *Jaarverslag* ROB 1993: p. 157.

Parallels: this axe is very similar to Kibbert's No. 87 from 'Rheinhessen'; a specimen made of Singen-type metal (Anal. OW 765), and assigned by him to his *Form Emmen*.

Netherlands distribution (included on Map 7): Until recently, all examples in the Netherlands which we attribute to Type AXIEN occurred in the North, in the provinces of Groningen and Drenthe. One recent find, however, from Aalten, Gelderse Achterhoek, is in the east-central part of the country, and forms geographically a bridge between the Westphalian and North-Netherlands areas of distribution.

Related is another recently found axe from Kampershoek, *gemeente* Weert in Noord-Brabant, thus in the south of the country (below, Cat.No. 55). This axe is, however, rather smaller than any of the northern Emmen axes, and the angle formed by the sides is distinctly less obtuse than is the case on the northern Emmen axes. Although the Kampershoek axe is undoubtedly related to the axes of Emmen type – certainly in the broader sense of Kibbert's *Form Emmen* axes – it does not seem to be an import from the north of the Netherlands. But the damage to its butt and cutting edge make a closer typological placement uncertain.

Addendum: Just before this went to press, A. Cahen-Delhaye (M.R.A.H., Brussels) called our attention to a low-flanged axe of Emmen type with the approximate localization 'Limbourg Hollandais' in the Brussels Museum (Inv.No. B.825), which we had overlooked previously because the inventory number on its paper label had become illegible. The axe (length now 9.8 cm; the butt has been slightly folded over by hammering; w. 4.4 cm; th. c. 1.1 cm) has a blackish patina, and is ex coll. Melgers. As to form, the axe is quite similar to several specimens illustrated by Kibbert (1980: his Nos 89-92, 96), and may be viewed as a probable import from the West German area rather than a local product.

3.10.2. *Emmen/Neyruz axe (AXIEV)* (fig. 15)

CAT.NO. 52. VOGELENZANG, *GEMEENTE* BLOEMENDAAL, NOORD-HOLLAND (presumable settlement site).

L. 13.2, w. 5.9, th. 1.1 cm. Rounded thin butt; rounded sides; biconical longitudinal section; cutting edge asymmetrical. Edge sharp. Patina: mostly mottled green; but surviving patches of glossy black. Pitted. Museum: R.M.O. Leiden, Inv.No. g.1947/12.2. (DB 507)

Map reference: Sheet 24 (Hillegom), c. 100/481.

One of a group of objects found c. 1895-1900 during the levelling of sand dunes for bulb cultivation, near a pond adjacent to the house 'Kuilenburg' on the Beekslaan (or Bekslaan). The objects came into the possession of the then landowner, jhr W.B. Barnaart, who presented them to the Teyler Museum in Haarlem. A second-hand account cited

by Brunsting (1957) records that post holes and charcoal were observed when the find was made, and that the objects were found in each others' neighbourhood, but not together as a single closed find. In 1947 these objects were transferred to the R.M.O. Leiden (g.1947/12.1-9), giving rise to their publication by Brunsting (1957).

Brunsting suggested that in so far as datable most of the objects belonged 'practically to one period', with the exception of part of a decorated pot with finger-tip ornament on rim and a cordon, which he attributed to the Late Bronze Age; but Groenman-van Waateringe (1966), in the light of her Hilversum Culture settlement finds at the Hague and Vogelenzang I (Groenman-van Waateringe, 1966: pp. 81-90, 158, 176-177; cf. ter Anscher, 1990; the I.P.P.'s Vogelenzang I 1959-1960 excavation site at 'de Duintjes' is situated at c. 1 km from the Bekslaan site) pointed out that the Bekslaan pot as well as the other objects could well be assigned to the Hilversum Culture. Louwe Kooijmans (1974: p. 346, App. I:31) judged, however, that "it is not very probable that they form a hoard or a closed find". In view of the vagueness of the evidence for actual association, we must leave it at that.

The other Bekslaan objects include a stone shafthole axe (attributed to Struve Type K6: Bloemers, 1968: pp. 51 and 95), a fragment of a bifacial flint dagger, according to Bloemers re-used as a strike-a-light (Bloemers, 1968: Abb. 5), two unworked pieces of amber, stone grinders and an antler.

References: Brunsting, 1957: pp. 95-98, Pl. XX-XXII (with (Pl. XX:1,2 en Pl. XXII:9,10); Butler, 1963b: p. 209, B.9; Butler & van der Waals, 1966: p. 108, No. 43; Bloemers, 1968: p. 51, Abb. 5 (No. F6), p. 95, Abb. 85); Louwe Kooijmans, 1974: p. 346, App. 1:31.

Parallels: In form this axe greatly resembles those of the Emmen type, but it is larger than the other 'Emmen' specimens in the Netherlands and western Germany, although the example from Valtherspaan, Drenthe (Cat.No. 39), with a length of 12.6 cm, is intermediate in size between the Beklaan axe (13.2 cm) and the other Emmen axes.

The best parallel in western Germany is perhaps Kibbert's No. 115, from Trulben, Kr. Piermasens, Rheinland-Pfalz (L. 12.7 cm), which is rather similar in form to, and only slightly smaller than, the Bekslaan axe, and indeed almost identical in size and form to the Valtherspaan example (which is of Singen-type metal). Kibbert (1980: p. 108) classifies the Trulben axe not with his Emmen axes (which fall under the category 'trapeze-shaped'), but as having a form transitional between his *Form Sassenberg* and *Form Gross-Gerau* (both of which are parallel-sided in the upper part and curved-trapeze-shaped below); as further parallels for this hybrid form he cites four examples from the Upper Rhineland (Abels' Nos 136, 142, 144, 146; Griesheim A axes according to Abels) and a specimen from Denmark (Aner & Kersten I: No. 509).

3.10.3. *Southern/eastern Emmen axes (AXIES)* (fig. 14c)

CAT.NO. 53. 's-HEERENBERG, *GEMEENTE* BERGH, GELDER-LAND.

L. 10.3, w. 4.8, th. 1.4 cm. Low-flanged axe; thin straight butt, transverse medial ridge. Cutting edge sharpened. Patina glossy dark green; corrosion-pitted. Museum: R.M.O. Leiden, Inv.No. e.99/6.1. (DB 363)

Metal analysis (TNO): Sn 9.3%, As 0.2 (Ag 0.01, Ni 0.02; Pb, Sb, Bi not detected). Thus a high-tin bronze, with moderate arsenic.

Map reference: Sheet 40H, c. 214/432.

References: Butler, 1961: pp. 199-233; Butler, 1963a: p. 42, fig. 8, Pl. XVI:4; Butler, 1963b: p. 209, B.8; Butler & van der Waals, 1966: p. 107, No. 34, analysis No. BW 11.

Discussion: This axe, until recently unique in the Netherlands, was assigned by us in 1966 to the Emmen type, though with hesitation, in view of its straight butt and its greater thickness, and also because it is, unlike the Emmen axes, of high-tin bronze.

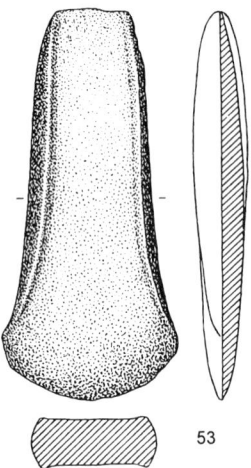
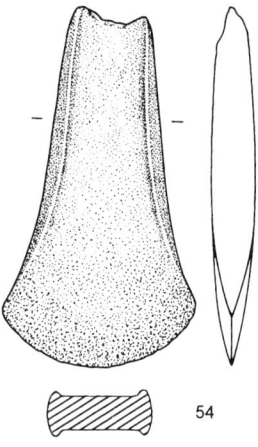
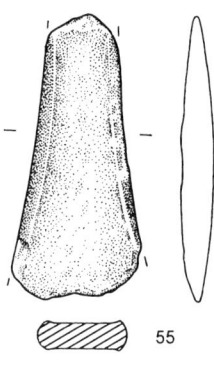

Fig. 14c. Low-flanged axes of Type Emmen, southern/eastern variant (AXRE (53-54) and related (55). 53. 's-Heerenbergh, Ge; 54. Leende, N-B; 55. Kampershoek, Li (54 after A. Wouters).

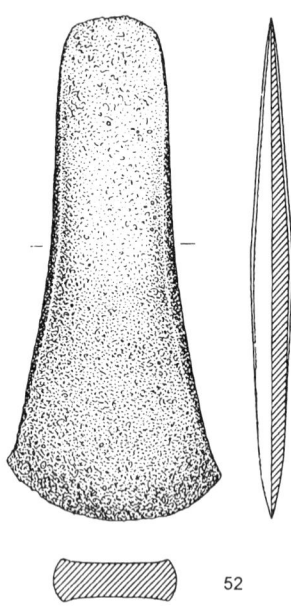

Fig. 15. Low-flanged Neyruz/Emmen axe. 52. Vogelenzang, ZH.

Recently the Skeldal hoard in Jutland, Denmark has yielded an axe very similar in form, and it is also a high-tin bronze (Sn 7.66%; but with moderate Sb, Ag and Ni; Vandkilde, 1988: pp. 124-126, fig. 5j; 1990: p. 129, analysis [by P. Northover] No. 9).

CAT.NO. 54. LEENDE, *GEMEENTE* LEENDE, NOORD-BRA-BANT, Leenderhei.

L. 9.51; w. 5.3; th. 1.3 cm. Weight 220 gr. A typical trapeze-shaped low-flanged axe with irregular butt; edge crescent-ground. Patina: glossy green. Found 1956 on a recently ploughed fire-break, c. 200 m. south of the Groot Huismeer, along with sherds of coarse, quartz-gritted pottery. Private possession. (DB 844)

Map reference: Sheet 57E, c. 166/373.

Reference: Wouters, 1980: pp. 135-136, with drawing.

3.10.4. *Trapeze-shaped low-flanged axe related to Emmen type (AXIE) (fig. 14c)*

CAT.NO. 55. KAMPERSHOEK, *GEMEENTE* WEERT, LIMBURG, industrial estate Kampershoek.

L. (7.4); w. 3.5; th. 0.9 cm. Trapeze-shaped axe with very low flanges; both butt and blade end severely abraded. Patina: one side mostly black; reverse part glossy mottled green, mostly, where eroded, light olive green; plough scratches on both faces. Found with metal detector in former agricultural field, later factory building site on the Edisonweg. Private possession. (DB 958)

Map reference: Sheet 57F, c. 365/179.

Reference: Butler, 1995: p. 46, afb. 29.

Comment: This axe is in character similar to the low-flanged axes of Type Emmen, but the sides form a more obtuse angle than is otherwise the case with our Emmen axes. While it is in general character evidently related to the Emmen axes, the damaged condition of its butt and cutting edge make an exact typological placement uncertain.

Discussion of Emmen axes: The concept of 'low-flanged axes of Emmen type' was introduced by the present writer to comprise a small but relatively homogeneous group of axes which seemed generally to resemble the seemingly imported British-Irish axes of Megaw and Hardy's Class I, but which differed from them in a number of respects. Typologically, the chief among these features were the absence of a medial transverse ridge; the lack of a pronounced out-turn of the cutting edge tips; and the absence of decoration. Also of weight in the scale was the distribution, primarily in the northeast of the Netherlands, while the British-Irish axes were found in the river area in the centre of the country. Also of importance were the metal compositions, with the Anglo-Irish specimens being made of tin-bronze and the Emmen axes for the greater part of Singen-type metal. We then regarded the Emmen axes as a locally produced type, inspired by the imported axes of (British)-Irish type.

As possible prototypes for the Emmen type we could now suggest two axes from the Netherlands which are very similar in outline to the Emmen axes, one an actual flat axe (Cat.No. 17), from Drouwen in Drenthe, the other, thinner and with straighter sides and narrower butt, from the Northeast Polder (Cat.No. 12), with the faintest of flanges now detectable on one face only. These have numerous parallels among the axes of Types Dunotter and Migdale and the variant Biggar, and are quite conceivably of British origin; but they could also be considered to belong to a narrow-butted variant of the Armorican axe type. (A few seemingly related pieces are given by Kibbert (1980: Taf. 7, and are assigned by him to various types which have only one to three representatives; suggesting that these are indeed imports to Kibbertland).

An alternative origin for the Emmen axes has, however, presented itself. Kibbert (1980: pp. 101-103) has identified nine axes in his area as *trapezoide Randleistenbeile der Form Emmen*. Two of the three analysed specimens (his Nos 87 and 89) are, like four of the six examples in the Netherlands, of Singen-type metal. His distribution map (his Taf. 62A, lozenge symbol) shows five or six examples in the Rhine-Ruhr-Lippe area of Westphalen, suggesting perhaps a regional centre of production. To these he would add nine axes illustrated by Abels (mostly smaller examples from Abels' listing of axes of Type Neyruz: Abels' Nos 90, 100, 111, 131, 135, 138, 152, 599, 595; cf. Kibbert, 1980: p. 102, note 6) in the Upper Rhine area and West Switzerland, and a few scattered specimens elsewhere.

In North Britain, only a few specimens occur which could be regarded as closely related to the Emmen axes: certainly Schmidt and Burgess' No. 310A, Raisthorpe, ER Yorkshire, 8.9 cm; perhaps No. 313, Collynie, Aberdeenshire, 11.2 cm; No. 364, Stracathro, Angus, 12.6 cm (but this axe is decorated).

Kibbert's *Form Emmen* axes are expressly characterized by him as a not very homogeneous group (which is why he speaks of a *Form* rather than a *Typ* Emmen). There is certainly room for discussion as to whether this or that example in the Netherlands, Kibbert's Hessen-Westfalen area, and the South German-Swiss area should really be considered to be an Emmen axe. The examples from Abels in southwestern Germany and Switzerland claimed as Emmen axes by Kibbert are, perhaps, simply smaller-sized Neyruz axes, as he himself recognizes, and his criteria for distinguishing between them are rather arbitrary. And the Danish example cited by him (Aner & Kersten II: No. 772 I; plus the Danish axe he cites as 'related', Aner & Kersten II: No. 610) are, though admittedly similar in outline to Emmen axes, typically thickish, and are no doubt Pile axes (Aner & Kersten's No. 772 I has indeed facial ripples in the typically Pile style).

Nevertheless, an example from Fyn, without exact provenance, Aner & Kersten III: No. 1976 I, would, if it had been found in Drenthe, surely be classified by us as a small variant of our Type Emmen; though it is perhaps a Pile axe too. Using Kibbert's classification,

Vandkilde (1988) has assigned some half-dozen axes in Denmark to *Form Emmen* (Aner & Kersten: pp. 121, fig. 5j, 125, 129, fig. 12), but without a list or illustrations these attributions are difficult to judge.

It would, however, be plausible to see the Emmen axes in western Germany and the Netherlands as parallel, regional variants or derivatives of the West Swiss Type Neyruz. Axes of this type probably imported from the Swiss area occur in the Middle Rhine region (Kibbert, Taf. 62: squares). A few of these, Kibbert's Nos 75 and 79, are known to be of tin bronze, like the Swiss ones, and we have one or two possible Neyruz axe finds in the Netherlands (above, Cat.Nos 41 and 51). The northward spread of this axe type can be presumed to be in some way related to the export of Singen-type metal to the 'Adlerberg' territory and to Westphalia and the Netherlands. Further, though some of the analysed Netherlands Emmen axes are of Singen-type metal, two of the northern Netherlands specimens (Cat.No. 48, Sn 3.1%; Cat.No. 46, Sn 3%) are axes of tin bronze comparable to the Swiss Neyruz compositions, and one southern/eastern specimen ('s-Heerenberg, Cat.No. 53) is of high-tin bronze (Sn 9.3%).

Kibbert (1980: p. 102, note 3; p. 104, note 3) considers the axe from Gieten (above, Cat.No. 48) to be related to his *trapezoide Randleistenbeile der Form Rothendithmold;* (his Nos 99-102). But this is a grouping with few members (he cites five examples in Middle West Germany, three in northern Europe) and no distinctive centre. Similarly, he would reclassify the Donkerbroek axe (Cat.No. 45 above) as belonging to his *Form Windeck*, his Nos 56-58, on the ground that its butt is narrower (by a trifle) than the (rather arbitrary) limit he imposes. Both the Donkerbroek and the Gieten axes are in all respects quite Emmen-like (though the Gieten axe's blade has undergone some secondary 'straight-ground' re-working; cf. some of Abels' Griesheim axes), and any other assignment seems quite superfluous; the metal analyses of these specimens, contrasted with the tin-bronze compositions of the two analysed axes in the Rothenditmold hoard (Kibbert's Nos 101 and 332), tend to confirm this judgment.

Leaving such classificatory quibbles aside, it is clear that there had arisen by the beginning of the Early Bronze Age a tradition of low-flanged axe manufacture which spread and found application over wide areas of Europe, resulting in the appearance of numerous regional variants which have, nevertheless, many features in common.

Our axe from Vogelenzang (Cat.No. 52) is in form very similar to the typical Emmen axes, both in the Netherlands and in western Germany; but is somewhat larger than these. It can also be compared with many of the axes of Type Neyruz (including the specimens added to the Neyruz list by Kibbert, his Nos 74-81, and the Emmen *nahestehend* axe, his No. 115), and we have accordingly classified it as an axe standing between the northern Emmen and Neyruz types.

Since most of the Emmen axes in the north of the Netherlands are so very similar to one another, and yet slightly different from those in Westphalia it is tempting to regard all or most of the North-Netherlands examples as local products, and not necessarily imports from Westphalia or farther south. The distribution (Map 7) tends to suggest strongly that such a centre was situated in southern Drenthe. Certainly the North-Netherlands Emmen axes Cat.Nos 43, 44 and 47 from Drenthe and Cat.Nos 45 and 46 from Friesland are sufficiently homogeneous a group in size and form so that one might suppose that they are products of one workshop; to which should perhaps be added the somewhat larger Cat.No. 42 from Valtherspaan in Drenthe. Another small sub-group of mutually very similar specimens is formed by the axes from Gieten (Cat.No. 48), 'Stadskanaal' (Cat.No. 49) and the unprovenanced specimen recovered at the Stadskanaal potato-flour factory (Cat.No. 50). These axes are very similar in size, have a more fan-shaped blade expansion, and in addition are straight-ground.

Formerly we classified the bronze axe from 's-Heerenberg, Gelderland (Cat.No. 53) as an Emmen axe, but with some mental reservations, as it differs in some respects from the North-Netherlands Emmen axes (straightish butt, somewhat differing outline; high-tin bronze composition). Recently, however, an axe similar in form to the 's-Heerenberg specimen has become known (Cat.No. 54, Leende, Noord-Brabant). These can accordingly at least provisionally be grouped as southern and eastern variant of the Emmen type. They have no close parallels among Kibbert's Emmen axes, although there is some resemblance to his No. 94 from Recklinghausen-Süd in Westphalia (which has, however, a crescentic *Ausschnitt* in the butt).

Metallurgy: For easier comparison, we can tabulate the metal analysis results for the analysed North-Netherlands and West German axes assigned to the Emmen type (see table 1).

Six North-Netherlands Emmen axes have been analysed. Three of these (Valtherspaan, Cat.No. 42, Gieten, Cat.No. 48, and Noordveen, Cat.No. 44) are of metal of Singen type. (The metal of the Donkerbroek axe, Cat.No. 45, has a general resemblance to the metal of Singen type, but its Ni at 0.51 falls slightly below the JSS >0.64 boundary for Ni for their Group A; taking into account margins of error and possible laboratory difference, this analysis is thus a borderline case between JSS Groups A and B2).

Likewise of Singen-type metal are two of the three analysed specimens of Kibbert's Emmen axes (his Nos 87 and 89); so also is Abels' No. 135 (from Kt. Freiburg in Switzerland; a Griesheim A axe according to Abel, an Emmen axe according to Kibbert).

The spectro-analyses thus suggest that both in Westphalia and in the north of the Netherlands the metal used for the Emmen axes was to a considerable degree the copper of Singen type; which had already played a role in this area in the preceding 'Wageningen' phase.

While the exact origin of this Singen-type metal has yet to be clarified, it was certainly widely employed in Early Bronze Age contexts, from Nitra and Únětice to Singen, Adlerberg, and even Denmark (Liversage & Liversage, 1989: pp. 52, 56 ff., fig. 7, graph 7).

BW 13 (Suawoude, Cat.No. 46) and 15 (Emmen, Cat.No. 47) are clearly not of Singen-type composition. Both have tin at around 3%; Emmen with an As-Sb-Ag-Ni multi-impurity copper comparable with JSS B2 metal, Suawoude with an arsenical copper. Such compositions would not be entirely out of place among Abels' Neyruz axes. The 's-Heerenberg axe (Cat.No. 53), which we now classify as a South-Netherlands Emmen axe, with its 9.3% tin and low As, is obviously in a different category.

The impulses for the production of the Emmen axes, and much or most of the metal of which they are made, would thus seem to have come from the Swiss-Southwest German area, no doubt by way of the Middle Rhine region (where the Singen-type metal played an impor-

Table 1. Spectro-analyses of Emmen axes in the Netherlands and western Germany. K. Kibbert's No.; BW. Butler & van der Waals, 1966; OW. Otto & Witter, 1953; JSS. Junghans, Sangmeister & Schröder, SAM II.

Emmen axe (Cat.No.)	Sn	As	Sb	Ag	Ni	Other	Source	JSS
Emmen (47)	3.1	0.2	0.2	0.31	0.15	-	BW 15	B2
Donkerbroek (45)	0.77	0.2	1.5	0.35	0.51	Co 0.02	BW 14	
Suawoude (46)	3.0	0.5	-	0.02	0.01	-	BW 13	
Valtherspaan (42)	0.02	0.3	2.9	1.7	1.5	Pb 0.005 Co 0.02	BW 17	
Gieten (48)	0.37	0.2	2.3	0.7	2.1	Co 0.03	BW 16	
'Noordveen' (44)	-	0.1	3.5	1.4	2.3	Co 0.03	BW 24	
'Rheinhessen' (K. 87)	-	0.3	2.7	2.2	1.3	Pb 1.8	OW 765	A
Bottrop (?) (K. 89)	1.15	0.11	1.1	0.39	0.67	Bi 0.007	JSS 16558	A1
Wellingerode (K. 88)	-	0.3	-	0.05	0.03		OW 349	FA

tant role in the Adlerberg culture) and Westphalia.

Dating: Neither the West German nor the Netherlands axes of Emmen type are directly dated by associations. Only the metal analyses and general analogy with low-flanged axes of other types are available as dating evidence. The metal of Singen type is abundantly present in Singen and Adlerberg, which are viewed as representing Early Bronze Age 1a in western Germany, but is also to be found in Classical Únětice contexts and later.

Singen-type metal is also found in some hoards of axes of Salez type (Salez, Hindelwangen); but these are not in fact closely dated either.

3.11. Unclassified low-flanged axes (fig. 16)

CAT.NO. 56. HEERLEN, *GEMEENTE* HEERLEN, LIMBURG, Valkenburgerweg (ATIB terrein).
    L. 6.8; w. 4.3; th. 1.05 cm. Patina mottled green, pitted in places. Cutting edge battered. Museum: Heerlen, Inv.No. A5; acquired from P. Peters. (DB 1096)
    Map reference: Sheet 62B, c. 196/322.
    Parallels: A bronze axe (Sn 7%: OW No. 824) very similar in size and features is illustrated by Kibbert (1980: No. 106) from Mainz-Marienborn, Rheinland-Pfalz. He cites as related an axe from Mannheim-Wallstadt (Abels, 1972: No. 608). But Kibbert is unable to classify the Marienborn axe more closely than as an atypical small flanged axe; similarly, Abels listed the Mannheim piece as unclassifiable.

CAT.NO. 57. GRAETHEIDE, LIMBURG.
    L. 8.2; w. 4.0; th. 1.5 cm. Butt slightly rounded; flanges leaf-shaped, rounded; septum flat; transverse medial ridge. Butt sharpened; slightly battered. Cutting edge straight ground; but not pouched. Patina: glossy black (artificially coloured?); sides and part of faces pitted, but mostly smooth surface. Private possession; found by present owner. (DB 957)
    Map reference: Sheet 60C, 183.80/334.86.

Parallels: in outline this axe resembles the axes assigned by Kibbert (1980) to his Typ Oldendorf, Var. Legden – the small variant of his Oldendorf type, with distribution chiefly in Westfalen. The low flanges on the Graetheide axe (not exceeding c. 2 mm in height) make it, however, quite atypical as an axe of the Oldendorf family, and it is perhaps best regarded a transitional specimen.

CAT.NO. 58. Near NIJMEGEN, GELDERLAND.
    L. 13.1; w. 4.3; th. 1.2 cm. Butt semicircular and flattened, with an edge thickness of c. 5 mm; narrow body, with slightly trapeze-shaped outline, widening gradually; in cross-section septum flattish, becoming slightly convex in the lower part, sides rounded; 'cutting edge' semicircular and blunted, with an edge thickness of c. 4 mm in the centre, 5.5 mm at the ends. Surface heavily pitted overall; original patina almost entirely scrubbed off; the surface is now mostly blackish, but light green in the corrosion pits. On parts of both sides in places modern filing, showing dark bronze colour. Museum: RMO Leiden, Inv.No. N.S. 430 (old No. in white ink: IH 551). (DB 1625)
    This odd and unusual specimen is worthy of some attention. In outline it does not easily fit into any of the hitherto recognized types. It is closest, perhaps, to the narrow-shafted but wide-bladed axes of the Riquewihr-Fussgönheim series of Abels (his Nos 225-237) and Kibbert (his Nos 136-145); but its flanges are lower and its blade is more semi-circular than is the case with most axes listed under those types. But it is perhaps even closer to a few axes illustrated by Kibbert under his *Form Gross-Gerau*, var. A (his Nos 116-120; cf. our Nos 36-38), some of which have rather semi-circular cutting edges; his No. 117, for example, is nearly identical in size and form to our Nijmegen specimen, which certainly has no close parallels in the Netherlands.
    What is of special interest is what seems to be the ancient and deliberate secondary blunting of the cutting edge. Hundt (1975, 1976) has called attention to a series of similarly edge-blunted implements, of stone, copper or bronze, which, he argues persuasively, were usable as metal-workers' hammers, for beating out sheet metal work, thinning the edges of knife blades, etc. He has devoted a special article (1976) to a specimen which (despite the title of the article, which calls it a *Kupferhammer*) is made of high-tin bronze; containing (if we may still believe the cited analysis made c. 1932) 7% tin and copper of Singen type (cf. Kibbert, 1980: pp. 16-17 with Note 12), from the small hoard of Meckenheim in the Rhineland-Palatinate (in Kr. Neustadt/Weinstr. according to Hundt, or Kr. Bad Dürkheim according to Kibbert).

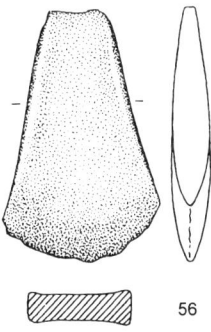

56

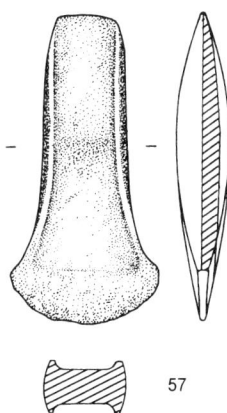

57

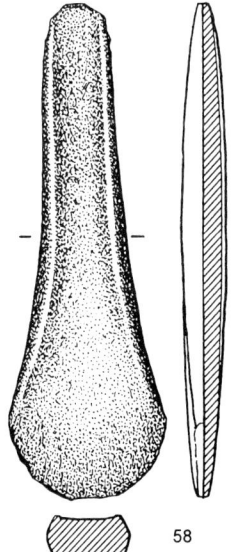

58

Fig. 16. Low-flanged axes, unclassified. 56. Heerlen, Li; 57. Graetheide, Li; 58. Near Nijmegen, Ge.

Our Nijmegen specimen resembles that from Meckenheim in several ways. The two axes are very similar in outline, length and thickness. But the Nijmegen axe is narrower than the Meckenheim specimen, and weighs 235 gr, while the Meckenheim axe weighs c. 300 gr. The Meckenheim object was apparently a rough casting, never fully worked up into a flanged axe. Kibbert (1980) claims it as an unfinished axe of his Type Fussgönheim. Its actual use as a hammer is attested by the slight flanging out of the working edge. In contrast, the Nijmegen specimen appears to have been a finished low-flanged axe before its cutting-edge was blunted; and there is no flanging of the edge. It seems, therefore, that it was blunted to be used as a hammer, but was not actually so used to any considerable degree. The Meckenheim hoard is used by Kibbert to typify his *Stufe Meckenheim* (though it is in fact a quite atypical find). The second axe in the hoard is assigned by Kibbert (his No. 152) to Abels' Type Lausanne I, Var. A. For Kibbert this fixes its chronological position as contemporary with Abels' phase Langquaid-Bourdonette and the Leubingen phase of Central Germany (cf. Kibbert, 1980: pp. 117-118, with Footnote 3). Kibbert disputes previous datings of the Meckenheim find, by Hundt and Kubach-Richter, to the end of the South German Early Bronze Age or early in the *Hügelgräberbronzezeit*.

The Nijmegen axe-hammer, with its originally low flanges, is in any case an Early Bronze Age object.

Recently we have seen a further example of a flat axe converted to a hammer by blunting its cutting edge, in the Middle Bronze Age hoard of Maisons, Calvados (Verney, 1994: Pl. V:14; cf. above, section 3.7).

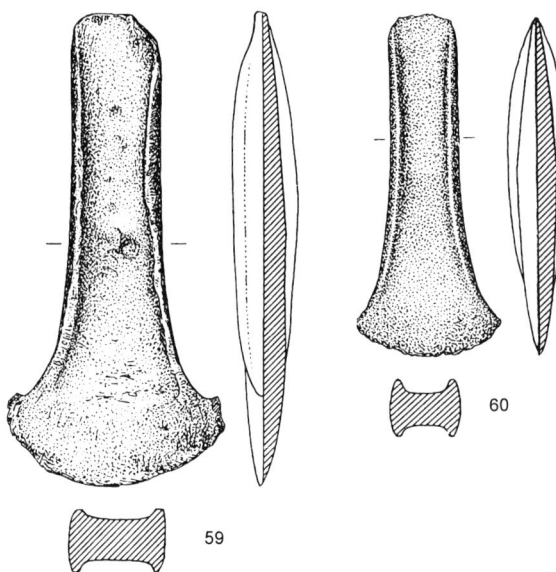

Fig. 17. Flanged axes of Type Arreton and related (AXRR). 59. Zwartsluis, Ov; 60. Near Epe, Ge.

4. AXES WITH MEDIUM TO HIGH FLANGES

We include under this heading axes with flanges, presumably cast, rising higher than the 1-2 mm height which characterised the low-flanged axe group; and without a stopridge on the face.

However, specimens possessing what is often referred to as an 'incipient' stopridge (here: transverse medial ridge; Schmidt & Burgess and Needham: median bevel) are here included, provided that the ridge is no more than an angular meeting of two planes (*butée Type B1 left* in the system of Blanchet & Mordant, 1987: p. 90, fig. 1). Axes with a distinctly raised transverse rib in the face are separately classified under the heading 'stopridge axes'; which is equivalent to the German *Stegbeil*, or axes with Blanchet & Mordant's *butée Types* B2 and B3.

The first three high-flanged axe types (AXRR, AXRSH, AXRA) listed here are types of western European affinities; the fourth (AXRW) possibly also. Types AXRF, AXRSL, AXRM and AXRZ are of broadly Central European origin or affinities. Type AXR and the very common Type AXRO (with its several varieties) are associated with the Sögel-Wohlde complex of Northwest-Germany and adjacent areas.

4.1. Long-flanged axes of, or related to, Type Arreton (AXRR) (fig. 17)

Definition: 'Long-flanged axes of Type Arreton' have been defined by Schmidt & Burgess (1981: p. 72; cf. their Nos 408-425 in northern England). The Arreton axes are, however, more characteristic of southern Britain, where they represent the 'first true flanged

axes'. The Schmidt and Burgess definition emphasises the long, rather parallel-sided body, the high rounded butt, and the widely expanded, but not extremely exaggerated crescentic cutting edge.

CAT.NO. 59. ZWARTSLUIS, *GEMEENTE* ZWARTSLUIS, OVERIJSSEL: from the Keteldiep, dredge find.

L. 12.6; w. 5.9; th. 1.8 cm (maximum elevation of flanges c. 4.2 mm). Straight butt (slightly damaged), nearly parallel sides, moderately high flanges, flat septum with transverse septal ridge; expanded edges (tips slightly damaged); leaf-shaped sides, flat with edge-facets. Straight-ground. Patina: dark bronze. Various sorts of secondary damage marks on faces. Modern bore hole for metal sample on face (sample I.1964). Museum: R.M.O. Leiden, Inv.No. d.1965/5.1; purchased 1965 from R. Schut of Meppel. (DB 2004)

Map reference: Sheet 21C, c. 184/510.70.

Reference: *Jaarverslag* R.M.O. 1965: p. 13 (247).

CAT.NO. 60. (c. 2.5 km NNE of) EPE, *GEMEENTE* EPE, GELDERLAND.

L. 9.; w. 4; th. 1.6 cm; (septum 1.2). Narrow body, parallel leaf-shaped flanges; flat septum with medial transverse ridge; thin butt; edge damaged. Patina: light green, in patches glossy dark green; loamy deposits. Found in gravel probably derived from the *Gemeenteveld* c. 2.5 km NNE of Epe. Museum: R.M.O. Leiden, Inv.No. e.98/10.1 (old No. I.541). Acquired 1898 from A. Hooiberg of Epe. (DB 361)

Map reference: Sheet 27 West, c. 195/484.

Parallels: For the Epe piece, virtually identical axes can be found among the smaller examples in the Arreton series in southern Britain, e.g. in the Moons Hill-Totland hoard (Sherwin, 1942: esp. figs 9, 11, 12, 13). Two examples in the Arreton Down hoard are similar in form and size, although with more widely expanded and recurved blade tips (Needham, 1985: Card A6, Nos 15 and 16).

The larger Zwartsluis axe has numerous approximate parallels in the Arreton-type hoards. Similar examples have been cited, and claimed as Arreton axes, in Belgium (Desittere, 1973; Warmenbol, 1992: pp. 75-77) and North France (Blanchet & Mordant, 1987: p. 109).

● Type Arreton
■ short flanges
✳ 'Atlantic' Type
✕ Type Wijchen

(C) 1981 GEKAART: FRW/RC RUGroningen

Map 8. (AXR) High-flanged axes of NW European types.

Netherlands distribution: see Map 8: Northwest-European types. Both examples are in the IJssel River area, which forms the boundary between the central and northern parts of the country.

Dating: the Arreton and related hoards are characteristic for the Stage VII of Burgess (1980: pp. 122-126) (but described as Stage V in Burgess, 1974: p. 193, and in Schmidt & Burgess, 1981: p. 73). And for Needham (1983: pp. 300-306; 1985: p. 31) they are Metalwork Assemblage VI. Chronologically, they are contemporary with the Camerton-Snowshill phase (Wessex II) in the grave record.

It is generally accepted that this phase begins with influences from what is now termed the Central European Bronze A2b (i.e. the Langquaid phase of South Germany). Estimates as to the duration of Wessex II and the degree of its chronological overlap with the Central European Tumulus Bronze Age vary.

4.2. Flanged axes with high-placed short flanges (AXRSH) (fig. 18)

CAT.NO. 61. RIJSBERGEN, *GEMEENTE* RIJSBERGEN, NOORD-BRABANT.
    L. 10.4; w. 5.1; th. 2.1 cm. Thin butt (damaged); high, leaf-shaped flanges; flattish septum, with transverse ridge. Slight knick at base of two-thirds-length flanges. Sides faceted. Cutting edge expanded, with tips cut off. Patina dark bronze. Museum: R.M.O. Leiden, Inv.No. T.R.1; presented Dec. 1860 by H. Terhegge. (DB 341)
    Map reference: Sheet 50A, 106.60/390.00.
    References: van Heemskerk Düker & Felix, 1942: Pl. 96; Butler, 1963a: p. 49, fig. 9, Pl. VII:3.

CAT.NO. 62. NETHERLANDS LIMBURG (no exact provenance).
    L. 10.8; w. 4.5; th. 2.6 cm; weight 210 gr. (de Loë). Straight butt, leaf-shaped flanges (length 6.0 cm). Patina greyish bronze; modern damage to flanges on one side. Museum: Brussels, Inv.No. B.824(1/2); old No. 10103; donation Louis Cavens. (DB 646)
    Metal analysis (Jacobsen, 1904: p. 34, Anal. No. 33): Sn 13.91; Fe 0.3; not detected: Pb, Zn, As, Sb, Ni, Co, S.
    Reference: de Loë, 1931: p. 36.

Discussion: The 'haft-flanged axes' of M.A. Smith (1959: pp. 171 ff.) were re-named 'short-flanged axes' and re-defined by Schmidt & Burgess (1981: pp. 73-

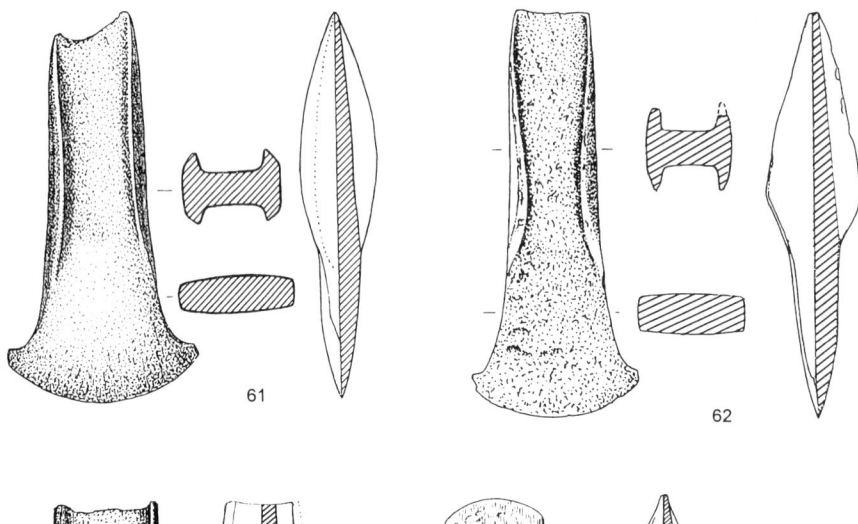

Fig. 18. Short-flanged axes (AXRSH). 61. Rijsbergen, N-B; 62. 'Netherlands Limburg'.

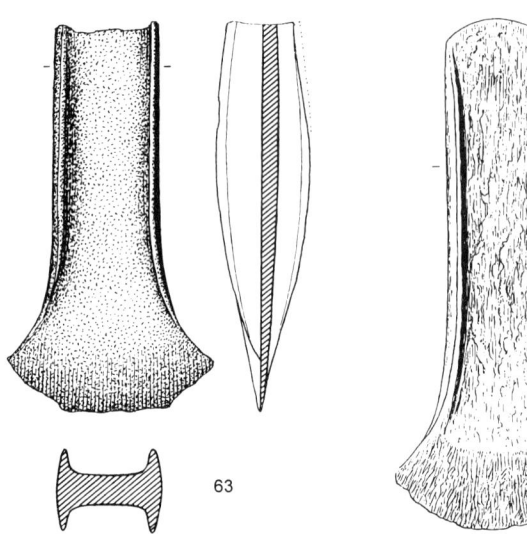

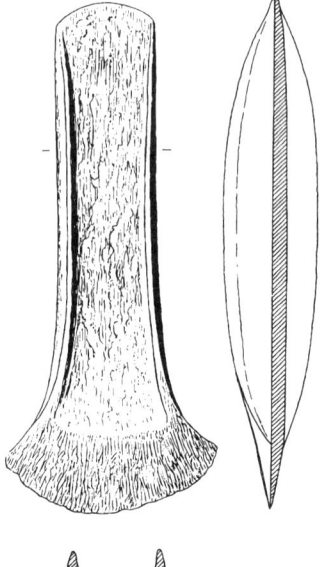

Fig. 19. High-flanged axes of Atlantic type (AXRA). 63. Voorhout, Z-H (from hoard); 64. Hillegom/Lisse, Z-H.

74); and were also subdivided by them into a number of types and variants, including earlier and later varieties. Parallels for the Rijsbergen and 'Limburg' axes are to be found among the 'early short-flanged axes of Type Kirtomy' and its 'variant Arnhall' (Schmidt & Burgess 1981: pp. 82-4, No. 483-511). The axes from Rijsbergen and 'Limburg', both found in the southern part of the Netherlands, are likely to be imports from eastern Britain, and are presumably contemporary with the palstave imports of the Acton Park-Voorhout phase (see Part I, Butler, 1992: pp. 78-84).

Netherlands distribution: see Map 8: Northwest-European types. One example is in the southeast, the other in the southwest of the country.

4.3. Parallel-sided long- and high-flanged axes of 'Atlantic' type (AXRA) (fig. 19)

Definition: these axes, both from the dune area of the western coast, can be distinguished from the axes of Oldendorf type in the east of the country by their greater size and, especially, by their higher and thinner flanges.

CAT.NO. 63. VOORHOUT, *GEMEENTE* VOORHOUT, ZUID-HOLLAND; from the hoard (Part I: Find No. 14).
    L. 10.25; w. 5.4; th. 2.4 cm. The upper part is broken off and missing (the break is patinated). Sides rounded. Edge sharpened, and re-sharpened by straight grinding (but without a sharp ridge, and without side pouches); most of cutting edge anciently damaged. Museum: R.M.O. Leiden, Inv.No. h.08/10.17. (DB 1682)
    Metal analysis (electron micro-probe, P. Northover; unpublished): Sn 10.11%; Pb 0.5; As 0.4; Ni 0.21;(Fe 0.02; Sb, Ag, Au, Zn: 0).
    Map reference: Sheet 30 East, 93.3/470.4.
    References: Butler, 1990: pp. 78-84, Find No. 14, esp. No. 2 (with further references), fig. 17 A-E (esp. p. 79, fig. 17A2).

CAT.NO. 64. HILLEGOM/LISSE, *GEMEENTE* HILLEGOM, ZUID-HOLLAND; the Veenenburg estate.

L. 13.6; blade w. 5.7; th. 2.55 cm. See Butler, 1992: pp. 95, 97, fig. 27:3. Not from the Veenenburg hoard, but presumably a stray find from the same estate. Patina originally black, but greater part removed; now mostly grey-green. Rounded butt. Sides slightly faceted at edges. Cutting edge straight-ground and sharp; sharpening pouches present. Museum: R.M.O. Leiden, Inv.No. h.1930.7.34. (DB 1686)

Map reference: Sheet 30 East, 93.3/470.4.

Reference; Butler, 1992: pp. 95, 97, fig. 27 (with further references).

Discussion: Broadly to be associated with the 'Atlantic' high-flanged axes of the Type 4121 of Briard & Verron, 1976: p. 45, fig. 1.

Parallels can be found among the flanged axes of the Armorican Tréboul phase, as already noted in Part I (Butler, 1990: p.78). The flanged axes from Voorhout and Veenenburg, which are very similar to each other and perhaps even from the same mould, are presumably imports from western France. In the Voorhout hoard the 'Atlantic' flanged axe is associated with palstaves, stopridge axes and a lugged chisel, deposited in a boggy milieu, which are assessed as imports from the Acton Park industry of North Wales.

Netherlands distribution: see Map 8: Northwest-European types.

4.4. High-flanged axes of Type Wijchen (AXRW) (fig. 20)

Prefatory note, Cat.Nos 65, 66, 67 and 68: The Nijmegen Museum possesses four practically identical high-flanged axes (differing from each other almost exclusively in the irregularities of the butt end). The four specimens are in virtually mint condition, and similarly patinated. If genuine, these axes would very likely have been found together and have constituted a small hoard.

But their completely undamaged condition; the possibility that their mottled green patina could have been artificially induced; the vague or absent find-spot indications; and the absence of other finds of closely comparable axes, could give rise to the suspicion that these four axes are of recent manufacture. Alternatively, one of the axes could be genuine and the others modern copies. Metal analyses might confirm or refute this possibility.

CAT.NO. 65. PROVENANCE UNKNOWN.

L. 17.1; w. 7.34; th. 2.16 cm. Butt irregular; faintly convex septum, ___/ section, rounded sides, which are rounded-biconical in outline. Cutting edge quite sharp, without distinct sharpening facet. Maximum height flanges 4 mm. Weight 532 gr. Patina: mottled green. Museum: Nijmegen, Inv.No. xxx.d.3; ex coll. Kam. On loan to Army Museum (*Legermuseum*), Delft. (DB 1525)

CAT.NO. 66. PROVENANCE UNKNOWN.

L. 17.4; w.7.6; th. 2.1 cm. Identical to Nijmegen xxx.d.3 (Cat.No. 65) except for shape of irregular butt (which has slight post-patina battering). Patina: mottled green. Museum Nijmegen, Inv.No. xxx.d.7; ex coll. Kam. (DB 1526)

CAT.NO. 67. PROVENANCE UNKNOWN.

L. 16.5; w. 7.4; th. 2.1 cm. Flange height 4 mm. Weight 525 gr. Identical to two above, except for shape of irregular butt (which has V-shaped indentations seemingly made with a file or saw). Patina mottled green. Museum Nijmegen, Inv.No. xxx.d.8; ex coll. Kam. Old gummed label: '8/brons'. (DB 1527)

CAT.NO. 68. BETWEEN WIJCHEN AND NIJMEGEN? (UBBERGEN?)

L. 17.2; w. 7.3; th. 2.2 cm. H-section, with slightly convex parallel sides, massive. Edge sharp. Patina: mottled green. Museum: Nijmegen, Inv.No. AC 13. Acquired 1893. (DB 1483)

Reference: Verslag 1893: No. 13.

Note: Verslag 1893 lists 2 axes 17 cm long: No. 8a ('probably false'), presented by Joh. H. Graadt van Rogge, according to him found at Ubbergen; No. 13: found between Wijchen en Nijmegen, purchased.

As for No. 8a, there is no explanation as to whether it is the object or the find-spot which was considered to be false.

Discussion and dating: In the Netherlands no parallels are known for this distinctive set of four identical axes. A similar, if somewhat smaller flanged axe is from Muids (Eure), illustrated (after Verron) by Blanchet & Mordant 1987: fig. 12; found together with several other flanged axes of varied earlier Middle Bronze Age types.

Netherlands distribution: the possible Wychen find-spot is shown on Map 8.

4.5. Parallel-sided high-flanged axes of Type Fussgönheim (AXRF) (fig. 21)

CAT.NO. 69. GORSSEL, *GEMEENTE* GORSSEL, GELDER-LAND, Ravenswaarden (SW of Gorssel) (R. IJssel).

L. 15.9; w. 5.2; th. 1.4 cm. Butt originally round (slight recent battering); narrow body; upper half with almost parallel, but slightly convex sides, trapeze-shaped lower half, with expanded blade tips. Sides rounded, septum flat; flanges with maximum height of 3.5 mm. Cutting edge straight ground, but without pouches. Cutting edge was sharp, but is blunted from recent re-use. Patina black, with partial encrustation with ochreous sand. Dredge find c. 1978. Private possession. (DB 959)

Map reference: Sheet 34F, 207.800/467.500.

Reference: van der Kleij, 1995 (in preparation).

CAT.NO. 70. MONNIKENBRAAK, ALBERGEN, *GEMEENTE* TUBBERGEN, OVERIJSSEL.

L. 14.6; w. 5.9; th. 1.4 cm. Alleged grave deposit in tumulus, with? Wohlde rapier, unperforated whetstone, small decorated pottery vessel; described and discussed in Part I (Butler, 1992: pp. 76-78, Find No. 13, fig. 16A). Narrow shaft with flat septum; widely expanded blade; leaf shaped flanges, slightly convex on sides, with incised ornament (groups of four parallel diagonal lines; horizontal lines at base). The edges of the flanges are nicked. Cutting edge sharp but slightly damaged. Museum: Enschede, Inv.No. 792 (old Nos 500-228). (DB 1049)

Map reference: Sheet 28E, 249.9/489.4.

Netherlands distribution: See Map 9. One specimen, Gorssel, is from the river IJssel; the Monnikenbraak example is from the east (Twente).

Discussion: The form of these axes approximates that of the Type Riquewihr of Abels (1972: pp. 32-33, Nos

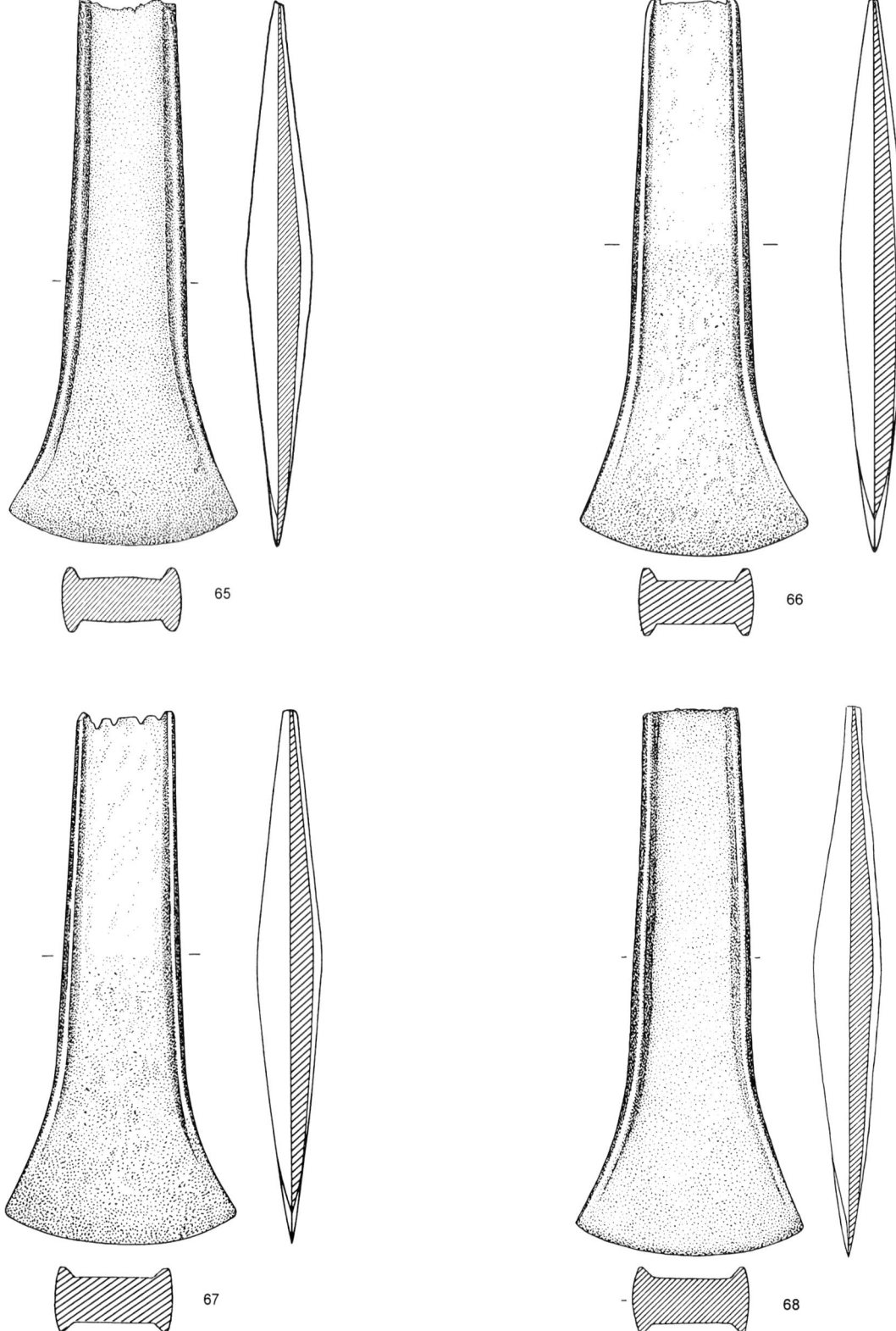

Fig. 20. High-flanged axes of Type Wijchen (AXRW); 65-67. Unknown provenance; 68. 'Between Wijchen and Nijmegen?'. [65-68 probable hoard]

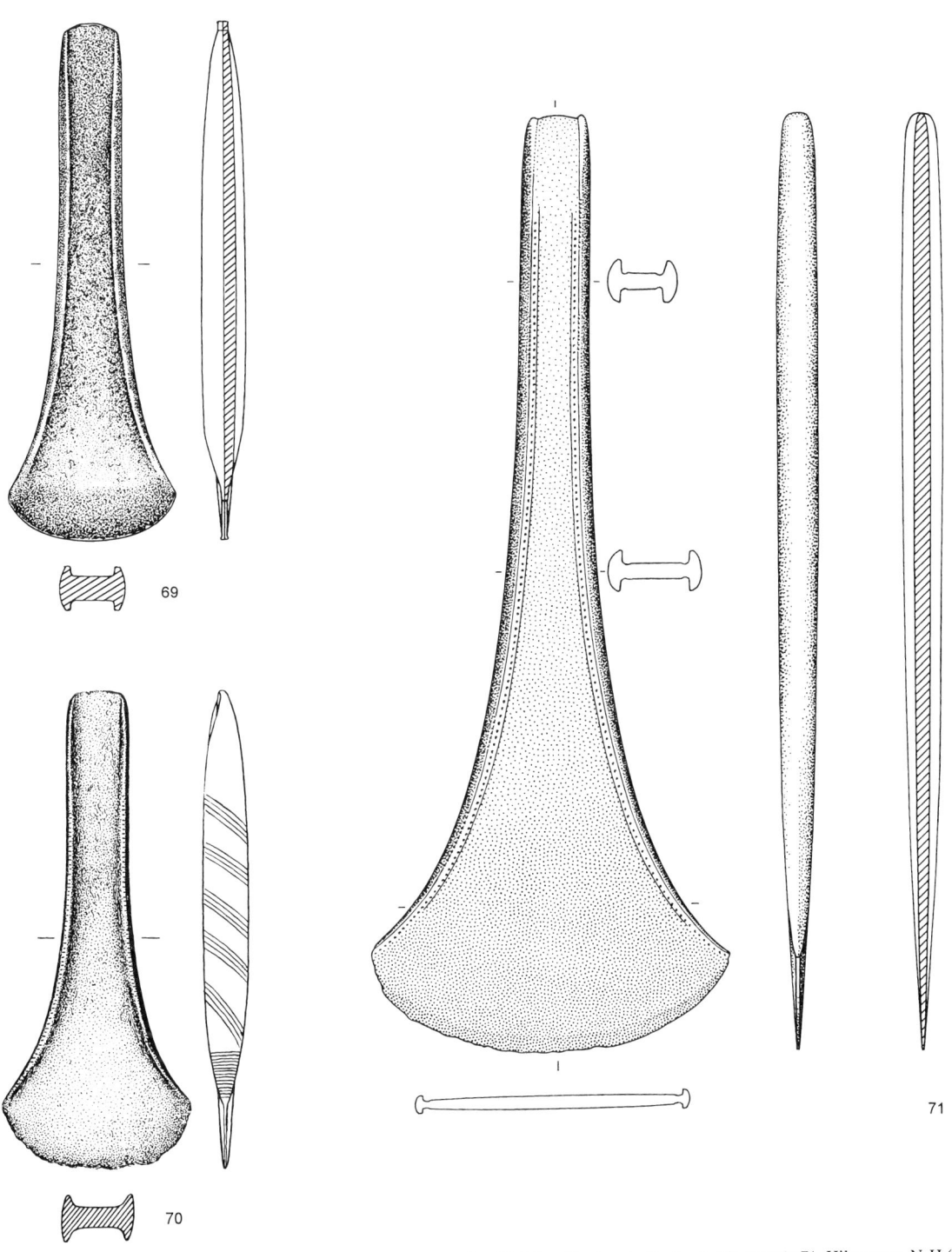

Fig. 21. Flanged axes of Type Fussgönheim and related. 69. Gorssel, Ov; 70. Monnikenbraak, Ov (probable grave); 71. Hilversum, N-H (giant version).

225-237) and the Type Fussgönheim of Kibbert (1980: pp. 113-115, Nos 136-145; especially the examples thereof without transverse septal ridge).

Riquewihr axes occur in Switzerland and along the Middle Rhine; those of Kibbert's Type Fussgönheim are found mostly in the Middle Rhine area (map: Kibbert's Taf. 63B, square symbols).

The decoration on the sides of the Monnikenbraak axe is difficult to parallel exactly: this motif is normally executed with horizontal groups of transverse lines,

● Type Fussgönheim
■ giant version

(C) 1981 GEKAART: FRW/RC RUGroningen

Map 9. (AXRF) Parallel-sided high-flanged axes, Type Fussgönheim.

rather than diagonal lines as here (cf. Alphen, DB 1602, below).

These two axes can be presumed to be an import from Switzerland or the Middle Rhine area.

Dating: Abels dates the Riquewihr type to his *Stufe Langquaid-La Bourdonette* (an earlier part of Bronze Age A2b). Kibbert dates his Fussgönheim axes chiefly to his *Stufe Meckenheim*, but (especially the few pieces he attributes to what he terms a narrower-butted variant, occurring in graves; e.g. his No. 145, and related specimens such as Nebel, Amrum, in *Grabhügel* 108, a grave find which includes the head of a Central European *Kugelkopfnadel* with diagonally perforated head, and Schuby, Kr. Schleswig in Schleswig-Holstein; Hachmann, 1980: No. 205, Taf. 11:14; No. 226a, Taf. 9:9) to his *frühe Hügelgräber* phase.

Of special interest is a rich grave from Hüsby, Kr. Schleswig-Flensburg (Grave G in *Hügel* 27; Aner & Kersten IV: No. 2362G). This grave contained a flanged axe certainly resembling Kibbert's slender-butted grave Fussgönheim variant, with decorated sides decorated

with groups of transverse parallel lines, and with flange edges nicked, like those of our Monnikenbraak axe. It was accompanied by a spearhead with a socket of lozenge section and a perforated slate pendant.

If our Monnikenbraak specimen was genuinely associated with the Wohlde rapier, it would, however, be later still, and contemporary with *ältere Hügelgräber/Lochham-Wohlde*.

4.6. Giant version of flanged axe of Type Fussgönheim (AXRF2)

CAT.NO. 71. HILVERSUM (HOORNEBOEG), *GEMEENTE* HILVERSUM, NOORD-HOLLAND.

L. 28.7; w. 11.2; th. 1.25 cm. Slender flanged axe with long narrow, parallel-sided upper half, and widely expanding blade part. The flanges reach a maximum height of c. 4 mm; the sides are curved in section, and the septum basically flat; but alongside each flange is a shallow groove, in which is a line of *pointillé*. The edges of the flanges are nicked. Very well preserved, with only slight corrosion; bright green glossy *Edelpatina*, with slight encrustation of fine ferruginous sand. Found 1987 with metal detector by F.J.P. Breeman of Hilversum. Museum: Hilversum; purchased from finder. (DB 2095)

Map reference: Sheet 31F, 139.81/467.30.
References: Butler & Addink, in preparation; Jager & Woltering, 1990: p. 301, afb. 4.

Discussion: This axe is certainly a *langgestielte Randleistenbeil* (Kibbert, 1980: pp. 120-123, with further references; Warmenbol, 1992: pp. 77-78, fig. 36, No. 53) but the axes with this sort of narrow, elongated shaft part are not a typologically homogeneous group: axes of varied form were developed into elongated narrow-shafted models. The Hilversum axe illustrates this process; it may best be considered as an elongated version of the Kibbert's flanged axes of Type Fussgönheim. The nearest parallel to the Hilversum axe would be the similarly *langgestielte* example from the well-known Trassem, Kr. Trier-Saarburg bronze and gold hoard (Kibbert, 1980: No. 158: pp. 120-121, Taf. 67D:7; Stein, 1979: pp. 79-80, Cat.No. 169, with further references, Taf. 61-62). The blade expansion of the Trassem axe seems to have been less pronounced (the blade is however severely damaged); it has very similar decoration. Closely related if slightly more elaborate decoration occurs on a different type of flanged axe (with circular blade; Kibbert refers it to a *Form Dobelice-Frommesta*: see his p. 185, note 2 and p. 186) from Vlatten, Kr. Düren, Nordrhein-Westfalen.

The Hilversum flanged axe, which is very well made, does not give the appearance of having been designed with an eye to functional use, and is surely a prestige object.

Dating: We can date the Hilversum flanged axe by reference to the Trassem hoard, cited above, which belongs to the very end of the Early Bronze Age or the beginning of the *Hügelgräberbronzezeit*. Kibbert has chosen this hoard to provide a name for his *Stufe Trassem*.

Location: included on Map 9.

4.7. High-flanged axe with low-placed short flanges (AXRSL) (fig. 22)

CAT.NO. 72. GOIRLE (TUMULUS VI, DE VIJFBERG), *GEMEENTE* GOIRLE, NOORD-BRABANT.

L. 15.9; w. 4.8; th. c. 1.7 cm. Upper part rectangular, and without flanges; lower part with concave rounded sides, flat septum. Flange height c. 4 mm. Severely corroded and blistered; was taken up, and is still imbedded, in plaster. Museum: 's-Hertogenbosch, without Inv.No. (DB 1400)

Map reference: Sheet 50F, c. 130/391.
Reference: Van Giffen, 1937: pp. 33-39; Glasbergen, 1954, II: p. 65, fig. 54; Verwers, 1980.

Discussion: This axe – bipartite, with unflanged upper part, separated by a distinct *Knick* (angle) from a concave-sided, firmly flanged lower part – has no parallels in the Netherlands; nor are we aware of any in adjacent regions.

Fortunately, it is now possible to associate the Goirle axe with a small series of axes in eastern Central

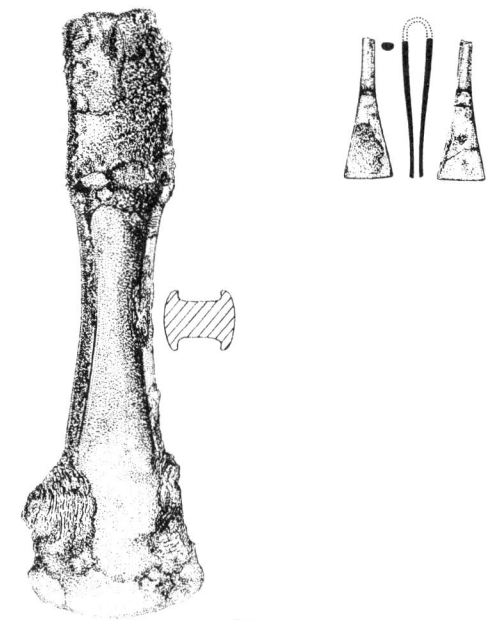

72

Fig. 22. Cat.No. 72. The axe and tweezers from Goirle, N-B (grave). After W. Glasbergen (drawings P.C.A. van der Kamp).

Europe, examples of which have been illustrated from Hungary, and specimens of which are also known in Austria, Slovakia and Rumania. No agreed name as yet exists for the type. Mozsolics has cited examples under the name *unterständige Randleistenbeile*, but Mayer (1977) uses the name *Beile mit offenem Absatz* (his pp. 112-115), or alternatively *Absatzbeile mit offener Rast* (his p. 6). Examples in southern and western Germany and in northern Europe have been listed, under the heading *Form Skegrie-Forchheim*, by Kibbert (1980: pp. 133-135).

Examples of this form include:
– Slovakia, without exact provenance: two examples (Novotná, 1970: Nos 205 and 206);
– Rumania, without exact provenance (Vulpe, 1975: No. 357);
– Solymár, Kom. Pest, Hungary (Mozsolics, 1967: p. 160; Hänsel, 1968: Taf. 20:3); hoard (?), Mozsolics' Period BIIIb.
– Sárbogárd, Kom. Fejér, Hungary (Mozsolics, 1967: p. 158, Taf. 36:1; Hänsel, 1968: Taf. 23:10; hoard, Mozsolics' Period BIIIb);
– Érd-Simony, Kom. Pest, Hungary (Mozsolics, 1967: p. 138, Taf. 27:13; hoard, Mozsolics' Period BIIIb, but the inventory includes objects probably from an earlier Kisapostag grave);
– Törökszentmiklós-Surján, Kom. Szolnok, Hungary (Mozsolics, 1967: pp. 171-172, Taf. 40:1; in hoard of copper and bronze *Zungenbarren*, Mozsolics' Period BIIIb);
(N.B.: an axe from the Alsónémedi hoard illustrated by Hänsel (1968: Taf. 22:3) looks from Hänsel's drawing

as if it is a similar semi-flanged axe; but the photograph in Mozsolics, 1967: Taf. 60:2 shows that the object concerned is actually a Bohemian palstave.)

We should perhaps distinguish within this series the small number of bipartite axes with low-placed flanges with comparatively short upper part as being most like the Goirle specimen. An example remarkably similar in form and proportions to the Goirle axe, though somewhat smaller, is from Porumbenii-Mare in Central Rumania (Vulpe, 1975: No. 356). Cf. also Vulpe's No. 358 from Satu-Mare, which is similar in size to the Goirle axe, although its sides are faceted, and the axe has a heavily re-sharpened blade part; also Miercuria, Rayon Sebe (Hänsel, 1968: Taf. 36:8); and Mozsolics, 1967: Taf. 36:7, from the Sárbogárd hoard. Similar, but with more trapeze-shaped upper part, is the specimen from Sinandrei, Rumania (Vulpe, 1975: No. 367; rather similar is Kibbert, 1980: No. 321, without provenance; cf also a few unprovenanced Austrian examples, e.g. Mayer's Nos 335-336).

Most of the other related axes have an unflanged upper part that is longer, and are thus more comparable with the axes of the Forchheim-Skegrie variety.

There is a typological progression of the flanged lower part of the blade from examples on which the flanges remain some distance apart (as with our Goirle example) to those in which the flanges have been squeezed together until they nearly meet in the centre of the blade, thus forming a stage in the evolution of the Bohemian palstave. Some examples with long unflanged or faint-flanged upper part and comparatively widely separated flanges on the lower, are illustrated by Kibbert from the Fulda-Werra area (his Nos 196-200A; and of the latter (long upper part, flanges meeting or nearly so on the lower part) are shown by Kibbert (1980: pp. 133-135; his Nos 190-195A) under his heading *Randleistenbeile mit geknickten Schmalseiten der Form Skegrie-Forchheim*.

Undoubtedly related to these is the axe (with an upper part similar in length to that of the Goirle specimen, widely separated flanges on the lower part) dredged from the East Oder or the Grosse Reglitz near Klütz, Kr. Greifenhagen, along the present German-Polish border (Kersten, 1958: p. 56, No. 549, Taf. 53:549; listed as a Polish find from the Oder at Szczecin-Klucz by Szpunar, 1987: pp. 54-55, No. 459). This axe has, unlike the others cited, incised decoration on one side similar to that occurring on the flanged axe from Alphen, North Brabant (below, No. 141) and the parallels cited for it (cf. Part I, Butler, 1992: Find No. 13, pp. 76-78); the other side of the axe is differently decorated, in a style closely related to that of Bagterp and Faardrup. Examples with long upper part and almost-meeting flanges on the lower part (including several with more or less secure South German find-spots) have been grouped by Kibbert (1980: pp. 133-135, Nos 190-195A, distribution map his Taf. 62:D; he also lists examples from other areas) under the heading of *Randleistenbiele mit geknickten*

Schmalseiten der Form Skegrie-Forchheim.

There is a small group of flanged axes with characteristics very similar to the Goirle axe and the parallels cited above, and surely related to them, but which are somewhat broader; one comparable example with unknown provenance is illustrated by Kibbert (1980: No. 321) and listed under *Einzelformen*, without further comment. Three Austrian examples likewise without known provenance are shown by Mayer (1977: pp. 335-337). He classifies them under the name *Randleistenbeile mit breiter, in der Mitte eingezogener Bahn*. Certainly related are several examples in the uncertain Spi hoard, found near the Dalmatian coast in Montenegro (Żeravica, 1993: Nos 234-238; for details of this hoard see under No. 11 on his p. 7). Mayer knew of no close parallels in dated contexts; he relies for dating on associations of related types, and comes up with a Late Tumulus dating; but we do not see why the rather approximate parallels he cites should necessarily be rather later than the related ones in earlier contexts.

In view of the parallels here cited (undoubtedly an incomplete list), the Goirle axe can reasonably be assumed to be an import from the Hungarian plain or its surroundings. As its find circumstances are beyond doubt, we are sure that in this case we are not dealing with a modern import.

Context, associations: The Goirle semi-flanged axe was part of a grave find in a multi-period grave mound, Tumulus VI, the Vijfberg, in a barrow cemetery excavated by van Giffen in 1935 (van Giffen, 1937: pp. 33-39; Glasbergen, 1954, II: p. 65, fig. 54; Verwers, 1980).

The axe was contained in a coffin, oriented NE-SW, which was the primary central grave, placed on the old ground surface and covered with a sod-built mound. Concentric with this mound, and therefore probably contemporary with it, was a multiple timber circle, classified by Glasbergen (1954, II: p. 65) to his Type 7, the triple, closely spaced circle. There were not, however, actually three complete post-rings; part of the circle is double, and a small part even single. Concentric with the post circle was a ring-ditch; but this ditch was cut through part of the sod mound, as is therefore a secondary feature. Inserted into this ditch, in turn, was a cremation pit, which contained part of a fingertip-cordoned barrel-shaped urn of the Hilversum-Drakenstein family, with Glasbergen's rim Type C (Glasbergen, 1954, II: pp. 105-106, fig. 59:7; with the best illustrations, here copied, of the axe and tweezers from the primary grave and of the tertiary urn).

Also present in the primary Goirle grave with the axe were the triangular blades of a pair of tweezers; two tiny trapeze-shaped bronze objects of uncertain character; an incomplete, low-cylindrical small bronze ring; and 'some fragmentary remains of three flat bundles of what appear to be bark strips of reed or something similar' (van Giffen, 1937, with postage-stamp illustrations).

The 'reed strips' were, according to Verwers (1980), later microscopically identified as being of bone.

Early bronze tweezers have been discussed briefly by Jockenhövel (1971: pp. 40-42) and even more briefly by Gerloff (1975: pp. 122, 125-126, etc.); both also refer to the bone counterparts in Wessex. Gerloff dates the introduction of tweezers in Central Europe no earlier than Tumulus C1, but Jockenhövel (1971: pp. 40-41), referring to early finds in the Mediterranean region, believes that tweezers start in Central Europe as early as do razors, i.e. in the Lochham phase, and were derived from the Mediterranean area. We have no exact information as to the earliest occurrence of the tweezers with triangular-shaped blades; evidently they are long-lived, and appear also in Late Bronze Age contexts.

Dating: As listed above, the Hungarian hoards containing axes to which the Goirle specimen is related were assigned by Moszolics to her phase BIIIb: the Hajdú-Sámson phase, which, as Hachmann (1957) documented elaborately, provided the prototypes for the north European Sögel daggers and dirks. The most recent relevant discussion of the Central European parallels is that of Mayer (1977: p. 6). He claims the axes *mit offenem Absatz* in the Central European area as being typical for the hoard horizon Bühl-Niederosterwitz; which he equates with the grave phase Lochham-Wetzleinsdorf. Thus we should expect an example exported to the north to fall within the Sögel-Wohlde phase. There is a possible contradiction between this and the Lanting-Mook dating of the timber circle tumuli, which in their view begin only in the later Middle Bronze Age. As suggested above, we are suspicious of the grounds on which Mayer proposes a Late Tumulus date for the wider variant of the axe type in question.

The tweezers may ultimately be of interest for the dating, but they are at present difficult to evaluate.

4.8. High-flanged axes, geknickt (AXRK) (fig. 23)

Definition: the designation has been translated into English by Schmidt & Burgess (1981: p. 860) as 'nick-flanged axes', though the German *geknickt* seems to refer to the angle in the curve of the sides rather than to

* in grave
⊠ in hoard
● stray
■ 2x (findspot?)

(C) 1981 GEKAART: FRW/RC RUGroningen

Map 10. (AXRK) High-flanged axes, *geknickt*.

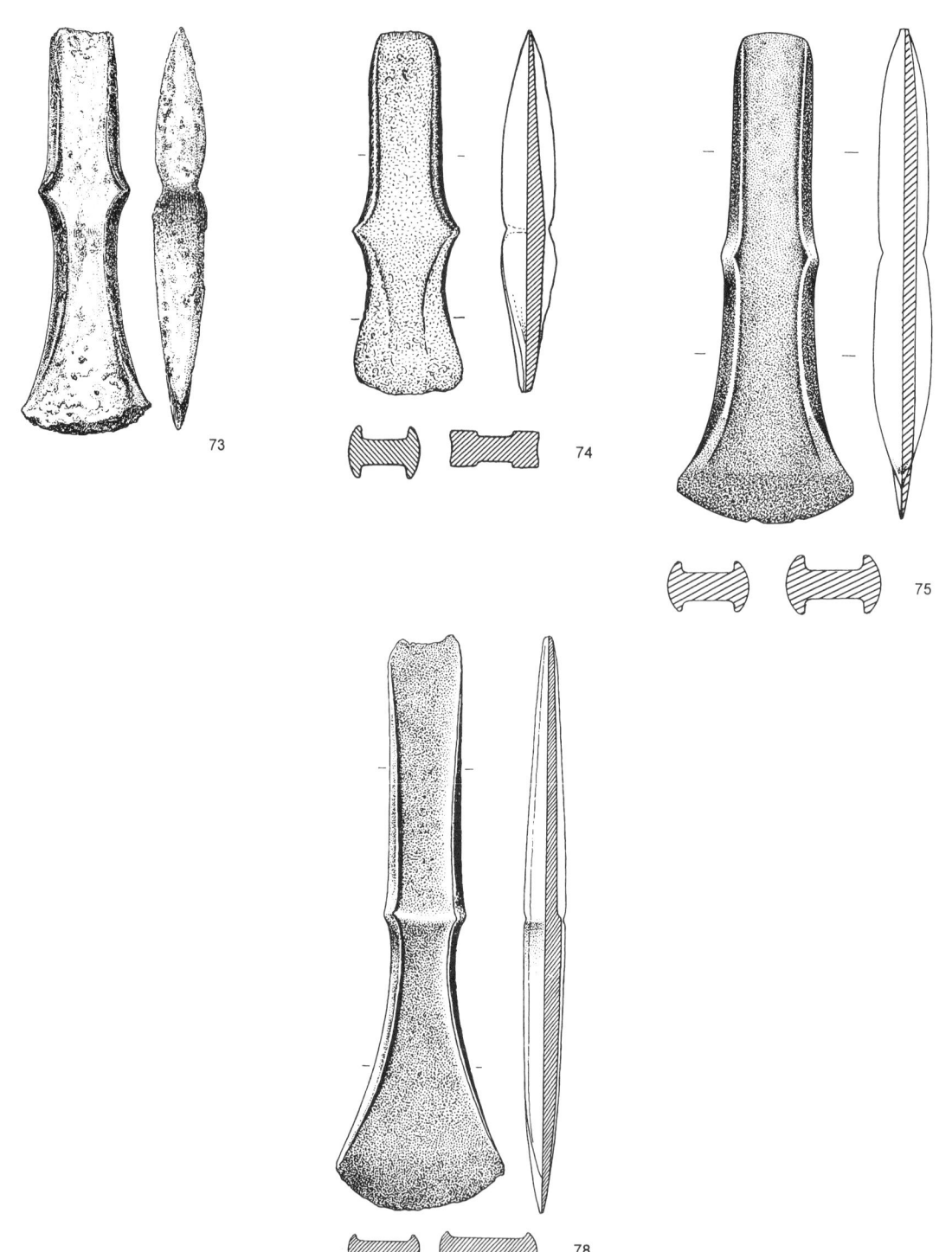

Fig. 23. *Geknickte Randbeile*. 73. Drouwen, Dr (grave); 74. Provenance unknown; 75. Bijlandse Waard, Ge; 78. Smakter Spurkt, Li (hoard). [76-77: no drawing available]

a nick in the flanges; but cf. the definition of Kibbert (1980: p. 123). The sub-type represented in the Netherlands by half a dozen specimens is more fully titled, by Kibbert (1980: pp. 126-129; his Nos 170-181), as *Randleistenbeile mit geknickten Schmalseiten vom Typ Fritzlar*; and is characterized by the presence of flanges on both the upper and lower parts of the blade, i.e. both above and below the *Knick* (unlike the Swiss-South German *Type Cressier*, not known in the Netherlands, and the British short-flanged axes (cf. below, under AXRSH), which have flanges only above, and the variety with only low- placed flanges (represented in the Netherlands only by the specimen from Goirle, Cat.No. 72, see above). The Fritzlar variants A, B, and A/B distinguished by Kibbert, based chiefly on the presence or absence of a concavity in the butt, do not seem to be of particular relevance for the Netherlands, but we cite with the descriptions below the appraisals given by Kibbert.

CAT.NO. 73. DROUWEN, *GEMEENTE* BORGER, DRENTHE.
From the rich grave of *Sögel* type (Part I, Butler, 1992: pp. 71-73, Find No. 11, fig. 14, with previous references and metal analysis). L. 12.7; blade w. 4; th. 1.7 cm. Museum: Assen, Inv.No. 1927/VIII.40. (DB 1229)
Map reference: Sheet 12G, 249.25/551.95.
This specimen has been classified by Kibbert as belonging to his *Var. A ohne Mittelsteg.*

CAT.NO. 74. PROVENANCE UNKNOWN.
L. 11.1; w. 3.4; th. 1.7 cm. Weight 180 gr. High cast flanges, cutting edge shortened by hammering and straight grinding; pouches on sides. Patina: mottled blue and green, with brownish encrustation. Surface rough. Cutting edge and butt slightly battered. Museum: Nijmegen, Inv.No. AC 29; purchased from a Nijmegen antique dealer. (DB 1498)

CAT.NO. 75. FROM RIVER WAAL OR RHINE (no exact provenance).
L. 15.1; w. 5.5; th. flanges below 1.9 cm. Very well preserved; patina mostly blackish, part dull green; sandy encrustation. Edge sharp; straight-ground. Study collection B.A.I. Groningen, 1938/IV.8; ex coll. H. Blijdenstein. (DB 701)

CAT.NO. 76. FROM RIVER WAAL OR RHINE (no exact provenance).
Study collection B.A.I. Groningen, 1938/IV.9; ex coll. H. Blijdenstein; but not now present, and presumed stolen. (DB 702)
N.B. The B.A.I. purchased in April 1938, through the intermediary of the Nijmegen antique dealer J. Esser, sixteen objects, mostly of the Bronze Age, from the collection of H. Blijdenstein, harbour-master at Nijmegen. The objects were described as having been dredge finds mostly from the Waal or Rhine, possibly from the Bijlandse Waard (*gemeente* Herwen en Aerdt, now *gemeente* Rijnwaarden, Gelderland).

CAT.NO. 77. MAASHAVEN (PROBABLY), ROTTERDAM, ZUID-HOLLAND.
L. 15.3; w. 4.6; th. 1.5 cm. Patina: green, with gravelly incrustation. Private possession, acquired via antique dealer Berden of Roermond. (DB 1932)

CAT.NO. 78. SMAKTER SPURKT, *GEMEENTE* VENRAY, LIMBURG, from the 'Overloon' hoard (Part I, Butler, 1992: pp. 74-76, fig. 15, Find No. 12, with previous references). Has slight 'ledge' stopridge.
L. 17.8; w. 5.4; th. 1.4 cm. Museum: 's-Hertogenbosch, Inv.No. 8373. (DB 1413)
This specimen has been assigned by Kibbert (1980: p. 129) to his *Var. A mit Mittelsteg.*
Map reference: Sheet 52 West, 195.7/396.4.

Parallels, distribution, dating: The *geknickte Randbeile* of what are now known as Type Fritzlar are seen as a characteristic form of the last phase of the Early Bronze Age (Sögel-Wohlde phase) in Northwest Germany. They occur in an area extending from Jutland through Schleswig-Holstein and Lower Saxony to the eastern

part of the Netherlands. In Denmark they are dated to Northern Period IB; the rare examples in middle western Germany are dated by at least one grave find (Ziegenberg, Kibbert's No. 180) to the Lochham (Early Tumulus) phase. Distribution maps have been given by Sprockhoff (1941: Abb. 38), Sudholz (1964: Karte IX), Bergmann (1970: Karte 12), Struve (1971: II, Taf. 5), Laux (1971: Karte 14), Kibbert (1980: Taf. 62C). Lists include those of Bergmann (1970: p. 82, Liste 30) and Kibbert (1980: pp. 126-129).

A find has recently become known from the Belgian side of the Maas, a dredge find, now in private possession, from Negenoord, *gemeente* Stokkem, Belgian Limburg; it has a very slight stopridge.

The rich grave of Drouwen (above, Cat.No. 73); apparently the richest known of all the Sögel-type graves, found in what has recently been shown to have been a large, ditched burial mound, provides the only datable grave association in the Netherlands. The Drouwen axe may well be somewhat earlier than the example in the Overloon hoard, which, unlike the other examples in the Netherlands, has a slight 'ledge' stopridge.

The Overloon example was accompanied by one complete Wohlde-type rapier, plus a blade fragment of a second example; two spearheads of Bagterp affinities; and a highly unusual toggle-pin.

Netherlands distribution: see Map 10. The few examples are widely scattered: in the North (Drouwen), the south Smakter Spurkt), possibly east central on the Rhine (if from the Bijlandse Waard) and the west coast (Rotterdam: Maashaven?).

4.9. Parallel-sided flanged axes of Type Oldendorf (AXRO)

We employ here a type-name of Kibbert (1980: pp. 137-150; his rather complicated definition pp. 137-138), which he has proposed as approximate successor to Lissauer's type-name *Norddeutscher Typus* cf. the *Norddeutscher Typus* of Forssander (1936: pp. 201 ff., 215 ff.); see also Sudholz (1964: pp. 22-23, Karte VIII), Bergmann (1970: pp. 26-27, 85-86, *Liste* 41, Karte 14, Taf. 3:2) and Laux (1971: p. 80, under *Form Harsefeld-Haassel*, Taf. 9:4-7, Karte 14: squares).

The choice of the name 'Oldendorf' is not entirely a happy one. In fact, only one of the three axes (Kibbert's No. 255) in the hoard from Oldendorf (Kr. Gütersloh, Nordrhein-Westfalen; Kibbert's Taf. 68D) really belongs to his 'Oldendorf type'. The other two (Kibbert's Nos 226 and 227) are rather, as Kibbert himself recognizes, stopridge axes (*Stegbeile*), with wider blade expansion, and are typologically distinct from the Oldendorf type. Actually these two stopridge axes are similar to the stopridge axes which we have here (below, under AXRP) and elsewhere (Butler, 1987: esp. pp. 10-13, fig. 3, p. 31, note 3) discussed under the name *Typ*

Plaisir, and their decoration is like that found on many other examples of the Plaisir type.

The only 'Oldendorf' axe in the Oldendorf hoard, his No. 255, is further specified by Kibbert as falling under his *Variante Dillich* of the Oldendorf type.

The 'parallel-sided' flanged axes of Type Oldendorf are generally only approximately parallel-sided, and that only in their upper half. They are distinguished from the other parallel-sided type (his Type Mägerkingen) by a comparatively shorter and thicker body, higher flanges, and a somewhat expanded blade.

If we accept the type name as also applicable to a considerable number of flanged axes in the Netherlands, we must note that the variants distinguished by Kibbert are less helpful with the Dutch material. In terms of size, almost all the examples in the Netherlands would fall under his short variety (*Variante Legden*), which is regarded by Kibbert in western Germany as being a Westphalian sub-group. We have too few of the larger examples to make it worth while to divide them into Kibbert's varieties Dillich and Queckborn (which seem in any case to be rather arbitrary).

Kibbert regards the possession of a transverse septal ridge ('incipient stopridge') as typical for the Oldendorf type; the comparatively few examples in his West German area without this feature are classified by him as merely related *(nahestehend)*. But in the Netherlands examples with and without the incipient stopridge are about equal in numbers, and broadly similar in distribution (cf. our distribution maps 11 and 12).

Both in western Germany and the Netherlands a remarkably high percentage of the Oldendorf axes show a marked re-sharpening of the cutting edge. Re-hammering of the edges has often resulted in the formation of hollows on the lowest part of the sides, behind the hammer-expanded tips of the blade. These hollows, described by Kibbert (1980: p. 138) as *Schneideneckrandleisten*, are in our catalogue referred to as 'pouches'. The grinding of the blade chiefly in the direction perpendicular to the long axis of the axe has often produced a cutting-edge plane which encroaches on the lower ends of the flanges. We may call this feature 'straight grinding', as opposed to the 'crescentic grinding' of the cutting edge which is more usual on other axe types. Almost all the Oldendorf axes in the Netherlands have this feature (which, however, also occurs, if much less consistently, on axes of various other types). Such drastic resharpening would only be needed for axes which performed heavy duties, such as wood-chopping; which argues (along with the absence of such axes in graves) that they were utilized as work-axes and not weapons.

A comparatively small number of specimens in the Netherlands have on the septum two to four transverse punched-in lines. These we have previously discussed (Butler, 1963b: pp. 192-196) under the name *Typ Ekehaar*; their distribution is mostly in Southeast Drenthe and the neighbouring area of South Groningen (a

few examples in Oldenburg?), so that they apparently represent a local variant.

We have, therefore, here divided the Oldendorf and Oldendorf-related axes in the Netherlands into four varieties: 1. Those without transverse septal ridge; 2. Those with septal ridge; 3. Variety Ekehaar, those with transverse incised lines on the septum; and 4. Two examples provided with a 'shelf' stopridge.

4.9.1. *Parallel-sided high-flanged axes of (related to) Type Oldendorf, but without septal ridge (AXRO1) (figs 24a-24d)*

CAT.NO. 79. NIBBIXWOUD, *GEMEENTE* WOGNUM, NOORD-HOLLAND.
L. 8.5; w. 5.3 cm. High leaf flanges; flat septum; convex sides. Cutting edge heavily re-worked by hammering and straight grinding, whereby the axe has been considerably shortened; strongly pouched. Found in Summer 1981 by a farmer at Nibbixwoud, on the south-side of the Oosterwijzend, while picking potatoes. Probably transported during land reallocation. Museum: Hoorn, on loan from finder since 1983. (DB 678)
Map reference: Sheet 19F, 133.30/523.20.
Reference: van der Walle, 1983: p. 227 with fig.

CAT.NO. 80. OVERIJSSEL (no exact provenance).
L. 8.0; w. 4.1; th. 1.9 cm. Butt truncated. Straight ground, heavily resharpened. Private possession; from collection of the present owner's grandfather. [Not seen by present writer; drawing from Museum Enschede, via A. Verlinde]. (DB 1929)

CAT.NO. 81. GRATHEM, *GEMEENTE* GRATHEM (NOW *GEMEENTE* HUNSEL), LIMBURG.
L. 14.9; w. 5.6; th. 2.35 cm. Butt irregular (is battered, part anciently); long leaf flanges with rounded sides; septum rounded; faint midrib. Straight ground, with pouches (heavily re-sharpened; recently battered). On loan to Museum Thorn. (DB 1915)
Map reference: Sheet 58C, 188.16/360.44.
References: Bloemers, 1973: p. 17, afb. 4:2; Wielockx, 1986: Cat.No. Ra9.

CAT.NO. 82. NO PROVENANCE.
L. 10.7; w. 4.8; th. 1.9 cm. Slightly rounded thin butt; flat face; faintly biconical in long-section. Faint ridge. Side rounded, faintly faceted toward edges; fairly high flanges (max. height 4.7 mm) Patina: brown, rather corroded. Museum: Army Museum Delft, Inv.No. Daa-7. (DB 1123)

CAT.NO. 83. GARDEREN, *GEMEENTE* BARNEVELD, GELDERLAND.
L. 8.25; w. 4.2; th. 1.9 cm. Thin blunt butt, flat septum, straight ground; pouches on sides. Cutting edge battered. Patina: glossy dark green. Museum: R.M.O. Leiden, Inv.No. e.1940/I.109, ex coll. J. Bezaan. (DB 492)
Map reference: Sheet 32F, c. 177/471.
Reference: Butler, 1963b: p. 210, II B10

CAT.NO. 84. BAEXEM, *GEMEENTE* BAEXEM (NOW *GEMEENTE* HEYTHUYSEN), LIMBURG.
L. 10.3; W. 4.7; Th. 2.3 cm. Straightish but irregular butt; flat septum; sides; straight ground, heavily re-sharpened. Cutting edge battered. Patina dark glossy green, but partly weathered and pitted; especially the sides are roughened. Found Autumn 1970 by H. Van der Beuken on his land. Presented by him to the subsequent landowner. On loan to Museum Thorn. (DB 1916)
Map reference: Sheet 58C, 188.18/360.44.
References: Bloemers, 1973b: p. 17, afb. 4:1; Wielockx, 1986: Cat.No. Ra1.

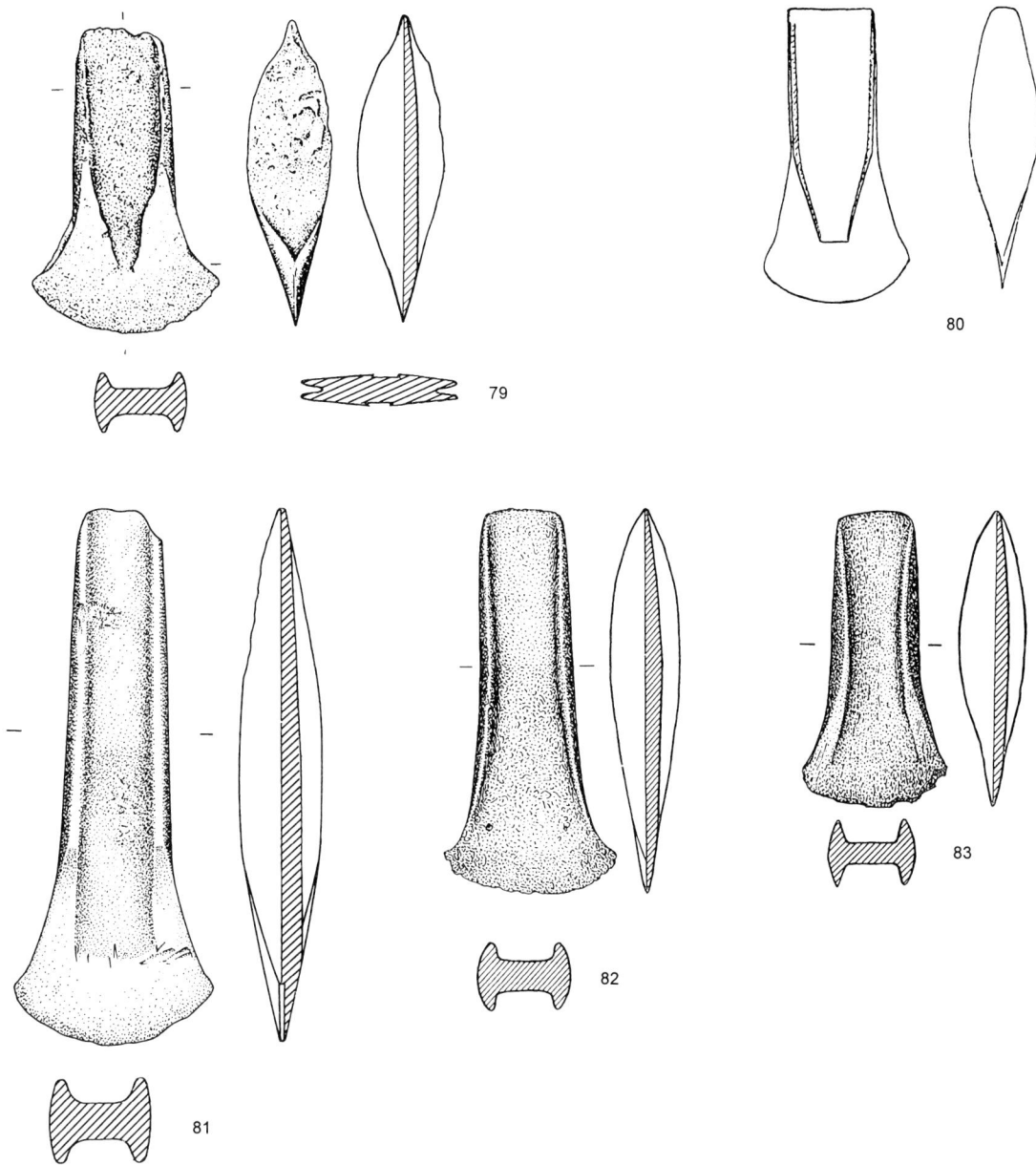

Fig. 24a. High-flanged axes of Type Oldendorf, without medial ridge (AXRO 1). 79. Nibbixwoud, N-H; 80. 'Overijssel'; 81. Graethem, Li; 82. Unknown provenance; 83. Garderen, Ge (see also figs 24b-24d).

CAT.NO. 85. *GEMEENTE* BREDA, NOORD-BRABANT.

L. 10.6; w. 4.6; th. 2.1 cm. Very faint transverse septal ridge, more pronounced on one side than on the other. Patina: blackish. Found alongside the tow-path at Breda "in baggergrond langs het jaagpad bij Breda, welke baggergrond zonder twijfel afkomstig was uit het riviertje de Mark bij Breda" [in earth undoubtedly dredged up from the River Mark]. Museum: Leeuwarden, Inv.No. 95F. 1. Presented by E.J. Postma, boatman resident at Akkrum. (DB 200)

Reference: Butler, 1963b: p. 210, II B15.

CAT.NO. 86. BEST, *GEMEENTE* BEST, NOORD-BRABANT.

L. 9.8; w. 4.7; th. 2.1 cm. Straight blunt butt, flat septum, rounded sides; straight-ground blade; pouched. Edge damaged. Patina; brownish green. Surface mostly well-preserved. Found c. 1910 in the heath. Museum: 's-Hertogenbosch, Inv.No. 8043. (DB 259)

Map reference: Sheet 51B, c. 155/391.
Reference: Butler, 1963b: p. 210, II B16.

CAT.NO. 87. *GEMEENTE* POSTERHOLT (NOW *GEMEENTE* AMBT MONTFORT), LIMBURG.

L. 8.9; w. 3.8; th. 2.1 cm. Thin butt, parallel sides, medial transverse ridge, straight ground. Cutting edge damaged. Patina: glossy light green. Museum: R.M.O. Leiden, Inv.No. G.L. 65 (old No. I.548). Acquired May 1890; ex. coll. Guillon, Roermond. (DB 287)

Reference: Butler, 1963b: p. 210, II B17.

CAT.NO. 88. WEHLSENBROEK, *GEMEENTE* DIDAM, GEL-DERLAND.

L. 8.15; w. 4.6; th. 1.8 cm. Leaf-shaped flanges, rounded straight parallel sides; straight-ground blade. Has been re-sharpened. No

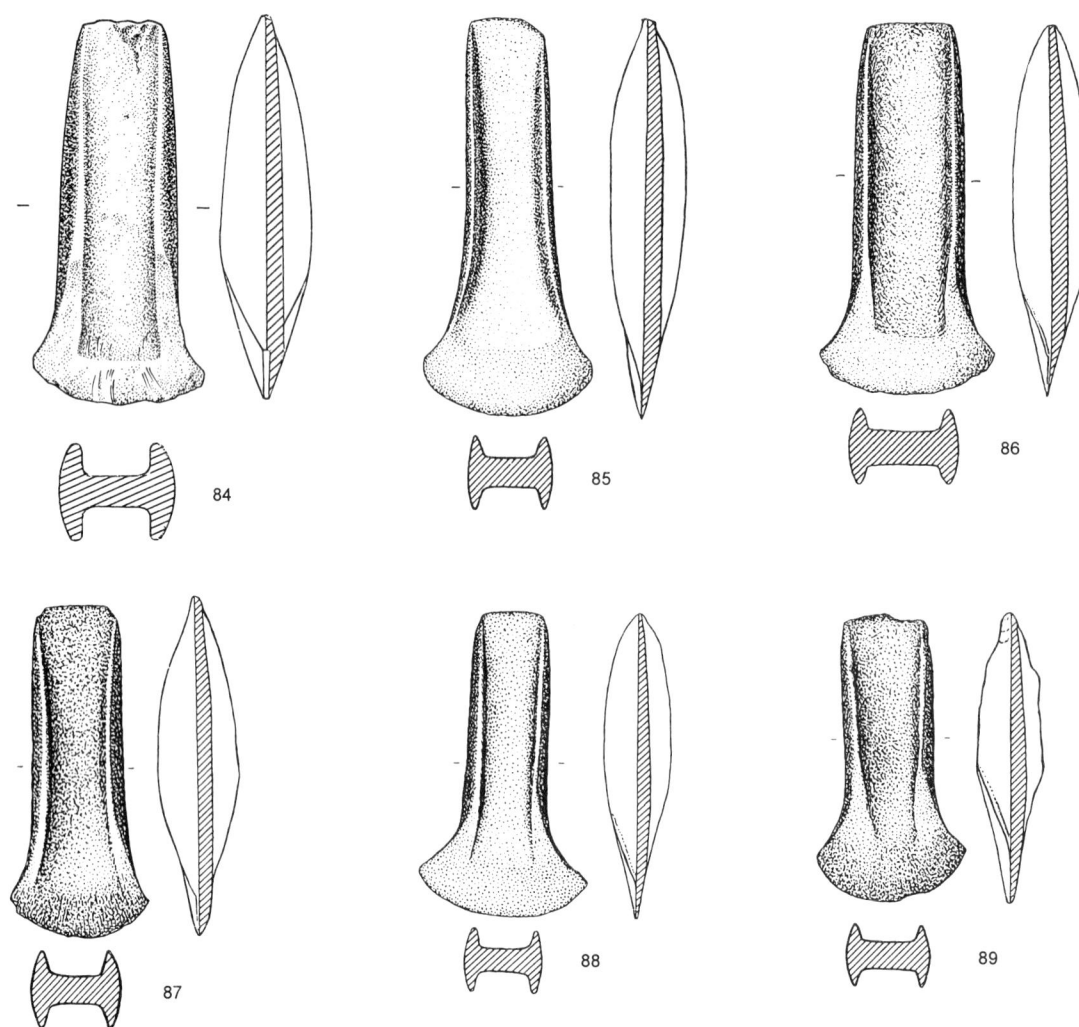

Fig. 24b. High-flanged axes of Type Oldendorf, without medial ridge (AXRO 1). 84. Baexem, Li; 85. *Gem.* Breda, N-B; 86. Best, N-B; 87. *Gem.* Posterholt, Li; 88. Wehlsenbroek, Ge; 89. Beek, Ge (see also figs 24a, 24c-24d).

septal ridge or grooves. Patina: dark bronze, pitted. Museum: R.M.O. Leiden, Inv.No. e.99/11.4 (old No. I.542). On loan in museum Zutphen, but stolen in 1977. (DB 364)

Map reference: Sheet 40E, c. 211/441.

Reference: Butler, 1963b: p. 210, II B8.

CAT.NO. 89. BEEK, *GEMEENTE* BERGH, GELDERLAND.

L. 7.7; w. 4.1; th. 1.8 cm. Flat septum; straight ground; pouched. Surface rough. Patina: one side blackish, with orange incrustation; other side grey-green, severely corroded. Museum: R.M.O. Leiden, Inv.No. e.1902/9.3 (old No. I.543). Purchased from Th. Keurentjes of Didam. (DB 368)

Map reference: Sheet 40H, c. 210/435.

Reference: Butler, 1963b: p. 210, II B9.

CAT.NO. 90. RIJSSEN *GEMEENTE* RIJSSEN, OVERIJSSEL.

L. 10.5; w. 4.7; th. 2 cm. Found (c. 1915) 'in the Eschstraat'. Straight butt, flattish sides; straight ground. Patina: dull green. Museum: Enschede, Inv.No. 717 (old Nos 500-229). (DB 1052)

Map reference: Sheet 28D, c. 232/480.

CAT.NO. 91. ECHT, *GEMEENTE* ECHT, LIMBURG.

L. 9.4; w. 3.8; th. 2.4 cm. Straight sharp butt, flattish septum,

rounded sides; flanges bent inward slightly. Very slight blade expansion; straight ground; pouches on sides. Patina: glossy black (has been artificially coloured). Private possession. (DB 1935)

Map reference: Sheet 60B, 193.40/345.15.

References: Bloemers, 1973b: p. 27, p. 9:1; Wielockx, 1986: Cat.No. Ra6.

CAT.NO. 92. *GEMEENTE* HARDENBERG, OVERIJSSEL.

L. 9.6; w. 4.3; th. 1.9 cm. Heavy recent damage resulting from modern re-use as chisel: the butt has been flattened, the body of the axe is strongly bent, and the flanges are damaged. Cutting edge straight ground; pouched. Patina: dark bronze. Museum: Enschede, Inv.No. 961 (old Nos 500-234). (DB 1057)

Map reference: Sheet 22D, c. 239/510.

CAT.NO. 93. MIDDELBERT, *GEMEENTE* GRONINGEN, GRO-NINGEN.

L. 7.8; w. 3.6; th. 1.9 cm. High leaf flanges, parallel sides, flat shaft, cutting edge expanded to straight-ground. Found in Autumn 1961 in sand transported from Middelbert to the Ruischerbrug for the construction of the road. Private possession. (DB 1717)

Map reference: Sheet 7D, 238.300/582.375.

Reference: Hielkema, 1994: p. 37, No. 6.

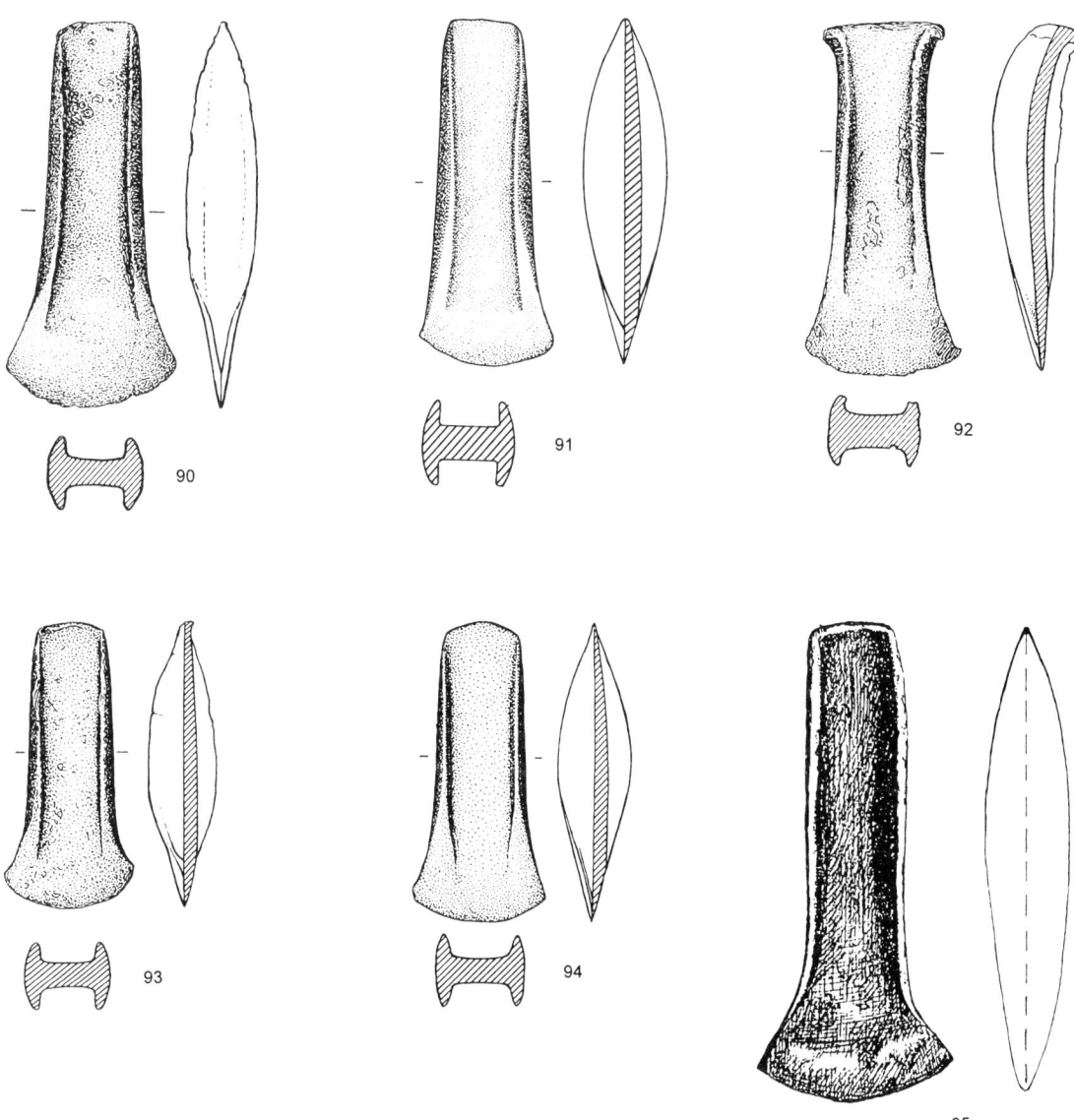

Fig. 24c. High-flanged axes of Type Oldendorf, without medial ridge (AXRO 1). 90. Rijssen, Ov; 91. Echt, Li; 92. Hardenberg, Ov; 93. Middelbert, Gr; 94. Ruinen, Dr; 95. Near Oisterwijk, N-B. (95: after W. Beex, drawing W. Labey) (see also figs 24a, 24b, 24d).

CAT.NO. 94. RUINEN, *GEMEENTE* RUINEN, DRENTHE.

L. 8.1; w. 3.7; th. 2.05 cm. High thin flanges, rounded sharp butt, parallel sides, flat faces; blade sharp; has been resharpened by hammering and grinding. Patina: blackish. Well preserved. Bored for metal sample on one face. Found at a depth of 0.5 m in the barn of the Geursinge farm at Ruinen, on a pavement of field stones. Note: a stone axe (1888/XI.1) was found on the same farm. Museum: Assen, Inv.No. 1888/XI.2. (DB 86)

Map reference: Sheet 17C, c. 220/531.

References: Verslag 1888: p. 7, No. 6; Butler, 1963b: p. 209 (33), p. 192, fig. 5; Hielkema, 1994: p. 30, No. 113.

CAT.NO. 95. OISTERWIJK, *GEMEENTE* OISTERWIJK, NOORD-BRABANT.

L. 13; w. 4.9; th. 2.4 cm. Found c. 1970 between Oisterwijk and Spoordonk. N.B.: We have not seen this axe; present location is unknown. (DB 914)

Map reference: Sheet 51A, c. 145/394.

Reference: Beex, 1970: pp. 21-26, with drawing by W. Labey.

CAT.NO. 96. DENEKAMP, *GEMEENTE* DENEKAMP, OVER-IJSSEL.

L. 7.8; w. 3.5; th. 1.6. cm. Butt recently hammered; straight ground; cutting edge battered. Found c. 1958 by children digging a hut. Private possession. Unpublished. N.B.: Not seen by present writer; simple drawing and information from A. Verlinde (R.O.B. and Museum Enschede). (DB 2122)

Map reference: Sheet 29A, 264.60/488.10.

CAT.NO. 97. ZWANENWATER, *GEMEENTE* HUISSEN, GEL-DERLAND.

L. 10.8; w.5.1; th. 2.0. cm. Found by the firm Heyting during sand dredging along the R. Rhine. Patina dark bronze, with sandy encrustation. N.B.: We have not seen this axe. Museum: Huissen; no Inv.No. (DB 2124)

Map reference: Sheet 40B, c. 193/439.

Netherlands distribution: see Maps 14 and 11.

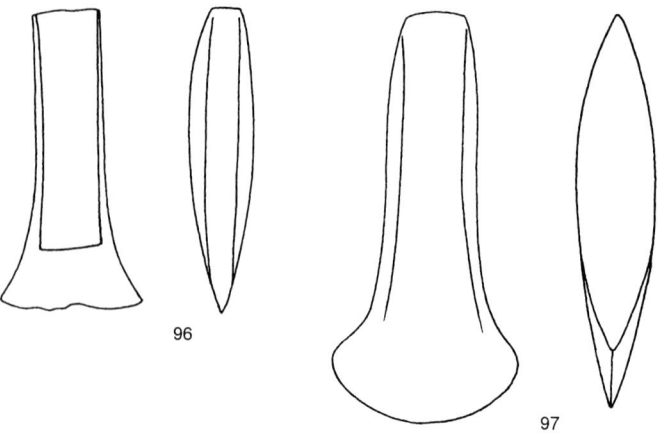

96

97

Fig. 24d. High-flanged axes of Type Oldendorf, without medial ridge (AXRO 1). 96. Denekamp, Ov; 97. Zwanenwater, Ge (96, drawing from A. Verlinde; 97, drawing E. Laurentzen) (see also figs 24a-24c).

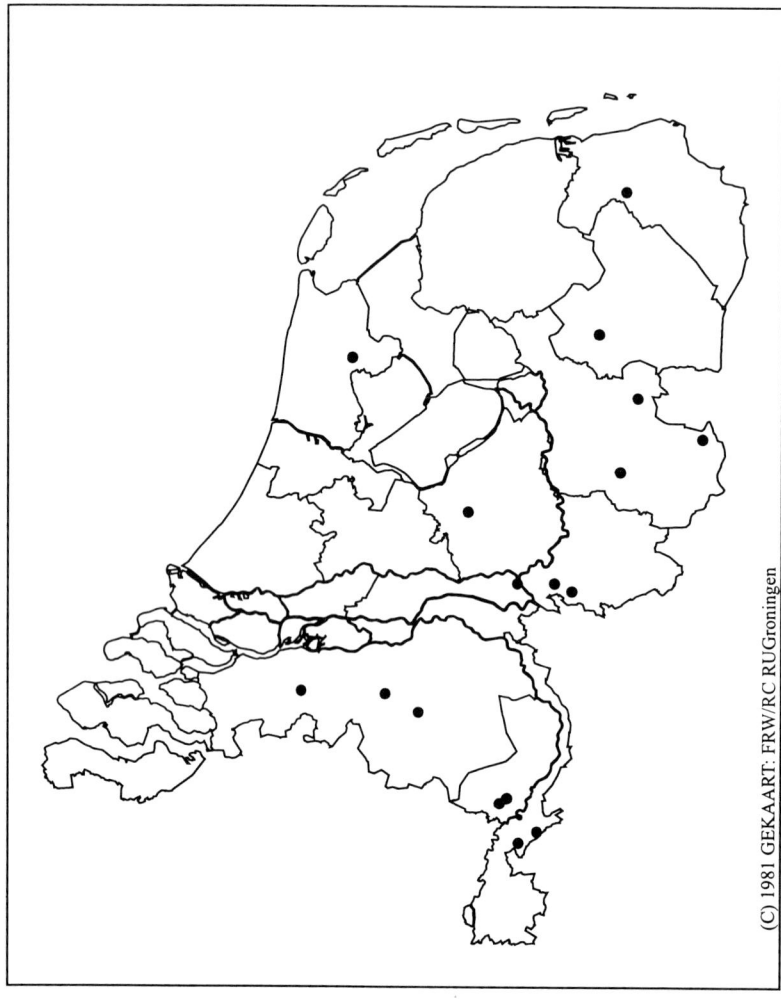

Type Oldendorf

● no septal ridge

(C) 1981 GEKAART: FRW/RC RUGroningen

Map 11. (AXRO 1) Parallel-sided high-flanged axes, Type Oldendorf, without septal ridge.

4.9.2. *Parallel-sided flanged axes of Type Oldendorf, with septal ridge (AXRO2) (figs 25a-25d)*

CAT.NO. 98. NIJMEGEN, *GEMEENTE* NIJMEGEN, GELDER-LAND (grounds of the Margriet pavilion on the Claes Norduynstraat in Nijmegen East).

L. 8.0; w. 4.2; th. 1.5 cm; weight 137 gr. Rounded butt (partly abraded); flat septum, rounded sides. Straight ground, strongly reduced by re-sharpening; pouched. Patina glossy dark green (laboratory treatment R.O.B.); some corrosion pits. Found 1982, on the spoil heap of the R.O.B. archaeological excavation of a Roman cemetery. Private possession. (DB 955)

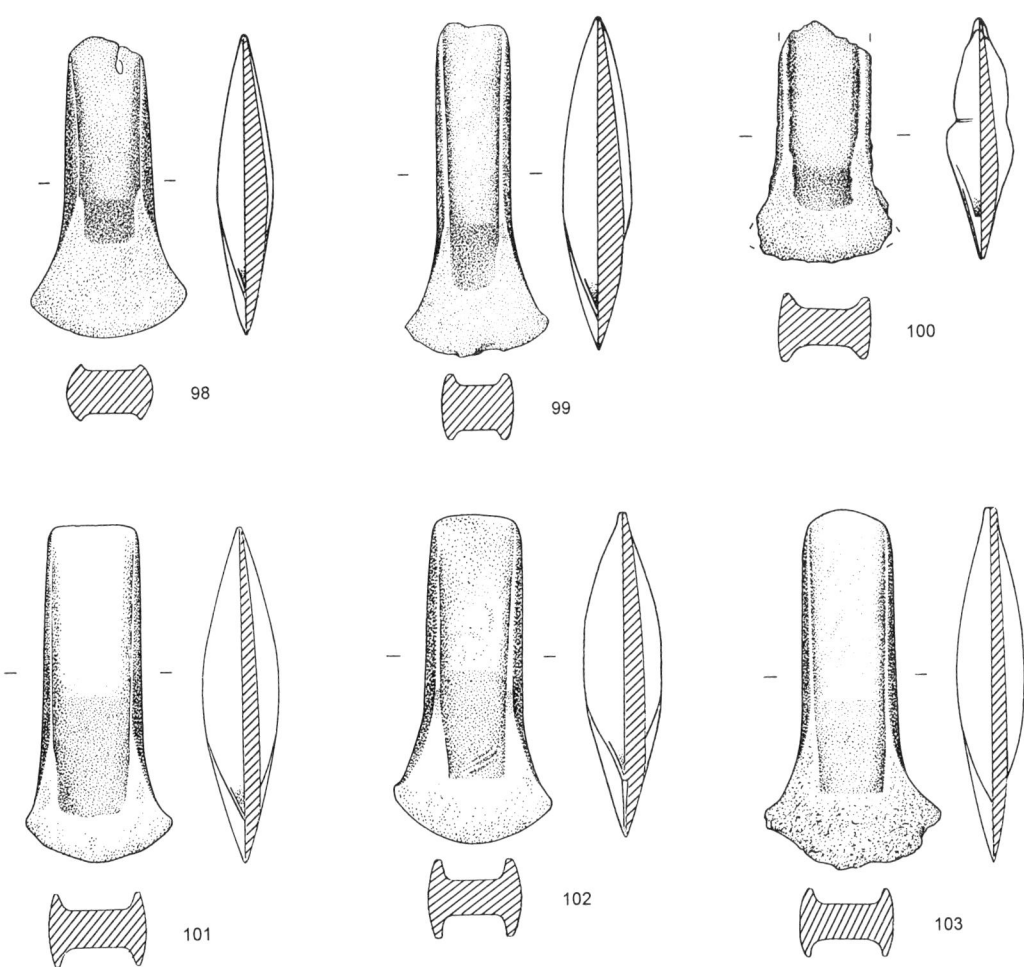

Fig. 25a. High-flanged axes of Type Oldendorf, with medial ridge (AXRO 2). 98. Nijmegen, Ge; 99. Unknown provenance; 100. De Bente, Dr; 101-102. Rhenen, Ut; 103. Rande, Ov (see also figs 25b-25d).

Map reference: Sheet 40C, c. 186/427.
Reference: van Zijll de Jong, 1983: pp. 19-20, afb. 11.

CAT.NO. 99. PROVENANCE UNKNOWN.
L. 8.9; w. 3.9; th. 1.9 (thickness septal ridge 1.35) cm. Irregular sharp butt; flat septum; rounded sides; length of lower part has been greatly reduced by resharpening; straight ground, with pouches. Cutting edge sharpened but battered. Well preserved; patina light green, but largely filed and scrubbed off; now mostly dark bronze. Museum: R.M.O. Leiden, Inv.No. u.1931/2.27; ex coll. Gildemeester. (DB 434)

CAT.NO. 100. DE BENTE, *GEMEENTE* DALEN, DRENTHE, found c. 500 m N of De Bente and 200 m N of de Bongerd.
L. (6.5); w. (3.7); th. 2.5 cm. Butt and flanges severely damaged (modern breaks). Flat septum and sides; straight ground, pouched. Much re-sharpened and reduced in length. Cutting edge battered. Severely corroded; pocked surface. Patina dark brown; heavily corroded and pocked; modern breaks light green. Found with metal detector. Private possession. (DB 696)
Map reference: Sheet 22E, 247.15/523.85.
Reference: Hielkema, 1994: p. 9, No. 28.

CAT.NO. 101. RHENEN, *GEMEENTE* RHENEN, UTRECHT, De Meent. Achterberg.
L. 9.0; w. 4.0; th. 2.0 cm. Straight sharp butt; straight flanges; slightly convex sides; H section; transverse medial ridge; straight ground, with pouches; base of flanges splayed. Edge sharp (recently resharpened). Patina: mottled green, sides dark bronze (have been filed).
Museum: Rhenen, Inv.No. A.a.8 (old No. I-489, iii-a23, vii-aa8); acquired 24 May 1919. (DB 237)
Associations: According to the Museum inventory, probably found with sherds of a decorated urn (I-480 Ac025); but the urn in question is Merovingian.
Map reference: Sheet 39E, c. 168.8/424.8.
Reference: Butler, 1963b: p. 210, II.B6.

CAT.NO. 102. RHENEN, *GEMEENTE* RHENEN, UTRECHT, De Meent. Achterberg.
L. 8.72; w. 4.26 cm; th. 2.2 mm (septum 1.8 mm). High-flanged axe; blunt butt; straight flanges; slightly rounded sides; H section; faint transverse septal ridge; edge straight-ground and subsequently hammered; base of flanges splayed on both sides. Edge sharp. Patina: dark green; original surface partly removed. Museum: Rhenen, Inv.No. A.a.9 (old No. I-490, iii-a24) acquired 24 May 1919. (DB 238)
Map reference: Sheet 39E, c. 168.8/424.8.
Reference: Butler, 1963b: p. 210, II.B7.

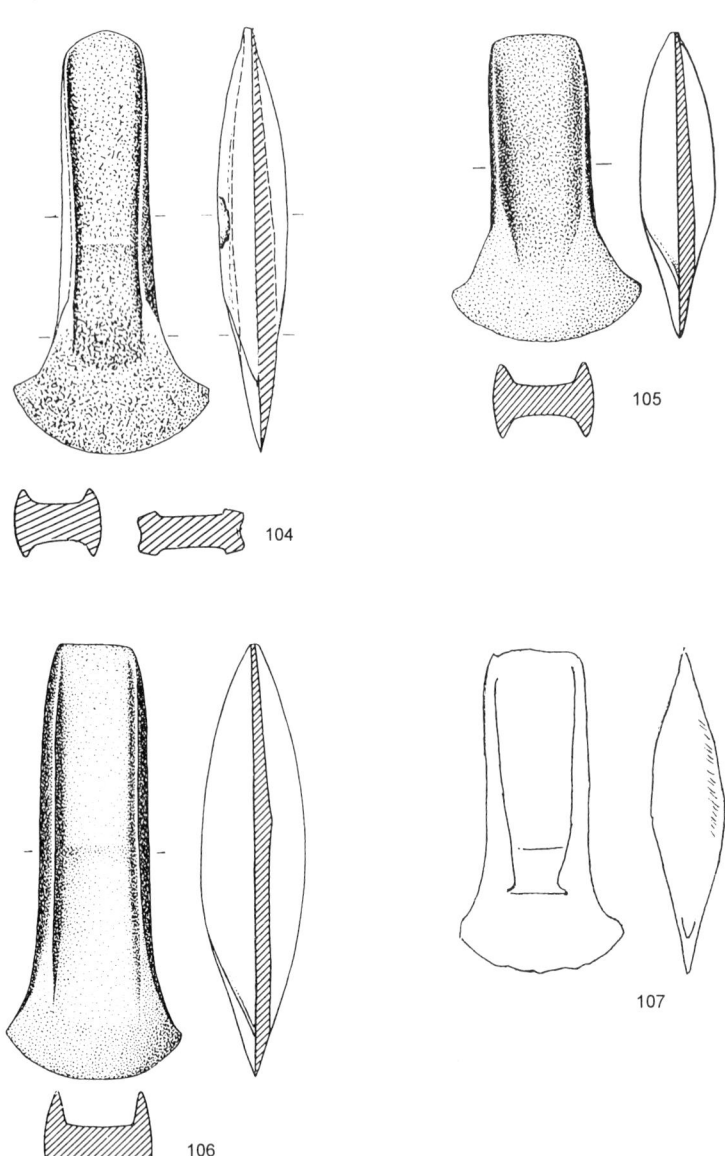

104

105

106

107

Fig. 25b. High-flanged axes of Type Oldendorf, with medial ridge (AXRO 2). 104. Reuver, Li; 105. Grubbenvorst, Li; 106. Asselt, Li; 107. Unknown provenance (see also figs 25a,25c-25d).

CAT.NO. 103. RANDE, *GEMEENTE* DIEPENVEEN, OVER-IJSSEL, Paardenkolk, in flood plain of the River IJssel.

L. 9.6; w. 4.9; th. 1.8 cm; weight 180 gr. Butt rounded, blunt; flat septum. Sides rounded, with narrow facets along their edges. Straight ground, with pronounced pouches. Patina: brownish, but light green in numerous small pits. Found August 1993 with metal detector by H.T. Niezen of Olst. Museum: Zwolle, Inv.No. 7687; (DB 706)

Map reference: Sheet 27G, 205.0/478.15.

References: *Detector Magazine* 14, April, 1994, p. 12 (with photo); *Jaarverslag* R.O.B. 1993: p. 151; Verlinde, 1994: pp. 179-180, afb. 2(3).

CAT.NO. 104. REUVER, *GEMEENTE* BEESEL, LIMBURG.

L. 11.2; w. 5.3; th. 1.9 cm; weight 103 gr. Round butt, leaf-shaped flanges; faceted sides; straight-ground blade, strongly pouched behind the everted blade tips. Patina dark bronze, originally blackish (has been mechanically cleaned). Museum: Brussels, Inv.No. B.590(1/2)

(old No. 3576; analysis No. An 27). Acquired June 1875, ex coll. Franssen. (DB 645)

Map reference: Sheet 58E, c. 203/366.

Metal analysis: Jacobsen, 1904: p. 31, An 27.

CAT.NO. 105. GRUBBENVORST, *GEMEENTE* GRUBBEN-VORST, LIMBURG, Lovendaal.

L. 8.2; w. 5.2; th. 2.0. Found c. 1950, in a field to the north of the Californische Weg, east of the Meerlo rail line. Septum of lozenge section; thin flanges, the edges of which are slightly 'outlined'; blade has been considerably reduced by straight grinding and re-hammering, with very prominent 'pouches'. Edge sharp. Patina: glossy blue-green. Museum: Venlo, Inv.No. 1602; presented 1952 by Korsten, former head of the school. (DB 1143)

Map reference: Sheet 52G, c. 207/382.

Reference: Wielockx, 1986: Cat.No. Ra.10.

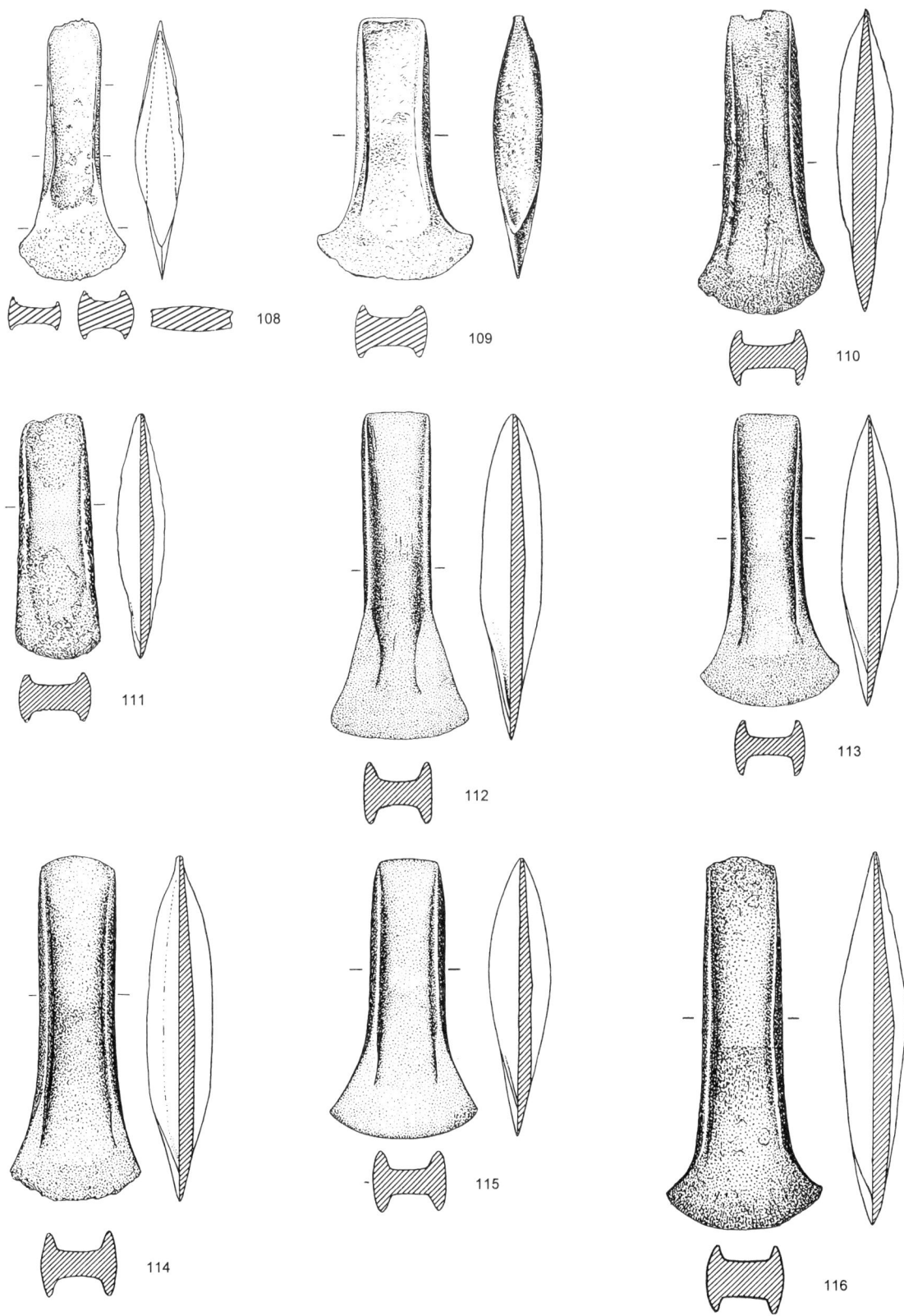

Fig. 25c. High-flanged axes of Type Oldendorf, with medial ridge (AXRO 2). 108. 'Limburg'; 109. Melick, Li; 110. *Gem.* Nijmegen, Ge; 111. Almelo, Ov; 112. Weerdingermond, Gr; 113. Bellingwolde, Gr; 114. Ter Maarsch, Gr; 115. *Gem.* 's-Hertogenbosch, N-B; 116. Near Nijmegen, Ge (see also figs 25a-25b, 25d).

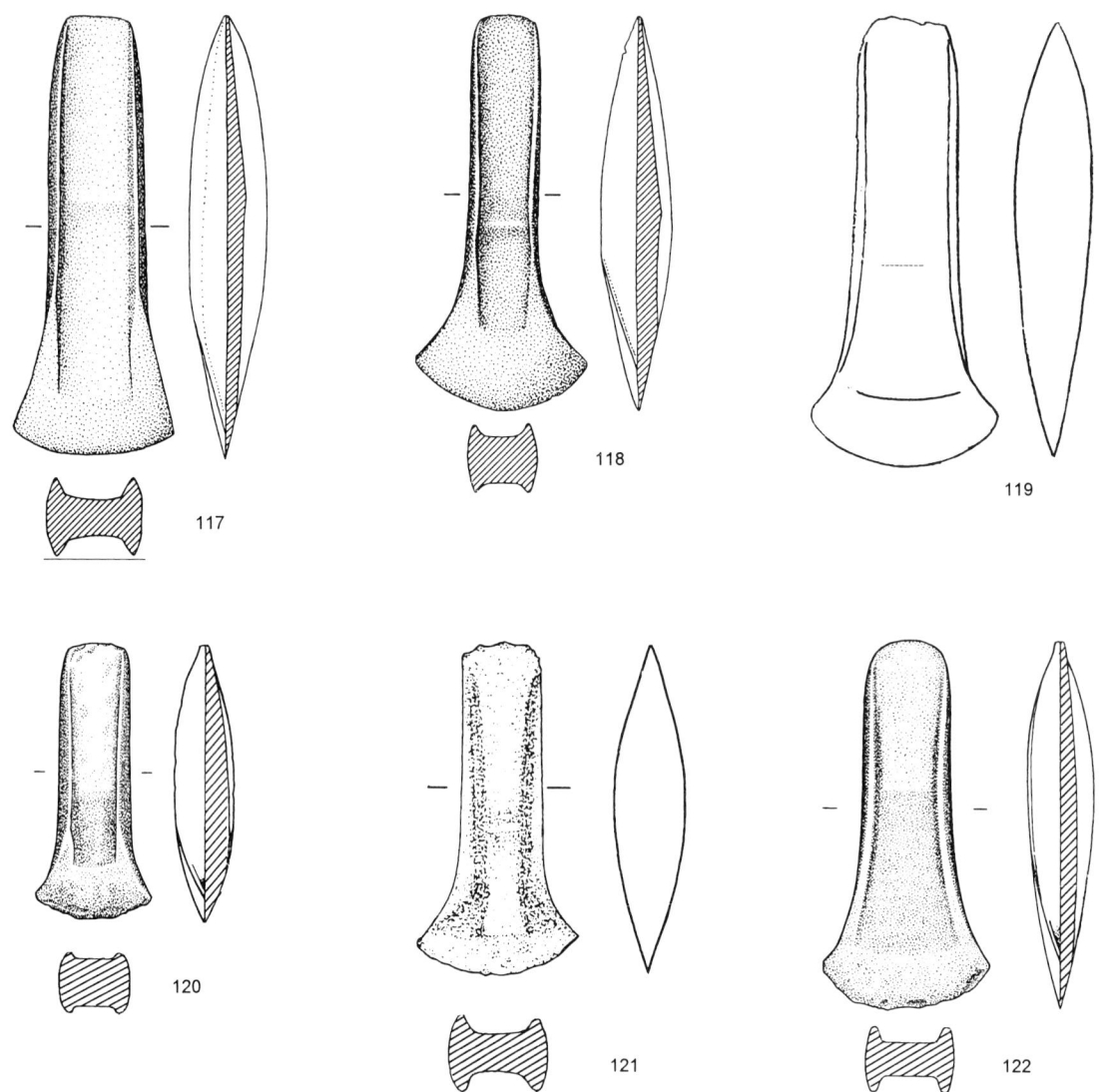

Fig. 25d. High-flanged axes of Type Oldendorf, with medial ridge (AXRO 2). 117. Near Losser, Ov; 118. Near Nijmegen, Ge; 119. Bennekom, Ge; 120. Gassel, N-B; 121. Diepenveen, Ov; 122. Meerlo, Li (119: sketch archive B.A.I.; 121, drawing R.O.B.) (see also figs 25a-25c).

CAT.NO. 106. ASSELT, *GEMEENTE* SWALMEN, LIMBURG.
    L. 11.6; w. 4.8; th. 2.85 cm. Flanged axe; high leaf flanges, flat septum with slightly developed stopridge; crescentic edge, straight-grind, pouched. Patina: mostly dark bronze; partly blackish, partly light green. Museum: Asselt, Inv.No. MA102. (DB 1164)
    Map reference: Sheet 58D:198/360.
    Documentation: R.O.B.
    Reference: Wielockx, 1986: Cat.No. Ra18.

CAT.NO. 107. PROVENANCE UNKNOWN.
    L. 8.25; w. 4.5; th. 1.5 cm. Convex parallel sides; straight ground and hammered; with decided dimpling on both sides of flanges; septal ridge. Cutting edge recently blunted. Patina: fine glossy blue-green. Surface partially damaged. Museum: Nijmegen, Inv.No. AC 10. (DB 1529)
    Reference: Butler, 1963b: p. 210, II B14.

CAT.NO. 108. PROVINCE LIMBURG, no exact provenance.
    L. 8.4; w. 3.6; th. 1.6 cm. Butt rounded; slightly damaged; narrow, parallel-sided blade; faces somewhat biconical in long section, U-shaped in cross-section; blade fanned out, with slight pouches at sides. Edge crescentic, sharpened but battered. Blade shortened by re-sharpening. Patina dull dark green; original surface mostly peeled off. Museum: R.M.O. Leiden, Inv.No. l.1976/11.407. Ex coll. Major E.H.G. van der Noorda (this large collection was for some years in Museum Oud-Ehrenstein at Kerkrade; acquired by R.M.O. 1975). (DB 1834)
    Documentation: Manuscript list Houpermans-Dreissen (in R.M.O.), No. 225.

CAT.NO. 109. MELICK, *GEMEENTE* MELICK & HERKEN-BOSCH (NOW *GEMEENTE* ROERDALEN), LIMBURG.
    L. 8.5; w. 5.15; th. 1.65 cm. Butt straight (slightly battered by modern re-use); H septum, convex sides; faint medial ridge. Straight-ground; slightly pouched. Edge sharp but battered. Patina mostly black, with greenish flecks; reverse side, mostly dull green, with blackish parts. Found by M. Erdkamp of Linne, in digging trenches at the field 'Centeberg'. Museum: St. Odiliënberg, Inv.No. 75/4. Acquired 1971 from finder. (DB 1906)

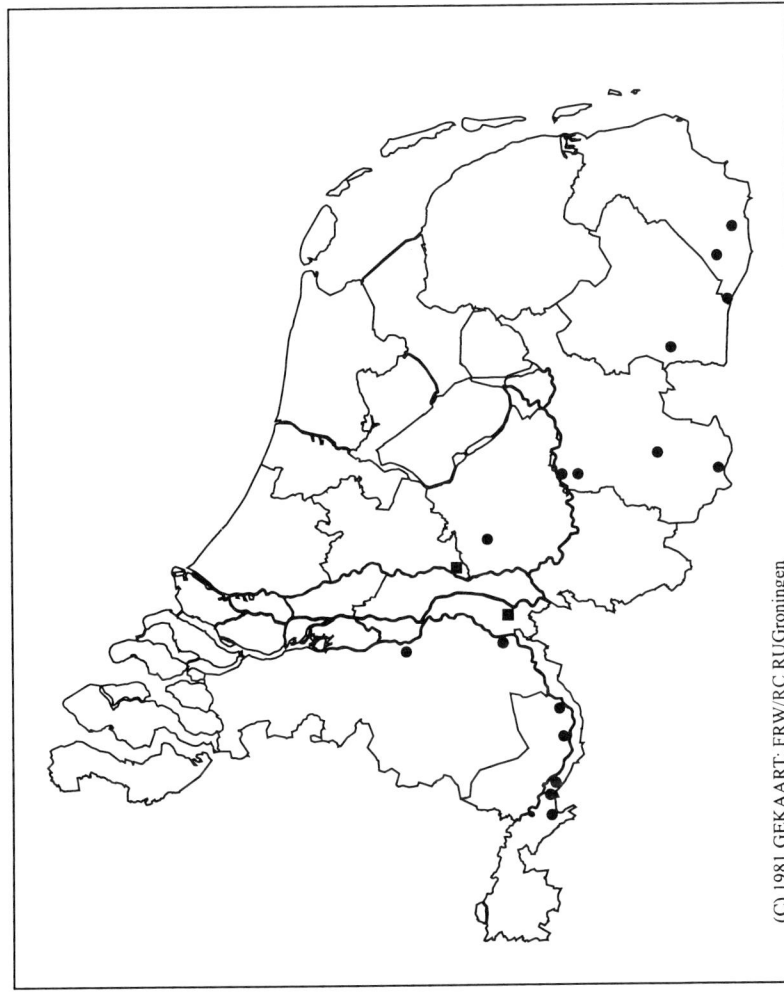

Type Oldendorf

● with septal ridge
■ ditto, two or more ex.

(C) 1981 GEKAART: FRW/RC RUGroningen

Map 12. (AXRO 2) Parallel-sided high-flanged axes, Type Oldendorf, with septal ridge.

Map reference: Sheet 58D, c. 198/352.
References: Bloemers, 1973b: p. 19, afb. 4:6; Wielockx, 1986: Cat.No. 17.

CAT.NO. 110. NIJMEGEN, GELDERLAND, River Waal.

L. 9.8; w. 4.2; th. 1.8 cm. Straight thin butt (damaged); parallel sides; straight ground. Cutting edge battered. Patina: blackish on one side, dull dark green on other. Museum: R.M.O. Leiden, Inv.No. N.S.185 (old No. I.547). (DB 1898)

CAT.NO. 111. ALMELO, *GEMEENTE* ALMELO, OVERIJSSEL.

L. 8; w. 2.85; th. 1.6 cm. Parallel sides, leaf flanges, unexpanded blade; transverse medial ridge. Butt and edge battered. Patina: only a small part of the original surface (smooth; dark brown patina) survives. Mostly light powdery green, rough. Museum: Enschede, Inv.No. 1978-9; ex coll. Eshuis. (DB 2084)
Map reference: Sheet 28G, 240.96/486.98

CAT.NO. 112. WEERDINGERMOND, *GEMEENTE* VLAGT-WEDDE, GRONINGEN.

L. 10.6; w. 4.55; th. 2.5 cm. From peat bog at Ter Apel. Parallel sides, rather flat; H section; septal ridge; base flanges straight ground and hammered (very pronounced pouches). Straight blunt butt. Patina: cleaned; traces of black. Museum: Groningen, Inv.No. 1892/I.3; presented by C.E. Knipshorst of Groningen. (DB 164)
Map reference: Sheet 18A, c. 267/544.

References: *Verslag* 1892: p. 13, No. 17; Butler, 1963b: p. 209, II B2; Hielkema, 1994: p. 40, No. 19.

CAT.NO. 113. BELLINGWOLDE, *GEMEENTE* BELLING-WEDDE, GRONINGEN.

L. 9.45; w. 4.6; th. 1.9 cm. Found in de Gliede (black peat) in the Bourtanger Moor. ("Gevonden in de Gliede, i.e. 'de zwarte veen-specie' in the Bourtanger Moor"). Parallel sides; high, thick flanges; septal ridge, base of flanges ground and hammered. Thin sharp straight butt. Edge sharp. Patina: cleaned; traces of black. Museum: Groningen, Inv.No. 1911/VI.2; purchased through mediation of M.M. Mumtjer of Bellingwolde. (DB 173)
Map reference: Sheet 13B, c. 273/571.
References: *Verslag* 1911: p. 10, No. 3; Butler, 1963b: p. 209, II B1; Hielkema, 1994: p. 36, No. 1.

CAT.NO. 114. TER MAARSCH, *GEMEENTE* STADSKANAAL, GRONINGEN.

L. 11.2; w. 4.45; th. 2.2 cm. Rounded blunt butt; parallel faceted sides, blade straight ground (slightly pouched on sides). Faint transverse septal ridge. Patina: mostly blackish; where surface peeled off, mottled green. Museum: Groningen, Inv.No. 1907/VI.1; presented by L. Franken of Oude Pekela. (DB 169)
Map reference: Sheet 13C, c. 263/559.
References: *Verslag* 1911: p. 7; Butler, 1963b: p. 209, II-B3; Hielkema, 1994: p. 39, No. 14.

CAT.NO. 115. *GEMEENTE* 's-HERTOGENBOSCH, NOORD-BRABANT.

L. 9; w. 4.9; th. 2.1 cm. Faintly curved blunt butt; flat septum, parallel sides; slightly bulging transverse medial ridge. Straight ground; pouched. Museum: 's-Hertogenbosch, Inv.No. 17? (DB 1403).

CAT.NO. 116. NIJMEGEN (SURROUNDINGS), GELDERLAND.

L. 12.1; w. 5.2; th. 2.25 cm. Thin sharp butt (slightly damaged), parallel sides, medial transverse ridge; straight ground. Cutting edge damaged. Patina: dark green. Corrosion pitted. Museum: R.M.O. Leiden, Inv.No. N.S.753 (old No.I.545); purchased from J. Grandjean, antique dealer of Nijmegen. (DB 1628)

CAT.NO. 117. LOSSER (SURROUNDINGS), *GEMEENTE* LOSSER, OVERIJSSEL.

L. 11.7; w. 4.4; th. 2.15 cm. Slightly curved butt, H septum, straight parallel sides; slight septal ridge; straight-ground sharp blade, with pouches. Edges of flanges bevelled. Patina: well preserved dark bronze colour. Black patch on one side. Surface pitted. Museum: Enschede, Inv.No. 411 (old No. 0.362). (DB 1047)
Map reference: Sheet 29C, 266/476.

CAT.NO. 118. NEAR NIJMEGEN, GELDERLAND.

L. 10.6; w. 4.7; th. 1.95 cm. Narrow, with parallel sides, thin butt, transverse septal ridge; straight-ground and pouched. Patina: dull black. Museum: Nijmegen, Inv.No. AC 16 (old No. E III No. 10). Acquired 1874. (DB 1485).
References: *Verslag* 1874, No. 11; Butler, 1963b: p. 210, II-B13.

CAT.NO. 119. BENNEKOM, *GEMEENTE* EDE, GELDERLAND, Oostereng.

L. 12, w. 4.9 cm. Strongly everted blade tips; fine green patina. Museum: formerly B.A.I., Groningen, Inv.No. 1955/V.9; but stolen. (DB 834)
Map reference: Sheet 39F, c. 174/445.

CAT.NO. 120. GASSEL, *GEMEENTE* BEERS (NOW *GEMEENTE* CUYK), NOORD-BRABANT. Blauwe Sleen.

L. 7.4; w. 3.25; th. 1.7 cm. Short, thick-centred axe with low flanges of maximum height 2.5 mm; butt slightly rounded; rounded sides, __/ septum; transverse medial ridge; straight ground, with slight pouches. Found November 1980 in a field southwest of Beers. Patina: black; where damaged dark green. Mostly smooth surface, but pitted. Private possession. Museum: Cuyk, loan. (DB 935)
Map reference: Sheet 46A, 186.24/414.60.
Reference: Verwers, 1983: p. 21, afb. 11.

CAT.NO. 121. DIEPENVEEN, *GEMEENTE* DIEPENVEEN, OVERIJSSEL.

L. 8.6 cm; w. 4.5; th. 1.8 cm.; weight 136 gr. Rounded thin butt (recently hammered); cutting edge sharp, straight ground. Corroded; has been conserved with benzatriazol and beeswax by R.O.B. Found 1993 with metal detector. Private possession. (DB 875)
Map reference: Sheet 27G, 207.55/477.800.
References: *Jaarverslag* ROB 1993: p. 151; Verlinde 1994: pp. 179-180, fig. 2:2.
[We have not seen this axe; details are from literature cited and from A. Verlinde (R.O.B. and Museum Enschede)].

CAT.NO. 122. MEERLO, *GEMEENTE* MEERLO-WANSSUM, LIMBURG. Karrewiel.

L. 9.9; w. 4.5; th. 1.85 cm. (Max. th. septum, at medial ridge: 0.9). Butt rounded, blunt; in cross-section faces flat, sides very slightly convex, with edge facets; slight transverse medial ridge; straight ground, slightly pouched. Cutting edge sharpened, recently abraded. Surface well preserved and mostly smooth and glossy, despite corrosion; light brown loamy encrustation. Museum: Venray, Inv.No. 1501; on loan since 1986. (DB 2110)
Map reference: Sheet 52E, 204.75/392.27.
Documentation: R.O.B. (object No. 52EZ-122).

Netherlands distribution: see Maps 14 and 12.

4.9.3. *Parallel-sided high-flanged axes, Type Oldendorf, variant Ekehaar (AXRO3) (fig. 26)*

These are small Oldendorf axes, similar to variants 1 and 2 above, and thus more or less comparable with the Legden variant of Kibbert; but their distinguishing feature is the presence of three or four incised or punched-in transverse lines on the septum, where otherwise an 'incipient stopridge' might occur.

CAT.NO. 123. EKEHAAR, *GEMEENTE* ROLDE, DRENTHE.

L. 9.7; w. 4.2; th. 2.1 cm. Rounded blunt butt, parallel sides, flat faces. Sides facetted; faces ornamented with three transverse grooves. Blade sharp; has been resharpened by hammering and grinding. Patina: blackish. Well preserved. Bored for metal sample on one side. Found (1873-4) in a heath field. Museum: Assen, Inv.No. 1876/X.3. (DB 80)
Metal analysis (Anorg. Chem. Lab., Univ. Gron. 1935): Cu 90.4, Sn 8.9, Sb 0.6, total 99.9.
Map reference: Sheet 12D, c. 236/552.
References: *Verslag* 1876: p. 6; Butler, 1963b: p. 309, II-A.2 and p. 193, fig. 6; Hielkema, 1994: p. 29, No. 109.

CAT.NO. 124. NIEUW-BUINEN (NEAR), *GEMEENTE* BORGER, DRENTHE.

L. 10.8; w. 45.2; th. 1.95 cm. With high flanges; slightly rounded thin butt, parallel facetted sides. Slight ridge on septum, below which are five transverse incised lines. The blade is heavily rehammered and reground. Cutting-edge sharp. Patina: bronze colour; traces of black. Very well preserved. Found 1881 near Nieuw-Buinen, in peat workings, on the underlying sand. Museum: Assen, Inv.No. 1883/VII.1; acquired 16 July 1883 from J.G. Gratam of Nieuw-Buinen. (DB 83)
Metal analysis (Anorg. Chem. Lab., Univ. Groningen, 1934): Cu 87.3, Sn 11.2, Sb tr, Fe tr.
Map reference: Sheet 12H, c. 258/553.
References: *Verslag* 1883: p. 10, No. 10; Butler, 1963b: fig. 6; Hielkema, 1994: p. 3, No. 8.

CAT.NO. 125. EES (EESERVELD), *GEMEENTE* BORGER, DRENTHE.

L. 9.3; w. 4.4; th. 1.95 cm. High leaf-shaped flanges, rounded blunt butt, parallel sides, flat faces; 3 facets on each side; face ornamented with 4 transverse grooves. Blade sharp; has been resharpened by hammering and grinding. Patina: blackish. Well preserved. Bored for metal sample on one side. Found Summer 1923 by K. Buist of Kiel near Schoonoord, near the colony in the peatbog of the Eeserveld near Ees. Museum: Assen, Inv.No. 1924/I.4; purchased from H. Weggen of Schoonoord. (DB 132)
Metal analysis (ACL Gron. May 1935); Cu 90.6, Sn 8.4, Sb 0.55, Ni 0.30, total 99.85%
Map reference: Sheet 17F, 245.60/545.80.
References: *Verslag* 1924: p. 15, No. 32; Hielkema, 1994: p. 4, No. 13.

CAT.NO. 126. TER WISCH/TER HAAR, *GEMEENTE* VLAGTWEDDE, GRONINGEN.

L. 10.8; w. 4.5; th. 1.7 cm. High-flanged axe: narrow body, widening towards blade; thick septum without distinct septal ridge, but with traces of transverse grooves. Butt and cutting end damaged recently. Patina: greenish. Surface rough. Found between Ter Wisch and Ter Haar, E. of the Ruiten Aa. Museum: Groningen, Inv.No. 1934/I.1; purchased through B.D. Kuipers of Sellingen. (DB 180)
Map reference: Sheet 18A, 269.90/547.70.
Documentation: H.A. Groenendijk, dossier Vlagtwedde No. 46.
Reference: Hielkema, 1994: p. 41, No. 22.

Type Oldendorf

● Variant Ekehaar

Map 13. (AXRO 3) Parallel-sided high-flanged axes, Type Oldendorf, Variant Ekehaar.

CAT.NO. 127. PROVENANCE UNKNOWN.

L. 7.5; w. 3.95; th. 1.8 cm. High flanges. Butt thin, rounded. H septum, with three horizontal incised lines. Blade severely reduced by re-grinding and hammering; marked pouches on sides. Blade sharp. Patina: grey-black, with faint reddish stains; pitted. Museum: Groningen, Inv.No. 1959/X.1. (DB 183)

References: Butler, 1963b: p. 209, II-A1; Hielkema, 1994: p. 44, No. 34.

CAT.NO. 128. VALTHE, *GEMEENTE* ODOORN, DRENTHE.

L. 9.6; w. 4.3; th. 1.95 cm. Straight blunt butt, flat septum; three deep transverse grooves on each face; straight ground. Cutting-edge battered. Patina: glossy dark green. Found c. 15 years prior to accession during digging of a ditch north of Valthe. Museum: R.M.O. Leiden, Inv.No. c.93/6.2 (old No. I.538). Purchased from G.J. Landweer Jr. of Nieuw-Buinen. (DB 355)

Documentation: R.M.O.L correspondence, *Ontv. br.* 1893: 116; 148; *Verz. br.* 1893: 150, 173.

Map reference: Sheet 17F, c. 256/540.

References: Butler, 1963b: p. 209, II-A5; Holwerda, 1925: p. 69, Afb. 25, No. 2; Hielkema, 1994: p. 24, No. 90.

CAT.NO. 129. PROVENANCE UNKNOWN.

L. 7.6; w. 3.2; th. 1.5 cm; weight 115 gr. Four transverse medial grooves present on one face only. Straight ground, with pouches on sides. Cutting edge sharpened; butt battered. Badly corroded. Patina: dark bronze; light green in blisters. Museum: Nijmegen, Inv.No. AC

9 (old paper label: "E III No. 5, Kabinet van Oudheden Nijmegen"; in Museum card file, "afkomst Kabinet Guyot"). Acquired 1895. (DB 1481)

Reference: Butler, 1963b: p. 309, IIA7.

CAT.NO. 130. NIJMEGEN (AT OR NEAR), RIVER WAAL, GELDERLAND.

L. 8.8; w. 5.4; th. 2.45 cm. Thick butt (irregular); ridged septum, with transverse lines; expanded semi-circular cutting edge, pouched on sides; has been reduced and resharpened by hammering and grinding. Patina: black, with orange surface deposit on part. Museum: R.M.O. Leiden, Inv.No. N.S. 336. (DB 1624)

Reference: Mei 1880:54.

CAT.NO. 131. GRAMSBERGEN, *GEMEENTE* GRAMSBERGEN, OVERIJSSEL.

L. 8.9; w. 4; th. 1.8 cm. Found in 1961 by D. Braam, Nieuw-Amsterdam, under 0.5 m silt on the sand, a good 1.5 km north of Gramsbergen, in the sharp angle formed by the new national road and the drainage canal. Private possession. (DB 1724)

Map reference: Sheet 22E, 242.7/516.3.

CAT.NO. 132. KRACHTIGHUIZEN, *GEMEENTE* PUTTEN, GELDERLAND.

L. 7.9; w. 4.8; th. 2.5 cm; weight 120 gr. Group of three horizontal grooves on one face, 4 on the other. Heavily re-sharpened; strongly pouched. Found March 1961 by R. van Beek of Krachtighuizen in his

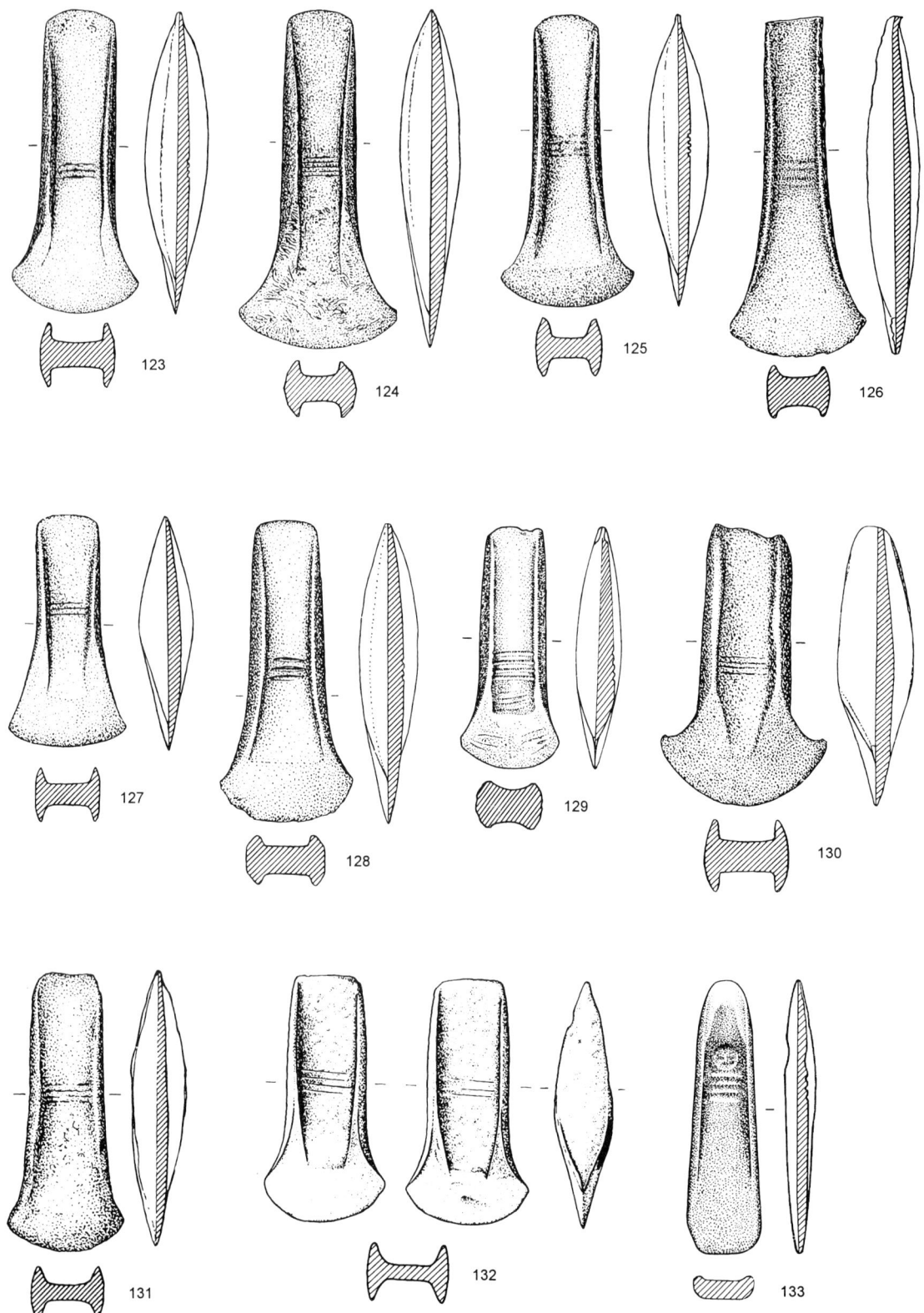

Fig. 26. High-flanged axes of Type Oldendorf, variant Ekehaar (AXRO 3). 123. Ekehaar, Dr; 124. Near Nieuw-Buinen, Dr; 125. Ees, Dr; 126. Ter Wisch/ter Haar, Dr; 127. Unknown provenance; 128. Valthe, Dr; 129. Unknown provenance; 130. At or near Nijmegen, Ge; 131. Gramsbergen, Ov; 132. Krachtighuizen, Ge (drawing I.P.P.); 133. *Gem*. Gasselte, Dr.

garden, 4 m northwest of his house (Krachtighuizerkern 22), at a depth of c. 20 to 30 cm. Patina glossy dark green, somewhat pitted; patches of black incrustation. Museum: Ermelo, Inv.No. Put.IV.1. (DB 2094)

Map reference: Sheet 32F, 320, 171.125/472.402.
Reference: van Sprang, 1993: p. 94, Afb. 132 (photo).

CAT.NO. 133. *GEMEENTE* GASSELTE, DRENTHE, N of Kostvlies.

L. 8.7; w. (2.4); th. 0.8 cm. Heavily rolled and eroded; four transverse grooves on face. Patina: mostly dark bronze; traces of light green patina, in places light bronze to copper-coloured. Found c. 1960 in a cultivated field, while picking potatoes. Private possession. (DB 683)

Map reference: Sheet 12G, 249.30/556.63.
Reference: Hielkema, 1994: p. 19, No. 70.

Distribution of Ekehaar variant (Map 13): Most of the provenanced examples are from a small area in middle Drenthe and the adjacent corner of Groningen; the Gramsbergen example in the north of Twente is not far from this centre. One specimen, Cat.No. 132, is known from the Veluwe (Krachtighuizen, *gemeente* Putten), and one is attributed to the Nijmegen area. Thus the Ekehaar variant seems to represent a small local, northern group, presumably there manufactured.

It is of course possible that these axes were made outside the area in question, and only locally decorated with the transverse groove-lines.

4.9.4. *High-flanged axe, type Oldendorf, but with stopridge (AXRO 4) (fig. 27)*

CAT.NO. 134. WAGENINGEN, *GEMEENTE* WAGENINGEN, GELDERLAND. De Drie.

L. 12.9; w. 4.9; th. 2.3 cm. High-flanged stopridge axe; rounded butt (slightly damaged), parallel sides with expanded blade tips; straight ground; prominent 'shelf' stopridge (poorly cast on one side).

Faint edge-facets on sides. Patina glossy green, *Edelpatina* (but partly pitted), or lab-treated; on one side and one face with light brown loamy encrustation. Found August 1987 with metal detector on wooded site, c. 15 cm. below surface, in probably moved ground. Museum: Wageningen, on loan. (DB 606)

Map reference: Sheet 39F, 175.49/444.59.
Documentation: R.O.B. Amersfoort.
Reference: Hulst, 1988: pp. 186-187, afb. 4

CAT.NO. 135. OMMERSCHANS, *GEMEENTE* OMMEN, OVER-IJSSEL.

L. 12.8 w. 4.3; th. 2.3 cm; weight 323 gr. Irregular butt (damage), rounded septum and sides; slight, somewhat bulging stopridge. Straight ground, but without pouches. Blade only slightly expanded, nearly semi-circular. Patina mostly dark brown, where peeled off light green; some brown loamy encrustation. Butt and cutting edge abraded. Found by mr. Grafhorst of Zwolle, just under humus at a depth of 20 cm, with metal detector in woods. Museum: Zwolle, Inv.No. 7404; purchased 1989. (DB 884)

Map reference: Sheet 22C, 223.50/510.58.
References: *Jaarverslag* R.O.B. 1989: p. 139; Verlinde, 1990: p. 129, afb. 5.

Discussion: These two axes (Cat.Nos 134 and 135) have all the features of the flanged axes of Oldendorf type but are distinguished from them by the possession of a developed 'shelf' stopridge, comparable with Blanchet & Mordant (1987) stopridge Type 2 (their pp. 90-91, fig. IB, pp. 107-108, figs 13-14). A related example is from the Schelde at Wichelen, Oost-Vlaanderen (Warmenbol, 1992: pp. 76-77, No. 52). A Northwest-French origin for these axes is thus likely. Such axes must have served as prototypes for the flanged stopridge axes of Vlagtwedde type.

Netherlands distribution: included on Map 14.

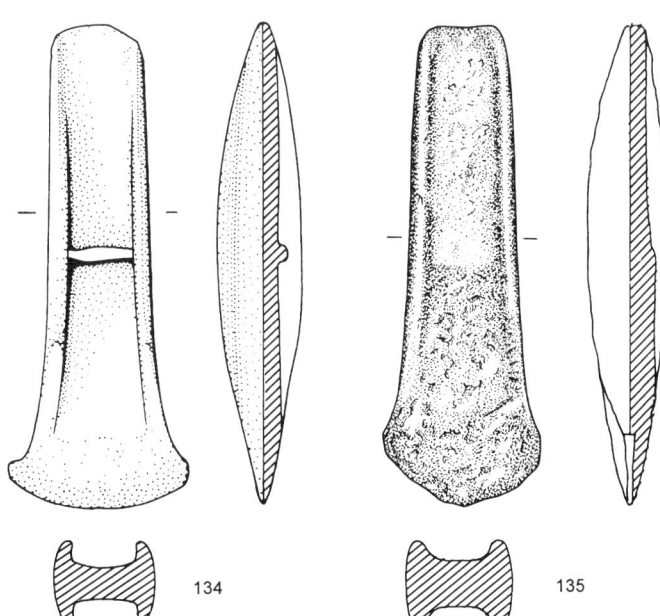

134 135

Fig. 27. High-flanged axes of Type Oldendorf, but with stopridge (AXRO 4). 134. Wageningen, Ge; 135. Ommerschans, Ov. (134, after Hulst, 1988).

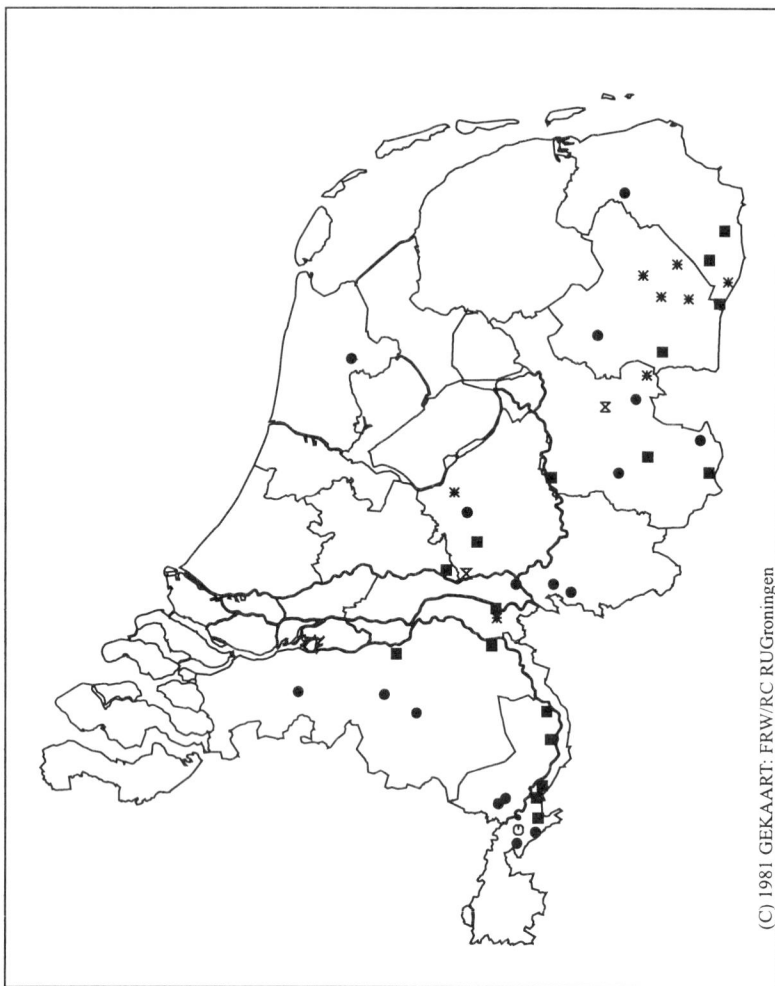

Type Oldendorf

● no septal ridge
■ with septal ridge
✳ Variant Ekehaar
⊠ with stopridge
☉ fragment

(C) 1981 GEKAART: FRW/RC RUGroningen

Map 14. (AXRO 1-4) Parallel-sided high-flanged axes, Type Oldendorf, Variants AXRO 1-4.

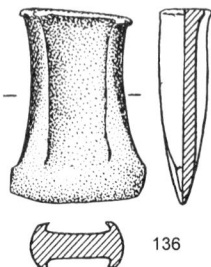

136

Fig. 28. Flanged axe of Type Oldendorf, fragment. 136. Near Montfoort, Li.

4.9.5. *Flanged axe of Type Oldendorf, fragment (AXRO) (fig. 28)*

CAT.NO. 136. NEAR MONTFOORT, *GEMEENTE* MONTFORT (NOW *GEMEENTE* AMBT MONTFORT), LIMBURG, 'Rozendaal'.

L. 5.15; w. 3.7; th. 1.9 cm. Fragment (blade end) of flanged axe. Blade straight ground; blade tips damaged; opposite end has been hammered. Museum: R.M.O. Leiden, Inv.No.l.1904.II.15; purchased from A.C. van Beurden of Roermond through intermediation of Prof. Schreinemakers of Leiden. (DB 371)

Map reference: Sheet 60B, c. 192/349.
Location: included on Map 14.

Netherlands distribution of flanged axes of Type Oldendorf (Maps 11-13): The axes of Oldendorf type are the most common of the earlier Middle Bronze Age flanged axe types in the country, there being, all told (if we include all the varieties, and also count the examples not closely provenanced) some sixty examples known in the Netherlands. Both varieties 1 and 2 appear to be fairly widely spread in the North, Centre and South, but are poorly represented in the West. Variety 3 is, as we have seen, a local variant found chiefly in the Northeast, in the Drenthe-Groningen area. Two examples with a shelf stopridge (Cat.Nos 134 and 135), are from Wageningen, along the Rhine, and from Overijssel respectively.

Flanged axes of Type Oldendorf: parallels and distribution: The axes of Oldendorf type and their relatives occur widely across the North European plain, and in the Scandinavian area. For Northwest Germany, Bergmann (1970: pp. 26-27, 85-86 *Liste* 41, Karte 14) has listed and mapped (though unfortunately not illustrated) no less than 74 examples, under Lissauer's designation *Randbeile vom Nordeutschen Typ*. Presumably, these, or most of them at any rate, are broadly identical with Kibbert's Type Oldendorf and our Oldendorf 1 and 2, even if on closer examination some should prove to belong to different types. (How easily confusion can arise in these matters is exemplified by the fact that the *Typ Oldendorf* axe from the Oldendorf hoard, which gives its name to the type in Kibbert, is not listed by Bergmann as falling under the *Norddeutscher Typ* in his list (*Liste* 41), but is listed as a *Stegbeil* – which it is not – in his *Liste* 43).

Related axes can also be found in the Armorican Tréboul group and in other Atlantic French contexts, alongside high-flanged axes which are technically similar but not parallel-sided. In Britain the type is rare, but a few examples of at least related axes occur in Arreton contexts. It would be well beyond the scope of this study to attempt to examine the interrelationships of the flanged axes in these areas; we shall here confine ourselves to the relationship between the 'Oldendorf' axes in West Germany and those in the Netherlands.

Bergmann (1970: p. 86, *Liste* 42, Taf. 3:3, *Karte 15*) also lists five flanged axes which he describes as *Beile mit hohen Randleisten und einige Querrillen in der Bahnmitte*. But the axes he lists from the hoards of Neukloster and Hüvede do not have such *Querrillen*. The three stray finds he lists require checking:
– Vielleicht Lohne und Umgebung, Kr. Vechta, Museum Cloppenburg;
– Aus dem alten Herzogtum Oldenburg, Museum Oldenburg;
– Cappeln, Kr. Cloppenburg, Museum Cloppenburg;
Interestingly, the axe from Ter Wisch/Ter Haar in the province of Groningen (Cat.No. 126) has much in common, in size, form and decoration, with an example from a bog in the northern part of the island of Fyn, Denmark (without exact provenance; Aner & Kersten III: p. 150, No. 1964I). These two axes are likely to be from a common source; but at present we have no indication as to where that source may lie.

Dating: In the Netherlands there are no datable finds in which Oldendorf axes have occurred. East of the Netherlands, Oldendorf axes do not occur in graves; but in North and West Germany they have been found in a not inconsiderable number of hoards.

Nearest to the Netherlands is the Wildeshausen hoard in Oldenburg (Jacob-Friesen, 1954; 1967: Cat.No. 707, Taf. 33). It contains two Type Oldendorf axes with transverse septal ridge (AXRO2). These were found together with two *geknickte Randbeile,* an undecorated Bagterp spearhead with square peg-holes (cf. the Overloon hoard: Butler, 1992: Part I, pp. 74-76, Find No. 12),

an early Tumulus Bronze Age wheel-headed pin with four spokes, a decorated C bracelet, and a punch. These objects are appropriate to or contemporary with the Sögel-Wohlde sphere and, in Central European terms, Lochham\Early Tumulus times.

Other hoards containing Type Oldendorf axes include:
– Oldendorf, Kr. Halle, Westfalen (Jacob-Friesen, 1967: No. 1257, Taf. 18:7-10). An AXRO 2 (is Kibbert's No. 255), found with two decorated stopridge axes of Type Plaisir. The name-giving find;
– I[h]lsmoor, Neukloster, Kr. Stade, Niedersachsen: Sprockhoff, 1941: Taf. 24:3; Butler, 1963: p. 50, fig. 10, Pl. Vc, see also the index. From the photo an AXRO2 axe; found with British-type shield palstaves, North German Y-decorated palstaves, decorated Nordic shaft-hole axe;
– Oldersbek, Kr. Husum, Schleswig-Holstein (according to Aner & Kersten a probable hoard, in view of consistent patina): Jacob-Friesen, 1967: No. 707, Taf. 3:11-13; Aner & Kersten V, 1979: p. 158, No. 2827. An AXRO2 with 3-faceted sides; Sögel dirk, dec. and undec. spearhead of Bagterp type, flanged axe of Type Mägerkingen;
– Glasin, Kr. Wismar, Mecklenburg: Jacob-Friesen, 1967: No. 1355, Taf. 7:11-16 (axe, No. 13, is similar to our AXRO 2, but is slightly trapeze-shaped). Schubart (1972: p. 101, No. 90, Taf. 19, B1-B6) shows the axe without transverse medial ridge. Found with undecorated Bagterp spearheads;
– Carow, Kr. Genthin (Bez. Magdeburg, Central Germany): Jacob-Friesen, 1967: No. 1428, Taf. 19:9-12; probably part of a hoard. One AXRO 1, one AXRO 2, with Mägerkingen flanged axe, decorated spearhead, knobbed sickle, rectangular-sectioned chisel;
– Rü[h]low, Amt Stargard, Mecklenburg: Sprockhoff, 1941: Taf. 27:7; Schubart, 1972: Taf. 59:A14. AXRO2; with early western palstaves and stopridge axes, Danubian ornaments, etc.

All these finds indicate contemporaneity with the Sögel-Wohlde Kreis, the Ilsmoor horizon, Northern Period IB, and the South German Early Tumulus phase.

The hoards from Virring (Forssander, 1936: Taf. XL), Torslunda (Forssander, 1936: Taf. LIII), and Cascina Ranza, cited by Kibbert in this context, contain flanged axes which may well be considered as being related to the Oldendorf-North German type (though the Torslunda axe is somewhat more trapeze-shaped). Several examples in the South German hoards of Bühl and Ackenbach (more recently, Rittershofer, 1983) are in outline more or less similar to the Oldendorf axes, but have flanges that are rather too low to be properly considered as Oldendorfers.

It would thus seem that the axes of Oldendorf type were introduced to the Netherlands from the Northwest-German area during the Sögel-Wohlde phase. Whether they were all imports, or whether they were actually

manufactured in the Netherlands, is at present indeterminate, though the latter seems likely. Indeed, the
Ekehaar variety has some claim to be considered as a
local type produced in the Drenthe-Groningen area.

However, flanged axes very similar to the Oldendorf
type also occur in Brittany (Briard, 1956; 1958: p. 35
and plate; 1961: Pl. I:1, Pl. II:3; 1965: pp. 82-84, fig.
23:1,5-7), appearing in Tréboul-phase hoards such as
Tréboul itself, Vicomté-sur-Rance (C. du N.) and
Kermabec en Treguennec (Fin.). Possibly to be related
to these are axes such as Dep. 02 Aisne (Blanchet &
Mordant, 1987: fig. 6:8) and Charleville-Mézières (Dep.
08 Ardennes; Blanchet & Mordant, 1987: fig. 6:13). A
sandstone mould from the mould hoard of Plumieux (C.
du N., Brittany) contains a negative for a similar axe
(Briard, 1965: p. 94, fig. 30).

The exact relationship of these West French flanged
axes to the Oldendorf type of the North European plain
is a question requiring further investigation.

The fact that so many of the Type Oldendorf axes in
the Netherlands and elsewhere have been subjected to
considerable re-sharpening makes it clear that they
were employed as heavy-duty tools. The number of
examples present in the Netherlands – nearly 60 –
indicates that the Oldendorf axes were the principal
flanged axe type in use during the Sögel-Wohlde phase.

4.10. Parallel-sided high-flanged axes, Type Mägerkingen (AXRM) (fig. 29)

Definition: Kibbert, 1980: pp. 150-156. The axes have
nearly parallel sides, the septum is rather flat and the
flanges less high-standing than is the case with Oldendorf
axes. Kibbert distinguishes three variants. Our Cat.No.
110, long with slightly S-shaped edges, may be
considered to belong to his Variant Leiberg; Cat.Nos
137 and 138, both from Nijeveen, are just long enough
to qualify for membership of his Variant Berghausen;
1087, though incomplete, was very probably short
enough to belong to his Variant Hohenrode.

CAT.NO. 137. NIJEVEEN, *GEMEENTE* NIJEVEEN, DRENTHE.
L. 15.2; w. 4.1; th. 1.6 cm. Medium-high flanges, straight parallel
sides, flat faces; rounded blunt butt; rims of flanges nicked. Cutting-
edge sharp. Patina: blackish (partly removed). Bored for metal
sample, on both faces. Found June 1869 in the peat workings of K.
Smit, two *opstrekken* (peat-working strips) east of the so-called toll
road from Nijeveen to Meppel. Museum: Assen, Inv.No. 1870/VI.9.
(DB 78)
    Map reference: Sheet 16G, 208.86/527.26.
    Metal analysis (Anorg. Chem. Lab., Univ. Groningen, 1934): Cu
87.2, Sn 12.2, Sb 0.15, Pb 0.1 (Total 99.65).
    References: *Verslag* 1870, p. 4, No. 6; Pleyte, 1882: p. 77, Pl.
LXXIII:2; Hielkema, 1994: p. 22, No. 81.

CAT.NO. 138. NIJEVEEN, *GEMEENTE* NIJEVEEN, DRENTHE.
L. 15.2, w. 4.25; th. 1.8 cm. Found in peatland belonging to farmer
K. Smits of Nijeveen, 'and at some distance left from the village street
leading from the railway to the heart of the village'. Museum: R.M.O.

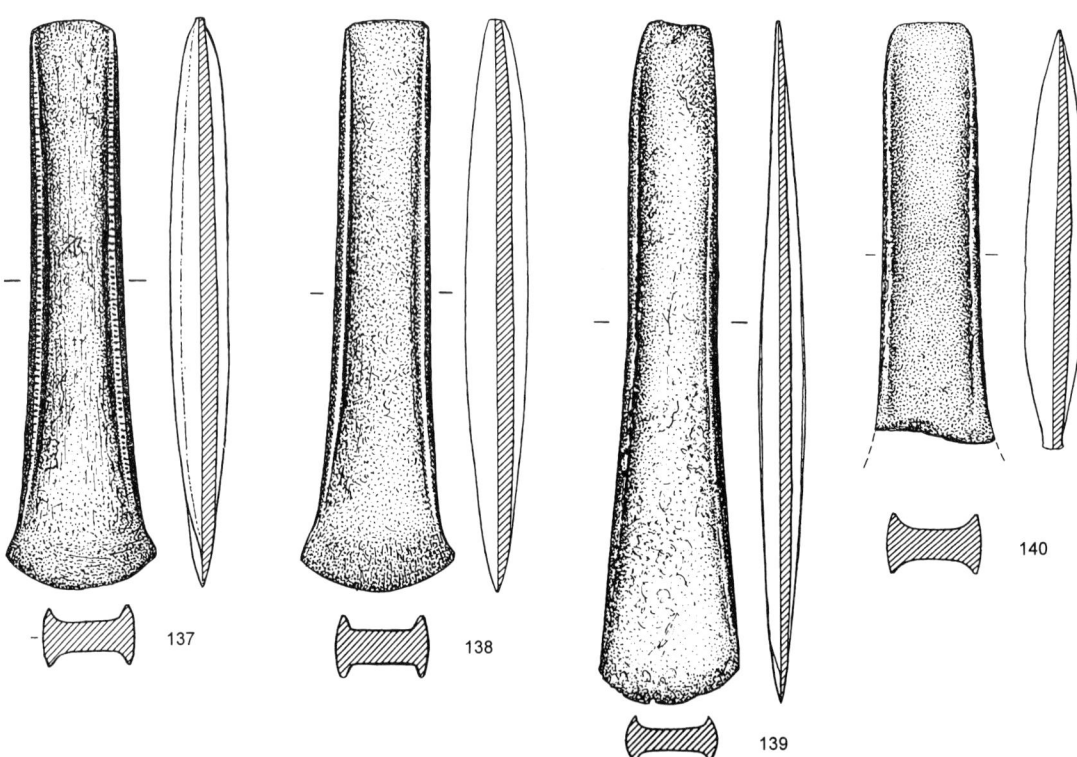

Fig. 29. Flanged axes of Type Mägerkingen (AXRM). 137-138. Nijeveen, Dr; 139. Odoorn/Exloo, Dr; 140. Huinerbroek, Ge.

■ Type Mägerkingen

(C) 1981 GEKAART: FRW/RC RUGroningen

Map 15. (AXRM) High-flanged axes, Type Mägerkingen.

Leiden, Inv.No. NV 4. Accession June 1870 (No. 62). (DB 322)
    Map reference: Sheet 16G, 208.800/527.550.

CAT.NO. 139. ODOORN/EXLOO, *GEMEENTE* ODOORN, DREN-THE.
    L. 18.2; w. 3.8; th. 1.3 cm. Medium high, thin flanges, parallel sides, slender thin body with flat faces; thin butt. Patina: dark glossy green (*Edelpatina* or lab-treated), but badly scratched and battered. Bored for metal samples on both sides. Found March 1909 by J. Jagt of Odoornerzand while digging out a rabbit in the dunes east of the road Odoorn/Exloo. Museum: Assen, Inv.No. 1909/III.3; purchased from finder. (DB 110)
    Metal analysis (Anorg. Chem. Lab., Univ. Gron., 1935): Cu 88.6, Sn 10.54, Ni 0.24, Fe 0.48.
    References: *Verslag* 1909, p. 10, No. 18; Hielkema, 1994: p. 25, No. 94.

CAT.NO. 140. HUINERBROEK, *GEMEENTE* PUTTEN, GEL-DERLAND.
    L. (11.2); w. (3.1); th. 1.6 cm. Blade part broken off and missing; break surface has been hammered. Butt straight, sharp (recent file marks); septum flat, sides nearly flat in section. Patina: dark bronze, almost black, with greenish tinge; surface has been scrubbed on. Museum: B.A.I. Groningen, 1945/II.50. Ex coll. Overdiep. (DB 1087)
    Map reference: Sheet 32E, c. 167/472.

    Parallels: Abels, 1972: pp. 59-62, Nos 395-465 (divided into Variants A-F; distribution his Taf. 51B; but cf the critical note by Kibbert, 1980: p. 153 note 1a); Kibbert, 1980: pp. 150-156, Nos 272-300A, distribution Taf. 63B.

Netherlands distribution: Three of the examples of Mägerkingen axes in the Netherlands are from the North, in Drenthe (two were found in the same peat-working at or around the same time; whether they actually were associated is not recorded), and one is from the Veluwe, in the centre of the country. They can be presumed to be imports from South or West German Tumulus Bronze Age territory. A Belgian find, from Grembergen, Oost-Vlaanderen, has been illustrated by Warmenbol (1992: pp. 76, 78, No. 54).

Dating: The Swiss-South German examples were dated by Abels (1972: p. 62) to the *Stufe* Lochham-Habsheim; the more extensive review by Kibbert (1980: pp. 155-156, concurs in general, though a few possibly earlier and later finds are cited. There can little doubt that the type was current predominantly during the Earlier Tumulus/Sögel-Wohlde phase.

The incomplete Alphen axe (Cat.No. 141, below), which could belong to the Mägerkingen type, is from the primary grave of a tumulus with encircling bank (*ringwal*).

4.11. The Alphen flanged axe (AXRZ) (fig. 30)

CAT.NO. 141. ALPHEN, *GEMEENTE* ALPHEN EN RIEL, NOORD-BRABANT.

L. 10.8; w. 3.5, th. 1.2 cm. Found in a central, primary cremation deposit on the old ground surface under a burial mound of sods, with ditch and internal bank (*ringwalheuvel*). Excavated 1961-1962 by G. Beex. The bronze axe was severely corroded and could be taken up only after impregnation with plastic; it was treated in laboratory of the R.O.B., Amersfoort, but only part of the axe was recoverable. Museum: 's-Hertogenbosch; Inv.No. 9816. (DB 1402)

The preserved lower part of the axe is trapeze-shaped, with scarcely expanded blade. The septum is flat, the flanges moderately high, the sides rounded.

Map reference: Sheet 50G, 123.93/387.01.

References: Beex, 1966: pp. 53-65; Butler, 1966: pp. 66-68; van Doorselaar, Beex & van Schie-Herweyer, 1969: p. 56.

Discussion: The Alphen axe is not assignable to a distinct type; it could belong to any one of Kibbert's types Friedewald, Mägerkingen, Unterbimbach, Herbrechtingen, perhaps others.

The decoration in the form of groups of parallel horizontal incised lines on the sides of the Alphen axe has occasional parallels on axes of varied form. In West Germany we can cite the axe with low-placed flanges (*unterständiges Randbeil*), not more exactly classifiable (Kibbert's No. 133, Taf. 68C) from the hoard of Hausberge, Kr. Minden; and the long-shaft flanged axe (*langgestieltes Randbeil*), Kibbert's No. 405, from a 'Sögel' grave at Westerloh, Kr. Paderborn, Nordrhein-Westfalen (of Kibbert's *Form Westerloh-Hauptweiler*; cf. his Taf. 69A). Cf. also Tavel, Kr. Fribourg (Abels,

1972: No. 171; classified by him as a *löffelförmiges Randleistenbeil der Typ Lausanne I, Var. B*, and dated by him to his earlier A2 phase).

An axe similar in form to the Westerloh specimen, the axe Kibbert's No. 407, from the Rhine at Mainz, has similar groups of transverse incised lines, but each group is edged with a row of small arcs. These axes are dated by Kibbert to the Sögel-Wohlde-Lochham phase. The Alphen grave monument (barrow with ring-ditch/circular bank) would be consistent with this (Lanting & Mook, 1977: p. 109). The shield palstave in the Hausberge find offers a direct link to the British-West French Early Middle Bronze Age 'early shield palstave' series.

Mention may also be made of a partially-flanged axe (flanges on the lower part of the blade) from eastern Germany (dredge find near Klütz, Kr. Greifenhagen) which also has such groups of transverse lines on the sides: on one side as on the Alphen axe, but on the other side alternating with pendant rows of hatched triangles (Kersten, 1958: Taf. 53:549). A similar case in which the both sides are differently decorated, and exactly as on the Klütz axe, is the *geknickte Randbeil* from Büschau, Kr. Schleswig (Aner & Kersten IV, 1978: No. 2439). The parallel-line groups are also found on the large flanged axe with exaggerated, semi-circular blade from Bury, Oise: Blanchet, 1976: fig. 32:6; 1984: p. 512 (under Bury No. 1), with further references; and the flanged axe from a rich Period I grave in Tumulus 27 of Hüsby, Kr. Schleswig-Flensburg (former Kr. Schleswig) (Aner & Kersten IV, 1978: pp. 130-132, No. 2362 G). One may notice that all these axes are compatible, typologically and/or by associations, with the Sögel-Wohlde phase on the North German plain.

4.12. Other flanged axes (fig. 31)

CAT.NO. 142. (AT OR NEAR) WESSEM, *GEMEENTE* WESSEM (NOW *GEMEENTE* MAASBRACHT), LIMBURG, R. Maas.

L. (11.2; butt end broken off and missing); w. 5.8 cm. Upper part parallel-sided, lower part trapeze-shaped; slight transverse medial ridge; expanding blade tips. Cutting edge sharp. Recovered in gravel-winning along the River Maas in the 1960's. Private possession. (DB 619)

[This axe has not been seen by the present writer, and on inquiry in Sept. 1995 was no longer accessible].

Reference: Stoepker, 1991: p. 273, afb. 41 (photo).

CAT.NO. 143. *GEMEENTE* LAREN (ZEVEN BERGJES?), NOORD-HOLLAND.

L. 8.9; w. 3.5; th. ? cm. Heavily distorted fragment. Museum: Hilversum, Inv.No. B.306. (DB 1107)

CAT.NO. 144. KESSEL, *GEMEENTE* KESSEL, LIMBURG, River Maas.

L. 6.2; w. 4.6; th. 1.25 cm. Fragment with medium-high flanges; sides rounded; crescentic cutting edge; narrow body outline. Break ancient. Patina: glossy dark green. Dredge find. Possibly Saxon type. Private possession. (DB 1713)

Map reference: Sheet 58E, c. 201/367.

CAT.NO. 145. VOORHOUT, *GEMEENTE* VOORHOUT, ZUID-HOLLAND, from the hoard: Butler, 1990: Part I, Find No. 14, pp. 78-84, No. 1, fig. 17A:1).

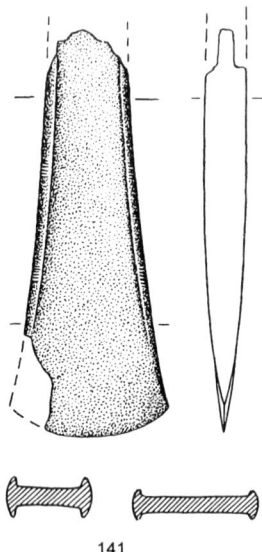

141

Fig. 30. The Alphen flanged axe. 141. Alphen, N-B.

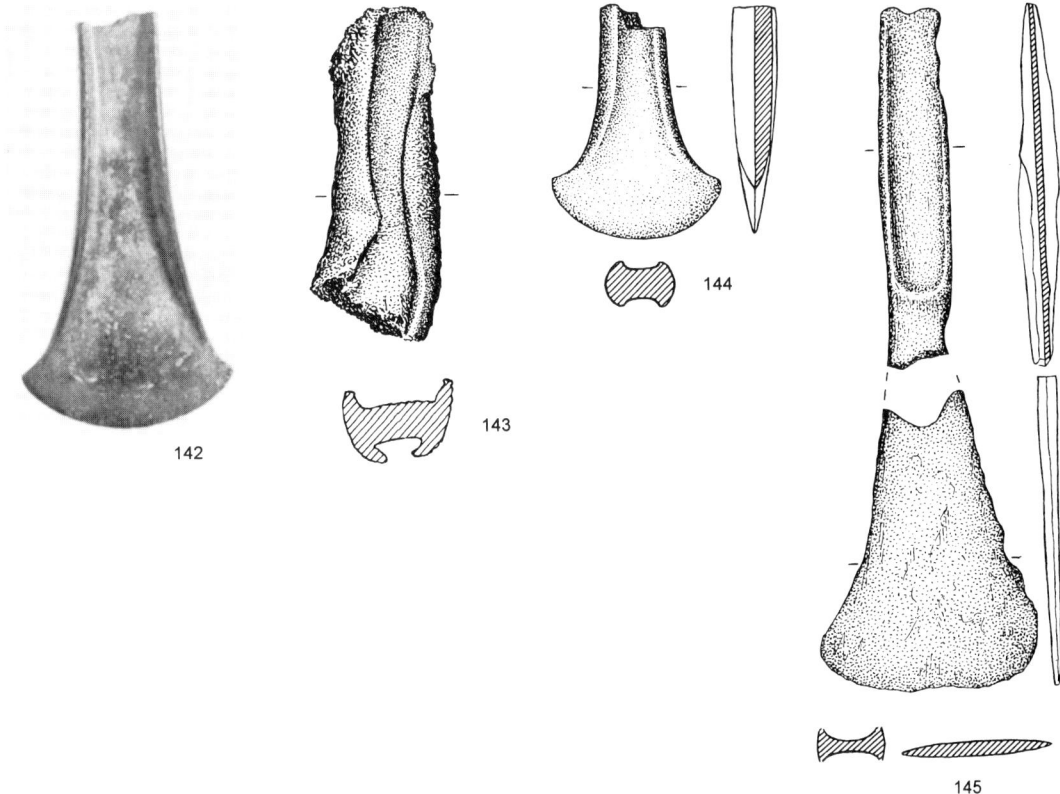

Fig. 31. Other flanged axes. 142. At or near Wessem, Li (photo R.O.B.); 143. *Gem.* Laren, N-H; 144. Kessel, Li; 145. Voorhout, Z-H (hoard).

L. (as reconstructed) 18.5; w. (6.0); th. (1.1) cm. Flanged axe/palstave?: very thin, of unusual form and proportions. Low, cast flanges, rounded septum, long widely expanded blade. Faint trace of incipient stopridge on one side. Broken; the central portion missing. Museum: R.M.O. Leiden, Inv.No. h.1908/10.18. (DB 1683)

Map reference: Sheet 30E, 93.3/470.4

References: Butler, 1990: p. 78 (with previous references), fig. 17A:1; Schmidt & Burgess, 1981: p. 123.

4.13. Transitional flanged axe/winged axe (AXRX) (fig. 32)

CAT.NO. 146. NIJMEGEN (JACOB CANISSTRAAT), *GEMEENTE* NIJMEGEN, GELDERLAND.

L. 16.3; w. 3.4; th. 1.5 cm. Narrow, slender axe with S-curved profile. Trapeze-shaped butt part, medial low flanges with slight stop at their base; blade of rectangular section. Patina dull green, partly brown. Museum: Nijmegen, Inv.No. AC 25 (old No. E III.16). (DB 1494)

Map reference: Sheet 40C, c. 186/427.

Parallels: A few similar axes are known in the East Central European area, in Austria (Mayer, 1977: pp. 126-127, Nos 459-460); Slovakia (Novotná, 1970: Nos 265, 269); Hungary, especially in the Uzd hoard (Mozsolics, 1967: pp. 174-176, Taf. 54-58; for dating see her p. 121). Mayer classifies these axes as transitional between flanged axe and winged axe. The type does not seem to occur outside that region, and we may leave open the question as to whether it should be suspected to be a modern import to Nijmegen.

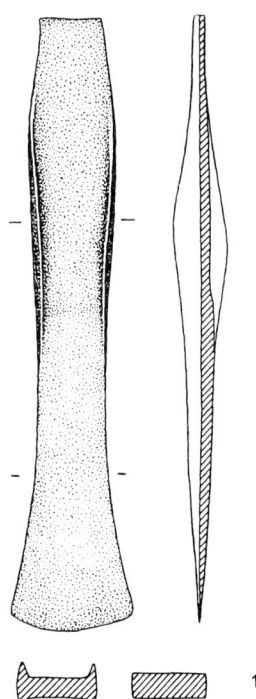

Fig. 32. Transitional flanged axe\winged axe. 146. Nijmegen, Ge.

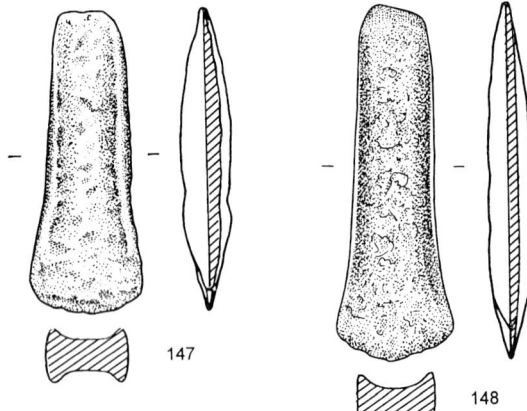

Fig. 33. Atypical small, nearly parallel-sided flanged axes. 147. *Gem.* Beilen, Dr; 148. *Gem.* Emmen, Dr.

4.14. Atypical small, nearly parallel-sided flanged axes (fig. 33)

The following-cited axes (Cat.Nos 147 and 148) are difficult to classify exactly. They are nearly parallel-sided, without widely expanding blades. The flanges are not high enough to justify their inclusion among the axes of Type Oldendorf. Kibbert (1980) has a number of axes which can be considered to be reasonably similar, but these are classified under a variety of different headings.

CAT.NO. 147. *GEMEENTE* BEILEN, DRENTHE, SE of Ponderosa.

L. 8.1; w. 3.0; th. 1.5 cm. Irregularly abraded butt; parallel, flattish sides. \＿/ section. Severely corroded and pitted; original surface almost entirely gone. Patina originally brownish; light green where corroded. Found 1987 in ploughed field, with metal detector, by J. Janssen of Beilen. Museum: Assen, Inv.No. 1987/X.1; acquired 1987 from finder. (DB 663)

Map reference: Sheet 17B, 232.550/542.550

References: *The Coinhunter* 24 (December), 1987: p. 37; Hielkema, 1994: p. 3, No. 7.

CAT.NO. 148. *GEMEENTE* EMMEN, DRENTHE, Westenes.

L. 9.5; w. 3.2; th. 2.1 cm; septum 0.64 cm. Butt asymmetrical; sides parallel, nearly flat, section |＿|. Cutting edge irregularly eroded, severely corrosion-pitted. Patina: bright green (sides bright bronze); has been heavily scrubbed. Found in a cultivated field, WSW of the Oranjekanaal, c. 1550 m WSW of Westenes. Museum: Assen, Inv.No. 1981/II.7; acquired 24 February 1981 from S. Zantingh of Westenes. (DB 677)

Map reference: Sheet 17H, between 253.50/533.95 and 253.45/533.63.

Reference: Hielkema, 1994: p. 17, No. 62.

4.15. Miscellaneous flanged axes (fig. 34)

CAT.NO. 149. LAGE VUURSCHE, *GEMEENTE* BAARN, UTRECHT, probably from a grave in a tumulus.

L. 23; w. 7; w. at butt 2.5 cm. Also found was a bronze double-wire ring (or pair of rings, one inside the other) with diameter 3.25 cm. (DB 1108)

The present location of this axe is unknown. A description and a small sketch drawing were contained in a letter of O. van der Aa to E.

Luden, dd. 16 Aug. 1918, the relevant part of which is quoted by Bakker (1976; see Documentation and References below).

We here translate Bakker's transcription: "This chisel [sic] was found approximately a half year ago [i.e., early in 1918] by a certain farmer Webbe while digging up a piece of ground on which pine wood had stood; who lives on a farm at a place called *de linden* [the limes], on the cycle path Hooge Vuursche-Lage Vuursche near the Soestdijk road...

The chisel is of bronze and completely intact. It is flat in the middle, with a small elevation at the edges... At one end there is a widening, ground sharp. On the other side it is blunt. In the middle are several scratches, which are however not symbols. The ring belonging to it consists of two rings which fit into each other. The openings in each of the rings lie opposite each other... these two rings are also of bronze and fully intact... Except for this chisel nothing further was found in this mound".

Shortly before van der Aa's letter, the axe was sold to a collector of antiquities, a van der Heyden of Baarn. Despite investigations by Bakker, nothing is known of its subsequent history or of its present whereabouts.

The dimensions here cited are written in alongside the sketch of van der Aa. The lines on the side-view suggest that the sides were 3-faceted, but this is not supported by the cross-section, which indicates flattened sides. The butt is shown as rounded and thickish. Unfortunately there is reason to doubt the accuracy of the sketch; in any case the drawing does not correspond with the proportions indicated by the cited dimensions (23 cm/7 cm). As no axe very similar to this drawing is known, its typing is uncertain. In view of its unusual length, it could be a French-type 'Atlantic' flanged axe (cf. Type AXSA above). On the other hand it could be, especially in view of the incised lines on the face (if indeed they can be so interpreted) an axe of AXRO3 (Type Oldendorf, var. Ekehaar); but it is very much larger, if the cited dimensions are correct, than the AXRO3 axes in the rest of the country. One could perhaps even think of a somewhat enlarged version of the axes of Typ Fussgönheim (above, Type AXRF, a giant example of which has been found at nearby Hilversum (above, Cat.No. 71, Type AXRF2).

Reference: Bakker, 1976: pp. 256-258, afb. 1.

Documentation: Letters Otto L. van der Aa to General (retd.) E. Luden, dd. 16 Aug. and 10 Sept. 1918, formerly preserved in Archief Stad en Lande van Gooiland: Register 4-1410, Bezittingen en Opgravingen 6 en 7. The present location of this letter is unknown (information J.A. Bakker, I.P.P. Amsterdam), but a photo-copy is in the possession of the present writer.

5. STOPRIDGE AXES

We here use the term 'stopridge axe' to describe axes with high side-flanges that also possess a distinct stopridge, more prominent than merely a ridge defined by the meeting of two planes. Further, the stopridge axe is distinguished from palstaves in that the septum below the stopridge is not distinctly thicker than the septum above it. This definition does not entirely agree with those employed by other authors, but has the advantage of simplicity. Admittedly there are axes which hover on the boundary between these two basic types; in most cases the drawings will provide greater clarity than any amount of verbal description.

We begin with western European stopridge axe types that are scarce in the Netherlands (AXSB, AXSPL); followed by a local derivative well represented in the central area of the Netherlands (AXSV) and several miscellaneous types (AXRO4, AXSM, AXS/P).

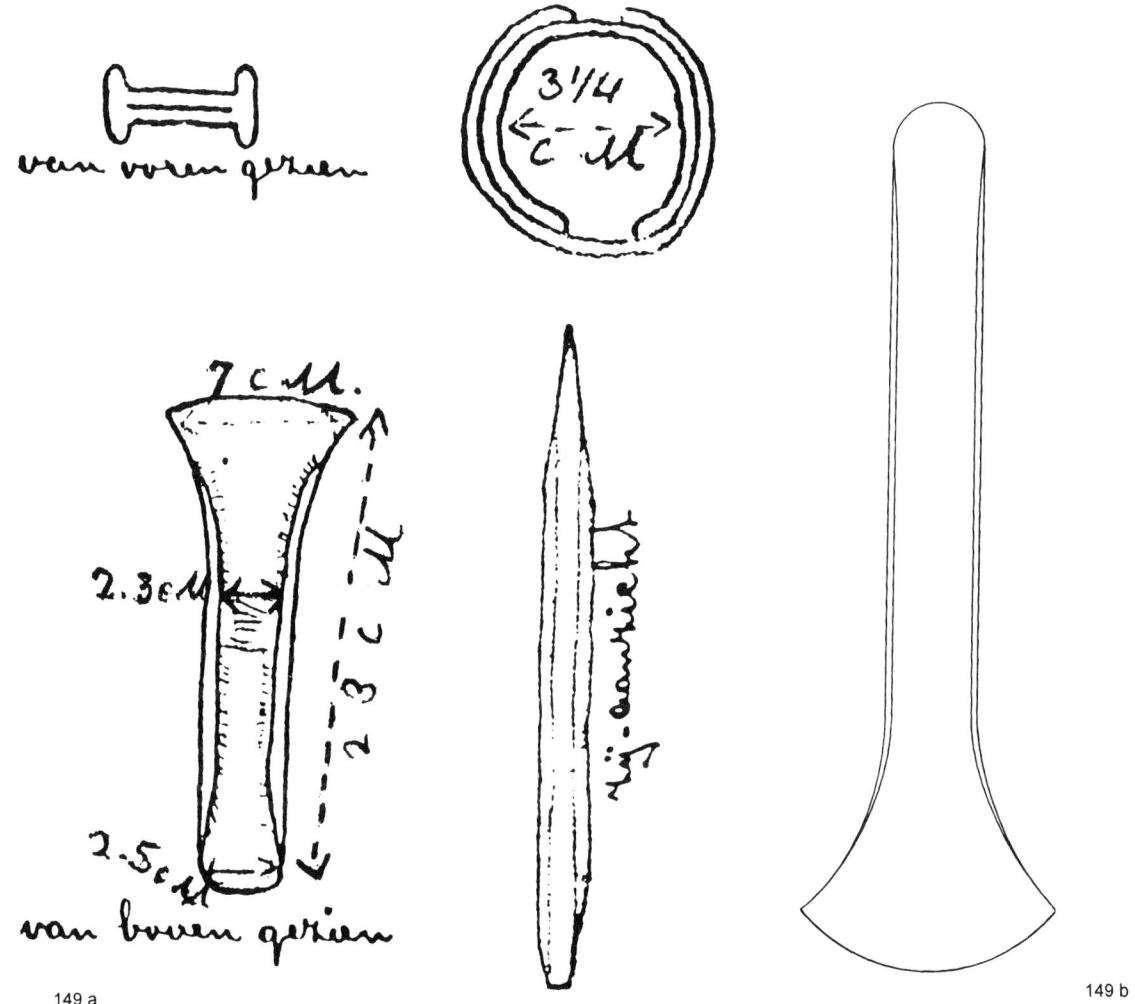

149 a   149 b

Fig. 34. 149. Lage Vuursche, Ut. a. Rough sketch van der Aa (1918) not to scale; b. Possible reconstruction by J.N. Lantig, utilizing dimensions given by van der Aa.

5.1. Early short-flanged axes of British types: Bannockburn, Caverton (AXSB) (fig. 35)

We lump together here two stopridge axes formally of different types, but which have in common a British background, and which belong more or less to the same chronological horizon.

5.1.1. *Type Bannockburn*

CAT.NO. 150. AIJEN, *GEMEENTE* BERGEN, LIMBURG.
L. 12.5; w. 6.45; th. 2.3 cm. Straight blunt butt, flat septum, low stopridge; wide, crescent-ground, sharp cutting edge. Patina: black; partially with orange encrustation. Museum: R.M.O. Leiden, Inv.No. I.1916/2.1. Manner of acquisition not recorded. (DB 391)
   Map reference: Sheet 57E, c. 200/399.
   Reference: Butler, 1963a: Pl. VII:2.

Discussion: A number of very similar axes, but varying rather in size, are known in Belgium and the northern part of France:

– Wachenne, section de Baisé (Flostoy): Museum Namur (Warmenbol, 1991/1992: p. 150, note 3, photo Pl. I lowest). (N.B.: Warmenbol gives the find-spot of this axe as Goesnes (Filée), suggesting that the earlier literature (which he here cites) has confused the find-spot of this axe with that of the flat axe previously attributed to Goesnes);
– Hastière, Prov. Namur, Belgium: Museum Brussels, Inv.No.B 2433 (Mariën, 1952: fig. 181:1). This axe has a stopridge in the form of an oval bulge (*butées de forme elliptique*) such as occur on seven flanged axes, of varied form, in the east of the Paris Basin, cited by Blanchet & Mordant, 1987: p. 91; there enumerated under typological group D, but listed under group E on p. 92, fig. 2 with square symbols; cf. also their fig. 15 (where the drawings do not always clearly show the type of stopridge mentioned), p. 117;
– 'Bourgogne', no exact provenance, 21 Côte-d'Or

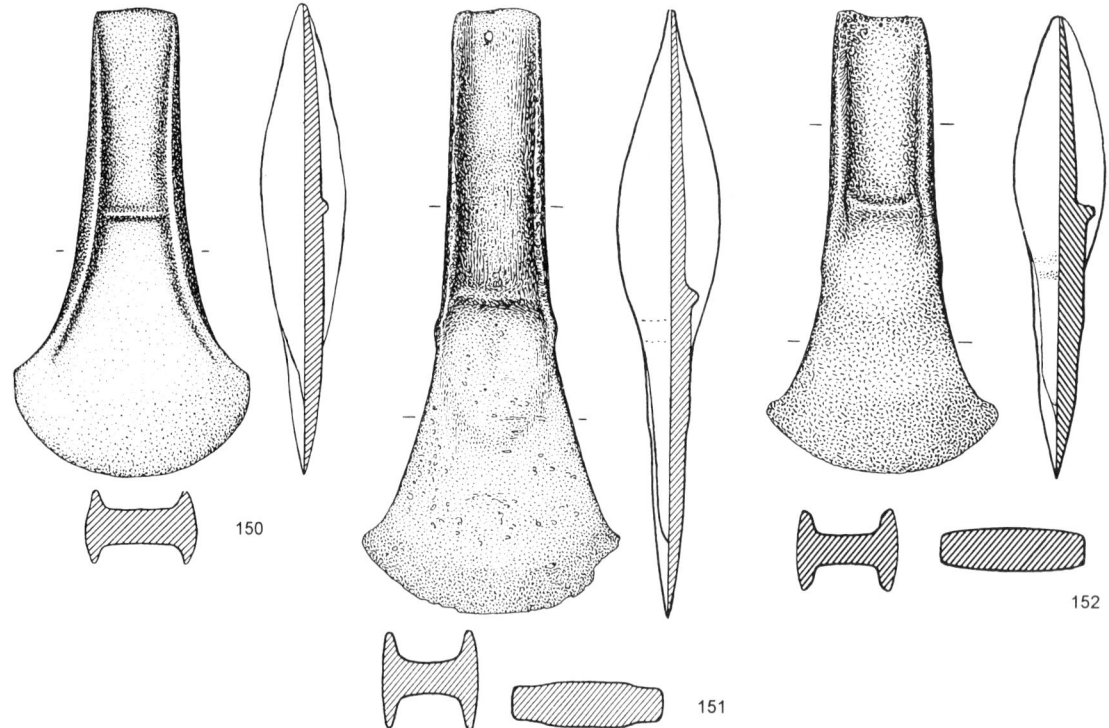

Fig. 35. Early short-flanged axes of British types. 150. Type Bannockburn. Aijen, Li; 151-152. Type Caverton; 151. Unknown provenance; 152. Loosduinen, Z-H.

or 71 Saone-et-Loire (coll. Millon): Blanchet & Mordant, 1987: fig. 15:1;

– Boulogne-sur-Mer (environs), 62 Pas-de-Calais: Museum Boulogne (Blanchet, 1984: p. 152, fig. 71:1, p. 543, No. 2 under Boulogne, with further references); Blanchet & Mordant, 1987: p. 101, No. 2, p. 99, fig. 7:13). Length 14 cm;

– Monceau-les-Leups, 02 Aisne (Blanchet & Mordant, 1987: p. 93, p. 111, fig. 16A:2); with cabled sides; possibly found with a flanged axe of Langquaid type; ex coll. Delvincourt (drawing Breuil);

– Epernay region (no exact provenance; from River Marne?), 51 Marne: Museum Epernay 739; Blanchet & Mordant, 1987: p. 98, p. 110, fig. 15:4. This axe has an oval stopridge (according to the description) and longitudinal cannelure on its sides.

In Britain, comparable axes occur also among the 'early short-flanged axes of Type Bannockburn' of Schmidt & Burgess (1981: pp. 76-78; their Nos 426-439, distribution map p. 118: stars); especially their Nos 430, 433, 434, 435, mostly from Cumberland. The other axes which they assign to this type are similar in form but have a ribbed arc on the face.

The flanges of some of these axes are not really all so very short, and in some cases are quite comparable with the flange length of the Continental specimens. Schmidt and Burgess cite as related an axe from Bracklesham

Bay, Sussex (Burgess & Gerloff, 1981, with a dagger, their Nos 172 and Pl. 126C); this specimen has, however, no stopridge at all.

Schmidt & Burgess regard the Bannockburn axes as related to Harbison's Type Derryniggan, and, on the basis of typology and distribution, as probable imports from Ireland.

The axe from Aijen, which is particularly close to Schmidt & Burgess' No. 434 (though the latter has a slightly more expanded blade) and the rather scattered French and Belgian finds here cited, are thus presumably imports from the British Isles; or at the very least they are a group closely related to the Bannockburn type.

Dating: Chiefly on typological considerations, Schmidt & Burgess (1981: pp. 84-86) assign Bannockburn axes to the transition between the British Early and Middle Bronze Age, "at a time which must lie in Central European terms in A2/B1".

5.1.2. *Type Caverton*

CAT.NO. 151. PROVENANCE UNKNOWN.
    L. 16.05; w. 7; th. 2.8 cm. Blunt straight butt; flattish septum; short leaf-shaped flanges; prominent, slightly curved 'ledge' stopridge; shield-shaped rib on face connects base of flanges. Faces faintly convex. Crescent-ground cutting edge. One tip damaged. Patina: black, part dark bronze (on one face partly filed off). Museum: Legermuseum (Army Museum) Delft, Inv.No. Daa-2 (formerly in

Legermuseum Leiden); purchased 1952 together with other bronzes from antique dealer (van Stockums, Den Haag). (DB 1118)

Parallels: Two similar axes are included by Burgess & Schmidt (1981: p. 78: Nos 452, 456) within their 'early short-flanged axes of Type Caverton'. Related axes are somewhat more common in southern England, especially in the Thames area (Rowlands II, 1976: Pl. 25: 190, 234, 240, 245; Pl. 26: 84) cf. Prees Wood, Shropshire (Rowlands, 1976: Pl. 25: 272); these are included by Rowlands in his Class I Group 1.

CAT.NO. 152. LOOSDUINEN (ZANDERIJ RUSTHOEK), *GE-MEENTE* 's-GRAVENHAGE, ZUID-HOLLAND.

L. 12.2; w. 6.2; th. 2.45 cm. Leaf-shaped flanges; H septum; distinct, slightly rounded bar ledge stop; slightly nicked sides; faint 'shield' on face; faces convex. Patina black. Edge recently re-sharpened. Found c. 1880, presumably during sand quarrying (gummed label: "Gevonden 13 april 188(?) onder de 3e turflaag" [found April 188?, under the 3rd peat layer]. Private possession. (DB 2046)

Map reference: Sheet 30E, c. 75/452.

Reference: van Heeringen, 1983: p. 105, afb. 10-12.

Parallels: The Loosduinen axe can be compared with some of the axes of Type Caverton (Schmidt & Burgess, 1981: pp. 78-79, 85, 87, Nos 440-458; distribution their Pl. 118, standing triangles), or possibly their Type Kirtomy (Schmidt & Burgess, 1981: pp. 82-83, Nos 483-500B).

Dating of British short-flanged axes: In Britain direct evidence for the dating of Caverton axes is lacking. But their typological features indicate contemporaneity with the early Acton Park and related shield palstaves,

which are well-dated on the Continent: in the Netherlands in the Voorhout hoard (Part I, Find No. 14, pp. 78-84, fig. 17A-E), in western France in the Tréboul phase, in North Germany in the hoards of the Ilsmoor horizon.

N.B: The short-flanged axe without stopridge from Rijsbergen, North Brabant (above, Cat.No. 61) cannot properly be classified under the heading stopridge axes; yet it greatly resembles examples of Schmidt & Burgess' Type Kirtomy (their 1981: pp. 82-83, Nos 483-500B; map their Pl. 118, squares).

5.2. Long-flanged stopridge axes, Type Plaisir (AXSP) (fig. 36a)

CAT.NO. 153. VOORHOUT (SOUTH OF THE FORMER SEMINARY), *GEMEENTE* VOORHOUT, ZUID-HOLLAND.

L. 15.1; w. 5.6; th. 2.15 cm. High thin cast flanges (abraded), expanded blade. In the hoard (Butler, 1990: Part I, pp. 78-84, Find No. 14), found on the property of mr. Veldhuizen van Zanten of Lisse in Spring 1907. Museum: R.M.O. Leiden, Inv.No. h 1908/10.6. Purchased from Veldhuizen van Zanten 1908. (DB 541)

Map reference: Sheet 30E, c. 93/470.

References: Sprockhoff, 1941: Teil II, Abb. 36, 37, 60, Taf. 24-28; Butler, 1971: NL 14:3; Butler, 1987, pp. 10-13, fig. 3, pp. 31-32, note 3; Butler, 1990: pp. 78-79, afb. 17B:3.

CAT.NO. 154. VOORHOUT (SOUTH OF THE FORMER SEMINARY), *GEMEENTE* VOORHOUT, ZUID-HOLLAND.

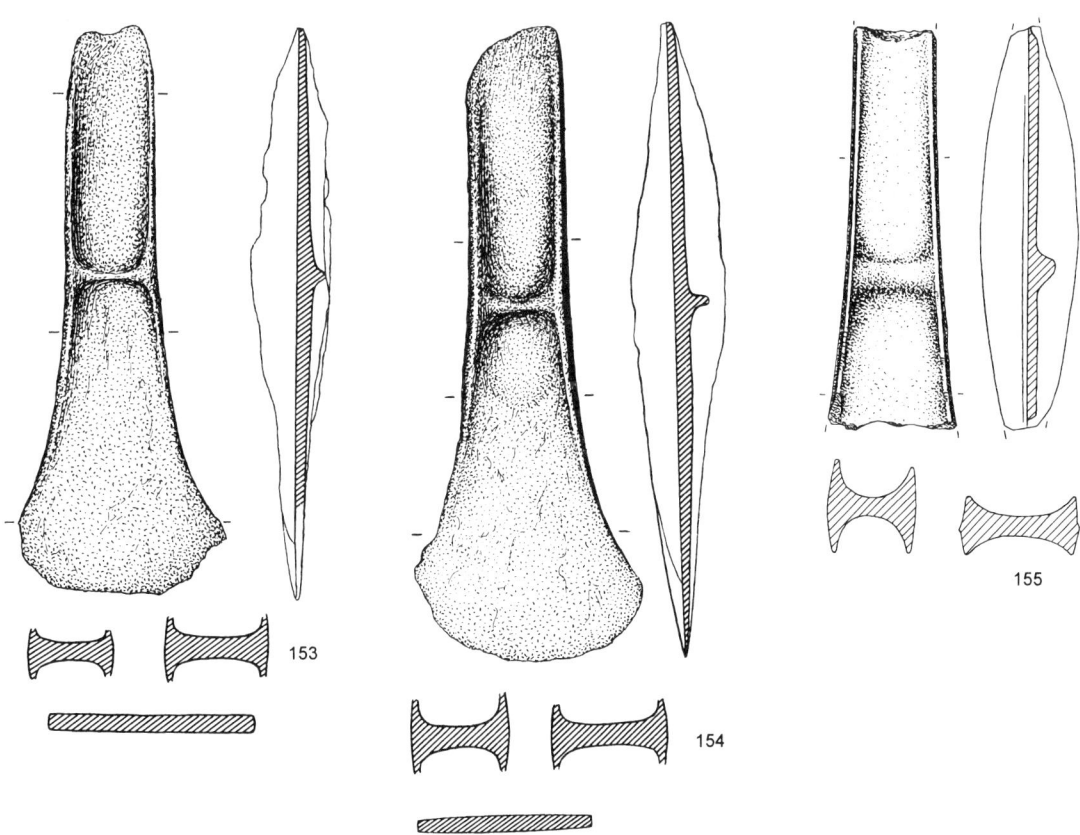

Fig. 36a. Long-flanged stopridge axes of Type Plaisir (AXSP). 153-154. Voorhout, Z-H (from hoard); 155. Voorhout, Z-H (stray).

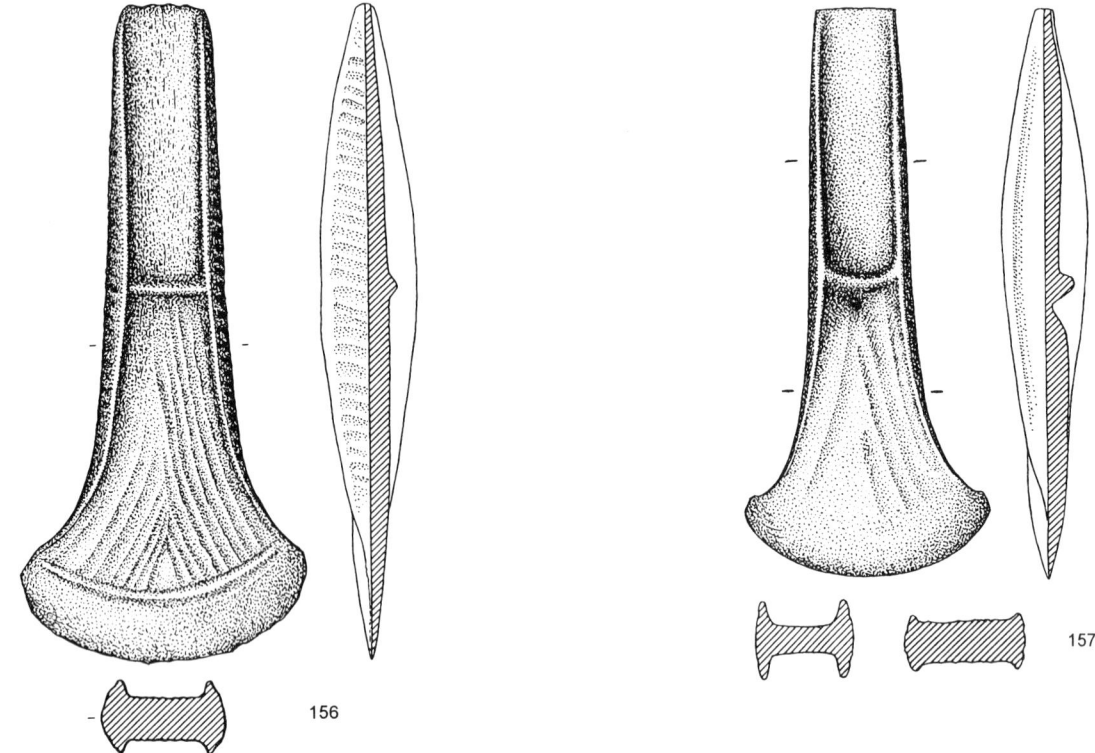

Fig. 36b. Long-flanged axes of Type Plaisir, decorated (AXSPD). 156. Wassenaar, Z-H; 157. Maastricht, Li.

L. 16.8; w. 6.2; th. 2.5 cm. High thin cast flanges, expanded blade. In the hoard, found on the property of Veldhuizen van Zanten of Lisse in Spring 1907. Museum: R.M.O. Leiden, Inv.No. h.1908/10.8. Purchased 1908. (DB 543)

Map reference: Sheet 30E, c. 93/470.

References: Butler, 1971: NL. 14:3; Butler, 1990: pp. 78-80, afb. 17B:5.

CAT.NO. 155. VOORHOUT, *GEMEENTE* VOORHOUT, ZUID-HOLLAND.

L. (10.5); w. 3.05; th. 2.7 cm. Sides leaf-shaped, flat butt broken (break patinated); blade broken off and missing (break patinated). Prominent stopridge. Patina: mottled green/black/reddish. Sandy encrustation. Found 31 May 1985, during the construction of a foundation at the location Herenstraat 57, at a depth of 75 cm, by C.A.L. Kerkvliet, Voorhout. Museum: R.M.O. Leiden, Inv.No. h.1985/8.1. Purchased 1985 from finder. (DB 2047)

Map reference: Sheet 30E, 093.25/470.6.

5.2.1. *Decorated examples (AXSPD) (fig. 36b)*

CAT.NO. 156. WASSENAAR (DUNES BY), *GEMEENTE* WASSENAAR, ZUID-HOLLAND.

L. 17.5; w. 7.8; th. 2.65 cm. Straight butt, nearly parallel sides, expanded cutting edge. Long leaf-shaped flanges. Sides rounded, septum flat; modest stopridge. Sides and lower part of body decorated with fluting (diagonal on sides, concentric inverted V's on face). Museum: R.M.O. Leiden, Inv.No. h.1908.12.1; Purchased from Mr. Horloos of Leiden. (DB 379)

Map reference: Sheet 30E, c. 87/462.

References: van Heemskerck-Düker & Felix, 1941: Pl. 110 (photo); Holwerda, 1925: p. 69, afb. 25:1 (photo); Megaw & Hardy, 1938: Cat.No. R 255, p. 288, fig. 15c; Sprockhoff, 1941: Abb. 43; Butler, 1987: fig. 3:1.

CAT.NO. 157. MAASTRICHT (FROM THE R. MAAS), LIMBURG.

L. 15.1; w. 6.6; th. 2.35 cm; weight 413 gr. Transitional to palstave; high, parallel sided, long leaf-shaped flanges; H section; pronounced shelf stopridge; expanded blade; fluting on face in concentric inverted-V form; sides also fluted. Patina: black, with patches of reddish encrustation. Source not given (but on same day, a stone axe, with same inventory number, same find-spot). Museum: Nijmegen, Inv.No. 6/10/21; purchased from Hendriks of Eindhoven. Missing since theft 26 September 1992. (DB 1568)

Map reference: Sheet 61F, c. 176/318.

References: not mentioned in *Jaarverslag* 1921; Felix, 1945: p. 250, Afb. 169; Sprockhoff, 1941: Abb. 43, Taf. 29:3; Butler, 1987: fig. 3:4.

Discussion: Stopridge axes of this type were designated as Type Plaisir by myself (Butler, 1987: esp. pp. 10-13, fig. 3, pp. 31-32, note 3); Butler, 1990: pp. 78-84, Nos 3 and 4; cf. also Mohen, 1977: pp. 45-47; Blanchet, 1984: pp. 151-154; various examples Blanchet & Mordant, 1987: figs 9-14); Ghesquière et al., 1994: pp. 435-436, fig. 2.

Examples, both undecorated (cf. Cat.Nos 153, 154, 155 above) and decorated (cf. Cat.Nos 156 and 157 above) occur in some numbers in northwestern France. A bronze mould for a Plaisir axe is known, from La Rue-Saint-Pierre, Seine-Maritime (Verron, 1971: pp. 48-51; Blanchet & Mordant, 1987: pp. 93, 101, fig. 13:4). A Belgian Plaisir axe, from Oudenaarde, Oost-Vlaanderen, has been illustrated (Desittere & Weissenborn, 1977: fig. 2).

(C) 1981 GEKAART: FRW/RC RUGroningen

Type Plaisir

● undecorated
✳ ditto, in hoard
■ decorated

Map 16. (AXSP) Long-flanged stopridge axes, Type Plaisir.

Hoards in the Northwest-French area with Plaisir axes include the Paris Basin axe hoards of Bazemont and Plaisir (Blanchet & Mordant, 1987: p. 102, fig. 9). In the Netherlands, the Voorhout hoard includes two Plaisir axes (Cat.Nos 153 and 154 above), together with North Welsh early shield palstaves and other objects. (A third example found at Voorhout, Cat.No. 155, above, is a stray find).

There is also a considerable scatter of Plaisir axes in western and northern Germany. Best known are the examples in hoards. In Westphalia, there are two examples in the Oldendorf hoard (Kibbert, 1980: p. 142 with further references; his Nos 226-227, Taf. 68D:1 and 3, possibly found with an axe of Oldendorf type and a fragmentary spearhead; see above under *Typ Oldendorf*). Further parallels cited by Kibbert (1980: pp. 146-147) include those in hoards in the Emsland (Hüvede, Kr. Lingen: photo Sprockhoff, 1941: Taf. 28:6-9; cf. Sudholz, 1964: p. 92, Kat. Nr. 101, Taf. 14:1-4; Kalthofen, 1985: pp. 22-23, Kat. Nr. 35, Taf. 25:11-14); in the Lower Elbe area (Ilsmoor, Kr. Stade: Sprockhoff, 1941: Taf. 24:8; Butler, 1963a: Pl. Vc); in

East Germany/Poland (Rülow, Amt Stargard: Sprockhoff, 1941: Taf. 27:27; Babbin, Kr. Pyritz (Babin, pow. Pyrzyce): Sprockhoff, 1941: Abb. 62 (has midrib).

Two examples in the Netherlands (Wassenaar and Maastricht) and at least one in Germany (in the Oldendorf hoard: Kibbert, 1980: No. 227, his Taf. 68D) have facial decoration of parallel inverted V's, executed by hammer-fluting; corresponding with the motif DP3 of Blanchet & Mordant (1987: fig. 1; cf. their fig. 10:1 from the Seine at Paris (Megaw & Hardy, 1938: Cat. R. 249a; Mohen, 1977: p. 247); Gasny, 27 Eure (Blanchet & Mordant, 1987: fig. 13:1 and p. 95); Colombiers-sur-Seulles, 14 Calvados (Ghesquière et al., 1993: fig. 2).

The Wassenaar axe also has diagonal fluting on the sides. This is a motif also known on French Plaisir axes, e.g. on examples in the hoards of Plaisir and Muids, and on an example in the Oldendorf hoard in Westphalia (Kibbert, 1980: No. 266). It is of course a well-known motif on British and Irish axes, and on some axes in Denmark and Sweden often thought, with varying degrees of justification, to be British-Irish-connected.

These facial and side motifs are both found on the

early shield palstave from Hausberge, Kr. Minden (Sprockhoff, 1941: Taf. 29:3; Kibbert, 1980: No. 468; his Taf. 68C).

Some related axes occur in southern England (Rowlands II, 1976: Pl. 26: 189, 232, 238, 250, 252; No. 238 has typically French decoration).

Netherlands distribution: In the Netherlands, four examples (three from Voorhout, one from Wassenaar) are from the western coastal dune area; one is from Limburg (Map 16). They are most probably imports from the Northwest-French area.

Dating: Their occurrence especially in hoards such as Voorhout, Oldendorf, Ilsmoor, Babbin, Rülow, etc. show that the Plaisir axes were current, and widely distributed, in the early Middle Bronze Age (Sögel-Wohlde phase).

5.3. High-flanged axes resembling Type Oldendorf, but with shelf stopridge (AXRO4) (fig. 27)

WAGENINGEN, *GEMEENTE* WAGENINGEN, GELDERLAND. See Cat.No. 134.
OMMERSCHANS, *GEMEENTE* OMMEN, OVERIJSSEL. See Cat.No. 135.

These two axes cut across our classification, in that they are quite similar to high-flanged axes of Type Oldendorf (above, where they are listed and described) yet have well-developed stopridges.

5.4. Stopridge axes, Type Vlagtwedde (AXSV) (figs 37a-37d)

General references: Butler, 1963b: pp. 196-198, figs 8 and 9; p. 210, III; Hulst, 1989.

Definition: A series of high-flanged axes is characterized by rather straight, parallel sides, a long leaf-shaped outline in side view, and, especially, by a well-developed 'ledge' stopridge. The stopridge is high

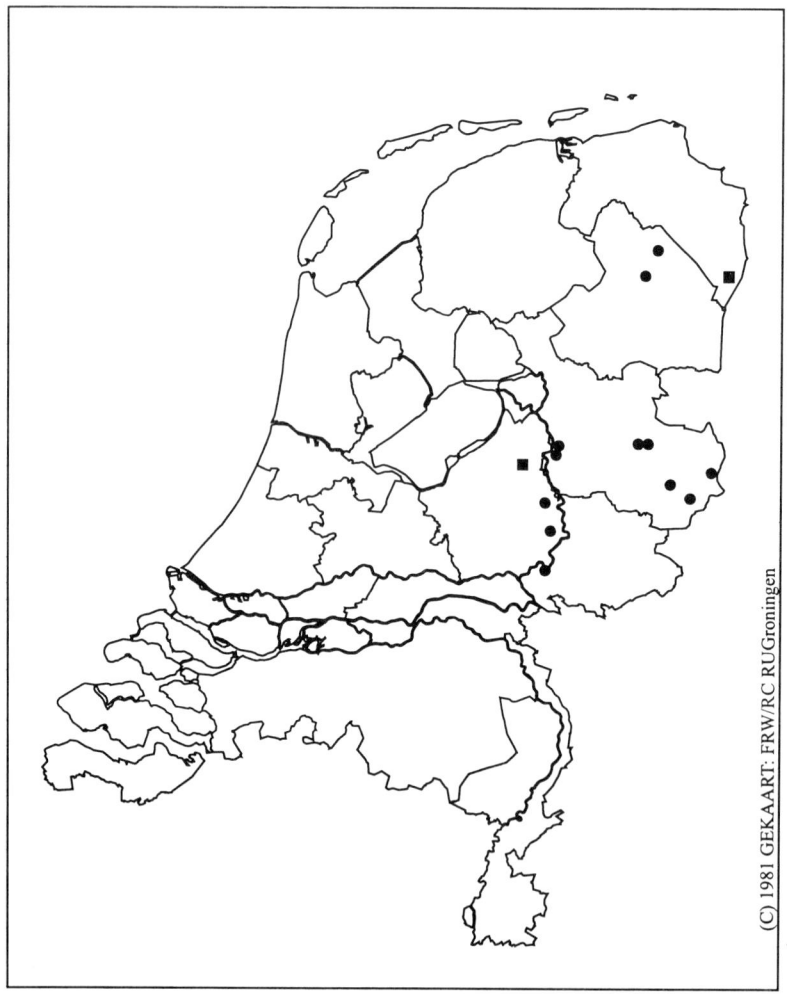

● Type Vlagtwedde
▣ ditto, in hoard

(C) 1981 GEKAART: FRW/RC RUGroningen

Map 17. (AXSV) Long-flanged stopridge axes, Type Vlagtwedde.

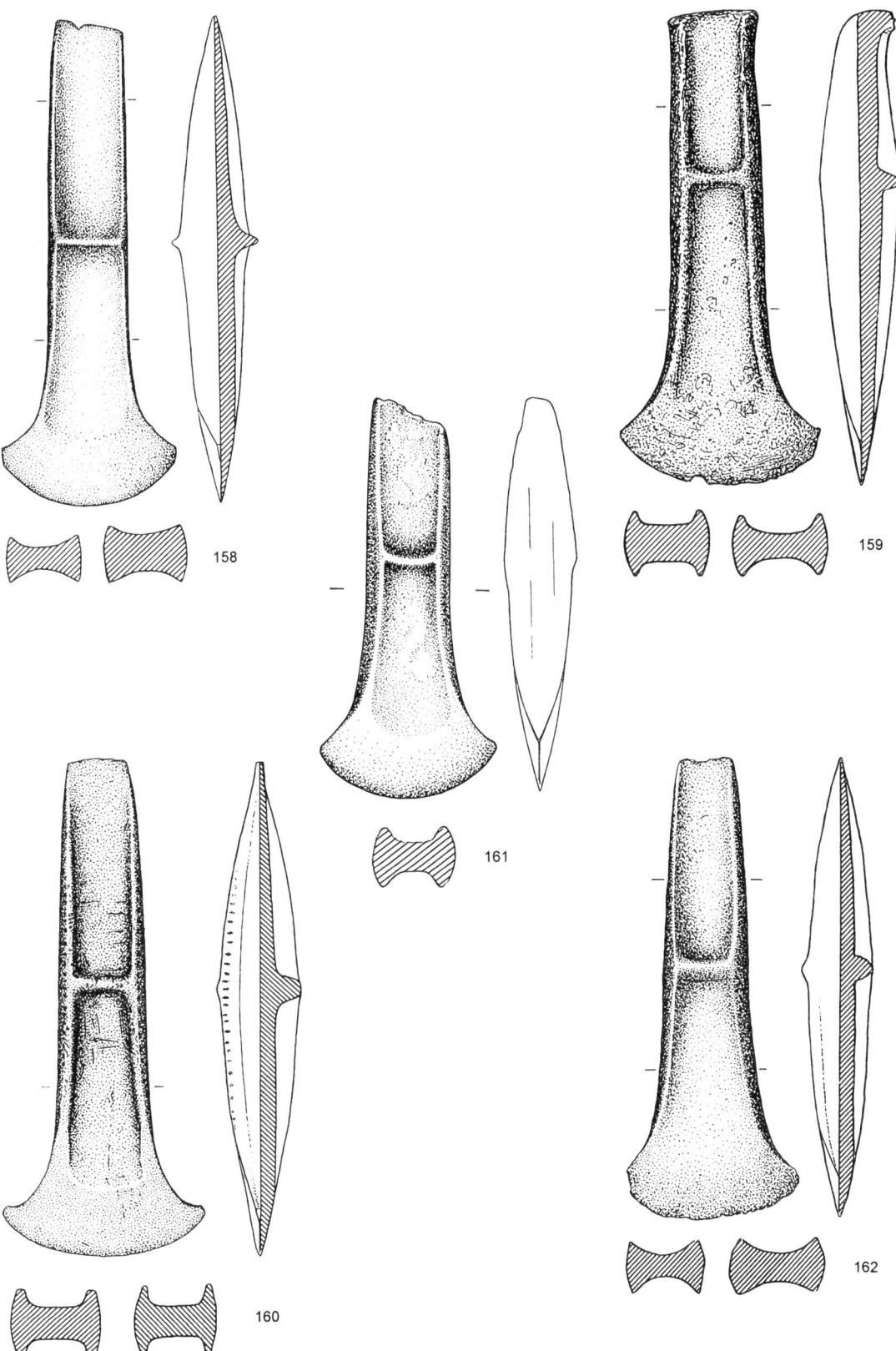

Fig. 37a. Stopridge axes of Type Vlagtwedde (AXSV). 158. Unknown provenance; 159. Eext, Dr; 160. Boerhaar, Ov; 161-162. Sellingersluis, Gr (two-axe hoard) (see also figs 37b-37d).

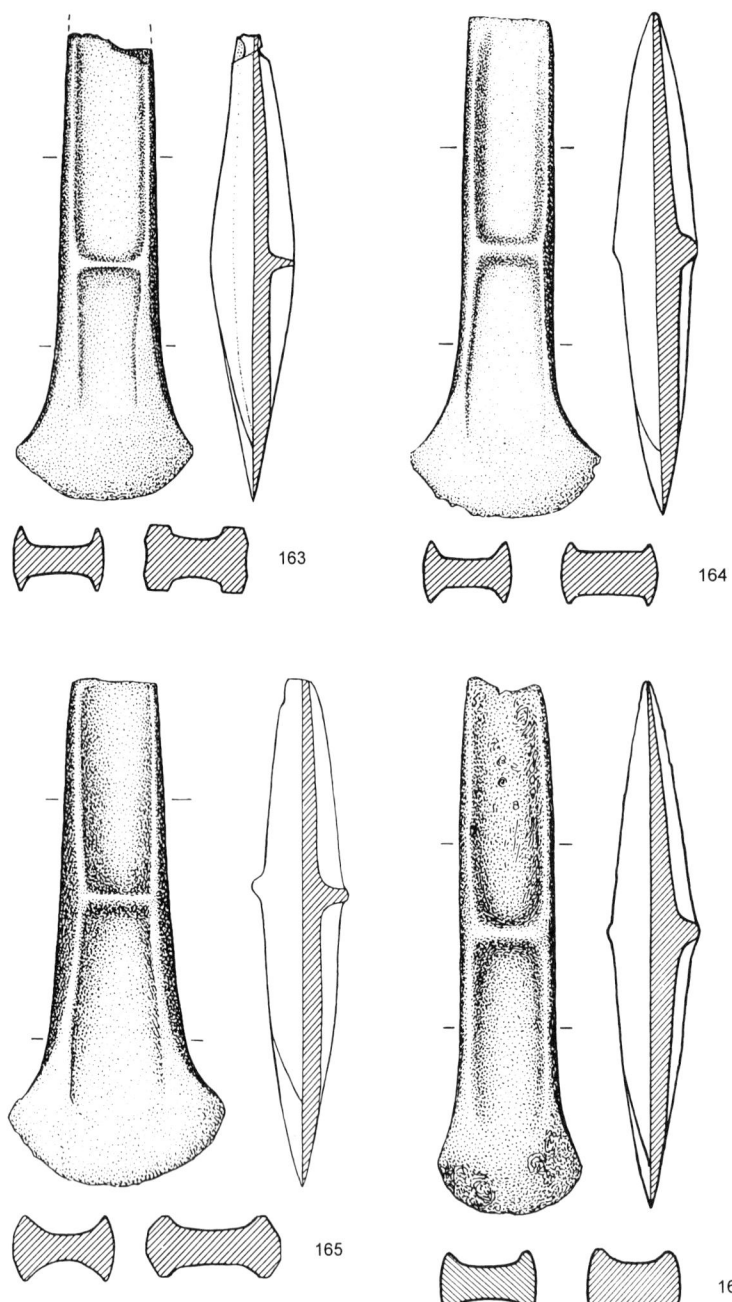

163

164

165

166

Fig; 37b. Stopridge axes of Type Vlagtwedde (AXSV). 163. Near Wijhe, Ov; 164. Hengelo, Ov; 165. Epe, Ge (hoard); 166. Weitemannslanden, Ov (see also figs 37a,37c-37d).

enough at least to match the height of the flanges; indeed in many cases it is so high that in side view the stopridge projects beyond the line of the sides. In most cases the blade is abruptly expanded. As with the high-flanged axes of Oldendorf type, most have been re-sharpened by hammering and straight grinding, often with pouches on the sides of the blade edge. A most extreme case of such re-working of the blade is the example Cat.No. 167, from Berghuizen in Overijssel. The sides are not infrequently faceted. On one example (Cat.No. 160, from Wijhe) there is pointillé on the rims of the flanges. Blade widths are of the order of 4 to 7 cm.

A small sub-group is formed by the axes with a more fan-shaped lower part: most pronounced with Cat.No. 177 (Hollandsche Veld, *gemeente* Hoogeveen) and Cat.No. 169 (no exact provenance), less marked with Cat.No. 162 (Sellingersluis) and Cat.No. 165 (Epe).

CAT.NO. 158. PROVENANCE UNKNOWN.
L. 15.4; w. 5.7; th. 2.8 cm. U septum, convex V flanges, overhanging stopridge, faceted sides, concave faces; parallel sides with splayed blade. Blade resharpened. Patina: light green; partly scraped off recently. Museum: Arnhem, Inv.No. GM 2705. (DB 42)
Reference: Butler, 1963b: p. 210, III-8.

CAT.NO. 159. EEXT, *GEMEENTE* ANLOO, DRENTHE.

L. 15.1; w. 6.6; th. 2.6 cm. High leaf-shaped flanges, septum of H type, stopridge rising to full height of flanges. Recent damage to butt; blade-edges recently blunted. Patina: brownish, with orange iron-stains and patches of green. Found 1941 bij E. Doutje, Eext, during land reclamation west of Eext. Museum: Assen, Inv.No. 1941/VIII.1. Purchased via G. Essing, correspondent at Eext. (DB 151)

Map reference: Sheet 12G, c. 245/559.

References: *Verslag* 1941: p. 14, No. 20; Butler, 1963b: p. 210, III-3 en p. 196, fig. 8; Hielkema, 1994: p. 2, No. 2.

CAT.NO. 160. BOERHAAR, *GEMEENTE* WIJHE, OVERIJSSEL.

L. 15.85; w. 6.6; th. 2.75 cm. Thick, slightly rounded butt; long, leaf-shaped flanges, faintly facetted on the sides; *pointillé* decoration along edges of flanges; high, straight 'shelf' stopridge; expanded, slightly recurved cutting edge, straight-ground, with pouches behind the tips. Found Oct. 1888 in the Bollenkamp, at Boerhaar near Wijhe, one meter below the surface in the iron-pan layer. Museum: Deventer, no Inv.No.; presented by P. Stoffel. (DB 159)

Map reference: Sheet 27E, c. 207/538.

CAT.NO. 161. SELLINGERSLUIS, *GEMEENTE* VLAGTWEDDE, GRONINGEN (hoard: with a similar axe, Cat.No. 162 below).

L. (12.7); w. 5.6; th. 2.3 cm. Sides almost parallel; U septum, convex, faintly facetted sides, flanges extending along blade. Blade edge expanded; straight ground; 'pouches' on sides. High stopridge (slightly higher than the flanges). Butt end recently broken. Edge sharp. Surface for the greater part peeled off. Patina: dark brown to black; part light green. Found 1953 by unnamed agricultural worker in cultivated field, c. 20 cm below surface, near the west side of the Ruiten Aa canal, 300 m north of Sellingersluis, together with Cat.No. 162. Museum: Groningen, Inv.No. 1971/III.1 (purchased 1954 from the finder by M.H. Deutz, then proprietor of the Museum Ship Klein Artis; subsequently sold to Groningen Museum). (DB 1890)

Map reference: Sheet 13D, 274.5/552.6.

CAT.NO. 162. SELLINGERSLUIS, *GEMEENTE* VLAGTWEDDE, GRONINGEN (hoard; with a similar axe, Cat.No. 161 above).

L. 14.5; w. 5.6; th. 2.35 cm. Sides slightly facetted. Cutting edge somewhat damaged on one side. Patina: green, partly with a greyish crust, especially adjacent to the stopridge. One side bronze-coloured (mechanically cleaned). Museum: Groningen, Inv.No. 1963/I.2; purchased 1954 from M.H. Deutz. (DB 185)

Map reference: Sheet 13DZ, 274.5/552.6.

Documentation: Note J.D. van der Waals, concerning visit to Museum Ship Klein Artis 19 November 1960, in documentation B.A.I. Groningen; H.A. Groenendijk, dossier Vlagtwedde No. 33.

References: Butler, 1963b: p. 210, III.(1-2); Hielkema, 1994: p. 41, No. 24.

CAT.NO. 163. WIJHE (NEAR), *GEMEENTE* WIJHE, OVERIJSSEL.

L. 12.45; w. 4.8; th. 2.35 cm. H septum, leaf-shaped to biconical flanges, high shelf stopridge. Blade sharp. Sides faceted, with marked indentations. Butt damaged recently. Patina: blackish (partly removed). Museum: Zwolle, Inv.No. 112. Gift of L.E.F.J. van Bönninghausen of Tubbergen. (DB 242)

Map reference: Sheet 27E, c. 205/489.

Reference: Butler, 1963b: p. 210, III.6.

CAT.NO. 164. HENGELO, *GEMEENTE* HENGELO, OVERIJSSEL.

L. 13.3; w. 5.2; th. 2.3 cm. Faceted sides; convex V flanges; septum more or less U-shaped above, H-shaped below stopridge. Pouched. Patina: mottled green. Museum: Zwolle, Inv.No. 113. (DB 243)

Map reference: Sheet 28H, 252/477.

Reference: Butler, 1963b: p. 210, III.5.

CAT.NO. 165. EPE, *GEMEENTE* EPE, GELDERLAND (hoard, with palstave and 2-knobbed sickle, in tumulus).

L. 13.6; w. 6.1; th. 2.6 cm. Thick cast flanges, very prominent bar stopridge. Three facets on each side. Blade hammered and then ground, the grinding-plane encroaching on the base of the flanges. Patina: patchily bright green to almost black; fine state of preservation. Found by workmen. Museum: R.M.O. Leiden, Inv.No. WE 5. Presented Febr. 1865 by E.F.J. Weerts of Epe. (DB 344)

References: Butler, 1963b: pp. 196-198, figs 8-9, 210, list III; Butler, 1969: p. 93, fig. 41 (2nd ed. 1979: pp. 99-100, fig. 66); Butler, 1971; Butler, 1990: pp. 91-92, fig. 23.

CAT.NO. 166. WEITEMANSLANDEN (NEAR ALMELO), *GEMEENTE* VRIEZENVEEN, OVERIJSSEL.

L. 14.2; w. 3.95; th. 2.5 cm. Irregular but sharp butt; narrow body with parallel sides. Rounded sides,)(septum; projecting 'shelf' stopridge; unusually slight blade expansion; straight ground. Patina dark bronze, partially blackish. Surface rough, one side heavily pitted. Museum: Enschede, Inv.No. 726 (old No. 351-4). (DB 1026)

Map reference: Sheet 28E, c. 243/491.

CAT.NO. 167. BERGHUIZEN, *GEMEENTE* LOSSER, OVERIJSSEL.

L. 10.4; w. 4.6; th. 2.8 cm. High stopridge, blade very much reduced (practically to stopridge); butt damaged. Museum: Enschede, Inv.No. 655 (old No. 0.368). (DB 1028)

Map reference: Sheet 28H, c. 259/480.

CAT.NO. 168. VRIEZENVEEN, *GEMEENTE* VRIEZENVEEN, OVERIJSSEL, Weitkant.

L. 13.8; w. 5.95; th. 2.6 cm. Rounded septum; faceted sides; projecting shelf stopridge; everted blade tips; straight ground, with side pouches. Patina: dull green (partly removed). Found Spring 1939. Museum: Enschede, Inv.No. 906 (old No. 500-238); ex coll. Ter Kuile, who acquired it via H.J. Holk of Vriezenveen. (DB 1059)

Map reference: Sheet 28E, 243.0/491.0.

CAT.NO. 169. PROVENANCE UNKNOWN.

L. 15.5; w. 6.85; th. 2.85 cm. Rounded septum, projecting stopridge, expanded blade, slightly faceted sides. Edge sharp, but here and there nicked. Butt secondarily slightly flattened; ditto stopridge on one side. Patina dark brown; slight sand encrustation. Private possession. (DB 1787)

CAT.NO. 170. ENSCHEDE, *GEMEENTE* ENSCHEDE, OVERIJSSEL, district de Bolhaar.

L. (10); w. 4.2; th. 2.4. Rounded sides,)(septum; projecting stopridge. Butt badly damaged; cutting edge strongly abraded. Severely corroded. Patina: original brown surface survives only in small patches. Mostly now dull light green. Museum: Enschede, Inv.No. 408 (old No. 0.369). (DB 1351)

Map reference: Sheet 34F, 256/473.

CAT.NO. 171. OEKEN, *GEMEENTE* BRUMMEN, GELDERLAND.

L. 17.4; w. 7; th. 3.1 cm. Butt thin, straightish but irregular,)(septum; long leaf flanges, sides faceted, shelf stopridge, projecting well above flanges; 'crinoline' blade. Prominent sharpening facet. Cutting edge sharp but battered. Mostly well-preserved, but some damage and peeling of surface. Patina: dark glossy green, lighter, dull green patches where damaged. Found c. 1960 while ploughing a field at the farm 't Boskamp, by H.J. Schouten of Oeken. Museum: Arnhem, Inv.No. GAS 1971.10.2. Purchased 1963 from finder. (DB 2097)

Map reference: Sheet 33G, 206.78/459.23.

References: Hulst, 1971: pp. 138-139; Hulst, 1989: pp. 142-143, fig. 3.

CAT.NO. 172. LATHUM, *GEMEENTE* ANGERLO, GELDERLAND, Lathumse Gat.

L. 12.3; w. 5.5; th. (stopridge) 2.3 cm. Butt with V-notch (the tips of which have recently been hammered over slightly); _/ septum; sides slightly convex, with edge facets. Traces of casting seams on

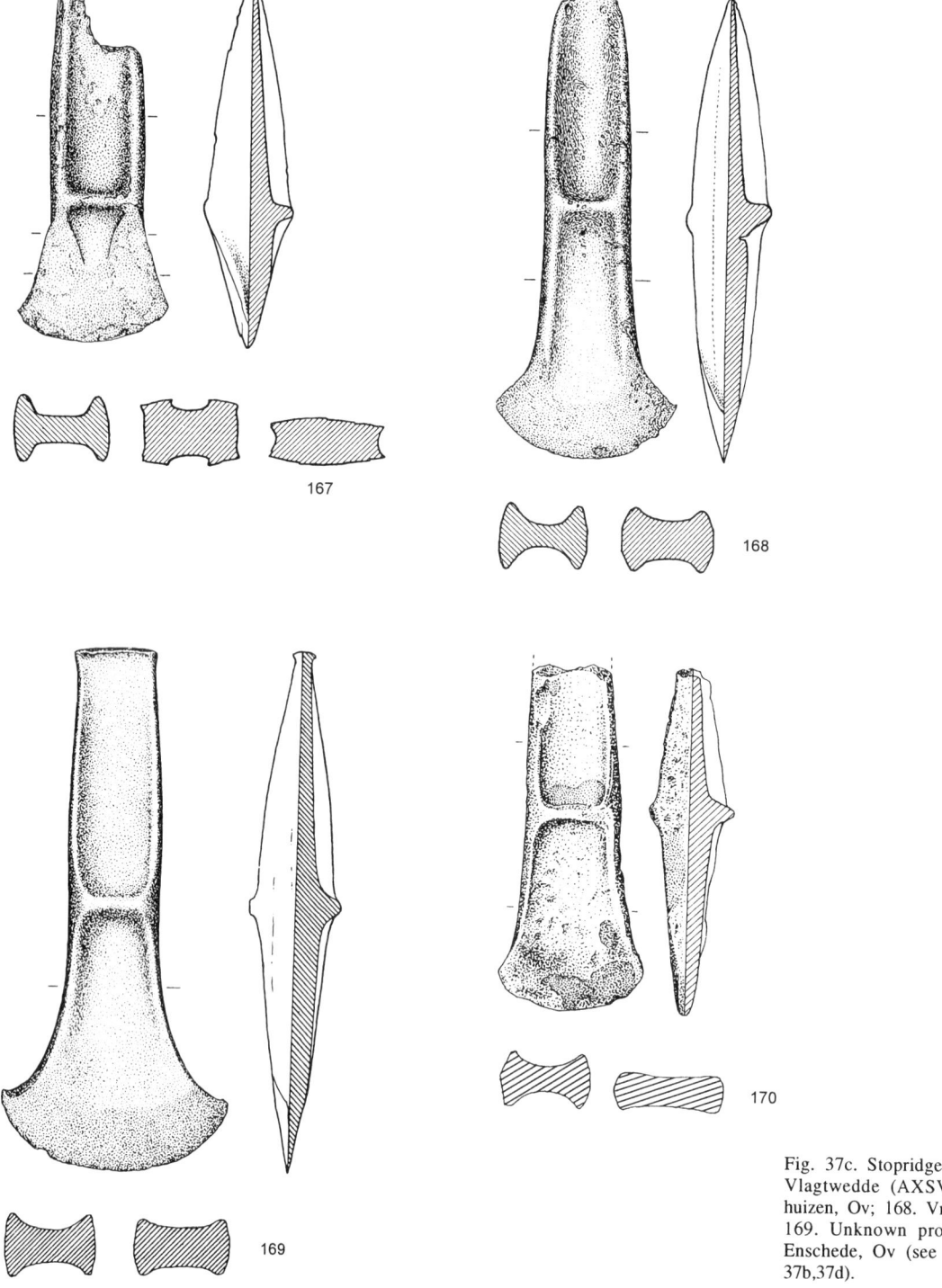

167

168

169

170

Fig. 37c. Stopridge axes of Type Vlagtwedde (AXSV). 167. Berghuizen, Ov; 168. Vriezenveen, Ov; 169. Unknown provenance; 170. Enschede, Ov (see also figs 37a-37b,37d).

sides. 'Shelf' stopridge, slightly rounded, projecting a bit above the rim of the flanges. Straight ground, pouched. Cutting edge sharp but slightly battered. Small blow-hole below stopridge, on one side. Patina: dark bronze; some loamy encrustation. Well preserved. Found during sand dredging. Museum: Liemersmuseum Zevenaar, on loan. (DB 2098)

Map reference: Sheet 40B, 199.50/444.75.
Reference: Hulst, 1989: afb. 2.

CAT.NO. 173. NIJBROEK, *GEMEENTE* VOORST, GELDERLAND.

L. 15.3; w. 5.5; th. 3 cm. Straight blunt butt, flat septum, long leaf flanges; 'shelf' stopridge rising slightly higher than the flanges; rounded sides; slightly expanding cutting edge, straight ground and sharpened, but without pouches. Patina very dark, almost blackish green, with reddish oxide patches; surface has been recently scraped and filed, resulting in some bright bronze patches. Found April 1986

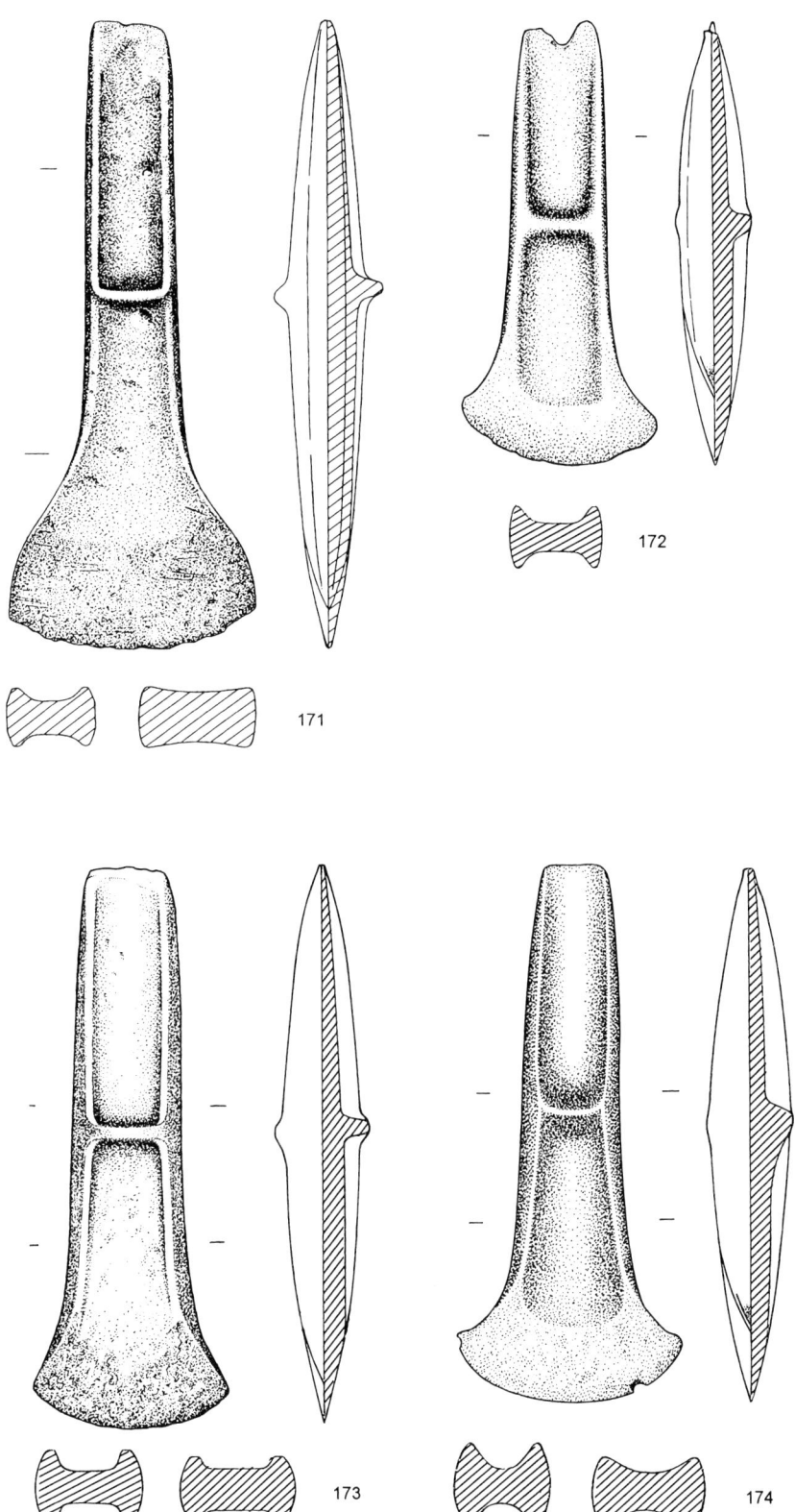

Fig. 37d. Stopridge axes of Type Vlagtwedde (AXSV). 171. Oeken, Ge; 172. Lathum, Ge; 173. Nijbroek, Ge; 174. Amen, Dr (see also figs 37a-37c).

in rubble and sand excavated from under the floor of the residential part of the farmhouse on the Bekendijk 24 ("in puin en zand dat gebruikt werd om het maaiveld te verharden en dat afkomstig was van onder de vloer van het voorhuis van de boerderij aan de Bekendijk 24"). Collection: Historische Kring Voorst. (DB 2099)

Map reference: Sheet 27G, 200.35/476.56
Reference: Hulst, 1989: afb. 1.

CAT.NO. 174. AMEN, *GEMEENTE* ROLDE, DRENTHE.

L. 14.9; w. 6.35; th. (at stopridge) 2.5 cm. Irregularly straight butt;)(septum both above and below the stopridge; rounded sides; slightly rounded 'shelf' stopridge; straight ground, with pouches. Cutting edge sharp. Patina brown, patches of ochreous encrustation. Very well preserved, but has a few corrosion pits. Found in parcel 'De Leegmaat', along the stream Het Amerdiepje, c. 500 m. southeast of Amen; in a pile of stones; while picking potatoes. Private possession. (DB 700).

N.B. Typologically, this specimen is transitional to a palstave, in that the stopridge is slightly curved and in that the septum below the stopridge is slightly thicker than it is above.

Map reference: Sheet 12B, 237.6/550.85.
Reference: Hielkema, 1994: p. 29, No. 112.

Discussion: The Vlagtwedde type was originally distinguished by the present writer (Butler, 1963b); there were then only six mappable find-spots (including the hoards of Epe and Vlagtwedde). Further examples were published or cited by Hulst (1989), who emphasizes their occurrence in the IJssel area. The number of mappable find-spots has, however, since grown to fourteen, and alongside the find-spots in the IJssel area there are now a considerable number in Twente (cf. Map 17).

In view of this distribution in the Netherlands, one should reasonably expect Vlagtwedde axes to occur in the German Emsland; yet none are at present known to the writer.

Blanchet & Mordant (1987: pp. 91 and 118) have called attention to the occasional occurrence in northern France and the Paris basin, and distinguished as a special type, the high-flanged axes with a stopridge that rises to the height of the flanges *(les haches à rebords et à butée médiane de même hauteur que les rebords;* also referred to as *haches à talon naissant)* (cf. their distribution map fig. 2, indicated by vertical bars; see also Briard & Verron, 1976: fiche 511). They cite two examples in the Paris Basin hoard of Bazemont, Yvelines (Blanchet & Mordant, 1987: fig. 9B:7 and 8; Mohen, 1977: p. 48, figs 28-30). The outline of these axes rather resembles that the axes of Type Plaisir; but they may also have some relation to the wider-bladed examples of our Vlagtwedde type. The same may be said of the two axes from Colleville, Seine-Maritime (Blanchet & Mordant, 1987: fig. 13:2 and 3; also p. 101, p. 118; not claimed to have been found together).

Especially noteworthy is the Oeken specimen (Cat.No. 171 above), which has the faceted sides and projecting stopridge of the Vlagtwedde axes, but also the crinoline blade of some southern British and West French palstaves (numerous examples in O'Connor, 1980); one of these occurs in the Epe hoard. Schmidt & Burgess (1981: pp. 129-132) have assigned the Epe palstave to a Type Oxford, along with palstaves from the two Oxford hoards (Leopold Street and Burgesses' Meadow) and the Blackrock hoard.

Dating: The only Vlagtwedde axe found in association with other types of objects is the example in the Epe hoard (see Cat.No. 165 above), which included a two-knobbed sickle and a decorated palstave with wide 'crinoline' blade. The Oeken axe thus confirms the evidence of the Epe association.

The 'crinoline' axe-blade outline seems to be confined in southern Britain to palstaves of the Taunton phase (Burgess Phase IX) and in Northwest France to the equivalent *Bronze moyen 2*.

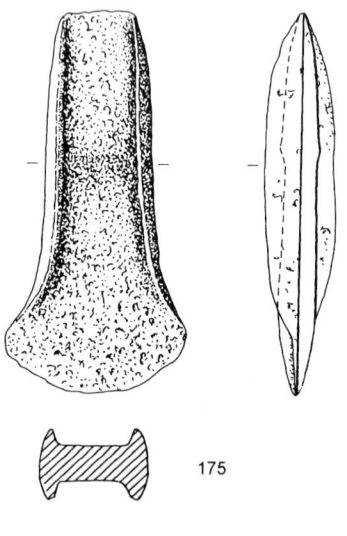

175

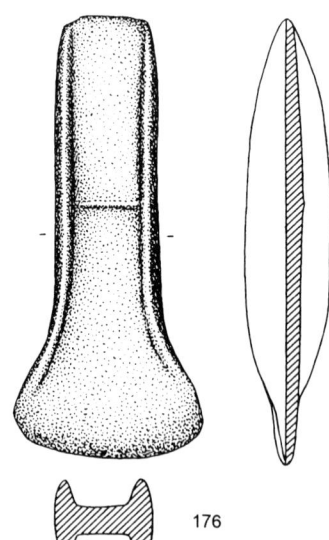

176

Fig. 38. Miscellaneous stopridge axes. 175. 'Limburg'; 176. Buggenum, Li.

5.5. Stopridge axes (Miscellaneous) (fig. 38)

CAT.NO. 175. PROVINCE LIMBURG; NO EXACT PROVENANCE.

L. 10.1; w. 4.85; th. 1.9 cm. Straight butt, nearly parallel sides, slight blade expansion; low 'shelf' stopridge. Weight 210 gr (de Loë). Museum: Brussels, Inv.No. B.824(2/2); acquired January 1893, ex coll. Melgers. Bears paper label 'Limbourg Hollandais', No. 10103, An. 31. (DB 647)

Metal analysis: Jacobsen, 1904: p. 33, No. 31.

Reference: de Loë, 1931: p. 36 ('Don Louis Cavens').

Comparison: Resembles Northwest-French specimens such as 'region de Boulogne' (Blanchet & Mordant, 1987: fig. 7:13) and Pléhérel, Cote-du-Nord (Blanchet & Mordant, 1987: fig. 13:5).

CAT.NO. 176. BUGGENUM, *GEMEENTE* HAELEN, LIMBURG.

L. 11.7; w. 5.15; th. 2.35 cm (of septum 0.8). Straight butt, straight flattish sides; H section; sides S-curved at blade end; slight transverse septal ridge. Patina: powdery light green; surface rough. Museum: Maastricht, Inv.No. 223; ex coll. Guillon. (DB 214)

Map reference: Sheet 58D, c. 196/360.

Discussion: While the upper part of this axe is not unlike that of Cat.No. 175 above, the shape of the blade part recalls the 'crinoline' palstaves of southern England: in the Netherlands cf. the stopridge axe (Cat.No. 171) from Oeken and the British-type palstave from the Epe hoard (Cat.No. 165; Part I, Find No. 18).

5.6. Transitional stopridge axe/palstave (AXS/P) (fig. 39)

CAT.NO. 177. HOLLANDSCHEVELD, *GEMEENTE* HOOGE-VEEN, DRENTHE.

L. 14.55; w. 6.15; th. 2.45 cm. Straight butt, leaf-shaped flanges, thick wedge septum, high stopridge, rising to full height of flanges; wide blade expansion. Blade sharp. Patina: light green (mostly removed). Encrustation of pebbles above stopridge on one face. Well

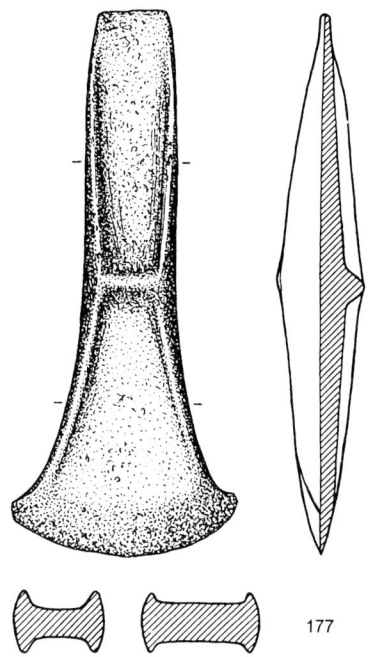

Fig. 39. Transitional stopridge axe/palstave. 177. Hollandscheveld, Dr.

preserved. Museum: Assen, Inv.No. 1916/III.1. Acquired from J. van der Wijk. (DB 115)

Map reference: Sheet 22B, c. 235/524.

References: *Verslag* 1916: p. 13, sub 6; Butler, 1963b: p. 210, III.4; Hielkema, 1994: p. 22, No. 80.

Discussion: This axe has features in common with the stopridge axes of Type Vlagtwedde (note especially the high ledge stopridge), though it differs from the Vlagtwedde axes in some particulars, i.e. the somewhat S-

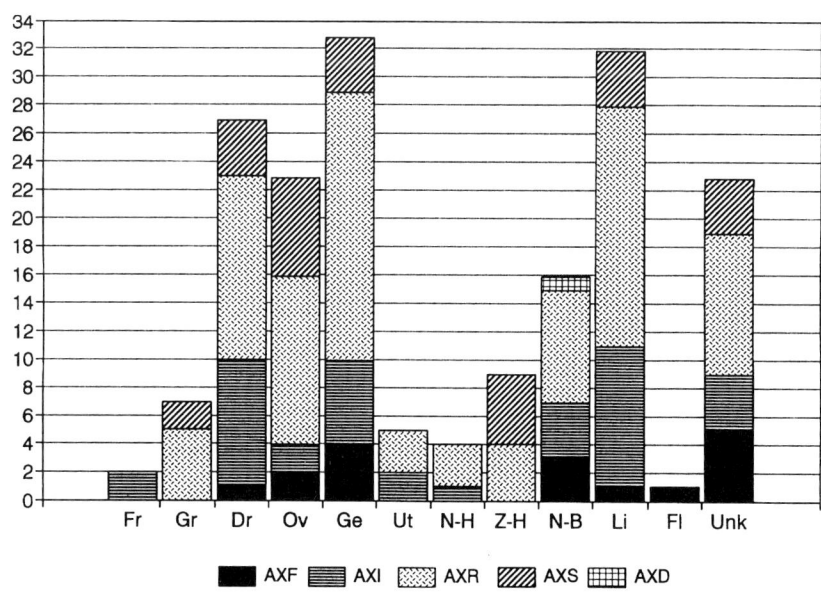

Graph 2. Axes by province and type: flat, low-flanged, high-flanged and stopridge axes. Abbreviations: cf. Map 1. AXF: flat axes; AXD: double axes; AXI: low-flanged axes; AXR: high-flanged axes; AXS: stopridge axes.

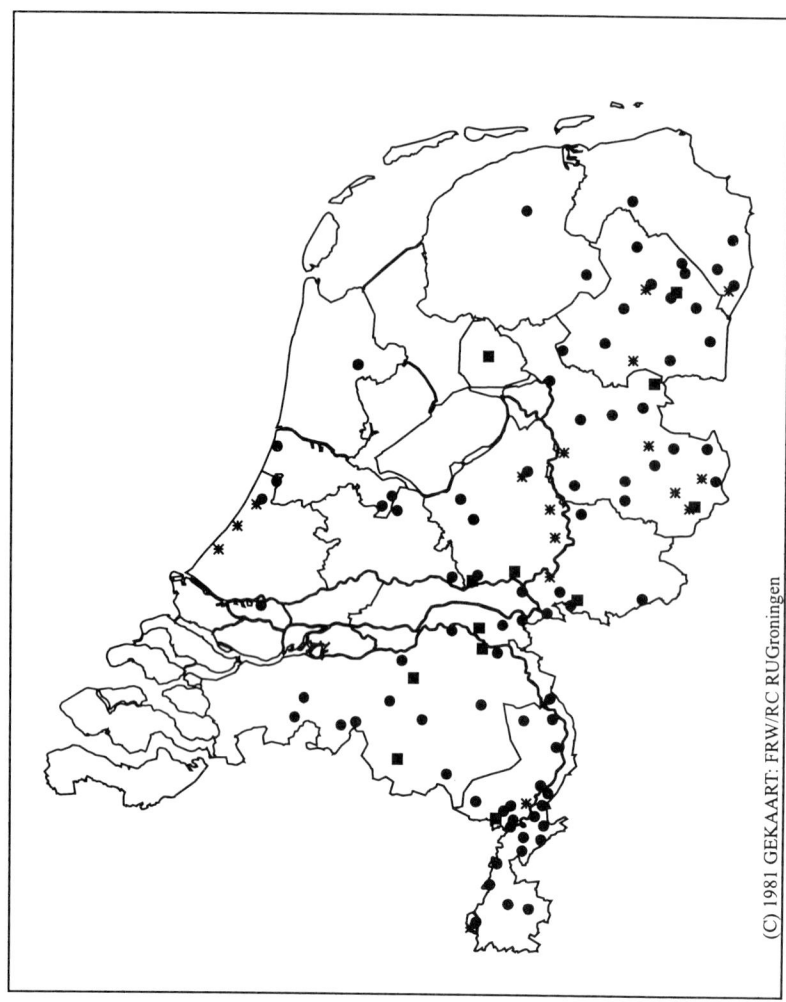

■ flat axes
● flanged axes
＊ stopridge axes

Map 18. (AXF, AXI, AXR, AXS) All flat, flanged and stopridge axes.

shaped outline. It could easily be seen as a derivative of the stopridge axes of Type Plaisir, having developed in the direction of the palstave as well as of the Vlagt-wedde stopridge axes.

6. SUMMARY AND SOME CONCLUSIONS

We have at present 826 axes in the Bronze Age data-base for the Netherlands; the axes represent 40% of the total number of bronzes.

The 177 flat, flanged and stopridge axes included in this part of our study (21.4% of the 826 axes) break down as follows:

	Number	% of 826 axes	% of 177 axes
Flat axes	18	2.2	10.2
Low-flanged	40	4.8	22.6
High-flanged	89	10.8	50.3
Stopridge	30	3.6	16.9
	177		

These totals may be compared with the numbers of axes to be dealt with in subsequent sections:

	Number	% of 826 axes
Palstaves	256	30.9
Winged axes	33	3.9
Socketed axes	348	42.1

Reference to Maps 18 and 19 shows that roughly half of the present area of the Netherlands has axe finds, and the other half is virtually axe-free. The axe-free area cor-responds, in general, with the marine-clay areas along the coasts from Zeeland to Friesland, plus the low-lying, formerly boggy areas; while the axe-bearing regions correspond generally with the sand grounds (including the west-coast dune belt). A few districts which we might have expected to be find-rich, such as the Veluwe, eastern Gelderland (the Achterhoek) and southern Limburg, are unaccountably bare.

If, on the scale here mapped, it is the 'dry' half of the country that has axes and the 'wet' half that does not, mapping on a regional scale (see Hielkema, 1994) seems to show that it is the 'wet' localities within the dry

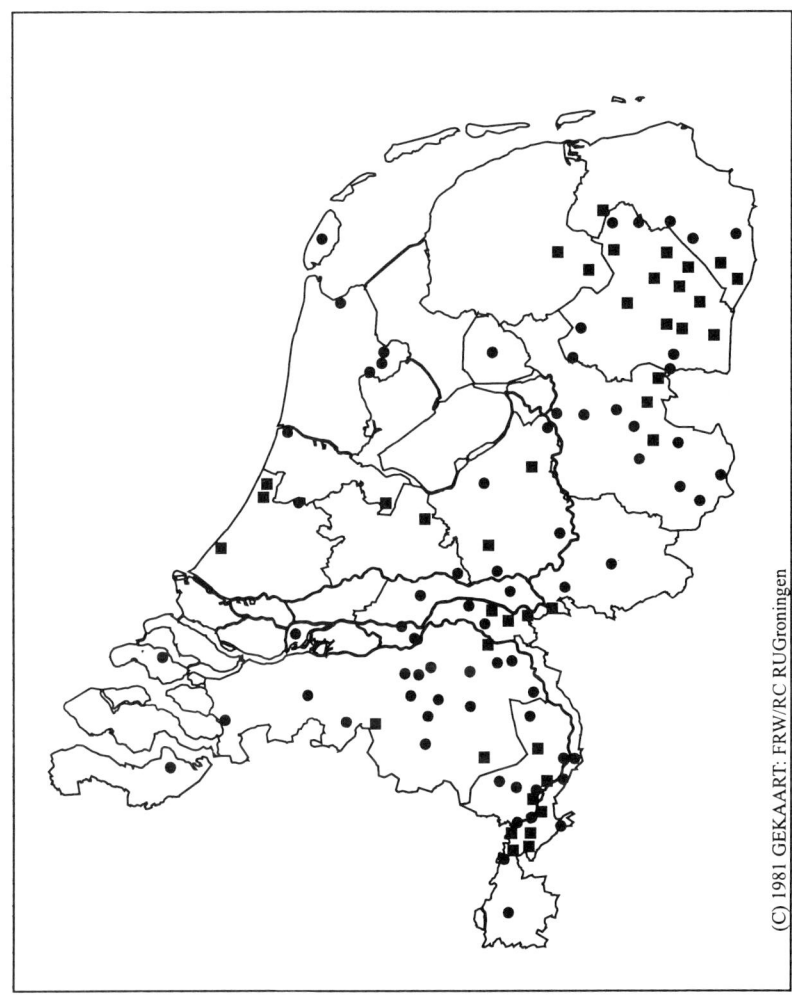

● 1 per Gemeente
■ 2 or more per Gem.

(C) 1981 GEKAART: FRW/RC RUGroningen

Map 19. (AXP) All palstaves, unlooped and looped.

zones that yield the axes. This apparent contradiction evidently merits further research and discussion.

The 177 copper and bronze axes here presented have been divided into nearly forty different types and varieties. For most of these varieties there are very few examples. Often there are only one or two, and only a few types are represented by substantial numbers.

'Aeneolithic' copper axes (Map 2) are very few in number, heterogeneous as to type, and, in so far as analysed, are made of Central European copper sorts considered to date from Bell Beaker and Early Bronze Age times. Their distribution, along the eastern edge of the country, suggests import and not local manufacture.

Early Bronze Age advanced flat axes and related low-flanged axes are divisible into several groups with respect to the direction from which they come. Nearly a dozen axes are of western European types (Migdale and Armorican, Map 3; British-Irish low-flanged, Map 5). A similar number are of types of Swiss-South German origin (AXIM, Gross-Gerau, Griesheim, Map 6). Against these are a dozen low-flanged axes of Emmen type (Map 7) which we assess as derivatives

ultimately of the Swiss-South German Neyruz type and of Kibbert's West German *Form Emmen*, but which are very probably a local variety made in the North of the Netherlands. A half-dozen 'Saxon' axes may be imports from the Central German area.

New patterns emerge with the appearance of axes with high, cast flanges. High-flanged axes of distinctively western European types, (Arreton, short-flanged, Atlantic, Map 8) are together represented by a mere half-dozen examples. A similar number are of types specially associated with the South German *Hügelgraber* (Fussgönheim, Map 9; Mägerkingen, Map 15). The overwhelming majority of the high-flanged axes are of types considered typical of 'Sögel-Wohlde'. Though the *geknickte Randbeile* (Map 10) are represented by only a half-dozen examples, the axes of Oldendorf type in their several varieties (Maps 11-14) – apparently the most important woodworking axes in the Sögel-Wohlde phase – are extraordinarily common, with a total in the Netherlands of 57 examples. In view of their number, it is likely that many were locally made. The 11 examples of the Ekehaar variety (Map 13) are indeed, on the basis of their cluster in the North of the country, certainly a local variety. With respect to the other varieties, we do not at present know of any criteria which would permit us to distinguish between locally made examples and those which might be imported from the various areas of North and West Germany in which they are very common. Almost all our Oldendorf axes are short, like the Variant Legden of Kibbert, which he holds to be a Westphalian speciality. But a closer evaluation must await a corpus of the North German stock.

Among the 30 stopridge axes, approximately a third are probable imports of Western European types, especially of the West French Tréboul-period Type Plaisir (Map 16), but also of occasional examples of the British types Bannockburn and Caverton. But two-thirds of the stopridge axes are of a local type Vlagtwedde. Their distribution as presently known (Map 17) is limited to clusters in the IJssel valley and Twente, with several examples in the North. They provide evidence for a regional axe industry in the time parallel with the North European Period II.

7. REFERENCES

ABELS, B.-U., 1972. *Die Randleistenbeile in Baden-Württemberg, dem Elsaß, der Franche-Comté und der Schweiz* (= Prähistorische Bronzefunde IX:4). C.H. Beck, München.

ANER, E. & K. KERSTEN, 1973-1986. *Die Funde der älteren Bronzezeit des nordischen Kreises in Dänemark, Schleswig-Holstein und Niedersachsen.* Band I-VIII. Verlag Nationalmuseum København & Karl Wachholz Verlag, Neumünster.

APPELBOOM, Th.G., 1953. De bronstijd in Westelijk Nederland. *Westerheem* 2, pp. 34-40.

BAAS, T., 1980. *Een bronzen randbijl uit Buinen, gemeente Borger (Drenthe)* (= Archaeologische Nieuws 9). Stichting Rapportage, Doetinchem.

BAKKER, J.-A., 1976. Lage Vuursche, Gemeente Baarn. *Bulletin Koninklijke Nederlandse Oudheidkundige Bond* 75, pp. 256-258.

BALQUET, A., 1994. Les tumulus de l'Age du Bronze dans les Côtes-d'Armor: la fiabilité des données anciennes. *Antiquités Nationales* 26, pp. 44-74.

BECKERS, H.J. (Sr) & G.A.J. BECKERS (Jr), 1940. *Voorgeschiedenis van Zuid-Limburg, twintig jaren archaeologisch onderzoek.* Veldeke, Maastricht.

BEEX, G., 1966. Ringwalheuvel te Alphen, provincie Noord-Brabant. *Berichten van de Rijksdienst voor het Oudheidkundig Bodemonderzoek* 14, pp. 53-65.

BEEX, G., 1969. Archeologisch overzicht van de gemeente Nuenen. *Brabants Heem* 21, pp. 50-53.

BEEX, G., 1970. Bronzen randbijl uit Moergestel. *Brabants Heem* 22, pp. 21-36.

BEEX, W. & J.J. BUTLER, in prep. *A Central German copper double axe from Escharen, Noord-Brabant.*

BERGMANN, J., 1970. *Die ältere Bronzezeit Nordwestdeutschlands. Neue Methoden zur ethnischen und historischen Interpretation urgeschichtlicher Quellen* (= Kasseler Beiträge zur Vor- und Frühgeschichte 2). Elwert Verlag, Marburg.

BEUKER, J.R., W.A.B. VAN DER SANDEN & V.T. VAN VILSTEREN, 1991. *Zorg voor de doden: vijfduizend jaar begraven in Drente* (= Archeologische monografieën van het Drents Museum, III). Drents Museum, Assen.

BILL, J., 1977. Zum Depot von Salez. *Jahresbericht Institut für Vor- und Frühgesichte Frankfurt am Main*, pp. 200-206.

BILLIG, G., 1958. *Die Aunjetitzer Kultur in Sachsen* (=

Veröffentlichungen des Landesmuseums für Vorgeschichte Dresden 7). VEB Bibliographisches Institut, Dresden.

BLANCHET, J.-C., 1976. L'Age du Bronze en Picardie. *Revue Archéologique d'Oise* 7, pp. 29-42.

BLANCHET, J.-C., 1984. *Les premiers métallurgistes en Picardie et dans le Nord de la France* (= Mémoires de la Société Préhistorique Française 17). Paris.

BLANCHET, J.-C. & Cl. MORDANT, 1987b. Les premières haches à rebords et à butée dans le Bassin parisien et le Nord de la France. In: J.C. Blanchet & Cl. Mordant (eds), *Les relations entre le continent et les Iles Britanniques à l'Age du Bronze. Actes du Colloque de Lille dans le cadre du 22ième Congrès Préhistorique de France 2-7 septembre 1984.* Amiens, pp. 89-118.

BLOEMERS, J.H.F., 1968. Flintdolche vom skandinavischen Typus in den Niederlanden. *Berichten van de Rijksdienst voor het Oudheidkundig Bodemonderzoek* 18, pp. 47-110.

BLOEMERS, J.H.F., 1973a. Archeologische kroniek van Limburg over de jaren 1969-1970. *Publications de la Société Historique et Archéologique dans le Limbourg* 107-108, pp. 27 & 30.

BLOEMERS, J.H.F., 1973b. Archeologische kroniek van Limburg over de jaren 1971-1972. *Publications de la Société Historique et Archéologique dans le Limbourg* 109, pp. 7-55.

BOELES, P.J.C.A., 1920. Het bronzen tijdperk in Gelderland en Friesland. *Gids Friesch Museum te Leeuwarden.* Coöperatieve Handelsdrukkerij, Leeuwarden.

BOELES, P.J.C.A., 1951. *Friesland tot de 11e eeuw. Zijn vóór- en vroegste geschiedenis.* 2e druk. Nijhoff, 's-Gravenhage.

BRIARD, J., 1956. Le dépôt de fondeur de Tréboul, Douarnenez. *Travaux du Laboratoire d'Anthropologie préhistorique. Faculté des Sciences de Rennes*, pp. 33-51.

BRIARD, J. & G. VERRON, 1976. *Typologie des objets de l'âge du Bronze en France, III. Haches* (1). Société Préhistorique Française, Commission du Bronze. Paris.

BRITTON, D., 1979. The bronze axe. In: G.J. Wainwright, *Mount Pleasant, Dorset: Excavations 1970-1971.* Society of Antiquairies of London, London, pp. 128-138.

BRUNSTING, H., 1957. Prehistorische vondst te Vogelenzang (N.-H.). *Westerheem* 6, pp. 95-98.

BUDD, P.D. et al., 1992. The early development of metallurgy in the British Isles. *Antiquity* 66, pp. 667-686.

BURGESS, C.B., 1974. The bronze age. In: C. Renfrew (ed.), *British prehistory, a new outline.* Gerald Duckworth, London.

BURGESS, C.B., 1980. The Bronze Age in Wales. In: J.A. Taylor (ed.), *Culture and environment in prehistoric Wales* (= BAR Intern. series 76). BAR, Oxford, pp. 243-286.

BUTLER, J.J., 1959a. Vergeten schatvondsten uit de Bronstijd. In: J.E. Bogaers, W. Glasbergen, P. Glazema & H.T. Waterbolk (red.) *Honderd eeuwen Nederland* (= Antiquity and Survival II, no. 5-6). Luctor et Emergo, Den Haag, pp. 125-142.

BUTLER, J.J., 1959b. A note on the Maas-Rhine Group of Irish Early Bronze Age exports. *Berichten van de Rijksdienst voor Oudheidkundig Bodemonderzoek* 9, pp. 291-292.

BUTLER, J.J., 1960. A Bronze Age concentration at Bargerooster-veld. With some notes on the axe trade across northern Europe. *Palaeohistoria* 8, 1960, pp. 101-126.

BUTLER, J.J., 1961. De Noordnederlandse fabrikanten van bijlen in de late Bronstijd en hun produkten. *Nieuwe Drentse Volksalmanak* 79, pp. 199-233.

BUTLER, J.J., 1963a. Bronze Age connections across the North Sea: a study in prehistoric trade and industrial relations between the British Isles, the Netherlands, North Germany and Scandinavia, c. 1700-700 B.C. *Palaeohistoria* 9, pp. 1-286.

BUTLER, J.J., 1963b. Ook in de oudere bronstijd bronsbewerking in Noord-Nederland? English summary: A local bronze industry in the North of the Netherlands in the Bronze Age? *Nieuwe Drentse Volksalmanak* 81, pp. 181-212. (English summary pp. 205-206)

BUTLER, J.J., 1966. The bronze flanged axe from Alphen, prov. Noord-Brabant. *Berichten van de Rijksdienst voor Oudheidkundig Bodemonderzoek* 14, pp. 66-68.

BUTLER, J.J., 1971. *Bronze Age grave groups and hoards of the*

Netherlands (= Inventaria Archaeologica: the Netherlands, 2, set NL 11-16). Habelt, Bonn.

BUTLER, J.J., 1973. Einheimische Bronzebeilproduktion im Niederrhein-Maasgebiet. *Palaeohistoria* 15, pp. 319-343.

BUTLER, J.J., 1987. Bronze Age connections: France and the Netherlands. *Palaeohistoria* 29, pp. 9-34.

BUTLER, J.J., 1990 (1992). Bronze Age metal and amber in the Netherlands (I). *Palaeohistoria* 32, pp. 47-110.

BUTLER, J.J., 1995. Een bronzen bijl uit de vroege bronstijd te Weert-Kampershoek. In: N. Roymans (ed.), *Opgravingen in de Molenakker te Weert* (= Zuidnederlandse Archeologische rapporten I). Instituut voor Pre- en Protohistorische Archeologie, Amsterdam, p. 46.

BUTLER, J.J. & M. ADDINK, in press.

BUTLER, J.J. & J.D. VAN DER WAALS, 1966. Bell beakers and early metal-working in the Netherlands. *Palaeohistoria* 12, pp. 41-139.

BYVANCK, A.W., 1942/1946. *Voorgeschiedenis van Nederland*. Brill, Leiden.

COLES, J.M., 1968-1969. Scottish Early Bronze Age metalwork. *Proceedings of the Society of Antiquaries of Scotland* 101, pp. 1-110.

DESITTERE, M., 1973. Haches du type d'Arreton en Belgique. *Helinium* 13, pp. 65-70.

DESITTERE, M. & A.M. WEISSENBORN, 1977. *Voorwerpen uit de metaaltijden*. Oudheidkundige Musea, Bijloke Museum, Gent.

DOORSELAAR, A. VAN, G. BEEX & P. VAN SCHIE-HERWEYER, 1969. Kroniek district D 1963-1965. *Helinium* 9, pp. 46-73.

FELIX, P., 1945. Das zweite Jahrtausend vor der Zeitrechnung in den Niederlanden: Studien zur niederländischen Bronzezeit. Unpublished dissertation. Rostock. (Typescript copies in R.M.O., Leiden en B.A.I., Groningen)

FORSSANDER, J.E., 1936. *Der ostskandinavische Norden während der ältesten Metallzeit Europas*. Kunglika humanistika vetenskapssamfundet, Lund.

GALLAY, G., 1981. *Die kupfer- und altbronzezeitlichen Dolche und Stabdolche in Frankreich* (= Prähistorische Bronzefunde VI:5). C.H. Beck, München.

GERLOFF, S., 1975. *The Early Bronze Age daggers in Great Britain, and a reconsideration of the Wessex Culture* (= Prähistorische Bronzefunde VI:2). C.H. Beck, München.

GHESQUIÈRE, E. et al., 1994. Quelques objets inédits de l'Age du Bronze découverts récemment dans le département du Calvados. *Bulletin de la Société Préhistorique Française* 91, pp. 435-439

GIFFEN, A.E. VAN, 1928. Naschrift over de prae- en proto-historische Hillegomse duinvondsten. In: R. Oppenheim, Zwerftochten in oer-Nederland, II. In de achterduinen (Zuid-Holland). *De Levende Natuur* 32, pp. 78-83.

GIFFEN, A.E. VAN, 1937. Opgravingen in de provincie Noord-Brabant. De zgn. 'Vijfberg' op de rechte heide, gem. Goirle. Ringwalheuvel en palissadetumuli in Midden-Brabant. In: *Bouwsteenen voor de Brabantsche Oergeschiedenis*. Prov. Gen. van Kunsten en Wetenschappen in Noord-Brabant.

GLASBERGEN, W., 1954. Barrow excavations in the Eight Beatitudes: The Bronze Age cemetery between Toterfout and Halve Mijl, North-Brabant. *Palaeohistoria* 2-3, pp. I-XIV, 1-134, resp. 1-204.

GROENMAN-VAN WAATERINGE, W., 1966. Nederzettingen van de Hilversumcultuur te Vogelenzang (N.H.) en Den Haag (Z.H.). In: *In het voetspoor van A.E. van Giffen*, 2e druk. J.B. Wolters, Groningen.

HACHMANN, R., 1957. *Die frühe Bronzezeit im westlichen Ostseegebiet und ihre mittel- und südosteuropäischen Beziehungen. Chronologische Untersuchungen*. Flemmings Verlag/Kartographisches Institut, Hamburg.

HALLEWAS, D.P., 1988. Archeologische kroniek van Holland over 1987. II: Zuid-Holland. *Holland* 20, pp. 281-333.

HÄNSEL, B., 1968. *Beiträge zur Chronologie der mittleren Bronzezeit im Karpatenbecken I-II* (= Beiträge zur ur- und frühgeschichtlichen Archäologie des Mittelmeer-Kulturraums 8). Bonn.

HARBISON, P., 1968. Irish Early Bronze Age exports found on the continent and their derivatives. *Palaeohistoria* 14, pp. 173-186.

HARBISON, P., 1969. *The axes of the Early Bronze Age in Ireland* (= Prähistorische Bronzefunde IX:1). C.H. Beck, München.

HAWKES, C.F.C. & M.A. SMITH (eds), 1955. Plymstock hoard. *Inventaria Archaeologica, Great Britain* 9. The British Museum, London.

HEEMSKERCK DÜKER, W.F. VAN & P. FELIX, 1942. *Wat aarde bewaarde. Vondsten uit onze vroegste geschiedenis*, 3rd ed. Hamer, Den Haag.

HEERINGEN, R.M. VAN, 1983. 's-Gravenhage in archeologisch perspectief. *Mededelingen Rijks Geologische Dienst* 37, pp. 96-126.

HIELKEMA, J., 1994. Catalogus van bronzen bijlen in Noord-Nederland. Doctoraalscriptie, University of Groningen (unpublished).

HOLWERDA, J.H & J.P.W.A. SMIT, 1917. *Catalogus der archeologische verzameling van het Provinciaal Genootschap van Kunsten en Wetenschappen in Noord-Brabant*. Lutkie & Cranenburg, 's-Hertogenbosch.

HOLWERDA, J.D., 1925. *Nederlands vroegste geschiedenis*, 2e ed. Van Looy, Amsterdam.

HOOF, D., 1970. *Die Steinbeile und Steinäxte im Gebiet des Niederrheins und der Maas* (= Antiquitas Reihe 2, Band 9). Rudolf Habelt, Bonn.

HULST, R.S., 1971. *Garderen: Grafheuvels op de Bergsham* (= Archeologische Monumenten in Nederland 2). Fibula-Van Dischoeck, Bussum.

HULST, R.S., 1988. Archeologische Kroniek van Gelderland 1987. *Bijdragen en Mededelingen van de Vereniging Gelre* 79, pp. 184-208.

HULST, R.S., 1989. Archeologische kroniek van Gelderland 1988. *Bijdragen en Mededelingen van de Vereniging Gelre* 80, pp. 141-160.

HULST, R.S., 1993. Archeologische Kroniek van Gelderland 1992. *Bijdragen en Mededelingen van de Vereniging Gelre* 84, pp. 208.

HUNDT, J.-H., 1975. Steinerne und kupferne Hämmer der frühen Bronzezeit. *Archäologisches Korrespondenzblatt* 5, pp. 115-120.

HUNDT, H.-J., 1976. Ein frühbronzezeitlicher Kupferhammer aus Meckenheim, Kr. Neustadt/Weinstr. *Archäologisches Korrespondenzblatt* 6, pp. 117-122.

JACOB-FRIESEN, G., 1954. Der älterbronzezeitliche Hortfund von Wildeshausen. *Oldenburger Jahrbuch* 54, pp. 27-38.

JACOB-FRIESEN, G., 1967. *Bronzezeitliche Lanzenspitzen Norddeutschlands und Skandinaviens* (= Veröffentlichungen der urgeschichtlichen Sammlungen des Landesmuseums zu Hannover 17). August Lax, Hildesheim.

JACOBSEN, J., 1904. *L'âge du bronze en Belgique. Partie chimique*. Lamberty, Bruxelles.

JAGER, S.W. & P.J. WOLTERING, 1990. Archeologische kroniek van Holland over 1989. I: Noord-Holland. *Holland* 22, pp. 293-362.

JANSSEN, L.J.F., 1848. *Drentsche Oudheden*, 2 dl. Kemink, Utrecht.

JOCKENHÖVEL, A., 1971. *Die Rasiermesser in Mitteleuropa* (= Prähistorische Brunzefunde VIII:1). C.H. Beck, München.

KALTOFEN, A., 1985. *Die ur- und frühgeschichtliche Sammlung des Kreisheimatmuseums Lingen/Ems* (= Materialhefte zur Ur- und Frühgeschichte Niedersachsens 20). August Lax, Hildesheim.

KERSTEN, K., 1958. *Die Funde der älteren Bronzezeit in Pommern* (= Beiheft zum Atlas der Urgeschichte 7). Hamburgisches Museum für Völkerkunde und Vorgeschichte, Hamburg.

KIBBERT, K., 1980. *Die Äxte und Beile im mittleren Westdeutschland I* (= Prähistorische Bronzefunde IX:10). C.H. Beck, München.

KIBBERT, K., 1984. *Die Äxte und Beile im mittleren Westdeutschland II* (= Prähistorische Bronzefunde IX:13). C.H. Beck, München.

KINNES, I.A. & I.H. LONGWORTH, 1985. *Catalogue of the excavated prehistoric and Romano-British material in the Greenwell collection*. British Museum Publ. Ltd, London.

KRAUSE, R., 1988. *Die endneolithischen und frühbronzezeitlichen Grabfunde auf der Nordstadtterrasse von Singen am Hohentwiel I* (= Forschungen und Berichte zur Vor- und Frühgeschichte in

Baden-Württenberg 32). Konrad Theiss Verlag GmbH & Co, Stuttgart.

LAET, S.J. DE & W. GLASBERGEN, 1959. *De voorgeschiedenis der Lage Landen*. J.B. Wolters, Groningen.

LANTING, J.N. & W.G. MOOK, 1977. *The pre- and protohistory of the Netherlands in terms of radiocarbon dates*. Private publishing, Groningen.

LAUX, F., 1971. *Die Bronzezeit in der Lüneburger Heide* (= Veröffentlichungen der urgeschichtlichen Sammlungen des Landesmuseums zu Hannover 18). August Lax, Hildesheim.

LIVERSAGE, D. & M., 1989. A method for the study of the composition of early copper and bronze artifacts. An example from Denmark. *Helinium* 28, pp. 42-76.

LOË, A. DE, 1928-1931. *La Belgique Ancienne. Catalogue descriptif et raisonné, I, Les âges de la Pierre, 1928; II, les âges des métaux, 1931*. Musées Royaux et d'Histoire, Brussel.

LOUWE KOOIJMANS, L.P., 1974. The Rhine/Meuse Delta, four studies on its prehistoric occupation and holocene geology. *Analecta Praehistorica Leidensia* 7. Also: *Oudheidkundige Mededelingen uit het Rijksmuseum van Oudheden te Leiden* 53-54, 1973-1974.

MAYER, E.F., 1977. *Die Äxte und Beile in Österreich* (= Prähistorische Bronzefunde IX:9). C.H. Beck, München.

MEGAW, B.R.S. & E.M. HARDY, 1938. British decorated axes and their diffusion during the earlier part of the Bronze Age. *Proceedings of the Prehistoric Society* 4, pp. 272-307.

MENKE, M., 1978/1979. Studien zu den frühbronzezeitlichen Metalldepots Bayerns. *Jahresbericht des Bayerischen Bodendenkmalpflege* 19/20, pp. 1-305.

METZ, W.H., 1975. *Pre- en protohistorie in Veluws Museum 'Nairac' te Barneveld*. Barneveldse Drukkerij en Uitgeverij, Barneveld.

MODDERMAN, P.J.R., 1951. Het oudheidkundig onderzoek van de woongronden in het Land van Maas en Waal. *Oudheidkundige Mededelingen van het Rijksmuseum van Oudheden Leiden* 32, pp. 25-61.

MODDERMAN, P.J.R., 1959. Versierd bronzen randbijltje en stenen bijl uit Haren (Noord-Brabant). *Berichten van de Rijksdienst voor Oudheidkundig Bodemonderzoek* 9, pp. 289-291.

MODDERMAN, P.J.R. & M.J.G.Th. MONTFORTS, 1991. Archeologische Kroniek van Gelderland 1970-1974. *Bijdrage en Mededelingen van de Vereniging Gelre* 82, pp. 143-188.

MOHEN, J.-P., 1977. *L'âge du Bronze dans la région de Paris*. Ed. Musées Nationaux, Paris.

MOZSOLICS, A., 1967. *Bronzezeit des Karpathenbeckens: Depotfundhorizonte von Hajdúsámson und Kosziderpadlás*. Mit einem Anhang von Franz Schubert und Eckehart Schubert. Budapest.

NEEDHAM, S.P., 1979. The extent of foreign influence on Early Bronze Age axe development in southern Britain. In: Ryan (ed.) *The origins of metallurgy in Atlantic Europe*. Stationery Office, Dublin, pp. 265-293.

NEEDHAM, S.P., 1983. The Early Bronze Age axeheads of central and southern England. Unpublished PhD, University College, Cardiff.

NEEDHAM, S.P., 1985. In: S.P. Needham, A.J. Lawson & H.S. Green, *British Bronze Age metalwork A1-6, Early Bronze Age hoards*. British Museum Publ., London.

NEEDHAM, S.P., 1986. Towards a reconstruction of the Arreton hoard: a case of faked provenances. *Antiquaries Journal* 46, pp. 9-28.

NOVOTNÁ, M., 1970. *Die Bronzehortfunden in der Slowakei. Spätbronzezeit* (= Archaelogica Slovaca fontes 11). Slovenská Akad. vied., Bratislava.

O'CONNOR, B., 1980. *Cross-Channel relations in the later Bronze Age. Relations between Britain, North-Western France and the Low Countries during the Later Bronze Age and the Early Iron Age, with particular reference to the metalwork* (= BAR Intern. Ser. 91). BAR, Oxford.

OPPENHEIM, R., 1927. Zwerftochten in Oer-Nederland, II. In de achterduinen (Zuid-Holland). *De Levende Natuur* 32, pp. 74-78.

PLEYTE, W., 1877-1902. *Nederlandsche Oudheden van de vroegste tijden tot op Karel den Groote*. I. Tekst. II. Platen. (Friesland:

1877; Drenthe: 1882; Overijssel: 1885; Gelderland: 1889; Batavia: 1899; West-Friesland: 1902. Brill, Leiden.

RITTERSHOFER, K.-F., 1983. Der Hortfund von Bühl und seine Beziehungen. *Bericht der Römisch-Germanischen Kommission* 64, pp. 139-415.

ROWLANDS, M.J., 1976. *The production and distribution of metalwork in the Middle Bronze Age in southern Britain, I-II* (= BAR Intern. series 31). BAR, Oxford.

SANDEN, W.A.B. VAN DER, 1992. Archeologie in Drente. *Nieuwe Drentse Volksalmanak* 109, p. 81-104.

SCHAUER, P., 1985. Spuren orientalischen und ägäischen Einflusses im bronzezeitlichen Nordischen Kreis. *Jahrbuch des Römisch-Germanischen Zentralmuseums* 32, pp. 123-195.

SCHMIDT, P.K. & C.B. BURGESS, 1981. *The axes of Scotland and northern England* (= Prähistorische Bronzefunde IX:7). C.H. Beck, München.

SHERWIN, G.A., 1942. A second bronze hoard of Arreton Down type found in the Isle of Wight. *Antiquaries Journal* 22, pp. 198-201.

SMITH, M.A., 1959. Some Somerset hoards and their place in the Bronze Age of southern Britain. *Proceedings of the Prehistoric Society* 25, pp. 144-187.

SPRANG, A. VAN, 1993. Ermelo, eens Irminlo, natuurkundig en oudheidkundig bekeken. Titel op omslag: *Wat aarde bewaarde uit de voorgeschiedenis van Ermelo en omgeving*. Gelderse Archeologische Stichting, Ermelo.

SPROCKHOFF, E., 1941 (1942). Niedersachsens Bedeutung für die Bronzezeit Westeuropas. Zur Verankerung einer neuen Kulturprovinz. *Bericht der Römisch-Germanischen Kommission* 31, pp. 1-138.

STEIN, F., 1979. *Katalog der vorgeschichtlichen Hortfunde in Süddeutschland* (= Saarbrücker Beiträge zur Altertumskunde 24). Rudolf, Habelt, Bonn.

STOEPKER, H., 1991. Archeologische Kroniek van Limburg over 1990. *Publications de la Société d'Histoire et d'Archéologie dans le Limbourg* 127, pp. 223-279.

STRUVE, K.W., 1971. *Geschichte Schleswig-Holsteins II:1: Die Bronzezeit, Periode I-III*. Wachholtz, Neumünster.

SUDHOLZ, G., 1964. *Die ältere Bronzezeit zwischen Niederrhein und Mittelweser* (= Münstersche Beiträge zur Vorgeschichtsforschung 1; Veröffentlichungen des Seminars für Vor- und Frühgeschichte der Universität Münster, Band I). August Lax, Hildesheim.

SZPUNAR, A., 1987. *Die Beile in Polen I* (= Prähistorische Bronzefunde IX:16). C.H. Beck, München.

TENT, W.J. VAN, 1988. *Archeologische kroniek van de provincie Utrecht over de jaren 1980-1984*. Stichting Publikaties Oud-Utrecht, Utrecht.

VANDKILDE, H., 1988. A Late Neolithic hoard with objects of bronze and gold from Skeldal, Central Jutland. *Journal of Danish Archaeology* 7, pp. 113-135.

VANDKILDE, H., 1990. Metal analysis of the Skeldal hoard and aspects of early Danish metal use. *Journal of Danish Archaeology* 9, pp. 114-132.

VERHART, L., 1993. *De prehistorie van Nederland*. De Bataafse Leeuw, Amsterdam.

VERLINDE, A.D., 1987. Die Gräber und Grabfunde der späten Bronzezeit und frühen Eisenzeit in Overijssel. Dissertatie Leiden.

VERLINDE, A.D., 1988. Archeologische kroniek van Overijssel over 1987. *Overijsselse Historische Bijdragen* 103, pp. 139-162.

VERLINDE, A.D., 1989. Archeologische kroniek van Overijssel over 1988. *Overijsselse Historische Bijdragen* 104, pp. 165-192.

VERLINDE, A.D., 1990. Archeologische kroniek van Overijssel over 1989. *Overijsselsche Historische Bijdragen* 105, pp. 123-158.

VERLINDE, A.D., 1994. Archeologische kroniek van Overijssel over 1993. *Overijsselse Historische Bijdragen* 109, pp. 179-180.

VERNEY, A., 1994. *La collection préhistorique du Musée de Bayeux* (= Études et documents du Musée, 1; Bulletin de la Société des Sciences, Arts et Belles-Lettres de Bayeux, 30). Bayeux.

VERWERS, W.J.H., 1988. Archeologische kroniek van Noord-

Brabant 1983-1984. *Brabants Heem* 32, p. 26.

VERWERS, W.J.H., 1991. Archeologische kroniek van Noord-Brabant, 1990. *Brabants Heem* 43, pp. 105-152.

VULPE, A., 1975. *Die Äxte und Beile in Rumänien II* (= Prähistorische Bronzefunde IX:5). C.H. Beck, München.

WAINWRIGHT, G.J., 1979. Mount Pleasant, Dorset. Excavations 1970-1971: incorporating an account of excavations undertaken at Woodhenge in 1970. In: G.J. Wainwright et al., *Mount Pleasant, Dorset. Excavations 1970-1971* (= Reports of the Research Comittee of Society of Antiquiries 12). Thames and Hudson, London.

WALLE-VAN DER WOUDE, T.Y. VAN DE, 1982. Drie bronzen bijlen uit West-Friesland. In: *Bundel 1983*. Historisch Genootschap 'Oud West-Friesland', Hoorn, pp. 223-232.

WARMENBOL, E., 1991-1992. L'âge du bronze final en Haute Belgique: Etat de la question. *Annales de la Societé archeologique de Namur* 67, pp. 149-183.

WARMENBOL, E., 1992. Le matériel de l'âge du bronze: le seau de la drague et le casque du héros. In: E. Warmenbol, Y. Cabuy, V. Hurt & N. Cauwe, *La collection Edouard Bernays* (= Monographie d'archéologie nationale 6). Musées Royaux d'Art et d'Histoire, Bruxelles, pp. 67-122.

WIELOCKX, A., 1986. Bronzen bijlen uit de Brons- en Vroege IJzertijd in de Maasvallei. Verhandeling tot het verkrijgen van de graad van Licentiaat in de Oudheidkunde en de Kunstgeschiedenis aan de Katholieke Universiteit Leuven.

WILLEMS, W.J.H., 1981. Bronzen bijl uit Schimmert. *Archeologie in Limburg* 11, p. 20.

WILLEMS, W.J.H., 1983. Archeologische Kroniek van Limburg over de jaren 1980-1982. *Publications de la Siciétié historique et archéologique dans le Limbourg* 119, pp. 209-212.

WILLEMS, W.J.H., 1984. Archeologische Kroniek van Limburg over 1983. *Publications de la Société historique et archéologique dans le Limbourg* 120, pp. 354-393.

WINIGER, J., 1989. *Ufersiedlungen am Bielersee* I. Staatlicher Lehrmittelverlag, Bern.

WOUTERS, A., 1980. *Bronzen randbijl uit Leende (N.Br.)* (= Archaeologisch Nieuws 9). Stichting Rapportage, Doetinchem.

ŽERAVICA, Z., 1993. *Äxte und Beile aus Dalmatien und anderen Teilen Kroatiens, Montenegro, Bosnien und Herzegowina* (= Prähistorische Bronzefunde IX:18). Franz Steiner Verlag, Stuttgart.

ZIJLL DE JONG, J.R.C. VAN, 1983. Een bronzen randbijltje uit het Margrietpaviljoen te Nijmegen. *Jaarverslag 1983 Archeologische Werkgemeenschap voor Nederland, afd. Nijmegen e.o.*, pp. 19-20.

THE EARLY MEDIEVAL CEMETERY OF OOSTERBEINTUM (FRIESLAND)

E. KNOL[1], W. PRUMMEL, H.T. UYTTERSCHAUT[2], M.L.P. HOOGLAND[3],
W.A. CASPARIE[4], G.J. DE LANGEN[5], E. KRAMER[6] AND J. SCHELVIS
Vakgroep Archeologie, Groningen, Netherlands

ABSTRACT: Part of an early medieval cemetery was excavated on the SE edge of the *terp* of Oosterbeintum, which held remains of both cremations and inhumations. The cremation features, urned burials, a *bustum* grave, *Brandgruben*, ash stains and disturbed traces of the cremation ritual, produced evidence of 10 to 21 children's cremations and 23 to 27 of adults. The wood types alder and oak were most often used as fuel for the cremations; ash and birch were also regularly used. Eight inhumated skeletons were of children, three were of adolescents and 35 of adults. The average age at death of the inhumated humans was 29.5 years. Women and men were equally represented among the inhumated adolescents and adults. In one individual, the osteological sex determination (male) contradicts the archaeological sex determination (female). The average stature of men measured 1,74 m, that of women 1.58 m. One of the inhumated individuals was an achondroplastic dwarf of unknown gender with an estimated stature between 1.25 and 1.30 m. Tree-trunk coffins of oak were used in eight inhumations. The number of grave goods was modest, both with cremations and inhumations. There was one weapon grave, and a possible second one. Three inhumation graves of women and one cremation grave of a child had a rich content of grave goods. The cremations are dated between AD 400 and 750, the inhumations between AD 450 and 750.

The cemetery contained eight animal graves: an inhumation grave of a c. 6 year old stallion, six inhumation graves of male dogs and a *Brandgrube* with the burnt remains of a lamb or kit, and a teal. Four Carolingian ditches, a 10th/11th and a 15th century well disturbed the cemetery to a slight degree.

The remains of northern vole, natterjack toad and several mite species allowed the reconstruction of an unendiked landscape.

KEYWORDS: Friesland, *terp*, early medieval cemetery, AD 400-750, cremations, inhumations, achondroplastic dwarf, charcoal, tree-trunk coffins, grave goods, horse burial, dog burials, mites.

1. INTRODUCTION

1.1. Research objectives

In the autumn of 1987, S. de Haan of Twijzelerheide found an urn containing a human cremation (burial C in the catalogue) in the side of a ditch in the *terp* of Oosterbeintum (fig. 1). The ditch borders a *terp* remnant which is protected as a listed archaeological monument (fig. 2). The find was reported to the Fries Museum, Leeuwarden, after which inspection revealed that the ditch had been significantly deepened as part of a recent reallotment scheme and that the sides were now calving. The crown of an unburnt human skull (grave B in the catalogue) and a concentration of unurned cremated remains (grave D in the catalogue) were found during this inspection. The finds pointed to an early medieval cemetery.

The calving of the ditch side and the lowered water table meant that the remains of the cemetery were endangered. The Ministry of Welfare, Health and Cultural Affairs (W.V.C.) therefore granted permission for the part of the cemetery that adjoined the ditch to be excavated. The aim of the excavation was to establish the nature and the extent of the archaeological remains, to assess the state of preservation of the features and to salvage the finds in the most seriously threatened part of the cemetery (de Langen, 1988: pp. 146-147; Kramer, 1989: p. 161).

This partial excavation of the Oosterbeintum cemetery was expected to make an important contribution to the study of habitation and the funerary ritual in the northern Netherlands and Ostfriesland during the early Middle Ages. Searching through published reports, archives and museum collections produced 117 early medieval cemeteries in this region (Knol, 1991a; 1991b; 1993a: pp. 150-155). By far the majority were in *terpen*. Often only a few grave goods had been collected or preserved.

In most cases, any clear description of the find conditions is lacking. A little more is known about a few cemeteries. In 1904/1905, P.C.J.A. Boeles had an extensive record made of the graves in the cemetery of Hogebeintum, which was being destroyed by commercial soil-quarrying (Boeles, 1906; 1951: pp. 209-214; Knol, 1993a: pp. 159-163). The Biologisch-

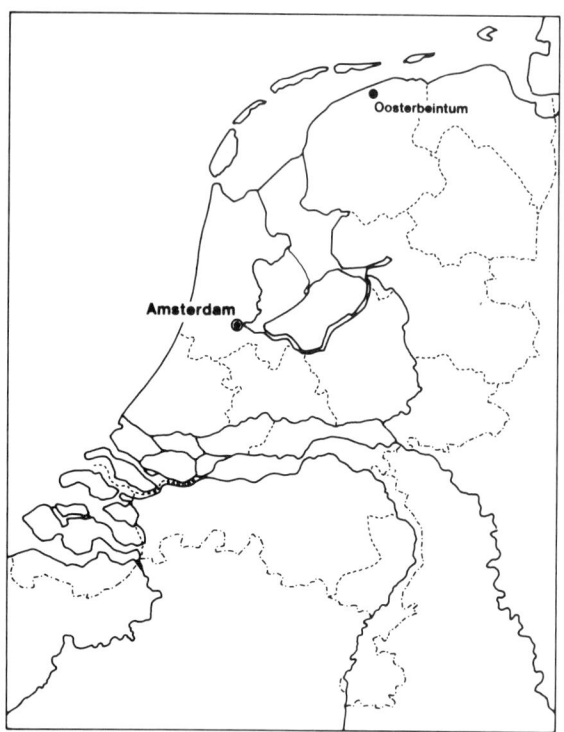

Fig. 1. Map of the Netherlands, showing the location of the *terp* of Oosterbeintum.

gen and Ostfriesland, cremation of the dead continued into the early 9th century (Knol, 1993a: pp. 165-169).

In the early encounters, skeletal remains were seldom retrieved, so that little is known about the gender, age and health of the buried or cremated individuals. The recovered remains of cremated bodies were limited almost entirely to those found in urns. A sample of cremated remains without an urn from Hogebeintum (FM inv. Nos 28-158bis) and a few charcoal deposits from profiles at Godlinze (van Giffen, 1920: plate II) already pointed to the existence of cremation features other than urned burials.

In this new investigation of an early medieval cemetery, such aspects might be given closer attention. Studies of wood and charcoal might provide insights into the use of wood in the early medieval funerary ritual, both for the cremations and the inhumations. The grave goods of the cremation and inhumation graves usually were not numerous, but varied. It was clear that cemeteries of this kind could also include burials of horses or dogs (Müller-Wille, 1971; Boersma, 1980). A careful excavation of part of the cemetery of Oosterbeintum offered the opportunity to test earlier ideas about the early medieval funerary ritual and to add new evidence.

Archaeologisch Instituut had excavated three cemeteries, whose remains were documented: at Godlinze, excavated in 1919 (van Giffen, 1920), in the *terp* De Bouwerd near Ezinge, excavated in 1934/35 (Hijszeler, unpublished; Boersma, 1980; Knol, 1993a: p. 163) and at Paddepoel, excavated in 1964 (van Es, 1970: pp. 232-239; Knol, 1993a: pp. 163-165). In a few churchyards in the northern Netherlands and Ostfriesland excavations had been performed in which the oldest graves dated from the 9th or even 8th century. These were at Dokkum (Halbertsma, 1960; 1970), Groningen-Martinikerk (Casparie, 1983; Lanting, 1990a; 1990b) and Emden (Haarnagel, 1955).

Very little is known about funerary custom during the first 900 years of habitation in the coastal part of the northern Netherlands, from the 5th century BC to around AD 400. On the basis of a few cremations, it is assumed that cremation was practised during this period (Knol, 1993a: pp. 155-156).[7] The above-mentioned observations and excavations show that from the 5th century AD, the northern Netherlands saw the use of cemeteries, where communities buried all or some of their dead. The earliest cremation burials in these cemeteries date from the end of the 4th and the beginning of the 5th century. Shortly after, inhumation graves began to occur as well, of which at least some involved tree coffins. In Westergo and Oostergo (Friesland) such mixed cemeteries continued into the 8th century, after which only inhumation graves are known. In Gronin-

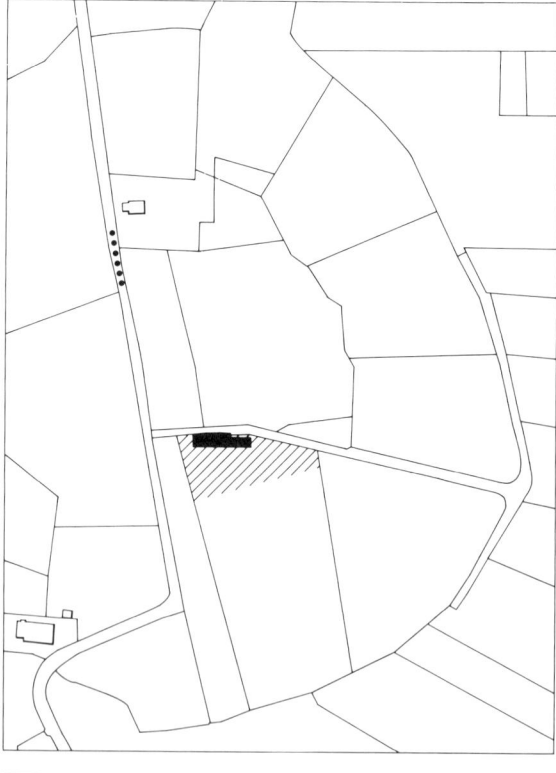

■ 1   ▨ 2   •••• 3

Fig. 2. Oosterbeintum. Cadastral map: 1. The site of the excavation; 2 The protected archaeological monument; 3 The location of some undated burials. Drawing by H.J.M. Burgers, A.I.V.U.

The excavation also presented an opportunity to apply to a cemetery the study of mite remains. These might yield interesting evidence about the method of burial if they included species specific to corpses, such as *Uroseius hunzikeri* (Schweizer, 1961). The possibility of identifying mites characteristic of burials could mean a new application for mite research. If a funerary context were no longer demonstrable, such remains might be used as indicators of a grave.

The excavation was carried out in 1988 and 1989 by the Biologisch-Archaeologisch Instituut (B.A.I.), now renamed Vakgroep Archeologie, of the University of Groningen (V.A.R.U.G.), in collaboration with the Archaeological Institute of the Vrije Universiteit, Amsterdam (A.I.V.U.), and the Fries Museum, Leeuwarden (FM). The day-to-day supervision of the excavations was in the hands of archaeologist E. Knol, the draughtsman G. Delger and the field technician K. Klaassens. Employees of the Fries Museum assisted in the fieldwork. The uncovered features and remains were studied by a large team of researchers. E. Knol and G.J. de Langen analysed the field drawings; E. Knol sorted the finds and studied the grave goods; E. Kramer, who had initiated the rescue excavation, made an inventory of earlier finds from this site; H.T. Uytterschaut studied the human skeletal remains from the inhumation graves; M.L.P. Hoogland studied the human remains from the cremation burials; W. Prummel dealt with the animal bones; W.A. Casparie studied the wood remains and charcoal; and J. Schelvis identified mites from a number of graves and younger features, and scanned the combs for lice and nits.

The present article is the report of the excavation and the study of the features and the recovered material. The results of this project are first described in terms of the various disciplines (chapters 2-12), after which the catalogue lists the finds from each individual grave (chapter 13). There the reader will also find the arguments for each grave's dating, based on radiocarbon analysis, datable grave goods and transections.

Some short notes and preliminary publications on the results of this excavation have already appeared (Casparie, 1991; Knol, 1989; 1991; 1993a: pp. 150-155; 1993b; 1996; Knol, Kramer & de Langen, 1989; Knol, Kramer, de Langen, Prummel & Uytterschaut, 1990; Prummel, 1989a; Prummel & Knol, 1990; Prummel, 1991; 1992a; 1993a; Schelvis, 1992: Uytterschaut, 1989).[8] A Dutch summary of this paper will be published in the *Jaarverslagen van de Vereniging voor Terpenonderzoek* 73-74.

1.2. The location of Oosterbeintum

Oosterbeintum lies in the province of Friesland, east of Hogebeintum between Blija and Genum. In the civil parish of Ferwerderadeel, it is one of the many dwelling mounds that man has built from the Iron Age onwards. Such dwelling mounds are nowadays called *terp* in Friesland, while in the province of Groningen the originally Frisian word *wierde* has remained in use. The once extensive *terp* of Oosterbeintum has largely disappeared as a result of soil-quarrying in the early 20th century (Kramer, in print). This was done for commercial reasons: the *terp* soil was exported as fertile topsoil to the poor sandy and peaty areas of the northern Netherlands. This digging had revealed a 5th-century grave in the southeast section of the *terp*. Since commercial digging had also taken place at the site of the excavation, this grave probably belonged to the excavated cemetery. In the catalogue it is described as grave A. The plot indeed is locally known as the *Ald Tsjerkhof* (Old Churchyard). Only the rim of the *terp* was not dug away (figs 3 and 4). In the southwest, this remainder still bears a farmhouse. The early medieval

Fig. 3. Oosterbeintum. The southwestern edge of the *terp*, viewed from the east. Photograph by G. Delger, V.A.R.U.G.

cemetery lies in the southeastern part of the *terp*, in the plot that is cadastrally known as Blija, section B, lot 57 (fig. 2).

Oosterbeintum is situated in the wide salt-marsh zone of Oostergo. This runs from where the river Boorne empties into the Middelzee, along the east side of that estuary and then along the Wadden Sea coast to the mouth of the Lauwers. Behind this salt-marsh zone lay a low-lying basin that to the east and south merged into extensive mires (peat bogs) (fig. 5). The salt-marsh zone was closely studded with *terpen*, of which many

were inhabited in the early Middle Ages (de Langen, 1992; Knol, 1993a).

Apart from the cemetery excavated in 1988/1989, graves were also found during the construction in 1906 of a road across the *terp* (fig. 2:3). These did not contain any grave goods and hence remain undated (Boeles, 1907; Knol, 1993b). Possibly this was the site of a second cemetery, whose date is unknown. In view of similar small cemeteries elsewhere in Friesland, a (late-)-Carolingian date is most likely (Knol, 1993b). In a radius of 4 km around Oosterbeintum, early medieval

Fig. 4. Oosterbeintum. The southeastern edge of the *terp*. Photograph by G. Delger, V.A.R.U.G.

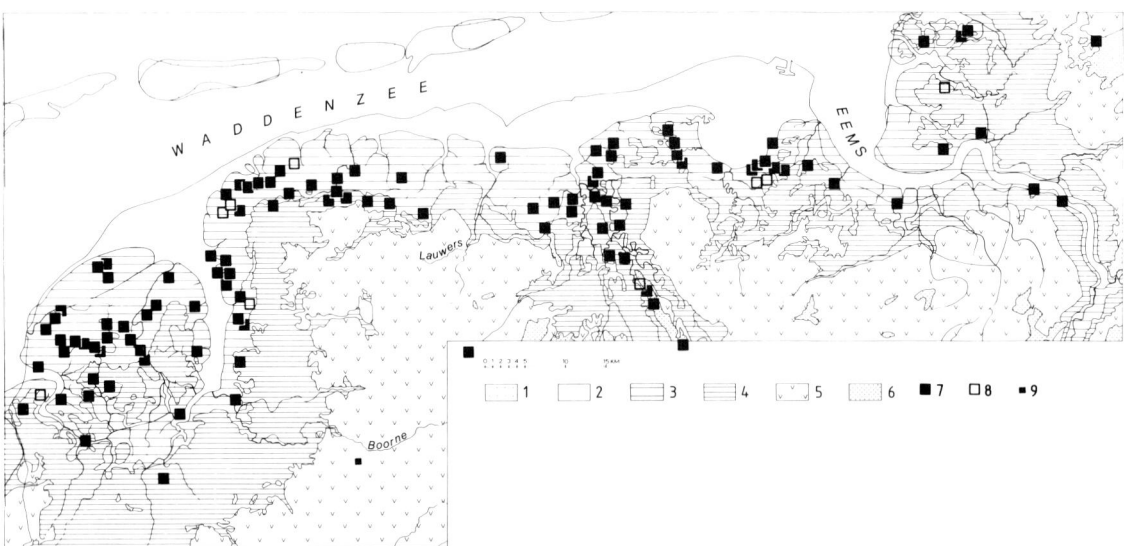

Fig. 5. Palaeogeographic map of the coastal region of the northern Netherlands in the Early Middle Ages. 1. Wadden isles; 2. Sea, river, lake; 3. High saltmarsh; 4. Low saltmarsh; 5. Peat bogs; 6. Pleistocene interior; 7. Cemetery; 8. Suspected cemetery; 9. Single burial. After Knol, 1993a: fig. 42. Drawing by H.J.M. Burgers, A.I.V.U.

burials were also encountered in the *terpen* of Blija-Vaardeburen, Blija-Sijtsmaterp, Ferwerd-Burmania I, Ferwerd-Burmania II, and Hogebeintum (Knol, 1993a: p. 153).

1.3. Excavation method and processing of finds

The excavation area was laid out in the autumn of 1988 over a length of 48 m, at 1.5 m from the ditch, alongside the spots where the urn (grave C), the skull (grave B) and the cremation remains (grave D) had turned up in the side of the ditch (fig. 6). The width of the trench varied between 7 and 8 m (figs 2, 7 and 71).[9] The trench was made 48 m long because the exact location of the cemetery was still unknown. The topsoil was carefully removed with a mechanical digger. This layer was found to be very thick. F.J. Tilma of Blija, former owner of the field, informed us that the part of the *terp* where the excavation was sited had been partially dug away in the early 20th century. The resulting difference in elevation did not interfere with its use as grassland. In World War II the land was turned over to arable farming and the excavated part was made up with soil from a higher part of the *terp* to facilitate cultivation.

Traces of the cemetery were encountered over a length of 35 m midway along the excavated trench (fig. 7). This central area was manually excavated with shovels down to the undisturbed natural. But first the eastern and western ends of the excavation, which were devoid of funerary features, had been mechanically deepened to drain the site of rain and groundwater. The central part of the area was thus adequately protected from flooding. The excavation was carried out in thirteen levels of 35 by 7-8 m, with a vertical interval of about 10 to 25 cm. Records were kept of the vertical sections on the north and south sides of the excavation (figs 8 and

9). Finally, in the spring of 1989, the 1.5 m wide strip between the ditch and the excavated cemetery, which originally had been left standing, was excavated as well.

Terp soil consists of raised material. Since the grave pits and the cremation features were filled with the same soil, the features are difficult to read. The topmost graves had been disturbed by the commercial digging; possibly graves had been destroyed. The outlines of grave pits and *Brandgruben* usually were not apparent until the contents, skeleton or cremation, became visible. In salvaging, the long bones of the skeletons were found to be very brittle; in the graves along the ditch, roots of reeds were entangled with the ribs (fig. 10). The condition of tree-trunk coffins was very poor.

The human and animal skeletons were carefully uncovered, while a look-out was kept for grave goods. The graves were measured, drawn to a scale of 1:20, and photographed. The features lay at differing depths and therefore were recorded in different levels. After this, the skeletal remains and the grave goods were lifted. The wood remains, mostly parts of tree coffins, were recovered as far as possible. If a grave contained traces of a disturbed cremation, that part of the grave contents would be removed and sieved. The bones were washed, dried and investigated. The grave goods were washed and if necessary restored. The metal items were found to be in poor condition. Their treatment was limited to blowing them clean of sand and clay with compressed air and consolidation with Archeoderm. With the aid of X-ray photography, a reconstruction drawing of the object was then made (see fig. 59 and the catalogue). Restoration of the metal objects was not attempted, since the rusted bronze and iron often contained remains of textiles.

The cremation features consisted of urns with

Fig. 6. Oosterbeintum. Overview of the excavation, seen from the west. Photograph by G. Delger, V.A.R.U.G.

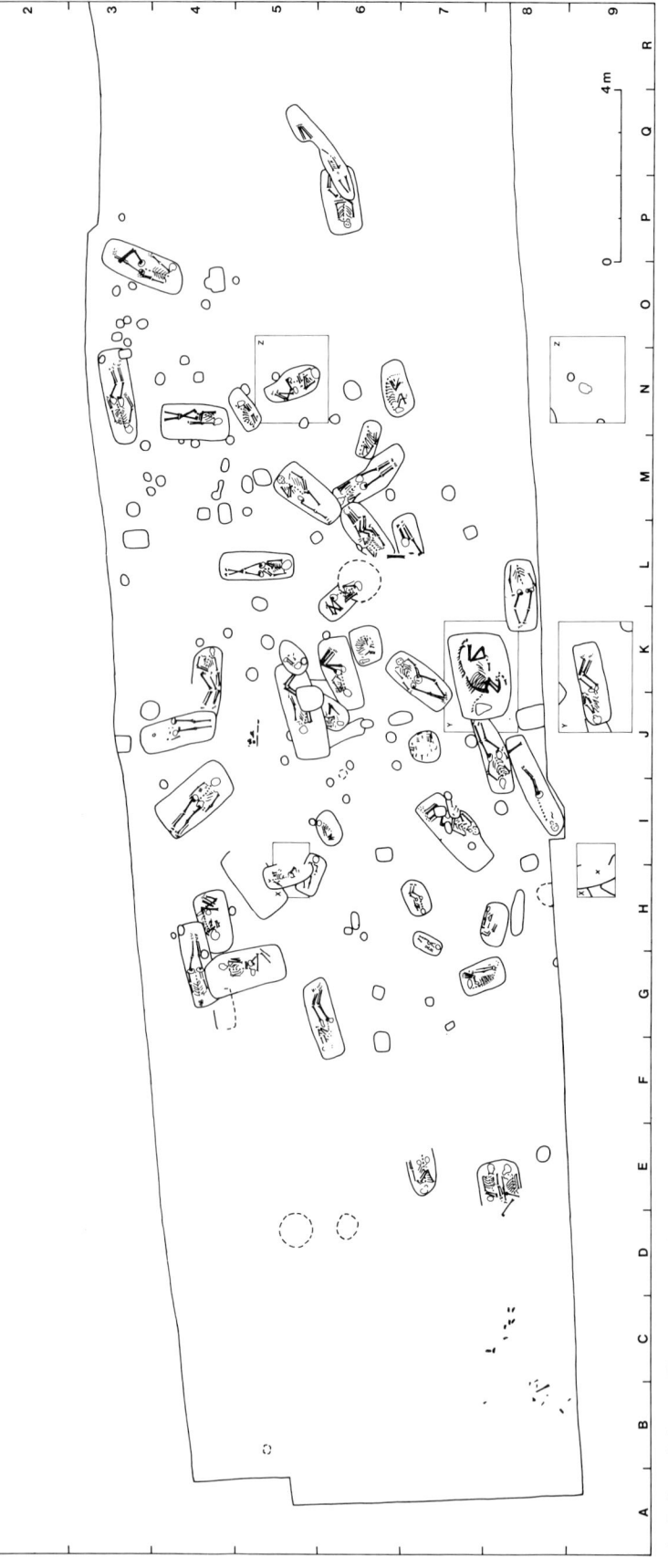

Fig. 7. Oosterbeintum. The central part of the excavated area, showing the traces of the early medieval cemetery. The younger features have been omitted. Drawing by G. Delger, V.A.R.U.G.

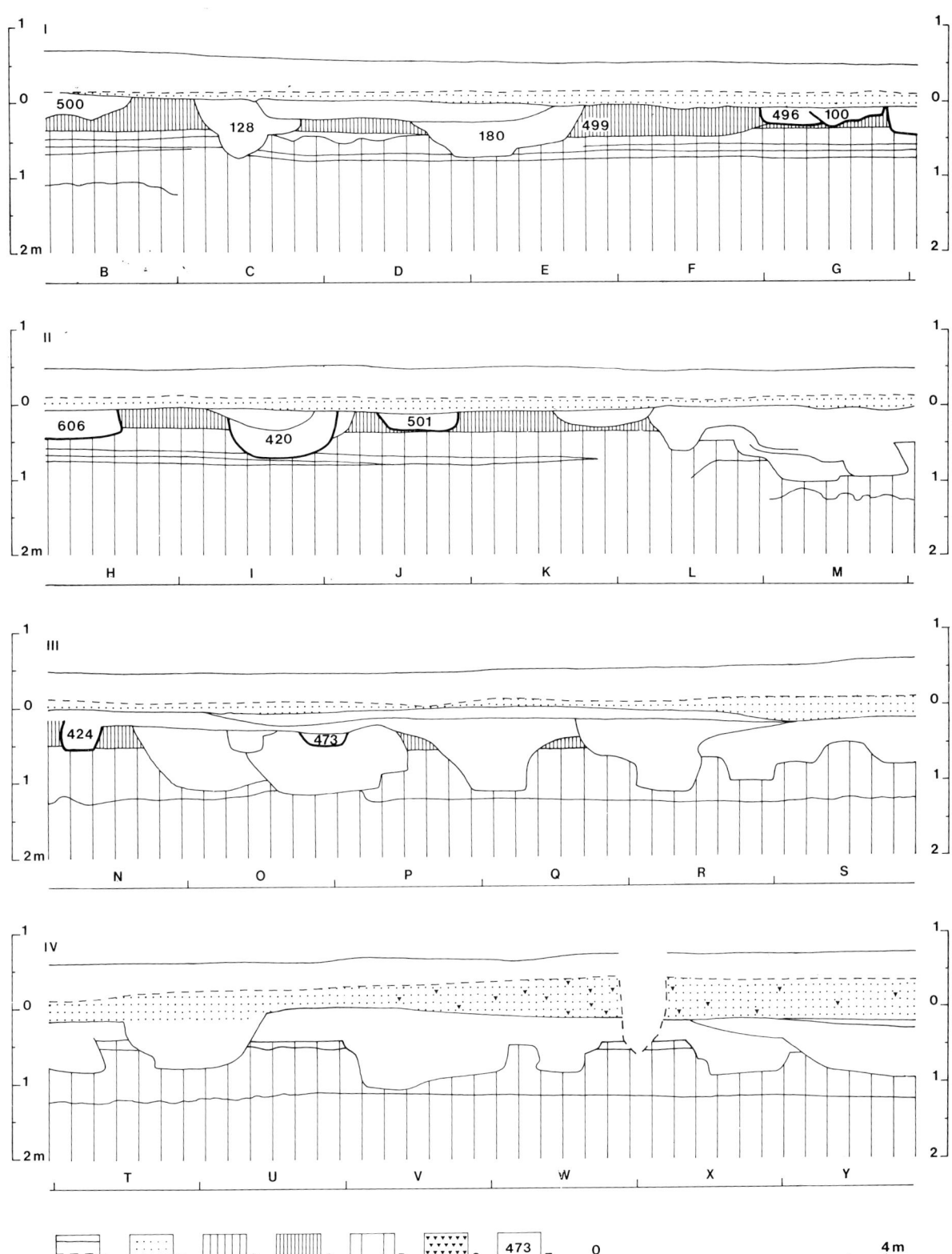

Fig. 8. Oosterbeintum. Section along the northern edge of the excavation. From top to bottom, the parts fit together from west to east. Legend: 1. Arable; 2. Post-Carolingian raised layer; 3. Carolingian raised layer; 4. The cemetery *terp*; 5. The virgin soil beneath the *terp*; 6. Mussel shells; 7. Find number. The coordinates B-Y correspond with those in fig. 12. Drawing by G. Delger, V.A.R.U.G.

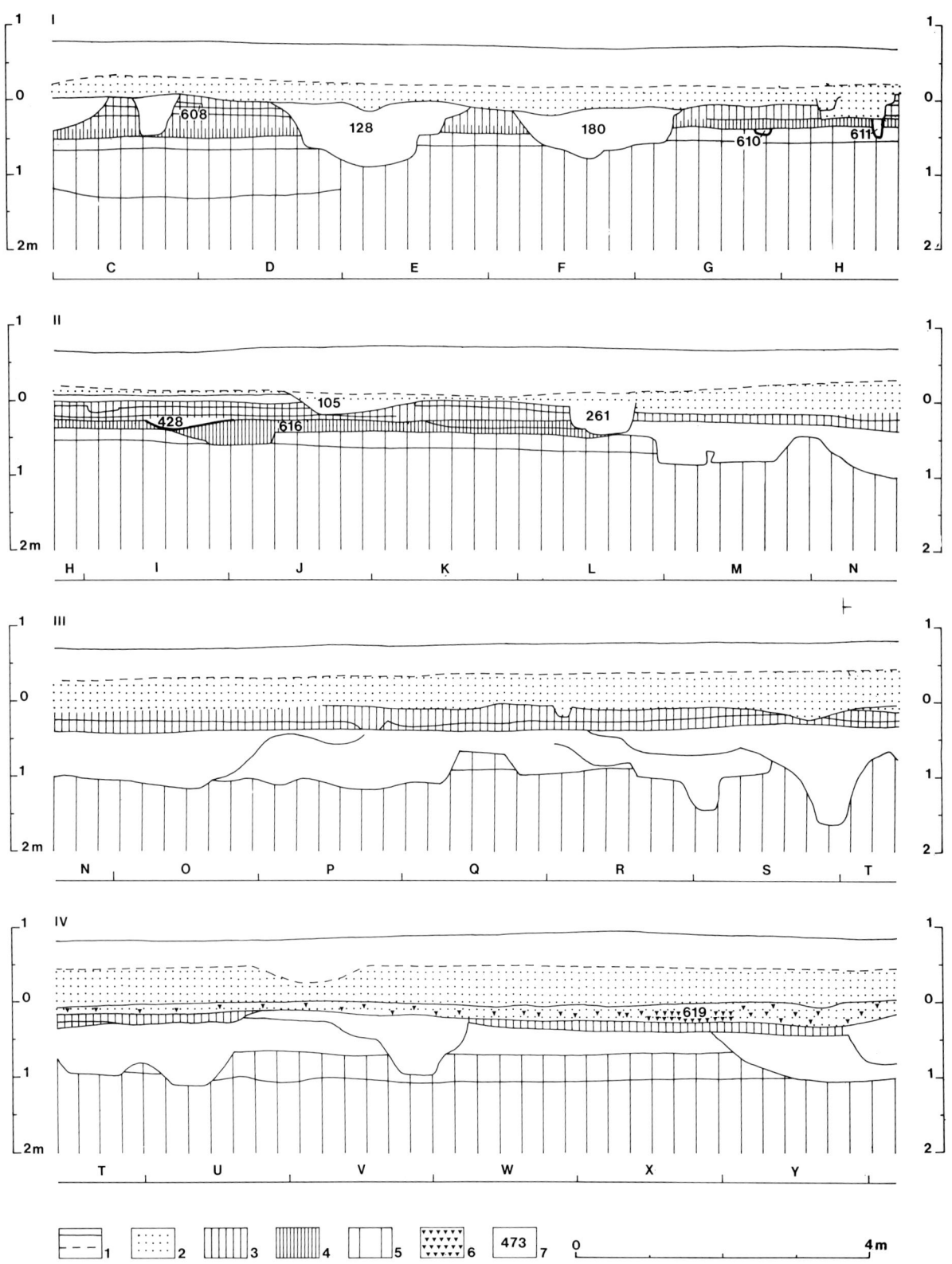

Fig. 9. Oosterbeintum. Section along the southern edge of the excavation. From top to bottom, the parts fit together from west to east, being shown in mirror image. Legend: 1. Arable; 2. Post-Carolingian raised layer; 3. Carolingian raised layer; 4. The cemetery *terp*; 5. The virgin soil beneath the *terp*; 6. Mussel shells; 7. Find number. The coordinates C-Y correspond with those in fig. 12. Drawing by G. Delger, V.A.R.U.G.

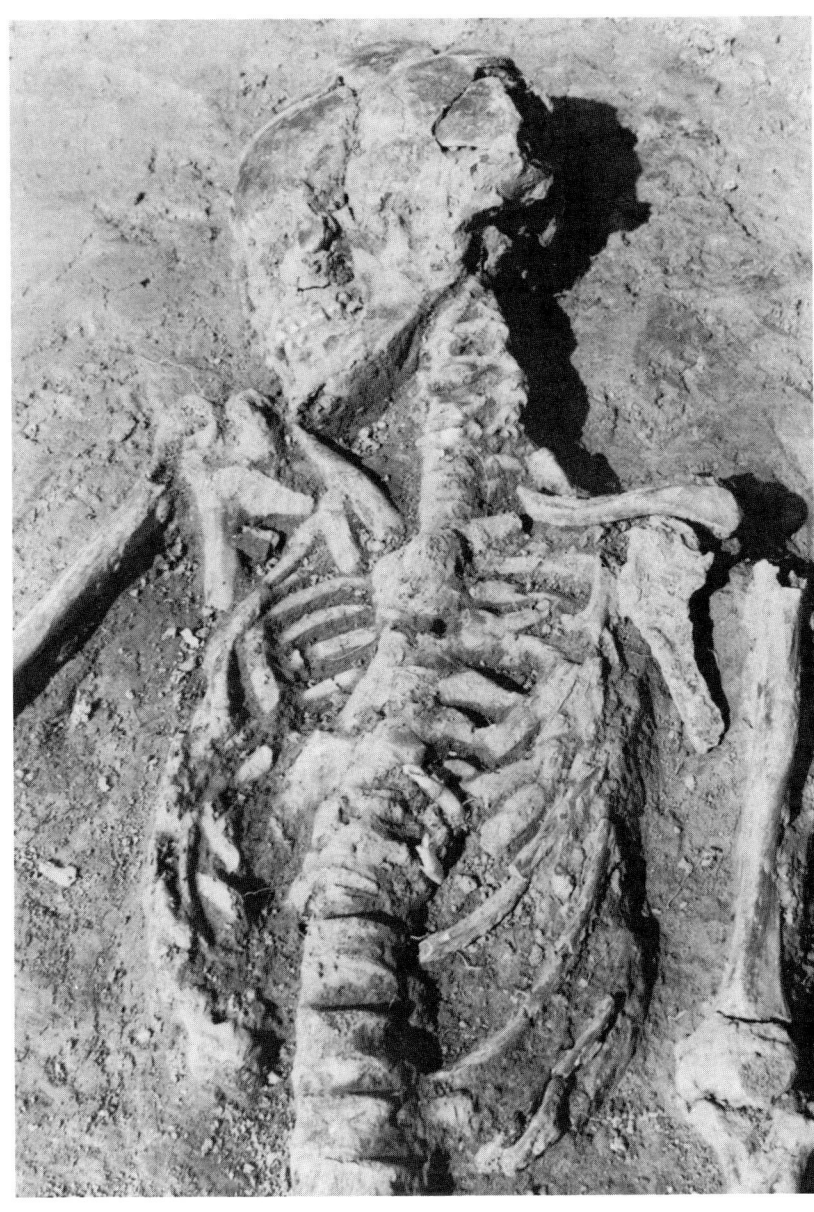

Fig. 10. Oosterbeintum, grave 624. The grave lies immediately beside the ditch, with reeds rooting through the rib cage. Photograph by G. Delger, V.A.R.U.G.

fragments of burnt human bone, and of pits, large and small, containing charcoal, burnt bone, burnt clay and other finds. The contents of the urns and pits were collected as completely as possible. In this procedure, it was impossible to avoid taking a small amount of the surrounding *terp* soil as well. *Terp* soil by definition is disturbed soil, so that occasionally contamination with material of a different origin and age may occur. The contents of the pits and urns were sieved and investigated.

Apart from the graves there were innumerable unstratified finds and finds from various younger features. These were mainly pottery and kitchen waste. A number of graves and some younger features were sampled for the presence of mites.

For the dating of the graves and other features in the cemetery, seventeen samples were taken for radiocarbon dating by the Centre for Isotope Research Groningen (table 1). Four samples were of wood from coffins, ten were charcoal samples from cremation graves, two were charcoal samples from silted-up pits, and the final one comprised a number of mussel shells. All combs and comb fragments were scanned for the presence of fleas, lice and nits.

All finds were numbered serially in the order in which they were uncovered in the field. The stray finds too were incorporated in this system. This has resulted in discontinuous numbering of the graves. Sometimes objects were retrieved under different find numbers, before later being found to belong to a single grave. In this publication, all items from graves are mentioned under the number of the grave. In the catalogue they are listed grave by grave with a serial number (e.g., 5.1 Fragment of tweezers from grave 5). The find numbers, when differing from the grave numbers, are quoted in brackets in the catalogue. In the field drawings, in the further documentation and in the Fries Museum, the finds will be found either under their grave number or field number. The field drawings, colour slides, photos and field journals are in the archive of the Biologisch-Archaeologisch Instituut (now: Vakgroep Archeologie, Rijksuniversiteit Groningen, Faculteit der Letteren). All finds from the excavation (skeletal remains, grave goods and samples) were deposited in the Fries Museum under the numbers 1988/XI 1-473 and 1989/VI 474-643.

2. THE STRUCTURE OF THE TERP

The surface of the Pleistocene sand deposit at the site of the excavation lies 3.70 m beneath NAP (Dutch datum). This sand is covered by a peaty layer c. 0.80 m thick. This is overlain by salt-marsh deposits, which start with a crumbly clay layer at 2.90 m below NAP. At c. 1.20 m below NAP these are followed by a sandy layer. These salt-marsh sediments were deposited by a creek then running between Oosterbeintum and Hogebeintum (Griede, 1978: pp. 113-116). The sandy layer is topped by a large number of sandy storm-tide bands from the Duinkerken IB period (c. 500-200 BC), which start between 0.60 and 0.80 below NAP. The base of the *terp* at the site of the excavation lies between 0.20 and 0.40 m below NAP.

On this natural substrate, which even in pre-Roman times must have borne a settlement (Kramer et al., in prep.), a *terp* was built during or at the end of the Roman Period, which was at least half a metre high. Water-abraded sherds of soft earthenware from the Roman Period (fig. 11)[10] are the basis for this dating. This raised layer is visible along the greatest length of the northern section (fig. 8, unit 3), and the western half of the south section. As a result of erosion on the southwest side of the *terp*, the remaining *terp* layer locally was a mere 10 to 20 cm thick (fig. 9, unit 4).

In the eastern half of the excavation, numerous silted-up pits appeared in the bottom levels (fig. 12). They have been left white in the eastern part of the drawn sections (figs 8 and 9). They contain charcoal particles (table 1) and offal. Two pits each contained less than 1 g of burnt human bone (find Nos 468 and 622). From one pit came the remains of an oak plank with a feather-and-groove joint (fig. 13). Grave 473 from the 5th-8th century cuts one of these pits. This suggests that this pit was filled up even by the 6th-7th century. Radiocarbon dates are available for two other silted-up pits (table 1). The charcoal samples were small, which means that the datings have a large standard deviation. They do not rule out that the pits antedate the

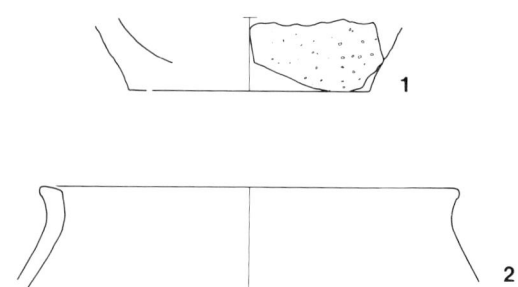

Fig. 11. Oosterbeintum. Sherds of hand-formed pottery from the Roman-Period Iron Age. 1. Sherd tempered with shell grit (find No. 69); 2. Rim of a sherd with organic temper (find No. 585). Scale 1:4. Drawing by H.J.M. Burgers, A.I.V.U.

cemetery. On the other hand, the datings leave open the possibility that the charcoal derived from the earliest pyres, which would mean that these pits were still open in the 5th or 6th century. The pits may have been dug to extract clay for the construction of the terp. Subsequently the pits will have silted up. On the Halligen off the Holstein coast, clay for raising the *terpen* was dug from pits that then were left to silt up, even in historical times (Halbertsma, 1944: p. 15).

Graves are visible both in the northern and the southern section (figs 8 and 9, unit 4). The cemetery therefore presumably extended further to the north and south. The cemetery is dated from about AD 400 up to about 750 (chapters 3.1.5 and 3.2.2). In the southern section it is evident that the cemetery was affected by erosion. Storm surges destroyed the top of the mound. The material from the sandy storm-surge deposits was redeposited: new storm-surge deposits can be seen in the section above the raised body of the *terp* into which the graves had been dug (fig. 9, the top of unit 4; fig. 14). The burials were all but exposed by this erosion. Grave 428 from the first half of the 6th century, and ash stain 611 lay immediately beneath this disturbance. Erosion at the edge of *terpen* so far has seldom been studied, but for the contemporary inhabitants it must have been quite a common phenomenon.

After the cemetery phase, the *terp* was further raised at least twice. The first instance dates from the Carolingian period: judging by the pottery in the younger ditches, between AD 750 and 800 (fig. 9, unit 3). In the northern section this layer is absent, possibly as a result of the quarrying in the early 20th century. After this Carolingian phase the *terp* was raised still further, especially on its east side (figs 8 and 9, unit 2). Mussel shells from this layer at the eastern end of the south profile have a radiocarbon date that after calibration comes to the 8th or 9th century.[11] The raised layer thus stems from the late Carolingian period or, if the shells were older than the layer itself, even more recent times. These raised layers correspond with extensions to the Oosterbeintum *terp* after the cemetery phase. Tenth- to twelfth-century features were dug into these layers (see

Table 1. Radiocarbon dates from Oosterbeintum produced by the Centre for Isotope Research Groningen. The calibration (by the Seattle/Groningen method) is given for confidence levels of 68.3% (1σ) and for 95.4% (2σ).

Grave No.	Find No.	Sample	Wood	GrN-	Date BP	Date cal. AD 68.3%	Date cal. AD 95.4%
424	424	Outside trunk coffin	*Quercus*	16539	1390±25	648-666	630-674
483	483	Trunk coffin	*Quercus*	19341	1545±35	448-486 498-516 530-560 572-594	436-602
605	605A	Trunk coffin	*Quercus*	19342	1645±25	396-432	344-358 376-452 478-506 510-532
605	605B	Chip lying near trunk coffin	*Corylus*	19343	1545±35	448-486 498-516 530-560 572-594	436-602
66	66	Urn?	*Betula*	19441	1690±50	262-282 330-418	242-450 484-498 514-530
131	131	Urn	*Fraxinus*	19443	1580±110	390-610	240-660
267	267	Urn	*Quercus* *Betula* *Alnus*	19444	1650±90	266-278 334-534	218-614
372	372	Urn	*Fraxinus*	19446	1380±25	652-668	638-678
421	421	Urn	*Alnus*	19447	1590±70	410-554	268-276 334-622
421	367	Above urn 421	*Alnus*	19445	1475±35	556-576 592-636	546-650
438	438	Urn	*Alnus*	19448	1385±40	632-676	604-712 744-764
97	97A	*Brandgrube*	*Alnus*	19442	1640±120	250-290 320-550	140-640
527	527	*Brandgrube*	*Quercus*	19449	1510±50	464-470 534-634	442-644
611	611	Trace of cremation	*Alnus* *Betula*	19450	1590±80	406-556 576-592	262-282 330-636
	619	Mussels in the profile		18650	1260±35	686-792 804-814	680-826 832-874
	622	Silted-up pit	*Fraxinus* *Alnus*	19541	1640±100	260-280 330-540	210-640
	631	Silted-up pit	*Betula*	19452	1640±70	344-358 378-536 572-594	250-302 312-560

chapter 8). Large *terp* extensions from the 9th to 12th centuries have been documented at Leens (van Giffen, 1940), Heveskesklooster (Boersma, 1988), and Leeuwarden (de Langen, 1992).

The commercial quarrying destroyed all of the cemetery north of the ditch. Therefore it can no longer be established whether the cemetery was laid out on the southeast edge of the village *terp* of Oosterbeintum or on a separate cemetery *terp* that was incorporated into the village *terp* through later additions. Separate cemetery mounds have been demonstrated at Termunterzijl (Westendorp 1819), Godlinze (van Giffen, 1920), Ezinge-De Bouwerd (Boersma, 1980) and Paddepoel (van Es, 1970; Knol, 1993a: pp. 155-158) and suggested at Ulrum-De Capel (Knol, 1995) and Lellens (Cuijpers et al., 1995).

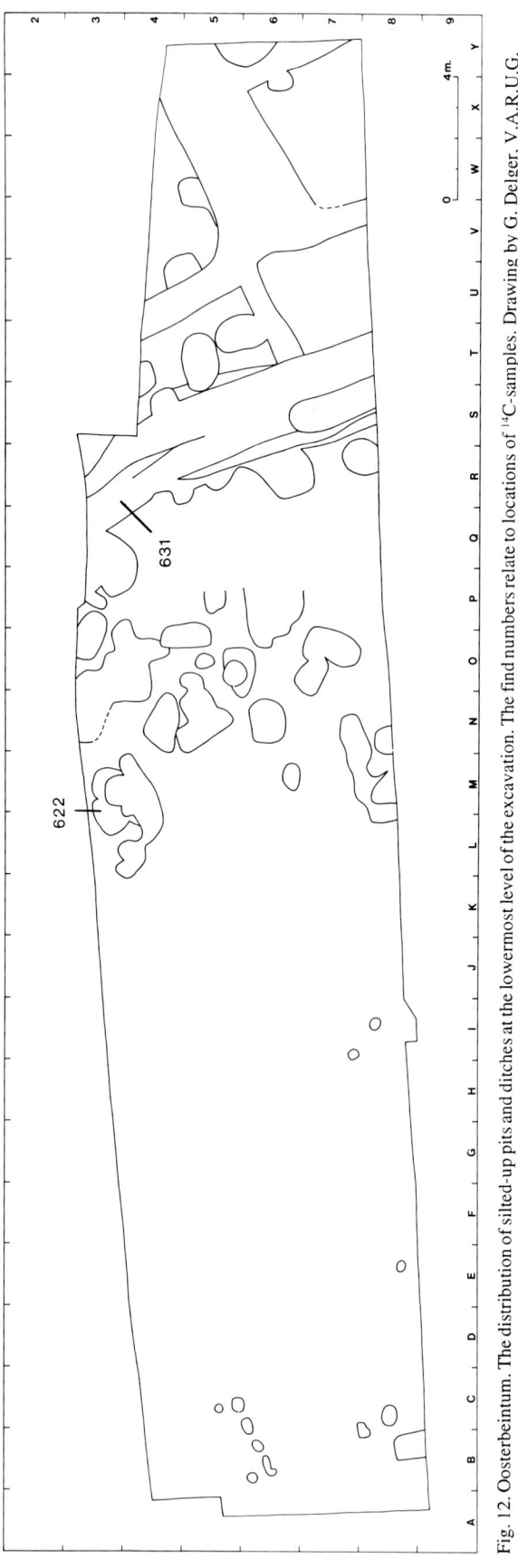

Fig. 12. Oosterbeintum. The distribution of silted-up pits and ditches at the lowermost level of the excavation. The find numbers relate to locations of ^{14}C-samples. Drawing by G. Delger, V.A.R.U.G.

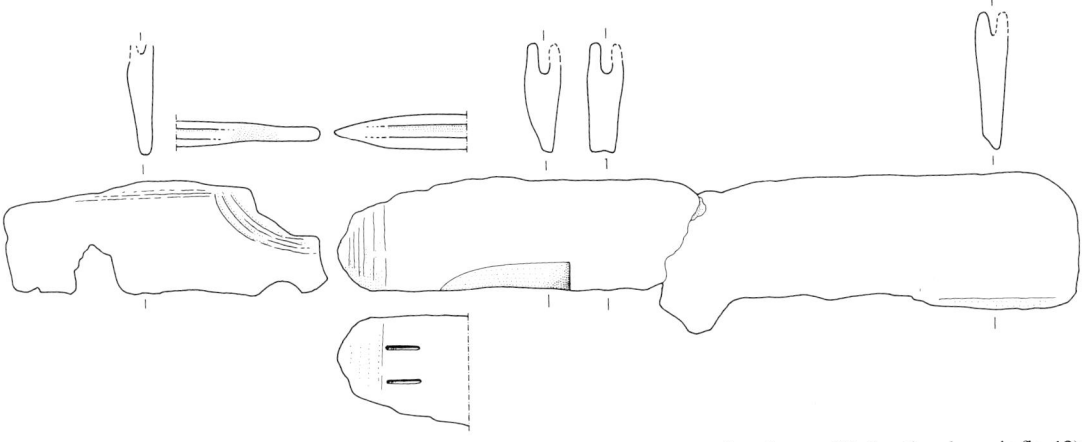

Fig. 13. Oosterbeintum. Remains of late Roman Period oak planking with feather and groove from feature 631 (location shown in fig. 12). Scale 1:8. Drawing by H.J.M. Burgers, A.I.V.U.

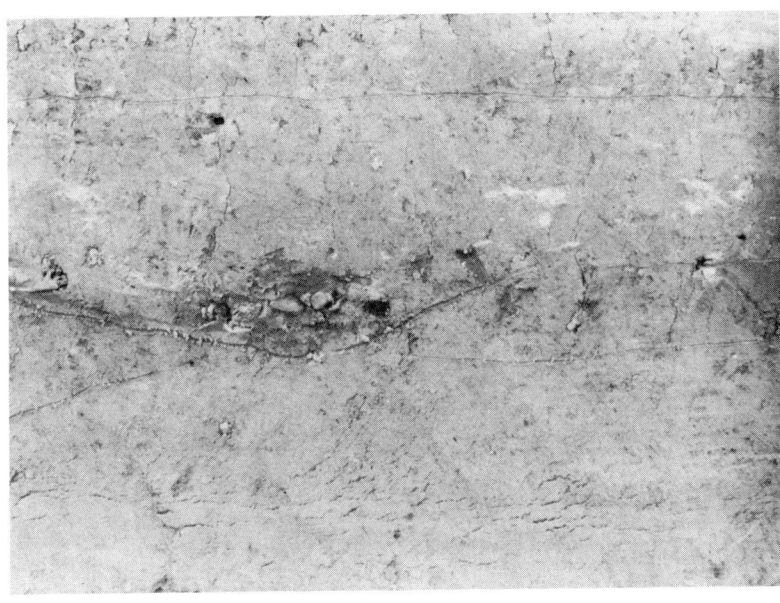

Fig. 14. Oosterbeintum, grave 428. Above the grave, thin storm-flood deposits are visible in the section. Photograph by G. Delger, V.A.R.U.G.

3. THE GRAVES

The excavated part of the cemetery covers a zone running SW-NE, an area of some 220 m² (fig. 7). About 27 m² of this area is disturbed by younger features. Because this site was used for burials for several centuries, many graves cut each other. Numerous cremation features were disturbed in the digging of inhumation graves.

3.1. Cremation

A large number of human cremations were found in the cemetery of Oosterbeintum. The cremation features were varied and not always easy to interpret (see 3.1.3; fig. 15). There were 21 distinct urned burials and one shattered vessel without remains of a pyre or cremation (grave 210). A large pit was interpreted as a *bustum* grave and five smaller features as *Brandgruben*. One *Brandgrube* contained nothing but burnt animal bone. Moreover, there were 71 urnless traces of the cremation rite, whose interpretation is uncertain. These will here be called 'ash stains'. Finally, the fill of 17 inhumation graves contained remains of what evidently were disturbed cremation pyres. These cremation features, 116 in all, will be discussed below.

3.1.1. *The distinctness of the cremation features and the recovery of their material*

The cremation features were poorly visible in the *terp* soil. A pit containing a cremation burial, with or without

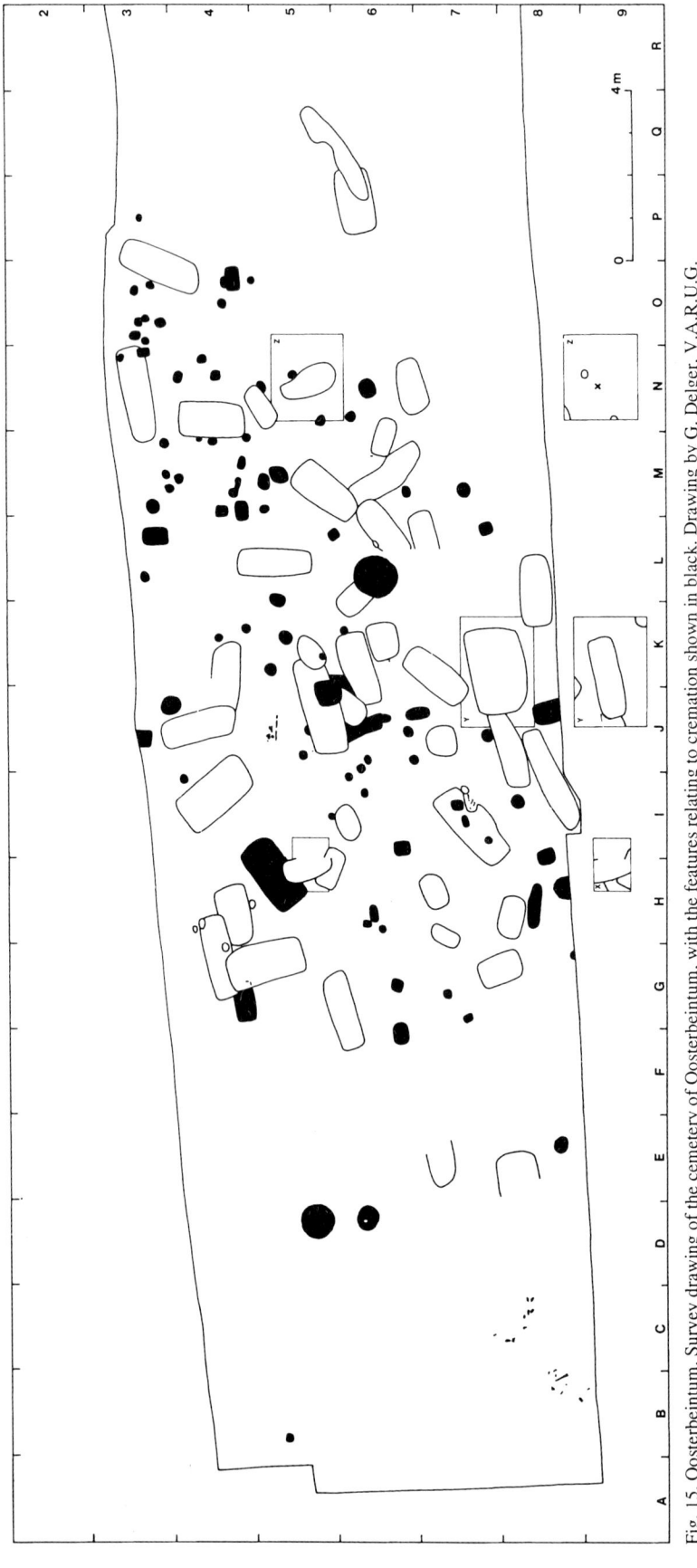

Fig. 15. Oosterbeintum. Survey drawing of the cemetery of Oosterbeintum, with the features relating to cremation shown in black. Drawing by G. Delger, V.A.R.U.G.

Table 2. Some characteristics of the samples of the cremation traces in Oosterbeintum. If several samples belong to the same feature, then they are counted together (the other field numbers in brackets). Cremated bones (crem.) in g; charcoal (char.) in ml; m = male; f = female; (f) = probably female; age in years; child? = probably child; 0-3? = possibly a child. 0-3?? = perhaps a child. Owing to bad weather some traces were not sampled. Nor did ash stains 645-655 receive a field number. One of these must be identical to sample 3xx. This makes the number of ash stains 71 instead of 72. The total number of cremation features is 116 (22 (probable) urns, 1 *bustum* grave, 5 *Brandgruben*, 71 ash stains and 17 disturbed traces of cremation). The number of human cremation features is 115, since *Brandgrube* 97 only contains animal remains.

Grave No.	Date AD	Crem. human bones	Ost. sex	Arch. sex	Age	Crem. animal bones	Char.	Details
Urn graves								
C	525-725	365	(f)	.	Adult	-	-	-
14	525-725	328	.	.	35-40	-	<1	-
31	450-650	332	.	.	Adult	-	<1	-
63	500-700	88	m	.	Adult	<1	<1	-
66	350-500	5	.	.	.	4	85	+ Sample 127
78	500-700	149	.	.	±25	-	<1	-
131	500-700	348	.	.	12±3	4	83	-
133	500-700	27	.	.	Adult	-	-	-
140	500-700	315	f	.	Adult	-	<1	-
168	500-700	660	.	.	±40	6	<1	-
227	650-700	146	.	.	18±3	-	<1	-
267	650-725	221	.	.	.	-	16	+ Sample 141
356	500-700	39	.	.	.	27	<1	-
372	650-700	557	f	f	Adult	<1	100	-
376	.	108	.	.	Adult	-	-	-
409	500-600	1224	f	.	>45-55	-	40	-
421	575-700	662	f	.	Adult	-	492	+ Sample 367
438	600-700	13	.	.	Child	-	75	-
515	400-525	34	.	.	Adult	-	-	-
521	550-700	45	.	.	.	-	<1	-
583	450-700	38	.	.	±17	-	<1	-
Probable urn grave								
210	400-500	.	.	.	.	-	.	Urn in sherds, no crem. or char. observed
Bustum grave								
160	450-525	1041	f	f	Adult	21	5630	-
Brandgruben								
5	.	1137	.	.	Adult	-	1	-
97	675-750	.	.	.	.	34	28	-
183	400-450	1	.	.	0-3?	-	95	+ Sample 243
519	.	320	.	.	35	-	50	-
527	500-700	86	.	f	2-5	-	55	-
Ash stains								
D	.	49	.	.	.	-	-	-
32	.	.	.	.	.	-	-	No sample
70	.	1	.	.	.	-	-	Prob. the same feature as 295
75	.	1	.	.	Adult	-	<1	-
76	.	1	.	.	.	-	38	-
77	.	2	.	.	40	-	<1	-
126	.	.	.	.	.	-	-	No sample
130	.	1	.	.	.	-	<1	-
132	.	.	.	.	.	-	-	No sample
146	.	1	.	.	.	-	<1	-
159	.	2	.	.	0-3?	-	70	-
193	.	5	.	.	Child?	-	63	-
194	.	2	.	.	.	-	34	+ Sample 268 (1 ml)
195	.	2	.	.	.	-	111	+ Sample 263
196	.	2	.	.	0-3?	-	<1	-
197	.	1	.	.	0-3??	-	<1	-

Table 2 (continued).

Grave No.	Date AD	Crem. human bones	Ost. sex	Arch. sex	Age	Crem. animal bones	Char.	Details
198	.	1	.	.	0-3??	-	<1	-
199	.	<1	.	.	0-3??	-	<1	-
200	.	<1	.	.	.	-	<1	-
229	.	38	.	.	3-12	-	<1	-
246	.	1	.	.	.	-	-	-
265	.	4	.	.	Adult?	-	-	-
266	.	1	.	.	.	-	45	-
269	.	3	.	.	6±2	-	<1	+ Sample 392
281	.	1	.	.	.	-	<1	-
282	.	2	.	.	.	-	<1	-
283	.	1	.	.	.	-	<1	-
284	.	1	.	.	.	-	<1	-
288	.	1	.	.	.	-	<1	-
315	.	2	.	.	Adult	-	-	Prob. the same feature as urn grave 356
317	400-550	2	.	-	3±1	-	55	-
354	.	1	.	.	.	-	<1	-
361	.	2	.	.	.	-	<1	+ Sample 278
388	.	3	.	.	Child	-	70	-
396	.	1	.	.	0-3?	-	110	-
399	.	1	.	.	.	-	<1	Prob. the same feature as 611
3xx	.	4	.	.	1-5??	-	58	-
431	.	1	.	.	.	-	<1	-
437	.	.	.	.	.	-	-	No sample
445	.	1	.	.	.	-	65	-
496	.	12	.	.	3±1	-	61	+ Sample 582 (1 ml)
518	.	.	.	.	.	-	-	No sample
522	.	<1	.	.	.	-	<1	-
523	.	<1	.	.	.	-	<1	-
524	.	<1	.	.	.	-	<1	-
525	.	0	.	.	.	-	<1	-
526	.	2	.	.	0-3?	-	155	+ Sample 580
528	.	13	.	.	Adult?	-	-	-
531	.	2	.	.	.	-	<1	-
532	.	2	.	.	.	-	260	-
533	.	7	.	.	.	-	-	-
534	.	1	.	.	.	-	<1	-
535	.	1	.	.	.	-	120	-
536	.	1	.	.	Child??	-	190	-
568	.	6	.	.	.	-	<1	-
571	.	12	.	.	Adult?	-	<1	-
581	.	16	.	.	.	-	44	-
582	.	2	.	.	2±8 months	-	<1	-
599	.	1	.	.	.	-	1	-
610	.	0	.	.	.	-	-	No residue after sieving
611	.	1	.	.	.	-	18	-
645	.	.	.	.	.	-	-	No sample
646	.	.	.	.	.	-	-	No sample
647	.	.	.	.	.	-	-	No sample
648	.	.	.	.	.	-	-	No sample
649	.	.	.	.	.	-	-	No sample
650	.	.	.	.	.	-	-	No sample
651	.	.	.	.	.	-	-	No sample
652	.	.	.	.	.	-	-	No sample
653	.	.	.	.	.	-	-	No sample
654	.	.	.	.	.	-	-	No sample
655	.	.	.	.	.	-	-	No sample

Table 2 (continued).

Grave No.	Date AD	Crem. human bones	Ost. sex	Arch. sex	Age	Crem. animal bones	Char.	Details
Disturbed traces of cremation (or disturbed ash stains)								
60	400-475	2	.	.	.	-	-	-
100	400-600	20	.	.	Adult	-	150	-
100 A	400-600	14	.	.	0-3	-	340	Prob. the filling of grave 100
295	400-550	20	.	.	.	-	65	-
353	400-550	82	.	.	Adult	-	75	+ Sample 293
360	400-475	1	.	.	.	-	-	+ Sample 243
404	.	8	.	.	.	-	-	= Sample 369
410	400-475	.	.	.	.	-	-	No sample
420	400-600	7	.	.	Adult	-	<1	-
428	400-525	1	.	.	0-1	-	<1	= Sample 502
430	400-650	.	.	.	.	-	-	No sample
451	400-700	9	.	.	.	-	-	-
460	400-500	58	.	.	Adult+child	-	70	-
485	400-450	3	.	.	.	-	-	-
501	400-650	.	.	.	.	-	-	No sample
570	400-550	.	.	.	.	-	-	No sample
606	400-500	.	.	.	.	-	-	No sample
624	400-500	.	.	.	.	-	-	No sample

an urn, would not become apparent until the burial itself was hit upon. The upper parts of the pits usually remained unobserved. Only of feature 611 did most of the pit shaft become visible, because it is in the southern section (figs 9 and 22). The upper part of this feature was recognizable by a few scattered charcoal particles. The pyre remains in the bottom of the deep shaft were quite distinct.

Many cremation features were not discovered until their contents appeared in the level in the course of rabotage. As soon as a pit or other feature containing cremation material was encountered, as much material as possible was retrieved from it. From the top of the feature, some material will have been lost through rabotage. Any pyre remains lying outside the urn were collected separately from those inside the urn.

The amount of remains in features without urns is often small. Most contain upwards of 5 g of burnt human bone, with exceptions up to 49 g. The amount of charcoal ranges from 0 to 260 ml (table 2). A few urnless cremation features contain far more material. These are graves 5 with 1137 g of burnt human bone and 1 ml of charcoal, 519 with 320 g of burnt human bone and 50 ml of charcoal, grave 527 with 86 g of burnt human bone and 55 ml of charcoal, grave 183 with 1 g of burnt human bone and 95 ml of charcoal, and grave 97 without human bone but with 34 g of burnt animal bone and 28 ml of charcoal (table 2). These may have been *Brandgruben*. Finally, one feature, No. 160, was identified as the pit of a so-called *bustum* grave (see 3.1.3). The top layers in the pit were not recognized and hence not sampled. After this rectangular pit was spotted,

all of the remaining contents were collected in layers.

Pyre remains were encountered in the fill of a few inhumation graves. Evidently, traces of the cremation rite had been disturbed in the construction of these graves. Material was collected from some of these cremation remains. Urned burial 438 too had been disturbed by the construction of an inhumation grave (No. 433).

At the B.A.I., all the material taken from cremation graves was soaked in water with a dash of hydrogen peroxide (H_2O_2) and subsequently passed through a sieve with a 1.5 mm mesh. The residues were dried and sorted into cremation material (burnt bone and charcoal), grave goods, and unburnt fragments of animal bone. The charcoal was separated from the cremated bone by means of flotation. The voluminous material from the *bustum* grave was sorted by students of the Archaeological Institute of the Vrije Universiteit Amsterdam in the course of a seminar.

With cremation features of all types, the investigated material (table 2) is only part of what survived in the soil. It has already been noted that material from the top of the features failed to be collected because the feature was not yet evident. Further losses occurred in the rinsing and sieving, because particles with a diameter less than 1.5 mm passed through the sieve and some of the charcoal fell apart under the jet of water.

3.1.2. *Method of research on the human cremations*

The possibilities for research on cremated remains depend on the degree of fragmentation of the material.

This is dependent both on the various steps in the funerary ritual and on post-depositional processes. To gain an impression of the degree of fragmentation, the material is sifted on two sieves to separate out three fractions: with diameters over 10 mm, between 10 and 3 mm and less than 3 mm. The weight ratio between the first two fractions provides an index for the degree of fragmentation.

The fragments from the class greater than 10 mm are separated into six categories: neurocranium, viscerocranium, axial skeleton, diaphyses of long bones, epiphyses of the long bones and undeterminable. Then weight, colour and average size are determined. With these data it can be judged whether a particular category is underrepresented or completely absent, while the colour and fragmentation patterns are indications of the temperature of the fire.

The epiphyses, dental elements and skull sutures can provide clues to the age of the cremated body. Fragments of the pelvis and the skull may allow sex determination of the individual. The criteria for age and sex determination follow those of the Workshop of European Anthropologists (WEA 1980).

3.1.3. *The cremation features*

The urned burials
An 'urned burial' here means an earthenware vessel containing remains of a cremated human body and possibly grave goods and other remains of the pyre, such as charcoal and burnt clay (fig. 16). The pyres of these urned burials may have been located within the excavated part of the cemetery (see under Ash stains, section 3.1.3), in the unexcavated part of the cemetery or outside the cemetery. We could imagine that there was one cremation site used by all, or that there were several of such places (Sigvallius, 1994). After the cremation, the dead person's ashes, burnt grave goods and charcoal were gathered into an urn, which subsequently was interred at the bottom of a narrow shaft in the cemetery.

Of the 21 urns, six were intact (those from graves C, 63, 140, 267, 438 and 583). Of six, only the rim was damaged (those from graves 14, 131, 133, 356, 372 and 421). In four cases all that remained was a base with a cremation (graves 31, 78, 227 (two bases!) and 376). Five urns were completely shattered (graves 66, 168, 409, 515 and 521). Only three damaged urns were found in the upper levels (level 3: grave 14; level 4: graves 66

Fig. 16. Oosterbeintum. Urned burial 267 in situ. Scale in cm. Photograph by G. Delger, V.A.R.U.G.

and 78). The others lay at deeper levels, down to level 9. The damage to most urns therefore could not result from the commercial quarrying of the *terp* in the early 20th century, but must have occurred in antiquity, most probably in the digging of later cremation and inhumation graves.

Two urns are made of hand-formed Anglo-Saxon ware and two of wheel-thrown pottery. The other urns are of hand-made, undecorated earthenware (table 3). Pottery was also found in the *bustum* grave (a small Anglo-Saxon pot) and in *Brandgruben* 183 (sherds of a small pot) and 527 (sherds of three small pots). The amount of burnt human bone in the urns varies between 4 and 1224 g with an average of 286.3 g (table 8). Urn 66 contained only 4 g of burnt bone, but this grave was badly disturbed. Only part of the urn was recovered. Urn 438 too contained just 4 g of burnt bone, but this was a child's cremation.

The amount of charcoal in and around the urns ranged between 0 and 492 ml (table 2). Charcoal was absent from urns 133 and 515 and possibly from urns 376 and C. Ten of the 21 urns contained very little charcoal (less than 1 ml, table 2). This presumably means that the ashes for these urned burials were collected with as little charcoal as possible. The urned burials 131, 267, and 421 contain quite a lot of charcoal: 83, 16 and 492 ml, respectively. However, most of this lay outside the urns. Here, charcoal from the pyre was thrown, or fell, into the shaft after the urn was deposited. This could mean that the pyre was quite close by. In the other graves with more than 1 ml of charcoal (grave 66 with 50 ml, 372 with 100 ml, 409 with 40 ml, and 438 with 75 ml of charcoal), the urn was so badly damaged that it could no longer be established whether the charcoal had been within or outside the urn. Some of the urns contained burnt clay from the base of the pyre.

Among the 21 urned cremations, fifteen were of adults and two of children. Of four, the age could not be determined. The sex of six of the adults could be determined on the basis of the pelvis and the pars petrosa of the skull. These were five women and one man (tables 2 and 5). There were no urned cremations with evidence of more than one body (table 2). Presumably all were individual cremations.

A possible 22nd urned burial is represented by the large pot of Anglo-Saxon ware (No. 210) which was found shattered beside the child's grave 247. The delvers of this early-medieval child's grave hit upon the vessel and put the sherds to one side. However, no burnt bone or charcoal were observed among the sherds.

Grave goods in the urned burials were quite scanty (table 3). In the only man's grave just a fragment of hand-formed pottery turned up. In woman's grave 409 two clinchers and a blob of molten glass were found, in woman's grave 372 a small metal tube and a buckle. Grave 372 further contained a small pot, a ceramic spindle whorl and 13 burnt wing bones of the little or Temminck's stint (*Calidris minuta* or *C. temminckii*).

In the child's grave 438 a silver wire ring was found and an unburnt fragment of a small comb which must have been added after the cremation; and in the child's grave 583 three to five burnt knucklebones. Finds appeared in two graves of adults of unknown gender: two molten glass beads in grave 168 and probably a comb (unburnt) in grave 66. Grave 267, of an individual of unknown age, contained two buckles, an unidentified iron object and the remains of a possibly burnt comb (table 3; catalogue). The grave goods suggest that grave 168 was that of a woman.

The addition of unburnt grave goods as in child's grave 438 (and possibly grave 66) is also known from Hogebeintum. Cremation grave 35 of that cemetery contained ten unburnt knucklebones, and urn 41 an unburnt comb and two obelisk-shaped pendants made of antler (Knol, 1987; 1988).

The bustum grave 160
This grave was a rectangular pit measuring 1.76 by 0.86 m, of which the bottommost 0.43 m survived (figs 17-20). The top part must have disappeared in the commercial quarrying. Therefore the original depth of the pit is unknown. In the uppermost level at which the pit was observed, level 2, only the russet-coloured sides were visible. The pit was then taken to be an inhumation grave. Ten cm deeper, a great deal of charcoal came to light. It became clear that the pit was connected with the cremation ritual. From this level down, the entire contents of the pit were sieved. Near the top, in the NW corner of the pit, a small vessel of Anglo-Saxon ware was found, which showed traces of secondary burning.

The sieving produced 5630 ml of charcoal, 1041 g of cremated human bone and 4300 g of burnt clay with small particles of burnt bone that could not be separated from it. The remains were those of an adult woman. The pit further contained a molten string of beads, a knob of a cruciform brooch, a bronze bangle, a clincher fragment and burnt bones of small birds. Among these are seven bones of at least two little or Temminck's stints (*Calidris minuta* or *C. temminckii*) and two of dunlin (*Calidris alpina*). Six other fragments of burnt bird bones may belong to the same birds (see 4.3).

This feature is interpreted as the pit underlying a pyre, also referred to by the Latin name of *bustum* (Bechert, 1980; Werner, 1989). In this type of cremation the pyre was erected over a pit, which served to ensure good air supply (Wahl & Wahl, 1981). Figure 20 shows a reconstruction of such a pyre. Experiments have shown that a pyre of neatly stacked logs produces the most efficient use of firewood (Sigvallius, 1994). There are anthropological parallels for such a pyre (Wahl & Wahl, 1991). The wide colour variation of the cremated remains (see 3.1.7) is indicative of less complete combustion than in the other cremation burials. The great amount of charcoal (see 3.1.6) points in the same direction. Presumably the pyre collapsed into the pit prematurely, halting the process of incineration.

Table 3. Oosterbeintum. Survey of finds associated with cremations. Age of humans in years.

Grave	Age	Containers							Metal objects										
		Urn wh	Urn hm ASx	Urn hm nar	Urn hm wid	Urn hm bom	Urn hm	Urn hm Ku	Skn	Twz	Buk	Fib Stz	Fib cru	Fib ind	Rng	Bgl	Nai lrg	Nai clc	Ind
Urn graves of men																			
63	Adult	1	.	.	.	.	.	.	.	.	.	.	.	.	.	.	.	.	.
Urn graves of women																			
C	Adult	.	.	.	.	.	1	.	.	.	.	.	.	.	.	.	.	.	.
140	Adult	.	.	.	1	.	.	.	.	.	.	.	.	.	.	.	.	.	.
372	Adult	.	.	.	.	1	.	.	.	.	1	.	.	.	.	.	.	.	1
409	<45-55	1	.	.	.	.	.	.	.	.	.	.	.	.	.	.	.	2	.
421	Adult	.	.	.	.	.	1	.	.	.	.	.	.	.	.	.	1	.	.
Urn graves of adults of unknown sex																			
14	35-40	.	.	.	.	.	1	.	.	.	.	.	.	.	.	.	.	.	.
31	Adult	.	.	.	.	1	.	.	.	.	.	.	.	.	.	.	.	.	.
66	c. 25	.	.	.	1	.	.	.	.	.	.	.	.	.	.	.	.	.	.
133	Adult	.	.	1	.	.	.	.	.	.	.	.	.	.	.	.	.	.	.
168	40	.	.	.	1	.	.	.	.	.	.	.	.	.	.	.	.	.	.
376	Adult	.	.	.	.	1	.	.	.	.	.	.	.	.	.	.	.	.	.
Urn graves of children																			
131	9-15	.	.	1	.	.	.	.	.	.	.	.	.	.	.	.	.	.	.
227	15-21	.	.	.	.	2	.	.	.	.	.	.	.	.	.	.	.	.	.
438	Child	.	.	1	.	.	.	.	.	.	.	.	.	1	.	.	.	.	.
583	c. 17	.	.	.	.	.	1	.	.	.	.	.	.	.	.	.	.	.	.
Urn graves, sex and age unknown																			
78	-	.	.	.	.	1	.	.	.	.	.	.	.	.	.	.	.	.	.
267	-	.	.	.	.	.	.	1	.	.	2	.	.	.	.	.	.	.	4
356	-	.	.	.	.	1	.	.	.	.	.	.	.	.	.	.	.	.	.
515	-	.	1	.	.	.	.	.	1	.	.	.	.	.	.	.	.	1	.
521	-	.	1	.	.	.	.	.	.	.	.	.	.	.	.	.	.	.	.
Probable urn grave																			
210	-	.	1	.	.	.	.	.	.	.	.	.	.	.	.	.	.	.	.
Bustum *grave of a woman*																			
160	Adult	.	.	.	.	.	.	.	.	.	.	.	1	.	.	1	.	1	1
Brandgruben *- sex unknown (no grave goods in 97)*																			
5	Adult	.	.	.	.	.	.	.	.	1	1	.	.	.	.	.	4	.	1
183	0-3?	.	.	.	.	.	.	.	.	.	.	.	.	.	.	.	.	1	2
519	35	.	.	.	.	.	.	.	1	.	.	.	.	.	.	.	.	.	1
527	2-5	.	.	.	.	.	.	.	.	.	.	.	.	.	.	.	.	.	.
Ash stain, sex unknown (only ash-stains with grave goods are listed)																			
D	-	.	.	.	.	.	.	.	.	.	.	.	.	.	.	.	.	.	.
70	-	.	.	.	.	.	.	.	.	.	.	.	.	.	.	.	1	.	.
75	Adult	.	.	.	.	.	.	.	.	.	.	.	.	.	.	.	4	.	.
76	-	.	.	.	.	.	.	.	.	.	.	.	.	.	.	.	1	.	.
146	-	.	.	.	.	.	.	.	.	.	.	.	.	.	.	.	1	.	.
193	Child?	.	.	.	.	.	.	.	.	.	.	.	.	1	.	.	.	.	.
195	-	.	.	.	.	.	.	.	.	.	.	.	.	.	.	.	.	.	.
269	-	.	.	.	.	.	.	.	.	.	.	.	.	.	.	.	.	.	.
317	2-4	.	.	.	.	.	.	.	.	.	.	.	.	.	.	.	.	.	.
388	-	.	.	.	.	.	.	.	.	.	.	.	.	.	.	.	.	.	1
399	-	.	.	.	.	.	.	.	.	.	.	.	.	.	.	.	.	.	.
496	2-4	.	.	.	.	.	.	.	.	.	.	.	.	.	.	.	.	.	.
528	Adult?	.	.	.	.	.	.	.	.	.	.	.	.	.	.	.	.	.	.
536	Child?	.	.	.	.	.	.	.	.	.	.	.	.	.	.	.	.	.	1
568	-	.	.	.	.	.	.	.	.	.	1	.	.	.	.	.	.	.	1

Bone or antler						Wood	Beads	Glas	Pottery				Loose sherds			Grave
Cmb cur	Cmb	Cf. Cmb	Ant wst	Knu	Cali cal	Ind	Gls	Ind	Grave goods							
									Wh	Hm ASx	Hm	Spi whr	Wh	Hm ASx	Hm	
.	.	.	.	.	.	.	.	.	.	.	.	.	.	.	1	63
.	.	.	.	.	.	.	.	.	.	.	.	.	.	.	.	C
.	.	.	.	.	.	.	.	.	.	.	.	.	.	.	.	140
.	.	.	.	.	13	.	.	.	.	.	1	1	.	.	.	372
.	.	.	.	.	.	.	.	1	.	.	.	.	.	.	.	409
.	.	.	.	.	.	1	.	.	.	.	.	.	.	.	.	421
.	.	.	.	.	.	.	.	.	.	.	.	.	.	.	.	14
.	.	.	.	.	.	.	.	.	.	.	.	.	.	.	.	31
.	.	1	.	.	.	.	.	.	.	.	.	.	.	.	.	66
.	.	.	.	.	.	.	.	.	.	.	.	.	.	.	.	133
.	.	.	.	.	.	.	2	.	.	.	.	.	.	.	.	168
.	.	.	.	.	.	.	.	.	.	.	.	.	.	.	.	376
.	.	.	.	.	.	.	.	.	.	.	.	.	.	.	.	131
.	.	.	.	.	.	.	.	.	.	.	.	.	.	.	.	227
1	.	.	.	.	.	.	.	.	.	.	.	.	.	.	.	438
.	.	.	.	3-5	.	.	.	.	.	.	.	.	.	.	.	583
.	.	.	.	.	.	.	.	.	.	.	.	.	.	.	.	78
.	.	1	.	.	.	.	.	.	.	.	.	.	.	.	.	267
.	.	.	.	.	.	.	.	.	.	.	.	.	.	.	.	356
.	.	.	.	.	.	.	.	.	.	.	.	.	.	.	.	515
.	.	.	.	.	.	.	.	.	.	.	.	.	.	.	.	521
.	.	.	.	.	.	.	.	.	.	.	.	.	.	.	.	210
.	.	.	.	.	15	.	19	.	.	1	.	.	.	.	.	160
.	1	.	.	.	.	.	.	.	.	.	.	.	.	.	.	5
.	.	.	.	.	.	.	.	.	1	.	.	.	.	.	.	183
.	1	.	.	.	.	.	.	.	1	.	1	1	.	.	1	519
.	.	.	.	.	.	.	.	.	1	.	1	1	.	.	1	527
.	.	.	.	.	.	.	.	.	.	.	.	1	.	.	.	D
.	.	.	.	.	.	.	.	.	.	.	.	.	.	.	.	70
.	.	.	.	.	.	.	.	.	.	.	.	.	.	.	.	75
.	.	.	1	.	.	.	.	.	.	.	.	.	.	.	.	76
.	.	.	.	.	.	.	.	.	.	.	.	.	.	.	.	146
.	.	.	.	.	.	1	.	.	.	.	.	.	.	.	.	193
.	.	.	.	.	.	1	.	.	.	.	.	.	.	.	.	195
.	1	.	.	.	.	.	.	.	.	.	.	.	.	.	.	269
.	.	.	.	.	.	.	.	.	.	.	.	.	.	1	2	317
.	.	.	.	.	.	.	.	.	.	.	.	.	.	.	.	388
.	.	.	.	.	.	.	1-2	.	.	.	.	.	.	.	.	399
.	.	.	.	.	.	.	.	.	.	.	.	.	.	1	.	496
.	.	.	.	.	.	.	.	.	.	.	.	.	.	.	1	528
.	.	.	.	.	.	.	.	.	.	.	.	.	.	.	.	536
.	.	.	.	.	.	.	.	.	.	.	.	.	.	.	.	568

Table 3 (continued).

Grave	Age	Containers							Metal objects										
		Urn wh	Urn hm ASx	Urn hm nar	Urn hm wid	Urn hm bom	Urn hm	Urn hm Ku	Skn	Twz	Buk	Fib Stz	Fib cru	Fib ind	Rng	Bgl	Nai lrg	Nai clc	Ind
Disturbed crem. - sex unknown (only disturbed crem's with grave goods are listed)																			
100	Adult	1	.	.	.	.	.	.	1	.	.	1	.	.	.	.	.	.	1
295	-	.	.	.	.	.	.	.	.	.	.	.	.	1	.	.	.	1	1
410	-	.	.	.	.	.	.	.	.	.	.	.	.	.	.	.	2	.	.
420	Adult	.	.	.	.	.	.	.	.	.	1	.	.	.	.	.	1	.	.
460	Ad+ch	.	.	.	.	.	.	.	.	.	1	1	.	.	.	.	1	.	1
Total		3	3	3	3	7	4	1	3	1	7	1	2	2	1	1	16	6	15

Legend to the headings in tables 3, 4 and 18:

Containers: Cof = Trunk coffin; Bot mat = Botanical material other than a coffin, e.g. a mat; Urn wh = Urn of wheel-thrown pottery; Urn hm = Urn of hand-made pottery; Urn hm ASx = Urn of Anglo-Saxon hand-made pottery; Urn hm nar = Urn of hand-made pottery with narrow neck; Urn hm wid = Urn of hand-made pottery with wide neck; Urn hm bom = Base of urn of hand-made pottery; Urn hm *Ku* = *Kugeltopf*;

Stone: Flt = Flint;

Metal objects: Sph = Spearhead; Sms = *Schmalsax*; Lkn+awl = Long knife and awl in sheath; Skn = Small knife; Twz = Tweezers; Buk = Buckle; Fib = Brooch (fibula); Fib Stz = *Stützarmfibel*; Fib cru = Cruciform brooch; Fib sml = Small long brooch; Fib ann = Annular brooch; Fib eql = Equal-armed brooch; Fib ind = Indeterminable brooch; But = Buttons; Rng = Ring with crude knot; Bgl = Bangle (bracelet of wire); Cht = Chatelaine; Mnt = Mounting, probably of purse; Pin = Pin; Nai lrg = Large nail; Nai clc = Clincher; Nai sm = Small nail; Rvt = Rivet; Lea = Object of lead; Ind = Metal object or fragment of such;

Objects of bone or antler: Can = Canines of wolf, *Canis lupus* (presumably amulets); Cmb = Comb; Cmb tri = Comb of triangular shape; Comb cur = Comb with curved connecting plates; Comb nar = Comb with straight connecting plates; Comb 2si = Comb with two rows of teeth; Cf. Cmb = Probable comb; Pen = Pendant; Pyr = Pyramidal buttons; Pin = Pin; Ant wst = Waste of antler processing; Spi whr = Spindle whorl; Knu = Knucklebone (astragalus of sheep or goat); Cali cal = Calcined bone fragments of dunlin, *Calidris alpina*, and little or Temminck's stint, *Calidris minuta* or *C. temminckii*;

Wood: Ind = Object of wood;

Beads: Gls = Glass bead; Amb = Amber bead; Cry = Crystal bead;

Glass: Ves = Vessel; Ind = Object of glass;

Amber: Ind = Object of amber;

Pottery: (Grave goods): Wh = Wheel-thrown pottery; Hm = Hand-made pottery; Hm pot = Pot of hand-made pottery; Hm ASx = Pot of Anglo-Saxon hand-made pottery; Bow = Bowl; Spi whr = Spindle whorl;
(Loose sherds): Wh = Sherd of wheel-thrown pottery; Hm = Sherd of hand-made pottery; Hm ASx = Sherd of Anglo-Saxon hand-made pottery.

Following the cremation, the pit was filled in with clay.

The fill of *bustum* grave 160 was found to contain six other animal bones apart from the burnt bird bones: three of sheep/goat, two of pig, one of sheep/goat or pig and two of the northern vole (*Microtus oeconomus*). These remains will have been accidentally exposed to the fire (chapter 4.9).

Brandgruben

Four features (Nos 5, 97, 519 and 527) containing burnt bone (between 34 and 320 g) and comparatively little charcoal (between 1 and 55 ml) are interpreted as *Brandgruben*, buried cremations without an urn (table 2). Feature 183 with 95 ml of charcoal and 2 g of burnt bone is also believed to be a *Brandgrube*, despite the slight amount of bone. The remains were placed in a shaft without an urn. The ashes may have been buried in a container of perishable material (linen, leather, wood), but alternatively they may have been cast into the shaft. Graves 5 and 519 contained cremations of adults. Grave 527 was that of a child 2 to 5 years of age;

grave 183 that of an infant less than 3 years old (table 2).

Brandgrube 97 contained no human burnt bone and hence was not a grave proper. Apart from charcoal and burnt clay, it was found to contain eleven burnt bones of teal (*Anas crecca*), 40 burnt bone fragments of a sheep or goat, and 242 burnt mammalian bone fragments, possibly of the same animal.

Brandgrube 5 contained the remains of a burnt comb, a buckle, a pair of tweezers, remains of four nails and an unidentified iron object. *Brandgrube* 183 contained a secondarily burnt cup of wheel-thrown pottery, an angle brace and a fragment of a nail or clincher. *Brandgrube* 519 held the remains of a knife, a burnt comb fragment, and a small piece of iron. In *Brandgrube* 527 were found a ceramic spindle whorl, remains of a small, burnt, wheel-thrown pot, a base sherd, and a very fragmented, small pot of lightly fired ware (table 3). This last-named pot was too small to contain the entire contents of the grave (burnt human bone, charcoal and pottery), and hence is unlikely to have been an urn.

| Bone or antler | | | | | | Wood | Beads | Glas | Pottery Grave goods | | | | Loose sherds | | | Grave |
Cmb cur	Cmb	Cf. Cmb	Ant wst	Knu	Cali cal	Ind	Gls	Ind	Wh	Hm ASx	Hm	Spi whr	Wh	Hm ASx	Hm	
.	.	.	.	.	.	.	1	.	.	.	.	.	1	.	.	100
.	.	.	.	.	.	1	.	.	.	.	.	.	.	.	.	295
.	.	.	.	.	.	.	.	.	.	.	.	.	.	.	.	410
.	.	.	.	.	.	.	.	.	.	.	.	.	.	.	.	420
.	.	.	.	.	.	.	.	.	.	.	.	.	.	.	.	460
1	3	2	1	3-5	28	4	23-24	1	2	1	2	3	1	2	5	

Table 4. Oosterbeintum. Survey of stray metal and glass finds that probably originate from graves in the cemetery. For specification of the various items see the legend to table 3.

| Find No. | Metal objects | | | | | | | | | | Beads | Glass |
	Skn	Fib cru	Fib sml	Fib ann	Fib ind	Nai lrg	Nai clc	Nai sm	Rvt	Ind	Gls	Ves
Stray finds, probably from disturbed cremation graves												
81	.	.	.	.	.	.	.	.	.	1	.	.
93	.	.	.	.	.	1	.	.	.	.	.	.
119	.	.	.	1	.	.	.	.	.	.	.	.
134	.	.	.	.	.	.	.	.	.	1	.	.
135	.	.	.	.	.	.	.	.	.	1	.	.
136	.	.	1	.	.	.	.	.	.	.	.	.
153	.	.	.	.	.	1	.	.	.	.	.	.
155	.	.	.	.	1	.	.	.	.	.	.	.
156	.	.	.	.	.	.	1	.	.	.	.	.
175	.	.	.	.	.	.	.	.	.	.	.	1
189	.	.	.	.	.	.	.	.	.	1	.	.
191	.	.	.	.	.	.	.	1	.	.	.	.
222	.	.	.	.	.	1	.	.	.	.	.	.
224	.	.	.	.	1	.	.	.	.	.	.	.
228	.	.	.	.	.	3	.	.	.	.	.	.
230	.	.	.	.	.	1	.	.	.	.	.	.
250	.	.	.	.	.	.	.	.	.	.	1	.
289	.	.	.	.	.	.	.	.	.	1	.	.
290	.	.	.	.	.	.	.	.	1	.	.	.
291	.	.	.	.	.	.	.	.	.	1	.	.
292	.	.	.	.	.	.	.	.	.	.	1	.
310	.	.	.	.	.	.	.	.	.	1	.	.
363	.	.	.	.	.	.	.	.	1	.	.	.
365	.	1	.	.	.	.	.	.	.	.	.	.
439(393)	1	.	.	.	.	.	.	.	.	.	.	.
511	1	.	.	.	.	.	.	.	.	.	.	.
529	.	.	.	.	.	1	.	.	.	.	.	.
Total	2	1	1	1	2	8	1	1	2	7	2	1

Ash stains

All in all, 71 traces of the cremation ritual were described in the field as 'ash stains' (figs 21-22). These are patches of varying sizes, containing slight amounts of cremation material (burnt bone, charcoal and/or burnt clay). The ash stains 645 to 655 received their field number only during the working-out phase. Of the 71 ash stains, 57 were sampled. One of the samples erroneously was given an incomplete find number (3xx), and was not recorded in the field drawing. The feature from which sample 3xx derives is among Nos 645-655 in the field drawing. Of 15 features (32, 126,

Fig. 17. Oosterbeintum, *bustum* grave 160. View of the pit beneath the pyre (160) in Level 4, seen from the north. Bottom right: the Anglo-Saxon pot. Top right: the dwarf's grave 273 transects pit 160. Photograph by G. Delger, V.A.R.U.G.

Fig. 18. Oosterbeintum, *bustum* grave 160. Level 7 viewed from the southwest: horizontal and vertical section of the bottom part of the pit belonging to *bustum* grave 160. Photograph by G. Delger, V.A.R.U.G.

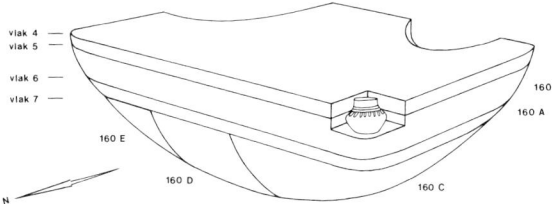

Fig. 19. Oosterbeintum, *bustum* grave 160. Perspective drawing of the pit beneath the pyre. On its south side, the pit was transected by grave 273 and on its east side by the much younger circular ditch. In its northwest corner, the pit contained a small pot of Anglo-Saxon ware. The contents of the pit were sieved layer by layer. Drawing by M. Weijns, V.A.R.U.G.

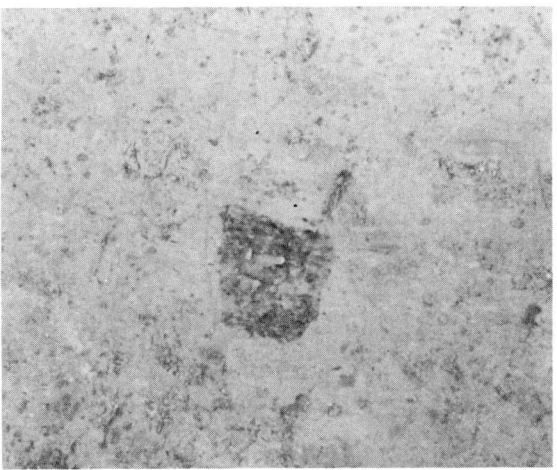

Fig. 21. Oosterbeintum. Ash stain 193, seen from above. Photograph by G. Delger, V.A.R.U.G.

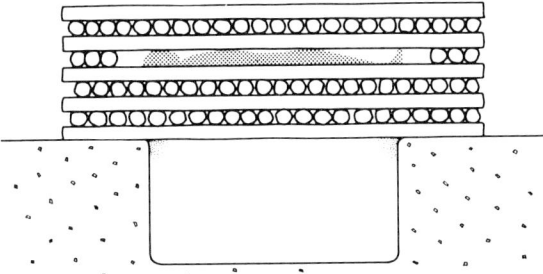

Fig. 20. Oosterbeintum, *bustum* grave 160. Reconstruction of the pyre above the pit with the body awaiting cremation. Drawing by J.M. Smit, V.A.R.U.G.

132, 437, 518 and ten from the series 645-655) no material could be sampled owing to bad weather conditions (table 2). The amount of cremated human bone ranges from 0 to 49 g. A total of 40 ash stains each contained less than 2 g of burnt human bone. The amount of charcoal from the sampled ash stains ranges from 0 to 260 ml (tables 2 and 10).

The interpretation of these ash stains is not obvious. The slight amount of human cremation in most of them makes it unlikely that these represent burials of cremated bodies. Still, this might be the case with ash stain D, which contained 49 g of burnt bone of a person of unknown age, or with ash stain 229 containing 38 g of burnt bone of a child. These might therefore be *Brandgruben*. Other ash stains with burnt bone of children (table 2) might also be *Brandgruben*, but there is no certainty about this. The larger ash stains could in fact have been indistinct *bustum* graves. In ash stains 317 and 496, fragments of what may have been Anglo-Saxon pottery were encountered, and in ash stain 528 the base of an urn (table 3). Possibly these were severely disturbed urned burials. But for most ash stains this can be ruled out.

A possible explanation for these ash stains is that they are the bases of postholes for structures supporting the pyres. Some pyre remains (burnt bone, charcoal, burnt clay, grave goods) fell into the holes and thus

created ash stains. Groups of four or six postholes with a few pyre remains (cremated bone, charcoal) in early-medieval cemeteries are often interpreted as the uprights of four- to six-post frames (Hässler, 1983: pp. 18-50; Bärefänger, 1988: pp. 109-113; van Vilsteren, 1989; Feindt & Fischer, 1994: pp. 31-34). If pyre frames were constantly being erected in the same small area, then the form of the individual pyres will be difficult to reconstruct. Therefore also unconnected patches with a little cremation material (not part of a distinct four- or six-post structure) are regarded as postholes of pyre frames (Schön, 1988: p. 193). There are anthropological parallels of pyres supported by posts set into the ground (Wahl & Wahl, 1983). This may also have been the case at Oosterbeintum. In clay soils, postholes are virtually indistinguishable. The only thing that would remain of such pyres would be the ash stains. If at Oosterbeintum we assume simple four-post structures, then the 71 ash stains may represent at least 18 (71 divided by 4) pyres.

Finds supporting the assumption that the ash stains represent the sites of pyres are the nails that were found in ash stains 70, 75, 76, 146 and in the disturbed cremation graves or ash stains Nos 295, 410, 420 and 460. Ten nails that were stray finds in the *terp* may derive from disturbed ash stains. Nails are known also from urns 409, 421 and 515, *bustum* grave 160 and *Brandgruben* 5 and 183. These nails either were used in building the frames or were present in the demolition wood or driftwood used as fuel (see 4.2).

In the case of 22 ash stains, a certain or probable age of the body could be established (tables 2 and 5). Sixteen ash stains contained bones of children or what presumably were children. Six contained adult bone material. In none of the ash stains was there evidence of more than one body. The certain age determinations were based upon the emergence and wear of dental elements and on the epiphyses; the presumed children were identified on the basis of the general condition of

Fig. 22. Oosterbeintum, ash stain 611. The south profile of the excavation (see fig. 9) with ash stain 611; the pattern of the charcoal particles within the ash stain shows that the ash stain in fact is at the bottom of a hole dug from above. Photograph by G. Delger, V.A.R.U.G.

the skeleton: the bones of children are more porous and delicate than those of adults. If we assume four-post frames, then these 22 ash stains represent four to sixteen cremations of children and two to six of adults (table 6).

From the distribution of the ash stains with children's remains we can identify the sites of at least two pyres for children. These are the ash stains 197, 198, 199 and 317 with the remains of a young child (presumably under 3 years of age (3x) and 3 years ± 1 year); and ash stains 582 and 496, also with the remains of a young child (aged 2 years ± 8 months and 3 years ± 1 year) (fig. 23). Clear-cut clusters of ash stains with remains of cremated adults were not observed (fig. 24). There are two reasons why individual pyres are difficult to identify from the distribution of the ash stains. On the one hand, the pyres were built time and again in virtually the same spots. On the other hand, much material has been lost through decay.

Grave goods were very rare in the ash stains, presumably because they were collected to be put in the actual graves (table 3). Ash stain 193, presumably with the remains of a child, contained a fragment of a brooch; ash stain 568 (body of unknown age), a bronze shoe buckle. In the presumed child's grave 536 a fragment of a bronze object came to light; in ash stain 388 (child), a drop of molten bronze. Ash stain 269 (age unknown) revealed a fragment of a burnt comb. Ash stain 399 (age unknown) held one or two molten beads, and ash stain D a ceramic spindle whorl with traces of burning. On the basis of the grave goods, ash stains 193, 399 and D are likely to relate to women (see 3.2.6). In ash stain 76 lay an unburnt piece of waste antler. This was probably unconnected with the cremation.

Disturbed burials or ash stains
Pyre remains, consisting of cremated bone and/or

Table 5. Oosterbeintum. The distribution of the anthropological age of the cremated bodies. The remains of a child of 0-2 years with an adult in sample 460 and an adult with a child of 0-3 years in sample 100A, both disturbed traces of cremation, raise the total to 117 individuals in the 115 features of table 2 with human remains.

Age	(Probable) urn	*Bustum* grave	*Brand-grube*	Ash stain	Disturbed trace of cremation	Total
Speculative 0-3	-	-	-	3	-	3
Speculative 1-5	-	-	-	1	-	1
Speculative child	-	-	-	1	-	1
Presumed child	-	-	-	1	-	1
0-2 months	-	-	-	-	1	1
0-1	-	-	-	-	1	1
0-3	-	-	1	4	1	6
0.5-3	-	-	-	1	-	1
2-4	-	-	-	2	-	2
2-5	-	-	1	-	-	1
4-8	-	-	-	1	-	1
3-12	-	-	-	1	-	1
9-15	1	-	-	-	-	1
Child	1	-	-	1	-	2
Total children	2	-	2	16	3	23
±17	1	-	-	-	-	1
15-21	1	-	-	-	-	1
18-30	1	-	-	-	-	1
30-40	1	-	1	1	-	3
±40	1	-	-	-	-	1
>45-55	1	-	-	-	-	1
Adult <2 g	-	-	-	2	-	2
Adult >2 g	9	1	1	3	4	18
Total adult	15	1	2	6	4	28
Indet. <2 g	-	-	-	28	2	30
Indet. >2g	4	-	-	4	4	12
No sample or no cremation in the feature	-	-	-	17	6	23
Total indet.	4	-	-	49	12	65
Empty	1	-	-	-	-	1
Total	22	1	4	71	19	117

Table 6. Oosterbeintum. Cremations. Numbers of children and adults in distinct cremation burials (urns, *bustum* grave and *Brandgruben*) and in ash stains (presumably pyre traces). The minimum number of individuals represented by the ash stains is the number of ash stains divided by four (pyre frame posts), rounded up to an integer. The maximum number of individuals equals the number of ash stains.

	Crem. burials	Ash stains	Total
Assuming the minumum number of individuals in the ash stains:			
Child	4	4	8
Adult	18	2	20
Total	22	6	28

p=0.0384 (Fisher exact probability test): difference significant.

	Crem. burials	Ash stains	Total
Assuming the maximum number of individuals in the ash stains:			
Child	4	16	20
Adult	18	6	24
Total	22	22	44

χ^2=11.092 (df=1); p smaller than 0.005: difference significant.

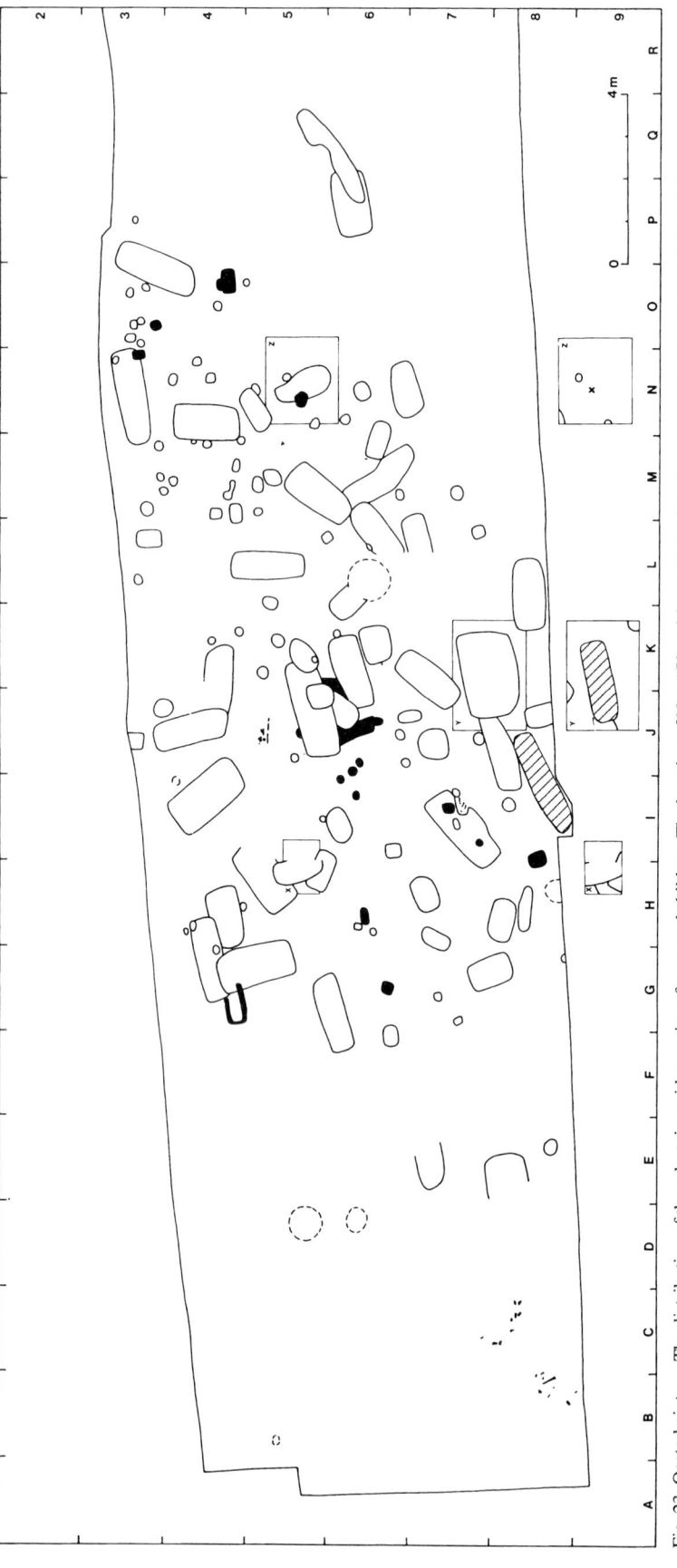

Fig. 23. Oosterbeintum. The distribution of the ash stains with remains of cremated children. The location of Nos 159 and 3xx was not recorded. Drawing by G. Delger, V.A.R.U.G.

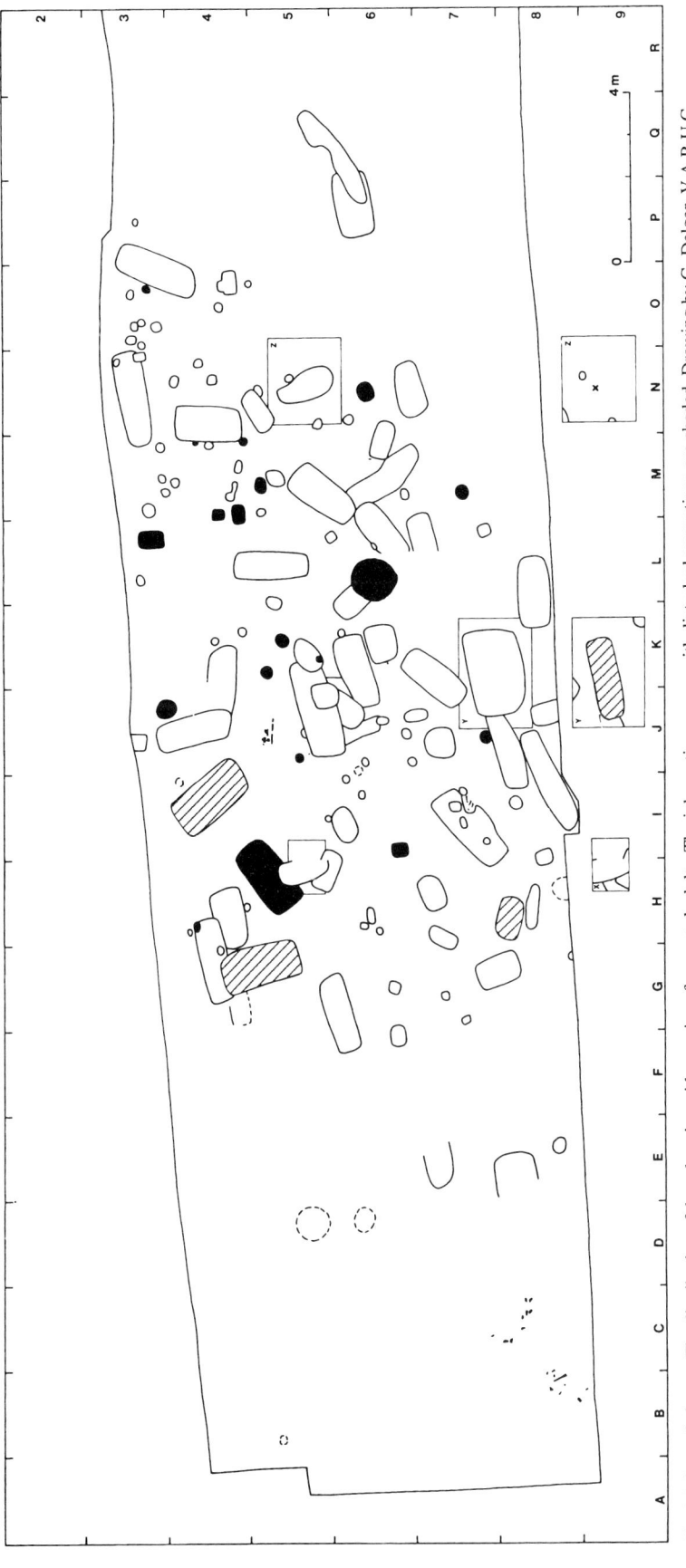

Fig. 24. Oosterbeintum. The distribution of the ash stains with remains of cremated adults. The inhumation graves with disturbed cremations are shaded. Drawing by G. Delger, V.A.R.U.G.

charcoal, in some cases with burnt clay or burnt grave goods, turned up in 15 human inhumation graves and two animal graves (tables 2 and 3). In the delving of these inhumation graves, an urned burial, a *Brandgrube* or an ash stain was cut (or more than one of these); severely disturbed or dispersed, it was incorporated in the fill of the inhumation grave. What originally were urned burials, *Brandgruben* or ash stains then become hard to distinguish. Grave 100 contained wheel-thrown pottery, and in grave 353 some hand-made pottery came to light (table 3). These types of pottery both occur as urns in the cemetery: these sherds may be the remnants of disturbed urned burials.

The amount of cremated bone in the disturbed cremation features varied from 0 to 87 g, the amount of charcoal from 0 to 490 ml (table 2). In five of the fifteen cases of cremation remains mixed into inhumation burials, an age determination of the cremated bodies was possible. Two inhumation graves contained the cremated remains of an adult, and one those of a cremated baby. The two others (Nos 100 and 460) each contained remains of an adult and a child (table 2). Double cremations or double burials of cremated remains have not been encountered among the urned burials, the *Brandgruben* or the *bustum* grave (table 2). The cremated adults and children from the inhumation graves 100 and 460 may derive from double cremations; however, it seems more likely that graves 100 and 460 each cut through two cremations.

Five of the 17 disturbed cremations in inhumation graves were associated with burnt grave goods (table 3). The disturbed cremation remains in grave 100 (probably an urned burial) included a fragment of a small knife, a brooch and a molten glass bead. The disturbed cremation in grave 460 was accompanied by a burnt *Stützarmfibel*. With the disturbed cremation remains in inhumation grave 295 a fragment of a brooch was found. This disturbed cremation further contained a large nail; grave 460 a nail and a small iron buckle. Another nail and buckle lay in grave 420. Grave 410 contained two

nails. Fragments of (molten) metal turned up in graves 100, 295 and 460 (table 3). Possibly the cremated bodies in graves 100, 295 and 460 were of women (in the case of graves 100 and 460 this could apply equally to the adult or the child) (see 3.1.7).

Items similar to those in the inhumation and cremation graves were found scattered throughout the excavation. These are brooch fragments, beads, a glass cup, small knives, iron plaques, nails and drops of molten bronze (table 4). Some of them show traces of burning. The majority of these objects will derive from disturbed cremation burials and ash stains. The unburnt specimens may come from disturbed inhumation graves.

3.1.4. *The age distribution of the cremated individuals*

The 116 cremation features provide evidence of 11 to 23 children's cremations and 24 to 28 of adults (table 7). The difference between the minimum and maximum numbers of individuals is caused by the estimated number of persons represented in the ash stains (see 3.1.3, Ash stains). Among the 23 traces of children there are 16 of children under 5 years of age. Two features (the disturbed burials or ash stains in graves 100 and 460) each contained evidence of two individuals, an adult and a child. For 66 of the cremation features, no age determination of the cremated individual is available. This does not take into account the empty possible urn 210 and *Brandgrube* 97 with only animal material. Among these 66 features, there are only 12 for which an age determination could have been possible, since they each contained more than 2 g of burnt bone. From 31 features less than 2 g of burnt human bone was collected, 8 were devoid of burnt bone, and 15 were not sampled (tables 2 and 5).

Four children were found in distinct cremation burials (with or without urns) and four to sixteen in what probably are pyre remains (ash stains). For the adults, these figures are eighteen and two to six, respectively

Table 7. Oosterbeintum. Numbers of children and adults in inhumations and cremation traces. For the difference between maximum and minimum number of cremations, see table 6.

	Inhumations	Cremations	Total
Assuming the minumum number of individuals in the ash stains			
Child	8	11	19
Adult	38	24	62
Total	46	35	81
$\chi^2 = 1.470$ (df=1): p greater than 0.15: difference not significant.			
Assuming the maximum number of individuals in the ash stains			
Child	8	23	31
Adult	38	28	66
Total	46	51	97
$\chi^2 = 7.312$ (df=1); p smaller than 0.01: difference significant.			

Table 8. The average weight of the human remains in the various cremation features. The traces without a sample and the disturbed traces in inhumation graves are not included.

	All ages combined				Adult only		
	x̄	n	σ		x̄	n	σ
Urns	286.3	21	293.9		356.1	15	311.9
Bustum grave	1041	1			1041	1	
Brandgruben	386.3	4	448.8		728.5	2	408.5
Ash stains	4	56	8.3		5.7	6	4.9
All traces combined	107.6	82	248.8		328.1	24	368.4

Table 9. Oosterbeintum. Distribution of the cremation features over the periods of use of the excavated part of the cemetery, on the basis of radiocarbon dates and grave goods.

Dates	Urns	Probable urn	*Bustum*	Brand- grube	Ash stain	Disturbed traces of cremation	Total
Narrow date							
350-450	1	-	-	1	-	2	4
400-550	1	1	1	-	1	9	13
500-625	1	-	-	-	-	-	1
600-725	4	-	-	-	-	-	4
675-750	-	-	-	1	-	-	1
Broad date							
350-650	1	-	-	-	-	4	5
500-750	11	-	-	1	-	-	12
350-750	2	-	-	2	70	2	76
Total	21	1	1	5	71	17	116

(tables 5 and 6).[12] Children occur more frequently in what are assumed to be pyre remains than adults. The latter are more numerous in the cremation burials. Both differences are statistically significant for α = 0.05 (table 6).

Children were cremated in the excavated part of the cemetery. Presumably their ashes were seldom gathered for burial. If some of the ash stains with children's remains were *Brandgruben* after all (see 3.1.3, Ash stains), then the proportion of children buried in the investigated part of the cemetery was greater. The ashes of children could also have been buried outside the excavated part of the cemetery, or at a higher level, where they became subject to decay or destruction. Presumably some of the adults whose ashes were buried in this part of the cemetery had been cremated elsewhere.

3.1.5. *The dating of the cremation burials*

On the basis of ten radiocarbon dates (from seven urned burials and three *Brandgruben*, table 1; fig. 25), the pottery and the grave goods (chapter 4), a more or less close dating was obtained for 21 of the 22 urned burials, the *bustum* grave, three of the four *Brandgruben* with human remains, one of the 71 ash stains and 16 of the 17

disturbed ash stains (table 9). The datings point to the 5th, 6th, 7th and possibly early 8th centuries. In comparison with the other features, a comparatively large number of the disturbed ash stains could be dated. This is because the inhumation graves whose construction disturbed the ash stains, are better datable than the cremation features (see 3.2.2). Many disturbed cremation remains in this way obtained an *ante quem* date.

Three cremation features in the cemetery contained grave goods dating from the 5th or possibly the late 4th century. These are the broken urn from grave 66, a secondarily burnt, small bowl of wheel-thrown pottery of Orsoy type in *Brandgrube* 183 and a *Stützarmfibel* with the disturbed cremation burial in grave 460. This means that the earliest cremation burials in the excavated part of the cemetery took place in the early 5th century or even the late 4th century.

The heyday of cremation appears to have been in the 5th century. Presumably this is only apparent. The disturbed traces especially are likely to stem from the 5th century. These are better dated than the other cremation features (see above), while their *ante quem* dating puts them among the older features. In the 6th century there seem to have been relatively fewer

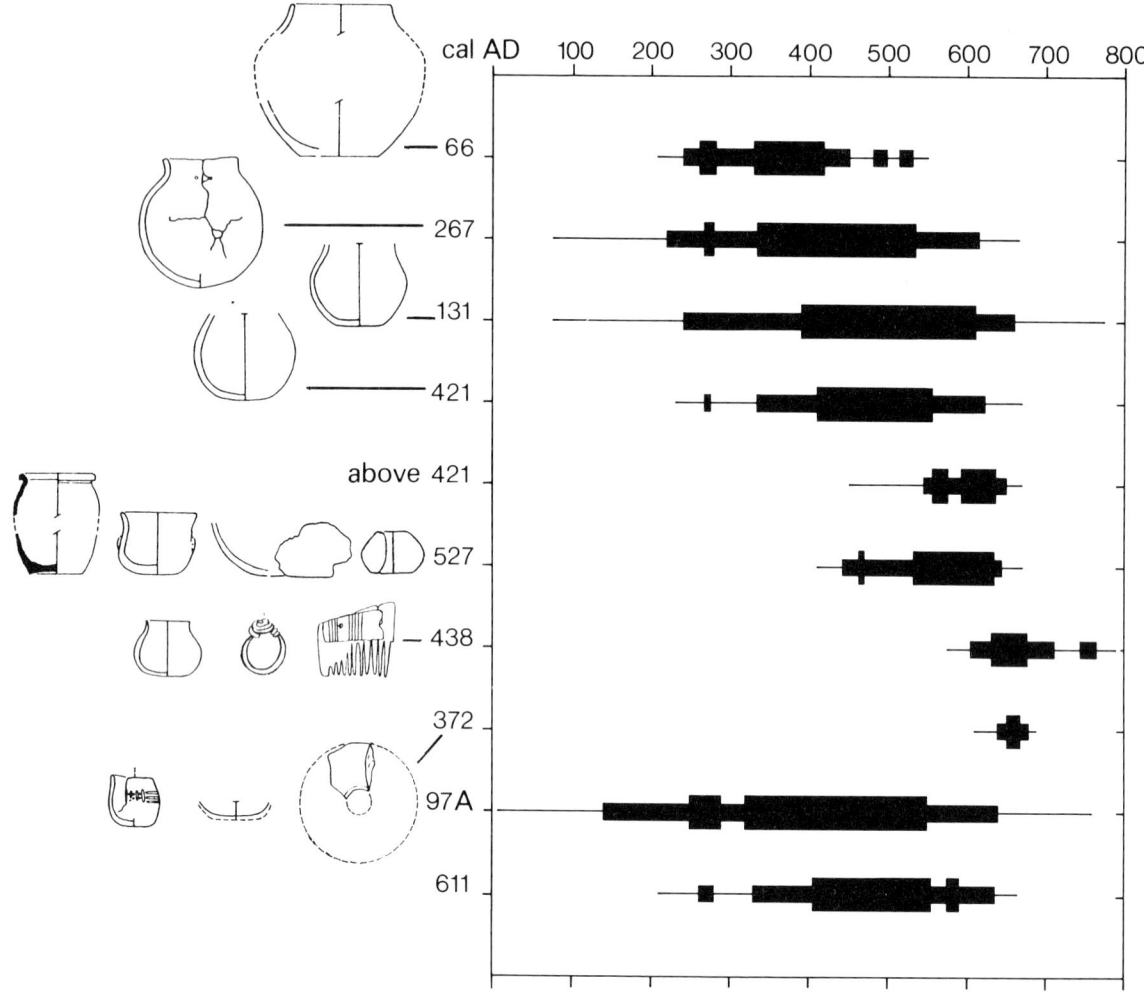

Fig. 25. Oosterbeintum. The calibrated radiocarbon dates from charcoal from urned burials and ash stains. Drawing by J.H. Zwier (V.A.R.U.G.).

cremations (table 9). The difference however is not great. The many approximately dated and undated graves necessitate caution.

3.1.6. *The firewood*

Research possibilities and limitations
Although the landscape around Oosterbeintum was exceedingly poor in trees and presumably unwooded over large stretches, the early medieval funerary rite required a considerable amount of wood. This goes both for cremation and for inhumation (see 3.2.5). This raises various questions: what types of wood were used for the cremation rite; were particular types of firewood preferred, and where did the wood come from? To what extent was freshly felled wood, stored wood, structural timber or waste wood used? To find answers to these questions, the sampled charcoal was identified as to wood species, and various dendrological traits and use features were recorded.

The material, charcoal, does impose some limitations on the investigation. In the first place, little is known about what aspects of the early-medieval funerary rite required the use of wood. In the case of cremations, the charcoal only represents types of wood destined for the fire: firewood, possibly a cremation platform and any wooden grave goods. Besides, such remains have not been preserved separately. Nor do we know in what way, following the cremation, the burnt bone remains and the remaining charcoal lumps were gathered and deposited in an urn or pit. Presumably, only a minority of charcoal lumps were preserved. Secondly, wood will survive burning only to a limited degree. In fact, a truly efficient cremation fire will leave no charcoal but ashes, which can no longer be identified. We must reckon that many cremations produced nothing but ashes. Thirdly, wood species differ in their resistance to burning. Softwoods such as birch, alder, hazel, willow and poplar will more easily be completely consumed than hardwoods such as oak and pine. Therefore these latter species are likely to be overrepresented in the lists of identified species. Branchwood and chips will more easily burn away than thick logs. This too will affect the identification results. Fourthly, it is found that in carbonization, part of the identifying characteristics of wood are lost, so that some wood types soon become difficult to identify or can no longer be distinguished from others - such as alder/birch or willow/poplar. On the other hand, wood from e.g. oak, pine and ash can often be identified even in severely burnt condition. Despite these limitations, it is still possible to study the considerable wood consumption associated with the early medieval funerary rite.

Presumably, most of the wood for cremations came from the undiked clay landscape that surrounded Oosterbeintum in the 5th-10th centuries. The use of wood will reflect to some degree the tree vegetation of the area. This will be more extensively discussed below. Part of the wood may have been supplied over a longer distance, e.g. from the Pleistocene sandy ridges of Dantumadeel, some 10-15 km to the southeast, in as far as these were not yet overgrown with peat. Nor can the use of imported wood be ruled out.

Charcoal from 39 cremation features was investigated: 59 samples in all (table 10). For each sample the total volume of charcoal was determined, the volume per identified wood type and of the residue, all expressed in millilitres (ml). The data were arranged by grave. Some graves and other features provided more than one sample, from different spots in the feature, e.g. in and around the urn, and from different layers and locations in the *bustum* grave. The table shows the archaeological context of the samples. Of some graves a fairly close dating was possible, based on the type of urn. In this way, three phases have been distinguished: early (c. AD 400-525), middle (c. AD 500-625), and late (c. AD 600-750).

The charcoal in the samples comprised chunks, small pieces and dust. The total volume per sample varied greatly, as did the volumes per identified wood species. For this reason, the identified amounts are not given in percentages, since that might create a misleading picture. Small samples of a few ml have far less informative value than larger samples. The smallest crumbs and the dust were not identified because this usually proves futile. The unidentified part of the sample is mentioned in the table under the heading of 'Residue' (table 10).

The identified wood species

In the 39 analysed cremation features, 13 wood species were identified (tables 10 and 11). *Alnus* (alder) and *Quercus* (oak) are the most voluminous by far, followed by *Fraxinus* (ash) and *Betula* (birch). The other wood types are present in fairly small amounts. In frequency too, i.e. the number of graves in which a type of wood was encountered (a maximum score of 39), oak and alder are found to head the list, followed by ash and birch. Most of the features contained more than one type of wood. Eight contained a single species, in most cases

oak. In 16 features with various wood species there was one dominant type; this mostly was alder (tables 11 and 12).

The alder was an important but certainly not the only supplier of firewood for the cremations. Oak is also present in many features. However, the latter, being harder, is most probably overrepresented. In a few cases, *Populus* (poplar) was used as firewood, given its low frequency in relation to the recorded volume of charcoal.

Not every type of wood represents a single tree species; for instance, with *Quercus* charcoal, the distinction between pedunculate and sessile oak cannot be made. *Salix* comprises a great number of willow species. The genera *Ulmus, Acer, Alnus, Betula, Sambucus* and *Populus* (elm, maple, alder, birch, elder and poplar) each cover several species. These are difficult to tell apart by the wood alone, and charring renders this impossible. In the cases of *Euonymus, Fagus, Fraxinus, Corylus* and *Pinus* (spindle tree, beech, ash, hazel and pine) we are dealing with a single species.

Acer campestre-type, common maple-type. Originally a species of the more fertile soils, it may be quite common locally on clayey soils. '*Acer* spec.' suggests that we might also be dealing with sycamore maple, *Acer pseudoplatanus*. However, this tree was probably not native to the Netherlands. Therefore it seems unlikely that the charcoal found here should be of sycamore maple rather than common maple.

Alnus, alder. Very common tree of damp to wet sites, which certainly occurred in many places in the clay region, but also on marshland. The wood which is not very durable, particularly in moist conditions, is only moderately useful for outdoor use, but in the Middle Ages it was used as timber and structural material. Besides, alder wood was used for utensils and as fuel from the Neolithic onwards.

Betula, birch. This tree will have been scarce in the wet salt-marsh, but in the settlements on the *terpen* and maybe also on the peat bogs and in abandoned fields on the Pleistocene soils it was probably quite common. The tree was hardly if at all used for timber and structural wood. Birch wood was probably used for utensils and furniture. The tree evidently also served as a provider of firewood.

Corylus, hazel. This tree presumably occurred only rarely on the clay soils of this region. Branches were used especially for wattle and for cask hoops.

Euonymus, spindle tree. Use of this shrub has been rarely if at all recorded, apart from a few small utensils. It occurs mainly in woodland and in hedgerows. The branches might have served for wattle, but possibly the spindle tree had also a ritual use.

Fagus, beech. The beech will have occurred rarely or not at all in the environs of Oosterbeintum. Its presence in the charcoal spectrum is probably attributable to a burnt utensil.

Table 10. Oosterbeintum. Results of analysis of charcoal from the cremation features with more than 5 ml of charcoal. Data for each separate sample and totalled for each cremation feature. Volumes in ml. Frequency: the number of features for which each type of wood has been demonstrated (total number of features = 39). 1. *Quercus* (oak); 2. *Fagus* (beech); 3. *Ulmus* (elm); 4. *Acer* sp. (maple type); 5. *Acer campestre* type (common maple type); 6. *Fraxinus* (ash); 7. *Euonymus* (spindle tree); 8. *Alnus* (alder); 9. *Corylus* (hazel); 10. *Betula* (birch); 11. *Sambucus* (elder); 12. *Salix* (willow); 13. *Populus* (poplar); 14. *Pinus* (pine); 15. Bark; 16. In cinders; 17. No wood; 18. Residue; E. Early; M. Middle; L. Late.

Feature (grave)	Sample No.	Description	Total	1 (Qu)	2 (Fa)	3 (Ul)	4 (A)	5 (Ac)	6 (Fr)	7 (Eu)	8 (Al)
66	66	Urn grave	50	3	.	.	.	.	1.5	.	1.5
	127	Urn grave	35	3	.	.	.	.	.	.	25
	Total	Urn grave	85	6	.	.	.	.	1.5	.	26.5
131	131	Inside urn, upper half	6	0.5	.	.	0.3	.	1.3	.	.
	131	Inside urn, lower part	34	5	.	.	1	.	3	.	.
	131	Around urn	43	4	.	.	1	.	9	.	.
	Total	Urn grave	83	9.5	.	.	2.3	.	13.3	.	.
267	267	Inside urn	5	0.1	0.7	.	.	.	0.1	.	0.3
	267	Around urn	11	0.2	0.6	.	.	.	2	.	0.3
	Total	Urn grave	16	0.3	1.3	.	.	.	2.1	.	0.6
372	372	Urn broken	100	.	.	.	.	.	40	.	0.5
409	409	Disturbed urn grave	40	2	.	.	.	0.1	0.3	.	4
421	421	Sample 1, around urn (flotation material)	110	.	.	.	.	.	0.2	.	15
	421	Sample 2, around urn (hand-sorted)	120	.	.	5	.	.	.	.	55
	421	Inside urn	42	.	.	.	.	.	.	.	18
	367	Above urn	220	.	.	10	.	.	0.5	.	47
	Total	Urn grave	492	.	.	15	.	.	0.7	.	135
438	433	Around urn	30	.	.	.	.	.	2	.	8
	438	Inside urn	45	.	.	.	.	.	3	.	21
	Total	Urn grave	75	.	.	.	.	.	5	.	29
160	160	*Bustum*, level 5/6	950	15	.	.	.	.	.	.	110
	160A	*Bustum*, level 6/7	72	42	.	.	.	.	1	.	2.5
	160C	*Bustum*, bottom layer C	3900	400	.	.	.	.	180	.	600
	160D	*Bustum*, bottom layer D	2	.	.	.	.	.	.	.	.
	160E	*Bustum*, bottom layer E	650	190	.	.	.	.	29	.	100
	61A	Around pot	44	8	.	.	.	.	0.5	.	.
	61B	Inside pot	10	3	.	.	.	.	.	.	4
	86	Among skeleton of grave 273	2.5	.	.	.	.	.	.	.	.
	Total	*Bustum*	5630	658	.	.	.	.	210.5	.	818
97	97	*Brandgrube*	18	5	.	.	.	.	.	.	1
	97A	*Brandgrube*	10	.	.	.	.	.	.	.	3
	Total	*Brandgrube*	28	5	.	.	.	.	.	.	4
183	183	*Brandgrube*	95	1	.	.	.	.	1	.	34
519	519	*Brandgrube*	50	3	.	.	0.2	.	5	.	5
527	527	*Brandgrube*	55	15	.	.	.	.	.	.	.
76	76	Ash stain	38	.	.	.	.	.	.	.	6
159	159	Ash stain	70	25	.	.	.	.	.	.	9
193	193	Ash stain (flotation material)	18	2	.	.	.	.	.	.	6.5
	193	Ash stain (hand-sorted)	45	15	.	.	.	.	.	.	7
	Total	Ash stain	63	17	.	.	.	.	.	.	13.5
194	268	Ash stain	33	.	.	.	.	.	.	.	13
195	195	Ash stain	73	3	.	.	.	.	.	.	.
	263	Ash stain	38	.	.	.	.	.	.	.	2
	Total	Ash stain	111	3	.	.	.	.	.	.	2
266	266	Ash stain	45	.	.	.	.	.	.	.	7
3xx	3xx	Ash stain	58	8	.	.	.	.	.	.	7
317	317	Ash stain	55	5	.	.	.	.	4	.	10
388	388	Ash stain	70	2	.	.	.	.	.	.	23
396	396	Ash stain	110	0.7	.	.	.	.	.	.	29
445	445	Ash stain, level 10	65	.	.	.	.	.	.	.	.
496	496	Ash stain, section	60	1	.	.	.	.	.	1	50
526	526	Ash stain, section	120	25	.	.	.	.	.	.	.
	580	Ash stain, section	35	8	.	.	.	.	.	.	.
	Total	Ash stain, section	155	33	.	.	.	.	.	.	.

9 (Co)	10 (Be)	11 (Sam)	12 (Sa)	13 (Po)	14 (Pi)	15	16	17	18	Dating	Phase	Sample No.	Feature (grave)
.	35	.	.	.	.	.	.	.	10			66	66
.	.	.	.	.	.	.	.	.	7			127	
.	35	.	.	.	.	.	.	.	17	350-500	E	Total	
.	.	.	.	.	.	.	.	.	4			131	131
.	.	.	.	.	.	.	.	.	25			131	
.	.	.	.	.	.	.	.	.	29			131	
.	.	.	.	.	.	.	.	.	58	500-700	M/L	Total	
.	.	.	.	.	.	.	.	.	3.8			267	267
.	2	.	.	.	.	.	.	.	6			267	
.	2	.	.	.	.	.	.	.	9.8	400-700	E/M/L	Total	
.	.	.	.	.	1	.	.	.	58	650-700	L	372	372
.	0.7	.	.	.	.	.	.	.	33	500-600	M	409	409
.	.	.	.	.	.	.	.	.	95			421	421
.	.	.	.	.	2	.	.	.	58			421	
.	.	.	2	.	.	.	.	.	22			421	
1.5	.	.	1	.	.	.	.	.	160			367	
1.5	.	.	3	.	2	.	.	.	335	500-700	M/L	Total	
.	.	.	.	.	8	.	.	.	12			433	438
.	.	.	.	.	1	.	.	.	20			438	
.	.	.	.	.	9	.	.	.	32	600-700	L	Total	
9	70	.	.	.	.	.	.	.	746			160	160
.	1	.	.	.	.	.	.	.	25			160A	
.	130	.	.	150	.	.	.	.	2440			160C	
1	1	.	.	.	.	.	.	.	-			160D	
.	3	.	.	23	.	.	.	.	305			160E	
.	17	.	.	0.5	.	.	.	.	2.5			61A	
.	0.1	.	.	0.5	.	.	.	.	18			61B	
.	1.5	.	.	.	.	.	.	.	1			86	
10	222.1	.	.	174	.	.	.	.	3537.5	400-525	E	Total	
.	.	.	.	.	.	.	.	.	12			97	97
.	.	.	.	.	0.5	.	.	.	6.5			97A	
.	.	.	.	.	0.5	.	.	.	18.5	675-750	L	Total	
.	.	.	.	.	.	.	.	.	59	400-450	E	183	183
.	.	.	.	.	.	.	.	.	37			519	519
.	.	.	.	.	0.2	.	.	.	40	500-700	M/L	527	527
.	.	.	.	.	.	.	.	.	32			76	76
.	.	.	.	.	.	.	.	.	36			159	159
.	0.5	.	.	.	.	.	.	.	9			193	193
.	.	.	.	.	.	.	.	.	23			193	
.	0.5	.	.	.	.	.	.	.	32			Total	
.	.	.	.	.	.	.	.	.	20			268	194
.	23	.	.	.	.	.	.	.	47			195	195
.	12	.	.	.	.	.	.	.	23			263	
.	35	.	.	.	.	.	.	.	70			Total	
.	.	.	2	.	.	3	.	.	33			266	266
.	3	.	.	.	.	.	4	3	33			3xx	3xx
.	.	.	.	.	.	.	.	.	36			317	317
3	.	.	.	.	.	.	2	1	39			388	388
.	2	.	.	.	.	.	4	.	74			396	396
15	.	.	.	.	.	.	.	.	50			445	445
.	.	.	.	.	.	.	.	.	8			496	496
.	.	.	.	.	.	.	.	.	95			526	526
.	.	.	.	.	.	.	.	.	27			580	
.	.	.	.	.	.	.	.	.	122			Total	

Table 10 (continued).

Feature (grave)	Sample No.	Description	Total	1 (Qu)	2 (Fa)	3 (Ul)	4 (A)	5 (Ac)	6 (Fr)	7 (Eu)	8 (Al)
532	532	Ash stain, sample 1	130	40	.	.	.	.	.	.	.
	532	Ash stain, sample 2	130	20	.	.	.	.	.	.	.
	Total	Ash stain	260	60	.	.	.	.	.	.	.
535	535	Ash stain	120	38	.	.	.	.	.	.	.
536	536	Ash stain	190	2	.	.	.	.	0.5	.	15
581	581	Ash stain	44	.	.	.	.	.	0.5	.	20
611	611	Ash stain	18	.	.	.	.	.	.	.	4
100	100	From inhumation grave (adult)	150	18	.	.	.	.	.	.	13
100A	100A	From inhumation grave (child)	340	30	.	.	.	.	20	.	15
295	295	Scattered, residue from inhumation grave	65	1.5	.	.	1	.	1.2	.	3
353	293	Scattered in inhumation grave	75	20	.	.	.	.	.	.	6
460	450	Fill of burial pit, scattered	70	1	.	.	.	.	1	.	10
	468	From silted-up pit	45	2	.	.	.	.	.	.	4
	622	?	18	.	.	.	.	.	3	.	1.5
	631	Scattered	30	5	.	.	.	.	.	.	.
	351	Stray find	18	18	.	.	.	.	.	.	.
Total volume for each type of wood				990	1.3	15	3.5	0.1	309.6	1	1207.6
Frequency (maximum score 39)				31	1	1	3	1	16	1	31

Table 11. Oosterbeintum. Charcoal spectrum of the cremation burials. Single wood species: number of features with only the mentioned wood species. Predominant wood species: number of features in which the mentioned wood species is predominant.

		Volume (ml)	Frequency (max. score 39)	Single wood species	Predominant wood species
Quercus	Oak	990	31	5	3
Fagus	Beech	1.3	1	.	.
Ulmus	Elm	15	1	.	.
Acer sp.	Maple type	3.5	3	.	.
Acer campestre type	Common maple type	0.1	1	.	.
Fraxinus	Ash	309.6	16	.	1
Euonymus	Spindle tree	1	1	.	.
Alnus	Alder	1207.6	31	2	9
Corylus	Hazel	34.5	6	1	.
Betula	Birch	329.3	16	.	3
Sambucus	Elder	4.2	3	.	.
Salix	Willow	7	3	.	.
Populus	Poplar	178	3	.	.
Pinus	Pine	12.2	4	.	.

Fraxinus, ash. This tree, often with a tall, straight trunk, mainly occurs on moist to wet, rich soils, undoubtedly also near Oosterbeintum. The tough wood is very suitable for timber, masts, long handles, etc. Apparently it was also used to a limited extent as firewood.

Pinus, pine. This conifer almost certainly did not occur in the clay region around Oosterbeintum. Its principal habitat in the early Middle Ages was on and close to peat bogs. Remains of pine charcoal found in cemeteries could derive from reused staves of (imported) pinewood casks. Yet the growth characteristics of the Oosterbeintum charcoal make it more likely that it originated in the peatland area.

Populus, poplar. This tree presumably occurred quite commonly on various moist to wet, young soils around Oosterbeintum. The wood is not very durable; it is rarely encountered in medieval archaeological contexts, although it was probably made into utensils of many kinds. Possibly waste from woodworking was used as firewood.

Quercus, oak. Because of its great durability and its good technical properties, oak is the principal wood species used for timber and many kinds of objects. The oak was fairly certainly cultivated, among other things for tree-trunk coffins (see 3.2.5). In the early Middle Ages, there will have been few oaks growing naturally in the environs of Oosterbeintum, although oak can

9 (Co)	10 (Be)	11 (Sam)	12 (Sa)	13 (Po)	14 (Pi)	15	16	17	18	Dating	Phase	Sample No.	Feature (grave)
.	.	.	.	.	.	.	.	.	90			532	532
.	.	.	.	.	.	.	.	.	110			532	
.	.	.	.	.	.	.	.	.	200			Total	
.	.	.	.	.	.	.	.	.	82			535	535
1	1.5	.	.	.	.	.	15	.	155			536	536
.	.	.	.	.	.	.	.	.	24			581	581
.	3	.	.	.	.	.	.	.	11			611	611
.	1	2	.	1.5	.	.	.	.	115	400-600	E/M	100	100
4	9	.	2	2.5	.	.	.	.	268			100A	100A
.	.	0.2	.	.	.	.	.	.	58	400-550		295	295
.	1	.	.	.	.	1	.	.	47			293	353
.	.	.	.	.	.	.	.	2	56	400-550	E/M	450	460
.	0.5	2	.	.	.	.	.	.	36	400-500	E/M	468	
.	.	.	.	.	.	.	.	5	8.5			622	
.	8	.	.	.	.	.	.	.	17			631	
.	.	.	.	.	.	.	.	.	-			351	
34.5	329.3	4.2	7	178	12.2								
6	16	3	3	3	4								

grow on quite wet soils. Presumably a considerable part of the oak wood we encounter was cultivated for various purposes, including the building of structures that featured in the cremation rite. Chips fairly certainly served as firewood. The occurrence of clinchers and nails among cremation remains probably indicates the presence of wreckage among the firewood, which would imply oak wood of uncertain provenance.

Salix, willow. The various native willow species growing in moist to wet sites around Oosterbeintum, were rarely if at all used for timber. The wood is not very durable. Osier was mainly used for wickerwork, probably even on a large scale. There is no evidence to suggest that there were osier beds near Oosterbeintum or that wickerwork was used in the cremation rite. Branch wood of willow will burn rapidly, leaving very little identifiable residue. For this reason it cannot be excluded that willow wood was more extensively used than is suggested by its minimal representation among the charcoal.

Sambucus, elder. This is mostly *Sambucus nigra*, the black elder, a shrub which no doubt was present in and around Oosterbeintum. The wood is not very durable; as firewood it was insignificant. The branches are hollow, which makes for a variety of practical uses. In the Middle Ages, elder wood was used for various small utensils.

Ulmus, elm. Although the elm commonly occurs in large parts of Europe, and without doubt was present also on the clay soils in the Middle Ages, it is only rarely found in archaeological contexts. This is also the case at Oosterbeintum. The attractive, but not very durable wood is easy to work, which makes it suitable for furniture and numerous other uses. Here too, we may be dealing with a burnt household item.

Characteristics of the used wood

In over half of the samples, charcoal remains with wormholes were found, which means that infested wood was used as fuel. This may have been stored timber or demolition wood, but we cannot rule out that even the living wood was affected. Evidence of infestation was found especially in alder wood (sometimes a great deal of it), birch wood (sometimes a great deal of it), and to a lesser extent in wood of hazel, poplar, ash and maple. Only in the case of alder and birch are we most probably dealing with old wood, stored or demolition wood, because here a few instances of fungal hyphae were also observed. The oak charcoal was virtually devoid of wormholes. Among these wood types, oak is the most durable and the most resistant to infestation.

There were no clear indications of weathering on the firewood. Therefore it is impossible to tell to what extent the seriously affected firewood might have originated from, for instance, demolished houses. Still, clinchers and nails in the cremation features point to waste, wreckage or demolition wood (see 4.2). Quite a lot of the charcoal was very poorly preserved: in those cases it was impossible to see whether the wood showed traces of weathering or infestation.

Generally, wood of fairly thick trees was used for the cremations, with a diameter of 20 cm or more. Branch wood was also used, of - among others - birch (*bustum* grave 160, ash stain 611), alder (*bustum* grave 160, *Brandgrube* 183) and ash (urned burial 438). Twisted,

Table 12. Oosterbeintum. The volume of charcoal samples, the number of wood species recorded, and the occurrence of features with only one wood species or predominant wood species.

Feature (grave)	Volume (ml)	Number of wood species in the sample	Single wood species	Predominant wood species
66	85	4		Alnus/Betula
131	83	3		Quercus/Fraxinus
267	16	5		
372	100	3		Fraxinus
409	40	5		
421	492	6		Alnus
438	75	3		Alnus
160	5630	6		Quercus/Alnus
97	28	2		
183	95	3		Alnus
519	50	4		
527	55	2		Quercus
76	38	1	Alnus	
159	70	2		Quercus
193	63	3		
194	33	1	Alnus	
195	111	3		Betula
266	45	2		
3xx	58	3		
317	55	3		
388	70	3		Alnus
396	110	3		Alnus
445	65	1	Corylus	
496	60	3		Alnus
526	155	1	Quercus	
532	260	1	Quercus	
535	120	1	Quercus	
536	190	5		
581	44	2		Alnus
611	18	2		
100	150	5		Quercus/Alnus
100 A	340	7		
295	65	5		
353	75	4		Quercus
460	70	3		Alnus
468	45	4		
622	18	2		
631	30	2		
351	18	1	Quercus	

stunted birch was found in the disturbed cremation 353 (sample 293). The lumps of hazel charcoal from urned burial 421 (sample 367), ash stain 388 and disturbed cremation 445 also came from gnarled, stunted trees. Possibly this material all came from a single batch of firewood. This would imply that these cremations are contemporaneous. AD 575-700 was the dating arrived at for urned burial 421; features 388 and 445 are undated and would in that case have the same date. The features in which this hazel wood was found are fairly far apart. Given its growth form, the pine that was used for urned burial 438 (samples 433 and 438) is native, poorly grown wood. These are not remains of, for instance,

staves, but more probably waste material from the settlement. Presumably, the elm wood from urned burial 421 (sample 367) also was local wood. The ash wood from urned burial 372 is from a well-developed and rapidly grown trunk.

The oak charcoal from disturbed cremation 100, ash stain 159, *bustum* grave 160, ash stain 580 (identical with ash stain 526), and from the silted-up pit 631, in view of its shape and growth pattern, probably derives from planking. None of these charcoal samples were from worm-eaten wood. Nor were any such traces observed in the oak charcoal from *Brandgrube* 527 and from ash stains 526, 532 and 535. These charcoal pieces may also be the remains of planks. Plank remains from alder wood (ash stain 159, *bustum* grave 160) and from ash wood (*bustum* grave 160) were also found. The planks presumably did not primarily serve as firewood, but as timber for a platform or coffin; still, the use of old planks from demolished structures cannot be ruled out. The timber may have been imported from some more distant region, for instance from the higher ground of the Pleistocene sands. Whether this wood is a product of arboriculture, as the coffins of oak trunks (see 3.2.5) are believed to be, is unclear. Besides, wreckage and shipbreaking waste may have been used for platforms or coffins (see 4.2).

The shape of some charcoal fragments shows that also utensils were burnt, made of oak (ash stain 193), birch (ash stain 195, samples 195 and 263), maple (disturbed ash stain 295) and willow (urn 421: sample 367). It is not possible to reconstruct what kinds of utensil these were. We do know there was an ashwood tool-handle from the silted-up pit 622, which dates from before the cemetery or its early days (see also 4.4).

Among the 39 features with sufficient charcoal for an analysis, five are from urns (table 13). These are considered the purest samples, which best represent the firewood. From these samples it emerges that *Alnus, Quercus* and *Fraxinus* were the most important fuel species. The other identified species only occur in minimal amounts. The analyses also make it clear that the firewood covered a wide range of species. The remains of *Fagus* and possibly also *Acer* spec. were probably parts of utensils.

In three urned burials from the middle phase (AD 500-625) the wood of *Alnus* seems to predominate, while wood of *Betula* and *Quercus* also occurs quite frequently in these features. In the urned burials of the late phase (AD 600-750) other species were more extensively used besides oak and alder: *Ulmus, Pinus, Fagus* and *Acer*. *Fraxinus* occurs more or less evenly throughout the three phases. It is tempting to infer developments in wood use from this observation, but the number of samples, five, is too small to warrant any valid conclusions.

Bustum grave 160
Bustum grave 160 contained a large quantity of charcoal and other cremation remains. The charcoal was sampled

in several batches. The abundance of charcoal in this grave provides an opportunity for a more detailed study of the use of wood. The *bustum* grave was used only once. In one corner an Anglo-Saxon vessel was found (No. 61). The date of the *bustum* grave lies between AD 400 and 525, in the early phase of the cemetery (see 3.1.5).

The *bustum* pit was sampled at three levels: first at level 5/6, at level 6/7 and at the bottom (fig. 19). Three samples were taken from this last level: C, D and E. Sample D contained a minimal amount of charcoal. The cremation remains in and around the vessel (sample No. 61) were sampled in three parts, because initially this was thought to be a separate burial. The contents of the pot, the soil around the pot, and the soil among the bones of inhumation grave 273 which here cut into the *bustum* grave, were sampled separately. The pot was found not to represent a separate burial. The charcoal of the three samples from vessel 61 will ultimately derive from the *bustum* grave.

Although the differences in charcoal composition of the analysed samples are not extreme, the contents of the *bustum* grave are not homogeneous (table 10). Probably the charcoal ended up in the pit in distinct batches. *Alnus* and *Quercus* are common types of wood in all layers and samples. *Betula* is prominent in level 5/6 and sample C, *Populus* is prominent in sample C but less so in E. In the other samples these two wood types are scarcely present at all. *Fraxinus* too is clearly evident in samples C and E; at higher levels this type of charcoal was almost absent. *Corylus*, be it in very low values, occurs only in the higher levels, especially the top. Here it is *Quercus* which is comparatively scarce.

The charcoal analysis of the *bustum* grave revealed that in the cremation rite various wood types were used together. Sample C, by far the largest sample, illustrates this most clearly. Given the concentrated occurrence of *Fraxinus, Corylus, Betula* and *Populus*, the *bustum* seems to represent not only a mixture of firewood, but also shows that distinct batches of these wood types were deposited on the pyre. This suggests that in the course of cremation, objects and/or structures were put on the fire. It is also possible that the pyre was built from layers of different wood types, and that as the burning pyre collapsed the layers slid down. The top layer would then have consisted mainly of alder and birchwood. The

Table 13. Oosterbeintum. Wood species in the charcoal samples from the urns. Volumes in ml. M. Middle; L. Late.

Grave No.	Sample No.	Vol.	Quer-cus	Fagus	Acer	Fraxi-nus	Alnus	Betula	Salix	Pinus	Anal. vol.	Resi-due	Date AD	Phase
131	131	40	5.5	.	1.3	4.3	.	.	.	.	11.1	29	500-700	M/L
267	267	5	0.1	0.7	.	0.1	0.3	.	.	.	1.2	3.8	650-725	L
409	409	40	2	.	0.1	0.3	4	0.7	.	.	7.1	33	500-600	M
421	421	42	.	.	.	.	18	.	2	.	20	22	575-700	M/L
438	438	45	.	.	.	3	21	.	.	1	25	20	600-700	L

middle layer contained mainly oak. The bottom layer, finally, consisted of alder, oak and ash, and on one side (160C) a great deal of birch and poplar. The samples from within and around vessel 61 are so small that their analysis provides no new evidence. The charcoal found around the pot (sample 61A) is similar to sample 160C from the bottom of the *bustum* pit.

The wood from the cremations at the cemetery of Hogebeintum

The charcoal spectrum from Oosterbeintum may be compared with that from the cemetery of Hogebeintum, about 3 km west of Oosterbeintum, which is also dated to the 5th-8th centuries. It also featured both cremation graves and inhumations in tree-trunk coffins. The cemetery was discovered in 1904 and 1905 during commercial soil-quarrying on the terp. The archaeological material was salvaged and the urns with their contents taken to the Fries Museum at Leeuwarden. Out of over 50 urns, 26 contain enough charcoal lumps to allow wood identification (table 14; Casparie, 1991). Although table 14 for Hogebeintum is arranged in a similar way to table 10 for Oosterbeintum, and the results largely correspond, they are not immediately comparable. Of Hogebeintum only charcoal from urns was available; other features were not sampled in 1904/1905.

Most urns from Hogebeintum contained more than one wood species; in most cases there were three types. The wood spectrum comprises seven species (table 15). *Alnus* clearly predominates on the points of 'charcoal volume', 'frequency' (24 of a maximum score of 26), 'predominant wood species' and 'single wood species'. *Quercus* and *Fraxinus* were regularly used, as they were at Oosterbeintum (table 12). The main difference between the two spectra is the comparatively high incidence of *Betula* at Oosterbeintum.

At Hogebeintum as at Oosterbeintum, *Alnus* evidently is the usual, but definitely not the only fuel in the cremation rite. The lower ratio of *Quercus* to *Alnus* at Hogebeintum may result from the lesser use of oak in cremations there. Yet it is not certain that this was indeed the case. It is tempting to attribute the comparatively frequent use of *Betula* at Oosterbeintum to the more frequent burning of birchwood household items there than on the larger *terp* of Hogebeintum. Presumably the sampling differences are the real reason for the higher score of birch at Oosterbeintum. The high incidence of *Betula* at Oosterbeintum is largely accounted for by the presence of birch charcoal in ash stains. Nonetheless, birchwood at Oosterbeintum must also have been used as firewood, given its values in *bustum* grave 160 and ash stains 166, 159+263 (table 10).

Part of the alder wood seems to have been old wood. The charcoal of *Alnus* contained many wormholes; some of it may derive from waste or demolition wood, as can also be said of Oosterbeintum's alder.

The provenance of the firewood

The charcoal spectra of Oosterbeintum and Hogebeintum (tables 11 and 15) are dominated by the wood types that are found especially in damp to wet landscapes and that grow well on clay soils: *Alnus, Fraxinus, Ulmus, Salix, Populus* and *Sambucus*. *Quercus, Acer* and *Euonymus* will also do well on such soils (see the heading, The identified wood species in this section). At Oosterbeintum these two groups, with 55.6 and 32.2% respectively, make up almost 88% of the total of 3093.3 ml of analysed charcoal. The picture at Hogebeintum is not significantly different. It is clear that the firewood for the pyres was mainly made up of wood types that grew well in the surroundings of Oosterbeintum and Hogebeintum. Therefore it is safe to say that most of the firewood was of local provenance: particularly from the young, Holocene clay soils.

Betula (10.6% of the analysed charcoal volume) and *Corylus* (somewhat over 1%) were far less common on clay soils like those around Oosterbeintum. Presumably, these trees mainly grew in the raised settlements or on the Pleistocene soils. *Pinus* is likely to have come from peaty soils, maybe close to the Pleistocene region, not very far from Oosterbeintum.

For the early medieval cemetery of Liebenau near Nienburg on the Weser (Germany), Feindt & Fischer (1994) come to the conclusion that the firewood used there was mainly of local provenance. This cemetery was used from c. AD 350 to 850. Although with over

Table 14. Hogebeintum. Charcoal spectrum of 26 cremation graves of the 5th/8th-century cemetery. Single wood species: number of features with only the mentioned wood species. Predominant wood species: number of features in which the mentioned wood species is predominant.

		Volume (ml)	Frequency (max. 26)	Single wood species	Predominant wood species
Quercus	Oak	116.0	16	.	1
Fraxinus	Ash	183.0	11	2	6
Acer sp.	Maple type	0.5	1	.	.
Malus type	Crab apple type	0.5	1	.	.
Alnus	Alder	534.0	24	5	19
Betula	Birch	1.0	1	.	.
Pinus	Pine	18.0	2	.	.

Table 15. The wood species in the charcoal from the urns of Hogebeintum, Beetgum-Besseburen and Friens. Volumes in ml. Centuries AD in Roman figures. FM No. Inventory number of the Fries Museum.

Grave No.	FM No.	Total	*Quercus*	*Acer* sp.	*Malus*	*Fraxinus*	*Alnus*	*Betula*	*Pinus*	Residue	Urn type	Dating
Hogebeintum												
2	28-158	70	-	-	-	-	70	-	-	-	Narrow-mouthed	VI-VIIIA
4	28-159	15	2.5	-	-	-	9.5	-	-	3.0	Wide-mouthed	VI-VIIIA
8	28-161	20	-	-	-	-	20	-	-	-	Biconical	VI-VII
21	28-299	15	0.5	0.5	-	-	12	-	-	2.0	Wide-mouthed	VI-VIIIA
30	28-328	70	20	-	-	10	35	-	-	5	Narrow-mouthed	VI-VIIIA
35	28-333	15	0.5	-	-	8	6.5	-	-	-	Wide-mouthed	VI-VIIIA
40	28-338	10	0.5	-	-	-	9.5	-	-	-	Wide-mouthed	VI-VIIIA
45	28-817bis	6	-	-	-	6	-	-	-	-	Narrow-mouthed	VI-VIIIA
46	28-373A	19	6	-	0.5	-	11.5	-	-	1.0	Anglo-Saxon	V-VI
52	28-805	16	-	-	-	13	3	-	-	-	Narrow-mouthed	VI-VIIIA
56	28-809	80	20	-	-	-	50	-	-	10	Narrow-mouthed	VI-VIIIA
58	28-811	80	-	-	-	55	-	-	-	25	Narrow-mouthed	VI-VIIIA
60	28-813	10	0.5	-	-	0.5	3.5	-	-	5.5	Only bottom	VI-VIIIA
67	28-422	17	0.5	-	-	-	15	-	-	-	Anglo-Saxon	V
72	28-430	60	10	-	-	2	33	1	2	11	Narrow-mouthed	V-VIIIA
76	28-435	21	1.0	-	-	-	18	-	-	2	Anglo-Saxon	IV-V
84	28-458	220	5	-	-	65	55	-	16	80	Wide-mouthed	VI-VIIIA
85	28-459	22	15	-	-	-	5	-	-	2	Anglo-Saxon	V
87	28-463	35	0.5	-	-	22	11	-	-	2	Wide-mouthed	VI-VIIIA
89	28-469	35	-	-	-	0.5	30	-	-	5	Narrow-mouthed	VI-VIIIA
96	28-477	10	3.5	-	-	-	5	-	-	1.5	Wide-mouthed	VI-VIIIA
105	28-498	25	-	-	-	1	14	-	-	10	Narrow-mouthed	VI-VIIIA
106	28-499	210	20	-	-	-	70	-	-	110	Bowl-shaped	VI-VIIIA
112	28-508	35	-	-	-	-	35	-	-	-	Narrow-mouthed	VII
121	28-525	85	-	-	-	-	+	-	-	85	Wide-mouthed	VI-VIIIA
122	28-527	105	-	-	-	-	10	-	-	95	Wide-mouthed	VI-VIIIA
Beetgum-Besseburen												
	46A-999	18	1	-	-	-	15	-	-	2	Anglo-Saxon	V-VI
Friens												
	172-31	24	-	-	-	-	12	-	-	12	Wide-mouthed	VI-VIII

200 cremation and inhumation burials it was considerably larger than the excavated part of Oosterbeintum, it was quite comparable in many other respects. The firewood of Liebenau was gathered in nearby woodlands: open woodland of forest verges, coppices, hedgerows and thickets in the nearby river valley, as well as from the sand-drift area in which the cemetery itself was situated. Imported wood types were not found there.

On the basis of their charcoal and wood identifications, Feindt and Fischer were able to draw conclusions about the vegetation of the surrounding landscape and the land-use around the cemetery. Given the highly varied landscape around Liebenau, it is obvious that the wood spectrum differs considerably from that of Oosterbeintum.

The wood types found at Oosterbeintum and Hogebeintum and their composition offer no clues as to the nature, composition and extent of any stands of trees in the clay region. Moreover, part of the charcoal may well have come from utensils imported from further afield, and not derive from local wood at all. This at any rate applies to *Fagus*.

Elaborate palaeobotanical studies of the salt-marsh landscapes in the coastal zone of the northern Netherlands and Lower Saxony have been performed by, among others, Behre (1970; 1974; 1986; 1990), van Zeist (1974) and van Zeist et al. (1976). The still undiked, early medieval clay region near Oosterbeintum shares many features with those salt-marsh landscapes. These studies show a landscape dominated by halophytes. The salt tolerance of the plants is a basic feature of the vegetation. These authors believe that salinity is the principal reason for the presumed lack of tree growth in the not yet fully desalinated landscape. The wood use in the funerary rite, however, does suggest the nearby presence of wood stands, which at any rate provided the firewood.

The clay landscape near Oosterbeintum will have included spots that were already sufficiently desalinated and offered a home to stands of trees. Without doubt these were the better-drained and therefore more desalinated soils, such as the marsh ridges and natural levees along the many creeks and gullies. Yet they still had damp to wet or maybe even waterlogged soils. These stands contained mainly alder and ash, with oak and elm in the somewhat drier spots. Maple, spindle tree and elder might also occur. The poplar probably was a pioneer species on young natural levees. The willow grew mainly on the wetter, poorly drained soils, but also within the settlements, as did the elder (table 11). This was mostly young wood, which grew well on the rich soils and could thus met a large part of the wood requirement. No detailed study was made of where such soils would have occurred near Oosterbeintum, since the investigation focused on the cemetery. On the whole, the clay region lacked abundant tree growth, as was already remarked at the start of this paragraph. Real forest, as found on the Pleistocene uplands, was absent even after the clay soils became desalinated.

The proportion of branch wood in the charcoal is fairly small; at any rate quite a lot of the wood came from fairly thick trees with diameters of 20 cm or over. In view of the stated limitations of this charcoal study, no figures can be put on the proportions of branch to trunk wood in the cremation rite. Therefore it is impossible to tell whether coppicing was practised around Oosterbeintum.

Part of the firewood was reused wood, which may have been demolition material. This suggests that most timber too, particularly alder, ash and oak timber, was obtained in the vicinity. Another possible source of re-used wood is the oakwood wreckage of ships of unknown provenance (see 4.2). Anyhow, the landscape cannot have provided an abundance of wood, so much has by now become clear. This is borne out by the use of sod walls for early medieval dwellings in the clay region of the northern Netherlands; for instance, at Torp near Den Helder (van Es, 1973), at Wijnaldum (Besteman, Bos & Heidinga, 1992: p. 53), at Foudgum (de Langen, 1992: pp. 173-186) on the Tuinsterwierden *terpen* near Leens (van Giffen, 1940) and at Heveskesklooster (Boersma, 1988). Obtaining enough wood for its various uses therefore must have been an important activity for the region's inhabitants in those days. The use of a wide array of wood types in the cremation rite can be seen as reflecting the relative dearth of wood in the region.

However, it seems unlikely that the custom of cremating the dead was abandoned for lack of wood. After all, Oosterbeintum and Hogebeintum saw only a few cremations taking place each year (two on average, see chapter 7). Compared to the wood requirements for heating and cooking and other everyday use, the consumption of wood in the cremation rite will have been of minor significance. It is fairly certain that cremation could be practised without the availability of proper woodland. Still it is unclear how people provided for everyday wood requirements.

3.1.7. *The cremation rite*

The features of the cremation rite comprise 21 or 22 urned burials, five *Brandgruben* of which four contain human ashes and one only animal remains, a *bustum* grave and 71 ash stains, which may represent the supports of at least 18 pyres. Besides, 15 inhumation graves and two animal graves contain remains of disturbed cremation burials or pyre traces.

The number of bodies cremated or buried in the excavated part of the cemetery, in so far as remains have been recovered, is between 64, if all ash stains come from only 18 pyres, and 117, if the ash stains all derive from individual bodies (Nos 100 and 460 are counted twice: these contained remains both of an adult and a child). The removal of the top layer of the original *terp* in the early 20th century is likely to have destroyed traces of the cremation rite. There is evidence for 11 to 23 cremated children and 24 to 28 cremated adults (tables 5 and 7). Osteological investigation showed that there were at least one man and six women among the adults. Also there are eight cases of grave goods pointing to women. Archaeological evidence for men is lacking. The virtual absence of male-specific grave goods also in the inhumation graves makes men's graves difficult to demonstrate (3.2.7). It is far from certain that men were less often cremated.

The urned and unurned burials contained an average of 286.3 and 386.3 g of human cremated bone, respectively. The *bustum* grave contained 1041 g of cremated human bone, and the ash stains an average of 4 g (table 8). Under optimum conditions the cremation of an adult woman will leave between 970 and 2620 g of ashes (on average, 1711 g; 226 female cremations) and of an adult man between 970 and 2630 g of ashes (on average, 1842 g; 167 male cremations) (Herrmann, 1976; Wahl, 1982: pp. 24-26). Hence only part of the cremated remains of each body were eventually buried.

On the whole, the ashes were very fragmented, especially the material from the *Brandgruben*, the ash stains and the disturbed cremations; the material from the urned burials somewhat less so. In several urns (63, 140 and 267) the protective effect of the urn was obvious. No bias was evident in the distribution of the human remains over the various parts of the skeleton. This indicates that the cremated remains were gathered indiscriminately. Possibly they were fragmented even further by crushing before being buried in the cemetery (Sigvallius, 1994).

The odd exception aside, the colour of the burnt human bone is a milky white, which is indicative of a pyre temperature of 650-700 °C. Parabolic heat cracks (*Hitzerissen*) were found in small numbers, which shows that a temperature of 800 °C was rarely attained. The evenness of the colour and fragmentation patterns point to a consistent cremation method throughout the cemetery. One exception is the *bustum* grave 160 whose cremated remains display a wide variation in colour. This is indicative of less complete combustion than in the other cremated remains. The cause of this incomplete combustion is that the pyre collapsed into the pit before it was meant to.

The grave goods of the cremated dead were not very rich and consisted of dress accessories, tools and toys. The nails that were found in various cremation features may come from the pyre structure itself or from waste wood, demolition timber or wreckage.

3.2. Inhumation

3.2.1. *Introduction*

The number of excavated inhumations is 47. These occupied 46 or 45 inhumation graves (table 16). Grave

485 certainly and grave 374 almost certainly contained two individuals. The other inhumation graves were single graves. Of the 47 bodies, 15 were intact (graves 241, 295, 374A, 398, 405, 410, 420, 433, 435, 451, 458, 460, 473, 605 and 624). Seventeen were slightly damaged, which means that part of the skull or part of a limb was lost or that the skeleton had been crushed flat (graves 60, 100, 247, 248, 273, 335, 342, 353, 362, 374B, 393, 402, 424, 428, 461, 570 and 606). Seven inhumations were seriously damaged, often by subsequent burials. In these burials (graves 192, 360, 422, 483, 485A, 485B and 501) major parts of limbs had been destroyed. Seven inhumations were very severely disturbed, to the extent that most of the skeleton was missing (graves B, 15, 98, 270, 299, 474 and 482). To

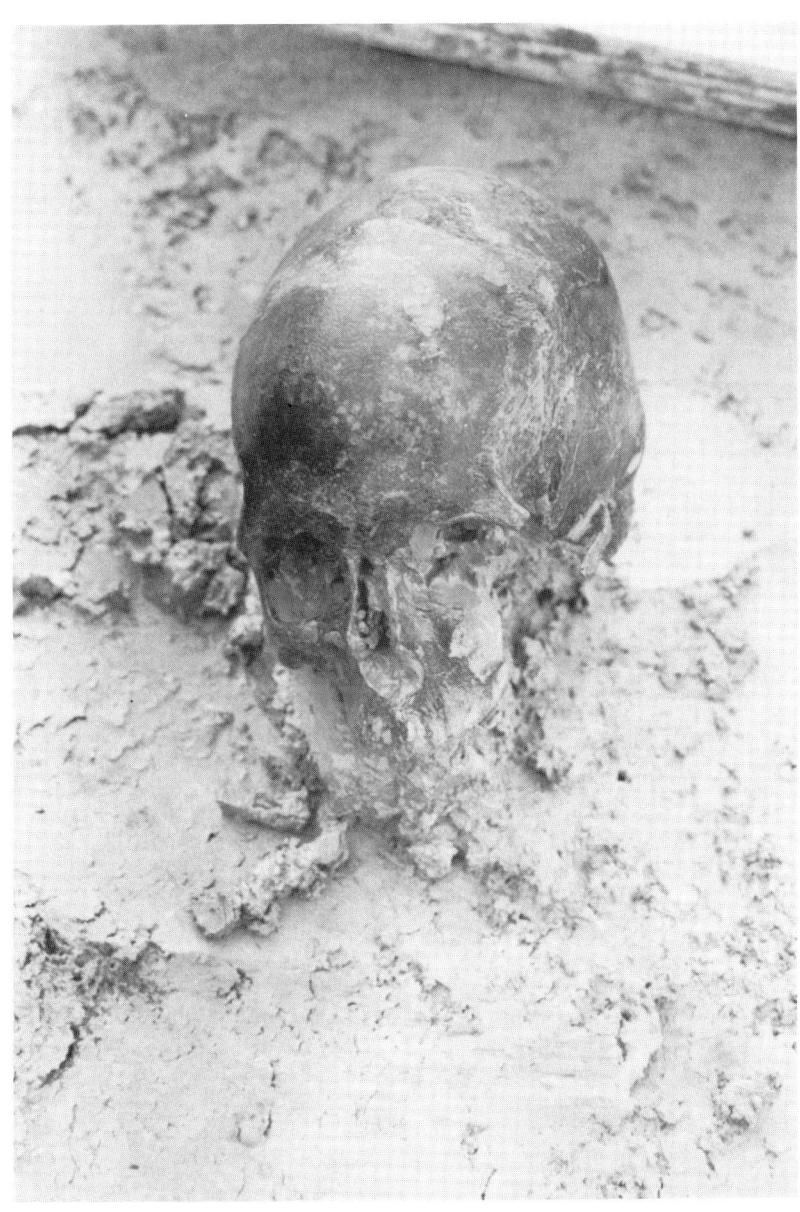

Fig. 26. Oosterbeintum, grave 474. The burial consists only of an upright skull facing north. Photograph by G. Delger, V.A.R.U.G.

Table 16. Oosterbeintum. Summary of inhumation graves. Preservation, presence of parts of skeleton, orientation of the grave, posture of legs, spine and arms, age in years, osteological sex, archaeological sex, body length (for details see Catalogue). Legend: - is unknown.

Pres(er)v(ation): +. Well preserved; x. Slightly disturbed; xx. Heavily disturbed; xxx. Completely disturbed.

Pres(e)nce: -. Nothing; C. (almost) Complete cranium; (C). Part of cranium; P. Postcranial skeleton (almost) complete; (P). Parts of postcranial skeleton.

Orient(ation): the orientation of the head followed by that of the feet; / stands for 'or'.

Postu(re) legs: E. Extended; CR. Crouched; F. One or both knees flexed; CL. Cross-legged.

Postu(re) spine: S. Supine; L. On left side; R. On right side.

Postu(re) arms: S. Straight; C. Crossed; L. Hand in lap; B. Bended; the left arm is mentioned first, followed by the right arm.

Osteo(logical) sex and Arch(eological) sex: M. Male; (M). Probably male; F. Female; (F). Probably female; F?. Possibly female; G?. Possibly girl.

Body length in m; estimates are mentioned in brackets.

Grave	Date AD	Presv	Presnce	Orient	Postu legs	Postu spine	Postu arms	Age	Osteo sex	Arch sex	Length	Comments
A	475-525	xxx	-	-	-	-	-	-	-	F	-	
B	450-750	xxx	(C),(P)	-	-	-	-	Adult	(M)	-	-	
15	450-750	xxx	(P)	W-E/E-W	-	-	-	Adult	(M)	(M)	-	
60	475-525	x	(C),P	WSW-ENE	F	L	C,C	>35-45	(F)	F	1.57	
98	450-750	xxx	(P)	W-E/E-W	-	-	-	Adult	-	-	-	
100	550-750	x	C,P	N-S	CR	S	L,B	30-40	M	-	(1.70)	
192	450-750	xx	C,(P)	WSW-ENE	-	S	S,C	25-35	M	-	-	
241	500-600	+	C,P	E-W	F	S	S,L	>45	(F)	F	1.57	
247	500-750	x	C,P	WSW-ENE	CR	L	S,S	c. 6	-	-	-	
248	450-750	x	C,P	NE-SW	CR	R	S,S	4-5	-	G?	-	
270	500-750	xxx	(P)	-	-	-	-	Adult	M	-	-	
273	500-750	x	(C),P	N-S	CR	L	S,S	25-35	-	-	1.24-1.28	Dwarf
295	450-700	+	C,P	WSW-ENE	CR	L	C,L	20-22	F	F	1.62	
299	450-600	xxx	(C),(P)	-	-	-	-	< 5	-	-	-	
335	525-600	x	C,(P)	NE-SW	E	S	L,C	30-40	M	M	1.68	
342	675-700	x	C,(P)	SSW-NNE	CR	R	S?,B	c. 9	-	G?	-	
353	450-750	x	C,P	E-W	CR	R	S,S	5-6	-	-	-	
360	475-525	xx	C,(P)	SW-NE	-	S	C,C	40-50	F	F	-	
362	450-750	x	C,P	SW-NE	E	S	C,B	4-5	-	G?	-	
374A	500-750	+	C,P	WNW-ESE	CR	L	B,B	9-10	-	-	-	
374B	450-700	x	P	SW-NE	E	S	S,S	30-45	F	F	1.50	
393	650-700	x	C,P	W-E	CR	L	S,S	>45	(F)	F	-	
398	475-525	+	C,P	SSW-NNE	CR	S	B,C	35-45	M	F	1.75	Man/woman
402	450-600	x	C,P	ESE-WNW	E	S	S,C	6	-	G?	-	
405	450-750	+	C,P	S-N	CL	S	L,C	17-19	-	-	-	
410	450-550	+	C,P	NNW-SSE	E	S	C,C	40-50	M	-	1.79	
420	550-725	+	C,P	SSE-NNW	E	S	L,L	35-45	M	-	1.76	
422	450-550	xx	(P)	WSW-ENE	E	-	-	35-45	-	-	-	
424	650-694	x	C,P	S-N	CL	L	S,C	>45	F	F	-	
428	500-600	x	C,(P)	WSW-ENE	E	-	B,B	25-35	F	F	-	
433	675-750	+	C,P	SSE-NNW	CR	S	C,C	25-30	-	-	1.56-1.60	
435	550-700	+	C,P	WSW-ENE	F	S	L,S	19	M	M	1.72	
451	450-750	+	C,P	NE-SW	CL	S	L,S	35-45	M	-	1.73	
458	450-750	+	C,P	SSE-NNW	CR	L	C,C	35-45	M	-	-	
460	450-650	+	C,P	W-E	CR	L	S,S	20-30	M	-	1.75	
461	450-750	x	P	E-W	F	S	S,S	Adult	F	-	1.55	
473	450-750	+	C,P	SSW-NNE	F	S	S,S	40-50	(F)	-	1.58	
474	450-750	xxx	C	-	-	-	-	30-40	(F)	-	-	
482	450-750	xxx	(P)	-	-	-	-	Adult	-	-	-	
483	525-625	xx	(P)	WSW-ENE	E	R	S,S	30-40	F	(F)	-	
485A	440-485	xx	C,(P)	E-W	-	R	L,S	>45	(M)	-	-	
485B	440-485	xx	C,(P)	E-W	-	S?	S,L	>45	-	-	-	
501	625-750	xx	C,(P)	N-S	E	S	-	25-35	(F)	F	1.62	
570	525-625	x	C,P	W-E	E	S	S,S	>45	(F)	-	1.62	
605	400-550	+	C,P	W-E	F	S	L,L	>45	(M)	-	1.72	
606	450-600	x	C,P	W-E	CR	R	C,C	25-35	F	F	1.62	
624	450-650	+	C,P	W-E	F	S	S,S	16-18	-	-	-	

this last category can be added burial A, which was discovered in 1914 and whose skeletal remains were not recovered. In the disturbed burials, any grave goods may have been partly or entirely lost. Because of their poor state of conservation some grave goods could no longer be salvaged. The most severely disturbed burial was No. 474: only the skull survived, which owing to the disturbance had ended up in an upright position (fig. 26). In fact we may here be dealing with a separate skull burial.

As far as possible, several parameters were recorded for each skeleton burial: the orientation of the grave, the depth of the grave, the presence of a tree-trunk coffin or other casing for the body, the posture of the skeleton and a list of any preserved grave goods. Study of the skeletal remains provided evidence on the sex, the age, the stature and the pathology of the dead person. The grave goods in many cases provided a dating for the burial. Gender-specific grave goods could provide an archaeological gender determination, which could be compared with the anthropological sex determination. Correspondence or failure to correspond of these two gender determinations may indicate the extent to which certain grave goods are gender-specific, the reliability of the two determinations, or a difference between the biological sex and the social and psychological gender of the person. The grave goods may further offer clues about the social status of the dead person.

Three soil samples from grave pits, namely 295 (1.5 kg), 398 (find No. 394) (1.0 kg) and 485A/485B (0.3 kg) and the contents of a small vessel (No. 401) from grave 420 (0.8 kg) were scanned for mites and other invertebrates. Since this was the first study of mites in a funerary context, it was a guess how many mite remains the samples might yield. Despite careful sampling and extraction, the number of mites in the samples proved disappointing. Only sample 485, taken from the fill of the double grave 485A/485B, was found to contain identifiable remains of mites. Among the fourteen identified specimens, there were four species of moss mite (*Scheloribates laevigatus*, *Trichoribates novus*, *Liebstadia similis* and *Humerobates rostrolamellatus*). In sample No. 401, four further unidentifiable moss

mites were encountered. None of these species are specific for burials. Thus the study of mites in grave pits failed to yield any indicators for burials. The fact that mites had been preserved in grave pits 401 and 485A/485B means that this type of research is potentially useful. In future cemetery excavations, it would be advisable to take larger samples for this type of research, allowing more mite remains to be studied.

3.2.2. *The dating of the inhumation burials*

The dating of the skeleton graves is primarily based upon the chronology of the grave goods. For graves 424, 483 and 605 we have radiocarbon datings of the remains of tree-trunk coffins. The calibrated dates for graves 483 and 605 are in the 5th/6th century, while grave 424 dates from the 7th century (tables 16 and 17; fig. 27). From grave 605 there also is a radiocarbon date for a chip of hazel wood, which points to the 5th/6th century (table 1: 605B). In view of its dating, this chip could belong to grave 483, which overlies grave 605.

Thirty of the 47 skeleton graves contained grave goods that dated the burials (table 18 and catalogue). The grave goods are described in section 3.2.7. Their datings will be discussed in chapter 4. The inhumation graves contain no grave goods from the first half of the 5th century. Still, the radiocarbon dating of the tree-trunk coffin of grave 605 does largely fall within that period. The earliest grave goods are cruciform brooches of Midlum type (AD 475-525), the youngest grave goods are equal-armed brooches of the type van Bellingen 5.3 (AD 625-750). This evidence indicates that the period in which the cemetery was used for inhumations ran from about AD 450 to 750.

Transections too provide clues about the age of the graves, especially if one of either is dated. Graves 360, 393 and 342 offer a good example. Grave 360, which is dated by the brooches it contains to the second half of the 5th or early 6th century, is cut by grave 393, which in its turn is cut by the child's grave 342. Graves 393 and 342 each contain a strap-shaped, equal-armed brooch, of a type that dates from between AD 625 and 750. The child's grave 342 is cut by a pit in which the bases of two

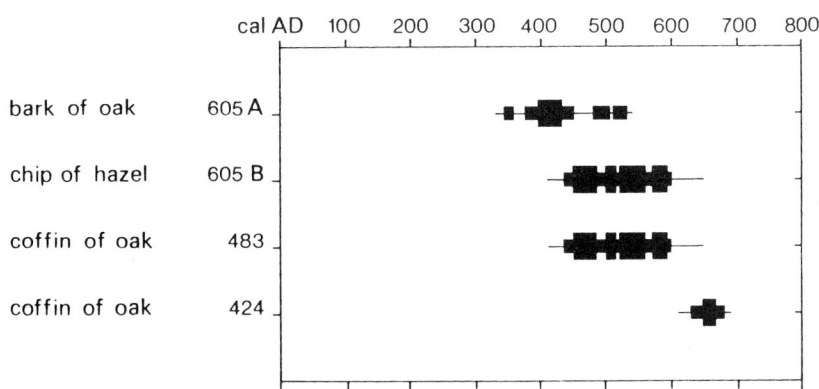

Fig. 27. Oosterbeintum. Diagrammatic representation of the calibrated radiocarbon dates of remains of tree-trunk coffins. Drawing by J.H. Zwier (V.A.R.U.G.).

E. KNOL et al.

Table 17. Oosterbeintum. The 47 inhumations arranged according to increasing depth relative to NAP. A body's depth is roughly the average of that of head (H), pelvis (P), foot (F) or other (O). In the last column the date in years AD is given. Grave A (AD 450-525) was found in 1914, 4.5 m below surface level. The 1914 surface level relative to NAP is not known. Grave B (AD 450-750) was found in the ditch alongside the excavation (depth unknown).

Grave	H	P	F	O	Date AD
15	.	0.00	.	.	450-750
273	-0.11	-0.14	-0.14	.	500-750
295	-0.17	-0.17	-0.18	.	500-700
270	.	-0.20	.	.	525-750
241	-0.15	-0.30	-0.22	.	500-600
374 A	-0.17	-0.17	-0.14	.	500-750
374 B	-0.20	-0.25	-0.22	.	450-700
100	-0.26	-0.20	-0.18	.	550-750
335	-0.20	-0.25	-0.20	.	525-600
342	-0.24	-0.21	.	.	675-700
360	-0.20	-0.27	.	.	475-525
247	-0.27	.	-0.26	.	500-750
248	-0.21	-0.26	-0.26	.	450-750
435	-0.22	-0.25	-0.28	.	550-700
501	.	-0.25	-0.27	.	625-750
570	-0.21	-0.29	-0.31	.	525-625
606	-0.34	-0.29	-0.32	.	450-600
60	-0.34	-0.30	-0.30	.	475-525
353	-0.32	.	-0.35	.	450-750
428	.	.	-0.36	-0.34	500-600
422	.	-0.36	-0.36	.	450-550
410	-0.24	-0.40	-0.42	.	450-550
473	-0.40	-0.36	-0.35	.	450-750
393	-0.40	-0.40	-0.37	.	650-700
299	.	.	.	-0.41	450-600
420	-0.38	-0.52	-0.49	.	550-725
98	.	.	.	-0.50	450-750
398	-0.37	-0.48	-0.50	.	475-525
433	-0.42	-0.47	-0.43	.	675-750
460	-0.43	-0.46	-0.52	.	450-650
192	-0.46	-0.53	.	.	450-750
362	.	-0.48	-0.53	.	450-750
405	-0.48	-0.58	-0.42	.	450-750
458	-0.53	-0.54	-0.51	.	450-750
461	.	-0.57	-0.42	-0.58	450-750
424	-0.47	-0.58	.	.	650-694
624	-0.41	-0.54	-0.60	.	450-650
451	-0.51	-0.69	-0.49	.	450-750
402	-0.61	-0.58	.	.	450-600
482	.	.	.	-0.58	450-750
474	-0.60	.	.	.	450-675
483	-0.70	-0.66	-0.61	.	525-625
485 A	-0.64	-0.74	.	.	440-485
485 B	-0.48	-0.74	.	.	440-485
605	-0.80	-0.93	.	.	450-550

urns were found with some cremated remains (grave 227). The urn bases typologically date the cremation burial to the first half of the 8th century at the latest. On the grounds of these datings and transections it may be assumed that grave 393 dates from the middle of the 7th century, grave 342 from the late 7th or early 8th century, and the cremation burial from the first half of the 8th century. Graves 393 and 342 will have been dug within a short space of time. Investigation of the transections produced two new datings and a closer determination of several other dates.

The catalogue presents the closest possible datings, based on radiocarbon dates, grave goods and transections. The transections are discussed in the catalogue. Nineteen graves have a fairly close dating, to within 75-150 years. Of these, nine fall in the period AD 400-550, five within AD 500-625, four in the AD 600-725 period and one between AD 675 and 750. Five other graves belong to the 'earlier' (AD 450-650) and eight to the 'later' period of the cemetery (AD 500-750). Fifteen graves are altogether undatable. Their date is given as AD 400-750. Because of the small proportion of closely dated graves, the impression that the number of inhumations decreases through time is not reliable (tables 16, 17 and 19).

3.2.3. *The orientation of the graves*

The orientation of the grave, i.e. the point of the compass along which the body had been positioned, or the directions in which the head and the feet pointed, could be established for 39 of the 47 inhumation burials. The largest group, a total of 17 graves, lay with the head oriented between W and SSW. Eight bodies lay with their heads between E and NNE, six pointed between S and ESE, and four to directions between N and WNW. Graves in which the body axis lay between W-E and SSW-NNE totalled 25, and thus were more numerous than those with the body oriented between S-N and ESE-WNW, which were ten in all (table 20; fig. 28). In referring to the orientations of the graves, the direction of the head is always given first, followed by that of the feet.

Of the 39 inhumation burials with known orientations, 18 were dated to within 150 years (table 20). Thirteen dated from the 5th or 6th century (AD 400-500 and 500-625), and five dated from the 7th or 8th century (AD 600-725 or 675-750). Of the thirteen 5th/6th-century graves, twelve lay in directions between W-E and SSW-NNE; the other lay NNW-SSE. Of the five 7th/8th-century graves, two lay in directions between W-E and SSW-NNE and three between S-N and ESE-WNW. This difference in orientation of the body axis between the two periods is found to be statistically significant (p = 0.0441; α = 0.05). In the 5th and 6th centuries, the orientations between W-E and SSW-NNE predominated. Most of these graves, eight, lay with the head in directions between W and SSW; the other four lay the other way around, with the head towards E and NNE. In the 7th and 8th centuries varying orientations occurred (table 20). One of the cremation features of the 5th/6th century fits in with the orientation of the inhumation graves of the same period, between W-E and SSW-NNE. This is the *bustum* grave 160, dating from AD 450-525, which was oriented SSW-NNE or NNE-SSW.

Other inhumation graves dated to within 150 years, contemporary with the cemetery of Oosterbeintum (AD 400-750) and with known orientations are very rare in the coastal part of the northern Netherlands. There are six from the cemetery of Hogebeintum (HB), three from the cemetery of Godlinze (GL) and two from the cemetery of Ezinge-De Bouwerd (EB). Four graves date from the 5th/6th century, one from the 6th/7th century, and six from the 7th/8th century. Two graves of the 5th/6th century lie SW-NE (HB 47 and HB 125), the other two lie S-N (HB 129 and HB 132). The 6th/7th-century grave lies S-N (HB 73). Five graves of the 7th/8th century lie S-N (HB 48, GL 50, GL 101, EB 8 and EB 15). The sixth grave of this period lies W-E (GL 78) (van Giffen, 1920: p. 69; Knol, 1993a: table 15). These orientations however were determined with less accuracy than those of the Oosterbeintum cemetery. The compass was divided into no more than eight sectors, while in the case of Oosterbeintum sixteen possible directions were distinguished. The preferred directions, between W-E and SSW-NNE, among 5th/6th-century graves at Oosterbeintum is not shared by the graves of Hogebeintum (at Godlinze and Ezinge-De Bouwerd no graves from this period were excavated). If the S-N graves of Hogebeintum were in fact SSW-NNE according to the Oosterbeintum division of the compass, this would imply some correspondence in orientation for the 5th/6th-century graves of Oosterbeintum and Hogebeintum. The occurrence of graves with varying orientations at Oosterbeintum in the 7th/8th century is paralleled by graves of the same period from Hogebeintum, Godlinze and Ezinge-De Bouwerd. Most of these have a S-N orientation.

For the period AD 400-750 as a whole, there seems to be a great deal of variation in the orientation of graves in the cemeteries of the northern Netherlands and neighbouring Ostfriesland (van Es, 1968: pp. 19-20; Knol, 1993a: pp. 169-176). Possibly, further research of closely dated graves will yet reveal regional or chronological regularities in the orientation of graves, as we see at Oosterbeintum.

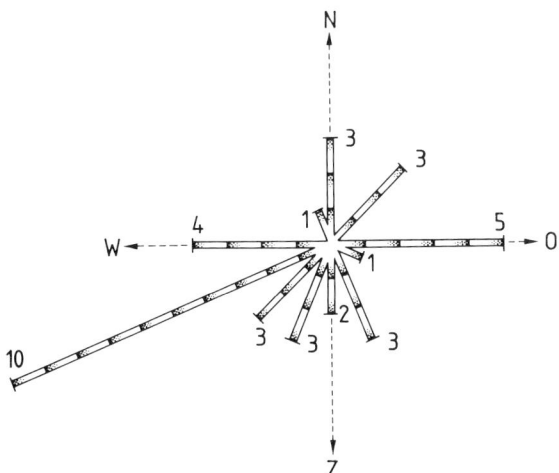

Fig. 28. Oosterbeintum. Frequency diagram showing the orientations of the inhumation burials. Each square represents one burial. Drawing by H.J.M. Burgers, A.I.V.U.

Table 18. Oosterbeintum. Survey of finds in the inhumation graves. For specification of the various items see the legend to table 3. Age of humans in years.

Column groups — Containers: Cof mat, Bot; Stone: Flt, Sph, Sms; Metal objects: Lkn +awl, Skn, Twz, Buk, Fib cru, Fib sml, Fib ann, Fib eql, Fib ind, But, Bgl, Cht, Mnt, Pin, Nai lrg.

Grave	Age	Cof mat	Bot	Flt	Sph	Sms	Lkn +awl	Skn	Twz	Buk	Fib cru	Fib sml	Fib ann	Fib eql	Fib ind	But	Bgl	Cht	Mnt	Pin	Nai lrg
Osteologically and archaeologically male																					
B	Adult									1											
15	Adult							1													
100	30-40																				
192	25-35																				
270	Adult																				
335	30-40	x		1	1	1		1	1	2						2					
410	40-50																				
420	35-45																				
435	19						1			1										1	
451	35-45																				
458	35-45																				
460	20-30							1													
485 A	>45		x							1											
605	>45	x																			
Osteologically and archaeologically female																					
60	35-45	x									2		1							1	
241	>45																				
295	20-22												1				1				
360	40-50									1	1	2						1			
374 B	30-45							1					2						1		
393	>45									1				1							
424	>45	x																			
428	25-35	x										1	2								
461	Adult	x																			
473	40-50																				
474	30-40																				
483	30-40	x													1						
501	25-35													1							
570	>45																				
606	25-35																				
Osteologically male, archaeologically female																					
398	35-45										1	1					1				
No osteological sex identification																					
247	c. 6																				
248	4-5																				
299	<5																				
342	c. 9													1							
353	5-6																				
362	4-5																				
374 A	9-10																				
402	6																				
624	16-18	x																			
405	17-19																				
A	-										1	1									
98	Adult							1													
273	25-35																				
422	35-45																				
433	25-30																				1
482	Adult																				
485 B	>45		x																		
Total		8	1	1	1	1	1	5	1	7	5	5	6	3	1	2	2	1	1	2	1

Metal objects				Bone or antler								Beads			Amb Ind	Pottery Grave goods		Loose sherds		Grave
Nai clc	Rvt	Lea	Ind	Can	Cmb tri	Cmb 2si	Pen	Pyr	Pin	Spi whr	Knu	Gls	Amb	Cry	Amb Ind	Hm pot	Bow	Wh	Hm ASx	Grave
																				B
								2												15
																				100
																				192
																				270
2																				335
																				410
																1				420
	1																			435
			1																1	451
																				458
		1							1											460
																			1	485A
																				605
			3									9				1				60
									1	1								1		241
												3	4							295
												7	2							360
				2								2								374B
7			1																1	393
										1								1		424
											1	2		1	1			3		428
																				461
																				473
																				474
																1				483
												4								501
																				570
										1										606
												37	3				1			398
																				247
												4	1				1			248
																				299
												61								342
																				353
												>15								362
																				374A
							1						2							402
																				624
																				405
					1							26								A
																				98
																				273
						1														422
																				433
																				482
																				485A
9	1	1	5	2	1	1	1	2	2	3	1	>170	12	1	1	3	2	5	3	

3.2.4. *The position of the graves with respect to sea-level datum (NAP)*

Since the original surface of the cemetery had been removed, it was impossible to ascertain the true depth of the burial pits. Therefore the depth of the graves with respect to sea-level datum (NAP) is given. Since in most graves the bottom of the grave pit could not be distinguished either, the elevations of the top of the skull, the upper edge of the pelvis and the feet were recorded (see category d in the catalogue). These points are in a more or less fixed relation to the bottom of the pit, although the type of casing for the body (tree-trunk coffin, mat, hide, cloth) will have affected the depth at which the skeletal remains were found.

The depths - with respect to NAP - of the skeletons and hence of the grave bottoms, were highly variable (see table 17 and the catalogue). The most low-lying skeleton lay at 0.80-0.90 m below NAP, the highest at c. 0.00-0.10 m below NAP. The highest point of the original surface will have been at least 0.50 m above the uppermost skeletons, and thus will have been more than 0.40-0.50 m above NAP. Table 21 separates the inhumation graves of the various periods into three depth classes (0.00-0.30 m, 0.30-0.60 m, and 0.60-0.90 m below NAP). It would appear that the deepest graves are all older ones. Yet there also is an undated deep

Table 19. Oosterbeintum. The distribution of the inhumations and traces of cremations over the various periods. The cremations are those used in table 9.

Date AD	Number of inhumations	Number of cremations
350-450	-	4
400-550	9	13
500-625	5	1
600-725	4	3
675-750	1	1
350-650	5	5
500-750	8	13
400-750	15	76
Total	47	116

Table 20. Oosterbeintum. Orientations of inhumation graves in the various periods. The direction first mentioned is of the head, followed by that of the feet.

	Narrowly dated graves					Broadly dated graves				Total
	AD 400-550	500-625	600-725	675-750	Total	AD 350-650	500-750	400-750	Total	
W-E	1	1	1	-	3	3	-	-	3	6
WSW-ENE	2	2	-	-	4	-	2	2	4	8
SW-NE	1	-	-	-	1	-	-	2	2	3
SSW-NNE	1	-	1	-	2	-	-	1	1	3
S-N	-	-	1	-	1	-	-	1	1	2
SSE-NNW	-	-	-	1	1	-	2	-	2	3
SE-NW	-	-	-	-	-	-	-	-	-	-
ESE-WNW	-	-	-	-	-	1	-	-	1	1
E-W	2	1	-	-	3	-	-	2	2	5
ENE-WSW	-	-	-	-	-	-	-	-	-	-
NE-SW	-	1	-	-	1	-	-	2	2	3
NNE-SSW	-	-	-	-	-	-	-	-	-	-
N-S	-	-	1	-	1	-	2	-	2	3
NNW-SSE	1	-	-	-	1	-	-	-	-	1
NW-SE	-	-	-	-	-	-	-	-	-	-
WNW-ESE	-	-	-	-	-	-	1	-	1	1
Total	8	5	4	1	18	4	7	10	21	39
WE or EW	-	-	-	-	-	-	-	2	2	2
Unknown	1	-	-	-	1	1	1	3	5	6
Total	9	5	4	1	19	5	8	15	28	47

Summary

	400-625	600-750
W-E/SSW-NNE	8	2
S-N/ESE-WNW	-	2
E-W/NNE-SSW	4	-
N-S/WNW-ESE	1	1
Total	13	5

Table 21. Oosterbeintum. The inhumations classified according to date AD and to depth relative to NAP.

Depth in cm below NAP	Well datable					Poorly datable or undatable			Total number
	450-550	500-625	600-725	675-750	450-750	500-750	450-650		
0-30 cm	360	335	501		15	100			16
		570	342		248	247			
		241			374 B	270			
						273			
						295			
						374 A			
						435			
30-60 cm	60	428	393	433	98	420	299		24
	398		424		192		402		
	410				353		460		
	422				362		606		
					405		624		
					451				
					458				
					461				
					473				
					482				
60-100 cm	485 A	483			474				5
	485 B								
	605								
Unknown	A				B		2		
Total number	9	5	4	1	15	8	5		47

grave; this might still be younger (tables 17 and 21). The graves furthest below NAP are found at the southern edge of the cemetery, and the shallowest ones in the centre (fig. 29). This shows that the cemetery was located on a south-facing slope of the *terp* or on a separate cemetery *terp* (chapter 2).

3.2.5. Tree-trunk coffins and other body casings

Eight inhumation graves revealed traces or probable traces of hollowed-out trunk coffins (table 22; fig. 30). Seven coffins contained adult individuals (two men and five women), the eighth held a subadult individual 16-18 years old. Remains of coffins were observed in none of the children's graves. Whether coffins were indeed used more for women's graves than for men's is not certain because of their small number and poor state of preservation.

The conservation of the tree-trunk coffins of Oosterbeintum was poor. From grave 424 half a coffin base was recovered and remains of coffins were retrieved from graves 483 and 605. These three coffins were all found to be of oak, *Quercus*. Graves 60, 335, 428, 461 and 624 revealed wood remains of tree-trunk coffins or bark impressions in the clay or on metal, which are indicative of tree-trunk coffins. Sampling these traces was impossible. Those in graves 60, 428, 461 and 624 most probably were also of oak. The wood imprints on iron objects in grave 335 are too vague to allow

Table 22. Oosterbeintum. The observed traces of tree-trunk coffins.

Grave	Find	Species
60	Bark impression	
335	Wood impression on iron	
424	Tree trunk	*Quercus*
428	Bark	
461	Bark	
483	Tree trunk	*Quercus*
605	Tree trunk	*Quercus*
624	Bark	

identification. The oldest grave with bark impressions of a tree-trunk coffin is grave 60, which dates from the late 5th or early 6th century. Figure 25 shows the calibrated radiocarbon dates.

The grave with two individuals (No. 485) contained unidentified botanical material underneath the skeletons, possibly a mat of some kind. The bodies may have been wrapped in this material. This need not imply that the 36 other individuals were buried without any casing. Any coffins or shrouding will have completely decayed. In the middle of the cemetery, where the graves lay higher with respect to NAP, no coffin remains were uncovered. The greater elevation of the middle of the cemetery with respect to the water table probably meant that conditions here were less favourable to conservation

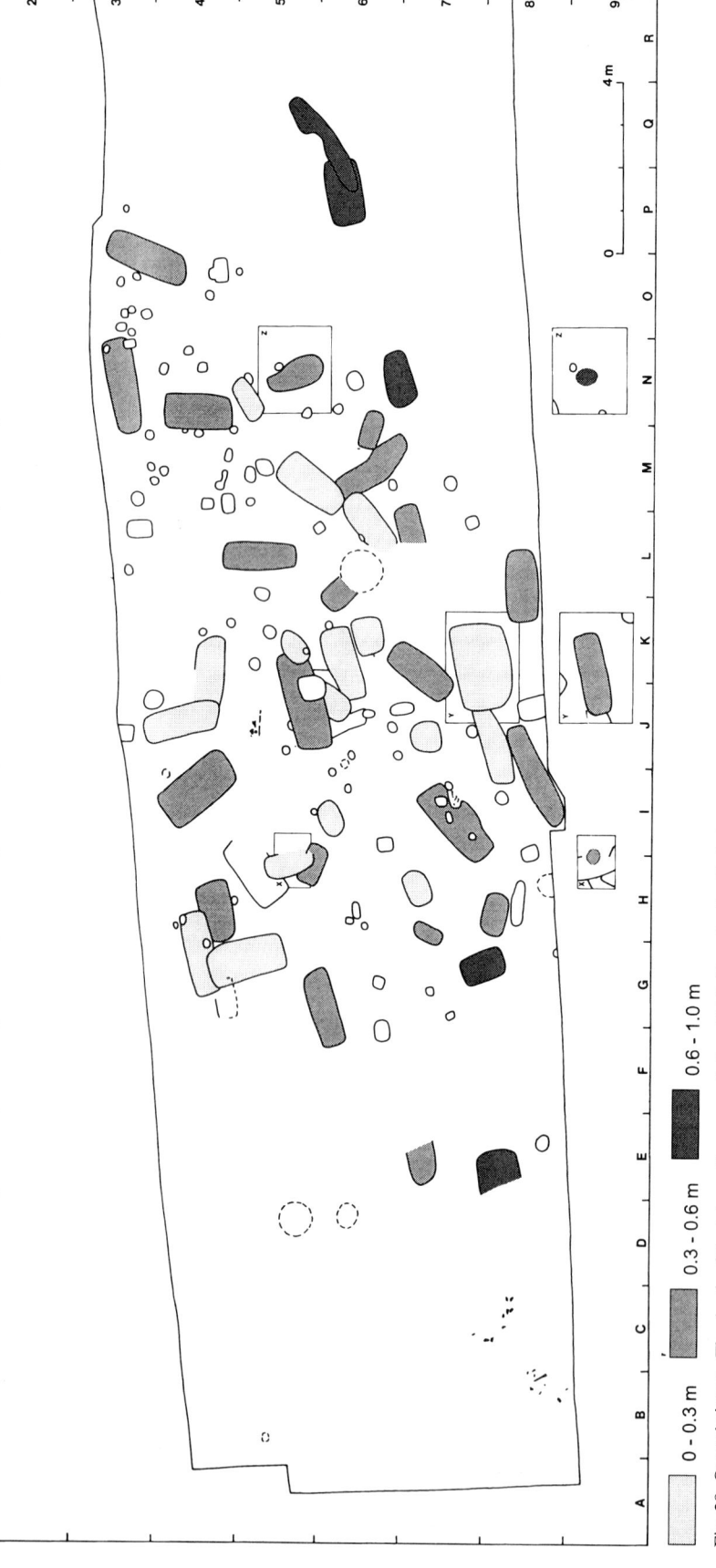

Fig. 29. Oosterbeintum. The depth of the inhumation graves below NAP. Drawing by G. Delger, V.A.R.U.G.

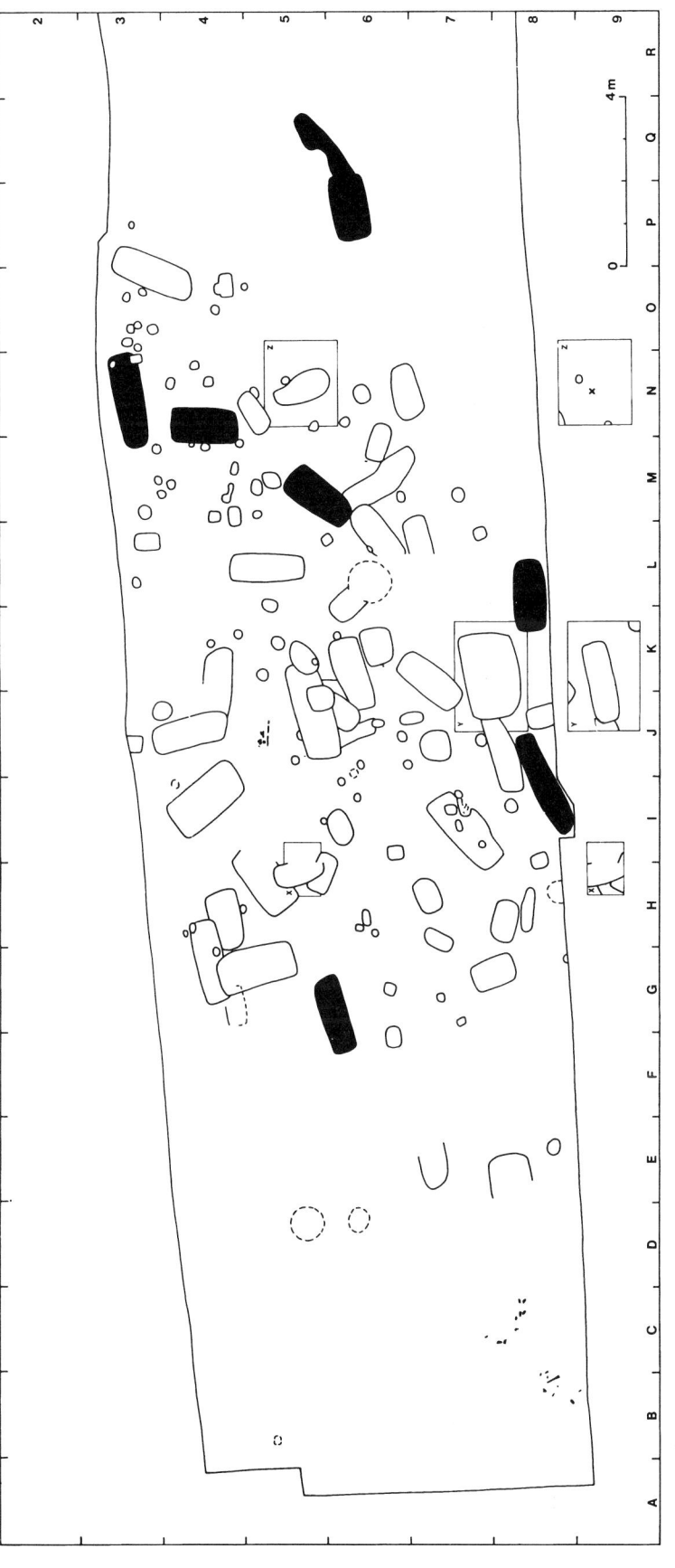

Fig. 30. Oosterbeintum. Distribution of the tree-trunk coffins in the cemetery. Drawing by G. Delger, V.A.R.U.G.

than at the south side of the cemetery.

Early medieval coffins made of oak trunks have been regularly found in the coastal part of the northern Netherlands. They are known from Aalzum, Dokkum, Ezinge-De Bouwerd, Groningen-Martinikerk, Hoge-beintum, Lutjehuizen, Lutje Lollum, Marsum, Ooster-wijtwerd, Paddepoel IV and Wetzens (Knol, 1993a). Those from Hogebeintum (graves 12 and 48) and Gro-ningen-Martinikerk have been studied dendrologically (Casparie, 1991). The tree-trunk coffins of Ooster-beintum and Hogebeintum can be dated to the 5th-8th centuries AD on the basis of radiocarbon datings and datable finds from these cemeteries. An oak coffin from the *terp* of Dokkum, 8 km ESE of Oosterbeintum, can be dated to between c. AD 800 and 950 (Lanting, 1992: p. 174). A good 30 datings have so far come available from the tree-trunk coffin cemetery underlying the Martinikerk in Groningen. These indicate that the cemetery was used from the 7th or 8th to the 9th or possibly just into the 10th century (Lanting, 1990; 1992). The heyday of the use of the tree-trunk coffins, as the calibrated datings suggest, was in the 8th century. Tree-trunk coffins were used not only in the northern clay regions. They have a wide distribution throughout the Netherlands. Tree-trunk coffins made from *Fraxinus*, ash, have been found in the low-lying western Netherlands (pers. comm., Paulien van Rijn, RING/ R.O.B.).

Characteristics of tree-trunk coffins
For the tree-trunk coffins of the cemeteries of Ooster-beintum, Hogebeintum and Groningen, oak trees with a diameter of 70-75 cm were used. Most probably, coffins were always made from trees with such diame-ters. A trunk section of a good 2 m length was used, which had a volume of 900-950 l and a weight of about 850 kg. First a lengthwise section would be split off to make the lid, after which the remainder would be hollowed out. It is estimated that about 80-90% of the wood was removed, an apparently wasteful use of wood; but the chips will have been used as firewood. If they were used for cremations, these chips might form a link between the inhumation and cremation rites. But no such link has been demonstrated. They could of course have been put to other uses, such as cooking and heating. After being hollowed out, a tree-trunk coffin with its lid would still weigh a good 100 kg.

The oak trees: some dendrological characteristics
Oaks to be used for tree-trunk coffins differ in several respects from oaks destined for structural timber. This applies both to growth characteristics and to the dimensions of the trees. The differences are strongly linked to the use of the wood and most probably reflect differences in arboriculture. For tree-trunk coffins, a stout trunk is the prime requisite. In structural timber, strength, a straight grain, workability and a good trunk length for large spans are of major importance. Mostly

oaks with trunk diameters of 20-25 cm were selected for the uprights of houses. For larger structures, such as barns and farmhouses, oaks with trunk diameters of 30-35 cm would be required. For massive structures such as timber churches, posts were mostly made of trunks 40-45 cm across. In the early Middle Ages, this tends to be the maximum diameter for timber. Oak planks were often also made from trunks 40-45 cm thick.

Since the load-bearing capacity of the wood was an important matter, builders usually preferred oaks that had not grown too fast and had a fairly compact grain; this is found especially in oak wood with an average growth-ring width of about 2.2 mm or a little over. This implies an annual increment of the trunk's diameter of about 0.45 cm. Such trees occur mainly in dense forest stands. In the course of some 90-150 years they attain a trunk diameter of 40-45 cm. Oaks over 200 years old are only rarely found. Dutch forests, especially in the Late Middle Ages, would also include somewhat thicker, more slowly-grown oaks. These might reach an age of well over 200 years, as is evident from the dendro-chronological study of shipwrecks.[13]

For tree-trunk coffins, however, almost always fast-grown oaks were selected, with comparatively much summer wood, indicating a high rate of growth in that season. Their average growth-ring thickness varies between 2.5 and 3.6 mm. Observations on a few coffin remains from Oosterbeintum, Hogebeintum, Dokkum and Groningen-Martinikerk indicate that though it may appear fairly solid, this summer growth in fact is not very hard. This fast-grown wood is less suitable for structural timber.[14]

Oaks like those used for coffins do not naturally occur in the forests of the northern Netherlands. The original, virgin forest had long gone by the early Middle Ages. Such rapid growth will occur on very fertile soil in free-standing trees, which can develop a spreading crown and need not compete with other trees for space and light. Such trees may attain the required trunk diameter of 70-75 cm in 100-150 years. This means that for optimum growth the stands have to be tended for 100-150 years: thinning, weeding and manuring, protection against pests, etc. Besides, local growth conditions must be stable throughout the period. This means little variation in the hydrology of the soil, no risk from flooding by the sea, and no forest clearance in the vicinity. Frequent pruning and pollarding was to be avoided, since this would cause the trunk to grow irregularly. Gnawing by wildlife and livestock, as in-curred by free-standing trees in woodland pastures and hedgerows, has the same effect. Trees intended for coffins must be protected against such interference, which implies that the stands had to be managed.

These free-standing trees had features unfavourable for timber: the trunk was too short and too irregular in circumference, because the tree would start branching quite low down. Generally just one coffin could be made from a tree. The wood presumably was less straight-grained than that of trees in a dense stand. This irregularity in their growth will have made hollowing-out quite a tricky job.

Arboriculture
In order to supply tree-trunk coffins on demand, people must have kept a store of them. The oaks are likely to have been specifically cultivated for the production of coffins; this is supported by the dendrological and use features. So far, nothing is known about their cultivation, but probably it did not differ fundamentally from what is known from traditional forestry. Taking into account these aspects as well as the space requirements and the necessary soil quality, a rough outline of the industry will be sketched below.

The turnover time of a plot of oak trees is assumed to be 125 years; the average felling age of the oaks, 100-150 years. The free-standing trees require a spacing of at least 30 m. Production per hectare per 125 years then will be 10 trees. Irrespective of whether saplings were planted or use was made of natural regrowth, the care of the crop involved thinning, prevention of gnawing, weeding, the removal of slow-growing and stunted trees, and 125 years of maintaining the soil quality. The effective harvest is a guess: here it is assumed to have been 75 percent. Moreover, supervision was needed to protect the trees against repeated pruning, shredding, pollarding and coppicing.

It is unclear where the soils suitable for such cultivation might be found. Several soil types in the northern Netherlands can be ruled out. Most of the coversand and driftsand soils were too poor in nutrients to allow 125 years of rapid growth. Also the peat bogs can be excluded: the nutrient content and hydrology of peat would render this cultivation impossible. Till soils are suitable, but most of these had long since been taken up by ploughland. It may be assumed that little or no space was left for this slow-growing crop. The other soils are the Holocene clay deposits, which lay in the undiked, regularly sea-flooded regions. Being fresh clay deposits, they were in the early Middle Ages subject to pedological changes, highly dynamic in terms of landscape and ecology, and by nature lacking forests and poor in trees. It is hard to imagine that such unstable soils would allow a consistent forestry regime in the northern Netherlands. All in all, it is impossible to point to a region in the northern Netherlands where the production of tree-trunk coffins might have been localized.

Possibly the oaks for tree-trunk coffins were cultivated in the *nimidas*, the sacred forests which may have been present in the northern and eastern Netherlands (Blok, 1974: p. 61). There is mention of such forests in a list of objects of pagan worship, attributed to the evangelist Liudger (724-809), which is incorporated in a Vatican document. The evangelist was charged with the destruction of such sanctuaries.

A notable aspect of burial in tree-trunk coffins is the long production time before the end product - the tree-trunk coffin - could be supplied. Over 80% of the delivered tree trunk, a costly item indeed, was thrown away; a matter of secondary importance, but to our eyes amazingly wasteful.

Through calculating the estimated population numbers of Oosterbeintum and neighbouring Hogebeintum, an attempt has been made to estimate coffin requirements and the area needed for the cultivation of coffin oaks. In an average population of between 19 and 29 people at Oosterbeintum and 63 at Hogebeintum (Knol, 1993), a total of around 87 people, with a life expectancy of 28 years, an average of three people will die each year, according to Donat & Ullrich (1971). Only some of the dead, and definitely less than half, since cremation was predominant, were buried in tree-trunk coffins. Let us say: one in three. Then the average demand for tree-trunk coffins would have been one a year. In 125 years, 125 oaks would be needed, which taking into account the estimated production loss of 25% implies a land requirement of 16.5 hectares.

How widespread was the use of tree-trunk coffins in the clay regions of the northern Netherlands, and how large was the area needed to grow this wood? On the basis of the population numbers for the region, a rough estimate can be made. Knol (1993a) mentions a total of 232 settlements for the regions of Westergo and Oostergo in the early Middle Ages B (AD 525-725). While the Oosterbeintum cemetery was in use, also a (smaller) number of settlements from the early Middle Ages A (AD 350-525) were still occupied. Mapping thus showed a total of about 250 settlement sites. The two settlements of Oosterbeintum and Hogebeintum then represent c. 2:250 = 0.8% of the total population, which in this way can be put at about 11 000. *Terpen* without finds were left aside in Knol's maps. Now let us assume that these 250 known settlements made up half of the actual number of settlements. In that case the population of Oostergo and Westergo can be put at c. 22 000. This would mean that Oosterbeintum and Hogebeintum represent 0.4% of the entire population.

For a population of 22 000 people, with a life expectancy of 28 years and a third of the dead being buried in tree-trunk coffins, the coffin requirement can be estimated at 250 a year. This requires a permanent growing area of over 4100 hectares.

3.2.6. The human remains from the inhumation graves

Skeletal material from 46 of the 47 inhumation graves (table 16) was available for analysis. What survived of burial A was only a few grave goods (see catalogue). Of these 46 skeletons 32 are complete or almost complete. The others are badly damaged, usually as a result of disturbance by subsequent graves or younger features. From grave 474 only the skull has survived; from graves 270, 273, 299, 374B and 461 only the postcranial

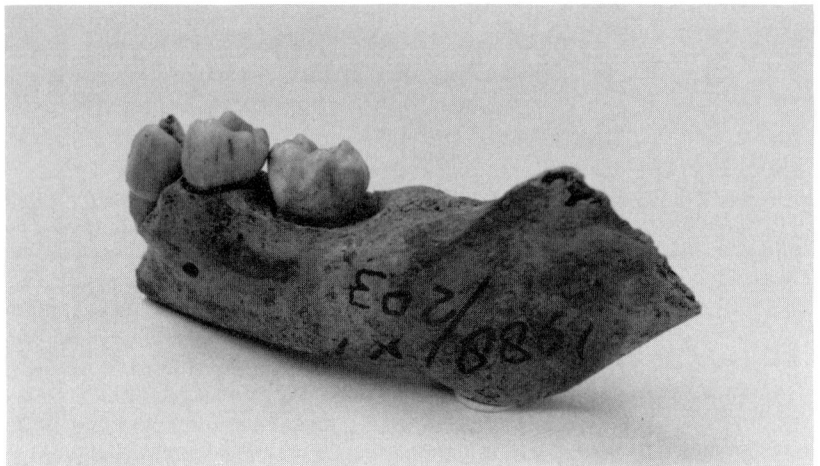

Fig. 31. Oosterbeintum, grave 247. Lower jaw of a child's skull; estimated age: 6 years. Photograph by Fries Museum, Leeuwarden.

skeleton. For each of the 46 skeletons an attempt was made to determine the age, gender and stature. Also traces of trauma, pathology and other unusual features were investigated. Since the cemetery remained in continual use, a few detached human bones had found their way into the body of the terp. These are listed in the catalogue (Nos 58, 129, 156, 167, 274, 301, 302 and 347), but otherwise will not be discussed.

The age of the buried individuals
The age determination of young individuals, based upon the eruption of dental elements and the fusion of the epiphyses with the diaphyses, is fairly straightforward and reliable. For individuals over the age of 25, these methods are of no use, since all permanent teeth will have emerged, and all epiphyses will have fused. For the age determination of individuals older than 25 years the degree of abrasion of the chewing surface of the teeth and molars (Brothwell, 1965), changes to the surface of the symphysis of the pubic bone and the fusion of the cranial sutures are used. These criteria produce less close and less reliable age determinations than those for individuals under 25 (table 16). For adults, use may be made of the 'complex method' (Acsádi & Nemeskéri, 1970) and of histological age determination (Kerley, 1965; Uytterschaut, 1985). For these methods the bone material needs to be cut through longitudinally or transversally. Since further damage to the skeletal material of Oosterbeintum was to be avoided, these methods were not used.

For all 46 skeleton graves the body's age could be determined with varying degrees of accuracy (table 16). Eight skeletons were found to be of children aged between 4 and 10 (figs 31 and 32), three of subadult individuals (aged 16-18, 17-19 and 19 years). The 35 other skeletons belonged to adults, most of whom lived to be 20-50 years old; indeed a few in the over-45 category may have lived beyond the age of 50 (table 23). People probably seldom if ever lived to the age of 55 or

beyond. The majority (21) of the individuals died between the ages of 30 and 55 (table 23). The average age of the people buried in inhumation graves at Oosterbeintum was about 29.5 years (the adults were reckoned on average to have lived to the age of 35).

The gender of the buried individuals
The sex of the bodies was determined primarily from the pelvis. This bone provides very reliable clues about

Table 23. Oosterbeintum. Age distribution of the bodies in the 46 inhumation graves where skeletal material was extant (see table 16). Age in years.

Age	Total
<5	1
4-5	2
5-6	1
6	2
9	1
9-10	1
16-18	1
17-19	1
19	1
20-22	1
20-30	1
25-30	1
25-35	5
30-40	4
30-45	1
35-45	6
40-50	3
>45	7
Adult	6
Total	46

Average age for 46 individuals, on the basis of median age per category: c. 29.5 years. Life expectancy for the 32 individuals aged over 15 (the 'adult' excluded): 36.9 years.

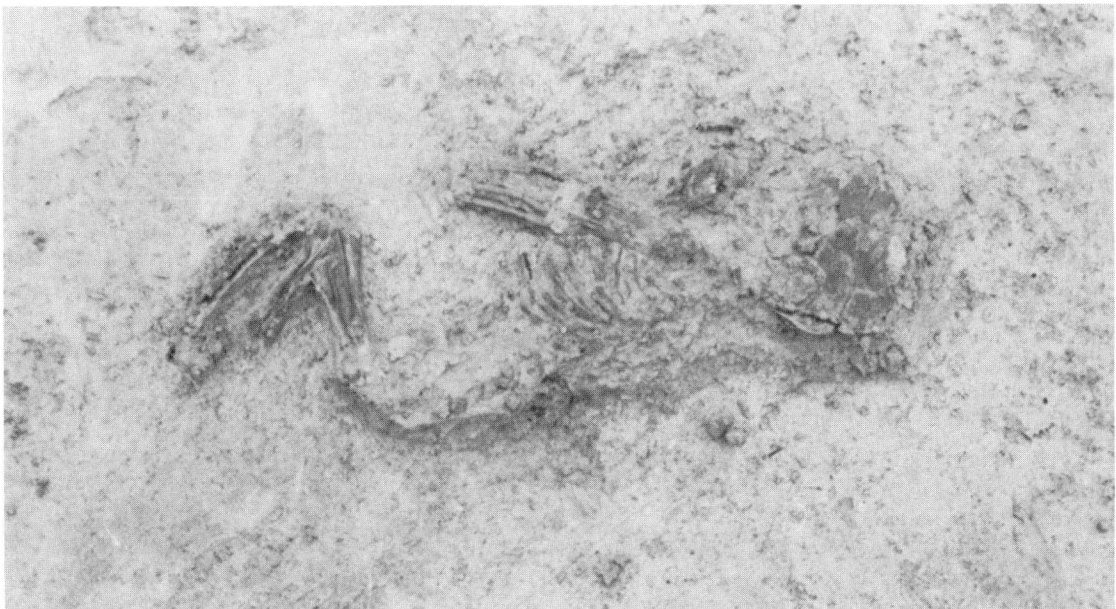

Fig. 32. Oosterbeintum, grave 248. The skeleton of a child; estimated age: 4 or 5 years. Photograph by G. Delger, V.A.R.U.G.

the sex of skeletons (90-95% accuracy). Also the skull and jawbone display sexual dimorphism, be it that the differences between the sexes are less marked here than in the pelvis. A further criterion is provided by the long bones, the thighbones in particular, which in men tend to be longer and heavier and have more pronounced muscular attachments than in women. However, there is a considerable degree of overlap in bone length between the sexes, which means that a sex determination on the basis of this criterion alone is not possible. The overlap between the sexes as regards the width of joints is less marked than that of bone length, so that these widths do allow some distinction to be made.

For all characteristics of the pelvis and the skull, any individual is graded on a scale from -2 (very female) to +2 (very male). These grades are multiplied by a weight factor of between 1 and 3. This 'WEA' method is based on studies of a large number of individuals of known sex (WEA, 1980; Haverkort & Pasveer, 1993: pp. 22-25). The sum total of these values determines whether the individual skeleton is classed as male or female. Sex determination of children's skeletons is still virtually impossible, since the sex-specific features are still undeveloped and, moreover, there is hardly any reference material.

For 30 of the 38 subadult or adult individuals an osteological sex determination could be performed (table 16); the other eight skeletons were too incomplete. Fifteen skeletons were found to be female and fifteen male. For eleven of those identified as women and for four of the men it was possible also to carry out an archaeological gender determination, on the basis of grave goods. In the other women's and men's graves no

gender-specific items were uncovered, so that the osteological identification could not be corroborated by an archaeological one (table 16). All eleven osteologically female graves with grave goods contained one or more brooches, beads, and/or a spindle whorl (table 18). These are regarded as female attributes. Hence the osteological sex determination matched the archaeological one for these eleven (women's) graves.

Masculine attributes are harder to identify. Various grave goods (small knife, buckle, pin) occur both in osteologically male and female burials. A spearhead, a *Schmalsax*, a large knife, and pyramidal knobs of bronze or antler may have been masculine attributes. Such items were found with three of the ten osteologically male burials that held grave goods (burials 15, 335 and 435) and in none of the women's graves (table 18; catalogue). For the men's graves of Oosterbeintum, the osteological sex determination thus is found to be more effective than the archaeological one.

Grave 398, however, is an exception to the rule of matching osteological and archaeological gender identifications. A skeleton with masculine features is accompanied by typically feminine grave goods: two brooches, forty beads and a bracelet. This difference between the two gender determinations has three possible causes: 1. The osteological sex determination of burial 398 is among the less than 5% incorrect ones, the dead person actually being a woman whose skeleton had very masculine features; 2. Brooches, beads and bracelets are not exclusively feminine attributes and in rare cases may also occur in men's graves; 3. The person in grave 398 was intermediate in the bipolar male-female system: biologically a man but dressing and behaving like a

Table 24. Oosterbeintum. Inhumations. Age and gender distribution of the adolescent and adult individuals. Age in years.

Age	Male	M/F	Female	Unknown	Total
16-18	-	-	-	1	1
17-19	-	-	-	1	1
19	1	-	-	-	1
20-22	-	-	1	-	1
20-30	1	-	-	-	1
25-30	-	-	-	1	1
25-35	1	-	3	1	5
30-40	2	-	2	-	4
30-45	-	-	1	-	1
35-45	3	1	1	1	6
40-50	1	-	2	-	3
>45	2	-	4	1	7
Total	11	1	14	6	32
Adult	3	-	1	2	6
Total	14	1	15	8	38

woman; another possibility is that this person was even biologically intermediate between male and female (Birke & Vines, 1987). We can no longer trace the true explanation. Yet it is certain that this individual (after death) wore the same apparel as eleven of the fifteen women. Grave 398 will in the following be discussed as a separate category: 'man/woman'. If, despite the complexities of grave 398, beads and brooches were feminine attributes, grave A too must have belonged to a woman. By these same standards, the children's graves 248, 343, 362 and 402 were of girls.

The osteological and archaeological gender determinations, which identified 15 women's graves, 14 men's graves (including one of a subadult individual) and one of a man/woman, show that the cemetery was one in which men and women were interred in equal numbers. This at any rate goes for the excavated part of the cemetery. For fourteen women, eleven men and one man/woman also the age was determined (table 24). The age distributions of men and women do not differ significantly. This means that men and women of similar age categories were buried in the cemetery. The inhumations show no evidence of increased mortality among young women due to problems of pregnancy and childbirth.

Stature of the buried individuals
Body stature was determined on the basis of the length of femurs, tibias and fibulas. The lengths of the excavated bones were measured and entered into the regression equations of Trotter & Gleser (1958) to obtain an estimate of body length. In this way the stature of seven adult men, the man/woman and nine adult women could be determined. The seven men were between 1.68 and 1.79 m tall, with an average of 1.74 m; the nine women between 1.50 and 1.62 m, with an average of 1.58 m. The man/woman from grave 398 was 1.75 m tall (ac-

cording to the regression equation for men). Estimates were made of the lengths of an individual of uncertain sex and of a dwarf (table 16).

The posture of the skeletons
The skeletons displayed a wide range of attitudes of the legs (crouched, flexed, one leg flexed, extended or crossed) the torso (supine, on the side) and the arms (stretched along the body, bended alongside the body, crossed over the chest or the waist, hands joined in the lap).

Fourteen of the 35 individuals whose leg positions could be recorded lay crouched (a so-called *Hockergrab*; fig. 33), seven lay in a semi-crouched posture with flexed legs or with one leg stretched and the other flexed, eleven bodies lay with both legs extended (fig. 34) and three lay with crossed legs (fig. 35). Twenty-one of the 36 individuals whose torso position could be recorded lay on their backs, nine on their left side and six on the right side (table 25). The somewhat larger number of skeletons on the left side than on the right will be a matter of chance. The attitude of the arms was particularly variable. Often the position of the left arm differed from that of the right. Of the 74 arms whose position could be recorded (of 37 individuals) there were 33 stretched beside the body, 20 were crossed over the chest, 13 lay hand in lap, and 8 were doubled up at the elbow. The combination of both arms stretched along the body (12 instances) was the most frequent, followed by 6 pairs of crossed arms. Other combinations were observed between 1 and 5 times (table 16).

Of the fourteen crouched burials, three lay in a supine position and eleven on the side. Eight of the eleven skeletons with stretched legs lay on their backs, a ninth lay on its right side, and in two cases the torso's position was unclear. Six of the seven skeletons with one or both knees flexed lay on their backs; the seventh with crossed legs, two lay on their backs and one on the left side.

Eleven of the thirteen arms with hands in the lap and twelve of the twenty arms crossed over the chest occurred with a supine body; the remainders with bodies lying on their sides (table 16). However, the difference between side and supine posture as regards attitude of the arms was not significant ($\chi^2 = 5.2057$; df = 3; $\alpha = 0.05$). The arm positions thus are virtually unrelated to that of the torso. The same goes for the position of the arms in relation to that of the legs ($\chi^2 = 5.7270$; df = 6; $\alpha = 0.05$).

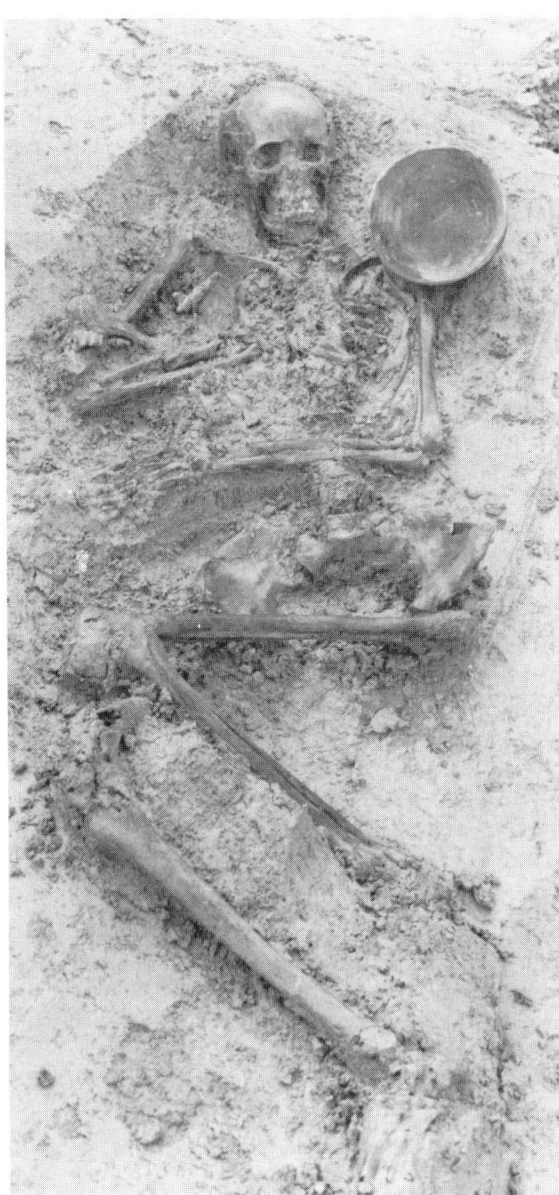

Fig. 33. Oosterbeintum, grave 398. Skeleton with flexed knees, estimated age: 35-45 years; stature 1.75 m. Grave goods: a bowl, beads, a bracelet, two brooches. Osteologically a man, archaeologically a woman. Photograph by G. Delger, V.A.R.U.G.

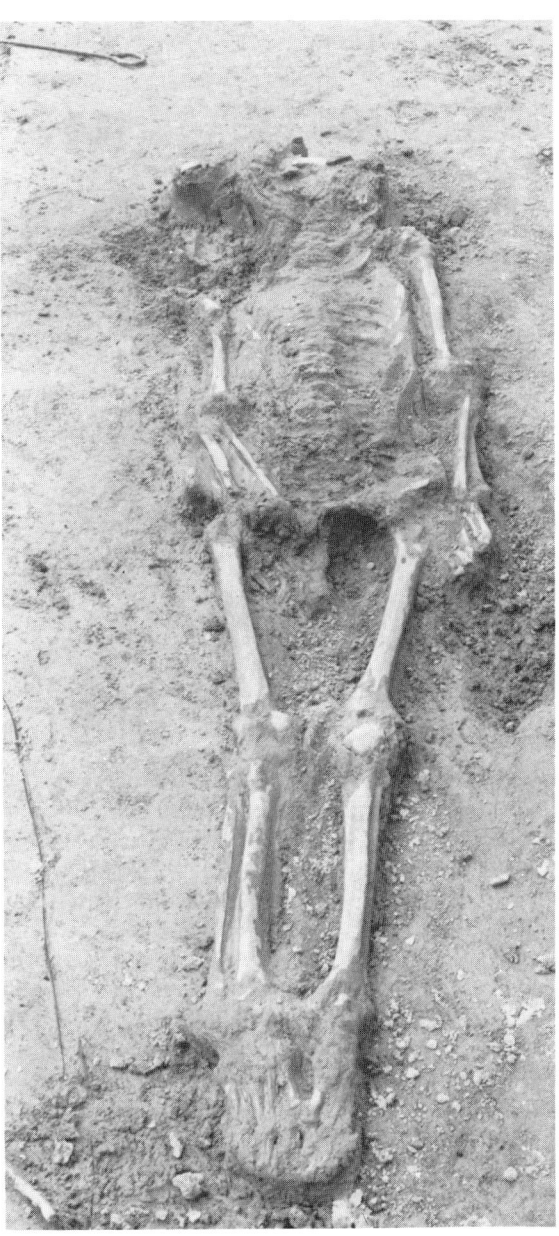

Fig. 34. Oosterbeintum, grave 570. Skeleton of a woman with extended legs; estimated age: over 45; stature 1.62 m. Photograph by G. Delger, V.A.R.U.G.

on its left side. In terms of torso position, the flexed-knee skeletons correspond more closely with the extended burials (p = 0.825; difference not significant for $\alpha = 0.05$) than with the crouched ones (p = 0.009, difference significant for $\alpha = 0.01$). The flexed posture thus in fact is a stretched posture in which one or both knees were bent. Crouched burials are significantly more often associated with the torso lying on the side than with a supine posture; on the other hand, stretched or flexed legs significantly more often occur with a supine body ($\chi^2 = 10.720$, $\alpha = 0.01$). Of the skeletons

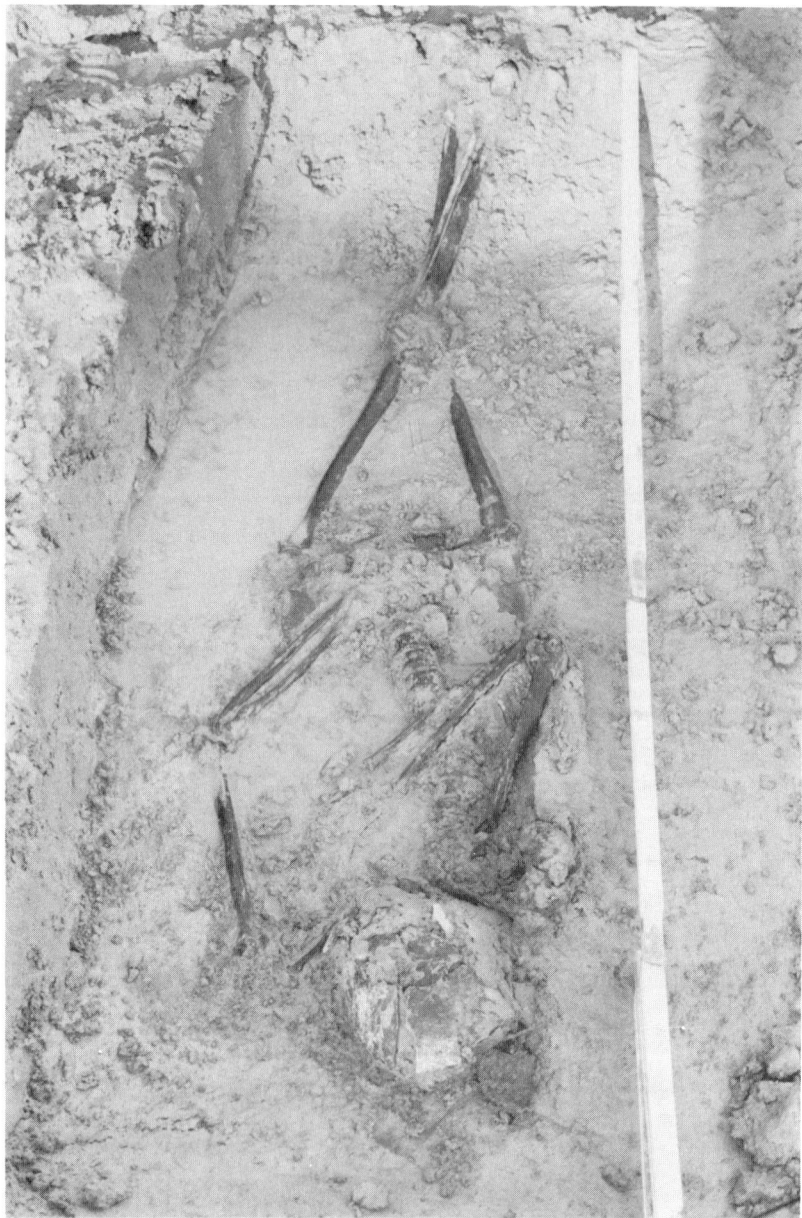

Fig. 35. Oosterbeintum, grave 405. The skeleton of an adolescent (aged 17-19) with crossed legs; sex and stature uncertain (head below, feet above). Photograph by G. Delger, V.A.R.U.G.

Five of the seven children whose leg positions are known lay in a crouched posture; the two others lay stretched (table 25). Of the 28 subadults and adults whose leg positions were known, nine lay crouched. Nine others lay with legs extended and seven with flexed knees. The final three lay with crossed legs. The difference in leg position between the children's burials and those of the subadults and adults was not statistically significant ($\chi^2 = 3.800$; df = 2; $\alpha = 0.05$, flexed and extended taken together). Nor was there a significant difference in torso position between the children's burials and those of the subadults and adults (p = 0.0889; $\alpha = 0.05$). Both with the children and with the subadults and adults, a crouched posture is more often associated with the body lying on its side; and an extended or flexed position of the legs is more often associated with a supine torso (children p = 0.048; difference significant for $\alpha = 0.05$; subadults and adults $\chi^2 = 6.626$; significant for $\alpha = 0.05$). The conclusion must be that for children's burials the same positions for the legs and torso were adopted as for subadults and adults.

Nor is there evidence of any difference between the sexes as regards the torso position. Both among the men and women the supine position was predominant. The man/woman too was supine. Nor was there much difference in leg position between the two sexes. The man/woman lay in a crouched posture (table 25).

Table 25. Oosterbeintum. Inhumations. The posture of the 47 individuals of whom (some) skeletal material was extant. The position of the spine and legs is indicated.

	Crouched	Flexed	Extended	Cross-legged	Unknown	Total
Children, adolescents and adults combined						
Supine	3	6	8	2	2	21
Left side	7	1	-	1	-	9
Right side	4	-	1	-	1	6
Unknown	-	-	2	-	9	11
Total	14	7	11	3	12	47
Children only						
Supine	-	-	2	-	-	2
Left side	2	-	-	-	-	2
Right side	3	-	-	-	-	3
Unknown	-	-	-	-	1	1
Total	5	-	2	-	1	8
Adolescents and adults only						
Supine	3	6	6	2	2	19
Left side	5	1	-	1	-	7
Right side	1	-	1	-	1	3
Unknown	-	-	2	-	8	10
Total	9	7	9	3	11	39

	Supine	Left side	Right side	Unknown		Total
Adolescents and children						
Men	8	2	1	3		14
Man/Woman	1	-	-	-		1
Women	7	4	2	2		15
Unknown	3	1	-	5		9
Total	19	7	3	10		39

	Crouched	Flexed	Extended	Cross-legged	Unknown	Total
Adolescents and adults						
Men	3	2	3	1	5	14
Man/woman	1	-	-	-	-	1
Women	3	4	5	1	2	15
Unknown	2	1	1	1	4	9
Total	9	7	9	3	11	39

Why the corpses were buried in these different postures is unknown. Probably there was no strict protocol for the posture and the attitudes of the limbs of a body entering the grave. From the Oosterbeintum cemetery it appears that in the coastal region of the northern Netherlands, crouched bodies were being buried right into the 8th century AD. This has also been observed at other sites, including Hogebeintum (Knol, 1993a: p. 155). The crouched posture was not, as was assumed by Halbertsma (1954; 1963; 1984), limited to the late Iron Age and the Roman Period. It was not cramped burial pits that prompted crouched burials, since various crouched bodies lay in large pits (burials 100, 295, 393 and 398). Nor does it seem likely that flexed knees are associated with too small a pit or coffin. None of the tree-trunk burials are crouched

bodies. Various skeletons with flexed knees lay in large pits without any trace of a coffin.

The dwarf
Burial 273 contained the skeleton of a dwarf (fig. 36). This skeleton lacks the skull, a large part of the pelvis, the sacrum, the sternum, both shoulder blades, the right-hand coracoid, the right-hand fibula, a few vertebrae and ribs, and some small bones of the hands and feet. Almost half of the jawbone is present. Only two teeth were recovered.

Since a large part of the pelvis and the skull are absent, a sex determination for this individual is impossible. All epiphyses of the long bones are fused with the diaphyses. This means that the midget reached adulthood. The hardly worn molar suggests that this

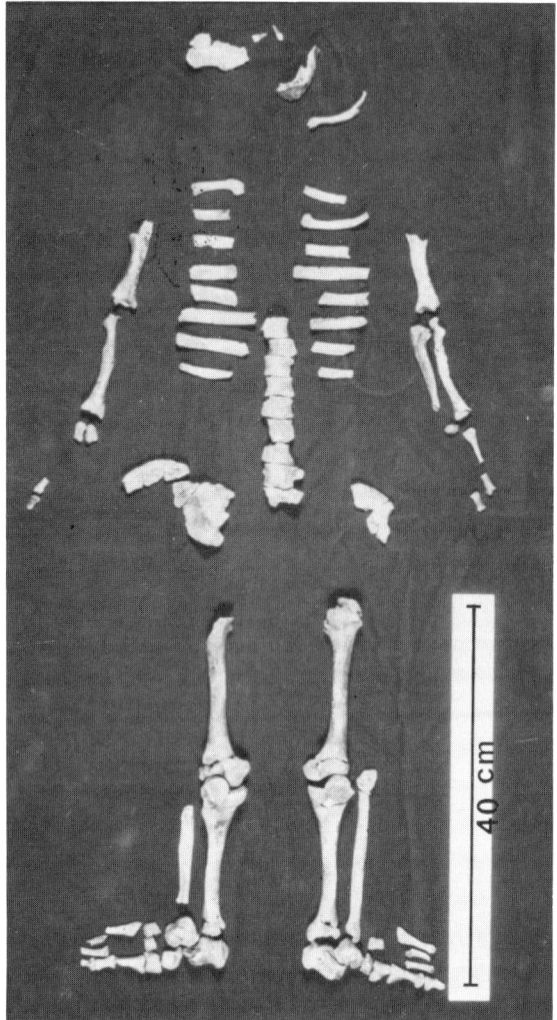

Fig. 36. Oosterbeintum, grave 273. Skeleton of an adult achondroplastic dwarf; estimated age: 25-35 years; stature 1.24-1.28 m; sex uncertain. Photograph by B. Deddens, Laboratorium voor Anatomie en Embryologie, R.U.G.

person's age was 25-35 years; body stature will have been about 1.24-1.28 m (table 16).

Dwarfism on average occurs in one out of 77 000 people. Its most common form is achondroplasia. This is a congenital defect, in which the ossification of cartilage is impeded. This results in a shortening of the limbs. The bones in arms and legs, notably the humerus and femur, are worst affected in such midgets. The bones of the arm, notably the humerus, are usually very bent. The tibia often is too long for the accompanying fibula. The skull and backbone in achondroplasia often have normal dimensions. Still, in such dwarfs the base of the skull is often shortened, which results in an extra rounded and protruding forehead and a lowered bridge of the nose. The intellectual development of such people is normal. The elbow may stretch up to 150°; normal-

ly this is 175°. The average stature of people with achondroplasia is 1.25-1.30 m.

As far as could be ascertained, the dwarf of Oosterbeintum bore the marks of achondroplasia. Whereas the vertebrae and ribs were of normal size, the long bones are much shortened (fig. 37). The humerus is very curved. Yet the length of the tibia corresponds with that of the fibula. From X-ray photos it became evident that the cortex of the bones was well developed. This indicates normal muscular activity and exercise. Most of the long bones have comparatively wide joints, which especially laterally and medially protrude further than they would in a normal bone (this is known as metaphyseal flaring). The surface of the proximal joint of the femur is irregular and shows deformations indicative of osteoarthritis (fig. 37).

The chance of finding a body with achondroplasia in a small cemetery like that of Oosterbeintum is very small. Skeletal remains of midgets from the early Middle Ages and earlier periods have been found in Gotland (Sweden, AD 800-1000; Larje, 1985); at Koksijde (Belgium, AD 400-900; Susanne, 1970), Dorchester (Britain, AD 250-350; Davies et al., 1985), Egypt

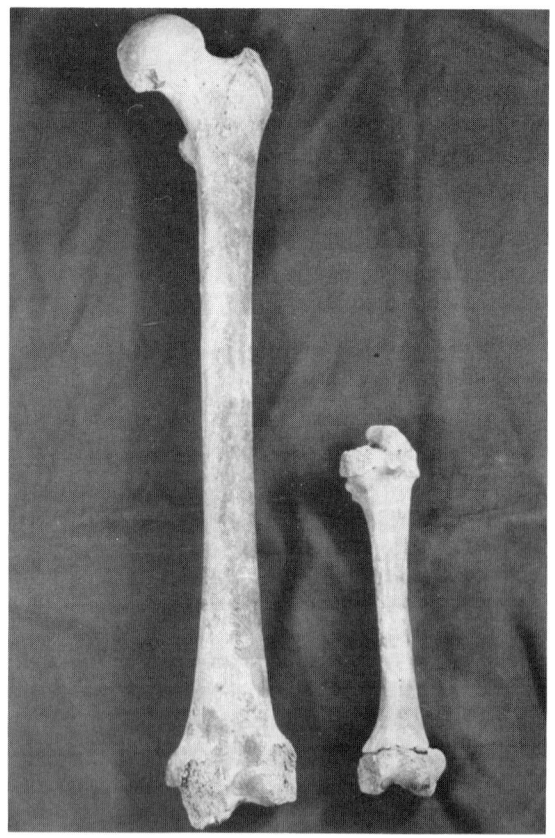

Fig. 37. Oosterbeintum, grave 273. Right: left femur of the dwarf. Left: left femur of a person with a normal stature of 1.75 m. Photograph by B. Deddens, Laboratorium voor Anatomie en Embryologie, R.U.G.

(Badarian Period (Neolithic), and first dynasty; Bleyer, 1940), and an acromesomelic dwarf from the Upper Palaeolithic at Cosenza (Italy, 11 150 ± 150 BP; Frayer et al., 1988). The skeleton from Koksijde is exceptionally well preserved and as good as complete. It is a typical example of an achondroplastic dwarf. The upper arm was found to be much more shortened than the forearm. Susanne (1970) states that this feature should be added to the list of characteristics of achondroplasia. The Oosterbeintum skeleton too shows this feature. The individual in Gotland presumably suffered from a mild form of achondroplasia (Larje, 1985). The finds from Egypt also are achondroplastics. The almost complete midget skeleton from Dorchester was that of a young woman with an estimated stature of 1.30 m. She, however, was not an achondroplastic, but a mesomelic dwarf, in which, as the name suggests, the growth defect occurs in the middle part of the bones. In this form of dwarfism the upper arms and the thighs are of normal length, whereas the forearm and the lower leg are much shortened (Rogers, unpublished).

Other pathologies and unusual features
Of the 37 adult burials with parts of the postcranial skeleton, eight display osteophytes (= growths) along the edges of the joint surfaces of one or more vertebrae (table 26). These bony growths result from non-infectious, age-related degenerative processes in the cartilage of the joint (Rogers et al., 1987; Waldron, 1991: p. 109).

All eight skeletons with osteophytes on the vertebrae are of individuals over 35: four were aged 35-45; one 40-50 and three over 45 (table 26; fig. 38). They are three men and five women. One of these women and two other women have one or more interconnections of vertebrae (ankylosis) in the spinal column (fig. 39). Of these three women, one was aged between 30 and 45 years, the two others were over 45. In all, five women

Fig. 38. Oosterbeintum, grave 424. Vertebra with osteophytes. Photograph by Fries Museum, Leeuwarden.

Table 26. Oosterbeintum. Inhumations. Occurrence of pathologies other than dwarfism, related to age (in years) and gender (female or male). Legend: Ind. = Individual; Ost. vert. = Vertebral osteophytes; Ankyl. vert. = Vertebral ankylosis; Ost. hand. = Osteophytes on hand or foot; Ostpo. = Osteoporosis; Calc. = Dental calculus; Abr. roots = Abrasion down to dental root; Cur. = Curvature.

Ind.	Sex	Age	Ost. vert.	Ankyl. vert.	Ost. hand.	Ostpo.	Calc.	Caries	Abr. roots	Abscess	Fracture	Cur.
60	f	35-45	x	.	.	.	x	x	x	.	.	x
241	f	>45	.	.	.	.	.	x	x	.	.	.
374 B	f	30-45	.	x	.	.	.	.	.	.	.	.
393	f	>45	.	.	.	.	.	.	x	.	.	.
398	m/f	35-45	.	.	.	.	x	.	x	x	.	.
410	m	40-50	.	.	.	.	.	x	.	.	.	.
420	m	35-45	x	.	x	.	.	.	.	.	.	.
424	f	>45	x	x	x	.	.	.	.	.	.	x
428	f	25-35	.	.	.	.	x	x	.	.	.	.
435	m	19	.	.	.	.	.	x	.	.	.	.
451	m	35-45	x	.	.	.	.	.	.	.	.	.
458	m	35-45	x	.	.	.	x	.	.	.	.	.
460	m	20-30	.	.	.	.	.	.	.	.	.	x
473	f	40-50	x	.	.	.	.	.	.	.	.	.
483	f	30-40	.	.	.	.	x	.	.	.	.	.
485 A	m	>45	x	.	x	.	.	.	x	x	.	.
485 B	-	>45	.	.	.	x	.	x	.	.	.	.
570	f	>45	.	x	.	.	.	.	x	.	.	.
605	m	>45	x	.	x	x	x	x	x	.	x	x
606	f	25-35	.	.	.	.	.	x	.	.	.	.
Number of individuals			8	3	4	2	6	8	7	2	1	4

and five men showed spinal osteophytes and/or ankylosis. Of the individuals in the age categories 30-45, 35-45, 40-50 and over 45 (whose spine was still present, 16 out of 17), ten (63%) displayed these phenomena. In modern populations these bone alterations tend to be diagnosed in individuals in their forties or older. At Oosterbeintum, the individuals with these phenomena in the age categories 30-45 and 35-45 may still have been under 40. However, if they were

Fig. 39. Oosterbeintum, grave 374B. Vertebrae with ankylosis. Photograph by Fries Museum, Leeuwarden.

between 40 and 45, their age at the onset of disease did not differ from that in modern populations. Among the people of Oosterbeintum these phenomena seem to occur equally among men and women.

The skeletons of four individuals aged between 35 and 45 (one man) and over 45 (one woman and two men) had osteophytes not only on the vertebrae but also in the hand and (in one case) in a foot as well (table 26; catalogue).

The long bones of two persons aged over 45, one a man and the other of unknown sex, were thin and porous as a result of osteoporosis (fig. 40). Through lowered levels of sex hormones after middle age, the density of bone is reduced. The skeleton of a man over 45 showed traces of a fracture (trauma). His left collarbone had broken during life. Presumably the fracture remained untreated, since the two sections had come to overlap during the healing process (fig. 41).

Eight of the 41 skeletons whose teeth were still present showed signs of caries. Caries even affected the younger age categories, as evidenced by the teeth of the youth of 19 and two women aged 25-35 (table 26). Of the 31 individuals aged over 25 whose teeth survived, seven (23%) had caries. This is a small proportion set against modern western figures for this age group. The reason for this low incidence of caries must be the much harder, less refined food, which required much more chewing. The teeth were worn away before caries got a chance. Teeth worn down to the root were found in seven individuals: four women, two men and the man/woman of burial 398, all of them at least 35-45 years old (fig. 42).

Two skeletons, that of a man aged over 45 and that of the man/woman of burial 398, aged between 35 and 45,

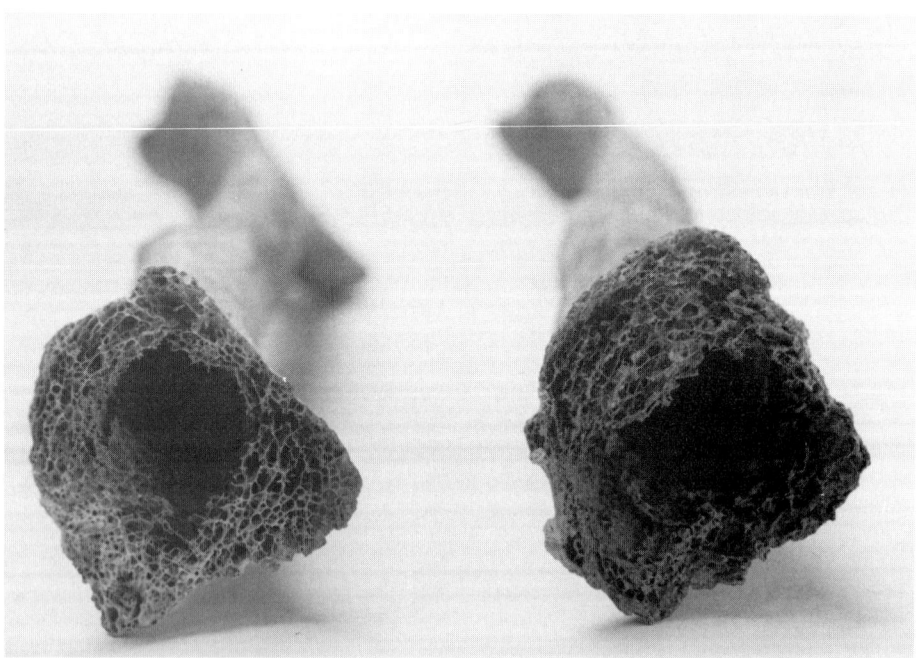

Fig. 40. Oosterbeintum, grave 485B (left), grave 605 (right). Thin, porous proximal ends of right humerus, resulting from osteoporosis. Photograph by Fries Museum, Leeuwarden.

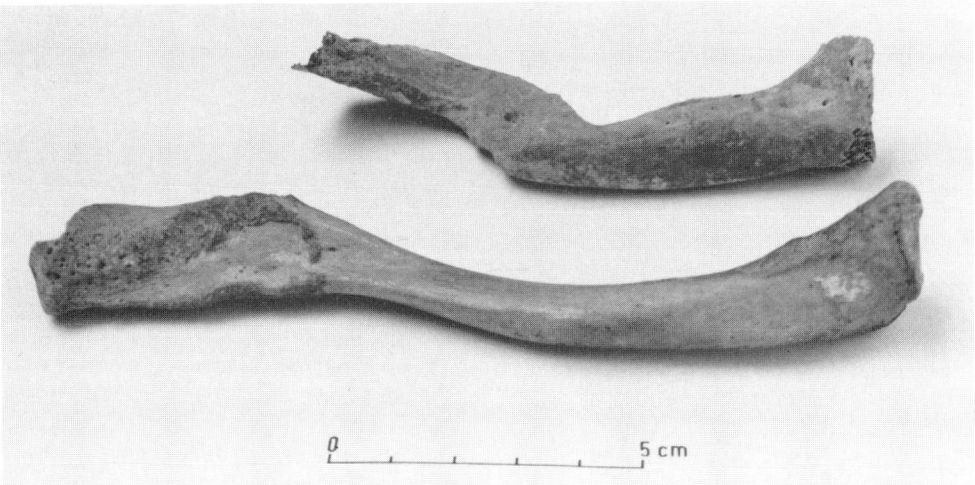

Fig. 41. Oosterbeintum, grave 605. Above: healed fracture of the left clavicle, in which the two parts have come partly to overlap. Below: an unbroken clavicle for comparison. Photograph by Fries Museum, Leeuwarden.

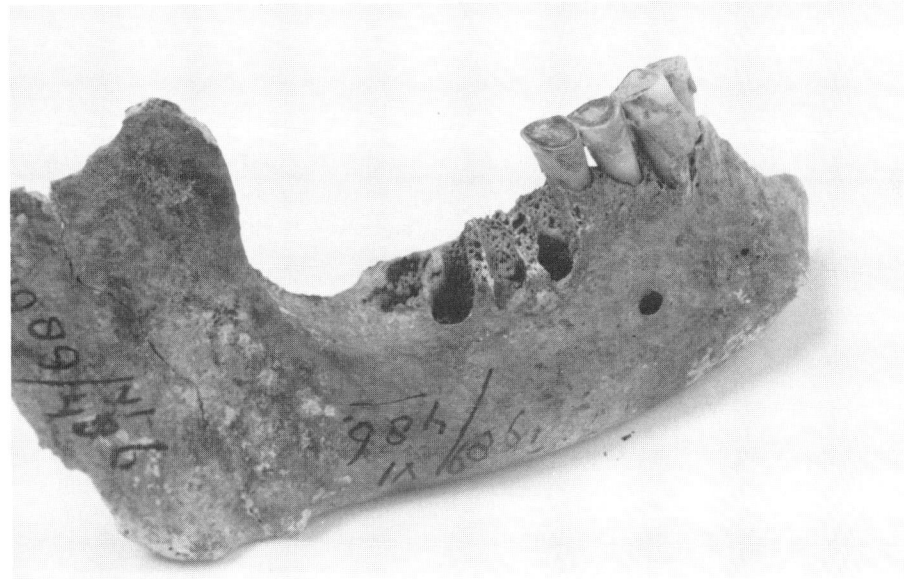

Fig. 42. Oosterbeintum, grave 485A. Occlusal surface of teeth in the lower jaw. Heavily worn teeth. Photograph by Fries Museum, Leeuwarden.

display traces of an abscess on the jaw (table 26; fig. 43). On the sides of the teeth of six individuals, three women, two men and the man/woman of burial 398, massive accretions of tartar were observed (table 26). This occurred in the age categories of 25-35 years (one of the four preserved skulls), 30-40 years (the sole preserved skull), 35-45 years (three out of five preserved skulls) and over 45 years (one of the seven skulls).

From four skeletons it is evident that the respective individual was not quite straight-limbed. Skeleton 424 presumably had a curved spine. The thighbone of skeleton 60 is bent in an anterior-posterior manner, which presumably rendered the thigh somewhat too

short. Skeleton 460 has a deformed metatarsal, and skeleton 605 a bent fibula (table 26; catalogue).

In skeletons 100 and 270, the proximal part of the ulna is more developed than normal. In the latter skeleton, this also goes for the distal part of the humerus. Evidently the elbows of these people had thickened, maybe as a result of heavy labour. Skeleton 451 had one unusually sturdy foot. The right-hand fibula of skeleton 420 shows a bony growth, probably an ossified tendon.

The teeth too showed a few peculiarities. In the left upper jaw of skeleton 485A there is a small extra tooth between the P^2 and the M^1. In skeleton 405 the M^3 is beginning to emerge, while the M_3 is retarded. In

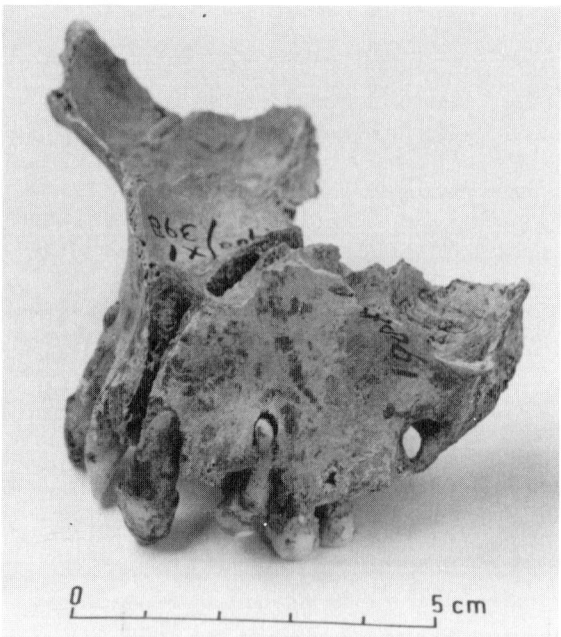

Fig. 43. Oosterbeintum, grave 398. Abscess in the upper jaw. Photograph by Fries Museum, Leeuwarden.

Table 27. Oosterbeintum. Inhumation burials. Occurrence of bones with black staining through contact with charcoal (Bla) and green staining through contact with bronze objects (Gre). Age in years; F. Female; M. Male.

Grave	Sex	Age	Bla	Gre
248	-	4-5	x	.
353	-	5-6	x	.
360	F	40-50	.	x
398	M/F	35-45	x	x
428	F	25-35	x	x
410	M	40-50	x	.
451	M	35-45	x	.
501	(F)	25-35	x	.
Total			7	3

skeleton 295, the right-hand M^3 is emerging while the right-hand M_3 is retarded and the right-hand M_2 has not even appeared.

None of the people had died from the afflictions that were apparent in the skeleton. Still, several of these will have caused pain and discomfort. The worst misery will have been suffered by the occupants of graves 485A and 605, two men over 45, who had osteophytes in the spine and the hands, osteoporosis in the long bones and caries and/or excessive tooth wear. On top of this, skeleton 485A had a jaw abscess (table 26).

Alterations caused to the skeletons after death are the black stains on the molar crowns of two children aged 4-5 and 5-6, and on postcranial skeletal parts of five

adult individuals (table 27). These were presumably caused by charcoal from disturbed cremation burials (see 3.1.3), although in these graves no disturbed cremation features were observed. The green stains on phalanges, ribs and jawbones most probably derive from jewellery, dress accessories or other bronze grave goods.

3.2.7. *The variation in burial finds*

'Burial finds' in this study are all finds associated with a burial that are not part of the skeleton or the coffin. These include the grave goods, worn by or laid beside the dead body, as well as any object that accidentally ended up in the grave, for instance because another grave was destroyed in the delving of the burial pit. Unfortunately the two categories are not always easy to distinguish. The nails and potsherds (table 18) prompt the suspicion that they are not grave goods dedicated to the buried person, but instead belong to disturbed cremation graves. The burial finds are listed in table 18 together with the graves to which they belonged.

Burial finds in the inhumation graves of Oosterbeintum are fairly scanty (table 18). This corresponds with earlier observations in the Frisian region (van Giffen, 1920; Schmid, 1972; Knol, 1993a: pp. 211-213). In Frankish cemeteries, such as those at Rhenen (Ypey, 1973), Wageningen (van Es, 1964) and Lent (van Es & Hulst, 1991), burials are found with larger amounts of grave goods. The dearth of burial finds at Oosterbeintum is illustrated by the fact that 17 of the 47 inhumation burials were entirely devoid of durable grave goods. These are five men's graves (out of fourteen), four women's graves (out of fifteen), four children's graves (out of eight), the two subadults' graves of unknown gender (the 19-year-old youngster was reckoned among the men) and three graves of adults of unknown gender (out of seven). The man/woman's grave did contain finds.

The presence of drops of molten bronze, metal slag and potsherds in various graves is probably fortuitous. The most likely explanation is that they derive from cremation graves whose remains became mixed in with the inhumation burial when the pit was dug. The grave goods proper of the inhumation graves include: spearhead; strike-a-light; *Schmalsax*; small knife; unknown iron object; tweezers; buckle; brooch; bracelet; knobs of metal or antler; textile fabrics; pins of metal or antler/bone; metal mountings of a small bag or case; piece of lead; chatelaine with wolf-tooth amulets; comb; pendant; spindle whorl of antler, bone or pottery; knucklebone; beads; amber; bowl; and possibly a hazelwood object (table 18). The typology and dating of the grave goods follow in chapter 4. Here we briefly deal with the variation in grave goods associated with the inhumation graves.

Buckles, small knives and pins occur both in men's and women's graves. Strike-a-light, spearhead,

Schmalsax and buttons of metal or antler occur exclusively in men's graves, be it in only three of the nine men's graves (15, 335, and 435). The number of grave goods in men's graves is slight (table 18). Eleven of the fifteen women's graves with finds contained true grave goods. Eight contained one or more brooches, often of different types. Beads are found in six women's graves. All six strings of beads were made with glass beads; two included amber beads, and the string from burial 428 a rock-crystal bead. The number of beads found in individual women's graves ranges from 2 to 9. Burial 428 also contained an unidentified piece of amber, possibly part of a different ornament. Tools were found in four out of five women's graves: spindle whorls in burials 241, 424 and 606, and a small knife in burial 374B and possibly one in burial 60. Other grave goods that emerged were a chain with wolves' teeth (maybe a chatelaine), a buckle, pins of metal or bone/antler and a knucklebone (table 18). Grave 398 of the man/woman yielded a small long brooch, a cruciform brooch of Midlum type, 37 glass and three amber beads, and a bracelet. A remarkable item in this grave is an earthenware bowl, as was found in none of the men's or women's graves; such a bowl is known from child's burial 248 too (table 18).

The seven adults' graves whose osteological sex could no longer be determined owing to disturbances were all poor in grave goods (table 18), which too may be the result of disturbance. Burial 98 contained a small knife, burial 422 a fragment of a double-sided comb. From burial A, hit upon in the commercial quarrying of the *terp*, there remain two brooches (again a small long brooch and a cruciform brooch of Midlum type), a comb and 26 glass beads. The archaeological gender determination here would be 'probably female'. No grave goods were found with two subadult individuals whose gender remained obscure.

Grave goods were found in four of the eight children's burials: in burial 248 a bowl and five beads (four of glass and one of amber); in grave 342 a brooch and a long string of 61 glass beads (fig. 44), in grave 362 a string of at least 15 small glass beads; and in grave 402 two amber beads and a pendant of antler, which may have been an amulet (see 4.3; table 18). These grave goods suggest that these four children were girls.

Among the men's and women's graves there are a few which have a markedly richer inventory than the other graves of their respective categories. Among the men's graves this is grave 335 of a man in his thirties, and grave 435 of a 19-year-old youth. The former contained a spearhead beside the left arm, a *Schmalsax* on the left hip, a buckle on the abdomen and behind the pelvis the remains of a small knife, tweezers and a strike-a-light with a piece of flint. The body in grave 435 had at the hip a sheath with a large knife and an awl-like object. Härke in a study of funerary practice in early medieval England demonstrated that large knives, like swords, could be interpreted as masculine attributes

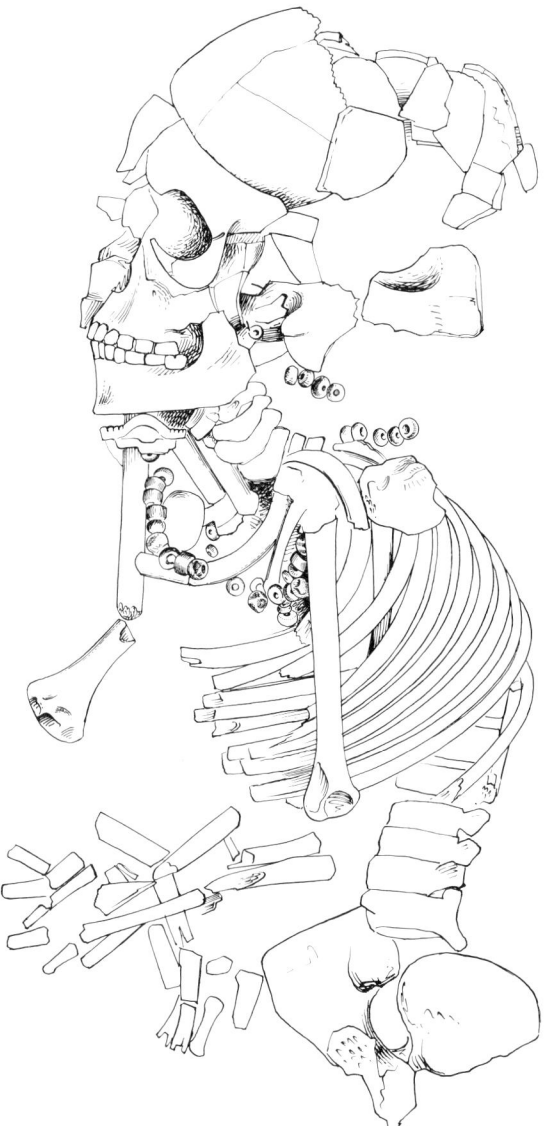

Fig. 44. Oosterbeintum, grave 342. Grave of a 9-year-old child with 61 glass beads and an equal-armed brooch. Drawing by H.R. Roelink, V.A.R.U.G.

(Härke, 1989). Maybe we are here dealing with a Frisian example of such a grave.

Comparatively rich women's graves are burials 374B, 428 and 360. Grave 374 produced a chatelaine with two wolf canines. The teeth may have been amulets (see 4.2). Further this grave contained a knife, two brooches and two glass beads. Grave 428 too contains a remarkable find: a bead of rock-crystal, besides two beads of glass. Further finds in this grave were two brooches and a knucklebone (as well as a piece of slag). Grave 360 held the greatest number of brooches in a single grave (three), as well as a metal pin. The man/woman in burial 398 also was accompanied by comparatively rich grave goods.

3.3. Animal graves

3.3.1. *Introduction*

In the cemetery of Oosterbeintum seven inhumation graves of animals were uncovered among the human graves and the traces of human cremations. Besides, one cremation burial was found to contain nothing but animal remains (see 3.3.4).

The inhumations are one horse and six dogs. The horse and five of the six dogs were definitely males, as, presumably, was the sixth dog. All lay in separate graves. To date them, there is only the general dating of the cemetery: between AD 400 and 750. Only dog 432 can possibly, but far from certainly, be dated by a human grave: the woman's grave 295, which is dated to AD 450-700. The dog's grave was positioned parallel to the woman's legs; the dog lay with its back turned towards the woman. The animal graves were all without grave goods, as for instance the remains of a bridle or saddle.

The descriptions of the horse and the dogs follow the same pattern (in as far as evidence is available): posture and orientation, completeness of the skeleton, gender, age, skull shape, height at the withers, and build of the body and the legs (in the horse, according to Müller, 1985; in the dogs, according to Wendt, 1978 and Öhman, 1983), pathology and peculiarities.

By 'completeness' is meant the completeness of the skeleton after washing, drying and numbering of the bones. Missing parts may have been lost in the process of cleaning, through incomplete excavation, disturbance of the grave, disintegration through decay, or removal of body parts during the animal's lifetime or after its death. The effects of these factors are not always easy to tell apart. Following the descriptions of the animals, the meaning of the graves will be discussed. The measurements of the skeletal elements of the horse and the dogs are listed in tables 28 and 30.

3.3.2. *The horse grave*

Description

The horse (grave 430) lay with his legs drawn up, on his right side (fig. 45). His head lay towards WSW. The skeleton is virtually complete, including the first four tail vertebrae. Since the horse had large canines in the upper jaw, it is definitely a stallion. He was an adult: the complete set of permanent teeth is present and all epiphyseal sutures have fused, including those of the vertebrae. The premolars and the molars are slightly worn. The bean-shaped folds of the I_1s are almost worn away, those of the other incisors of the lower jaw are still clearly visible. The canine of the lower jaw is sharp. These dental features indicate an age of about 6 years (Habermehl, 1975: *Abb.* 25-26).

The height at the withers was calculated from the regression equations drawn up by May (1985) on the basis of the data of Vitt (von den Driesch & Boessneck,

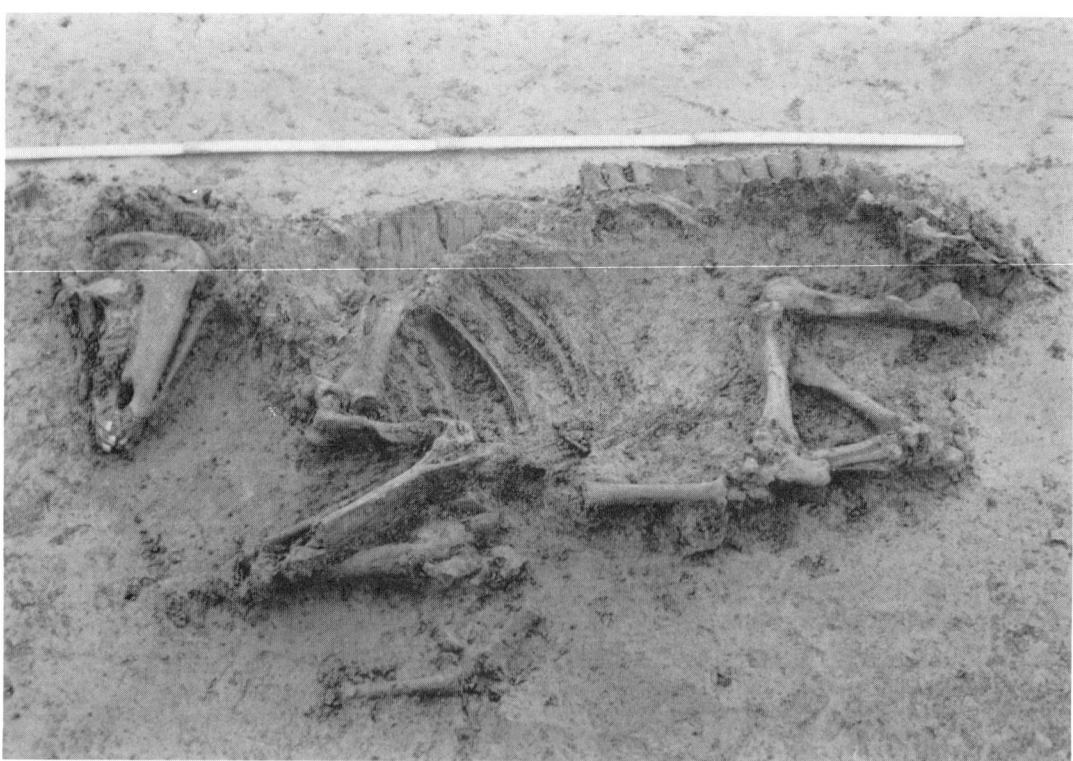

Fig. 45. Oosterbeintum, horse grave 430. Photograph by G. Delger, V.A.R.U.G.

Table 28. Oosterbeintum. Measurements of skeletal elements of horse 430, after the system of von den Driesch (1976). All measurements are in mm.

Cranium

Width of foramen magnum (36)	30.1
Height foramen magnum (37)	34.6

	L	R
Mandibula		
Length of the cheektooth row (6)	-	173.4
Length of row of molars (7)	84.9	84.6
Length of row of premolars (8)	-	88.7
Height behind M_3 (22a)	108.7	108.0
Height before M_1 (22b)	76.7	75.7
Height before P_2 (22c)	-	55.5
Length M_1	25.2	24.6
Width M_1	16.8	17.1
Length M_2	24.5	25.5
Width M_2	15.7	15.9
Length M_3	30.6	29.5
Width M_3	14.5	14.8
Scapula		
SLC	66.7	67.6
GLP	93.5	93.8
LG	56.1	56.3
BG	46.2	-
Humerus		
GLC	267.4	267.0
GLl	285.4	286.5
Bp	-	93.5
SD	36.9	36.4
Bd	78.8	81.2
BT	73.8	74.7
Radius		
GL	-	337.6
Bp	83.3	86.3
SD	39.9	40.0
Ulna		
DPA	62.0	-
SDO	46.4	46.1
BPC	43.6	-
Radius + ulna		
GL	-	414.8
Metacarpus III		
GL	225.2	225.2
GLl	214.2	215.7
Bp	52.4	54.6
Dp	33.5	35.9
SD	33.3	33.5
Bd	50.3	50.5
Dd	38.0	37.8
Pelvis		
SH	-	41.3
SB	-	27.5
LA	-	63.0
LAR	-	69.8

Table 28 (continued).

Femur		
GL	395.1	394.6
GLC	352.0	352.7
Bp	119.3	123.2
DC	59.3	59.5
SD	39.5	40.9
Bd	93.6	94.6
Tibia		
GL	352.4	352.4
Ll	317.5	318.5
Bp	-	99.3
SD	42.4	42.6
Bd	79.6	77.8
Dd	50.0	50.6
Metatarsus III		
GL	-	263.9
GLl	-	255.4
Bp	55.4	53.6
Dp	-	43.6
SD	30.8	30.9
Bd	-	50.6
Dd	-	40.0

1974). According to this calculation, the stallion's height at the withers was between 135 and 139 cm (table 29). Vitt classifies this as a medium-sized horse. The height at the withers corresponds with that of a large pony or a small modern horse.

Given the comparative lengths of the upper leg, the lower leg and the metatarsus (table 28), the Oosterbeintum horse was an ordinary horse for all-round use (Müller, 1985: p. 24). The long bones are of average thickness, which is also an indication that the horse was used for various purposes (Müller, 1985: p. 25). The Oosterbeintum horse was of the same type as the horses of the early medieval cemeteries in Thuringia and Sachsen-Anhalt (Müller, 1985).

A few of the lower thoracic vertebrae have osteophytes on the vertebral body. These osteophytes were too small to have caused the horse any discomfort. The horse did not wear an iron bit, at any rate not in the last six weeks before his death. The front premolars (fig. 46) do not display the abrasion which is caused by the wearing of an iron bit and is clearly visible to the unaided eye (Clutton-Brock, 1974: fig. 2; Anthony & Brown, 1989). Normal tooth wear will erase such traces within six weeks (Anthony & Brown, 1989). Nor does the mandible display the constriction which occurs if a rope is bound around the muzzle for leading the horse (Peške, 1990). The thoracic vertebrae show no fractures; hence the horse was not overburdened as a riding horse (Müller, 1985: pp. 31-32 and *Tafel* III.5 and 7).

The right-hand radius and ulna have fused at the point of the proximal joint of the radius, whereas the

314 E. KNOL et al.

Table 29. Oosterbeintum, horse grave 430. Height of the withers, after May (1985).

Skeletal element and measurement	Length (mm)		Height of the withers (cm)	
	L	R	L	R
Humerus GLl	285.4	286.5	134.2	134.6
Radius GL	-	337.6	-	139.0
Metacarpus III GL	225.2	225.2	138.7	138.7
Femur GL	395.1	394.6	138.0	137.8
Tibia GL	352.4	352.4	139.0	139.0
Metatarsus III GL	-	263.9	-	138.0

Fig. 46. Oosterbeintum, horse grave 430. Right-hand mandible seen from the inside. The first premolar (on the left) shows no traces of the wearing of a bit. Scale 1:3. Photograph by R.J. van Ewyck, C.F.D., R.U.G.

left-hand ulna and radius are not fused. The meaning of this difference is not yet clear. The skeleton as recovered had just the first four tail vertebrae, while a normal horse has 13 to 20 of these (Schmid, 1972). If the other tail vertebrae were not overlooked in the excavation, then we must conclude that the tail was either bobbed in the horse's lifetime or cut off after its death (for the latter possibility: cf. Oexle, 1984: p. 150; Müller-Wille, 1971: I 218 and I 200; see also dog 404).

Interpretation of the horse grave
Horses were quite often buried in cemeteries in early medieval Europe (Müller-Wille, 1971; Oexle, 1984). From Western and Central Europe, at least 750 instances are known. They were buried together with one or more people, occupied a separate grave, or shared a grave with other horses and/or other animals. Oexle (1984) demonstrated that the continental Merovingian horses (5th-7th century) were riding horses or warhorses, accompanying buried or cremated people. That these horses were riding horses was revealed by their bridles, which initially were often buried with the horses, but from the early 7th century on were usually put in the graves of their riders (Oexle, 1984: p. 123). The horses usually were stallions, most of them in the prime of life at the moment of their death, aged between 5 and 15. Most horses were between 134 and 140 cm tall at the

withers; the smallest were 125 cm, the tallest 157 cm (Nobis, 1964-1965; Kleinschmidt, 1967; Hemmer & Jaeger, 1969; Nobis, 1973; Kaufmann, 1976; Müller, 1980; Müller, 1985; von den Driesch & Boessneck, 1980; Amberger & Kokabi, 1985; Boessneck, 1987; von den Driesch & Peters, 1987; May & Bitzan, 1990; Springhorn, 1991). The horse from the Oosterbeintum cemetery thus neatly fits in with the other horses buried in early medieval cemeteries. The same goes for the two stallions of the double horse grave with a dog from Ezinge-De Bouwerd (Boersma, 1980), whose heights at the withers were calculated as around 147 cm (Prummel, 1993a).

Among the Frisians and the Saxons, many horses were buried in horse graves, i.e. not together with a human. Most of these burials are devoid of grave goods (Müller-Wille, 1971; Steuer, 1978; Oexle, 1984; Prummel, 1993a). In the coastal region of the northern Netherlands, horses have been excavated at Ezinge-De Bouwerd (Boersma, 1980; Prummel, 1993a), Antum, Dokkum-Berg Sion, Lutje Lollum and Zweins-Kingmatille (Knol, 1993a: table 17). In the province of Drenthe, horse burials have been found at Zweeloo, where there were six horse burials in a separate part of the cemetery, and at Wijster-Looveen, with two rows of horse burials: one of 29 or 30 horses and one of 6 or 7 horses (van Es, 1967; Müller-Wille, 1971; van Es &

Ypey, 1977; Oexle, 1984; Prummel, 1993a). The horses of Antum, Dokkum-Berg Sion and Zweins-Kingmatille lay close to a human grave (Knol, 1993a: table 17). The horse burial of Antum, with stirrups belonging to a saddle of the Immenstedt-Sahlenburg type, dates from the 8th century (van Es, 1971; Miedema, 1983; Kleemann, 1991, I; pp. 248-249; Knol, 1993a: p. 182).

Features of the skeleton indicate that the stallion of Oosterbeintum was a riding horse or charger. Presumably it was killed on the occasion of a burial or cremation, perhaps that of the horse's owner, before being buried in a separate grave in the cemetery.

3.3.3. *The dog burials*

Description

Dog 201: The dog lay on its right side with its head towards ENE. Its grave was badly disturbed by the later circular ditch (chapter 8). This means that some skeletal elements were lacking. Notably the skull, the mandible, the shoulder blades, and the pelvis are incomplete. The spine and the upper and lower legs are more or less complete. Of the feet most bones are lacking. Nine tail vertebrae were retrieved: numbers 2-9 and one from the series 14-18.

In this dog a baculum is lacking: this might be the only bitch found in the Oosterbeintum cemetery. Yet the baculum may also have been destroyed by the disturbance of the grave. The height at the withers of this dog is the second largest of the six, therefore dog 201 may well have been a male after all (table 32). All epiphyses have fused, including those of the vertebrae. The dog had its permanent set of teeth which already were severely worn, the incisors also on the lip side. Hence the dog must have been at least 9 or 10 years old, and falls into Habermehl's category of 'old dogs' (1975). The P_2 is as normal aligned with the jawbone. The muzzle therefore was not or not much shortened. The wear on the lip side of the incisors shows that the dog had a scissor-like bite (Gondrexon-Ives Browne, 1987: p. 29). This is normal for the teeth of a canine animal.

The greatest length of the femur (table 30) produces an estimated height at the withers of 67-68 cm (table 31; Harcourt's method, 1974). The ratio of width to length of the femur corresponds with that of the largest dogs of the 'S-Gruppe' (slender) of Haithabu (Wendt, 1978): dog 201 had straight, slender legs.

The right-hand P_3 had been lost and the socket had closed up. This is a phenomenon associated with old age. Several of the thoracic and lumbar vertebrae displayed osteophytes. The tail had not been docked, since vertebrae from the base and the tip of the tail were present.

Dog 404: The dog lay on its left side, with legs drawn up. Its head lay towards ENE. The skeleton is fairly complete. There are three tail vertebrae, all from the base of the tail (numbers 2-4). This skeleton did include

a baculum: the dog was definitely a male. The epiphyses of the long bones and vertebrae had all fused. Also the complete set of permanent teeth was present. The canines of the lower jaw, the premolars and the molars showed virtually no wear. On the basis of this evidence, the age is estimated at 3-4 years (Habermehl, 1975). The dog therefore was still quite young. The P_4 and the M_1 are set somewhat askew with respect to the line of the jaw. It is a result of domestication. The height at the withers of the dog was between 60 and 63 cm (table 31). The leg bones of this dog are as long as those of the larger specimens of the 'S-Gruppe' of Haithabu (Wendt, 1978: pp. 39-57). Given the relative lengths of the upper legs and the forelegs (table 30), dog 404 was of normal type. In this type, the bones of the upper legs (humerus and femur) are at least as long as the bones of the forelegs (radius and tibia). Dogs in which the radius and tibia are longer than the humerus and femur are of the greyhound type (Öhman, 1983: p. 180).

The first toe of the hind leg shows the condition of an ordinary, non-inbred dog. A normal first toe consists of a rudimentary metatarsus I and a horny claw at the side of the distal end of metatarsus II. Phalanges are absent (Kadletz, 1932: *Abb.* 284.1). In inbred strains, deformities of the first toe occur, in extreme cases producing two thumbs instead of one. A less radical deformity is the fusion of metatarsus I with the os tarsale primum (Kadletz, 1932: *Abb.* 284-285). Of this dog, both metatarsi I were retrieved, which had not fused with the ose tarsale primum. A few thoracic vertebrae show a slight development of osteophytes. The dorsal processes of some thoracic vertebrae had almost fused together. The tail may have been docked at the fourth vertebra or cut off at burial.

Dog 408: The dog lay on its left side, with legs drawn up, and oriented ESE-WNW. Of the skull only a few parietal fragments were found. These, together with an I_1 or I_2 show that the head was there originally. The scapulae and the two halves of the pelvis are very incomplete, the left and right humerus, radius, ulna, femur, tibia and fibula are fairly complete. Major parts of the dog's feet are lost, of the front legs in particular. The phalanges are especially poorly represented. The tail too is incomplete: only two tail vertebrae have been found: numbers 2 or 3 and one from the tip of the tail (number 15 or beyond).

This skeleton did include a baculum; hence it was a male dog. All epiphyses had fused; however, this does not take more than 20-24 months. The only surviving incisor is somewhat less worn than the incisors of dog 201. The age is therefore estimated as a little over 7 years (Habermehl, 1975).

The height at the withers of this dog was between 65 and 69 cm (table 31), which made this dog one of the largest at Oosterbeintum (table 32). The leg bones are as long as those of the larger dogs of the 'S-Gruppe' of Haithabu (Wendt, 1978). Given the relative lengths of

Table 30. Oosterbeintum. Measurements of skeletal elements of the dogs 201, 404, 408, 432, 477 and 480, after the system of von den Driesch (1976). All measurements are in mm.

Dog	201		404		408		432			477			480	
	L	R	L	R	L	R	L	R	L+R	L	R	L+R	L	R
Cranium														
Length Basion-Synsphenion (4)	-	-	-	-	-	-	-	-	51.8	-	-	-	-	-
Upper neurocranium length (7)									104.8					
Length M^2-P^1 (15)	-	-	-	-	-	-	71.2	72.1	-	-	-	-	-	-
Length M^1-M^2 (16)	-	-	-	-	-	-	19.9	20.6	-	19.5	19.9	-	-	19.4
Length P^1-P^4 (17)	-	-	-	-	-	-	55.2	56.7	-	-	-	-	-	
Length P^4 (18)	-	-	-	-	-	-	19.8	20.2	-	21.6	20.7	-	20.9	20.5
Width P^4 (18)	-	-	-	-	-	-	11.6	11.5	-	11.9	11.4	-	12.6	11.7
Length M^1 (20)	-	-	-	-	-	-	14.2	14.1	-	14.5	14.4	-	13.7	14.0
Width M^1 (20)	-	-	-	-	-	-	16.5	16.0	-	17.3	17.6	-	16.8	16.3
Length M^2 (21)	-	-	-	-	-	-	7.8	7.9	-	8.3	7.9	-	8.1	8.2
Width M^2 (21)	-	-	-	-	-	-	10.5	10.9	-	11.1	10.7	-	11.2	11.1
Width Otion-Otion (23)	-	-	-	-	-	-	-	-	74.4	-	-	-	-	-
Width external auditory meatus (24)	-	-	-	-	-	-	-	-	72.3	-	-	-	-	-
Width occipital condyles (25)	-	-	-	-	-	-	-	-	41.8	-	-	45.9	-	-
Width foramen magnum (27)	-	-	-	-	-	-	-	-	21.2	-	-	22.9	-	-
Heigth foramen magnum (28)	-	-	-	-	-	-	-	-	18.9	-	-	20.2	-	-
Smallest width of skull (31)	-	-	-	-	-	-	-	-	39.2	-	-	-	-	-
Frontal width (32)	-	-	-	-	-	-	-	-	62.6	-	-	-	-	-
Skull height (38)	-	-	-	-	-	-	-	-	62.2	-	-	-	-	-
Height Akrokranion-Basion (40)	-	-	-	-	-	-	-	-	48.5	-	-	-	-	-
Mandibula														
Total length (1)	-	-	-	-	-	-	161.6	161.0	-	-	-	-	176.4	-
Length (2)	-	-	-	-	-	-	162.6	163.7	-	-	-	-	173.4	-
Length (3)	-	-	-	-	-	-	154.8	154.7	-	-	-	-	164.5	-
Length (4)	-	-	141.8	-	-	-	142.3	140.4	-	-	-	-	156.0	156.3
Length (5)	-	-	137.2	-	-	-	135.5	134.6	-	-	-	-	145.7	145.7
Length (6)	-	-	-	-	-	-	144.0	145.4	-	-	-	-	156.2	-
Length M_3-C (7)	-	-	88.9	89.0	-	-	84.9	-	-	89.2	89.7	-	96.2	95.3
Length M_3-P_1 (8)	-	-	80.8	81.2	-	-	78.2	-	-	83.9	83.8	-	86.2	86.4
Length M_3-P_2 (9)	-	-	74.6	75.0	-	-	72.4	-	-	77.7	77.9	-	80.5	80.1
Length M_1-M_3 (10)	-	-	37.1	37.0	-	-	37.2	-	-	40.2	40.1	-	39.5	38.8
Length P_1-P_4 (11)	-	-	45.4	45.8	-	-	-	41.3	-	44.8	44.7	-	45.6	49.4
Length P_2-P_4 (12)	-	-	38.9	39.6	-	-	-	-	-	38.7	38.6	-	42.1	42.4
Length M_1 (13)	-	-	22.5	22.4	-	-	23.1	23.7	-	24.5	24.5	-	23.0	24.0
Width M_1 (13)	-	-	9.3	9.2	-	-	9.7	9.5	-	9.6	9.6	-	9.6	9.4
Length M_2 (15)	-	-	9.4	9.3	-	-	9.0	9.3	-	10.3	10.4	-	9.7	9.8
Width M_2 (15)	-	-	7.4	7.2	-	-	6.7	7.0	-	7.5	8.0	-	7.5	7.6
Length M_3 (16)	-	-	4.9	5.1	-	-	-	-	-	-	-	-	5.9	6.0
Width M_3 (16)	-	-	4.1	4.5	-	-	-	-	-	-	-	-	5.0	5.1
Height behind M_1 (19)	-	-	25.2	27.0	-	-	-	-	-	-	-	-	30.6	29.6
Height between P_2 and P_3 (20)	-	-	21.2	21.1	-	-	21.9	23.2	-	-	-	-	25.6	26.0
Scapula														
SLC	32.2	-	-	-	33.0	-	32.9	34.9	-	32.8	32.9	-	36.1	34.6
GLP	41.5	-	-	-	42.2	-	39.8	40.4	-	40.5	39.8	-	38.7	40.6
LG	32.6	-	-	-	33.4	-	-	32.0	-	30.7	30.4	-	32.1	33.1
BG	21.9	-	-	-	-	-	21.3	20.9	-	20.0	19.4	-	23.2	23.6
Humerus														
GL	-	-	189.0	188.7	204.1	204.4	190.6	189.0	-	191.0	189.9	-	204.1	202.6
GLC	-	-	185.1	185.2	198.2	198.8	185.2	183.7	-	184.2	185.4	-	195.7	195.0
Bp	-	-	35.0	33.7	38.1	39.5	34.8	34.5	-	33.7	35.2	-	39.4	37.6
Dp	-	-	44.5	45.6	51.6	51.5	46.9	47.2	-	48.2	47.7	-	50.5	50.9
SD	15.5	15.3	15.3	15.1	17.0	16.4	16.7	16.6	-	14.4	14.7	-	15.7	15.7
Bd	-	40.2	38.2	37.9	45.3	45.1	36.9	36.6	-	39.9	39.4	-	39.9	39.8

Table 30 (continued).

Dog	201		404		408		432			477			480	
	L	R	L	R	L	R	L	R	L+R	L	R	L+R	L	R
Radius														
GL	-	-	183.8	183.1	197.1	-	-	-	-	191.4	189.8	-	204.1	205.4
Bp	23.3	22.8	20.9	21.0	24.4	23.9	20.7	20.9	-	21.1	21.3	-	23.0	23.5
SD	15.6	15.8	15.3	14.5	16.7	16.6	15.7	15.6	-	14.4	14.3	-	15.9	16.1
Bd	-	-	27.2	26.6	31.8	-	26.9	26.7	-	28.6	28.9	-	29.9	30.0
Ulna														
GL	-	-	-	-	-	-	-	-	-	222.7	223.1	-	-	238.6
DPA	31.1	30.9	27.5	27.5	32.0	31.5	29.0	29.7	-	29.4	29.5	-	32.0	31.9
SDO	27.2	26.8	23.0	22.7	26.7	25.7	24.5	24.0	-	25.0	24.7	-	27.9	27.8
BPC	20.5	19.8	18.8	19.7	24.4	-	20.4	20.0	-	-	20.1	-	22.6	21.6
Metacarpus I														
GL	-	-	-	-	-	-	-	-	-	25.5	25.2	-	-	30.3
Bd	-	-	-	-	-	-	-	-	-	6.7	6.4	-	-	-
Metacarpus II														
GL	69.3	-	-	59.9	-	69.2	-	-	-	68.4	68.5	-	-	74.3
Bp	9.7	-	-	9.2	-	10.7	-	-	-	9.4	9.3	-	-	11.7
SD	8.0	-	-	7.6	-	8.0	-	-	-	7.2	7.3	-	-	8.3
Bd	11.1	-	10.6	10.0	-	12.1	-	-	-	11.3	11.5	-	-	11.3
Metacarpus III														
GL	-	-	68.5	68.9	-	-	-	-	-	77.4	77.2	-	-	82.7
Bp	-	-	9.0	8.8	-	-	-	-	-	9.5	9.8	-	-	10.4
SD	-	-	7.4	7.9	-	-	-	-	-	7.7	7.4	-	-	8.0
Bd	-	-	9.7	9.6	-	-	-	-	-	10.9	10.9	-	-	11.1
Metacarpus IV														
GL	-	-	67.8	67.6	-	-	-	-	-	77.0	76.2	-	-	81.8
Bp	-	-	7.4	7.4	-	-	-	-	-	9.3	9.0	-	-	9.7
SD	-	-	6.8	7.0	-	-	-	-	-	7.3	7.3	-	-	7.4
Bd	-	-	9.7	9.6	-	-	-	-	-	10.6	10.6	-	-	10.6
Metacarpus V														
GL	-	-	57.9	57.9	-	-	-	-	-	65.0	65.1	-	-	72.2
Bp	-	-	12.0	11.4	-	-	-	-	-	13.0	12.6	-	-	14.4
SD	-	-	8.4	8.4	-	-	-	-	-	7.8	8.6	-	-	8.7
Bd	-	-	10.8	11.5	-	-	-	-	-	11.2	11.3	-	-	12.1
Pelvis														
SH	-	-	-	-	25.5	25.9	24.8	24.4	-	-	21.6	-	24.5	24.5
SB	-	-	-	-	12.9	11.7	12.2	12.6	-	-	11.0	-	12.1	12.3
LA	-	-	-	-	30.5	-	-	26.9	-	-	-	-	27.6	28.0
LAR	-	-	-	-	-	-	-	-	-	-	-	-	-	-
Femur														
GL (= GLC)	219.0	220.2	-	204.3	221.8	223.7	211.6	211.5	-	205.4	205.0	-	224.3	224.8
Bp	-	47.0	-	43.9	48.5	-	-	43.5	-	44.5	45.7	-	48.0	-
DC	24.0	23.7	-	20.5	24.6	24.3	21.7	21.9	-	22.2	22.3	-	23.9	24.1
SD	15.4	15.3	15.0	15.0	16.1	15.9	16.0	15.9	-	14.1	14.3	-	15.8	16.2
Bd	39.5	38.4	34.9	34.4	40.4	40.9	37.5	37.1	-	36.7	36.4	-	38.8	38.8
Tibia														
GL	-	-	203.4	204.2	222.0	222.9	209.7	208.4	-	214.7	212.4	-	232.0	233.1
Bp	-	42.4	37.3	37.5	44.8	44.4	39.4	40.4	-	39.4	40.3	-	43.2	43.7
SD	15.5	15.4	13.9	13.9	17.0	16.7	16.4	15.8	-	14.2	14.7	-	15.8	15.6
Bd	-	-	24.6	24.7	27.5	28.0	26.0	26.0	-	26.0	26.8	-	28.4	28.2
Dd	-	-	19.9	19.7	-	-	19.6	19.8	-	-	-	-	-	-
Metatarsus II														
GL	-	-	64.1	63.5	76.4	76.5	-	-	-	74.7	74.2	-	83.0	82.9
Bp	-	-	7.2	-	8.4	9.6	-	-	-	9.3	9.0	-	9.8	9.9
SD	-	-	6.6	-	8.0	7.9	-	7.7	-	6.3	6.7	-	7.4	7.6
Bd	-	-	9.3	8.9	11.5	10.9	-	10.3	-	10.8	10.0	-	10.8	10.4

Table 30 (continued).

Dog	201		404		408		432			477			480	
	L	R	L	R	L	R	L	R	L+R	L	R	L+R	L	R
Metatarsus III														
GL	-	-	71.6	-	85.8	86.5	-	77.7	-	84.2	83.4	-	90.4	88.0
Bp	-	-	8.8	-	11.1	-	-	10.5	-	10.2	10.3	-	12.0	12.0
SD	-	-	7.6	-	9.5	9.4	-	8.3	-	7.1	8.2	-	9.0	8.7
Bd	-	-	9.7	-	11.3	-	-	10.5	-	11.0	11.2	-	11.2	11.4
Metatarsus IV														
GL	-	-	74.5	-	89.0	89.5	-	79.3	-	86.3	85.4	-	92.9	92.3
Bp	-	-	8.1	-	10.3	10.2	-	10.1	-	10.0	11.4	-	10.6	10.8
SD	-	-	7.2	-	8.3	8.3	-	7.3	-	7.3	6.8	-	7.7	7.9
Bd	-	-	9.4	-	10.8	10.6	-	9.7	-	10.3	10.4	-	10.9	10.7
Metatarsus V														
GL	-	-	66.2	-	-	79.5	-	70.2	-	74.5	74.0	-	82.5	82.9
Bp	-	-	9.7	-	-	11.5	-	10.0	-	10.3	10.8	-	10.6	10.6
SD	-	-	6.3	-	-	-	-	7.2	-	6.0	5.9	-	6.7	6.9
Bd	-	-	8.5	-	-	11.0	-	9.9	-	9.1	9.3	-	9.6	9.0

the upper legs and forelegs, the dog was of normal type (Öhman, 1983).

The right-hand metatarsus I had not fused with the os tarsale primum (fig. 47). The left-hand metatarsus I is absent. Yet the left-hand os tarsale primum is present, which shows no sign of fusion with the metatarsus I. These phenomena point to a normal, non-inbred dog.

The middle six thoracic vertebrae and the 5th, 6th and 7th lumbar vertebrae have osteophytes on the underside of the vertebral body (fig. 48). The right-hand front leg (radius) and the left-hand hind leg (tibia and

Fig. 47. Oosterbeintum, dog grave 408. Right-hand metatarsus I. Scale 1:1. Photograph by R.J. van Ewyck, C.F.D., R.U.G.

fibula) showed signs of inflammation, just above the carpus and tarsus (fig. 49). The tail had not been docked.

Dog 432: The dog lay with legs drawn up, on its right side (fig. 50). Its head pointed to the west. Apart from foot bones of the front legs and of the left hind leg, the skeleton is complete, including most of the tail (tail vertebrae 1, 5, 7, 9, 10-17).

Given the presence of a baculum (fig. 51), the dog was definitely a male. All epiphyses have fused. The dog had its complete set of permanent teeth. The premolars and molars of the upper and lower jaw are severely abraded. The lower jaw on the left has a few defects of the teeth, which are more or less age-related: the P_4 has been lost and its socket has closed up. The crown of P_3 has broken off. The two roots were still present in the jawbone. The only surviving incisor, an I^3, is very severely worn. The advanced wear of the canines and the incisors indicates an elderly dog, at least 8 years old (Habermehl, 1975: *Abb.* 108).

The total length of the jawbone (von den Driesch,

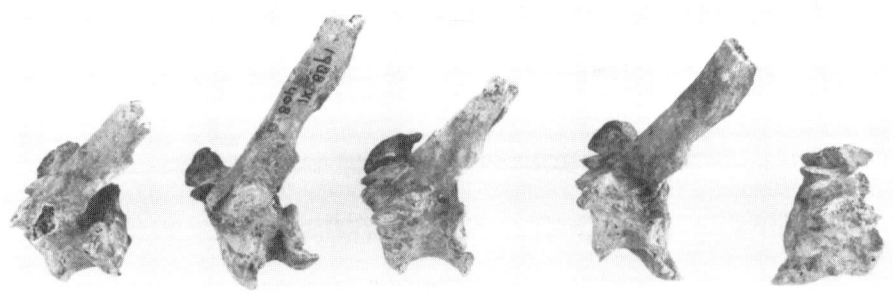

Fig. 48. Oosterbeintum, dog grave 408. Four of the five thoracic vertebrae have osteophytes on the edges of the joint surfaces of the vertebral bodies. Scale 1:2. Photograph by R.J. van Ewyck, C.F.D., R.U.G.

Table 31. Oosterbeintum. Height of the withers of the dogs, after Harcourt (1974).

Skeletal element	Length (mm)		Height of the withers (cm)	
	L	R	L	R
Dog 201				
Femur	219.0	220.2	67.5	67.8
Dog 404				
Humerus	189.0	188.7	62.2	62.1
Radius	183.8	183.1	60.4	60.2
Femur		204.3		62.9
Tibia	203.4	204.2	60.3	60.6
Dog 408				
Humerus	204.1	204.4	67.4	67.5
Radius	197.1		64.6	
Femur	221.8	223.7	68.3	68.9
Tibia	222.0	222.9	65.8	66.0
Dog 432				
Humerus	190.6	189.0	62.7	62.2
Tibia	208.4	209.7	61.8	62.2
Dog 477				
Humerus	191.0	189.9	62.9	62.5
Radius	189.8	191.4	62.3	62.8
Ulna	222.7	223.1	62.5	62.6
Femur	205.4	205.0	63.2	63.1
Tibia	214.7	212.4	63.6	63.6
Dog 480				
Humerus	204.1	202.6	67.4	66.8
Radius	204.1	205.4	66.9	67.3
Ulna		238.6		67.0
Femur	224.3	224.8	69.1	69.3
Tibia	232.0	233.1	68.7	

Table 32. Oosterbeintum. The principal features of the dogs from the cemetery. Doli = Long-headed (dolichocephalic); S = Slender-legged; Norm = Normal proportions of upper and lower leg; Grey = Leg proportions as of a greyhound; Lipp = Lipping along the edges of vertebral bodies; If = Inflammation; Tl = Tooth loss; - = indeterminable. A stop is a concave depression in the skull of dogs at the transition point from the neurocranial to the facial part of the skull.

Dog No.	201	404	408	432	477	480
Head shape	-	-	-	Doli	Doli	Doli
Stop in skull	-	-	-	+	+	+
Sex	-	Male	Male	Male	Male	Male
Age (in years)	9-10	3-4	>7	8	1.5	9-10
Height of the withers (in cm)	67-68	60-63	65-69	c. 62	62-64	67-69
Build (Wendt)	S	S	S	S	S	S
Build (Öhman)	-	Norm	Norm	Norm	Grey	Grey
Pathologies	Lipp	Lipp	Lipp	Lipp		Lipp
			If	Tl		

1976: fig. 23:1), left 161.6 mm, right 161.0 mm, points to a dog of dolichocephalic type (long-headed, from the Greek *dolichos*, long, and *kephale*) (Evans & Christensen, 1979: table 2:4, p. 119: dolichocephalic 163 mm, mesaticephalic 134 mm, brachicephalic 85 mm). The P_2 is in the normal, aligned position. The skull has a distinct stop, a depression in the skull at the transition from the neurocranium to the facial part of the skull, producing a marked 'step' in the dog's profile (fig. 50).

The height at the withers was c. 62 cm. This made it one of the smaller dogs of the Oosterbeintum cemetery (tables 31 and 32). In terms of leg-bone length, this dog too corresponds with the larger dogs of the 'S-Gruppe' at Haithabu. Given the relative lengths of the upper leg

320 E. KNOL et al.

Fig. 49. Oosterbeintum, dog grave 408. Left: right-hand radius; right: left-hand tibia; both with traces of inflammation. Scale 1:2. Photograph by R.J. van Ewyck, C.F.D., R.U.G.

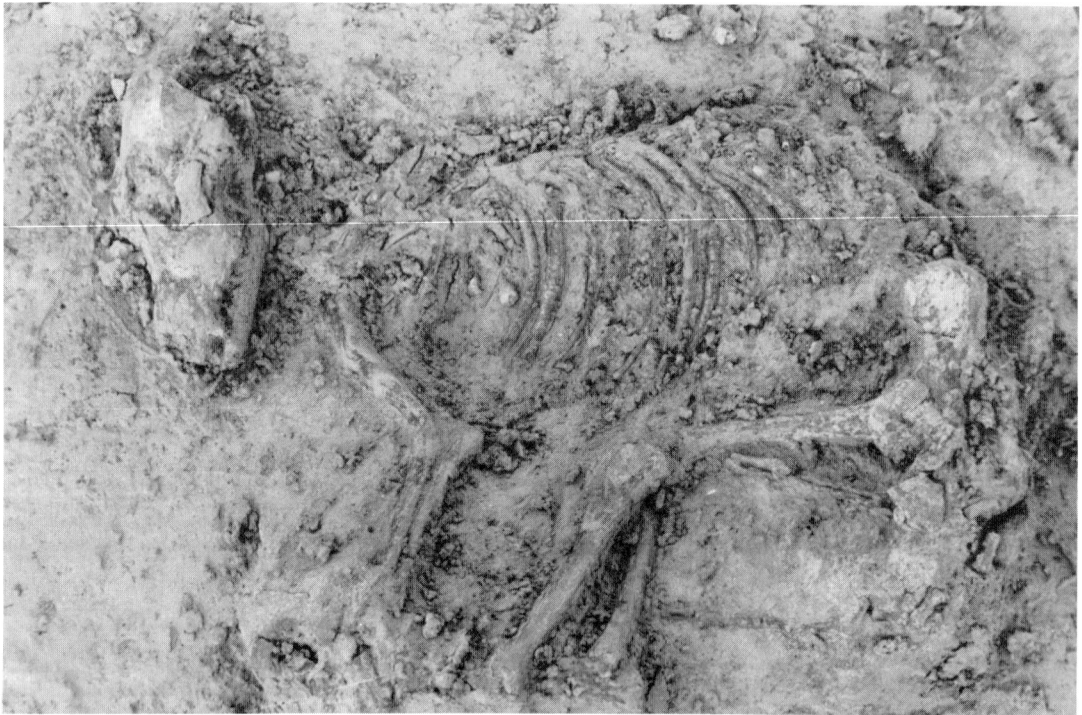

Fig. 50. Oosterbeintum, dog grave 432. The stop (the step in the skull's profile) and the baculum (beside the lower end of the femur) are clearly visible. Photograph by G. Delger, V.A.R.U.G.

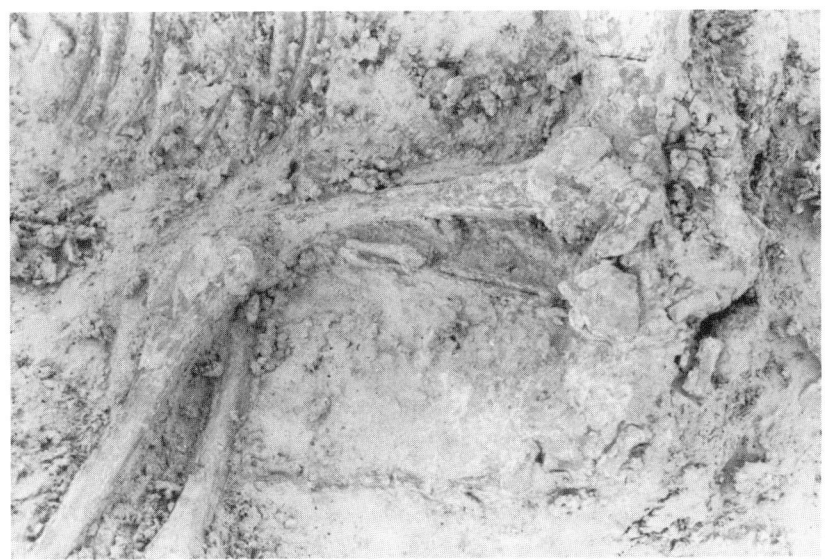

Fig. 51. Oosterbeintum, dog grave 432. Detail of the hind quarters, with the baculum and the tail curving towards the hind feet. Photograph by G. Delger, V.A.R.U.G.

and the foreleg (see dog 404), dog 432 was of the normal type. The stop, a depression in the skull at the transition from the neurocranial to the facial part of the skull, also points to this (Öhman, 1983).

All thoracic and lumbar vertebrae, the sacrum and the first two tail vertebrae to a fairly marked degree have osteophytes on the vertebral centre. The loss of a tooth in the left-hand lower jaw has already been mentioned. The tail had not been docked and was at least 17 vertebrae long (fig. 51).

In the dog's abdominal cavity the contents of its rectum were found, resembling a coprolith 4.7 cm long. It contained bone fragments of mammals of the size of a sheep, goat or pig. The rectal contents were examined for mites and parasites; the outcome was negative.

Dog 477: The dog lay on its right side, with its head to WSW. As with horse 430 and dogs 404, 408 and 432, the legs were drawn up. It is the most complete skeleton. Just a few bones from the carpi and tarsi and a few phalanges are lacking. Eleven tail vertebrae were recovered, Nos 5-7, 9-11, 15, and one beyond No. 15.

This dog too was a male, given the presence of a baculum. The sutures in the skull are still fairly open (fig. 52). The permanent teeth were already in place. The slight wear on incisors, canines, premolars and molars (fig. 53) suggests that the dog was c. 1.5 years old (Habermehl, 1975: *Abb.* 103-104).

The epiphyses of the leg bones and the scapula have fused, but the sutures are still clearly visible. The joint socket of the pelvis (acetabulum) has fused, the epiphyses of the ilium and ischium (parts of the pelvis) had not yet done so. The epiphyses of the vertebrae were partly fused, partly still open. These epiphyses too indicate an age of c. 1.5 years.

The height of the skull (von den Driesch, 1976: fig. 37: 38), 62.2 mm, indicates that this dog too was of the dolichocephalic (long-headed) type (Evans & Christensen, 1979: table 4-2, p. 119. Cranial height: dolichocephalic 61 mm, mesaticephalic 60 mm, brachycephalic 54 mm). The skull has a somewhat less pronounced stop than that of dog 432. The P_2 is straight, as is normal, whereas the P_4 and the M_1 are somewhat askew. The height at the withers of this young dog is estimated at 62-64 cm (table 31). As with the other dogs, the length of its leg bones corresponds with that of the largest dogs of Haithabu (Wendt, 1978). The relative lengths of upper leg and foreleg indicate that dog 477 had some features of a greyhound (Öhman, 1983). Yet its skull did not have a greyhound's long, slender, globular profile without a stop.

The os tarsale primum of the right hind leg is not fused with the metatarsus I. This indicates a normal, non-inbred dog. The tail of this dog was undocked and at least 16 vertebrae long.

Dog 480: This dog lay on its left side, its head to the NNW. The front legs were drawn up, the hind legs extended (fig. 54). Apart from the left scapula and the bones of the left front foot, the skeleton is complete. There are nine tail vertebrae: numbers 1-6, 8 and two from the series 15-19 (fig. 55). The dog was definitely a male dog since a baculum was present (fig. 56). All epiphyses had fused. The dog had its permanent set of teeth. The premolars and the molars of both jaws are all severely abraded (fig. 57), as are the canines of the lower jaw. The latter had been abraded by the I[3]s. This process will most damage the tooth midway between its point and the gum. The tooth will easily break off at this point, which is what in fact happened to the right-hand

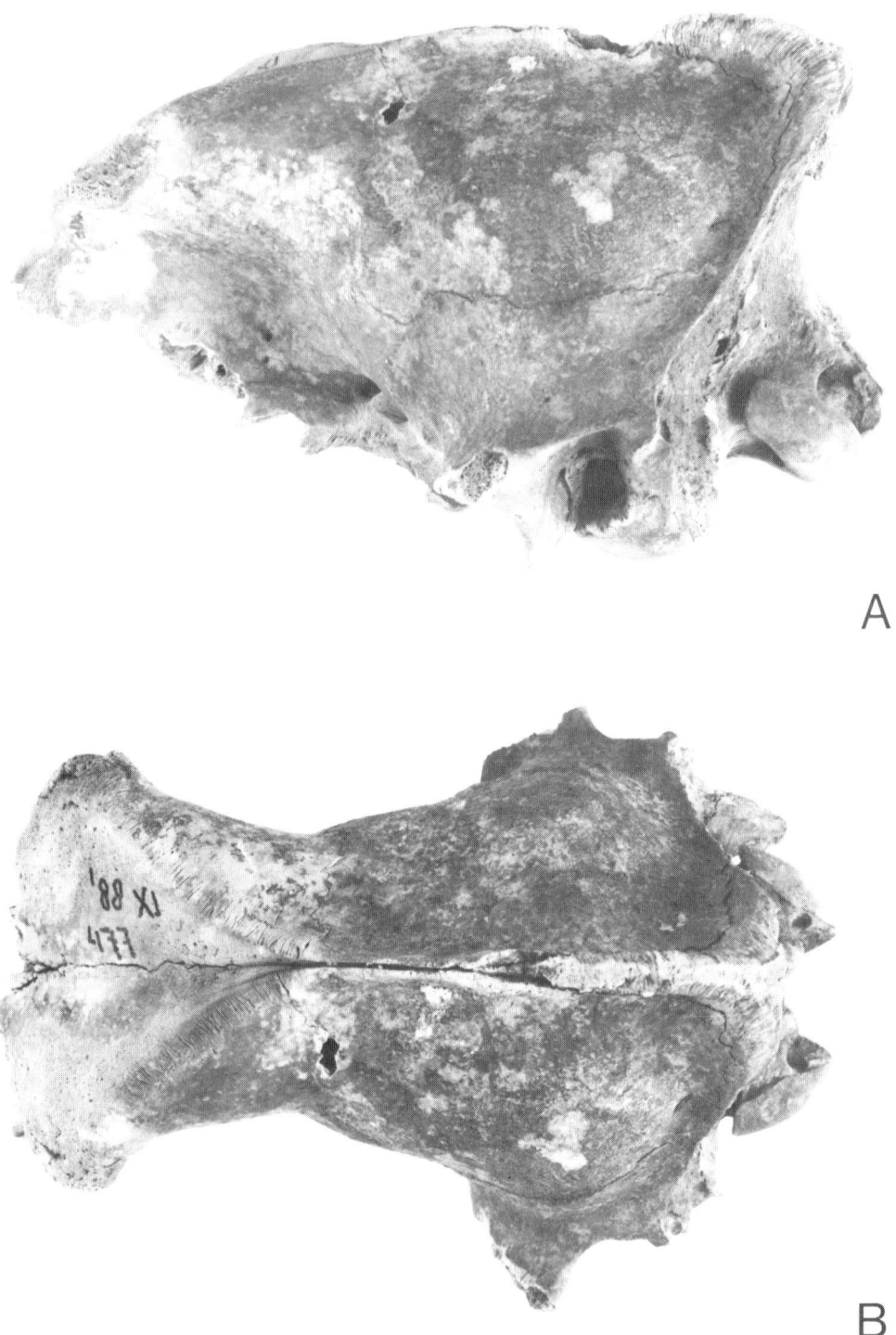

Fig. 52. Oosterbeintum, dog grave 477. Skull, seen from the left (A) and from above (B). In b the open sutures are clearly visible. Scale 1:1. Photograph by R.J. van Ewyck, C.F.D., R.U.G.

Fig. 53. Oosterbeintum, dog grave 477. Left part of the mandible with slight wear on the teeth (for an example of advanced wear, see fig. 57). Scale 1:1. Photograph by R.J. van Ewyck, C.F.D., R.U.G.

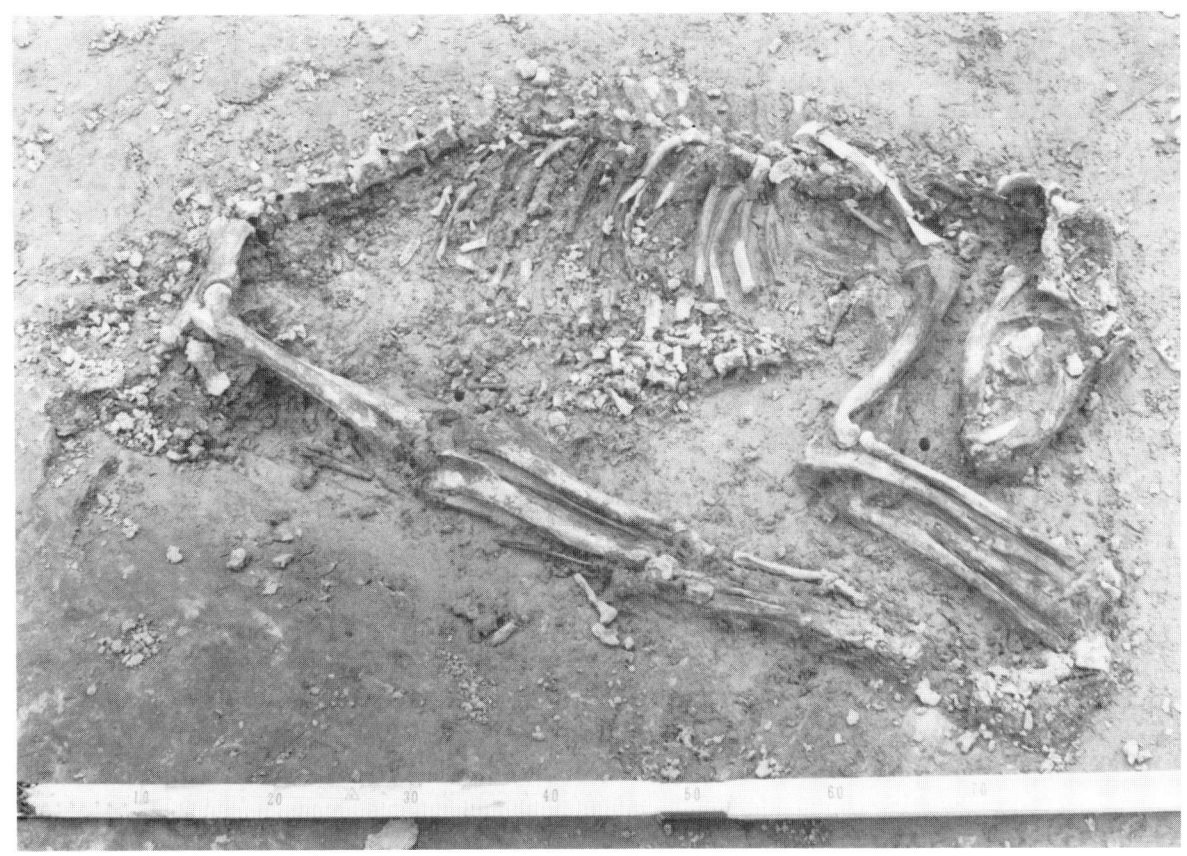

Fig. 54. Oosterbeintum, dog grave 480. Dog with extended hind legs. Photograph by G. Delger, V.A.R.U.G.

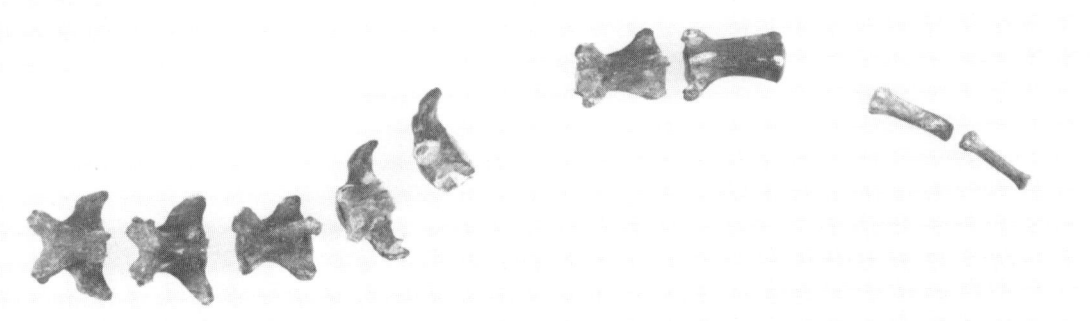

Fig. 55. Oosterbeintum, dog grave 480. Caudal vertebrae. From left to right: Nos 1-3 with wide lateral processes; Nos 4-6 with narrow lateral processes; No 8, long and thick; and two narrow vertebrae from the 15-19 series. Scale 1:2. Photograph by R.J. van Ewyck, C.F.D., R.U.G.

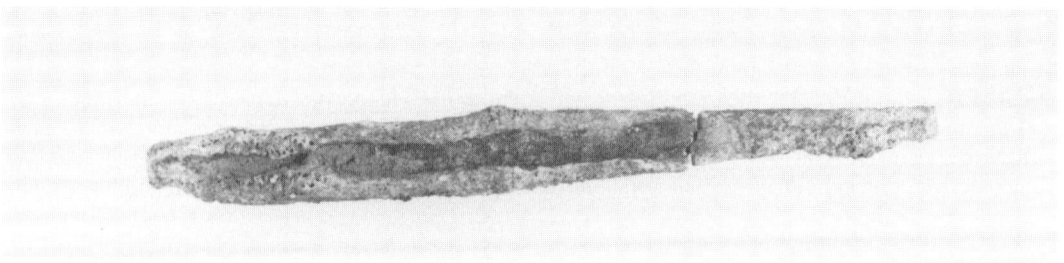

Fig. 56. Oosterbeintum, dog grave 480. Baculum. Scale 1:1. Photograph by R.J. van Ewyck, C.F.D., R.U.G.

canine in the lower jaw. The tip of the right-hand canine in the upper jaw is quite badly worn; that on the left much less so. The I_2s and the I_3s are distinctly worn, the I_3s also on the lip side. This indicates a scissor-like bite. The dog's age is judged to be at least 9-10 years (Habermehl, 1975: *Abb.* 109).

This animal, like the dogs of burials 432 and 477, had a large head with a straight muzzle. The greatest length of the mandible, c. 176.4 mm, points to a dog of the dolichocephalic type. The P_3s are set straight in the jaw, while the P_4s and M_1s are a little askew (see also dogs 404 and 477). Dog 480 was the largest Oosterbeintum dog. Its height at the withers is estimated at c. 67-69 cm (tables 31 and 32). The size of this dog too puts it at the upper end of the range of the 'S-Gruppe' dogs of Haithabu (Wendt, 1978). His forelegs (radius and tibia) are longer than the upper legs (humerus and femur), which means that this dog can be classified as a type of greyhound (Öhman, 1983).

The left-hand os tarsale primum was recovered, which had not fused with the metatarsus I. Dog 480 therefore was another ordinary, non-inbred specimen. The breastbone elements 2, 3, 4 and 5 all in varying degrees display exostoses. Maybe the breastbone and the surrounding tissues had been inflamed.

The abdominal cavity still contained the contents of the dog's intestine. These included the remains of a fetal piglet of a c. 92 days' gestation (full term is 115 days). Parts of the skull, the spine, the front legs and the pelvis were identified (fig. 58). The fetal age was calculated from the length of the diaphysis of the humerus, 29.5 mm (Gjesdal, 1972: table 4; see also Prummel, 1989a: table 7). The dog will have eaten the fetal piglet shortly before his death. The piglet may have become available as dog food after a spontaneous abortion or the death of a sow in farrow. Besides the bones of the fetal piglet, there were seven small splinters of mammalian bone, also remains of the dog's dinner.

Interpretation of the dog burials

Like the horse burials, dog burials too are a well-known phenomenon in early medieval cemeteries. Still, dog burials are much less common than horse burials. In all, 360 dogs from 271 graves or cremations of the 5th to the 11th/12th century are currently known (from the 9th century on, continuing only in Scandinavia). Dog burials virtually all accompany human burials or cremations (151 dogs with 133 burials or cremations). Separate dog burials, like those of Oosterbeintum, are much less common. Including those from Oosterbeintum, we know of just 25 dogs (from 19 graves) that do not share a grave with a human and/or horse (Prummel, 1992a).

The largest group of dogs on the European continent, 35, are from Thuringian cemeteries (Müller, 1980; 1985; Wamser, 1983). These dog burials date from the 5th to the 8th century AD. Most dogs of the 5th to 7th century accompanied one or more horses. In the 7th and 8th century especially, the Thuringians buried dogs

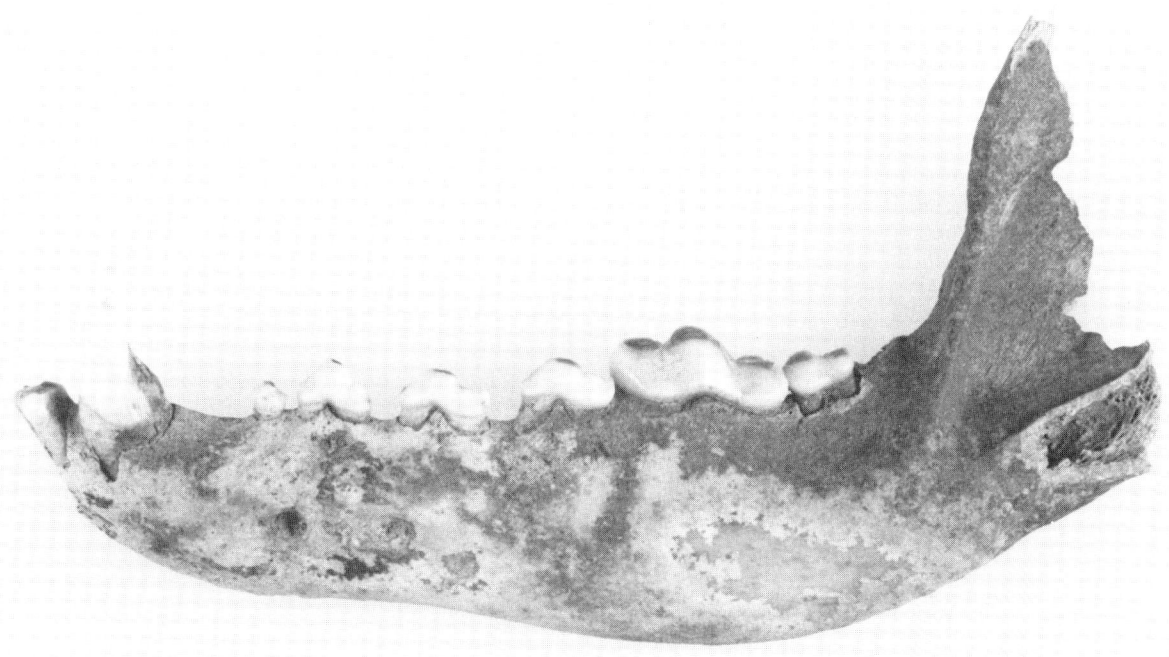

Fig. 57. Oosterbeintum, dog grave 480. Left part of the mandible, showing advanced wear of the molars. Scale 1:1. Photograph by R.J. van Ewyck, C.F.D., R.U.G.

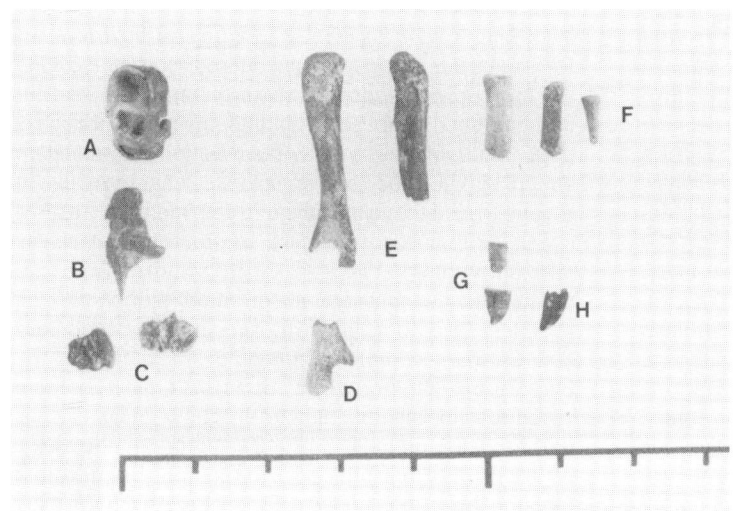

Fig. 58. Oosterbeintum, dog grave 480. Small bones and claw of a fetal piglet from the dog's abdominal cavity. A. Petrosal bone (skull); B. Left-hand occipital bone; C. Two molars; D. Right (top) and left humeri; E. Ulna; F. Three metatarsi; G. Two phalanges; H. Claw (horn). Scale 1:1. Photograph by R.J. van Ewyck, C.F.D., R.U.G.

together with one or more horses in human graves.

Secondly, there are the dogs of the Saxons, 28 dogs in all (Müller-Wille, 1971; Rötting, 1977; Hornig, 1989). Twelve of these were in independent dog burials, all dating from the 7th-8th century. Fourteen dogs came from horse burials, of which seven dated to the 5th-7th century; the others dated from the 7th-8th century. The remaining two dogs were found in human graves of the 7th-8th century. The combination of human, horse and dog is not documented for Saxon cemeteries. Six dogs were uncovered in Anglo-Saxon cemeteries, of which

four in human graves and two with a horse and a human.

Some thirteen dogs are known from Langobardic cemeteries, both in Austria and former Czecho-Slovakia, in the 5th and early 6th centuries, and in Italy in the 6th and 7th centuries (Müller-Wille, 1971; Novotný, 1974; Rybová, 1979; 1980; Riedel, 1990). Five dogs lay buried in horse graves, six in human graves and two in graves with horse and human. In the course of the 7th century the Langobards dropped the custom of burying dogs in their cemeteries.

From the coastal region of the northern Netherlands,

ten to twelve dogs are known, of which the majority lay in graves of their own. These are the six of Oosterbeintum and up to three dogs from Hogebeintum. One, possibly two dogs lay in horse graves: the double horse grave of Ezinge-De Bouwerd and possibly a single horse grave in the same cemetery (Boersma, 1980; Prummel, 1992a). Of a twelfth dog, a male dog from Rasquert, the relation to other burials is uncertain (Boersma, 1967). The dogs of Oosterbeintum cannot be more closely dated than to AD 450-750. The same date applies to the dog(s) of Hogebeintum. The double horse grave of Ezinge-De Bouwerd is dated to the 7th-8th century (Boersma, 1980).

The numbers of dogs in Frankish and Alemannic cemeteries, fourteen and eight, are small in comparison to the many horse burials at these cemeteries (Müller-Wille, 1971; Oexle, 1984). The Frankish dogs were buried with human and horse (two dogs of the 5th-7th century and two of the early 8th century), with a human (five dogs of the 5th-7th century), with a horse (one dog of the 5th and two of the 7th century), or (probably) alone in a grave (two dogs of the 5th-7th century) (Müller-Wille, 1971; Oexle, 1984; Salin, 1959: pp. 19-20). Five Alemannic dogs lay in human graves of the 6th, the 7th (three) and the 5th-7th century. Two others were buried together with three humans and two horses in a 7th-century grave. The final Alemannic dog lay in a grave of its own dated to the 7th century (Müller-Wille, 1971; Kleinschmidt, 1967; Koch, 1977). The inhumation of dogs among the Alemanni and Franks ended in the late 7th or early 8th century. In the Frankish cemetery of Kleinlangheim in the north of Bavaria there appeared the grave of a wolf with a height at the withers of 75 cm (Boessneck & von den Driesch-Karpf, 1967).

In Sweden, especially in the area around Stockholm and Uppsala, dogs were added to inhumations and cremations from the 5th to the 11th century. From the Migration period (400-550) we have nine dogs, from the Vendel period (6th-8th century) 77 dogs, and from the Viking period (9th-11th century) 129 dogs (Öhman, 1983; Sten & Vretemark, 1988; Prummel, 1992a).[15] All these dogs accompanied a human as well as one or more horses. Here often large numbers of dogs were buried or cremated with a person (up to 11 dogs in one grave). Across the Gulf of Bothnia, in the Eura region of SW Finland, dogs were buried with people in the Vendel period (one instance) and the Viking period, continuing until c. 1050-1150 (18 dogs). With the exception of one dog which lay in a grave of its own, these were dogs in human graves (Fortelius, 1982). Twelve dogs have been found in Denmark, one dating to AD 550-800 and eleven from the 800-1050 period (Müller-Wille, 1971).

The distribution of the dogs in Merovingian cemeteries on the European continent more or less coincides with that of the horses (Oexle, 1984: figs 6-8). In areas with large numbers of horse burials in certain periods we also see substantial numbers of dogs in the same periods. Still there are differences between these dis-tributions. Alemannic dog burials of the 5th and early 6th centuries have so far been lacking, while there are horse burials of that time. In Frankish cemeteries of the 7th century the dogs are markedly fewer than the horses. In the Carolingian period the distributions of horse and dog burials in western Europe are parallel. Then horses and dogs virtually disappear from Frankish and Alemannic cemeteries, while their numbers in Saxon and Frisian cemeteries remain substantial (Oexle, 1984: figs 6-8; Müller-Wille, 1971: *Abb.* 21; Prummel, 1992a).

This parallel distribution in space and time of the dog and horse graves suggests that the buried dogs and horses served a similar function, that of grave goods. The dogs, including those of Oosterbeintum, will have been killed and buried at the time of a funeral. This may have been either for a man or a woman. Indeed dogs occur in inhumations and cremations both of men and of women (78 and 21 respectively, among the 216 human graves containing one or more dogs). Four other graves with one or more dogs contained both one or more men and one or more women. The gender of the bodies in the other 109 graves is unknown.

For 215 of the 360 dogs of the early Middle Ages, reliable data on the animal's sex, age and/or size are known. Apart from the dogs from the coastal region of the northern Netherlands (i.e., Oosterbeintum (see table 32), Hogebeintum (only the sturdy skulls were preserved in the Fries Museum) and Ezinge-De Bouwerd (sex unknown, age 2.5 years, 65-67 cm tall) (Prummel, 1992a)), these are mainly the dogs of the Thuringians and those from Sweden. The Thuringian dogs include a large number of males (with a baculum). All of these dogs were large specimens. Their height at the withers varied between 62 and 68 cm; their age between 6 months and 6-8 years (Müller, 1980; 1985). Müller suggests that many bacula were lost in careless excavation. Many Swedish dogs too were definitely males (with bacula). The height at the withers ranged from less than 40 cm to 60-75 cm (Öhman, 1983; Sten & Vretemark, 1988). For the size of the dogs of the Saxons, the Franks and the Alemanni we only have clues, such as excavators referring to 'large dogs'. One of the Anglo-Saxon dogs was described as a 'lapdog'.

For the continent (Thuringia, coastal region of the northern Netherlands, and probably also the lands of the Saxons, Franks and Alemanni) we may assume that especially, if not exclusively, male dogs of considerable size were buried in the early medieval cemeteries. This applies both to the dogs that were buried alone and for those buried together with people and/or horses. The age of the dogs was varied.

During life, these large dogs will have been used especially in defending livestock against wolves, and in warfare. Documentary sources reveal that large dogs in particular fulfilled these functions (Paul, 1981: pp. 23-48). A dog that defended the herd should be able to pursue and kill a wolf. This is mentioned in the *Lex Frisionum*, the law of the northern Netherlands, which was codified in the 9th century (Eckhardt & Eckhardt, 1982). In warfare dogs were used to attack the enemy. One may imagine that the bloodthirsty males were particularly suited for this task. The burial in early medieval cemeteries of (decoy?) red deer and birds of prey trained for falconry may mean that like these the dogs were also used in hunting (red deer: Schretzheim (Koch, 1977: p. 181), Basel-Bernerring (Kaufmann, 1976) and Rullsdorf (Hornig, 1989); birds of prey: Quedlinburg, grave 41 (Müller, 1980: p. 111), Alach (Timpel, 1990) and various cremation graves in Sweden (Sten & Vretemark, 1988)).

The undifferentiated build of the dogs of Oosterbeintum is very compatible with the task of taking part in warfare and attacking wolves. The association of a male dog with a (male) horse and a human in early medieval cemeteries, in separate or combined graves, supports the hypothesis that the dogs were employed in warfare. This function may have been in part symbolic, with dogs as emblems of power (Alkemade, 1992).

3.3.4. Brandgrube *97: sheep or goat and teal*

Brandgrube 97 contained the remains of a cremated sheep or goat and a cremated teal (*Anas crecca*) (3.1.3). The remains include elements of all parts of the bodies (catalogue), which means that complete animals had been cremated. The sheep or goat died before it was 5 to 7 months old (the phalanges 2 were proximally unfused). Hence a lamb or kid had been cremated. The teal was an adult bird.

No human remains were found in this feature. Cremation graves of animals without human remains are known from Scandinavian early medieval cemeteries. Of 308 cremation graves in North Spånga near Stockholm (Sweden) containing one or more animals, nine did not contain any human remains. The species represented in these cremation burials are dog, horse, sheep and cattle (Sigvallius, 1994).

The cremation of the lamb or kid and the teal in *Brandgrube* 97 probably took place on the occasion of a human interment or cremation. In the latter case, the human and animal cremations were performed separately. *Brandgrube* 97 will have had the same function as the horse and dog burials: some sort of complement or offering to a human burial. It is not known with which grave it might have belonged.

4. THE GRAVE GOODS

4.1. Introduction

Objects were found both in the cremation features and in the inhumation graves. The finds provide evidence about what was buried or burnt with the body, such as clothing, personal utensils, and purposely added gifts to accompany the dead. Several finds, including many remains of animals (see 4.9), may have ended up in the

cemetery by chance. Datable grave goods offer clues about the age of the graves and the duration of the cemetery's use (chapter 5). Finally, the grave goods may provide evidence regarding the gender and social status of the dead person and the demography of the population that used the cemetery (chapters 6 and 7).

The nature and quality of the grave goods are strongly dependent on the type of funerary rite. In the cremations many grave goods were burnt together with the body, which severely damaged them. Some disappeared altogether or became unrecognizable. Some of the grave goods may have been left at the site of the pyre. Cremation features have been found to contain remains of burnt pottery, metal, glass, amber and antler (tables 3 and 4). Also some unburnt objects were encountered in the cremation features: earthenware urns which contained the dead person's ashes, antler combs that were buried with the ashes (urns 483 and 66) and maybe additional pottery and spindle whorls, of which it is not always clear whether they were secondarily burnt. Most objects are in poor condition as a result of cremation and decay in the soil. Clothing has completely gone. Items of iron, bronze and antler are mostly just fragmentary, while glass objects have melted. A great deal of charcoal from the pyres was found (table 2). A few unidentifiable wooden artefacts were spotted among the charcoal. Nothing had survived of any cinerary containers in the *Brandgruben* (3.1.3).

With the inhumations, (remains of) objects of stone, metal, leather, woven fabrics, pottery, glass, amber, bone, antler, wood and an unidentified botanical substance have been preserved (table 18). Only the grave goods of flint, pottery, glass, amber, bone and antler are well preserved. The metal (iron, bronze, lead) has severely corroded, owing to the commercial quarrying of the topsoil and the recent, effective drainage of the *terp* body. Apart from a few fabric fragments in the corroded copper or iron of brooches, all textiles have decayed. The oxides had completely permeated some fragments and thus prevented their disintegration. In this way also part of a leather sheath was preserved in the form of rust (grave 435). In a few graves, remains of tree-trunk coffins came to light. There is also evidence of wooden artefacts. Several of the grave goods still occupied their original place with respect to the body, allowing inferences about their function.

4.2. Metal objects

Soil was removed from the metal objects by means of sandblasting at the laboratory of the R.O.B. (Amersfoort). The cleaned clumps of rust were then subjected to X-ray photography at the Department of Radiodiagnostics of the University Hospital of Groningen; this usually clarified the original shape of the object. Then drawings were made of the metal objects. They were not restored, since this would destroy any adhering textile remains.[16]

The spearhead

Beside the left arm of the man in inhumation grave 335 there lay an iron spearhead with a hollow shaft and a slender oval blade. The spearhead corresponds to Böhner's type A4 (Böhner, 1958: pp. 148-150). At Krefeld-Gellup this type is dated to the 6th century (Pirling, 1974: p. 140).

The Schmalsax

The same grave (No. 335) contained an iron *Schmalsax* on the left hip. This is a short sword with a single cutting edge that was used for hewing or stabbing. The sax has a wooden hilt which partly survived in the rust. Böhmer classifies such swords as type A2, which he dates to AD 525-600 (Böhner, 1958: pp. 136-138).

Large knife and awl in a leather sheath

In the inhumation grave of another man, No. 435, an elongated iron object was found on the left hip. X-ray photos show that this consists of a large iron knife and an awl-like iron object. They were contained in a sheath

of leather which had been partially preserved by the rust. The sheath also contained an undecorated bronze nail, which may have been fixed to a wooden part of the sheath. A clearly datable parallel to this combination has not been found.

Small iron knives

In five inhumation graves (male burials 15, 335 and 460, female burial 374B and adult burial 98), one disturbed cremation feature (100), two urns (515 and 519) and stray finds in the *terp* (439 (in inhumation grave 393) and 511; possibly from disturbed cremation features), simple small knives of iron were found. Grave 60 may have held a fragment of an eleventh small knife. Any typology must be based upon the curve of the back of the knife, since the prong with which the knife was attached into the hilt has usually broken away and the cutting edge has been altered by sharpening. The knives from Oosterbeintum can be classified into three groups (fig. 59):

A. The knives with a straight back and a curved

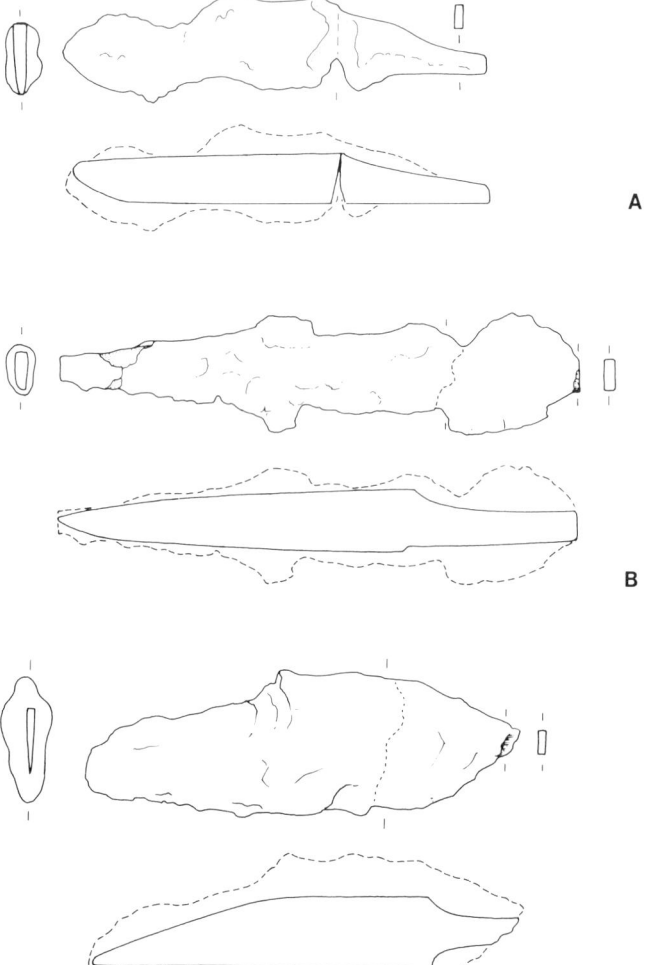

A

B

C

Fig. 59. Oosterbeintum. Examples of the three identified types of knife. A. With a straight back and curved cutting edge (grave 374B illustrated); B. With a curved back and curved cutting edge (grave 15 illustrated); C. With a distinctly angled back and a straight cutting edge (grave 511 illustrated). Scale 1:2. Drawing by H.J.M. Burgers, A.I.V.U.

cutting edge from graves 374B and 460;

B. The knives with a curved back and a curved cutting edge from graves 15 and 335;

C. The knife with a distinct angle in the back and a straight cutting edge from grave 511; maybe also the knives from graves 98 and 100 belong to this type.

The other knives are too incomplete to allow classification (from graves 393, 515 and 519 and 60). Types A, B and C occur throughout the early Middle Ages (Böhner, 1958: pp. 214-215). These small knives therefore fail to date the graves any more closely than to the early Middle Ages.

Ahrens (1983) performed an elaborate analysis of the 123 knives from that part of the cemetery of Ketzendorf in northern Germany that was used in the second half of the 8th and the early 9th century. All three ,types of knife occur there. Ahrens even distinguished subtypes, which did have a chronological value for this cemetery. Yet he warns that his findings are not necessarily applicable to other cemeteries. The number of knives in the cemetery of Oosterbeintum is too small to allow a similar analysis.

Tweezers

In a man's inhumation grave, No. 335, a bronze, tweezer-like object was found together with a small iron knife, a strike-a-light and two metal buttons. In *Brandgrube* 5 (of an adult) lay a fragment of bronze tweezers, burnt on the pyre. Such simple tweezers were used throughout the early medieval period.

Buttons

Two possibly bronze knobs of indistinct shape were found in a man's inhumation grave (No. 335). Presumably they were fixed to a belt and served to attach a pouch holding a small knife, a pair of tweezers and a strike-a-light. Similar buttons of antler were found with male inhumation burial 15.

Buckles

Fourteen buckles were found, four of bronze and ten of iron. Inhumation grave 485A, of a man, contained a bronze buckle. On the foot of the woman in inhumation grave 393 lay a small buckle of bronze. A bronze buckle lay on the abdomen of the woman in grave 360. In ash stain 568 another bronze buckle was uncovered.

The bronze buckle in grave 485A is fairly thick, flat and kidney-shaped. At the attachment of the tongue, the buckle is somewhat narrower. The X-ray photo did not show any evidence of a decoration or an unusually shaped tongue. Such a buckle was also found in grave 145 at Rittersdorf. Böhner (1958, 179) dated this to the period AD 450-525. Siegmund (1989, *Abb.* 16) dates such buckles to between AD 440 and 485. Simple bronze buckles may also date from the period AD 525-600. An argument for an early date for this buckle could be that the grave also contained a sherd of Anglo-Saxon ware.

The bronze buckle from grave 393 is kidney-shaped and is triangular in section. The position of the buckle on the foot of the skeleton suggests that it was used on footwear or leggings. The other foot of the body had been disturbed. Small buckles with this function are well known from early medieval graves (Clauss, 1982; Kock, 1990: pp. 165-168; Knaut, 1993: p. 92). The bronze buckle from grave 360 is annular. Nothing is known about its function and dating.

The bronze buckle from ash stain 568 has a small mounting plate, whose shape shows up distinctly in the X-ray photo. This buckle is markedly smaller than the other bronze buckles or the iron buckles and may have belonged to footwear. The shape of the buckle and the mounting plate do not reveal anything about its date.

Iron buckles were found in male inhumation burials B, 335 (two specimens) and 435, in *Brandgrube* 5, in urns 372 and 267 (two specimens) and in the disturbed cremation features 420 and 460. All are of simple design and not closely datable. Given the other grave goods, the buckles from grave 335 date from the 6th century. The urn in burial 372 dates from the second half of the 7th century, the urn in grave 267 from the late 7th or early 8th century. One of the buckles from grave 335 (find No. 335.3) in view of its position in the grave probably belonged to a belt. The function of the other iron buckles remains obscure.

Brooches

In inhumation graves, in disturbed cremation features, in what may be disturbed inhumation or cremation features and as unstratified finds in the *terp*, thirty brooches or parts of brooches were found. Among them, at least six different types can be distinguished.

Disturbed cremation 460 contained a fire-damaged bronze *Stützarmfibula mit stabförmigem Bügel*. The brooch is decorated with a circle-and-dot motif and along the arm it bears some chevrons in niello. Good parallels for the niello decoration are known from the Elbe-Weser coastal region (Böhme, 1974: p. 52). Other *Stützarmfibulae* have been found especially in the Dutch river area (Böhme, 1974: *Karte* 10; van Es & Verwers, 1977; Haalebos, 1990; Hulst, 1992). Böhme assumes that these brooches, like the *Zwiebelkopffibulae*, were worn by men. In the Elbe-Weser coastal region they also occur in women's graves. *Stützarmfibulae* are dated to the first half of the 5th century (Böhme, 1974: pp. 51-52).

Four inhumation graves, A, 60, 360 and 398, each contained one bronze cruciform brooch of Midlum type. Graves 60 and 360 were both osteologically and archaeologically women's graves, grave A was archaeologically female and the body in grave 398 was osteologically a man's and archaeologically a woman's (3.2.6). Reichstein (1975, 42) described 25 specimens of this type, including four Dutch ones: two from the cemetery of Hogebeintum, one from Oosterbeintum (grave A) and a fourth from Midlum. This last one gave the type its name. In the depot of the Fries Museum another brooch of this type was recently discovered, which had been found in the Hogebeintum cemetery in 1907 (Fries Museum inv. No. 1987-I-28). Three Frisian specimens, one from Wijnaldum, one from Oosterbeintum, and one from an unknown findspot, are in a private collection (Zijlstra, 1991a: fig. 3-5c; 1991: fig. 21; 1994: fig. 8-44).

With the three new Midlum-type brooches from Oosterbeintum, eleven of this type are now known from Friesland, of which eight are in the Fries Museum and three in a private collection. The type is fairly frequent in eastern England (14 specimens). Two more were found in Schleswig-Holstein, and three in Denmark (Reichstein, 1975: p. 42). Reichstein (1975, 108) believes the Midlum type to be one of the late forms of the cruciform brooches. He dates these to the second half of the 5th and maybe the early 6th century. His dating of the English brooches is not based on large numbers of finds. Since the late forms display similarities to the so-called 'animal style I', Hines uses the first occurrence of this style as a starting point of the late forms of the cruciform brooches: AD 475. For an end date he mentions AD 525 (Hines, 1984: pp. 7-28). In this study, Hines' dating is adopted. Apart from these brooches of Midlum type, a number of cruciform brooch fragments were found that are not attributable to any type: those in grave 60, the disturbed cremation feature in grave 100, and *bustum* grave 160, and the stray find 365. For these fragments, a date in the 5th or early 6th century is most likely.

Three inhumation graves in which a brooch of Midlum type was found (A, 360 and 398) also contain one or two 'small long brooches'. These are small, bronze, bowed brooches, modelled on the larger cruciform brooches (Böhme, 1986: p. 556). Whereas the latter were mostly used to fasten a cloak, the small long brooches served for fastening the undergarment. In grave 360 a large cruciform brooch lay below the chin, while there were small long brooches on either shoulder. In grave 47 of Hogebeintum these brooches are shown on these same parts of the body (Knol, 1993a: fig. 61). In grave 398 a small long brooch lay below the chin and a cruciform brooch aside of the chest. Presumably it had slid sideways, having originally lain on the chest. It is not known how the brooches lay on the body in grave A. So far no typochronological study has been made of the small long brooches on the continent.

The Angles and the Saxons introduced brooches of this type into England. The great variation in forms among the English small long brooches was investigated by Leeds (1945). His classification has been criticized, but has not yet been improved upon. In England these brooches are dated from the early 5th to the late 6th century (MacGregor & Bolick, 1993: p. 125). Those of Oosterbeintum do not fit into Leeds' classification, although they are closely related to the English brooches. There is also a link with continental forms which are

dated to the latter half of the 5th and the early 6th century (Böhme, 1986: p. 556 and fig. 72). This dating corresponds with that of the cruciform brooches of Midlum type. The small long brooches of Oosterbeintum will be of the same period: second half of the 5th and early 6th century.

Inhumation grave 428, of a woman, contains a variant of the small long brooch. Yet the bow is ribbed and the headplate is not rectangular but consists of two inward-curling spirals and thus is kidney-shaped. This must be an early form of the Domburg brooch, with a kidney-shaped headplate. Quite a lot has been written about this type of brooch but unfortunately most finds lack a datable context. On typological grounds, Werner (1955) dates these brooches to the 6th century. Given the presumed date of the other finds at Domburg, Roes (1954) was inclined to date such stray finds in *terpen* to the 7th and 8th centuries. Van Es (1967) and Capelle (n.d.) without specific arguments adopt this dating for such brooches from the cemeteries of Wijster and Domburg. The brooches from Wijster came from graves without closely datable grave goods (van Es, 1967: graves 10 and 19). The settlement at Domburg may have existed as early as the 6th century. In any case the earliest coins date from the end of that century (Blok, 1974: p. 30). Hence this dating may also apply to the Domburg brooches.

The brooch from Oosterbeintum has a more distinct headplate decoration, with inward-curling spirals, than the Domburg brooches themselves. Presumably the Domburg brooch is a Frisian variant of the 'small long brooch', which evolved in the 6th century and continued into the 7th (see also Botman, 1994). The later brooches of this type have smooth, kidney-shaped headplates. The brooch from inhumation grave 428 may be regarded as an early, 6th-century form of the Domburg type. This dating fits in with that of the annular brooch from the same grave. Brooch fragment 136, a stray find, is probably also part of a small long brooch.

Seven bronze annular brooches with iron tongues were found. Women's inhumation graves 60 and 295 contained such brooches, and pairs of such brooches accompanied the women in inhumation graves 374B and 428. A stray find, maybe from a funerary context, is a lump of rust with the impression of an annular brooch (find No. 119). The annular brooches are decorated with bulges, grooves and dots. At the spot where the tongue is attached to the ring, the latter is narrower. These brooches were found close to the neck, on the collarbones, or at the chin. These ornaments were typically worn on both collarbones. These simple annular brooches often occur in graves in Anglo-Saxon Britain. They are dated throughout the early Anglo-Saxon period, which spans the second half of the 5th century up to around 700 (Leeds, 1945: pp. 48f; see also West, 1985: p. 142 and fig. 262; MacGregor & Bolick, 1993: p. 82). Brooches similar to those from Oosterbeintum have been found in 6th-century inhumation graves at Spong

Hill (graves 19 and 24 in Hills, Penn & Rickett, 1984: pp. 67-68; figs 78, 80 and Pl. XII). On the basis of other grave goods, grave 24 can be dated to the first half of the 6th century (Hills, Penn & Rickett, 1984: p. 14).

Annular brooches are known also from the Netherlands. In Friesland especially, quite a number have turned up (Knol, 1993a: pp. 67-68 and fig. 59). Further inland on the continent, annular brooches are rare. Also because of the accompanying grave goods, the annular brooches from Mühlhausen (Thuringia) have been regarded as Anglo-Saxon imports (Behm-Blancke, 1959; Vierck, 1970: pp. 355-363. Another is known from a rich grave at Speyer (Polenz, 1988: *Taf.* 160.10). On the basis of the cruciform brooch, inhumation grave 60 of Oosterbeintum is dated to the final quarter of the 5th or the first quarter of the 6th century. These parallels suggest that all annular brooches from Oosterbeintum may date from about AD 475 to 700.

Three strap-shaped, equal-armed brooches of bronze were found in inhumation graves 342 (child), 393 (woman), and 501 (woman). All three consist of a slightly widened bow with a few grooves at either end. The one from grave 393 is so badly corroded that its shape could only be roughly assessed. This varied group of brooches has not yet been extensively studied (Hübener, 1972). Van Bellingen (1988; 1989) drew up a typology of this group for Belgium and northern France. Those from Oosterbeintum somewhat resemble his type 5.3, a brooch from Harveng (Belgium) in particular, which he reckons to the Normandy type (van Bellingen, 1988: pl. 21.112). Van Bellingen dates this type from the second quarter of the 7th to the mid-8th century. Graves 342 and 393, each with a strap-shaped equal-armed brooch, belong to a cluster of transecting graves (see 3.2.2). From this it can be inferred that graves 393 and 342 were dug in fairly close succession between the mid-7th and the early 8th century. For grave 501 the brooch constitutes the only dating evidence. In recent years brooches of this type have been frequently found in Friesland by metal detector users. Exact parallels for these Oosterbeintum brooches are known from the string of *terpen* at Wijnaldum (Zijlstra, 1991a: fig. 4 No. 11c; 1991b: fig. 64).

An undecorated headplate fragment (stray find 224) must belong to a Domburg-type brooch or to an equal-armed brooch, van Bellingen type 7.1 (van Bellingen, 1988). The dating in either case is 7th century. Fragments of brooches that could no longer be attributed to a particular type were found in inhumation grave 483 (a woman's), in ash stain 193 (presumably a child's ashes), in disturbed cremation feature 295, and unstratified in the *terp* (from a possibly disturbed burial: No. 155).

Wire ring with spiral knob
A wire ring with a spiral knob probably belongs with the urned cremation of a child (No. 438). This was made from a length of silver wire, the ends of which were twisted into a knob. Such rings are known from as early

as the Roman Period and occur throughout the early Middle Ages (Böhner, 1958: p. 118; Capelle, n.d.: figs 438 and 439). Judging by the comb in urn 438, a 7th-century date seems likely for the ring of Oosterbeintum. At nearby Hogebeintum a number of such rings were found together with a 7th-century gold brooch and a string of glass beads (Knol, 1993a: fig. 77).

Bracelets
Inhumation grave 398 (osteologically a man's, archaeologically a woman's grave), female burial 295 and *bustum* grave 160 (with the remains of a woman) each contained a simple bangle of bronze. These cannot be closely dated. The bracelets were made of bronze wire, the ends of which were entwined. The occurrence of a similar bracelet in grave 47 of Hogebeintum suggests a date in the last quarter of the 5th or the first of the 6th century (Knol, 1993a: fig. 61). In a broadly dated grave, No. 23, of the 6th/7th-century cemetery of Holywell, England, a similar ornament was found, which was worn as a foot bangle (Lethbridge, 1931: p. 17).

Given the other grave goods in burial 385, this bracelet must date from the last quarter of the 5th, or the first quarter of the 6th century. In view of the annular brooches found in grave 295, this grave will date from between the second half of the 5th and the 7th century. The *bustum* grave is dated to the latter half of the 5th or the early 6th century.

Pins
A thin bronze pin with an eye lay at the throat of the woman in inhumation grave 360. The head of the pin had broken off. A thread had been wound around the end of the pin. Its position at the throat suggests that the pin served to fasten a garment. This type of pin is difficult to date. The other grave goods in burial 360 date the pin to the last quarter of the 5th or the first quarter of the 6th century. A thin needle or pin lay in grave 435.

Chatelaine
At the side of inhumation grave 374 lay an object that presumably belonged with female burial 374B and not with the overlying child's grave 374A. It consists of a rusted iron ring with a clump of rust in which a link of a chain is visible. Adhering to the clump of rust there is a perforated upper canine of a wolf. On one side, the rust clump showed an imprint of wood. Close beside the ring and the rust clump lay a second perforated upper canine from presumably another wolf (this canine was somewhat larger than the first). X-ray photos of the rusty clump revealed that it contained more links of the iron chain. The iron ring and the chain of links presumably were parts of a chatelaine. This is a chain worn around the waist, whose ends hang down at the hip. A variety of small objects such as amulets and small tools will be fastened to the chatelaine. Attached to the Oosterbeintum chatelaine were at any rate a ring and the

two wolves' canines. Presumably the latter served as amulets. Other items of more perishable material, such as wood, leather, horn or cloth, may also have hung from the chain.

Presumably the chatelaine had slid down to the side of the burial pit, where it rusted into a clump. The wood of which an imprint was found in the rust was almost certainly no oakwood, but possibly coniferous wood. Therefore it was not part of a tree-trunk coffin. Probably a wooden object lay beside the chatelaine, maybe even attached to it.

Chatelaines with iron or bronze chains are known from various early medieval cemeteries. The German ones are dated to the late 6th and the 7th centuries (Böhner, 1958: pp. 125-126; *Taf*. 24; Koch, 1967: p. 42, *Taf*. 62.7/10, 25; Stoll, 1939: 2.1; *Taf*. 15.8; Veeck, 1931: pp. 58-59; *Taf*. Pl, K 17 and 43/44). Such chatelaines are found also in Anglo-Saxon cemeteries (Meaney, 1981: p. 141 and fig. IVdd; Lethbridge, 1931: pp. 62-64). Amulets of perforated animal teeth are a well-known feature in the early Middle Ages (Arends, 1978: pp. 137-165 (although he mentions very few teeth of wolf or dog from the continent); Meaney, 1981: pp. 131-139 (wolf/dog: pp. 134-136)). Anglo-Saxon England produced a few perforated canines of wolf (or dog) attached to chains or necklaces (Meaney, 1981: p. 135). Meaney suspects that most of the canine teeth referred to as 'dog' in the literature on Anglo-Saxon cemeteries were in fact teeth of wolves.

Among the early finds from Oosterbeintum there is an undatable perforated first incisor from the upper jaw of a horse. This too had probably served as an amulet (Fries Museum inv. Nos 28bis-250; Kramer & Prummel, in prep.). The perforation is in the root of the tooth. It is unknown whether this tooth came from a funerary context. A similar amulet (also the first incisor from the upper jaw of a horse) was found in the excavation on the Monniketerp at Tzummarum, near Barradeel (B.A.I. find No. 1961 42-33), dated to AD 700-1100. The horse-tooth amulet from Tzummarum is definitely not from a funerary context. In that excavation, layers of raised material and a sunken hut were found (Elzinga, 1961). The root of the horse's incisor from Tzummarum had been trimmed. Non-perforated horse teeth that possibly were amulets have been found in Anglo-Saxon graves (Meaney, 1981: pp. 131-132). A child's grave from Hogebeintum contained a tooth which presumably was an amulet (Knol, 1988: pp. 124-125). The tooth has a drilled hole, which may have held a small hook.[17]

A wolf's tooth worn on the body was believed to ward off bogeys, to prevent teething ailments, and to render horses indefatigable (Pliny NH XXVIII. lxxviii.257). The longest tooth of a black dog was thought to protect against the three-day fever (Pliny NH XXX.xxx.98; Meaney, 1981: p. 135).

Bronze mounting
In a woman's inhumation grave (No. 60), an amount of sheet bronze lay on the hip, together with several bronze rivets and the corroded remains of what probably was a small knife. This mass was seen also to contain textile remains. A possible explanation of these finds is that they were part of a pouch with a bronze mounting, which contained a knife and maybe other items.

Nails
From graves and unstratified in the *terp*, 43 iron nails and fragments of iron nails were recovered. Of these, twenty-two (Nos 5 (four specimens), 70, 75 (four specimens), 76, 146, 160, 183, 295, 409 (two specimens), 410 (two specimens), 420, 421, 460 and 515) derive from cremation features (table 3). Ten were found in inhumation graves without evidence of disturbed cremations: 335 (two specimens), 393 (seven specimens) and 433 (table 18). Ten were found without a context in the *terp* soil (93, 153, 156, 191, 222, 228 (three specimens), 230 and 529) (table 4). These may come from disturbed cremation features. In the younger raised layer 9, another iron nail was found (field No. 21). Apart from the stray find 191, all iron nails, whole and fragmented, are large ones.

Seventeen of the 42 large nails were definitely clinchers. A clincher has an ordinary nail's head at one end. The shaft is longer than the thickness of the wooden parts to be joined. Around the protruding part of the shaft a perforated plate is placed, and then a second, flat head is created by hitting the round head with one hammer and the protruding point and platelet with another. Clinchers were found in male inhumation burial 335 (two specimens), female burial 393 (7 specimens), urned burial 515, female urned burial 409 (two specimens), *bustum* grave 160, *Brandgrube* 183 and the disturbed ash stain in grave 295. Also the stray find 156 and the find from the younger raised layer 9 were clinchers. The clinchers of Oosterbeintum have on one side a thick, round to square head and on the other side a thin plate. The plates in grave 335 are distinctly diamond-shaped (see catalogue). The length of the shaft varies between 3 and 7 cm.

The other 25 large nail fragments may also derive from clinchers. Of these only the head remains, with all or part of the shaft. The heads are either thin and flat or thick and square, or irregularly shaped. The nail fragments 460, 5 (four specimens), 70, 75 (four specimens), 76 and 228 (three specimens) have thin, flat heads. These may well have been plate-end clincher heads. The larger nail fragments 410 (two specimens), 93, 146, 230 and 433 have thick heads. These may have been the rounded heads of clinchers. Yet they may also have been the heads of large ordinary nails. The six other fragments are too small for identification.

Clinchers are regularly found in early medieval contexts. They were used in shipbuilding. With these clinchers, the planks of the hull of the vessel were attached to each other in lapstrake fashion (Müller-Wille, 1970: pp. 28-41; 1976: pp. 20-23; van Es &

Verwers, 1980: p. 176; Crumlin-Pedersen, 1990: fig. 14.9). Clinchers were necessary to resist the forces exerted on the hull of a ship without a supporting frame (van Holk, 1986). In excavations of such ships, e.g. in ship burials, hundreds or thousands of clinchers are found (Müller-Wille, 1970: pp. 33-35). Most clincher plates are diamond-shaped, like those in grave 335. Also the flat heads of other clinchers of Oosterbeintum may originally have been diamond-shaped clincher plates. The severe corrosion has obliterated their original shape.

Clinchers with shaft lengths similar to those of the Oosterbeintum cemetery, between 3 and 7 cm, have been found in the ship burial of Sutton Hoo. In this vessel, five types of clincher were distinguished according to their size and place in the ship. In terms of shaft length, the Oosterbeintum clinchers can be described under four headings: those connecting the strakes end to end (shaft length 2.6 cm), those connecting the strake ends to the bows (shaft length 3.0-3.2 cm), those interconnecting the strakes laterally (shaft length 4.2 cm), and those used for repairs (shaft length c. 8 cm). The largest clinchers from Sutton Hoo connected the strakes to the beams, with 16.4 cm shafts; this type was not found in the cemetery of Oosterbeintum (Bruce-Mitford, 1975: p. 364, fig. 279).

None of the inhumation graves or cremation features contained enough clinchers or suspected clinchers to suggest a ship burial. The largest number in one grave is seven. The clinchers presumably come from wreckage of stranded ships or wood from broken-up vessels. Coffins or pit linings may have been made from parts of a ship's hull (see inhumation graves 335, 393 and 433). Maybe it was mostly firewood, from which the clinchers were not removed. In Scandinavia, nails are a regular occurrence in cremation burials (Sigvallius, 1994). That clinchers were used in making ordinary coffins or pit linings is rather unlikely.

Wreckage or ship-breakers' waste will have been a source of wood (see 3.1.6). In so far as the clinchers come from the community's own dismantled ships, they indicate that in or near Oosterbeintum lapstrake vessels were built. The clinchers are the sole remains of any vessels built or stranded in the northern Netherlands. Their presence in the cremation and inhumation graves of Oosterbeintum demonstrates the use of demolition wood and wreckage. This reuse of wood for a variety of purposes means that the chance of finding a complete early medieval ship in the northern Netherlands is a slim one (van Holk, 1986).

Any other large nails may come from funerary carpentry (coffin, pit lining, pyre frame), or from the demolition of houses. The function of the small nail, No. 191, is unknown.

Also three bronze rivets were found in the cemetery. The first was in a leather sheath in inhumation grave 435, a man's. Presumably it held together the various parts of the sheath. Two others, 290 and 363, were stray finds. No. 363 may have been a bronze rivet in a sheath or a shield (Koch, 1990: pls 6, 12, 16 and 25).

Other metal objects
On the last lumbar vertebra in male burial 451 lay an unidentifiable bronze object, which in view of its location may be a buckle. A piece of lead was found in a man's inhumation grave, No. 460. The trace of iron rust in female inhumation burial 393 may come from a coffin or a pit lining. In a woman's urn, No. 372, a small tube of iron was found. Urned burial 267 contained fragments of iron, including some that may have belonged to a knife. A small piece of iron, maybe from a nail, lay in *Brandgrube* 5, while in *Brandgrube* 183 an angle brace and a small blob of molten bronze were found, and in *Brandgrube* 519 a small, bent iron plate. *Bustum* grave 160 produced a fragment of bronze or iron. Ash stain 536 contained a fragment of an unknown bronze object, while molten bronze was found in ash stain 388 and in the disturbed cremation features 295 and 460. The disturbed cremation feature 100 contained an iron knife as well as a rod-shaped iron object. Several drops of molten bronze turned up as stray finds in the *terp* (Nos 134, 135 and 189). Other unstratified finds in the *terp* were two small iron plates, Nos 81 and 289 (tables 3, 4 and 18).

4.3. Objects of antler and bone

Objects of antler and bone were found in various inhumation and cremation burials, where they were put as grave goods. Combs, a pendant, buttons, pins and a spindle whorl were made of antler. Of bone, there were two more spindle whorls, a few knucklebones and two wolves' teeth. The burnt sandpiper bones and the animal burials are also reckoned among the grave goods.

In the *terpen* of the coastal region of the northern Netherlands, many early medieval objects of antler have been preserved (Roes, 1963; Tempel, 1969; Miedema, 1983). Besides finished items there were also many pieces of antler with cutmarks. Such a waste piece was found in ash stain 76. It was not burnt and probably unrelated to the cremation; it will have been a stray object in the *terp* soil. Outside the graves a few other waste or semifinished pieces of antler were found (fig. 60: 481 and 579). These finds indicate that items of antler were locally manufactured. Postcranial skeletal elements of red deer have rarely been found in the coastal area: presumably many antlers were imported from the sandy Pleistocene region (van Giffen, 1913; Clason, 1970; Knol, 1983).

Combs
The combs are all of antler. They belong to the so-called composite combs: a row of antler plates were sandwiched between two coverplates of antler with small bronze or iron rivets. After assembly the teeth were sawn into the plates. All the antler is thought to be of red deer. Elk

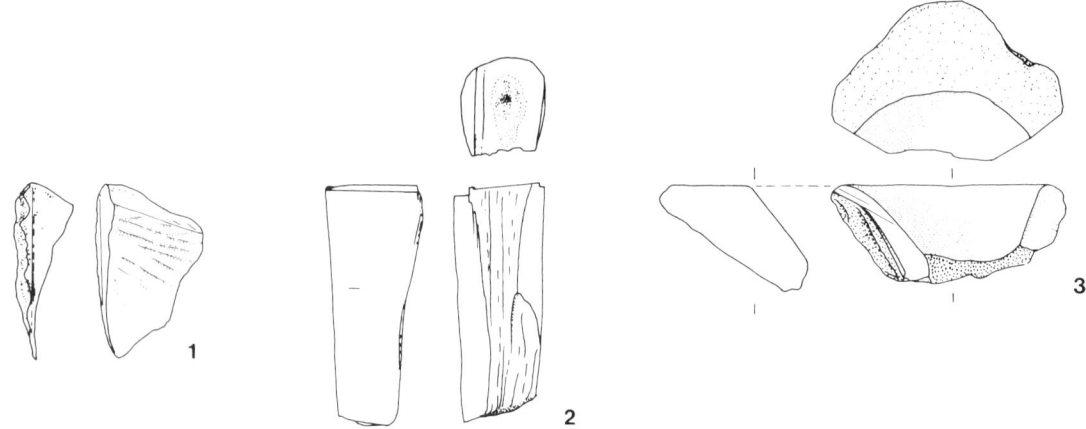

Fig. 60. Oosterbeintum. Antler fragments with cutmarks indicative of antler-working at Oosterbeintum. Presumably all red-deer antler. 1. Find No. 76; 2. Find No. 481; 3. Find No. 579; Scale 1:2. Drawing by H.J.M. Burgers, A.I.V.U.

antler has not been demonstrated, though it may be present. It is less suitable for comb manufacture than red-deer antler (Ambrosiani, 1982).

Inhumation burial A, with feminine grave goods, contained a triangular comb with a case. This type of comb is well known from the Migration Period, and on the continent is dated to the late 4th and the 5th centuries (Thomas, 1960: pp. 99-101; Böhme, 1974: pp. 122-126; Miedema, 1983: pp. 221-222). In England these combs are dated to the 5th and 6th centuries (West, 1985: pp. 126-127). Given its association with a cruciform brooch of Midlum type in grave A, this comb is likely to date from the final quarter of the 5th century or the first quarter of the 6th.

The small 7th-century urn 438 with a flat base contained part of an unburnt small comb, which had been added after the cremation. The comb has curved coverplates with a linear decoration, a straight row of teeth and straight, unprojecting end tooth-plates. Boeles (1951: p. 337) puts this type of comb in the 7th century and the first half of the 8th. According to van de Kamp-Hilt (1966) this type of comb occurs exclusively in the north of Friesland. It could even be a local type. Such combs, but with tooth plates projecting in the way of 'wings' at either end are dated to the 6th and 7th centuries (West, 1985: p. 126, pl. 73.2; Düwel & Tempel, 1970: pp. 357-358). The comb from urn 438 probably dates from the 7th century.

Brandgrube 5 contained some remains of a small comb, cremated with the body. It had narrow, straight coverplates, decorated with a simple linear design. The pattern is very similar to that on the comb fragments from Godlinze, illustrated by van Giffen (1920: pl. VII). These combs probably date from the 7th or 8th century. Such a comb was also encountered in a plain, hand-formed urn from Dokkum-Berg Sion of the 6th or 7th century.

In a ditch cutting across inhumation grave 422, and

probably belonging to this grave, there appeared three fragments of a comb with two rows of teeth. The coverplates are straight and have rounded corners. At least one is decorated with a few incisions; the ends are straight. Such combs have been found at West Stow (England). These are dated to the 6th and 7th centuries (West, 1985: pp. 127-128, types 1A/2B).

Two small fragments of cremated antler with a linear decoration from urn 267 presumably derive from a burnt comb. A small piece of unburnt antler with an incised design from urned burial 66 presumably derives from a comb coverplate. As with urn 438, an unburnt comb may have been added to the ashes in urn 66. Ash stain 269 contained a fragment of a burnt composite comb: a piece of tooth plate, a piece of coverplate with linear decoration, and a rivet.

The combs and fragments of combs from features A, 438 and 422 have been examined for remains of ectoparasites such as fleas, lice and nits. None of these were found. A third of all examined combs from Dutch excavations have been found to contain such remains (Schelvis, 1994). In view of the small number of combs, we cannot conclude that the people cremated or buried in this cemetery were free of this vermin. This negative outcome is more probably due to the poor conditions for conservation and the fragmented state of the combs.

Pendant

In the child's inhumation grave No. 402, a round, plano-convex pendant of red-deer antler and two amber beads lay at the neck of the body. Within the perforation, there is green staining from the copper wire with which the pendant had been fastened around the neck or onto a garment. No datable parallel is known. It is possible that the pendant was an amulet, like the well-known decorated discs of stag antler (mostly the base with the rose of a shed antler) (Arends, 1978: pp. 475-619; Hottentot & van Lith, 1990; Knol, 1988; Salin, 1959: pp. 57-61).

These amulets were believed to give the wearer the swiftness, strength and longevity of a stag. The amulet was also meant to enhance fertility (Arends, 1978: pp. 247-262; Meaney, 1981: pp. 139-142). Apothecaries were selling powdered stag antler as a remedy even in the 19th century. Antlers have served as a trade sign for pharmacies well into 20th century (Knol, 1988).

Pyramidal buttons
The severely disturbed inhumation grave 15, of a man of whom only parts of the pelvis and a piece of the lower leg were found, contained both a knife and two buttons of antler, presumably of red deer. The buttons are roughly pyramidal in shape. One bears an iron attachment of some kind; indeed both may have had one. The buttons were probably fixed to a belt worn around the waist. Maybe they served to attach the sheath with the knife. Bronze pyramidal buttons with such a function are known (Menghin, 1983: pp. 150-151). The bronze buttons of indistinct shape from inhumation grave 353 may also be reckoned to this category. These buttons are likely to have fixed a pouch containing a knife, a strike-a-light and tweezers to a belt (see 4.2: Buttons).

Bronze pyramidal buttons from the Trier area are dated to the 6th and 7th centuries (Böhner, 1958: pp. 187 (Welschbillig grave 1) and 194; *Taf.* 38.3d and *Taf.* 40.4). The pyramidal buttons from grave 15 may date from this same period.

Pins
In two inhumation graves, pins of red-deer antler came to light: one in grave 241 (a woman's) and one in grave 460 (a man's).

The pin in grave 241 is small and of simple design. It was discovered as the skeleton was being washed, so that its position on the body is unknown. The pin has an eye in a non-thickened head: maybe it was a sewing needle. Pins of this kind cannot be closely dated (Miedema, 1983: pp. 221-222).

The pin in grave 460 was long and thin, with a widened head without an eye. Given its shape, it may even have been a thin awl. This pin lay at the man's stomach. It may have served to fasten the cloak. An identical pin is known from a presumably 7th-century woman's grave at Marisletta (Tromsøysund) in Norway (Sjøvold, 1974: Pl. 27g). These pins however are of such simple design that they lack all dating characteristics. AD 450-750 is the closest we can get to a date for the pin from grave 460.

Spindle whorls
Three inhumation graves of women each contained a simple, undecorated spindle whorl of antler or bone. Those in graves 241 and 424 were made from the head of a femur (caput femoris) of cattle. The spindle whorl from grave 606 was made from a beam of red-deer antler. It has the same semispherical shape as the spindle whorls made from a caput femoris of cattle. This type of spindle whorl has a long tradition. They were used in the Netherlands as early as the Roman Period, as demonstrated by the finds in the settlement of Paddepoel (Knol, 1983). Close dating is not possible. Röber (1991) believes them to be typical of the Frisian coastal area. However, in the Pleistocene sands further inland such bone objects would not be preserved.

In Friesland, the perforated heads of cattle thighbones from the *terpen* have been regarded since the late 19th century as a part of a draught horse's harness that was fastened under the belly, the so-called *oesdop* (Boeles, 1943; Schoenmaker n.d.; van Vilsteren, 1987: pp. 67-68). The type of 'oesdop' traditionally used in Friesland is made of wood and has roughly the same shape as a perforated caput femoris of cattle. Yet perforated capita femoris do not occur among the remnants of horses' harnesses found in early medieval horse and/or human burials (Müller-Wille, 1971: pp. 135-138; Martin, 1976: pp. 32-35 and 55-60; Melzer, 1991: pp. 13-20; Werner, 1992). This makes it quite unlikely that the capita femoris from the women's graves 241 and 424 are parts of horses' harnesses.[18]

Arends (1978, 181-246) suggests that spindle whorls in graves may have served as amulets. The spindle whorl in grave 606 presumably hung from the woman's belt. The woman in grave 424 may have held hers in the left hand. These spindle whorls were not necessarily amulets. The spindle whorl in grave 241 suggests that a distaff was put beside the dead woman as an amulet: the whorl was found at her left shoulder (see 4.7 on ceramic spindle whorls).

Knucklebones
In two graves one or more knucklebones were found. These are astragali of sheep or goat which were used as gaming pieces, in divination, or in fortune-telling. In inhumation grave 428, of a young woman aged 25 to 35, lay a heavily use-worn knucklebone with a faint marking of two dots on the medial side, indicating the value of this face. Urned burial 583, of an adolescent aged about 17, contained remains of three to five cremated knucklebones (one or two left-hand knucklebones and two or three right-hand ones), whose charring no longer allowed identification of any use-wear or markings. Unstratified in the *terp* lay one other knucklebone marked with two distinct dots (No. 426). The dot designs do not provide any dating evidence.

In classical antiquity, knucklebones were used in various games and for consulting the gods (Rohlfs, 1963; Nollé, 1987). Even in modern times children use knucklebones in games, often in the form of metal and plastic imitations. The knucklebones at Oosterbeintum did not lie in children's graves, but in those of young people, at least one of them a young woman. At Oosterbeintum it seems that knucklebones were used by young adults, as a pastime or in fortune-telling.

Finds of knucklebones in urns are known from at least two other sites in Friesland (Knol, 1987). These are Hogebeintum, with five urns containing four to twelve knucklebones, and Driesumerterp with one knucklebone in an urn. The cremation burials Hogebeintum 35 and 89 were of persons aged 18-30; graves 70, 89 and 102 of children aged 5-9, 13-14 and 10-14 respectively.[19] The urn grave at Driesumerterp was of a woman over 18-21 years of age. The spindle whorl in the same urn also points to a woman (Knol, 1987).

Burnt sandpiper bones
In two cremation features, the *bustum* grave 160 and the urn 372, both of them women's cremations, burnt remains of little or Temminck's stint (*Calidris minuta* or *C. temminckii*) and dunlin (*C. alpina*) were encountered among the charcoal and ashes (see figs 61 and 62). Sandpipers are small waders which will have occurred in large numbers along the shore of the saltmarsh near Oosterbeintum (Prummel & Knol, 1991).

The finds from the *bustum* grave 160 are six wing

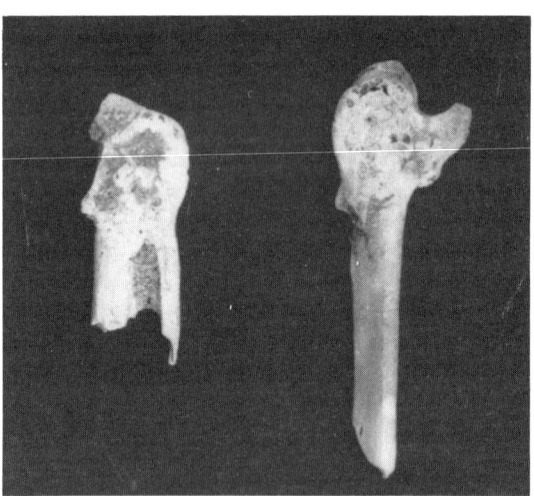

Fig. 61. Oosterbeintum, cremation grave 372. Calcined left and right carpometacarpus of *Calidris minuta*, little stint, or *C. temminckii*, Temminck's stint. Scale 5:1. Photograph by R.J. van Ewyck, C.F.D., R.U.G.

bones (ulna, carpometacarpus) and one from a leg (tarsometatarsus) of at least two little or Temminck's stints and two wing bones (carpometacarpus) of at least one dunlin. Six other small fragments of burnt bird bone could no longer be identified. Their size corresponds with sandpiper bones, particularly the radius. They might be radius fragments of the identified little or Temminck's stints or dunlin. Urn 372 was found to contain thirteen burnt wing bones (humerus, radius, ulna, carpometacarpus) of at least two little or Temminck's stints (Prummel & Knol, 1991).

These burnt sandpiper bones were not burnt by chance, for instance among washed-up wreckage used for the pyres. Dead sandpipers are seldom seen among the flotsam on the shoreline. Nor is it likely that such large numbers of bird bones accidentally present in the soil were unintentionally burnt in the fire. Some unburnt bird bones were present in the *terp* of Oosterbeintum at the time of the cremations; this is demonstrated by unburnt remains of a dunlin in urned burial 438, of a redshank in *bustum* grave 160 and of a golden plover in ash stain 315 (table 33) (see also Prummel, 1991).

Complete sandpipers or parts of these birds were burnt on the pyre together with the dead bodies. The bones from the wings may come from severed wings. Wing feathers could have adorned the clothes or headdress of women. This is suggested by the fact that the ulna and the carpometacarpus, the bones to which the flight feathers are attached, are better represented than the humerus, the upper arm bone. The wing may have been cut off just below or through the humerus. Yet the tarsometatarsus shows that also an entire bird was cremated. In three cremation graves in North Spånga, near Stockholm (Sweden) also cremated remains of wading birds were found. These were a rail (*Rallidae* sp.), a golden or silver plover (*Pluvialis apricaria* or *P. squatarola*) and a ruff (*Philomachus pugnax*) (Sigvallius, 1994). She suggests that these birds were cremated with bodies because a link was perceived between them and dead people's souls. This may have been the case also

Fig. 62. Sandpiper species on the mudflats. One *Calidris minuta*, little stint (left) and two *Calidris alpina*, dunlins (right). Drawing by E. van Ommen, Central Services, R.U.G.

with the burnt sandpiper wings and complete sandpipers of Oosterbeintum.

4.4. Wooden objects

The shape of certain charcoal pieces from four cremation features suggests that they were utensils bestowed upon the cremated. They are remains of oak wood in ash stain 193, birch wood in ash stain 195, maple wood in disturbed ash stain 295 and willow wood in urn 421. What sort of objects they were can no longer be established.

The *Schmalsax* in a man's inhumation grave, No. 335, had a wooden hilt. An unknown object of coniferous wood must have come from inhumation grave 374B, of a woman. With male inhumation 605 a remnant of an unidentified object of hazel wood was uncovered. The wooden items that accompanied the dead in the grave or on the pyre must have been much more numerous. For instance, the spearhead in grave 353 will have had a wooden shaft, and all knives will have had wooden handles. The spindle whorls will have been fixed onto wooden distaffs. All of these have entirely decayed.

From the nearby early medieval cemetery of Hogebeintum a few wooden cups and a small bench of alder wood are known.[20] These finds came to light in the commercial quarrying of the *terp* in the early 20th century. Presumably the wooden objects at Oosterbeintum too were still in fairly good condition around the turn of the century. The digging away of the topsoil and, in recent decades, drainage are responsible for the loss of the wooden objects.

Fig. 63. Oosterbeintum, grave 398. Cruciform brooch with textile remains in the corrosion. Photograph C.F.D., R.U.G.

Fig. 64. Oosterbeintum, grave 398. Detail of the cruciform brooch with textile remains in the corrosion. Photograph C.F.D., R.U.G.

Fig. 65. Oosterbeintum, grave 398. Detail of the small long brooch with textile remains in the corrosion. Photograph C.F.D., R.U.G.

4.5. Textile remains

Remains of textiles were preserved in the corrosion on eleven metal objects (figs 63-65). These are three cruciform brooches of Midlum type (60, 360, 398), two small long brooches (360, 398), four annular brooches (60, 374B, 428 (two specimens), one pin (360) and a buckle (485A). These textile remains have not yet been studied in detail. Early medieval textile remains are known not only from the coastal region of the northern Netherlands, but also from the inland province of Drenthe and the neighbouring coastal region of northern Germany (Schlabow, 1974; Tidow & Schmid, 1979; Hundt, 1982; Vons-Comis, 1988).

4.6. Beads and other items of glass, amber and rock crystal

A total of at least 208 beads were found in twelve inhumation graves (the women's graves 60, 295, 360, 374B, 428, 501 and A, the grave of a man/woman 398, and children's graves 248, 342, 362 and 402), in urned burial 168, in the *bustum* grave 160, in ash stain 399, in disturbed cremation feature 100 and stray finds 250 and 292.

At least 195 of these were made of glass of various colours, twelve of amber and one of rock crystal (tables 3, 4 and 12). None of the beads of Oosterbeintum are closely datable within the early medieval period. The minute beads from grave 362 are very similar to those

from the 5th-century Frankish grave I at Neerhespen, Belgium (Lodewijkx, 1991: pp. 30, 41 ff.).

There is a striking variation in the length of the strings of beads. Some are long, with 26 (A), 40 (398) or 61 (342) beads; some are of medium length with at least 15 (362) or 19 (160) beads, while in the other graves just one to nine beads were found. This difference does not correlate with the dead person's age or the dating of the grave. Five strings (295, 360, 428, 398 and 248) held beads of different materials: glass with amber or crystal. The others appear to consist of beads of a single material: glass or amber. Still, they may also have held beads of some perishable material such as wood or unbaked clay. The strings of beads were probably not worn around the neck, but attached to clothing, strung across the chest in one or more strands.

Unstratified in the cemetery a piece of molten glass was found, which may have been a glass cup that melted during a cremation (175). The fragment is undatable. Urned burial 409 contained a small lump of transparent glass. The nature of this object is unknown. An amber object, either partially worked or an item of unknown type, was encountered with female inhumation 428.

Glass beads could have been obtained through trading centres such a Dorestad, but they may in fact have been produced in the northern Netherlands. There is evidence of glass working at Wijnaldum (Sablerolles, 1994). Rock crystal is certain to have been imported. The amber was probably gathered on the Wadden Isles (Kars & Wevers, 1983; Waterbolk & Waterbolk, 1991).

4.7. Ceramic items

The pottery can be divided into two categories: the cinerary urns, and the grave goods that accompanied interments and cremations (bowls, pots, spindle whorls). Besides, the *terp* produced many unstratified potsherds of an uncertain nature (urns, grave goods or scattered domestic waste).

A few urns are made of imported, wheel-thrown pottery. Such pottery can be dated through comparison with pottery from other sites. The majority of the urns, however, are of poorly datable hand-formed ware. There are small numbers of the characteristically decorated Anglo-Saxon ware, which can be dated through comparison with finds from the Elbe-Weser-coastal region and East Anglia. Most urns of hand-formed pottery, however, are very simple in shape and decoration. Boeles (1951: pp. 249-253) dubbed this 'Anglo-Frisian ware'. It is also documented under the name of 'Hessens-Schortens ware' (Tischler, 1956: pp. 79-91).

Wheel-thrown pottery

Cremation graves 63 (man) and 409 (woman) contained urns of wheel-thrown pottery. Small sherds of wheel-thrown ware, probably deriving from shattered urns, turned up in inhumation graves 100, 241, 424 and 428. *Brandgruben* 527 and 183 produced a small cooking pot and a burnt bowl of wheel-thrown pottery as grave goods. Unstratified in the *terp*, some more sherds of wheel-thrown ware were found, which may derive from broken urns (fig. 66; find Nos 36, 43, 349, 502, 518+675, 558, 564, 568, and 592).

The burnt carinated bowl in *Brandgrube* 183 was of an early type. The originally grey surface had largely turned orange in the heat of the pyre. The bowl has a smooth surface, on which a rouletted design is faintly visible in the upper part. In discussing such a bowl found at Orsoy, Böhner presents a survey of these small 5th-century bowls (Böhner, 1949: pp. 187-189: figs 9.2 and 11). A similar bowl appeared in grave 172 of the cemetery of Wageningen, accompanied by a possibly 5th-century pedestal bowl of *terra nigra* ware (van Es, 1964: pp. 239-240 and 262). Our small bowl most resembles the one in Böhner's fig. 11.2. It probably dates from the first half of the 5th century.

The pots from urned burial 63 and *Brandgrube* 527 are rough-textured Frankish cooking pots. Sherds 558, 564, 568, and 592 derive from five or six pots of this ware (fig. 66). Böhner (1958: pp. 53-56) dates this type of cooking pot from the Trier area to the period 525-700. According to Ament (1976: fig. 20) the production of these vessels had ended by AD 675. In the Rhineland they date from between 530 and 640 (Siegmund, 1989: fig. 17). These pots are known from the cemeteries of Wageningen (van Es, 1964: fig. 89) and Rijnsburg (Wimmers, 1986). A likely date is between 500 and 675.

The urn in burial 409 is a large orange crock with a handle, which strongly resembles Böhner's type D6a. This type dates from the 6th century (Böhner, 1958: p. 53, *Taf.* 5.1). One sherd of a brown, carinated pot was found in ash stain 518. A few other sherds of the same vessel (find No. 675) appeared unstratified in the excavation. The pot is too fragmentary for a typological identification. Its base has a remarkable feature: a sort of footring had been created with an incised groove. This pot will date from the 6th or 7th century.

Hand-formed, Anglo-Saxon ware

Five pots of Anglo-Saxon ware came to light in the (presumed or certain) urned burials 210, 372 (woman), 515 and 521, and the *bustum* grave 160. Only the pots

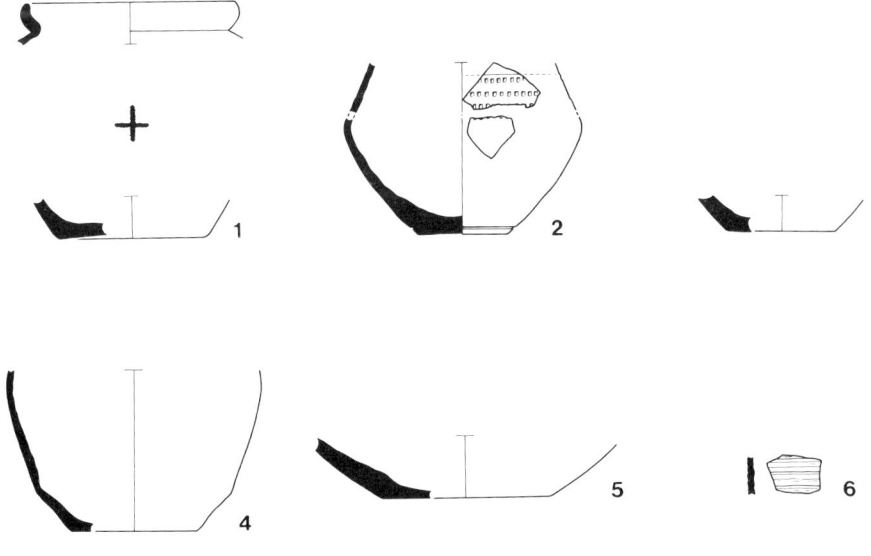

Fig. 66. Oosterbeintum. Potsherds found outside a funerary context: Merovingian (1, 2 and 3); Merovingian or Carolingian (4); Carolingian wheel-thrown ware (5 and 6). 1. Find Nos 558, 564, 568 and 592; 2. Find Nos 64, 518, 575 and 588; 3. Find No. 349; 4. Find No. 502; 5. Find No. 36; 6. Find No. 43. Scale 1:4. Drawing by H.J.M. Burgers, A.I.V.U.

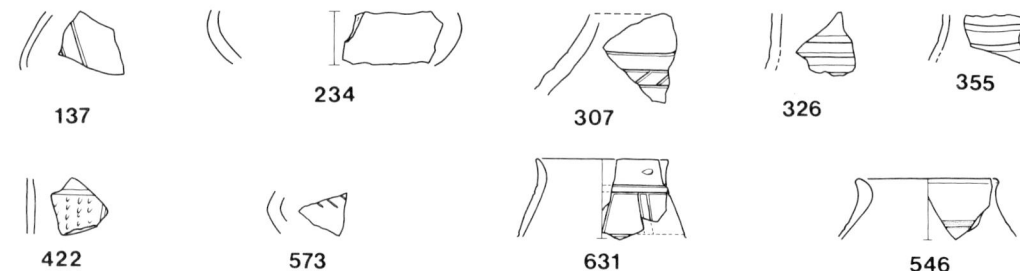

Fig. 67. Oosterbeintum. Sherds of Anglo-Saxon ware found outside a funerary context with the find Nos 137, 234, 307, 326, 355, 422, 546, 573, 631. Scale 1:4. Drawing by H.J.M. Burgers, A.I.V.U.

from graves 515 and 521 were definitely urns in which cremated remains were buried. Sherds of this striking ware were found in ash stains 317 and 496, in inhumation graves 393, 451 and 485A and unstratified in the *terp* (fig. 67; find Nos 137, 234, 307, 326, 355, 422, 546, 573 and 631). Two of these (422 and 451) might even be of somewhat older, situla-type vessels. The Anglo-Saxon pottery is famous for its elaborate and varied decoration with stamps and linear decoration. The most important study of the typology of this Anglo-Saxon ware still is that by Plettke (1921). He completed this work in 1914, shortly before being killed in battle. The study is based on the profusion of urns from the Elbe-Weser coastal region.

A *Schalenurne* was encountered in a corner of *bustum* grave 160. Van Es (1967: p. 324, type VIIIA) puts these small pots in the 4th and 5th centuries. The surface of this pot is rough-textured. Such pottery is reckoned to the youngest group of the Anglo-Saxon style and dates from the late 5th or the 6th century (Knol, 1993a: pp. 54-55). The pit further contains a knob of a cruciform brooch: the grave presumably dates from the latter half of the 5th or the early 6th century.

The broken urn of cremation 210 is a large biconical, narrow-mouthed pot. Its surface is smooth and adorned with vertical and horizontal lines. It belongs to Plettke's type A7, which he dates to the 5th century (Plettke, 1921: p. 45).

Urned burial 372 contained not only the base of a hand-formed urn (see under *Miscellaneous hand-made pottery*) but also a small drinking bowl of rough-textured pottery decorated with dots and lines. Maybe this bowl represents a transitional form between the true Anglo-Saxon ware and the younger, undecorated hand-formed ware of the 6th/7th century. Grave 372 probably dates from the latter half of the 7th century. Urn 515 is a hand-formed, biconical pot decorated with vertical lines. The decoration is that of Plettke's type A7.

Urn 521 is a pedestal urn of rough-textured, hand-formed pottery with an elaborate design of lines, stamp impressions and elongated indentations. Although large parts of the pot are missing, the design can be reconstructed; the four sides are decorated in different

ways. Similar pots are known from the cemeteries of Beetgum (Fries Museum, inv. Nos 46A-1004 and 46A-1056 (Knol, 1993a: fig. 75:6 and 13) and Rijnsburg (R.M.O. Leiden, inv.No. h1913/11.74; Hallewas, 1986: fig. 3.4; Wimmers, 1986: No. 336). Wimmers dates the Rijnsburg vessel to the 7th century. Pedestal urns are a type of 'glass-imitating vessel' (Mainman, 1983; Knol, 1993a: pp. 218-219). The presumable date of urn 521 is the latter half of the 6th or the early 7th century.

Miscellaneous hand-made pottery
This plain pottery, which was produced from the 5th into the early 9th century, is difficult to date closely within this long period for lack of find associations with datable components such as a brooch or charcoal. Undecorated pots with flat bases and simple rims date from the 5th and 6th centuries (Eagles, 1979: pp. 83-85). Narrow-mouthed pots, wide-mouthed pots and neckless, flaring bowls occur side by side. The true narrow-mouthed bottle forms date from the 6th and 7th centuries (Okrusch, Wilke-Schiegris & Rotting, 1986, *Hauptgruppe* II). Wide-mouthed pots have been found in settlements at Den Burg (van Es, 1969: figs 2-3), Eursinge (Lanting, 1977: fig. 13 Nos 16 and 19) and Odoorn (van Es, 1979: Type II). They too are dated to the 6th and 7th centuries.

The latter part of the 7th century saw changes to the base of the wide-mouthed forms. It became more convex, and through a transitional stage with a lenticular base on which the pots stood unsteadily, it is probably as early as the late 7th century that pots with a more or less globular base evolved. These are the earliest *Kugeltopf* vessels. This later development is clearly demonstrated in the excavations at Leens (van Giffen, 1940), Hessens (Haarnagel, 1959) and Oldorf (Stilke, 1993). The intermediate form is known as an *Eitopf* (ovoid pot), which was first defined for Nordfriesland (Schleswig-Holstein), where it is dated to the latter half of the 8th and the first half of the 9th century (La Baume, 1953). La Baume also reckoned a small pot from Hallum (Friesland) with a virtually globular base among the ovoid pots. The sceattas with which it was filled show that it probably dates from just before AD 720 (Boeles, 1951: pp. 375, 525-526 and pl. 37.3; Grierson &

Blackburn, 1986: p. 187; Knol, 1995). Probably the evolution of the ovoid pot into the *Kugeltopf* occurred earlier in Friesland than it did in Nordfriesland. The ovoid pots remained in use in Friesland throughout the 8th century. In the second half of the 8th century, true *Kugeltopf* vessels with entirely globular bases were also manufactured. *Kugeltopf* vessels of the latter half of the 8th century and the 9th century have a moulded rim profile. Examples are found at Dorestad (van Es & Verwers, 1980) and Leeuwarden (de Langen, n.d.).

The texture of the pot, i.e. the temper, also provides chronological clues. Pottery of the 5th century is perfectly smooth, owing to its fine temper. That of the 6th century is somewhat rougher, but still fairly smooth. Seventh-century pottery is rather coarse, owing to fragments of the crushed granite temper emerging here and there. Pottery of the 8th century is very coarse: the temper of granite grit protrudes over the entire surface.

A third source of evidence for dating an urn is the radiocarbon analysis of charcoal from the pyre, found within or near the urn (table 1; fig. 25). Unfortunately, the charcoal samples 66, 267, 131 and 421 were very small, so that the standard deviations of the outcome and the ranges of the calibrated dates are considerable. In the interpretation of these radiocarbon datings, two points should be taken into account. First, the firewood may have been felled long before the time when it was used for the pyre. This applies in particular to timber from broken-up ships or wreckage, which may have been cut decades before the cremation and the burial of the urn. This limitation does not apply if wood was cut especially for the cremation. Secondly, there is the question of whether heartwood or sapwood was used for the pyre. The date of sapwood does not differ much from the moment of felling; but the use of heartwood for a radiocarbon dating will always produce too early a date. In the case of slow-growing oakwood, the heartwood may be up to some decades older than the sapwood. With the fast-growing and early-maturing species birch and elder, the difference will be less marked. Therefore as much as possible these wood species were selected for the radiocarbon dating of cremation features (table 1). The outcome of the radiocarbon datings must be adjusted by at least 25 years for the presence of heartwood or re-used timber in the charcoal samples (table 1 and fig. 24). For a discussion of these problems the reader is referred to Knol (1993a: pp. 58-61).

The oldest pots with a smooth, undecorated surface and a flat base are the urns of cremations 131, 438 and 583 (children), 133 (adult) and 421 (woman). Most have a fairly narrow mouth. Pottery from *Brandgrube* 527 and inhumation grave 483 also belongs to this type. In view of what was said above, these pots will date from the 6th or 7th century, or even the late 5th century. The comb from urn 438 and the sherds of wheel-thrown ware from *Brandgrube* 527 fit in with this dating. Charcoal from urn 438 indeed dates this urn to the 7th

century. *Brandgrube* 527 has a much wider radiocarbon date: from the late 5th to the early 7th century. Charcoal sample 367, which was taken from above urn 421, dates from the second half of the 6th or the first half of the 7th century. If the charcoal was part of grave 421, the urn will date from the same period.

Among the smooth-textured, undecorated pottery with a flat base and wide mouth are the urns 66 and 168 (adults) and 140 (woman). Given the radiocarbon dating of the charcoal, urn 66 may date from the 5th or even the late 4th century. Urn 140 already is somewhat more coarsely tempered and will be of the 7th century. The excavation failed to produce any additional dating evidence for these urns.

Base fragments of smooth-textured pots with flat bases were found in urned burials 31, 372 and 376 (adults), 78 and 356 (ages unknown), *Brandgrube* 527 (base fragment 527.3) and ash stain 528. The shape of the mouth of these pots, wide or narrow, can no longer be ascertained. Presumably they date from the 6th and 7th centuries. Yet it cannot be ruled out that some of these flat bases belong to Anglo-Saxon vessels of the latter half of the 5th or early 6th century. In any case this does not apply to the base from urned burial 372: charcoal from this grave was dated to the second half of the 7th century.

The urns from urned burials C, 14 (both of adults) and 227 (of a child, two pot bases) and the pots that were grave goods in inhumation graves 241 (a woman's) and 420 (a man's) will, given their fairly rough surface, date from the 7th century. Their bases are not quite flat, but somewhat convex. Pots C, 14 and 420 are definite ovoid pots.

The youngest urn in the cemetery is that from burial 267. This is a *Kugeltopf* with a thick rim and coarse temper. In the rim there is a crack with a small hole on either side of it. This is an ancient repair (see for instance Stilke, 1993: pp. 158-159). The pot must date from the 8th century. The somewhat everted rim is in accordance with such a date (Stilke, 1993). The urn strongly resembles the small, sceatta-filled pot from Hallum, which is dated to the early 8th century (see above). The radiocarbon date of the charcoal from this urn (oak, alder and birch) has a wide range: between the 3rd and the early 7th century.

Sherds of undecorated hand-formed pottery, unstratified within the *terp* body, could not be directly linked to any funerary feature. They are a mixture of narrow- and wide-mouthed pots (fig. 68). Compared with the cinerary urns, they include a larger proportion of wide-mouthed vessels, which means that not all of these sherds are likely to derive from disturbed cinerary urns. Wide-mouthed pots are more common in settlements than narrow-mouthed ones.

Small bowls
Beside the head of the man/woman in inhumation grave 398 and beside that of the child in inhumation

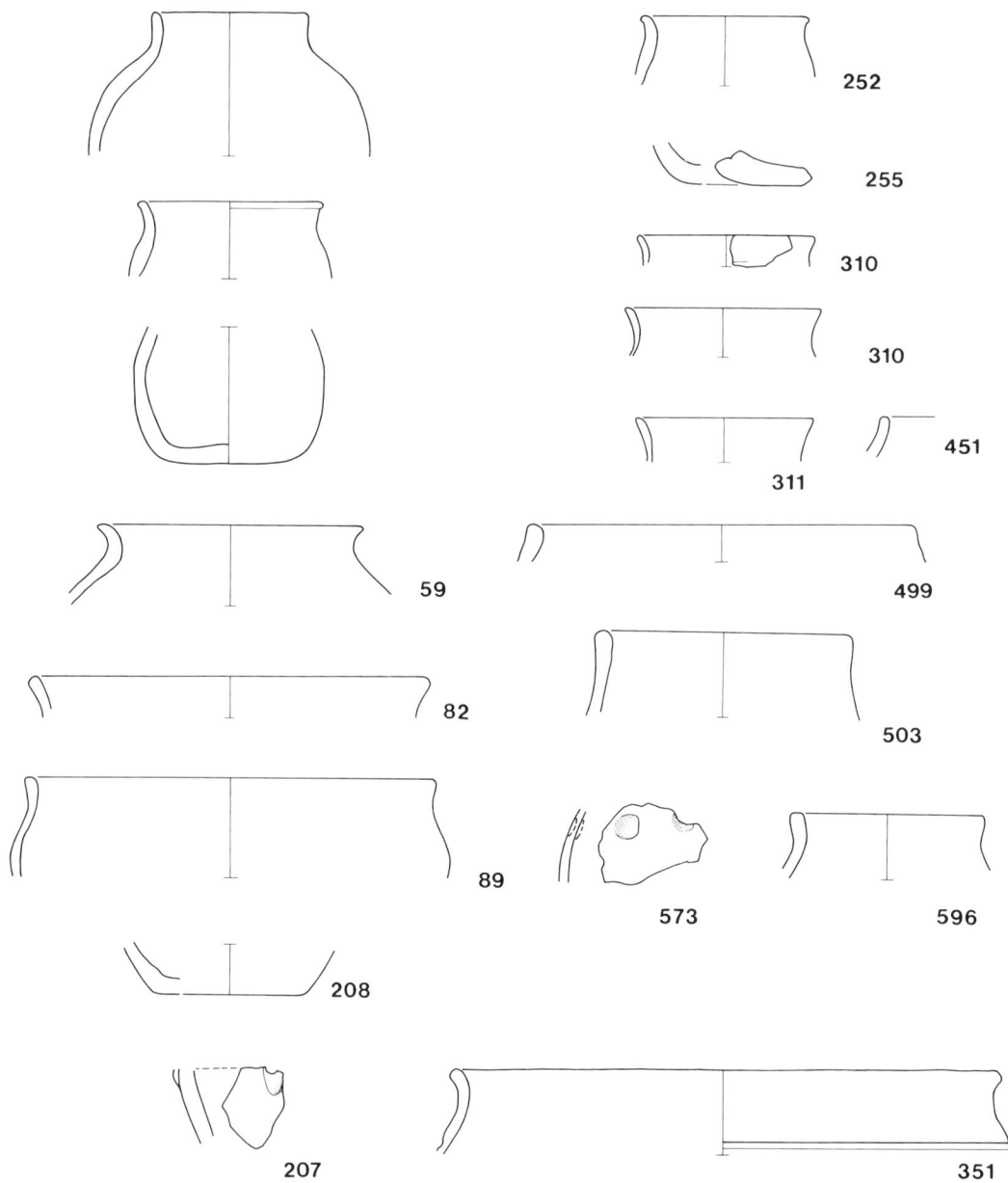

Fig. 68. Oosterbeintum. Potsherds found outside a funerary context, yet of the same types as the hand-formed, undecorated urns, with the find Nos 59, 82, 89, 207, 208, 252, 255, 310 (2x), 311, 351, 451, 499, 503, 573, 596, without Nos (3x). Interestingly, these include more wide-mouthed vessels than are found among the urns (compare the catalogue). Scale 1:4. Drawing by H.J.M. Burgers, A.I.V.U.

grave 248 there was an earthenware bowl. These bowls are poorly datable (van Es, 1969: Typ I, p. 219). Grave 398 is dated by brooches to the last quarter of the 5th or the early 6th century. The bowl from grave 248 is undated. Groenewoudt (1987: p. 236 and figs 10.1 and 15.15) describes such bowls from a 7th-century context.

Spindle whorls
Ceramic spindle whorls were found in urned burial 372 of a woman, in *Brandgrube* 527 of a child aged 2 to 5,

and in ash stain D (age and gender unknown). The spindle whorls from features 527 and D are biconical in shape (Röber, 1991: type 3). The spindle whorl from grave 372 is rounded biconical (Röber, 1991: type 4). The one from feature D is severely damaged by fire: it must have been on the cremation pyre. The spindle whorl 372 also shows signs of burning; on the one from feature 527 this is less evident. The spindle whorls are not closely datable. According to Röber (1991), all of the types he describes occur throughout the early Middle Ages, with type 3 predominating in the 6th and 7th centuries and type 4 in the 8th. Associated finds date the spindle whorls from features 372 and 527 to the 6th or 7th century. It seems unlikely that the young child's spindle whorl was a tool. It may have been added to the child's ashes as an amulet (see 4.3: Spindle whorls of bone and antler). The deposition of spindle whorls in graves continued right into the 9th century in the coastal regions of the northern Netherlands and neighbouring northern Germany (Röber, 1991; Knol, 1993a: fig. 72).

4.8. Stone items

A strike-a-light of flint was found in a man's inhumation grave, No. 335. Together with a small knife and a pair of tweezers, it must have hung in a pouch from the man's belt. A crushed cylindrical bead of rock crystal with a diameter of 19 mm accompanied a female inhumation, No. 428, as did a stone of unknown function. It is evident that objects of stone, which is virtually imperishable, were seldom bestowed upon the dead.

4.9. Faunal remains

Faunal remains have been found in many of the graves and other features of the cemetery. They are divided into burnt and unburnt remains. To decide whether or not they were involved in the funerals we have to compare them with faunal remains from the body of the *terp* and from later features that were clearly unrelated to the cemetery. The faunal remains of Oosterbeintum, apart from the inhumation burials of horse and dogs, can be divided into 12 categories (table 33):

1. Those from the 'body' of the *terp*, i.e. the layers of sods and dung raised before AD 400 to build the part of the *terp* on which the cemetery was laid out. From these layers 447 unburnt and 2 burnt faunal remains have been recovered. The unburnt remains probably date from the late Roman period (4th century) because there are few finds of older pottery in the *terp*. The burnt remains may originate from unrecognized, disturbed cremation graves which date from the 5th to the 8th century;

2. From a pit in the base of the *terp* 78 unburnt remains were recovered. Date as of category 1: 4th century;

3. In nineteen of the 47 human inhumation graves a total of 90 faunal remains were discovered, 86 unburnt and 4 burnt. The unburnt remains either have the same origin as those of category 1, dating from the 4th century AD, or they ended up in the graves at the funeral and thus are contemporaneous with the cemetery. However, the two groups are indistinguishable. In conclusion, the date of the unburnt material is 4th-8th century. The few burnt faunal remains may originate from unrecognized, disturbed cremation burials and date to the 5th-8th century AD;

4. A total of 532 unburnt and two burnt faunal remains accompanied the horse burials and five of the

six dog burials. The unburnt material will date to the 4th-8th century (apart from the 85 remains of a fetal pig and seven unidentified bone fragments in the stomach of dog 480, which are contemporaneous with the dog burial). Date of the burnt material: 5th-8th century; total number of remains: 534;

5. Apart from human ashes, the soil in and around six of the 23 urns contained a total of 107 unburnt faunal remains and 224 burnt bone fragments. The unburnt faunal remains probably belong to the *terp* body and date to the 4th-8th century. Among the burnt bone fragments there are at least fourteen of animal origin: a sheep/goat rib fragment and thirteen fragments of *Calidris minuta* or *C. temminckii*. The other 210 fragments are unidentified mammalian remains, 27 of them are fairly certainly of animal origin. 183 fragments could include human cremation remains. The burnt remains date to the 5th-8th century; total number of remains: 331;

6. The *bustum* grave 160 contained 206 unburnt and 21 burnt faunal remains. Origins and dates of the unburnt and burnt material as those of category 5; total number of remains: 227;

7. The five *Brandgruben* contained 105 unburnt and 293 burnt faunal remains. All burnt faunal material originates from *Brandgrube* 97. It consists of eleven burnt bones of an *Anas crecca* and 40 burnt bone fragments of a lamb or kid. The 242 burnt mammalian bone fragments probably are of the same lamb or kid. Dates of the unburnt and burnt material as those of category 5; total number of remains: 398;

8. A total of 378 unburnt faunal remains were found in 66 of the 71 ash stains. Date as in category 5, 4th-8th century;

9. In 9 of the 17 disturbed cremation graves or ash stains, a total of 348 unburnt faunal remains were found. Date as in category 5: 4th-8th century;

10. Features postdating the cemetery yielded a total of 1763 remains, of which 1760 were unburnt and three were burnt. The latter presumably originate from the cemetery (5th-8th century). Date of the unburnt material presumably 9th-11th century. However, older origins (from the 4th century on) are possible;

11. A sample of shell fragments from a 10th/11th century well (find No. 125). After sieving with a 1.5 mm mesh, a residue of 131.1 g remained. In a subsample of 19.8 g four species of mollusc were identified. Calculation produces an estimate of 1165 shell fragments in the sample as a whole;

12. On the dump, a total of 51 unburnt faunal remains were found. Date 4th-11th century.

(For details of the contents of individual features in the cemetery, see the catalogue.)

The burnt or calcined material
The faunal materials affected by fire vary in colour from partly black (burnt) to completely white (calcined), according to the temperatures that the bones were

Table 33. Oosterbeintum. Faunal remains other than the horse and dog burials and artefacts. Categories: 1. In terp body; 2. In pit in lower part of terp body; 3. In human inhumation graves; 4. In animal inhumation graves; 5. In urns; 6. In *bustum* grave 160; 7. In *Brandgruben*; 8. In ash stains; 9. In disturbed traces of cremation; 10. In features younger than the cemetery; 11. In a 10th/11th-century well; 12. Strayfinds; NR. Number of remains; NR-C. Number of cremated remains among NR.

Category of faunal remains	1 NR	NR-C	2 NR	3 NR	NR-C	4 NR	NR-C	5 NR	NR-C	6 NR	NR-C
Domestic mammals											
Canis familiaris, dog	3	-	1	-	-	-	-	-	-	-	-
Felis catus, cat	1	-	-	-	-	-	-	-	-	-	-
Equus caballus, horse	4	-	2	2	-	-	-	-	-	-	-
Sus domesticus, pig	21	-	3	3	-	88	-	3	-	2	2
Bos taurus, cattle	151	1	43	34	-	6	-	6	-	1	-
Ovis aries, sheep	17	-	2	4	-	-	-	-	-	-	-
Ovis aries/Capra hircus, sheep/goat	60	-	10	14	-	62	-	12	1	6	1
Wild mammals											
Apodemus sp.	-	-	-	-	-	-	-	-	-	-	-
Arvicola terrestris, water vole	-	-	-	1	-	-	-	-	-	-	-
Microtus agrestis, field vole	-	-	-	-	-	-	-	-	-	1	-
Microtus oeconomus, northern vole	11	-	-	7	-	-	-	-	-	88	2
Microtus sp.	2	-	-	-	-	-	-	-	-	-	-
Undetermined mouse species	6	-	-	1	-	2	-	3	-	-	-
Cetacea, whales etc.	-	-	-	-	-	-	-	-	-	-	-
Domestic birds											
Gallus domesticus, domestic fowl	-	-	-	-	-	-	-	-	-	-	-
Wild or domestic birds											
Anser anser, greylag goose	-	-	-	-	-	-	-	1	-	-	-
Anas platyrhynchos, mallard	1	-	-	-	-	3	-	1	-	-	-
Wild birds											
Gavia stellata, red-throated diver	-	-	-	-	-	-	-	-	-	-	-
Cygnus columbianus, Bewick's swan	-	-	-	-	-	-	-	-	-	-	-
Anas crecca, teal	1	-	-	1	-	-	-	-	-	-	-
Aythya sp.	-	-	-	-	-	-	-	1	-	-	-
Pluvialis apricaria, golden plover	-	-	-	-	-	-	-	-	-	-	-
Calidris minuta/temminckii, little or Temminck's stint	-	-	-	-	-	-	-	13	13	7	7
Calidris alpina, dunlin	-	-	-	-	-	-	-	1	-	2	2
Numenius arquata, curlew	-	-	-	-	-	-	-	-	-	-	-
Tringa cf. *totanus*, cf. redshank	-	-	-	-	-	-	-	-	-	4	-
Amphibians											
Bufo calamita, natterjack toad	-	-	-	-	-	-	-	-	-	-	-
Fish											
Clupea harengus, herring	-	-	1	-	-	-	-	-	-	-	-
Anguilla anguilla, eel	-	-	-	-	-	-	-	-	-	-	-
Pleuronectidae, flatfishes	4	-	-	-	-	-	-	-	-	2	-
Liza ramada, thin-lipped grey mullet	-	-	-	-	-	1	-	-	-	-	-
Gasterosteus aculeatus, stickleback	-	-	-	-	-	-	-	-	-	1	-
Molluscs											
Littorina littorea, periwinkle	-	-	2	-	-	-	-	1	-	1	-
Succineidae	-	-	-	-	-	-	-	-	-	-	-
Hydrobia ulvae	-	-	-	-	-	-	-	-	-	-	-
Gastropod	-	-	-	-	-	-	-	-	-	-	-
Cerastoderma edule, cockle	2	-	-	-	-	-	-	-	-	-	-
Mytilus edulis, mussel	4	-	-	-	-	-	-	3	-	14	-
Total identified	288	1	64	67	0	162	0	45	14	129	14

7 NR	NR-C	8 NR	9 NR	10 NR	NR-C	11 NR	12 NR	1-12 NR	%	Cremated remains in graves NR-C	%	
												Domestic mammals
1	-	-	-	-	-	-	4	9	.2	0	.0	*Canis familiaris*
-	-	-	-	-	-	-	1	2	.0	0	.0	*Felis catus*
-	-	1	1	3	-	-	-	13	.2	0	.0	*Equus caballus*
1	-	-	-	5	1	-	1	127	2.2	3	2.4	*Sus domesticus*
2	-	5	1	79	-	-	12	340	5.8	1	.3	*Bos taurus*
-	-	-	2	11	-	-	2	38	.7	0	.0	*Ovis aries*
46	40	12	3	36	-	-	17	278	4.8	42	15.1	*Ovis aries/Capra hircus*
												Wild mammals
-	-	1	-	-	-	-	-	1	.0	0	.0	*Apodemus* sp.
-	-	-	-	-	-	-	-	1	.0	0	.0	*Arvicola terrestris*
-	-	-	-	-	-	-	-	1	.0	0	.0	*Microtus agrestis*
-	-	2	-	-	-	-	-	108	1.9	2	1.9	*Microtus oeconomus*
-	-	9	6	-	-	-	-	17	.3	0	.0	*Microtus* sp.
3	-	25	21	-	-	-	-	61	1.0	0	.0	Undetermined mouse species
-	-	-	-	-	-	-	1	1	.0	0	.0	Cetacea, whales etc.
												Domestic birds
-	-	-	-	1	-	-	-	1	.0	0	.0	*Gallus domesticus*
												Wild or domestic birds
-	-	-	-	-	-	-	-	1	.0	0	.0	*Anser anser*
-	-	-	-	1	-	-	1	7	.1	0	.0	*Anas platyrhynchos*
												Wild birds
-	-	-	-	1	-	-	-	1	.0	0	.0	*Gavia stellata*
-	-	-	-	1	-	-	-	1	.0	0	.0	*Cygnus columbianus*
11	11	-	-	-	-	-	-	13	.2	11	84.6	*Anas crecca*
-	-	-	-	-	-	-	-	1	.0	0	.0	*Aythya* sp.
-	-	1	-	-	-	-	-	1	.0	0	.0	*Pluvialis apricaria*
-	-	-	-	-	-	-	-	20	.3	20	100.0	*Calidris minuta/temminckii*
1	-	-	-	-	-	-	-	4	.1	2	50.0	*Calidris alpina*
-	-	-	-	1	-	-	-	1	.0	0	.0	*Numenius arquata*
-	-	-	-	-	-	-	-	4	.1	0	.0	*Tringa* cf. *totanus*
												Amphibians
-	-	-	-	1586	-	-	-	1586	27.3	0	.0	*Bufo calamita*
												Fish
-	-	-	-	-	-	-	-	1	.0	0	.0	*Clupea harengus*
-	-	1	-	-	-	-	-	1	.0	0	.0	*Anguilla anguilla*
3	-	2	9	-	-	-	-	20	.3	0	.0	Pleuronectidae
-	-	-	-	-	-	-	-	1	.0	0	.0	*Liza ramada*
-	-	3	-	-	-	-	-	4	.1	0	.0	*Gasterosteus aculeatus*
												Molluscs
-	-	1	1	1	-	258	-	7	.1	0	.0	*Littorina littorea*
-	-	1	-	-	-	-	-	1	.0	0	.0	Succineidae
-	-	-	-	-	-	238	-	238	4.1	0	.0	*Hydrobia ulvae*
1	-	-	-	-	-	-	-	1	.0	0	.0	Gastropod
3	-	3	1	-	-	305	-	9	.2	0	.0	*Cerastoderma edule*
16	-	67	10	-	-	159	-	114	2.0	0	.0	*Mytilus edulis*
88	51	134	55	1726	1	960	39	3757	64.6	81	2.2	Total identified

Table 33 (continued).

Category of faunal remains	1 NR	NR-C	2 NR	3 NR	NR-C	4 NR	NR-C	5 NR	NR-C	6 NR	NR-C
Unidentified											
Mammalian remains	113	1	13	22	4	372	2	283	210	86	1
Bird remains	-	-	1	1	-	-	-	-	-	8	6
Fish remains	47	-	-	-	-	-	-	2	-	1	-
Mollusc remains	1	-	-	-	-	-	-	1	-	3	-
Total unidentified	161	1	14	23	4	372	2	286	210	98	7
Total	449	2	78	90	4	534	2	331	224	227	21

exposed to. These fires may have been those of the pyres of the cemetery. An alternative explanation is that these faunal remains came from the cooking fires in the houses on the *terp* and were accidentally embedded in the *terp* soil and the features of the cemetery. The low proportion of burnt or calcined bone in the *terp* (categories 1 and 2) and the younger features (category 10) argue against the latter explanation. In one way or another, the burnt or calcined bones are the result of cremations at the cemetery.

There are three possible ways in which animals or parts of animals might end up in the cremation fire:

a. Dead animals were hidden among wood or other fuel for the pyre. This might hold for the two burnt bones of *Microtus oeconomus* from the *bustum* grave (table 33: 6);

b. Animals or parts of animals were purposely put on the fire, as a gift to the deceased or for other reasons relating to the funeral. Two, possibly three, groups of animal remains may be reckoned to this category:

1. The burnt and calcined remains of *Calidris minuta* or *C. temminckii* and *Calidris alpina* found in the *bustum* grave and in urn 372 (figs 61 and 62; 4.3; Prummel & Knol, 1991);

2. The probably complete lamb or kid and the teal of *Brandgrube* 97 (3.3.4);

3. Parts of sheep/goat, cattle and pig and possibly other mammals (among the unidentified mammalian remains) were put on the cremation pyres (table 33). The burnt or calcined bone fragments of sheep/goat and pig from urns 63, 66, 131, 168 and 356 and *bustum* grave 160 could derive from such parts of animals. The few burnt/calcined remains of cattle and pig and possibly other mammals from the *terp* body, the human and animal inhumation graves and the younger features (categories 1-4 and 10) could also originate from parts of animals put on cremation fires, if they derive from unrecorded (disturbed) cremation graves or ash stains;

c. Animal bones may have been accidentally exposed to the cremation fire at spots where a pyre was erected.

In conclusion, there is evidence that animals or parts of animals were intentionally put on the cremation pyres

of Oosterbeintum. This holds for *Calidris minuta* or *C. temminckii*, *Calidris alpina* (the *bustum* grave and urn 372), a lamb or kid and an *Anas crecca* (*Brandgrube* 97) which were cremated. Parts of sheep/goat, pig and cattle were possibly placed on the pyre (see b.3). However, these remains cannot be distinguished from remains of these species that unintentionally ended up in the fires (see c).

The unburnt faunal remains

The unburnt faunal remains are presumably unrelated to the cemetery. For the faunal remains in the *terp* soil (category 1) this is obvious. They originate from animals kept and consumed at farms on the *terp* of Oosterbeintum before c. AD 400. The unburnt faunal remains from funerary features (inhumation graves and cremation features – i.e. categories 3-9) will be kitchen refuse from farms on the *terp* either from the period before or from that during the use of the cemetery. This is inferred from the similar ranges of species in the material from the cemetery features and that of the 4th century kitchen refuse (table 34). The larger number of smaller species in the cemetery material results from the sieving of samples of grave soil. Even the high proportion of sheep/goat remains in the cemetery features in comparison to those of the 4th century kitchen waste (table 34) is a result of this procedure. Cattle bones, being large, are more readily seen in the clay soil of the *terp* than sheep/goat bones. In hand-collected material from *terp* soil sheep/goat is often underrepresented (Hopman, 1993).

Early medieval funerary practice in Europe often involved the burying of animals or parts of them in inhumation or cremation graves (Müller-Wille, 1971; Oexle, 1984; Prummel, 1992a; Prummel, 1993a; Sigvallius, 1994). In western and central Europe this custom was virtually restricted to horses and dogs. Many domestic and wild animal species were killed for cremation and inhumation burials in Sweden; sheep, dog, horse and cattle being the most numerous species. Dog and horse were buried or cremated as complete animals; sheep, cattle and other animals mostly in parts (Sigvallius, 1994). Teeth of cattle and horse predominate

7 NR	NR-C	8 NR	9 NR	10 NR	NR-C	11 NR	12 NR	1-12 NR	%	Cremated remains in graves NR-C	%	
Unidentified												
307	242	232	284	37	2	-	12	1761	30.3	462	26.2	Mammalian remains
2	-	3	1	-	-	-	-	16	.3	6	37.5	Bird remains
1	-	9	8	-	-	-	-	68	1.2	0	.0	Fish remains
-	-	-	-	-	-	205	-	210	3.6	0	.0	Mollusc remains
310	242	244	293	37	2	205	12	2055	35.4	468	22.8	Total unidentified
398	293	378	348	1763	3	1165	51	5812	100.0	549	9.4	Total

in the unburnt faunal remains found in cremation graves in Sweden (Sigvallius, 1994).

This is not the case with the unburnt faunal remains in the inhumation or cremation graves of Oosterbeintum. The custom to present meals to the deceased, as was usual in a Roman context (Lauwerier, 1988), did not exist with the Germanic tribes (Sigvallius, 1994). Neither is there any evidence that funerary meals were held beside the open grave, the waste of which was thrown into the grave. Although parts of animals as occasional grave goods cannot be excluded, it is much more probable that the unburnt faunal remains in the human and animal graves were either already in the *terp* soil in which the graves were dug or were scattered early medieval waste. This interpretation is the basis of discussions in chapter 9. The unburnt material from younger features (category 10) will be kitchen refuse from 9th-11th century farms, or perhaps older material incorporated into these features.

5. A SPATIAL AND CHRONOLOGICAL ANALYSIS OF THE CEMETERY

This chapter presents a spatial and chronological analysis of the use of the cemetery. This analysis was difficult because only part of the cemetery was excavated, far from all features were datable, and presumably many traces had been lost altogether.

This part of the *terp* of Oosterbeintum (or the separate cemetery *terp*) came into use as a burial ground in the first half of the 5th, or possibly even the late 4th century. The earliest dated graves in the cemetery are two cremation burials: *Brandgrube* 183 and the disturbed cremation grave in the fill of grave 460. The early burials are usually simple graves without urns. This fits in with other evidence about funerary custom in the coastal region of the northern Netherlands from the 5th century BC up to around AD 400 (e.g. two *Brandgruben* from the second half of the 1st century AD at Heveskesklooster, Boersma, 1988). The disturbed urned burial 66, given its radiocarbon date, also may date from the first half of the 5th century AD.

The second half of the 5th century saw a change in funerary rite. Apart from cremations, we now also find inhumations. The earliest inhumation burials are graves 485A and 485B, from the second half of the 5th century. The inhumation graves A, 60, 360, 398, 410, 422 and 605 date from the second half of the 5th or the early 6th century. The urned burials 210, 372, 515 and 521 with urns of Anglo-Saxon ware, and the *bustum* grave 160 date from the same period. In the 6th and 7th centuries, cremations and inhumations still occur side by side. Inhumation graves 241, 335, 428, 483 and 570 and urned burial 409 also date from the 6th century. Four inhumations (342, 393, 424 and 501) and five urned burials (227, 267, 372, 421 and 438) date from the 7th century (tables 9 and 19). In the late 7th or early 8th century, this part of the *terp* ceased to be used as a cemetery. The burial with the youngest dating is urned cremation 267. It may date from the early 8th century.

The inhumation and cremation burials are not quite evenly distributed over the centuries when the cemetery was in use (tables 9 and 19). However, these differences are probably due to chance. After all, large numbers of graves are undatable or have datings that cover 150 or 200 years (see 3.1.5 and 3.2.2). From 450 up to the late 7th or early 8th century, cremation and inhumation were practised side by side. The inhumation graves from the 5th and early 6th centuries lie predominantly with the head to the southwest. For the inhumations of the rest of the 6th century and the 7th, no predominant orientation could be identified.

The graves dating from the various periods are fairly evenly distributed around the excavated part of the cemetery. The whole excavated area came into use in the 5th century and continued to be used into the 8th century (fig. 69). The distribution of men's and women's graves over the cemetery too is fairly even (fig. 70).

Yet there do seem to be mixed-period clusters of burials, which belong together in space. Through time, people who in some way belonged together may have been buried in close proximity. Five possible clusters can be identified (fig. 71):

1. The first cluster is around inhumation grave 360, a woman's. With this seem to be associated the inhu-

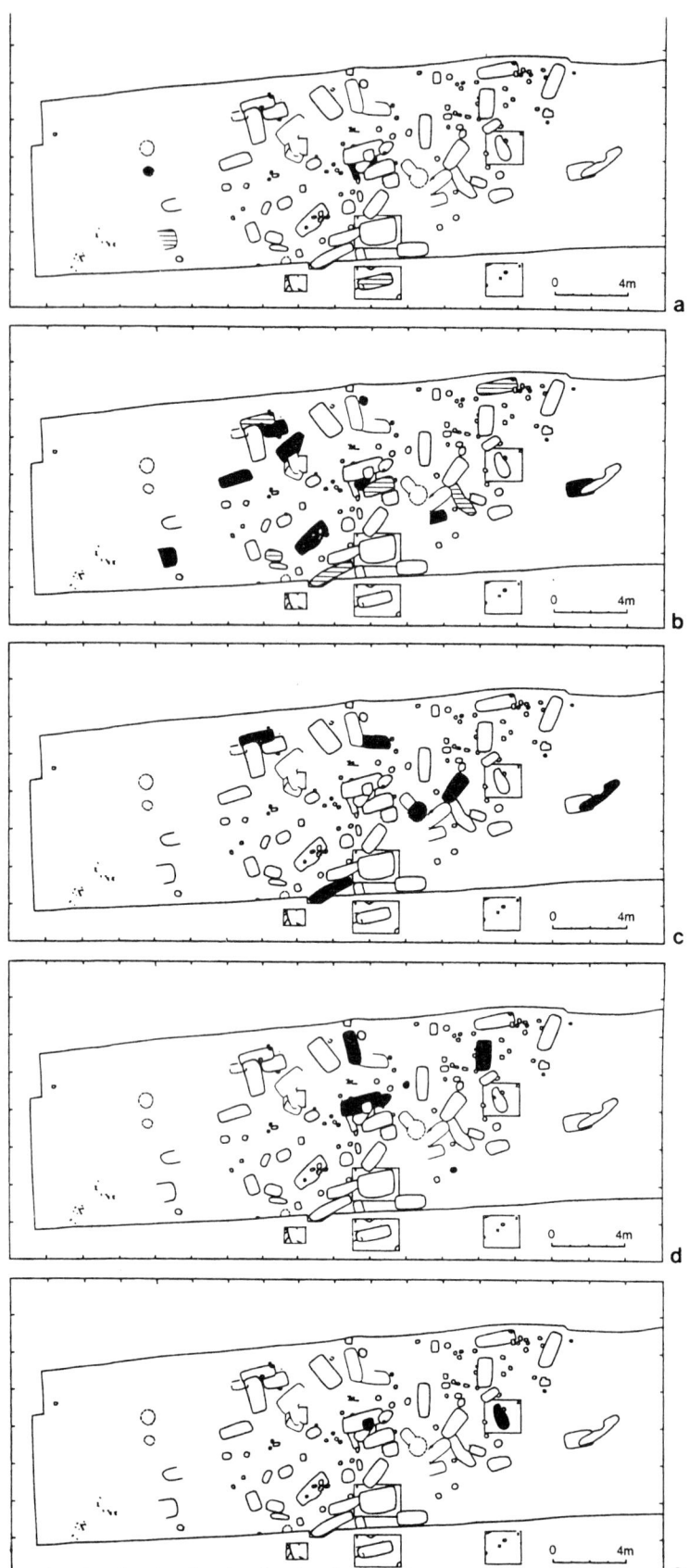

Fig. 69. Oosterbeintum. Dating of the features in the cemetery, as given in the catalogue of graves. a. AD 400-450; b. AD 450-525; c. AD 525-600; d. AD 600-700; e. AD 675-750. The dated cremation graves disturbed by later inhumations are shaded. Drawing by G. Delger, V.A.R.U.G.

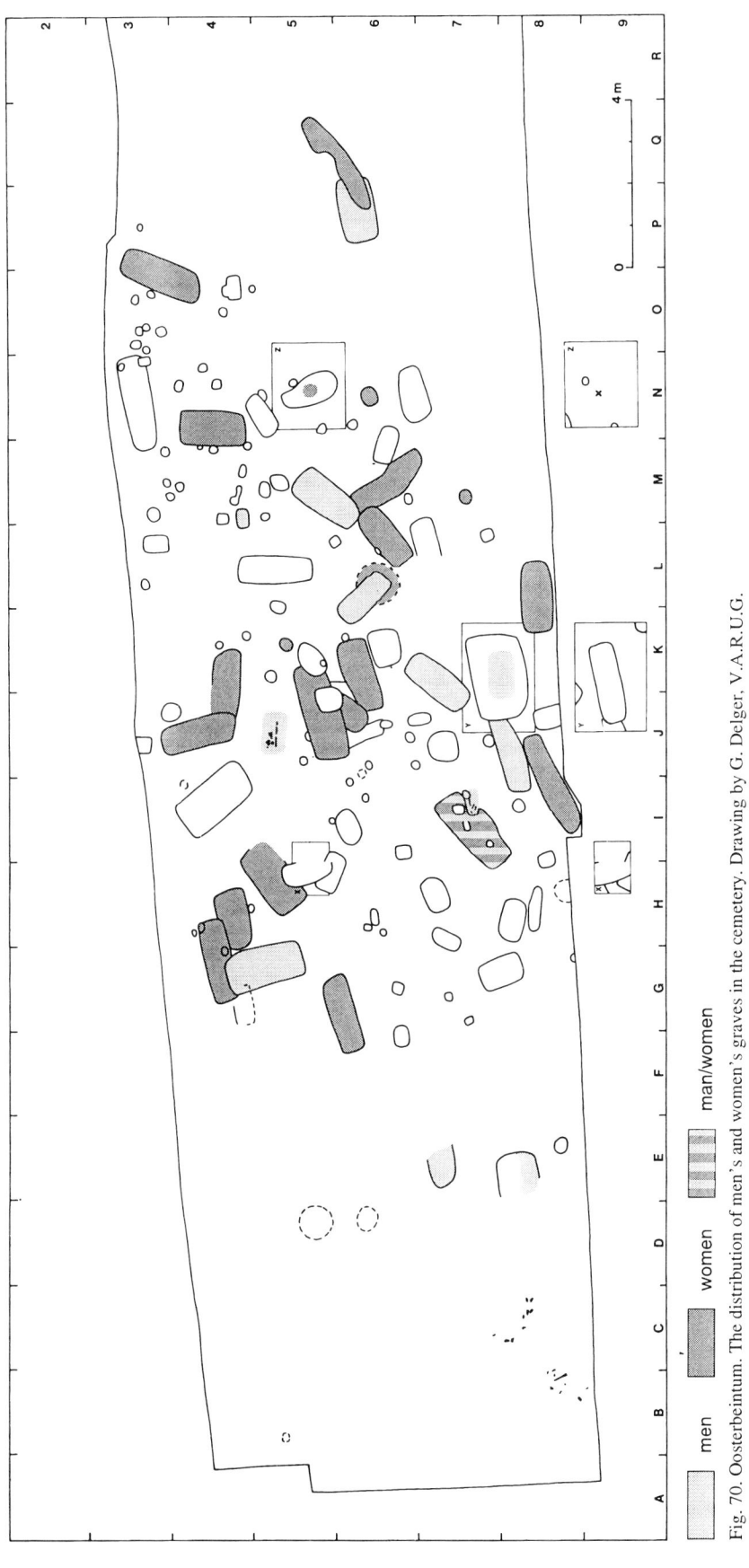

Fig. 70. Oosterbeintum. The distribution of men's and women's graves in the cemetery. Drawing by G. Delger, V.A.R.U.G.

men   women   man/women

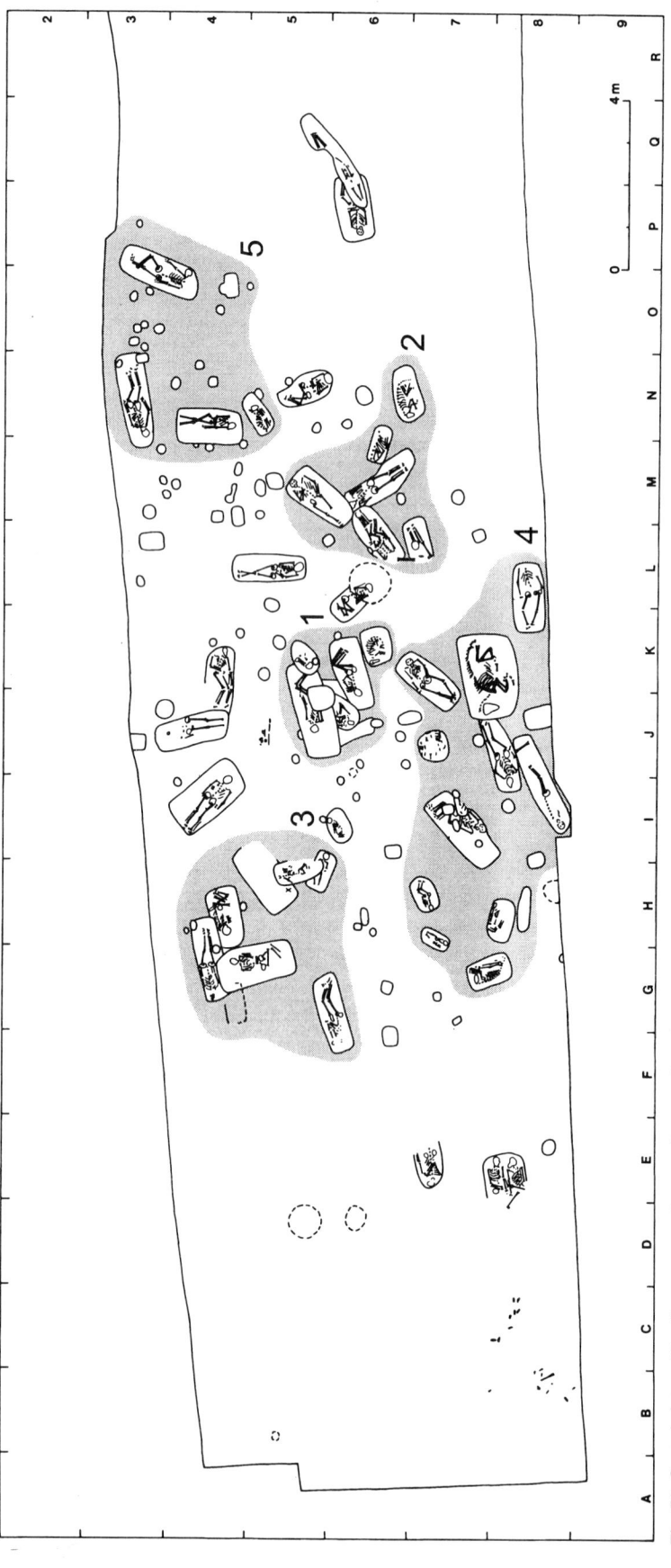

Fig. 71. Oosterbeintum. The five apparent clusters of graves. Drawing by G. Delger, V.A.R.U.G.

mation graves 393 (woman), 295 (woman), 342 (child) and 432 (dog), and the cremation graves 97 (two animals), 183, 227 and 229;

2. Around inhumation grave 410 (a man's) lies a second cluster, made up of the inhumation graves 335 (man), 374A (child), 374B (woman), 422 (adult), the ash stains 650 and 354, and dogs 408 and 477;

3. A third cluster can be distinguished around inhumation grave 606 (a woman's). This comprises the inhumations 570 (woman), 393 (woman), 273 (adolescent), 100 (inhumation grave of a man and disturbed cremation) and 60 (woman) as well as the *bustum* 160 and ash stains 496, 533, 571 and 649;

4. Inhumation grave 398 of a man/woman may have formed a fourth cluster with the inhumation graves 270 (man), 247 (child), 362 (child), 428 (young woman), 435 (young man), 451 (man), 460 (man), 461 (woman), 353 (child), the dogs 480 and 201 and the horse 430. To this could belong the cremation features, 194, 269, 361, 376, 388, 396, 437, 445 and 655;

5. The inhumation graves 424 (woman), 473 (woman), 624 (adolescent) and dog 404 constitute a fifth cluster. These are accompanied by cremation features 31, 32, 78, 130, 131, 132, 133, 146, 281, 525, 526, 527, 528, 532, 535, 581 and 583.

The remaining inhumation and cremation graves lay more widely scattered about the cemetery.

The clusters may represent families or other groups, which placed their dead together. All include graves of women as well as children and/or adolescents. Men's graves were found in at least three of these five clusters; the gender and age of most cremated bodies is unknown. Four of the five clusters include the remains of children. Four also contain one or more animal burials. Unfortunately, the five clusters do not lie so far apart that they can be clearly separated. Hence it remains uncertain whether there were in reality five families or other groups. More distinct clusters of burials have been found in the German early medieval cemetery of Ketzendorf (Ahrens, 1983).

The burial of bodies and cremations in the cemetery of Oosterbeintum presumably came to an end (partly) as a result of the Christianization of the northern Netherlands. This took place in the 8th century. Cremation and the inclusion of grave goods in burials was strictly prohibited by the Church. From then on, the dead were buried in cemeteries around the newly established churches. The numerous small burial grounds in the northern Netherlands with their rows of predominantly east-west oriented graves, devoid of grave goods and hence undatable, may have been Carolingian cemeteries around churches (Knol, 1993a: pp. 169-176; Knol, 1993b). The small cemetery without grave goods that was found at Oosterbeintum in the construction of a road (see 2.1) could have been such a churchyard. Tradition has it that there once was a chapel at Oosterbeintum (Yska, 1972: p. 12; van Dijk, 1987: p. 261). However, there is no documentary or archaeological evidence of this chapel.

6. THE SIZE OF THE COMMUNITY THAT USED THE CEMETERY

On the basis of the number of burials found in the excavated part of the cemetery, an estimate can be made of the size of the community that buried its dead there. This is done by applying the formula compiled by Acsádi & Nemeskéri (1970): $P = 1.1 \ (D \cdot e)/t$ in which P is the average population size, D the number of burials, e the average life expectancy, and t the duration of use of the cemetery (Donat & Ulrich, 1971: p. 237). The formula assumes that none of the dead were buried outside the cemetery.

Problems in applying this formula to the cemetery of Oosterbeintum are that the interpretation of the 71 ash stains and the 17 disturbed cremation traces is uncertain and that through erosion, digging and quarrying, graves have been lost altogether. Therefore this estimate of the population of Oosterbeintum is a tentative one.

In the excavated part of the cemetery 73 certain human burials have been uncovered: 47 skeleton graves, 21 urned burials, four *Brandgruben* and one *bustum* grave. The ash stains represent between 18 and 71 cremations (see 3.1.3); the disturbed cremation features represent at least 19 cremations. The number of human burials in the excavated part of the cemetery thus amounts to between 110 and 163.[21] The average lifespan of the individuals in inhumation graves was 29.5 years (see 3.2.6). The average age attained by the cremated individuals is unknown. The larger number of children among them suggests we should assume a somewhat shorter overall life expectancy for the people of Oosterbeintum: an estimate would be 28 years (see also Donat & Ullrich, 1971: p. 48). This part of the cemetery was used for about 350 years.

On the basis of 110 graves, an average life expectancy of 28 years and a use period of 350 years, the average size of the community that buried or cremated its dead in the excavated part of the cemetery is calculated at 9.7 individuals. For D = 163 graves, Acsádi and Nemeskéri's formula produces an average of 14.3 inhabitants.[22]

The excavated part of the cemetery covers about 180 m^2. The area of the cemetery as a whole is unknown. Presumably there were more graves both to the north and the south of the excavation. If we assume that two thirds of the cemetery has been excavated and that in this part three quarters of the burials were extant, this means that the excavation brought to light about half of the original number of graves. The average size of the community that used the cemetery between AD 400 and 750 then must have been between 19 and 29 individuals. With an average of six occupants per farm, as Heidinga assumed for Carolingian-period farms in the Veluwe region (Heidinga, 1984: p. 196; 1987: p. 173), the *terp* of Oosterbeintum between 400 and 750 probably bore three to five farms.[23]

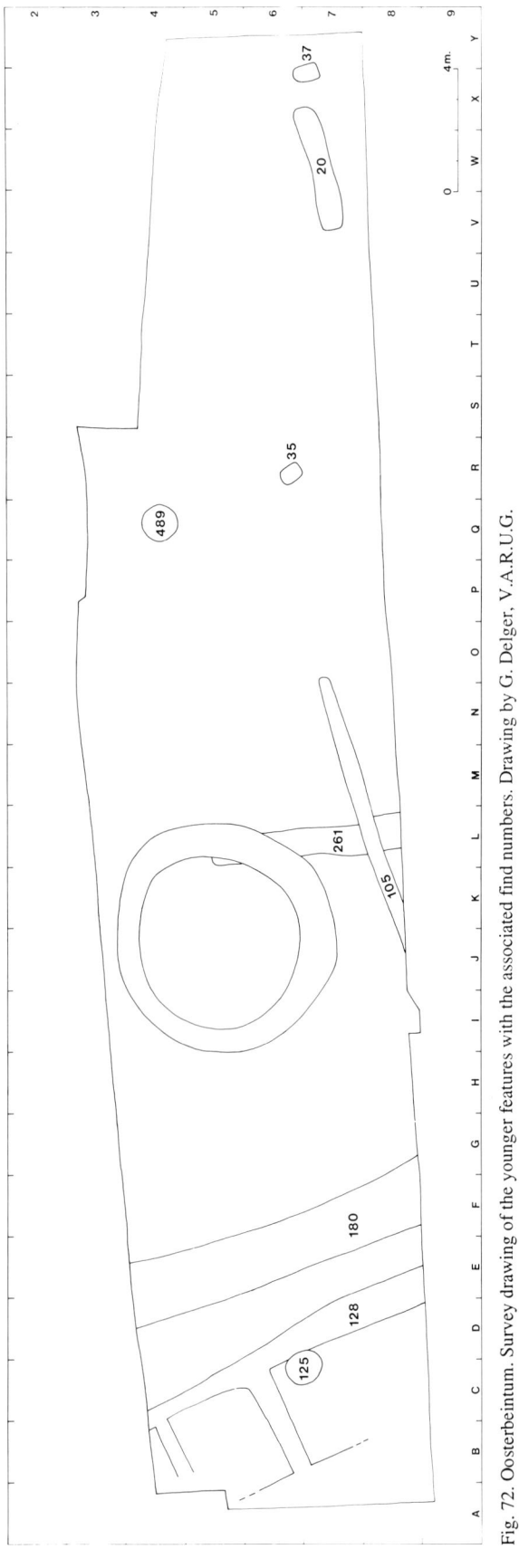

Fig. 72. Oosterbeintum. Survey drawing of the younger features with the associated find numbers. Drawing by G. Delger, V.A.R.U.G.

7. THE SOCIAL STRUCTURE OF THE COMMUNITY THAT USED THE CEMETERY

In the variation among funerary rites and grave goods within a cemetery, the archaeologist will look for evidence of the social status of the dead and their relatives living in the settlement. This is based on the assumption that differences in the social status of the dead will be expressed in the funerary rites and the grave goods accompanying the body. Variations in social status may be differences in wealth, prestige and authority. These may in part coincide with differences in gender and age.

Two problems crop up here. The first is that apart from social status also gender and age differences and cultural, ethnic and religious distinctions may have played a part in the funerary ritual, affecting the presence and nature of any grave goods (Sigvallius, 1994). The second is that in the Oosterbeintum cemetery the conditions for preservation were poor. The grave goods accompanying cremations were particularly scanty. This will largely be due to the poorer chances of survival of grave goods in cremation graves than with inhumations (tables 3 and 18).

The number of bodies cremated at the cemetery of Oosterbeintum between AD 450 and 750 is likely to have been greater than the number inhumed in that period. The number of children appears to be greater among the cremations (11 to 23 individuals out of 35 to 51 remains with established age) than among the inhumations (8 out of 46). If the ash stains are assumed to represent the smallest number of individuals, the difference is not statistically significant; using the largest number, the difference is significant ($\alpha = 0.01$, table 7). Possibly the cremated children included more very young children: at least 15 of the 23 children's remains were of children younger than five years (3.1.4, table 5). Among the eight interred children, three were under the age of five (3.2.6, table 23). For children under five, cremation may have been preferred. Among the inhumed adults there were as many men as women. The same is likely to have held for the adult cremations. Thus gender distinctions seem to have played no role in determining the type of funeral.

Among the inhumation graves of men, two are comparatively rich in grave goods. These are the 6th-century weapon grave 335 of an adult man in cluster 2 and grave 435 of a youth aged 19 in cluster 4. Among the inhumation graves of women there are a few with unusual or unusually much jewellery: 374B of an adult woman belonging to cluster 2, 428 of a fairly young woman in cluster 4, and 360 of a more elderly woman in cluster 1. Also the inhumation grave of the man/woman, No. 398 in cluster 4, yielded a large number of personal ornaments. Among the cremation graves, only a child's urned burial, No. 438, belonging to cluster 2, contained an unusual item: a silver ring.[24]

Despite these differences, the grave goods in the excavated part of the cemetery do not suggest a high degree of social stratification in the community that buried or cremated its dead here. A remarkable figure in early medieval Oosterbeintum must have been the dwarf, and the man/woman too may have played a special role (see 3.2.6). It is clear that not everyone was supplied with similar kinds of grave goods.

Comparatively rich graves are found in clusters 2, 4 and 1. Here also six of the seven animal graves are found. Cluster 2 may have been the burial site of the most eminent or richest family. This cluster includes two of the six dog burials. However, cluster 4 also has quite richly endowed graves. Moreover, the horse burial seems to be part of this cluster. So far, it has not been possible to say anything more specific about the social structure of the terp-dwellers' community.

8. THE CAROLINGIAN AND YOUNGER FEATURES

The cemetery was transected by a number of younger

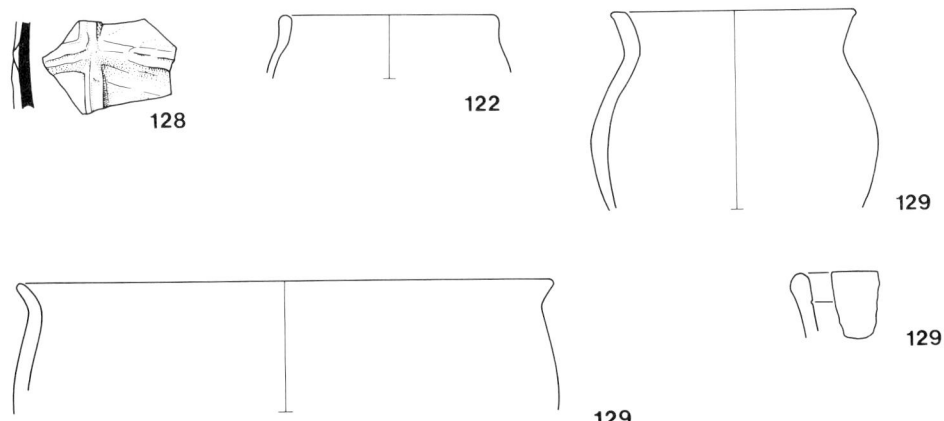

Fig. 73. Oosterbeintum, ditch 128. Carolingian finds. Scale 1:4. Drawing by H.J.M. Burgers, A.I.V.U.

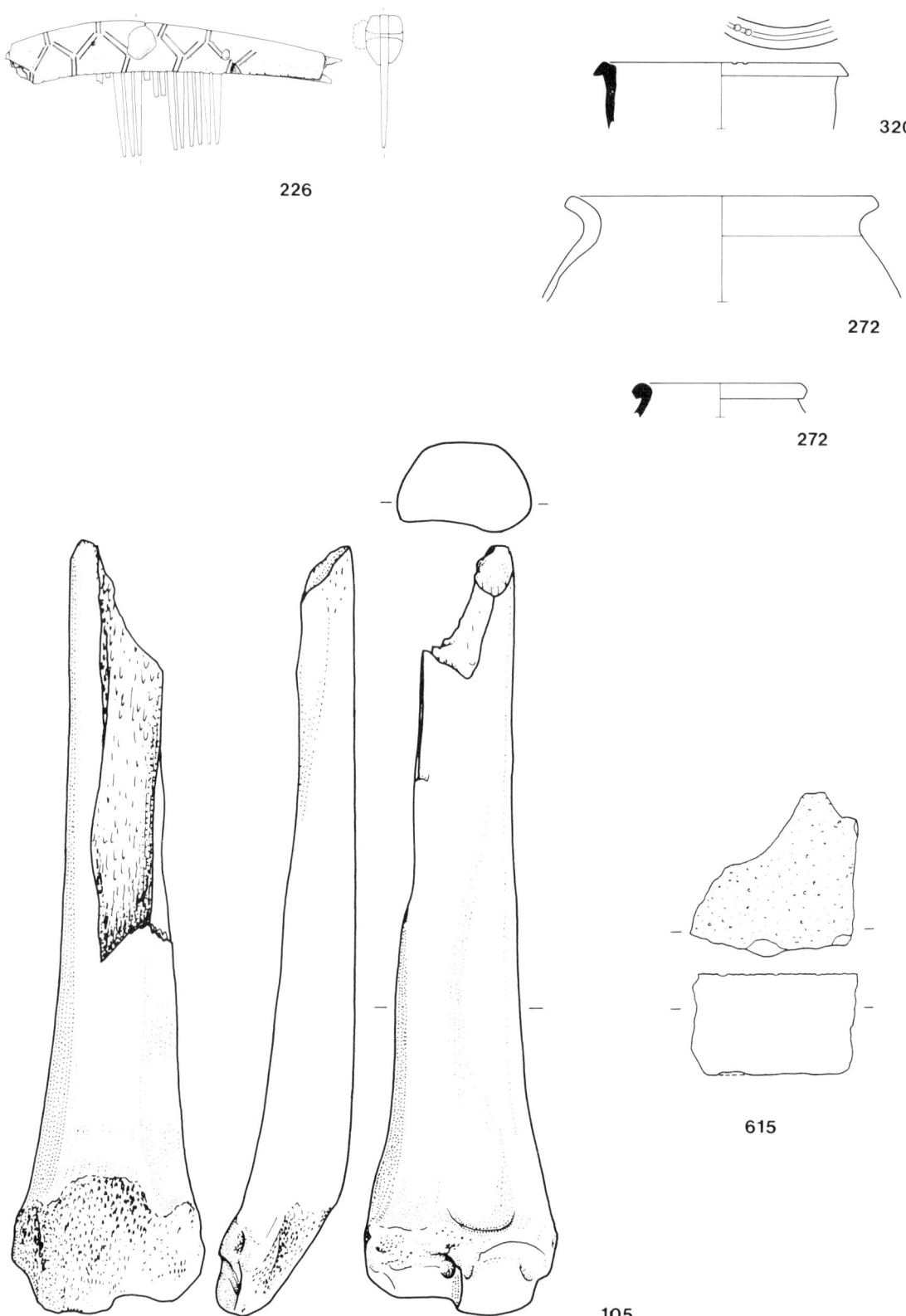

Fig. 74. Oosterbeintum, ditch 105. Carolingian finds. Scale of pottery and quern 1:4; other finds 1:2. Drawing by H.J.M. Burgers, A.I.V.U.

Fig. 75. Oosterbeintum, ditch 261. Iron wedge. Scale 1:2. Drawing by H.J.M. Burgers, A.I.V.U.

settlement features (fig. 72). A few date from the Carolingian period (8th/9th century), others are even more recent (up to the 15th century). A few features failed to produce any clues whatsoever about their age. There was no evidence of a distinct pattern among the younger features. In the construction of the latter, some of the graves were badly disturbed. A brief description of these features follows below.

Ditch 128 (fig. 73, find Nos 128, 122, 129 and 603) lay in the western part of the excavation and had a depth of up to 0.75 m below NAP. The ditch branched to the west and contained a few sherds of early medieval, hand-formed pottery, a wall fragment of Carolingian, wheel-thrown reliefband ware, and a number of animal bones. The fabric of the reliefband vessel is similar to that of type WIII from Dorestad, though at Dorestad, reliefband decoration is not normally associated with this fabric. An early Carolingian dating of the pot (8th century) seems justified (W.A. van Es, R.O.B./A.I.V.U., pers. comm.).

Ditch 180 (find Nos 180, 181, 264, 549, 550, 589, 600, 609 and 627), to the east of ditch 128, contained many animal bones and a wall fragment of early-medieval, hand-formed ware (No. 627). The deepest point of the ditch lies at 0.70 m below NAP.

Ditch 105 (fig. 74; find Nos 105, 179, 226, 271, 272, 615 and maybe 370) could be pursued over a distance of 9 m in a northeasterly direction, having emerged from the south profile. The ditch had a depth of up to 0.20 m below NAP and contained two rim sherds of wheel-

thrown pottery. One belongs to Dorestad type W IIIA-12 and dates from the 8th or 9th century. The other belongs to Dorestad type W IXA (Prof. W.A. van Es, R.O.B./A.I.V.U., pers. comm.) and dates from the 7th or 8th century (van Es & Verwers, 1980). The ditch further contained a rim sherd and a wall fragment of *Kugeltopf* pottery, a skate made from a horse's radius, unworked animal bones and a composite comb with curved coverplates showing a linear fork design. The fork design is also known from 9th-century combs in Scandinavia (Tempel, 1969: design H 104, *Formengruppe* 2b). The coverplates are trapezoid in section, which is known also from a comb from Godlinze (van Giffen, 1920: pl. VII.1a). This comb is likely to date from the 8th or 9th century. The comb did not contain any remains of fleas, headlice or their eggs. The ditch also produced a fragment of a basalt quern. All datable finds considered, the ditch must date from the Carolingian period. Since it lies at a higher level than the cemetery, a 9th-century date seems the most likely.

Ditch 261 (find Nos 220, 261 and 504) intrudes into the cemetery from the south and had a depth of up to 0.41 m below NAP. The south profile showed that the ditch was dug into the layer raised in the Carolingian period. The ditch was found to contain a small wedge of iron (fig. 75; find No. 220).

The elongated pit No. 20 (fig. 76; find Nos 20, 34 and 51) in the eastern part of the excavation produced a few sherds of Pingsdorf ware, a small sherd of *Kugeltopf* ware, a rim sherd of rough-textured Merovingian ware, a quern fragment and a number of animal bones. The pit dates from the 10th or 11th century.

Pit 125 (fig. 77; find Nos 47, 57 and 125) is a dung-filled, round well which cuts through all levels down to 2.50 m below NAP. The well contained sherds of Pingsdorf ware and of 10th/11th-century *Kugeltopf* pots. A soil sample from this well was found to contain large numbers of mites and shells (chapter 9).

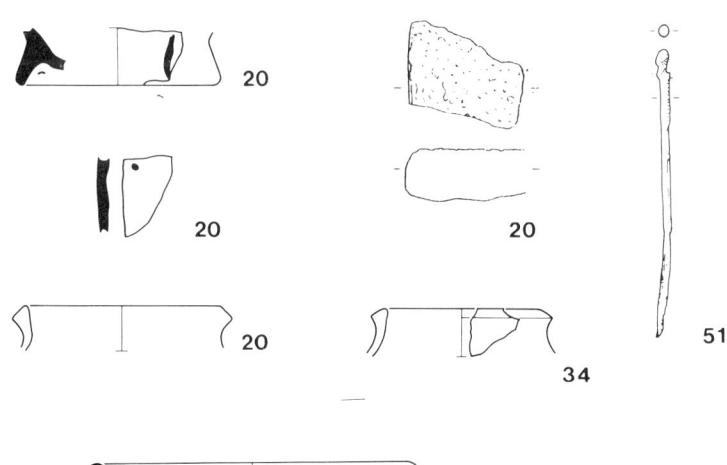

Fig. 76. Oosterbeintum, pit 20. Tenth- or eleventh-century finds. Scale of pottery and quern 1:4; iron object 1:2. Drawing by H.J.M. Burgers, A.I.V.U.

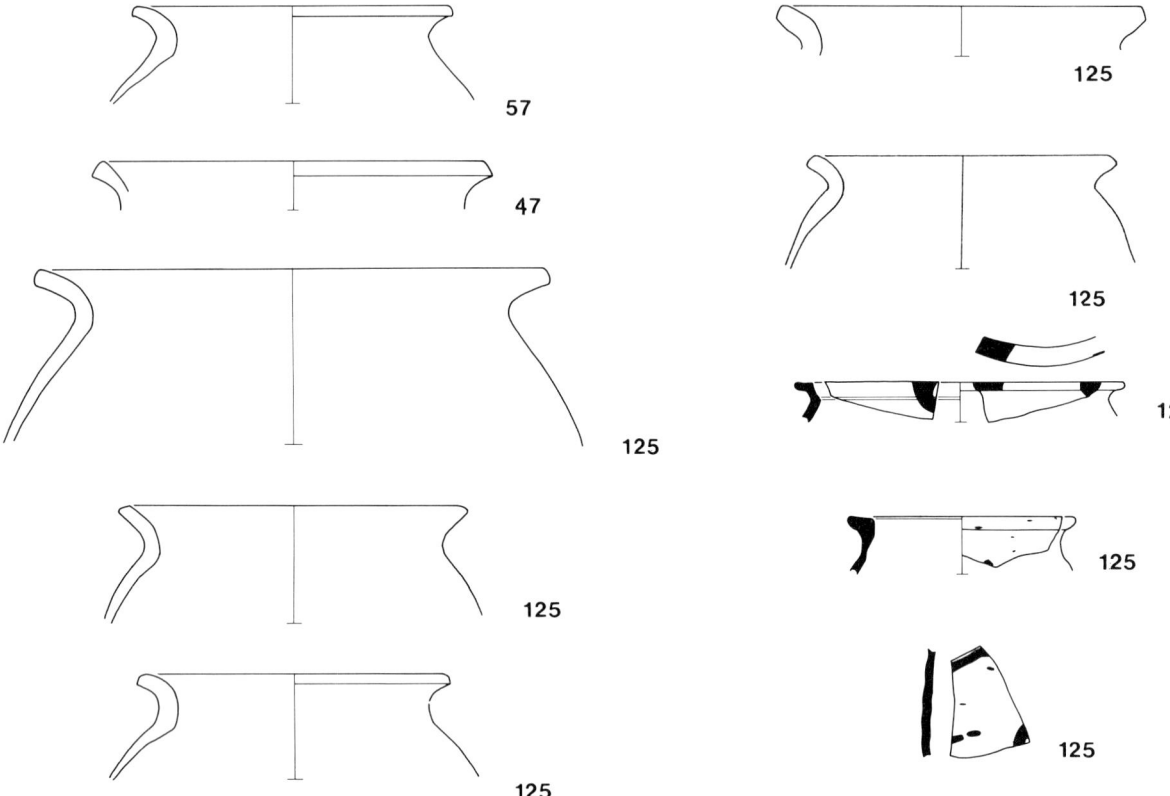

Fig. 77. Oosterbeintum, well 125. Finds from the 10-11th century. Scale of pottery 1:4. Drawing by H.J.M. Burgers, A.I.V.U.

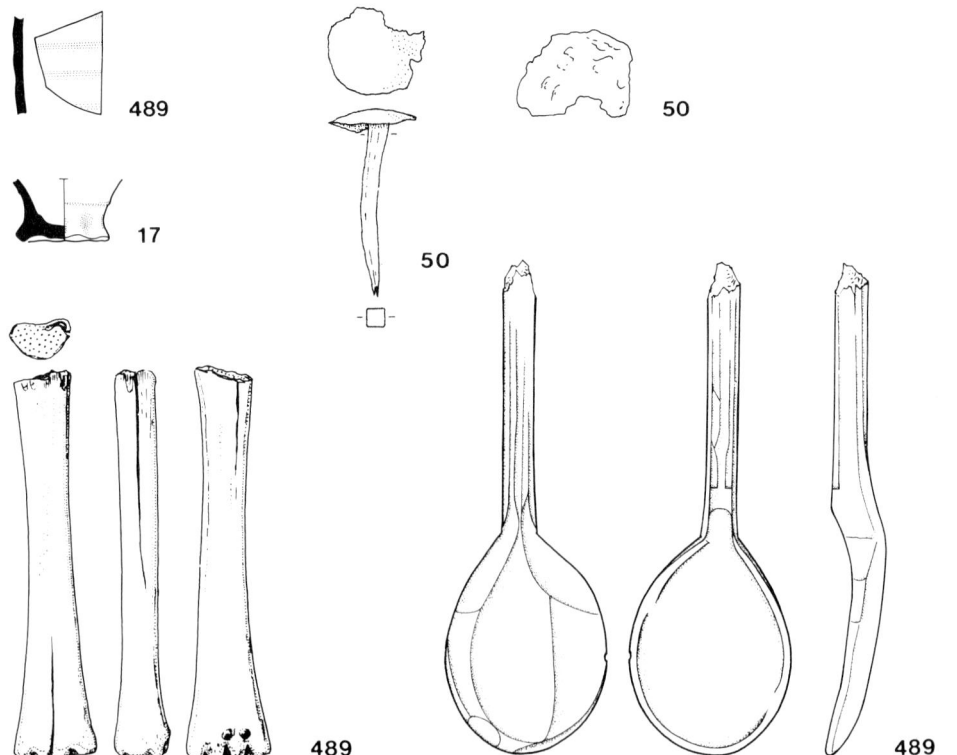

Fig. 78. Oosterbeintum, well 489. Finds from the 14-16th century. Scale of pottery 1:4; other finds 1:2. Drawing by H.J.M. Burgers, A.I.V.U., and J.M. Smit, V.A.R.U.G.

Pit 489 (fig. 78; find Nos 17, 50 and 489) also was a round well which extended down through all levels into the sand at 3.90 m below NAP. A pot base and a sherd of stoneware date this well to the 15th century. The other contents were a nail, 5 cm long with a wide, round head; a bone handle; a spoon of wood of silver-fir (*Abies*), which is not indigenous in the Netherlands; and several animal bones. The handle was made from a young sheep's metacarpus. The distal epiphysis was still open. Through use it had become polished smooth. At one end, the handle had been sawn off. The bone cavity contains rust, possibly from an iron tool. The wooden spoon was presumably imported from the upper-Rhine region. A dating between AD 1450 and 1550 is reasonable, as is indicated by the find of about a dozen of spoons of the same type and wood species at Groningen-Waagstraat (Casparie & Helfrich, 1995: p. 31).[25]

37

Fig. 79. Oosterbeintum, pit 37. Sherd from the 10-11th century. Scale 1:4. Drawing by H.J.M. Burgers, A.I.V.U.

In the undatable pit 35, 1586 bones of the natterjack toad, *Bufo calamita* were found. Because of its deep level, the pit may well antedate the 8th/9th century. Pit 37 contained a rim sherd of a Carolingian *Kugeltopf* vessel (fig. 79) and some animal bones.

In the middle of the cemetery there was a circular ditch, 0.7-1.2 m wide, with a diameter of 6 m (fig. 72). This feature appeared in the field, be it vaguely, as a ditch 0.25 m deep (fig. 80). The ditch contained a few animal bones. It is evident that only the bottom of the ditch was observed in the excavation. The quarrying had removed the upper part of the circular ditch. The ditch transected several of the graves and the younger ditch 261, but was itself not cut into by any features. Hence the circular ditch must postdate the 8th century.[26]

Four unstratified sherds of wheel-thrown pottery are probably unrelated to the cemetery. The pot base 349 is Merovingian or Carolingian. Sherd 502 may be Carolingian. The small, undecorated fragments 36 and 43 are of Carolingian, Badorf-style pottery. Eight sherds of 9th/10th-century *Kugeltopf* ware came to light as stray finds in the *terp* (fig. 81). These were mostly tempered with crushed granite. Two contained temper of crushed shell. One stray sherd, found on the tip, bore

Fig. 80. Oosterbeintum. View of the excavation from the south, at the highest level (Level 1), showing the circular ditch, which postdates the cemetery and *Brandgrube* 97. The circular ditch was on the whole not very distinct. Photograph by G. Delger, V.A.R.U.G.

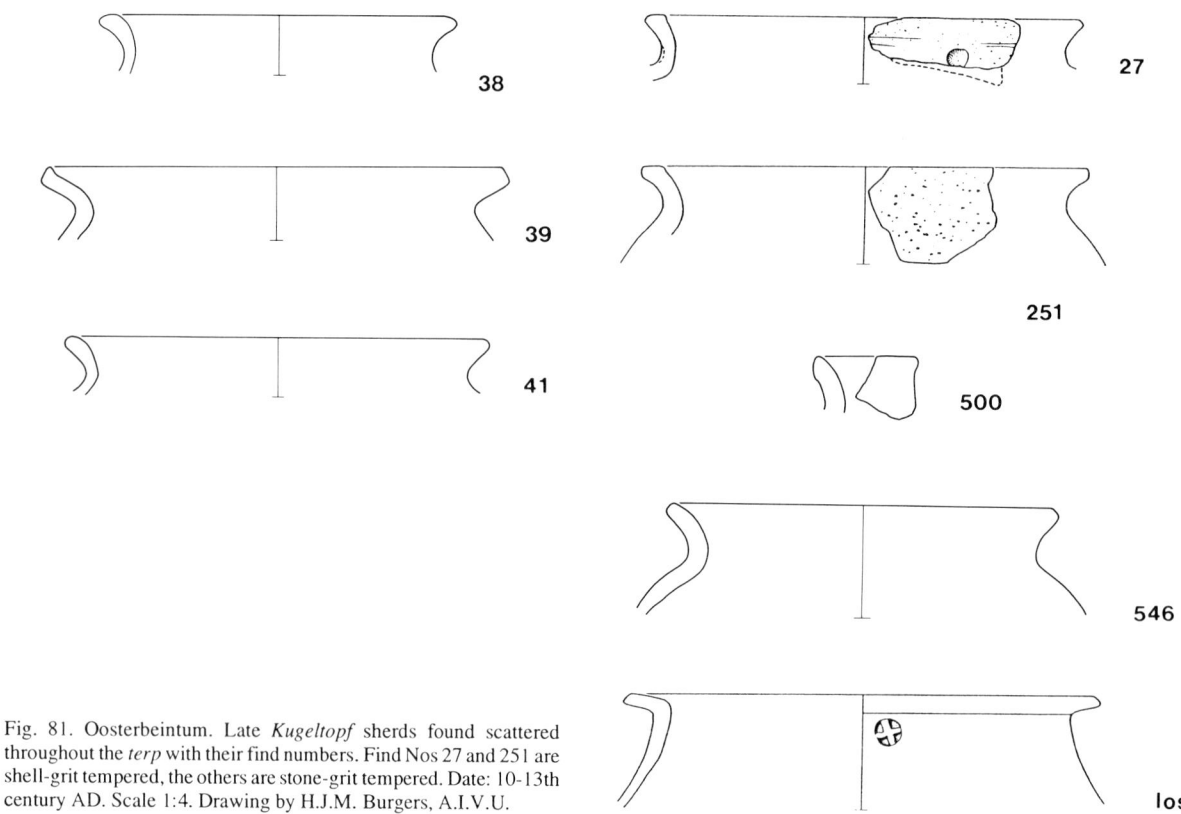

Fig. 81. Oosterbeintum. Late *Kugeltopf* sherds found scattered throughout the *terp* with their find numbers. Find Nos 27 and 251 are shell-grit tempered, the others are stone-grit tempered. Date: 10-13th century AD. Scale 1:4. Drawing by H.J.M. Burgers, A.I.V.U.

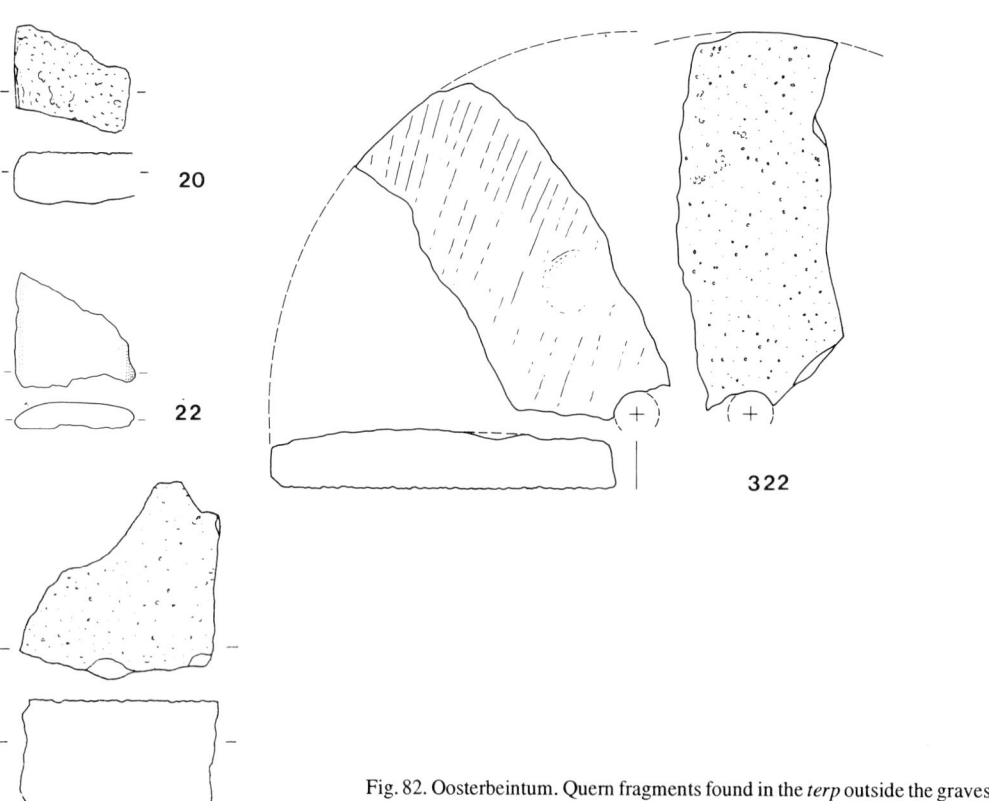

Fig. 82. Oosterbeintum. Quern fragments found in the *terp* outside the graves. Find Nos 20, 22, 322, 615. Scale 1:4. Drawing by H.J.M. Burgers, A.I.V.U.

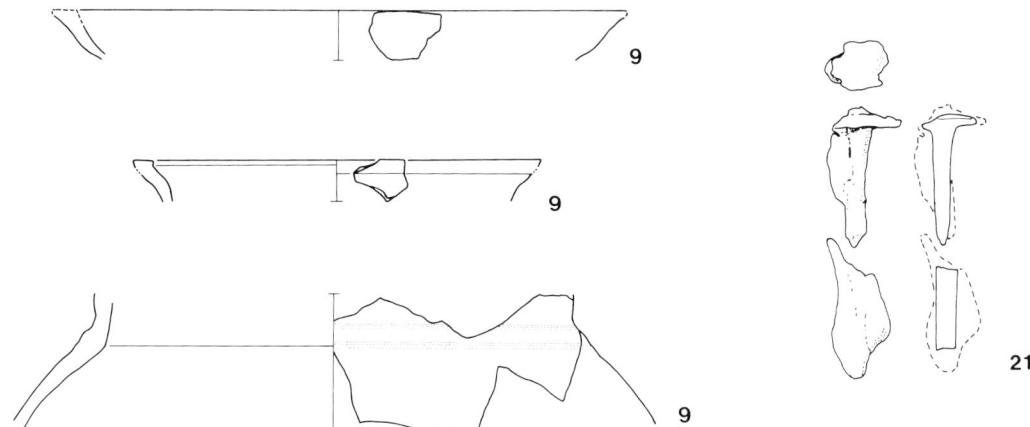

Fig. 83. Oosterbeintum, raised layer 9. Post-Carolingian finds. Scale of pottery 1:4; iron nail 1:2. Drawing by H.J.M. Burgers, A.I.V.U.

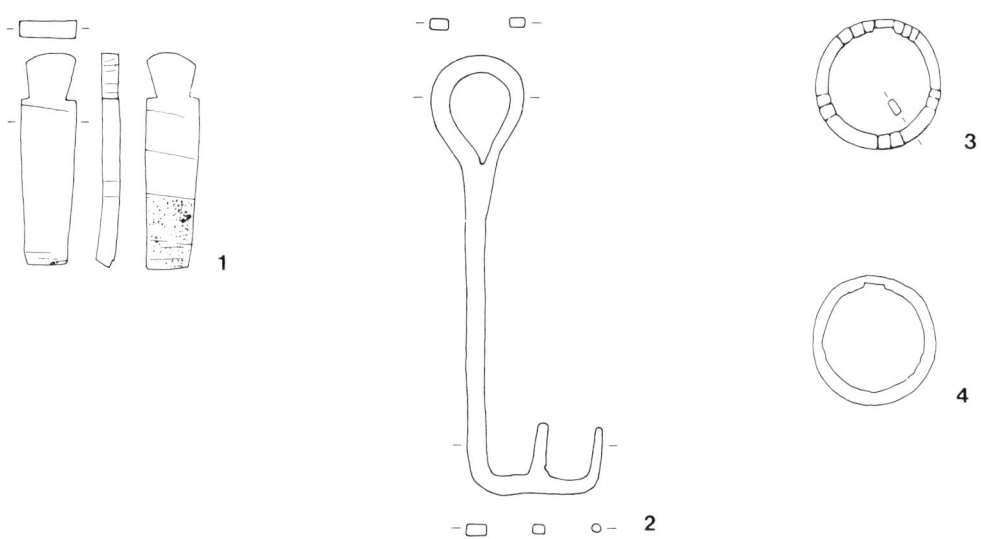

Fig. 84. Oosterbeintum. Finds from the tip: 1. Bone object, find No. 12; 2. Iron key; 3. and 4. Bronze annular brooches. 2-4. Private collection. Scale 1:2. Drawing by H.J.M. Burgers, A.I.V.U.

the impression of a round stamp with a cross in it. Unstratified in the *terp*, also a few quern fragments (fig. 82) and some faunal remains came to light. A possible raised layer (find No. 9) in the eastern half contained a clincher, sherds of *terpen* ware, early medieval hand-formed ware and *Kugeltopf* vessels, as well as some animal bones (fig. 83; find Nos 9, 21, 122, 144, 289, 310, 312, 314, 371, 412 and 504). The *Kugeltopf* ware dates from the 13th or 14th century. A bone artefact of unknown use (find No. 12), a hooked key and two annular brooches (private collection) were found on the tip (fig. 84). The brooches may well derive from the cemetery.

9. ANIMALS ON AND AROUND THE *TERP*

9.1. Introduction

The total number of faunal remains from the various features of Oosterbeintum amounts to 6555, 5812 remains of vertebrates and molluscs (table 33) and 743 remains of mites (tables 35-37). Artefacts are not included in the number of vertebrate remains. The unburned material, which was definitely not involved in the funerary ritual (4.9), can be divided into three overlapping periods: '4th century', '4th-8th century', and '8th century and later'. The faunal remains provide information on animal breeding, hunting, fowling, fishing and the wild fauna in these periods. Wolf and red deer, which are represented by artefacts, will also be discussed in this respect.

The sampling method of the features was variable. The animal remains from the human inhumation graves (category 3), the body of the *terp* (categories 1-2) and some of the younger features (category 10) were hand-collected. The soil from the animal graves was partly sieved (category 4). All cremation features (categories 5-9) as well as the contents of some of the younger features were sieved (categories 10-11). All sieving was done with a 1.5 mm mesh. This difference in sampling strategy is reflected in the numbers of remains and the species composition of the various types of feature. Collecting by hand results in low numbers of remains and over-representation of larger species such as cattle. Sieving results in higher proportions of remains of smaller species (mice, birds, fishes, molluscs, amphibians and unidentified mammalian bone remains) (tables 33 and 34). Paraffin-flotation was carried out on the younger feature 125 (category 11), a well, to extract the mite remains.

9.2. The vertebrates

Identification rates are high for the material of the 4th century and that from the 8th century onwards (67 and 98%), but low for the material of the 4th-8th centuries (31%) (table 34). This low identification rate is due to the small size of the sieved material from the graves.

Domestic animals
Cattle, sheep, pig and horse are represented by remains in all three periods of the *terp* of Oosterbeintum (table 34). Goat has not been attested and was probably absent. Cattle and sheep were the most abundant species. The high percentage of remains of sheep/goat in the 4th-8th century material (63%) is probably caused by the large proportion of material sieved for this period. There is no evidence for an increase of sheep/goat from the 4th to the 8th century. On account of its higher carcass weight, cattle probably provided most of the meat in the three periods. Pig and horse are less well-represented in the material. Remains of dog and cat are rare. These animals were probably not eaten, and for this reason may be underrepresented. A single bone of domestic fowl was found in an 8th-century or later feature. Domestic fowl was absent or rare in the northern parts of the Netherlands (Knol, 1983; Prummel, 1987) and Germany (Reichstein, 1991) in the first seven centuries of our era. Wild or domestic goose is recorded in 4th-8th-century features and wild or domestic duck in 4th- and 4th-8th-century features (table 34).

Cattle, sheep and pig will have been kept for traction (cattle), milk (cattle, sheep), wool (sheep), meat, fat, hides and bristles (cattle, sheep, pig). The salt marsh provided good conditions for sheep and cattle. Cattle must have access to fresh water on the higher places of the *terp*. The proportion of pig remains for the 4th century at 8% is high, if we take into account that the surroundings of the *terp* were poor in the optimum feeding ground for pigs, woodland. Pig, being an omnivorous animal, will have been fed on waste. Its rapid reproduction made it a safe and quick producer of meat.

The dog may have been a companion, hunting dog, war dog or defender of livestock against wolves (see 3.3.3). The cat was still rare in the first centuries of our era. Its function will have been to kill mice. The horse was a saddle horse, charger, draught animal and status symbol (3.3.2). It was definitely not used for ploughing in the 4th-8th centuries, since the equipment needed to plough with a horse was not available. The domestic chicken and maybe domestic goose and duck were kept for meat, eggs and feathers.

Wild mammals
Wild mammals are represented by wolf (*Canis lupus*), red deer (*Cervus elaphus*), an unidentified cetacean and several species of mice (tables 33, 34). The wolf is represented by two perforated canines, presumably of separate animals, attached to a chain (chatelaine) in inhumation grave 374 (4.2). That the wolves were killed near Oosterbeintum is not certain. However, wolves definitely visited the *terp* area, where they endangered the livestock.

Red deer is represented by fragments of antler with cut marks and by antler artefacts. No postcranial remains were found. The waste antler demonstrates that antler was processed locally. All antler artefacts were found in inhumation or cremation graves (4.3).

A bone fragment, possibly a rib fragment, of a large cetacean was found in a postmedieval pit (find No. 164). It shows no obvious marks of being worked.

Four species of mice were identified in sieved samples from the cemetery. An *Apodemus* species, presumably the wood mouse, *A. sylvaticus*, turned up in 4th-8th-century material (ash stain 196). The wood mouse is a common species in the Netherlands. It is highly adaptive and inhabits many places, although it avoids wet places. It may have lived in the higher parts of the salt marsh and in houses (Corbet & Harris, 1991, pp. 220-229; Wammes, 1992). The water vole, *Arvicola terrestris*, was attested in a 4th-8th-century context (inhumation grave 295). The channels in the tidal flats and the lower parts of the salt marsh will have offered good conditions for this species (Corbet & Harris, 1991, pp. 212-218). The higher parts of the salt marsh also may have been frequented by the species (Reichstein, 1982; Pelzers, 1992).

Two species of *Microtus* were found in 4th- and 4th-8th-century material. They are the northern (or root) vole, *Microtus oeconomus*, and the field vole, *Microtus agrestis*. Remains of the northern vole were very numerous in *bustum* grave 160 (table 33). Two fragments were affected by the cremation fire. Other features in which it was demonstrated are the body of the *terp*, inhumation grave 295 and ash stain 431. The field vole was encountered in *bustum* grave 160. Both species,

Table 34. Oosterbeintum. Uncremated faunal remains in three partly overlapping periods: 4th century: terp body (categories 1-2 in table 33); 4th-8th century: inhumation and cremation graves (categories 3-9 in table 33); 8th century and later: younger features (category 10 in table 33). NR. Number of remains; % is proportion among total number of remains (identified as well as unidentified remains); %dom is proportion among the remains of domestic mammals.

Date in centuries AD	4th			4th-8th			8th and later		
	NR	%	%dom	NR	%	%dom	NR	%	%dom
Domestic mammals									
Canis familiaris, dog	4	1	1	1	0	1	-	-	-
Felis catus, cat	1	0	0	-	-	-	-	-	-
Equus caballus, horse	6	1	2	4	0	2	3	0	2
Sus domesticus, pig[1]	24	5	8	10	1	5	4	0	3
Bos taurus, cattle	193	37	61	55	3	29	79	4	59
Ovis aries, sheep	19	4	6	6	0	3	11	1	8
Ovis aries/Capra hircus, sheep/goat	70	13	22	113	7	60	36	2	27
Total domestic mammals	317	(60)	100	189	(11)	100	133	(8)	100
Wild mammals									
Apodemus sp.	-	-		1	0		-	-	
Arvicola terrestris, water vole	-	-		1	0		-	-	
Microtus agrestis, field vole	-	-		1	0		-	-	
Microtus oeconomus, northern vole	11	2		95	6		-	-	
Microtus sp.	2	0		15	1		-	-	
Undetermined mouse species	6	1		55	3		-	-	
Domestic birds									
Gallus domesticus, domestic fowl	-	-		-	-		1	0	
Wild or domestic birds									
Anser anser, greylag goose	-	-		1	0		-	-	
Anas platyrhynchos, mallard	1	0		4	0		1	0	
Wild birds									
Gavia stellata, red-throated diver	-	-		-	-		1	0	
Cygnus columbianus, Bewick's swan	-	-		-	-		1	0	
Anas crecca, teal	1	0		1	0		-	-	
Aythya sp.	-	-		1	0		-	-	
Pluvialis apricaria, golden plover	-	-		1	0		-	-	
Calidris minuta/temminckii, little or Temminck's stint	-	-		-	-		-	-	
Calidris alpina, dunlin	-	-		2	0		-	-	
Numenius arquata, curlew	-	-		-	-		1	0	
Tringa cf. *totanus*, cf. redshank	-	-		4	0		-	-	
Amphibians									
Bufo calamita, natterjack toad	-	-		-	-		1586	90	
Fish									
Clupea harengus, herring	1	0		-	-		-	-	
Anguilla anguilla, eel	-	-		1	0		-	-	
Pleuronectidae, flatfishes	4	1		16	1		-	-	
Liza ramada, thin-lipped grey mullet	-	-		1	0		-	-	
Gasterosteus aculeatus, stickleback	-	-		4	0		-	-	
Molluscs									
Littorina littorea, periwinkle	2	0		4	0		1	0	
Succineidae	-	-		1	0		-	-	
Hydrobia ulvae	-	-		-	-		-	-	
Gastropod	-	-		1	0		-	-	
Cerastoderma edule, cockle	2	0		7	0		-	-	
Mytilus edulis, mussel	4	1		110	7		-	-	
Total identified	351	(67)		516	(31)		1725	(98)	

Table 34 (continued).

Date in centuries AD	4th		4th-8th		8th and later	
	NR	%	NR	%	NR	%
Unidentified						
Mammalian remains	125	24	1127	67	35	2
Bird remains	1	0	9	1	-	-
Fish remains	47	9	21	1	-	-
Mollusc remains	1	0	4	0	-	-
Total unidentified	174	(33)	1161	(69)	35	(2)
Total	525	100	1677	100	1760	100

[1] The 85 remains of a fetal piglet in the stomach of dog 480 not included.

especially the northern vole, prefer moist habitats. For the northern vole such habitats are essential for survival.

Nowadays, the northern vole is absent in the coastal part of the province of Friesland. It lives in small numbers in the peat areas of this province and in low-lying areas in the western part of the Netherlands (Lange, 1991; Ligtvoet, 1992). The population of the northern vole in the Netherlands is a disjunct remnant of its occurrence throughout western Europe at the end of the Pleistocene. The building of dikes along the coast of Friesland since the 11th century resulted in dry vegetations in the coastal areas, which are unattractive to the northern vole. Modern arable farming in the area, which needs low water tables, has reduced the habitat of the northern vole even more. It is unknown when the northern vole disappeared from the northern coastal area. The field vole is rare nowadays in the coastal area of Friesland (Lange, 1992). Early medieval conditions will have been much better for this species.

Wild birds
Nine species of wild bird have been attested in the cemetery.[27] *Gavia stellata*, the red-throated diver, appeared in one of the younger features (tables 33 and 34). It will have been caught in winter, when small numbers of the species visit the coastal waters of Friesland (de Bruin & de Vries, 1976; SOVON, 1987: pp. 44-45). *Gavia stellata* was found in Feddersen Wierde (Reichstein, 1991). *Cygnus columbianus (bewickii)*, Bewick's swan, has been identified in a younger feature (tables 33 and 34). This swan species is a winter visitor to Friesland in fairly large numbers (de Jong, 1976). It must have been caught in winter.

Two species of duck were found, *Anas crecca*, teal, in 4th- and 4th-8th-century features (fig. 85) and as a complete calcined individual in *Brandgrube* 97 (3.3.4), and an indefinite *Aythya* species in a 4th-8th-century feature (urn 31). The teal is present in Friesland the year round. In winter their densities are high, in summer they are low (SOVON, 1987: pp. 116-117). *Aythya fuligula*, tufted duck, *A. ferina*, pochard, and *A. marila*, scaup, one of which is represented in the material, are winter

Fig. 85. Oosterbeintum. Right carpometacarpus of a teal, *Anas crecca*. The bone is an accidental inclusion in inhumation grave 605. Date 4th-8th century AD. Scale 1:2. Photograph by R.J. van Ewyck, C.F.D., R.U.G.

visitors to Friesland (SOVON, 1987: pp. 128-133).

The golden plover, *Pluvialis apricaria*, is represented in a 4th-8th-century context (cremation feature 315). The subspecies *apricaria* formerly bred in small numbers in the marshes of Friesland. The subspecies *altifrons* is a migrant and winter visitor in high densities along the coast of Friesland (Eenshuistra, 1976). As early as the 16th century at least, the golden plover was caught with a long and narrow single net along the coast of Friesland in winter. The birds were lured with a whistle and decoys (Eenshuistra, 1973a). The golden plover has been identified in sites in the Netherlands of various periods, e.g. the Roman castellum at Velsen (Prummel, 1987), early medieval features of Wijnaldum (Prummel, 1991) and a 17th-century cesspit at Harlingen (Prummel, not dated [1992b]). It yields a reasonable amount of meat.

The *Calidris* species, *minuta*, little stint, or *temminckii*, Temminck's stint, and *alpina*, dunlin, have been found in cremation contexts of the cemetery (160 and 372). They played a role in the cremation ritual. These species are common (*minuta*), very rare (*temminckii*) and abundant (*alpina*) along the Frisian coast. *Calidris minuta* and *temminckii* are migrant birds. Their greatest densities are in autumn. The numbers of *Calidris alpina* decrease in numbers in June (Timmerman & Timmerman-Kloppenburg, 1977a; SOVON, 1987: pp. 228-231, 236-237). They could have been caught with fixed nets on the tidal flats or the salt marsh. This kind of net was in use to catch stints and other birds along the Frisian coast up till the early 20th century (Eenshuistra, 1973b).

Numenius arquata, curlew, was encountered in one of the younger features (tables 33 and 34). The species is a resident along the coast of Friesland and is very numerous in winter (Eenshuistra, 1977; SOVON, 1987: pp. 252-253). *Tringa totanus*, redshank, which is the *Tringa* species probably represented in a 4th-8th-century context, is a very common species in Friesland, especially in the clay area along the coast. Here it breeds in great numbers (Timmerman & Timmerman-Kloppenburg, 1977b). The excavated *Numenius arquata* and *Tringa* sp. may have been caught with plover nets or with fixed nets.

Amphibians
Bufo calamita, the natterjack toad, was encountered in feature 35, which may predate the 8th/9th century AD. The only faunal remains found in this pit are 1586 bones of at least 33 natterjack toads. Young as well as adult individuals are represented. The animals may have been killed in their migration by falling into this steep-sided well. The identification criteria used are the very sharp point of the tuber superior of the ilium and the shape of the frontoparietale, the sphenethmoid and the sacral vertebra (Engelmann et al., 1986: p. 133; Böhme, 1977).

The natterjack toad is not nowadays known as a species of the coastal clay areas of Friesland (Bergmans & Zuiderwijk, 1986) and Lower Saxony (Podloùcky, 1978). However, Bergmans & Zuiderwijk (1986) note that these areas have not been well studied herpetologically. The species prefers sandy soils poor in vegetation, such as dunes, sand quarries, shallow pools and newly built dikes (Engelmann et al., 1986; Podloùcky, 1978; Bergmans & Zuiderwijk, 1986: pp. 78-81). Bergmans & Zuiderwijk (1986) stress its salt tolerance and preference for a combination of dry sandy soils and low-lying moist areas. These conditions will have prevailed in the undiked areas along the coast of Friesland in the 9th-11th century, the higher parts of the salt marsh being relatively sandy alongside the wet tidal flats (Knol, 1993a: pp. 28-30). The natterjack toad is a typical pioneer species. The unstable conditions of sedimentation and deposition of sods provided living conditions for the natterjack toad.

Fish
Five species of fish are represented at Oosterbeintum: *Clupea harengus*, herring, *Anguilla anguilla*, eel, Pleuronectidae, flatfish e.g. plaice and flounder, *Liza ramada*, thin-lipped grey mullet, and *Gasterosteus aculeatus*, stickleback. Herring was found in a 4th-century context. This is quite an early find of herring (Brinkhuizen, 1989: p. 276). Herring, eel, flatfish and mullet will have been caught for food. The stickleback will represent fishes that lived in water on or around the *terp*.

9.3. The invertebrates

9.3.1. Molluscs

Five marine mollusc species have been identified (tables 33 and 34). The majority of mollusc remains originate from the younger feature 125. *Littorina littorea*, periwinkle, *Cerastoderma edule*, cockle, and *Mytilus edule*, mussel, are edible species, which are common in the Wadden Sea (de Boer & de Bruyne, 1991). Most periwinkle shells are of small dimensions, the smallest of 5 mm height being certainly no refuse of consumed molluscs. The cockle and mussel shells are highly fragmented. This may mean that these shell fragments were naturally deposited in the clay with which the *terp* had been built and do not originate from consumed molluscs. However, shells in consumption waste can be heavily fragmented by being trodden on and by weathering processes. This is illustrated by the many cockle and mussel shell fragments of the Slavonic stronghold Starigard/Oldenburg in Ostholstein, Germany (Prummel, 1993b), which are of identical size to those of Oosterbeintum. The stronghold is situated on a 16 m high Pleistocene moraine.

Hydrobia ulvae, a small Gastropod up to 6 mm long, is a very common species of tidal flats of the Wadden Sea. Densities of many thousands per m² are encountered (de Boer & de Bruyne, 1991: p. 82). The shells will have been hidden in the salt marsh sods from which the *terp* was built. An unidentified species of Succineidae, very small Gastropods that live in mud flats, is represented by one shell.

9.3.2. Mites (Acari)

Table 35 presents the absolute and relative numbers of individuals and species found in the sample from the 10th/11th-century well 125, arranged by taxonomical group. Also shown are the identification percentage, the 'diversity' (calculated with the aid of the Shannon-Wiener index $H'=-\Sigma(P_i \cdot \log_e P_i)$, in which P_i is the frequency of species i) and the 'richness' (indicated by the parameter $dl=(N_{sp}-1)/\log_e N_{ind}$, in which N_{sp} is the number of species and N_{ind} the number of individuals). The parameters of diversity and richness will allow comparison between large and small archaeological

Table 35. Oosterbeintum. Feature 125. Numbers and proportions of mites (individuals and species), identification rate, and diversity and richness of the sample.

	Oribatida	Gamasida	Others	Total
Individuals	534 (72%)	193 (26%)	16 (2%)	743 (100%)
Species	21 (70%)	9 (30%)	-	30 (100%)
Identified	87 %	65 %	0 %	79 %
Diversity	2.25	1.30	-	2.58
Richness	3.26	1.48	-	4.55

Table 36. Oosterbeintum. Feature 125. The absolute number (N), the frequency (%) and the ecological group to which the moss mites found at Oosterbeintum belong.

Moss mites (Oribatida)	N	%	Ecol.group
Scheloribates laevigatus (CL Koch, 1836)	115	19.5	XIII
Platynothrus peltifer (CL Koch, 1839)	77	13.1	IX
Latilamellobates incisellus (Kramer, 1897)	63	10.7	XIV
Punctoribates hexagonus Berlese, 1908	57	9.7	XIV
Oribatula tibialis (Nicolet, 1855)	49	8.3	XX
Tectocepheus velatus (Michael, 1880)	26	4.4	XX
Trichoribates trimaculatus (CL Koch, 1836)	19	3.2	I
Eupelops occultus (CL Koch, 1836)	12	2.0	XIII
Scutovertex minutus (CL Koch, 1836)	11	1.9	-
Hermannia subglabra Berlese, 1910	6	1.0	XIV
Oribatella arctica litoralis Strenzke, 1950	4	0.7	XIV
Peloptulus phaenotus (CL Koch, 1844)	4	0.7	XIII
Ceratozetes parvulus (Sellnick, 1922)	4	0.7	-
Humerobates rostrolamellatus Grandjean, 1936	3	0.5	II
Punctoribates quadrivertex (Halbert, 1920)	3	0.5	XIV
Ramusella clavipectinata (Michael, 1885)	3	0.5	XIX
Oribatella quadricornuta (Michael, 1880)	3	0.5	III
Oppia nitens CL Koch, 1836	2	0.3	XIX
Limnozetes ciliatus (Schrank, 1803)	1	0.2	XI
Chamobates schützi (Oudemans, 1902)	1	0.2	IV
Tegoribates latirostris (CL Koch, 1844)	1	0.2	-

mite samples. Their values are virtually independent of the numbers of individuals found (Cruz-Uribe, 1988).

Oribatids
The moss mites, Oribatida, both in terms of numbers of individuals and numbers of species, make up the bulk of this sample (tables 35 and 36). Since the identification rate is high (87%), this sample provides amply sufficient identified moss-mite remains to allow a reconstruction of the landscape. Just three species, *Ceratozetes parvulus, Tegoribates latirostris* and *Scutovertex pilosetosus* can not be assigned to one of the ecological groups defined by Schelvis (1990). Since these three species were found only in small numbers (table 36), the eventual ecological grouping is based upon 84% of the recovered moss mites. This high percentage makes it very likely that a landscape reconstruction based on this analysis is a reliable one.

The proportions of each of the represented ecological groups were calculated by means of the weighted distribution method as described by Schelvis (1990). Figure 86 shows this schematically, with groups making up less than 1% of the total (II, III, IV and XI) lumped under the heading of 'miscellaneous'.

From the predominance of groups XIII and XIV it is evident that, at the time when the well was in use, the landscape around Oosterbeintum must have been very open. The very high value of group XIV moreover shows that the influence of the sea was considerable.

Gamasids
The predatory mites make up 26% of the total mite fauna (table 35). This is a remarkably high value for an archaeological sample. Generally this value is around 10% (based on thirteen mostly medieval samples) (Schelvis, 1992). This difference becomes even greater if only the predatory mites in the narrowest sense, the Gamasina, are considered. As much as a quarter of the mite fauna of the well of Oosterbeintum was found to consist of these predatory mites, while the average

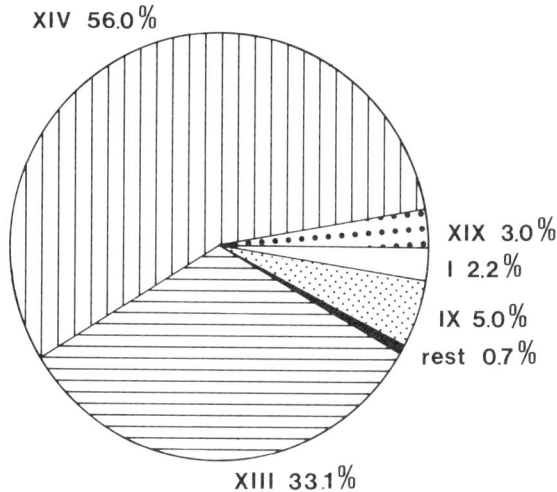

Fig. 86. Oosterbeintum. The proportions of the various ecological groups of moss mites found at Oosterbeintum in feature 125. Legend: XIV. Saline grassland, saltmarsh; XIII. Moist to wet, fresh as well as saline grassland; IX. Waterlogged marshland, grassland and carr; XIX. Severely polluted, anthropogenic environments; I. Moss, lichen, and litter on sandy soil in heathland, and on dry to moist soils in marshland, rarely in dry woodland soils. Drawing by J. Schelvis.

Table 37. Oosterbeintum. Feature 125. The absolute number (N) and the frequency (%) of the gamasid mites.

Gamasid mites (Gamasida)	N	%
Androlaelaps casalis (Berlese, 1887)	67	11.4
Ameroseius plumosus (Oudemans, 1902)	32	5.4
Neojordensia levis (Oudemans & Voigts, 1904)	10	1.7
Eulaelaps stabularis (CL Koch, 1840)	9	1.5
Proctolaelaps pygmaeus (Leitner, 1949)	3	0.5
Pergamasus crassipes (Linnaeus, 1758)	1	0.2
Macrocheles matrius (Hull, 1925)	1	0.2
Hypoaspis aculeifer (Canestrini, 1883)	1	0.2
Phaulodinychus type A11a	1	0.2

frequency of such mites in archaeological samples is a mere 3.5% (Schelvis, 1992).

Investigation of specific predatory mite faunas in excrement of various domestic animals has resulted in a list of predatory mites that are found in the majority of samples, irrespective of the source of the excrement (Schelvis, 1992). These species can therefore be considered indicators of dung in a sample.

Among the predatory mites found at Oosterbeintum (table 37), such dung indicator species are *Androlaelaps casalis, Ameroseius plumosus* and *Macrocheles matrius*. Hence the well is highly likely to have contained manure. The predatory mites in the sample do not belong to species with a known preference for the dung of particular animals. For this reason it is not possible in this case to identify the producer of the dung. Some observations by the author have, however, brought to

light a few remarkable associations.

A. casalis occurs in grassland soils, in humus among plant roots, in birds' nests, on rodents and in hay and straw. Recently this species has been found in the manure mixed with straw on the floor of a henhouse. *A. plumosus* occurs in horse, cattle and rabbit droppings and in nests of ants, bumble bees and small mammals. *Neojordensia levis* has a preference for very moist surroundings and is found in riverbanks and wet marsh and grassland soils. The species is also known from coastal dunes. Recently *N. levis* has been found in brackish reed-land in the Marnewaard, Groningen. *Eulaelaps stabularis* is seldom found free-living in grassland and arable soils. This species prefers the pelt and nests of rodents and insectivores. Also it has been found in a store of chicken feed (Schweizer, 1961). Recently the species has been identified in the fur of a house mouse (*Mus musculus*).

Proctolaelaps pygmaeus occurs in various environments and has a preference for limy soils. This species too turns up in the nests of small mammals. For recent periods, it has not yet been identified in the Netherlands.

Pergamasus crassipes commonly occurs in very diverse environments, but has a preference for fairly moist surroundings. This species is regularly found in samples of all sorts of litter, manure and compost. *M. matrius* is found in chicken manure, old hay and the nests of rodents. In the Netherlands, this species has so far been identified only in the henhouse where also *A. casalis* was found. *Hypoaspis aculeifer* in terms of preferred biotope and occurrence in recent material largely corresponds with *P. crassipes*. Uropodina type A11a so far has been found only in a subfossil condition: in a cesspit on the Martinikerkhof site in Groningen, dating to around AD 1600.

A remarkable point emerging from this survey of preferred biotopes and recent findspots of the predatory mites found at Oosterbeintum is the high frequency of mites associated with (among other things) small mammals and their nests. Four of the eight species are regularly found in this specialized habitat, while two are also found on the small mammals themselves. Remarkably, three species were found to be linked with poultry. The three other species, *N. levis, P. crassipes* and *H. aculeifer*, commonly occur in a variety of natural environments. All three have a preference for a moist to very wet environment.

Other mites

The majority of the other 16 mite remains were astigmatic mites (order Acaridida). Representatives of this order are found as subfossils almost invariably in one typical stage of development, the hypopus (fig. 87). These nymphs are wholly adapted to their phoretic way of life; i.e. they attach themselves to other animals, by which they obtain a means of transport. The feet and mouthparts of these hypopi are poorly or not at all developed, but

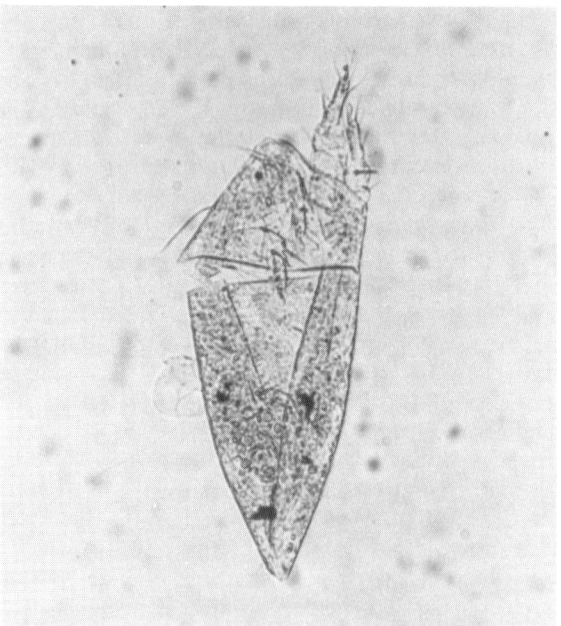

Fig. 87. Oosterbeintum, feature No. 125. An unidentified hypopus. Photograph by J. Schelvis.

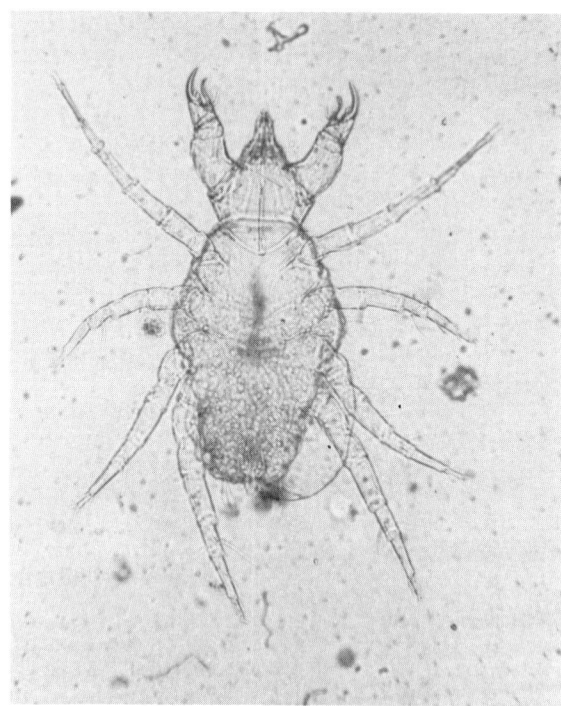

Fig. 89. A recent *Cheyletus* sp., found in a henhouse. Photograph by J. Schelvis.

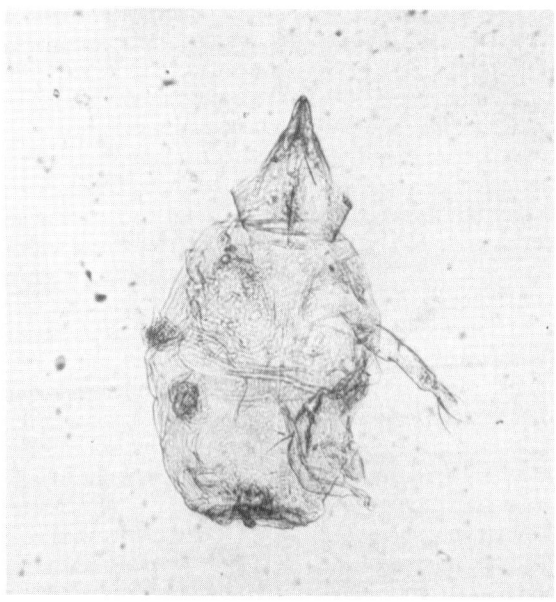

Fig. 88. Oosterbeintum. A representative of the prostigmatic mites, probably a *Cheyletus* sp., found in the well No. 125. Photograph by J. Schelvis.

they have a ventral sucking organ with which they attach themselves to passing insects. Because of this mobility they are of little use for archaeological interpretations. They lack the great advantage to archaeology of flightless mites, which reflect the ecological conditions in the immediate surroundings of the sampled spot.

Three remains are of prostigmatic mites (order Actinedida), a group of which so far no specimens have been found in archaeological contexts (fig. 88). These three mites belong to the family Cheyletidae, presumably the genus *Cheyletus*. Mites of this genus are mainly free-living predators, whose habitats include cereal stores and nests. Specimens of presumably the same species as those at Oosterbeintum have been found in a modern henhouse (fig. 89). The predatory mites *A. casalis* and *M. matrius* were found at the same spot.

Discussion

The reconstruction, on the basis of the moss mites, of the landscape around the *terp* of Oosterbeintum in the 10th/11th century (fig. 86) differs in several respects from that of Bornwird, less than 6 km away. The latter sample was also from a well, be it a 13th-century one (Schelvis, 1988). In terms of moss-mite species, the samples are quite similar. Of the 21 moss-mite species from Oosterbeintum, 17 (81%) were also found at Bornwird. These 17 species make up 97% of the individuals at Oosterbeintum. An important difference between the two samples is that at Bornwird more species of moss mite were found, namely 28. Of these 28 species, only 16 occur at Oosterbeintum too. These 16 species make up 67% of the moss mites found at Bornwird. However, the most important difference between the two samples is in the ecological groups to which the identified moss mites can be assigned. Although the same ecological groups are represented, their proportions differ. The value of group XIV, typical of saline grassland, is much lower at Bornwird than at Oosterbeintum. This is almost certainly due to the desalinization after the diking of the region from the 10th/11th centuries onwards. On the basis of these two samples, it is hard to tell to what extent the differing distance to the contemporary coastal saltmarsh contributed to these different ecological conditions.

Among the predatory mites found at Oosterbeintum, many are associated with small mammals and their nests, or with poultry. One of these species is *E. stabularis*. Specimens of this species were also found in the barrel-lined well of Bornwird. These may derive from the fur of a mouse or shrew that drowned in the well (Schelvis, 1988). In view of the other predatory mites found in well 125, it seems more likely that the specimens of *E. stabularis* at Oosterbeintum derived from a mouse nest that was tipped into the well together with other settlement waste. Moreover, the predatory mites (and maybe also the astigmatic mites) seem to suggest that poultry was kept at the settlement. This is supported by a chicken bone from an 8th-century or later context (table 34). The three other species of predatory mite, which come from the natural environment, are comparatively large species which are constantly on the move and catch their prey by running. They probably ended up in the well chasing after their prey.

9.4. Conclusion

The farms on the *terp* kept the domestic animals normally found in Iron Age and early medieval *terp* settlements: cattle, sheep, horse, pig, dog and cat. Poultry was of minor importance. Birds of several kinds were caught, mainly in winter. Marine fish was caught locally. Two species of mouse, *Microtus oeconomus* and *Microtus agrestis*, and a toad species *Bufo calamita*, demonstrate the unstable, wet conditions around the site in the early Middle Ages. These species are extinct or rare in the now much drier area.

The oribatid mites found in sample 125 are indicative of a very wet and open environment with a considerable marine influence, even as late as the 10th/11th century. This wet environment is also reflected by some predatory mite species (Gamasida). Other gamasids indicate not only the presence of unidentified animal excrement in the well, but also the presence of nests of mice or shrews, as well as poultry-keeping at farms of this period.

10. SUMMARY

In 1988 and 1989, part of an early medieval cemetery was excavated on the edge of the *terp* of Oosterbeintum, which held remains of both cremations and inhumations. The original surface of the cemetery had disappeared as a result of soil quarrying in the early 20th century. The north side of the cemetery was cut off by a ditch, a road, and then another ditch. The excavation covered a strip 7 to 8 m wide and 48 m long. Features belonging to the cemetery were observed over a length of 35 m.

The cemetery lay in the SE corner of the *terp*. It did not become clear whether it had been laid out on a separate cemetery *terp* or on a spur of the settlement *terp*. The south side of the cemetery had been affected by erosion in antiquity. After it ceased to be used as a cemetery, this part of the *terp* was raised further on at least two occasions. The cemetery had been damaged by various younger features.

The cremation features comprised 21 or 22 urned burials, a *bustum* grave, 5 *Brandgruben*, including one which contained only animal remains, 71 ash stains and 17 disturbed traces of the cremation ritual. The urns, radiocarbon datings, and grave goods date the excavated cremation features from the early 5th to the 8th century AD.

Among the 21 urned burials, there were at least 14 of adults and 2 of children. In five cases the age could not be determined. What was left of a possible 22nd urned burial was a shattered urn without cremation or charcoal remains. Two urns were wheel-thrown, the others were hand-formed vessels, including three of decorated Anglo-Saxon ware. The others were undecorated. The undecorated pottery dates from the 5th to the 8th century. This is confirmed by radiocarbon datings.

Of the *bustum* grave only the bottom part was found. The pit contained a great deal of charcoal, the cremated remains of a woman, and burnt clay. The grave goods comprised a fragment of a brooch, a molten string of beads, a small Anglo-Saxon pot, and remains from at least two little or Temminck's stints and one dunlin. The charcoal came from oak, beech, elder, birch, poplar and hazel wood, which had been stacked up in batches on the pyre.

Three of the *Brandgruben* contained many cremation remains and little charcoal. Two cremations were of adults and one of a child. The fourth *Brandgrube*, with the remains of a child, was badly disturbed and contained far less material. The fifth *Brandgrube* contained burnt bone of two animals.

The ash stains were features filled with a scattering of cremated remains, burnt clay and sometimes burnt grave goods. They may have been poorly provided *Brandgruben*. It seems more likely that they were postholes of frames for the pyres. Among the 21 ash stains in which the age of the cremated bodies could be determined, 15 may have belonged to children and 6 to adults.

Disturbed remains of the cremation rite were encountered in 17 inhumation burials. In one case they were the remains of two individuals. The delving of the inhumation grave will have disturbed two cremation burials.

The cremation features produced evidence of 10 to

21 children's cremations and 23 to 27 of adults. The uncertainty results from the ambiguous nature of the ash stains. Young children occur more often in the ash stains than they do in the proper burials. Apparently their remains were not always buried after cremation. Among the adults there are at least one man and six women. The grave goods indicate the presence of eight women. The number of individuals that were cremated and/or whose ashes were buried in the excavated part of the cemetery, lies between 63 if the ash stains represent 18 pyre frames, and 117 if all ash stains represent individual cremations.

For cremation, the predominant form of body disposal, the wood types *Alnus* (alder) and *Quercus* (oak) were most often used. *Fraxinus* (ash) and *Betula* (birch) also were regularly used as fuel. *Populus* (poplar) too was burned. The wood types *Fagus* (beech), *Ulmus* (elm), *Acer* spec. and *Acer campestre*-type (maple type), *Euonymus* (spindle tree), *Corylus* (hazel), *Sambucus* (elder), *Salix* (willow) and *Pinus* (pine) were much less used as firewood. In most cremation features more than one wood species was encountered. Most of the wood came from moist to wet habitats, almost certainly from the immediate surroundings of Oosterbeintum. Part of the fuel was waste or demolition wood. Presumably wooden artefacts were also burnt.

Although the landscape was largely treeless, it evidently produced enough wood to sustain the cremation ritual. The tree stands where firewood was gathered - in the unendiked saltmarsh landscape - will have been mostly on the well-drained and hence desalinated clay soils such as natural levees and beach cliffs.

A total of 47 inhumations were uncovered. Two skeletons definitely shared one grave and two others probably did so. The grave goods and the radiocarbon dates reveal that bodies were buried in the excavated part of the cemetery from the second half of the 5th to the 8th century.

In the 5th and 6th centuries, the preferred orientation for the inhumation graves seems to have been with the head pointing between W-E and SSW-NNE. In the 7th and 8th centuries, no preferred orientation is in evidence.

The inhumation graves deepest with respect to NAP lie on the south side of the cemetery. The part of the *terp* occupied by the cemetery slopes towards the south.

Skeletal material was preserved in 46 inhumations. In all, 32 skeletons were complete, though of one skeleton no more than a skull remained. Eight skeletons were of children aged between 4 and 10, three were of adolescents and 35 of adults, aged mostly between 20 and 50. The average age at death was 29.5 years.

Of 30 individuals the osteological sex could be determined: 15 women and 15 men. All eleven female skeletons with grave goods were accompanied by items typified as feminine attributes: jewellery and spindle whorls. Of the ten male skeletons with grave goods, three had items labelled as masculine (weapons, large knife, pyramidal buttons), six had items found with both men and women (buckles, knives, pins and small pots) and one had jewellery and a bowl. This last grave therefore is archaeologically a woman's, whereas osteologically it is a man's (a 'man/woman').

Body length could be calculated for seven men and nine women. The men measured between 1.68 and 1.79 m (average stature 1.74 m). The women measured between 1.50 and 1.62 m (average stature 1.58 m). The man/woman was 1.75 m tall (according to the regression equation for men).

Fourteen of the 35 individuals for which this could be determined lay in a crouched posture, usually on the side. The others lay with flexed knees or one flexed knee, or with extended or crossed legs. The arms lay stretched along the body, crossed over the chest or with the hands in the lap.

An achondroplastic dwarf of unknown gender was found, with an estimated stature of between 1.25 and 1.30 m.

No causes of death could be inferred from the skeletons. But several, mainly older people had suffered from osteophytes, ankylosis, caries, jaw abscesses and tartar. A few skeletal elements were curved. One collarbone had been broken and then healed.

Soil samples from a few graves were scanned for mites. No mites were observed.

The cemetery contained several animal graves: an inhumation grave of a c. 6 year old stallion, six inhumation graves of dogs and one *Brandgrube* with the burnt remains of a lamb or kid, and a teal. Five of the dogs were definitely males, the sixth presumably was also male. The dogs' height at the withers was between 62 and 69 cm. The animals were probably killed and buried on the occasion of a funeral, to enhance the status of the dead person or the family. Unfortunately none of the animal graves could be associated with a particular human grave, so that we do not know to what burial the animals were assigned as grave goods.

The number of grave goods was modest, both with the inhumations and the cremations. There was one weapon grave, of a man with a *Schmalsax* and a spearhead. A grave of a youth contained a large knife and an awl. Three inhumation graves of women and one cremation grave of a child had rich or comparatively many grave goods. The grave goods in other graves consisted of dress accessories such as brooches, beads, and buckles; tools such as spindle whorls, knives, or a strike-a-light; toys (knucklebones); amulets in the form of wolves' teeth or an antler pendant; and small pots. There are four instances of what probably were burnt wooden artefacts. Remarkably there are at least 17 clinchers that probably derive from ships' timbers. This wood will have been reused as firewood or for constructing the pyre frame, a platform or a grave lining.

In the cemetery a few clusters of graves seem to be distinguishable, maybe reflecting family groups.

The total number of graves in the excavated part of

the cemetery lies between 109 and 162. On the basis of 109 graves, a life expectancy of 28 years (as inferred from the human remains) and a use period of 350 years, the average size of the community using this cemetery is estimated at 9.6 persons. For 162 graves, the estimate comes to 14.3 persons. If, as is assumed, only half of the graves of the cemetery were excavated, the average size of the community at Oosterbeintum in the early Middle Ages will have been between 19 and 29 individuals.

For eight inhumations, tree-trunk coffins of oak (*Quercus*) were used. The oldest of these dates from the second half of the 5th or the early 6th century. It is assumed that about one third of the inhumated dead were buried in tree-trunk coffins. Presumably the oak trees required for this were cultivated for the purpose. The growth form of the trees, with a diameter of 70-75 cm, is quite different from the timber used for construction. The presumed cultivation of oak trees 100 to 150 years old to supply the clay regions of Westergo and Oostergo would have required an area of over 4100 ha, as is shown by a very global estimate based on the assumed population of these regions. It is hard to tell where this arboriculture took place.

Scattered throughout the *terp* and accidentally ending up in graves, faunal remains of cattle, sheep, pig, dog, horse and cat were found. This will have been settlement waste. The following mouse species were identified: wood mouse, water vole, northern vole and field vole. Remarkable finds are the remains of northern vole and natterjack toad, which are now absent in the former salt-marsh region of Friesland. In the unendiked landscape they must have been very much at home.

Four ditches from the Carolingian period, a well of the 10th/11th century and a 15th-century well were found. These disturbed the cemetery to a slight degree. Mite analysis of the fill of the 10th/11th-century well allowed the reconstruction of an unendiked landscape. A circular ditch that came to light must also date from a late period.

The excavated features and finds (especially those of wood and metal) reveal the poor conditions for conservation in the plot that contains the cemetery and which is a listed monument. Both the commercial soil extraction in the early 20th century and the recent lowering of the water table have contributed to this. The state of conservation of the individual objects is far inferior to that of the finds from the early medieval cemetery of Hogebeintum, excavated in 1904/05. There, the excavated bronze artefacts were in excellent condition and even innumerable tree-trunk coffins had remained intact.

Not the whole cemetery was excavated. Presumably there are more graves to the south of the excavation and north of the road. The actual extent of the cemetery is unknown. Therefore it makes sense to continue the protection of the site. Maintaining the low water table, however, will endanger the conservation of the remaining features and objects.

11. ACKNOWLEDGEMENTS

The authors are much indebted to S. de Haan and family of Twijzelerheide, who reported the finding of the cemetery to the Fries Museum in Leeuwarden. The excavation was made possible by the wardens of the Dutch Reformed Church at Blija and by H. Hamstra and family of Oosterbeintum, who kindly granted permission to excavate on their land; H.J. Feensta and J. Hamstra and their families at Oosterbeintum and officers of the police station of Ferwerd, who kept a watchful eye on the site at night and at weekends; the machine driver G. Roorda of Vrouwenparochie, of the firm of K. Bijlsma & Zoon BV at St. Anna Parochie, who operated the mechanical digger; G. Delger and K. Klaassens, field technicians of then B.A.I. (now V.A.R.U.G.); the late J.K. Boschker and D.M. Visser of the Fries Museum; H. Visser of Dokkum who joined the dig as a volunteer; and the students M.C. van Heuveln (B.A.I.) and C.A.C. Jansen (A.I.V.U.). G. Delger prepared the drawings in the field, compiled from these the survey drawings, and took the photographs and slides during the excavation. K. Klaassens took care of cleaning, numbering and restoring the pottery.

In working out the material, assistance was received from many people and institutes. The Centre for Isotope Research (R.U.G.) performed the radiocarbon datings. C.M. Haverkort restored the human skeletal material; R.J. Kosters and T.P. Jacobs (both of V.A.R.U.G.) sorted the faunal material; Professor C.J.P. Thijn (Radiodiagnostics, University Hospital Groningen), J.M. Cobben and A.J. van Essen (Medical Genetics, dept. of Genetics Advisory Centre, R.U.G.) produced and analysed the X-ray photos of the skeleton of the dwarf and confirmed the diagnosis of achondroplasia.

A.F. van der Chijs, E. Dulith, D.A. de Jager, C.A.C. Jansen, J. Lanzing, A. Richardson, H.G. Ritsma and W.G. Tauber sorted the material from the *bustum* grave 160 during a seminar at the A.I.V.U.. Dr. A. Martijn, T. Kamminga-Gossen, S. Greve and M. de Ruiter (Dept. of Radiodiagnostics, A.Z.G.) prepared X-ray photos of the metal objects and offered advice as to their interpretation. H.J.M. Meijers (R.O.B.) and D. Offers (A.I.V.U.) consolidated the metal items. K. Klaassens and J.H. Zwier (V.A.R.U.G.) drew the contour maps of the terp. H.J.M. Burgers (A.I.V.U.) assiduously prepared most of the object drawings, including those of the metal items on the basis of the X-ray photos. H.R. Roelink, J.M. Smit, M.A. Weijns (all V.A.R.U.G.) and E. van Ommen (R.U.G.) contributed some of the other drawings. B. Deddens (Anatomical and Embryological Laboratory, R.U.G.) and R.J. van Ewijck (Centrale Diensten, R.U.G.) photographed the human and animal skeletal material. S.W. Karremans-Nijdam (Anatomical and Embryological Laboratory, R.U.G.) prepared part of the typescript.

Professor W.A. van Es (R.O.B./A.I.V.U.) and W.J.H. Verwers (R.O.B.) assisted in identifying the wheel-

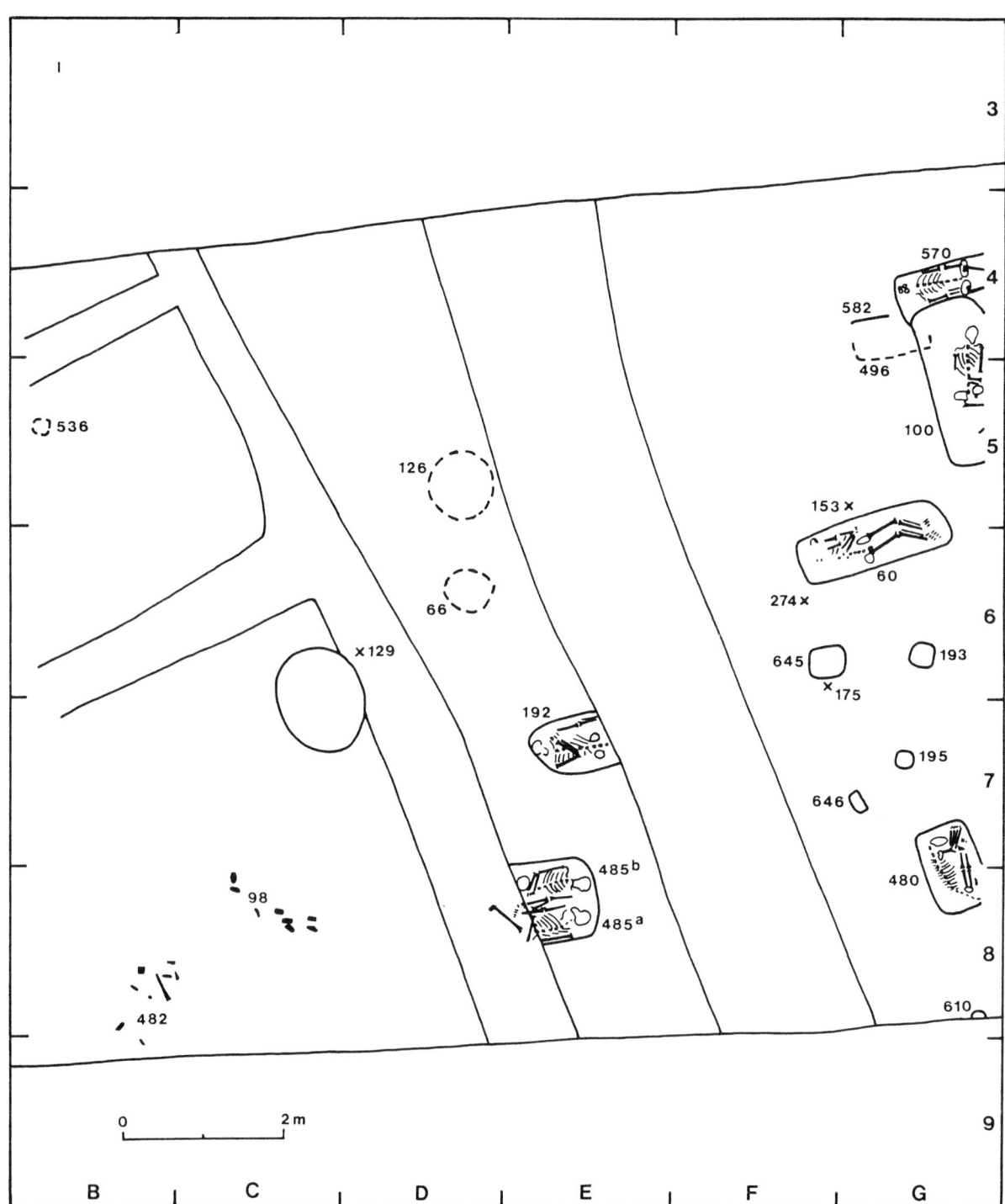

Fig. 90. Oosterbeintum. Western part of the cemetery showing the location of the individual cemetery features. Drawing by G. Delger, V.A.R.U.G.

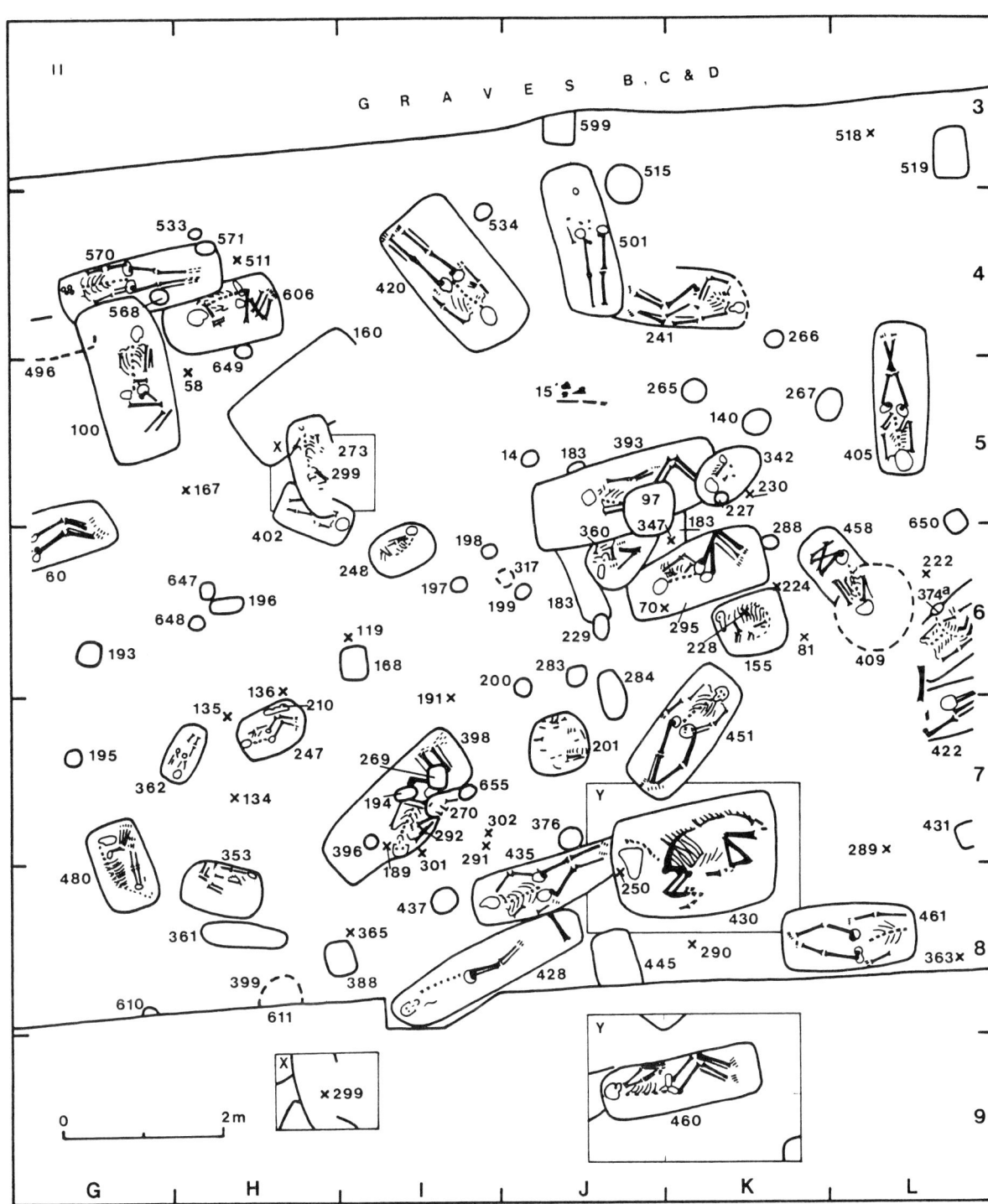

Fig. 91. Oosterbeintum. Central part of the cemetery showing the location of the individual cemetery features. Drawing by G. Delger, V.A.R.U.G.

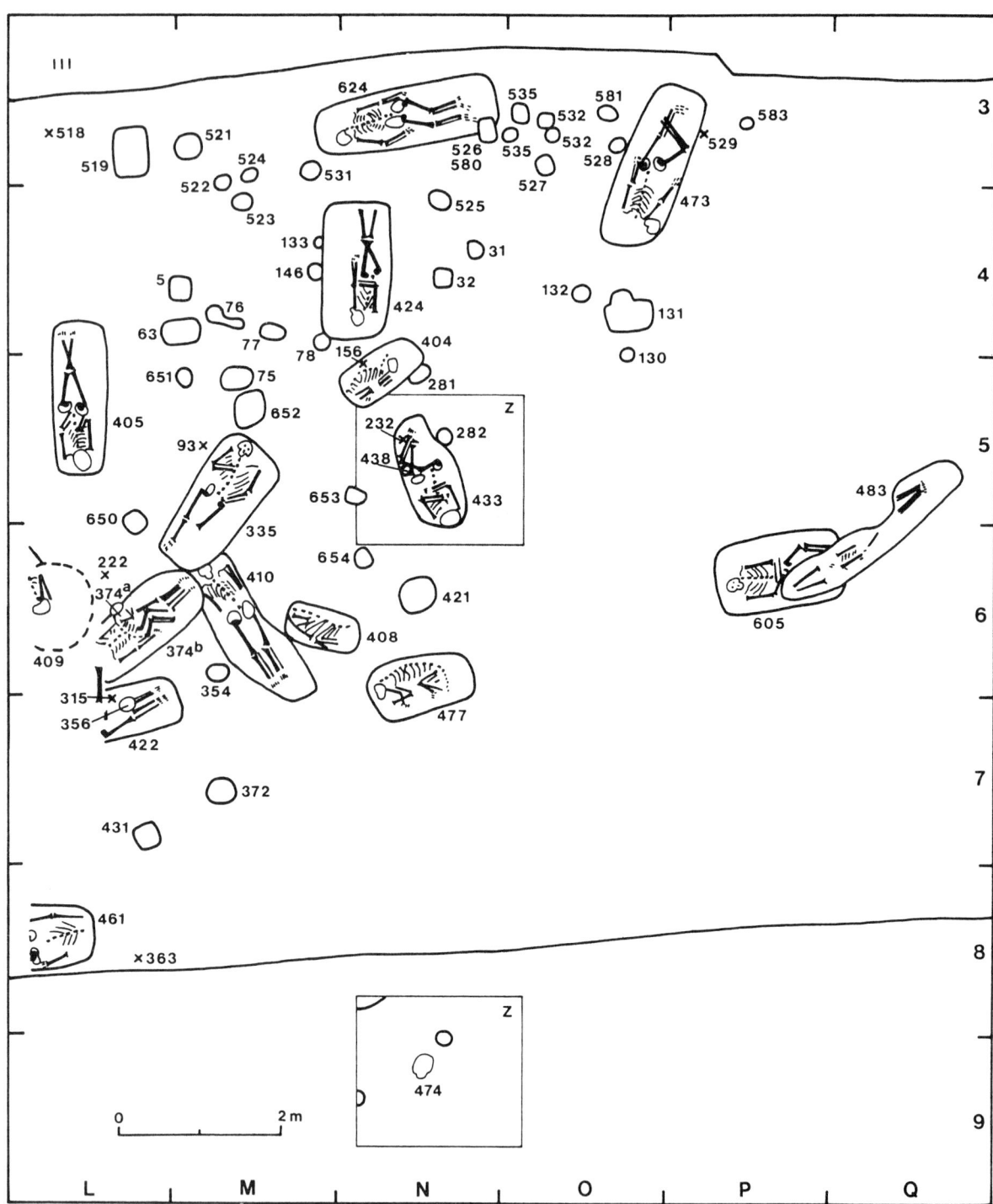

Fig. 92. Oosterbeintum. Eastern part of the cemetery showing the location of the individual cemetery features. Drawing by G. Delger, V.A.R.U.G.

thrown pottery, and contributed to the discussion on the dating and interpretation of the cemetery. Professor W. Roeleveld, Dr J.W. Griede (both of the V.U.), M.W. ter Wee, J.H.A. Bosch (both of the State Geological Service, district North), P. Cleveringa (State Geological Service) and A.E. Clingeborg (Staring-centrum, dept. North) contributed to the discussion on the geology and pedology of the *terp* of Oosterbeintum. Dr. D.C. Brinkhuizen (Groningen) identified the severely weathered vertebra of a *Liza ramada* in dog burial 477. T.W. de Boer of Jelsum identified several mollusc remains and checked our identifications of other shells. A.C.M. Zuiderwijk (Institute for Taxonomical Zoology, Amsterdam) supplied a copy of the unpublished report on the amphibians of Lower Saxony by R. Podloùcky.

A.F.L. van Holk (R.U.G.) supplied information on the use and nature of clinchers in early medieval shipbuilding. A. Botman of Zaandam provided information on the brooches of Domburg type. The translation was made by A.C. Bardet. The authors of this article owe particular gratitude to all these people and institutes.

12. NOTES

1. Archeologisch Instituut, Vrije Universiteit, De Boelelaan 1105, 1081 HV Amsterdam
   Current address: Groninger Museum, Museumeiland 1, 9711 ME Groningen.
2. Anatomical and Embryological Laboratory, Rijksuniversiteit Groningen, Oostersingel 69, 9713 EZ Groningen. Current address: Folkingestraat 30B, 9711 JX Groningen.
3. Archeologisch Centrum Leiden, Reuvensplaats 4, Postbus 9515, 2300 RA Leiden
4. Current address: Saturnuslaan 5, 9742 EA Groningen.
5. RAAP-Friesland, Giekerkstraat 23, 8922 JG Leeuwarden.
6. Fries Museum, Turfmarkt 24, 8911 KT Leeuwarden.
7. In this period, cremations took place in other parts of the Netherlands as well. Dr I.L.M. Stuijts analysed the charcoal remains of several hundred cremation graves from the cemeteries of Oss-Ussen, Cuijk-Heeswijkse Kampen, Wijk bij Duurstede-De Horden, and Kesteren-Prinsenhof. The archaeological study of these cemeteries is being carried out by W.A.M. Hessing (R.O.B.).
8. In excavation plans in several of these publications, a circular ditch figures as a funerary feature in the cemetery. Closer study of the field drawings showed that this circular ditch was one of the younger features and did not belong to the cemetery (chapter 8 and note 26).
9. The excavation and the tip show up as two white stripes in aerial photos 64 and 65 (dated 22 May 1989) in the *Foto-atlas van Friesland*, not dated. The top stripe is the excavation, the bottom one the tip.
10. These are find Nos 42, 69, 84, 122, 123, 162, 169, 185, 201, 205, 236, 261, 275, 316, 371, 378, 386, 453, 456, 458. Base sherd 69 is tempered with crushed shell.
11. GrN-18650 1260 ± 35 BP, corrected for fractioning and for a reservoir effect of 400 years; which after calibration works out at (1σ) AD 686-792 and 804-814 or (2σ) AD 680-826 and 832-874 (see table 1).
12. The age data from the disturbed features are not taken into consideration in table 6, since it is unknown whether these features represent burials or pyre remains.
13. Personal communication by A.F.L. van Holk, who made a dendrochronological study of several late medieval and younger

ships. It seems that oaks of at least 50 cm thick, often as old as 250 years, were specially selected for shipbuilding.
14. Such rapidly-grown oaks may also have been used for making wells of hollowed-out trunks and dugout canoes. But we possess no concrete evidence on this point.
15. Such numbers of dogs correspond with those mentioned in Prummel, 1992a; 1994 saw the publication of B. Sigvallius' work on cremations in North Spånga. She drew attention to another 232 dog cremations dating from the Migration Period up to the end of the Viking Age. These dogs, of various sizes, accompanied cremation burials of both men and women.
16. The Fries Museum, where the finds from the Oosterbeintum cemetery were deposited, up till then had not possessed a single brooch with textile remains.
17. This is not, as stated in the publication, a dog's incisor, but a severely worn-down canine of an adult sow (identification W. Prummel).
18. *Oesdoppen* found elsewhere in the northern Netherlands in our view will have been spindle whorls instead of parts of horses' harnesses.
19. The early medieval cremations in the Fries Museum have been determined by M.L.P. Hoogland in preparation of a publication on all burial finds from the coastal region of the northern Netherlands. The urns are in the collection of the Fries Museum. Hogebeintum grave 35 = inv. Nos 28-333, grave 70 = inv. Nos 28-428, grave 102 = inv. Nos 28-490, grave 114 = inv. Nos 28-510 and the urn from Driesumerterp = inv. Nos 230-26.
20. Fries Museum inv. Nos 28-353bis (grave 23), 28-344 and 28-345 (grave 44) an 28-702 (grave 129). Wood identifications are by Dr W.A. Casparie.
21. The possible urn 210 has here been left out of consideration.
22. The proportion of children's remains was so high that no correction was applied for the burial of children elsewhere (Donat & Ullrich, 1971).
23. From the 16th century into the 18th, the *terp* of Oosterbeintum continuously had four farms on it (Dijk, 1987: p. 261 and fig. 55). It seems quite likely that such was the case even in the early Middle Ages. The farmland around Oosterbeintum could not be expanded, since from the early Middle Ages on, the *terp* was surrounded by other, large *terpen* with settlements (Hogebeintum, Blija-Sijtsmaterp, Blija-Vaardeburen, Blija-village terp).
24. A gold annular brooch and a set of weapons were found in cremation graves of the Hogebeintum cemetery (Knol, 1993: fig.51: 14-17 and fig. 70).
25. The Oosterbeintum spoon was published wrongly as juniper wood in this publication.
26. Circular ditches as inhumation or cremation features have come to light in early medieval cemeteries in Germany and the province of Drenthe. In northern Germany these are the cemeteries of Dunum (Schmid, 1972), Jever-Cleverns (Rötting, 1977: p. 42), Zetel (Marschalleck, 1978: fig. 3), Schiffshöhe (Schmid, 1986), Rehrhof (Laux, 1980: pp. 207, 210, 227 and figs 7-10) and Drantum (Zoller, 1965). At Drantum, a double horse burial and pyre debris were surrounded by a circular ditch (Zoller, 1965). In Drenthe, cemeteries with circular ditches are those of Zweeloo (Prof. W.A. van Es, R.O.B./A.I.V.U., pers. comm.), Wijster (van Es, 1967: p. 498) and Emmen (Bursch, 1937). However, the dating of the circular ditches of Wijster to the early Middle Ages is not certain.
27. If the remains of *Anser anser* and *Anas platyrhychos* originate from wild specimens, the number of wild bird species is eleven.

13. CATALOGUE OF THE CEMETERY OF OOSTERBEINTUM

This catalogue gives a description of all the inhumations, cremations and stray finds connected with the cemetery. Apart from the urned cremations there were a lot of un-urned cremations, so-called ash

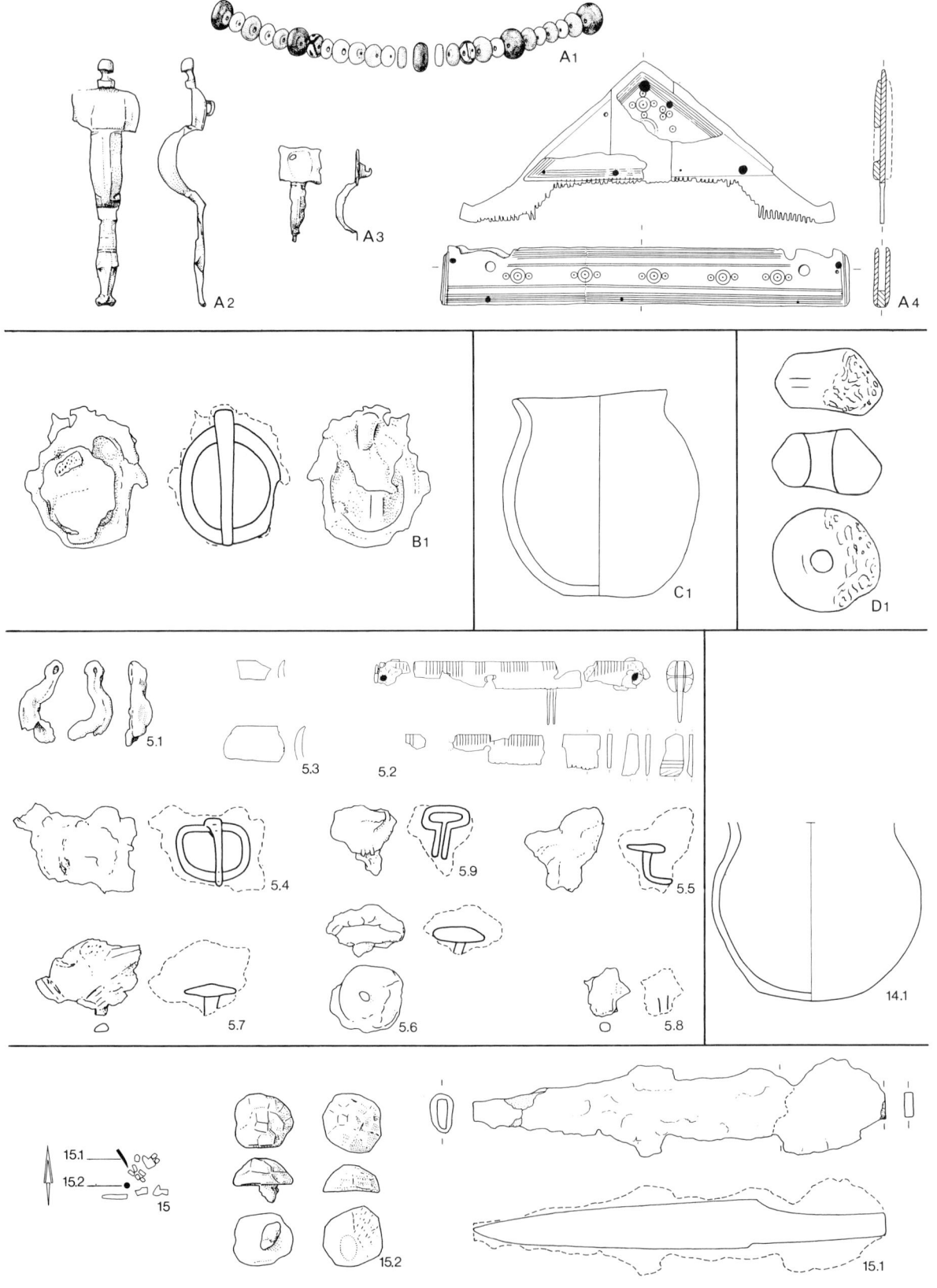

stains. These were small pit-like features with a variable amount of cremated remains, charcoal and burned clay. The graves and stray finds are given in successive number, but as these were the original field numbers, the grave numbers are not consecutive. The grave goods have been given sub-numbers, e.g. 15.1 is an object in grave 15. If the item grave good had a different field number than the skeleton, then the original field number is given in brackets. Two samples of un-urned cremation above each other in two different levels were considered to be one un-urned cremation and taken together. The original field number of the other samples is given in brackets. The graves A, B, C and D were found before the excavation. The location of all features with their numbers is shown in figures 90-92.

The description of the graves is followed by plates with detailed drawings of the graves (1:40), drawings of the urns and grave goods (pottery and weapons 1:4, other items 1:2). Of most metal finds the drawings show the exterior and a reconstruction on the basis of X-ray photography. Some fragments are not illustrated (n. ill.). The measurements are in m and cm: l. Length; gr. l. Greatest length; h. Height; w. Width; d. Diameter; th. Thickness; app. Approximately.

The catalogue describes several aspects of every feature. If an aspect is not relevant for the feature then it is not mentioned. The aspects are:

a. The type of feature: inhumation; urned cremation; *bustum, Brand-grube* or other trace of un-urned cremation; horse grave; dog grave; stray find.
b. The location within the excavation given coordinates conform figures 90-92. Also the level in which the find was found is mentioned. The drawings of these levels are not published here, but are kept in the archives of the B.A.I. (now Vakgroep Archeologie).
c. If disturbed: the degree of disturbance: x. Moderate disturbance (some bones not articulated, urn slightly damaged); xx. Considerable disturbance (part of skeleton or urn destroyed); xxx. Severe disturbance (only some bones or urn in sherds).
d. Dimensions of the grave (length and width). With ash stains often only the diameter (d.) is given. The bottom of the grave was not recorded. The given depths (with respect to sea-level datum: NAP) are the top of the skull, the top of the pelvis and the top of the feet.
e. The orientation of the grave: first the direction of the head, then of the feet: N. north; W. west; S. South; E. East.
f. Description of the coffin (inhumations) or the charcoal (cremations).
g. Skeletal remains.
h. Sex determination: the osteological (ost.) sex and the archaeological (arch.) sex inferred from the grave goods (see m.). Indeterminable sex is indicated by a dash (-).
i. Age (in years).
j. Estimated length of body (human) or height of the withers (animals) in m.
k. Pathology and details of the skeleton.
l. Posture of the skeleton.
m. Grave goods. The objects made of antler were probably all made from red deer antler. In most cases the position of beads in a string could not be reconstructed and their description is in random order. Unless otherwise stated, the beads are of opaque glass. The measurements are given in cm. The measurements of iron objects are mainly on the basis of the X-ray photo.
n. Location of the grave goods in the grave.
o. Cremation sample in the grave fill. Amount of human cremation given in g. Burnt animal bones. If an un-urned cremation is disturbed by an inhumation this is mentioned here fill.
p. Unburnt animal (and human) bones found in the grave fill.
q. Other particulars of the grave.
r. Dating of the grave. AD 400-450 should be read as: first half of the 5th century. None of the inhumation graves contained grave goods with a date before AD 450; therefore undatable inhumation graves have been dated AD 450-750. Undatable cremation graves

are given the total range date of the cemetery: AD 400-750. All given dates are approximate.

A.
a. Inhumation.
b. During the commercial soil quarrying of the *terp* of Oosterbeintum in 1914 an inhumation grave was found in the south-east corner of the *terp*. It is assumed that this grave was found at or near the cemetery.
c. xxx (only grave goods remains).
d. At a depth of 4.5 m.
g. No skeletal remains preserved in the Fries Museum.
h. Ost. –; arch. female.
m. A.1 Twenty-six beads, glass: 1. Dark blue translucent; 2. Yellow; 3. Reddish brown; 4. Yellow; 5. Reddish brown; 6. Dark blue translucent; 7. Blueish white with dark blue crossing trails and spots; 8. Yellow; 9. Light blue; 10. Yellow; 11. Reddish brown; 12. Yellow; 13. Reddish brown; 14. Dark blue translucent; 15. Yellow; 16. Reddish brown; 17. Blueish white with dark blue crossing trails and spots; 18. Reddish brown; 19. Yellow; 20. Dark blue translucent; 21. Reddish brown; 22. Yellow; 23. Reddish brown; 24. Yellow; 25. Reddish brown; 26. Dark blue translucent (Fries Museum Inv. Nos 28bis-64).
   A.2 Cruciform brooch, Midlum type, bronze, l. 8.5 cm (Fries Museum Inv. Nos 28bis-61). Illustrated by Reichstein (1975: *Taf.* 84.8).
   A.3 Small long brooch, head and bow only, bronze, remaining l. 3.3 cm (Fries Museum Inv. Nos 28bis-62).
   A.4 Comb and case. Comb, triangular, decorated with dot-in-circle and concentric circle motifs and lines, (red deer) antler, l. 13.2, h. 5.5 cm, teeth broken. Case: both sides flat, decorated with dot-in-circle, concentric circle motifs and lines, (red deer) antler, l. 14.5, h. 2 cm (Fries Museum Inv. Nos 28bis-63).
r. On the basis of the grave goods: AD 475-525.

B.
a. Inhumation.
b. In the autumn of 1987 and during the excavation skeletal elements of at least one individual were found in a ditch along the excavation. This ditch was dug through the cemetery long ago, but was recently widened.
c. xxx.
g. Skull (Fries Museum Inv. No. 1987 X-3); right-hand mandible with I_2/M_3 (No. 52); fragment of skull (No. 53); fragments of humerus, scapula, costae, vertebrae and radius (No. 54).
h. Ost. skull and mandible were male; arch. –.
i. The finds were classed as adult, 25-35 years, adult and adult, respectively. If the remains were from one individual he died at an age of 25-35.
m. B.1 Buckle, long oval loop with tongue, iron, l. 4.2, w. 3.8 cm (find No. 54).
n. The buckle was found with the remains No. 54.
r. Undatable, AD 450-750.

C.
a. Urned burial.
b. Found in the ditch along the excavation, autumn 1987.
g. 365 g of human cremation.
h. Ost. probably female; arch. –.
i. >18 years.
m. C.1 Urn, hand-made pottery, undecorated, h. 14, d. 13.5 cm (Fries Museum Inv. No. 1987 X-2).
r. On the basis of the urn: AD 525-725.

D.
a. Ash stain.
b. Found in the ditch along the excavation, autumn 1987.

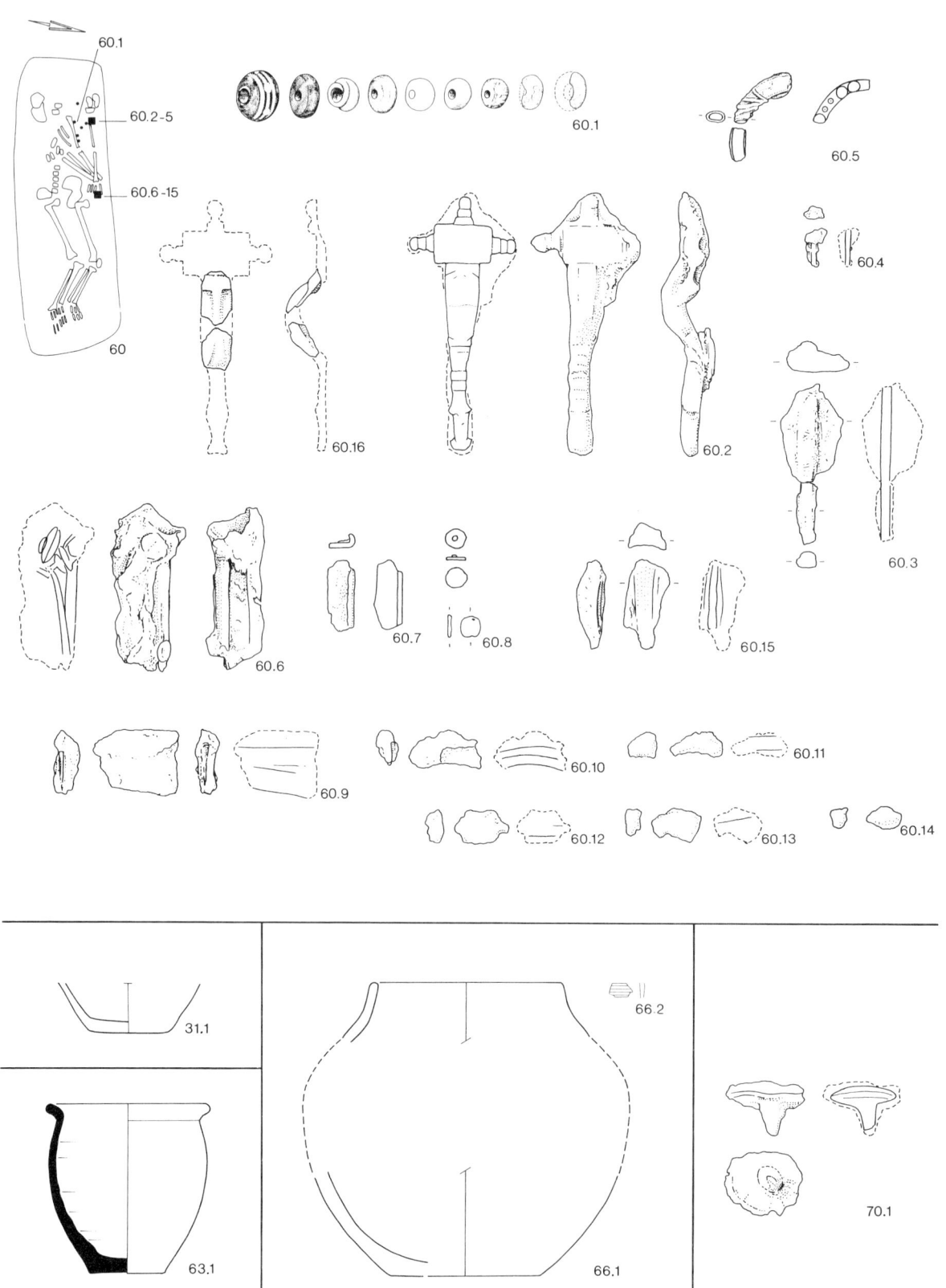

g. 49 g of human cremation (FM 1987 X/4).
m. D.1 Biconic spindle whorl, ceramic, d. 3.5, h. 1.8 cm, one side deformed by fire (Fries Museum Inv. No. 1987 X-4a).
r. Undatable, AD 400-750.

5.
a. *Brandgrube.*
b. M 3, level 1.
d. l. 24, w. 20 cm.
f. 1 ml of charcoal.
g. 1137 g of human cremation.
i. Adult.
m. 5.1 Fragment of tweezers, bronze, remaining l. 3 cm, burnt.
   5.2 Fragments of comb and case; fragments of a straight, small connecting plate, (red deer) antler, calcined.
   5.3 Two fragments of a case (red deer) antler, calcinated.
   5.4 D-shaped buckle, iron, l. 2.6 cm.
   5.5 Nail, bent, iron, l. 1.6, d. of head 1.8 cm.
   5.6 Head of a nail, iron, l. 0.6, d. 1.3 cm.
   5.7 Head of a nail, iron, l. 0.4, d. 1.8 cm.
   5.8 Fragment of a nail, iron, l. 1.5 cm.
   5.9 Unknown object, iron, l. 1.8, w. 1.6 cm.
p. Unburnt faunal remains: third phalanx of pig; 7 copper-stained bone fragments of small mammal; fragment of femur of mouse species; fragment of left humerus of *Calidris alpina* (dunlin); 2 bird bone fragments; 2 caudal vertebrae of Pleuronectidae; fish bone fragment; 13 shell fragments of *Mytilus edulis* (mussel).
r. Undatable, AD 400-750.

14.
a. Urned burial.
b. J 5, level 2.
c. x, rim damaged.
f. 1 ml of charcoal.
g. 328 g of human cremation.
i. 35-40 years.
m. 14.1 Urn, hand-made pottery, undecorated, h. >12, d. 14.5 cm.
p. Unburnt faunal remains: fragment of premolar/molar of sheep/goat.
r. AD 525-725.

15.
a. Inhumation.
b. J 5, level 4.
c. xxx.
d. Depth of pelvis 0.00 m NAP.
e. W-E or E-W.
g. Only parts of postcranial skeleton (find No. 15).
h. Ost. probably male; arch. probably male.
i. Adult.
m. 15.1 Knife, type B, iron, l. 14.2 cm.
   15.2 Two pyramidal buttons, (red deer) antler, both d. 2 cm. One has a little iron knob on the back which may have been used for attachment, the other has only a scar of such a small knob.
n. 15.1 Near the pelvis.
   15.2 Near the pelvis.
r. Undatable, AD 450-750.

31.
a. Urned burial.
b. N 3, level 2.
c. xx, only the base is left. Beneath it were more cremated remains (find No. 31A).
d. d. 20 cm.
f. 1 ml of charcoal.
g. 332 g of human cremation.
i. Adult.
m. 31.1 Base of urn, undecorated hand-made pottery, h. >3.5, d. >10 cm.
p. Unburnt faunal remains: fragment of sternum of *Aythya* sp. (diving duck).
r. AD 450-650.

32.
a. Ash stain, no sample.
b. N 4, level 2.
d. 20 x 20 cm.
r. Undatable, AD 400-750.

58.
a. Stray find.
b. H 5, level 4.
g. Distal part of right humerus, human.
h. Ost. probably male; arch. –.
i. Adult.
r. Undatable, AD 450-750.

60.
a. Inhumation.
   Disturbed cremation burial.
b. G 5/6, level 4.
c. x (broken skull and scattered beads and rivet indicate that the grave was disturbed).
d. 1.90 x 0.48 m; depth of skull 0.34, pelvis 0.30, feet 0.30 m -NAP.
e. WSW-ENE.
f. The impression of bark in the soil indicates a hollowed-out coffin. Determination of tree species impossible.
g. Skeleton (find No. 60).
h. Ost. probably female; arch. female.
i. 35-45 years or older.
j. 1.57 m.
k. Femur a little bent in anterior-posterior direction. Some vertebrae have osteophytes. Tartar on teeth, 1 tooth with caries and two roots carious. Some teeth were worn down to the roots.
l. On the left side, arms crossed in the lap, hands upon each other, legs slightly flexed.
m. 60.1 Nine beads, glass: 1. Black with three reddish-brown lines, the middle line bearing white dots; 2. Blue translucent; 3. Purple translucent; 4. Green translucent with opaque reddish-brown lines; 5. Reddish brown; 6. Green with black lines, translucent; 7. Reddish brown with yellow crossing trails; 8. Blue, translucent; 9. Green, translucent (1-7 find No. 60; 8 find No. 60D; 9 find No. 60E).
   60.2 Cruciform brooch, Midlum type, bronze, l. 8.5 cm (find Nos 60G & 60F). The corrosion contains fragments of textile.
   60.3 A rod, bronze, l. 5.1 cm, probably the remains of the pin of the cruciform brooch 60.2.
   60.4 A little spindle from the right side-knob of cruciform brooch 60.2, bronze l. 0.6 cm (find No. 60G).
   60.5 Fragment of an annular brooch, bronze, d. c. 4 cm, decorated with little knobs, a bronze thread is wound round the brooch (find Nos 60 & 60D). On the brooch are fragments of textile.
   60.6 A mass of bronze plate and rivets with plain heads, bronze, l. app. 3 cm (find No. 60B). An iron item (knife or buckle?) is rusted onto the mass. The bronze fragments 60.7 and 60.8 are perhaps the mounting of a small bag.
   60.7 A fragment of bronze plate 3x1.4 cm belonging to 60.6 (find No. 60D).
   60.8 Two rivets with a plain head belonging to 60.6, bronze, d. 0.7 cm (find Nos 60B and 60H). On the mass are small fragments of textile.
   60.9 Fragment of iron rust, with a flat piece (knife?), l. 1.4 cm.
   60.10 Fragment of iron rust, a ring or buckle?, l. 1.2 cm.
   60.11 Fragment of iron rust, l. 0.9 cm.
   60.12 Fragment of iron rust, l. 0.9 cm.
   60.13 Fragment of iron rust, l. 0.8 cm.
   60.14 Fragment of iron rust, l. 0.6 cm.
   60.15 Fragment of corroded bronze object, l. 3 cm (No. 60D).
   60.16 Cruciform brooch, fragments of bow, type indeterminable, bronze with iron pin, remaining l. 3.2 cm (No. 60H).
n. 60.1 In the neck and on the chest.
   60.2 On the chest.
   60.3-60.4 Near 60.2.
   60.5 On the left of the chest.

60.6-60.8 Between arms and pelvis.
60.9-60.14 At the left-hand phalanx.
60.15 Near the arms.
60.16 In the neck, perhaps from an other grave.
o. In the grave, 2 g of cremation.
p. Fragment of thoracic vertebra of cattle (find No. 60). In a sample of grave fill: 37 mammalian bone fragments; humerus and tibia of mouse species; shell fragment of *Cerastoderma edule* (cockle).
r. On the basis of the cruciform brooch, Midlum type: AD 475-525. The disturbed cremation burials are older, AD 400-475.

63.
a. Urned burial.
b. M/L 4, level 4.
c. Below the urn are some remains of a pyre.
d. 50x30 cm.
f. 1 ml of charcoal.
g. 88 g of human cremation.
h. Ost. male; arch. –.
i. Adult.
m. 63.1 Urn, rough-walled pot, wheel-thrown pottery, h. 11.1 cm, d. 11.3 cm.
    63.2 Wall sherd, hand-made pottery, later burned, gr. l. 4.7 cm. (n. ill.).
o. Burnt faunal remains: mammalian bone fragment.
p. Unburnt faunal remains: 2 mammalian bone fragments.
r. On the basis of the urn: AD 500-700.

66.
a. Disturbed urned burial.
b. D 6, level 4.
c. xxx, urn in sherds (incomplete).
d. Scattered finds gr. d. 65 cm.
f. Sample 66 contains 50 ml of charcoal: 3 ml of *Quercus*, 1.5 ml of *Fraxinus*, 1.5 ml of *Alnus*, 35 ml of *Betula* and 10 ml residue. Sample 127 contains 35 ml of charcoal; 3 ml of *Quercus*, 25 ml of *Alnus* and 7 ml residue.
g. Sample 66 (level 4) 4 g of and 127 (level 5) 1 g of cremation.
i. App. 25 years.
m. 66.1 Urn, wide-mouthed, hand-made pottery, h. >12.5, d. >14.5 cm.
    66.2 Small fragment of (red deer) antler (fragment of a comb?), decorated with lines, l. 0.7 cm.
o. Burnt faunal remains: 6 bone fragments of a large mammal; 15 mammalian bone fragments.
p. Unburnt faunal remains: 2 bone fragments of large mammal; 9 mammalian bone fragments; incisor of mouse species; shell of *Littorina littorea* (periwinkle); shell fragment of *Mytilus edulis* (mussel); shell fragment of mollusc. Sample No. 127 contained unburnt faunal remains: os petrosum of sheep/goat; bone fragment of large mammal; 7 mammalian bone fragments; 5 shell fragments of *Mytilus edulis* (mussel); shell fragment of *Cerastoderma edule* (cockle).
r. The pot dates from the 4th or 5th century. A radiocarbon date (GrN-19441 1690±50 BP) gives a broad range from the 3rd up to the beginning of the 6th century (table 1). Probable date: AD 350-500.

70.
a. Ash stain, perhaps from grave 295.
b. K 6, level 4.
d. Dimensions not recorded.
g. 1 g of cremation.
m. 70.1 Head of a nail, iron, remaining l. 1.4, d. 2.1 cm.
p. Unburnt faunal remains: bone fragment of small mammal.
r. The feature lay above grave 295 and is either a younger trace or a disturbed trace in grave 295. Undatable, AD 400-750.

75.
a. Ash stain.
b. M 5, level 4.

d. 40x30 cm.
f. <1 ml of charcoal.
g. 1 g of cremation.
i. Adult.
m. 75.1 Head of a nail, iron, remaining l. 1.2, d. 2 cm.
    75.2 Head of a nail, iron, remaining l. 1.3, d. 1.2 cm.
    75.3 Head of a nail, iron, remaining l. 1.3, d. 1.2 cm.
    75.4 Head of a nail, iron, l. 2.1, d. 1.2 cm.
p. Unburnt faunal remains: left I_3 of horse; fragment of rib of cattle; bone fragment of mouse species; shell fragment of *Mytilus edulis* (mussel).
r. Undatable, AD 400-750.

76.
a. Ash stain.
b. M 4, level 4.
d. 50x20 cm.
f. 38 ml of charcoal: 6 ml of *Alnus* and 32 ml residue.
g. 1 g of cremation.
m. 76.1 Head of a nail, iron, l. >1, d. app. 2.5 cm.
    76.2 Fragment of red-deer antler, unburnt, with cutmarks.
    76.3 Fragment of a bead, glass.
p. Unburnt faunal remains: fragment of atlas and fragment of humerus of cattle; 5 mammalian bone fragments; shell of *Littorina littorea* (periwinkle); 2 shell fragments of *Mytilus edulis* (mussel).
r. Undatable, AD 400-750.

77.
a. Ash stain.
b. M 4, level 4.
d. 30x20 cm.
f. <1 ml of charcoal.
g. 2 g of cremation and one unburnt human M_2.
i. App. 40 years.
p. Unburnt faunal remains: bone fragment of mouse species.
r. Undatable, AD 400-750.

78.
a. Urned burial.
b. M 4, level 4.
c. xx, upper half of the urn lacking.
d. d. 20 cm.
f. <1 ml of charcoal.
g. 149 g of cremation.
m. 78.1 Base of hand-made urn, undecorated, h. >4.0, d. >10.5 cm.
r. On the basis of the pot: AD 500-700.

81.
a. Stray find.
b. K 6, level 4.
m. 81.1 Sheet fragment, iron, l. 3.7, w. 3.0 cm.
r. Undatable, AD 400-750.

93.
a. Stray find.
b. M 5, level 5.
m. 93.1 Nail, iron, remaining l. 2.2 cm.
r. Undatable, AD 400-750.

97.
a. *Brandgrube*.
b. J 5, level 4 (samples 88 and 97) and 5 (sample 97A).
d. 70x55 cm
f. 28 ml of charcoal: 5 ml of *Quercus*, 4 ml of *Alnus*, 0.5 ml of *Pinus* and 18.5 ml residue.
g. Contains only cremation remains of animals (see o.).
m. 97.1 Small rim sherd of a wide-mouthed, hand-made pot, l. 2.5 cm.
o. Burnt faunal remains: 40 fragments of presumably one individual of sheep/goat: parietale, 3 fragments of vertebra, 26 fragments of rib, fragment of radius, fragment of femur, fragment of right tibia,

right centrotarsale, 2 fragments of metatarsus, 2 first phalanges, second phalanx, sesamoid; 242 bone fragments of small mammal, presumably of the same sheep/goat; 11 fragments of presumably one *Anas crecca* (teal): 2 fragments of clavicula, fragment of right coracoid, 3 fragments of left scapula, 2 fragments of right scapula, fragment of left carpometacarpus, fragment of right tibiotarsus, fragment of left tarsometatarsus.
p. Unburnt faunal remains: fragment of second phalanx of cattle with dog gnawing marks; fragment of vertebra, 3 fragments of rib, fragment of scapula and fragment of humerus of sheep/goat; 39 bone fragments of small mammal; 2 shell fragments of *Mytilus edulis* (mussel); Gastropod shell fragment.
r. This feature lay above grave 393 which is dated AD 650-700. A radiocarbon date of *Alnus* from sample 97A, GrN 19442 1640 ± 120 BP has a range from the 2nd to the 7th century (table 1) and offers no clue as to the date of this feature which probably dates to the youngest period of the cemetery, AD 675-750.

98.
a. Inhumation.
b. C 8, level 4.
c. xxx, merely fragments.
d. Depth 0.50 m -NAP.
e. W-E or E-W.
g. Scattered fragments of shafts from both femurs, a tibia and the right-hand humerus (find No. 98).
i. Adult.
m. 98.1 Fragment of a knife, perhaps type C, iron, remaining l. 5.8 cm.
p. Fragment of thoracic vertebra and fragment of left tibia of cattle.
r. Undatable, AD 450-750.

100.
a. Inhumation.
   Disturbed cremation burials.
b. G 4/5, level 5.
c. x, feet are lacking, head is partly lacking.
d. 1.48x0.72 m; depth of skull 0.26, pelvis 0.20, feet 0.18 m -NAP.
e. N-S.
g. Skeleton (find No. 100).
h. Ost. male; arch. –.
i. 30-40 years.
j. 1.70 (calculated from the length of the radius, unreliable).
l. Supine, left hand in the lap, right arm folded double, legs crouched.
o. The disturbed cremation burials consist of burnt clay and 20 g of cremation of an adult individual, and 490 ml of charcoal and grave goods 100.1, 100.2, 100.3 and 100.4. Sample 100 contains 150 ml of charcoal: 18 ml of *Quercus*, 13 ml of *Alnus*, 1 ml of *Betula*, 2 ml of *Sambucus*, 1.5 ml of *Populus* and 115 ml residue. Sample 100A contains 340 ml of charcoal: 30 ml of *Quercus*, 20 ml of *Fraxinus*, 15 ml of *Alnus*, 4 ml of *Corylus*, 9 ml of *Betula*, 2 ml of *Salix*, 2.5 ml of *Populus* and 268 ml residue.
   100.1 Fragment of a head of a cruciform brooch, unknown type, burnt, remaining l. 2 cm (Find No. 73).
   100.2 Bead, molten glass, blue.
   100.3 Fragment of a knife, perhaps type C, iron, remaining l. 6.2 cm. A small iron rod seems to adhere to this knife.
   100.4 Small sherd of red, wheel-thrown pottery (n. ill.).
   One sample, accidentally not labelled, is probably from the fill of grave 100. It contains 14 g of a child's cremated remains. Age 0-3 years. The sample also contained unburnt human bones with traces of burning. If 100A was from grave 100, then the fill contained two individuals.
p. Caudal vertebra and second phalanx of cattle; left Pd₄ of sheep/goat; second phalanx of pig (find No. 100). Also a bone fragment of a large mammal (find No. 569). The sample of the fill of the grave contained: incisor of sheep/goat; 8 mammalian bone fragments; incisor of mouse species.
r. The cremation dates according to the brooch from the 5th century. The inhumation cut grave 570, which itself cut grave 606. Grave

100 has to be the youngest of these three graves, AD 550-750. The disturbed cremation burials are older, AD 400-600.

119.
a. Stray find.
b. I 6, level 5.
m. 119.1 Fragments of corrosion with an impression of a bronze annular brooch, with small bronze fragment.
r. AD 450-650.

126.
a. Ash stain.
b. D 5, level 5.
d. d. 80 cm.
g. No residue after sample was sieved.
p. Unburnt faunal remains: fragment of left humerus of horse; fragment of left tibia of cattle; fragment of left humerus and fragment of right metacarpus of sheep, the last-named with dog gnawing marks.
r. Undatable, AD 400-750.

129.
a. Stray find in ditch 128.
b. C5/D7, level 5.
g. Shafts of left and right human tibiae.
i. Adult.
r. Undatable, AD 450-750.

130.
a. Ash stain.
b. O 5, level 5.
d. d. 15 cm.
f. <1 ml of charcoal.
g. 1 g of cremation.
p. Unburnt faunal remains: 9 mammalian bone fragments; 2 shell fragments of *Mytilus edulis* (mussel).
r. Undatable, AD 400-750.

131.
a. Urned burial.
b. O 4, level 5.
c. x, upper rim damaged.
d. 60x50 cm.
f. 83 ml of charcoal: 9.5 ml of *Quercus*, 2.3 ml of *Acer* sp., 13.3 ml of *Fraxinus* and 58 ml residue.
g. 348 g of cremation.
i. 12±3 years.
m. 131.1 Urn, narrow-mouthed, undecorated, hand-made pottery, h. >10.5, d. 13 cm.
o. Burnt fragment of rib of sheep/goat.
p. Unburnt faunal remains: premolar/molar and fragment of vertebra of sheep/goat; mammalian bone fragment.
r. On the basis of the urn: AD 500-700.

132.
a. Ash stain, no sample.
b. O 4, level 5.
d. d. 20 cm.
r. Undatable, AD 400-750.

133.
a. Urned burial.
b. O 4, level 5.
c. x, upper rim of the urn damaged.
d. d. 15 cm.
g. 27 g of cremation.
i. Adult.
m. 133.1 Urn, narrow-mouthed, hand-made pottery, undecorated, h. >13.0, d. 13.0 cm.
r. On the basis of the pot: AD 500-700.

134.
a. Stray find.
b. H 7, level 5.
m. 134.1 Fragment of molten bronze, l. 1.2 cm.
r. Undatable, AD 400-750.

135.
a. Stray find.
b. H 7, level 5.
m. 135.1 Fragment of molten bronze, l. 1.1 cm.
r. Undatable, AD 400-750.

136.
a. Stray find.
b. H 7, level 5.
m. 136.1 Fragment of a small long brooch, type unknown, bronze, remaining l. 2.9 cm.
r. AD 450-600.

140.
a. Urned burial.
b. K 5, level 6.
c. x, urn partly broken. Some pyre remains around the urn.
d. d. 35 cm.
g. 315 g of cremation.
h. Ost. female; arch. –.
i. Adult.
m. 140.1 Urn, wide-mouthed, hand-made pottery, with three pierced lugs on the belly, otherwise undecorated, h. 14.0, d. 20.0 cm.
p. Unburnt faunal remains: 4 mammalian bone fragments.
r. On the basis of the pot: AD 500-700.

146.
a. Ash stain.
b. >M/N 4, level 6.
d. d. 20 cm.
f. <1 ml of charcoal.
g. 1 g of cremation.
m. 146.1 Head of a nail, iron, l. >2.2, d. 2.6 cm.
r. Undatable, AD 400-750.

153.
a. Stray find.
b. F 5, level 5.
m. 153.1 Nail, iron, l. 4.3, d. head 1.5 cm.
r. Undatable, AD 400-750.

155.
a. Stray find.
b. K 6, level 6.
m. 155.1 Fragment of the bow of a brooch, type unknown, bronze, remaining l. 2.1 cm.
r. AD 450-600.

156.
a. Stray find.
b. N 5, level 6.
g. Part of the shaft right human tibia.
m. 156.1 Clincher, iron, l. 4.4, d. head 1.3 cm.
r. Undatable, AD 400-750.

159.
a. Ash stain.
b. Level 5, exact position not recorded.
f. 70 ml of charcoal: 25 ml of *Quercus*, 9 ml of *Alnus* and 36 ml residue.
g. 1.5 g of cremation.
i. Possibly a child, 0-3 years old.
p. Unburnt faunal remains: epistropheus of sheep/goat; 7 mammalian bone fragments; 2 shell fragments of *Mytilus edulis* (mussel); shell fragment of *Cerastoderma edule* (cockle).
r. Undatable, AD 400-750.

160.
a. *Bustum* grave.
b. H 4/5, levels 4, 5, 6 and 7.
c. x, upper part of the bustum is lacking, probably as a result of the quarrying of the *terp*. The major part of the *bustum* was sieved in samples 61, 160, 160A, 160C, 160D, 160E. The location of the samples is given in figure 19. The cremated remains from grave 273 (sample 86) also belong to this grave.
d. 1.75x1.10 m; depth 0.49 m -NAP.
e. SSW-NNE or NNE-SSW.
f. 5630 ml of charcoal, 658 ml of *Quercus*, 210.5 ml of *Fraxinus*, 818 ml of *Alnus*, 10 ml of *Corylus*, 222 ml of *Betula*, 174 ml of *Populus* and 3537.5 ml residue.
g. 1041 g of cremation.
h. Ost. female; arch. female.
i. Adult.
m. 160.1 *Schalenurne*, Anglo-Saxon pottery, decorated with grooves, h. 11.5, d. 14.2 cm.
160.2 Nineteen glass beads, molten: 1. Blue?; 2. Melon bead; 3-4. Heavily molten; 5. Blue (only a drip); 6-7. Green, heavily molten; 8-9. Heavily molten; 10-14. Five beads molten together (find No. 160D); 15. Melon, yellow; 16. Green, 17-19. Blue, heavily molten (find No. 160E).
160.3 Lateral knob of a cruciform brooch, type unknown, l. 1.4, d. 1 cm (find No. 160).
160.4 Fragment of bronze/iron (find No. 13; n. ill.).
160.5 Head of a clincher, iron, remaining l. 1.2, greatest d. 2.4 cm (find No. 86).
160.6 Fragments of corroded iron and bronze, including fragments of a small bangle (n. ill.).
160.7 Seven calcined bone fragments of *Calidris minuta/ temminckii* (little/Temmink's stint): fragment of left ulna, 2 fragments of left or right ulna, left carpometacarpus; 2 right carpometacarpi and fragment of left tarsometatarsus (minimum number of individuals: 2); 2 burnt bones of *Calidris alpina* (dunlin): fragment of left and fragment of right carpometacarpus (minimum number of individuals: 1); 6 calcined bird-bone fragments may derive from these birds (see fig. 62).
n. 160.1 In the NW corner.
160.2 In the samples 160D and 160E.
160.3 In the sample 160.
160.4 Above the urn 160.1.
160.5 In the fill of grave 273.
160.6 In the samples 160, 160C, 160D and 160E.
160.7 In the samples 160, 160C and 160E.
o. Burnt faunal remains (other than of little/Temmink's stint or dunlin) in samples 160, 160A, 160B, 160C, 160D, 160E and 61A: fragment of cervical vertebra of sheep/goat; fragment of cervical vertebra and second phalanx of pig; fragment of vertebra of small mammal; molar and fragment of femur of *Microtus oeconomus* (northern vole).
p. Unburnt faunal remains in samples 160, 160A, 160B, 160C, 160D, 160E and 61A: fragment of right radius of cattle with dog gnawing marks; 2 upper/lower molars and fragment of lumbar vertebra of sheep/goat; 9 bone fragments of large mammal; 6 bone fragments of small mammal; 69 mammalian bone fragments; 86 fragments of *Microtus oeconomus* (northern vole): complete cranium, 3 cranium fragments, maxilla, 2 upper incisors, left M^3, 3 left and 2 right mandibles, 4 lower incisors, 4 left M_1, 2 right M_1, 9 upper/lower molars, 4 upper/lower premolars/molars, atlas, 5 caudal vertebrae, 3 ribs, left humerus, right humerus, left or right humerus, left radius, right radius, left or right radius, 2 ulnae, 2 pelvises, right femur, left or right femur, 2 left tibiae, 2 right tibiae, 2 left or right tibiae, 16 metapodia, 2 first phalanges, 2 (other) phalanges, 3 indefinite fragments (minimum number of individuals: 3 left mandible of *Microtus agrestis* (field vole); quadratum, cervical vertebra, right carpometacarpus and right first wing phalanx of digit 1 of *Tringa* cf. *totanus* (cf. redshank); rib and first phalanx of bird species; right pelvis of *Gasterosteus aculeatus* (stickleback); 2 caudal vertebrae of Pleuronectidae; fish bone fragment; shell of *Littorina littorea* (periwinkle); 14

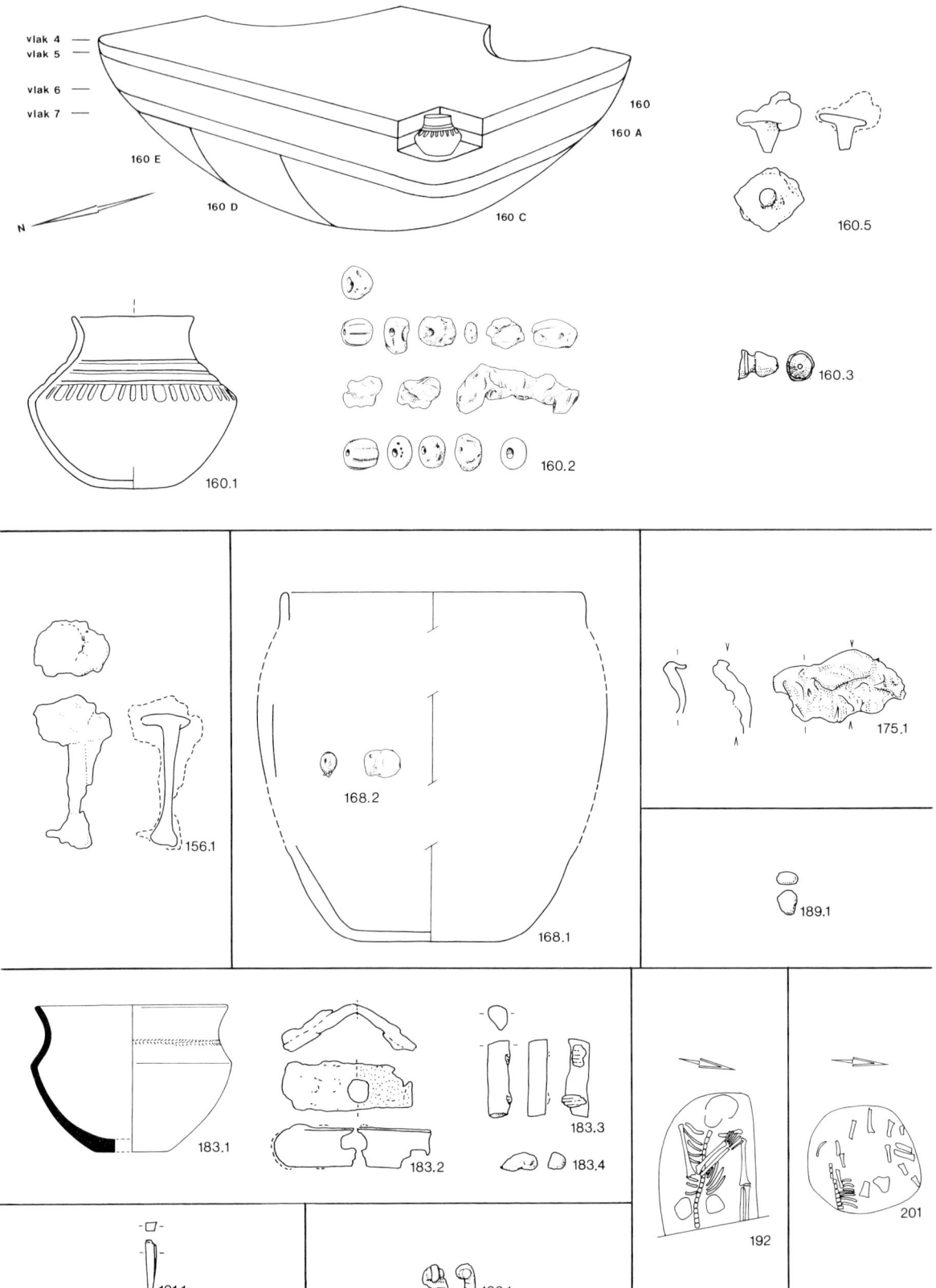

shell fragments of *Mytilus edulis* (mussel); 3 shell fragments.
Unburnt faunal remains in sample 86: left os incisivum and fragment of mandible of sheep/goat; mammalian bone fragment.
q. In the upper part of the *bustum* lay burnt fragments of a human pelvis and os pubis. These belonged to another, unknown grave.
r. The *bustum* was cut by grave 273. On the basis of the grave goods, the grave is dated to AD 450-525.

167.
a. Stray find.
b. H 5, level 6.
g. Human bones: skull fragments, costae and 8 teeth.
i. 35-45 years.
r. Undatable, AD 450-750.

168.
a. Urned burial.
b. I 6, level 6.
c. xxx, some sherds of the urn.
d. 40x30 cm.
f. <1 ml of charcoal.
g. 660 g of cremation.
i. 40 years.
m. 168.1 Urn, wide-mouthed, hand-made pottery, h. >15.0, d. app. 15.5 cm.
   168.2 Two glass beads, molten: 1. Blue translucent; 2. Blue.
o. Five burnt bone fragments of large mammal.
p. Unburnt faunal remains: bone fragment of large mammal; 2 mammalian bone fragments.
r. On the basis of the pot: AD 500-700.

175.
a. Stray find.
b. F 6, level 6.
m. 175.1 Fragment of a glass beaker, molten, l. 4.7 cm.
r. Undatable, AD 400-750.

183.
a. *Brandgrube*.
b. J 6, level 6.
c. xx, this is a wide zone with pyre remains, which are disturbed by grave 393. The feature is associated with the find Nos 183, 213, 216, 217, 243, 297 and 317.
d. 2x1.6 m, feature severely disturbed by inhumation graves.
f. 95 ml of charcoal: 1 ml of *Quercus*, 1 ml of *Fraxinus*, 34 ml of *Alnus* and 59 ml residue.
g. 1 g of cremation.
i. Probably a child, 0-3 years old.
m. 183.1 Bowl of Orsoy type, wheel-thrown pottery, decorated with a faint row of stamps, h. 9.7, d. 13.8 cm, traces of burning (find Nos 183, 213, 217, 243, 297 and 317).
   183.2 Pieced, iron strip, broken, l. 5.4, w. 1.3 cm. Perhaps an angle brace from a box (find No. 216).
   183.3 Fragment of a clicher, iron, l. 2.6 cm (find No. 216).
   183.4 Fragment of molten bronze, l. 1.4 cm (find No. 157).
n. 183.1 Was scattered throughout the feature.
p. Unburnt faunal remains from sample 183: 5 mammalian bone fragments; atlas and humerus of mouse species; shell fragment of *Mytilus edulis* (mussel); 3 shell fragments of *Cerastoderma edule* (cockle). Unburnt faunal remains from sample 213: right os carpi ulnare of cattle; bone fragment of large mammal.
r. On the basis of the pot: AD 400-450.

189.
a. Stray find.
b. I 7, level 6.
m. 189.1 Fragment of molten bronze, l. 0.9 cm.
r. Undatable, AD 400-750.

191.
a. Stray find.

b. I 7, level 6.
m. 191.1 Small nail, head is lacking, iron, l. 2.0 cm.
r. Undatable, AD 400-750.

192.
a. Inhumation.
b. E 7, levels 6 and 7.
c. xx, the lower part of the body was cut away by ditch 180.
d. Remnant 0.8 x 0.6 m; depth of skull 0.46, pelvis 0.53 m -NAP.
e. WSW-ENE.
g. Upper half of skeleton (find No. 192).
h. Ost. male; arch. –.
i. 25-35 years.
l. Supine, left arm straight, right one crossed over the chest.
r. Undatable, AD 450-750.

193.
a. Ash stain.
b. G 6, level 6.
d. 30x30 cm.
f. 63 ml of charcoal: 17 ml of *Quercus*, 13.5 ml of *Alnus*, 0.5 ml of *Betula* and 32 ml residue.
g. 5 g of cremation.
i. Probably a child.
m. 193.1 Fragment of a brooch head, type unknown, bronze, l. 1.1 cm.
   193.2 Unidentified item, charred *Quercus* (n.ill.).
r. Undatable, AD 400-750.

194.
a. Ash stain (sample 194 and 268).
b. I 7, level 6.
d. 30x15 cm.
f. Sample 268 contains 33 ml of charcoal: 13 ml of *Alnus* and 20 ml residue.
g. 2 g of cremation.
p. Unburnt faunal remains: os malleolare of sheep/goat; 10 mammalian bone fragments; fragment of femur of mouse species; 2 shell fragments of *Mytilus edulis* (mussel). Also in sample No. 268: two mammalian bone fragments.
r. Undatable, AD 400-750.

195.
a. Ash stain (sample 195 and 263).
b. G 7, level 6.
d. d. 20 cm.
f. Sample 195 contains 73 ml of charcoal: 3 ml of *Quercus*, 23 ml of *Betula* and 47 ml residue.
   Sample 263 contains 38 ml of charcoal: 2 ml of *Alnus*, 12 ml of *Betula* and 23 ml residue.
g. 2 g of cremation.
m. 195.1 Unknown wooden item, *Betula* (n.ill.).
p. Unburnt faunal remains in sample 195: tibia of mouse species. Unburnt faunal remains in sample 263: 2 mammalian bone fragments.
r. Undatable, AD 400-750.

196.
a. Ash stain.
b. H 6, level 6.
d. 40x20 cm.
f. <1 ml of charcoal.
g. 2 g of cremation.
i. Possibly a child, 0-3 years old.
p. Unburnt faunal remains: 2 mammalian bone fragments; left mandible of *Apodemus* sp.; maxilla of *Microtus* sp. (vole); 2 cranium fragments of mouse species; fish bone fragment.
r. Undatable, AD 400-750.

197.
a. Ash stain.

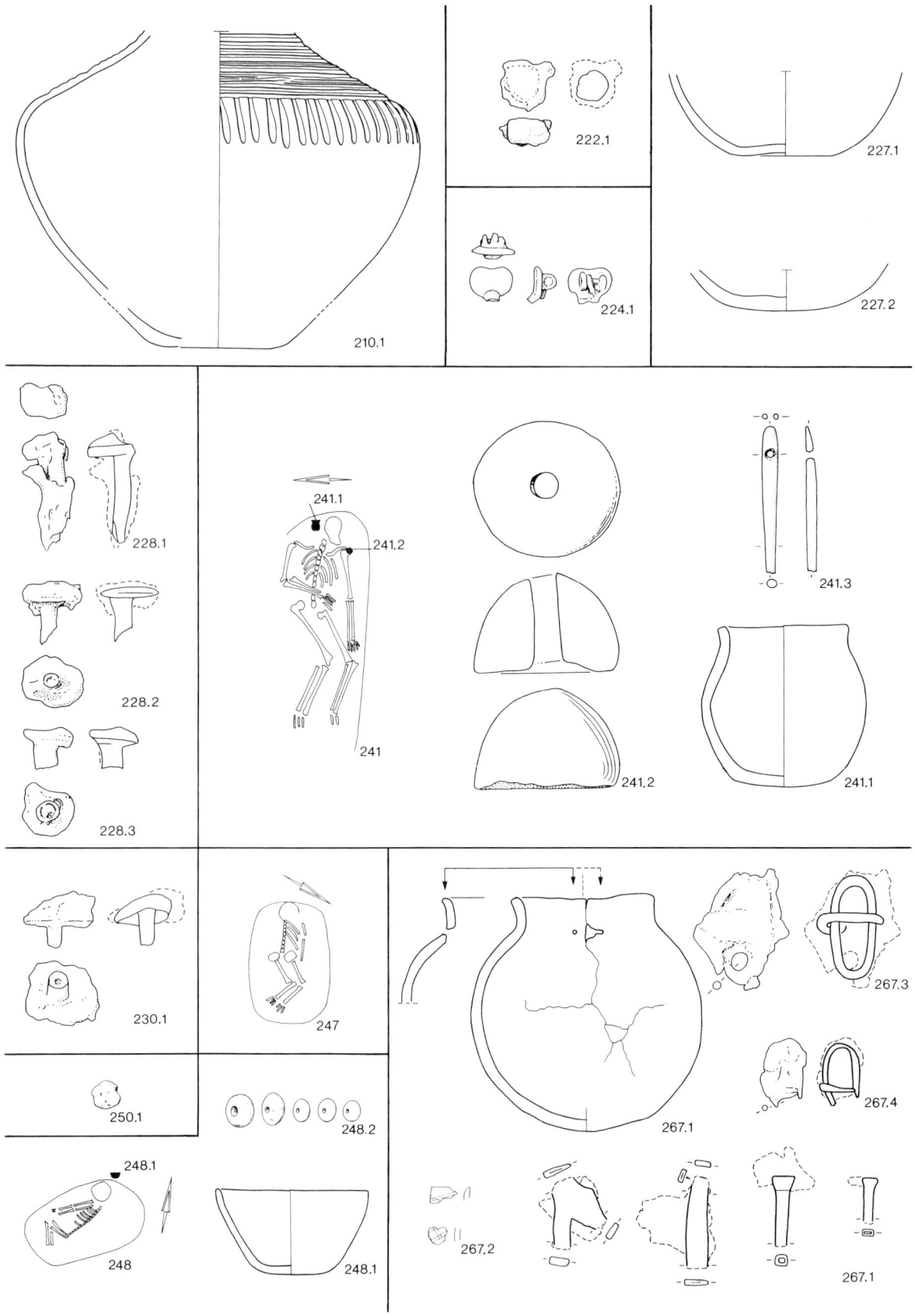

210.1

222.1

224.1

227.1

227.2

228.1

228.2

228.3

241.1

241.2

241

241.3

241.2

241.1

230.1

247

250.1

248.2

248.1

248

248.1

267.1

267.2

267.3

267.4

267.1

b. I 6, level 6.
d. d. 20 cm.
f. <1 ml of charcoal.
g. <1 g of cremation.
i. Possibly a child, 0-3 years old.
p. Unburnt faunal remains: 2 mammalian bone fragments; upper incisor of mouse species.
r. Undatable, AD 400-750.

198.
a. Ash stain.
b. I 6, level 6.
d. d. 20 cm.
f. <1 ml of charcoal.
g. <1 g of cremation.
i. Possibly a child, 0-3 years old.
p. Unburnt faunal remains: tibia of mouse species; 2 shell fragments of *Mytilus edulis* (mussel).
r. Undatable, AD 400-750.

199.
a. Ash stain.
b. J 6, level 6.
d. d. 20 cm.
f. <1 ml of charcoal.
g. <1 g of cremation.
i. Possibly a child, 0-3 years old.
p. Unburnt faunal remains: mammalian bone fragment.
r. Undatable, AD 400-750.

200.
a. Ash stain.
b. J 7, level 7.
d. d. 20 cm.
f. <1 ml of charcoal.
g. <1 g of cremation.
p. Unburnt faunal remains: tibia of mouse species; 4 shell fragments of *Mytilus edulis* (mussel).
r. Undatable, AD 400-750.

201.
a. Dog burial.
b. J 7, level 7.
c. xx.
d. l. 0.68, w. 0.64 m; depth of skull 0.14, back 0.10 m -NAP.
e. ENE-WSW.
g. Skeleton (find No. 201).
i. More than 8 years old.
j. Height at the withers 0.67-0.68 m.
k. Right P$_3$ lost; osteophytes on several thoracic and lumbar vertebrae.
l. The dog lay buried on its right side; the bones of its limbs were dispersed, the trunk bones lying in situ.
p. Two fragments of pelvis, fragment of left femur and fragment of right tibia of sheep/goat; P^4 of pig.
r. Undatable, AD 400-750.

210.
a. Urned burial?
b. H 7, level 7.
c. xxx, pot in sherds, no cremation found!
d. Scattered finds, 10x30 cm.
m. 210.1 Narrow-mouthed biconic pot, Anglo-Saxon ware, decorated with grooves, h. >22.0, d. 28.5 cm (find Nos 185 and 210).
p. Unburnt fragment of femur of cattle.
r. On the basis of the pot: AD 400-500.

222.
a. Stray find.
b. L 6, level 7.
m. 221. Head of a nail, iron, d. 1.1 cm.
r. Undatable, AD 400-750.

224.
a. Stray find.
b. K 6, level 7.
m. 224.1 Head of a brooch, either of Domburg type or type van Bellingen 7.1, bronze, remaining l. 1.4 cm.
r. AD 500-700.

227.
a. Urned burial with two urn bases.
b. K 5, level 7.
c. xxx, only bases.
d. d. 15 cm.
f. <1 ml of charcoal.
g. 146 g of cremation.
i. 18±3 years.
m. 227.1 Base of hand-made pottery, h. >6, d. >16.5 cm.
227.2 Base of hand-made pottery, h. 3, d. >14 cm.
r. The pottery dates from the 6th or 7th century. Under this grave lay grave 342 with a brooch dating from AD 625-800, which cut grave 393 with the same type of brooch. Therefore grave 227 belongs to the younger period of the cemetery: perhaps AD 650-700.

228.
a. Stray find.
b. K 6, level 7.
m. 228.1 Head of a nail, iron, remaining l. 3.4, d. 1.7 cm.
228.2 Head of a nail, iron, remaining l. 1.9, d. 2.1 cm.
228.3 Head of a nail, iron, remaining l. 1.3, d. 1.7 cm.
r. Undatable, AD 400-750.

229.
a. Ash stain.
b. J 6, level 7.
d. 30x20 cm.
f. <1 ml of charcoal.
g. 38 g of cremation.
i. 2-12 years.
p. Unburnt faunal remains: mammalian bone fragment; ulna of mouse species.
r. Undatable, AD 400-750.

230.
a. Stray find.
b. K 5, level 7.
m. 230.1 Head of a nail, remaining l. 1.7 cm.
r. Undatable, AD 400-470.

241.
a. Inhumation.
b. J/K 4, level 7.
c. Skull broken.
d. >1.60x>0.60 m; depth of skull 0.15, pelvis 0.30, feet 0.22 m -NAP.
e. E-W.
g. Skeleton (find No. 241 and probably find No. 90).
h. Ost. probably female; arch. female.
i. >45 years.
j. 1.57 m (based on tibia and femur).
k. One tooth has caries, eight are worn down to the roots.
l. Supine, left arm stretched, right hand in the lap, legs slightly flexed with the knees to the left.
m. 241.1 Hand-made pot, undecorated, h. 11.0, d. 11.5 cm (find No. 62).
241.2 Spindle whorl, bone (caput femoris of cattle), h. 3.5, d. 5.0 cm.
241.3 Needle, flat with a hole, point broken off, (red deer) antler, remaining l. 5.0 cm.
241.4 Small sherd of red wheel-thrown pottery, gr. l. 2.7 cm, (n.ill.).
n. 241.1 To the right of the head.
241.2 At the left shoulder.

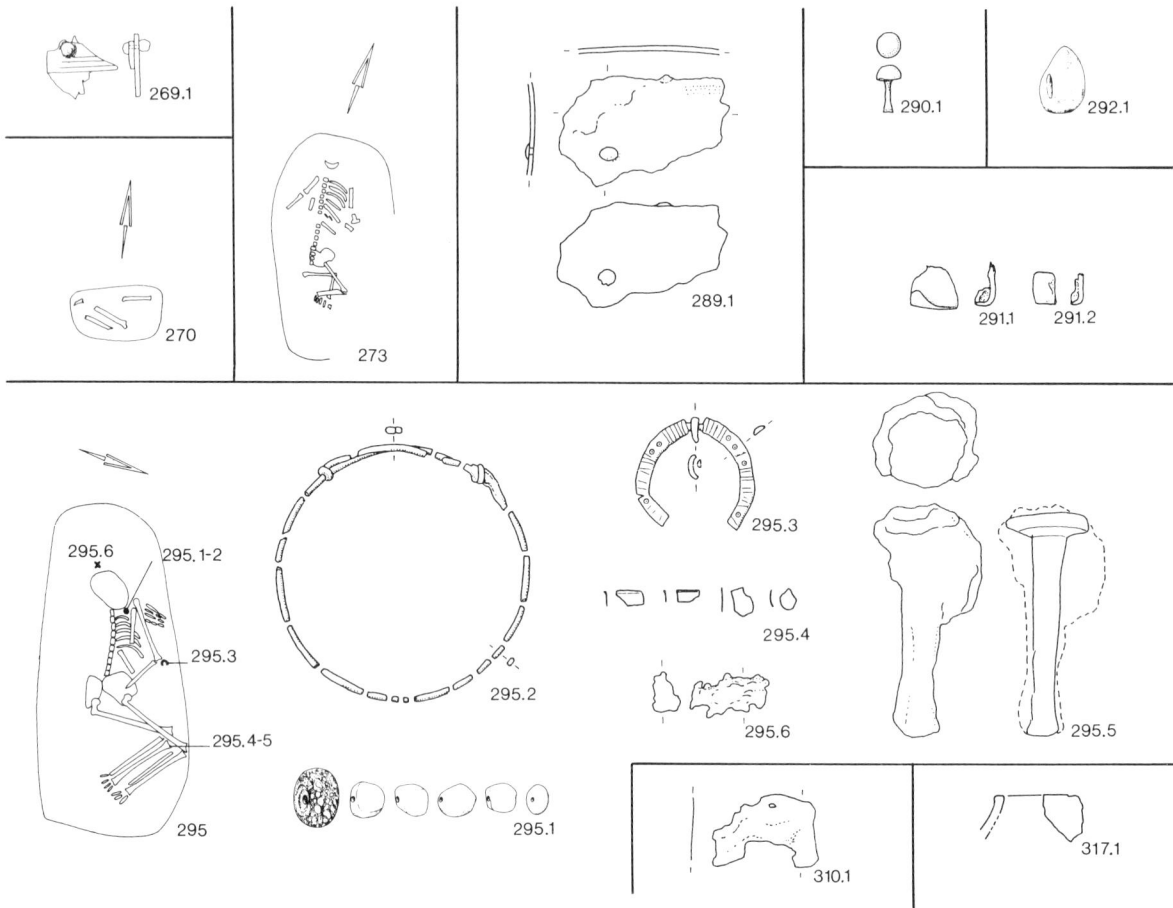

241.3 Unknown, found during the cleaning of the bones.
241.4 Unknown, found during the cleaning of the bones.
o. From within the pot as well as around it, 2 g of cremation (of a child, 0-3 years) were retrieved. Most probably this derives from a disturbed ash stain.
p. Two mammalian bone fragments (find No. 62).
r. The pot 241.1 dates from the 6th or 7th century. As grave 241 is cut by grave 501, the earlier part of this period is the more likely: AD 500-600.

246.
a. Ash stain.
b. The north section, not recorded on the drawing.
g. 1 g of cremation.
p. Unburnt faunal remains: 10 mammalian bone fragments; 2 vertebrae of Pleuronectidae; pelvis and spina pinnae abdominalis of *Gasterosteus aculeatus* (stickleback); 2 fish bone fragments; 3 shell fragments of *Mytilus edulis* (mussel).
r. Undatable, AD 400-750.

247.
a. Inhumation.
b. H 7, level 7.
c. x, skeleton crushed flat.
d. 0.84x0.56 m; depth of skull 0.27, feet 0.26 cm -NAP.
e. WSW-ENE.
g. Skeleton (find Nos 247 and 203).
i. Circa 6 years.
l. On the left side, arms stretched, legs crouched.

o. At the edge of the grave lay sherds of a big pot (find No. 210), probably the sherds of an urn grave (see grave 210).
p. Two ossa petrosa of cattle; fragment of left ulna of sheep/goat with dog gnawing marks; bone fragment of large mammal.
r. The grave probably cut a 5th-century urn, which dates the grave to AD 500-750.

248.
a. Inhumation.
b. I 6, level 7.
c. x, skeleton crushed flat (find No. 248).
d. 0.80x0.48 m; depth of skull 0.21, pelvis 0.26, feet 0.26 m -NAP.
e. NE-SW.
g. Skeleton.
h. Ost. –; arch. possibly girl.
i. 4-5 years.
k. Black stain on tooth cap.
l. On the right side, arms stretched, legs crouched.
m. 248.1 Small bowl, hand-made ware, h. 5.8, d. 11.0 cm (find No. 218).
   248.2 Five beads of glass and amber: 1. Reddish brown; 2. Amber; 3-5. Reddish brown.
n. 248.1 Above the head. The bowl was found a little outside the grave contour of level 7, but is assumed to belong to grave 248. The grave contours were quite clearly visible.
   248.2 Unknown, found during the cleaning of the bones.
o. The bowl contained 0.1 g of human cremation, probably from a disturbed ash stain.
r. None of the grave goods are datable, AD 450-750.

250.
a. Stray find.
b. J 8, level 7.
m. 250.1 Glass bead, blue, with traces of burning, d. 0.9 cm.
r. Undatable, AD 400-750.

265.
a. Ash stain.
b. K 5, level 7.
d. d. 30 cm.
g. 4 g of cremation.
i. Adult?
r. Undatable, AD 400-750.

266.
a. Ash stain.
b. K 4, level 7.
d. d. 25 cm.
g. 1 g of cremation.
f. 45 ml of charcoal: 7 ml of *Alnus*, 2 ml of *Salix*, 3 ml of bark and 33 ml residue.
p. Unburnt faunal remains: mammalian bone fragment; shell fragment of *Mytilus edulis* (mussel).
r. Undatable, AD 400-750.

267.
a. Urned burial.
b. K/L 5, level 7; sample 141 was taken from level 6.
d. 40x30 cm.
f. Sample 267 contains 16 ml of charcoal: 0.3 ml of *Quercus*, 1.3 ml of *Fagus*, 2.1 ml of *Fraxinus*, 0.6 ml of *Alnus*, 2 ml of *Betula* and 9.8 ml residue.
Sample 141 contains no charcoal after sieving.
g. 221 g of cremation.
m. 267.1 Urn, narrow-mouthed pot with almost round base, handmade ware, undecorated, h. 16.5, d. 16.0 cm. In the neck of the pot are two holes along a crack, indicating a repair.
267.2 Two small fragments of cremated (red deer) antler, decorated with lines (comb?).
267.3 Buckle, oval, iron, l. 3.6 cm.
267.4 Buckle, oval, iron, l. >2 cm.
267.5 Four fragments of iron, probably of a knife and some small rods.
p. In sample 267: unburnt faunal remains: fragment of vertebra and first phalanx of sheep/goat; 2 bone fragments of large mammal; bone fragment of small mammal. In sample 141: unburnt faunal remains: fragment of right ulna of foetal cattle; 3 mammalian bone fragments.
r. The calibrated ¹⁴C date of the charcoal of *Quercus*, *Betula* and *Alnus* has a wide range: from the 3rd until the beginning of the 7th century (table 1). On the basis of the pot the grave is dated AD 650-725.

269.
a. Ash stain (two samples, 269 and 392).
b. I 7, levels 7 and 9.
d. 30x25 cm.
f. <1 ml of charcoal.
g. Sample 269: 2 g of cremation, sample 392: 1 g of cremation.
i. 6±2 years.
m. 269.1 Fragments of a burnt comb with a connecting plate decorated with lines (antler), remaining l. 2 cm.
p. Unburnt faunal remains from sample 269: 6 mammalian bone fragments; 2 shell fragments of *Mytilus edulis* (mussel). Unburnt faunal remains from sample 392: mammalian bone fragments; 2 upper/lower premolars/molars of *Microtus* sp. (vole); 2 shell fragments of *Mytilus edulis* (mussel).
r. Undatable, AD 400-750.

270.
a. Inhumation.
b. I 7, level 7.
c. xxx, some bone fragments.
d. Depth 0.20 m -NAP.
g. Fragments of right humerus, ulna and radius (find No. 270).
h. Ost. male; arch. –.
i. Adult.
k. Distal part of the humerus and proximal part of the ulna are sturdy.
r. The undatable grave cut grave 398 that was dated AD 450-525. Hence grave 270 dates from AD 500-750.

273.
a. Inhumation.
b. H 5, level 4.
c. x, most of the head is lacking.
d. 1.20x0.60 m; depth of skull 0.11, pelvis 0.14, feet 0.14 m -NAP.
e. N-S.
g. Skeleton, most of the skull is lacking (find No. 273).
i. 25-35 years.
j. 1.24-1.28 m.
k. Achondroplastic dwarf, osteoarthritis on proximal femur joint (fig. 37).
l. On the left side, arms stretched along the body, legs crouched.
p. Left first phalanx anterior of horse with cut-marks; shaft fragment of right metatarsus of cattle.
r. This grave cuts *bustum* 160 and postdates the 5th century, AD 500-750.

274.
a. Stray find.
b. F 6, level 7.
g. Human bone, fragment of a shaft of a long bone.
r. Undatable, AD 450-750.

281.
a. Ash stain.
b. N 5, level 7.
d. 25x20 cm.
f. <1 ml of charcoal.
g. 1 g of cremation.
p. Unburnt faunal remains: 2 mammalian bone fragments; fish bone fragment; shell fragment of *Mytilus edulis* (mussel).
r. Undatable, AD 400-750.

282.
a. Ash stain.
b. N 5, level 7.
d. d. 20 cm.
f. <1 ml of charcoal.
g. 2 g of cremation.
p. Unburnt faunal remains: fragment of cranium of sheep/goat; 10 mammalian bone fragments; fragment of mouse species; shell fragment of *Mytilus edulis* (mussel).
r. Undatable, AD 400-750.

283.
a. Ash stain.
b. J 6, level 7.
d. d. 25 cm.
f. <1 ml of charcoal.
g. 1 g of cremation.
p. Unburnt faunal remains: upper/lower premolar/molar of *Microtus* sp. (vole).
r. Undatable, AD 400-750.

284.
a. Ash stain.
b. J 6, level 7.
d. 60x30 cm.
f. <1 ml of charcoal.
g. 1 g of cremation.
r. Undatable, AD 400-750.

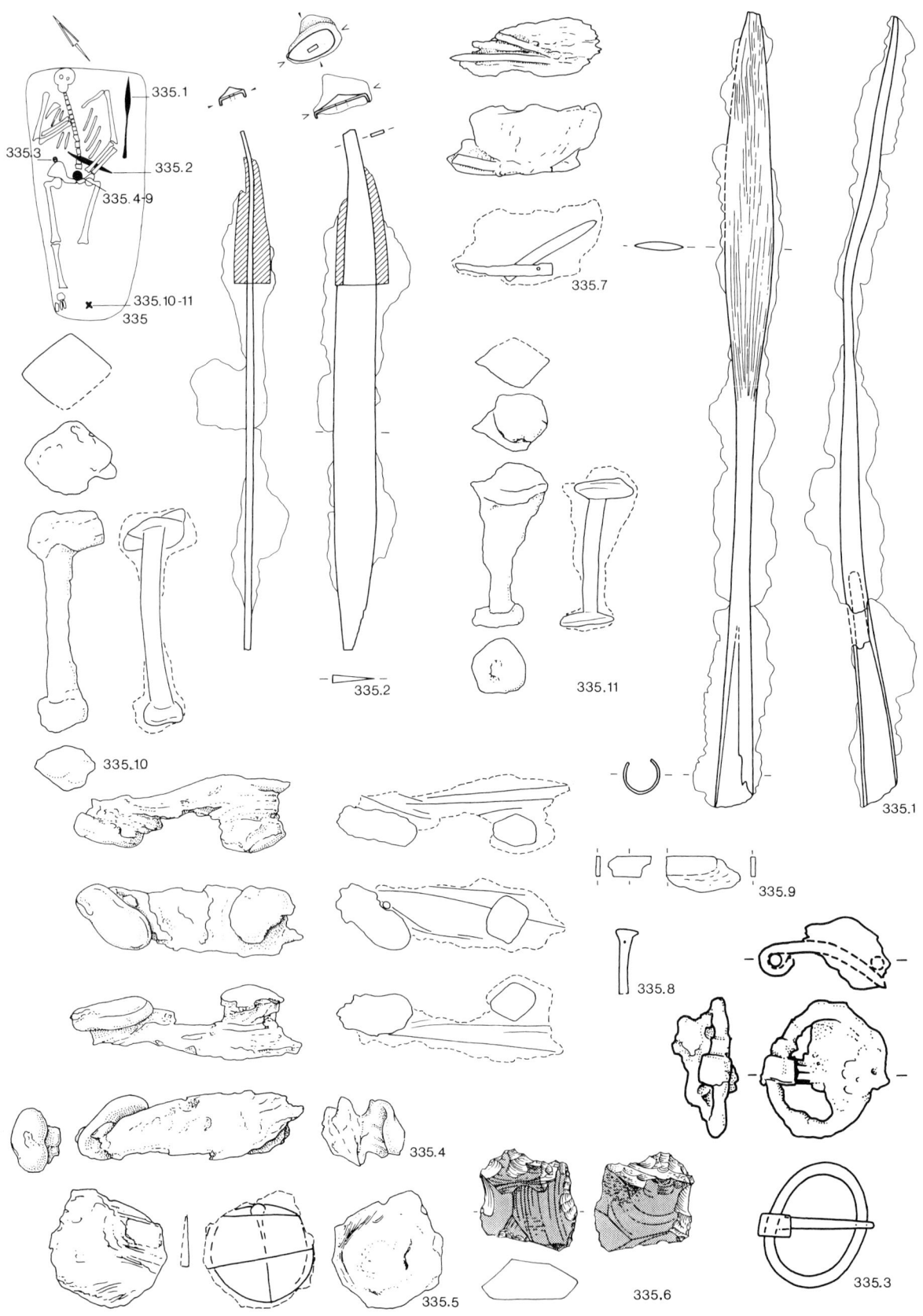

335.1

335.3

335.4-9

335.2

335.10-11

335

335.2

335.7

335.11

335.10

335.1

335.9

335.8

335.5

335.6

335.3

335.4

288.
a. Ash stain.
b. K 6, level 7.
d. d. 20 cm.
f. <1 ml of charcoal.
g. 1 g of cremation.
p. Unburnt faunal remains: 12 mammalian bone fragments; upper/lower premolar/molar of *Microtus* sp. (vole); lower incisor, humerus, femur and 3 other bone fragments of mouse species.
r. Undatable, AD 400-750.

289.
a. Stray find.
b. L 7, level 7.
m. 289.1 Sheet fragment, iron, l. 4.7, w. 2.8 cm.
r. Undatable, AD 400-750.

290.
a. Stray find.
b. K 7, level 7.
m. 290.1 Rivet, bronze, l. 1.3 cm.
r. Undatable, AD 400-750.

291.
a. Stray find.
b. I 7, level 7.
m. 291.1-2 Two small rectangular plates with a folded edge, bronze, greatest l. 1.2 cm. Perhaps fragments of a brooch.
r. Undatable, AD 400-750.

292.
a. Stray find.
b. I 7, level 7.
m. 292.1 Glass bead, white with brown spots, traces of burning, l. 1.8, w. 1.3, th. 1.0 cm.
r. Undatable, AD 400-750.

295.
a. Inhumation.
   Disturbed cremation burials.
b. K 6, level 8.
c. Skull broken.
d. l. 1.72, w. head 0.60, w. foot 0.80 m; depth of skull 0.17, pelvis 0.17, feet 0.18 m -NAP.
e. WSW-ENE.
g. Skeleton (find Nos 242, 295 and 403).
h. Ost. female; arch. female.
i. 20-22 years.
j. 1.62 m.
k. M^3 in right-hand upper jaw is erupting, M_3 and M_2 are not yet in place.
l. On the left side, left arm across the chest, right hand in the lap, legs crouched.
m. 295.1 Seven beads, glass and amber: 1. Blue with red and white spots; 2-5. Flat beads, amber; 6. Greyish white; 7. Light blue (find Nos 243 and 403).
   295.2 Bangle, bronze, d. app. 7 cm (find No. 295B).
   295.3 Annular brooch, underside flat and plain, upper surface with alternating grooves and little pits, bronze, d. 3.3 cm (find No. 238).
n. 295.1 At the left shoulder.
   295.2 At the left shoulder.
   295.3 Beside right elbow.
o. The grave contains 20 g of human cremation, 65 ml of charcoal (1.5 ml of *Quercus*, 1 ml of *Acer*, 1.2 ml of *Fraxinus*, 3 ml of *Alnus*, 0.2 ml of *Sambucus* and 58 ml residue) and some burnt grave goods (295.4 and 5 at the back of the knee, 295.6 at the head of the grave, 295.7 unknown):
   295.4 Four small brooch fragments, indeterminate type, bronze (find No. 295A).
   295.5 Clincher, iron, l. 6 cm (find No. 190).

295.6 Fragment of molten bronze, l. 2.3 cm (find No. 215).
295.7 Unknown item, charred *Acer*, found among the charcoal (n.ill.).
p. Find Nos 295, 215, 242 and 277. 295: Right tibia of *Arvicola terrestris* (water vole); cranium, left mandible, radius, ulna, pelvis, femur and tibia of *Microtus oeconomus* (northern vole); femur of mouse species; bird bone fragment. 215: Fragment of lumbar vertebra of cattle; 5 bone fragments of large mammal, of which 1 calcined. 242: Two fragments of thoracic vertebrae, fragment of indefinite vertebra, distal end of right radius with ulna, fragment of left tibia of cattle; fragment of right metatarsus of sheep with dog gnawing marks; 3 bone fragments of large mammal. 277: Fragment of thoracic vertebra of cattle.
   The sample of the fill of the grave contained: 64 mammalian bone fragments; 5 premolars/molars of *Microtus* sp. (vole); mandible, 5 incisors, 2 humeri, 2 left femora and 3 metapodia of mouse species; 3 fish bone fragments; 3 shell fragments of *Mytilus edulis* (mussel) (all unburnt).
r. On the basis of the annular brooch: AD 450-700. The disturbed cremation burials must be older: AD 400-550.

299.
a. Inhumation.
b. H 5, level 8, no detail drawing made.
c. xxx, some bone fragments.
d. Depth 0.41 m -NAP.
g. Parts of human skeleton. Fragments of skull, ribs, vertebrae, right mandible, femur, pelvis, ulna and tibia (find No. 299).
i. <5 years.
r. The grave underlay grave 273 of the dwarf (AD 500-725), so it must be older, probably AD 450-600.

301.
a. Stray find.
b. I 7, level 8.
g. Human bones, distal shaft of a left humerus and fragment of a shaft of ulna.
r. Undatable, AD 450-750.

302.
a. Stray find.
b. I 7, level 8.
g. Human bones: part of a shaft of a tibia and a femur.
h. Ost.: male; arch. –.
i. Adult.
r. Undatable, AD 450-750.

310.
a. Stray find.
b. I 6, level 5.
m. 310.1 Fragment of iron plate, l. 2.9, w. 1.9 cm.
r. Undatable, AD 400-750.

315.
a. Small ash stain, probably the same feature as urn grave 356.
b. L 6, level 8.
d. No dimensions recorded.
g. 2 g of cremation.
i. Adult.
p. Unburnt faunal remains: right occipitale of cattle; lumbar vertebra of sheep/goat; 5 mammalian bone fragments; fragment of left radius of *Pluvialis apricaria* (golden plover).
r. Undatable, AD 400-750.

317.
a. Ash stain.
b. J 6, level 8.
d. d. app. 20 cm.
f. 55 ml of charcoal: 5 ml of *Quercus*, 4 ml of *Fraxinus*, 10 ml of *Alnus* and 36 ml residue.

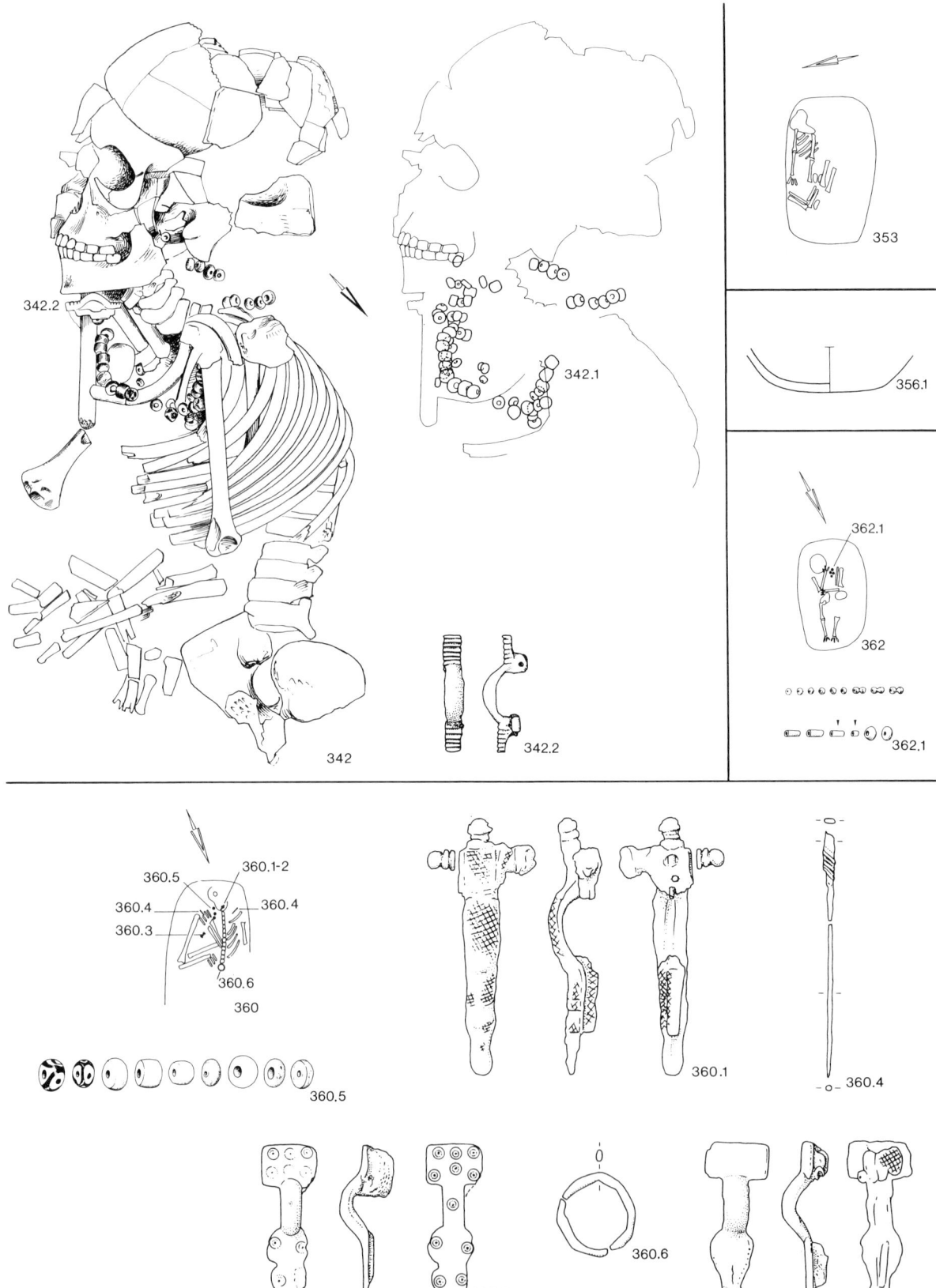

342.2

342.1

342

342.2

353

356.1

362.1

362

362.1

360.1-2
360.5
360.4   360.4
360.3
360.6
360

360.1

360.4

360.5

360.3   360.6   360.2

g. 2 g of cremation.

i. 3±1 years.

m. 317.1 Rim fragment, Anglo-Saxon ware, l. 2.6 cm, traces of burning.

317.2 Two small fragments of hand-made pottery (n.ill.).

p. Unburnt human bones of head of a radius, fragment of a rib and a carpus; male. Unburnt faunal remains: mammalian bone fragment; upper/lower premolar/molar of *Microtus* sp. (vole).

r. On the basis of the pottery: 400-550 AD.

335.

a. Inhumation.

b. M 5, level 7.

c. x, left leg was lacking from the knee down, skull broken.

d. l. 1.64, w. head 0.80, w. foot 0.48 m; depth of skull 0.20, pelvis 0.25, feet 0.20 m -NAP.

e. NE-SW.

f. In some of the corroded iron grave goods an impression of wood can be seen.

g. Skeleton without left lower leg (find No. 335).

h. Ost. male; arch. male.

i. 30-40 years.

j. 1.68 m.

l. Supine, left hand in the lap, right arm across the chest, legs extended.

m. 335.1 Spearhead with split socket and narrow oval blade, iron, l. 54 cm, blade w. 3.6 cm (find No. 333). The blade has traces of *Langstreifendamast*. The wooden handle had decayed.

335.2 *Schmalsax*, iron with hilt of wood, l. 35.5, blade w. 2.9 cm. The end of the hilt was mounted with a small plate of iron (find No. 334).

335.3 Buckle, oval, iron, l. 4.5, w. 3.5 cm (find No. 334).

335.4 Mass of rusted iron, with knife type B, l. app. 6 cm and two knobs, bronze?, one 2.7x1.5 cm and one 1.4x1.2 cm (find No. 334A).

335.5 Iron mass with buckle and fragment of knife, app. 4x4 cm (find No. 334A).

335.6 Flint, l. 3.5, w. 3.0, th. 1.3 cm (find No. 334B).

335.7 Iron mass with tweezers?, l. 3.5 cm (together with 335.8 and 335.9, find No. 334C).

335.8 Small nail, iron, l. 1.1 cm.

335.9 Two fragments of iron.

335.4-335.9 Appear to be the remains of a small pouch, with knobs attaching it to a belt.

335.10 Clincher, iron, l. 7 cm (find No. 221).

335.11 Clincher, iron, l. 5 cm (find No. 221).

n. 335.1 Near left upper arm.

335.2 On the left hip.

335.3 On the spine.

335.4/5 Lumbar region, right.

335.6 Lumbar region, middle.

335.7/8/9 Lumbar region, left.

335.10/11 At the foot of the grave.

p. First phalanx of cattle.

r. The spearhead and *Schmalsax* date the grave to AD 525-600.

342.

a. Inhumation.

b. K 5, level 8.

c. x, the lower part of the body was lacking. The grave was transported to the B.A.I. and is preserved as found in a wooden box with a glass lid.

d. l. 0.84, w. head 0.56, w. foot 0.40 m; depth of skull 0.24, pelvis 0.21 m -NAP.

e. SSW-NNE.

g. Skeleton (find No. 342).

h. Ost. –; arch. possibly girl.

i. 9 years.

l. On the right side, right arm possibly stretched, left hand in the lap. The size of the grave suggests that the legs were crouched.

m. 342.1 Sixty-one beads, glass. Some of the beads were only observed in the X-ray. 1-4. Yellow; 5-16. Only known from X-ray; 17. Yellow; 18-24. Only known from X-ray; 25. White, cylinder; 26-27. Reddish brown, barrel-shaped; 28-30. Only known from X-ray; 31. Whitish, barrel-shaped; 32. Blue, translucent; 33-38. Only known from X-ray; 39. White, biconic; 40. Blue, translucent; 41. Whitish, cylinder; 42. White with brown crossing trails; 43-44. Yellow; 45-48. Only known from X-ray; 49-50. Yellow; 51. Brown with white crossing trails; 52. Brown; 53. White, cylinder; 54. Brown with yellow spot; 55. Yellow with brown crossing trails; 56. White, cylinder; 57. Yellow with brown crossing trails; 58-59. Yellow; 60. Yellow, cylinder; 61. Yellow with brown crossing trails.

342.2 Equal-armed brooch, Van Bellingen type 5.3, bronze, l. 4.0 cm.

n. 342.1 At the neck and on the chest.

342.2 Under the chin.

r. The brooch 342.1 dates from AD 625-750. Grave 342 cuts grave 393 which contains the same type of brooch. Above grave 342 urn-grave 227 (AD 600-725) was found, which means that grave 342 was older and probably dates to AD 675-700.

347.

a. Stray find.

b. K 5, level 8.

g. Human bones; distal part of right femur and proximal part of right tibia.

h. Ost. probable female; arch. –.

i. Adult.

r. Undatable, AD 450-750.

351.

a. Stray find.

b. O/P 4/8, level 8, no exact location recorded.

f. Fragment of charcoal: *Quercus* (18 ml, n.ill.).

r. Undatable, AD 400-750.

353.

a. Inhumation.

Disturbed cremation burials.

b. H 8, level 8.

c. x, the thighbones were dislocated.

d. 1x0.8 m; depth of skull 0.32, feet 0.35 m -NAP.

e. E-W.

g. Skeleton (find Nos 293 and 353).

i. 5-6 years.

k. Three black-stained tooth caps.

l. On the right side, with the arms stretched before the chest and the legs crouched.

o. The fill of the grave contained at least 82 g of cremation of an adult individual (samples 353 and 293) and 75 ml of charcoal: 20 ml of *Quercus*, 6 ml of *Alnus*, 1 ml of *Betula*, 1 ml of bark and 47 ml residue.

p. Unburnt faunal remains in samples of the fill of the grave (Nos 353, 293 and 366): Sample No. 353: 24 mammalian bone fragments; incisor of mouse species; shell of *Littorina littorea* (periwinkle); shell fragment of *Mytilus edulis* (mussel). Sample No. 293: M_1 or M_2 and distal end of metapodium of sheep/goat; 51 mammalian bone fragments; atlas and humerus of mouse species; bird bone fragment.

r. Undatable, AD 450-750. The disturbed cremation burial must be older, AD 400-550.

354.

a. Ash stain.

b. M 6, level 8.

d. 20x30 cm.

f. <1 ml of charcoal.

g. 1 g of cremation.

r. Undatable, AD 400-750.

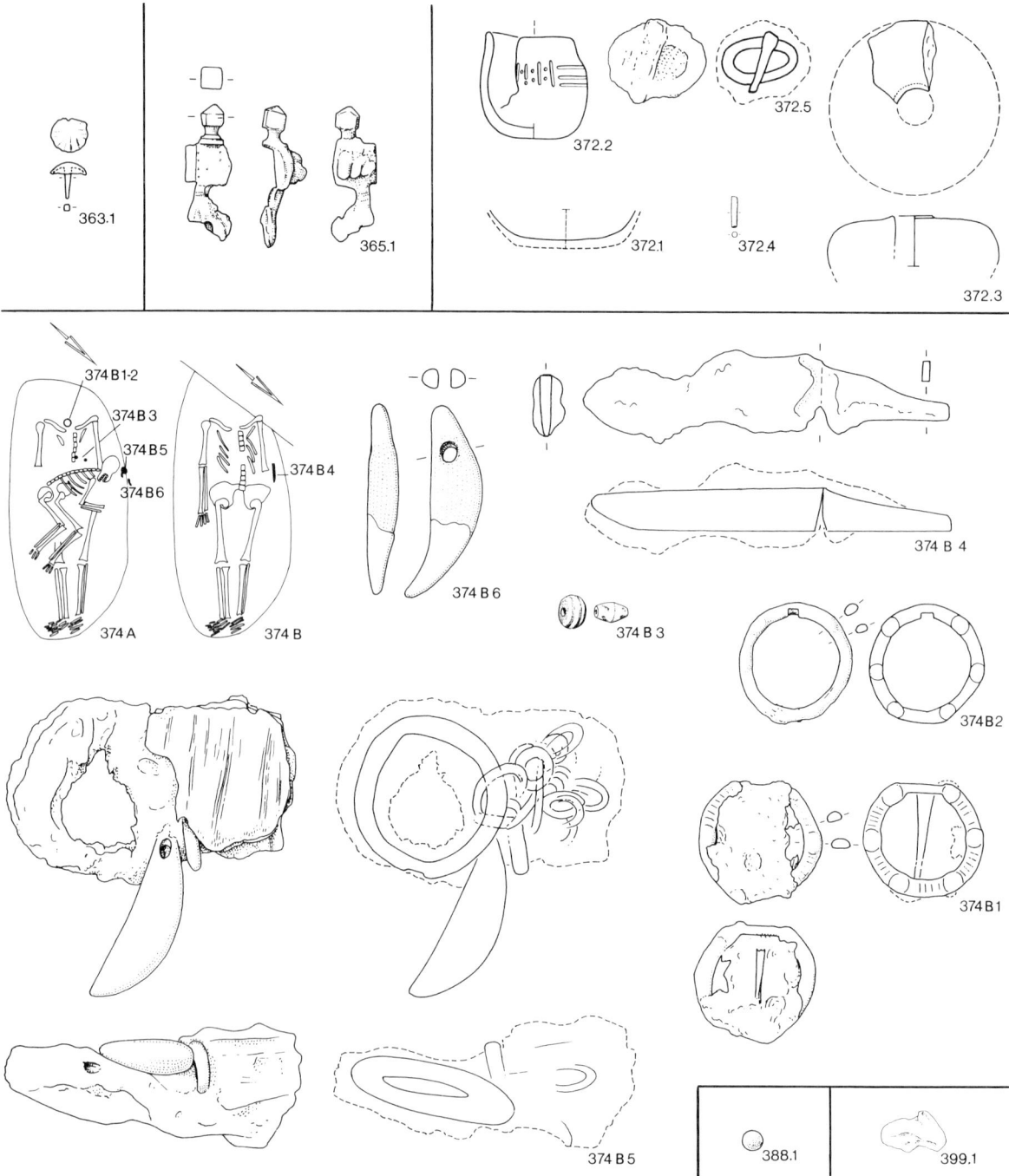

356.

a. Urned burial, perhaps disturbed by grave 422.

b. L 6, level 8.

c. xx, only the base of an urn.

d. d. 20 cm.

g. 39 g of cremation, perhaps sample 315 of an apparently un-urned cremation is from the same feature.

m. 356.1 Base of an urn, hand-made ware, undecorated, h. >3, c. >11.5 cm.

o. Burnt faunal remains: 16 bone fragments of large mammal; 167 mammalian bone fragments.

p. Unburnt faunal remains: second phalanx of pig; mammalian bone fragment.

r. Under this grave lay grave 422. Either this grave dates from an older period of the cemetery or the urn grave was disturbed by grave 422. On the basis of the pot: AD 500-700.

360.

a. Inhumation.

    Disturbed cremation burial.

b. J 6, level 8.

c. xx, lower part of the body was cut away by grave 393.

d. l. >0.88, w. 0.56 m; depth of skull 0.20, pelvis 0.27 m -NAP.
e. SW-NE.
g. Upper half of skeleton (find No. 360 and probably find No. 216).
h. Ost. female; arch. female.
i. 40-50 years.
k. Green staining on thumb phalanx, probably from the buckle.
l. Supine, arms crossed over the chest.
m. 360.1 Cruciform brooch of Midlum type, bronze with iron pin, l. 8.5 cm. All over the brooch, textile is preserved in the corrosion (find No. 243).
   360.2 Small long brooch, bronze with iron pin, l. 5.4 cm. On the back of the headplate textile is preserved in the corrosion (find No. 294).
   360.3 Small long brooch, decorated with dot-in-circle motifs, bronze with iron pin, l. 5.3 cm (find No. 336).
   360.4 Needle, bronze, broken at the eye, remaining l. 8.0 cm. On the upper half a thread was wound on the needle (find Nos 337 and 358).
   360.5 Nine beads, glass and amber: 1. With blue crossing trails; 2. Pink with blue crossing trails; 3. Brown; 4. Barrel-shaped, brown; 5. Barrel-shaped, green, translucent; 6. Amber; 7. Blue translucent; 8. Brown with a yellow spot; 9. Disc-shaped amber (find Nos 243 and 357).
   360.6 Annular buckle, bronze, d. app. 2.7 cm (find No. 359).
n. 360.1 Under the chin, near the mandible.
   360.2 Under the chin.
   360.3 On the right of the chest.
   360.4 Top part at the right shoulder, bottom part at the left shoulder.
   360.5 At the neck.
   360.6 On the lumbar vertebra under the right hand.
o. The grave fill contained a little (0.5 g) cremation (find Nos 243 and 243).
p. Fragment of right humerus of cattle.
r. On the basis of the cruciform brooch: AD 475-525. The disturbed cremation burials must be older, AD 400-475.

361.
a. Ash stain (samples 278 and 361).
b. M 6, level 8.
d. 110x30 cm.
f. <1 ml of charcoal.
g. Sample 278: 1 g of cremation, sample 361: 1 g of cremation.
p. Sample 361: 15 unburnt mammalian bone fragments. Sample 278: 3 unburnt mammalian bone fragments.
r. Undatable, AD 400-750.

362.
a. Inhumation.
b. H 7, level 8.
c. x, skeleton flattened.
d. 0.72x0.44 m; depth of pelvis 0.48, feet 0.53 m -NAP.
e. SW-NE.
g. Skeleton (find No. 362).
h. Ost. –; arch. possibly girl.
i. 4-5 years.
l. Supine, right arm along the body with the forearm up, left arm along the body with the forearm across the abdomen, legs extended.
m. 362.1 At least 15 small beads and fragments of more, glass: 1-6. Blue, translucent; 7-9. Double beads, blue, translucent; 10-11. Small cylindrical beads, blue, translucent; 12-13. Small cylindrical beads, pink; 14-15. Round beads, blue, translucent.
n. 362.1 At the neck.
r.. Undatable, AD 450-750.

363.
a. Stray find.
b. L 8, level 8.
m. 361.1 Rivet, bronze, l. 1.2, head 1.2 cm.
r. Undatable, AD 400-750.

365.
a. Stray find.
b. H 8, level 8.
m. 365.1 Head and part of bow of a cruciform brooch, unknown type, bronze, traces of burning, remaining l. 4.3 cm.
r. AD 400-625.

372.
a. Urned burial.
b. M 7, levels 7 and 8.
c. xxx, only the base of the urn.
d. d. 35 cm.
f. 100 ml of charcoal: 40 ml of *Fraxinus*, 0.5 ml of *Alnus*, 1 ml of *Pinus* and 58.5 ml residue.
g. 557 g of cremation.
h. Ost. female; arch. female.
i. Adult.
m. 372.1 Base of a hand-made urn, h. >2.5, d. >9.5 cm.
   372.2 Small pot, hand-made ware, decorated with lines and dots, h. 6.5, d. 7 cm, with traces of burning.
   372.3 Fragment of spindle whorl, undecorated pottery, d. 5.5, th. >1.5 cm, with traces of burning.
   372.4 Small tube, iron, l. 0.9, d. 0.2 cm.
   372.5 Oval buckle, iron, l. 2.4, w. 1.4 cm.
   372.6 13 calcined wing bone fragments of *Calidris minuta/ temminckii* (little/Temmink's stint): 3 fragments of right humeri, left humerus, left radius, 2 left or right radii, left ulna, 2 right ulnae, left or right ulna, left and right carpometacarpus (minimum number of individuals: 2) (fig. 61).
p. Unburnt faunal remains: fragment of thoracic vertebra of pig.
r. A radiocarbon date from the charcoal (GrN-19446 1380±25 years, calibration in table 1) dates the grave to the second half of the 7th century. The pottery can be dated to the same period, AD 650-700.

374A.
a. Inhumation.
b. L 6, levels 8 and 9.
d. 1.60x0.80 m; depth of skull 0.17, pelvis 0.17, feet 0.14 m -NAP.
e. WNW-ESE.
g. Skeleton (find No. 343).
i. 9-10 years.
l. On the left side, arms folded before the chest, legs crouched.
p. Left rib and fragment of right scapula of cattle (find No. 350).
r. Grave 374A did not disturb the deeper grave 374B, from AD 450-700. It is not impossible that the child of 374A and the female of grave 374B were put in a single grave. In that case both burials date from AD 450-700. If they are two graves, then 374A is younger and probably AD 500-750.

374B.
a. Inhumation.
b. L 6, level 9.
c. x, head was cut away by ditch 261.
d. l. >1.60, w. 0.76 m; depth of skull 0.20, pelvis 0.25, feet 0.22 m -NAP.
e. SW-NE.
g. Skeleton without skull (find Nos 239, 374 and 411).
h. Ost. female; arch. female.
i. 30-45 years.
j. 1.50 m.
k. Two vertebrae grown together: ankylosis.
l. Supine, arms and legs stretched.
m. 374B.1 Annular brooch, plano-convex in section, underside flat and plain, upper surface ridged and grooved, bronze, d. 3.7 cm (find No. 239).
   374B.2 Annular brooch, plano-convex in section, underside flat, plain, upper surface ridged and grooved, bronze with iron pin, d. 3.8 cm. In the corrosion, fragments of textile survive (find No. 239A).
   374B.3 Two beads, glass: 1. Biconic, white with red spots and a

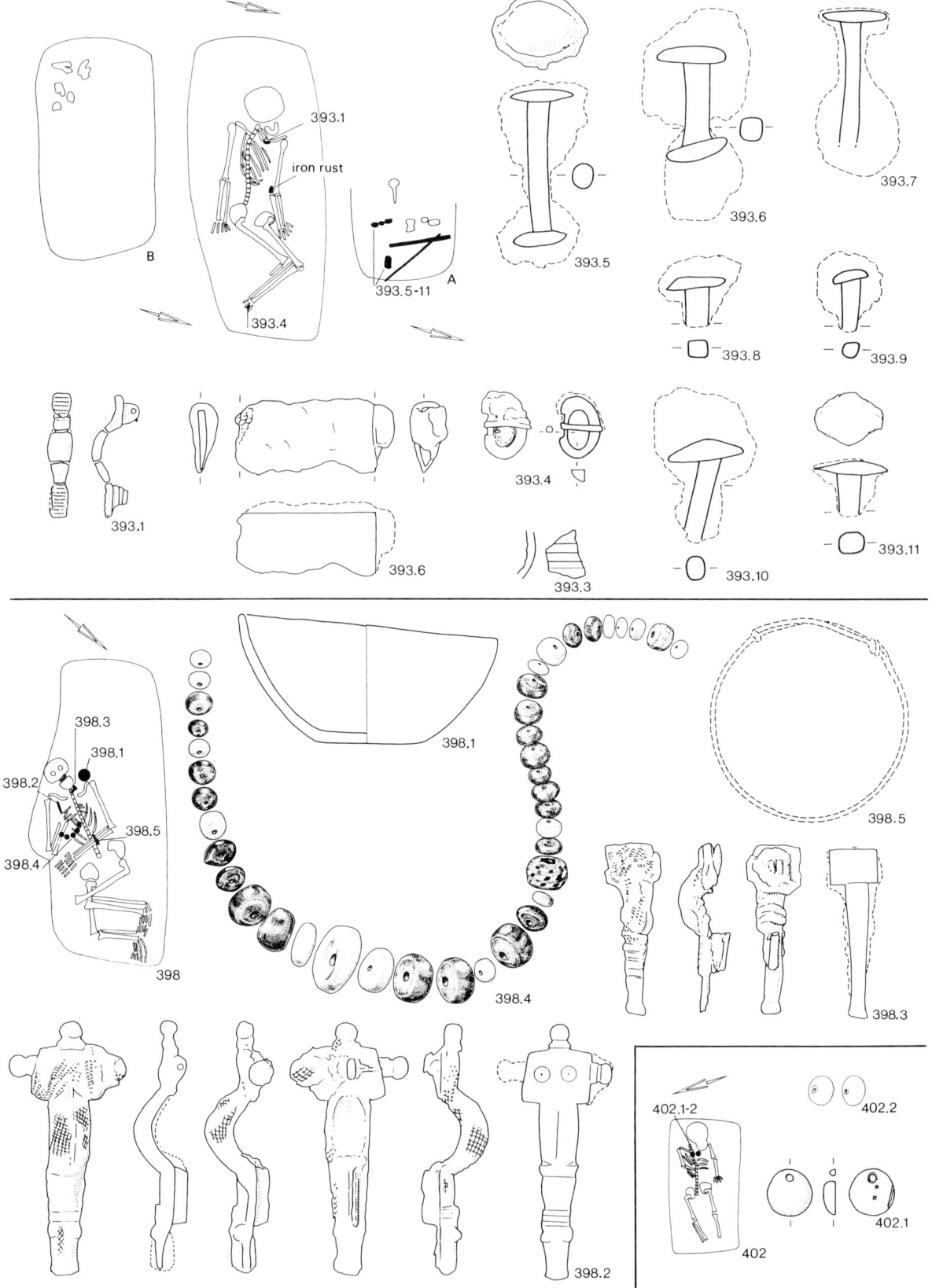

393.1

iron rust

393.5-11 A

B

393.4

393.5

393.6

393.7

393.8

393.9

393.1

393.4

393.11

393.6

393.3

393.10

398.3

398.1

398.2

398.5

398.4

398

398.1

398.4

398.5

398.3

398.2

402.1-2

402.2

402

402.1

green trail around the middle; 2. White with brown trails (find No. 346).

374B.4 Knife, type A, iron, l. 11.5 cm.

374B.5 Mass of rusted iron, with ring (d. 4.5 cm), chain and attached to it an app. 5.5 cm long upper canine of a wolf (find No. 345). Near by lay a second canine of a wolf (374B.6). The canines were not of the same animal. This was probably a chatelaine. In the corrosion was an impression of wood. It is quite certainly no oak; maybe it is softwood.

374B.6 Right upper canine of a wolf, l. 6.0 cm (find No. 344).

n. 374B.1 At the neck.
374B.2 At the neck below 374B.1.
374B.3 On the chest.
374B.4 Above the left hip, along the arm.
374B.5/6 Along the left hip, near the hand.

r. On the basis of the annular brooches: AD 450-700. The find of the chatelaine is in accordance with this date.

376.
a. Urned burial.
b. J 7, level 9.
c. xxx.
d. d. 30 cm.
g. 108 g of cremation.
i. Adult.
m. 376.1 Fragments of the base of an urn, hand-made ware, no measurements (n.ill.).
p. Unburnt faunal remains: fragment of rib of cattle; 2 fragments of thoracic vertebrae of sheep/goat; fragment of thoracic vertebra of pig; 9 bone fragments of small mammal.
r. Undatable, AD 400-750.

388.
a. Ash stain.
b. H/I 8, level 8.
d. 40x35 cm.
f. 70 ml of charcoal: 2 ml of *Quercus*, 23 ml of *Alnus*, 3 ml of *Corylus*, 2 ml sintered remains, 1 ml other than wood and 39 ml residue.
g. 3 g of cremation.
i. Child.
m. 388.1 Globule, bronze, d. 0.7 cm.
p. Unburnt faunal remains: fragment of cervical vertebra of sheep/goat; mammalian bone fragment; upper/lower premolar/molar of *Microtus* sp. (vole); metapodium of mouse species; shell fragment of *Mytilus edulis* (mussel).
r. Undatable, AD 400-750.

393.
a. Inhumation.
b. J/K 5, level 9.
c. x, skull and brittle skeleton crushed.
d. l. 2.0, w. head 0.88, w. foot 0.60 m; depth of skull 0.40, pelvis 0.40, feet 0.37 m -NAP.
e. W-E.
g. Skeleton (find No. 393 and probably No. 439).
h. Ost. probably female; arch. female.
i. >45 years.
k. Right-hand canine worn down to the roots. The M_3 and M_2 were lost *ante mortem*.
l. On the left side, arms stretched, legs crouched.
m. 393.1 Fragments of an equal-armed brooch, type van Bellingen 5.3, bronze, l. app. 4 cm (find No. 406).
393.2 Fragments of iron rust (n.ill.).
393.3 Neck sherd of Anglo-Saxon pottery with horizontal grooves, l. 3.3 cm.
393.4 Kidney-shaped buckle, bronze, l. 2.1, w. 1.5 cm.
393.5 Clincher, iron, l. 5.4 cm (find No. 242).
393.6 Clincher, iron, l. 4.0 cm (find No. 242).

393.7 Clincher, iron, l. 4.6 cm (find No. 242).
393.8 Clincher, iron, l. 1.8 cm (find No. 242).
393.9 Clincher, iron, l. 2.2 cm (find No. 242).
393.10 Clincher, iron, l. 3.5 cm (find No. 242).
393.11 Clincher, iron, l. 2.0 cm (find No. 242).

n. 393.1 At the top of the chest.
393.2 Near the left elbow.
393.3 Beside the upper part of the body.
393.4 On the feet.
393.5-393.11 Above the foot of the grave shown on the level. Nearby was a linear trace of rust (see detail drawing right of skeleton). An X-ray photo gave no further information about it, except that it contains part of a clincher.
p. Fragment of rib of cattle.
q. In the SW corner of the grave were some human bones at a depth of 0.42 m -NAP (see detail B) and:
393.6 Fragment of a knife, type unknown, iron, l. >5 cm (find No. 439).
r. On the basis of the brooch AD 625-750. The grave cuts grave 360 (AD 450-525) and itself was cut by grave 342 which also contained an equal-armed brooch, van Bellingen type 5.3. Therefore grave 393 probably dates from the early period of use of the cemetery: AD 650-700.

396.
a. Ash stain.
b. I 7, level 9.
d. d. 20 cm.
f. 110 ml of charcoal: 0.7 ml of *Quercus*, 29 ml of *Alnus*, 2 ml of *Betula*, 4 ml sintered remains and 74 ml residue.
g. 1 g of cremation.
i. Possibly a child, 0-3 years.
r. Undatable, AD 400-750.

398.
a. Inhumation.
b. I 7, level 9.
d. l. 2.08, w. head 0.68, w. foot 0.50 m; depth of skull 0.37, pelvis 0.48, left foot 0.50, right foot 0.40 m -NAP.
e. SSW-NNE.
g. Skeleton (find Nos 394 and 398).
h. Ost. male; arch. female (!).
i. 35-45 years.
j. 1.75 m.
k. Abscess on the left-hand upper jaw (fig. 43); in the upper jaw two teeth broken and rotten to the root; a lot of tartar. Green staining from the bronze jewellery on some ribs, vertebrae, ulna and mandible. Black charcoal stains on several bones.
l. Supine, right arm across the chest, left arm folded before the chest, legs crouched.
m. 398.1 Bowl, hand-made ware, h. app. 8, d. 18.0 cm (find No. 390).
398.2 Cruciform brooch, Midlum type, on the headplate two dot-in-circles, bronze with iron pin, l. 8.8 cm. Above and under the brooch are fragments of preserved textile.
398.3 Small long brooch, bronze with iron pin, l. 5.8 cm. Above and under the brooch are fragments of preserved textile.
398.4 Forty beads, glass and amber: 1. Brown; 2. Yellow; 3-4. Blue, translucent; 5. Beige; 6-7. Blue, translucent; 8. Barrel-shaped, brown; 9-10. Blue, translucent; 11-12. Barrel-shaped, blue, translucent (both crushed); 13-15. Amber; 16-17. Barrel-shaped, blue, translucent (both crushed); 18. Greyish white; 19. Barrel-shaped, blue with white spots, translucent; 20. Blue, translucent; 21. Brown; 22. Barrel-shaped, green with white lines, crossed by reddish brown horizontal lines, translucent with lines of opaque glass; 23. Blue, translucent; 24. Yellow; 25-27. Blue, translucent; 28. Light blue; 29-31. Blue, translucent; 32-33. Yellow; 34-35. Blue, translucent; 36. White; 37. Yellow; 38. Brown; 39. Green with red horizontal lines, translucent with opaque lines; 40. Yellow.

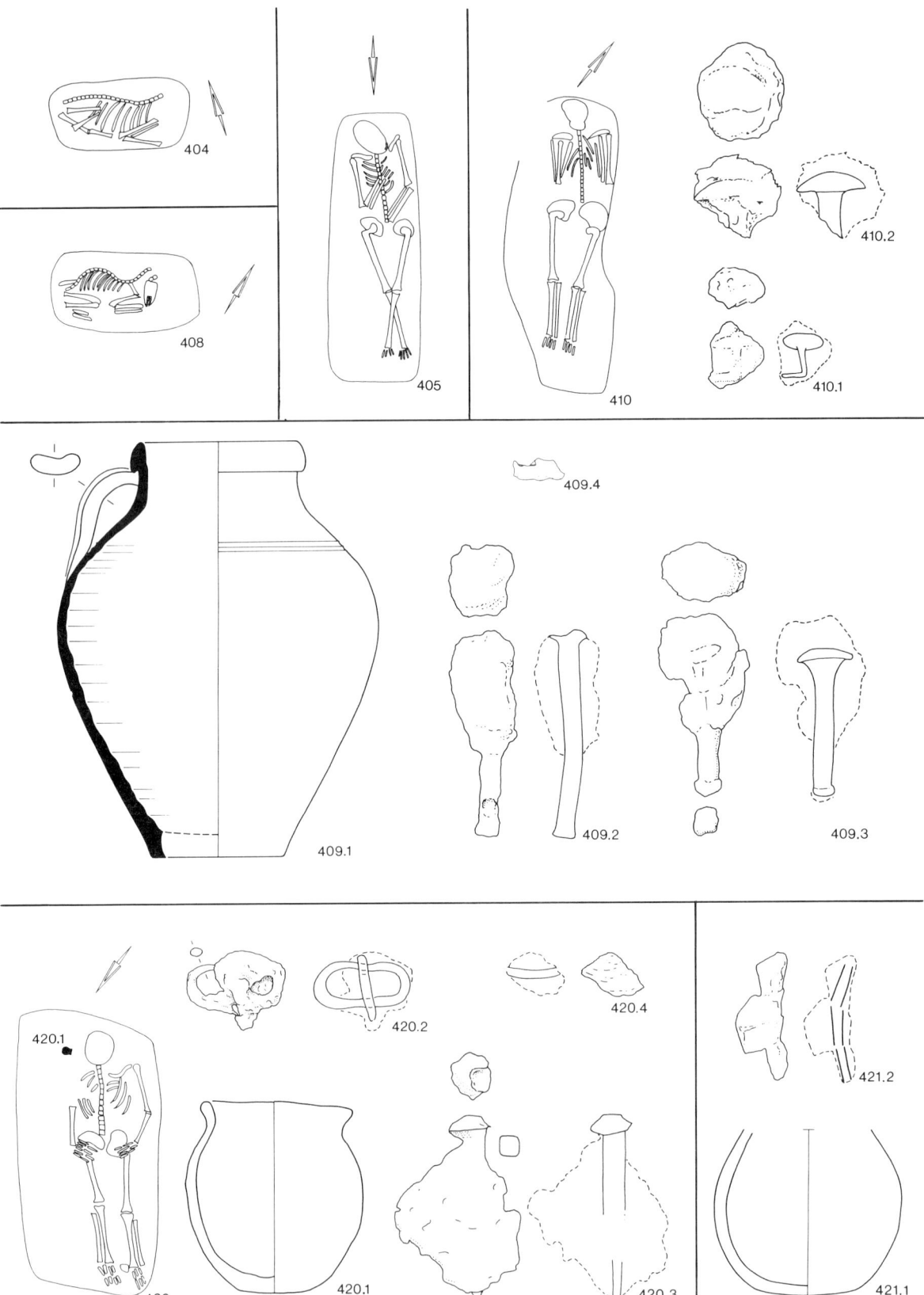

398.5 Bangle, bronze. Completely corroded and not preserved. The drawing is after a bracelet of the same type from grave 295.
n. 398.1 At the left shoulder.
398.2 On the right of the chest.
398.3 Under the chin.
398.4 On the chest; the beads were as much as possible preserved in their original order. Since probably the largest amber beads were originally in the middle, the preserved order is perhaps not the original one.
398.5 Left forearm, clear traces of green staining on the bones.
o. Four traces of cremation ritual were cut in the grave (Nos 194, 269, 396 and 655).
p. Fragment of right metatarsus of sheep.
r. The younger, undatable grave 270 cuts grave 398. On the basis of the cruciform brooch grave 398 is dated to AD 475-525.

399.
a. Ash stain.
b. H 8, level 9.
d. Scattered finds d. 35 cm. Only half of the stain is observed, the other half remaining in the section.
f. <1 ml of charcoal.
g. 1 g of cremation.
m. 399.1 One or two beads, molten glass, l. 2 cm.
r. Undatable, AD 400-750.

3xx
a. Ash stain.
b. Feature not recorded on levels 7, 8 or 9.
f. 58 ml of charcoal: 8 ml of *Quercus*, 7 ml of *Alnus*, 3 ml of *Betula*, 4 ml sintered remains, 3 ml no wood and 33 ml residue.
g. 4 g of cremation.
i. Possibly a 1-5 years old child.
r. Undatable, AD 400-750.

402.
a. Inhumation.
b. H 5, level 9.
c. x, skeleton crushed.
d. 0.92x0.48 m; depth of skull 0.61, pelvis 0.58 m -NAP.
e. ESE-WNW.
g. Skeleton (find Nos 395 and 402).
h. Ost. –; arch. possibly girl.
i. 6 years.
l. Supine, left arm stretched, right arm across the chest, legs extended.
m. 402.1 Round planiconvex pendant, one side with a hole, (red deer) antler, d. 1.6 cm. The hole is encircled. Near the hole: green staining.
402.2 Two beads, amber.
n. 402.1 Near the neck.
402.2 Near the neck.
r. Grave 402 lay beneath grave 273 which probably dates from AD 500-750, and may date to AD 450-600.

404.
a. Dog burial.
Disturbed cremation burials.
b. N 5, level 9.
d. l. 1.00, w. 0.52 m; depth of skull 0.30, pelvis 0.22 m -NAP.
e. NE-SW.
g. Skeleton (find Nos 233, 369, 387 and 404).
h. Ost. male dog.
i. 3-4 years.
j. Height at the withers 0.60-0.69 m.
k. Small degree of osteophytes on some thoracic vertebrae.
l. The dog was on its left side, with legs drawn up.
o. The grave fill contained at least 8 g of cremation (find No. 369).
p. Fragment of femur of cattle; fragment of tibia of pig with cutmarks; 2 bone fragments of large mammal.
Sample of the fill of the grave (find No. 369) contained: 27

mammalian bone fragments; 2 fish bone fragments; 2 shell fragments of *Mytilus edulis* (mussel) (all unburnt).
r. Undatable, AD 450-750.

405.
a. Inhumation.
b. L 5, level 10.
d. l. 1.72, w. head 0.48, w. foot 0.56 m; depth of skull 0.48, pelvis 0.58, feet 0.42 m -NAP.
e. S-N.
g. Skeleton (find No. 405).
i. 17-19 years.
j. If male 1.82 m, if female 1.79 m.
k. M^3 is erupting, in the mandible the M_3 have not yet erupted.
l. Supine, left hand in the lap, right hand across the chest, legs crossed.
r. Undatable, AD 450-750.

408.
a. Dog burial.
b. M 6, level 9.
c. Skull is missing.
d. l. 0.92, w. 0.44 m; depth of cervical vertebrae 0.34, pelvis 0.36 m -NAP.
e. ESE-WNW.
g. Skeleton (find No. 408).
h. Ost. male dog.
i. Over 7 years old.
j. Height at the withers 0.65-0.69 m.
k. Osteophytes on several thoracic and lumbar vertebrae (fig. 48); abscesses in right radius and left tibia (fig. 49).
l. The dog was on its left side, with legs drawn up.
p. A first wing phalanx of *Anas platyrhynchos* (mallard); 4 bone fragments of large mammal.
r. Undatable, AD 450-750.

409.
a. Urned burial.
b. L 6, level 9.
c. xxx, urn in sherds, disturbed by ditch 261.
d. Scattered finds d. 1 m.
f. 40 ml of charcoal: 2 ml of *Quercus*, 0.1 ml of *Acer campestre* type, 4 ml of *Alnus*, 0.7 ml of *Betula* and 33 ml residue.
g. 1224 g of cremation (sample 409).
h. Ost. female; arch. –.
i. >45-55 years.
m. 409.1 Urn, rough-walled pot with handle, Böhner type D6a, wheel-thrown pottery, orange, h. 27.5, d. 22.5 cm (find Nos 71, 92, 214, 223, 237, 245, 249, 254, 364, 371, 378, 379, 380, 381, 382, 283, 384, 409).
409.2 Clincher, iron, l. 7.0 cm.
409.3 Clincher, iron, l. 5.0 cm.
409.4 Fragment of molten glass, translucent, l. 1.7 cm.
p. Sample 409: Unburnt faunal remains: M^1 or M^2 of juvenile cattle; 11 bone fragments of large mammal; 5 fragments of vertebrae of small mammal. Sample 379: Unburnt faunal remains: fragment of right pelvis of sheep/goat.
q. The fragments of an unburnt comb (find Nos 409 and 412) are more likely to belong to grave 422 than to the urn grave 409.
r. On the basis of the pot: AD 500-600.

410.
a. Inhumation.
Disturbed cremation burials.
b. M 6, level 9.
d. 2.0x0.6 m; depth of skull 0.24, pelvis 0.40, feet 0.42 m -NAP.
e. NNW-SSE.
g. Skeleton (find Nos 375 and 410).
h. Ost. on the base of the skull female, on the base of the long bones male, conclusion male; arch. –.

i. 40-50 years.
j. 1.79 m.
k. M_3 left and both M^3 have caries.
l. Supine, arms crossed over the chest, legs extended.
o. Black staining on the foot bones indicates the presence of a cremation. In and above this grave two nails have been found:
410.1 Nail with bent end, iron, l. app. 2 cm, d. head 1.4 cm.
410.2 Head of a nail, iron, l. >2.4, d. 2.4 cm (find No. 244).
p. Find Nos 410, 321 and 348. 410: Right centrotarsale of sheep/goat. 321: Cattle bones: fragment of lumbar vertebra, fragment of indefinite vertebra, distal end of left humerus and first phalanx with dog gnawing marks. 348: Bones of sheep/goat: fragment of lumbar vertebra and shaft of right radius with dog gnawing marks.
r. Graves 374 and 335 cut this grave, therefore it is of the earlier phase of the cemetery, probably AD 450-550. The disturbed cremation burial must be older, AD 400-475.

420.
a. Inhumation.
Disturbed cremation burial.
b. I 4, level 9.
d. l. 1.88, w. head 0.84, w. foot 0.92 m; depth of skull 0.38, pelvis 0.52, feet 0.49 m -NAP.
e. SSE-NNW.
g. Skeleton (find Nos 400 and 420).
h. Ost. definitive male; arch. –.
i. 35-45 years.
j. 1.76 m.
k. Some vertebrae, the right hand and the right foot have osteophytes. On the right fibula is an outgrowth, perhaps resulting from ossification of the tendon.
l. Supine, hands in the lap, legs extended.
m. 420.1 Hand-made ware, undecorated, h. 12.5, d. 12.5 cm (find No. 401).
n. 420.1 Right-hand side near the head.
p. Left radius of sheep/goat; M_1 of pig; bone fragment of large mammal.
o. The grave-fill contains at least 7 g of cremation of an adult individual, some charcoal and burnt clay and:
420.2 Buckle, iron, l. 3.4, w. 1.6 cm (find No. 400).
420.3 Nail, iron, l. 6.3, w. head 1.4 cm.
420.4 Fragment, iron, l. 1.8 cm.
r. On the basis of the pot: AD 550-725. The disturbed cremation burial must be older, AD 400-600.

421.
a. Urned burial.
b. L 6, level 9.
c. xxx, urn in sherds, sample 367 contains pyre remains from a level overlying grave 421.
d. 50x40 cm.
f. 492 ml of charcoal: 15 ml of *Ulmus*, 0.7 ml of *Fraxinus*, 135 ml of *Alnus*, 1.5 ml of *Corylus*, 3 ml of *Salix*, 2 ml of *Pinus* and 335 ml residue.
g. 662 g of cremation.
h. Ost. female; arch. –.
i. Adult.
m. 421.1 Urn, hand-made pottery, undecorated, h. >11.0, d. 13.0 cm.
421.2 Fragment of a nail, iron (find No. 367), remaining l. 3.8 cm.
421.3 Unknown object, charred willow (find No. 367; n.ill.).
p. Unburnt faunal remains in sample 421: fragment of cervical vertebra of cattle; fragment of cervical vertebra of sheep/goat; fragment of tibia of foetal sheep/goat; left scapula of *Anas platyrhynchos* (mallard).
r. On the basis of the pot: AD 500-700. The radiocarbon date of sample 421 (charcoal from the urn, GrN-19447 1590±70) has a long range from the second half of the 3rd until the 7th century. The radiocarbon date of sample 367 (charcoal above the urn, GrN-19445 1475±35) has a range from the end of the 6th until the

beginning of the 8th century (for the calibration of both see table 1). On the basis of this latter date the grave is dated AD 575-700.

422.
a. Inhumation.
b. L 7, level 9.
c. xx, trunk, arms and head were destroyed by ditch 261. The fragments of a comb in ditch 261 were probably from this grave, though perhaps they belonged with urn 409.
d. >1x0.60 m; depth of pelvis 0.36, feet 0.36 m -NAP.
e. WSW-ENE.
g. Legs of skeleton (find No. 422), the human bones in ditch 261 belong to the same individual (find Nos 315, 385 and 455).
i. 35-45 years.
l. Legs extended.
m. 422.1 Two-sided comb, decorated with lines, straight sides, (red deer) antler, l. at least 7.4 cm, h. app. 6 cm (find Nos 409, 412 and 422).
n. Found in ditch 261.
p. Fragment of right tibia of sheep.
r. Above the grave was urn 356 dating from the 6th or 7th century, hence grave 422 may date from AD 450-550.

424.
a. Inhumation.
b. N 4, level 9.
c. x, foot end is lacking.
d. l. 1.64, w. head 0.72, w. foot 0.80 m; depth of skull 0.47, pelvis 0.58 m -NAP.
e. S-N.
f. Fragment of the head of a tree-trunk coffin of *Quercus*, remaining l. 0.75, remaining w. 0.29 m. Width in situ was 0.38 m. The fragment had survived but was not conserved.
g. Skeleton, legs are broken due to the excavation (find Nos 424 and 497).
h. Ost. female; arch. female.
i. >45 years.
k. Two lumbar vertebrae have grown together (ankylosis), other lumbar vertebrae have lipping. The posture of the body points to a stooped back. A phalanx has osteophytes.
l. On the left side, right arm across the abdomen, left arm along the body, legs crossed.
m. 424.1 Spindle whorl, bone (caput femur cattle), h. 2.1, d. 4,2 cm (find No. 425).
424.2 Small sherd of red wheel-thrown pottery, gr. l. 1.8 cm (n.ill.).
n. 424.1 At the left hand.
424.2 From the grave fill.
p. Fragment of right tibia of cattle (find No. 424), left pelvis of juvenile sheep with dog gnawing marks (find No. 425).
r. The outside of the coffin was radiocarbon-dated: 1390±25 years BP (GrN-16539, calibration in table 1). The outer yearrings are lacking and the date concerns a group of the younger rings, so the real date is a small number of years (perhaps 20) younger than the calibrated ^{14}C date. On the basis of this outcome the grave is dated to the second half of the 7th century: AD 650-694.

426.
a. Stray find.
b. M 7, level 9.
m. Knucklebone marked with two dots, left astragalus of sheep.
r. Undatable, AD 450-750.

428.
a. Inhumation.
Disturbed cremation burial.
b. I 8, level 9.
c. x, nota that part of the body lay within the south section. During or short after the period of use of the cemetery this grave was

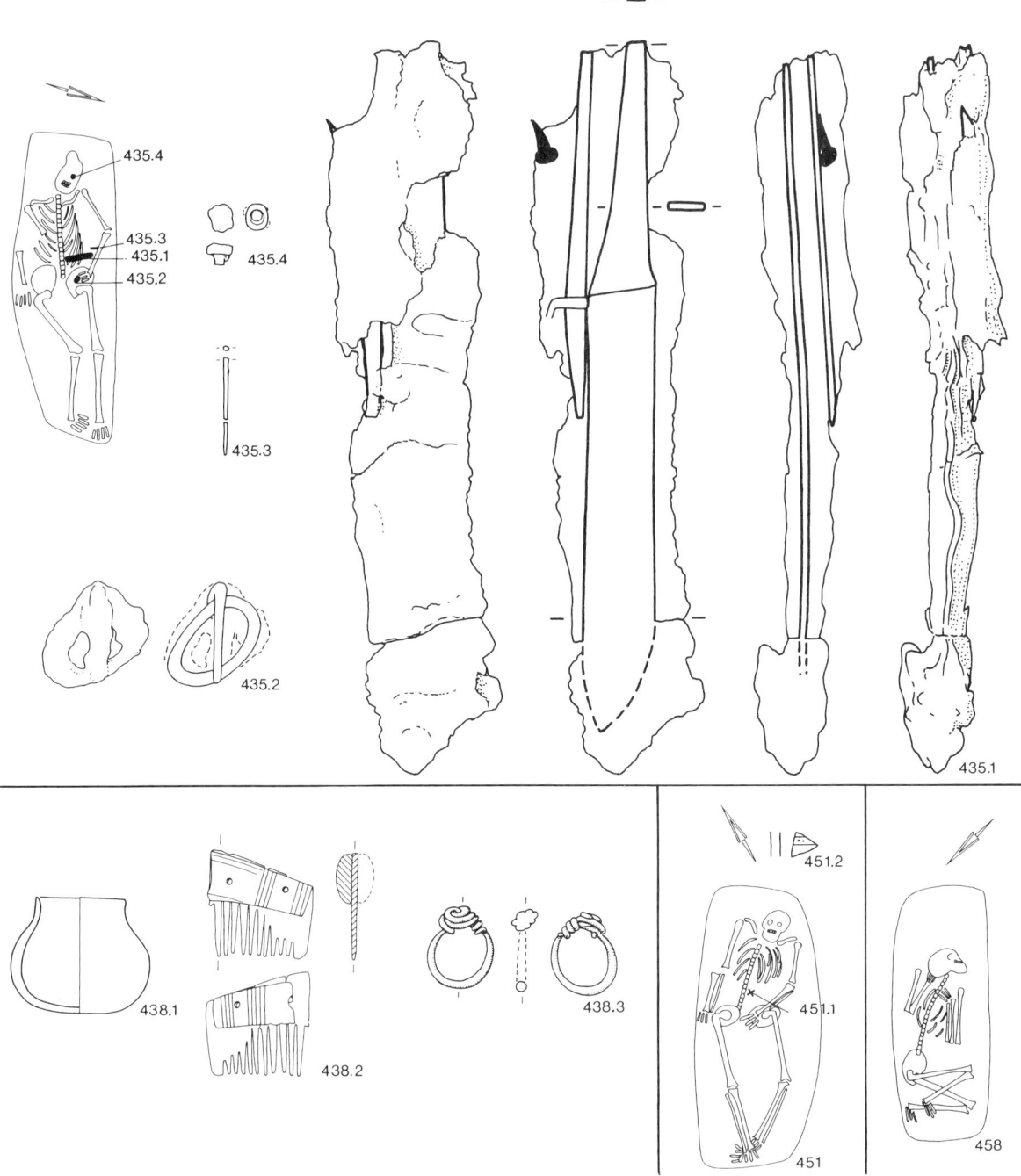

affected by erosion following a storm flood.

d. l.>1.92, w. head 0.60, w. foot 0.52 m; depth of spinal column 0.34, feet 0.36 m -NAP.

e. WSW-ENE.

f. Remains of bark were observed.

g. Skeleton (find Nos 428, 502 and probably 423).

h. Ost. female; arch. female.

i. 25-35 years.

k. One tooth with caries, all teeth with extreme amounts of tartar. Green staining on right clavicula and inner side of mandible from the brooch. Several bones with black charcoal stains.

l. It is not known whether the body lay on its back or on its side. Arms remained in the section and hence must have been folded, legs extended.

m. 428.1 Annular brooch, underside flat and plain, upper surface grooved, bronze with bronze pin, d. app. 4 cm (find No. 502). In the corrosion fragments of textile are preserved.

428.2 Annular brooch, underside flat, undecorated, bronze, d. app. 4 cm (find No. 502). In the corrosion fragments of textile are preserved.

428.3 Small long brooch of Domburg type, bronze, l. 5.4 cm (find No. 502).

428.4 Three beads, glass and rock crystal: 1. Cylinder-shaped, yellow; 2. Cylinder-shaped, greyish white; 3. Rock crystal, crushed (find No. 428).

428.5. Cylinder-shaped fragment of amber, one side smooth, the other sides rough.

428.6 Small cindel.
428.7 Knucklebone, (right astragalus of) sheep, l. 2.9, w. 1.9 cm. Two dots are vaguely visible. The knucklebone is heavily worn through use (find No. 428).
428.8 Small sherd of grey wheel-turned pottery, gr. l. 2.8 cm.
428.9 Small sherd of grey wheel-turned pottery, gr. l. 2.1 cm.
428.10 Small sherd of grey wheel-turned pottery, gr. l. 2.6 cm.
428.11 Fragment of stone, l. 3.5 cm.
n. 428.1-2 On the right clavicula.
428.3 Under the chin.
428.4-428.6 On the abdomen.
428.7 During the sorting of the bones.
428.8-11 In the grave fill.
o. Some traces of charcoal and 1 g of cremation of a child (0-1 year; find No. 502). Perhaps the small cindel belonged to this cremation. Black staining on the bones too indicates the presence of a disturbed cremation burial.
r. On the basis of the Domburg brooch of an early type, the probable date is AD 500-600. The disturbed cremation burial must be older, AD 400-525.

430.
a. Horse burial.
Disturbed cremation burial.
b. J/K 7/8, level 9.
c. x, the skull was found to be broken.
d. l. 2.00, w. 1.40 m; depth: skull 0.48, back 0.26 and 0.25, pelvis 0.20, forelegs and hind legs 0.21 m -NAP.
e. WSW-ENE.
g. Skeleton (find Nos 373 and 430).
h. Ost. stallion.
i. Circa 6 years old.
j. Height at the withers 1.35-1.39 m.
k. Osteophytes on several thoracic vertebrae.
l. The stallion was buried on his right side, with his legs drawn up.
m. 430.1 Ring, iron, d. 3.3 cm (find No. 120).
n. 430.1 Was found at a higher level than the stallion, i.e. in level 5. It may have belonged to the fill of the grave, or be a later intrusion.
o. The stray find of a molten glass bead found in level 7 (find No. 250) may derive from a cremation destroyed by the digging of grave 430. Charcoal and calcined bone may belong to the same cremation. Two calcined bone fragments of large mammal.
p. Fragment of scapula, fragment of ulna, fragment of left femur and third phalanx of adult cattle; calcaneus of foetal cattle; fragment of cervical vertebra, fragment of lumbar vertebra and centrotarsale of sheep/goat; fragment of mandible of pig; incisor of mouse species; 65 bone fragments of large mammal (find No. 373).
r. Below the grave lay grave 460, which contained a disturbed cremation burial; therefore the horse burial belongs to the younger period of the cemetery: app. AD 600-750. The disturbed cremation burial must be older, AD 400-650.

431.
a. Ash stain.
b. L 7, level 9.
d. 30x30 cm.
f. <1 ml of charcoal.
g. 1 g of cremation.
p. Unburnt faunal remains: fragment of left rib of sheep/goat; 4 mammalian bone fragments; cervical vertebra and right femur of *Microtus oeconomus* (northern vole); bird bone fragment; fish bone fragment.
r. Undatable, AD 400-750.

432.
a. Dog burial.
b. K 6, level 9.
d. l. 0.84, w. 0.72 m; depth of skull 0.27, pelvis 0.27 m -NAP.
e. W-E.
g. Skeleton (find Nos 387 and 432).
h. Ost. male dog.
i. Over 7 years old.

j. Height at the withers c. 0.62 m.
k. Pronounced osteophytes on all thoracic and lumbar vertebrae, the sacrum and the first and second caudal vertebrae. A coprolite was found at the place of the abdomen.
l. The dog was buried on its right side, with his legs drawn up.
p. Fragment of epistropheus, 32 fragments of vertebrae, fragment of pelvis, centrotarsale, 2 fragments of carpus/tarsus bones, 2 distal ends of metapodium, 7 first and 6 second phalanges, third phalanx and sesamoid of sheep/goat; 248 bone fragments of large mammal.
r. The burial is situated parallel to inhumation grave 295. If the two graves are related, grave 432 is dated to AD 500-700; if not, then grave 432 is undatable, AD 450-750.

433.
a. Inhumation.
b. N 5, level 9.
d. l. 1.36, w. head 0.52, w. foot 0.40 m; depth of skull 0.42, pelvis 0.47, feet 0.43 m -NAP.
e. SSE-NNW.
g. Skeleton (find No. 433).
i. 25-30 years.
j. If female 1.56, if male 1.60 m.
l. Supine with the arms crossed on the chest, the legs crouched with the knees to the left.
m. 433.1 Nail, iron, remaining l. 2.3, w. 1.8 cm (find No. 232).
n. 433.1 At the spot of the grave fill in level 7.
o. Under the foot was a small urn, surrounded by some cremation, charcoal and burnt clay (urn grave 438). The ring and cremation remains under the knee probably belong to the same urn grave, which was disturbed during the digging of grave 433. See 438.
p. Unburnt faunal remains in sample of the fill of grave 433: 17 mammalian bone fragments; left femur of mouse species; 2 fish bone fragments; 2 shell fragments of *Mytilus edulis* (common mussel).
r. Urn grave 438 can be dated in the 7th century, therefore grave 433 is younger: AD 675-750.

435.
a. Inhumation.
b. J 8, level 9.
c. Skull broken.
d. 1.88x0.52 m; depth of skull 0.22, pelvis 0.25, feet 0.28 m -NAP.
e. WSW-ENE.
g. Skeleton (find No. 435).
h. Ost. male; arch. probably male.
i. 19 years.
j. 1.72 m.
k. One molar with caries.
l. Supine, left hand in the lap, right arm stretched, left leg slightly flexed, right leg stretched.
m. 435.1 Sheath of leather, with a large knife, iron, l. 21.0 cm and an awl-shaped item, iron, l. 11.2 cm. In the sheath a nail, probably bronze (find No. 442).
435.2 D-shaped buckle, iron, l. 1.7, w. 1.3 cm (find No. 441).
435.3 Needle or pin, bronze, broken in two halves, l. 1.8 and 1.1 cm (find No. 443).
435.4 Rivet, bronze, h. 0.7, d. 0.7 cm (find No. 444).
n. 435.1 Above the left hip.
435.2 On the left of the pelvis.
435.3 Along the left arm.
435.4 Under the head.
p. Distal end of metapodium of adult horse.
r. The grave was cut by horse grave 430 and itself cuts grave 428. Therefore it probably dates from AD 550-700.

437.
a. Ash stain, no sample.
b. I 8, level 10.
d. d. 30 cm.
r. Undatable, AD 400-750.

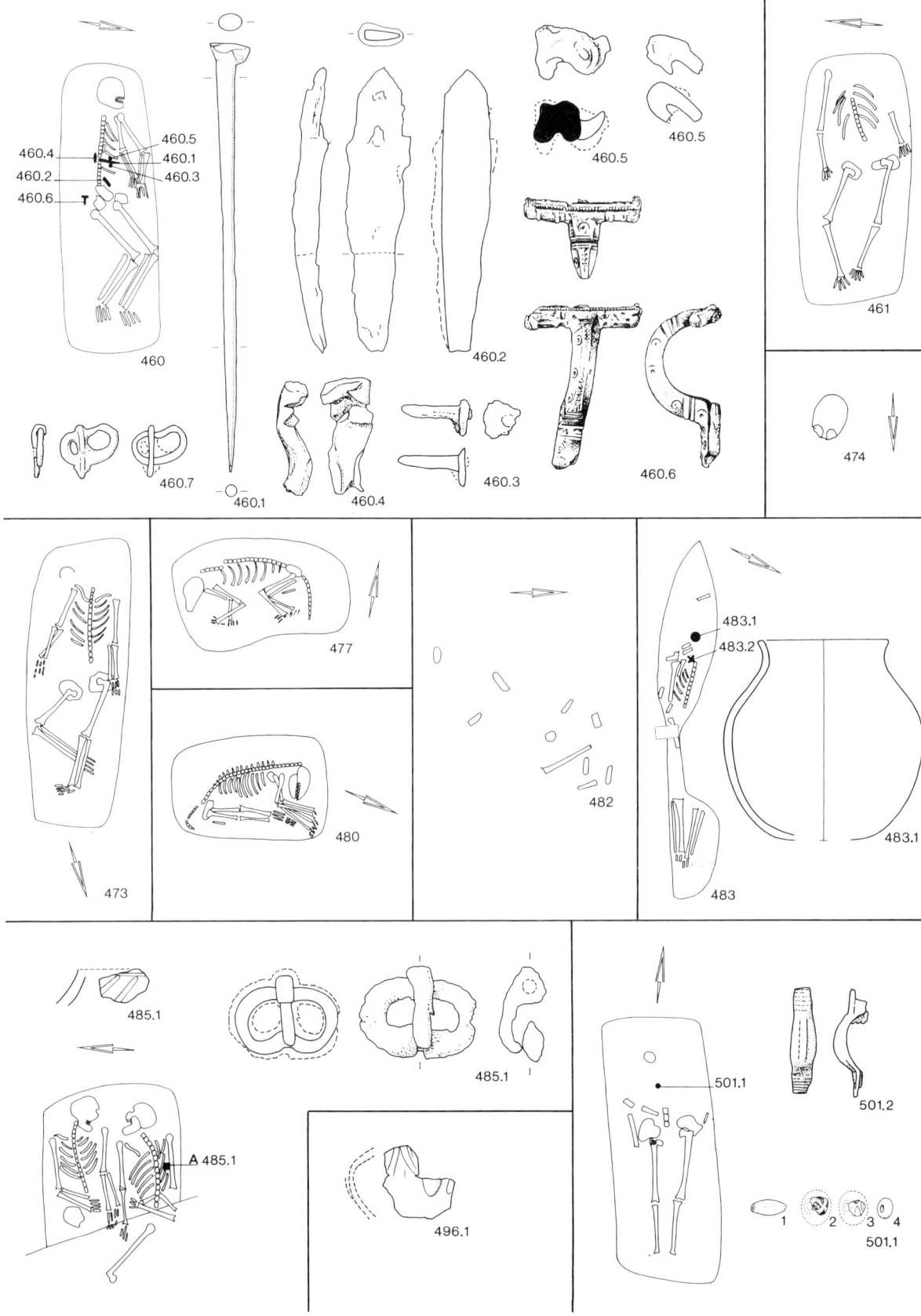

438.
a. Urned burial.
b. N 5, level 9, the urn lay amidst pyre remains at the foot of grave 433, which were probably disturbed during the digging of that grave.
c. x, the grave is disturbed, but the small urn is undamaged.
f. 75 ml of charcoal: 5 ml of *Fraxinus*, 29 ml of *Alnus*, 9 ml of *Pinus* and 32 ml residue.
g. 13 g of cremation. The sample from the urn (find No. 438) and from the fill of the grave (find No. 433) are considered as a single burial.
i. Child.
m. 438.1 Urn, small narrow-mouthed, hand-made pottery, undecorated, h. 7, d. 8.7 cm.
 438.2 Half of an unburnt comb with slightly bent connecting plates, decorated with grooves, (red deer) antler, l. 3.5, h. 3.2 cm.
 438.3 Wire ring with a spiral knob, silver, d. 2.2 cm (find No. 433).
n. 438.1 At the foot of grave 433.
 438.2 In the urn, 438.
 438.3 With some cremation under the left knee of the skeleton 433. This is an unlikely place for a finger ring; therefore it is assumed that the ring belongs to the cremation grave.
p. Unburnt faunal remains in sample 438: first phalanx of cattle and left tibiotarsus of *Calidris alpina* (dunlin). The unburnt faunal remains in sample 433 are recorded with inhumation grave 433.
r. The pot and comb are dated to the 7th century. A radiocarbon date of the *Alnus* charcoal, GrN-19448 1385±40 BP, has a range from the 7th to the 8th century, with the greatest chance of the 7th century (calibration in table 1). The grave is therefore dated: AD 600-700.

445.
a. Ash stain.
b. J 8, level 9.
d. 70x50 cm.
f. 65 ml of charcoal: 15 ml of *Corylus* and 50 ml residue.
g. 1 g of cremation.
p. Unburnt faunal remains: fragment of thoracic vertebra of cattle; 2 mammalian bone fragments; shell fragment of *Mytilus edulis* (mussel).
r. Undatable, AD 400-750.

451.
a. Inhumation,
 Disturbed cremation burial.
b. J 7/K 6, level 10.
d. 1.48x0.76 m; depth of skull 0.51, pelvis 0.69, feet 0.49 m -NAP.
e. NE-SW.
g. Skeleton (find Nos 112 and 451).
h. Ost. male; arch. –.
i. 35-45 years.
j. 1.73 m.
k. Three lumbar/thoracic vertebrae have osteophytes. The feet are robust.
l. Supine, left hand in the lap, right arm stretched with clenched fist, legs stretched with left foot crossed under the right one.
m. 451.1 Unknown item, bronze, wholly corroded (buckle?; n. ill.).
 451.2 Small fragment of Anglo-Saxon pottery with two lines and two dots. gr. l. 1.7 cm.
n. 451.1 On the lowest lumbar vertebra.
 451.2 In the grave fill.
o. The bones have black staining, perhaps from disturbed cremation traces. The fill of the grave contains at least 9 g of cremation.
p. Find Nos 306, 307 and 451. 306: Fragment of right rib of cattle with healed lesion; fragment of right tibia of sheep/goat; bone fragment of large mammal. 307: Fragment of sacrum of cattle. A sample of the fill of grave 451 contained: shell fragment of *Mytilus edulis* (mussel).
r. Undatable, AD 450-750. The disturbed cremation burial must be older, AD 400-500.

458.
a. Inhumation.
b. L 6, level 10.
d. 1.56x0.56 m; depth of skull 0.53, pelvis 0.54, feet 0.51 m -NAP.
e. SSE-NNW.
g. Skeleton (find No. 458).
h. Ost. male; arch. –.
i. 35-45 years.
k. Some vertebrae have osteophytes, tartar on teeth.
l. On the left side, arms folded along the body, crouched with the knees to the left.
r. Undatable, AD 450-750.

460.
a. Inhumation.
 Disturbed cremation burial. The cremation is of an adult and a child, therefore perhaps two cremation burials have been disturbed by the grave.
b. J/K 7, level 10.
d. 1.96x0.60 m; depth of skull 0.43, pelvis 0.46, feet 0.52 m -NAP.
e. W-E.
g. Skeleton (find Nos 450 and 460).
h. Ost. male; arch. –.
i. 20-30 years.
j. 1.75 m.
k. A bent *os metatarsale*.
l. On the left side, arms stretched in front of the body, legs crouched.
m. 460.1 Pin, red deer antler, l. 14.7 cm (find No. 463).
 460.2 Knife, type A, iron, l. >9.5 cm (find No. 464).
 460.3 Nail, iron, l. 2.3 cm (find No. 463).
 460.4 Piece of lead, l. 4.0, w. 1.6 cm (find No. 462).
n. 460.1 On the left side.
 460.2 On the left hip.
 460.3 On the left side.
 460.4 Behind the back, perhaps part of the disturbed cremation.
o. The fill of the grave contains a disturbed cremation burial: 58 g of cremation of an adult and a child. 70 ml of charcoal: 1 ml of *Quercus*, 1 ml of *Fraxinus*, 10 ml of *Alnus*, 2 ml other than wood and 56 ml residue.
 Grave goods:
 460.5 Iron fragment and molten bronze fragments, near 460.1.
 460.6 *Stützarmfibel mit stabförmigem Bügel*, decorated with niello, bronze, l. 5.6, w. 4.0 cm, traces of burning (find No. 459). Behind the hip of the skeleton.
 460.7 Buckle, iron, l. 2.0, w. 1.2 cm (find No. 450).
p. Sample of the fill of the grave 450 contained: 72 mammalian bone fragments; upper/lower premolar/molar of *Microtus* sp. (vole); right femur and left or right tibia of mouse species; 8 vertebrae of Pleuronectidae; 3 fish bone fragments; 3 shell fragments of *Mytilus edulis* (mussel).
r. The grave 460 is younger than the disturbed cremation with a *Stützarmfibel*, which dates to AD 400-450 and lay beneath the horse grave. A probable date is AD 450-650. The disturbed cremation burial must be older, AD 400-500.

461.
a. Inhumation.
b. K/L 8, level 10.
c. x, the head of the grave was cut by ditch 261.
d. l. 1.68, w. head 0.64, w. foot 0.68 m; depth upper chest 0.58, pelvis 0.57, feet 0.42 m -NAP.
e. E-W.
f. Some impressions of bark were observed.
g. Skeleton without skull (find No. 461 and perhaps No. 468 in ditch 261).
h. Ost. female; arch. –.
i. Adult.
j. 1.55 m.
l. Supine, arms stretched, legs slightly flexed.
p. Find Nos 453, 457 and 461. 461: Distal end of metapodium of

sheep/goat. 453: Fragment of right tibia of sheep/goat. 457: Fragment of third phalanx of cattle; fragment of right humerus of sheep with cutmark.
r. Undatable, AD 450-750.

473.
a. Inhumation.
b. O 4/P 3, levels 7 and 10.
d. >1.69x0.56 m; depth of skull 0.40, pelvis 0.36, feet 0.35 m -NAP.
e. SSW-NNE.
g. Skeleton (find No. 473).
h. Ost. probably female; arch. –.
i. 40-50 years.
j. 1.58 m.
k. Several vertebrae have osteophytes.
l. Supine, arms and left leg stretched, right leg bent with the right foot under the left.
r. Undatable, AD 450-750.

474.
a. Inhumation.
b. N 5, level 10.
c. xxx, only an upright skull.
d. Depth top of skull 0.60 m -NAP.
e. Skull was facing to the north.
g. Skull (find No. 474).
h. Ost. probably female; arch. –.
i. 30-40 years.
r. The skull lay beneath grave 433 which is dated AD 675-750. Therefore grave 474 is from the earlier period of the cemetery, AD 450-675.

477.
a. Dog burial.
b. G 6/7, level 10.
d. l. 1.24, w. 0.72 m; depth of skull 0.73, pelvis 0.79 m -NAP.
e. WSW-ENE.
g. Skeleton (find No. 477).
h. Ost. male dog.
i. 1.5 years old.
j. Height at the withers 0.62-0.64 m.
l. The dog was buried on its right side, with the legs slightly drawn up.
p. Second phalanx of sheep/goat; tooth of mouse species; 42 bone fragments of large mammal; 2 mammalian bone fragments; right radius and right ulna of *Anas platyrhynchos* (mallard); precaudal vertebra of *Liza ramada* (thin-lipped grey mullet) (identification by Dr. D.C. Brinkhuizen).
r. Undatable, AD 450-750.

480.
a. Dog burial.
b. G 8, level 12.
d. l. 1.08, w. 0.64 m; depth of skull 0.73, pelvis 0.73 m -NAP.
e. NNW-SSE.
g. Skeleton (find No. 480).
h. Ost. male dog.
i. More than 8 years old.
j. Height at the withers 0.67-0.69 m.
k. Abscess on the sternum. A total of 85 remains of a foetal pig (92 days after conception) were found at the place of the abdomen: left and right os petrosum, left occipitale, 18 other skull fragments, left and right mandible, 6 deciduous premolars, 30 fragments of vertebrae, fragment of rib, left and right humerus, left and right ulna, fragment of pelvis, 4 metapodia, 2 first phalanges, second phalanx, third phalanx, hoof (horn) and 11 indefinite parts of the skeleton of the foetal pig (fig. 58).
l. The dog was buried on its right side, with the legs extended.
p. 7 mammalian bone fragments.
r. Undatable, AD 450-750.

482.
a. Inhumation.
b. B 8, level 12.
c. xxx, scattered, weathered fragments only.
d. Depth 0.58 m -NAP.
g. Fragments of right-hand humerus, ulna, radius, femur and patella (find No. 482).
i. Adult.
j. Severely weathered bones.
r. Undatable, AD 450-750.

483.
a. Inhumation.
b. P 6/O 5, level 12.
c. xx, skeleton crushed, skull, pelvis and upper legs were lacking.
d. 2.44x0.40 m; depth of skull 0.70, pelvis 0.66, feet 0.61 m -NAP.
e. WSW-ENE.
f. Tree-trunk coffin, clear impression of the bark and some fragments of wood. The coffin was covered by cross boards. All wood samples were *Quercus*.
g. Skeleton without skull, pelvis and femora (find No. 483).
h. Ost. female; arch. probably female.
i. 30-40 years.
k. Distinct tartar.
l. On the right side, arms and legs stretched.
m. 483.1 Narrow-mouthed, hand-made pot, undecorated, h. 13.5, d. 14.0 cm.
483.2 Fragments of a brooch, type unknown, bronze, impossible to preserve (n. ill.).
n. 483.1 At the left of the head.
483.2 Near left clavicula.
p. Fragment of rib and fragment of left femur of cattle; 2 loose distal epiphyses of metapodium of sheep/goat.
r. The wood fragments of the coffin were radiocarbon-dated: 1545 ± 35 years BP (GrN-16341, calibration in table 1). It is not known what part of the coffin was dated, but the real date is a little (perhaps 20 years) younger than the calibrated ^{14}C date. On the basis of this date the grave is dated in the second half of the 5th, the 6th or the 7th century: app. AD 450-625. The pot is dated to the 6th or 7th century. Grave 605 lay below grave 483 and is dated by radiocarbon to the middle of the 5th century; therefore grave 483 is dated probably AD 525-625.

485A.
a. Inhumation: skeleton 486, and north of it skeleton 487 (grave 485B) in the same grave. The right arm of skeleton 486 lay beneath the left arm of skeleton 487. Skeleton 487 was buried after skeleton 486. The two skeletons were facing each other. Disturbed cremation burial.
b. E 8, level 12.
c. xx, the lower part of the body is cut by ditch 128.
d. >1.0x0.96 m; depth of skull 0.64, pelvis 0.74 m -NAP.
e. E-W.
f. Skeleton lay on plant material.
g. Skeleton without legs and right arm (find No. 486).
h. Ost. probably male; arch. –.
i. >45 years.
k. Between the upper left P^2 and M^1 was a small extra tooth. The teeth were worn down to the roots. In the right upper jaw was an abscess. Several vertebrae had osteophytes, also osteophytes on the right hand. One vertebra had corrosion staining.
l. On the right side, with the left arm in the lap, the right arm stretched. The skeletons of burials 485A and 485B were facing each other.
m. 485.1 Kidney-shaped buckle, bronze, l. 3.7, w. 2.3 cm (find No. 486). In the corrosion fragments of textile are preserved.
485.2 Neck sherd, Anglo-Saxon ware, decorated with grooves.
n. 485.1 Near the right of the chest.
485.2 In the fill of the grave.
o. The grave fill (find No. 485) contained at least 3 g of cremation.

r. On the basis of the buckle: AD 440-485. The disturbed cremation burial must be older, AD 400-450.

485B.
a. Inhumation, sharing a grave with 485A.
b. E 8, level 12.
c. xx, the bottom part of the body is cut by ditch 128.
d. >1.0x0.96 m; depth of skull 0.48, pelvis 0.74 m -NAP.
e. E-W.
f. Skeleton lay on plant material.
g. Skeleton without legs (find No. 487).
i. >45 years.
k. The bones were very porous and have osteoporosis. One tooth has caries.
l. Supine?, the left arm stretched, the right hand in the lap. The skeletons of burials 485A and 485B were facing each other.
o. See 485A.
r. On the basis of the buckle near skeleton 485A: AD 440-485.

496.
a. Ash stain.
b. G 4/5, north profile.
c. Partly disturbed when the profile was made.
d. 50x20 cm.
f. 60 ml of charcoal: 1 ml of *Quercus*, 1 ml of *Euonymus*, 50 ml of *Alnus* and 8 ml residue.
g. 12 g of cremation.
i. 3±1 years.
m. 496.1 Sherd of Anglo-Saxon pottery, decorated with grooves, l. 3.5 cm.
p. Unburnt faunal remains: shell fragment of *Mytilus edulis* (mussel).
r. Undatable, AD 400-750.

501.
a. Inhumation.
b. J 4, level 8.
c. xx, foot end is lacking, upper part of the body disturbed by the ring-ditch.
d. 1.80x0.68 m; depth of pelvis 0.25, feet 0.27 m -NAP.
e. N-S.
g. Skeleton (find No. 501 and probably find No. 517).
h. Ost. probably female; arch. female.
i. 25-35 years.
j. 1.62 m.
k. On some bones black staining (charcoal stains?).
l. Supine, legs stretched.
m. 501.1 Four beads, glass: 1. Biconic blue; 2-3. Fragments blue, translucent; 4. Brown, translucent.
501.2 Equal-armed brooch, van Bellingen type 5.3, bronze, l. 3.6, w. 0.9 cm (find No. 515).
n. 501.1.1 Found near the left leg.
501.1.2-501.1.4 On the abdomen.
501.2 In the also disturbed cremation grave nearby. It is assumed that the brooch belonged to this inhumation grave.
o. The fill of the grave contained some cremation and charcoal (unsampled) and some finds. It is assumed that these belong to grave 515 just as the brooch 501.2 belongs to this grave. The black colouring on some bones is probably also due to this disturbed grave 515.
p. Unburnt faunal remains: mammalian bone fragment; caudal vertebra of mouse species.
r. The nearby, disturbed cremation grave 515 given to the pottery, dates in the 5th century. The equal-armed brooch found in this grave dates from the 7th or 8th century. Both graves 515 and 501 were disturbed by the ring-ditch. Still it is assumed that the brooch belongs to grave 501, which is then dated by this brooch to AD 625-750.
The disturbed cremation burial must be older, AD 400-650.

511.
a. Stray find.
b. G 6, level 5.
m. 511.1 Knife, type C, iron, l. 11.5, w. 2.3 cm.
r. Undatable, AD 400-750.

515.
a. Urned burial.
b. J 3, level 5.
c. xxx, this grave, like the nearby inhumation grave 501, is heavily disturbed by the ring-ditch. The brooch found with the cremation in grave 515 is assumed to belong to grave 501 and the cremation and burnt finds in grave 501 are assumed to belong to grave 515, the disturbance by the ring-ditch having caused the mixing.
d. d. 60 cm.
g. 34 g of cremation. There is no sample from the fill of grave 501.
i. Adult.
m. 515.1 Urn, biconic pot, Anglo-Saxon pottery, decorated with grooves, h. >13, d. 15.5 cm.
515.2 Mass of corroded iron with cremation, charcoal, an iron knife (l. 10.1 cm), and a piece of iron, function unknown, l. 8 cm (find No. 501A).
515.3 Clincher, iron, l. 5.0 cm (find No. 501A).
p. Unburnt faunal remains in sample 515: third phalanx of sheep/goat; 2 bone fragments of small mammal; fragment of right carpometacarpus of *Anser anser* (grey-lag goose).
r. On the basis of the pot: AD 400-525.

518.
a. Small ash stain, no sample.
b. L 3, level 5.
d. No measurements recorded.
m. 518.1 Sherd of wheel-thrown pottery, biconical pot (find No. 518), remaining h. 9, w. 13 cm.
r. Undatable, AD 400-750.

519.
a. *Brandgrube*.
b. L 6, level 5.
d. 60x40 cm.
f. 50 ml of charcoal: 3 ml of *Quercus*, 0.2 ml of *Acer* sp., 5 ml of *Fraxinus*, 5 ml of *Alnus* and 37 ml residue.
g. 320 g of cremation.
i. 35 years.
m. 519.1 Calcined fragment of a comb, decorated with lines, (red deer) antler, remaining l. 2.5 cm.
519.2 Bent plate of iron, l. 2.8, h. 1.6 cm. Perhaps part of a handle?
519.3 Fragment of knife, iron, l. 5.8 cm.
p. Unburnt faunal remains: fragment of left metacarpus V of dog; 13 mammalian bone fragments; caudal vertebra of Pleuronectidae.
r. Undatable, AD 400-750.

521.
a. Urned burial.
b. M 3, level 5.
c. xxx.
d. d. 35 cm.
f. <1 ml of charcoal.
g. 45 g of cremation.
m. 521.1 Urn with foot, Anglo-Saxon pottery, decorated with lines and stamps, alternated with six shallow, applied vertical bosses, h. >16.5, d. 14.3 cm.
r. On the basis of the urn: AD 550-700.

522.
a. Ash stain.
b. M 4, level 5.
d. d. 20 cm.
f. <1 ml of charcoal.

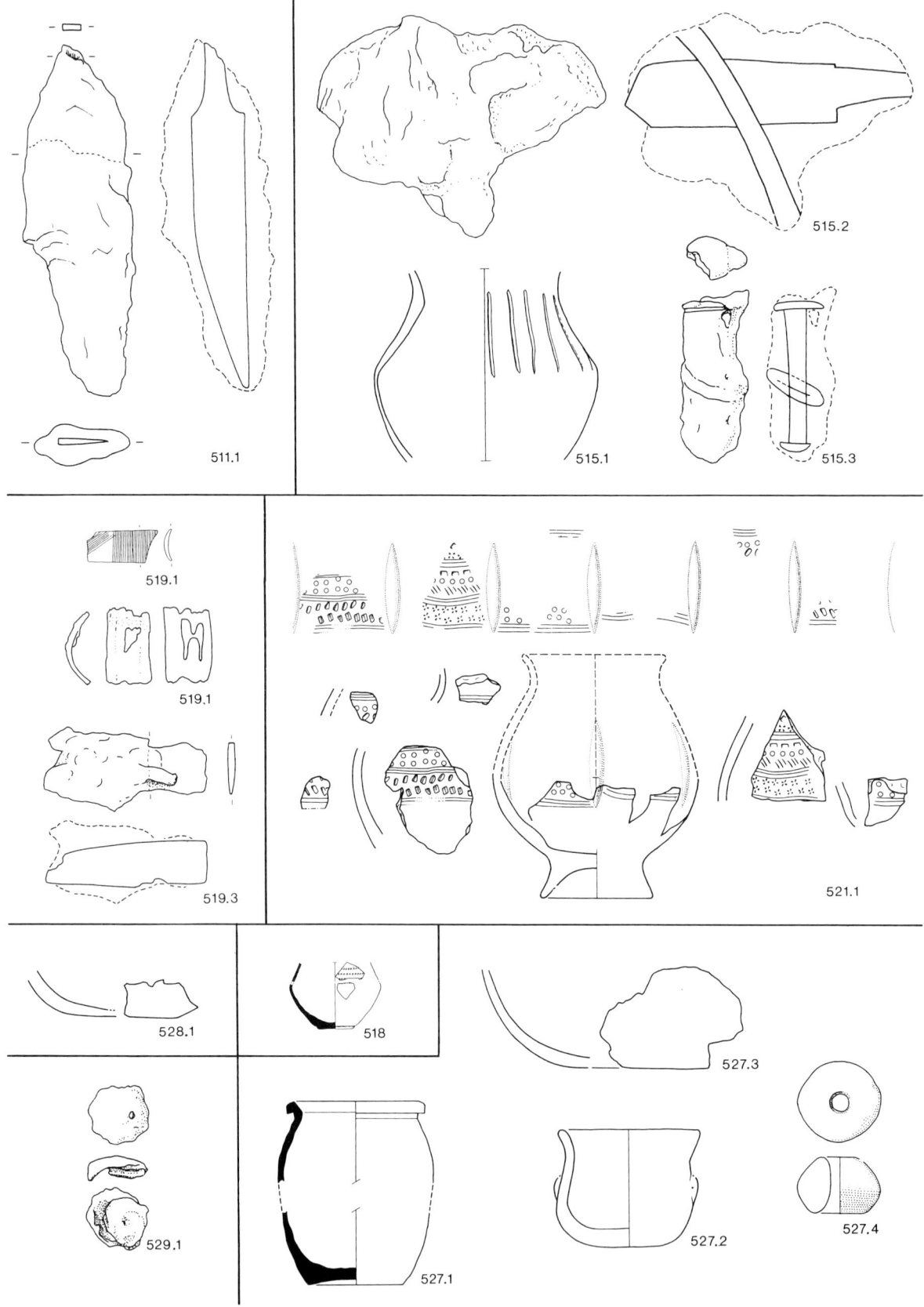

g. <1 g of cremation.
p. Unburnt faunal remains: shell fragment of *Mytilus edulis* (mussel).
r. Undatable, AD 400-750.

523.
a. Ash stain.
b. M 4, level 5.
d. d. 25 cm.
f. <1 ml of charcoal.
g. <1 g of cremation.
p. Unburnt faunal remains: 3 mammalian bone fragments.
r. Undatable, AD 400-750.

524.
a. Ash stain.
b. M 3/4, level 5.
d. 20x15 cm.
f. <1 ml of charcoal.
g. <1 g of cremation.
p. Unburnt faunal remains: mammalian bone fragment.
r. Undatable, AD 400-750.

525.
a. Ash stain.
b. N 4, level 5.
d. 30x20 cm.
f. <1 ml of charcoal.
p. Unburnt faunal remains: 3 mammalian bone fragments; shell fragment of *Mytilus edulis* (mussel).
r. Undatable, AD 400-750.

526.
a. Ash stain (samples 526 and 580).
b. N 4, levels 5 and 6.
d. 30x20 cm.
f. Sample 526 contains 120 ml of charcoal: 25 ml of *Quercus* and 95 ml residue. Sample 580 contains 35 ml of charcoal: 8 ml of *Quercus* and 27 ml residue.
g. Sample 526: 1 g of cremation, sample 580: 0.5 g of cremation.
i. Probably child, 0-3 years.
p. Sample 526: unburnt faunal remains: 7 mammalian bone fragments; precaudal vertebra of *Anguilla anguilla* (eel); spina pinnae abdominalis of *Gasterosteus aculeatus* (stickleback); 5 shell fragments of *Mytilus edulis* (mussel). Sample 580 contains 18 unburnt mammalian bone fragments; 2 shell fragments of *Mytilus edulis* (mussel).
r. Undatable, AD 400-750.

527.
a. *Brandgrube.*
b. O 3, level 5.
c. xx, three pots in sherds.
d. 25x20 cm.
f. 55 ml of charcoal: 15 ml of *Quercus*, 0.2 ml of *Pinus* and 4.0 ml residue.
g. 86 g of cremation.
h. Ost. –; arch. female.
i. 2-5 years.
m. 527.1 Rough-walled pot, wheel-thrown pottery, h. >12.5, d. 11 cm.
527.2 Small wide-mouthed pot, soft hand-made ware, tempered with organic material, with at least two, perhaps three, small pierced lugs, h. 8, d. 9.5 cm.
527.3 Fragment of the base of a pot, hand-made ware, l. sherd 10 cm.
527.4 Biconic spindle whorl, pottery, h. 1.9, d. 3 cm, with traces of burning.
r. On the basis of the pottery: AD 500-700. A radiocarbon date of the *Quercus* charcoal, GrN-19449 1510±50 BP has a range from the end of the 5th to the second half of the 7th century. The grave dates from AD 500-700.

528.
a. Ash stain.
b. O 3, level 5.
d. d. 20 cm.
g. 13 g of cremation.
i. Adult?
m. 528.1 Fragment of the base of a pot, hand-made ware, l. 5.5 cm.
p. Unburnt faunal remains: mammalian bone fragment.
r. Undatable, AD 400-750.

529.
a. Stray find.
b. P 3, level 5.
m. 529.1 Head of a nail, iron, remaining l. 0.8, d. 2.1 cm.
r. Undatable, AD 400-750.

531.
a. Ash stain.
b. M 3, level 5.
d. d. 25 cm.
f. <1 ml of charcoal.
g. 1 g of cremation.
p. Unburnt faunal remains: 14 mammalian bone fragments; femur of mouse species; 4 shell fragments of *Mytilus edulis* (mussel).
r. Undatable, AD 400-750.

532.
a. Ash stain. In the field the two ash stains observed in levels 5 and 6 were considered a single feature and the samples were put together. However, their recorded positions on levels 5 and 6 do not overlap each other.
b. O 3, levels 5 and 6.
d. d. 20 and 15 cm.
f. 260 ml of charcoal: 60 ml of *Quercus* and 200 ml residue.
g. 2 g of cremation.
p. Unburnt faunal remains: 2 first phalanges of sheep/goat; 17 mammalian bone fragments; humerus of mouse species; 4 shell fragments of *Mytilus edulis* (mussel).
r. Undatable, AD 400-750.

533.
a. Ash stain.
b. H 4, level 5.
d. d. 15 cm.
g. 7 g of cremation.
p. Unburnt faunal remains: lower incisor of sheep/goat; mammalian bone fragment; vertebra of mouse species; shell fragment of *Mytilus edulis* (mussel).
r. Undatable, AD 400-750.

534.
a. Ash stain.
b. I 4, level 5.
d. d. 20 cm.
f. <1 ml of charcoal.
g. 1 g of cremation.
r. Undatable, AD 400-750.

535.
a. Ash stain. In the field the two ash stains observed in levels 5 and 6 were considered a single feature and the samples were put together. However, their recorded positions on levels 5 and 6 do not overlap each other.
b. O 3, level 5.
d. d. 20 and 15 cm.
f. 120 ml of charcoal: 38 ml of *Quercus* and 82 ml residue.
g. 1 g of cremation.

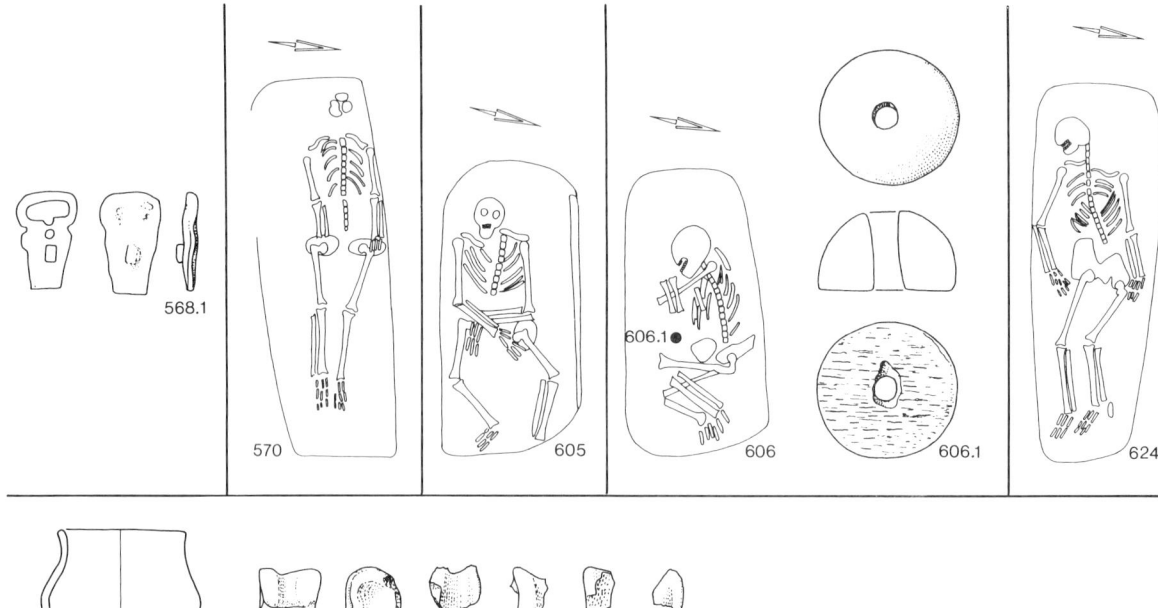

p. Unburnt faunal remains: 10 mammalian bone fragments; 2 bird bone fragments; 3 shell fragments of *Mytilus edulis* (mussel).
r. Undatable, AD 400-750.

536.
a. Ash stain, fragment 536.1 probably belongs to this feature.
b. A 5, level 6.
d. d. 20 cm.
f. 190 ml of charcoal: 2 ml of *Quercus*, 0.5 ml of *Fraxinus*, 15 ml of *Alnus*, 1 ml of *Corylus*, 1.5 ml of *Betula*, 15 ml of sintered and 155 ml residue.
g. 1 g of cremation.
i. Possibly a child.
m. 536.1 Fragment bronze (find No. 437, n.ill.).
p. Unburnt faunal remains: fragment of epistropheus of sheep/goat; 2 mammalian bone fragments; 3 shell fragments of *Mytilus edulis* (mussel).
r. Undatable, AD 400-750.

568.
a. Ash stain.
b. G 4, level 6.
d. d. 20 cm.
f. <1 ml of charcoal.
g. 6 g of cremation.
m. 568.1 Buckle, bronze, l. 2.7, w. 1.7 cm.
p. Unburnt faunal remains: atlas of sheep/goat; 11 mammalian bone fragments; upper/lower premolar/molar of *Microtus* sp. (vole); humerus and femur of mouse species; 2 fish bone fragments; 3 shell fragments of *Mytilus edulis* (mussel).
r. Undatable, AD 400-750.

570.
a. Inhumation.
   Disturbed cremation burial.
b. G/H 4, level 6.
c. x, skull broken.
d. 2.0x0.6 m; depth of skull 0.21, pelvis 0.29, feet 0.31 m -NAP.
e. W-E.
g. Skeleton (find Nos 561 and 570).

h. Ost. probably female; arch. –.
i. >45 years.
j. 1.62 m.
k. Teeth severely worn, some down to the roots. Ankylosis of a row of four vertebrae and of two others; in these places the spine was rigid.
l. Supine, arms and legs extended.
o. The grave fill contains some charcoal (no sample).
p. Fragment of left humerus of cattle with dog gnawing marks (find No. 562).
   Sample of the fill of the grave contained mammalian bone fragment and caudal vertebra of Pleuronectidae (all unburnt).
r. Grave 570 cut grave 606 and itself was cut by grave 100. Therefore it dates probably from the middle of the period of use of the cemetery, AD 525-625.
   The disturbed cremation burial must be older, AD 400-550.

571.
a. Ash stain.
b. G 4, level 6.
d. 25x20 cm.
f. <1 ml of charcoal.
g. 12 g of cremation.
i. Adult?
p. Unburnt faunal remains: 6 mammalian bone fragments; tibia of mouse species; 2 fish bone fragments; 2 shell fragments of *Mytilus edulis* (mussel).
r. Undatable, AD 400-750.

581.
a. Ash stain.
b. O 3, level 6.
d. 25x20 cm.
f. 44 ml of charcoal: 0.5 ml of *Fraxinus*, 20 ml of *Alnus* and 23.5 ml residue.
g. 16 g of cremation.
p. Unburnt faunal remains: 10 mammalian bone fragments; ulna of mouse species; 2 shell fragments of *Mytilus edulis* (mussel); shell fragment of *Cerastoderma edule* (cockle).
r. Undatable, AD 400-750.

582.
a. Ash stain.
b. F/G 4, level 6.
d. 50x5 cm.
f. <1 ml of charcoal.
g. 2 g of cremation.
i. 2 years ±8 month.
p. Unburnt faunal remains: 2 mammalian bone fragments; upper/ lower premolar/molar of *Microtus* sp. (vole); shell of Succineidae; 3 shell fragments of *Mytilus edulis* (mussel).
r. Undatable, AD 400-750.

583.
a. Urned burial.
b. P 3, level 6.
d. d. 20 cm.
f. <1 ml of charcoal.
g. 38 g of cremation.
i. Circa 17 years.
m. 583.1 Small urn, hand-made pottery, undecorated, h. 7.2, d. 8.8 cm.
   583.2 At least three and at the most five burnt knucklebones, astragalus sheep/goat, one almost complete right and four fragments of one or two right and one or two left ones.
r. On the basis of the pot: AD 450-700.

599.
a. Ash stain.
b. J 3, level 7.
d. 40x40 cm.
f. <1 ml of charcoal.
g. 0.1 g of cremation.
p. Unburnt faunal remains: mammalian bone fragment.
r. Undatable, AD 400-750.

605.
a. Inhumation.
b. P 6, level 12.
c. Skull broken.
d. 1.56x0.76 cm; depth of skull 0.80, pelvis 0.93 m -NAP.
e. W-E.
f. The skeleton lay on bark; along the edge was a piece of *Quercus* wood from the coffin. There was also a fragment of *Corylus*. The bark was indeterminable.
g. Skeleton (find No. 605).
h. Ost. probably male; arch. –.
i. >45 years.
j. 1.72 m.
k. Two teeth had caries, one had tartar, three teeth were worn down to the roots. The skeleton was porous (osteoporosis). Vertebrae and some carpal bones had osteophytes. One fibula was bent. The left clavicula had been broken and had healed.
l. Supine, the hands lay in the lap, the legs were slightly flexed.
p. Left mandible of sheep/goat with cutmarks; right carpometacarpus of *Anas crecca* (teal).
r. There are two radiocarbon dates of this grave. GrN-19342 1645±25 BP from wood from the coffin and GrN-19343 1545±35 BP from the fragment of *Corylus* (calibration in table 1). The latter is exactly the same as for grave 483 which lay above onto 605 and the wood may be from that burial. The first date comes from a random group of tree-rings, so the true date is a little (perhaps 20 years) younger than the calibrated ^{14}C date. On the basis of this date the grave is dated in the 5th or the first half of the 6th century: AD 400-550.

606.
a. Inhumation.
   Disturbed cremation burial.
b. H 4, level 7.
c. x, right knee was cut by north section of the excavation.

d. 1. 1.72, w. head 0.60, w. foot 0.60 m; depth of skull 0.34, pelvis 0.29, feet 0.32 m -NAP.
e. W-E.
g. Skeleton (find Nos 495 and 606) with damaged knee.
h. Ost. female; arch. female.
i. 25-35 years.
j. 1.62 m.
k. M₃ right has caries.
l. On the right side, with the arms crossed before the chest and the legs crouched.
m. 606.1 Spindle whorl, (red deer) antler, d. 7.6 cm.
n. 606.1 In front of the abdomen.
o. The fill of the grave contained some charcoal.
r. Grave 606 was cut by grave 570 which itself was cut by grave 100. Although the graves 570 and 100 are not closely datable, grave 606 could on stratigraphic grounds be assigned to an early period, perhaps AD 450-600. The disturbed cremation burial must be older, AD 400-500.

610.
a. Ash stain.
b. In south section, G 8.
d. d. 20 cm; depth 0.45 m -NAP.
f. No residue after sieving.
r. Undatable, AD 400-750.

611.
a. Ash stain, perhaps the same feature as No. 399.
b. H 8, level 9, south section.
d. d. app. 55 cm, part of the ash stain within the section.
f. 18 ml of charcoal: 4 ml of *Alnus*, 3 ml of *Betula* and 11 ml residue.
g. 1 g of cremation.
p. Unburnt faunal remains: 2 mammalian bone fragments.
r. A radiocarbon date of charred *Alnus* and *Betula*, GrN-19450 1590±80 BP, has a range from the second half of the 3rd up to the first half of the 7th century (calibration in table 1). Date perhaps AD 400-650.

624.
a. Inhumation.
   Disturbed cremation burial.
b. N 3, level 8.
c. Skull broken, recent reed canes were growing through the skeleton.
d. 1. 1.88, w. head 0.68, w. foot 0.48 m; depth of skull 0.41, pelvis 0.54, feet 0.60 m -NAP.
e. W-E.
f. An impression of bark of a tree trunk coffin was observed.
g. Skeleton (find No. 624).
i. 16-18 years.
k. M³ right and M₃ right not yet fully grown.
l. Supine, left arm stretched, right arm slightly bent, legs slightly flexed with the knees to the right's.
o. The fill of the grave contained cremation and charcoal.
p. Three fragments of pelvis, one of left and two of right side, and distal end of metapodium of cattle; fragment of right metacarpus III of pig; 8 bone fragments of large mammal.
r. Above the grave were some undisturbed cremation burials; therefore the grave belongs to the older period of the cemetery: c. AD 450-650. The disturbed cremation burial must be even older, AD 400-500.

645.
a. Ash stain, no sample.
b. F 6, level 7.
d. 50x40 cm.
r. Undatable, AD 400-750.

646.
a. Ash stain, no sample.
b. G 7, level 5.

d. 30x15 cm.
r. Undatable, AD 400-750.

647.
a. Ash stain, no sample.
b. H 6, level 6.
d. d. 20 cm.
r. Undatable, AD 400-750.

648.
a. Ash stain, no sample.
b. H 6, level 6.
d. d. 20 cm.
r. Undatable, AD 400-750.

649.
a. Ash stain, no sample.
b. H 4, level 5.
d. d. 20 cm.
r. Undatable, AD 400-750.

650.
a. Ash stain, no sample.
b. L 5, level 5.
d. 25x25 cm.
r. Undatable, AD 400-750.

651.
a. Ash stain, no sample.
b. M 5, level 6.
d. d. 20 cm.
r. Undatable, AD 400-750.

652.
a. Ash stain, no sample.
b. M 5, level 5.
d. 40x40 cm.
r. Undatable, AD 400-750.

653.
a. Ash stain, no sample.
b. N 5, level 7.
d. 25x20 cm.
r. Undatable, AD 400-750.

654.
a. Ash stain, no sample.
b. N 6, level 7.
d. d. 20 cm.
r. Undatable, AD 400-750.

655.
a. Ash stain, no sample.
b. I 7, level 6.
d. d. 20 cm.
r. Undatable, AD 400-750.

14. REFERENCES

ACSÁDI, G. & J. NEMESKÉRI, 1970. *History of human life span and mortality*. Akadémia Kiadó, Budapest.

AHRENS, C., 1983. Die eisernen Messer des spätsächsischen Gräberfeldes Ketzendorf. *Hammaburg* NF 5, pp. 51-64.

ALKEMADE, M., 1992. Martialiteit en oorlogvoering in de Frankische wereld. In: J. Bazelmans (ed.), *Krijgshaftigheid in de pre- en protohistorische samenlevingen van Noordwest-Europa*. I.P.P., Amsterdam, pp. 57-75.

AMBERGER, G. & M. KOKABI, 1985 (1986). Pferdeskelette aus den alamannischen Gräberfeldern Aldingen, Giengen an der Brenz und Kösingen. *Fundberichte aus Baden-Württemberg* 10, pp. 257-280.

AMBROSIANI, K., 1981. *Viking Age combs, comb making and comb makers in the light of finds from Birka and Ribe* (= Stockholm Studies in Archaeology 2). Göteborgs Offsettryckeri, Stockholm.

AMENT, H., 1976. Chronologische Untersuchungen an fränkischen Gräberfeldern der jüngeren Merowingerzeit im Rheinland. *Bericht der Römisch-Germanischen Kommission* 57, pp. 285-336.

ANTHONY, D.W. & D.R. BROWN, 1989. Looking a gift horse in the mouth: identification of the earliest bitted equids and the microscopic analysis of wear. In: P.J. Crabtree, D. Campana & K. Ryan (eds), *Early animal domestication and its cultural context* (= Special Supplement to MASCA Research Papers in Science and Archaeology 6). The University Museum of Archaeology and Anthropology, University of Pensylvania, Philadelphia, pp. 99-116.

ARENDS, U., 1978. Ausgewählte Gegenstände des Frühmittelalters mit Amulettcharakter. Diss. Heidelberg.

BÄREFÄNGER, R., 1988. *Siedlungs- und Bestattungsplätze des 8. bis 10. Jahrhunderts in Niedersachsen und Bremen* (= BAR International Series 398). BAR, Oxford

BAUME, P. LA, 1953. Die Wikingerzeit auf den nordfriesischen Inseln. *Jahrbuch des nordfriesischen Vereins für Heimatkunde und Heimatliebe* 29, pp. 5-185.

BECHERT, T., 1980. Zur Terminologie provinzialrömischer Brandgräber. *Archäologisches Korrespondenzblatt* 10, pp. 253-258.

BEHM-BLANCKE, G., 1959. Angelsächsischer Import in Thüringen. *Ausgrabungen und Funde* 4, pp. 240-246.

BEHRE, K.-E., 1976. *Die Pflanzenreste aus der frühgeschichtlichen Wurt Elisenhof* (= Studien zur Küstenarchäologie Schleswig-Holsteins, Serie A. Elisenhof 2). Römisch-Germanische Kommission des deutschen Archäologischen Instituts/Institut für Ur- und Frühgeschichte der Universität Kiel, Frankfurt am Main.

BEHRE, K.-E., 1986. Ackerbau, Vegetation und Umwelt im Bereich früh- und hochmittelalterlicher Siedlungen im Flußmarschgebiet der unteren Ems. *Probleme der Küstenforschung im südlichen Nordseegebiet* 16, pp. 99-125.

BELLINGEN, S. VAN, 1988. Gelijkarmige fibulae uit de Merovingische en Karolingische periode in België en in Noord-Frankrijk. Onuitgegeven licentiaatsverhandeling VU Brussel.

BELLINGEN, S. VAN, 1989. Les fibules ansées symétriques en Wallonie. *Infos Archio* 1-2, pp. 11-20.

BERGMANS, W. & A.[C.M.] ZUIDERWIJK, 1986. *Atlas van de Nederlandse amfibieën en reptielen en hun bedreiging* (= Bibliotheek van de Koninklijke Nederlandse Natuurhistorische Vereniging 39). Stichting Uitgeverij Koninklijke Nederlandse Natuurhistorische Vereniging, Hoogwoud.

BESTEMAN, J.C., J.M. BOS & H.A. HEIDINGA, 1992. *Graven naar Friese koningen*. Uitgeverij Van Wijnen, Franeker.

BIRKE, L.I.A. & G. VINES, 1987. Beyond nature versus nurture: process and biology in the development of gender. *Woman's Studies International Forum* 10, pp. 555-570.

BLEYER, A., 1940. The antiquity of achondroplasia. *Annals of Medical History* 2, pp. 306-307.

BLOK, D.P., 1974. *De Franken in Nederland*. 2nd ed. Fibula-Van Dishoeck, Bussum.

BÖHME, G., 1977. Zur Bestimmung quartärer Anuren Europas an Hand von Skelettelementen. *Wissenschaftliche Zeitschrift der Humboldt-Universität zu Berlin, Mathematisch-Naturwissenschaftliche Reihe* 26, pp. 283-299.

BÖHME, H.W., 1974. *Germanische Grabfunde des 4. bis 5. Jahrhunderts zwischen unterer Elbe und Loire*. C.H. Beck'sche Verlagsbuchhandlung, München,

BÖHME, H.W., 1986. Das Ende der Römerherrschaft in Brittannien und die angelsächsische Besiedlung Englands im 5. Jahrhundert. *Jahrbuch des Römisch-Germanischen Zentralmuseums Mainz* 33, pp. 469-574.

BÖHNER, K., 1949. Die fränkischen Gräber von Orsoy, Kreis Mörs. *Bonner Jahrbücher* 149, pp. 146-191.

BÖHNER, K., 1958. *Die fränkischen Altertümer des Trierer Landes*

(= Germanische Denkmäler der Völkerwanderungszeit B, Die fränkischen Altertümer der Rheinlandes 1). Gebr. Mann Verlag, Berlin.

BOELES, P.C.J.A., 1906. De opgravingen in de terp te Hoogebeintum. *De Vrije Fries* 20, pp. 391-430.

BOELES, P.C.J.A., 1907. Verslag van den conservator over het jaar 1906, de voornaamste aanwinsten van het Fries Museum. *78 Verslag van het Friesch Genootschap over het jaar 1905-06*, pp. 37-47.

BOELES, P.C.J.A., 1943. Prof. Dr. Tjitze de Boer. *De Vrije Fries* 37, pp. 172-175.

BOELES, P.C.J.A., 1951. *Friesland tot de elfde eeuw*. Martinus Nijhoff, 's Gravenhage.

BOER, T.W. DE & R.H. DE BRUYNE, 1991. *Schelpen van de Friese Waddeneilanden*. Fryske Akademie/Dr. W. Backhuys/U.B.S., Ljouwert[Leeuwarden]/Oegstgeest.

BOERSMA, J.W., 1967. Rasquert gem. Baflo. *Bulletin K.N.O.B.* 68, *69.

BOERSMA, J.W., 1980. Bij het graf van twee paarden en een hond. *Bulletin Vereniging van vrienden van het Groninger Museum*, 5, pp. 2-4.

BOERSMA, J.W., 1988. Een voorlopig overzicht van het archeologisch onderzoek van de wierde Heveskesklooster (Gr.). In: M. Bierma et al. (eds), *Terpen en wierden in het Fries-Groninger kustgebied*. Wolters-Noordhoff/Forsten, Groningen, pp. 61-87.

BOESSNECK, J., 1987. Neue Befunde an den Pferdeskeletten von Tournai, Saint-Brice. *Documents d'Archéologie Régionale* 2, pp. 71-72.

BOESSNECK, J. & A. VON DEN DRIESCH-KARPF, 1967. Die Tierknochenfunde des fränkischen Reihengräberfeldes in Kleinlangheim, Landkreis Kitzingen. *Zeitschrift für Säugetierkunde* 32, pp. 193-215.

BOTMAN, A., 1994. De Domburgfibula een Fries type? Doctoraal scriptie Archeologisch Instituut Vrije Universiteit Amsterdam (unpublished).

BRINKHUIZEN, D.C., 1989. Ichthyo-archeologisch onderzoek: methoden en toepassing aan de hand van Romeins vismateriaal uit Velsen (Nederland). Diss. Univ. Groningen 1989.

BROEKHUIZEN, S., B. HOEKSTRA, V. VAN LAAR, C. SMEENK & J.B.M. THISSEN (eds), 1992. *Atlas van de Nederlandse Zoogdieren* (= Bibliotheek van de Koninklijke Nederlandse Natuurhistorische Vereniging 56). Stichting Uitgeverij Koninklijke Nederlandse Natuurhistorische Vereniging, Utrecht.

BROTHWELL, D.R., 1965. *Digging up bones*. Cornell University Press, Ithak.

BRUCE-MITFORD, R., 1975. *The Sutton Hoo ship-burial 1. Excavations, background, the ship, dating and inventory*. British Museum Publications Ltd., London.

BRUIN, P. DE & J.A. DE VRIES, 1976. Roodkeelduiker – *Gavia stellata* (Pontoppidan). In: *Vogels in Friesland* 1 (= Dr. J. Botke-rige 7). De Tille, Leeuwarden, pp. 95-97.

BULT, E.J. & D.P. HALLEWAS, 1986. *Graven bij Valkenburg, het archeologisch onderzoek in 1985*. Eburon, Delft.

BURSCH, F.C., 1937. Grafvormen van het Noorden. *Oudheidkundige Mededelingen van het Rijksmuseum van Oudheden te Leiden* 18, pp. 41-66.

CAPELLE, T., not dated. *Die frühgeschichtlichen Metallfunde von Domburg auf Walcheren* (= Nederlandse Oudheden 5). R.O.B., Amersfoort.

CASPARIE, W.A., 1983. C14-dateringen van de St. Walburgkerk en de Martinikerk te Groningen. *Groningse Volksalmanak* 1982/83, pp. 86-89.

CASPARIE, W.A., 1986. The two Iron Age wooden trackways XIV(Bou) and XV(Bou) in the raised bog of Southeast Drenthe (The Netherlands). *Palaeohistoria* 28, pp. 169-210.

CASPARIE, W.A., 1991. Houtgebruik in het vroeg-middeleeuwse grafritueel in Noord-Nederland. *Paleo-aktueel* 2, pp. 103-107.

CASPARIE, W.A. & K. HELFRICH, 1995. Houtgebruik in historisch Groningen. In: K. Helfrich, J.F. Benders & W.A. Casparie (eds), *Handzaam hout uit Groninger grond. Houtgebruik in de historische stad*. Stichting Monument en Materiaal, Groningen, pp. 28-37.

CLASON, A.T., 1970. De dierenwereld van het terpenland. In: J. W. Boersma (ed.), *Terpen, mens en milieu*. Knoop & Niemeijer, Haren, pp. 36-42.

CLAUSS, G., 1982. Strumpfbänder: ein Beitrag zur Frauentracht des 6. und 7. Jahrhunderts n. Chr. *Jahrbuch des Römisch-Germanischen Zentralmuseums Mainz* 23-24, pp. 54-88.

CLUTTON-BROCK, J., 1974. The Buhen horse. *Journal of Archaeological Science* 1, pp. 89-100.

CORBET, G.B. & S. HARRIS (eds), 1991. *The handbook of British mammals*, 3rd ed. Blackwell Scientific Publ., Oxford etc.

CRUMLIN-PEDERSEN, O., 1990. The boats and ships of the Angles and Jutes. In: S. McGrail (ed.), *Maritime Celts, Frisians and Saxons* (= CBA Research Report 71). Council for British Archaeology, London, pp. 98-116.

CRUZ-URIBE, K., 1988. The use and meaning of species diversity and richness in archaeological faunas. *Journal of Archaeological Science* 15, pp. 179-196.

CUIJPERS, A.G.F.M., H.A. GROENENDIJK & P.B. KOOI, 1995. Een grafveld uit de vroege middeleeuwen bij Lellens (Gr.). *Paleo-aktueel* 6, pp. 109-111.

DAVIES, S.M., L.C. STACEY & P.J. WOODWARD, 1985. Excavations at Alington Avenue, Fordington, Dorchester, 1984/85: interim report. *Proceedings of the Dorset National History and Archaeological Society* 107, pp. 101-110.

DONAT, P. & H. ULLRICH, 1971. Einwohnerzahl und Siedlungsgröße der Merowingerzeit. *Zeitschrift für Archäologie* 5, pp. 234-265.

DRIESCH-KARPF, A. VON DEN, 1967. Neue Pferdeskelettfunde aus Reihengräberfeldern in Bayern. *Bayerische Vorgeschichtsblätter* 32, pp. 186-194.

DRIESCH, A. VON DEN, 1976. *A guide to the measurement of animal bones from archaeological sites* (= Peabody Museum Bulletin 1). Peabody Museum of Archaeology and Ethnology Harvard University, Cambridge Massachusetts.

DRIESCH, A. VON DEN & J. BOESSNECK, 1974. Kritische Anmerkungen zur Widerristhöhenberechnung aus Längenmaßen vor- und frühgeschichtlicher Tierknochen. *Säugetierkundliche Mitteilungen* 22, pp. 325-348.

DRIESCH, A. VON DEN & J. BOESSNECK, 1980. Ein bajuwarisches Pferdegrab in Regensburg. In: U. Osterhaus (ed.), Eine Reiterbestattung aus dem frühen Mittelalter aus Regensburg-Bismarckplatz. *Jahresbericht der Bayerischen Bodendenkmalpflege* 21, pp. 195-202.

DRIESCH, A. VON DEN & J. PETERS, 1987. Zoologischhaustierkundliche Befunde an den Pferdeskeletten aus dem Gräberfeld von Moos-Burgstall. In: U. von Freeden (ed.), Das frühmittelalterliche Gräberfeld von Moos-Burgstall, Ldkr. Deggendorf, in Niederbayern. *Bericht der Römisch-Germanischen Kommission* 68, pp. 598-603.

DÜWEL, K. & W.-D. TEMPEL, 1970. Knochenkämme mit Runeninschriften aus Friesland. Mit einer Zusammenstellung aller bekannten Runenkämme und einem Beitrag zu den friesischen Runeninschriften. *Palaeohistoria* 14, pp. 353-391.

DIJK, J. VAN, 1987. *Van Ter Stedt tot Olde Stedt*. Joh. van Dijk, Nunspeet.

EAGLES, B.N., 1979. *The Anglo-Saxon settlement of Humberside* (= BAR British Series 68). BAR, Oxford.

ECKHARDT, K.A. & A. ECKHARDT, 1982. *Lex Frisionum*. (= Monumenta Germaniae Historica, Fontes Iuris Germanici Antiqui in usum scholarum separatim editi 12). Hahnsche Buchhandlung, Hannover.

EENSHUISTRA, O., 1973a. *Goudplevier en Wilstervangst* (= Dr. J. Botke-rige 4). Fryske Akademy, Leeuwarden.

EENSHUISTRA, O., 1973b. Over oude jacht- en vangtechnieken. *Vanellus* 26, pp. 196-200 and 216-217.

EENSHUISTRA, O., 1976. Goudplevier – *Pluvialis apricaria* (Linnaeus). In: *Vogels in Friesland* 1 (= Dr. J. Botke-rige 7). De Tille, Leeuwarden, pp. 463-469.

EENSHUISTRA, O., 1977. Wulp – *Numenius arquata arquata* (Linnaeus). In: *Vogels in Friesland* 2 (= Dr. J. Botke-rige 8). De Tille, Leeuwarden, pp. 667-677.

ELZINGA, G., 1961. Archeologisch Nieuws, Barradeel. *Nieuws-Bulletin K.N.O.B.* 14, p. 233.

ENGELMANN, W.-E., J. FRITSCHE, R. GÜNTHER & F.J. OBST, 1986. *Lurche und Kriechtiere Europas.* Ferdinand Enke Verlag, Stuttgart.

ES, W.A. VAN, 1964. Het rijengrafveld van Wageningen. *Palaeohistoria* 10, pp. 183-316.

ES, W. A. VAN, 1967. Wijster. A native village beyond the imperial frontier 150-425 AD. *Palaeohistoria* 11, pp. 1-595.

ES, W.A. VAN, 1968. *Grafritueel en kerstening.* Fibula-Van Dishoeck, Bussum.

ES, W.A. VAN, 1969. Early-medieval hand-made pottery from Den Burg, Texel, prov. North Holland. *Berichten van de Rijksdienst voor het Oudheidkundig Bodemonderzoek* 19, pp. 129-134.

ES, W.A. VAN, 1970. Paddepoel, Excavations of frustrated terps, 200 BC – 250 AD. *Palaeohistoria* 14, pp. 187-352.

ES, W.A. VAN, 1973. Antum. *Reallexikon der Germanischen Altertumskunde* 1. Walter de Gruyter, Berlin etc., pp. 361-362.

ES, W.A. VAN, 1973. Terp research; with particular reference to a medieval terp at Den Helder, province of North Holland. *Berichten van de Rijksdienst voor het Oudheidkundig Bodemonderzoek* 23, 337-345.

ES, W.A. VAN, 1979. Odoorn: Frühmittelalterliche Siedlung; das Fundmateriaal der Grabung 1966. *Palaeohistoria* 21, pp. 205-225.

ES, W.A. VAN & R.S. HULST, 1991. *Das merowingische Gräberfeld von Lent* (= Nederlandse Oudheden 14). R.O.B., Amersfoort.

ES, W.A. VAN & W.J.H. VERWERS, 1977. Fibulae uit de Maas. In: *Brabantse oudheden, opgedragen aan Gerrit Beex* (= Bijdragen tot de studie van het Brabantse Heem 16). Stichting Brabants Heem, Eindhoven, pp. 153-171.

ES, W.A. VAN & W.J.H. VERWERS, 1980. *Excavations at Dorestad 1 The Harbour: Hoogstraat 1* (= Nederlandse oudheden 9). ROB/Staatsuitgeverij, Amersfoort/'s Gravenhage.

ES, W.A. VAN & J. YPEY, 1977. Das Grab der 'Prinzessin' von Zweeloo und seine Bedeutung im Rahmen des Gräberfeldes. *Studien zur Sachsenforschung* 1, pp. 97-126.

EVANS, H.E. & G.C. CHRISTENSEN, 1979. *Miller's anatomy of the dog.* 2nd ed. W.B. Saunders Company, Philadelphia etc.

FEINDT, F.S.M. & M.G. FISHER, 1994. Untersuchungen von Holzproben aus dem völkerwanderungs- bis karolingerzeitlichen Gräberfeld Liebenau, Ldkr. Nienburg (Weser). *Studien zur Sachsenforschung* 5.4, pp 17-87.

FORTELIUS, M., 1982. Dogs in Eura. In: P.-L. Lehtosalo-Hilander (ed.), *Luistari I. The Graves* (= Suomen Muinaismuistoyhdistyksen Aikakauskirja/Finska Fornminnesföreningens Tidskrift 82:1). Vammala, Helsinki, pp. 310-312.

Foto-atlas Friesland, not dated. Robas/Topografische Dienst, Den Ilp/Emmen.

FRAYER, D.W., R. MACCHIARELLI & M. MUSSI, 1988. A case of chondrodystrophic dwarfism in the Italian late Upper Paleolithic. *American Journal of Physical Anthropology* 75, pp. 549-565.

GIFFEN, A.E. VAN, 1913. Die Fauna der Wurten. Diss. Groningen.

GIFFEN, A.E. VAN, 1920. Een Karolingisch grafveld bij Godlinze. *Jaarverslag van de Vereeniging voor Terpenonderzoek* 3/4, pp. 39-96.

GIFFEN, A.E. VAN, 1940. Een systematisch onderzoek in een der Tuinster Wierden. *Jaarverslag van de Vereeniging voor Terpenonderzoek* 20/24, pp. 26-115.

GJESDAL, F., 1972. Age determination of swine foetuses. *Acta Veterinaria Scandinavica, Supplementum* 40, pp. 1-29.

GONDREXON-IVES BROWNE, A., 1987. *Tirions hondengids.* 6th ed. Tirion, Baarn.

GRIEDE, J.W., 1978. Het ontstaan van Frieslands Noordhoek. Diss. VU Amsterdam.

GRIERSON, P. & M. BLACKBURN, 1986. *Medieval European coinage, 1. The early Middle Ages (5th-10th centuries).* Cambridge University Press, Cambridge.

GROENEWOUDT, B., 1987. Deventer-Kloosterlanden: pottery and settlement traces from the Merovingian period. *Berichten van de Rijksdienst voor het Oudheidkundig Bodemonderzoek* 37, pp. 225-243.

HAALEBOS, J.K., 1990. Maurik. In: R.S. Hulst (ed.), Archeologische kroniek van Gelderland 1989. *Bijdragen en Mededelingen van de Vereniging Gelre* 81, pp. 190-192.

HAARNAGEL, W., 1955. Die frühgeschichtliche Handels-Siedlung Emden und ihre Entwicklung bis ins Mittelalter. *Jahrbuch der Gesellschaft für bildende Kunst und vaterländische Altertümer zu Emden* 35, 9-78.

HAARNAGEL, W., 1959. Die einheimische frühgeschichtliche und mittelalterliche Keramik aus den Wurten 'Hessens' und 'Emden' und ihre zeitliche Gliederung. *Prähistorische Zeitschrift* 37, pp. 41-56.

HABERMEHL, K.-H., 1975. *Die Altersbestimmung bei Haus- und Labortieren.* 2nd ed. Verlag Paul Parey, Berlin etc.

HÄRKE, H., 1989. Knives in early Saxon burials: blade length and age at death. *Medieval Archaeology* 33, pp. 144-148.

HÄSSLER, H.-J., 1983. Das sächsisches Gräberfeld bei Liebenau, Kr. Nienburg (Weser) 2. *Studien zur Sachsenforschung* 5.1, pp. 1-140.

HALBERTSMA, H., 1944. Inventaris van terpen en wierden in de provinciën Friesland en Groningen samengesteld in opdracht van het Departement van Onderwijs, Wetenschappen en Kultuurbescherming Juli 1943 – Juli 1944. [Typoscript present in library of the B.A.I.]

HALBERTSMA, H., 1954. Enkele oudheidkundige aantekeningen bij de oudste menselijke skeletten in de Friese terpen gevonden. *Berichten van de Rijksdienst voor het Oudheidkundig Bodemonderzoek* 5, pp. 45-49.

HALBERTSMA, H., 1960. Bonifatius' levenseinde in het licht der opgravingen. *De Vrije Fries* 54, pp. 5-46.

HALBERTSMA, H., 1963. *Terpen tussen Vlie en Eems: een geografisch-historische benadering.* Wolters, Groningen.

HALBERTSMA, H., 1970. Dokkum. *Bulletin K.N.O.B.* 69, pp. 33-52.

HALBERTSMA, H., 1982. Frieslands oudheid. Diss. Groningen.

HALLEWAS, D.P., 1986. Archaeologische gegevens over de middeleeuwse bewoningsgeschiedenis van het mondingsgebied van de Oude Rijn en hun relatie tot het landschap. In: M.C. van Trierum & H.E. Henkes (eds), *Rotterdam Papers 5, A contribution to prehistoric, roman and medieval archaeology.* Rotterdam [s.n.], pp. 173-182.

HARCOURT, R.A., 1974. The dog in prehistoric and early historic Britain. *Journal of Archaeological Science* 1, pp. 151-175.

HAVERKORT, C.M. & J.M. PASVEER, 1993. Syllabus fysische anthropologie. Vakgroep Archeologie/B.A.I., Groningen.

HEIDINGA, H.A., 1984. De Veluwe in de vroege middeleeuwen, aspecten van de nederzettingsarcheologie van Kootwijk en zijn buren. Diss. Universiteit van Amsterdam.

HEIDINGA, H.A., 1987. *Medieval settlement and economy north of the Lower Rhine.* Van Gorcum, Assen etc.

HEMMER, H. & R. JAEGER, 1969. Über ein Pferdeskelett aus dem fränkischen Gräberfeld bei Eltville (Rheingau) nebst Bemerkungen zur Abstammung der Hauspferde. *Zeitschrift für Tierzüchtung und Züchtungsbiologie* 85, pp. 221-244.

HERRMANN, B., 1976. Neuere Ergebnisse zur Beurteilung menschlicher Brandknochen. *Zeitschrift für Rechtsmedizin* 77, pp. 191-200.

HIJSZELER, C.C.W.J., unpublished. Kort verslag opgraving terpengrafveld 'De Bouwerd' [manuscript B.A.I., Groningen].

HILLS, C., K. PENN & R. RICKETT, 1984. *The Anglo-Saxon cemetery at Spong Hill, North Elmham Part 3: Catalogue of Inhumations* (= East Anglian Archaeology Report 21). Norfolk Archaeological Unit, Norfolk.

HINES, J., 1984. *The Scandinavian character of Anglian England in the pre-Viking period* (= BAR British series 124). BAR, Oxford.

HOLK, A.F.L. VAN, 1986. Overnaadsgeklonken, een aanzet tot classificatie. Unpublished manuscript B.A.I, Groningen.

HOPMAN, M., 1993. Een kijk op het Karolingische dierenrijk, faunaresten van de terpen Tzummarum en Wijnaldum. Unpublished manuscript B.A.I., Groningen.

HORNIG, C., 1989. Lockhirsch und Bracke aus dem spätsächsischen Gräberfeld von Rullsdorf, Ldkr. Lüneburg. *Die Kunde* NF 40, pp. 215-216.

HOTTENTOT, W. & S.M.E. VAN LITH, 1970. Römische Amulette aus Hirschhorn in den Niederlanden. *Helinium* 30, pp. 186-207.

HÜBENER, W., 1972. Gleicharmige Bügelfibeln der Merowingerzeit in Westeuropa. *Madrider Mitteilungen* 13, pp. 211-269.

HULST, R.S., 1992. Archeologische kroniek van Gelderland. *Bijdragen en Mededelingen van de Vereniging Gelre* 83, pp. 171-188.

HUNDT, H.-J., 1982. Einige Textilreste aus dem frühgeschichtlichen altfriesischen Grabfeld von Zetel, Kr. Friesland, Niedersachsen. *Studien zur Sachsenforschung* 3, pp. 53-56.

JONG, M. DE, 1976. Kleine zwaan – *Cygnus columbianus bewickii* Yarrell. In: *Vogels in Friesland* 1 (= Dr. J. Botke-rige 7). De Tille, Leeuwarden, pp. 314-316.

KADLETZ, M., 1932. *Anatomischer Atlas der Extremitätengelenke von Pferd und Hund.* Urban & Schwarzenberg.

KAMP-HILT, G.M.W. VAN DER, 1966. Catalogus der hoornen en benen haarkammen uit de provincie Friesland. Scriptie R.U.G. (unpublished).

KARS, H. & M.A.R. WEVERS, 1983. Early-medieval Dorestad, an archaeo-petrological study VII: amber. *Berichten Rijksdienst voor het Oudheidkundig Bodemonderzoek* 33, pp. 61-81.

KAUFMANN, B., 1976. Die Tierbestattungen im Gräberfeld Basel-Bernerring. In: M. Martin (ed.), *Das fränkische Gräberfeld von Basel-Bernerring.* Archäologischer Verlag, Basel, pp. 369-398.

KERLEY, E.R., 1965. The microscopic determination of age in human bone. *American Journal of Physical Anthropology* 23, pp. 149-164.

KLEEMANN, J., 1991. Grabfunde des 8. und 9. Jahrhunderts im nördlichen Randgebiet des Karolingerreiches. Diss. Bonn.

KLEINSCHMIDT, A., 1967. Die Tierreste. In: P. Paulsen (ed.), *Alamannische Adelsgräber von Niederstotzingen (Kreis Heidenheim)* (= Veröffentlichungen des staatlichen Amtes für Denkmalpflege Stuttgart A 12/II). Verlag Müller & Gräff/Kommissionsverlag, Stuttgart, pp. 33-45.

KNAUT, M., 1993. *Die alamannischen Gräberfelder von Neresheim und Kössingen.* Kommissionsverlag/Konrad Theiss Verlag, Stuttgart.

KNOL, E., 1983. Farming on the banks of the river Aa, the faunal remains and bone objects of Paddepoel, 200 BC – 250 AD. *Palaeohistoria* 25, pp. 145-182.

KNOL, E., 1987. Knucklebones in urns, playful grave-goods in early medieval Friesland. *Helinium* 27, pp. 280-288.

KNOL, E., 1988. Magische voorwerpen in vroeg-middeleeuwse graven in Friesland. In: M. Bierma et al. (eds), *Terpen en wierden in het Fries-Groningse kustgebied.* Wolters-Noordhoff/Forsten, Groningen, pp. 117-128.

KNOL, E., 1989. Das neuentdeckte frühmittelalterliche Gräberfeld Oosterbeintum, Niederlande. *Die Kunde* NF 40, p. 200.

KNOL, E., 1991a. Vroeg-middeleeuwse grafvelden in het Noordnederlandse kustgebied. *De Spieker* 12, pp. 3-4.

KNOL, E., 1991b. Op weg naar systematisch terpenonderzoek 1897-1913. *Jaarverslag Vereniging voor Terpenonderzoek* 75, pp. 69-85.

KNOL, E., 1993a. De Noordnederlandse kustlanden in de Vroege Middeleeuwen. Diss. VU Amsterdam.

KNOL, E., 1993b. De kerstening van Noord-Nederland in het grafritueel weerspiegeld? In: E. Drenth, W.A.M. Hessing & E. Knol (eds), *Het tweede leven van onze doden* (= NAR 15). R.O.B., Amersfoort, pp. 61-74.

KNOL, E., 1995. Een nieuw ontdekt grafveld: Ulrum-De Capel (Gr.). *Paleo-aktueel* 6, pp. 112-114.

KNOL, E., 1996. Die Bewohnung der nordniederländischen Wurten im frühen Mittelalter. In: T. Looijenga & A. Quack, *Frisian runes and neighbouring traditions* (= Amsterdamer Beiträge zur älteren Germanistik 45). Rodopi, Amsterdam, pp. 77-90.

KNOL, E., E. KRAMER & G.J. DE LANGEN, 1989. De verkenning van het vroeg-middeleeuwse grafveld van Oosterbeintum (Fr.). *Paleo-aktueel* 1, pp. 73-79.

KNOL, E., E. KRAMER, G.J. DE LANGEN, W. PRUMMEL & H.T. UYTTERSCHAUT, 1990. Nieuw licht op het vroeg-middeleeuws grafritueel. *Noorderbreedte* 14, pp. 22-28.

KOCH, R., 1967. *Bodenfunde der Völkerwanderungszeit aus dem Main-Tauber-Gebiet* (= Germanische Denkmäler der Völkerwanderungszeit A/8). Walter de Gruyter, Berlin.

KOCH, U., 1977. *Das Reihengräberfeld bei Schretzheim* (= Germanische Denkmäler der Völkerwanderungszeit A/13). Gebr. Mann Verlag, Berlin.

KOCH, U., 1990. *Das fränkische Gräberfeld von Klepsau im Hohen Lohekreis.* Konrad Theiss Verlag, Stuttgart.

KRAMER, E., 1989. Archeologische afdeling. *De Vrije Fries* 69, pp. 152-168.

KRAMER, E. & W. PRUMMEL, in preparation. Voorwerpen van gewei en been uit de terp van Oosterbeintum. *Jaarverslag van de Vereniging voor Terpenonderzoek.*

LANGE, R., 1991. De noordse woelmuis voelt graag nattigheid. *Zoogdier* 2(2), pp. 6-13.

LANGE, R., 1992. Aardmuis *Microtus agrestis* (L., 1761). In: S. Broekhuizen, B. Hoekstra, V. van Laar, C. Smeenk & J.B.M. Thissen (eds), *Atlas van de Nederlandse zoogdieren.* Stichting Uitgeverij Kon. Ned. Natuurhistorische Ver., Utrecht, pp. 261-268.

LANGEN, G.J. DE, 1988. Verslag van de secretaris over 1988. *Jaarverslagen van de Vereniging voor Terpenonderzoek* pp. 66-72, 152-149.

LANGEN, G.J. DE, 1992. *Middeleeuws Friesland; de economische ontwikkeling van het gewest Oostergo in de vroege en volle middeleeuwen.* Wolters Noordhoff/Forsten, Groningen.

LANGEN, G.J. DE, z.j. [1989] *Middeleeuws Leeuwarden. De opgraving Gouveneursplein-St.Jacobsstraat 1979.* Commissie Archeologisch Stadskernonderzoek Leeuwarden, Leeuwarden.

LANTING, J.N., 1977. Bewoningssporen uit de ijzertijd en de vroege middeleeuwen nabij Eursinge, gem. Ruinen. *Nieuwe Drentse Volksalmanak* 94, pp. 213-149.

LANTING, J.N., 1990a. De ouderdom van de houten gebouwen onder de St.-Walburg en Martinikerk. In: J.W. Boersma et al. (eds), *Groningen 1040.* Profiel, Bedum, pp. 155-74.

LANTING, J.N., 1990b. Nogmaals de bouwdatums van het houten gebouw onder de St.-Walburg, en van de houten en tufstenen voorgangers van de Martinikerk. *Groningse Volksalmanak* 1990, pp. 169-78.

LARJE, R., 1985. The short Viking from Gotland. A case study. *Archaeology and Environment* 4, pp. 259-271.

LAUWERIER, R.C.G.M., 1988. *Animals in Roman times in the Dutch eastern river area* (= Nederlandse Oudheden 12). R.O.B., Amersfoort.

LAUX, F., 1980. Das frühmittelalterliche Gräberfeld beim Rehrhof, Samtgemeinde Amelinghausen, Kr. Lüneburg (Niedersachsen). *Studien zur Sachsenforschung* 2, pp. 203-229.

LEEDS, E.T., 1945. The distribution of the Angles and Saxons archaeologically considered. *Archaeologia* 91, pp. 1-106.

LETHBRIDGE, T.C., 1931. *Recent excavations in the Anglo-Saxon cemeteries in Cambridgeshire and Suffolk* (= Cambridge Antiquarian Society Quarto Publications NS 3). Bowes & Bowes, Cambridge.

LIGTVOET, W., 1992. Noordse woelmuis *Microtus oeconomus* (Pallas, 1776). In: S. Broekhuizen, B. Hoekstra, V. van Laar, C. Smeenk & J.B.M. Thissen (eds), *Atlas van de Nederlandse zoogdieren.* Stichting Uitgeverij Kon. Ned. Natuurhistorische Ver., Utrecht, pp. 273-280.

LODEWIJKX, M., 1991. Preliminary report on the Roman and Early Medieval period in the region of the Kleine Gete at Landen and Linter (Central Belgium). *Acta Archaeologica Lovaniensia* 30, pp. 41-47.

MacGREGOR, A. & E. BOLICK, 1993. *A summary catalogue of the Anglo-Saxon collections (non-ferrous metals) (Ashmolian Museum Oxford)* (= BAR British series 230). BAR, Oxford.

MAINMAN, A., 1983. Völkerwanderungszeitliche Vase aus Altenwalde, Kreis Cuxhaven. *Hammaburg* NF 6, pp. 221-223.

MARSCHALLECK, K.-H., 1978. Zetel, ein friesisches Gräberfeld des frühen Mittelalters. *Neue Ausgrabungen und Forschungen in Niedersachsen* 12, pp. 79-146.

MARTIN, M., 1976. *Das fränkische Gräberfeld von Basel-Bernerring.* Archäologischer Verlag, Basel.

MAY, E., 1985. Widerristhöhe und Langknochenmaße bei Pferden – ein immer noch aktuelles Problem. *Zeitschrift für Säugetierkunde* 50, pp. 368-382.

MAY, E. & M.G. BITZAN, 1990. Osteologische Bearbeitung von merowingerzeitlichen Pferdeskeletten aus dem süddeutschen Raum. *Fundberichte aus Baden-Württemberg* 15, pp. 305-351.

MEANEY, A.L., 1981. *Anglo-Saxon amulets and curing stones* (= BAR British Series 96). BAR, Oxford.

MELZER, W., 1991. *Das frühmittelalterliche Gräberfeld von Wünnenberg-Fürstenberg, Kreis Paderborn* (= Bodentümer Westfalens 25). Aschendorff, Münster.

MENGHIN, W., 1983. *Das Schwert im frühen Mittelalter: chronologisch-typologische Untersuchungen zu Langschwertern aus germanischen Gräbern des 5. bis 7. Jahrhunderts n.Chr.* Konrad Theiss Verlag, Stuttgart.

MIEDEMA, M., 1983. Vijfentwintig eeuwen bewoning in het terpenland ten noordwesten van Groningen. Diss. VU Amsterdam.

MÜLLER, H.-H., 1980. Zur Kenntnis der Haustiere der Völkerwanderungszeit im Mittelelbe-Saale-Gebiet. *Zeitschrift für Archäologie* 14, pp. 99-110, 145-172.

MÜLLER, H.-H., 1985. *Frühgeschichtliche Pferdeskelettfunde im Gebiet der Deutschen Demokratischen Republik* (= Beiträge zur Archäozoologie 4; Weimarer Monographien zur Ur- und Frühgeschichte 15). Museum für Ur- und Frühgeschichte Thüringen, Weimar.

MÜLLER-WILLE, M., 1970. Bestattung im Boot. Studien zu einer nord-europäischer Grabsitte. *Offa* 25/26, pp. 7-203.

MÜLLER-WILLE, M., 1971. Pferdegrab und Pferdeopfer im frühen Mittelalter. Mit einem Beitrag von H. Vierck, Pferdegräber im angelsächsischen England. *Berichten van de Rijksdienst voor het Oudheidkundig Bodemonderzoek* 20-21, pp. 119-248.

NOBIS, G., 1973. Die Pferde aus dem fränkischen Gräberfeld von Rübenach. In: Chr. Neuffer-Müller & H. Ament (eds), *Das fränkische Gräberfeld von Rübenach, Stadt Koblenz* (= Germanische Denkmäler der Völkerwanderungszeit B, Die fränkischen Altertümer des Rheinlandes 7). Gebr. Mann Verlag, Berlin, pp. 275-282.

NOBIS, G., 1979. Ein 'fränkisches' Pferd aus dem Gräberfeld von Krefeld-Gellep. In: R. Pirling (ed.), *Das römisch-fränkische Gräberfeld von Krefeld-Gellep 1964-1965* (= Germanische Denkmäler der Völkerwanderungszeit B, Die fränkischen Altertümer des Rheinlandes 10). Gebr. Mann Verlag, Berlin, pp. 219-224.

NOLLÉ, J., 1987. Südkleinasiatische Losorakel in der römischen Kaiserzeit. *Zeitschrift für Archäologie und Kulturgeschichte* 18, pp. 41-49.

NOVOTNÝ, B., 1975. Entdeckung eines Gräberfeldes aus der Völkerwanderungszeit und aus der späten Burgwallzeit bei Šakvice/Bez. Břeclav. *Přehled Výzkumů* 1974, pp. 42-44.

ÖHMAN, I., 1983. The Merovingian dogs from the boat-graves at Vendel. In: J.P. Lamm & H.-Å. Nordström (eds), *Vendel period studies; transactions of the boat-grave symposium in Stockholm* (= The Museum of National Antiquities Studies 2). Statens Historiska Museum, Stockholm, pp. 167-182.

OEXLE, J., 1984. Merowingerzeitliche Pferdebestattungen – Opfer oder Beigaben? *Frühmittelalterliche Studien* 18, pp. 122-172.

OKRUSCH, M., R. WILKE-SCHIEGRIS & H. RÖTTING, 1986. Archäometrie früh- und hochmittelalterlicher Keramik des Gräberfeldes Schortens, Ldkr. Friesland. *Nachrichten Niedersachsens Urgeschichte* 55, pp. 145-189.

PAUL, M., 1981. *Wolf, Fuchs und Hund bei den Germanen* (= Wiener Arbeiten zur germanischen Altertumskunde und Philologie 13). Verlag Karl M. Halosar, Vienna.

PELZERS, E., 1992. Woelrat *Arvicola terrestris* (L., 1758). In: S. Broekhuizen et al. (eds), *Atlas van de Nederlandse Zoogdieren*. Stichting Uitgeverij Kon. Ned. Natuurhistorische Ver., Utrecht, pp. 246-249.

PEŠKE, L., 1990. Poster on horse bits. 6th International Conference of the International Council for Archaeozoology, 1990. Washington.

PIRLING, R., 1974. *Das römisch-fränkische Gräberfeld von Krefeld-Gellep 1960-1963*. Gebr. Mann Verlag, Berlin.

PLETTKE, A., 1921. *Ursprung und Ausbreitung der Angeln und Sachsen* (= Die Urnenfriedhöfe in Niedersachsen 3/1). August Lax, Hildesheim etc.

PLINY: Plinii Naturalis Historiae XXX.xxx.98, see W.H.S. Jones, 1963. *Pliny Natural History 8, Libri XXVII-XXXII* (= The Loeb Classical Library 418). Heinemann/Harvard Univ. Press, London/Cambridge (Mass.), pp. 340-341.

PODLOUCKY, R., not dated [1979]. Amphibien und Reptilien in Niedersachsen – Verbreitung, Gefährdung und Möglichkeiten des Schutzes. Manuscript state 1978.

POLENZ, H., 1988. *Katalog der merowingerzeitlichen Funde in der Pfalz*. Franz Steiner Verlag, Stuttgart.

PRUMMEL, W., 1987. Poultry and fowling at the Roman castellum Velsen 1. *Palaeohistoria* 29, pp. 183-201.

PRUMMEL, W., 1989a. Het paardegraf en de hondegraven van Oosterbeintum (Fr.), *Paleo-aktueel* 1, pp. 85-88.

PRUMMEL, W., 1989b. Appendix to atlas for identification of foetal skeletal elements of cattle, horse, sheep and pig. *ArchaeoZoologia* 3, pp. 71-78.

PRUMMEL, W., 1991. Resten van dieren uit de terpen Wijnaldum en Oosterbeintum. *Vanellus* 44, pp. 149-153.

PRUMMEL, W., 1992a. Early medieval dog burials among the Germanic tribes. *Helinium* 32, pp. 132-194.

PRUMMEL, W., not dated [1992b]. Vlees en vis op de rijk gevulde dis. In: H.P. ter Avest (ed.), *Opmerkelijk afval. Vondsten uit een 17e eeuwse beerput in Harlingen*. Gemeentemuseum Het Hannemahuis, Harlingen, pp. 99-111.

PRUMMEL, W., 1993a. Paarden en honden uit vroeg-middeleeuwse grafvelden. In: E. Drenth, W.A.M. Hessing & E. Knol (eds), *Het tweede leven van onze doden* (= NAR 15). R.O.B., Amersfoort, pp. 53-60.

PRUMMEL, W., 1993b. *Starigard/Oldenburg, Hauptburg der Slawen in Wagrien 4. Die Tierknochenfunde, unter besonderer Berücksichtigung der Beizjagd* (= Offa-Bücher 74). Karl Wachholtz Verlag, Neumünster.

PRUMMEL, W. & E. KNOL, 1991. Strandlopers op de brandstapel. *Paleo-aktueel* 2, pp. 92-96.

REICHSTEIN, H., 1982. *Arvicola terrestris* (Linnaeus 1758) – Schermaus. In: J. Niethammer & F. Krapp (eds), *Handbuch der Säugetiere Europas 2/I, Rodentia II*. Akademische Verlagsgesellschaft, Wiesbaden, pp. 233-246.

REICHSTEIN, H., 1991. *Die Fauna der Feddersen Wierde* (= Feddersen Wierde 4). Franz Steiner Verlag, Stuttgart.

REICHSTEIN, J., 1975. *Die kreuzförmige Fibel; zur Chronologie der späten römischen Kaiserzeit und der Völkerwanderungszeit in Skandinavien, auf dem Kontinent und in England*. Karl Wachholtz Verlag, Neumünster.

RIEDEL, A., 1990. Bemerkungen über mittelalterliche Faunen Nordostitaliens. In: J. Schibler, J. Sedlmeier & H. Spycher (eds), *Festschrift für Hans R. Stampfli. Beiträge zur Archäozoologie, Archäologie, Anthropologie, Geologie und Paläontologie*. Helbing & Lichtenhahn, Basel, pp. 197-203.

RÖBER, R., 1991. Die Spinnwirtel der spätsächsischen Siedlung Warendorf. *Ausgrabungen und Funde im Westfalen-Lippe* 6/B, pp. 1-21.

ROES, A., 1954. Les trouvailles de Dombourg (Zélande). *Berichten van de Rijksdienst voor het Oudheidkundig Bodemonderzoek* 5, pp. 65-69, pl. XV.

ROES, A., 1963. *Bone and antler objects from the Frisian terpmounds*. H.D. Tjeenk Willink & Zoon NV, Haarlem.

RÖSING, F.-W., 1994. Die Menschen von Liebenau: Paläodemographie und Grabsitte. *Studien zur Sachsenforschung* 5.4, pp. 189-245.

ROGERS, J., T. WALDRON, P. DIEPPE & I. WATT, 1987. Arthropathies in palaeopathology: the basis of classification according to most probable cause. *Journal of Archaeological Science* 14, pp. 179-193.

ROGERS, J., unpublished. The dwarf from Alington Avenue, Dorchester. Unpublished manuscript.

ROHLFS, G., 1963. *Antikes Knöchelspiel im einstigen Großgriechenland*. Max Niemeyer Verlag, Tübingen.

RÖTTING, H., 1978. Das frühmittelalterliche Gräberfeld von Jever-Cleverns, Kreis Friesland. *Neue Ausgrabungen und Forschungen in Niedersachsen* 11, pp. 1-42.

RYBOVÁ, A., 1979. Plotiště nad Labem. Eine Nekropole aus dem 2.-5. Jahrhundert u. Z. I. Teil. *Památky Archeologické* 70, pp. 353-489.

RYBOVÁ, A., 1980. Plotiště nad Labem. Eine Nekropole aus dem 2.-5. Jahrhundert u. Z. II. Teil. *Památky Archeologické* 71, pp. 93-225.

SABLEROLLES, Y., 1994. De glasvondsten van Wijnaldum (Fr.). *Paleo-aktueel* 5, pp. 97-101.

SALIN, E., 1959. *La Civilisation Mérovingienne* 4. Éditions A. et J. Picard et Cⁱᵉ, Paris.

SCHELVIS, J., 1988. De mijten (Acari) uit de terp Bornwird. In: M. Bierma et al. (eds), *Terpen en wierden in het Fries-Groningen kustgebied*. Wolters-Noordhoff/Forsten, Groningen, pp. 250-259.

SCHELVIS, J., 1990. The reconstruction of local environments on the basis of the remains of oribatid mites (Acari; Oribatida). *Journal of Archaeological Science* 17, pp. 559-571.

SCHELVIS, J., 1992. Mites and archaeozoology. General methods; applications to Dutch sites. Diss. Groningen.

SCHELVIS, J., 1994. Caught between the teeth. A review of Dutch finds of archeological remains of ectoparasites in combs. *Experimental and Applied Entomology. Proceedings of the Netherlands Entomological Society* 5, pp. 131-132.

SCHLABOW, K., 1974. Vor- und frühgeschichtliche Textilfunde aus den nördlichen Niederlanden. *Palaeohistoria* 16, pp. 169-221.

SCHMID, E., 1972. *Atlas of animal bones/Tierknochenatlas*. Elsevier Publishing Company, Amsterdam etc.

SCHMID, P., 1972. Zur Datierung und Gliederung der Grabanlagen von Dunum, Kreis Wittmund. *Neue Ausgrabungen und Forschungen in Niedersachsen* 7, pp. 211-240.

SCHMID, P., 1986. Die 'Schiffshöhe' – ein frühmittelalterliches Gräberfeld zwischen Weser und Elbe. *Offa* 43, pp. 65-86.

SCHÖN, M.D., 1988. Gräberfelder der römischen Kaiserzeit und frühen Völkerwanderungszeit aus dem Zentralteil der Siedlungskammer von Flögeln, Landkreis Cuxhaven. *Neue Ausgrabungen und Forschungen in Niedersachsen* 18, pp. 181-297.

SCHOENMAKER, J., not dated. Oesdoppen. In: *Friese terpen en terpvondsten*. Fries Museum, Leeuwarden, pp. 9-10.

SCHWEIZER, J., 1961. *Die Landmilben der Schweiz (Mittelland, Jura und Alpen)* (= Denkschriften der schweizerischen naturforschenden Gesellschaft 84). Gebrüder Fretz A.G., Zurich.

SIEGMUND, F., 1989. Fränkische Funde vom deutschen Niederrhein und der nördlichen Kölner Bucht. Diss. Köln.

SIGVALLIUS, B., 1994. *Funeral pyres; Iron Age cremations in North Spånga* (= Theses and papers in osteology 1). Osteological Research Laboratory Stockholm University, Stockholm.

SJØVOLD, T., 1974. *The Iron Age settlement of Arctic Norway 2*. Norwegian Univ. Press, Tromsø.

SMITS, L., 1987. Een bijzondere grafkuil uit het Romeinse grafveld. In: E.J. Bult & D.P. Hallewas (eds), *Graven bij Valkenburg; het archeologisch onderzoek in 1986*. Eburon, Delft, pp. 85-91.

SOVON, 1987. *Atlas van de Nederlandse vogels*. SOVON, Arnhem.

SPRINGHORN, R., 1991. Die Pferde des frühmittelalterlichen Körpergräberfriedhofes von Wünnenberg-Fürstenberg. In: W. Melzer (eds), *Das frühmittelalterliche Gräberfeld von Wünnenberg-Fürstenberg, Kreis Paderborn* (= Bodenaltertümer Westfalens 25). Aschendorff, Münster, pp. 133-160.

STEN, S. & M. VRETEMARK, 1988. Storgravsprojektet – osteologiska analyser av yngre järnålderns bernika brandgravar. *Fornvännen* 83, pp. 145-156.

STEUER, H., 1978. Adelsgräber der Sachsen. In: *Sachsen und Angelsachsen, Ausstellung des Helms-Museums, Hamburgisches Museum für Vor- und Frühgeschichte, 18. November 1978 bis 28. Februar 1979*. Helms-Museum, Hamburg, pp. 471-482.

STILKE, H., 1993. Die frühmittelalterliche Keramik von Oldorf, Gde. Wangerland, Ldkr. Friesland. *Nachrichten aus Niedersachsens Urgeschichte* 62, pp. 135-168.

STOLL, H., 1939. *Die Alamannengräber von Hailfingen in Württemberg* (= Germanische Denkmäler der Völkerwanderungszeit 4). Walter de Gruyter & Co., Berlin.

SUSANNE, C., 1970. L'achondroplasie de la population d'age franc de Coxyde (Belgique). *Bulletin Institut Royal des Science Naturelles de la Belgique* 46, pp. 1-78.

TIDOW, K. & P. SCHMID, 1979. Frühmittelalterliche Textilfunde aus der Wurt Hessens (Stadt Wilhelmshaven) und dem Gräberfeld von Dunum (Kreis Friesland) und ihre archäologische Bedeutung. *Probleme der Küstenforschung im südlichen Nordseegebiet* 13, pp. 123-153.

TIMMERMAN, A.Azn & A. TIMMERMAN-KLOPPENBURG, 1977a. Kleine strandloper – *Calidris minuta* (Leisler), Temmincks strandloper – *Calidris temminckii* (Leisler), Bonte strandlopers – *Calidris alpina* species. In: *Vogels in Friesland* 2 (= Dr. J. Botke-rige 8). De Tille, Leeuwarden, pp. 722-731.

TIMMERMAN, A.Azn & A. TIMMERMAN-KLOPPENBURG, 1977b. Tureluur – *Tringa totanus totanus* (Linnaeus). In: *Vogels in Friesland* 2 (= Dr. J. Botke-rige 8). De Tille, Leeuwarden, pp. 698-713.

TEMPEL, W.-D., 1969. Die Dreilagenkämme aus Haithabu, Studien zu den Kämmen der Wikingerzeit im Nordseegebiet und Skandinavien. Diss. Göttingen.

TIMPEL, W., 1990. Das fränkische Gräberfeld von Alach, Kreis Erfurt. *Alt-Thüringen* 25, pp. 61-155.

TISCHLER, F., 1956. Der Stand der Sachsenforschung archäologisch gesehen. *Bericht der Römisch-Germanischen Kommission* 35, pp. 21-215.

THOMAS, S., 1960. Studien zu den germanischen Kämme der römischen Kaiserzeit. *Arbeits- und Forschungsberichte zur Sächsischen Bodendenkmalpflege* 8, pp. 54-215.

TROTTER, M. & G.C. GLESER, 1958. A re-evaluation of estimation of stature based on measurements of stature taken during life and long-bones after death. *American Journal of Physical Anthropology* 16, pp. 79-123.

UYTTERSCHAUT, H.T., 1985. Determination of skeletal age by histological methods. *Zeitschrift für Morphologie und Anthropologie* 75, pp. 331-340.

UYTTERSCHAUT, H.T., 1989. De menselijke skeletresten uit Oosterbeintum (Fr.). *Paleo-aktueel* 1, pp. 80-84.

VEECK, W., 1931. *Die Alamannen in Württemberg* (= Germanische Denkmäler der Völkerwanderungszeit 1). Walter de Gruyter & Co., Berlin etc.

VIERCK, H., 1970. Zum Fernverkehr über See im 6. Jahrhunderts angesichts angelsächsischer Fibelschätze in Thüringen, eine Problemskizze. In: K. Hauck (ed.), *Goldbrakteaten aus Sievern: spätantike Amulett-Bilder der 'Dania Saxonia' und die Sachsen-'origo' bei Widukind von Corvey*. Fink, München, pp. 355-395.

VILSTEREN, V.T. VAN, 1987. *Het benen tijdperk*. Drents Museum, Assen.

VILSTEREN, V.T. VAN, 1989. Heilige huisjes, over de interpretatie van vierpalige structuren bij grafvelden. *Westerheem* 38, pp. 2-10.

VONS-COMIS, S.Y., 1988. Een nieuwe reconstructie van de kleding van de 'prinses van Zweeloo'. *Nieuwe Drentse Volksalmanak* 105, pp. 151-187.

WAHL, J., 1981. Beobachtungen zur Verbrennung menschlicher Leichname. *Archäologisches Korrespondenzblatt* 11, pp. 271-279.

WAHL, J., 1982. Leichenbranduntersuchungen, ein Überblick über die Bearbeitungs- und Aussagemöglichkeiten von Brandgräbern. *Praehistorische Zeitschrift* 57, pp. 1-125.

WAHL, J. & S. WAHL, 1982. Zur Technik der Leichenverbrennung: I. Verbrennungsplätze aus ethnologischen Quellen. *Archäologisches Korrespondenzblatt* 13, pp. 513-520.

WALDRON, T., 1991. The prevalence of, and the relationship between some spinal diseases in a human skeletal population from London. *International Journal of Osteoarchaeology* 1, pp. 103-110.

WAMMES, D.F., 1992. Bosmuis, *Apodemus sylvaticus* (L., 1758). In: S. Broekhuizen et al. (eds), *Atlas van de Nederlandse Zoogdieren*. Stichting Uitgeverij Kon. Ned. Natuurhistorische Ver., Utrecht, pp. 289-291.

WAMSER, L., 1983. Eine thüringische Adelsgrablege des 6. Jahrhunderts bei Zeuzleben. *Das archäologische Jahr in Bayern*, pp. 133-138.

WATERBOLK, H.J. & H.T. WATERBOLK, 1991. Amber of the coast of the Netherlands. In: H. Thoen et al. (eds), *Studia Archaeologica. Liber Amicorum Jacques A.E. Nenquin*. Seminarie voor Archeologie, Gent, pp. 201-209.

WEA: Workshop of European Anthropologists (1980). Recommendations for age and sex diagnosis of skeletons. *Journal of Human Evolution* 9, pp. 517-549.

WENDT, W., 1978. *Untersuchungen an Skelettresten von Hunden* (= Berichte über die Ausgrabungen in Haithabu 13). Karl Wachholtz Verlag, Neumünster.

WERNER, A., 1989. Rekonstruktionsversuch einer römischen Brandbestattung. *Archäologie im Rheinland* 1988, pp. 79-82.

WERNER, J., 1955. Bügelfibeln des 6. Jahrhunderts aus Domburg Zeeland. *Berichten van de Rijksdienst voor het Oudheidkundig Bodemonderzoek* 6, pp. 75-77.

WERNER, J., 1992. Childerichs Pferde. In: H. Beck, D. Ellmers & K. Schier (eds), *Germanische Religionsgeschichte. Quellen und Quellenprobleme*. Walter de Gruyter & Co., Berlin etc., pp. 145-161.

WEST, S., 1985. *West Stow the Anglo-Saxon Village* (= East Anglian Archaeology 24). Suffolk County Planning Department, Ipswich.

WESTENDORP, N., 1819. Over eenen ontdekten grafheuvel te Termunterzijl. *Antiquiteiten* 1, pp. 1-59.

WIMMERS, W.H., 1986. Het Merovingische rijengrafveld van Rijnsburg. Scriptie I.P.P., Amsterdam (unpublished).

YPEY, J., 1973. Das fränkische Gräberfeld zu Rhenen, Prov. Utrecht. *Berichten van de Rijksdienst voor het Oudheidkundig Bodemonderzoek* 23, pp. 289-312.

YSKA, D., 1972. *De geschiedenis van Blija in woord en beeld*. Offsetdruk Reidsma, Leeuwarden.

ZOLLER, D., 1965. Das sächsisch-karolingische Gräberfeld bei Drantum, Gem. Emstek, Kr. Cloppenburg. *Nachrichten Niedersachsens Urgeschichte* 34, pp. 34-47.

ZEIST, W. VAN, 1974. Palaeobotanical studies of settlement sites in the coastal area of the Netherlands. *Palaeohistoria* 16, pp. 223-383.

ZEIST, W. VAN, T.C. VAN HOORN, S. BOTTEMA & H. WOLDRING, 1976. An agricultural experiment in the unprotected salt marsh. *Palaeohistoria* 18, pp. 11-153.

ZIJLSTRA, J., 1991a. Finns fibula? Belangwekkende vroeg-middeleeuwse vondsten te Wijnaldum. *Westerheem* 40, pp. 51-62.

ZIJLSTRA, J., 1991b. *Onderzoek Wijnaldum supplement 'Finns fibula'* (= Friese Bodemvondsten 2). Jan Zijlstra, Leeuwarden.

ZIJLSTRA, J., 1994. *Archeologische, historische en naamkundige aspecten* (= Friese Bodemvondsten 5). Jan Zijlstra, Leeuwarden.

HET PROJECT PEELO
HET ONDERZOEK VAN HET KLEUVENVELD (1983, 1984), HET BURCHTTERREIN (1980) EN HET NIJLAND (1980) MET ENIGE KANTTEKENINGEN BIJ DE RESULTATEN VAN HET PROJECT*

P.B. KOOI

Vakgroep Archeologie, Groningen, Netherlands

ABSTRACT: In this third paper excavations at different locations near Peelo are described. The excavations took place in 1980 on a plot of land where traces of a house were expected and on the Nijland (= new land), cultivated in the first half of the 17th century. In 1983 and 1984 a Celtic field complex on the Kleuvenveld was explored with two trial trenches.

Results. As usual, the results are presented in chronological order, starting on the Kleuvenveld. Neolithic. The oldest traces belong to the Single Grave culture: a ring ditch (fig. 6, square BY/1) and a sherd from a Protruding Foot beaker in the vicinity (find No. 1046), dated between 2900 and 2600 BC. Iron Age. During the Iron Age a Celtic field system developped, probably starting with a few regular shaped nuclei expending with irregular fields in between (fig. 4). In the trial trenches 3 farmhouses, a shed or stable and 68 granaries were discovered (fig. 7). Clustering of granaries and pits suggest that there have been at least two more farms just next to the excavated trenches. The farmhouses Nos 106 and 109 are of the pre-Hijken type and can be dated between 800 and 400 BC. The third one is from a period between 250 and 100 BC.

A group of ten barrows in this area, excavated in 1937, can be dated in the same period as the settlement traces (fig. 7, 23-29). The location of a house, surrounded by a double moat was already partly excavated in 1926 (unpublished). It was built about 1600 for a member of the Onsta family, a nobleman who exploited two of the three farms at that time. The building probably existed for only a few decades and it left no traces, due to levelling activities in the past.

During the 17th century an area to the north of Peelo was cultivated by digging trenches. Three farmers participated in the work (fig. 46-49). At the end of this article two existing old farmhouses, once in the centre of Peelo, are published. The oldest one (fig. 54) dates from the beginning of the 17th century. The second one was built between 1695 and 1742 (fig. 53). Both were partly rebuilt in brick during the time of their existance.

KEYWORDS: Single Grave culture, Protruding Foot beaker, settlement traces, Iron Age, house plans, granaries, shed, pits pottery, grinding stones, barrows, 16th-18th century, castle, cultivation, farm houses.

1. INLEIDING

In dit derde en laatste deel van de serie artikelen over het archeologische onderzoek te Peelo worden eerst vier opgravingscampagnes op drie verschillende lokaties behandeld. Ter afronding zijn nog enkele beschouwingen met betrekking tot het gehele project toegevoegd.

In 1980 werden op twee lokaties opgravingen uitgevoerd, namelijk op het Nijland en op het burchtterrein (fig. 1). Door een verhoogd tempo van de planontwikkeling voor de woonwijk Marsdijk werd in 1983 en 1984 met voorrang een deel van het Kleuvenveld onderzocht.

Alle percelen waren voor de aanvang van de opgravingen reeds door de gemeente aangekocht en werden kosteloos ter beschikking gesteld. De samenwerking met de dienst Gemeentewerken was evenals in de voorgaande jaren zeer plezierig. Vooral dank zij bemiddeling van J. Arends van de afdeling Grondzaken, konden goede afspraken over de uitvoering van het veldwerk worden gemaakt. Bovendien werd het benodigde kaartmateriaal geleverd. Met het werkvoorzieningschap Cewaco kon de bestaande samenwerking worden voortgezet. N. van der Plas, bedrijfsleider buiten-objecten, was steeds bereid vier werknemers in te zetten.

De opgravingen werden bekostigd uit het budget van de vakgroep 'Het Biologisch-Archaeologisch Instituut' van de Rijksuniversiteit Groningen. De technische staf bestond in de jaren 1980 en 1984 uit voorgraver K. Klaassens en tekenaar G. Delger en in 1983 uit G. Delger en technisch medewerker J.H. Zwier. Bij de uitwerking verzorgde Klaassens de verwerking van de vondsten. Delger was verantwoordelijk voor de uitwerking van de kaarten en plattegronden. Mw. I. Sandmann-Cornelis voerde de tekstverwerking uit. De vondsten werden getekend door H.R. Roelink en P.B. Kooi.

---

* De figuren 7, 43 en 49 bevinden zich in een losse map bij dit tijdschrift.

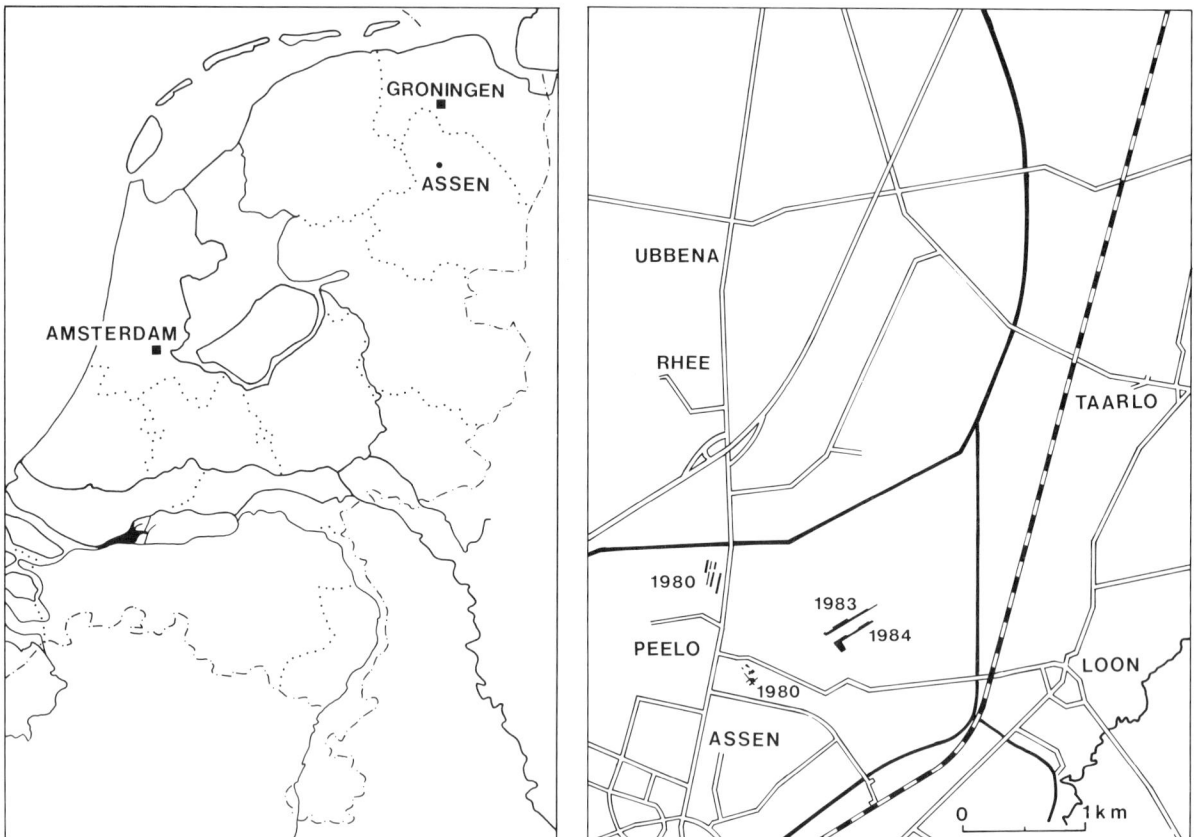

Fig. 1. Topografische kaart met de ligging van de opgravingsterreinen in 1980, 1983 en 1984.

In 1984 was R.J.G. Wijnstok bij de opgravingen aanwezig in het kader van een promotieonderzoek over de boerderijbouw in Drenthe. Dit onderzoek werd later overgenomen en voltooid door C.S.T.J. Huijts. De opgravingen op het Kleuvenveld werden in samenwerking met Wijnstok en student G.J. de Langen in een voorlopige publikatie beschreven (Kooi & de Langen, 1986). Tijdens de verschillende opgravingscampagnes werd een aantal studenten in de gelegenheid gesteld de nodige velderting op te doen.

2. HET KLEUVENVELD (fig. 2)

Voor de aanvang van de opgravingen in 1983-1984 was reeds het een en ander over dit gebied bekend. In 1937 werd tijdens ontginningswerkzaamheden een groep van tien grafheuvels gedeeltelijk onderzocht (van Giffen, 1939). Op de topografische kaart van 1896 staan acht van de tien heuvels aangegeven. In die tijd lagen ze nog in een uitgestrekt heideveld. Het gaat hier om een groep grafheuvels uit de IJzertijd, ook wel brandheuvels genoemd. Slechts twee daarvan, de nummers 5 en 6, zijn gepubliceerd (van Giffen, 1939: pp. 128-129). Het betreffende perceel was bij de ontginning trapsgewijs afgegraven en er is daarom van een nader onderzoek

binnen het nu uitgevoerde project afgezien. Omstreeks 1940 was het Kleuvenveld volledig ontgonnen.

Andere sporen van bewoning waren te zien op luchtfoto's, die in verschillende jaren zijn gemaakt. Het gaat daarbij om sporen van *Celtic fields*, een akkercomplex uit de IJzertijd. Op de oudste luchtfoto die vóór 1940 gemaakt is, is een beperkt aantal fragmenten zichtbaar in het perceel, dat in 1983 werd opgegraven (Brongers, 1976). Een luchtfoto van de Topografische Dienst uit 1978 toont een groter aantal sporen van akkers in het zuidelijke perceel, dat in 1984 werd opgegraven. In 1983 en 1984 werd door collega W.H. de Vries-Metz uit Amsterdam een aantal oblique-opnames van het betreffende gebied gemaakt. Daarop zijn naast de reeds genoemde lokaties ook duidelijk sporen van *Celtic fields* te zien in de hoek tussen de Marsdijk en de Here- of Rolderweg alsmede vage indicaties daarvoor ten noorden van het trafo-station. In totaal beslaan de sporen van de *Celtic fields* tezamen een oppervlak van minstens 32 ha (fig. 4).

2.1. De bodem

Het Kleuvenveld ligt op een vrij vlak plateau, met een maximale hoogte van ruim 12 m +NAP, aflopend naar de bovenloop van een vertakt beekdalsysteem aan de

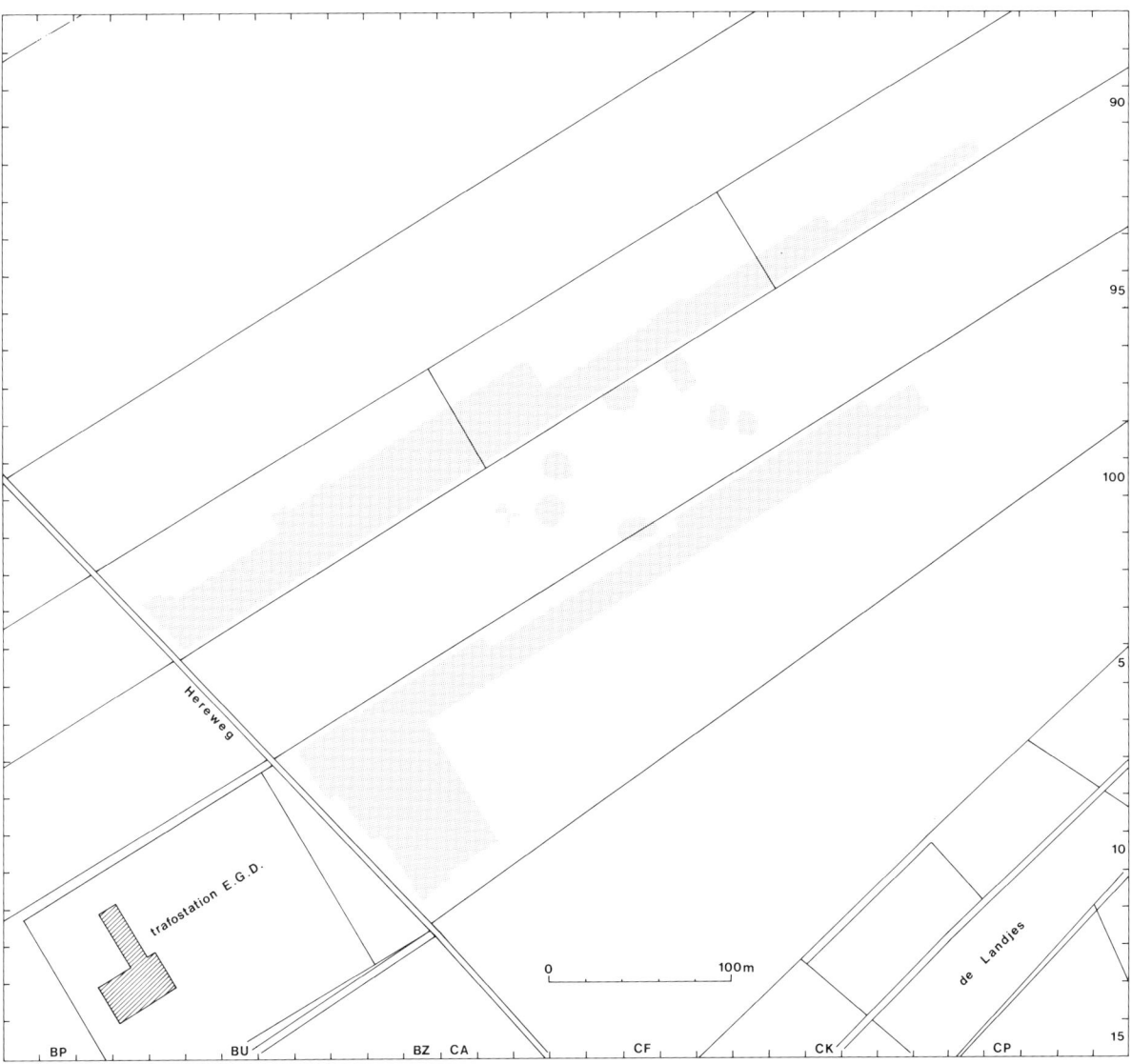

Fig. 2. Kadastrale kaart van een gedeelte van het Kleuvenveld met de opgravingensvlakken van 1937, 1983 en 1984.

noord-, oost- en zuidzijde. De bodem bestaat uit dek- zand, met keileemlenzen op een diepte van meer dan 1,20 m. Aan de oostzijde gaat het dekzand geleidelijk over in een erosiehelling met veel keien. Verspreid over het gebied hebben kleine veentjes gelegen, waarvan de grootste ten westen van het trafo-station.

De ontginning van het Kleuvenveld is destijds zeer ondiep uitgevoerd, waardoor sporen van vroegere be- woning er relatief goed bewaard zijn gebleven. De bouwvoor was slechts 25-30 cm dik en er waren plaat- selijk nog delen van een heidepodsol aanwezig in de vorm van loodzand en oerlagen.

2.2. Doel en werkwijze

Het onderzoek op het Kleuvenveld had tot doel om in het *Celtic field*-systeem de bijbehorende nederzettings-

resten op te sporen en om eventueel nadere gegevens over de ontwikkeling van de bewoning vast te leggen. Op voorhand was het duidelijk dat een volledig onder- zoek van het *Celtic field*-complex met de beschikbare middelen in de beschikbare tijd onmogelijk was. Uit het patroon van de walletjes was helaas niet op te maken, waar zich sporen van de bijbehorende nederzetting zouden bevinden. Bij de uitvoering van het onderzoek werd daarom gekozen voor een opgraving door middel van zoeksleuven in twee percelen. De sleuven werden in principe over een breedte van ca. 16 m machinaal van de humeuze bouwvoor ontdaan. Op plaatsen waar delen van huisplattegronden of andere interessante grond- sporen waren aangetroffen, werd de sleuf naar behoefte verbreed. De eerste sleuf in 1983 was ca. 560 m lang en werd over een lengte van bijna 250 m verbreed. De sleuf van 1984 was ca. 420 m lang en werd over een lengte

Fig. 3. De opgraving van heuvel V in 1937, vanuit het zuiden gezien.

van ruim 250 m verbreed. Bovendien werd het westelijke deel uitgebreid met een aantal werkputten evenwijdig aan de Hereweg, in verband met de grote dichtheid aan nederzettingssporen (fig. 5 en 7).

2.3. Resultaten

De bewerking van de opgravingsresultaten is als volgt uitgevoerd. Alle aangetroffen grondsporen zijn afgebeeld op tien deelplattegronden (fig. 6a tot en met 6k). De kaders van de deelplattegronden zijn aangegeven op een schematisch overzicht (fig. 7). Deze wijze van publiceren is gekozen om de kosten van grote uitslaande figuren zo veel mogelijk te beperken.

De aangetroffen bewoningssporen dateren uit het Neolithicum, de Bronstijd en de IJzertijd. Daarnaast zijn enkele sporen uit meer recente tijd gevonden. Alle sporen uit de late Bronstijd en de IJzertijd zijn op een schematische overzichtstekening samengevat, waarop voor de volledigheid ook de grafheuvels van 1937 zijn getekend. Voor de grafheuvels is de oude nummering gehandhaafd (fig. 7: nrs I-X), aangevuld met het nummer XI voor een nieuw ontdekt grafmonument in de opgraving van 1984.

De plattegronden van drie boerderijen, een schuur en

de spiekers zijn doorlopend genummerd, aansluitend bij de nummering in de voorgaande publikaties.

2.3.1. Neolithicum

In 1983 werd een standgreppel gevonden, zonder vondsten of ander materiaal. In een kuil naast deze greppel werd een scherfje van een standvoetbeker aangetroffen (nr. 1046, vak BY/1, zie fig. 6). Uit de versiering op de scherf is af te leiden dat het van het type Ia afkomstig is. De vaagheid van de greppel en de aanwezigheid van het scherfje maken het waarschijnlijk, dat het hier gaat om het laatste restant van een grafmonument van de Enkelgrafcultuur. De scherf is te dateren tussen ca. 2900 en 2600 v.Chr. (Drenth & Lanting, 1991).

2.3.2. Late Bronstijd-IJzertijd

De bewoningssporen uit deze periode zijn gesplitst in nederzettingssporen, zoals boerderijen, een schuur, spiekers, kuilen, overige sporen en grafmonumenten.

2.3.2.1. Nederzettingssporen
Boerderijplattegronden
De plattegronden zijn afgebeeld op een schaal 1:200.

Fig. 4. Kaart van een gedeelte van het Kleuvenveld, waarop de sporen van *Celtic fields* zijn aangegeven (grijs). De plaats van de gevonden boerderijplattegronden is met een asterisk aangegeven.

Grondsporen, die volgens de analyse tot de oorspronkelijke bouw behoren zijn zwart. Reparaties zijn gearceerd en sporen met een onzekere functie zijn slechts in omtrek aangegeven. Een streepjeslijn geeft in voorkomende gevallen de veronderstelde plaats van de wand aan. Voor de indeling is de typologie van Huijts (1992) toegepast, met een verwijzing naar de door hem gebruikte nummering.

Overgangstype Hijken (800-400 BC). Drieschepig, met dakdragende buitenpalen en één paar ingangen tegenover elkaar in de lange zijden; tweedelig, maar een stal is niet te onderscheiden.

Nr. 106 (Huijts: Peelo 1) (fig. 8) Plattegrond bestaande uit drie paar staanders en regelmatig geplaatste dakdragende buitenpalen. Sporen van de wand ontbreken vrijwel geheel. De paalgaten van de buitenpalen

422 P.B. KOOI

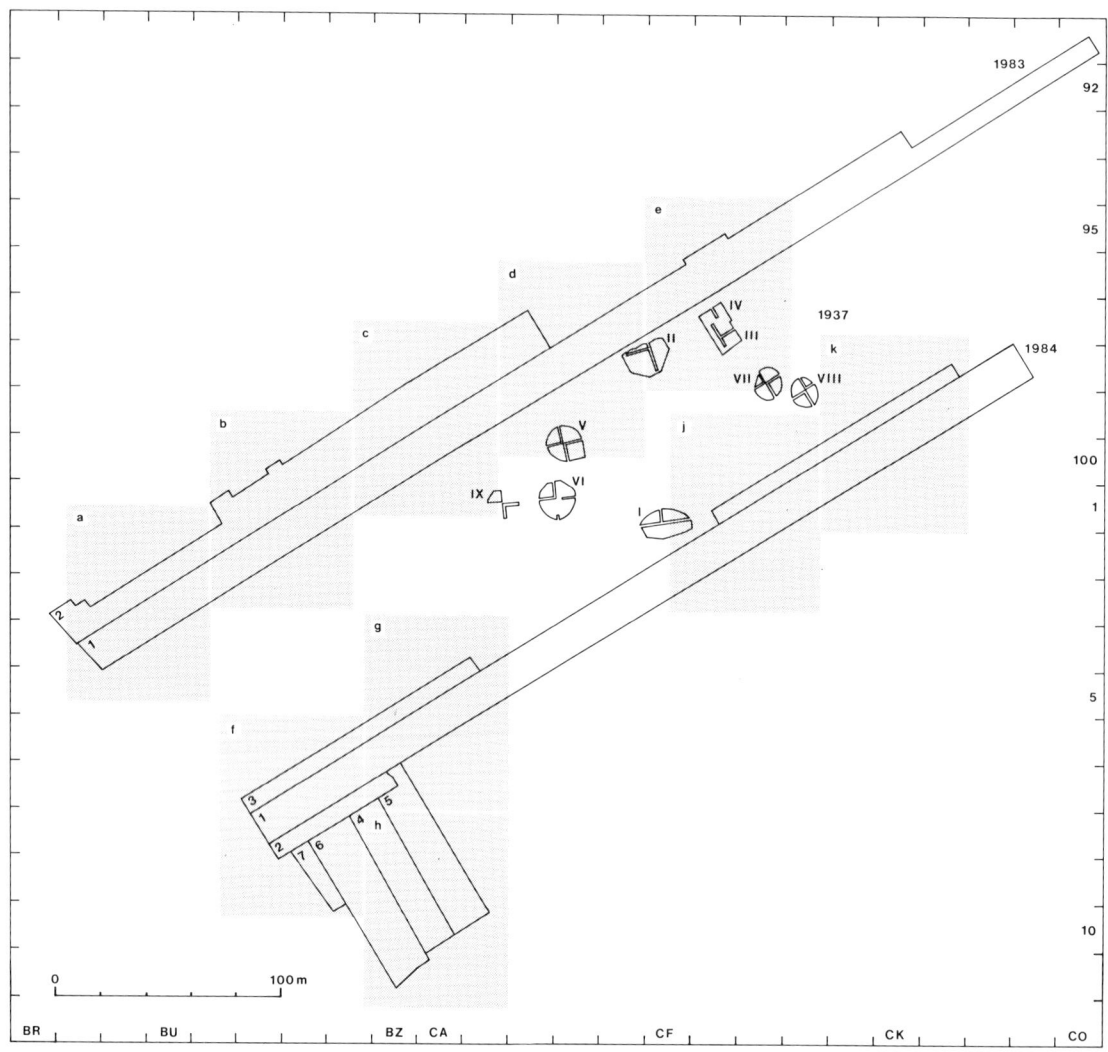

Fig. 5. Overzichtskaart van de werkputten.

zijn vaak langgerekt, dwars op de wand gericht. Afwijkend van het gangbare type is de extra ingang in de korte wand aan de oostzijde, die wordt gemarkeerd door twee paar dubbelpalen. De binnenste daarvan geeft de plaats van de wand aan. In de noordelijke ingang ligt een grote ondiepe kuil, die mogelijk door intensieve betreding is ontstaan (gestippeld aangegeven). In het westelijke deel komen vier extra paalgaten voor, die waarschijnlijk een speciale nokconstructie hebben gedragen, bijvoorbeeld voor een ventilatieopening en afvoer van rook.

Verspreid over de gehele plattegrond zijn monsters genomen, waarvan het fosfaatgehalte is bepaald, met de bedoeling door eventuele verschillen de aanwezigheid van een stal aan te kunnen tonen.[1] De fosfaatgehaltes geven iets hogere waarden voor het oostelijke deel, een uitkomst die correspondeert met de aanwezigheid van een (stal)ingang aan die kant. De uitkomst kan echter mede beïnvloed zijn door een ander gebruik van de

grond in latere perioden, zoals blijkt uit een stelsel van greppels, dat de plattegrond diagonaal kruist (zie onder 2.3.3: Een vroege ontginning, of een schutplaats?).

Een ^{14}C-bepaling van een monster (nr. 1093) uit het paalgat van een staander leverde als resultaat op: 2445 ± 35 BP (GrN-12341). De boerderij dateert dus waarschijnlijk uit de 5e eeuw v.Chr. Lengte 17,5 cm, breedte 7,5 m.

Nr. 109 (Huijts; Peelo 3) (fig. 8) Plattegrond bestaande uit vier paar staanders en dakdragende buitenpalen. In het oostelijke einde zijn vier (extra) paalgaten gevonden, vergelijkbaar met die in de voorgaande plattegrond. In het westelijke eind is een extra middenpaal aanwezig, die bij de oorspronkelijke bouw zal behoren. Twee extra paalgaten in dit deel kunnen het gevolg van reparaties zijn. Lengte 17,5 m, breedte 7,5 m.

Discussie
De boerderijplattegronden nrs 106 en 109 hebben en-

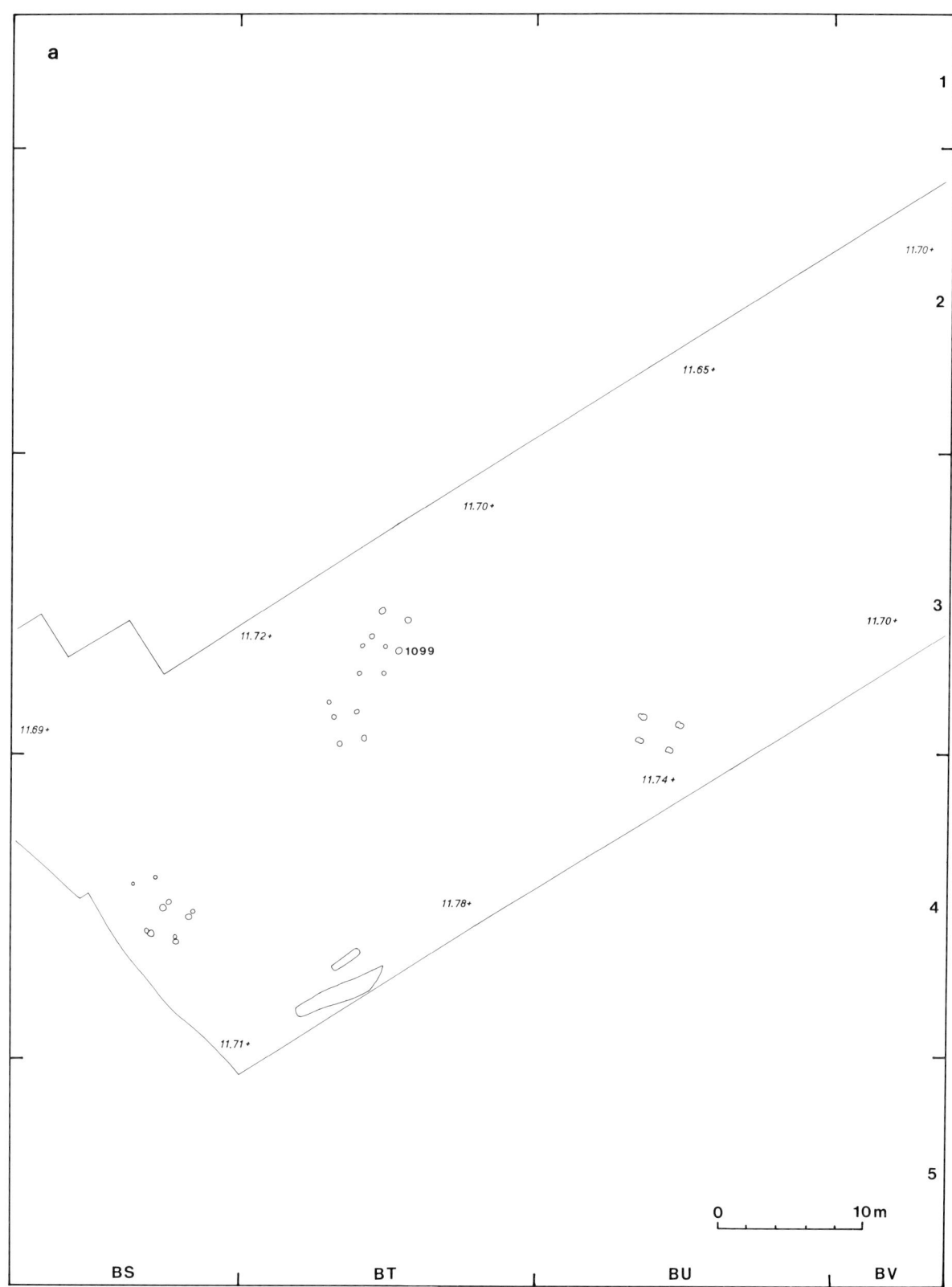

Fig. 6a. Deelplattegrond van alle grondsporen, met hoogtecijfers ten opzichte van NAP (cursief) en vondstnummers (vet gedrukt).

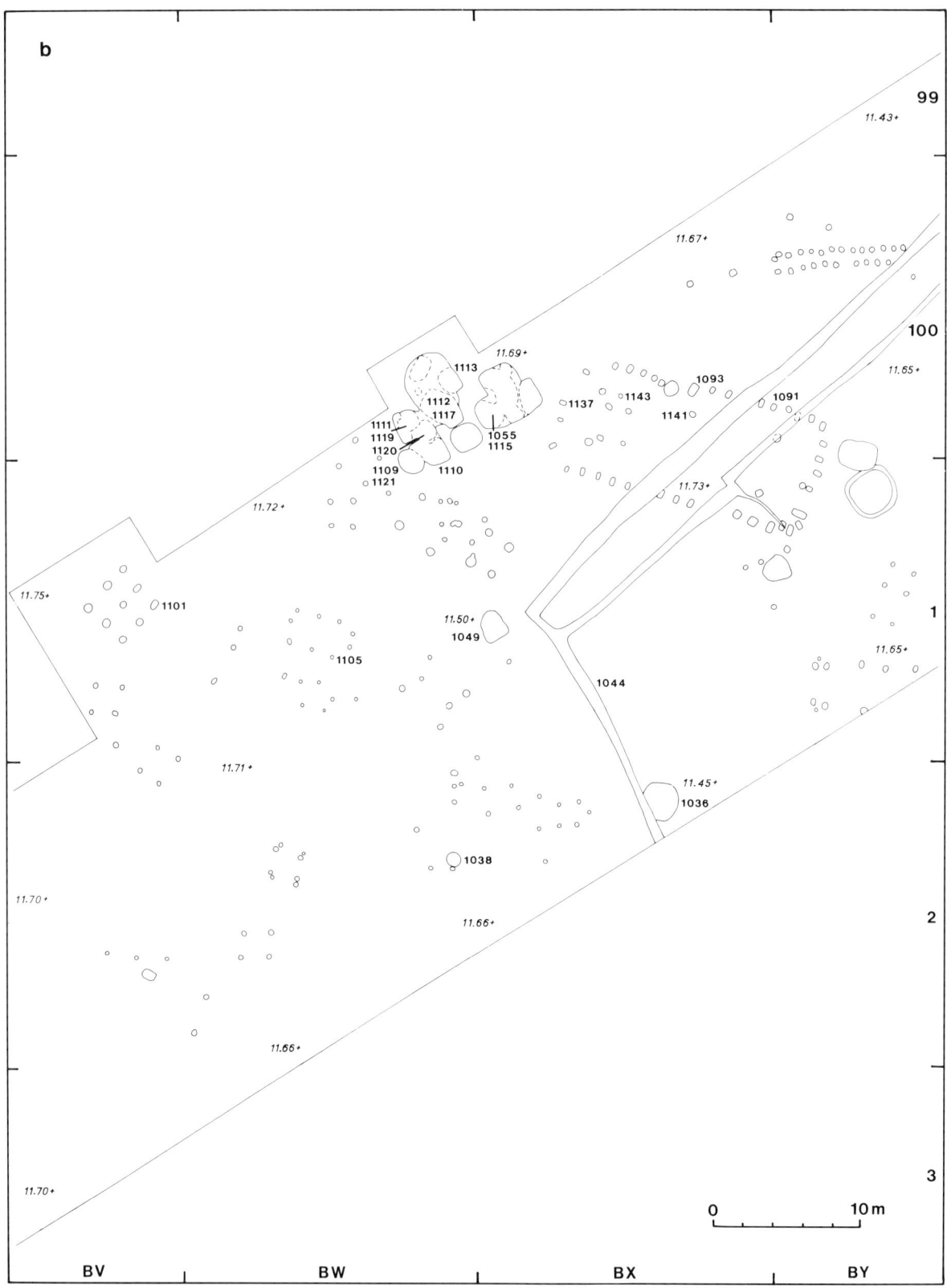

Fig. 6b. Deelplattegrond, als 6a.

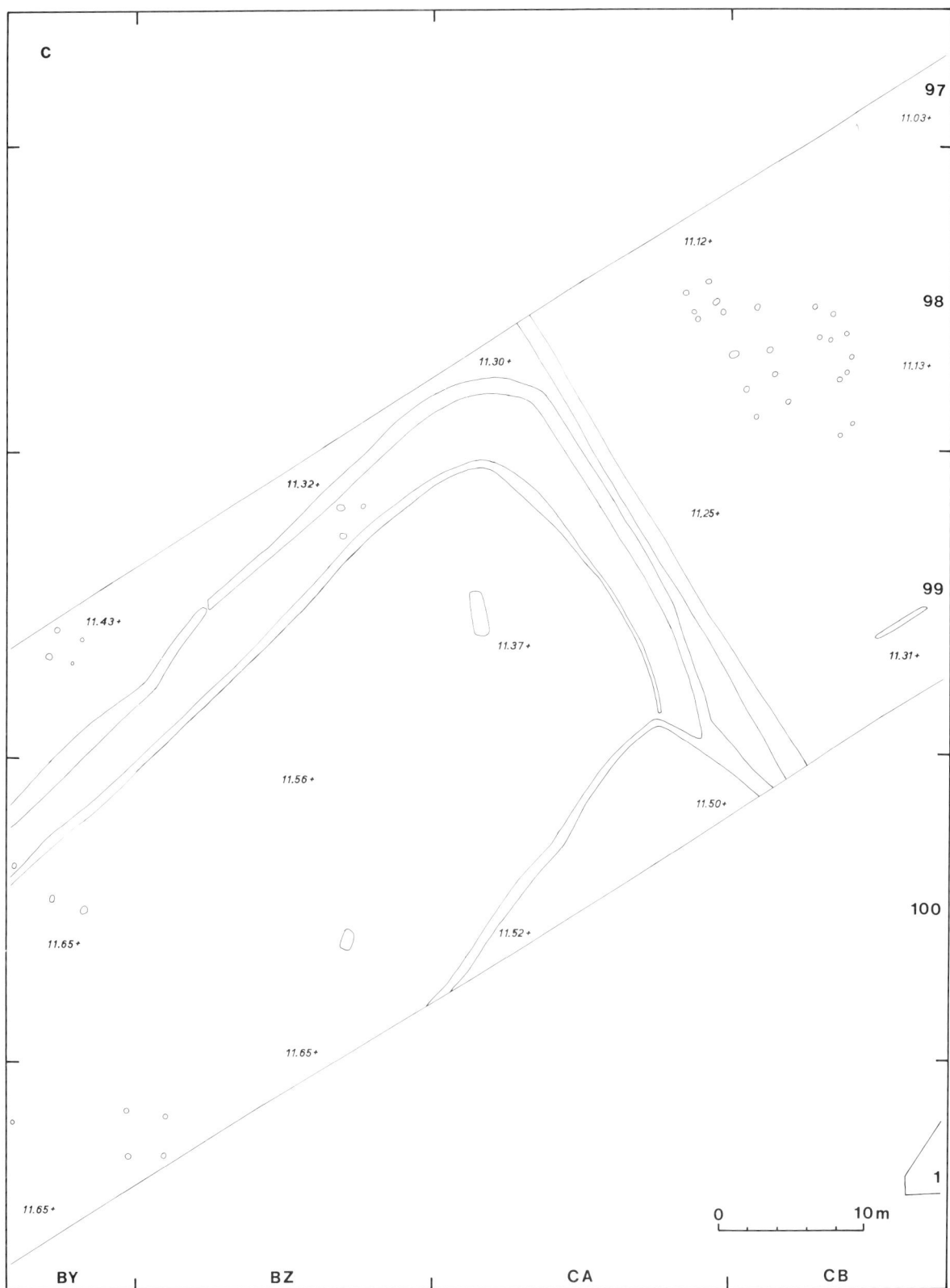

Fig. 6c. Deelplattegrond, als 6a.

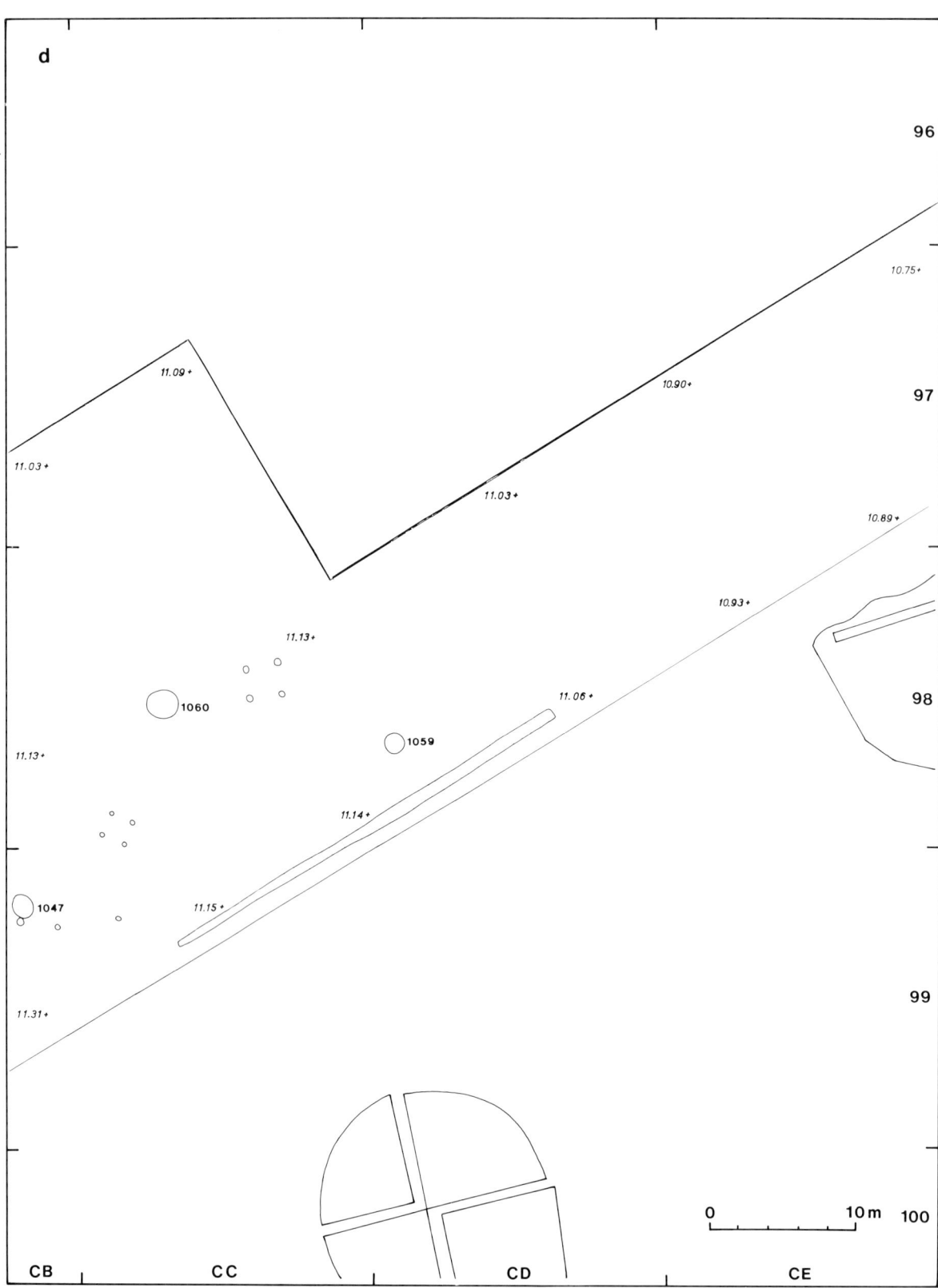

Fig. 6d. Deelplattegrond, als 6a.

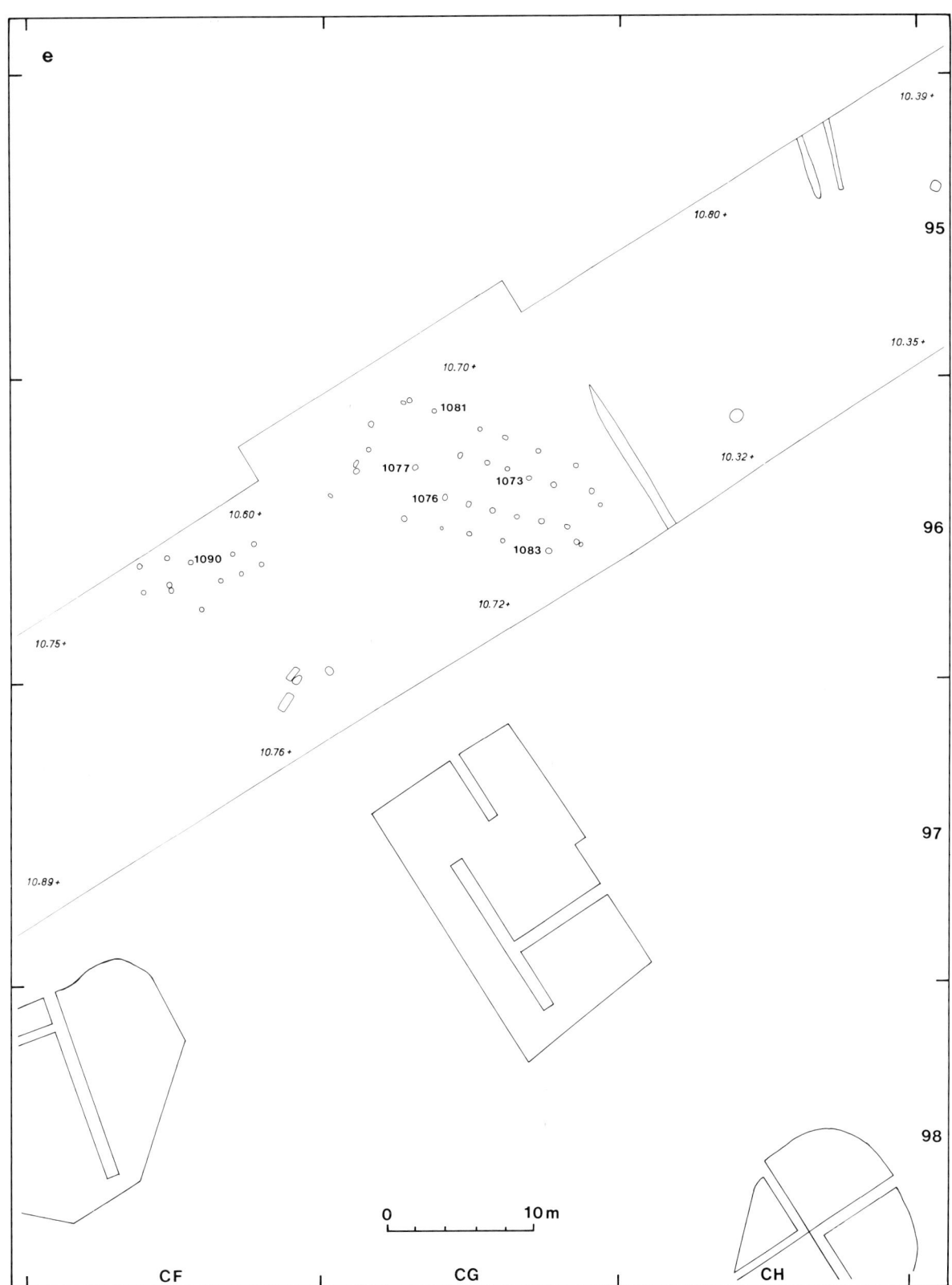

Fig. 6e. Deelplattegrond, als 6a.

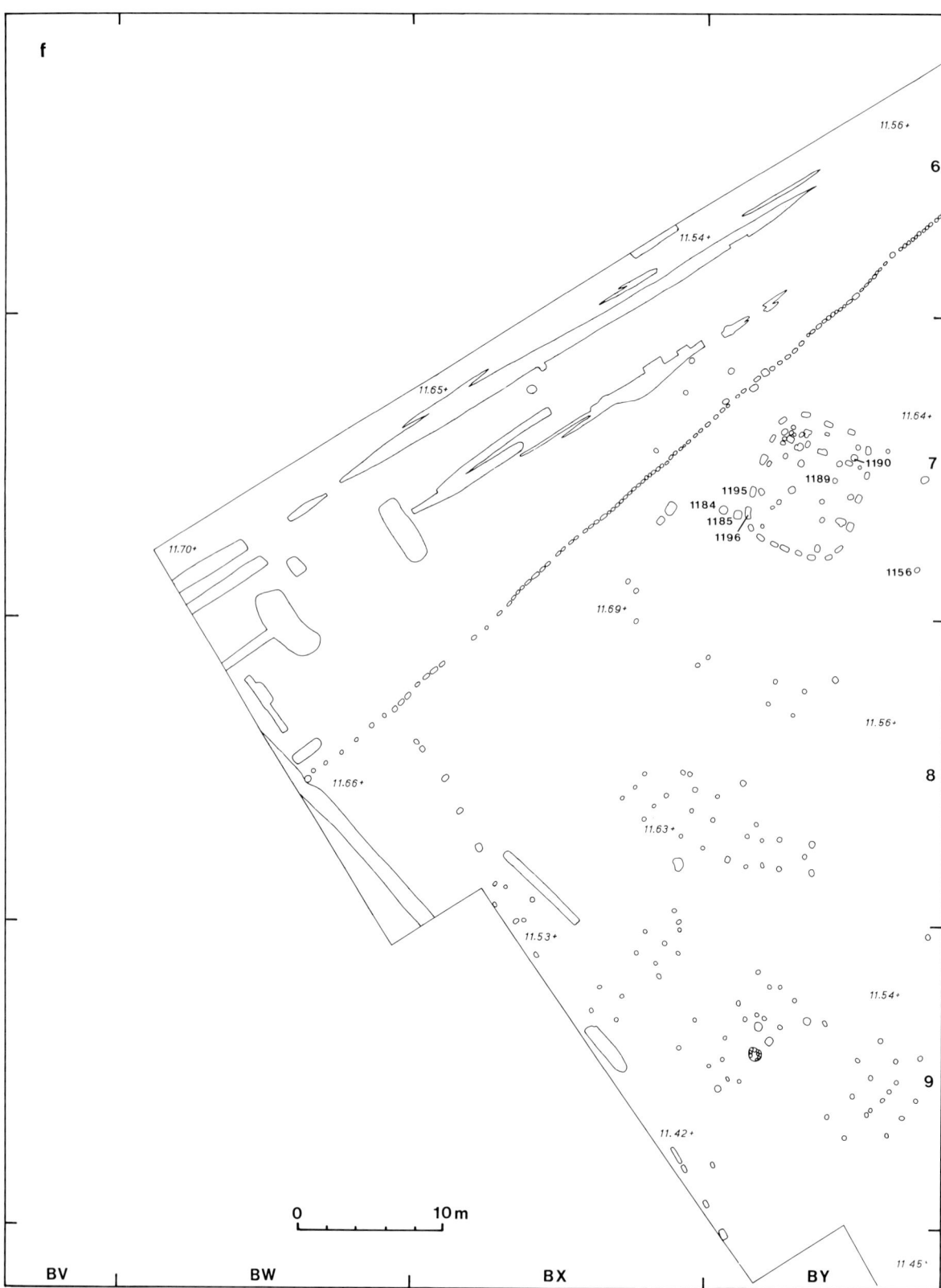

Fig. 6f. Deelplattegrond, als 6a.

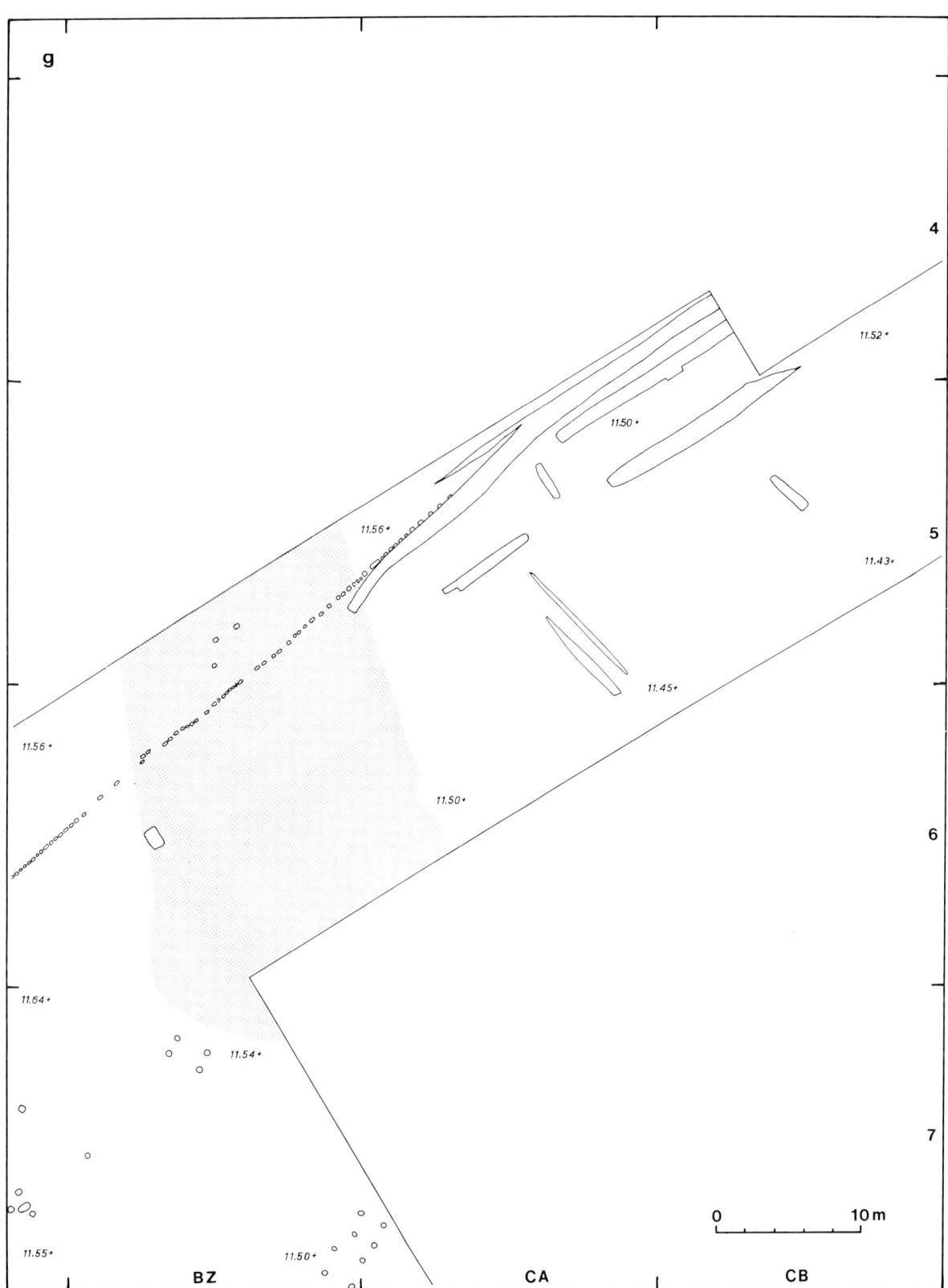

Fig. 6g. Deelplattegrond, als 6a.

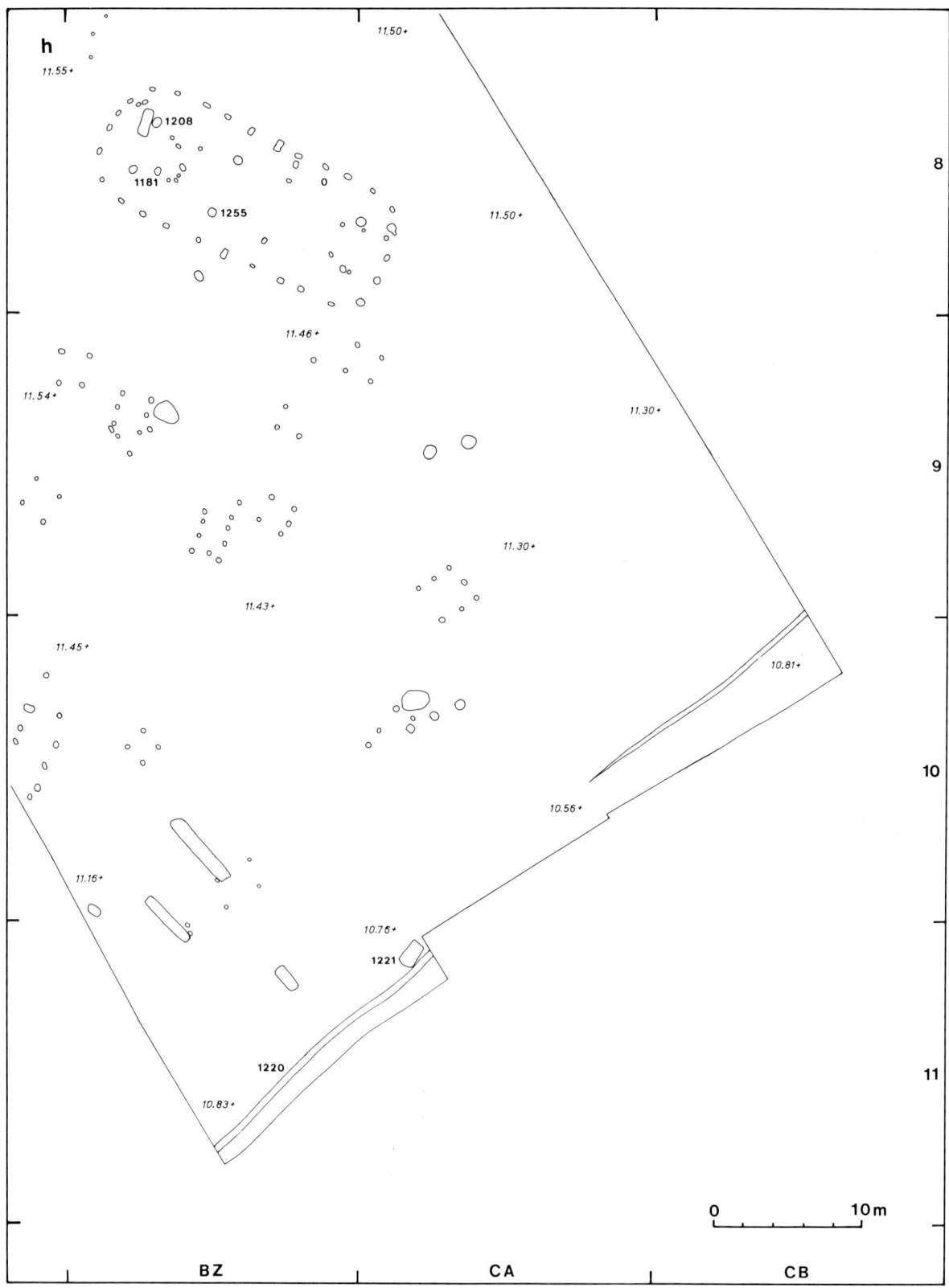

Fig. 6h. Deelplattegrond, als 6a.

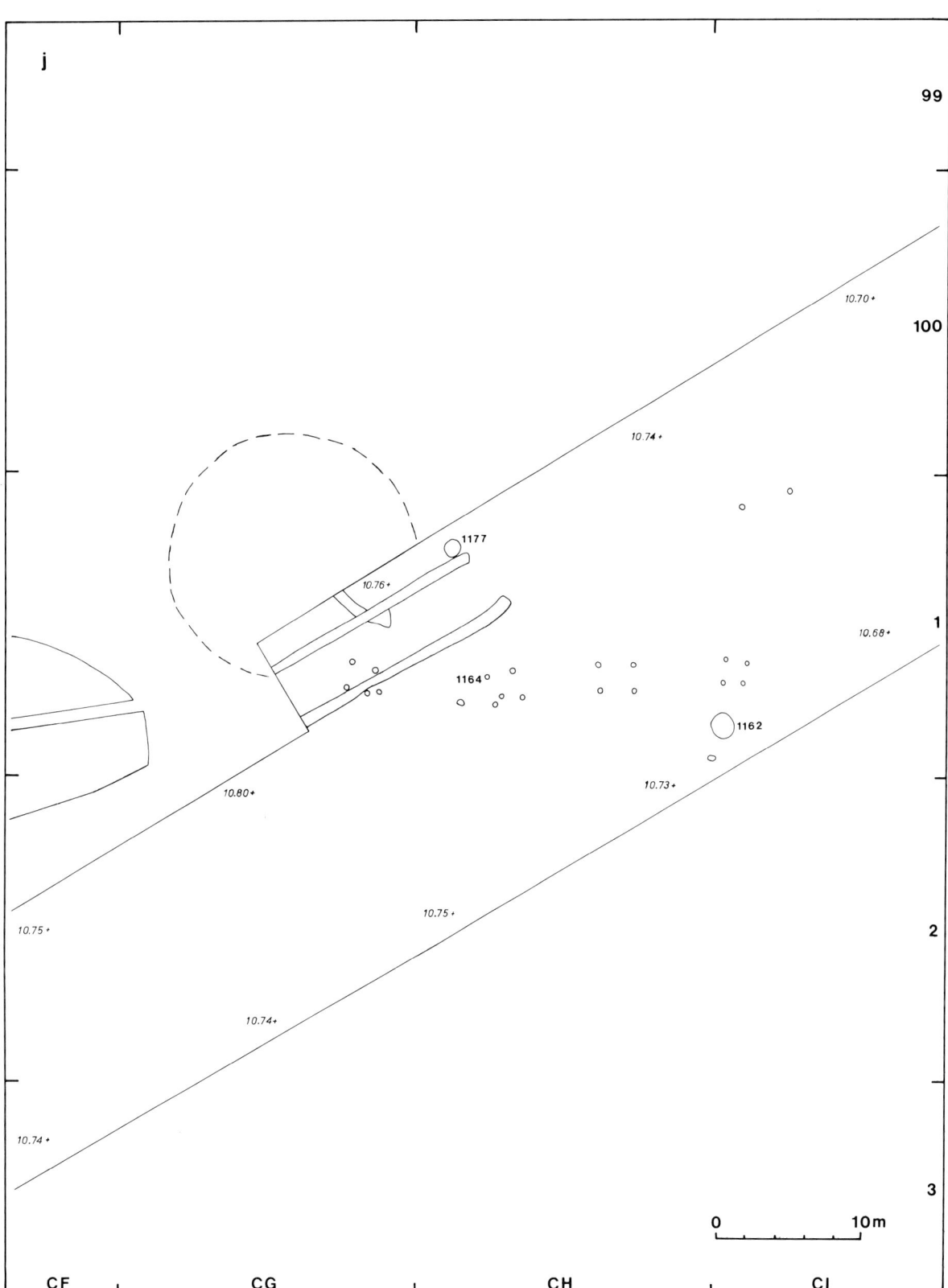

Fig. 6j. Deelplattegrond, als 6a (de verdwenen grafheuvel nr. X is met een streepjeslijn aangegeven).

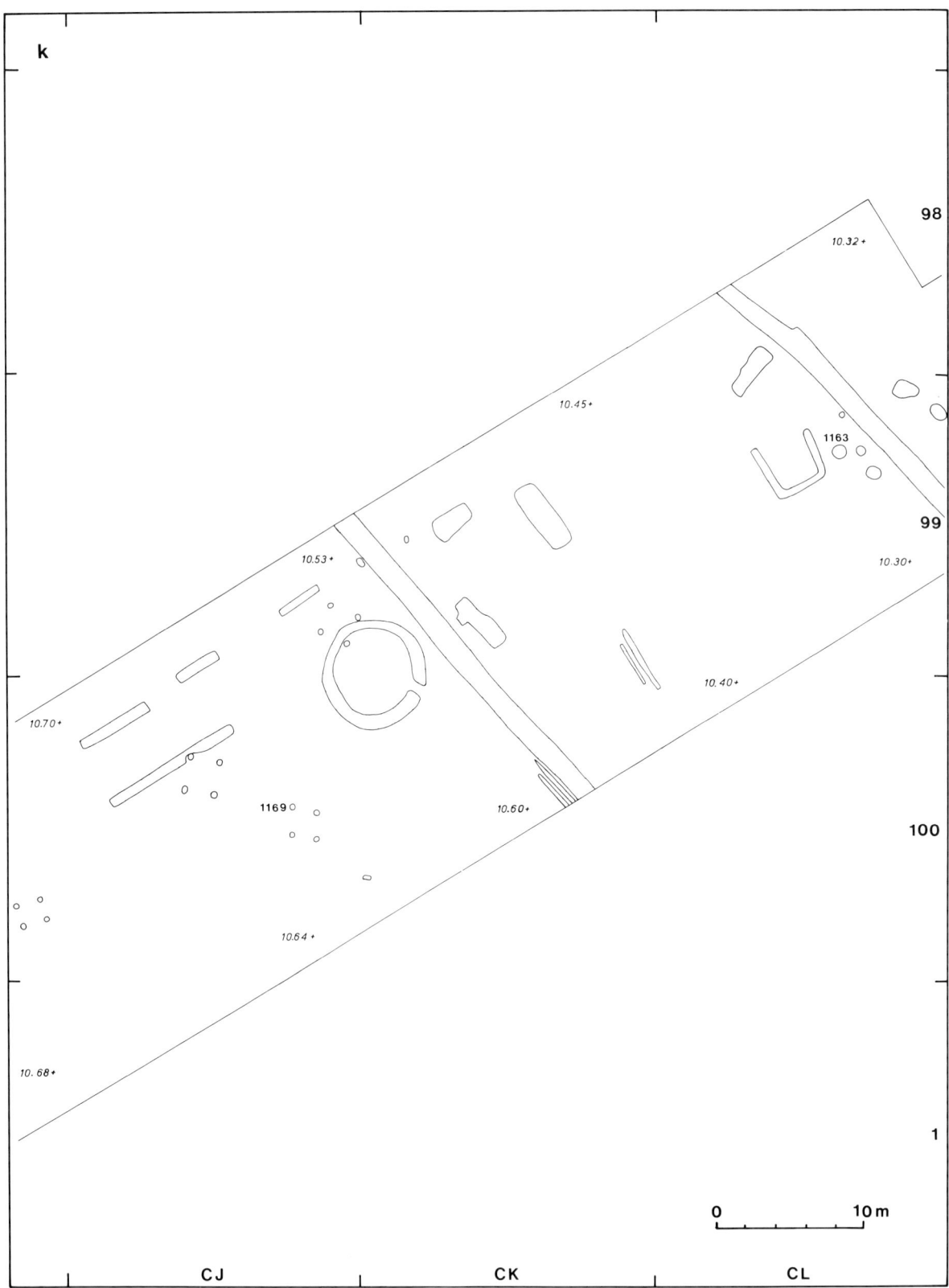

Fig. 6k. Deelplattegrond, als 6a.

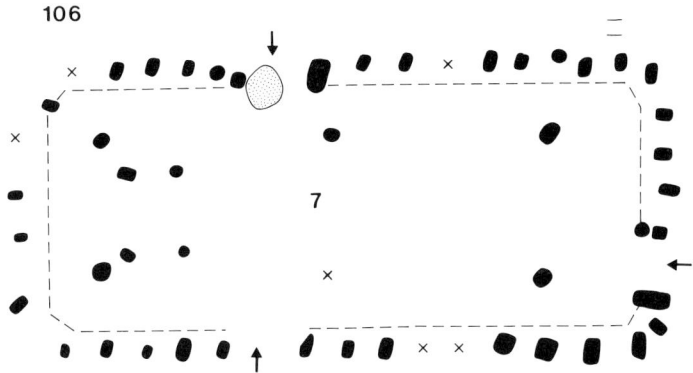

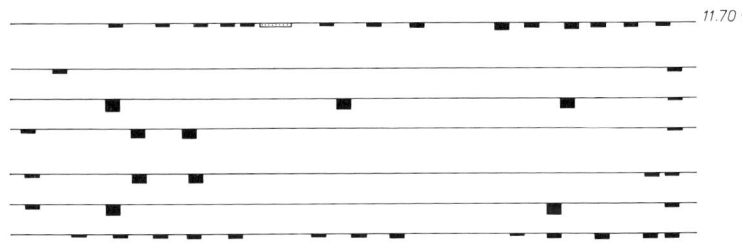

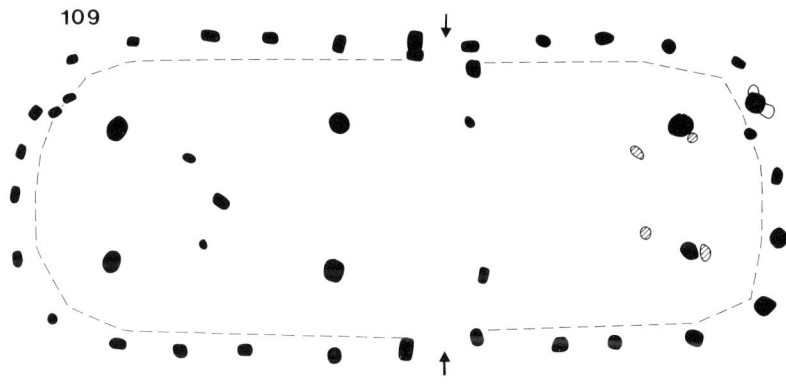

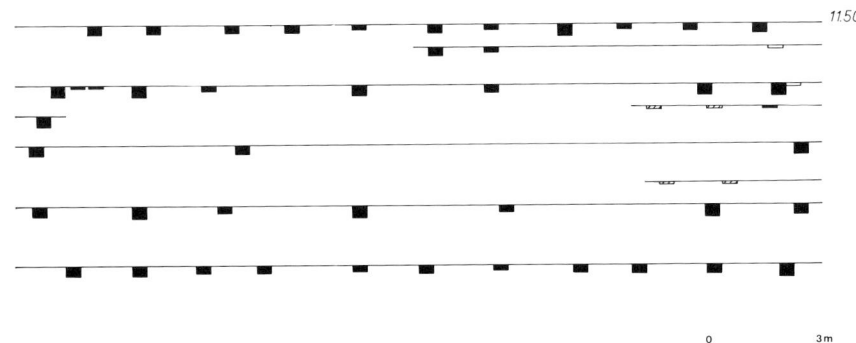

Fig. 8. De boerderijplattegronden nrs 106 en 109 van het type Hijken, met de diepte der paalgaten.

434 P.B. KOOI

kele opvallende kenmerken. In de eerste plaats is dat het geringe aantal staanders en de grote afstand daartussen, respectievelijk ca. 6 m bij nr. 106 en ca. 4 en 6 m bij nr. 109. Daarmee wordt bevestigd dat de daklast voornamelijk door de buitenpalen werd gedragen. De langgerekte paalgaten bij nr. 106 versterken dit idee. De vorm van de paalgaten wijst er op, dat de buitenpalen extra zijn gestut, of vervangen om krachten in zijwaartse richting op te vangen.[2] Ondanks het feit dat de beschreven boerderijen tot hetzelfde type behoren kan worden vastgesteld, dat de hoofdvorm van nr. 109 meer afgeronde einden heeft dan nr. 106. Daarmee zou de plattegrond 109 meer aansluiten bij de bouwtrant van het oudere type Elp.

Variant Hijken (250-100 v.Chr.). Nr. 107 (Huijts: Peelo 2) (fig. 9) Plattegrond met een breed tweeschepig woongedeelte in het westen en een naar het eind versmallend stalgedeelte in het oosten. Ingangen in de lange wanden zullen op de overgang tussen beide delen hebben gelegen, maar ze zijn niet met zekerheid aan te geven. De palen, waaraan de wand was bevestigd zijn bij dit type dakdragend geweest. Lengte 15,4 m, breedte 7,5-6,0 m.

N.B. De beschrijving van de drie boerderijplattegronden wijkt af van een eerder gepubliceerde versie (Kooi & de Langen, 1986). De studie van Huijts heeft inmiddels

nieuwe inzichten opgeleverd. Er zijn duidelijke verschillen in bouwwijze en datering tussen de nrs 106 en 109 enerzijds en nr. 107 anderzijds, met name is dit het geval bij de plaats van de wand. Bij 106 en 109 staat de wand op enige afstand binnen de dakdragende palen, terwijl de plaats van de wand bij 107 samenvalt met de dakdragende buitenpalen. In de eerder genoemde publikatie is gezocht naar overeenkomstige bouwprincipes, uitgaande van een min of meer gelijktijdige datering en een overeenkomstige bouwwijze. Dit is dus bij nader inzien onjuist gebleken.

Schuur
Schuur nr. 108 (fig. 10) Plattegrond, bestaande uit 4 staanders, enige palen van de wand en de dakdragende buitenpalen. Er zijn twee ingangen herkenbaar door de aanwezigheid van paren dubbele paalgaten aan de oost- en westzijde. Aan de noordzijde is in tweede instantie een nieuwe rij dakdragende buitenpalen geplaatst, waardoor de schuur aan die zijde werd ingekort. Constructief komt de schuur overeen met de boerderijplattegronden 106 en 109. Lengte 8,8 m, breedte 7,0 m (2e periode 6,8 m).

Spiekers
In de beide opgravingscampagnes op het Kleuvenveld zijn in totaal 68 paalzettingen aangetroffen, die aan

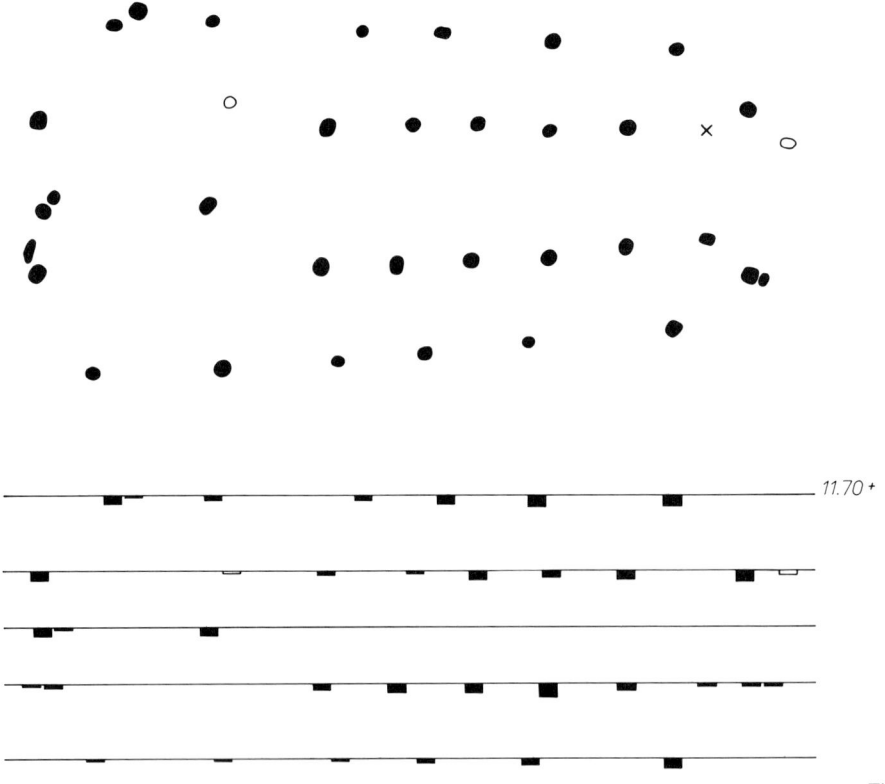

Fig. 9. De boerderijplattegrond nr. 107 van het type Variant Hijken.

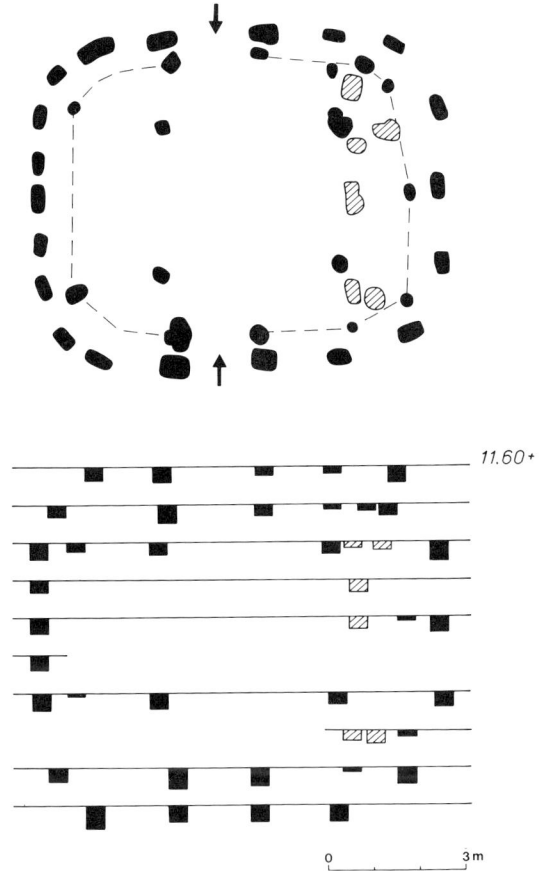

11.60 +

Fig. 10. Plattegrond van schuur nr. 108.

spiekers zijn toe te schrijven. Daarvan zijn er 59 spiekers met vier palen, 8 met zes palen en 1 met negen palen.

– Spiekers met vier palen (fig. 11-17). Naast de enkelvoudige paalzettingen komen er drie stuks voor met dubbele palen, namelijk de nrs 305, 308 en 312. Zoals reeds eerder is betoogd gaat het daarbij om afzonderlijke constructies voor de kap en een ver- hoogde vloer (Kooi, 1994: fig. 58). Bij de nrs 317 en 318 komen extra palen voor die als reparatie kunnen worden geïnterpreteerd. Een extra paal bij nr. 305 kan een stut zijn geweest, of als trapje hebben gediend.

– Spiekers met zes palen (fig. 18 en 19). Bij dit type spiekers moet in het algemeen worden gedacht aan een kap, waarvan de nok door de (extra) middenpalen werd gedragen (Kooi, 1994: fig. 58). Nr. 349 is vermoedelijk door verdubbeling van een spieker met vier palen ontstaan.

– Spieker met negen palen (fig. 20). Dit is de grootste spieker die op het Kleuvenveld is aangetroffen. De paalgaten zijn extra groot en dieper dan bij de overige spiekers. Lengte 3,5 m, breedte 3,2 m.

De oppervlakte binnen de paalzettingen van de spiekers is een indicatie voor de inhoud. Deze zijn voor alle

spiekers uitgezet in een blokdiagram (fig. 21). De oppervlakte varieert van 1,8 m² voor de kleinste spieker met vier palen tot 11,1 m² voor de grote spieker met negen palen. Het merendeel van de spiekers met vier palen valt vrijwel uitsluitend in de grootte tot en met 5 m². Spiekers met zes palen komen in geringe aantallen verspreid voor vanaf 3 m² tot en met 11 m², afgewisseld door twee spiekers met vier palen tussen de 7 en 8 m².

Kuilen (fig. 22)
Tot de nederzettingssporen kan ook een aantal grote kuilen gerekend worden. Ten westen van boerderij nr. 106 ligt een kuilencomplex, waarin veel scherven van aardewerk werden gevonden (fig. 6b: vak BW-BX/ 100-1).

Nr. 154 (vak BX/2). Ronde kuil, naar onderen trechtervormig toelopend, met een gelaagde vulling, waarin een laag houtskool. De kuil was ingegraven tot in de top van een leemlaag.

Nr. 155 (vak CB/99). Ronde, op doorsnede trogvormige kuil, die tot twee keer toe gedeeltelijk is hergraven. De eerste fase reikt tot in de top van een leemlaag. De laatste ingraving bestaat uit een cilinder- vormige kuil onder andere gevuld met houtskool en gecremeerd bot.

Nr. 156 (vak CC/98). Ronde, op doorsnede trogvormige kuil met een gelaagde vulling, waarin o.a. houtskool.

Nr. 157 (vak CD/98). Steilwandige, ronde kuil met gelaagde vulling en op het diepste niveau een aantal keien en twee maalstenen van graniet.

Nr. 158 (vak CH/1). Ronde kuil, die zich op een dieper niveau verbreedt. De bodem is komvormig en de vulling vertoont weinig gelaagdheid.

Nr. 150 (vak CI/1). Ronde, op doorsnede trogvormige kuil met een egale vulling waarin enkele keien.

De kuilen 154 en 155 kunnen door hun lemen bodem als waterreservoir zijn gebruikt. De kuilen 157 en 158 zijn mogelijk silo's geweest.

Overige sporen
Een dubbele rij palen (vak BY/100). Over een lengte van 8,5 m verlopen op een onderlinge afstand van 1,0 m twee oost-west-georiënteerde rijen palen, die bij pro- jectie in de *Celtic fields* op de grens tussen twee akkers blijken te liggen. In die situatie is het denkbaar, dat daarmee een doorgang in een wal is geblokkeerd. De dubbele rij palen kan hebben gediend als een bekisting waartussen grond is gestort.

Het akkercomplex: Celtic fields (fig. 4)
In de opgravingsputten zijn in 1984 verschijnselen geconstateerd, die samenhangen met de walletjes van de *Celtic fields*. Dwars over het opgravingsvlak lagen op enige afstand van elkaar vier banen loodzand, waar- van de ligging correspondeerde met de plaats van de walletjes op de luchtfoto's. In eerste instantie is gedacht

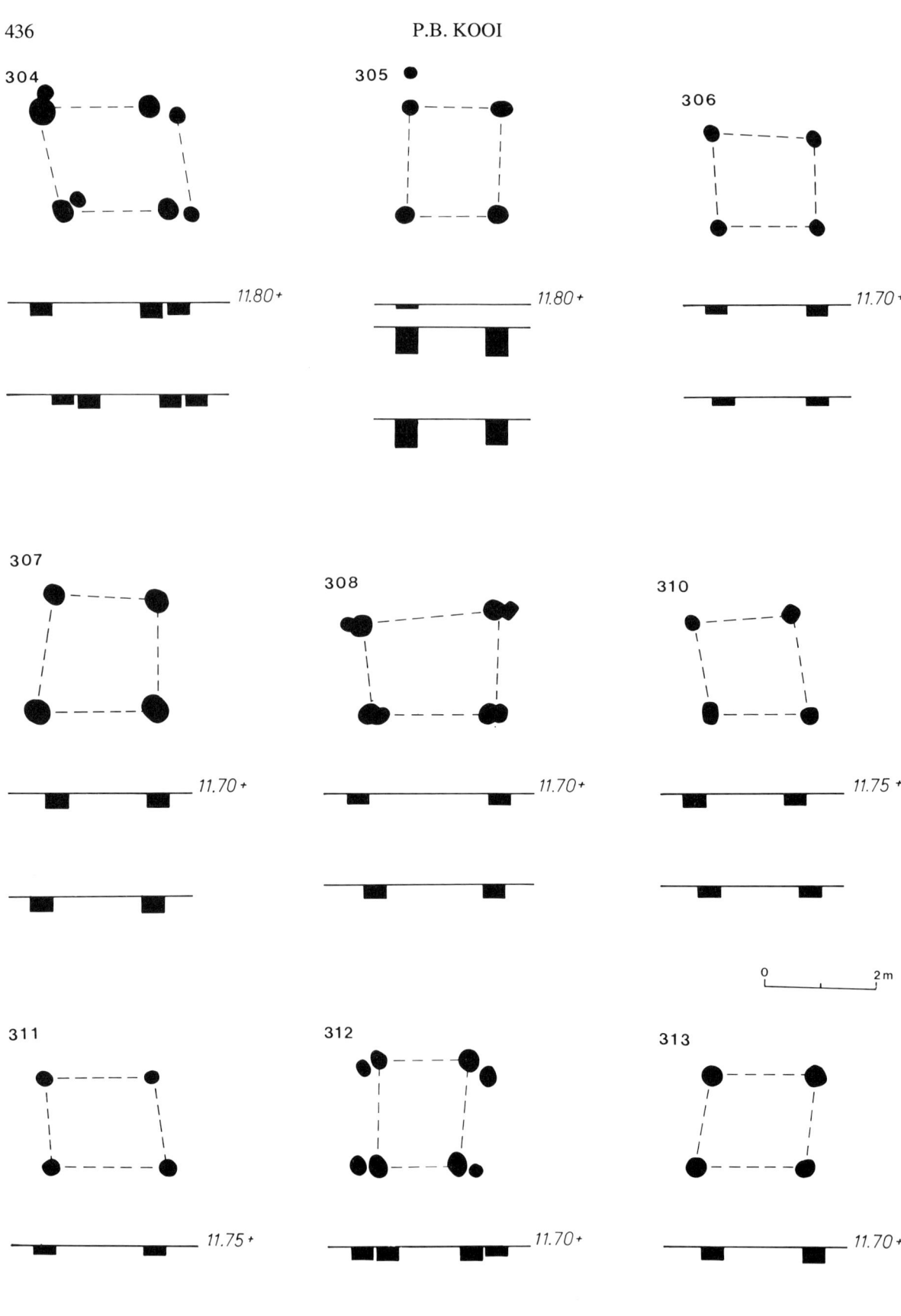

Fig. 11. Spiekers met vier palen.

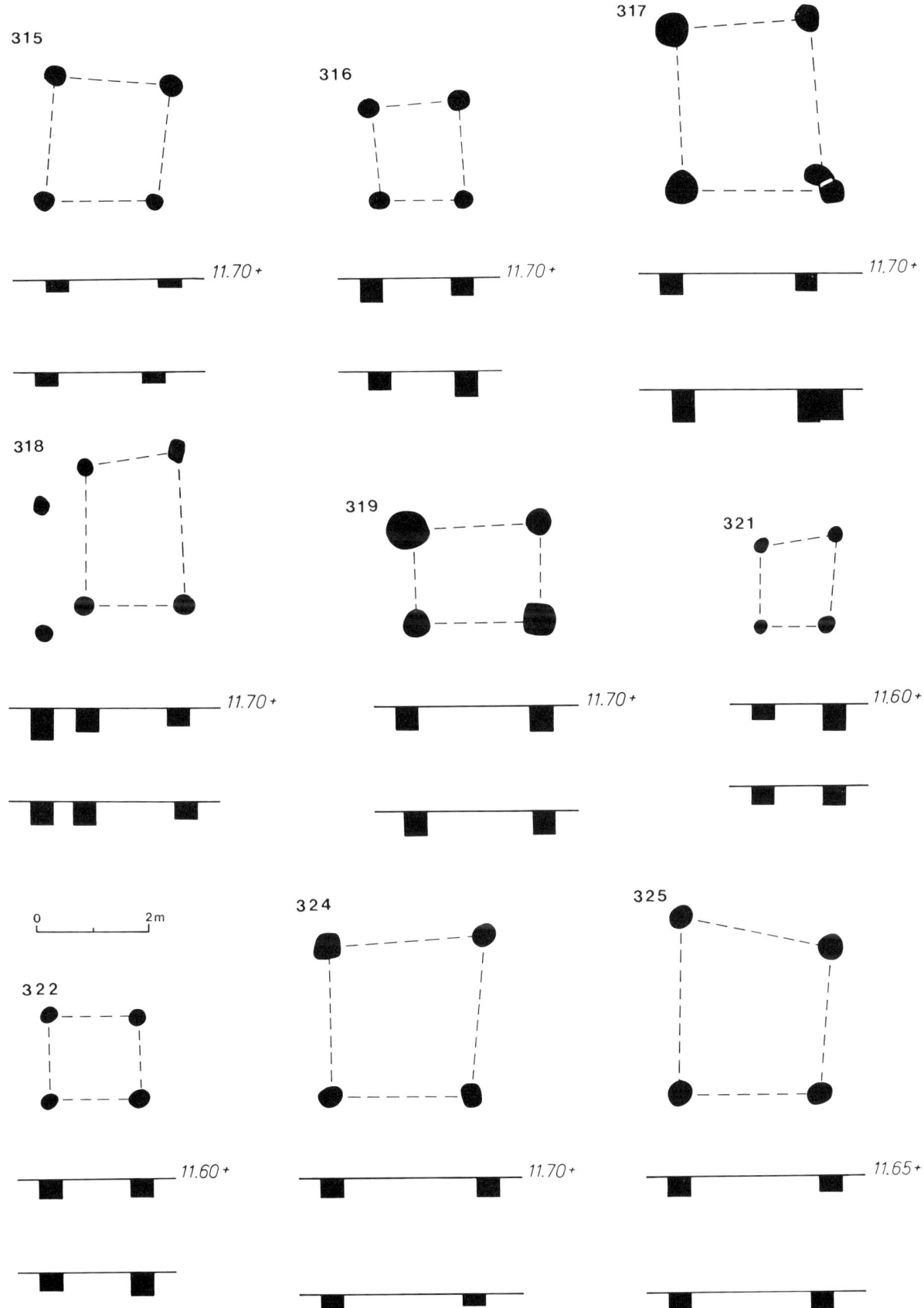

Fig. 12. Spiekers met vier palen (vervolg).

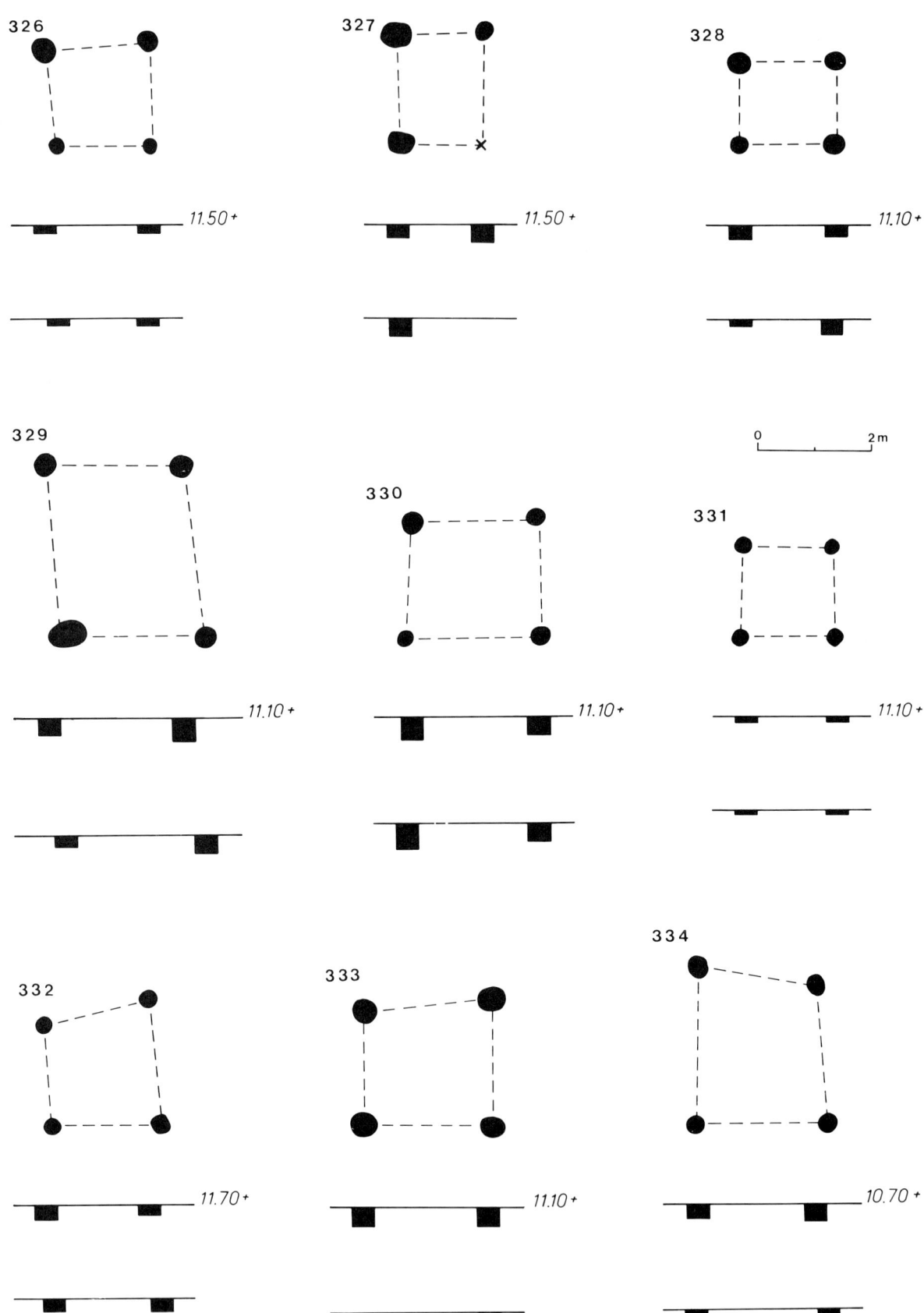

Fig. 13. Spiekers met vier palen (vervolg).

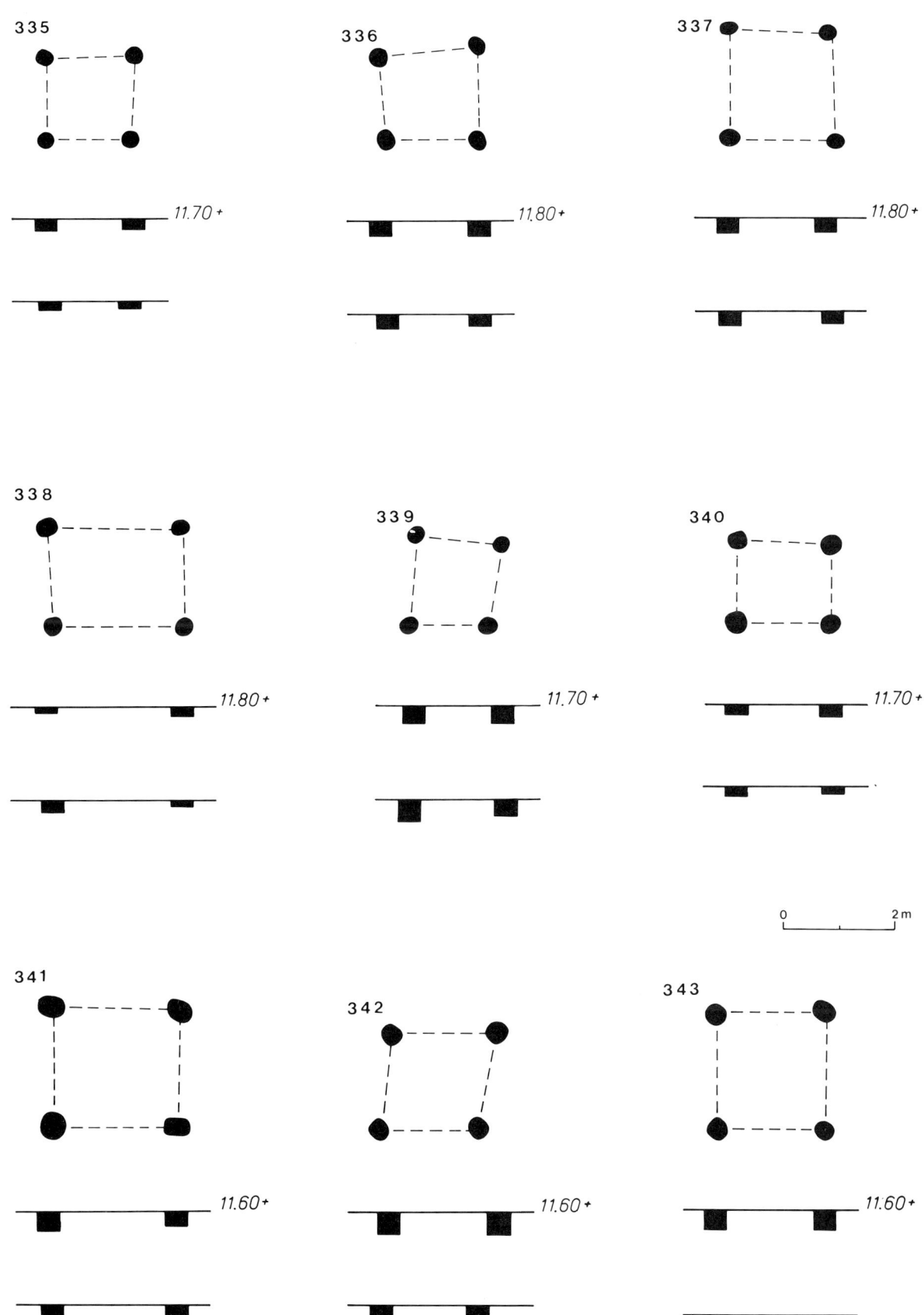

Fig. 14. Spiekers met vier palen (vervolg).

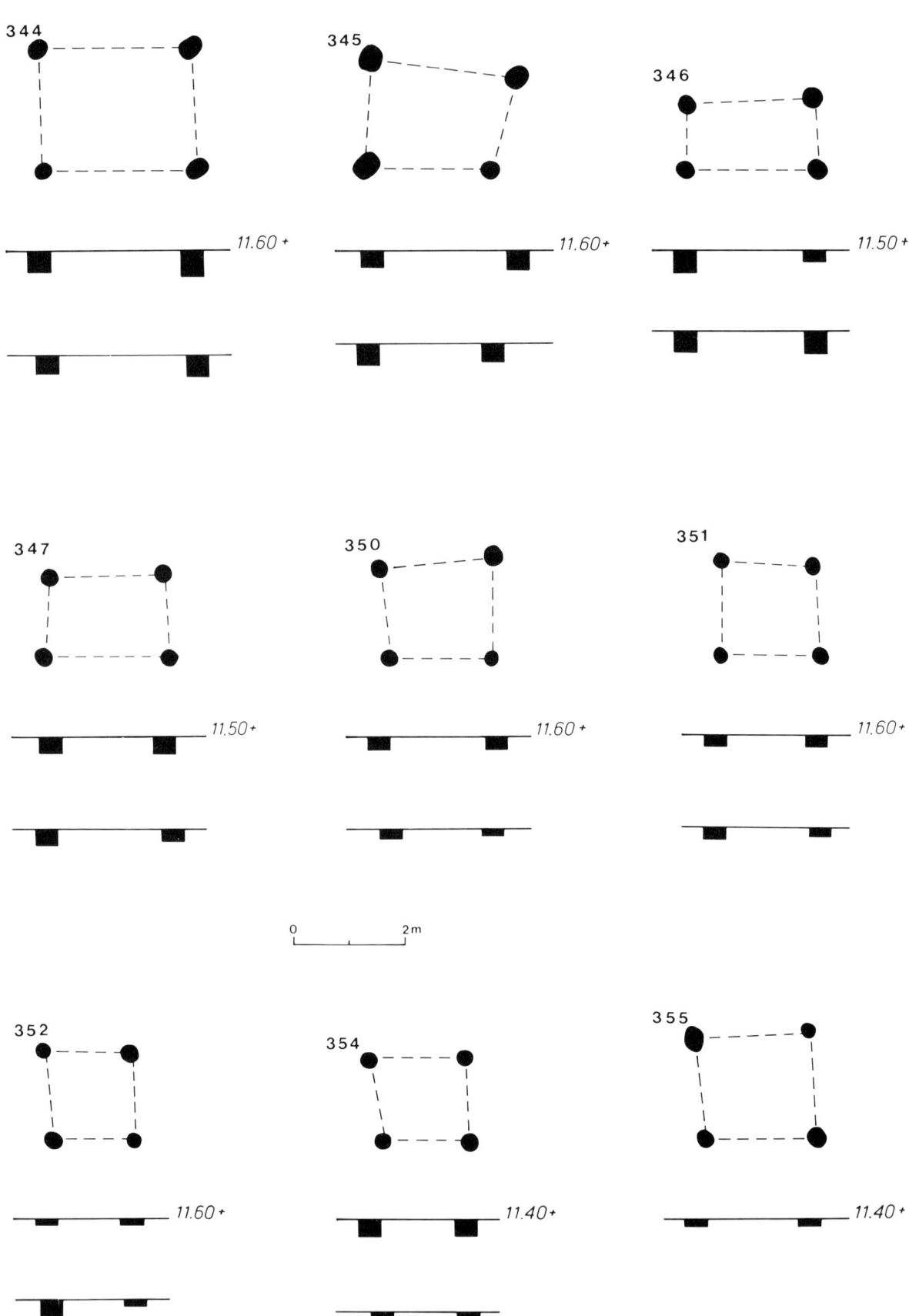

Fig. 15. Spiekers met vier palen (vervolg).

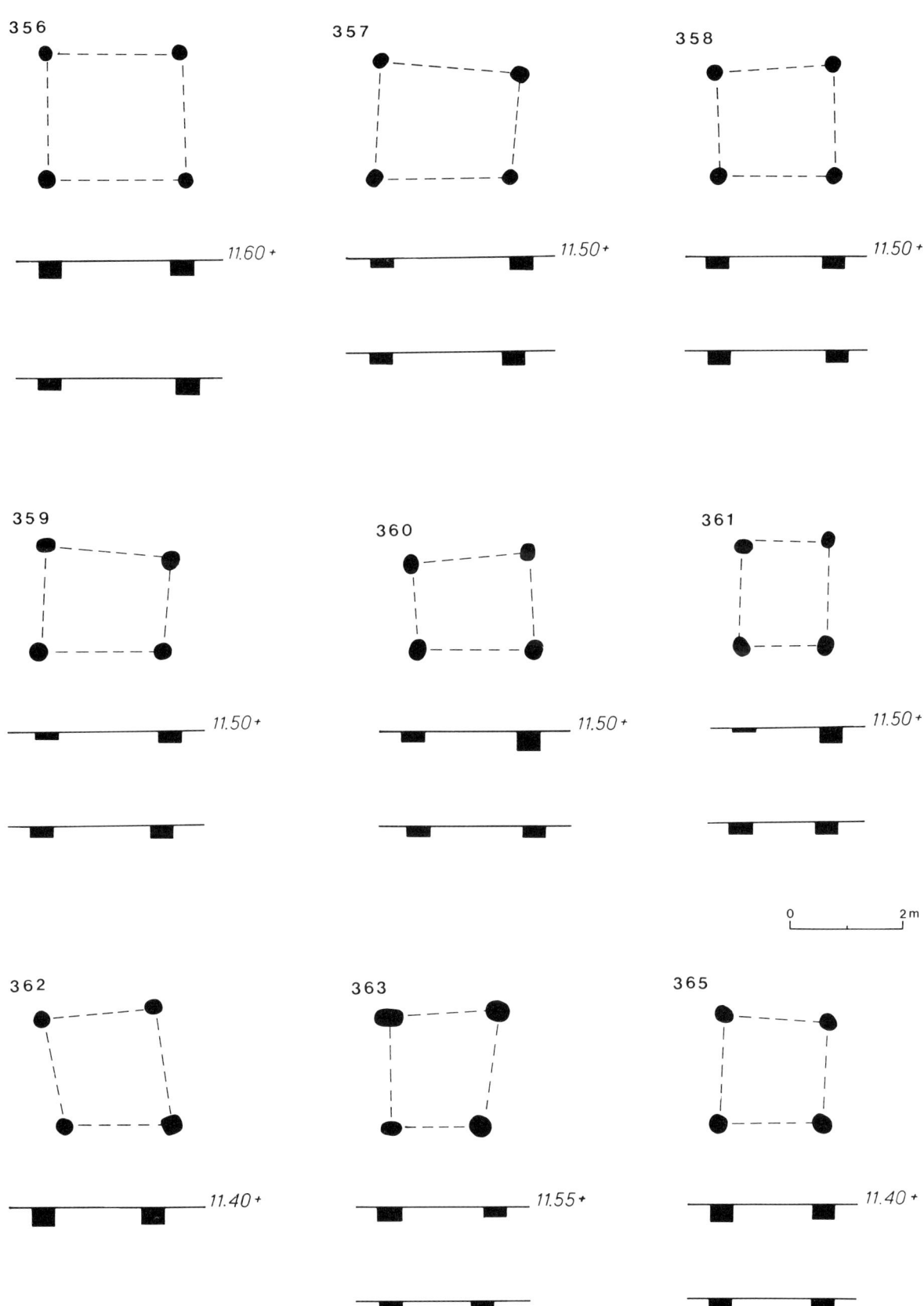

Fig. 16. Spiekers met vier palen (vervolg).

442 P.B. KOOI

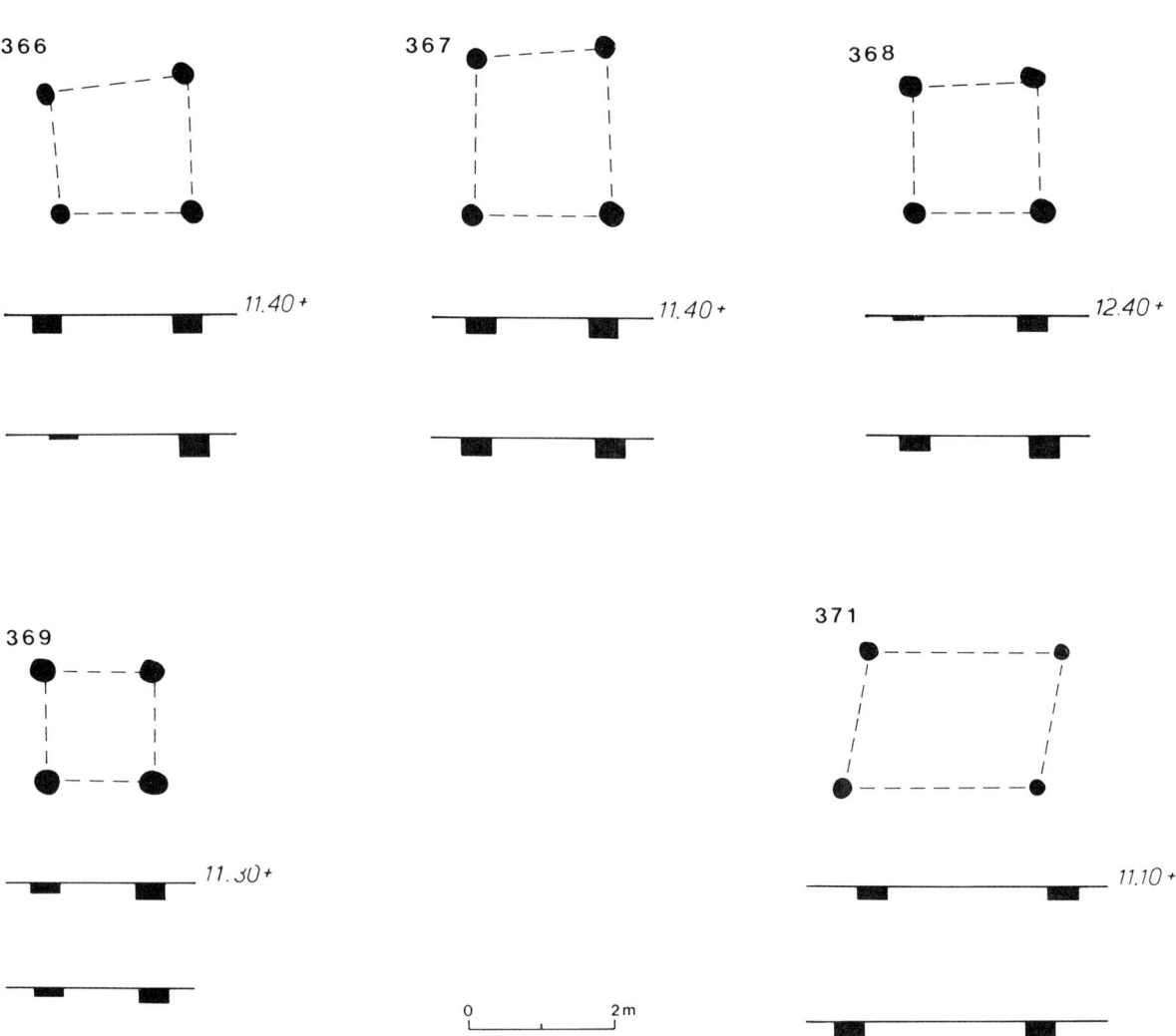

Fig. 17. Spiekers met vier palen (vervolg).

aan podsolontwikkeling van een oud oppervlak onder de walletjes. Uit het profiel bleek echter, dat de laag loodzand niet horizontaal verliep, maar ter plaatse van de walletjes een daling vertoonde. Waarschijnlijk is dit verschijnsel veroorzaakt, doordat het humeuze walletje zich in zijn geheel als A-1 van het podsol heeft ontwikkeld en de A-2 op een dieper niveau werd gevormd.

De ontwikkeling van het *Celtic field*-complex als geheel is deels uit de waargenomen fragmenten af te leiden. Over het algemeen maakt het verloop van de walletjes een tamelijk grillige indruk. Voor het zuidelijke deel (vakken BM-CA/15-27) lijkt er een duidelijke relatie te bestaan tussen het reliëf en een aantal walletjes dat met de hoogtelijnen meeloopt of daar loodrecht op staat. De meest regelmatige, rechthoekige akkers zijn daar 45x50 en 40x50 m en vormen waarschijnlijk blokken van tenminste vier stuks. Een paar regelmatige blokken van rechthoekige en vierkante akkers liggen ook in het noordelijke deel. Dit suggereert dat er mogelijk een ontwikkeling vanuit 3 à 4 kernen heeft plaats-

gevonden, die later aan elkaar zijn gegroeid. De tussenliggende ruimte is naar behoefte opgevuld met akkers die een minder regelmatige vorm hebben gekregen.

De walletjes van het *Celtic field*-systeem zijn kennelijk niet opvallend hoog geweest. Op oude kaarten zijn ze niet aangegeven, terwijl dat bijvoorbeeld met de *Celtic fields* op het Noordse Veld wel is gebeurd. Ook op foto's van de opgravingen in 1937 zijn ze niet te zien en in de publikatie van de heuvels V en VI wordt er geen melding van gemaakt. Dit zou kunnen betekenen, dat de akkers slechts relatief korte tijd in gebruik zijn geweest.

Grafmonumenten
In 1937 werden bij ontginningswerkzaamheden tien grafheuvels geëgaliseerd in het perceel tussen de opgravingsputten van 1983 en 1984 (vakken CB-CI/97-1) (fig. 5). Daarvan werden er negen onderzocht. De tiende grafheuvel was reeds voor de aanvang van de opgravingen geëgaliseerd. Van deze groep zijn de nrs V en VI gepubliceerd (van Giffen, 1939). In 1984 werd

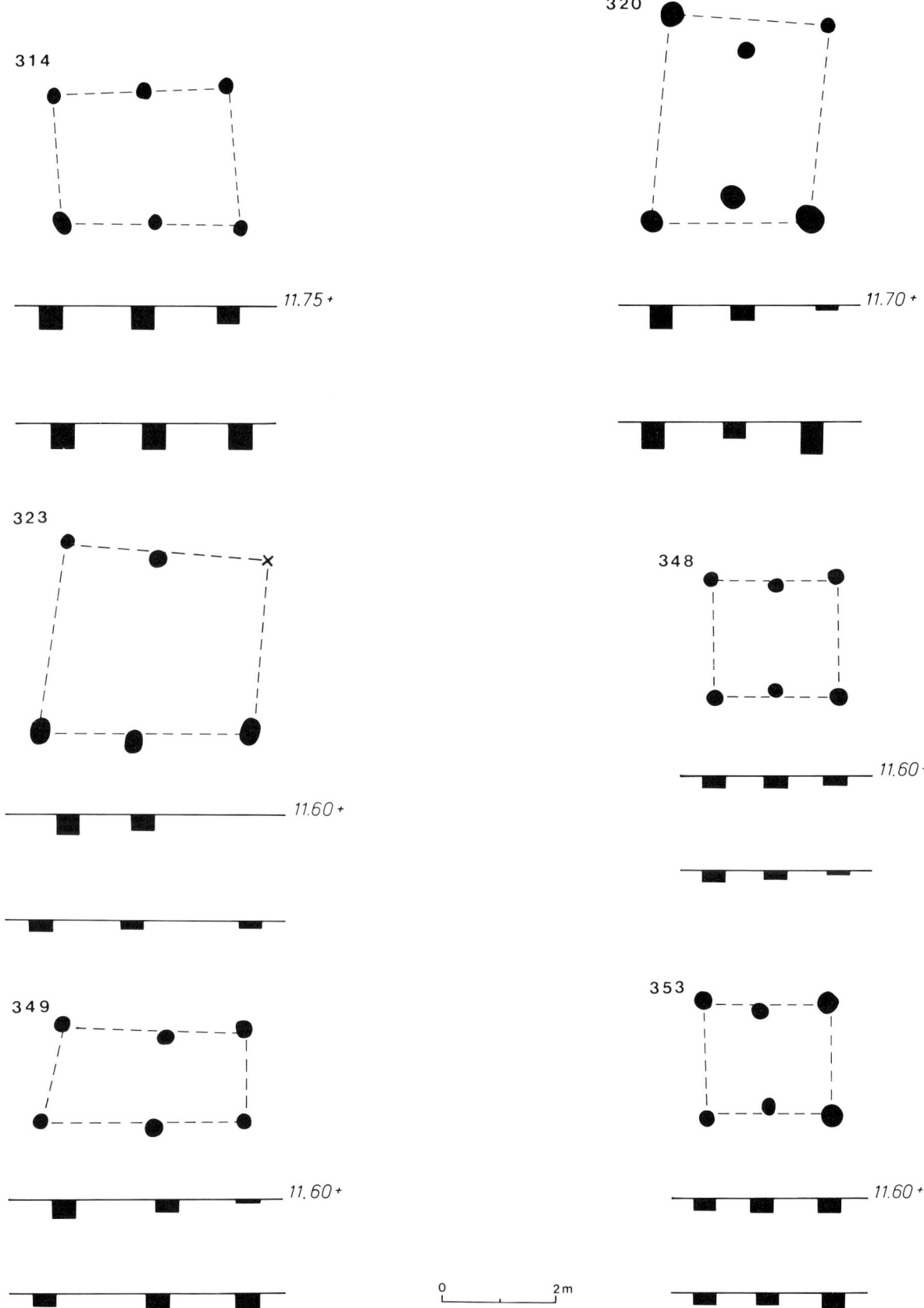

Fig. 18. Spiekers met zes palen.

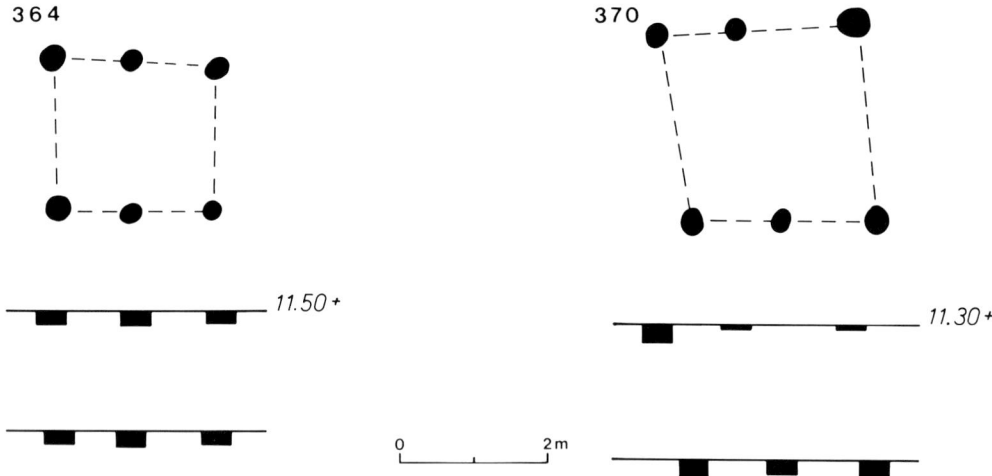

Fig. 19. Spiekers met zes palen (vervolg).

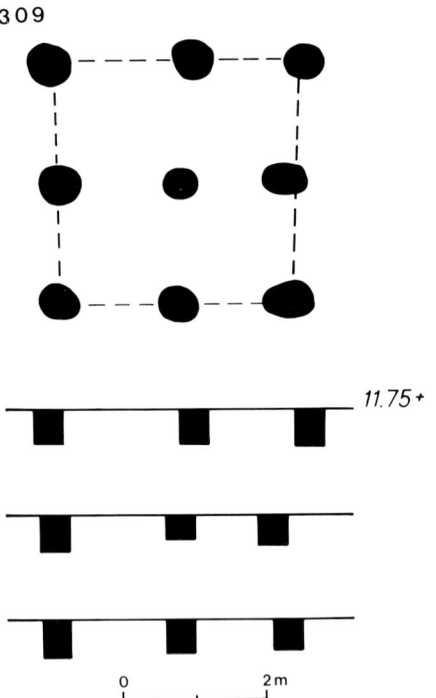

Fig. 20. Spieker met negen palen.

een restant van een grafmonument uit de IJzertijd aangetroffen (vak CL/99). Deze heeft het nr. XI gekregen.

Voor de volledigheid zijn hieronder alle grafheuvels, inclusief de nrs. V en VI beschreven.

Nr. I. Langgerekte heuvel met plaggenstructuur. Kennelijk was de zuidzijde langs de perceelgrens reeds vergraven en is de opgraving volgens een aangepaste quadrantenmethode uitgevoerd, waarbij het zuidprofiel

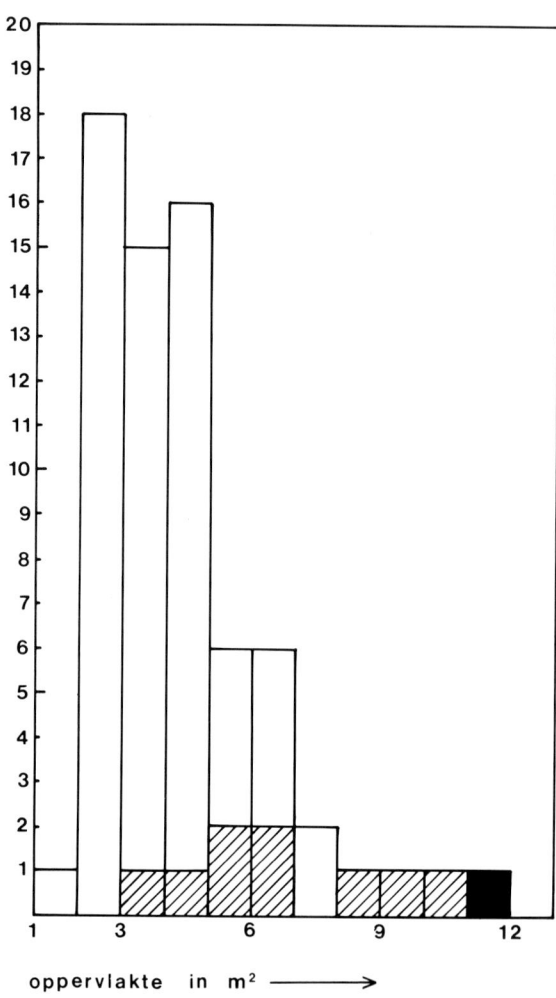

Fig. 21. Blokdiagram met de aantallen spiekers per oppervlakte-maat. Legenda: zwart: spieker met negen palen; gearceerd: spiekers met zes palen; open: spiekers met vier palen.

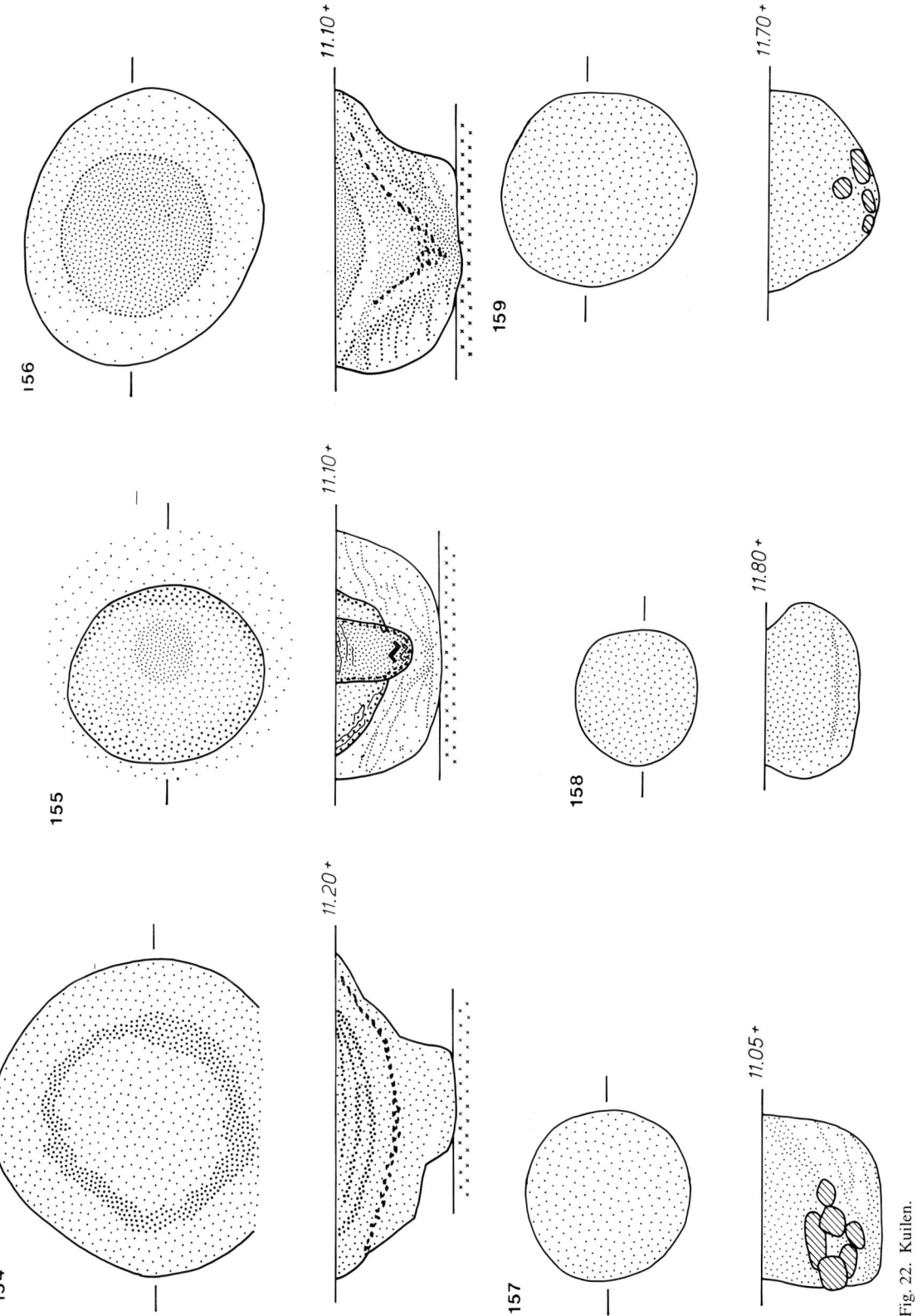

Fig. 22. Kuilen.

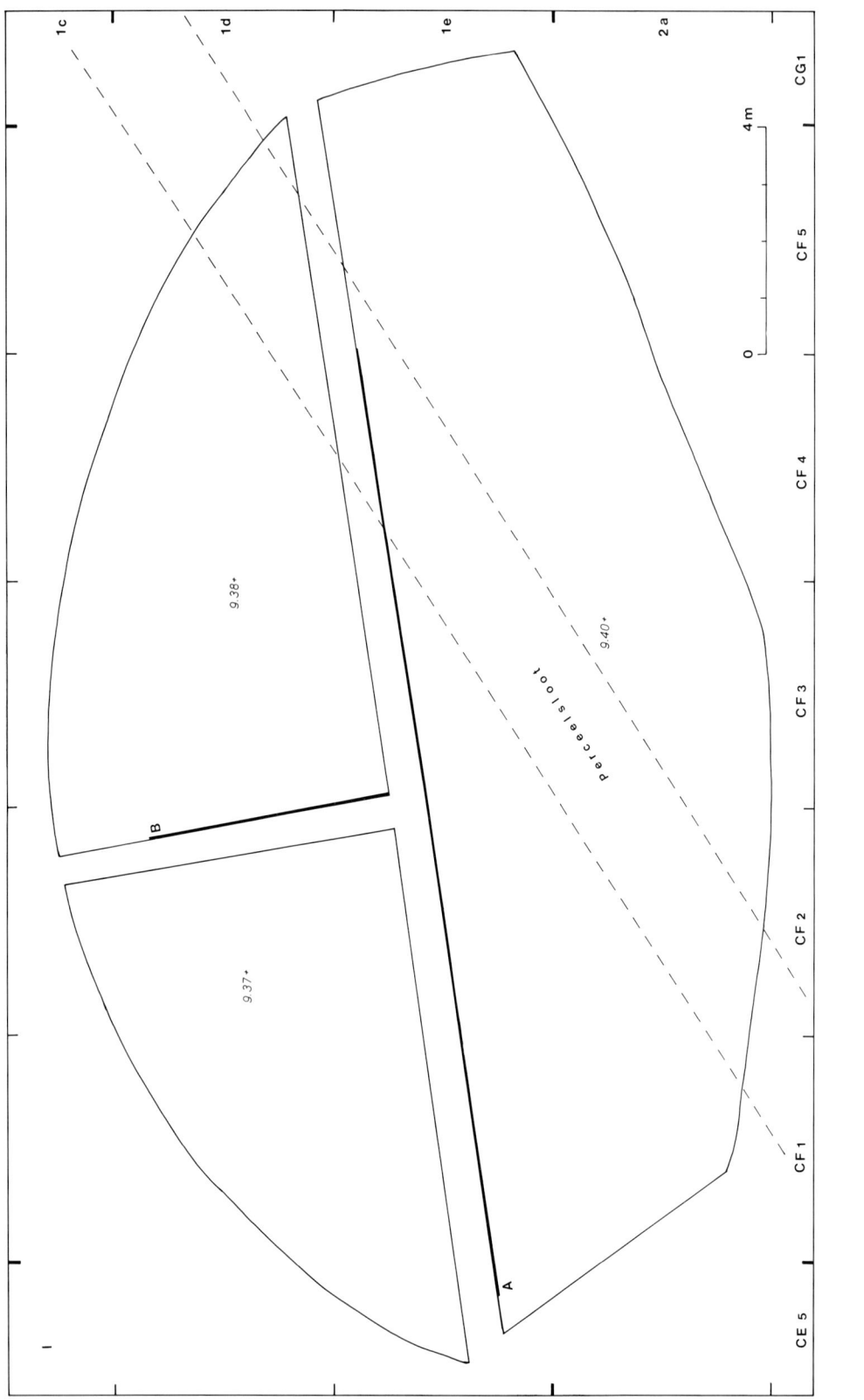

Fig. 23. Plattegrond en profielen van heuvel I.

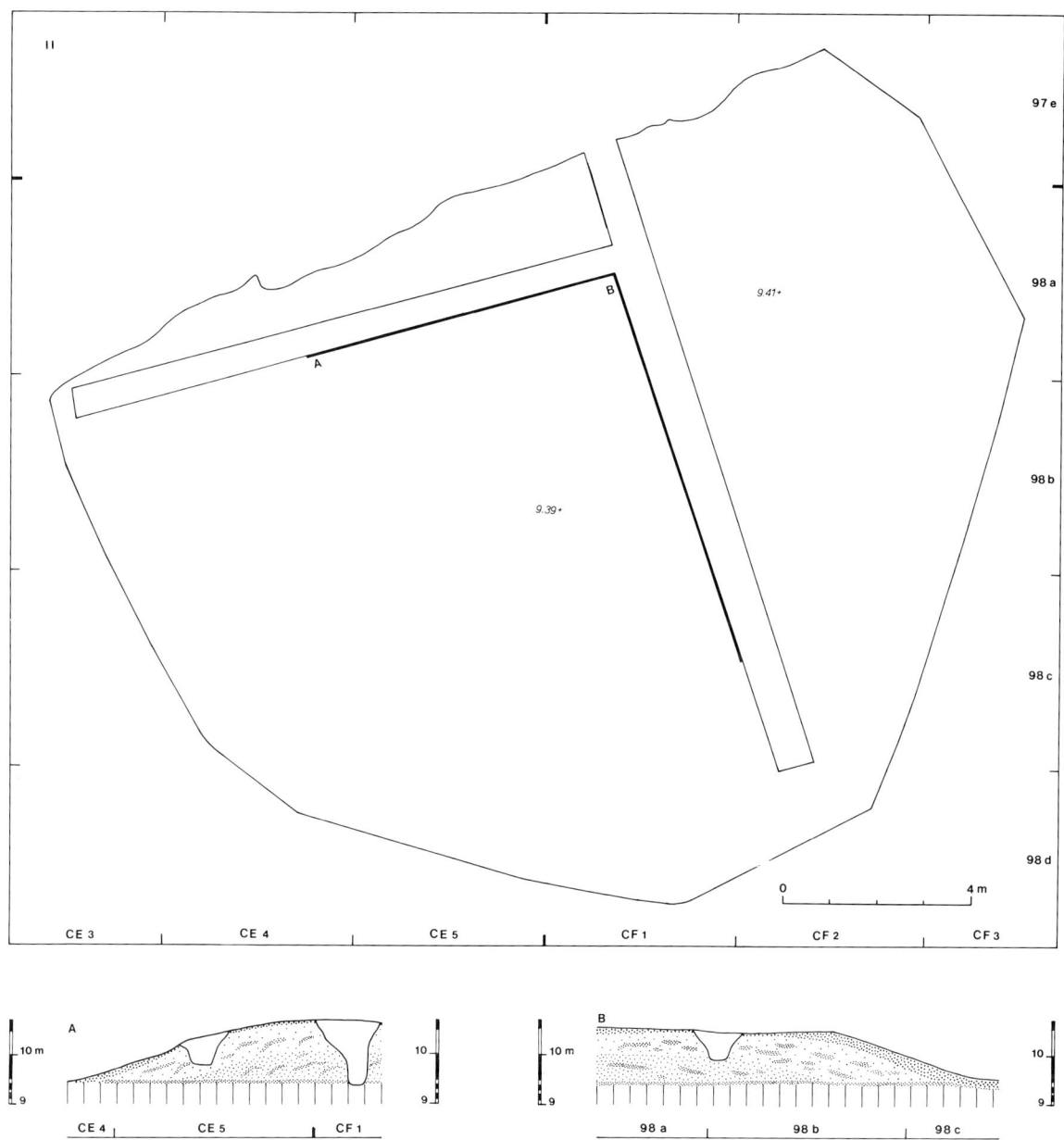

Fig. 24. Plattegrond en profielen van heuvel II.

is vervallen. De perceelsloot is op de plattegrond aangegeven. Er is een midden-noord- en een oost-west-profiel getekend. Plaatselijk is de heuvel door ingravingen verstoord. Resten van een bijzetting zijn niet aangetroffen. Hoogte 0,9 m; diameter in oost-west-richting ca. 16 m; lengte noord-profiel 4,4 m (fig. 23).

Nr. II. Van deze heuvel was de noordzijde langs de perceelgrens vergraven. De opgraving is volgens een aangepaste quadrantenmethode uitgevoerd, waarbij het noord- en oost-profiel zijn vervallen. In de profielen zijn twee perioden, beide met plaggenstructuur, te onderscheiden. Op een aantal plaatsen is de heuvel door

ingravingen verstoord. Resten van een bijzetting zijn niet aangetroffen (fig. 24).

Periode 1: hoogte 0,6 m; diameter 4,5 m.
Periode 2: hoogte 1,2 m; diameter ca. 14 m.

Nr. III. Deze heuvel is samen met heuvel IV in één werkput onderzocht, waarbij de ligging van de profielen is aangepast aan de omstandigheden. Er is een noordwest-zuidoost- en een noordoost-profiel getekend. De heuvel heeft een plaggenstructuur, en veel houtskool in het centrum. Hoogte 0,9 m; diameter ca. 12 m (fig. 25).

Nr. IV. Grotendeels vergraven heuvel waarvan een

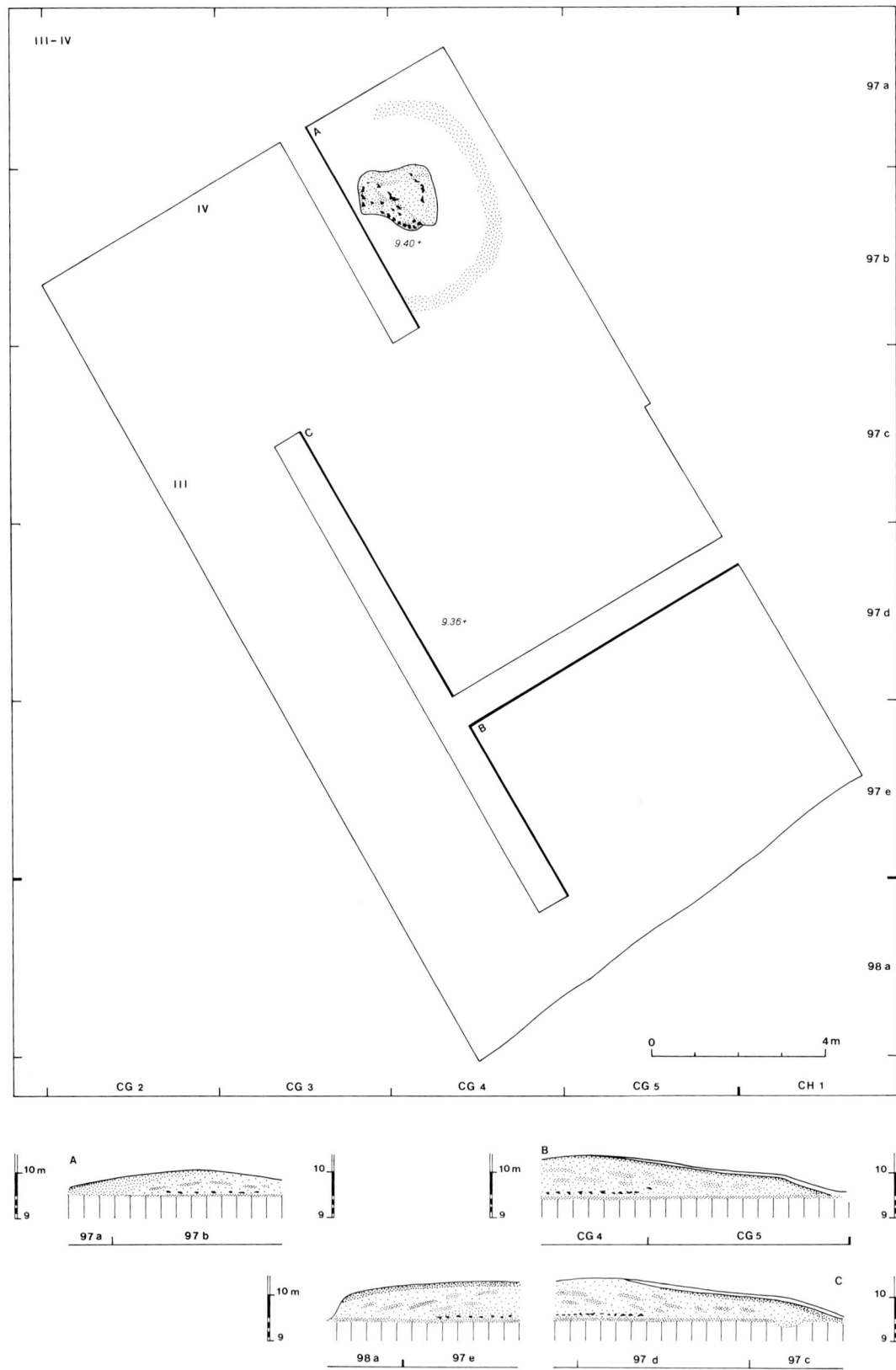

Fig. 25. Plattegronden en profielen van de heuvels III en IV.

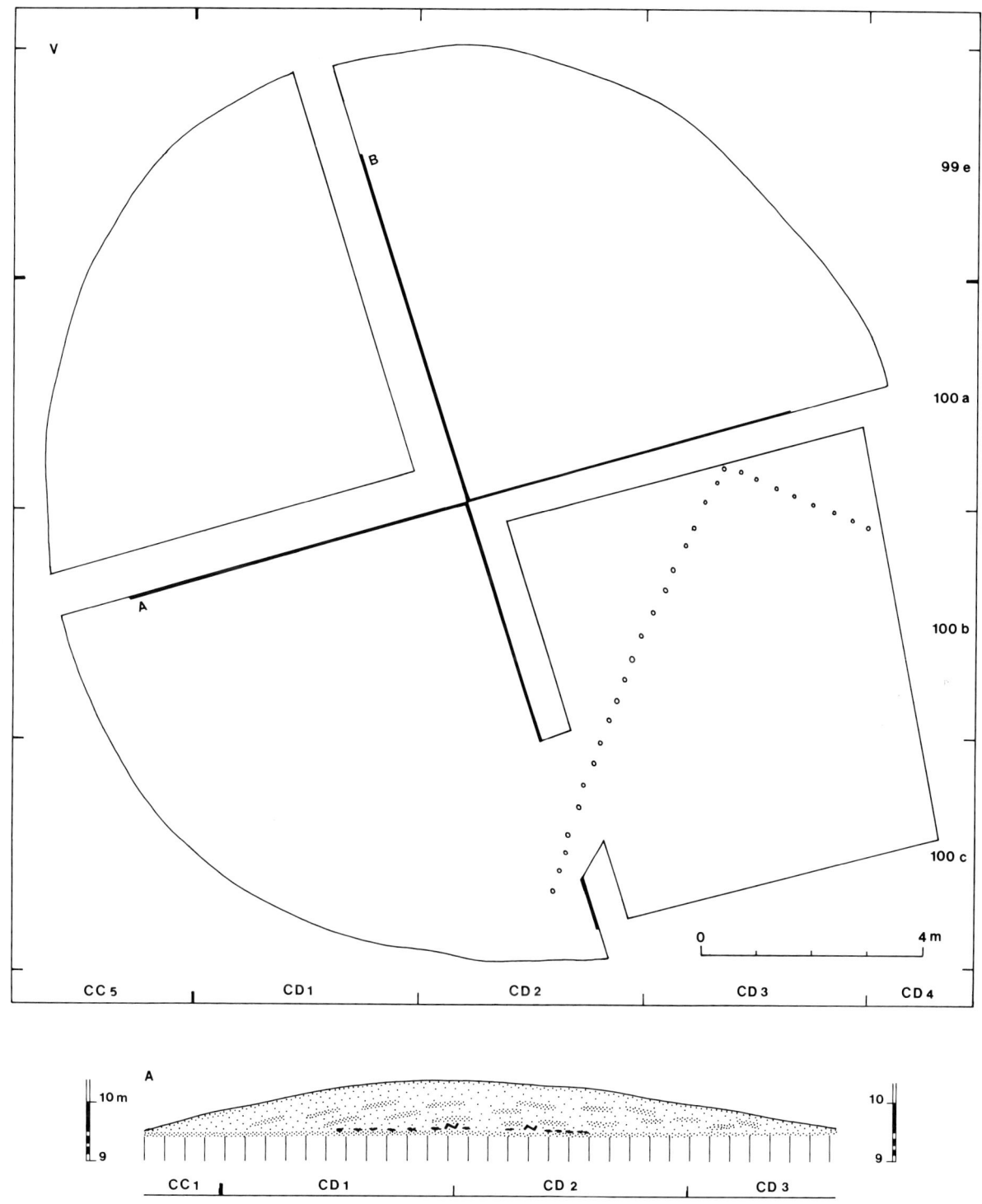

Fig. 26. Plattegrond en profielen van heuvel V.

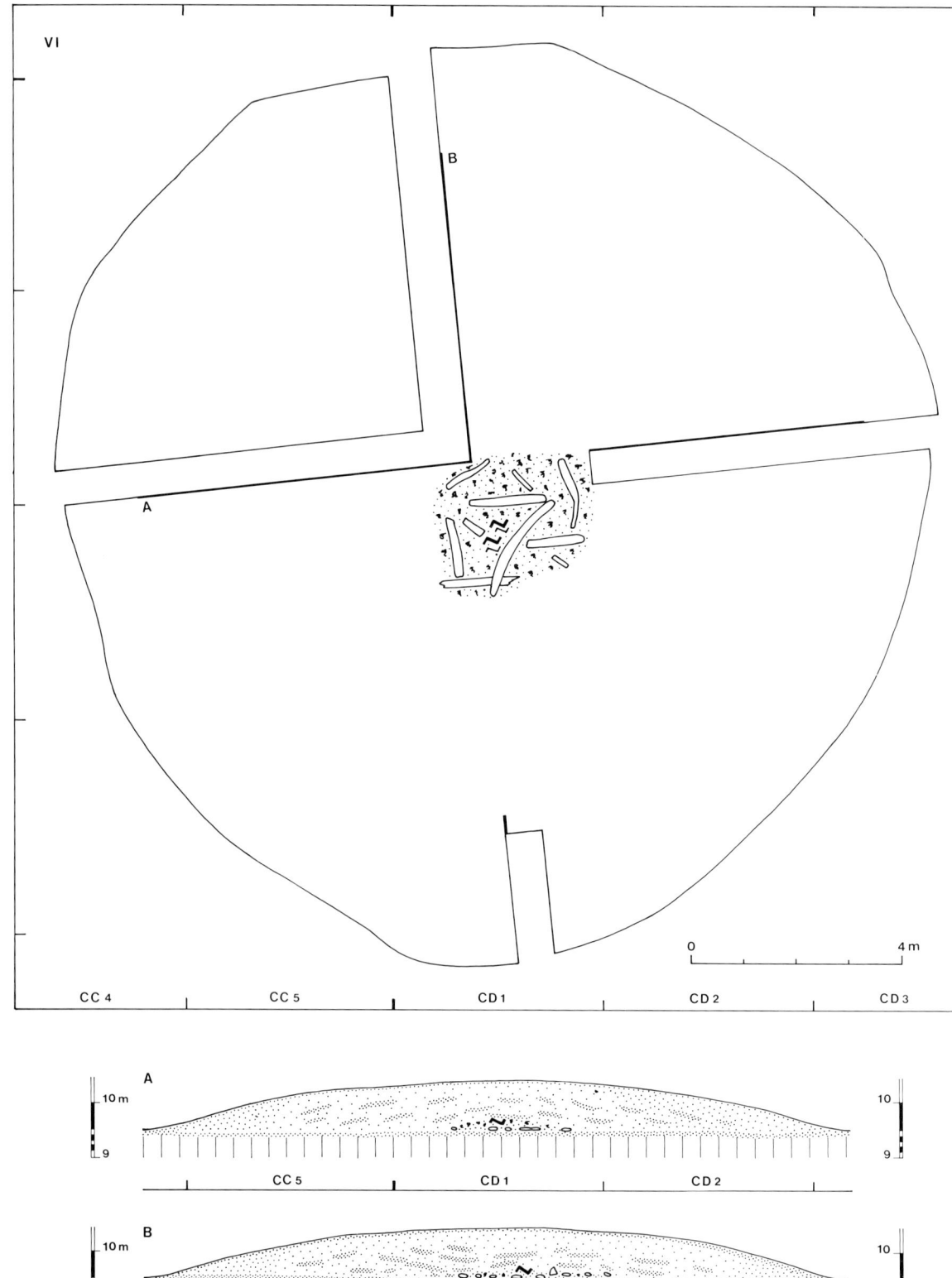

Fig. 27. Plattegrond en profielen van heuvel VI.

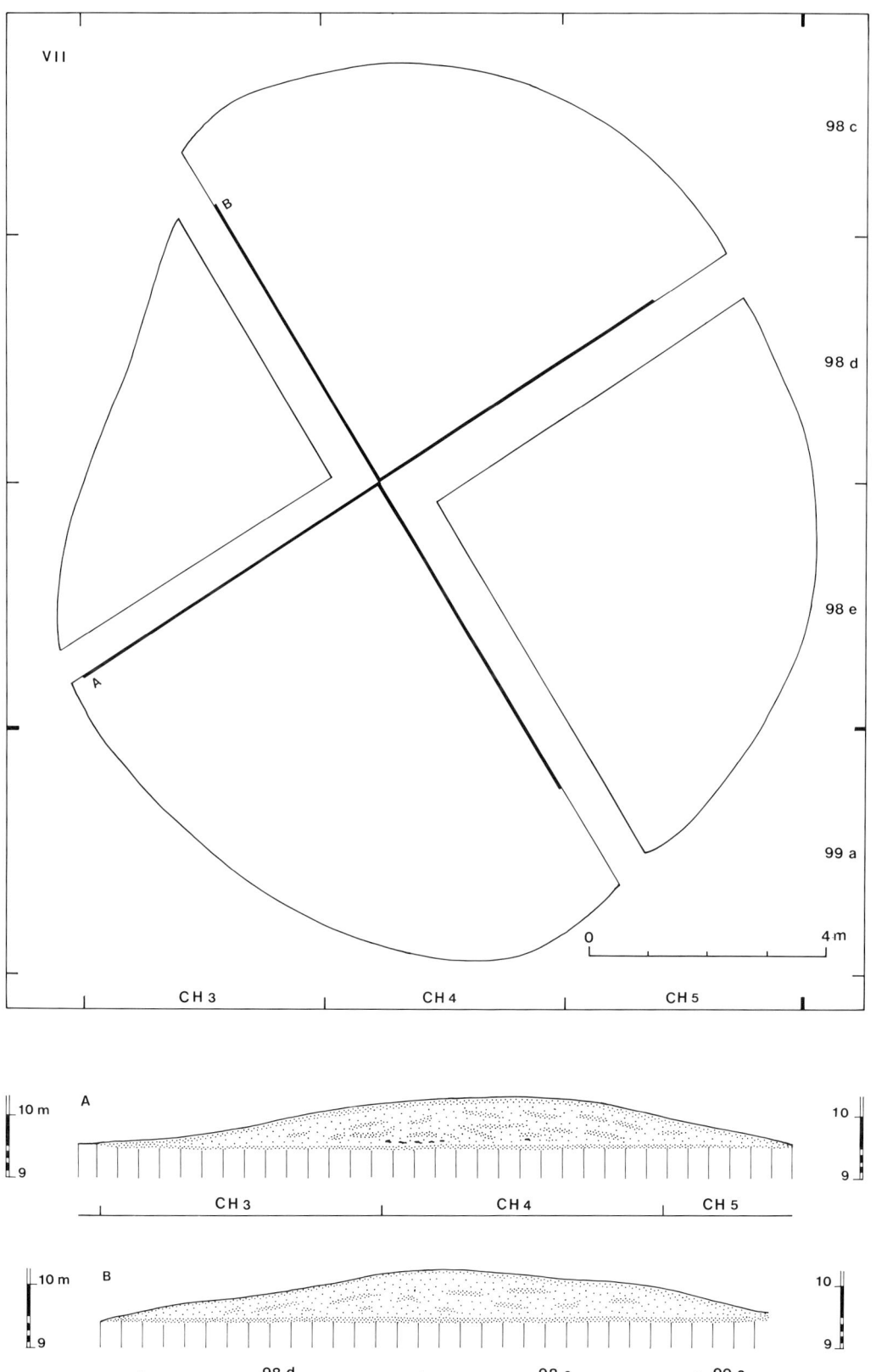

Fig. 28. Plattegrond en profielen van heuvel VII.

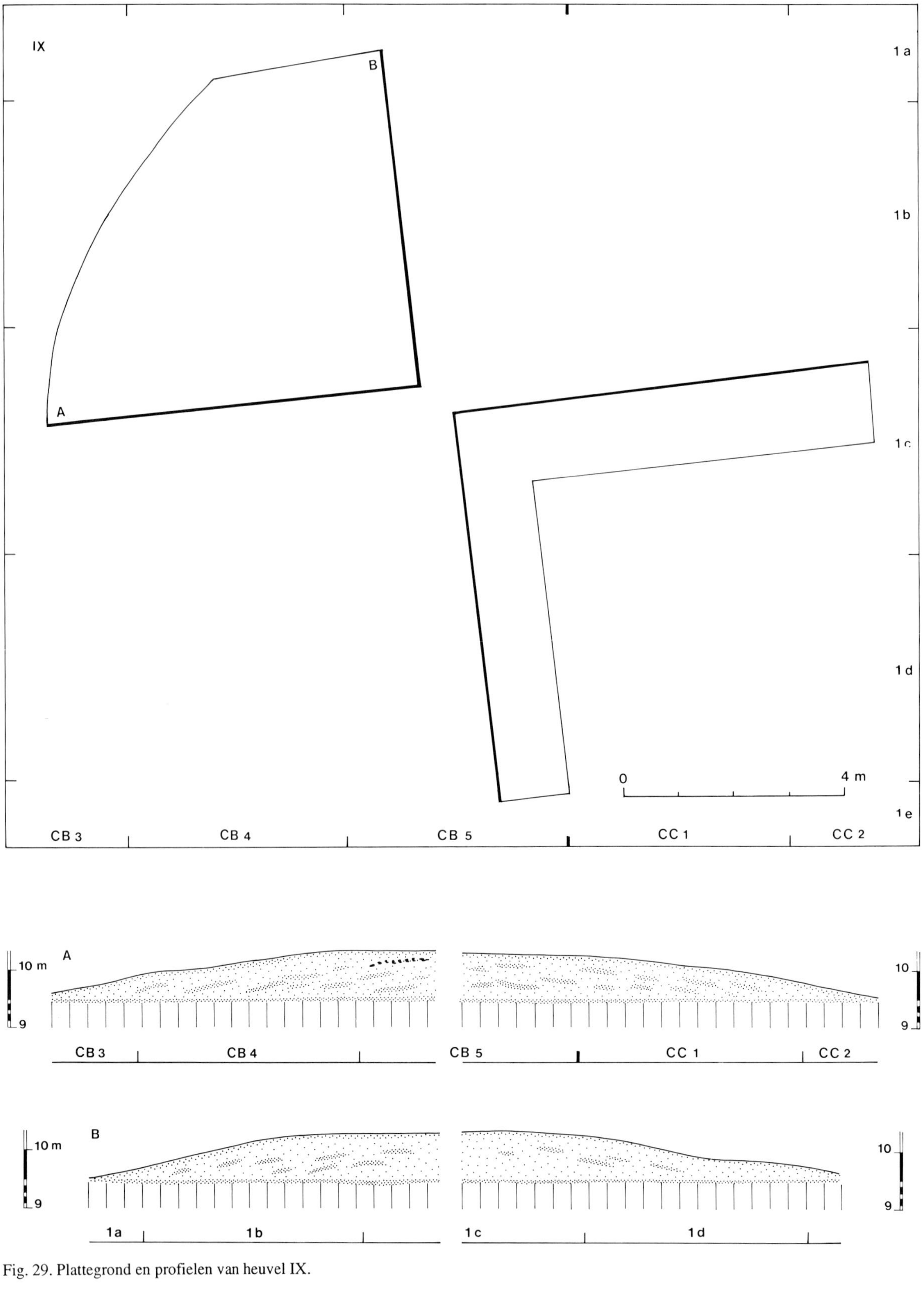

452

P.B. KOOI

IX

1 a

1 b

1 c

1 d

0 4 m

1 e

CB 3   CB 4   CB 5   CC 1   CC 2

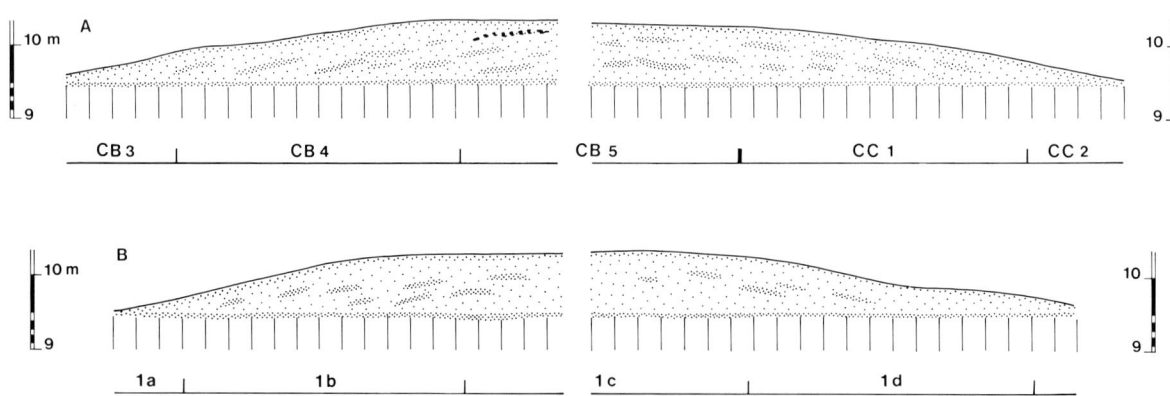

A

10 m

9

CB 3   CB 4   CB 5   CC 1   CC 2

B

10 m

9

1a   1b   1c   1d

10

9

10

9

Fig. 29. Plattegrond en profielen van heuvel IX.

zuidoost-profiel is getekend. De heuvel heeft een plaggenstructuur en in het centrum bevindt zich een houtskoollaag. Een ringvormige verkleuring die in de ondergrond zichtbaar was kan ten gevolge van een verdwenen randstructuur zijn ontstaan, of het gevolg zijn van podsoleringsverschijnselen aan de voet van de heuvel. Uit het heuvellichaam zijn enige niet nader te determineren scherven afkomstig. Hoogte 0,5 m; diameter 4,8 m (fig. 25).

Nr. V. Opgegraven volgens de quadrantenmethode. Plaggenheuvel met houtskool en crematieresten in het centrum. In het zuidoostelijke quadrant zijn sporen van een staketsel gevonden, die met een rechte hoek ombuigt, namelijk over een afstand van 8 m naar het zuidwesten en 3 m naar het zuidoosten. De gemiddelde afstand tussen de paalkuilen is 0,4 m en de diepte 0,2 m onder het opgravingsvlak.

NB. De recente vergraving in het zuidoostelijke quadrant, zoals in de eerdere publikatie is aangegeven kan niet (meer) uit de aanwezige documentatie worden afgeleid. Hoogte 0,9 m; diameter ca. 13 m (fig. 26).

Nr. VI. Gave heuvel, die volgens de quadrantenmethode is opgegraven. In het heuvellichaam is een duidelijke plaggenstructuur te zien. De resten van een centrale bijzetting bestaan uit houtskool, grote stukken verkoold hout en crematieresten. Hoogte 0,9 m; diameter ca. 13 m (fig. 27).

Nr. VII. Heuvel, opgegraven volgens de quadrantenmethode. In het heuvellichaam is een duidelijke plaggenstructuur te zien. In het centrum wijst enig houtskool op de plaats van de bijzetting. Hoogte 0,8 m; diameter ca. 11 m (fig. 28).

Nr. VIII. Heuvel, opgegraven volgens de quadrantenmethode. Van deze heuvel zijn geen tekeningen aanwezig. Volgens de overzichtsplattegrond was de diameter ca. 13 m.

Nr. IX. De heuvel is slechts gedeeltelijk onderzocht. Het noordwestelijke quadrant is volledig opgegraven en naar het zuiden en oosten werd een sleuf gegraven, zodat er toch doorlopende profielen konden worden getekend. De heuvel vertoont een plaggenstructuur en in het heuvellichaam bevindt zich een laagje houtskool. Hoogte 0,8 m; diameter ca. 14 m (fig. 29).

Nr. X. De heuvel was reeds voor het onderzoek geëgaliseerd.

Nr. XI. U-vormige rechthoekige greppel, naar het noordwesten geopend (vak CL/99). Dergelijke greppels behoren bij brandheuvels van het type Ruinen (Kooi, 1979) en zijn naast Ruinen (Waterbolk, 1965) onder meer bekend van het nabijgelegen Balloërveld (van Giffen, 1935). Afmetingen 3,4x3,6 m (fig. 6k).

Discussie
De kwaliteit van de documentatie van het onderzoek van de brandheuvels in 1937 laat in sommige opzichten te wensen over. Resten van de brandstapel, die in de profielen duidelijk zijn aangegeven ontbreken in de meeste plattegronden. Een verdichte, humeuze strooisel-

laag aan de voet van de heuvels is destijds ten onrechte aangeduid als veen. De tekening van de plaggenstructuur doet in vele gevallen schematisch aan. In een aantal gevallen kan worden opgemerkt, dat elke indicatie voor een centrale bijzetting ontbreekt. Bij de heuvels I en II kan dit nog worden verklaard door aan te nemen dat het centrum van de heuvels door de perceelsloten reeds was vergraven. In heuvel IX kan het gedeeltelijk opgraven van de heuvel als oorzaak worden gezien.

In dit verband dient echter ook de ligging ten opzichte van de *Celtic fields* nader te worden bekeken. In het *Celtic field*-complex van Hijken is gebleken, dat sommige brandheuvels zijn opgeworpen op walletjes van het *Celtic field*. De profielen van heuvel IX laten als eerste periode een laag grijsachtig heuveltje zien, dat in plaats van een eerste periode van de heuvel ook als walletje van het *Celtic field* kan worden geïnterpreteerd. Een tweede voorbeeld is heuvel V. De sporen van een oudere omheining onder de heuvel kunnen te maken hebben met een erfbegrenzing of met een omheining van een akker, zoals ook in Hijken werd aangetroffen (Harsema, 1980: p. 21). De aanwezigheid van *Celtic fields* in de percelen ten noorden en zuiden van de groep brandheuvels maakt het waarschijnlijk dat de heuvels I, V, VI, IX en X in dit akkercomplex hebben gelegen. Ze zullen zijn opgeworpen in een deel dat in onbruik was geraakt. De situatie is vergelijkbaar met een groep brandheuvels op het Noordse Veld bij Zeijen (van Giffen, 1949).

2.3.2.2. Vondsten
Het vondstmateriaal uit de nederzettingssporen is beperkt van omvang en bestaat uit scherven van inheems, handgevormd aardewerk en twee maalstenen van graniet.

Aardewerk (fig. 30-35)
Het aardewerk is voor het merendeel afkomstig uit kuilen, die bij de boerderijplattegronden liggen en in de paalgaten van de boerderijen. Het oudste aardewerk werd aangetroffen in een kuilencomplex ten westen van boerderij nr. 106 (vakken BW/100-1) met de vondstnummers 1109, 1113, 1115, 1117, 1119-1121. Daarin komen diverse typen voor, die beter bekend zijn uit de urnenvelden en in de late Bronstijd (1100-800 BC) zijn te dateren (Kooi, 1979). Dit wordt bevestigd door een ^{14}C-datering van houtskool uit genoemde kuilencomplex: 2760±35 BP (ca. 900 BC).

Opvallend is het aantal scherven van verschillende lappenschalen (nrs 112 en 117), een type dat zelden in urnenvelden voorkomt. Voorts bevat het complex Ruinen-Wommelsachtige vormen (nrs 1038 en 1112) en komt aardewerk voor met versieringen van zogenaamde *Kamstrich* (nr. 1121) en *Besenstrich* (nrs 1038 en 1101).

Bij boerderij 106 horen de vondstnummers 1038, 1049, 1055, 1056, 1091, 1137 en 1141 en bij boerderij 109 de vondstnummers 1156, 1181, 1184, 1185, 1189, 1208 en 1255. De laatste groep bevat relatief meer

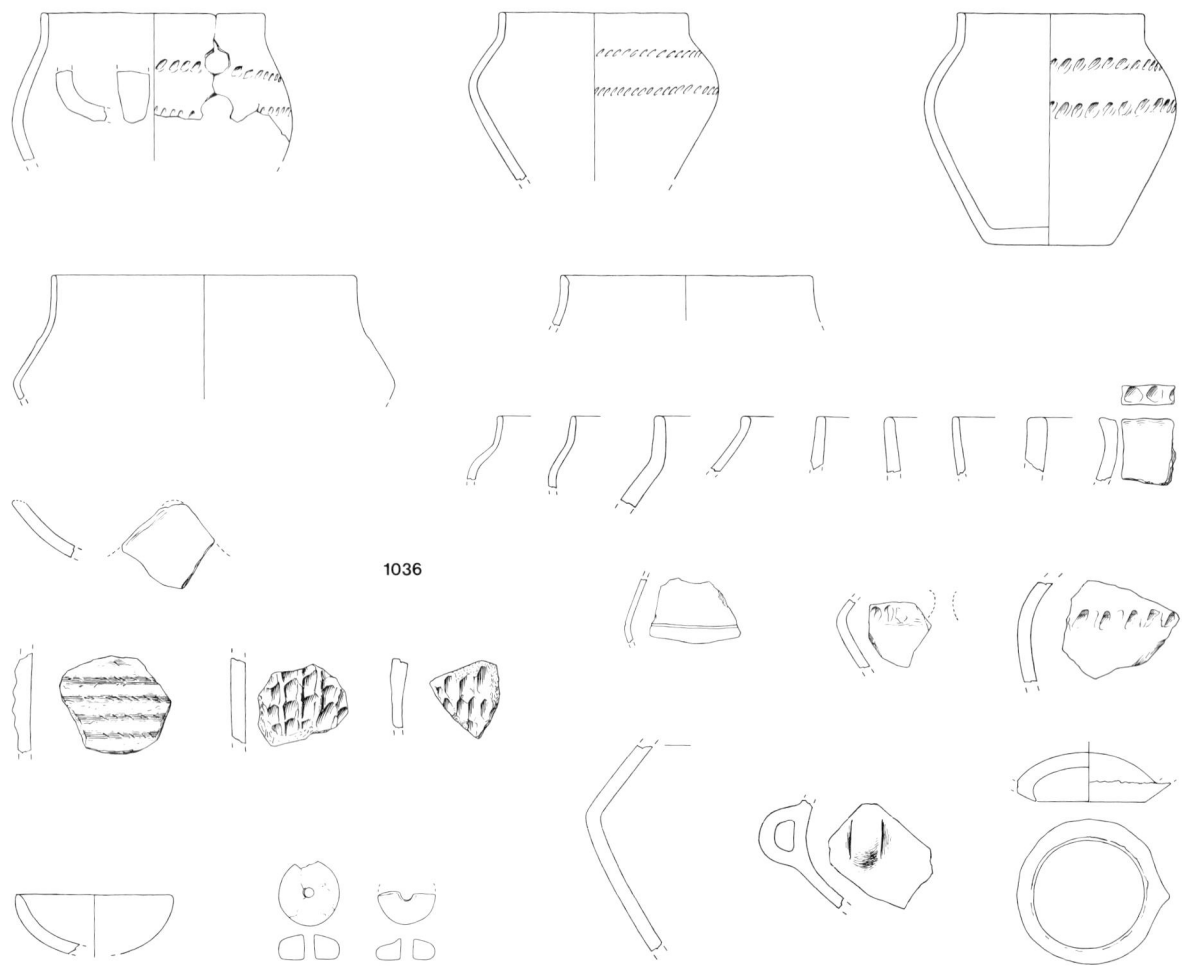

Fig. 30. Aardewerk uit de IJzertijd (schaal 1:4).

aardewerk met kartelranden dan de groep bij boerderij 106.

Andere clusters zijn de vondstnummers 1041 (vak CA/100), 1047 (vak CB/99), 1059 (vak CD/98) en 1060 (vak CC/98) met Ruinen-Wommels- en Harpstedtkenmerken naast dubbelconische vormen en het cluster met de vondstnummers 1162 (CH/1), 1164 (vak CH/1) en 1177 (vak CG/1) met minder karakteristieke vormen.

De algemene indruk die uit het aardewerk naar voren komt is als volgt. Het oudste aardewerk is gevonden in het kuilencomplex bij boerderij 106, maar kan daar niet bij horen omdat de boerderij jonger gedateerd is. Het aardewerk dat er wel aan gerelateerd kan worden is min of meer vergelijkbaar met dat bij boerderij 109, terwijl het overige aardewerk jonger is.

Maalstenen (fig. 36, 37)
In kuil nr. 157 werden tussen een aantal veldkeien ook twee maalstenen van graniet aangetroffen.

2.3.2.3.   *Ontwikkeling van de bewoning in de IJzertijd*
Van het Kleuvenveld werd slechts een deel door middel van twee steekproeven onderzocht. Zelfs het gedeelte waarin sporen van het *Celtic field* werden geconstateerd kon slechts gedeeltelijk worden opgegraven.

Tijdens de aanleg van de nieuwe woonwijk Marsdijk kwamen naar verwachting op verschillende plaatsen nog sporen van bewoning aan het licht. In het wegcunet van de Mahatma Gandiweg werden naast het trafostation aan de rand van een gedempt voormalig veentje twee spiekers, respectievelijk met vier en zes palen waargenomen en in het wegcunet van de Baanderheugte een spieker met vier palen. Bij het uitgraven van een woonblok langs de Schatgoorn werd onder meer aardewerk van het type Ruinen-Wommels I en Harpstedter *Rauhtopf* gevonden (collectie W. Ton) (fig. 38). De verschillende waarnemingen bevestigen de uitgestrektheid van het geëxploiteerde areaal en de spreiding van de bewoningssporen, waarbij kan worden vastgesteld dat deze zeker niet alle gelijktijdig zijn.

Voor een nadere analyse van de ontwikkeling van de bewoning dienen de opgravingen van 1937, 1983 en 1984 als uitgangspunt. Het beeld wordt in eerste instantie bepaald door de situatie rond de drie aangetroffen

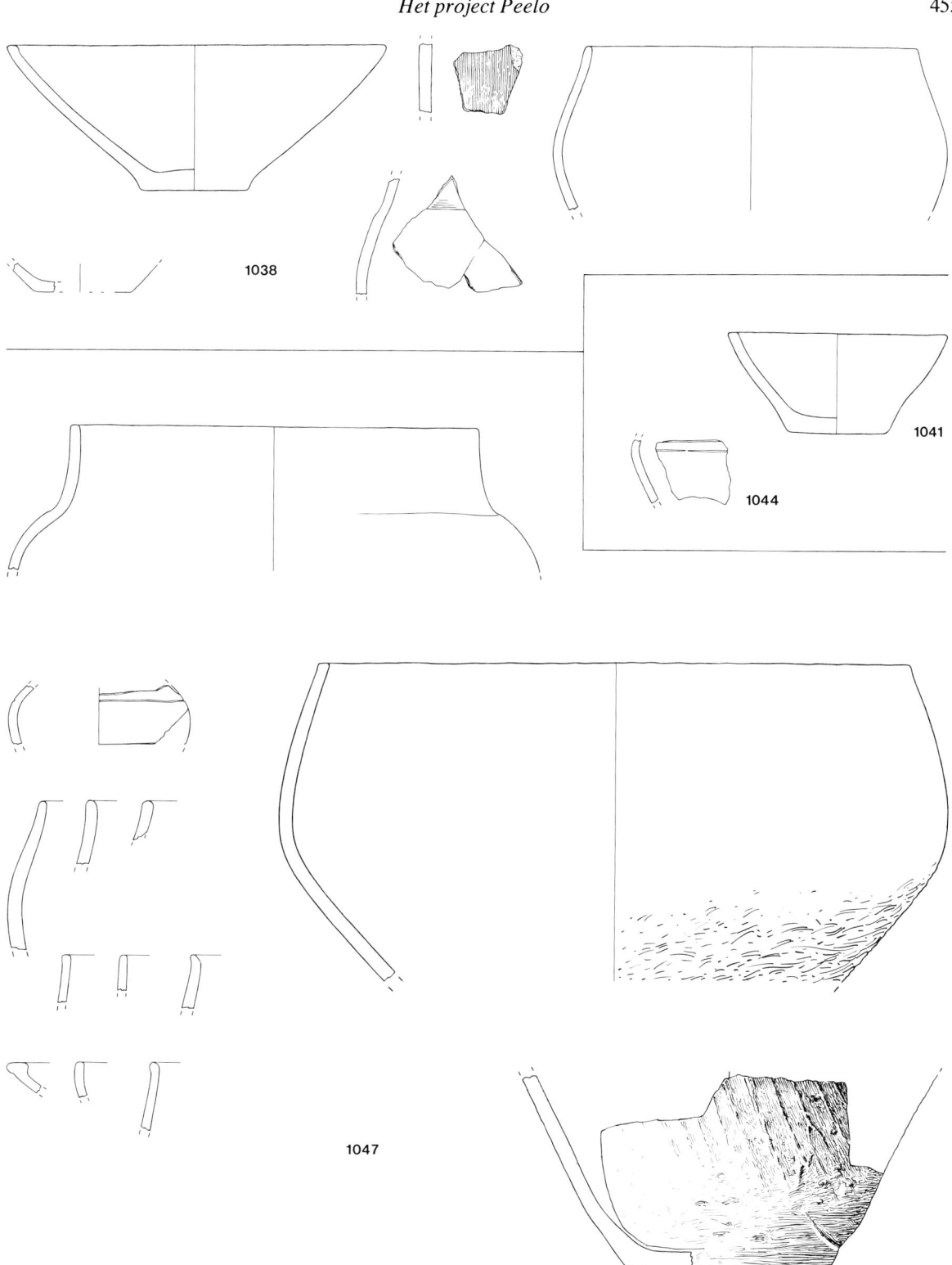

Fig. 31. Aardewerk uit de IJzertijd (vervolg).

P.B. KOOI

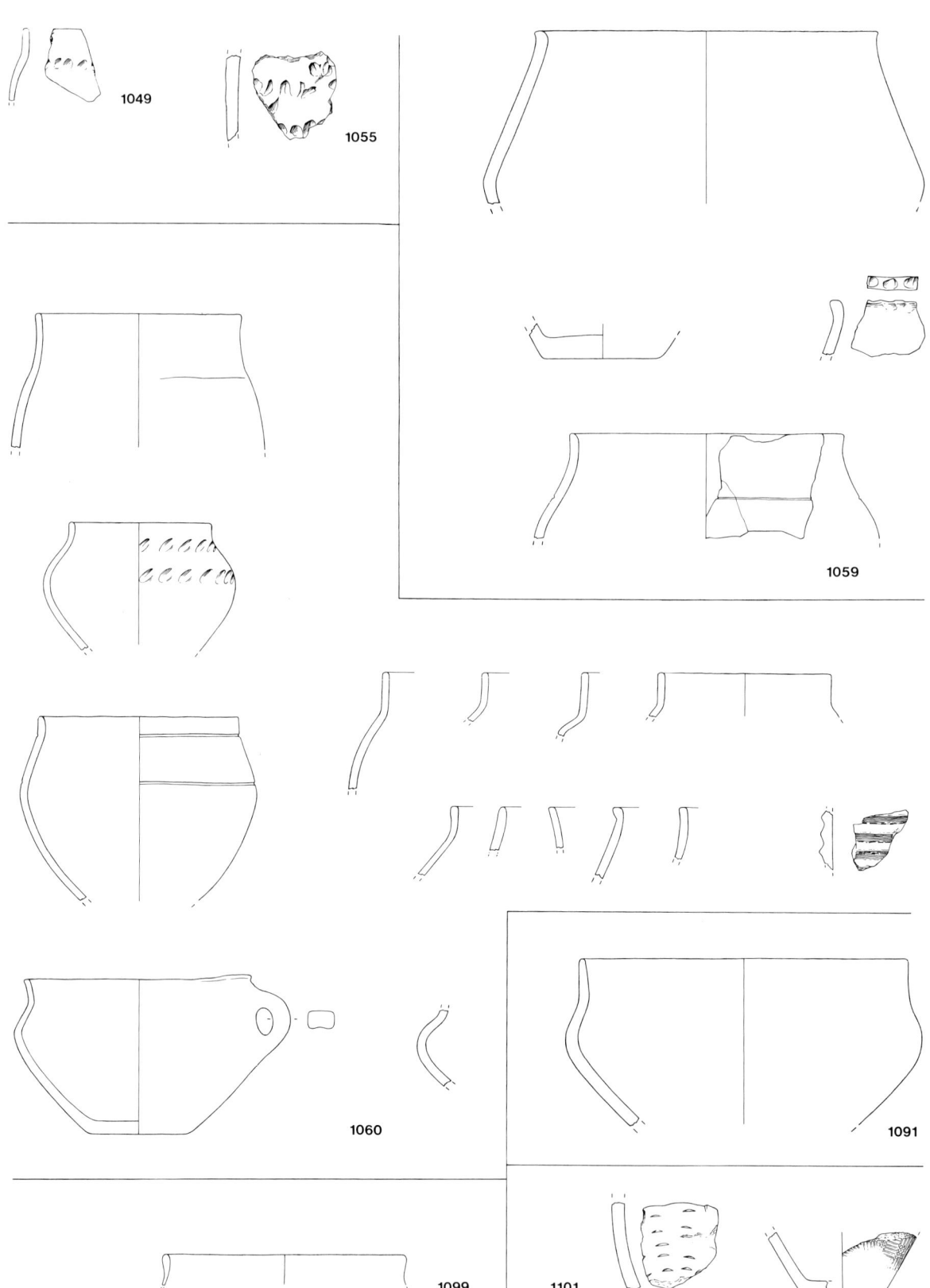

Fig. 32. Aardewerk uit de IJzertijd (vervolg).

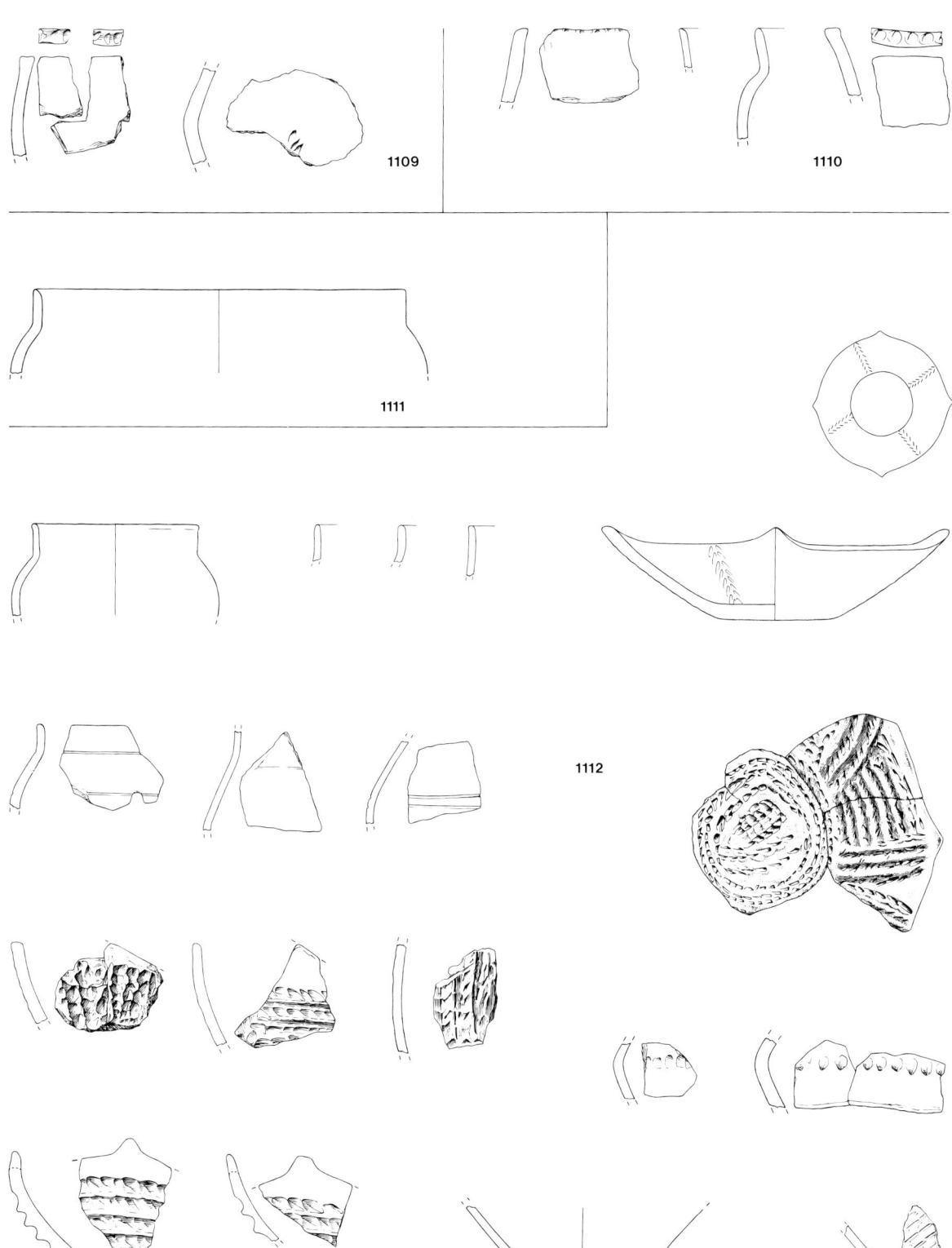

Fig. 33. Aardewerk uit de IJzertijd (vervolg).

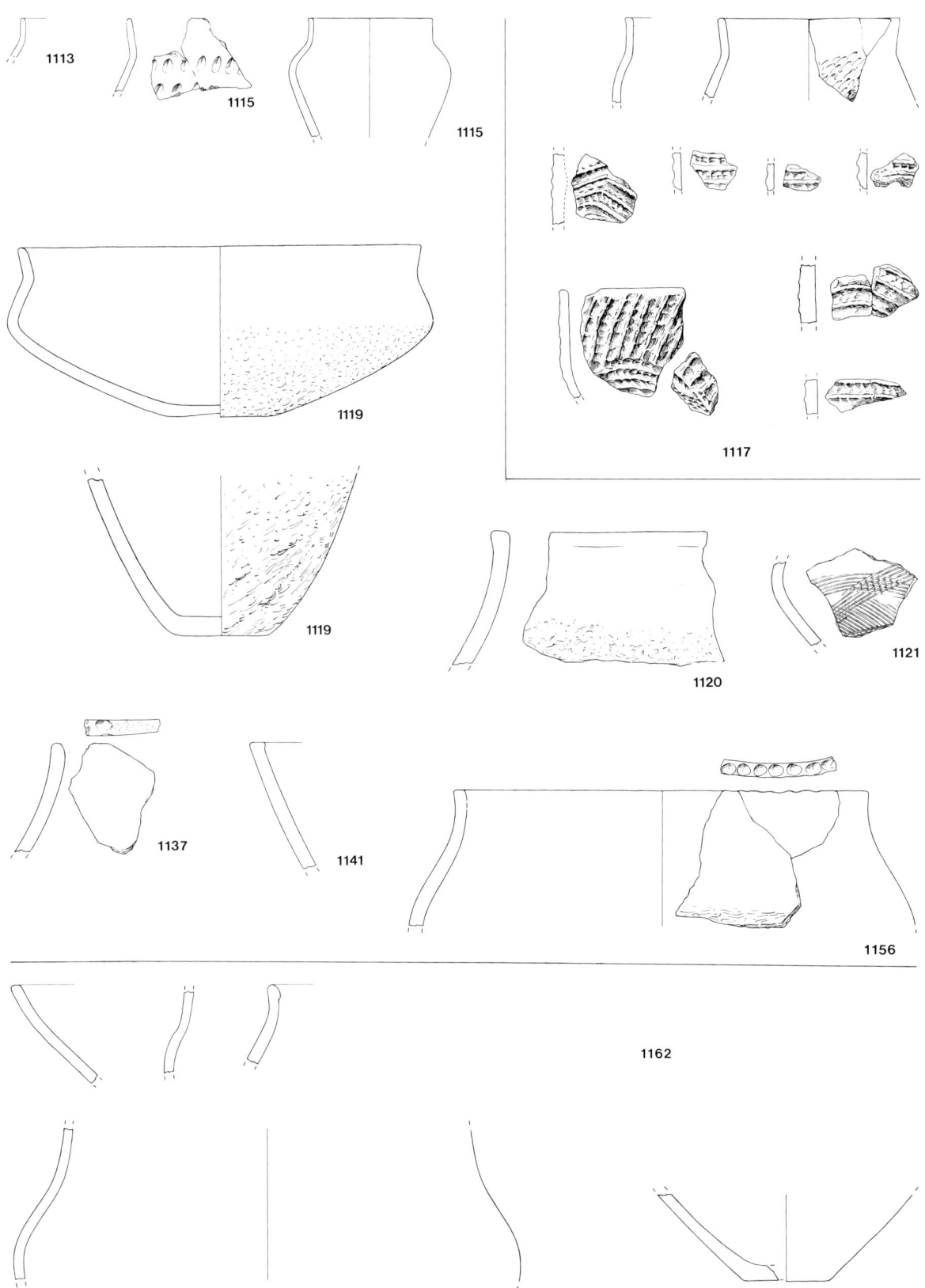

Fig. 34. Aardewerk uit de IJzertijd (vervolg).

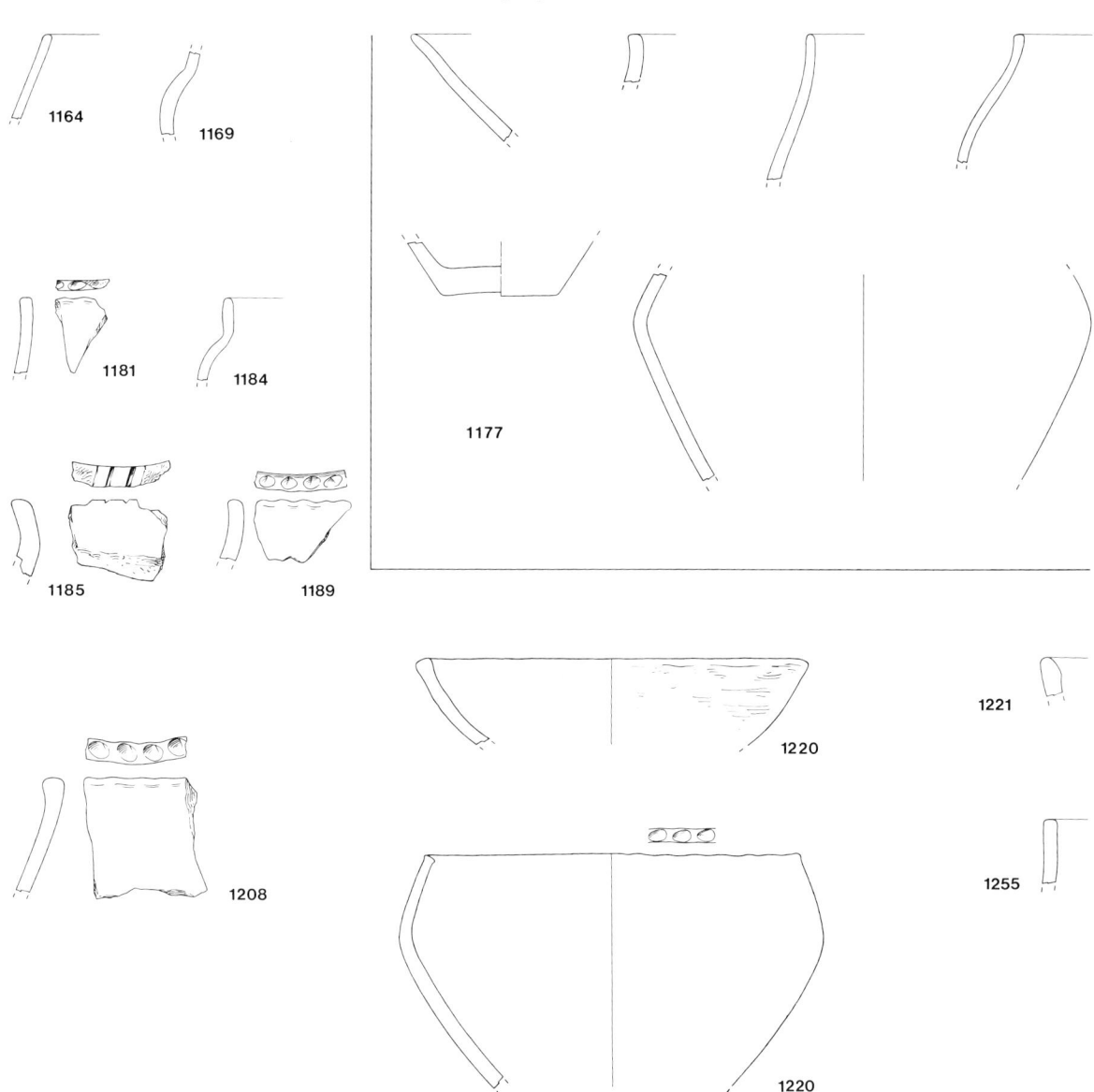

Fig. 35. Aardewerk uit de IJzertijd (vervolg).

boerderijen. Op basis van typologische overeenkomsten kan worden geconcludeerd, dat de boerderijen 106 en 109, die op een afstand van ca. 140 m uit elkaar liggen, mogelijk gelijktijdig hebben bestaan. Dit wordt door de aardewerkvondsten gesteund. Rond de boerderijen liggen ook de meeste spiekers en een aantal kuilen. Opvallend is de aanwezigheid van grotere spiekers bij de boerderijen. Kennelijk horen deze op het erf. Bij boerderij 106 zijn dat de grote spieker met negen palen: nr. 109, de spiekers met zes palen: nrs 314 en 323, en de grote spiekers met vier palen: nrs 317, 324 en 325. Bij boerderij 109 liggen een aantal spiekers met zes palen: nrs 348, 349, 364 en 370, en de grote spieker met vier palen: nr. 344. Het contrast met de situatie bij boerderij 107, waar minder spiekers zijn aangetroffen, is opval-

lend. Het beeld kan evenwel nadelig zijn beïnvloed door de geringere breedte van de opgravingssleuf ter plaatse.

Voor de boerderijen 106 en 109 geldt, dat zij liggen binnen een regelmatig verkavelde kern van het *Celtic field*-complex. Voor boerderij 107 is dit niet meer vast te stellen. Projecteren we het patroon per bedrijf of liever gezegd per erf op de rest van de bewoningssporen, dan zijn er aanwijzingen te vinden voor nog twee erven. In de eerste plaats is er een cluster van de spiekers nrs 328-332 met de kuilen 155-157 (vakken CA-CC/98). Naar analogie met de situaties bij de boerderijen mogen we aannemen dat ze in de directe omgeving van een boerderij hebben gelegen. Dit idee wordt versterkt doordat spieker nr. 329 tot de grotere behoort,

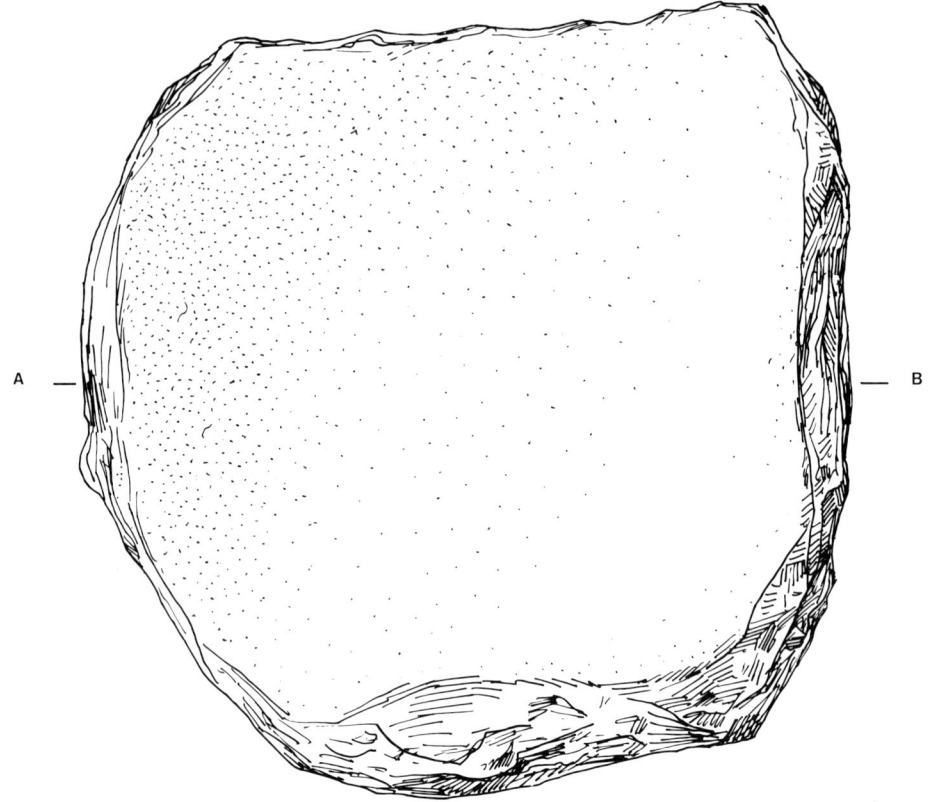

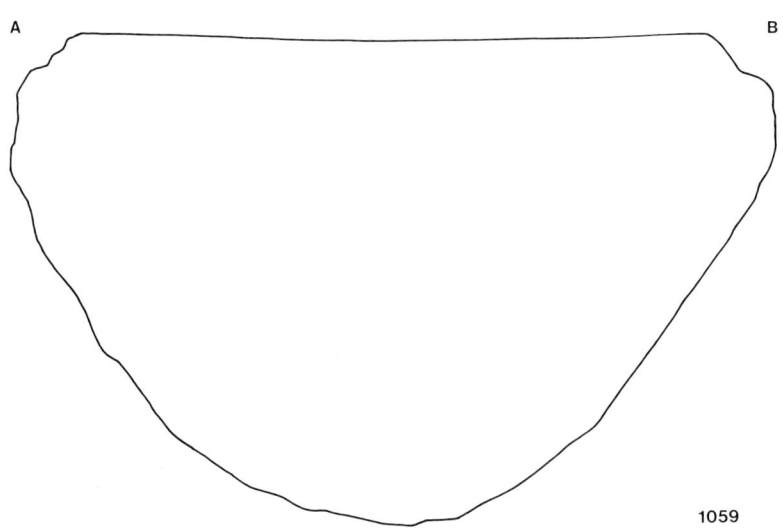

1059

Fig. 36. Maalsteen (schaal 1:4).

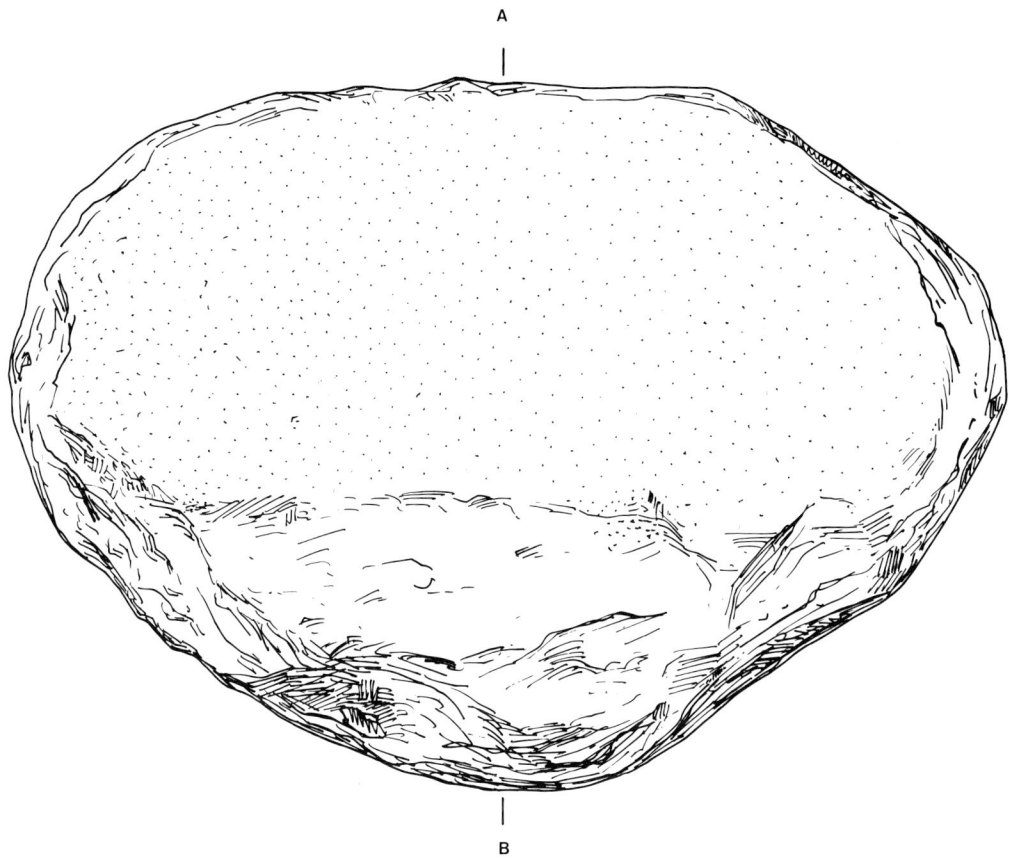

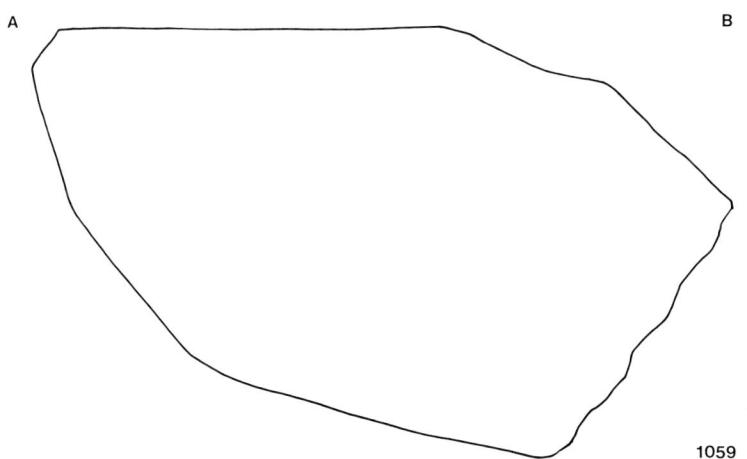

Fig. 37. Maalsteen (schaal 1:4).

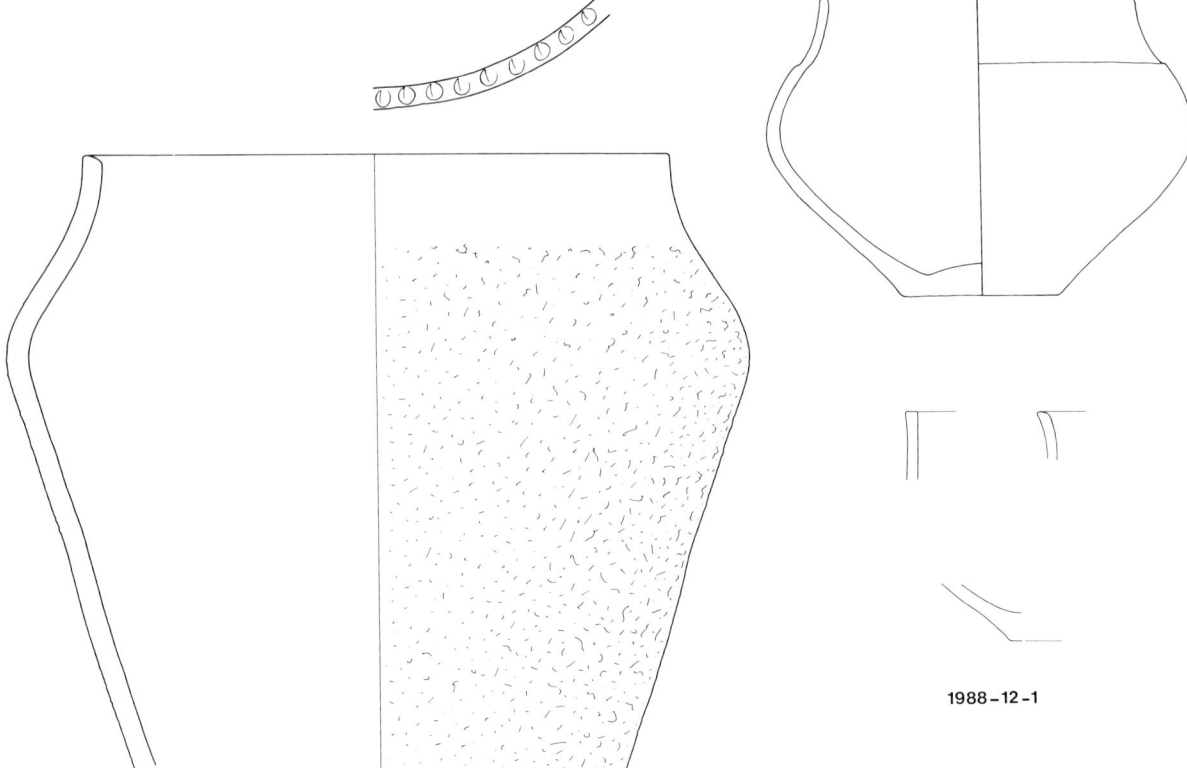

Fig. 38. Overige aardewerkvondsten van het Kleuvenveld uit de collectie Ton.

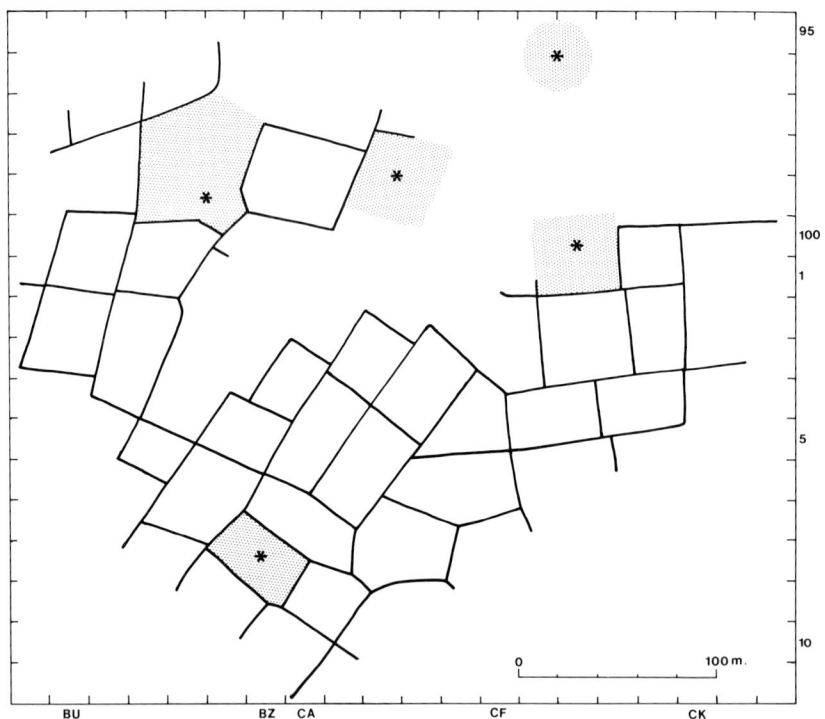

Fig. 39. Schematische plattegrond met een indicatie van vijf erfsituaties.

zoals ook bij de boerderijen 106 en 109 liggen. Een tweede cluster bestaat uit de spiekers nrs 336-339 met de kuilen 158 en 159. Er zijn dus aanwijzingen voor nog twee erven in de IJzertijd, die net buiten de opgravingssleuven hebben gelegen en waarvan de datering binnen de periode onzeker is. Daarmee komt het totaal voor dit deel van het Kleuvenveld op tenminste vijf erven (fig. 39).

Naast de spiekers op de erven is er nog een aantal die verspreid ligt en waarvan kan worden aangenomen, dat ze in de akkers van het *Celtic field* hebben gelegen. Dat is bijvoorbeeld het geval met de nrs 304-308, 326, 327, 340-343. Het grote aantal spiekers en de aanleg van het *Celtic field* geeft aan, dat de akkerbouw in de vroege IJzertijd een belangrijke plaats in de economie heeft ingenomen. Zoals eerder is opgemerkt zijn in de boerderijen nrs 106 en 109 ook geen stalboksen aan te geven. Wel kan de schuur nr. 108 eventueel als apart stalgebouw bij boerderij 109 hebben gehoord. In com-

binatie met het voorgaande lijkt het houden van rundvee in deze fase van de bewoning minder belangrijk te zijn geweest.

Het geringe aantal spiekers bij boerderij nr. 107 zou daarentegen gerelateerd kunnen zijn aan het voorkomen van een stalgedeelte in deze boerderij en duidt er op dat in de late IJzertijd het accent meer op de veehouderij lag.

2.3.3. *Jongere sporen*

Omheiningsspoor (vakken BW-CA/5-7)
Dit spoor is over de aanzienlijke lengte van ca. 100 m in de opgraving te volgen en bestaat uit dicht op elkaar geplaatste kleine paalgaten. De richting wijkt af van de indeling van het *Celtic field*-complex. Daterende vondsten ontbreken. Uit de afwisseling van meer en minder goed bewaarde delen kan worden afgeleid dat de omheining over de *Celtic fields* is aangelegd. De paalgaten

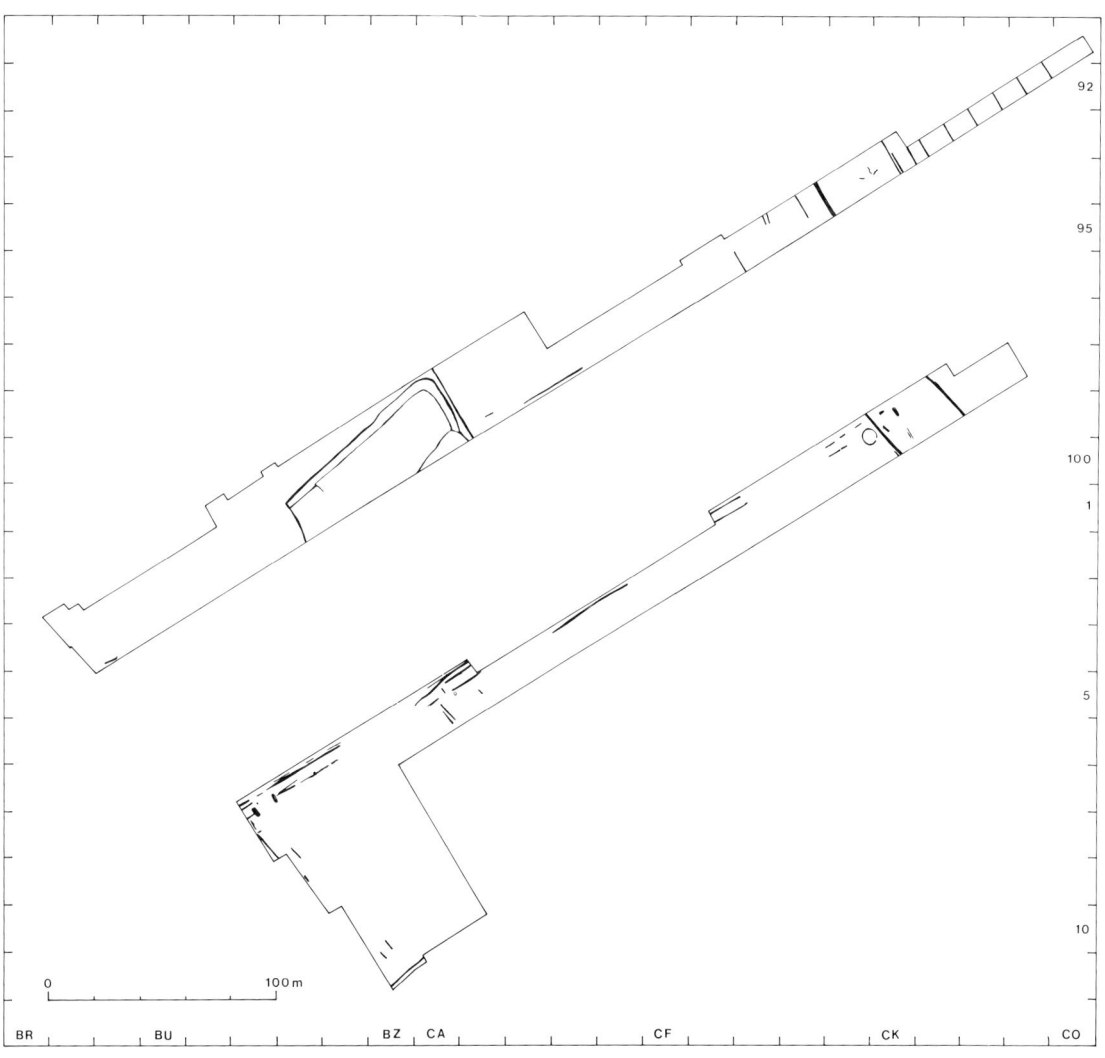

Fig. 40. Plattegrond van de post-middeleeuwse en ontginningssporen.

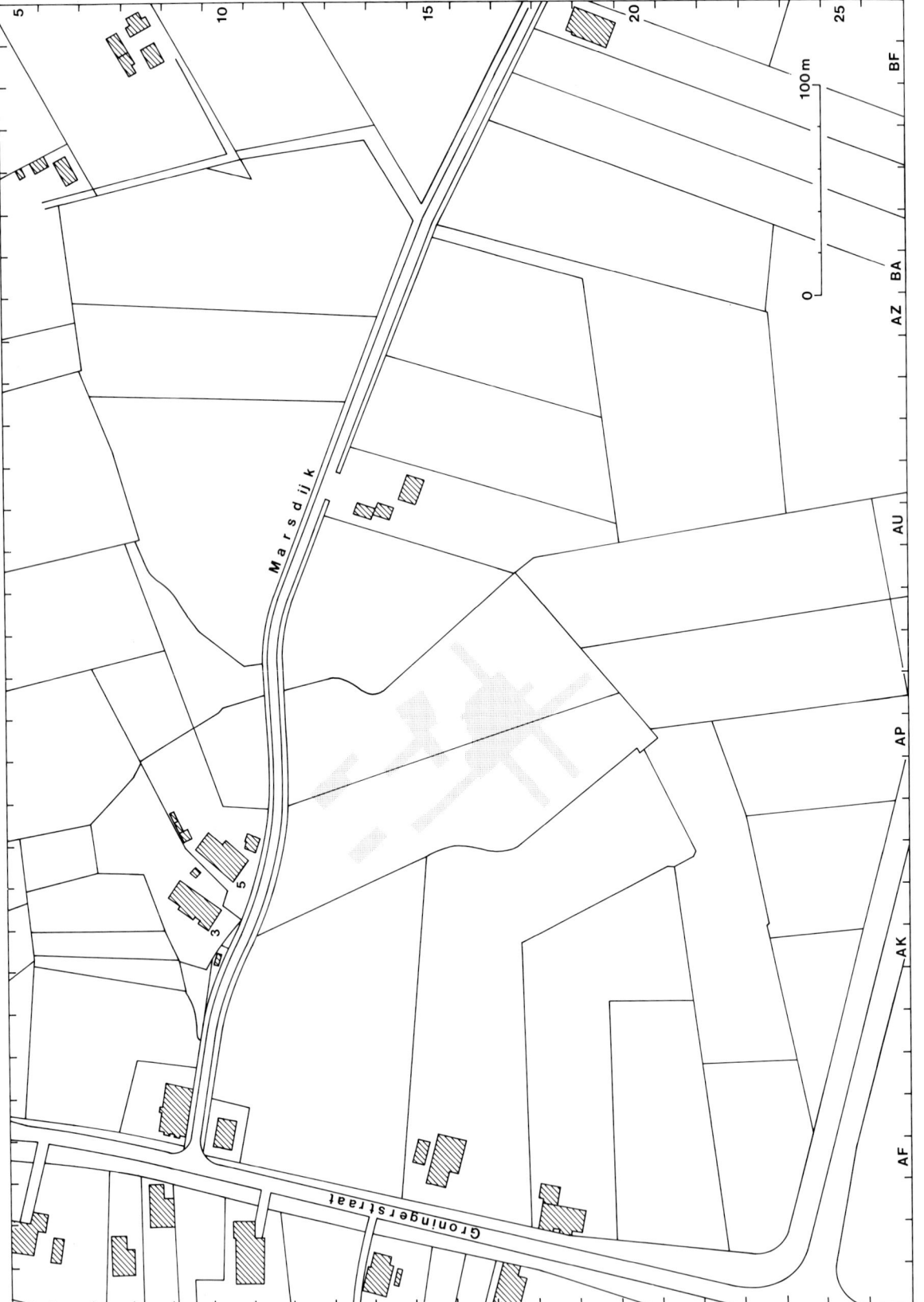

Fig. 41. Kadastrale kaart met de omtrek van de opgraving op het burchtterrein (grijs) en de boerderijen nrs. 3 en 5 langs de Marsdijk (fig. 53 en 54).

zijn ter plaatse van de walletjes minder goed bewaard gebleven.

Een vroege ontginning, of een schutplaats? (vakken BW-CA/98-2)

Tijdens de opgraving in 1983 werd een stelsel van greppels aangetroffen, die duiden op het afperken van een deel van het Kleuvenveld. De ligging en oriëntatie wijken af van het *Celtic field*-complex en ze doorsnijden de boerderijplattegrond 106. Daterende vondsten ontbreken, maar de aard van de sporen wijst op een relatief jonge datering. Wellicht is hier vóór de grootschalige ontginningen een begin gemaakt met de aanleg van akkers. Het is duidelijk dat er tenminste twee greppelsystemen na elkaar zijn aangelegd.

Een plaats voor het schutten van vee lijkt een andere mogelijkheid. Gezien de afstand tot de nederzetting kan bijvoorbeeld een nachtelijke schutplaats voor het vee dat vroeger op het uitgestrekte Kleuvenveld werd gehoed, goede diensten hebben bewezen.

Recente sporen (fig. 40)

Een aantal recente sporen hangt samen met de ontginningen op het Kleuvenveld. In 1983 was dat een aantal greppels ten oosten van de hierboven genoemde, die vrijwel allen dwars op de lengterichting van de werkputten lagen, terwijl in 1984 voornamelijk greppels langs de perceelscheiding werden aangetroffen. In 1987 werden in een wegcunet nog sporen van ontginningswerkzaamheden vastgelegd (coördinaten: vakken BF-BH/93-94).

Een ronde greppel in de opgraving van 1984 was onlangs ontstaan door de aanleg van een persbult (vak CK/100).

3. DE BURCHT (fig. 41)

Bij de reconstructie van het middeleeuwse Peelo is ook getracht gegevens over het burchtterrein in de archieven op te sporen. Aanvankelijk werd uitgegaan van een datering in de 11e eeuw, gebaseerd op berichten daarover door Gratema (1853: p. 48), temeer daar er op het terrein tussen de burcht en de Marsdijk scherven van Pingsdorf-aardewerk waren aangetroffen bij het graven van greppels voor een persbult. Verder circuleerde er onder de bewoners van Peelo een overlevering, dat er op de burcht roofridders hadden gewoond, die wegens begane misdaden waren verbannen. Hun bezittingen zouden in beslag zijn genomen. Gratema noemt Ulfo en zijn broer als bewoners van het 11e-eeuwse kasteel. Deze beweringen leken te worden bevestigd door een akte uit 1040 waarbij goederen te Peelo aan de bisschop van Utrecht werden geschonken.

In tegenspraak met een vroege datering was echter de vierkante plattegrond en de situering daarvan in de natte lage Maarzen aan de rand van de hogere gronden. Doorgaans zijn de bekende versterkingen uit die tijd

rond van vorm met droge grachten en op hogere gronden aangelegd, zoals de burcht te Eelde (Bos e.a., 1989: pp. 306-307) en Mitspete tussen Noordlaren en Midlaren (Overdiep, 1977: afb. 21).

Het archiefonderzoek leverde een meer voor de hand liggende datering op. In de 16e eeuw blijken de drie boerderijen van Peelo kerkelijk bezit te zijn. Derkinge en Hovinge waren eigendom van het kapittel van Sint Pieter te Utrecht en Huisinge van het Mariaconvent te Assen. Vanaf 1564 was Derkinge in gebruik bij de familie Onsta, terwijl in 1600 ook Huisinge in dezelfde hand was. De adellijke familie Onsta was afkomstig uit Sauwerd in de Groninger Ommelanden. De weduwe van Aylco Onsta wordt in 1610 in stukken van de Etstoel met 'Vrouwe van Peel' aangeduid. Door deze gegevens wordt de aanleg van het burchtterrein duidelijk verklaarbaar. Het burchtterrein met de dubbele gracht en singel past in het beeld dat bekend is van de Ommelander borgen (Formsma e.a., 1973). De stichting van de burcht zal in verband staan met de aanwezigheid van de familie Onsta te Peelo en kan daardoor in de tweede helft van de 16e eeuw of de eerste helft van de 17e eeuw worden gedateerd. In de erfpachtrekeningen van het kapittel over 1603-1604 is sprake van 'Den Hof to Pedell' (Bardet e.a., 1983).

Helaas zijn er van het gebouw zelf geen afbeeldingen bekend en ook is het bouwjaar of het moment van afbraak niet nauwkeurig vast te stellen. Groot formaat baksteen bij de boerderij Marsdijk 5 kan afkomstig zijn van het burchtterrein. Pas na de opgravingen in 1980 bleek, dat de overlevering over de roofridders was gebaseerd op een historische roman uit het begin van de 19e eeuw.

De omgrachte heuvel is nog lang zichtbaar gebleven. Een bericht uit de *Drentse Courant* van 17 december 1853 maakt melding van graafwerk op het terrein, waarbij een fundering van het bruggehoofd werd gevonden, bestaande uit hecht metselwerk, 12 stenen diep, onder 2, boven 1 steen dik.

In 1926 werd door Van Giffen een eerste opgraving uitgevoerd op het terrein. Daarbij werden geen funderingsresten aangetroffen en de resultaten werden niet gepubliceerd. Gedurende de tweede wereldoorlog werd ten behoeve van de voedselvoorziening het gehele perceel met burchtterrein geëgaliseerd. Tevens werden meerdere ontwateringsgreppels gegraven. Het van oorsprong vrij natte grasland werd op die manier geschikt gemaakt voor de akkerbouw.

3.1. De bodem

Het burchtterrein ligt op de overgang van de hogere gronden naar het lagere natte gebied, het dal van de Maarzen. De grens valt ongeveer samen met de hoogtelijn van 10 m +NAP. De bodem bestaat uit lemig zand met keileem op 0,80 tot 1,20 m onder het maaiveld. Het binnenterrein van de burcht lag op een keileemopduiking, die tot minder dan 0,80 m onder het maaiveld reikte.

Plaatselijk was in het dal een dun pakket veen aanwezig. Waarschijnlijk is dit het restant van het oorspronkelijke laagveen in de moerassige Maarzen.

3.2. Doel en werkwijze (fig. 42)

De opgraving in 1926 van Van Giffen had slechts betrekking op het middenterrein en bestond uit een sleuf langs de gracht en een stelsel van elkaar kruisende sleuven daarbinnen. In 1980 werd de standplaats van het huis volledig opgegraven (werkputten 1 en 4). Aansluitend werden zoeksleuven gegraven om de ligging van de grachten te controleren ten opzichte van de nog zichtbare sporen in de vorm van hoogteverschillen. Vooral aan de noordwestzijde diende zekerheid te worden verkregen over de aanwezigheid van de singel, die niet op de kadastrale minuut staat (werkputten 1, 2, 3 en 5).

Door de overvloedige regenval was de grondwaterstand bijzonder hoog. Het was daardoor onmogelijk profielen door de grachten te trekken. Een gedeelte van het terrein tussen de beide grachten aan de noord-

westzijde werd mede opgegraven in de verwachting er sporen van een bijgebouw aan te kunnen treffen (werkput 6). Dit was niet het geval. Het voorterrein naar de Marsdijk werd tenslotte met de werkputten 7 en 8 vergeefs getest op de aanwezigheid van bewoningssporen.

3.3. Resultaten van 1926 en 1980 (fig. 43-44)

Onder de bouwvoor op het middenterrein bevond zich een dun laagje veen, waarin de sleuven uit 1926 duidelijk waarneembaar waren. Resten van funderingen of funderingssleuven waren niet aanwezig, met uitzondering van een diepe ingraving (vak A-P/16) in het midden van de noordwestzijde. Hier is waarschijnlijk het bruggehoofd geweest waarvan in het kranteberichtvan 1853 sprake was. Langs het talud van de gracht waren op diverse plaatsen horizontaal liggende stukken hout en paaltjes aanwezig. Waarschijnlijk zijn het de restanten van een beschoeiing. In de werkputten 1 en 6 werden naast latere vergravingen ook de laatste resten van de buitengracht en de singel aangetroffen in de vorm van ondiepe greppels. De buitengracht was in het vlak van de werkputten 1 en 6 nog 4 tot 5 m breed en lag op een afstand van ca. 10 m van de insteek van de binnengracht. De breedte van de singel was daar ca. 10 m. In de werkputten 7 en 8 werden slechts sporen van recente ingravingen gevonden, die ten dele samenhangen met de afwateringsgreppels die in de tweede wereldoorlog zijn gegraven.

3.3.1. *Vondsten* (fig. 45)

De hoeveelheid vondsten was gering. Het gevonden aardewerk bestaat bijna uitsluitend uit volksaardewerk met gele, groene en bruine glazuur. Nr. 527 is afkomstig uit de buitengracht iets naast het midden (vak A-0/16). Nr. 528 werd gevonden op de singel (vak A-O/14). Bij de losse vondsten (nr. 753) bevinden zich scherven van grapen en steelpannen en een scherf van een kan van steengoed met een medaillon van een gehelmde kop. Dit type werd in het midden van de 16e eeuw te Keulen geproduceerd. Resten van bouwmateriaal zijn ook in geringe hoeveelheden in het vondstmateriaal vertegenwoordigd en bestaan uit brokken puin van het muurwerk, stukken groen glas met afgeknepen randen uit de vensters, brokstukken van plavuizen met gele en groene glazuur van 17,5x17,5x2,8-2,9 cm en stukken onge-

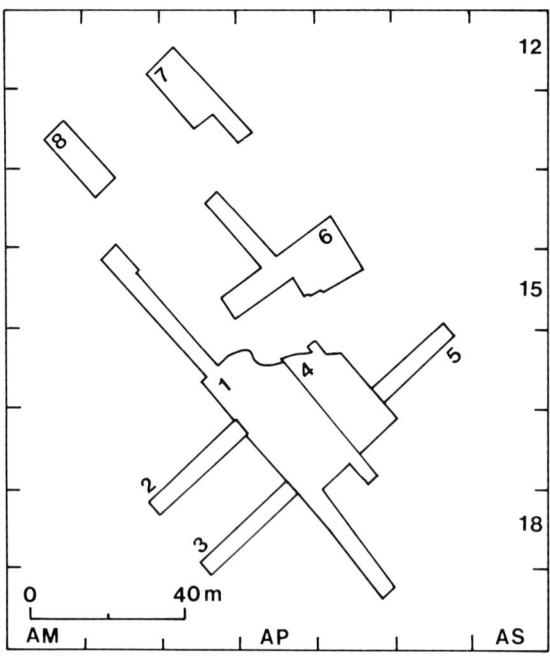

Fig. 42. Schematisch overzicht van de werkputten.

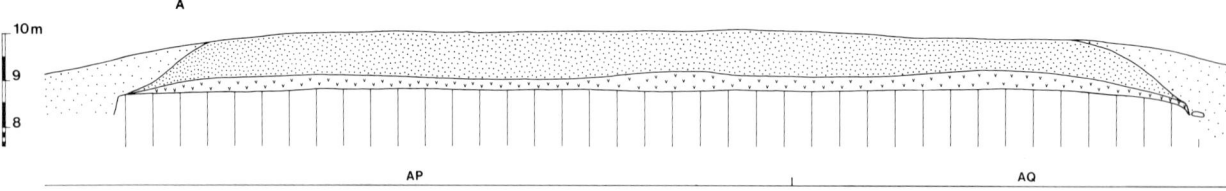

Fig. 44. Profiel over het binnenterrein van de burcht.

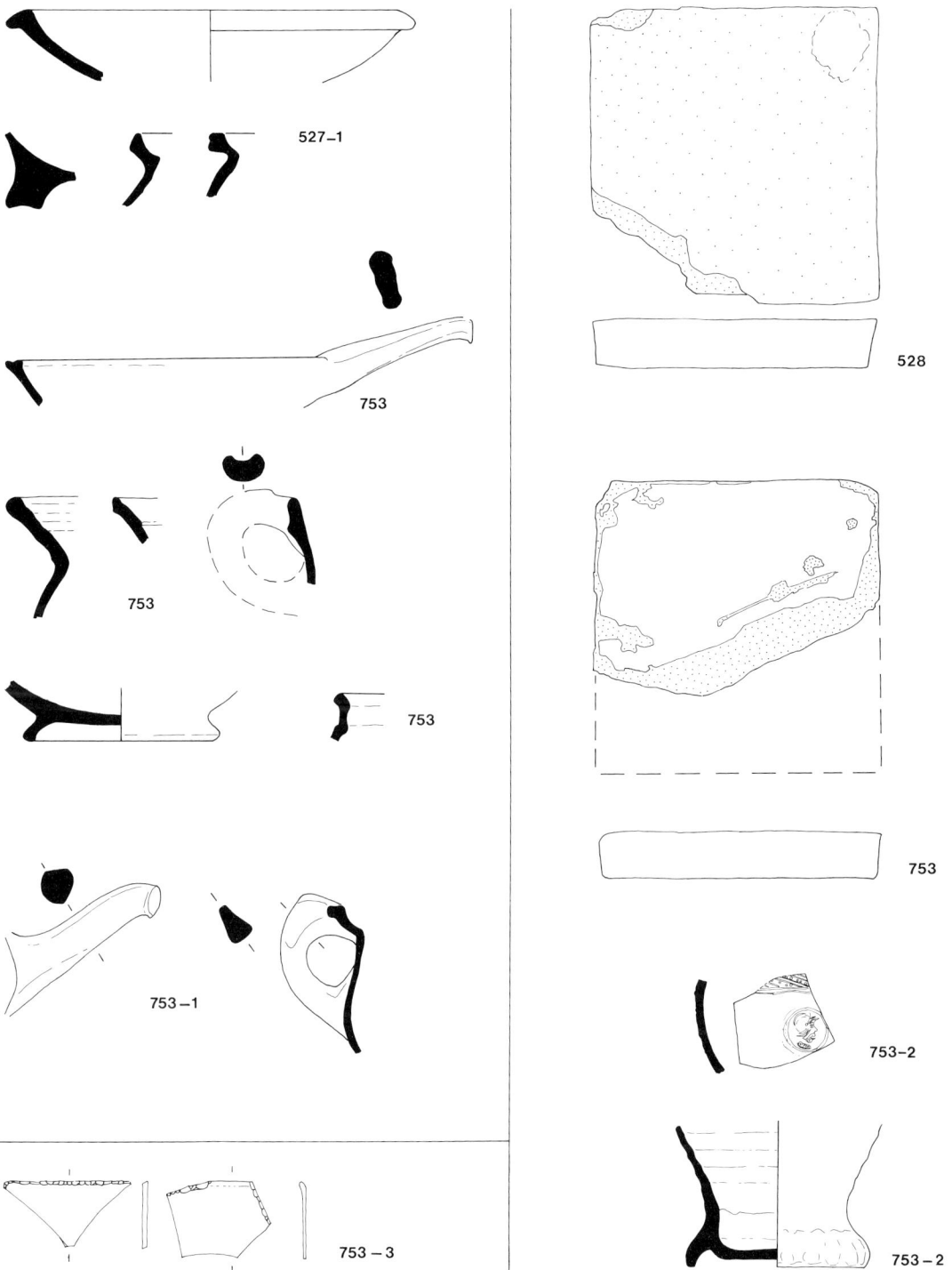

Fig. 45. Vondsten. a. Volksaardewerk (nrs 527 en 753-1) met gele en bruine glazuur; b. Steengoed (nr. 753-2) plavuizen met resten van geel-groene glazuur; c. Fragmenten van groen glas (nr. 753-3) uit glas en lood vensters.

glazuurde dakpannen van het Oudhollandse type.

Conclusies
Uit de waarnemingen kan worden afgeleid dat het binnenterrein bij de bouw van de burcht was opge-

hoogd. De burchtheuvel werd opgeworpen over een dunne laag veen. De fundering van het gebouw heeft dit veen niet doorsneden en de ingraving daarvan heeft zich beperkt tot het pakket opgeworpen grond. Bij de egalisatie zijn daardoor alle funderingssporen verdwe-

Fig. 46. Kadastrale kaart met de omtrek van het opgravingsterrein (grijs) op het Nijland.

nen. Kennelijk zijn de stenen en andere materialen die zijn vrijgekomen bij de sloop vrijwel volledig afgevoerd. De schamele hoeveelheid vondsten wijst op een kortstondige bewoning en de aard van het vondstmateriaal is niet verschillend van dat bij Hovinge. De manier van funderen wijst er op, dat het gebouw niet uit de gracht was opgetrokken en dat het een betrekkelijk eenvoudig grondplan heeft gehad. De benaming burchtterrein suggereert in dit verband meer dan er in werkelijkheid heeft bestaan.

Van bijgebouwen, zoals de schathuizen bij de Ommelander borgen, is noch op het voorterrein noch tussen de beide grachten iets aangetroffen. Dergelijke bedrijfsgebouwen waren in dit geval ook niet noodzakelijk, omdat de familie Onsta twee van de nabijgelegen boerderijen exploiteerde. Wellicht is er wel een verband met de verplaatsing van het erf Derkinge, die in dezelfde periode heeft plaats gevonden (Kooi, 1995: p. 304).

4. HET NIJLAND (fig. 46)

Het Nijland werd eveneens in 1980 onderzocht. Zoals de naam aangeeft betreft het een jongere ontginning. In de 17e eeuw streefde de nieuwe provinciale regering naar verhoging van de landbouwproduktie. Dit werd gestimuleerd door de uitbreiding van particulier eigendom te bevorderen. Bij het ontginnen van een oppervlakte van tenminste 4 mudden in het veld werd men voor 20 jaar vrijgesteld van grondbelasting over de nieuw ontgonnen gronden (Heringa, 1982).

Op de grondschattingskaart uit 1642 is slechts een deel van het latere Nijland ontgonnen. De kadastrale minuut uit het begin van de vorige eeuw geeft de totale omvang van het Nijland aan (fig. 47). Omstreeks 1930 werd een deel van het Nijland ten behoeve van zandwinning afgegraven.

4.1. De bodem

Het Nijland lag op een dekzandkop met leem op 1 tot 1,5 m onder het maaiveld. Aan de westzijde, waar de keileem op minder dan 1 m onder het maaiveld ligt, bevindt zich de ijsbaan in een van nature natter gebied. De afwatering verliep oorspronkelijk via twee armen van de Wilde Stroet aan noord- en zuidzijde naar het oosten. Vanaf het hoogste punt op ca. 13 m +NAP daalde het Nijland naar het zuiden en westen vrij snel tot 11,5 m +NAP.

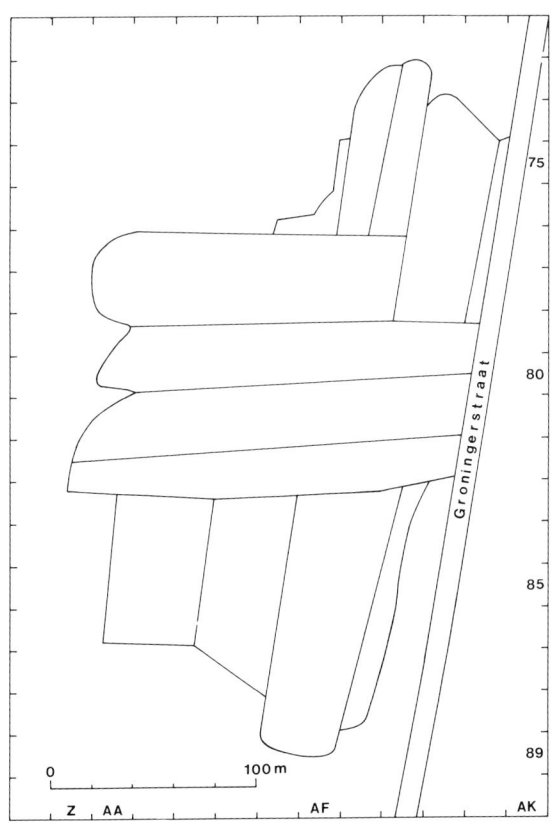

Fig. 47. Het Nijland naar de kadastrale kaart van ca. 1830.

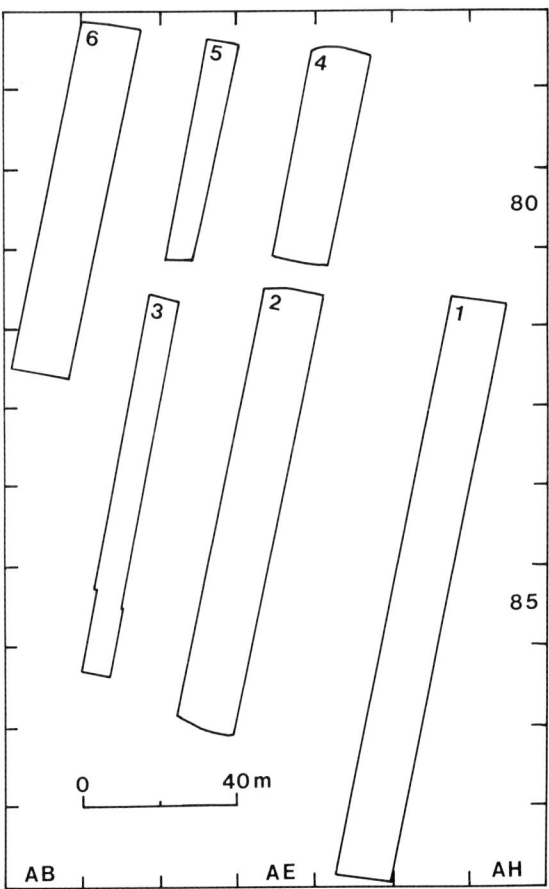

Fig. 48. Schematisch overzicht van de werkputten.

4.2. Vraagstelling en werkwijze (fig. 48)

De landschappelijke en bodemkundige situatie van het Nijland leek goed geschikt voor bewoning in het verleden. Voor de aanvang van de opgraving waren er van het terrein geen gegevens bekend, die daarop zouden kunnen duiden. Het is echter op meerdere plaatsen gebleken, dat er desondanks onder de humeuze bovengrond sporen van bewoning kunnen worden aangetroffen.

Er werden in totaal zes werkputten opgegraven van 8 of 6 m breed in noord-zuid-richting en op tussenafstanden variërend van 16 tot 32 m. De lengte varieerde van ca. 55 tot ca. 150 m.

4.3. Resultaten (fig. 49)

In geen van de werkputten werden sporen van bewoning gevonden. Ondanks dit negatieve resultaat geeft het onderzoek wel inzicht in de wijze van ontginning. In alle werkputten werden ontginningsgreppels aangetroffen. De lengte varieerde van 1,8 tot 5,9 m, bij een breedte van 0,2 tot 0,6 m. In alle gevallen zijn de ontginningsgreppels haaks op de lengterichting van de percelen gegraven. De greppels liggen dus noord-zuid georiënteerd in de werkputten 4, 5 en 6, alsmede over een afstand van ca. 30 m in de werkputten 1, 2 en 3. In de rest van de werkputten 1, 2 en 3 is de richting oost-west. In het vak AB/80 zijn de greppels gedeeltelijk afwezig, omdat daar een natuurlijke laagte is gemeden. Van een aantal greppels is daarbij de richting of de lengte aangepast aan het reliëf. In de werkputten waren ook verschillende greppels te zien, die te maken hebben met de percelering of de scheiding van het land van verschillende eigenaren. De scheiding tussen de oost-west liggende percelen in het noorden en de noord-zuid liggende percelen in het zuiden bestaat uit een vrij brede sloot, die ongeveer op de grens van de vakken 82 en 83 loopt. Ten noorden van de sloot zijn restanten van greppels of sloten opgemeten, die alle oost-west verlopen. Van zuid naar noord is de tussenafstand van de eerder genoemde sloot naar de volgende greppel ca. 22,5 m en vervolgens 17,5 m, 12,5 m en 22,5 m, terwijl de laatste verloopt van 7,5 m in werkput 6 tot 5 m in werkput 4.

Conclusies

De afstanden tussen de greppels of sloten in de opgraving zijn vergeleken met de perceleringen op de kadastrale minuut en met de percelering voorafgaand aan het moment van onderzoek. Hieruit blijkt dat de perceelgrenzen in de loop der tijd zijn gewijzigd. De grenzen op de kadastrale minuut liggen respectievelijk op ca. 22 m en vervolgens op 30 m en 28-26 m van zuid naar noord en komen dus overeen met de eerste, de derde en de vijfde greppel. De recente perceelgrenzen lagen op een onderlinge afstand van ca. 40 m en komen dus overeen met de tweede en de vijfde greppel.

Opmerkelijk is voorts, dat de perceelscheidingen de ontginningsgreppels doorsnijden. Dat geldt ook voor de oudsten, hetgeen suggereert dat dit stuk van het Nijland kennelijk als een geheel is ontgonnen en daarna is opgedeeld in drie percelen. De noordelijke en de zuidelijke percelen hoorden in 1650 bij het erf Hovinge, en de middelste bij het erf Lantinge. Omstreeks 1830 hebben drie verschillende eigenaren elk één perceel in eigendom.

In werkput 1 bevonden zich noord-zuid verlopende sloten, die op zeer korte afstand van elkaar lagen. Uit projectie op de kadastrale minuut blijkt dat het hier gaat om de verschuivende oostgrens van de ontginning. De geringe diepte van de ontginningssporen in dit deel van werkput 1 ten opzichte van die in de zuidelijke delen van de werkputten 2 en 3 lijkt een bevestiging te zijn van het verschil in periode van ontginning.

Alle vondsten uit de opgraving op het Nijland zijn afkomstig uit de greppels of sloten tussen de percelen. Daterende waarde voor de ontginning kan daardoor niet aan de vondsten worden ontleend, omdat de perceelgrenzen langere tijd hebben bestaan. Bovendien kan de mogelijkheid niet worden uitgesloten, dat het gevonden materiaal van elders is aangevoerd met de stalmest. De aard van de vondsten en de geringe grootte van de scherven wijst in die richting.

4.3.1. *Vondsten* (fig. 50)

Het aantal vondsten uit de opgraving omvat slechts zeven nummers. Een scherf van een bord of schaal van

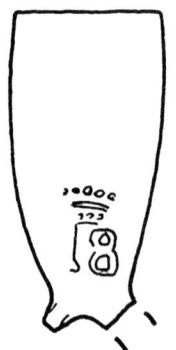 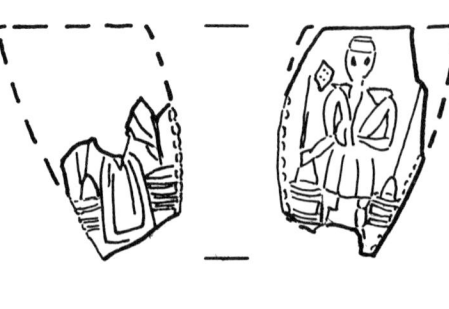

Fig. 50. Twee pijpekoppen van het Nijland.

geelbakkende klei met een decoratie van blauw op witte engobe in zogeheten majolicatechniek kan in de 18e eeuw worden gedateerd (nr. 535). Uit dezelfde periode dateren twee pijpekoppen: nr. 536 heeft op de zijkant van de ketel het gekroonde cijfer 18 in reliëf en werd tussen 1720 en 1760 te Gouda gemaakt (Brongers, 1993). Van de andere pijpekop (nr. 540) is de ketel gedecoreerd met een melkman en melkvrouw in reliëf, een decoratie die uit het begin van de 18e eeuw dateert (Duco, 1987: p. 99).

Bij de overige vondsten zijn scherven van volksaardewerk, waarvan geen nauwkeurige datering is te geven, en baksteenpuin.

5. ENIGE KANTTEKENINGEN BIJ DE RESULTATEN VAN HET PROJECT

De ontwikkeling van de agrarische bewoning in de vroegere marke Peelo is nu door de uitkomsten van het in 1977 gestarte project, vanaf de Bronstijd te volgen. Een van de vragen betrof destijds de continuïteit van bewoning. Aan de basis stond een model voor de verplaatsing van de nederzetting opgesteld aan de hand van enkele waarnemingen en oude opgravingsgegevens.

Nederzettings- en bewoningspatronen op het Drents plateau zijn reeds vaker onderwerp van studie geweest (Harsema, 1982; Waterbolk, 1979; 1982). Oude theorieën, waarbij veranderingen vaak in verband werden gebracht met migraties hebben plaats gemaakt voor continuïteit van bewoning als modelmatig uitgangspunt (Waterbolk, 1980). Daarbij heeft het project Peelo mede een rol gespeeld.

Een poging tot het ontwerpen van een generaliserend beeld van de bewoningsgeschiedenis is te vinden in een artikel van Waterbolk (1987), naar aanleiding van een grondige uitwerking van de opgravingen te Elp in 1959, 1960 en 1962. Op globaal niveau wordt daarbij een vergelijking gemaakt tussen de bevolkingsdichtheid in de midden-Bronstijd ten opzichte van de late Bronstijd, de IJzertijd en de marke-indeling in de historische tijd. Uitgangspunt voor de vergelijking was een inventarisatie van de volgende objecten:
– Grafheuvels uit de midden-Bronstijd;
– Urnenvelden uit de late Bronstijd-vroege IJzertijd;
– *Celtic fields* uit de IJzertijd;
– Reconstructie van het oorspronkelijke aantal marken.

Volgens de toelichting zijn gegevens van urnenvelden en *Celtic fields* die minder dan 1500 m uit elkaar liggen samengevoegd, omdat ze bij één nederzetting kunnen behoren. Uit de aldus verzamelde gegevens concludeert Waterbolk dat er in de late Bronstijd een verdichting van de bewoning kan worden vastgesteld ten opzichte van de periode daarvoor en erna.

Op deze uitkomst is echter het een en ander af te dingen. In de eerste plaats is het zeker, dat er bij de

bekende, maar niet onderzochte heuvels een aantal uit de midden-Bronstijd dateert. In de tweede plaats zijn de samenvoegingen van waarnemingen van urnenvelden en *Celtic fields* niet consequent uitgevoerd. Ook geeft het een vertekend beeld om aantallen grafheuvels en urnenvelden te vergelijken met akkercomplexen of marke-arealen, omdat het om verschillende categorieën van gegevens gaat. Kennelijk zijn ook de uitkomsten van het grondige onderzoek van de urnenvelden niet altijd toegepast. In een aantal gevallen is daarbij gebleken dat binnen een bepaald nederzettingsareaal weliswaar twee urnenvelden kunnen voorkomen, maar dat deze in tijd op elkaar volgen (Kooi, 1979). Kennelijk is er sprake geweest van een kritische afstand tussen nederzetting en grafveld. Werd deze overschreden, dan werd er een nieuw grafveld aangelegd. Het verplaatsen van een grafveld kan ook met de verandering in het grafritueel samenhangen. Dergelijke verplaatsingen hebben bij Waterbolk tot een verdubbeling van het aantal nederzettingen geleid. Het afbreken van grafvelden kan dus ook niet in alle gevallen worden gebruikt als argument voor ontvolking. Weliswaar neemt in de IJzertijd het aantal waarnemingen af, maar daarvoor zijn een aantal alternatieve oorzaken aan te geven:
– De bewoning bestaat in die periode voornamelijk uit bedrijven die meer verspreid liggen en is daardoor minder goed gedocumenteerd;
– Door bijzetting in brandheuvels, die voornamelijk zijn gedocumenteerd als het om grotere groepen gaat, zoals bijvoorbeeld op het Noordse Veld bij Zeijen, het Tumulibos bij Rolde en bij de Galgenberg tussen Sleen en Zweelo. Kleine aantallen die per bedrijf zijn aangelegd, zoals in Den Hool en Eext kunnen tijdens ontginningen spoorloos zijn verdwenen (Kooi, 1979: pp. 120-126). Dit is een gevolg van het feit, dat brandheuvels in het algemeen minder hoog zijn en arm aan bijgaven.

Een gedeeltelijke ontvolking in de randzones van Drenthe in de IJzertijd, zoals op het Noordse Veld, het Balloërveld en de Havelterberg is overtuigend aan te tonen (Waterbolk, 1980). Ook in de structuur en omvang van nederzettingen komen aanzienlijke verschillen voor. De nederzetting uit de Bronstijd te Angelslo en Emmerhout (gem. Emmen) is omvangrijk en bestaat uit meerdere bedrijven terwijl de nederzetting te Elp waarschijnlijk uit een enkel bedrijf heeft bestaan. In de daarop volgende periode, de vroege IJzertijd blijken de boerderijen in Angelslo en Emmerhout meer verspreid te liggen. De boerderijen in Hijken uit dezelfde periode geven een vrij dichte bewoning en een regelmatige onderlinge afstand tussen de boerderijen te zien. Kortom, het beeld dat Waterbolk schetst is een bruikbaar toetsingskader, maar behoeft nadere uitwerking.

Te Peelo zal de bewoning tijdens de midden-Bronstijd in de omgeving van de grafheuvel op de Polheugten hebben gelegen. De structuur van de nederzetting uit die tijd is niets bekend.

De bewoningssporen uit de IJzertijd blijken verspreid te liggen van het Kleuvenveld in het oosten, tot het Haverland en de Es in het westen. De spreiding kan deels worden verklaard uit het feit, dat de boerderijen temidden van het bijbehorende akkerland hebben gelegen. Uiteindelijk concentreert de bewoning zich in de midden-IJzertijd in het westen. Daar bevinden zich op het Haverland en de Es de boerderijen van het type Hijken en daaraan gerelateerde typen (nrs 3, 5, 12, 17, 25, 26, 27 en 52). De aanwezigheid van de boerderij nr. 107 uit het einde van de midden-IJzertijd op het Kleuvenveld geeft aan, dat er in die periode ook daar nog bewoning aanwezig was.

Uit waarnemingen op andere plaatsen blijkt dat het nederzettingspatroon in de IJzertijd variatie vertoont en dat dit afhankelijk zal zijn geweest van de landschappelijke situatie, de bodemgesteldheid en de daarmee samenhangende exploitatiemogelijkheden binnen een bepaald areaal.

Omstreeks het begin van de jaartelling kunnen we op de Es omheinde erven onderscheiden met boerderijen van het type Noord Barge (nrs 19, 22 en 23). Helaas was er van deze en de volgende perioden een groot deel reeds voor het onderzoek verstoord.

Ook in de vroeg-Romeinse tijd is er nog sprake van een zekere spreiding. Naast twee erven op het hoogste deel van de es bevond zich op enige afstand naar het oosten gelijktijdig bewoning (boerderijen nrs 57, 58 en 80), zich ontwikkelend tot een groot omheind erf. Vergelijkbare erven zijn ook gevonden in het nabijgelegen Rhee (van Giffen, 1937). Een versterkt erf uit de tweede eeuw v.Chr. lijkt zich daar in de loop van de Romeinse tijd te ontwikkelen tot een nederzetting met tenminste twee omheinde erven naast elkaar met grote boerderijen. Waterbolk (1977) meent ook in die periode aanwijzingen voor versterkingen te zien. Sporen van grachten zoals bij de versterkte nederzettingen op het Noordse Veld ontbreken echter en vernieuwde en daarbij iets verlegde omheiningen rond de erven kunnen ten onrechte de indruk wekken dubbele palissades voor wallen te zijn geweest. De dynamiek van een nederzetting die langere tijd bewoond is geweest en zich geleidelijk verplaatst veroorzaakt dit soort evenwijdige sporen, die ook in Peelo op het Haverland en op de Es zijn waargenomen.

Vergelijken we de ontwikkelingen in Peelo gedurende de Romeinse tijd met de structuur van Wijster (van Es, 1967), dan is het verschil evident. Wijster is een compacte, grote nederzetting met erven gescheiden door paden en wegen. Daarbij vergeleken is de nederzetting Peelo veel kleiner, weliswaar bestaande uit grote omheinde erven, maar minder strak geordend en zonder aanwijsbare paden of wegen. In de laat-Romeinse tijd kan dit verschil ook in verband staan met een verschil in economie, zoals uit de boerderijplattegronden is af te leiden (Kooi, 1994: p. 203). Peelo is in die tijd meer gericht op akkerbouw en Wijster meer op veeteelt.

Wijster en Odoorn hebben het beeld van het ontstaan van het Drentse dorp bepaald. De nederzettingsstructuur van het vroeg-middeleeuwse Odoorn sluit aan bij die van Wijster. Helaas kon in Peelo uit de periode van bewoning met de boerderijtypen Odoorn A tot en met C slechts een enkele boerderij worden opgegraven. De losse nederzettingsstructuur met boerderijen van het type Odoorn-C en Gasselte-A is in de vroege middeleeuwen in Peelo echter nog steeds aanwezig en zelfs de laat-middeleeuwse erven Hovinge, Derkinge en Huisinge vormen nog geen compacte nederzetting. Dit nederzettingspatroon is beter vergelijkbaar met dat te Dalen. Daar is sprake van nog grotere spreiding tussen min of meer gelijktijdige nederzettingssporen, zowel in de Romeinse tijd als in de vroege middeleeuwen (Kooi, 1994).

Veranderingen in de plattegronden van boerderijen en bijgebouwen zijn een afspiegeling van wijzigingen in de economie. Opvallend is bijvoorbeeld dat de opkomst van het *Celtic field*-complex samenvalt met boerderijtypen, waarin weinig of geen vee kon worden ondergebracht, terwijl dat in de perioden daarvoor en erna wel het geval is geweest. Treffend is ook het voorkomen van verschillende vormen (rond, vierkant grondvlak) en afmetingen van een aantal spiekers (2-3) per erf in de Romeinse tijd op de es (Kooi, 1994: pp. 268-270) en het aantal belangrijkste cultuurplanten (meest rogge en meerrijige bedekte gerst en enige haver) die zijn aangetroffen (van Zeist & Palfenier-Vegter, 1994). De verbreding van boerderijen met kubbingen in de late middeleeuwen en het ontstaan van de essen is een ander voorbeeld van een duidelijke relatie: het gebruik van potstallen en de toepassing van bemesting.

De ontwikkeling van het Drentse boerenhuis is in Peelo vanaf de late Bronstijd grotendeels te volgen en wijkt in grote lijnen niet opvallend af van wat elders is gebouwd. Daarmee is een andere vraagstelling van het project beantwoord. Wel konden er door het onderzoek twee nieuwe typen, Peelo A en Peelo B, aan de bestaande reeks worden toegevoegd. De plattegronden van boerderijen uit de Romeinse tijd vertonen opvallend vaak sporen van reparaties en verbouwingen ten opzichte van die uit de IJzertijd en de vroege middeleeuwen. Dit zou kunnen betekenen dat de behuizingen in die periode langer in stand werden gehouden, terwijl men in de IJzertijd en vroege middeleeuwen eerder geneigd was nieuwbouw te realiseren.

Het schijnbaar simpele gegeven dat er bewoningssporen in zo uitgebreide vorm uit verschillende perioden en op verschillende lokaties in Peelo en elders in Drenthe zijn aangetroffen, impliceert dat er op open plekken, die in het oorspronkelijk beboste gebied werden gekapt, niet of nauwelijks weer bomen hebben gegroeid. Doorworteling en boomval zouden in dat geval het bodemarchief in ernstige mate hebben aangetast, zo niet volledig hebben vernietigd (Kooi, 1972; Koop, 1981).

Erven en akkers, die in de prehistorie door verplaatsing werden verlaten, zijn kennelijk door begrazing niet

Het project Peelo 473

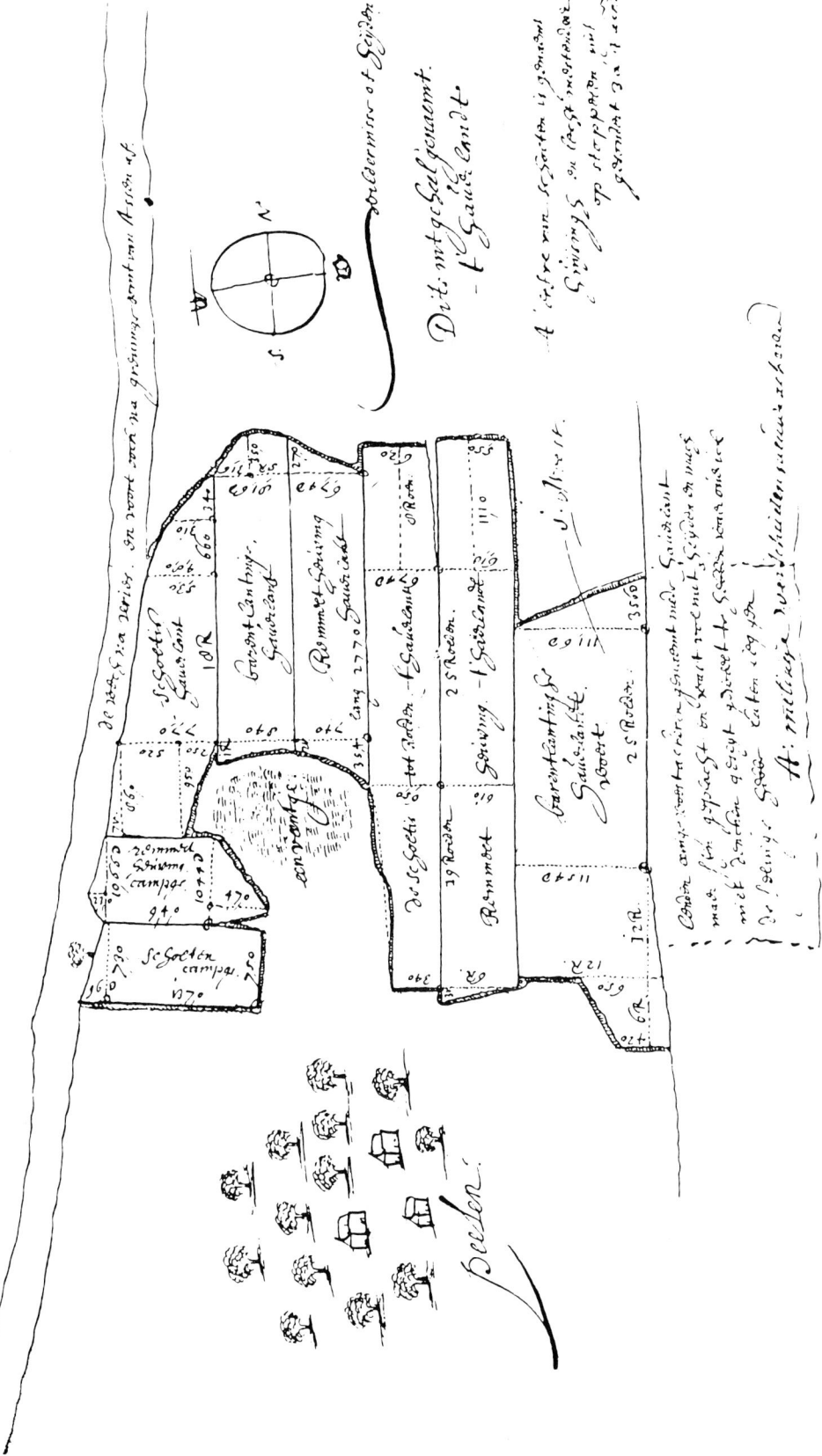

Fig. 51. Gedeelte van de grondschattingskaart van Peelo uit het midden van de 17e eeuw, met een schematische weergave van het gehucht. Het noorden is rechts.

474 P.B. KOOI

weer bebost geraakt, of na verloop van tijd weer in gebruik genomen. Het landschap zal dus geleidelijk en onomkeerbaar kaler zijn geworden.

Oude erven kunnen door meer humus goede akkergrond zijn geworden. In Peelo zijn daarvan duidelijke voorbeelden te vinden. Het dubbele erf uit de Romeinse tijd is later als begrenzing van een blok akkers op het westelijke deel van de es herkenbaar gebleven. Op het Haverland valt het grote erf uit de Romeinse tijd juist binnen het enige brede perceel dat in dit akkercomplex aanwezig is. Dergelijke situaties hoeven echter niet te betekenen, dat er sinds die tijd sprake is geweest van continu gebruik of eigendom. Voor Derkinge zal dat daarentegen wel het geval zijn geweest. Het laatste stadium van dit verlaten erf bleef tot in de vorige eeuw

grotendeels in dezelfde vorm bestaan en werd als akkergrond gebruikt, met als veldnaam de Derkens.

De ontwikkeling van de nederzetting Peelo is vanaf de late middeleeuwen vrijwel volledig te reconstrueren (Bardet e.a., 1983). In 1040 wordt Peelo genoemd in een akte, waarbij koning Hendrik III goederen schenkt aan de bisschop van Utrecht. Na de vestiging van het klooster Maria in Campis in de naburige nederzetting Assen tussen 1260 en 1271 werd het erf Huisinge eigendom van het klooster en zal de weg Assen-Peelo belangrijker zijn geworden. De Peelerpoort werd de toegang tot het kloosterterrein aan de noordwestzijde (den Teuling & van der Ploeg, 1986).

De tachtigjarige oorlog heeft voor veel inwoners van

Fig. 52. De eigendomssituatie omstreeks 1830 volgens de oudste kadastrale gegevens. Legenda: 1. Luchien Hendriks Balten; 2. Lucas Oldenhuis Kymmell; 3. Jan Meursing Braams; 4. Hendrik Maris; 5. Weduwe Jan Weersing; 6. Weduwe Hendrik Smeenge.

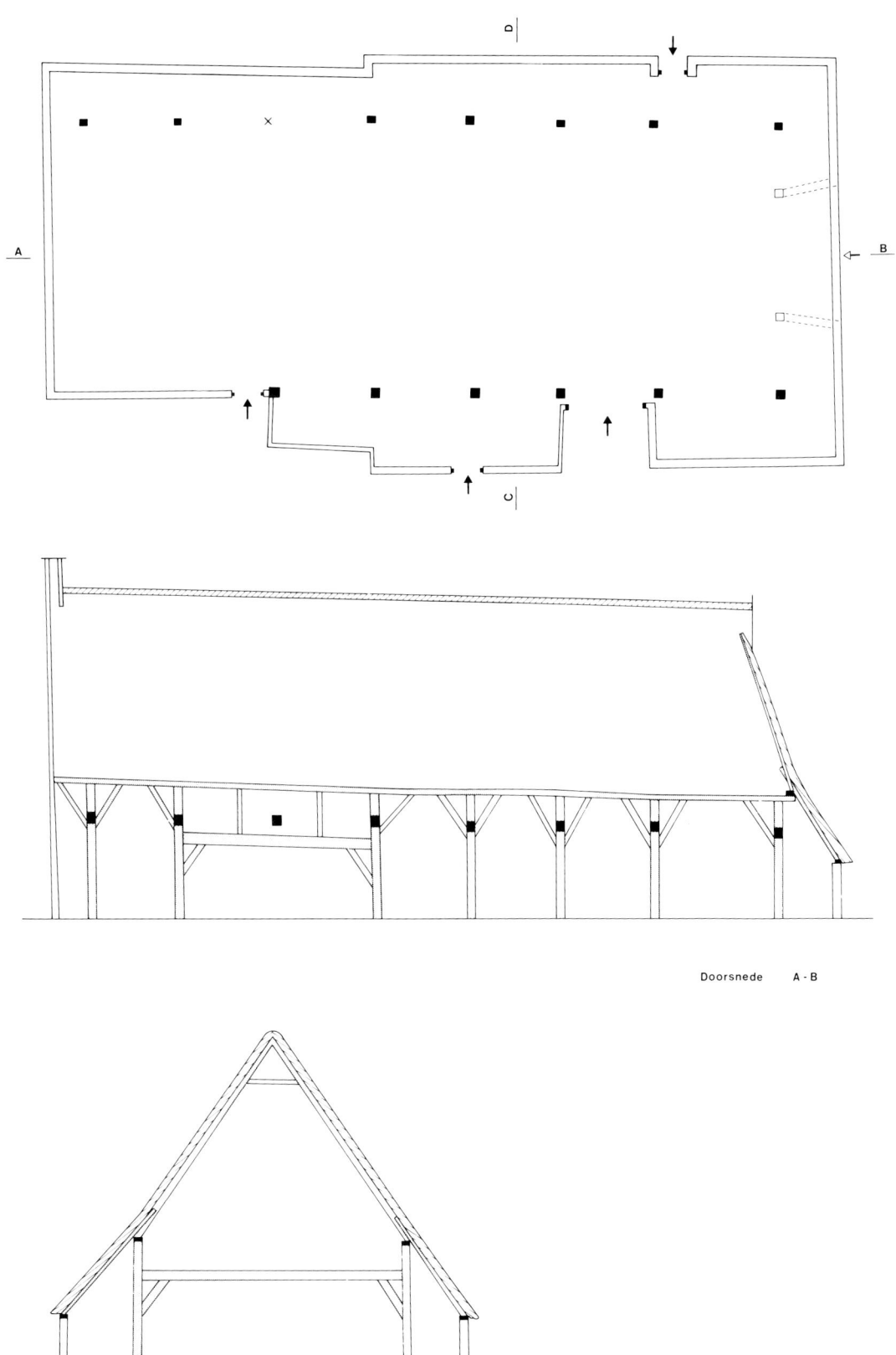

Fig. 53. Vereenvoudigde plattegrond met een langs- en dwarsdoorsnede van de boerderij Marsdijk 3, naar een opmeting door het bureau Monumentenzorg van de provincie Drenthe (zie voor de ligging fig. 41).

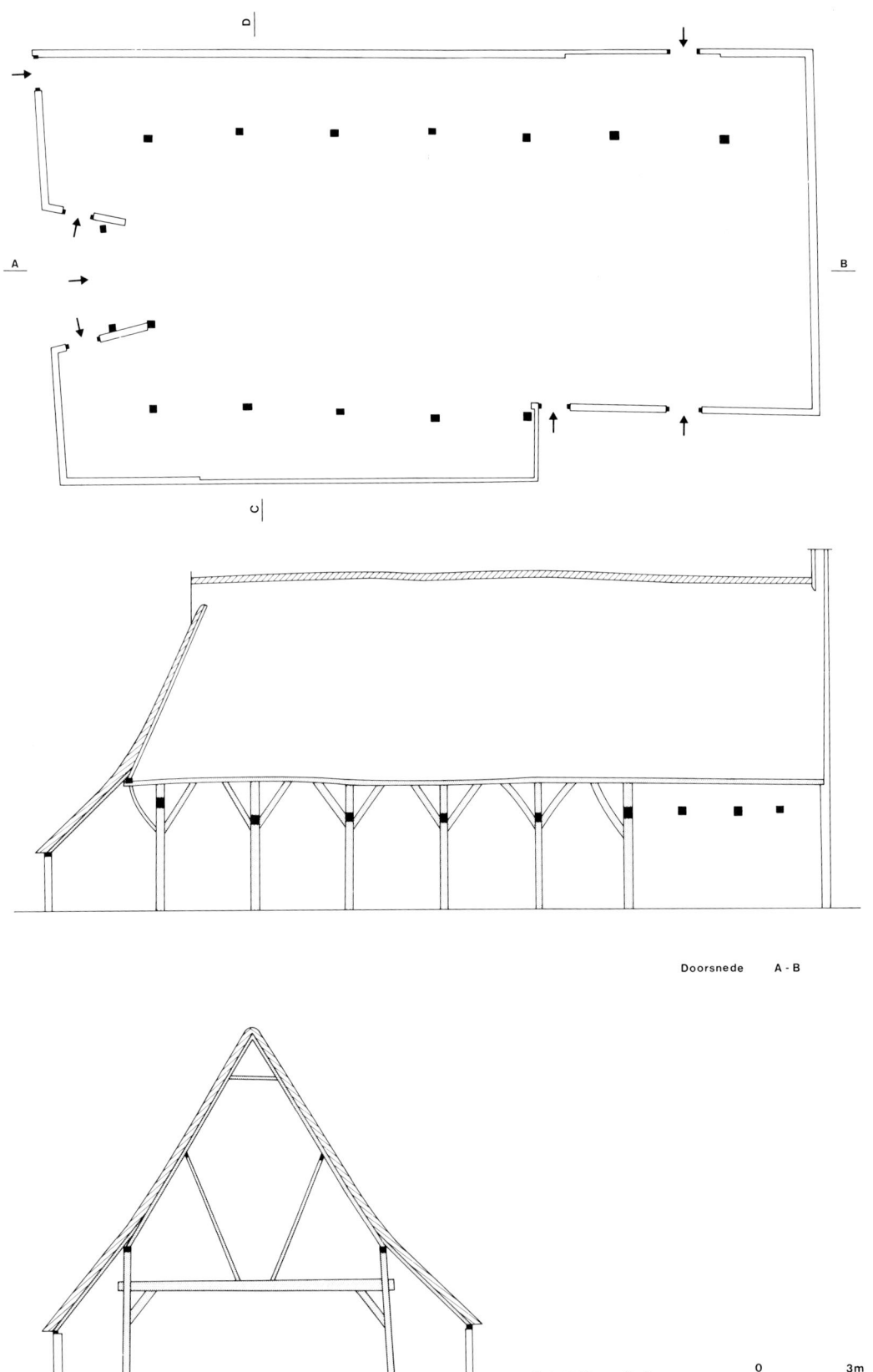

Fig. 54. Vereenvoudigde plattegrond met een langs- en dwarsdoorsnede van de boerderij Marsdijk 5, naar een opmeting door het bureau Monumentenzorg van de provincie Drenthe (zie voor de ligging fig. 41).

Drenthe desastreuze gevolgen gehad. Doortrekkende legers veroorzaakten schade aan landerijen en gebouwen. Peelo lag langs een doorgaande route en zal geleden hebben van de langstrekkende troepen tijdens de veldtochten van Rennenberg (1581) (Ros, 1964: pp. 204-205) en Willem Lodewijk (1592, 1593, 1594) (Overdiep, 1970). De misère komt ook duidelijk naar voren in een pachtregister dat uit die tijd stamt. Van Hovinge staat in 1596 genoteerd dat het lange jaren ledig heeft gelegen en nog ledig ligt. Hetzelfde gold voor Derkinge, waarvan pas na 1603 de betaling van pacht weer op gang komt. Of de burcht tijdens de oorlogshandelingen nog een rol heeft gespeeld is niet bekend. De bewoningsgeschiedenis geeft vanaf het herstel in de loop van de 17e eeuw tot in de 19e eeuw een stabiel beeld te zien, met als belangrijkste wijziging de splitsing van Hovinge in twee bedrijven (fig. 51 en 52).

Door de ontginning van woeste gronden sinds het midden van de vorige eeuw, onderging het aanzien van Peelo een drastische verandering. Vooral door de stichting van nieuwe bedrijven rond de es verschoof het zwaartepunt van de bewoning naar het westen.

Inmiddels is Peelo opgenomen in de woonwijken 'Peelo' en 'Marsdijk'. Temidden van de nieuwe woningen is nog een laatste restant van de historische buurtschap Peelo te vinden. Het zijn twee oude boerderijen aan de Marsdijk, die zijn ontstaan bij de splitsing van het middeleeuwse erf Hovinge (Kooi, 1995: fig. 3). Ter vergelijking met de opgegraven plattegronden zijn van beide een plattegrond en doorsneden afgebeeld.

Marsdijk 3 (fig. 53): lengte: 25,6 m; grootste breedte: 13,2 m; breedte middenschip: 9,0 m; afstand tussen staanders in de lengte voor het merendeel ruim 3 m en de laatste 4,0 m. De baander van de schuur bevond zich oorspronkelijk aan de korte zuidzijde.

Marsdijk 5 (fig. 54): lengte: 25,2 m; grootste breedte: 13,8 m; breedte middenschip: 8,6-9,1-8,8 m; afstand tussen de staanders in de lengterichting: ruim 3 m. Op een las in de balk boven de oorspronkelijke baander staat het jaartal 1629.

De boerderij nr. 5 is dus de oudste van de twee. Het jaartal 1629 geeft aan, dat het houtskelet van dit gebouw voor een deel nog ouder kan zijn. De bouw van nr. 3 zal bij de splitsing van het bedrijf Hovinge zijn uitgevoerd. In een register over de periode tussen 1695 en 1742 staat een nieuw huis van 7 vakken vermeld. De ingeritste datering 26 april 1703 op de kalf van de oorspronkelijke buitendeur (nu als deur tussen woon- en bedrijfsgedeelte) geeft waarschijnlijk de datum aan waarop het gebouw werd voltooid.

Ter vergelijking kunnen de plattegronden van de Gasselte B' typen uit de opgraving met die van de bestaande boerderijen worden vergeleken.

Nr. 67: lengte 35,0 breedte 9,6-12,2-8,8 m; nr. 68: lengte 35,0 breedte 9,5-12,1-? m; nr. 98: lengte 29,5 breedte 8,2-13,0-? m; nr. 99: lengte 34,5 m breedte 9,2-13,0-9,9 m. Deze plattegronden zijn langer dan die van Marsdijk 3 en 5, maar minder breed. Het bouwvolume zal ongeveer even groot zijn geweest. In dit verband is het opvallend, dat de afstand tussen de staanderrijen bij Marsdijk nr. 3 in het midden nog iets breder is dan aan de uiteinden. Het suggereert de mogelijkheid, dat hier gebruik is gemaakt van gebinten uit een voorganger van het type Gasselte B'.

6. NOTEN

1. Met dank aan collega W.H. Zimmermann van het Niedersächsisches Institut für historische Küstenforschung te Wilhelmshaven voor de uitvoering van de analyses.
2. Mondelinge mededeling van collega O.H. Harsema

7. LITERATUUR

BARDET, A.C., P.B. KOOI, H.T. WATERBOLK & J. WIERINGA, 1983. *Peelo, historisch-geografisch en archeologisch onderzoek naar de ouderdom van een Drents dorp* (= Mededelingen van de K.N.A.W. nieuwe reeks 46, nr. 1). Noord-Hollandsche Uitgevers Maatschappij, Amsterdam.

BOS, J., F.J. HULST & P. BROOD (red.), 1989. *Huizen van stand*. Boom, Meppel.

BRONGERS, J.A., 1976. *Air photography and Celtic field research in the Netherlands* (= Nederlandse Oudheden 6). Rijksdienst voor het Oudheidkundig Bodemonderzoek, Amersfoort.

DRENTH, E. & A.E. LANTING, 1991. De chronologie van de Enkelgrafcultuur in Nederland: enige voorlopige opmerkingen. *Paleo-aktueel* 2, pp. 42-46.

DUCO, D.H., 1987. *De Nederlandse kleipijp*. Stichting Pijpenkabinet, Leiden.

ENNIK, J.E., 1984. *De nederzetting Assen*. Van Gorcum & Comp., Assen.

ES, W.A. VAN, 1967. *Wijster. A native village beyond the imperial frontier, 150-425 AD*. Diss., Wolters-Noordhoff, Groningen.

FORMSMA, W.J., R.A. Luitjens-Dijkveld Stol & A. Pathuis, 1973. *De Ommelander borgen en steenhuizen*. Van Gorcum & Comp., Assen.

GIFFEN, A.E. VAN, 1935. Het Balooërveld, ndl. van Baloo, gem. Rolde. *Nieuwe Drentsche Volksalmanak* 53, pp. 109-116.

GIFFEN, A.E. VAN, 1939. De brandheuvels 5 en 6 bij Peeloo, gem. Assen. *Nieuwe Drentsche Volksalmanak* 75, pp. 128-129.

GIFFEN, A.E. VAN, 1940. Omheinde inheemsche nederzettingen met aanliggende tumuli, leemkuilen en rijengrafveld te Rhee en Zeyen, gem. Vries. *Nieuwe Drentse Volksalmanak* 58, pp. 192-200.

GIFFEN, A.E. VAN, 1949. Het Noordse Veld bij Zeijen, gem. Vries, opgravingen in 1944. *Nieuwe Drentse Volksalmanak* 67, pp. 93-148.

GRATEMA, S., 1853. Peelo. *Drentsche Volksalmanak*, p. 48.

HARSEMA, O.H., 1980. *Drents boerenleven van de bronstijd tot de middeleeuwen* (= Museumfonds nr. 6). Drents Museum, Assen.

HARSEMA, O.H., 1982. Settlement site selection in Drenthe in later prehistoric times: criteria and considerations. *Analecta Praehistorica Leidensia* 15, pp. 145-159.

HERINGA, J., 1982. *De buurschap en haar marke* (= Drentse Historische Studien 5), pp. 41-45. Provinciaal Bestuur Drenthe, Assen.

HUIJTS, C.S.T.J., 1992. De voor-historische boerderijbouw in Drenthe. Diss. Stichting Historisch Boerderij-Onderzoek, Arnhem.

JONG, L. DE, 1979. *De Drentse boerderij* (= Museumfonds nr. 2). Drents Museum, Assen.

KLUNGEL, A., 1963. De sleufakkers van de Westerwoldse essen. *Boor en Spade* 13, pp. 27-39.

KOOI, P.B., 1972. De orkaan van 13 november 1972 en het ontstaan van hoefijzervormige grondsporen. *Helinium* 14, pp. 57-65.

KOOI, P.B., 1979. Pre-Roman urnfields in the north of the Netherlands. Acad. proefschrift. Groningen, 1979.

KOOI, P.B., 1994. Het project Peelo. Het onderzoek in de jaren 1977, 1978 en 1979 op de es. *Palaeohistoria* 33/34, pp. 165-285.

KOOI, P.B., 1995. Het project Peelo; het onderzoek in de jaren 1981, 1982, 1986, 1987 en 1988. *Palaeohistoria* 35/36, pp. 169-306.

KOOI, P.B. & G.J. DE LANGEN, 1986. Bewoning in de vroege ijzertijd op het Kleuvenveld te Peelo (gem. Assen). *Nieuwe Drentse Volksalmanak* 104, pp. 151-165.

KOOP, H., 1981. De invloed van ontworteling van bomen op de bodemgesteldheid. In: *Vegetatiestructuur en dynamiek van twee natuurlijke bossen: het Neuenburger en Hasbrucher Urwald.* Landbouwhogeschool, Wageningen, pp. 65-76.

LANTING, J.N. 1977. Bewoningssporen uit de ijzertijd en de vroege middeleeuwen nabij Eursinge, gem. Ruinen. *Nieuwe Drentse Volksalmanak* 95, pp. 213-249.

OVERDIEP, G., 1970. *De Groninger schansenkrijg. De strategie van graaf Willem Lodewijk, 1589-1594.* Van Gorcum & Comp., Assen.

OVERDIEP, G., 1977. *De slag bij Ane 1227.* Van Gorcum & Comp., Assen.

REINEKING-VON BOCK, G., 1971. *Steinzeug.* Kunstgewerbe-museum, Köln.

ROS, F.U., 1964. *Rennenberg en de Groningse malcontenten.* Van Gorcum & Comp., Assen.

TEULING, A.J.M. DEN & K. VAN DER PLOEG, 1986. *Van klooster tot museum* (= Museumfonds publicatie nr. 12). Drents Museum, Assen.

SEEWALDT, P., 1990. *Rheinisches Steinzeug.* Rheinisches Landesmuseum, Trier.

WAALS, J.D. VAN DER, 1963. Een huisplattegrond uit de vroege ijzertijd te Een, gem. Norg. *Nieuwe Drentse Volksalmanak* 81, pp. 217-229.

WATERBOLK, H.T., 1965. Ein eisenzeitliches Gräberfeld bei Ruinen, Provinz Drenthe, Niederlande. In: R. von Uslar & K.J. Narr (eds), *Studien aus Alteuropa* II. Böhlau Verlag, Köln, pp. 34-53.

WATERBOLK, H.T., 1973. Odoorn im frühen Mittelalter. Bericht der Grabung 1966. *Neue Ausgrabungen und Forschungen in Niedersachsen* 8, pp. 25-89.

WATERBOLK, H.T., 1977. Walled enclosures of the iron age in the nort of the Netherlands. *Palaeohistoria* 19, pp. 97-172.

WATERBOLK, H.T., 1979. Siedlungskontinuität im Küstengebiet zwischen Rhein und Elbe. *Probleme der Küstenforschung im südlichen Nordseegebiet* 13, pp. 1-23.

WATERBOLK, H.T., 1980. Hoe oud zijn de Drentse dorpen? *Westerheem* 29, pp. 190-212.

WATERBOLK, H.T., 1982. Mobilität von Dorf, Ackerflur und Gräberfeld in Drenthe seit der Latènezeit. *Offa* 39, pp. 97-137.

WATERBOLK, H.T., 1987. Terug naar Elp. In: *De historie herzien.* Vijfde bundel 'Historische avonden' Uitg. Verloren, Hilversum, pp. 183-215.

WATERBOLK, H.T. & O.H. HARSEMA, 1979. Medieval farmsteads in Gasselte (prov. of Drenthe). *Palaeohistoria* 21, pp. 238-258.

ZEIST, W. VAN & R.M. PALFENIER-VEGTER, 1994. Roman Iron Age plant husbandry at Peelo, the Netherlands. *Palaeohistoria* 33/34, pp. 287-297.

ZIMMERMANN, W.H., 1992. Die Siedlungen des 1. bis 6. Jahrhunderts nach Christus von Flögeln-Eekhöltjen, Niedersachsen: Die Bauformen und ihre Funktionen. *Probleme der Küstenforschung* 19.

APPENDIX 1. Errata en aanvullingen.

Aanvullingen bij *Palaeohistoria* 33/34:

Pag. 168: Zoals onder 2.1. (Vraagstelling) wordt opgemerkt, werd in 1925 op de es een proefopgraving uitgevoerd, waarbij een klein deel van de nederzettingssporen uit de Romeinse tijd werd onderzocht. De werkzaamheden waren noodzakelijkerwijs aangepast aan een ontzanding en bleven beperkt van omvang. Helaas is de plattegrond van de resultaten niet exact in de latere van 1977 in te passen, maar het lijkt waarschijnlijk, dat de kuilen 3 en 4 van 1925 (van Giffen, 1926) de ingangskuilen zijn geweest van boerderij nr. 15 van 1977.

Pp. 259-260: In het eerste deel over het onderzoek op de es is een deel van de tekst op de pagina's 259 en 260 door elkaar afgedrukt. Het gaat om de delen 3.4 en 3.5, die hierbij in de juiste volgorde zijn geplaatst, beginnend na de tabel op pagina 259:

"De belangrijkste constructieve elementen, te weten de hoekpalen van vierkante bekistingen, waren uit verschillende houtsoorten gemaakt: Quercus 8x , Alnus 8x , Betula 4x , Fraxinus 3x en Salix 2x

3.5. Kuilen
Onder deze noemer zijn ovenkuilen samengevat.

Ovenkuilen (fig. 68)
Een viertal kuilen bestaat uit twee delen en de vijfde is een kuil met houtskool. De kuilen zijn waarschijnlijk het laatste restant van ovens die voor verschillende doeleinden zijn gebruikt. De tweedeling is ontstaan doordat voor de eigenlijke vuurmond een kuil werd gegraven om toevoer van brandstof of het uitruimen mogelijk te maken.

IJzeroventjes (fig. 69)
Drie naar boven taps toelopende kuilen, gevuld met houtskool, verbrande leem en ijzerslakken. Uit de vorm en inhoud van de kuilen is af te leiden, dat het restanten zijn van ijzeroventjes met een flesvormige mantel van leem, waarin de ijzerhoudende grondstof werd verhit. Door aanjagen van het vuur ontstond een aaneenkitting van ijzer, maar de temperatuur werd onvoldoende hoog om ijzer vloeibaar te maken. De oventjes werden na eenmalig gebruik afgebroken en het bruikbare deel van de inhoud werd verder uitgesmeed en bewerkt (Pleiner, 1964). Voorwerpen van ijzer zijn in nederzettingscontext niet aangetroffen. Wel is er buiten de ijzeroventjes bij de smederij een aantal ijzerslakken gevonden, die als afvalmateriaal van ijzerbereiding kunnen worden beschouwd. Van de twintig vondstnummers met ijzerslakken bevinden zich vijftien op het oostelijke deel van de es, twee in de omgeving van de smederij en slechts drie in het westelijke deel. Met andere woorden, over de verschillende perioden bezien is de verdeling globaal als volgt: vijftien vondsten uit de periode 2 tot en met 3 en vier vondsten aan het einde van periode 5. Dit impliceert dat er een wijziging in de ijzerbewerking heeft plaatsgevonden in de nederzettingsfase met de boerderijplattegronden van het type Wijster B en een groot deel van de fase met het type Peelo B. Waarschijnlijk is de verwerking van ijzer in de perioden 2 en 3 meer gespreid per erf uitgevoerd en heeft zich daarna door specialisatie op één erf met een smederij geconcentreerd."

Pag. 267, fig. 80 (boven): Het nummer 16 moet worden vervangen door 18.

Uitslaande fig. 7. Schematisch overzicht van de ligging ..... : Van het type Odoorn C is slechts één exemplaar gevonden. In de legenda moet daarom in het 8e vakje het nummer 50 worden toegevoegd.

Aanvullingen bij *Palaeohistoria* 35/36:

Pp. 204-205: Bij de tweeschepige schuren nr. 70 en 71 staan de paalgaten in opvallend scheve rijen (fig. 39 en 40). In de literatuur is dit verschijnsel eveneens besproken door:

THERKORN, L.L., 1987. The structures, mechanics and some aspects of inhabitants behaviour. In: *Assendelver polder papers* 1. Albert Egges van Giffen Instituut voor Pre- en Protohistorie, Amsterdam, pp. 177-244.

ZIMMERMANN, W.H., 1992. Die Siedlungen des 1e bis 6e Jahrhunderts nach Christus von Flögeln-Eekhöltjen, Niedersachsen: Die Bauformen und ihre Funktionen. *Probleme der Küstenforschung im südlichen Nordseegebiet* 19, pp. 144-145.

Pag. 299: *Het erf Derkinge*: Uit de beschrijving van het onderzoek van Derkinge is geconstateerd, dat de bewoning aldaar tot in de 15e eeuw is vast te stellen. Daarna zou het erf zijn verplaatst naar een gedeelte van het erf Huisinge. Uit de archiefgegevens blijkt deze nieuwe situatie in het begin van de 17e eeuw aanleiding tot een geschil.

Pp. 305-306: Aanvulling literatuur:

BOTTEMA, S. & A.T. CLASON, 1979. *Het schaap in Nederland.* Thieme, Zutphen.

ES, W.A. VAN, 1979. Odoorn: frühmittelalterliche Siedlung. Das Fundmaterial der Grabung 1966. *Palaeohistoria* 21, pp. 205-226.

KOOI, P.B., 1994. Project Peelo. Het onderzoek in de jaren 1977, 1978 en 1979 op de es. *Palaeohistoria* 33/34, pp. 165-285.

KOOI, P.B. & G.J. DE LANGEN, 1986. Bewoning in de vroege ijzertijd op het Kleuvenveld te Peelo (gem. Assen). *Nieuwe Drentse Volksalmanak* 104, pp. 151-165.

WATERBOLK, H.T., 1980. Hoe oud zijn de Drentse dorpen? *Westerheem* 29, pp. 198-206.

THE ARCHAEOBOTANY OF PEELO. 3. IRON AGE AND ROMAN PERIOD

W. VAN ZEIST & R.M. PALFENIER-VEGTER

Vakgroep Archeologie, Groningen, Netherlands

ABSTRACT: In the third report on the archaeobotany of Peelo the floral remains recovered from settlement traces excavated on the parcels designated as Haverland and Kleuvenveld are discussed. The crop plants recorded agree with those from other Iron Age and Roman period settlement sites in Drenthe. One of the Kleuvenveld samples provided evidence for the collecting of acorns, probably for human consumption. In the final section a survey of the total Peelo plant record, covering the period of c. 800 BC to the 17th/18th century AD, is presented.

KEYWORDS: Cultivated plants, field weeds, acorns, survey of Peelo plant record.

1. INTRODUCTION

In previous reports on the palaeobotanical examination of Peelo, plant remains recovered from the Late Iron Age/Roman period occupation on the terrain called 'de Es' and from medieval settlement features on the Hovinge, Derkinge and Bremer parcels are discussed (van Zeist & Palfenier-Vegter, 1991/1992; 1993/1994). The present report deals with Iron Age and Roman period floral remains from the Haverland and the Kleuvenveld (for location of the excavation areas, see fig. 1). The results of the excavations carried out on the Kleuvenveld are presented by Kooi in this volume of *Palaeohistoria*. In the same report the excavations on the terrain of a former manor-house (*burcht*) are discussed. From the latter site no samples for botanical examination were secured. The settlement remains uncovered on the Haverland are treated in a previous report on the Peelo excavations (Kooi, 1993/1994). In conformity with the archaeological periodization at present adopted for the Netherlands, the period AD 0-400 is indicated as Roman period (instead of Roman Iron Age as was done in the previous reports on the Peelo plant remains).

Almost all Iron Age and Roman period samples from the Kleuvenveld and Haverland are dry-soil samples. In only two samples, from the fill of wells, plant remains were preserved in a waterlogged condition (table 5). The complaint in the previous Peelo botanical reports, that most of the dry-soil samples were poor in charred plant remains, applies also to the Kleuvenveld and Haverland samples. Thus, 37 of the 54 soil samples secured from the Kleuvenveld turned out to be without seeds. In only one case, seeds were observed with the naked eye (acorn sample 1093). From the majority of the Haverland samples, charred plant remains could be recovered, but often in small to very small numbers.

The samples which yielded one or more seeds are listed in table 1. Sclerotia of *Cenococcum geophilum* and wood charcoal are left out of consideration.

In contrast to the previous reports on the palaeobotany of Peelo, in this paper the full results of the analyses of the Kleuvenveld and Haverland charred seed samples are presented (tables 2-4). Unidentified seeds are not listed. These tables clearly show the predominantly poor recovery.

2. KLEUVENVELD

The total numbers of cultivated plant remains recorded from Early Iron Age (800-600 BC) Kleuvenveld are only small (table 2), but the crop-plant assemblage (hulled barley, emmer wheat, broomcorn millet, flax and gold-of-pleasure) agrees with that of other Iron Age settlement sites in Drenthe, such as Noordbarge (van Zeist, 1981) and Dalen (van Zeist & Palfenier-Vegter, 1994). Admittedly, the role of *Camelina sativa* is somewhat uncertain, as this species could also have occurred as a weed in flax fields. On the other hand, for Iron Age and Roman period sites in the coastal area of the north of the Netherlands, it may safely be assumed that *Camelina* was grown intentionally (van Zeist, 1974). For that reason it seems justified to take the line that on the sandy soils of Drenthe, too, gold-of-pleasure was cultivated (for its oleaginous seeds).

The scarcity of plant remains finds also expression in the small number of wild species recorded. Moreover, total numbers of weed seeds are usually small. Striking is the relatively good representation of wild millet-type species: *Digitaria ischaemum, Echinochloa crus-galli, Setaria viridis*. These species are summer annuals which are thought to have occurred under spring-sown (summer) cereals and in root-crop beds.

Table 1. Samples presented in tables 2-5. Post stands for fill of a post-hole.

No.	Context of sample
Haverland, Middle to Late Iron Age	
1657	Pit
1785	Entrance post of farm
1786	Upright of farm
1787	Post
1789	Post
Haverland, Roman period	
1602	Refuse pit
1610	Pit
1620	Post of farm
1632	Pit
1649	Post
1653	Pit
1658a	Fill of well (upper part)
1658b	Fill of well (waterlogged)
1676	Refuse pit
1680	Refuse pit
1683	Refuse pit
1715	Fill of well (upper part)
1716	Pit
1723	Pit
1781	Fill of well (waterlogged)
1792	Fence
1861	Fence
1874	Post of farm
1877	Entrance post of byre
1895	Entrance post of byre
1926	Post of farm (byre)
1927	Post of farm (byre)
1928	Post of farm
Kleuvenveld, Early Iron Age	
1060	Pit
1073	Upright of farm
1076	Upright of farm
1077	Upright of farm
1081	Wall post of farm
1083	Wall post of farm
1090	Post of granary
1093	Upright of farm; 2445±35 BP
1105	Post of granary
1112	Pit
1143	Post
1147	Pit
1163	Post of granary?
1177	Refuse pit
1184	Post of barn
1190	Post of barn
1195	Post of barn
1196	Post of barn

Broomcorn millet is a typical summer crop and barley may, at least partly, have been grown as summer cereal. Of barley, both autumn-sown and spring-sown varieties occur. Other (potential) weeds of summer cereals include *Polygonum lapathifolium*, *Polygonum persicaria* and *Chenopodium album*. *Polygonum convolvulus*, on the other hand, is a weed under winter cereals, such as emmer wheat.

At present, *Digitaria ischaemum* is a rare species in the north of the Netherlands (Weeda et al., 1994: p. 222), but in ancient times it may have been more common in this part of the country. At least, this is suggested by the more than accidental finds of caryopses of this grass in late prehistoric and early-historical sites on the sandy soils of Drenthe, such as Noordbarge (van Zeist, 1981), Peelo-Kleuvenveld (this paper), Dalen-Thijakkers (van Zeist & Palfenier-Vegter, 1994) and Gasselte (van Zeist & Palfenier-Vegter, 1979).

Some special attention is drawn here to the charred acorns in samples 1093 and 1143. The numbers of acorns listed are calculated ones, based upon the weight of the acorn remains and the weight of a number of half nuts (cotyledons). Particularly from the relatively large acorn sample it may be concluded that at Peelo acorns were collected and stored as food for humans. In western Europe, finds of concentrations of charred acorns are not exceptional and date from the late Neolithic to the Roman period (Knörzer, 1972; Jørgensen, 1977). As for the north of the Netherlands, a large find, corresponding with c. 1800 acorns, is recorded from Iron Age Dalen-Huidbergsveld (van Zeist & Palfenier-Vegter, 1994).

Of 10 cotyledons the dimensions have been determined: length 12.5-17.3 (mean 14.55) mm; breadth 7.1-9.8 (mean 8.60) mm; 100L/B index 146-216 (mean 170). The Peelo acorns are, on average, smaller than those from Dalen, with mean values of 18.79x10.32 mm.

In Europe, written sources report upon the use of acorns as human food in times of shortage. From acorn flour, whether or not mixed with rye flour, bread was made. Prior to food preparation, the bitter and toxic tannin had to be removed, which could have been done by roasting. Roasting has the additional advantage that the acorns become brittle, after which they can more easily be ground. The practice of roasting may largely be held responsible for the archaeological charred acorn finds.

More than once the question is posed (by archaeologists) whether concentrations of charred cereal grains in the fill of post-holes could be the remains of offerings that had been deposited there during the construction of the farm or granary. In that case one must assume that the grains had been deposited in a carbonized condition. Whether or not this has been a practice in ancient times, may for ever remain a matter of speculation. The acorn sample No. 1093 may be adduced in favour of the opinion that charred seeds in post-holes had no ritual meaning, but that they were present in the soil which was shovelled into the pit. At least, it is unlikely that acorns, which were emergency food, would have been offered to the higher powers.

Table 2. Kleuvenveld. Early Iron Age charred seed samples. Numbers of seeds, etc. + = one or a few fragments.

Sample number	1060	1073	1076	1077	1081	1083	1090	1093	1105	1112	1143	1147	1177	1184	1190	1195	1196	Sum
Hordeum vulgare	-	-	-	-	-	-	-	-	-	-	1	-	+	2	-	1	-	4+
Hordeum, rachis internodes	-	-	-	-	-	-	-	-	-	-	-	-	-	-	-	1	-	1
Triticum dicoccum	1	-	-	-	-	-	-	-	1	-	-	-	1	2	-	-	-	5
T. dicoccum, glume bases	-	-	-	-	-	-	-	-	-	-	-	-	4	1	1	4	-	10
T. dicoccum, spikelet forks	-	-	-	-	-	-	-	-	-	-	-	-	-	-	-	2	-	2
Panicum miliaceum	-	-	-	-	-	-	-	-	-	1	1	-	-	-	-	-	-	2
Camelina sativa	-	-	-	-	-	-	-	-	-	-	1	-	-	-	-	-	-	1
Linum usitatissimum	-	-	-	-	-	-	-	-	-	-	-	-	1	-	-	-	-	1
Corylus avellana	-	-	-	-	-	-	+	-	-	-	-	-	-	-	-	-	-	+
Quercus spec.	-	-	-	-	-	-	-	110	-	-	17	-	-	-	-	-	-	127
Chenopodium album	-	-	-	3	-	1	-	-	-	-	-	2	2	-	-	1	-	9
Digitaria ischaemum	-	-	-	-	-	-	-	-	-	-	-	-	-	-	18	1	-	19
Echinochloa crus-galli	-	-	-	-	-	-	-	-	-	-	-	-	4	-	-	-	-	4
Erica tetralix, leaflet	-	-	1	-	-	-	-	-	-	-	-	-	-	-	-	-	-	1
cf. *Knautia arvensis*	-	-	-	-	-	1	-	-	-	-	-	-	-	-	-	-	-	1
Polygonum convolvulus	-	-	-	-	2	-	-	-	-	-	1	-	-	-	1	-	1	5
Polygonum hydropiper	-	-	-	-	-	-	-	-	-	-	-	-	2	-	-	-	-	2
Polygonum lapathifolium	-	-	2	4	-	4	-	-	-	-	3	4	8	1	-	2	-	28
Polygonum persicaria	-	1	-	-	-	-	-	-	-	-	-	2	3	-	1	-	-	7
Polygonum spec.	-	-	-	-	-	-	-	-	-	-	-	-	-	-	6	-	-	6
Rumex acetosella	1	-	-	-	-	-	-	-	-	-	-	-	-	-	-	-	-	1
Setaria viridis	-	-	-	2	-	3	-	-	-	-	1	-	-	-	4	1	-	11
Solanum nigrum	-	-	-	-	-	2	-	-	-	-	-	1	-	-	-	-	-	3
Spergula arvensis	-	-	1	-	-	-	-	-	-	-	-	-	1	-	1	-	-	3
Vicia spec.	-	-	-	-	-	-	-	-	-	-	-	-	-	-	-	2	-	2
Buds	-	-	-	-	-	-	-	-	-	-	-	-	5	-	-	-	-	5
Droppings mouse/rat	-	-	-	-	-	9	-	-	-	-	-	-	-	-	-	-	-	9

3. HAVERLAND

3.1. Iron Age samples

Traces of (Middle to Late) Iron Age occupation on the Haverland were scarce (Kooi, 1993/1994), which explains the small number of samples secured for botanical examination. Of these samples, five yielded charred seeds and fruits (table 4). As in the Iron Age samples from 'de Es' (van Zeist & Palfenier-Vegter, 1991/1992: table 4) and the Kleuvenveld (table 2), seeds of field weeds are by far dominant; particularly in samples 1786 and 1787 weed seeds are comparatively numerous. In contrast to the Iron Age samples from 'de Es', no heather (*Calluna vulgaris*) twigs were found in the Iron Age samples from the Haverland (and only one in the Roman period samples: table 3).

One may assume that the crop-plant remains provide an incomplete picture of the plants cultivated by the Iron Age farmers, but at least the data do not contradict other archaeological records of Iron Age crop-plant assemblages in the north of the Netherlands. Thus, common oat (*Avena sativa*) and rye (*Secale cereale*) are not represented.

3.2. The Roman period

Compared to that of Roman period 'de Es' (van Zeist & Palfenier-Vegter, 1991/1992: table 2), the charred seed record of the Haverland (table 3) is poor. The number of wild plant taxa recorded is less than half of that at 'de Es' and only a few taxa are represented by 10 or more seeds (*Hordeum vulgare*, *Chenopodium album*, *Polygonum lapathifolium*). As for the cultivated plants, there is evidence of *Secale cereale* and probably of *Avena sativa* (the species identity of naked oat grains cannot be determined).

The charred wild plant record is supplemented by the data obtained from two well samples (table 5). The waterlogged remains almost double the number of taxa recorded from Roman period Haverland. No ecological (phytosociological) grouping of the Kleuvenveld and Haverland floral records is presented, because the low numbers of taxa make such an exercise less meaningful.

Table 3. Haverland. Roman period charred seed samples. See caption table 2.

Sample number	1602	1610	1620	1632	1649	1653	1658a	1676	1680	1683	1715
Avena spec.	1	-	-	-	-	-	1	-	-	-	-
Hordeum vulgare	-	-	1	4	3	-	1	-	-	-	-
Hordeum, rachis internodes	-	-	-	-	-	-	-	1	-	-	-
Secale cereale	-	-	-	1	-	-	-	-	-	-	-
T. dicoccum, spikelet forks	-	-	-	-	-	-	1	-	-	-	-
Cereal grain fragments	-	-	-	-	-	-	-	+	-	-	-
Culm nodes	-	-	-	-	-	-	-	1	-	-	-
Panicum miliaceum	-	-	1	-	-	-	1	-	-	-	-
Vicia faba var. *minor*	-	-	-	-	-	-	1	-	-	-	-
Corylus avellana	-	-	-	-	-	-	-	-	-	-	-
Quercus spec.	-	-	-	-	-	-	-	-	-	-	-
Bromus hordaceus/secalinus	1	-	1	-	-	-	-	-	-	-	-
Carex spec.	-	-	-	-	-	-	1	-	-	-	-
Chenopodium album	2	-	1	11	5	-	-	-	-	-	-
Chenopodium ficifolium	-	-	-	1	-	-	-	-	-	-	-
Echinochloa crus-galli	-	-	-	-	-	-	-	-	-	-	-
Eleocharis multicaulis	-	-	-	-	-	-	-	1	-	-	-
Montia fontana	-	-	-	-	-	-	-	-	-	-	-
Polygonum aviculare	-	-	-	-	-	-	-	-	-	-	-
Polygonum convolvulus	-	-	-	1	1	-	-	-	-	-	-
Polygonum hydropiper	-	-	-	1	-	-	-	-	-	-	-
Polygonum lapathifolium	1	-	-	14	3	1	-	-	2	-	1
Polygonum spec.	-	-	-	-	-	-	-	-	-	1	-
Potentilla erecta	-	-	-	-	-	-	-	-	-	-	-
Ranunculus repens	-	-	-	-	-	-	-	-	-	-	-
Raphanus raphanistrum, pod segments	-	-	-	-	+	-	+	-	-	-	-
Rumex acetosella	-	-	-	3	-	-	-	2	-	-	-
Rumex conglomeratus	-	-	-	-	1	-	4	-	-	-	-
Setaria viridis	-	-	-	-	-	-	-	-	-	-	-
Spergula arvensis	-	-	-	-	-	-	1	-	-	-	-
Stachys arvensis/sylvatica	-	-	-	-	-	-	-	1	-	-	-
Vicia spec.	-	1	-	-	-	-	-	-	-	-	-
Twigs, *Calluna vulgaris*	-	-	-	-	-	-	-	-	-	-	-
Buds	-	-	-	-	-	-	5	-	-	-	-

However, the data are included in table 6 to be discussed in section 4.

4. CONCLUDING REMARKS

The Peelo floral record covers the period of c. 800 BC (beginning of the Iron Age) to the 17th/18th century AD. This fact should allow us to reconstruct, for this particular area, the history of plant cultivation and the development of the vegetation in response to the impact of man during a period of about 2500 years. All taxa recorded from prehistoric and (early-)historical Peelo are listed in table 7.

The history of plant cultivation at Peelo conforms to the picture obtained from other Iron Age and younger sites on the sandy soils in the north of the Netherlands. Crop plants at Iron Age Peelo included emmer wheat (*Triticum dicoccum*), hulled barley (*Hordeum vulgare*), broomcorn millet (*Panicum miliaceum*), flax (*Linum usitatissimum*) and gold-of-pleasure (*Camelina sativa*). The Roman period witnessed the decline of emmer wheat and broomcorn millet, and the introduction of rye (*Secale cereale*) and common oat (*Avena sativa*). Hulled barley continued to be a predominant crop. There is evidence of flax, but not of gold-of-pleasure. Celtic bean (*Vicia faba* var. *minor*) is recorded from Roman period Peelo. Cereal crops of medieval Peelo were rye, hulled barley and common oat. Other cultivated plants of that period included flax, field pea (*Pisum sativum*) and Celtic bean. Two 17th/18th century waterlogged well samples provide evidence of buckwheat (*Fagopyrum esculentum*) cultivation. Indications of fruit growing are few and confined to the Middle Ages: bullace (*Prunus domestica* ssp. *insititia*) and probably cherry (*Prunus avium/cerasus*) and apple (*Pyrus malus*).

With the aim of tracing possible changes in the vegetation, the representation of the various vegetation types in the floral record of each of the three main occupation phases has been determined. Table 6 shows

1716	1723	1792	1861	1874	1877	1895	1926	1927	1928	Sum	Sample number
-	-	-	-	-	-	-	-	-	-	2	*Avena* spec.
-	-	-	-	-	1	-	-	-	-	10	*Hordeum vulgare*
-	-	-	-	-	-	1	-	-	-	2	*Hordeum*, rachis internodes
-	-	1	-	-	1	-	-	-	-	3	*Secale cereale*
-	-	-	-	-	-	-	-	-	-	1	*T. dicoccum*, spikelet forks
-	-	-	-	-	-	-	-	-	-	+	Cereal grain fragments
6	-	-	-	-	-	-	-	-	-	7	Culm nodes
-	-	-	-	-	-	-	-	1	-	3	*Panicum miliaceum*
-	-	-	-	-	-	-	-	-	-	1	*Vicia faba* var. *minor*
-	-	-	-	-	-	+	-	-	-	+	*Corylus avellana*
+	-	-	-	-	-	-	-	-	-	+	*Quercus* spec.
-	-	-	-	-	-	-	-	-	-	2	*Bromus hordaceus/secalinus*
-	-	-	-	-	-	-	-	-	-	1	*Carex* spec.
-	2	-	1	20	10	-	1	4	-	57	*Chenopodium album*
-	-	-	-	-	-	-	-	-	-	1	*Chenopodium ficifolium*
-	-	-	-	2	1	-	2	-	-	5	*Echinochloa crus-galli*
-	-	-	-	-	-	-	-	-	-	1	*Eleocharis multicaulis*
-	-	-	-	1	-	-	-	-	-	1	*Montia fontana*
1	-	-	-	-	-	-	-	-	-	1	*Polygonum aviculare*
-	-	-	-	-	-	-	1	-	-	3	*Polygonum convolvulus*
-	-	-	-	-	-	-	-	-	-	1	*Polygonum hydropiper*
-	1	-	5	10	7	-	8	2	2	57	*Polygonum lapathifolium*
-	-	-	-	-	-	-	-	-	-	1	*Polygonum* spec.
-	-	-	-	-	-	-	1	-	-	1	*Potentilla erecta*
1	-	-	-	-	-	-	-	-	-	1	*Ranunculus repens*
-	-	-	-	+	1	-	2	-	-	3+	*Raphanus raphanistrum*, pod segments
-	-	-	1	-	-	-	-	-	-	6	*Rumex acetosella*
-	-	-	-	-	-	-	-	-	-	5	*Rumex conglomeratus*
-	-	-	-	-	1	-	-	-	-	1	*Setaria viridis*
1	-	-	-	-	1	1	1	-	-	5	*Spergula arvensis*
-	-	-	-	-	-	-	-	-	-	1	*Stachys arvensis/sylvatica*
-	-	-	-	-	-	-	-	-	-	1	*Vicia* spec.
1	-	-	-	-	-	-	-	-	-	1	Twigs, *Calluna vulgaris*
4	-	-	-	-	-	-	-	-	-	9	Buds

the numbers of taxa characteristic of and/or common in the groups of vegetation postulated for Peelo. These groups correspond with those presented in van Zeist & Palfenier-Vegter (1993/1994: table 6), but for practical reasons some of the vegetation units of the latter table have been lumped together here. Taxa of indistinct ecological affinity, such as Gramineae indet. and *Carex* spec., are left out.

From table 6 it is evident that the three periods are very unequally covered archaeobotanically. The Iron Age is poorly represented with 28 taxa only, and includes data from three areas, viz. 'de Es', Haverland and Kleuvenveld. The Roman period is already much better represented, due to the comparatively rich charred seed record from 'de Es' and the two waterlogged well samples from the Haverland. The well samples contribute greatly to the large number of taxa identified from medieval Peelo.

From the above it is clear that the numbers of taxa per period and vegetation type are first and foremost a function of the chances of seeds being preserved. Although one may assume that in the course of time the number of species of arable fields and other synanthropic habitats increased, it is most unlikely that there was such a dramatic increase in species as is suggested by the floral record obtained from Peelo. Thus, it is difficult to imagine that in the Middle Ages, marshes and woodland were of much greater extent than in the Iron Age. On the other hand, due to the efforts of man, the grassland acreage may have increased considerably in the course of time. One is left with the disappointing conclusion that the Peelo archaeobotanical record hardly allows any suggestions as to changes in the vegetation (cover) of the area.

One can only speculate on the question why the Peelo charred seed record is generally poor. Only some of the samples from Roman period 'de Es' yielded satisfactory numbers of seeds and fruits (van Zeist & Palfenier-Vegter, 1991/1992: table 2). One may wonder to what extent the density of charred plant remains

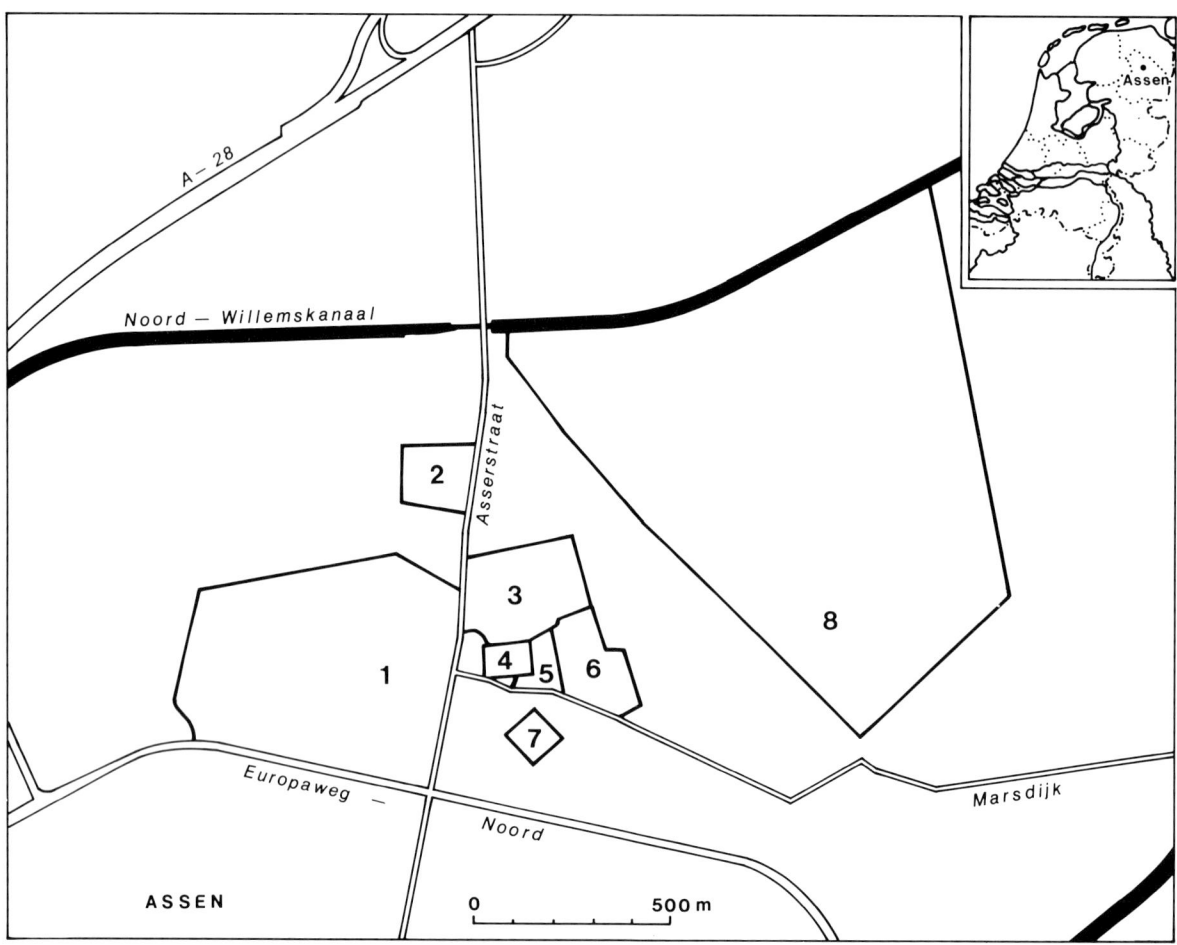

Fig. 1. Peelo. Areas excavated entirely or in part. 1. De Es; 2. Nieuwland; 3. Haverland; 4. Hovinge; 5. Bremer; 6. Derkinge; 7. De Burcht; 8. Kleuvenveld.

Table 4. Haverland. Middle to Late Iron Age charred seed samples. See caption table 2.

Sample number	1657	1785	1786	1787	1789	Sum
Hordeum vulgare	-	1	-	1	-	2
Triticum dicoccum	-	1	-	-	-	1
T. dicoccum, glume base	-	-	-	1	-	1
Cereal grain fragments	-	-	+	-	-	+
Linum usitatissimum	-	-	1	-	-	1
Carex panicea	-	-	-	1	-	1
Chenopodium album	-	-	2	3	-	5
Echinichloa crus-galli	-	-	2	2	-	4
Festuca (rubra)	-	1	-	-	-	1
Plantago lanceolata	-	-	-	1	-	1
Polygonum convolvulus	-	1	-	3	1	5
Polygonum hydropiper	-	2	2	1	-	5
Polygonum lapathifolium	1	1	60	90	5	157
Polygonum persicaria	-	-	-	2	-	2
Ranunculus repens	-	-	-	-	1	1
Rumex acetosella	-	1	12	7	-	20
Solanum nigrum	-	-	4	8	1	13
Spergula arvensis	1	3	19	8	2	33
Stellaria media	-	1	5	5	1	12
Trifolium repens	-	-	1	-	-	1
Vicia spec.	-	-	1	-	-	1

Table 5. Haverland. Numbers of seeds, etc. in two waterlogged well samples (2nd-3rd century AD).

Sample number	1658b	1781
Well number	29	28
Part of sample examined	1/10	1/1
Atriplex patula/prostrata	9	-
Bidens tripartita	3	-
Capsella bursa-pastoris	6	-
Carex paniculata	1	-
Chenopodium album	213	10
Chenopodium ficifolium	7	-
Echinochloa crus-galli	1	-
Juncus bufonius	3	-
Mentha aquatica/arvensis	2	-
Poa annua	5	-
Poa pratensis/trivialis	5	-
Plantago major	5	-
Polygonum aviculare	5	-
Polygonum hydropiper	18	-
Polygonum lapathifolium	37	3
Polygonum persicaria	33	-
Pteridium aquilinum, frond fragment	1	-
Ranunculus repens	1	-
Ranunculus sardous	1	-
Raphanus raphanistrum, pod segment	1	-
Rubus idaeus	1	-
Rumex acetosella	2	2
Rumex obtusifolius	251	6
Sambucus nigra	10	-
Scirpus setaceus	1	-
Scleranthus annuus, calyx	-	1
Solanum nigrum	26	-
Sonchus asper	11	1
Spergula arvensis	15	-
Stachys arvensis/sylvatica	2	-
Stellaria media	15	2
Stellaria spec.	1	-
Urtica dioica	142	12
Urtica urens	4	-
Viola spec.	-	1

is connected with the intensity and duration of occupation. On the other hand, one should also consider the effect of domestic practices: (charred) waste may not have been left lying around the houses, but may have been dumped somewhere outside the farmsteads.

The co-operation of Dr. A.L. Brindley, Mr. G. Delger and Dr. P.B. Kooi in the preparation of the publication is gratefully acknowledged.

5. REFERENCES

JØRGENSEN, G., 1977. Acorns as a food-source in the Later Stone Age. *Acta Archaeologica* 48, pp. 233-238.

KNÖRZER, K.-H., 1972. Eine bronzezeitliche Grube mit gerösteten Eicheln von Moers-Hülsdonk. *Bonner Jahrbücher* 172, pp. 404-412.

KOOI, P.B., 1993/1994. Project Peelo: Het onderzoek in de jaren 1981, 1982, 1986, 1987 en 1988. *Palaeohistoria* 35/36, pp. 169-306.

KOOI, P.B., 1995/1996. Het project Peelo. Het onderzoek van het Kleuvenveld (1983, 1984), het Burchtterrein (1980) en het Nijland (1980). *Palaeohistoria*, this volume.

WEEDA, E.J., R. WESTRA, Ch. WESTRA & T. WESTRA, 1994. *Nederlandse oecologische flora: wilde planten en hun relaties*, vol. 5. Amsterdam, IVN/VARA/Vewin.

ZEIST, W. VAN, 1974. Palaeobotanical studies of settlement sites in the coastal area of the Netherlands. *Palaeohistoria* 16, pp. 223-383.

ZEIST, W. VAN, 1981. Plant remains from Iron Age Noordbarge, province of Drenthe, the Netherlands. *Palaeohistoria* 23, pp. 169-193.

ZEIST, W. VAN & R.M. PALFENIER-VEGTER, 1979. Agriculture in medieval Gasselte. *Palaeohistoria* 21, pp. 267-299.

ZEIST, W. VAN & R.M. PALFENIER-VEGTER, 1991/1992. Roman Iron Age plant husbandry at Peelo, The Netherlands. *Palaeohistoria* 33/34, pp. 287-297.

ZEIST, W. VAN & R.M. PALFENIER-VEGTER, 1993/1994. Medieval plant remains from Peelo, The Netherlands. *Palaeohistoria* 35/36, pp. 307-321.

ZEIST, W. VAN & R.M. PALFENIER-VEGTER, 1994. Zaden en vruchten uit prehistorisch en vroeg-historisch Dalen: een archeobotanisch onderzoek. *Nieuwe Drentse Volksalmanak* 111, pp. 146-160.

Table 6. Numbers of taxa characteristic of and/or common in the groups of vegetation postulated for Peelo. Starting point is the ecological groups presented in van Zeist & PalfenierVegter (1993/1994: table 6), but here some of these groups have been lumped. Numbers in parentheses are of taxa which occur in more than one of the groups distinguished.

Period	Iron Age	Roman period	Middle Ages
Number of taxa included	28	73	116
Weeds of winter cereals	4(1)	11(4)	16(8)
Weeds of summer cereals, root crops and vegetable gardens	10(6)	19(15)	26(17)
Ruderal vegetations	4(4)	15(11)	17(12)
Trodden places and ditches	2(1)	9(3)	17(8)
Wet and dry heathland	4(2)	5(3)	8(3)
Grassland	9(3)	26(8)	44(17)
Marshes and alder carr	2(1)	5(3)	15(8)
Woods, wood edges and hedges	2(0)	9(2)	13(3)

Table 7. English and Dutch names of plant taxa identified from Peelo. I. Iron Age; II. Roman period; III. Middle Ages (and post-medieval period); +. Present; -. Absent.

			I	II	III
Achillea millefolium	Yarrow	Gewoon duizendblad	-	-	+
Agrostis spec.	Bent-grass	Struisgras	-	+	+
Alnus glutinosa	Alder	Zwarte els	-	-	+
Alopecurus geniculatus	Marsh foxtail	Geknikte vossestaart	-	-	+
Anagallis arvensis	Scarlet pimpernel	Gewoon guichelheil	-	+	+
Anthemis arvensis	Corn chamomile	Valse kamille	-	-	+
Apera spica-venti	Loose silky-bent	Windhalm	-	+	-
Aphanes arvensis	Parsley piert	Grote leeuweklauw	-	-	+
Apium graveolens	Celery	Selderij	-	-	+
Arctium (pubens)	Burdock	(Middelste) klit	-	-	+
Arnoseris minima	Lamb's succory	Korensla	-	+	-
Atriplex patula/prostrata	Common/spear-leaved orache	Uitstaande melde/spiesmelde	-	+	+
Avena (sativa)	(Common) oat	Haver	-	+	+
Betula pubescens	Downy birch	Zachte berk	-	-	+
Betula spec.	Birch	Berk	-	-	+
Bidens tripartita	Trifid bur-marigold	Veerdelig tandzaad	-	+	+
Brassica nigra	Black mustard	Zwarte mosterd	-	-	+
cf. *Brassica*	Cabbage/mustard	Kool/mosterd	+	-	-
Bromus hordaceus/secalinus	Soft brome/chess	Zachte dravik/dreps	-	+	+
Callitriche spec.	Water-starwort	Sterrekroos	-	-	+
Calluna vulgaris	Heather	Struikhei	+	+	+
Camelina sativa	Gold-of-pleasure	Dederzaad	+	-	-
Capsella bursa-pastoris	Shepherd's purse	Herderstasje	-	+	+
Carex cuprina	False fox-sedge	Valse voszegge	-	+	+
Carex disticha	Brown sedge	Tweerijige zegge	-	-	+
Carex flacca	Glaucous sedge	Zeegroene zegge	-	+	-
Carex hirta (type)	Hairy sedge	Ruige zegge	-	-	+
Carex nigra (type)	Common sedge	Zwarte zegge	-	+	+
Carex oederi	Yellow sedge (*Carex flava* agg.)	Dwergzegge/geelgroene zegge	+	+	+
Carex panicea	Carnation sedge	Blauwe zegge	+	+	+
Carex paniculata	Greater tussock-sedge	Pluimzegge	-	+	+
Carex pilulifera	Pill sedge	Pilzegge	-	-	+
Carex pseudocyperus	Cyperus sedge	Cyperzegge	+	-	-
Carex rostrata/vesicaria	Bottle sedge/bladder sedge	Snavelzegge/blaaszegge	+	+	+
Carex spec.	Sedge	Zegge	-	+	+
Cerastium fontanum	Common mouse-ear	Gewone hoornbloem	-	-	+
Chenopodiaceae indet.	Goosefoot family	Ganzevoetfamilie	+	+	-
Chenopodium album	Fat hen	Melganzevoet	+	+	+
Chenopodium ficifolium	Fig-leaved goosefoot	Stippelganzevoet	-	+	-
Chenopodium polyspermum	Many-seeded goosefoot	Korrelganzevoet	-	-	+
Chrysanthemum segetum	Corn marigold	Gele ganzebloem	-	-	+
Cirsium arvense	Creeping thistle	Akkerdistel	-	-	+
Cirsium vulgare	Spear thistle	Speerdistel	-	-	+
Claviceps spec.	Ergot	Moederkoren	-	+	-
Compositae indet.	Daisy family	Composietenfamilie	-	-	+
Conium maculatum	Hemlock	Gevlekte scheerling	-	+	+
Corylus avellana	Hazel	Hazelaar	+	+	+
Cuscuta spec.	Dodder	Warkruid	-	+	-
Digitaria ischaemum	Smooth finger-grass	Glad vingergras	+	-	-
Echinochloa crus-galli	Cockspur grass	Hanepoot	+	+	+
Eleocharis multicaulis	Many-stemmed spike-rush	Veelstengelige waterbies	-	+	-
Eleocharis palustris	Common spike-rush	Gewone waterbies	-	+	+
Epilobium palustre	Marsh willowherb	Moerasbastaardwederik	-	-	+
Erica tetralix	Cross-leaved heath	Dophei	+	-	+
Euphorbia helioscopia	Sun spurge	Kroontjeskruid	-	-	+
Euphrasia spec.	Eyebright	Ogentroost	-	+	+
Fagopyrum esculentum	Buckwheat	Boekweit	-	-	+
Festuca pratensis	Meadow fescue	Beemdlangbloem	-	+	+
Festuca (rubra)	Red fescue	Rood zwenkgras	+	-	-

Table 7 (continued).

			I	II	III
Galeopsis tetrahit/speciosa	Common/large-flowered hemp-nettle	Bleekgele hennepnetel/ dauwnetel	-	+	+
Galium aparine	Common cleavers	Kleefkruid	-	-	+
Galium palustre	Common marsh-bedstraw	Moeraswalstro	-	+	-
Galium spec.	Bedstraw	Walstro	-	+	-
Glyceria fluitans	Floating sweet-grass	Mannagras	-	-	+
Gramineae indet.	Grass family	Grassenfamilie	-	+	+
Hordeum vulgare	Hulled barley	Bedekte gerst	+	+	+
Hydrocotyle vulgaris	Marsh pennywort	Waternavel	-	-	+
Hypochaeris radicata	Common catsear	Gewoon biggekruid	-	-	+
Juncus articulatus	Jointed rush	Zomprus	-	-	+
Juncus bufonius	Toad rush	Greppelrus	-	+	+
Juncus effusus (type)	Soft rush	Pitrus	-	-	+
Juncus squarrosus	Heath rush	Trekrus	-	-	+
Juncus spec.	Rush	Rus	-	-	+
Knautia arvensis	Field scabious	Beemdkroon	+	+	+
Lamium album	White dead-nettle	Witte dovenetel	-	-	+
Lamium purpureum	Red dead-nettle	Paarse dovenetel	-	-	+
Leontodon autumnalis	Autumn hawkbit	Vertakte leeuwetand	-	-	+
Linum usitatissimum	Flax, linseed	Vlas	+	+	+
Lolium perenne	Perennial rye-grass	Engels raaigras	-	-	+
Lychnis flos-cuculi	Ragged robin	Echte koekoeksbloem	-	-	+
Lycopus europaeus	Gipsywort	Wolfspoot	-	-	+
Lythrum salicaria	Purple loosestrife	Grote kattestaart	-	-	+
Malus sylvestris/Pyrus malus	(Crab) apple	(Wilde) appel	-	-	+
Matricaria maritima	Scentless mayweed	Reukeloze kamille	-	+	+
Matricaria recutita	Scented mayweed	Echte kamille	-	-	+
Malva spec.	Mallow	Kaasjeskruid	-	+	-
Mentha aquatica/arvensis	Water/corn mint	Akker-/watermunt	-	+	+
Moehringia trinervia	Three-veined sandwort	Drienerfmuur	-	-	+
Montia fontana	Blinks	Bronkruid	-	+	+
Myosotis arvensis/palustris	Field/water forgetmenot	Akker-/moerasvergeet-mij-nietje	-	-	+
Myria gale	Bog myrtle	Gagel	-	-	+
Oenanthe aquatica	Fine-leaved water-dropwort	Watertorkruid	-	-	+
Panicum miliaceum	Broomcorn millet	Pluimgierst	+	+	-
Pedicularis palustris	Marsh lousewort	Moeraskartelblad	-	-	+
Phleum pratense	Timothy grass	Timoteegras	-	+	-
Pisum sativum	Field pea	Erwt	-	-	+
Plantago lanceolata	Ribwort plantain	Smalle Weegbree	+	+	+
Plantago major	Greater plantain	Grote weegbree	-	+	+
Poa annua	Annual meadow-grass	Straatgras	-	+	+
Poa pratensis/trivialis	Meadow grass/rough meadow-grass	Veldbeemdgras/ruw beemdgras	+	+	+
Polygonum aviculare	Knotgrass	Varkensgras	+	+	+
Polygonum convolvulus	Black bindweed	Zwaluwtong	+	+	+
Polygonum hydropiper	Water-pepper	Waterpeper	+	+	+
Polygonum lapathifolium	Pale persicaria	Knopige/viltige duizendknoop	+	+	+
Polygonum minus	Small water-pepper	Kleine duizendknoop	-	-	+
Polygonum persicaria	Redshank	Perzikkruid	+	+	+
Polygonum spec.	Knotweed	Duizendknoop	+	+	+
Potentilla anserina	Silverweed	Zilverschoon	-	-	+
Potentilla erecta	Common tormentil	Tormentil	-	+	+
Prunella vulgaris	Self-heal	Brunel	-	+	+
Prunus avium/cerasus	Sweet cherry/sour cherry	Zoete kers/zure kers	-	-	+
Prunus domestica ssp. *insititia*	Bullace	Kriekpruim	-	-	+
Pteridium aquilinum	Bracken	Adelaarsvaren	-	+	-
Quercus spec.	Oak	Eik	+	+	+
Ranunculus acris	Meadow buttercup	Scherpe boterbloem	-	-	+
Ranunculus flammula	Lesser spearwort	Egelboterbloem	-	+	+
Ranunculus repens	Creeping buttercup	Kruipende boterbloem	+	+	+
Ranunculus sardous	Hairy buttercup	Behaarde boterbloem	-	+	+

Table 7 (continued).

			I	II	III
Ranunculus spec.	Buttercup	Boterbloem	-	-	+
Raphanus raphanistrum	Wild radish	Knopherik	-	+	+
Rhinanthus spec.	Yellow-rattle	Ratelaar	-	+	+
Rorippa palustris	Marsh yellowcress	Moeraskers	-	-	+
Rubus fruticosus	Blackberry	Gewone braam	-	-	+
Rubus idaeus	Raspberry	Framboos	-	+	+
Rubus spec.	Bramble	Braam	-	+	+
Rumex acetosella	Sheep's sorrel	Schapezuring	+	+	+
Rumex conglomeratus	Clustered dock	Kluwenzuring	-	+	-
Rumex crispus	Curled dock	Krulzuring	-	+	+
Rumex obtusifolius	Broad-leaved dock	Ridderzuring	-	+	+
Rumex spec.	Dock	Zuring	-	-	+
Sagina (*procumbens*)	(Procumbent) pearlwort	(Liggend) vetmuur	-	-	+
Sambucus nigra	Elder	Vlier	-	+	+
Scirpus maritimus	Sea club-rush	Heen	-	-	+
Scirpus setaceus	Bristle club-rush	Borstelbies	-	+	+
Scleranthus annuus	Annual knawel	Eenjarige hardbloem	-	+	+
Secale cereale	Rye	Rogge	-	+	+
Senecio aquaticus	Marsh ragwort	Waterkruiskruid	-	+	+
Setaria viridis	Green bristle-grass	Groene naaldaar	+	+	+
Sherardia arvensis	Field madder	Blauw walstro	-	-	+
Sinapis arvensis	Charlock	Herik	-	-	+
Solanum dulcamara	Bittersweet	Bitterzoet	-	-	+
Solanum nigrum	Black nightshade	Zwarte nachtschade	+	+	+
Sonchus asper	Prickly sow-thistle	Gekroesde melkdistel	-	+	+
Sparganium erectum	Branched bur-reed	Grote egelskop	-	-	+
Spergula arvensis	Corn spurrey	Gewone spurrie	+	+	+
Stachys arvensis/sylvatica	Field/hedge woundwort	Akker-/bosandoorn	-	+	+
Stachys palustris	Marsh woundwort	Moerasandoorn	-	-	+
Stellaria graminea/palustris	Lesser/marsh stitchwort	Grasmuur/zeegroene muur	-	-	+
Stellaria media	Common chickweed	Vogelmuur	+	+	+
Stellaria spec.	Stitchwort	Muur	-	+	-
Taraxacum spec.	Dandelion	Paardebloem	-	-	+
Thelypteris palustris	Marsh fern	Moerasvaren	-	-	+
Thlaspi arvense	Field pennycress	Witte krodde	-	-	+
Trifolium repens	White clover	Witte klaver	+	-	-
Trifolium spec.	Clover	Klaver	-	+	-
Triglochin maritima	Sea arrow-grass	Schorrezoutgras	-	-	+
Triticum aestivum	Bread wheat	Broodtarwe	-	+	-
Triticum dicoccum	Emmer wheat	Emmertarwe	+	+	-
Umbelliferae indet.	Carrot family	Schermbloemenfamilie	-	+	-
Urtica dioica	Nettle	Grote brandnetel	-	+	+
Urtica urens	Annual nettle	Kleine brandnetel	-	+	+
Vaccinium myrtillus	Bilberry	Blauwe bosbes	-	+	+
Valeriana officinalis	Common valerian	Echte valeriaan	-	-	+
Vicia faba var. *minor*	Celtic bean	Duiveboon	-	+	+
Vicia spec.	Vetch	Wikke	+	+	+
Viola spec.	Violet	Viooltje	-	+	+

WAT HEBBEN FLORIS V, SKELET SWIFTERBANT S2 EN VISOTTERS GEMEEN?

J.N. LANTING

Vakgroep Archeologie, Groningen, Netherlands

J. VAN DER PLICHT

Centrum voor Isotopen Onderzoek, Groningen, Netherlands

ABSTRACT: This paper deals with the reliability of human bone as material for radiocarbon dating, and the connection with the types of food eaten by the people in question. Non-terrestrial food, such as fish and shellfish, causes radiocarbon ages of human bone collagen to be too old, because of the so-called reservoir effects in water. In particular, these reservoir effects can be large in rivers. By measuring $\delta^{13}C$ and $\delta^{15}N$ in bone collagen, the consumption of non-terrestrial food can be traced (paleo-diet studies).

Examples of reservoir effect are shown in historically dated persons, and in some prehistoric populations. In particular, medieval human bone should be considered an unreliable material for radiocarbon dating.

KEYWORDS: Radiocarbon dating, bone, collagen, reservoir effects, paleo-diet, carbon isotopes, nitrogen isotopes.

1. INLEIDING

Menselijk en dierlijk bot mag zich verheugen in een stijgende populariteit als materiaal voor ^{14}C-datering. Daarbij spelen de geringe eigen leeftijd van bot (zelfs bij volwassen mensen is de eigen leeftijd van botcollageen hooguit 20 jaren), de zekerheid van associatie (vooral als het om menselijk skeletmateriaal gaat), maar daarnaast ook de beschikbaarheid een grote rol. Tot halverwege de jaren '60 werd bot echter als een minder bruikbaar materiaal voor ^{14}C-datering gezien. Terugblikkend zijn daar ook wel redenen voor aan te wijzen. Zo bestond er aanvankelijk geen standaard-voorbehandeling voor het isoleren en zuiveren van botcollageen, en werd soms de carbonaatfractie van de minerale component van het bot gedateerd in plaats van de organische component. Dat waren echter niet de enige redenen. Voor Nederlandse archeologen zal ook een rol hebben gespeeld dat de ^{14}C-dateringen aan menselijk skeletmateriaal met historisch bekende ouderdom veel ouder waren dan die historische dateringen. Het ging daarbij om de skeletten van de grafelijke familie van het Hollandse Huis, opgegraven in Rijnsburg. Zelfs destijds, toen ^{14}C-dateringen nog omgerekend werden in dateringen in kalenderjaren door de ^{14}C-ouderdom van 1950 AD af te trekken, bedroegen de verschillen al 200 jaren of meer. Momenteel, met de destijds niet uitgevoerde correctie voor isotopenfractionering, en de omrekening van ^{14}C-dateringen in dateringen in kalenderjaren met behulp van jaarringijkcurves, zijn de verschillen nog groter.

Toen later bleek dat menselijk en dierlijk been uit prehistorische context wel redelijke dateringen opleverde – vergelijkbaar met dateringen aan houtskool, hout en zaden – werden de Rijnsburg-dateringen 'verklaard' door aan te nemen dat de archeologen in feite een Karolingisch grafveldje hadden opgegraven. Deze kritiek verscheen echter niet in druk; Mook (1977: p. 11) was de eerste die voorzichtig twijfelde aan de identificatie van de skeletten. De verklaring heeft echter een taai leven. Onlangs hebben we nog in de 'Wetenschap & Onderwijs'-bijlage van *NRC-Handelsblad* kunnen lezen, dat de fysisch-antropoloog Maat (artikel 28 maart 1996) en de fysicus De Waard (ingezonden brief 18 april 1996) de ^{14}C-getallen gebruiken om de skeletten in de vroege middeleeuwen te plaatsen. Op grond van de stratigrafie van het abdijterrein (forse ophogingslaag tussen Karolingisch woonniveau en vloerniveau van de abdij), en van de ligging van de skeletten voor het altaar is echter uit te sluiten, dat het niet om de 12e-13e-eeuwse grafelijke familie zou gaan. De verklaring voor de afwijkende dateringen moet dus bij de ^{14}C-methode worden gezocht, niet bij de archeologie. Alleen de antropoloog Dijkstra, die de skeletten destijds identificeerde, en Vogel hebben echter serieuze pogingen gedaan om de verschillen tussen verwachte en gemeten ^{14}C-ouderdommen te verklaren (Dijkstra, 1979; 1991; Vogel, 1991). Zij wezen op het aandeel mariene vis dat het voedsel van de grafelijke familie moet hebben omvat, en op de veroudering ten gevolge van het mariene reservoireffect die daarvan het resultaat moet zijn geweest. Vogel wees zelfs al op de effecten die de consumptie van zoetwatervis kon hebben, zonder overigens getallen te noemen. Dit deel van het werk van Dijkstra en Vogel heeft echter weinig aandacht gekregen, waarschijnlijk omdat de verschillen maar ten dele verklaard konden worden en omdat Dijkstra nogal voorbarig een veroudering van gemiddeld 240 jaren voor alle middeleeuwse menselijke skeletresten in Nederland postuleerde (Dijkstra, 1993).

Maar dat betekent niet dat Dijkstra en Vogel ongelijk hadden. Met reservoireffecten moet wel degelijk rekening worden gehouden bij de datering van menselijk botmateriaal.

In dit artikel zal aandacht worden besteed aan botdateringen in het algemeen en aan die van menselijk bot uit Nederland en Ierland in het bijzonder, en aan de aanwijzingen die uit onderzoek aan de stabiele isotopen ^{13}C en ^{15}N kunnen worden verkregen over de samenstelling van het genuttigde voedsel en daaruit resulterende verouderingen, als gevolg van reservoireffecten. *Paleo-diet studies* zijn een relatief nieuwe ontwikkeling binnen de archeometrie. De eerste publikatie op dit gebied verscheen van de hand van Vogel & Van der Merwe (1977), die met behulp van δ^{13}C in menselijk botcollageen de verspreiding van maïsverbouw in Noord-Amerika konden aantonen. Sindsdien heeft deze nieuwe tak van wetenschap zich snel ontwikkeld, zoals blijkt uit recente overzichtsartikelen als die van Schwarcz (1991) en Schoeninger & Moore (1992). In Nederland zijn *paleo-diet studies* verricht door Runia (1987) en Van Klinken (1991). Runia bestudeerde Nederlands materiaal, voornamelijk uit West-Friesland, en betrok naast δ^{13}C ook sporenelementen als strontium, zink, barium, lood, arsenicum en koper in zijn onderzoek. Helaas was hij om technische redenen niet in staat δ^{15}N te meten. Van zijn werk is in dit artikel dankbaar gebruik gemaakt, met name van zijn bepalingen van δ^{13}C in prehistorisch menselijk bot. Van Klinken bestudeerde prehistorische populaties in het Caraïbisch gebied, maar maakte alleen gebruik van δ^{13}C en δ^{15}N en van mariene reservoireffecten. Hoewel het onderzoek in beide gevallen financieel werd mogelijk gemaakt door NWO/Archon, betrof het in feite twee geïsoleerde projecten, die niet hebben geleid tot faciliteiten voor *paleo-diet studies* ten behoeve van de Nederlandse archeologie.

2. ^{14}C-OUDERDOMSBEPALING EN RESERVOIREFFECTEN

2.1. De dateringsmethode en de conventies

Van het element koolstof komen in de natuur drie isotopen voor: ^{12}C, ^{13}C en ^{14}C, in de verhouding 98,9, 1,1 en 10^{-10} %. De isotopen ^{12}C en ^{13}C zijn stabiel; ^{14}C is instabiel of radioactief. Dit isotoop heeft een halveringstijd van 5730 ± 40 jaren, en wordt hoog in de atmosfeer wordt gevormd onder invloed van kosmische straling. ^{14}C bindt zich met zuurstof tot ^{14}CO$_2$, dat zich mengt met de overige kooldioxide in de atmosfeer. Via koolzuurassimilatie wordt ^{14}C opgenomen door planten en via de voedselketen door dieren, behorend tot de terrestrische biosfeer. De weefsels waarin deze ^{14}C wordt geïncorporeerd worden voortdurend vernieuwd tijdens het leven, waardoor het ^{14}C-gehalte in evenwicht blijft met dat van de atmosfeer. Na het afsterven stopt deze uitwisseling en vermindert het ^{14}C-gehalte door

radioactief verval. Op dit laatste is de ^{14}C-dateringsmethode gebaseerd. Door de nog aanwezige hoeveelheid ^{14}C te meten kan in principe de ouderdom van de afgestorven weefsels worden bepaald.

Om onderling vergelijkbare ouderdomsbepalingen te kunnen verrichten, hebben ^{14}C-laboratoria afspraken gemaakt over de wijze waarop die ouderdommen berekend en gepresenteerd moeten worden. Deze afspraken (conventies) zijn:
– In de afgelopen tienduizenden jaren is de ^{14}C-activiteit van koolstofhoudende materialen bij hun vorming altijd dezelfde geweest;
– Deze ^{14}C-activiteit op het moment van vorming ('recente activiteit') is gedefinieerd als 0,95 maal de specifieke activiteit van oxaalzuur, dat door het National Bureau of Standards in de Verenigde Staten werd gedistribueerd;
– De ^{14}C-activiteiten van de koolstoffracties van gedateerde monsters moeten gecorrigeerd worden voor isotopenfractionering tot δ^{13}C = -25‰, op basis van gemeten ^{13}C/^{12}C verhoudingen;
– Als halveringstijd van ^{14}C wordt het door Libby bepaalde getal van 5568 jaren gebruikt;
– ^{14}C-ouderdommen worden genoteerd in jaren BP (= Before Present), waarbij 'Present' het jaar 1950 AD is.

De op basis van deze afspraken berekende leeftijden worden *conventionele* ^{14}C-ouderdommen genoemd. Het is echter bekend dat twee van de aannames onjuist zijn. De halveringstijd van ^{14}C bedraagt niet 5568, maar 5730 ± 40 jaren. Aangezien al een groot aantal dateringen was verricht op het moment dat de correcte halveringstijd bekend werd, is besloten Libby's getal te blijven gebruiken, om verwarring te voorkomen. Ook met deze juiste halveringstijd levert de ^{14}C-methode namelijk geen absolute ouderdommen, dat wil zeggen getallen uitgedrukt in kalenderjaren, op omdat de 'recente activiteit' in de afgelopen tienduizenden jaren niet constant blijkt te zijn geweest. ^{14}C-ouderdommen kunnen echter omgerekend worden in leeftijden in kalenderjaren met behulp van zogenaamde jaarringijkcurves gebaseerd op ^{14}C-dateringen van jaarringen in hout, waarvan de ouderdom in kalenderjaren bekend is.

Natuurlijke variaties in de verhoudingen van isotopen worden veroorzaakt door fysische, chemische of biologische processen. Verschillen in massa resulteren in verschillen in fysische of chemische eigenschappen, die op hun beurt weer resulteren in verschuivingen in de verhoudingen van de isotopen. Tijdens de verschillende stadia van de biologische voedselketen tonen planten en dieren verhoudingen van ^{13}C/^{12}C, en ^{14}C/^{12}C die verschillen van die in atmosferische CO$_2$, of in bicarbonaat in water. Bij het bepalen van ouderdommen met behulp van de ^{14}C-methode dient men derhalve voor dit effect te corrigeren. In zeer goede benadering geldt dat de isotopenfractionering voor ^{14}C tweemaal zo groot is als voor ^{13}C: δ^{14}C = 2xδ^{13}C. Via het stabiele isotoop ^{13}C kunnen we dus de fractioneringscorrectie voor ^{14}C bepalen, ook in archeologische monsters. De correctie bedraagt 16 ^{14}C-jaren per promille verschil in δ^{13}C. Om redenen van vergelijkbaarheid wordt een internationaal geaccepteerd referentiemateriaal gebruikt, waarmee de monsters worden vergeleken. De mate van fractionering wordt uitgedrukt als de deviatie in per mil van de isotopenverhouding in monster, respectievelijk standaard:

$$\delta^{13}C = \left[\frac{(^{13}C/^{12}C)\ monster}{(^{13}C/^{12}C)\ standaard} -1 \right] \times 1000‰$$

De standaard voor δ^{13}C is het zogenaamde PDB, carbonaat van een Belemniet uit de Pee Dee formatie (Verenigde Staten). De ^{14}C-dateringen worden per conventie naar δ^{13}C = -25‰ gecorrigeerd; dit is ruwweg de waarde voor hout. De verarming of verrijking van het ^{14}C- (en ook ^{13}C-)gehalte in terrestrisch materiaal ten opzichte van dat in de atmosfeer komt tot stand door fractionering: fysische/chemiche processen (zoals bijvoorbeeld fotosynthese) zijn massaafhankelijk.

Voor niet-terrestrisch materiaal treedt een extra complicatie op, omdat er geen direct evenwicht is met atmosferische ^{14}CO$_2$. De niet-organische koolstofkringloop is schematisch weergegeven in figuur 1. In de figuur staat telkens linksonder de δ^{13}C-waarde in ‰ aangegeven, en rechtsonder de ^{14}C-aktiviteit in % (procent modern). Hierbij komt 100% overeen met het 'standaardjaar' 1950 AD; 50% met één halveringstijd (ouderdom 5568 jaar), 25% met 2 halveringstijden, enzovoort.

In de anorganische koolstofkringloop treden zogenaamde reservoireffekten op: schijnbare ouderdommen van dateerbare materialen. Aan de hand van figuur 1 wordt hierop nader ingegaan voor de twee belangrijkste reservoirs: zeewater en zoetwater.

2.2. Het mariene reservoireffect

We stellen voor het gemak (fig. 1) dat de biosfeer (landplanten) een δ^{13}C-waarde heeft van -25‰, en een ^{14}C-activiteit van 100% (recent). De δ^{13}C-waarde voor atmosferische CO$_2$ is ongeveer -7‰. Terugrekenend met behulp van de fractioneringscorrectie (δ^{14}C = 2x δ^{13}C) komt dit overeen met een atmosferische ^{14}C-activiteit van 103,6% (18‰ verschil in ^{13}C correspondeert met 36‰ = 3,6% in ^{14}C). Atmosferische CO$_2$ wisselt uit met de oceanen. Zeewater (DIC, Dissolved Inorganic Carbon) heeft een δ^{13}C-waarde van +1‰. In evenwicht met de atmosfeer zou dit overeen moeten komen met een ^{14}C-activiteit van 105,2% (= 103,6 + 2x0,8).

Er moet echter onderscheid gemaakt worden tussen de laag oppervlaktewater (enkele honderden meters dik) en diepzeewater. Tussen atmosfeer en oppervlaktewater vindt een snelle uitwisseling van CO$_2$, en dus ook van ^{14}CO$_2$, plaats. De uitwisseling tussen oppervlaktewater en diepzeewater is daarentegen langzaam. Bovendien is de hoeveelheid diepzeewater aanzienlijk groter dan de hoeveelheid oppervlaktewater. Het diepzeewater heeft hierdoor een veel lagere ^{14}C-activiteit dan het oppervlaktewater.

Door opwelling van diepzeewater bevat ook het oppervlaktewater minder ^{14}C dan de genoemde 105%. In de Noordelijke Atlantische Oceaan, en ook in de Noordzee, is de ^{14}C-activiteit 100%, toevallig gelijk aan die van de landplanten! Deze afwijking van ca. 5% komt overeen met ongeveer 400 ^{14}C-jaren. Deze schijnbare ouderdom wordt het mariene reservoireffect genoemd. Voor het dateren van mariene monsters betekent dit in de praktijk, dat bij berekening van ^{14}C-ouderdommen volgens de conventie men voor het reservoireffect dient te corrigeren door 400 jaar van de uitkomst in BP af te trekken. Waar door opwelling van grotere hoeveelheden diepzeewater de verarming meer dan 5% bedraagt, zijn de reservoireffecten overeenkomstig groter.

Die schijnbare ouderdom is ook terug te vinden in alle levende wezens in zeeën en oceanen, is aantoonbaar in de weefsels van mariene dieren en in mariene schelpen, maar vervolgens ook in de weefsels van

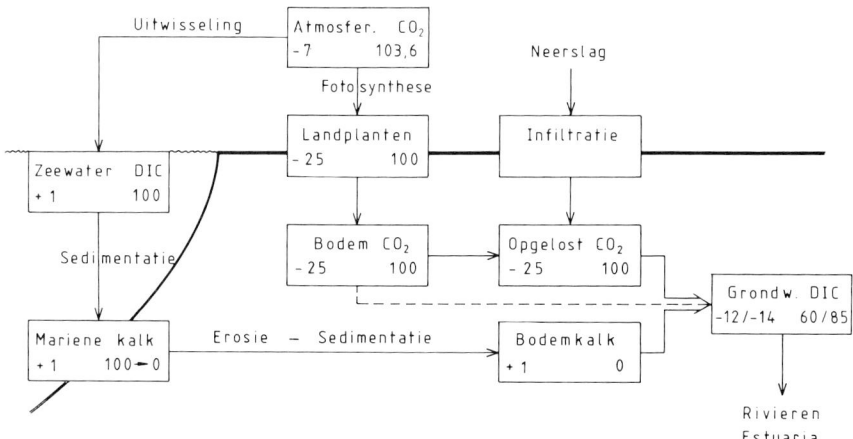

Fig. 1. De anorganische koolstofkringloop. Links staat telkens δ^{13}C in ‰ vermeld, rechts de ^{14}C-activiteit in % (procent modern). DIC = Opgeloste Anorganische Koolstof.

terrestrische dieren en mensen, die van marien voedsel afhankelijk zijn (zie bijvoorbeeld Tauber, 1979).

2.3. Reservoireffecten in zoet water

In zoet water is de zaak veel gecompliceerder. Belangrijke factoren zijn het aandeel grondwater, de doorstroomsnelheid en de mogelijkheid tot uitwisseling met atmosferische CO_2. Bij rivierwater moet onderscheid worden gemaakt tussen regen- en smeltwaterrivieren, maar in Nederland bestaat het water van Rijn, Waal en IJssel ook grotendeels uit grondwater, al is in de seizoensfluctuaties van $\delta^{13}C$ de smeltwatercomponent nog wel herkenbaar (Mook, 1968: ch. 4).

De verarming aan ^{14}C in grondwater komt als volgt tot stand. Het plantendek bevat koolstof die direct is afgeleid van atmosferische CO_2. Door wortelademhaling en ontleding wordt hieruit in de bodem CO_2 gevormd, die oplost in infiltrerend regenwater. Deze CO_2 heeft een waarde van $\delta^{13}C$ van -25‰. In de diepere ondergrond vindt uitwisseling plaats tussen deze opgeloste CO_2 en in de bodem aanwezige fossiele mariene kalk die geen ^{14}C bevat en een $\delta^{13}C$ van ca. +1‰ heeft. Bij het oplossen van bodemkalk door CO_2 ontstaat in eerste instantie bicarbonaat met $\delta^{13}C$ = -12‰ en ^{14}C-aktiviteit = 50%. Extra oplossen van CO_2 en uitwisselingsprocessen zorgen er voor dat bij de opgeloste anorganische koolstof in grondwater $\delta^{13}C$- en ^{14}C-waarden worden waargenomen als aangegeven in figuur 1 (-12/-14‰, 60/85%). De schijnbare ouderdom (reservoireffect) kan in dit geval dus enkele duizenden jaren bedragen. Deze vermindering van de ^{14}C-activiteit door het oplossen van fossiele kalk staat te boek als het hardwatereffect, maar deze term kan beter vermeden worden (zie o.a. Zagwijn, 1983: p. 82). Er kan beter worden gesproken over rivier- of meereffect. Ondiep stilstaand water zou in evenwicht moeten zijn met de atmosfeer, met $\delta^{13}C$ in de buurt van +1‰, en een ^{14}C-activiteit van ca. 105%. In de praktijk blijkt echter dat in veel meren en plassen, ook ondiepe, wel degelijk meereffecten aanwezig zijn. Olsson (1983) geeft voorbeelden van dergelijke meereffecten in ondiepe Zweed-

Tabel 1. Reservoir-effecten in zoetwatervis en -mosselen.

		^{14}C-act. in hout in %	Gemeten ^{14}C-act. in %	Ratio	Schijnbare ouderdom in jaren
Zoetwatermosselen/vlees					
Loenense Plas	1956	95	88.1	0.927	610
Eelderdiep/Schelfhorst	1990	115	88.2	0.767	2130
Drentse A/Glimmen	1994	112	82.1	0.733	2495
Oude Hunze/Winsum	1994	111	101.7	0.916	705
Plöner See	1969	154.7	118.8	0.768	2100
Zoetwatermosselen/schelp					
Eelderdiep/Schelfhorst	1990	115	87.3	0.759	2215
Warffumerdiep/Bieuwketil	1990	115	109.0	0.948	410
Leermenster Maar/Arwerd	1991	115	101.4	0.882	1010
Loenense Plas	1956	95	89.3	0.940	500
Bergsche Maas	1976	134	101.7	0.759	2215
Waal/Doornenburg	1976	134	105.2	0.785	1945
Waal/Ochten	1976	134	105.2	0.785	1945
Ven bij Nietap	1992	115	115.9	1.008	'recent'
Oude Hunze/Winsum	1994	111	106.8	0.962	310
Zoetwatervis/vlees					
Boterdiep/Ellerhuizen	1989	116	102.3	0.882	1010
NO-Polder/Zwolse Vaart	1989	116	74.0	0.638	3610
NO-Polder/Zwolse Vaart	1989	116	66.8	0.576	4430
Drentse A/Zeegse	1989	118	88.4	0.749	2320
Voorste Diep/Borger	1991	115	80.1	0.697	2900
Reitdiep/Elektra	1994	111	91.2	0.822	1580
Reitdiep/Zoutkamp	1994	111	94.8	0.854	1270
IJsselmeer A	1995	111	91.9	0.828	1520
IJsselmeer B	1995	111	79.6	0.717	2670
Heegermeer	1995	111	95.9	0.864	1175
Zoetwatervis/botcollageen					
IJsselmeer A	1995	111	101.0	0.910	760
IJsselmeer B	1995	111	94.8	0.854	1270
Heegermeer	1995	111	97.2	0.876	1065

se meren in kalkarme gebieden. Waarschijnlijk speelt CO_2 uit organisch sediment een belangrijke rol bij het ontstaan van deze effecten.

Aangezien de ^{14}C-activiteit in zoet water afhankelijk is van verschillende factoren, is dus niet sprake van één, duidelijk omschreven reservoireffect, zoals in de noordelijke Atlantische Oceaan en zijn randzeeën. De schijnbare ouderdommen moeten lokaal worden vastgesteld. De snelste wijze is uiteraard het meten van de ouderdom van vlees of botcollageen van vis, of vlees en schelpen van zoetwatermosselen, waarvan het jaar van verzamelen bekend is. Daarbij moet worden aangenomen, dat deze dieren hun voedsel geheel of grotendeels uit een zoetwatervoedselketen betrokken hebben. Dergelijke ouderdomsbepalingen zijn in Nederland al op kleine schaal verricht, maar aan vis en zoetwatermosselen uit de periode na de kernbomexplosies in de atmosfeer, op één uitzondering na. Bij dit recente materiaal is de bepaling van reservoireffecten enigszins problematisch. De conventionele ^{14}C-ouderdom is van geen belang, omdat daarbij geen rekening wordt gehouden met de sterk verhoogde ^{14}C-activiteit van de atmosfeer ten gevolge van de kernbomproeven in de jaren '60. Anderzijds is de omloopsnelheid van het infiltrerende regenwater een onbekende grootheid, waardoor vergelijking van de ^{14}C-activiteit in water en in schelpen en vlees van zoetwaterdieren, en van de gelijktijdige ^{14}C-activiteit van hout (dat immers volgens de conventies het materiaal is, waarin de 'recente activiteit' wordt bepaald) een element van onzekerheid introduceert. Desondanks lijkt berekening van een 'gecorrigeerde ouderdom' op basis van de ratio's gemeten activiteit/gelijktijdige activiteit in hout voor de hand te liggen (zie tabel 1).

Het is duidelijk dat vrijwel alle zoetwater een reservoireffect toont. Alleen het vennetje bij Nietap vormt in dit opzicht een uitzondering. Opvallend is wel dat zelfs in stagnerend kanaalwater, als in de Oude Hunze, Warffumerdiep en Leermenster Maar en in een meer als de Loenense Plas, duidelijke reservoireffecten aanwezig zijn. Gedeeltelijk zal dit het gevolg zijn van toestroom van kwelwater, voor een belangrijk deel echter van toevoer van oude ^{14}C uit veen en ander organisch sediment in de ondergrond. Dat het kanaalwater in de NO-Polder grote reservoireffecten toont, is ongetwijfeld het gevolg van de sterke kwel van grondwater, die voortdurende bemaling nodig maakt. Verbazingwekkend zijn echter de grote reservoireffecten in het IJsselmeer, die alleen verklaard kunnen worden d.m.v. afbraak-CO_2 uit oud organisch materiaal (veen?). Het is in ieder geval duidelijk dat door het consumeren van zoetwatervis de consument een aanzienlijk reservoireffect kan opbouwen, een veel groter effect dan een overeenkomstige portie zeevis zou opleveren.

Het is ook mogelijk reservoireffecten te bepalen in archeologisch materiaal als visbotten, en wel in het botcollageen. Voorwaarde is dat de vindplaatsen van deze visbotten scherp gedateerd kunnen worden door

middel van ^{14}C-dateringen aan hout, houtskool of been van terrestrische dieren. Aangezien de reservoireffecten afhankelijk zijn van de biotoop, zal dus bekend moeten zijn of de betreffende vissen uit stromend of stilstaand water afkomstig waren. Een alternatief is het dateren van botcollageen van otters. Deze zoogdieren leven immers voornamelijk van vis (Fairley, 1984: ch. 11; Brinkhuizen, 1994). Overigens is enige voorzichtigheid geboden, omdat otters ook in brak en zout water kunnen forageren. Het moet dus wel duidelijk zijn in welk type water de te dateren otters hebben gejaagd.

2.4. Reservoireffecten in brak water

In brak water ontstaan uit menging van zeewater en rivierwater kunnen ^{14}C-activiteit, $\delta^{13}C$ en uiteraard ook de bijbehorende reservoireffecten eenvoudig berekend worden uit de mengratio van beide watersoorten, die af te leiden is uit het chloridegehalte. Mook (1968) heeft dat aangetoond voor de Westerschelde. Heier Nielsen et al. (1994) hebben reservoireffecten tot 900 jaar gemeten in Deense fjorden.

3. DE FRACTIONERING VAN ^{13}C IN DE VOEDSELKETEN

3.1. De fractionering van $\delta^{13}C$ in terrestrische voedselketens

Lee-Thorp et al. (1989) hebben een model opgesteld voor de fractionering van ^{13}C in de terrestrische voedselketen van plant tot carnivoor, voor verschillende bestanddelen van de weefsels, en voor botapatiet (fig. 2). Dit model gaat ervan uit, dat proteïnen in de weefsels van de consument gevormd worden uit de proteïnen in het genuttigde voedsel en dat de verrijking van ^{13}C die daarbij optreedt het gevolg is van isotopenfractionering tijdens de chemische omzettingen die daarvoor nodig zijn. De carbonaatfractie in het botapatiet daarentegen wordt gevormd uit kooldioxide in het bloed, waarvan de isotopensamenstelling een afspiegeling is van die van de energie-leverende bestanddelen in het voedsel, te weten koolhydraten, vetten en proteïnen. De carbonaatfractie in het botapatiet geeft derhalve een goede indruk van de gemiddelde isotopensamenstelling van het voedsel. Ambrose & Norr (1993) vonden experimenteel overigens slechts een verschil van 9 à 10‰ tussen gemiddeld dieet en carbonaat bij ratten, in plaats van 12‰.

In de gematigde klimaatzones behoren alle belangrijke voedselgewassen tot de zogenaamde C-3-planten die waarden van $\delta^{13}C$ van -26 ± 1‰ hebben. De enige uitzonderingen zijn de verschillende soorten gierst en maïs, die tot de C-4-planten behoren, met waarden van $\delta^{13}C$ van -12 ± 1‰ (fig. 3). Pluimgierst (*Panicum milliaceum*) werd vanaf het vroegste neolithicum in Midden-Europa verbouwd, maar steeds op vrij kleine schaal

(Körber-Grohne, 1987). Maïs speelde voor de 20e eeuw geen rol van betekenis in onze streken. Dat betekent dat herbivoren die uitsluitend C-3-planten eten, botcollageen hebben met waarden voor $\delta^{13}C$ van -21 ± 1‰, en carnivoren die C-3-herbivoren eten, botcollageen met waarden voor $\delta^{13}C$ van -18 ± 1‰. Voor mensen die plantaardig C-3-voedsel eten en vlees van C-3-

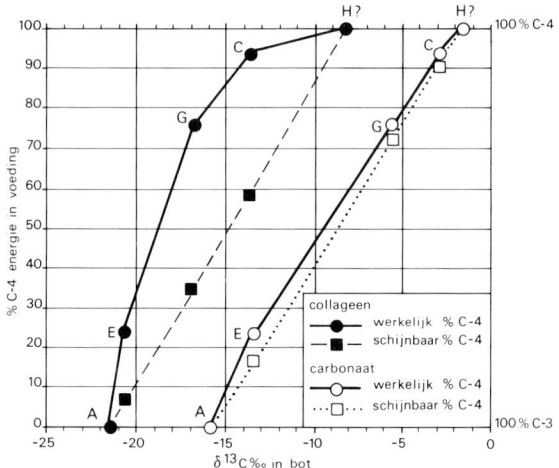

Fig. 4. Werkelijke samenstelling van 5 experimentele diëten, bestaand uit C-3 proteïnen en C-4 koolhydraten/vetten, en schijnbare samenstellingen uitgaand van een lineair mengmodel en gemeten $\delta^{13}C$-waarden in botcollageen en -carbonaat van ratten, grootgebracht met deze 5 diëten (naar Ambrose & Norr, 1993). Voorbeeld: dieet G met 25% C-3 proteïne resulteert in botcollageen dat op grond van een lineair mengmodel gevormd lijkt te zijn uit een dieet met 65% C-3 proteïne. Botcarbonaat geeft wel een betrouwbare weergave van de samenstelling van het dieet.

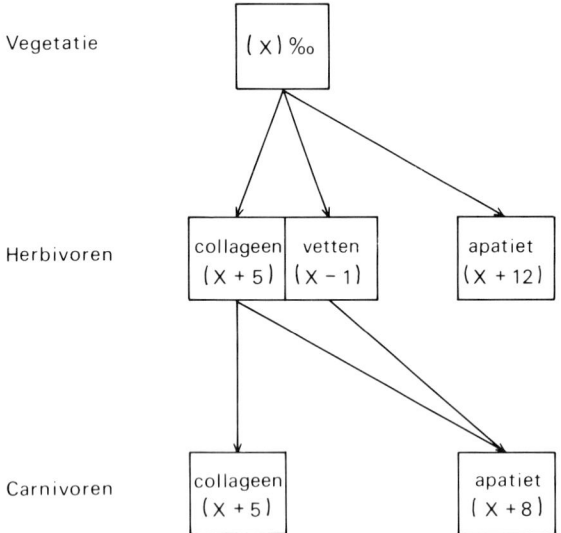

Fig. 2. De fractionering van ^{13}C in de terrestrische voedselketen (naar Lee-Thorp et al., 1989).

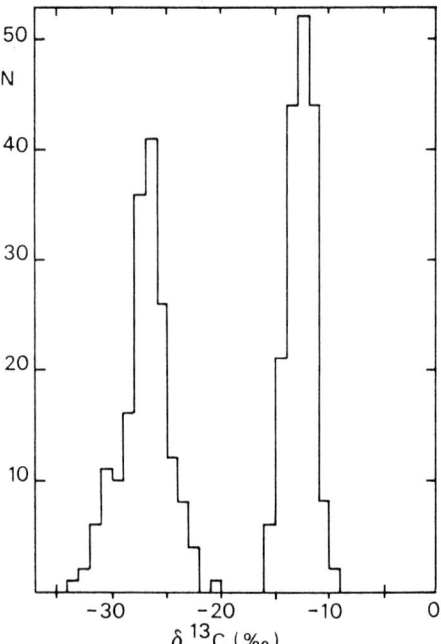

Fig. 3. Histogram van het ^{13}C-gehalte van 351 soorten grasachtigen, dat het duidelijke verschil toont tussen C-3 planten, links, en C-4 planten, rechts (naar *Fractionation of the carbon isotopes*, Heidelberger Akademie der Wissenschaften, 1980).

herbivoren zijn waarden van $\delta^{13}C$ in het botcollageen te verwachten tussen -21 ± 1 en -18 ± 1‰, afhankelijk van de hoeveelheid vlees in het voedsel.

Experimenteel hebben Ambrose & Norr (1993) aangetoond dat de waarde van $\delta^{13}C$ in botcollageen van ratten niet alleen afhangt van die van de proteïnefractie van het genuttigde voedsel, maar ook afhankelijk is van het aandeel proteïne in het totale voedselpakket, en van het verschil in $\delta^{13}C$-waarden van proteïnefractie en niet-proteïnefractie (d.i. energie-leverende bestanddelen als koolhydraten en vetten). Zij concluderen dat $\delta^{13}C$-waarden van botcollageen een overschatting van het aandeel proteïne in het voedsel te zien geven, vooral wanneer dit voedsel slechts kleine hoeveelheden proteïnen bevat (fig. 4). De verklaring daarvoor is ongetwijfeld, dat proteïnen in de eerste plaats worden gebruikt voor de aanmaak van weefsels als collageen, en pas bij overmaat ook voor de energiehuishouding. Hetzelfde geldt ongetwijfeld ook voor mensen. Een en ander betekent overigens wel, dat de simpele lineaire mengmodellen die vaak in *paleo-diet studies* werden (en worden) toegepast, onbruikbaar zijn. Daarentegen blijken waarden van $\delta^{13}C$ in botcarbonaat wel een nauwkeurig beeld te geven van de gemiddelde isotopensamenstelling van het totale voedselpakket, waar lineaire mengmodellen wel op mogen worden losgelaten.

Onlangs hebben Van Klinken, Van der Plicht en Hedges (1994) erop gewezen, dat in Europa de gemiddelde waarden van $\delta^{13}C$ in hout en houtskool een geografische trend tonen, die vermoedelijk klimatologisch bepaald is. Een overeenkomstige trend zien zij

ook in de gemiddelde waarden van δ¹³C in botcollageen. Daarbij hebben zij echter dierlijk en menselijk bot
samen genomen, hetgeen methodologisch niet correct
is: dierlijk en menselijk botcollageen dienen afzonderlijk behandeld te worden. In figuur 5 zijn alle waarden
voor δ¹³C in Nederlands botcollageen, bepaald in het
Groninger isotopenlaboratorium, grafisch weergegeven, uitgesplitst naar dierlijk, menselijk: neolithisch tot
en met Romeins, en menselijk: middeleeuws. Grotendeels betreft het bepalingen ten behoeve van ¹⁴C-
ouderdomsmetingen. Met name bij het prehistorische
menselijke bot is echter gebruik gemaakt van metingen
verricht door Runia, in het kader van zijn *paleo-diet
studies.*

Het dierlijke bot is in de meeste gevallen afkomstig
van herbivoren met de nadruk op rund, hert, paard en in
mindere mate schaap/geit. Slechts enkele omnivoren,
als hond en varken, zijn aanwezig. Typische carnivoren
ontbreken. De gemiddelde waarde van δ¹³C over 139
bepalingen is -21,20‰, met een standaarddeviatie van
0,58‰ en een werkelijke spreiding van -19,62 tot
-22,80‰. Voor menselijk bot uit prehistorie en Romeinse tijd (N = 81) is de gemiddelde waarde van δ¹³C

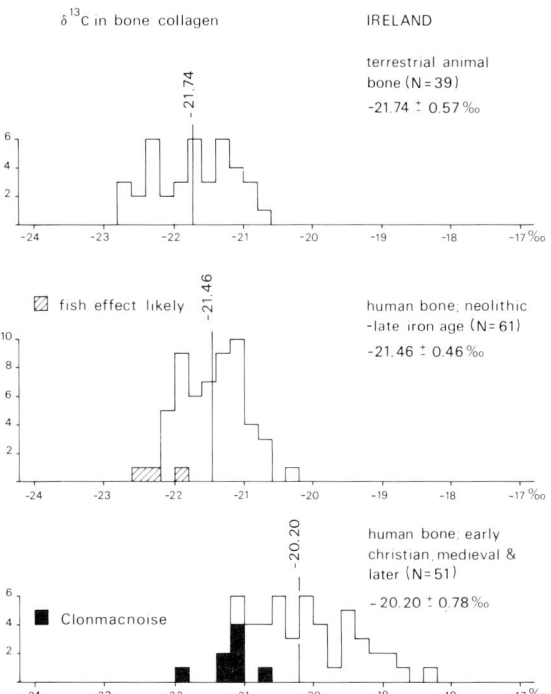

Fig. 6. Histogrammen van δ¹³C-waarden in Iers botcollageen:
a. Terrestrische zoogdieren; b. Mensen: Neolithicum t/m IJzertijd;
c. Mensen: middeleeuwen en jonger. Alleen Groninger metingen zijn
gebruikt.

-20,66‰, met een standaarddeviatie van 0,86‰ en een
spreiding van -18,10 tot -22,60‰, voor menselijk bot
uit de middeleeuwen (N = 46) -19,67‰, met een
standaarddeviatie van 0,73‰ en een spreiding van
-18,05 tot -21,30‰.

Voor Ierland kunnen overeenkomstige grafieken
worden vervaardigd, eveneens met gebruikmaking van
metingen van het Groninger isotopenlaboratorium
(fig. 6). Voor dierlijk botcollageen (N = 39) is de gemiddelde waarde -21,74‰ (standaarddeviatie 0,57‰,
spreiding -20,75 tot -22,71‰), voor neolithisch tot en
met 'inheems-Romeins' menselijk botcollageen (N =
61) -21,46‰ (standaarddeviatie 0,46‰; spreiding
-20,39 tot -22,54‰) en voor middeleeuws botcollageen
(N = 51) -20,20‰ (standaarddeviatie 0,78‰, spreiding
-18,22 tot -21,86‰).

Bij het dierlijke bot uit Nederland en Ierland is
inderdaad de door Van Klinken et al. (1994) gepostu-
leerde geografische trend zichtbaar. Bij het menselijke
bot uit beide landen is een verschuiving naar minder
negatieve waarden zichtbaar, vooral bij het middeleeuwse materiaal. De verschuivingen, zowel die van
het menselijke materiaal t.o.v. het dierlijke, als die
tussen beide groepen menselijk materiaal, kunnen alleen maar verklaard worden in termen van verschillen
in geconsumeerd voedsel.

In een C-4-voedselketen zijn de waarden voor δ¹³C in

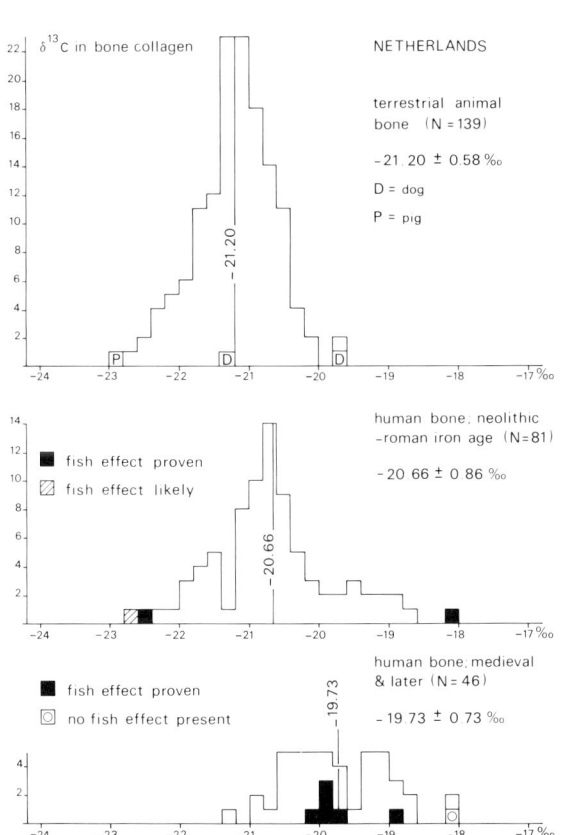

Fig. 5. Histogrammen van δ¹³C-waarden in Nederlands botcollageen:
a. Terrestrische zoogdieren; b. Mensen: Neolithicum t/m Romeinse
tijd; c. Mensen: middeleeuwen en jonger. Alleen metingen van het
Groninger ¹⁴C-laboratorium zijn gebruikt, met uitzondering van een
3-tal metingen uit Pretoria, verwerkt in groep c.

botcollageen -7 ± 1‰ voor herbivoren en -4± 1‰ voor carnivoren. Voor mensen met een dieet van C-4-planten en vlees van C-4-herbivoren liggen de waarden tussen -7 ± 1 en -4± 1δ. Zo zijn voor Middenamerikaanse landbouwers met een zware nadruk op maïs in het voedselpakket waarden van -7,5 tot -5,5‰ beschreven in de literatuur (Schoeninger et al., 1983: fig. 1B). Uiteraard geldt ook hier, dat lineaire mengmodellen niet mogen worden gebruikt, om de aandelen plantaardig C-4-voedsel en -vlees te berekenen.

3.2. De fractionering van ^{13}C in mariene en zoetwatervoedselketens

Hoewel de mariene voedselketen aanzienlijk gecompliceerder is dan de terrestrische, is het eindresultaat toch tamelijk uniform. Botcollageen van mensen die grotendeels of geheel afhankelijk zijn van marien voedsel, heeft waarden voor $\delta^{13}C$ die bij -13 ± 1‰ liggen (Schoeninger & Moore, 1992: p. 264).

Aan zoetwatervoedsel is in *paleo-diet studies* tot dusverre weinig aandacht besteed en de weinige gepubliceerde gegevens zijn niet eenduidig. Dat komt omdat verschil gemaakt moet worden tussen stromend en stagnerend zoet water. In de Nederlandse rivieren fluctueert het ^{13}C-gehalte van het opgeloste bicarbonaat, met de hoogste waarden van $\delta^{13}C$ in de zomer en de laagste in de winter. Er is een klein verschil tussen typische regenrivieren als Maas en Vecht ($\delta^{13}C$ variërend van -13 tot -10‰) en rivieren met een alpine smeltwatercomponent als Rijn en IJssel (-12 tot -9‰) (Mook, 1968: ch. 4). In stagnerend water vindt isotopenuitwisseling met de atmosfeer plaats, waardoor uiteindelijk een evenwichtssituatie kan ontstaan, met $\delta^{13}C$ voor opgelost bicarbonaat tussen +1 en 0‰ (CO_2 in de atmosfeer ca. -7‰). Dat vindt ook plaats in plassen en meren. In het IJsselmeer loopt $\delta^{13}C$ op van ca. -11‰ bij de monding van de IJssel tot ca. 0‰ bij de uitwaterende sluizen in de Afsluitdijk (Mook, 1968: ch. 4).

Aan het begin van de zoetwatervoedselketen staat uiteraard de assimilatie door plankton en waterplanten. Mook (1968: p. 120) stelde vast dat een fractionering van -23 à -24‰ optreedt tussen opgelost bicarbonaat en plankton. Dat betekent dat in plankton en waterplanten in de Nederlandse rivieren met waarden van $\delta^{13}C$ tussen -37 en -32‰ te rekenen is en in stagnerend water met waarden die kunnen oplopen tot -23‰. Hogerop in de voedselketen zijn minder negatieve waarden te verwachten, waarbij verschillen zullen optreden tussen plankton/planteneters enerzijds en carnivoren anderzijds in hetzelfde water. In Groningen zijn metingen verricht aan vlees van mosselen en 'vlees' en botcollageen van vis (tabel 2). Het 'vlees' werd niet ontvet en de zuivere proteïnen hebben minder negatieve waarden dan de metingen suggereren. Dat is van belang, omdat proteïnen wel en vetten niet bijdragen tot de opbouw van botcollageen. Paling is een zeer vette vis; brasem en voorn zijn matig vet, terwijl snoekbaars als mager te boek staat (De Groot et al., 1988).

Tabel 2. $\delta^{13}C$ in zoetwatervis en -mosselen.

		$\delta^{13}C$
Zoetwatermosselen/vlees:		
Loenense plas		-22.2‰
Leermenster Maar/Arwerd		-31.5‰
Nietap, ven		-32.9‰
Eelderdiep/Schelfhorst		-34.8‰
Drentse A/Glimmen		-35.1‰
Zoetwatervissen/vlees:		
Drentse A/Zeegse	Voorn	-29.1‰
Voorste Diep/Borger	Voorn	-32.7‰
Reitdiep/Elektra	Brasem	-27.5‰
Reitdiep/Zoutkamp	Voorn	-29.3‰
Boterdiep/Ellerhuizen	?	-29.9‰
NO-Polder/Zwolse Vaart	Paling	-37.2‰
NO-Polder/Zwolse Vaart	Voorn	-36.2‰
IJsselmeer A	Snoekbaars	-24.7‰
IJsselmeer B	Snoekbaars	-25.9‰
Heegermeer	Snoekbaars	-28.1‰
Zoetwatervissen/botcollageen		
IJsselmeer A	Snoekbaars	-26.0‰
IJsselmeer B	Snoekbaars	-27.1‰
Heegermeer	Snoekbaars	-26.6‰

In de literatuur zijn weinig gegevens te vinden over de fractionering van $\delta^{13}C$ in zoetwatervis. Katzenberg et al. (1995: p. 344) suggereren dat visvlees waarschijnlijk 2-4‰ negatiever is dan collageen in visbot. De metingen in Groningen aan een snoekbaars uit het Heegermeer suggereert een verschil van ca. 1,5‰. Dat bij de beide snoekbaarzen uit het IJsselmeer het botcollageen negatiever is dan het vlees hangt hoogstwaarschijnlijk samen met een verandering van biotoop. Tegelijkertijd is namelijk ook het reservoireffect van het botcollageen van deze beide snoekbaarzen aanzienlijk geringer dan dat van het vlees (snoekbaars A: 760 jaren; snoekbaars B: 1270 jaren). In beide gevallen gaat het om vissen met een leeftijd van ca. 10 jaren. Kennelijk zijn zij in de loop van hun leven verhuisd van een riviersituatie naar stagnerend zoet water met een hoog aandeel oude CO_2.

Uit de literatuur zijn waarden van $\delta^{13}C$ bekend van vlees van riviermossel (-29,1‰) en van forellen (-28,8 ± 2,7‰) van de Canadese westkust (Chisholm et al., 1983: table 1) en van botcollageen van vis uit Lake Erie en Lake Ontario, variërend van -23,1‰ bij plankton/planteneters tot -17,8‰ bij carnivoren (Katzenberg, 1989: table 3). Schoeninger & DeNiro (1984: table 1) vermelden waarden voor $\delta^{13}C$ in botcollageen van -19,1‰ voor *lake trout* en van -19,6 tot -23,7‰ voor meerval van verschillende locaties in de Verenigde Staten. Kennelijk gaat het hierbij eveneens om vis uit meren. Runia (1987) heeft van collageen uit palingbeenderen uit de bronstijdnederzetting van Bovenkarspel-Het Valkje $\delta^{13}C$ bepaald: -21,64‰. Voor de vergelijking is van belang te weten dat door het grootschalige gebruik van fossiele brandstof sinds ca. 1800 een ver-

Tabel 3. Gemiddelde waarden van $\delta^{13}C$ en $\delta^{15}N$, en reservoireffecten die te verwachten zijn bij een 100 ‰-dieet van een van de onderstaande categorieën.

	$\delta^{13}C$	$\delta^{15}N$	Reservoir-effect (in jaren)
Plantaardig C-3	-21 ‰	+5 ‰	-
Vlees van C-3-herbivoren	-18 ‰	+8 ‰	-
Plantaardig C-4	-7 ‰	+5 ‰	-
Marien voedsel	-13 ‰	+18 ‰	400
Zoetwatervis/rivieren	-24 ‰	+16 ‰	1500-2500
Zoetwatervis/meren	-20 ‰	+16 ‰	500-1500

schuiving is te constateren in de waarden van $\delta^{13}C$ tussen materiaal voor 1800 en recent materiaal. In overeenkomstig weefsel is $\delta^{13}C$ momenteel 1,5‰ negatiever dan vroeger (Tieszen & Fagre, 1993). De meting van Bovenkarspel-Het Valkje correspondeert dus met een recente waarde van ca. -23‰.

In tegenstelling tot de mariene voedselketen is het voor zoet water niet mogelijk een gemiddelde waarde te geven voor $\delta^{13}C$ in botcollageen van, overigens hypothetische, mensen die volledig van zoetwatervoedsel afhankelijk zijn. Daar zijn de verschillen tussen rivier- en meerwater te groot. Maar op basis van de tot nu toe bekende waarden van $\delta^{13}C$ in vlees en botcollageen van vissen uit verschillende milieus, kan aangenomen worden dat consumptie van riviervis geleid zou hebben tot een $\delta^{13}C$ van ca. -24‰ in menselijk botcollageen, en vis uit meren en kanalen tot een $\delta^{13}C$ van ca. -20‰. Deze aanname zou getest kunnen worden door $\delta^{13}C$ te bepalen in botcollageen van otters, die als eindstadia van zoetwatervoedselketens beschouwd kunnen worden. Van elke otter zou wel precies de biotoop bekend moeten zijn.

4. RESERVOIREFFECTEN IN MENSELIJK BOTCOLLAGEEN

4.1. $\delta^{13}C$ en $\delta^{15}N$ als indicatoren van het genuttigde voedsel

Om te bepalen in hoeverre bij ^{14}C-dateringen aan menselijk botmateriaal verouderingen als gevolg van reservoireffecten aanwezig zijn, is het belangrijk om inzicht te krijgen in het voedsel dat de betreffende mensen destijds hebben genuttigd, en in het bijzonder het aandeel zee- en zoetwatervis daarin. Het probleem daarbij is, dat sprake is van een aantal categorieën voedsel. Als we ons tot Nederland beperken, dan moet in ieder geval rekening worden gehouden met de volgende mogelijkheden:
- plantaardig C-3-voedsel;
- vlees van C-3-herbivoren;
- plantaardig C-4-voedsel;
- zoetwatervis/-mosselen;

- zeevis en mariene schelpdieren.

Bij het plantaardige C-4-voedsel gaat het om pluimgierst, *Panicum miliaceum*. Dit gewas werd misschien wel op grotere schaal verbouwd dan uit paleobotanische overblijfselen blijkt (zie bijvoorbeeld Behre, 1991). Murray & Schoeninger (1988) constateerden met enige verbazing dat bij een ijzertijdpopulatie in het huidige Slovenië 60-70% van het geconsumeerde voedsel uit pluimgierst moet hebben bestaan. In de middeleeuwen en post-middeleeuwen heeft pluimgierst waarschijnlijk de rol van armenvoedsel gehad, dat uit oostelijk Midden-Europa werd ingevoerd. Pluimgierst werd niet als veevoer gebruikt. Maïs speelt in onze streken geen rol van betekenis, ook niet als veevoer, vóór de 20e eeuw.

In de regel beschikken we alleen over $\delta^{13}C$-waarden voor botcollageen ten behoeve van de reconstructie van *paleo-diets*, terwijl deze waarden alleen niet voldoende zijn voor zo'n reconstructie. Een hoeveelheid C-4-voedsel leidt tot een zelfde verhoging van $\delta^{13}C$ als een stevig aandeel zeevis, terwijl anderzijds een vegetarisch C-3-dieet niet te onderscheiden is van een C-3-dieet met vlees en een redelijke portie zoetwatervis (zie 3.1 respectievelijk 3.2). Om het aandeel van de verschillende voedselbronnen beter te kunnen bepalen, is het nodig om ook $\delta^{15}N$, de verandering in de verhouding van de stabiele stikstofisotopen ^{15}N en ^{14}N, te bepalen. Deze is analoog gedefinieerd als $\delta^{13}C$:

$$\delta^{15}N = \left[\frac{(^{15}N/^{14}N) \text{ monster}}{(^{15}N/^{14}N) \text{ standaard}} - 1 \times 1000‰ \right]$$

Als standaard wordt atmosferische stikstof (lucht) gebruikt.

De meeste planten nemen stikstof op in de vorm van nitraten uit de bodem. Sommige planten leven echter in symbiose met bacteriën, die stikstof rechtstreeks uit de lucht kunnen binden. Indien nitraten worden gebruikt, is $\delta^{15}N$ ca. +3‰; bij stikstofbinding via bacteriën circa +1‰. In een terrestrisch voedselketen vindt verrijking plaats tot 4 à 6‰ in botcollageen van herbivoren, en tot 7 à 9‰ in dat van carnivoren (Katzenberg, 1989: table 3; Schoeninger & DeNiro, 1984: fig. 2). In botcollageen van mensen die grotendeels of geheel van marien voedsel leven, heeft $\delta^{15}N$ waarden van $18 \pm 2‰$ (Schoeninger & Moore, 1992: p. 264). Van zoetwatervoedsel is opnieuw het minst bekend. Schwarcz et al. (1985) schrijven dat vlees van zoetwatervis $\delta^{15}N$-waarden van rond 16‰ zou hebben, maar dat getal lijkt veel te hoog en is in ieder geval niet in zijn algemeenheid juist. De weinige gepubliceerde waarden van $\delta^{15}N$ voor zoetwatervis zijn gemeten aan botcollageen, niet aan vlees, en variëren tussen 3,6 bij planteneters en 9,9‰ bij carnivoren (Schoeninger & DeNiro, 1984: table 1; Katzenberg, 1989: table 3). In het botcollageen van Indiaanse populaties die kennelijk carnivore vis uit de Grote Meren als voornaamste proteïnebron hadden, werden waarden voor $\delta^{15}N$ van 12-14‰ gevonden. Aan het einde van een zoetwatervoedselketen, bij otters bijvoorbeeld, zouden waarden van ca. 16‰ verwacht kunnen worden.

Samengevat (tabel 3) levert dat de volgende, gemiddelde waarden van $\delta^{13}C$ en $\delta^{15}N$ in botcollageen van mensen, als die een dieet zouden hebben genuttigd dat volledig uit de betreffende component bestond (in sommige gevallen dus hypothetisch!). Voor $\delta^{15}N$ geldt ongetwijfeld hetzelfde als voor $\delta^{13}C$, namelijk dat waarden van $\delta^{15}N$ in botcollageen een overschatting van het aandeel proteïne in het voedsel te zien geven (uitgaande van een lineair mengmodel), vooral wanneer dit voedsel kleine hoeveelheden proteïnen bevat. En ook hier is de verklaring dat proteïnen in de eerste plaats gebruikt zullen worden voor de vervanging en aanmaak van weefsels als collageen, en pas bij overmaat ook gebruikt zullen worden als energie-leverant.

4.2. ^{14}C-dateringen aan beenderen met historisch bekende ouderdom

4.2.1. Inleiding

In de meeste (hoewel nog steeds niet alle!) ^{14}C-laboratoria wordt ook $\delta^{13}C$ gemeten, omdat de waarde van $\delta^{13}C$ nodig is voor het berekenen van de correctie in de ^{14}C-ouderdom die het gevolg is van de fractionering van het isotoop ^{14}C. Helaas wordt $\delta^{15}N$ niet routinematig gemeten in botcollageen. Met behulp van $\delta^{13}C$ alleen kan slechts een beperkte uitspraak over het voedselpakket worden gedaan. Wanneer echter de historische leeftijd van een botmonster bekend is, kan geconstateerd worden of in de gemeten ^{14}C-ouderdom reservoireffect aanwezig is. De grootte van dit reservoireffect kan een indicatie geven voor het aandeel zee- of riviervis in het eten. Aan de hand van een aantal voorbeelden kan dit gedemonstreerd worden. Allereerst moet echter de statistische kant worden toegelicht.

Omdat radioactief verval een statistisch proces is, zal een herhaling van een meting van het aantal desintegraties onder dezelfde omstandigheden niet hetzelfde resultaat opleveren. De onzekerheid in het resultaat wordt uitgedrukt in de standaarddeviatie (sigma). De kans dat de 'ware' ^{14}C-ouderdom (die bepaald zou kunnen worden bij oneindig lange teltijd) binnen het ± 1-sigma-traject van de gemeten ^{14}C-ouderdom ligt is 68,3%, binnen het ± 2-sigma-traject 95,4% en binnen het ± 3-sigma-traject 99,7%. De telstatistiek houdt tevens in dat in een grote serie ouderdomsbepalingen bij 31,7% van de dateringen, dus ruwweg één op drie, de ware ^{14}C-ouderdom buiten de ± 1-sigma-trajecten ligt, bij 4,6%, dus ruwweg 1 op 20, buiten de ± 3-sigma-trajecten, en bij 0,3%, dus ruwweg 1 op 330, buiten de ± 3-sigma-trajecten. Dit zijn cijfers die in elke verhandeling over de ^{14}C-dateringsmethode zijn te vinden, maar die desondanks door de meeste archeologen (en andere gebruikers) vergeten worden als het op interpretatie van ^{14}C-getallen aankomt.

Deze kansverdelingen zijn van belang voor de interpretatie van de verschillen tussen 'verwachte' en gemeten ^{14}C-ouderdommen bij de historisch dateerbare skeletten. Die 'verwachte' ^{14}C-ouderdom is de ^{14}C-leeftijd die in een jaarringijkcurve (zie 2.1) wordt afgelezen bij de bekende historische leeftijd. Gemakshalve is de verwachte ^{14}C-ouderdom uitgedrukt in een getal zonder onzekerheidsmarge, hoewel in feite de jaarringijkcurve een eigen, zij het zeer kleine, standaarddeviatie kent. Gekeken wordt naar het verschil tussen gemeten en verwachte ^{14}C-ouderdom en de standaarddeviatie van de gemeten ouderdom. Dat verschil is uiteraard significant als het groter is dan 3x de standaarddeviatie. Dan is de kans dat het verschil niet reëel is verwaarloosbaar klein. Maar indien het verschil groter is dan 2x en kleiner dan 3x de standaarddeviatie, dan is de kans dat het verschil niet reëel is nog altijd maar 2,1% of minder. En zelfs indien het verschil tussen 1 en 2x de standaarddeviaties ligt, dan is de kans op een reëel verschil nog altijd groot.

4.2.2. De graven van het Hollandse Huis c.a.

In 1949 en 1951 werd een deel van de in 1574 grotendeels gesloopte abdijkerk van Rijnsburg onderzocht. Deze werd na 1130 gebouwd als onderdeel van een klooster dat gesticht werd door Petronilla van Saksen, weduwe van graaf Floris II. Tussen 1132 en 1299 diende de kerk als één van de begraafplaatsen van leden van de grafelijke familie van het Hollandse Huis. In het koor werden 15 graven ontdekt. De skeletresten van 11 mannen en 4 vrouwen werden door Dijkstra (1979) onderzocht. Van 13 skeletten kon de identiteit met zekerheid of grote waarschijnlijkheid worden vastgesteld. Alleen van de skeletten Nr. 93 en Nr. 102, die voor de zuidelijke absis werden aangetroffen, was minder duidelijk aan wie ze moesten worden toegeschreven. Met Cordfunke (1987) en contra Dijkstra (1979; 1991) zijn we van mening dat deze skeletten moeten hebben behoord aan Dirk VI en Simon, broer van Dirk VI. Beiden zijn zonen van de stichtster van de abdij. Dirk VI kon bovendien niet in de grafelijke grafkapel in Egmond worden bijgezet, omdat hij kort voor zijn overlijden in 1157 door de abt van Egmond in de kerkelijke ban was gedaan.

De vrouwelijke leden van de familie en de echtgenotes van de graven werden, voor zover zij in Rijnsburg werden bijgezet, op een enkele uitzondering na in de kloosteromgang begraven, pal tegen de kerk aan. De daar ontdekte grafkuilen bevatten vaak meerdere skeletten, die grotendeels niet aan historisch bekende personen konden worden toegeschreven. Uiteindelijk meende Dijkstra (1991) alleen de vrouw in het met tufstenen beklede graf 198 met zekerheid te kunnen identificeren, en wel als Hadewig, dochter van Dirk VI, die non in de abdij was. Onzeker blijven de identificaties van de skeletten 197-2, 177-4 en 177-5 als respectievelijk Margaretha, dochter van Floris V, Beatrix van Vlaardingen, echtgenote van Floris V, en Machteld, zuster van Floris V (Dijkstra, 1979; 1991). Met nadruk moet er op gewezen worden dat het skelet uit graf 174 niet benoemd kan worden. De vermelding in *Radiocarbon* 14 (1972), p. 104, dat het Beatrix, echtgenote van Floris V betrof, berust op een misverstand.

Zes van de skeletten uit de kerk (Nrs 92, 93, 97, 98, 102 en 194) en twee uit de kloosteromgang (Nrs 174 en 198) werden ^{14}C-gedateerd. De gepubliceerde getallen zijn:

92	:	Floris V	GrN-677	945 ± 100	
			GrN-680	900 ± 70	
93	:	Dirk VI	GrN-1111	1210 ± 40	
			GrN-3040	1120 ± 65	
			GrN-4235	1225 ± 50	$\delta^{13}C = -19{,}0\%o$
97	:	Floris IV	GrN-3026	1100 ± 25	
98	:	Ada	GrN-1894	1050 ± 50	
			GrN-1895	960 ± 40	
102	:	Simon	GrN-3029	1280 ± 50	
194	:	Willem I	GrN-6097	1215 ± 50	$\delta^{13}C = -19{,}9\%o$
174	:	N.N.	GrN-4232	860 ± 55	$\delta^{13}C = -20{,}2\%o$
198	:	Hadewig	GrN-2968	1025 ± 45	

Helaas werd het merendeel van de Rijnsburgse skeletten gedateerd in de tijd dat de bepaling van δ^{13}C nog geen routinezaak was. De betreffende ^{14}C-ouderdommen moeten dus gecorrigeerd worden voor isotopenfractionering. Hiervoor is in dit artikel een waarde van δ^{13}C van -20‰ aangenomen, corresponderend met een getal van 80 ^{14}C-jaren dat bij de gemeten ^{14}C-ouderdommen moet worden opgeteld. Indien de δ^{13}C's minder negatieve waarden dan -20‰ hadden, zou dat overigens betekenen dat de ^{14}C-dateringen nog ouder zouden worden. Om aan te geven dat sommige van de in tabel 4 genoemde ^{14}C-ouderdommen niet gecorrigeerd zijn voor isotopenfractionering op basis van een gemeten waarde van δ^{13}C, maar op basis van een aangenomen waarde, zijn de betreffende ^{14}C-getallen voorzien van het prefix 'ca.'. Een waarde van δ^{13}C wordt in zo'n geval niet genoemd. Behalve over de drie in Groningen bepaalde waarden van δ^{13}C in botcollageen van Rijnsburgse skeletten, beschikken we ook over één nieuwe en twee duplo-bepalingen van δ^{13}C en over drie bepalingen van δ^{15}N, verricht in Pretoria (Vogel, 1991). In de tabel zijn niet alleen de ^{14}C-ouderdommen van dezelfde skeletten gemiddeld, maar ook de in Groningen en Pretoria bepaalde waarden van δ^{13}C.

In 922 werden de kerk van Egmond en bijbehorende goederen door de Westfrankische koning Karel de Eenvoudige aan de Westfriese graaf Dirk I geschonken. Deze liet op zijn nieuwe bezittingen een klooster bouwen. Zelf overleed hij voordat het klooster gereed was, maar voor zijn opvolgers diende de kerk als grafkapel tot gravin Petronilla rond 1130 de abdij Rijnsburg stichtte en de leden van de grafelijke familie daar werden begraven, op een enkele uitzondering na.

In 1904 en 1947/1948 werden vier graven van de grafelijke familie al vrijgelegd, maar de skeletresten werden niet geborgen. Dat gebeurde pas in 1979/1980 door Cordfunke en Dijkstra (Dijkstra, 1991). Dijkstra nam ook de antropologische bewerking en identificatie van de skeletresten voor zijn rekening. De skeletresten werden vervolgens herbegraven. Recentelijk bleek echter dat van één van de skeletten, en wel van graaf Floris I, gestorven in 1061, nog een fragment borstbeen beschikbaar was voor ^{14}C-datering (Cordfunke & Maat, 1995: p. 5): UtC-2930 1020 ± 50 BP, $\delta^{13}C = -19{,}8\%o$

In levende planten en dieren worden de weefsels constant vernieuwd. De snelheid waarmee dit gebeurt varieert echter. De vervangingstijd van botcollageen wordt geacht in de orde van grootte van 10 à 20 jaren te zijn bij mensen. In tabel 4 is een gemiddelde veroudering van 10 jaren aangehouden. Van de aldus verkregen 'collageendatum' is in de ijkcurve van Pearson et al. (1986) de bijbehorende ^{14}C-ouderdom opgezocht. Die ouderdom heeft echter alleen betekenis in het geval dat de overledene een dieet zonder reservoireffecten zou hebben gehad. In tabel 4 zijn de gegevens met betrekking tot de grafelijke familie samengevat.

Wat direct opvalt in deze serie is dat in vrijwel alle gevallen het verschil groter is dan 3x de standaarddeviatie en dus significant is. Alleen bij Floris I is het verschil kleiner, maar de kans dat in diens botcollageen een reservoireffect van meer dan 100 jaren aanwezig is, is groter dan 50%; van meer dan 50 jaren groter dan 85%. Het is jammer dat zo weinig waarden van δ^{13}C en δ^{15}N bekend zijn. Bij het anonieme skelet uit graf 174 werden deze wel bepaald: $\delta^{13}C = -19{,}95\%o$ (gemiddelde van Groningen en Pretoria) en $\delta^{15}N = +10{,}7\%o$. Dijkstra (pers. mededeling juli 1995) ziet Nr. 174 aan voor een abdis of non, die omstreeks Beatrix' begrafenis, of daarna, is bijgezet. Beatrix werd in 1296 begraven. In skelet 174 is dus een veroudering van ca. 220 jaren aanwezig.

4.2.3. *Thidbald van Vlaardingen*

Naast de dateringen aan leden van de grafelijke familie beschikken we ook over drie dateringen aan het skelet van Thidbald (tabel 5). Deze was aanvankelijk hofkapelaan van graaf Dirk VI van Holland, maar werd later benoemd tot bouwpastoor van de nieuwe grafelijke kerk in Vlaardingen. Hij overleed in 1160 en werd in het hoofdkoor van de nog niet voltooide kerk begraven. Aan de identificatie is geen twijfel. De dateringen zijn: GrN-6099 1055 ± 35 BP, $\delta^{13}C = -20{,}65\%o$, GrN-6383A 1075 ± 30 BP, $\delta^{13}C = -19{,}37\%o$ en GrN-6383B 1050 ± 45 BP, $\delta^{13}C = -20{,}05\%o$. De gemiddelde waarden zijn: 1063 ± 21 BP en -20,02‰.

4.2.4. *Drie heiligen uit België*

In de Onze-Lieve-Vrouwekerk van Hoei in België worden de relieken bewaard van de beide stadspatronen, Domitianus en Mengoldus. In 1981 werd de reliek-

Tabel 4. Samenvatting van de gegevens met betrekking tot de grafelijke familie.

	Sterf-datum	Collageen-datum	^{14}C-ouderdom volgens curve (BP)	Gemeten ^{14}C-ouderdom (BP)	Verschil	δ^{13}C	δ^{15}N
Floris I	1061	1051	910	1020 ± 50	110 ± 50	-19.8 ‰	-
Simon	ca. 1147	ca. 1137	900	ca. 1360 ± 50	ca. 460 ± 50	-	-
Dirk VI	1157	1147	920	ca. 1250 ± 30	ca. 330 ± 30	-18.85 ‰	+10.6 ‰
Hadewig	1167	1157	910	ca. 1105 ± 45	195 ± 45	-19.8 ‰	+10.9 ‰
Willem I	1222	1212	850	1215 ± 50	365 ± 50	-19.9 ‰	-
Floris IV	1234	1224	830	ca. 1180 ± 25	ca. 350 ± 25	-	-
Ada	1257	1247	800	ca. 1075 ± 35	ca. 275 ± 35	-	-
Floris V	1296	1286	640	ca. 995 ± 60	ca. 355 ± 60	-	-

Tabel 5. Samenvatting van de gegevens van overige historische bekende personen.

	Sterf-datum	Collageen-datum	^{14}C-ouderdom volgens curve (BP)	Gemeten ^{14}C-ouderdom (BP)	Verschil	δ^{13}C	δ^{15}N
Thidbald	1160	1150	920	1063 ± 21	143 ± 21	-20.0 ‰	
Domitianus	ca. 560	ca. 550	ca. 1530	ca. 1560 ± 50	ca. 30 ± 50		
Rombout	775	765	1250	ca. 1390 ± 50	ca. 140 ± 50		
Mengoldus	892	882	1180	ca. 1390 ± 70	ca. 210 ± 70		
St. Gerlach	1165	1155	920	1160 ± 30	240 ± 30	-19.6 ‰	+11.0 ‰
Adelbert	ca. 750	ca. 740	ca. 1280	1450 ± 55	ca. 170 ± 55	-21.35 ‰	

Tabel 6. Samenvatting van de gegevens met betrekking tot anonieme skeletten.

	Sterf-datum	Collageen-datum	^{14}C-ouderdom volgens curve (BP)	Gemeten ^{14}C-ouderdom (BP)	Verschil	δ^{13}C
Valkenburg	ca. 40	ca. 30	ca. 1960	2120 ± 40	160 ± 40	-18.1 ‰
Maiden Castle	ca. 60	ca. 50	ca. 1950	1880 ± 35	-70 ± 35	-19.7 ‰
Krefeld-Gellep	ca. 260	ca. 250	ca. 1710	1840 ± 25	130 ± 25	-19.9 ‰
Londen	1782	1772	200	330 ± 55	130 ± 55	-18.9 ‰
Deventer	1795	1785	200	250 ± 50	50 ± 50	-18.3 ‰
Pompeï onderkaak	79	69	1980	ca. 2010 ± 35	ca. 30 ± 35	
Pompeï bot	79	69	1980	ca. 1960 ± 80	ca. -20 ± 80	

Tabel 7. Ouderdomsbepaling van historisch gedateerde dierlijke botten.

	Sterf-datum	Collageen-datum	^{14}C-ouderdom volgens curve (BP)	Gemeten ^{14}C-ouderdom (BP)	Verschil	δ^{13}C
Krefeld-Gellep	70	65	1970	1880 ± 30	-90 ± 50	-20.4 ‰
Pompeï	79	79	1950	1955 ± 55	5 ± 55	-
Mary Rose	1545	1545	305	291 ± 27	-16 ± 27	-

schrijn geopend voor wetenschappelijk onderzoek, incluis ^{14}C-datering (Charlier & George, 1982). Domitianus was bisschop van Maastricht. In 535 en 549 nam hij deel aan concilies. Onderzoek in 1981 toonde aan dat hij ca. 50 jaar oud is geworden. Waarschijnlijk is hij tussen 500 en 510 geboren en tussen 550 en 560 overleden (De la Haye, 1991). Mengoldus was volgens de 12e-eeuwse *Vita Mengoldi* een 9e-eeuwse graaf Meingaud uit het Moezelgebied. Een graaf Meingaud in dit gebied wordt in 868 in een schenkingsakte genoemd. Deze zou, volgens een laat 10e-eeuwse bron, in 892 vermoord zijn in de abdij van Retel, waar hij lekeabt was. In de kathedraal van Mechelen worden de relieken bewaard van Rombout, die in 775 werd vermoord (Réau, 1959). Monsters van de skeletten van Domitianus, Mengoldus en Rombout werden in Leuven gedateerd (Lv-1380 1480 ± 50, Lv-1381 1310 ± 70 respectievelijk Lv-784 1310 ± 50). Het laboratorium daar past geen correctie voor isotopenfractionering toe. De gepubliceerde ouderdommen moeten daarom met ca. 80 jaren gecorrigeerd worden (uitgaande van waarden voor $\delta^{13}C$ rond -20‰). Tabel 5 geeft een overzicht van de verschillende getallen.

4.2.5. *St. Gerlach*

In de kerk van Houthem-St. Gerlach worden de relieken van Gerlach bewaard. Volgens zijn *Vita* moet deze heilige in 1164 of 1165 zijn overleden (Mulder-Bakker, 1995). Onlangs is aan een klein monster been een ouderdomsbepaling verricht (GrA-810); tevens zijn toen $\delta^{13}C$ en $\delta^{15}N$ van het botcollageen bepaald (tabel 5). Het verschil is uiteraard significant.

4.2.6. *St. Adelbert van Egmond*

Naast de genoemde dateringen met waarden voor $\delta^{13}C$ boven -20‰, is slechts één geval bekend van een datering aan menselijke skeletresten, waarbij de historische ouderdom met een redelijke mate van zekerheid bekend is en $\delta^{13}C$ een waarde heeft die ruim beneden -20‰ ligt. Het betreft de relieken van Adelbert van Egmond, van wie historisch vrijwel niets bekend is. Vis (1987) acht het zelfs onwaarschijnlijk, dat Adelbert een van de gezellen van Willibrord was, zoals in de 10e-eeuwse *Vita* is beschreven. Hij wil niet verder gaan dan aan te nemen dat Adelbert een van de Britse *peregrini* was die in het voetspoor van Willibrord naar Friesland kwamen. Een sterfdatum rond het midden van de 8e eeuw is waarschijnlijk. Kort na 922 werd het gebeente van Adelbert door graaf Dirk I overgebracht naar het houten klooster van Egmond, dat later door brand verwoest werd. Zwartgeblakerde beenfragmenten werden op verzoek van Dijkstra in Pretoria voorbehandeld en in Oxford gedateerd (OxA-3025 1300 ± 70 BP, $\delta^{13}C$ = -21,3‰). Later werd op verzoek van Cordfunke en Maat een tweede monster gedateerd in Utrecht (UtC-2542 1640 ± 80 BP, $\delta^{13}C$ = -21,4‰). In tegenstelling tot Cordfunke & Maat (1995) zijn wij van mening dat er geen reden is deze datering als onbetrouwbaar te beschouwen. De waarde van $\delta^{13}C$ wijst niet op ingespoeld humeus materiaal, maar op collageen. De beide dateringen kunnen het beste gemiddeld worden: 1450 ± 55 BP, $\delta^{13}C$ = -21,35‰. Tabel 5 geeft de gegevens weer.

Volgens Dijkstra (1993) zouden de relieken niet van Adelbert afkomstig kunnen zijn, omdat de Oxford-datering overeenkomt met de verwachte datering, uitgaande van de jaarringijkcurve. Hij meent, op grond van zijn ervaring met de graven van Holland, dat elk middeleeuws christelijk skelet een te oude ^{14}C-datering

heeft vanwege de consumptie van zeevis. De gemiddelde veroudering bedraagt volgens hem 240 jaren. Hij gaat er vanuit dat de echte relieken van Adelbert in 975 verloren zijn gegaan, toen de abdijkerk van Egmond door brand werd verwoest. De monniken zouden de relieken daarna vervangen hebben door beenderen van een contemporaine man, wiens lichaam bij lage temperatuur werd verbrand, om de beenderen die zwartkleuring te geven die de relieken zouden hebben gehad, indien ze de brand hadden overleefd. Deze verklaring is dus niet nodig. De Oxford-datering blijkt slechts toevallig overeen te stemmen met de 'verwachte' ^{14}C-ouderdom. Er is een reservoireffect aanwezig van 170 ± 55 jaren. De waarde van $\delta^{13}C$ wijst in dit geval op een dieet dat zowel zee- als zoetwatervis omvatte.

Cordfunke en Maat lieten ook houtskool dateren die bij de relieken van Adelbert wordt bewaard: UtC-2543 1140 ± 60 BP, $\delta^{13}C$ = -26,4‰. Deze houtskool zou afkomstig kunnen zijn van de reliekkist waarin de beenderen na de translatie, kort na 922, werden bewaard, of anders van de kapel van het houten klooster dat rond die tijd werd gebouwd. De ^{14}C-datering spreekt dit niet tegen.

4.2.7. *Andere menselijke skeletresten met gemeten $\delta^{13}C$*

Naast bovengenoemde skeletresten van historisch bekende personen beschikken we ook over een vijftal dateringen aan anonieme skeletten, die echter wel scherp dateerbaar zijn, en waarvan $\delta^{13}C$ boven -20‰ ligt. Het betreft het skelet van een onthoofde jongeman, begraven in het oudste Romeinse fort bij Valkenburg, volgens De Weerd (1977) te dateren rond 40 AD (GrN-4525 2120 ± 40 BP), het skelet van een man begraven in het *war cemetery* van Maiden Castle, Dorset, volgens Avery (1993) te dateren rond 60 AD (GrN-5086 1880 ± 35 BP), het skelet van een in een massagraf bijgezette Romein uit Krefeld-Gellep, volgens Pirling (1983) gesneuveld tijdens de Franken-invallen van 257/60 AD (GrN-11361 1840 ± 25 BP), een begrafenis uit 1782 in Londen (GrN-4233 330 ± 55 BP), en een skelet uit een massagraf van Engelse soldaten uit 1795 in Deventer (GrN-15184 250 ± 50 BP) (Fuldauer & Bloemink, 1989). Tabel 6 geeft een en ander overzichtelijk weer.

Bij Valkenburg en Krefeld-Gellep is sprake van significante verschillen. Bij Londen-1782 is de kans dat geen veroudering aanwezig is zeer klein. Bij Deventer-1795 lijken verwachte en gemeten ^{14}C-ouderdom aardig overeen te stemmen: de kans dat een veroudering van meer dan 50 jaren aanwezig is, is slechts 50%. Bij Maiden Castle is voor de eerste keer sprake van een ^{14}C-datering die jonger uitvalt dan de verwachting. De kans dat hier een veroudering aanwezig is, is uiteraard zeer klein. Aangenomen moet worden dat bij dit skelet in feite sprake is van een 'verjonging' om telstatistische redenen.

4.2.8. *Menselijke resten uit Pompeï*

Tenslotte verdienen nog dateringen aan twee menselijke skeletresten uit Pompeï de aandacht. Het betreft een onderkaak die 3x (OxA-606, -792 en -1008, gemiddeld 2010 ± 35 BP) en een niet-gespecificeerd bot, dat slechts 1x gedateerd werd (OxA-425 1960 ± 80 BP). Helaas werden in Oxford destijds nog geen δ^{13}C's bepaald; de gepubliceerde ouderdommen werden gecorrigeerd voor isotopenfractionering op basis van een aangenomen waarde van -19‰ (tabel 6).

Gecorrigeerd naar een waarde van δ^{13}C = -21‰ zouden de gemeten ouderdommen 1985 ± 35, respectievelijk 1945 ± 80 zijn, en de verschillen 5 ± 35, respectievelijk -35 ± 80. Verouderingen als gevolg van reservoireffecten zijn hier kennelijk niet aanwezig.

4.2.9. *Historisch gedateerde dierebotten*

Naast historisch gedateerd menselijk been kennen wij slechts drie voorbeelden van historisch gedateerd dierlijk bot dat ook ^{14}C-gedateerd is. Het betreft een paard uit een massagraf van 70 AD bij Krefeld-Gellep (Pirling, 1971), vogelbotten uit Pompeï van 79 AD en varkensbotten uit het wrak van de Mary Rose, die in 1545 zonk. Het paard werd 2x gedateerd (GrN-7195 1870 ± 45 en GrN-11.110 1885 ± 30 BP), evenals de vogelbotten (OxA-503 2000 ± 80 en OxA-529 1950 ± 70 BP). Bij de varkens gaat het om drie dateringen aan dezelfde rib (OxA-424 300 ± 60, OxA-793 360 ± 80 en OxA-825 310 ± 80 BP en om twee dateringen aan een (dezelfde?) femur (OxA-988 265 ± 45 en OxA-1106 350 ± 60 BP). De OxA-dateringen werden in de datelists als bovengenoemd vermeld, gecorrigeerd voor isotopenfractionering op basis van een aangenomen waarde van δ^{13}C van -19‰. In deze publicatie zijn ze echter op basis van een waarde van -21‰ gecorrigeerd. In tabel 7 zijn de getallen overzichtelijk weergegeven.

De verschillen zijn niet significant. In alle drie gevallen kan worden aangenomen dat de dieren een terrestrisch dieet hebben gehad.

4.3. Hoe betrouwbaar zijn ^{14}C-dateringen van menselijk bot?

4.3.1. *Het referentiemateriaal: δ^{13}C in dierlijk botcollageen*

Als we bovengenoemde ^{14}C-dateringen aan menselijk botcollageen willen analyseren, dan moeten we beginnen met de bepalingen van δ^{13}C in dierlijk botcollageen en de ^{14}C-dateringen van de historisch dateerbare dierebotten. Allereerst kan geconstateerd worden, dat bij de drie historisch dateerbare dierebotten geen veroudering van de ^{14}C-leeftijd aanwezig is. Dat was natuurlijk ook niet te verwachten, omdat het om dieren gaat die een terrestrisch dieet hebben gehad. Maar als controle van de gevolgde methode van berekenen van

eventuele reservoireffecten, is dit groepje natuurlijk waardevol.

De bepalingen van δ^{13}C in dierlijk botcollageen in fig. 5a zijn, zover bekend, alle verricht aan beenderen van Nederlandse landzoogdieren, voornamelijk van herbivoren als rund, paard en schaap/geit. De weinige dateringen aan botcollageen van varken en hond verstoren het beeld niet. Kleine carnivoren worden zelden of nooit gedateerd, evenmin als zeezoogdieren. Metingen aan botcollageen van laatstgenoemden zouden trouwens direct opvallen door hun minder negatieve waarden van δ^{13}C. De δ^{13}C-waarden in dierlijk botcollageen in Nederland spreiden volgens een normaalverdeling met een gemiddelde waarde van -21,20‰ en een standaarddeviatie van 0,58‰. De curve kan gebruikt worden als uitgangspunt voor de verdere discussie, omdat hij kenmerkend geacht mag worden voor een puur plantaardig C-3-dieet.

Dezelfde overgingen gelden voor de curve van δ^{13}C-waarden in dierlijk botcollageen in Ierland, afgebeeld in fig. 6a, zij het dat om klimatologische redenen (van Klinken et al., 1994) het gemiddelde iets negatiever is, namelijk -21,74‰. De standaarddeviatie is 0,57‰.

Volledigheidshalve moet er nog op gewezen worden dat onder extreme omstandigheden afwijkende waarden voor δ^{13}C, en zelfs reservoireffecten, kunnen optreden in botcollageen van terrestrische herbivoren. Ambers (1990) heeft dat gedemonstreerd voor de schapen op North Ronaldsay (Orkney), die gedwongen zijn zeewieren te eten. Bovendien wijst zij op de invloed die zeggen en mossen zouden kunnen hebben vanwege hun zeer lage δ^{13}C-waarden (tot -32‰?). Of deze werkelijk op enige schaal door grazers geconsumeerd werden/ worden, is echter niet duidelijk. De door haar geciteerde waarde van -28,0‰ in botcollageen van een neolithisch rund op Sanday (Orkney) is niet erg overtuigend, gezien de conditie van het bot. Noe-Nygaard (1988) en Clutton-Brock & Noe-Nygaard (1990) hebben aangetoond dat mesolithische honden kennelijk hetzelfde als hun bazen aten en dus in kustnederzettingen voedsel kregen met een sterk mariene component. Dat leidde uiteraard niet alleen tot waarden van δ^{13}C in de orde van grootte van -14 à -16‰, maar ook tot reservoireffecten, d.i. verouderingen in de ^{14}C-dateringen. Een goed voorbeeld daarvan is de hond van Seamer Carr. Deze nederzetting kan rond 9600 BP gedateerd worden, in een plateau van de ^{14}C-ijkcurve. Botcollageen van een wervel van de hond werd gedateerd op 9940 ± 100 BP (OxA-1030). Van twee wervels werd δ^{13}C in het botcollageen bepaald: -14,67 respectievelijk -16,97‰, met een gemiddelde van -15,82‰. Dat wijst weliswaar niet op een volledig marien dieet, maar wel op een zeer groot aandeel marien voedsel. Het te verwachten reservoireffect is aanwezig volgens de ^{14}C-dateringen en bedraagt 340 ± 100 ^{14}C-jaren.

Overigens zijn bij het Nederlandse en Ierse dierlijke bot geen voorbeelden van deze extreme omstandigheden aanwezig. Deze zouden direct herkenbaar zijn door afwijkende waarden van δ^{13}C.

4.3.2. δ^{13}C in menselijk botcollageen: neolithicum tot en met Romeinse tijd

In 3.1 is beschreven dat bij carnivoren die leven van C-3-herbivoren een verschuiving van ca. 3‰ in de richting van minder negatieve waarden optreedt, van ca. -21‰ naar -18‰. Regelmatige consumptie van grote hoeveelheden mager vlees, lees dierlijk eiwit, is voor mensen alleen mogelijk indien gelijktijdig grote hoeveelheden vet of koolhydraten worden verorberd. Als regel zal vleesconsumptie echter geen overdreven vormen aannemen. Voor neolithische tot en met vroeghistorische populaties op de zandgronden, op de kwelders en op de löss wordt in de regel aangenomen dat het voedsel bestond uit een aanzienlijke plantaardige component (graan en peulvruchten) en uit een kleinere component dierlijk voedsel. Bakels (1982) ging voor de Bandkeramische bevolking in Zuid-Limburg (5200-5000 v.Chr.) uit van 65-80% plantaardig en 35-20% dierlijk voedsel, waarbij dit laatste voornamelijk uit vlees en vet van runderen bestond. Het aandeel dierlijke eiwitten zal vermoedelijk 20-15% hebben bedragen. Alleen bij enkele populaties in natte milieus wordt met een flink aandeel uit jacht, verzamelen en visvangst rekening gehouden. Louwe Kooijmans (1983) schatte dat in Hekelingen III (ca. 2800 v.Chr.) slechts 20% van het voedsel door akkerbouw werd verkregen en 10% door veeteelt. De rest zou afkomstig zijn uit verzamelen (30%), jacht (20%) en visserij (10%). Of zo'n zware nadruk op dierlijk voedsel wel reëel is, moet nog blijken. Het jachtwild bestond overigens grotendeels uit C-3-herbivoren, namelijk herten.

In neolithisch-vroeghistorisch menselijk botcollageen in Nederland is de verschuiving van de gemiddelde waarde van δ^{13}C slechts ca. 0,5‰, van -21,20 naar -20,66‰ (fig. 5b). Dat zou kunnen betekenen dat de vleesconsumptie bij deze populaties nog onder de laagste waarde in Bakels' modelberekeningen lag. Volgens Ambrose & Norr (1993) moeten we er immers rekening mee houden dat δ^{13}C in botcollageen een overschatting van het aandeel proteïne in het voedsel te zien geeft. Maar enige voorzichtigheid is op zijn plaats. Er zijn aanwijzingen dat niet alleen met vlees, maar ook met visconsumptie gerekend moet worden. De curve heeft bij benadering nog steeds de vorm van een normaalverdeling, de spreiding is echter groter dan bij het dierlijk botcollageen, hetgeen niet wijst op een simpele verschuiving ten gevolge van vleesconsumptie. Bovendien kan vastgesteld worden dat de extreme waarden van δ^{13}C, zowel aan de hoge als aan de lage kant, gepaard gaan met reservoireffecten, die zeker het gevolg zijn van consumptie van vis. De hoogste waarde van δ^{13}C, -18,1‰, werd gemeten bij het onthoofde skelet uit Valkenburg-castellum 1, dat bij de historisch gedateerde skeletvondsten is behandeld. Er is een reservoireffect van 160 ± 40 ^{14}C-jaren aanwezig. Samen met de waarde van δ^{13}C wijst dit op een aanzienlijke consumptie van zeevis. Bij het slachtoffer gaat het vrijwel zeker om een geofferde krijgsgevangene, naar alle waarschijnlijkheid een Fries of een Chauk. Valkenburg 1 werd immers aangelegd om aan de piraterij van deze kustbewoners een einde te maken (de Weerd, 1977: p. 282).

Waarden van -22,55 en -22,60‰ werden gemeten bij de skeletten Swifterbant S-2 respectievelijk Molenaarsgraaf graf II. Site S-2 bij Swifterbant bestaat uit een nederzetting op een oeverwal, die slechts gedeeltelijk is onderzocht (van der Waals, 1977). Op grond van het aardewerk staat vast dat de nederzetting min of meer gelijktijdig was met de volledig onderzochte site S-3/S-5. Een concentratie houtskool uit de nederzettingslaag van S-2, verzameld tijdens het onderzoek van G.D. van der Heide in 1964, werd gedateerd op 5300 ± 40 BP (GrN-5443). Van S-3 zijn 12 dateringen aan hout en houtskool bekend, variërend van 5375 ± 40 tot 5205 ± 40 BP, met een gemiddelde van 5295 BP. Op S-2 werd ook een grafveldje ontdekt met minstens 9 graven. De grafkuilen bleken niet of nauwelijks in de ondergrond van de oeverwal ingediept te zijn, en waren opgevuld met de donkere grond van de nederzettingslaag. Een en ander leidde tot de conclusie dat de graven werden aangelegd toen al een dik pakket nederzettingsafval aanwezig was. Theoretisch zouden graven en bewoning gelijktijdig geweest kunnen zijn, maar zeer waarschijnlijk werden de graven aangelegd op een verlaten nederzettingsterrein. Deckers (1979: p. 154) meende uit de ononderbroken ruimtelijke spreiding van scherven, vuursteen en ander nederzettingsafval te kunnen concluderen, dat de graven ouder waren dan de nederzetting. Maar indien de grafkuilen werden opgevuld met de grond die eruit afkomstig was, zijn hiaten in het verspreidingsbeeld ook niet te verwachten. De graven I-IV werden al in 1964 door Van der Heide vrijgelegd. Het skelet uit graf I werd naar Schokland getransporteerd; van de overige drie graven werden alleen de schedels gelicht en naar Utrecht vervoerd. Waarschijnlijk zijn uit graf I de botfragmenten afkomstig die in 1967 werden gedateerd op 5540 ± 65 BP (GrN-5606). In geen geval zijn de gedateerde botten afkomstig uit de graven V/VI, zoals Meiklejohn & Constandse-Westermann (1978: p. 48) schrijven. De graven V/VI werden immers pas in 1971/1972 bij geologisch veldwerk ontdekt en in 1975 door Van der Waals opgegraven.

Dat het skelet een oudere datering heeft dan de nederzettingslaag kan alleen maar het gevolg zijn van reservoireffect, en in de zoetwatergetijdendelta bij Swifterbant kan dat alleen maar een rivierreservoireffect zijn. Dat riviervis een belangrijke rol speelde in het dieet, is op grond van de gevonden visresten (Clason & Brinkhuizen, 1978) niet te betwijfelen. Het reservoireffect bedraagt dus minstens 240 ± 65 ^{14}C-jaren in dit geval.

Molenaarsgraaf II is het graf met de vishaakjes (Louwe Kooijmans, 1974), dat op grond van zijn N-Z-richting aan de Wikkeldraadperiode kan worden toegeschreven (Lanting, 1973). De datering van het skelet is 3630 ± 40 BP (GrN-5566), wat weliswaar binnen de marges van de Wikkeldraadperiode ligt, maar niet uitsluit dat bij dit skelet toch sprake kan zijn van een veroudering van 100 à 150 jaren ten gevolge van reservoireffect. Gezien de ligging van de betreffende site en de waarde van $\delta^{13}C$ zou het reservoireffect – indien aanwezig! – het gevolg moeten zijn van consumptie van riviervis.

Dat betekent natuurlijk niet dat reservoireffecten alleen gecombineerd met extreme waarden van $\delta^{13}C$ voorkomen. Van de 81 in fig. 5b verwerkte waarden zijn echter maar 23 gemeten ten behoeve van ^{14}C-ouderdomsbepalingen; de overige 58 zijn gemeten door Runia in het kader van zijn *paleo-diet studies*, zonder dat ^{14}C-ouderdommen werden bepaald. Van de 20 resterende dateringen lijkt alleen die van Oostwoud 575 (het vlakgraf onder heuvel II, zie Louwe Kooijmans, 1985: p. 68) een reservoireffect te hebben. De datering – 3945 ± 55, GrN-6650C – is namelijk te oud voor een O-W-gericht graf met een man die gehurkt liggend op de linkerzijde werd begraven, met het hoofd naar het oosten. De waarde van $\delta^{13}C$ is -20,91‰, dus niet exceptioneel. Echter, een acceptabeler ^{14}C-ouderdom voor dit graf ligt binnen twee standaarddeviaties van de gemeten waarde: de oorspronkelijke datering is dus niet significant te oud.

Het is natuurlijk niet uit te sluiten dat alle of vrijwel alle ^{14}C-dateringen aan prehistorisch/vroeghistorisch menselijk been te oud zijn, omdat het waarschijnlijk is dat deze mensen allen of vrijwel allen regelmatig zoetwatervis of, in het geval van kustbewoners, zeevis zullen hebben gegeten. Indien dat het geval is, moet vastgesteld worden dat deze verouderingen niet erg groot kunnen zijn. De dateringen zijn in de regel namelijk overeenkomstig de verwachtingen, gebaseerd op de gangbare ^{14}C-chronologie, die gebaseerd is op hout- en houtskooldateringen.

Van de bovengenoemde historisch dateerbare skeletten die niet in Nederland zijn gevonden, heeft de in 60 AD gesneuvelde Brit uit Maiden Castle als enige een te jonge ^{14}C-datering, zij het dat deze verjonging niet significant is. Zijn dieet was kennelijk puur terrestrisch C-3 met een redelijke hoeveelheid vlees. In het geval van Krefeld-Gellep kan een klein percentage riviervis het geconstateerde reservoireffect verklaren. Bij de menselijke resten uit Pompeii verbaast alleen dat geen reservoireffecten aanwezig zijn. In een kustplaats zou zeevis in het dieet voor de hand liggen. Er is echter niets bekend over de sociale status van de personen in kwestie, en status zou wel eens een belangrijke rol in de samenstelling van voedselpakketten kunnen spelen.

Bij het Ierse menselijke bot uit neolithicum, bronstijd en ijzertijd is de spreiding van de $\delta^{13}C$-waarden kleiner dan bij het Nederlandse materiaal. De verschui-

ving ten opzichte van de curve van het dierlijk bot is ook kleiner: het gemiddelde is slechts 0,28‰ verschoven, van -21,74 naar -21,46‰ (fig. 6b). Uitgesproken extreme waarden komen niet voor; desondanks bestaat de mogelijkheid dat de twee negatiefste waarden gecombineerd zijn met een reservoireffect. In feite gaat het om drie graven met *food vessels*, gevonden bij Straid, Co. Derry (Brannon et al., 1990), die alle drie op grond van typochronologische overwegingen zo'n 100 ^{14}C-jaren te oud lijken te zijn, met waarden van $\delta^{13}C$ van -21,83, -22,31 en -22,54‰. Voor het overige maakt de Ierse curve de indruk vrij nauwkeurig de invloed van consumptie van betrekkelijk geringe hoeveelheden vlees van C-3-herbivoren aan te geven. Meer dan 10% van het totale voedselpakket lijkt vlees niet te hebben gevormd, eerder minder als we Ambrose & Norr (1993) mogen geloven.

Een probleem bij de interpretatie van waarden van $\delta^{13}C$ in Iers en Nederlands menselijk botcollageen is dat gelijktijdig niet tevens $\delta^{15}N$ werd bepaald. De combinatie van $\delta^{13}C$ en $\delta^{15}N$ maakt het scheiden van vis respectievelijk C-4-voedsel aanzienlijk eenvoudiger. Het gemis van $\delta^{15}N$ zou gedeeltelijk ondervangen kunnen worden door het vaststellen van veroudering door reservoireffecten respectievelijk het constateren van de afwezigheid daarvan. Maar dat is in de praktijk slechts in een gering aantal gevallen mogelijk. Bovendien is een groot gedeelte van het Nederlandse prehistorische skeletmateriaal niet ^{14}C-gedateerd, maar alleen onderzocht in het kader van de *paleo-diet studies* van Runia.

Wat de combinatie van $\delta^{13}C$ en $\delta^{15}N$ vermag, blijkt uit de metingen van beide in het botcollageen van populaties van 9 Britse vindplaatsen uit neolithicum en vroege bronstijd. De gegevens zijn overzichtelijk samengevat door Pollard (1993: fig. 2; deze publicatie: fig. 7). De 9 populaties laten zich in 3 groepjes indelen. Wor Barrow, Hambledon Hill en Shrewton representeren met hun waarden van $\delta^{13}C$ tussen -21 en -23‰, en van $\delta^{15}N$ tussen +3 en +8‰, kennelijk het dieet van plantaardig

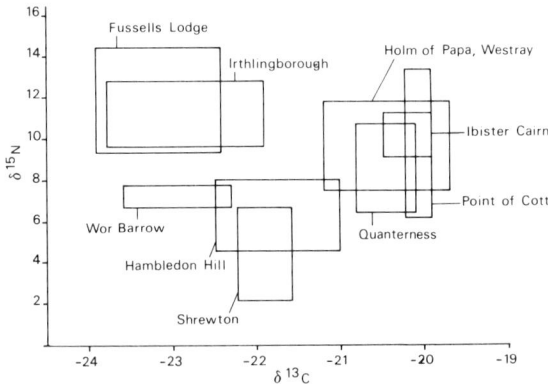

Fig. 7. Spreidingen van $\delta^{13}C$- en $\delta^{15}N$-waarden in menselijk botcollageen van 9 Britse vindplaatsen uit Neolithicum en Bronstijd (naar Pollard, 1993).

C-3-voedsel, aangevuld met vlees van C-3-herbivoren, dat in de modellen van Bakels figureert. Fussells Lodge en Irthlingborough, met waarden van $\delta^{13}C$ tussen -22 en -24‰, en van $\delta^{15}N$ tussen +9 en +14‰, representeren populaties die naast C-3-voedsel aanzienlijke hoeveelheden zoetwatervis hebben genuttigd. Holm of Papa, Ibister, Point of Cott en Quanterness, alle vier op Orkney, vertegenwoordigen met waarden van $\delta^{13}C$ tussen -19,5 en -21‰, en van $\delta^{15}N$ tussen +6 en +13‰, kennelijk populaties waarvoor marien voedsel een rol van betekenis speelde, naast C-3-voedsel. Deze waarden zijn vergelijkbaar met die van 6 Nederlandse walvisvaarders, begraven op Spitsbergen, namelijk -19,9±0,5‰ respectievelijk 12,2±0,9‰ (Schoeninger, 1989). Voor deze walvisvaarders wordt aangenomen dat zeevis (stokvis, haring) een belangrijke proteïnebron vormde. Zover ons bekend, zijn van het menselijk bot van genoemde Britse sites geen ^{14}C-dateringen verricht. Verwacht mag echter worden dat zowel bij Fussels Lodge en Irtlingborough als bij de vier sites op Orkney te oude ^{14}C-leeftijden zullen voorkomen als gevolg van reservoireffecten. In dit verband mogen misschien ook de controversiële resultaten van het klokbekerdateringsprogramma van het British Museum nog eens in herinnering worden geroepen (Kinnes *et al.*, 1991). Vrijwel zeker kan een deel van de afwijkende dateringen verklaard worden met reservoireffecten als gevolg van consumptie van vis. Bepaling van $\delta^{15}N$ zou hier uitkomst bieden.

Bij een aantal, recent gepubliceerde dateringen (Hedges et al., 1995: p. 427) aan menselijk been uit grafvelden langs de Dnieper in de Oekraïne zijn verouderingen als gevolg van consumptie van riviervis wel herkenbaar. Het betreft vijf dateringen uit graven die toegeschreven kunnen worden aan fase II van de Dnieper-Donets cultuur (Telegin & Potekhina, 1987):

OxA-5029	Nikolskoye-125	6300 ± 80 BP	$\delta^{13}C = -23,5‰$
OxA-5052	Nikolskoye-137	6145 ± 70 BP	$\delta^{13}C = -23,2‰$
OxA-5030	Yasinovatka-64	6330 ± 90 BP	$\delta^{13}C = -22,0‰$
OxA-5057	Yasinovatka-36	6260 ± 180 BP	$\delta^{13}C = -22,5‰$
OxA-5031	Dereivka-109	6110 ± 120 BP	$\delta^{13}C = -23,4‰$

en één datering aan een grafveld bij Dereivka, dat aan fase II[a] van de eneolithische Srednij Stog cultuur kan worden toegeschreven:

| OxA-5032 | Dereivka-5 | 5380 ± 90 BP | $\delta^{13}C = -22,2‰$ |

Alle genoemde sites liggen aan de rivier, en de aanwijzingen voor visvangst zijn overduidelijk. Nikolskoye en Yasinovatka liggen bij de stroomversnellingen in de Dnieper, waar volgens Telegin & Potekhina (1987: vii) *unparalleled opportunities for fishing* aanwezig zijn. In de nederzetting van Dereivka werden niet alleen grote hoeveelheden visbot gevonden (Telegin, 1986: p. 87 en table 5), maar ook lagen schelpen van zoetwatermosselen (Telegin, 1986: p.8), die ongetwijfeld als voedsel gediend hebben.

Op grond van de kennelijk klimaatsbepaalde trend in $^{13}C/^{12}C$-verhoudingen in hout en houtskool (van Klinken et al., 1994) kunnen in de Oekraïne iets minder negatieve waarden verwacht worden dan in Nederland. Eenzelfde verschuiving t.o.v. het Nederlandse materiaal kan verwacht worden bij botcollageen van C-3-herbivoren en van mensen die op een dieet van C-3-planten en vlees van C-3-herbivoren leven. In het Nederlandse prehistorische menselijk bot zijn waarden van $\delta^{13}C$ lager dan -22‰ zeer uitzonderlijk, en in één geval aantoonbaar het gevolg van consumptie van riviervis. In de Oekraïne geldt dat dus in versterkte mate. De in Oxford gemeten waarden van $\delta^{13}C$ in de zes Oekraïnse skeletten wijzen dus duidelijk op een belangrijk aandeel riviervis en -mosselen in het dieet. Dat betekent automatisch dat de gemeten ^{14}C-ouderdommen te oud zullen zijn als gevolg van rivierreservoireffect.

Anders dan Lillie, die de zes monsters in Oxford liet dateren, wil (zie commentaar in Hedges et al., 1995: p. 427), wijzen de vijf dateringen van fase II van de Dnieper-Donets cultuur niet op een ca. 300 jaar vroeger begin van deze fase dan Telegin & Potekhina (1987) op grond van archeologische argumenten voorstelden. De ^{14}C-dateringen zijn simpelweg 300 of meer jaren te oud vanwege reservoireffect.

Datzelfde geldt ook voor de datering van fase II[a] van de Srednij Stog cultuur. De werkelijke ^{14}C-ouderdom zal eerder rond 5000-4900 BP gezocht moeten worden. In dit verband is het nuttig om nog eens naar de vier ^{14}C-dateringen van de bijbehorende nederzetting te kijken. De beide dateringen verricht aan schelpen van zoetwatermosselen zijn onbruikbaar, omdat deze eveneens te oud zijn vanwege rivierreservoireffect. Dat betekent dat alleen de beide dateringen aan paardebotten, UCLA-1466A 5515 ± 90 BP en UCLA-1671A 4900 ± 100 BP, overblijven. Daarvan is de eerste om onduidelijke redenen veel te oud, zelfs ouder dan de schelpdateringen en geeft alleen de tweede een aanduiding van de juiste ouderdom van de nederzetting. Anders dan Lillie suggereert dateert Telegin (1986: p. 107, Period II-3) de Dereivka-fase van de Srednij Stog cultuur vlak na 5000 BP.

4.3.3. *$\delta^{13}C$ in menselijk botcollageen: middeleeuwen en later*

Bij het middeleeuwse en jongere menselijke bot in Nederland is sprake van een aanzienlijke verschuiving van de gemiddelde waarde van $\delta^{13}C$ vergeleken met dierlijk bot, met bijna 1,5‰ van -21,20 naar -19,73‰ (fig. 5c). De verschuiving vergeleken met het prehistorische menselijke bot bedraagt meer dan 0,9‰.

Verschillende factoren kunnen een rol gespeeld hebben bij deze opvallende verschuiving, zoals verhoogde consumptie van vlees en toename van de consumptie van gierst. Maar de belangrijkste factor is ongetwijfeld de sterke toename van zeevis in het menu. Door de kerkelijke voorschriften en door een verbeterde infrastructuur werd de consumptie van zeevis sterk gestimuleerd. Tot het begin van de 13e eeuw was volgens de kerk consumptie van vlees niet toegestaan op woensdag, vrijdag en zaterdag gedurende de zes weken voor Pasen, en op een aantal andere vastendagen (Black, 1992: p. 9). Later werden deze regels afgezwakt. In de vroege 15e eeuw werd bijvoorbeeld op het Tolhuis te Lobith wel vlees gegeten op woensdagen (van Winter, 1981), terwijl in de loop van de 15e eeuw ook de zaterdag als vleesloze dag verdween (Black, 1992: p. 10). In plaats van vlees mocht op de vastendagen wel vis genuttigd worden. Daarnaast speelden verbeterde infrastructuur en betere conserveringsmethoden een rol. Uit historische gegevens en uit archeozoölogisch onderzoek is bekend dat in de 12e eeuw zeevis al op grote schaal naar het binnenland werd verhandeld (Ypma, 1962: pp. 14-15; Brinkhuizen, 1979; van Neer & Ervynck, 1993). Haring, gezouten of gerookt, speelde toen al een belangrijke rol als goedkoop massavoedsel, evenals stokvis. Bij gebrek aan gegevens is niet bekend of zeevis al vóór de 12e eeuw op enige schaal verhandeld werd buiten het eigenlijke kustgebied. Naast zeevis bleef ook zoetwatervis een belangrijke rol spelen (Ypma, 1962: pp. 10, 31 en 33). Het is echter niet onwaarschijnlijk dat door allerlei heerlijke rechten en vanwege de hoge prijzen (Dyer, 1988) zoetwatervis vooral bij de hogere klassen op tafel verscheen. Hoe belangrijk zeevis in de 17e/18e eeuw nog was voor bepaalde bevolkingsgroepen blijkt uit het onderzoek van botcollageen van 6 Nederlandse walvisvaarders, begraven op Spitsbergen. Schoeninger (1989) vond binnen deze kleine groep weinig variatie, met waarden voor $\delta^{13}C$ van -19,9 ± 0,5‰, en voor $\delta^{15}N$ van +12,2 ± 0,9‰. Deze zeer hoge waarden van $\delta^{15}N$ kunnen alleen verklaard worden indien zeevis de belangrijkste proteïnebron was. Gedacht kan daarbij worden aan stokvis en haring.

Als de verschuiving van 1,5‰ inderdaad het gevolg is van toegenomen consumptie van vis, dan moet dat ook zichtbaar zijn in verouderingen in de ^{14}C-leeftijden, als gevolg van reservoireffecten. Nu is het helaas niet mogelijk van elk skelet de historische ouderdom te bepalen en vast te stellen of een reservoireffect aanwezig is. Slechts van een kleine groep, bestaande uit leden van de elite en uit heiligen, zijn zowel de graven als de sterfdata exact of bij benadering bekend. Slechts een enkele maal is het mogelijk van een anonieme dode, op basis van stratigrafie of vondstassociatie in combinatie met een schriftelijke bron, de sterfdatum te bepalen. Significante verouderingen, tussen 195 ± 45 en 460 ± 50 ^{14}C-jaren, bleken aanwezig bij de leden van de grafelijke familie van Holland die in Rijnsburg waren begraven. Bij Floris I, die in Egmond lag begraven, was het effect kleiner; slechts 110 ± 50 jaren. Het zal onderhand duidelijk zijn dat deze verouderingen ontstaan moeten zijn door het eten van vis en/of schelpdieren. De twee gemeten waarden van $\delta^{15}N$ bij leden van deze familie

– 10,6, en 10,9‰ – wijzen in dezelfde richting. Dijkstra en Vogel hebben een poging gedaan de geconstateerde verouderingen te verklaren met marien reservoireffect, maar die poging moet als mislukt worden beschouwd. De lage waarden van $\delta^{13}C$ – tussen -18,85 en -19,9‰ – wijzen namelijk niet op een groot aandeel zeevis in het menu, terwijl de verouderingen van 200 à 400 jaren alleen maar te verklaren zouden zijn met een zeer aanzienlijke zeevisconsumptie. Op grond van de kerkelijke voorschriften zullen de leden van de grafelijke familie veel vis genuttigd hebben. Het is denkbaar dat 40-50% van de dierlijke proteïnen afkomstig was van vis. Maar, anders dan Dijkstra en Vogel willen zal een flink deel van die vis uit de Hollandse rivieren, meren en plassen afkomstig zijn geweest. Een dergelijk voedselpatroon leidt wel tot aanzienlijke reservoireffecten, maar niet tot extreem hoge waarden van $\delta^{13}C$. Met behulp van de in tabel 3 genoemde gemiddelde waarden van $\delta^{13}C$, $\delta^{15}N$ en reservoireffecten kunnen simpele berekeningen worden uitgevoerd. Zo zou een dieet dat 30% van de proteïnen uit plantaardig C-3-voedsel krijgt, 30% uit vlees, 20% uit zeevis en 20% uit zoetwatervis (half rivier-, half meervis) volgens een lineair mengmodel waarden van $\delta^{13}C$ en $\delta^{15}N$ van -18,9 en +10,7‰ opleveren, met een reservoireffect van 280 à 480 jaren. Dankzij Ambrose & Norr (1993) is duidelijk dat in werkelijkheid de percentages lager zullen zijn geweest. Dus een allerminst onwaarschijnlijk lijkend dieet is voldoende om getallen van $\delta^{13}C$, $\delta^{15}N$ en reservoireffect te produceren, die overeenkomen met de gemeten waarden (zie 4.2.2).

De anonieme abdis of non (skelet Nr. 174) uit de kloosteromgang van Rijnsburg sluit overigens goed aan bij de leden van de grafelijke familie. De grafelijke familie van Holland behoorde uiteraard tot de bovenlaag van de maatschappij, die zich ook zoetwatervis kon veroorloven. De onderlaag zal zich mogelijk met goedkope zeevis als haring tevreden hebben moeten stellen, of at misschien nauwelijks vis. Helaas zijn geen historisch dateerbare skeletten van deze laag van de bevolking beschikbaar. Waarschijnlijk behoren de beide skeletten die in 1989 aan de Waterstraat in Zutphen werden opgegraven (Groothedde, 1990), tot de lagere klassen. Deze skeletten maken namelijk de indruk min of meer 'gedumpt' te zijn in een greppel, mogelijk niet eens op een reguliere begraafplaats, en kennelijk zonder grafkisten. Beide skeletten werden gedateerd: 1320 ± 35 BP (GrN-17043), respectievelijk 1310 ± 35 BP (GrN-17044). De waarden van $\delta^{13}C$ waren -19,64 respectievelijk -18,05‰. Groothedde zag deze dateringen als aanwijzing voor 7e-eeuwse bewoning in Zutphen. Met name de waarde van -18,05‰ zou echter als een aanwijzing voor zeevisconsumptie kunnen worden opgevat, waardoor ook een reservoireffect aanwezig moet zijn. Bij het betreffende skelet werden ook de verschillende beenderen van de rechtervoorvoet van een klein rund (schofthoogte max. 1 m) gevonden. Deze beenderen moeten in anatomisch verband in de grond zijn gekomen en zijn kennelijk gelijktijdig met het menselijke skelet begraven. Waarschijnlijk zat de ondervoet nog vast aan de koeiehuid waarin het lichaam van de dode was gewikkeld of ter grave gedragen. De runderbeenderen werden ter beschikking gesteld voor ^{14}C-datering, om een indruk te krijgen van eventuele veroudering in de ^{14}C-datering van het menselijke skelet. Het resultaat was 1255 ± 25 BP (GrN-21230), met δ^{13}C $= -21,7‰$. Het verschil van de beide dateringen bedraagt 55 ± 43 jaren en is dus niet significant. Gezien de ouderdom van het graf (8e/9e eeuw, op basis van de koeiepoot), die consumptie van zeevis in deze plaats in het binnenland onwaarschijnlijk maakt, en het ontbreken van een reservoireffect, blijven twee verklaringen mogelijk. Òf de gemeten waarde van $-18,05‰$ voor δ^{13}C in het menselijk botcollageen is fout, òf de betrokken persoon dankt deze waarde aan de consumptie van C-4-voedsel, met name gierst. Over verbouw en consumptie van gierst in de vroege middeleeuwen is weinig bekend, maar dat sluit niet uit dat het een voedselgewas van enige betekenis was. Een aandeel van 20-25% gierst in een overigens vleesarm dieet zou voldoende zijn om de gemeten δ^{13}C te veroorzaken, aannemende dat in dit geval wel een lineair mengmodel gebruikt kan worden.

Overigens kan nog gewezen worden op de datering van een vrouwelijk skelet in de aarden wal van het vroegmiddeleeuwse Domburg (van Heeringen, 1993). Op grond van dateringen aan hout uit de versterking en een dendrodatering van hergebruikt hout voor een tweede begraving in de wal, werd de wal waarschijnlijk in het 3e of 4e kwart van de 9e eeuw opgeworpen; in ^{14}C-jaren ca. 1180 BP. Het skelet werd gedateerd op 1250 ± 20 BP (GrN-19508, δ^{13}C $= -20,29‰$), hetgeen op een reservoireffect van 50 à 100 ^{14}C-jaren zou kunnen wijzen.

Van de vijf gedateerde heiligen sluiten Gerlach, Mengoldus en Adelbert met verouderingen van 240 ± 30, 210 ± 70 respectievelijk 170 ± 55 ^{14}C-jaren direct aan bij de grafelijke familie. Alle drie moeten een behoorlijk aandeel vis in hun dieet hebben gehad. De waarden van δ^{13}C en δ^{15}N in het botcollageen van Gerlach, $-19,6$ respectievelijk $+11,0‰$, wijzen op consumptie van zowel zee- als riviervis. De waarde van δ^{13}C van $-21,35‰$ in het botcollageen van Adelbert wijst eerder op consumptie van zoetwatervis. Rombout van Mechelen uit de late 8e eeuw heeft waarschijnlijk een reservoireffect, maar de geconstateerde veroudering van 145 ± 50 ^{14}C-jaren is niet significant. Bij de 6e-eeuwse Domitianus is geen veroudering aanwezig. Kennelijk heeft hij niet of nauwelijks vis gegeten. De reden zou kunnen zijn dat in de eeuw waarin hij leefde de vastenregels van de kerk wat anders werden geïnterpreteerd en dat op vleesloze dagen werkelijk gevast werd. Een aanwijzing daarvoor is misschien ook te distilleren uit de ^{14}C-datering van Martinus van Tongeren (GrN-4211 1550 ± 50 BP, foutief gepubliceerd in *Radiocarbon* 14, 1972: pp. 100-101, als 1530 ± 50; δ^{13}C $= -19,0‰$), wiens relieken in de Sint-Servaaskerk in Maastricht worden bewaard. Over Martinus is historisch niets bekend (de la Haye, 1992), maar het is aannemelijk dat hij ooit bisschop van Maastricht is geweest. Aangezien de lijst van 6e- en 7e-eeuwse bisschoppen van Maastricht vrij goed bekend lijkt, zou hij eigenlijk alleen maar in de 2e helft van de 5e eeuw, of rond 500 AD kunnen worden geplaatst (de la Haye, 1994). Nu wil het toeval dat de jaarringijkcurve tussen 450 en 530 AD een plateau heeft met een ^{14}C-ouderdom van ca. 1560 BP. Dus hoewel de historische sterfdatum van Martinus slechts bij benadering lijkt te kunnen worden geschat, zou zijn veroudering wel precies bekend zijn, namelijk ca. 10 ± 50 ^{14}C-jaren!

Er is echter enige voorzichtigheid op zijn plaats. Inderdaad is het niet waarschijnlijk dat Martinus vóór de 2e helft van de 5e eeuw gedateerd kan worden. Het is echter de vraag of hij niet ruim na 500 gedateerd zou kunnen worden. De datering rond 500 van De la Haye is namelijk gebaseerd op de gecalibreerde ^{14}C-ouderdom. Op grond van de waarde van $-19,0‰$ van δ^{13}C in het botcollageen zou aan een reservoireffect, veroorzaakt door de consumptie van zeevis, gedacht kunnen worden. En dat zou Martinus in de late 6e of 7e eeuw kunnen plaatsen. Maar die veronderstelling is onwaarschijnlijk, omdat in Romeinse tijd en vroege middeleeuwen zeevis voornamelijk langs de kusten verhandeld werd (Brinkhuizen, 1979; van Neer & Ervynck, 1993). Daarom moet in het geval van Martinus gedacht worden aan de mogelijkheid dat de waarde voor δ^{13}C veroorzaakt is door consumptie van gierst, een C-4-plant. Dan is uiteraard geen reservoireffect aanwezig.

Tenslotte verdienen Londen-1782 en Deventer-1795 nog de aandacht. In het eerste geval is zo goed als zeker een reservoireffect aanwezig: de waarde van δ^{13}C van $-18,9‰$ kan als een indicatie voor de consumptie van zeevis worden opgevat. Bij Deventer is mogelijk geen reservoireffect aanwezig (zie 4.1); in dat geval zou de waarde van δ^{13}C van $-18,2‰$ kunnen wijzen op een belangrijk aandeel gierst in de voeding.

Van de groep van 46 (post-)middeleeuwse skeletten in fig. 5c kan dus maar in enkele gevallen met zekerheid of grote waarschijnlijkheid worden vastgesteld, dat reservoireffecten aanwezig zijn. De verschuiving van de gemiddelde waarde van δ^{13}C met bijna $1,5‰$ van $-21,20‰$ in dierlijk botcollageen naar $-19,73‰$ kan echter alleen maar verklaard worden door aan te nemen dat zeevis een belangrijk deel van het menu vormde. En dat is automatisch gepaard gegaan met veroudering van de ^{14}C-leeftijden als gevolg van reservoireffecten. In een klein aantal gevallen kan bovendien worden vastgesteld dat naast zeevis ook zoetwatervis gegeten moet zijn, en wel op zo'n schaal dat de verschuiving van δ^{13}C naar minder negatieve waarden werd tegengegaan. Dit proces is met name bij de leden van de grafelijke familie van Holland te zien, maar kan uiteraard ook bij andere skeletten aanwezig zijn. Consumptie van zoetwatervis resulteert overigens in nog grotere afwijkingen in de ^{14}C-ouderdommen.

Van belang is bovendien dat ook bij het middeleeuwse (en jongere) menselijke bot uit Ierland een aanzienlijke verschuiving van de gemiddelde waarde van $\delta^{13}C$ is te zien; van -21,74‰ in dierlijk bot naar -20,20‰ (fig. 6c). Het verschil van de gemiddelde waarde voor prehistorische en middeleeuwse populaties is ca, 1,2‰. Opvallend zijn de negatieve waarden van $\delta^{13}C$ in beenderen uit Clonmacnoise, die wijzen op speciale voedingsvoorschriften voor de bewoners van deze kloosternederzetting. De gemiddelde waarde van $\delta^{13}C$ in deze kleine subgroep (N=8) is -21,22‰, de standaarddeviatie is ± 0,30‰. Voor de resterende 43 bepalingen zijn deze getallen -20,03, resp. 0,69‰. Uit Ierland zijn geen dateringen aan historisch bekende personen bekend.

4.3.4. $\delta^{13}C$ in botcollageen van mesolithische populaties

Tot dusverre zijn dateringen aan mesolithisch menselijk bot buiten beschouwing gelaten, om de simpele reden dat die niet of nauwelijks bekend zijn in Nederland en slechts in twee gevallen in Ierland. Het betreft dateringen van twee beenderen (van verschillende individuen) uit Killuragh Cave, Co. Limerick, met dateringen van 7880 ± 60, resp. 8030 ± 60 BP, en $\delta^{13}C$-waarden van -19,95, resp. -20,86‰. Deze waarden wijzen waarschijnlijk op een vleesrijk C-3 dieet, hoewel een mariene component niet helemaal uitgesloten kan worden.

Op verschillende plaatsen in Europa vestigden mesolithische populaties zich langs de kusten, waar zij zich toelegden op de exploitatie van mariene voedselbronnen. Dat is onder andere beschreven voor Denemarken (Tauber, 1983), Noorwegen (Johansen, Gulliksen & Nydal, 1986), Portugal (Lubell et al., 1994), terwijl er aanwijzingen zijn dat een dergelijke afhankelijkheid van marien voedsel ook al in het vroege mesolithicum in Engeland voorkwam (Clutton-Brock & Noe-Nygaard, 1990). Deze nadruk op marien voedsel is uiteraard gemakkelijk aantoonbaar met behulp van $\delta^{13}C$ in botcollageen. In het mesolithicum speelt C-4-voedsel immers geen rol van betekenis. Merkwaardig genoeg hebben verschillende onderzoekers die zich met stabiele isotopen in botcollageen van mesolithische populaties bezighielden geen rekening gehouden met het mariene reservoireffect. Zo lijken Clutton-Brock & Noe-Nygaard (1990) zich er niet van bewust te zijn dat de ^{14}C-datering van de hond van Seamer Carr enkele honderden jaren te oud is vanwege de grote hoeveelheden marien voedsel die het beest gegeten heeft. Maar nog curieuzer is dat zelfs Tauber (1983) dit mariene reservoireffect negeert bij de dateringen van laatmesolithische skeletten in Denemarken, terwijl hij eerder dit effect wel had beschreven bij arctische dieren en mensen met een marien dieet (Tauber, 1979). Volgens Tauber (1983) waren laatmesolithische populaties in Denemarken sterk afhankelijk van marien voedsel, wat leidde tot waarden van $\delta^{13}C$ in botcollageen tussen -15,7

en -11,4‰. Met het eerste optreden van de vroegneolithische Trechterbekercultuur verdween deze afhankelijkheid. In botcollageen van vroegneolithische mensen werden waarden van $\delta^{13}C$ tussen -18,1 en -22,9‰ gemeten. De overgang mesolithicum-vroeg-neolithicum in Denemarken lijkt dus bovendien zeer goed gedefinieerd te zijn in termen van ^{14}C-ouderdom (Tauber, 1983: fig. 1). Dat is echter het gevolg van het negeren van het mariene reservoireffect in de ^{14}C-leeftijden van mesolithische skeletten. Dat kan het beste worden aangetoond met de dateringen van de beide graven van Dragsholm, die in Taubers figuur aan weerszijden van de mesolithisch-neolithische overgang liggen.

Bij Dragsholm op NW-Sjaelland werden twee graven ontdekt op slechts 2 m van elkaar, op de helling van een laag heuveltje (Brinch Petersen, 1974). In graf I waren twee vrouwen begraven (ca. 18, respectievelijk 40-50 jaar oud), bestrooid met oker en voorzien van typisch laatmesolithische grafgiften als een versierde benen dolk en een ketting van doorboorde dieretanden, voornamelijk afkomstig van edelhert. In graf II was een man begraven (ca. 20 jaar oud), die als grafgiften een doorboorde stenen hamer, transversale pijlpunten, een trechterbeker van het type A en barnstenen kralen had meegekregen, dus typische vroegneolithische voorwerpen. Uit graf I werden twee monsters been gedateerd: 5160 ± 100 BP (K-2224), $\delta^{13}C$ = -11,4‰, respectievelijk 5720 ± 100 BP (K-2225), $\delta^{13}C$ = -12,1‰. K-2225 werd gemeten aan bot dat met een conserverende olie was behandeld tijdens de opgraving. Kennelijk liet deze olie zich niet meer verwijderen: de datering moet als onbetrouwbaar worden beschouwd. Uit graf II werd één monster been gedateerd op 4840 ± 100 (K-2291), $\delta^{13}C$ = -21,7‰.

De vrouw uit graf I, met datering K-2224, moet gezien haar zeer hoge waarde van $\delta^{13}C$ een grotendeels marien dieet hebben gehad. In dit gedeelte van het Kattegat zal dat tot een veroudering als gevolg van marien reservoireffect van ca. 300-350 jaren hebben geleid (zie Olsson, 1980). De werkelijke ^{14}C-ouderdom van graf I ligt dus rond 4800-4850 (± 100) BP. De man uit graf II heeft gezien zijn waarde van $\delta^{13}C$ een puur terrestrisch C-3-dieet gehad. Zijn ^{14}C-ouderdom hoeft dus niet gecorrigeerd te worden. Daarmee verandert het beeld dus drastisch: in plaats van twee graven die in de tijd duidelijk gescheiden zijn, en die gezien de grafgiften ook weinig met elkaar van doen hebben, hebben we nu twee graven die qua ^{14}C-ouderdom vergelijkbaar zijn en die mogelijk niet toevallig vlak naast elkaar liggen! Voorzichtigheid blijft echter op zijn plaats: gezien de grote standaarddeviaties mag niet zonder meer tot gelijktijdigheid worden besloten. Het is niet uitgesloten dat de werkelijke ^{14}C-ouderdommen 100 à 200 jaren uiteen liggen. Maar het is eveneens mogelijk dat graf II in feite ouder is dan graf I. In plaats van een fraaie en abrupte overgang van mesolithicum naar neolithicum, zoals Tauber (1983: fig. 1) suggereert, zou zelfs een overlap van beide perioden aanwezig kunnen zijn! Overigens zal in enkele nieuwe publikaties wel aandacht worden besteed aan verouderingen ten gevolge van mariene reservoireffecten bij mesolithisch populaties in Zuid-Scandinavië (Meiklejohn, Brinch Petersen & Alexandersen, in druk a en b).

5. CONCLUSIES EN AANBEVELINGEN

Op basis van de in dit artikel beschreven ^{14}C-dateringen en bijbehorende metingen aan stabiele isotopen kunnen de volgende conclusies worden getrokken.

– ^{14}C-dateringen aan menselijk bot kunnen te oud zijn als gevolg van de consumptie van vis, en daaruit resulterende reservoireffecten. Met name zoetwatervis kan aanzienlijke verouderingen opleveren;

– ^{14}C-ouderdomsbepalingen aan menselijk bot uit prehistorie en Romeinse tijd in Nederland lijken evenwel in meerderheid betrouwbaar te zijn. Eventuele verouderingen als gevolg van visconsumptie zijn zo klein, dat de dateringen niet afwijken van de hout/ houtskooldateringen waarop de ^{14}C-chronologie berust. Toch zijn enkele gevallen van significante veroudering als gevolg van consumptie van riviervis (Swifterbant, S-2) of zeevis (Valkenburg Z.H.) bekend. Ook in Ierland lijken ^{14}C-dateringen aan prehistorisch menselijk been betrouwbaar te zijn. Een Brits onderzoek, gebruik makend van δ^{13}C en δ^{15}N in prehistorisch menselijk botcollageen, laat zien dat inderdaad plaatselijk met consumptie van aanzienlijke hoeveelheden zoetwatervis, òf van zeevis gerekend moet worden. Bij neolithische/eneolithische populaties aan de Dnieper in de Oekraïne zijn duidelijke verouderingen in de ^{14}C-leeftijden aanwezig, als gevolg van consumptie van riviervis en -mosselen;

– ^{14}C-ouderdomsbepalingen aan middeleeuwse en post-middeleeuwse menselijke skeletten in Nederland vallen in de regel te oud uit door reservoireffecten. Ouderdomsbepaling met behulp van de ^{14}C-methode aan dit materiaal is dus weinig zinvol. Datering heeft alleen zin in het kader van *paleo-diet studies* als ook historische leeftijden bekend zijn, en verouderingen als gevolg van reservoireffecten bepaald kunnen worden. Deze verouderingen leveren extra informatie met betrekking tot het genuttigde voedsel op. Dat wil natuurlijk niet zeggen dat elke ^{14}C-datering aan middeleeuws menselijk bot een onjuiste ouderdom oplevert. Voor vroegmiddeleeuws materiaal lijkt de situatie iets gunstiger indien Domitianus en Martinus van Tongeren als kenmerkend voor deze periode kunnen worden beschouwd.

Ook vegetariërs uit latere eeuwen zullen betrouwbare ^{14}C-dateringen opleveren, maar deze kunnen alleen met behulp van δ^{13}C en δ^{15}N worden geïdentificeerd.

In Ierland is dezelfde opvallende verschuiving van de gemiddelde waarde van δ^{13}C te zien, van -21,74‰ in dierlijk botcollageen naar -20,03‰ in middeleeuws menselijke botcollageen. Aangezien het hier ook om een christelijke populatie gaat, onderworpen aan dezelfde kerkelijke voorschriften, zal consumptie van zeevis als de belangrijkste reden voor deze verschuiving moeten worden beschouwd. Historische dateringen zijn niet bekend bij deze Ierse groep; over reservoireffecten kan dus geen uitspraak worden gedaan. Maar in feite geldt voor dit middeleeuwse Ierse materiaal hetzelfde als voor het Nederlandse: de ^{14}C-dateringen zullen ongetwijfeld te oud zijn, en datering van middeleeuws menselijk bot moet afgeraden worden indien het doel het verkrijgen van een nauwkeurige ouderdomsbepaling is. Verwacht mag worden dat wat voor middeleeuws Nederland en Ierland geldt, ook van toepassing is op andere gebieden in middeleeuws Europa.

Een systematischer aanpak van het probleem van de verouderingen als gevolg van reservoireffecten en van de betrouwbaarheid van ^{14}C-ouderdomsbepalingen aan menselijk bot is noodzakelijk.

Om te beginnen is het eigenlijk nodig dat ^{14}C-laboratoria naast δ^{13}C ook δ^{15}N in menselijk botcollageen bepalen. Dat zou een aanzienlijk beter beeld geven van het voedsel dat de betreffende mensen hebben genuttigd. Om dezelfde reden is het wenselijk dat δ^{13}C van de carbonaatfractie van het menselijke botapatiet wordt bepaald. Of een en ander is te realiseren is niet bekend, maar het dateren van meer middeleeuws menselijk bot is zinloos indien niet tevens een poging wordt gedaan om te bepalen hoe betrouwbaar die dateringen eigenlijk zijn.

Vervolgens is het wenselijk dat van meer historisch gedateerd menselijk skeletmateriaal de ^{14}C-ouderdom wordt bepaald. De eventuele verouderingen als gevolg van reservoireffecten leveren namelijk extra informatie op met betrekking tot het genuttigde voedsel. Uiteraard moeten gelijktijdig ook δ^{13}C en δ^{15}N worden gemeten. Daarbij moet geprobeerd worden ook de sociale onderlaag van de maatschappij gedateerd te krijgen, omdat verwacht mag worden dat die andere consumptiepatronen kende dan de hogere klassen. Vlees en zoetwatervis hebben voor de armen waarschijnlijk nauwelijks een rol van betekenis gespeeld. Het begrip 'historisch dateerbaar' moet overigens ruim worden opgevat. Daar kan ook skeletmateriaal toe worden gerekend dat in context met een scherpe ^{14}C-datering is gevonden. Ook dan kan namelijk veroudering ten gevolge van reservoireffecten worden berekend. Daarbij kan gedacht worden aan 'los' skeletmateriaal uit nederzettingen. Met name in prehistorische nederzettingen blijkt dit regelmatig voor te komen (zie Runia, 1987; Meiklejohn & Constandse-Westermann, 1978; Louwe Kooijmans, 1985: p. 102).

Daarnaast zal meer aandacht moeten worden besteed aan reservoireffecten in stromend en stilstaand zoet water. Dat kan op twee manieren gebeuren:

a. Bepaling van schijnbare ouderdommen van vlees en botcollageen van recente vissen uit verschillende rivieren, meren en plassen;

b. Bepaling van ^{14}C-ouderdommen van collageen in botten van zoetwatervis in goed gedateerde prehistorische en vroeghistorische nederzettingen of nederzettingslagen. Daarbij is van belang dat de biotopen van de betreffende vissen gereconstrueerd kunnen worden.

Tenslotte is het nodig dat meer onderzoek wordt verricht aan fractionering van stabiele koolstof- en stikstofisotopen in vlees van zoetwatervis en -mosselen, in botcollageen van zoetwatervis en schelpen van zoetwatermosselen, waarbij opnieuw onderscheid moet worden gemaakt tussen stromend en stagnerend zoet water. Dit onderzoek is nodig om een beter inzicht te krijgen in de invloed van consumptie van zoetwatervoedsel op δ^{13}C en δ^{15}N in menselijk botcollageen.

6. DANKBETUIGINGEN

Van de velen die hebben bijgedragen tot de totstandkoming van dit artikel willen we enkelen met name noemen:
– Harm-Jan Streurman, die al jaren geleden uit pure belangsteling is begonnen met isotopenonderzoek aan water, vis en mosselen, en die zijn resultaten belangeloos ter beschikking stelde;
– Lex Runia, van wiens δ^{13}C-bepalingen in botcollageen wij dankbaar gebruik hebben gemaakt;
– Gerry McCormac, die ons de δ^{13}C-bepalingen in botcollageen verricht in Belfast ter beschikking stelde, hoewel wij van zijn gegevens uiteindelijk geen gebruik hebben gemaakt;
– Dr. B.K.S. Dijkstra, voor zijn kritische op- en aanmerkingen betreffende de identificaties en dateringen van skeletten uit Rijnsburg en Egmond;
– Prof.dr. E.H.P. Cordfunke, voor zijn op- en aanmerkingen betreffende de dateringen van Floris I en St. Adelbert;
– Rupert Housley en John Vogel, voor hun toelichtingen bij de datering van de relieken van St. Adelbert in Oxford;
– R. de la Haye, die ons attent maakte op de dateringen in Leuven van de relieken van Domitianus en Mengoldus uit Hoey.

7. SUMMARY

What do Count Florence V, skeleton Swifterbant S2 and otters have in common?

Introduction
At present bone is considered to be an excellent material for radiocarbon dating. In the late 50's and early 60's bone was seen as a rather problematic material, however. This was not only due to the lack of a standard pretreatment, and the fact that sometimes carbonate was dated instead of collagen, but in the Netherlands also because the radiocarbon dates of some historically known personalities – Count Florence V of Holland and relatives – were several hundreds of years too old, even without corrections for isotopic fractionation and calibration. The differences – up to 400 ^{14}C-years – were too large to be explained by marine reservoir effect only, but other explanations were lacking.

Reservoir effects are caused by consumption of nonterrestrial food and can be traced by stable isotope research (δ^{13}C and δ^{15}N). Paleo-diet studies have been carried out only on a minor scale in the Netherlands: Runia (1987) studied prehistoric populations in West-Friesland, but was not able to measure δ^{15}N, van Klinken (1991) studied prehistoric populations in the Caribbean. At the moment no facilities for paleo-diet studies are available.

Radiocarbon dating and reservoir effects
The conventions on which radiocarbon dating is based are well-known. It should be stressed that these conventions deal with terrestrial material, in equilibrium with atmospheric $^{14}CO_2$. The 'recent activity' of 100% is the ^{14}C activity of wood of 1950 AD, the correction for isotopic fractionation to -25‰ is based on the $^{12}C/^{13}C$ ratio in wood, as well. In terrestrial material depletion or enrichment in ^{14}C is only due to isotopic fractionation.

In fig. 1 the inorganic carbon cycle is shown schematically. In each reservoir the value of δ^{13}C in ‰ is indicated in the lower left-hand corner, the ^{14}C-activity in % in the lower right-hand corner. In the inorganic carbon cycle socalled reservoir effects can be present: apparent ages of datable materials, created by the absence of equilibrium with atmospheric $^{14}CO_2$.

In ocean water δ^{13}C of dissolved inorganic carbon is +1‰. Equilibrium with the atmosphere would imply a ^{14}C-activity of c. 105.2% (a difference of 26‰ in ^{13}C means a difference of 52‰ or 5.2% in ^{14}C). In ocean surface water and deep water should be differentiated. Rapid exchange of CO_2, and thus of $^{14}CO_2$, exists only between surface water and atmosphere. Exchange between surface water and deep water is very slow. The amount of deep water is considerably larger than that of surface water. Together with the slow exchange this results in a much lower ^{14}C-activity in deep water than in surface water. Due to welling up of deep water the surface water contains less than the expected 105% ^{14}C. In the northern Atlantic Ocean and in the North Sea the ^{14}C-activity is c. 100%. This difference of c. 5% corresponds with c. 400 ^{14}C-years. When dating marine samples according to the conventions correction for this reservoir effect has to be applied, by subtracting 400 years of the radiocarbon age BP. The marine reservoir effect is not only present in marine creatures, but also proportionally in animals and humans that live partly on marine food.

With fresh water, difference should be made between running and stagnant water. Running water in the

Netherlands, i.e. river water, consists largely of groundwater, although even in the rivers Rhine, Waal and IJssel a meltwater component is noticeable. Percolating rainwater dissolves CO_2 in the root zone of the vegetation layer. This CO_2 has a 'recent' ^{14}C-activity, its $\delta^{13}C$ is c. -25‰. In the deeper subsoil exchange takes places between this dissolved CO_2 and fossil marine carbonate, with no ^{14}C-activity and $\delta^{13}C$ = +1‰, until an equilibrium is reached in which CO_2 in groundwater has only half the 'recent' [14]C activity and $\delta^{13}C$ is c. -12‰. Dissolving of extra CO_2 and exchange processes in the unsaturated zone result in values as indicted in fig. 1. Due to exchange with atmospheric CO_2, and to mixing with other types of water, river water usually has smaller reservoir effects downstream.

Stagnant water, i.e. lake or canal water, can regain 'recent activity', due to exchange with atmospheric CO_2. In reality most lake and canal waters show reservoir effects, probably partly due to seepage of groundwater, but largely to CO_2 originating from organic sediments (see also Olsson, 1983). In table 1 apparent ages of flesh of freshwater mussels and fish and of carbonate in shells of freshwater mussels are shown. Very large 'reservoir effects' are found in the upper streams of small rivers in the northern Netherlands and in canals in the NO-Polder. But even in the rivers Waal and Maas reservoir effects of c. 2000 years are present. The reservoir effects in the IJsselmeer are surprisingly large.

It is clear that consumption of freshwater fish can result in radiocarbon ages of the consumers that are considerably too old.

The fractionation of ^{13}C in food chains
In terrestrial food chains the fractionation of ^{13}C is well studied. The model by Lee Thorp et al. (1989) is based on the assumption that proteins in tissues of the consumer are derived from proteins in the food, and carbonate in bone apatite is derived from blood CO_2 and ultimately from all energy supplying components in the diet, including excess protein. The carbonate fraction therefore reflects the mean isotopic composition of the whole diet.

In a series of experiments Ambrose & Norr (1993) showed that values of $\delta^{13}C$ in bone collagen of rats depend not only on the values of $\delta^{13}C$ of the protein fraction in the food, but also on the amount of protein, and on the difference in $\delta^{13}C$ values of protein and non-protein fractions. They concluded that $\delta^{13}C$ values in bone collagen overestimate the amount of protein in the food, especially when this contains small amounts of protein. The explanation is that proteins are used in the first place to produce tissues like collagen, and are only used as energy suppliers in case of excess. The same applies undoubtedly to humans, as well.

This means that linear mixing models, using values of $\delta^{13}C$ in bone collagen of the consumer, and in the different components of the diet, cannot be used in paleo diet studies. On the other hand, $\delta^{13}C$ in carbonate in bone apatite reflects whole diet composition with such fidelity that it should be routinely analyzed along with $\delta^{13}C$ in bone collagen.

In NW-Europe all major food crops belong to the C-3 plants, with values of $\delta^{13}C$ in the order of -26 ± 1‰. Millet and maize are the exceptions. They belong to the C-4 plants, with $\delta^{13}C$ = -12 ± 1‰. Millet has been grown in Central Europe since the Early Neolithic, although apparently always in small quantities; maize was of no importance before the 20th century.

Recently van Klinken et al. (1994) showed that the mean values of $\delta^{13}C$ in wood and charcoal show a geographical trend, with the lowest values in NW Europe. This trend is probably related to climatic differences. They see the same trend in the mean values of $\delta^{13}C$ in bone collagen. These means are, however, based on both animal and human bone collagen which is methodically incorrect.

In fig. 5 the values of $\delta^{13}C$ in bone collagen in the Netherlands are shown, divided into 3 groups: animal, human-prehistoric and human-medieval. The animals are almost exclusively C-3 herbivores. Means and standard deviations are as follows:

Animal N=139	-21.20 ± 0.58‰
Human/prehistoric N=81	-20.66 ± 0.86‰
Human/medieval N=44	-19.73 ± 0.73‰

All $\delta^{13}C$'s were determined in Groningen, as a rule for dating purposes. A large part of the prehistoric humans were not dated, however, but only studied by Runia in the context of his paleo-diet work.

In Groningen large numbers of bone samples from Ireland have been dated during the past years, which allows a comparison (fig. 6):

Animal N=39	-21.74 ± 0.57‰
Human/prehistoric N=61	-21.46 ± 0.46‰
Human/medieval N=51	-20.20 ± 0.78‰

With the animals the predicted geographic trend is clearly present. The shifts between animals and the two groups of humans in both areas can only be explained in terms of diet, changes in diet, and the influence of non C-3 food.

The fractionation of ^{13}C in the marine food chain is relatively well-known. Humans who live largely or exclusively on marine food show $\delta^{13}C$-values in their bone collagen of -13 ± 1‰.

The fractionation of ^{13}C in freshwater food chains is less well-known. Again, a difference should be made between running and stagnant water. Table 2 shows the values of $\delta^{13}C$ in the 'flesh' (not defatted) of freshwater mussels and fish in the Netherlands. According to Katzenberg et al. (1995, p. 344) fish flesh should be 2-4‰ more negative than bone collagen. In the Heegermeer perch pike the difference if in fact 1.5‰. In the IJsselmeer perch pikes collagen has more negative values than flesh, which might be due to a change in biotopes.

It is likely that, at the end of freshwater food chains, values of $\delta^{13}C$ in bone collagen of -24‰ in lowland rivers and -20‰ in lakes and canals can be expected. It might be possible to check this in bone collagen of otters, provided their biotopes are well-defined.

Reservoir effects in human bone collagen
Consumption of fish, whether marine or freshwater, causes reservoir effects in human bone collagen. It is possible to get an impression of the mean diet over the last 10 years of a human being by checking $\delta^{13}C$ and $\delta^{15}N$ in his bone collagen. Unfortunately radiocarbon laboratories only measure $\delta^{13}C$ routinely. With $\delta^{13}C$ alone it is not possible to decide whether less negative values are caused by consumption of marine fish or of C-4 food, or whether values around -21‰ are the result of an almost vegetarian diet or of consumption of terrestrial meat and freshwater fish, or of a mixture of marine and freshwater fish. Undoubtedly the same is true for $\delta^{15}N$ as is the case for $\delta^{13}C$, namely that its values overestimate the amount of protein in the food, when using a linear mixing model, especially when this food contains only small amounts of proteins.

With $\delta^{15}N$ as an extra tool, one can be more precise because $\delta^{15}N$ is far more positive in fish than in terrestrial food. In some cases it is possible, however, to decide whether radiocarbon dated human bone has a reservoir effect or not, namely when the date of decease of the person in question is known. In the Belfast calibration curve of 1986 the radiocarbon age belonging to the year of decease (minus 10 years, to correct for the long turn-over time of bone collagen) can be found. This expected radiocarbon age only makes sense when the person in question lived exclusively on terrestrial food. The difference between 'observed' and 'expected' radiocarbon age is compared with the standard deviation of the observed age. Where the difference is larger than 3x the standard deviation it is reported to be significant and due to reservoir effect. But it should be born in mind, that according to counting statistics differences smaller than 3x the standard deviation can still indicate real reservoir effects.

In chapters 4.2.2 to 4.2.8 radiocarbon ages of bone collagen of historically known or precisely datable human remains from NW-Europe are described. The results are shown in tables 4-6. In 4.2.9 the radiocarbon ages of some historically datable animal bones are given (table 7).

It is clear that in some cases, especially with the 11th-13th century Counts of Holland large reservoir effects, up to 400 years, are present. In chapter 4.3 the observations are analyzed. The reference material is animal bone. The graphs of $\delta^{13}C$ in Dutch and Irish animal bone collagen can be considered to be typical of a purely vegetarian C-3 diets. It is known that in extreme circumstances (modern sheep on North Ronaldsay eating seaweed, Mesolithic dogs eating seafood) animals may have totally aberrant values of $\delta^{13}C$, but in the Dutch and Irish material these aberrant values do not occur.

In prehistoric human bone collagen from the Netherlands (including the Roman period) the shift of the mean $\delta^{13}C$ values is only slight: from -21.20‰ in animals to -20.66‰ in humans. The spread of the $\delta^{13}C$ values in human bone is, however, wider than in animal bone. At both extremes of the human curve clear cases of reservoir effect are present. The skeleton with the highest $\delta^{13}C$, -18.1‰, was found in closely datable context in the Roman fort at Valkenburg. A reservoir effect of 160 ± 40 years is present, most likely due to consumption of seafood. The skeleton with $\delta^{13}C$ = -22.55‰ from Swifterbant site S-2, has a reservoir effect of 240 ± 65 ^{14}C years or more, due to consumption of freshwater fish. In general, however, prehistoric populations in the Netherlands seem to have had terrestrial diets, the slight shift caused by consumption of flesh of C-3 herbivores. The same seems to be true for Irish prehistoric people, with an even smaller shift in mean $\delta^{13}C$ values: -21.74‰ in animal, and -21.46‰ in human bone collagen. At the negative extreme of the human curve reservoir effects of c. 100 ^{14}C-years may be present in three graves from Straid, Co. Derry.

Research in Britain, using $\delta^{13}C$ and $\delta^{15}N$ in prehistoric human bone collagen, showed that basically three types of diets were used, which can be identified as C-3 (including flesh of C-3 herbivores), C-3, with seafood and C-3 with freshwater fish (fig. 7). Unfortunately, no bone from the sites with fish diets seems to have been ^{14}C-dated, which means that the resulting reservoir effects cannot be shown. Probably part of the aberrant dates of the British Museum beaker dating programme (Kinnes et al., 1991) can be explained by reservoir effects. Determination of $\delta^{15}N$ could solve this problem.

However, in six recently published (Hedges et al., 1955: p. 427) dates of human bone excavated in cemeteries along the R. Dnieper in the Ukraine, reservoir effects due to consumption of riverfish are clearly present. Five dates can be ascribed to phase II of the Dnieper-Donets culture, and one to phase II[a] of the Srednij Stog culture. In both cultures clear evidence for reliance on riverfish, and in the case of the Dereivka settlement also rivermussels, is available. According to van Klinken et al. (1994) in the Ukraine values of $\delta^{13}C$ in wood and charcoal can be expected that are slightly less negative than those in the Netherlands. Less negative values of $\delta^{13}C$ than in the Netherlands could also be expected in bone collagen of C-3 herbivores and of humans living on C-3 plants and flesh of C-3 herbivores. In the Netherlands values lower than -22‰ in prehistoric human bone collagen are exceptional, and in at least one case clearly the result of consumption of riverfish. In the Ukraine values lower than -22‰ must also be due to riverfood, and therefore the corresponding radiocarbon ages must be too old due to river reservoir effects.

The five dates for phase II of the Dnieper-Donets culture therefore do not indicate that this phase started 300 years earlier than previously thought (Lillie, in

Hedges et al., 1995: p. 427), but indicate a reservoir effect of 300 years (or more). The same is true for the date of phase II[a] of the Srednij Stog culture. This phase can be dated to around 5000-4900 BP, as indicated by Telegin (1986: p. 107). Of the four dates for the Dereivka settlement the two on shells of rivermussels should be rejected because these shells 'suffer' from reservoir effect as well. Of the two horse bone dates, UCLA-1466A 5515 ± 90 BP should be rejected, because it is even older than the shell dates, whereas UCLA-1671A 4900 ± 100 BP appears to be correct.

In medieval (and later) human bone the shifts are much larger: in the Netherlands from -21.20‰ in animals to -19.73‰ in human bone collagen, in Ireland from -21.74 to -20.20‰. These large shifts can only be explained by increased consumption of fish, ultimately caused by dietary prescriptions by the Church, by improved infrastructures and by better methods of food preservation. In the early 13th century meat was not allowed on Wednesdays, Fridays and Saturdays, during the six weeks before Lent, and on a number of other days. Later these rules were mitigated, until finally only Fridays and the six weeks before Lent remained meatless. On the days of abstinence of meat, fish was allowed.

Already during the 12th century seafish was traded far inland. Salted or smoked herring and dried cod became cheap bulk foods. Freshwater fish was eaten as well, but it is not unlikely that due to seigniorial rights on fisheries in inland waters freshwater fish was largely eaten by the higher classes. In the Dutch medieval human group reservoir effects are quite common in the cases where they can be checked, but they are not connected with extreme values of $\delta^{13}C$. That means that they are the result of a combination of sea and freshwater fish. That is especially clear in the case of the Counts of Holland. It should be born in mind, however, that counts and saints are not representative for the whole population. Historically dated lower-class people are not represented in the sample. Two early-medieval skeletons from Zutphen-Waterstraat may belong to these lower classes. Collagen of one of these skeletons shows a $\delta^{13}C$ of -18.05‰. Cattle bone from the same grave, almost certainly buried at the same time while still connected to the hide in which the skeleton may have been wrapped, turned out to have a comparable ^{14}C-age, showing that no reservoir effect is present in the human bone collagen. The high value of $\delta^{13}C$ is therefore most likely caused by millet, although millet is not reported as a major food crop in the early medieval period. Millet may also be the origin of the $\delta^{13}C$ of -18.2‰ in the bone collagen of the 'English' soldier, buried in Deventer in 1795.

Remarkable in the Irish graph are the negative values of $\delta^{13}C$ in the Early Christian Clonmacnoise bones. These seem to indicate special dietary rules for the inhabitants of this monastic settlement. The mean value of $\delta^{13}C$ in this small subgroup (N=8) is -21.22‰, with

a standard deviation of ±0.30‰. For the remaining 43 individuals these values are -20.03, and 0.69‰.

In 4.3.4 attention is drawn to radiocarbon dates of Mesolithic populations, especially in Denmark. Sofar, no attention is given to reservoir effects although these should be present according to the very high values of $\delta^{13}C$ in Danish Mesolithic human bone collagen, pointing towards consumption of large amounts of seafood. In Dragsholm the two graves, one with two Mesolithic females, the other with a Neolithic man, may in fact be contemporary.

Values of -19.95 and -20.86‰ in mesolithic human bones, excavated in Killuragh Cave, Co. Limerick, Ireland (7880±60, resp. 8030±60 BP) seem to indicate consumption of large amounts of meat of C-3 herbivores, although a marine component may be present.

Conclusions and recommendations
The following conclusions can be drawn:
– Radiocarbon dates of human bone may be too old due to the consumption of fish which introduces reservoir effects;
– Radiocarbon dates of prehistoric human bone in the Netherlands seem nevertheless to be reliable, with only a few cases of 'fish effect', connected with extreme values of $\delta^{13}C$. The same applies to prehistoric human bone from Ireland. A British study based on $\delta^{13}C$ and $\delta^{15}N$ in prehistoric human bone collagen, showed that freshwater fish or seafish played important roles locally, but that otherwise terrestrial C-3 diets were the rule;
– Radiocarbon dates of medieval (and later) human bone in the Netherlands are likely to be too old. The large shift in the mean value of $\delta^{13}C$ clearly indicates the increased consumption of fish because of prescriptions by the church and the availability of seafish as a cheap bulk food. This increased consumption does not always show up in the values of $\delta^{13}C$: a mixture of sea and freshwater fish produces a $\delta^{13}C$ that is comparable to the one produced by a terrestrial C-3 menu. The same shift in $\delta^{13}C$ is also visible in medieval Irish populations. The same aberrant radiocarbon ages can be expected.

It is recommended that in future radiocarbon laboratories not only measure $\delta^{13}C$ in bone collagen, but in the carbonate fraction of bone apatite, too and also $\delta^{15}N$ in bone collagen when human bone is submitted for dating. Without $\delta^{15}N$, it is almost impossible to estimate the reliability of the age determination. Apart from that, it is recommended that more historically dated human bone or human bone found in well-dated prehistoric contexts should be radiocarbon dated, to get an better idea of reservoir effects.

More attention should be given to reservoir effects in fresh water, either by radiocarbon dating of flesh and bone collagen of modern fish or by radiocarbon dating of collagen in fish bone found in well-dated prehistoric contexts. Finally, more research should be carried out regarding fractionation of ^{13}C and ^{15}N in freshwater fish and mussels.

The appendix deals with the determination of δ^{13}C in bone collagen, carried out in Groningen. The mass spectrometers used are VG Micromass 903 and SIRA 9. Recently a Europe Scientific 20-20 was used as well, but this instrument turned out to be insufficiently accurate for the purpose. For that reason 16 determinations, largely in Irish bone collagen, had to be discarded. The laboratory procedures have been described by Runia (1987: p. 154). The reproducibility was checked by multiple determination of δ^{13}C in collagen extracted from a fresh cattle bone: a mean value of -21.56‰, and a standard deviation of 0.06‰.

According to Schwarcz (1991: p. 268) collagen from different bones of the same skeleton shows comparable values of δ^{13}C. In archaeological material, however, large differences may be seen between bones of the same skeleton. This seems to be due to the much greater absorption of humic substances by porous bones, compared with solid bone, and by differences in pretreatment.

In figs. 5 and 6 only Groningen determinations of δ^{13}C have been used (with the exception of two duplicates and one new determination carried out in Pretoria). The reason for this is that two comparable groups of prehistoric human bone from Ireland, dated in Groningen, resp. Oxford produced totally different sets of values of δ^{13}C. Whereas the Groningen graph approaches in shape a Gaussian curve, the Oxford graph is very irregular in shape, and covers a much wider range (fig. 8). According to us this can only be an instrumental problem. It seems safer not to use results from other laboratories, without checking.

Finally, an account is given of the determinations not used in the figures, and of the reasons why. The number is actually very small: of the Dutch material 5 values of δ^{13}C in animal bone, 1 in prehistoric human bone and 1 in medieval human bone, of the Irish group one value of δ^{13}C in animal bone. Values of δ^{13}C in collagen extracted from antler were not used. Experience shows that these values scatter much more than those in bone collagen, almost certainly because of the greater absorption of humic substances by antler.

8. LITERATUUR

AMBERS, J.C., 1990. Identification of the use of marine plant material as animal fodder by stable isotope ratios. *PACT* 29, pp. 251-258.

AMBROSE, S.H. & L. NORR, 1993. Experimental evidence for the relationship of the carbon isotope ratios of whole diet and dietary protein to those of bone collagen and carbonate. In: J.B. Lambert & G. Grupe (eds.), *Prehistoric bone. Archaeology at the molecular level*. Berlin etc., Springer Verlag, pp. 1-37.

AVERY, M., 1993. *Hillfort defences of southern Britain* (= BAR British Series 231). Oxford, 3 volumes. Especially Volume II: Appendix A. The evidence of individual sites.

BAKELS, C.C., 1982. The settlement system of the Dutch Linearbandkeramik. *Analecta Praehistorica Leidensia* 15, pp. 31-43.

BEHRE, K.-E., 1991. Zum Brotfund aus dem Ipweger Moor, Ldkr. Wesermarsch. *Berichte zur Denkmalpflege in Niedersachsen* 1/91, p. 9.

BLACK, M., 1992. *The medieval cookbook*. London, British Museum Press.

BRANNON, N.F., B.B. WILLIAMS & J.L. WILKINSON, 1990. The salvage excavation of Bronze Age cists, Straid townland, county Londonderry. *Ulster Journal of Archaeology* 53, pp. 29-39.

BRINCH PETERSEN, E., 1974. Gravene ved Dragsholm. Fra jaegere til bønder for 6000 år siden. *Nationalmuseets Arbejdsmark*, pp. 112-120.

BRINKHUIZEN, D.C., 1977. Preliminary notes on fish remains from archaeological sites in the Netherlands. *Palaeohistoria* 21, pp. 83-90.

BRINKHUIZEN, D.C., 1994. Het dieet van de otter (*Lutra lutra*) in twee voormalige ottergebieden in Friesland. *Paleo-Aktueel* 5, pp. 143-147.

CHARLIER, C. & Ph. GEORGE, 1982. Ouverture des chasses des saints Domitien et Mengold au trésor de Notre-Dame de Huy. *Annales du Cercle Hutois des Sciences et Beaux-Arts* 36 (107e année), pp. 31-75.

CHISHOLM, B.S., D.E. NELSON & H.P. SCHWARCZ, 1983. Dietary information from δ^{13}C and δ^{15}N measurements on bone collagen. *PACT* 8, pp. 391-395.

CLASON, A.T. & D.C. BRINKHUIZEN, 1978. Swifterbant: mammals, birds, fishes (= Swifterbant contribution 8). *Helinium* 18, pp. 69-82.

CLUTTON-BROCK, J. & N. NOE-NYGAARD, 1990. New osteological and C-isotope evidence on mesolithic dogs: comparisons to hunters and fishers at Star Carr, Seamer Carr and Kongemose. *Journal of Archaeological Science* 17, pp. 643-653.

CORDFUNKE, E.H.P., 1987. *Gravinnen van Holland. Huwelijk en huwelijkspolitiek van de graven uit het Hollandse Huis*. Zutphen, De Walburg Pers.

CORDFUNKE, E.H.P. & G.J.R. MAAT, 1995. Sint Adelbert en Egmond: mythe of werkelijkheid? *Holland* 27, pp. 1-8.

DECKERS, P.H., 1979. The flint material from Swifterbant, earlier neolithic of the northern Netherlands. I. Sites S-2, S-4 and S-51 (= Final reports on Swifterbant II). *Palaeohistoria* 21, pp. 143-180.

DYER, C., 1988. The consumption of fresh-water fish in medieval England. In: M. Aston (ed.), *Medieval fish, fisheries and fishponds in England* (= BAR British Series 182). Oxford, part 1, pp. 27-35.

DIJKSTRA, B.K.S., 1979. *Graven en gravinnen van het Hollandse Huis*. Zutphen, De Walburg Pers.

DIJKSTRA, B.K.S., 1991. *Een stamboom in been. Vier eeuwen graven en gravinnen van het Hollandse Huis*. Amsterdam, De Bataafsche Leeuw.

DIJKSTRA, B.K.S., 1993. De relieken van St. Adalbert. *Oud-Alkmaar* 17 (2), pp. 10-21.

FAIRLEY, J., 1984. *An Irish Beast Book*. Belfast, Blackstaff Press. Second, enlarged edition.

FULDAUER, A. & J.W. BLOEMINK, 1989. Een mysterieuze begraafplaats uit de 18e eeuw. *Deventer Jaarboek*, pp. 50-64.

GROOT, B. DE, R. DIJKEMA & F. REDANT, 1988. *Vis, schelp- en schaaldieren*. Utrecht, Spectrum.

GROOTHEDDE, M., 1990. Zutphen in de zevende eeuw. Twee oude begravingen in de Waterstraat. *Oud-Zutphen* 9, pp. 43-50.

HAYE, R. DE LA, 1991. Nieuws over Domitianus, bisschop van Maastricht (6e eeuw). *De Maasgouw* 110, *31-*34.

HAYE, R. DE LA, 1992. Martinus van Tongeren, een negentiende-eeuwse heilige? In: P.J.H. Ubachs et al. (eds.), *Magister artium. Onderwijs, kerk en kunst in Limburg* (= Opstellen Br. Sigismund Tagage aangeboden bij zijn zeventigste verjaardag). Sittard, Stichting Charles Beltjens, pp. 221-231.

HAYE, R. DE LA, 1994. In welke eeuw leefde Sint Servaas? *De Maasgouw* 113, *5-*28.

HEERINGEN, R.M. VAN, 1993. Archeologische kroniek van Zeeland over 1992. *Archief van het Koninklijk Zeeuwsch Genoot-schap der Wetenschappen*, pp. 185-216.

HEIER NIELSEN, S., J. HEINEMEIER & N. RUD, 1994. High marine reservoir ages for Danish fjords compared to open water. *15th International Radiocarbon Conference Glasgow 1994, Book of Abstracts*, CE-37.

KATZENBERG, M.A., 1989. Stable isotope analysis of archaeological faunal remains from southern Ontario. *Journal of Archaeological Science* 16, pp. 319-329.

KATZENBERG, M.A., H.P. SCHWARCZ, M. KNYF & F.J. MELBYE, 1995. Stable isotope evidence for maize horticulture and paleodiet in southern Ontario, Canada. *American Antiquity* 60, pp. 335-350.

KINNES, I., A. GIBSON, J. AMBERS, S. BOWMAN, M. LEESE & R. BOAST, 1991. Radiocarbon dating and British Beakers: the British Museum programme. *Scottish Archaeological Review* 8, pp. 35-68.

KLINKEN, G.J. VAN, 1991. *Dating and dietary reconstruction by isotopic analysis of amino acids in fossil bone collagen – with special reference to the Caribbean*. Dissertatie Groningen.

KLINKEN, G.J. VAN, H. VAN DER PLICHT & R.E.M. HEDGES, 1994. Bone ^{13}C/^{12}C ratios reflect (palaeo-)climatic variations. *Geophysical Research Letters* 21, pp. 445-448.

KÖRBER-GROHNE, U., 1987. *Nutzpflanzen in Deutschland. Kulturgeschichte und Biologie*. Stuttgart, Konrad Theiss Verlag.

LANTING, J.N., 1973. Laat-neolithicum en vroege bronstijd in Nederland en NW-Duitsland: continue ontwikkelingen. *Palaeohistoria* 15, pp. 215-317.

LANTING, J.N., 1990. Nogmaals de bouwdatums van het houten gebouw onder de St.-Walburgkerk, en van de houten en tufstenen voorgangers van de Martinikerk. *Groningse Volksalmanak*, pp. 169-178.

LEE-THORP, J.A., J.C. SEALY & N.J. VAN DER MERWE, 1989. Stable carbon isotope ratio differences between bone collagen and bone apatite, and their relationship to diet. *Journal of Archaeological Science* 16, pp. 585-599.

LITTLE, E.A. & M.J. SCHOENINGER, 1995. The Late Woodland diet on Nantucket Island and the problem of maize in coastal New England. *American Antiquity* 60, pp. 351-368.

LOUWE KOOIJMANS, L.P., 1974. *The Rhine/Meuse delta. Four studies on its prehistoric occupation and holocene geology*. Dissertatie Leiden. Tevens verschenen als: *Oudheidkundige Me-dedelingen uit het Rijksmuseum van Oudheden te Leiden 53-54* (1972-73), en als: *Analecta Praehistorica Leidensia 7*, 1974.

LOUWE KOOIJMANS, L.P., 1983. *De autheuren der antiquiteten*. Rede, uitgesproken bij de aanvaarding van het ambt van gewoon hoogleraar in de prehistorie aan de Rijksuniversiteit te Leiden op vrijdag 25 februari 1983.

LOUWE KOOIJMANS, L.P., 1985. *Sporen in het land. De Neder-landse delta in de prehistorie*. Amsterdam, Meulenhoff.

LUBELL, D., M. JACKES, H. SCHWARCZ, M. KNYF & C. MEIKLEJOHN, 1994. The mesolithic-neolithic transition in Por-tugal: isotopic and dental evidence of diet. *Journal of Ar-chaeological Science* 21, pp. 201-216.

MEIKLEJOHN, C., E. BRINCH PETERSEN & V. ALEXAN-DERSEN, in druk 1. The later mesolithic population of Sjaelland, Denmark and the neolithic transition. In: M. Zvelebil, L. Domanská & R. Dennell (eds.), *The origins of farming in the Baltic zone*. Oxford.

MEIKLEJOHN, C., E. BRINCH-PETERSEN & V. ALEXAN-DERSEN, in druk 2. Anthropology and archaeology of mesolithic gender in the western Baltic. In: *Gender and material culture: from prehistory to the present*.

MEIKLEJOHN, C. & T. CONSTANDSE-WESTERMANN, 1978. The human skeletal material from Swifterbant, earlier neolithic of the Northern Netherlands: I. Inventory and demography (= Final reports on Swifterbant I). *Palaeohistoria* 20, pp. 39-89.

MOOK, W.G., 1968. *Geochemistry of the stable carbon and oxygen isotopes of natural waters in the Netherlands*. Dissertatie Gronin-gen.

MOOK, W.G., 1977. *Isotopologie, superspecialistisch of multidisci-plinair*. Oratie, uitgesproken ter gelegenheid van de aanvaarding van het ambt van gewoon lector in de isotopenfysica aan de Rijksuniversiteit te Groningen op dinsdag 15 november 1977.

MULDER-BAKKER, A.B., e.a., 1995. *De kluizenaar in de eik*. Hilversum, Verloren.

MURRAY, M.L. & M.J. SCHOENINGER, 1988. Diet, status, and complex social structure in Iron Age Central Europe: some contributions of bone chemistry. In: D. Blair Gibson & M.N. Geselowitz (eds.), *Tribe and polity in late prehistoric Europe*. New York & London, Plenum Press, pp. 155-176.

NEER, W. VAN & A. ERVYNCK, 1993. *Archeologie en vis* (= Herlevend Verleden 1). Zellik, Instituut voor het Archeologisch Patrimonium.

NOE-NYGAARD, N., 1988. δ^{13}C values of dog bones reveal the nature of changes in Man's food resources at the mesolithic-neolithic transition, Denmark. *Isotope Geoscience* 73, pp. 87-96.

OLSSON, I.U., 1980. Content of ^{14}C in marine mammals from northern Europe. *Radiocarbon* 22, pp. 662-675.

OLSSON, I.U., 1983. Dating non-terrestrial materials. *PACT* 8, pp. 277-294.

PIRLING, R., 1971. Ein Bestattungsplatz gefallener Römer in Krefeld-Gellep. *Archäologisches Korrespondenzblatt* 1, pp. 45-46.

PIRLING, R., 1983. Die Grabungen in Krefeld-Gellep, 1981/82. *Ausgrabungen im Rheinland '81/'82*, pp. 128-131.

POLLARD, A.M., 1993. Tales told by dry bones. *Chemistry & Industry* NS 50, pp. 359-362.

RÉAU, L., 1959. *Iconographie de l'art chrétien*. Paris, Presses universitaire de France. Spec. Tome III: *Iconographie des saints*, III P-Z, repertoires.

ROEVER, J.P. DE, 1979. The pottery from Swifterbant – Dutch Ertebölle? (= Swifterbant contribution 11). *Helinium* 19, pp. 13-27.

RUNIA, L.T., 1987. *The chemical analysis of prehistoric bones. A paleodietary and ecoarcheological study of Bronze Age West-Friesland* (= BAR Intern. Series 363). BAR, Oxford.

SCHOENINGER, M.J., 1989. Reconstructing prehistoric human diet. *Homo* 39, pp. 78-99.

SCHOENINGER, M.J., M.J. DENIRO & H. TAUBER, 1983. Stable nitrogen isotope ratios of bone collagen reflect marine and terrestrial components of prehistoric human diet. *Science* 220, pp. 1381-1383.

SCHOENINGER, M.J. & M.J. DENIRO, 1984. Nitrogen and carbon isotopic composition of bone collagen from marine and terrestrial animals. *Geochimica et Cosmochimica Acta* 48, pp. 625-639.

SCHOENINGER, M.J. & K. MOORE, 1992. Bone stable isotope studies in archaeology. *Journal of World Prehistory* 6, pp. 247-296.

SCHWARCZ, H.P., 1991. Some theoretical aspects of isotope paleodiet studies. *Journal of Archaeological Science* 18, pp. 261-275.

SCHWARCZ, H.P., J. MELBYE, M.A. KATZENBERG & M. KNYF, 1985. Stable isotopes in human skeletons of southern Ontario: reconstructing paleodiet. *Journal of Archaeological Science* 12, pp. 187-206.

TAUBER, H., 1979. ^{14}C-dating of arctic marine mammals. In: R. Berger & H.E. Suess (eds.), *Radiocarbon dating*. Berkeley/Los Angeles/London, University of California Press, pp. 447-452.

TAUBER, H., 1983. Carbon-13 evidence for the diet of prehistoric humans in Denmark. *PACT* 8, pp. 235-237.

TELEGIN, D.Y., 1986. *Dereivka. A settlement and cemetery of Copper Age horse keepers on the Middle Dnieper* (= BAR Intern. Series 287). Oxford.

TELEGIN, D.Y. & I.D. POTEKHINA, 1987. *Neolithic cemeteries and populations in the Dnieper Basin* (= BAR International Series 383). Oxford.

TIESZEN, L.L. & T. FAGRE, 1993. Carbon isotopic variability in modern and archaeological maize. *Journal of Archaeological Science* 18, pp. 227-248.

VIS, G.N.M., 1987. Adalbert van Egmond, een diaken in het gezelschap van Sint Willibrord? In: *Kennemer historie. Uit de geschie-denis van Alkmaar en omstreken* (= Alkmaarse Historische Reeks 7). Zutphen, Walburg Pers, pp. 17-36.

VOGEL, J.C., 1991. Over de radiokoolstof-dateringen van skeletten uit de abdijkerk te Rijnsburg. Bijlage 2 in: B.K.S. Dijkstra, *Een stamboom in been*. Amsterdam, De Bataafsche Leeuw, pp. 151-153.

VOGEL, J.C. & N.J. VAN DER MERWE, 1977. Isotopic evidence for early maize cultivation in New York state. *American Antiquity* 42, pp. 238-242.

WAALS, J.D. VAN DER, 1977. Excavations at the natural levee sites S2, S3/5 and S4 (= Swifterbant contribution 6). *Helinium* 17, pp. 3-27.

WEERD, M.D. DE, 1977. The date of Valkenburg I reconsidered: the reduction of a multiple choice question. In: B.L. van Beek, R.W. Brandt & W. Groenman-van Waateringe (eds.), *Ex Horreo*. Amsterdam, A.E. van Giffen Instituut voor Prae- en Protohistorie, pp. 255-289.

WINTER, J.M. VAN, 1981. Nahrung auf dem Lobither Zollhaus auf Grund der Zollrechnungen aus den Jahren 1426-27, 1427-28 und 1428-29. In: T.J. Hoekstra, H.L. Janssen & I.W.L. Moerman (eds.), *Liber Castellorum*. Zutphen, De Walburg Pers, pp. 338-348.

YPMA, Y.N., 1962. *Geschiedenis van de Zuiderzeevisserij*. Dissertatie Amsterdam. Tevens verschenen als no. 27 van de Reeks Publikaties der Stichting van het Bevolkingsonderzoek in de Drooggelegde Zuiderzeepolders.

ZAGWIJN, W.H., 1983. Applications of radiocarbon dating in geology. *PACT* 8, pp. 71-90.

BIJLAGE: Toelichting bij de figuren 5 en 6.

De procedure voor de bepaling van $d^{13}C$ in botcollageen in Groningen is beschreven door Runia (1987: p. 154). De massaspectrometers die in Groningen werden en worden gebruikt zijn een VG Micromass 903 en een SIRA 9. Recentelijk is ook een Europe Scientific 20-20 massaspectrometer gebruikt. Deze voldeed echter niet aan de verwachtingen wat betreft reproduceerbaarheid. Om die reden zijn bepalingen van $d^{13}C$ verricht op de ES 20-20 buiten beschouwing gelaten bij het vervaardigen van de figuren 5 en 6. Het betreft 16 bepalingen aan Iers botmateriaal (4x dierlijk, 10x menselijk/prehistorisch, 2x menselijk/middeleeuws) en 1 bepaling aan Nederlands botmateriaal (dierlijk).

De reproduceerbaarheid van $d^{13}C$-bepalingen werd door Runia getest door herhaalde meting aan een monster collageen, geëxtraheerd uit vers koeiebot. De gemiddelde waarde was -21.56‰, met een standaarddeviatie van 0.06‰. Volgens Schwarcz (1991: p. 268)

kunnen geen verschillen van betekenis worden verwacht bij bepalingen van $d^{13}C$ in collageen uit verschillende botten van hetzelfde skelet. In de praktijk blijkt echter dat bij archeologisch materiaal wel degelijk grote verschillen kunnen optreden, aanzienlijk groter dan op basis van Runia's standaarddeviatie verwacht kan worden. In een aantal gevallen beschikken we over twee of drie bepalingen voor hetzelfde skelet, soms verricht aan hetzelfde bot, soms aan verschillende beenderen. In twee gevallen beschikken we bovendien over metingen in Groningen en Pretoria aan hetzelfde monster botcollageen.

Velzen-Hofgeest	-21.02 en -20.98‰
Zwaagdijk 637	-19.94 (massief) en -22.89‰ (rib)
Zwaagdijk 638	-20.20 (massief) en -20.87‰ (rib)
Oostwoud 242	-19.79 en -19.83 (massief), -20.62‰ (rib)
Hoogkarspel tum Iᵃ	-20.80 en -21.13‰
Vlaardingen/Thidbald	-19.37, -20.50 en -20.65‰
Vlaardingen MD 16.84	-20.12 en -20.66‰
Rijnsburg 93ᵃ (Dirk VI)	-18.99 (Groningen), -18.7‰ (Pretoria)
Rijnsburg 174	-20.2 (Groningen), -19.7‰ (Pretoria)

Het is duidelijk dat aanzienlijke verschillen kunnen optreden. Runia (1987, p. 158) heeft er al op gewezen dat bij de drie gevallen die hij bestudeerde (Zwaagdijk 637 en 638, Oostwoud 242) de negatievere waarden bij het poreuze botmateriaal optraden. Anders dan Runia, zijn wij van mening dat de geconstateerde variatie alleen het gevolg is van verschillende mate van verontreiniging (poreus bot absorbeert meer humaten dan massief bot), en van kleine verschillen in de voorbehandeling.

In de figuren 5 en 6 is alleen gebruik gemaakt van waarden van $d^{13}C$ die in Groningen zijn bepaald, met uitzondering van een drietal dat in Pretoria werd gemeten. Twee daarvan zijn duplicaten van metingen die in Groningen aan hetzelfde materiaal werden verricht. De verschillen bleken zeer klein (zie bovenstaande tabel en Vogel, 1991). Dat metingen van andere laboratoria niet worden gebruikt, is een gevolg van onze ervaringen met bepalingen uit Oxford. Zowel uit Groningen als uit Oxford zijn voldoende bepalingen van $d^{13}C$ in prehistorisch menselijk bot bekend om een vergelijking van beide laboratoria mogelijk te maken. De samenstelling van beide groepen is vergelijkbaar wat betreft de spreiding in tijd en ruimte. Terwijl de Groninger bepalingen een vrijwel gesloten groep vormen, die grafisch weergegeven de vorm van een normaal-verdeling met relatief smalle basis benadert, vormen de Oxford-bepalingen een veel onregelmatiger groep met een aanzienlijk wijdere spreiding (zie fig. 8). De helft van de Oxford-bepalingen ligt buiten de variatiebreedte van de Groninger bepalingen. Dit verschil kan niet het gevolg zijn van een andere samenstelling, met viseters in de Oxford-groep en vleeseters in de Groninger groep, of van verschillen in voorbehandeling. Het

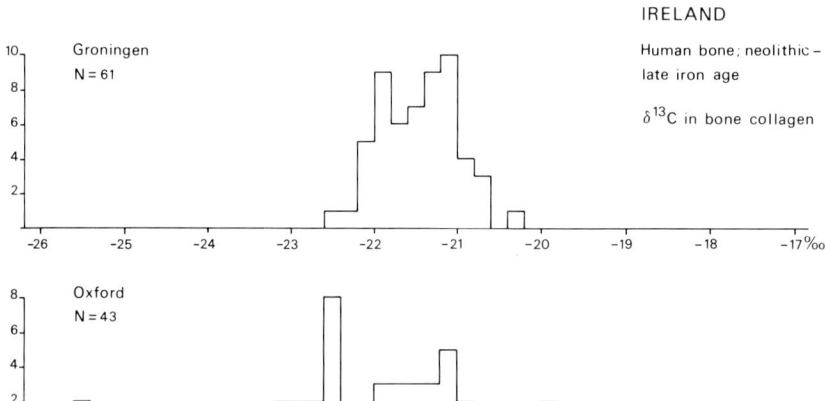

IRELAND

Human bone; neolithic – late iron age

$\delta^{13}C$ in bone collagen

Fig. 8. Histogrammen van $\delta^{13}C$-waarden in menselijk botcollageen uit Ierland, daterend uit Neolithicum, Bronstijd en IJzertijd, gemeten in Groningen, resp. Oxford. De spreiding van de Oxford-metingen is onwaarschijnlijk groot, gezien de overeenkomstige samenstellingen van beide groepen.

moet een instrumenteel probleem zijn. Om die redenen zijn ook bij het middeleeuwse menselijk bot, zowel in Ierland als Nederland als bij het Ierse dierlijke bot, Oxford-bepalingen van $d^{13}C$ buiten beschouwing gelaten.

Het lijkt ons bovendien beter ook metingen van andere laboratoria niet te combineren met de Groninger, alvorens is vastgesteld dat duplicaat-bepalingen vergelijkbaar zijn, of overeenkomstig samengestelde series vergelijkbare gemiddelden en spreidingen opleveren. Het betreft in dit geval voornamelijk metingen uit Belfast, en daarnaast enkele uit Uppsala, Utrecht en Glasgow.

Bij het opstellen van de figuren 5 en 6 is slechts een klein aantal bepalingen op MS-903 en SIRA-9 weggelaten. Bij het Nederlandse dierlijk bot betreft het vijf metingen, te weten GrN-11973 (Andijk 4), GrN-11974 (Andijk 5), GrN-11976 (Bovenkarspel-Het Valkje 27), GrN-11978 (Bovenkarspel-Het Valkje 33) en GrN-9232 (Hazendonk 8b2). Bij de eerstgenoemde vier zijn de bijbehorende waarden van $d^{13}C$ -19.70, -19.70, -19.71 respectievelijk -19.65‰. Deze liggen aan de bovengrens van de spreiding van de 139 bepalingen waarop de grafiek is gebaseerd. Het betreft bovendien een viertal min of meer opeenvolgende bepalingen, hetgeen doet vermoeden dat de afwijkende getallen het gevolg zijn van een instrumenteel probleem.

Hazendonk 82b betreft een bot uit VL2B + AOO-context, met een verwachte ^{14}C-ouderdom van ca. 4000 BP. De gemeten ^{14}C-ouderdom bleek echter 4660 ± 40 BP te zijn, met een waarde van $d^{13}C$ van -23.39‰. Onze veronderstelling dat het niet om dierlijk bot maar om menselijk bot met een aanzienlijk reservoireffect, dus van een riviervisser, zou kunnen handelen, wat zowel de afwijkende datering als $d^{13}C$ zou verklaren, wordt door L. Verhart (pers. med.) als onwaarschijnlijk beschouwd. Hij is van mening dat het dierlijk bot moet zijn geweest, dat mogelijk verspoeld is uit oudere lagen. Dat zou wel de gemeten ^{14}C-ouderdom verklaren, maar niet de sterk afwijkende waarde van $d^{13}C$.

Bij het Nederlandse prehistorische menselijk bot is vooral gebruik gemaakt van de metingen van Runia, zoals genoteerd in de laboratoriumjournalen. Waar meerdere bepalingen van hetzelfde skelet voorhanden waren (zie bovenstaande tabel) zijn de gemiddelden genomen. Alleen bij Zwaagdijk 637 is de onwaarschijnlijk lage waarde van -22.89‰ voor collageen uit een rib buiten beschouwing gelaten.

Bij het middeleeuwse en jongere menselijke bot uit Nederlands is eveneens slechts één bepaling weggelaten, en wel de waarde van -23.25‰, behorend bij GrN-7184 Groningen-Martinikerk nr. 7, een schedel met een gemeten ^{14}C-ouderdom van 1155 ± 90 BP. Deze waarde valt ver buiten de spreiding van de overige, en suggereert een aanzienlijke consumptie van riviervis. Er is echter geen sprake van een veroudering, als gevolg van rivierreservoireffect, bij de ^{14}C-ouderdom. Een brede plank die direct boven de schedel werd gevonden (waarschijnlijk niet de bijbehorende kistdeksel, maar een stratigrafisch jonger 'plankgraf') heeft een ^{14}C-ouderdom van 1100 ± 30 BP, GrN-7183 (Lanting, 1990). Ook houtmonsters van andere kisten in de directe omgeving hebben vergelijkbare ^{14}C-ouderdommen. Mogelijk is de zeer negatieve waarde het gevolg van absorptie van humaten, of anders een niet herkende meetfout.

Bij het Ierse materiaal is slechts één waarde van $d^{13}C$ buiten beschouwing gelaten, n.l. die van -24.87‰ in een, hoogstwaarschijnlijk middeleeuws, varkensbot uit het veen bij Cloondaff, Co. Mayo. Gecombineerd met de onverwacht jonge ^{14}C-leeftijd wijst dit getal op ernstige verontreiniging met humaten uit het veen.

Overigens is geen gebruik gemaakt van bepalingen van $d^{13}C$ in collageen uit gewei. De ervaring leert dat bij dit poreuze materiaal een veel grotere spreiding optreedt dan bij bot, ongetwijfeld vanwege de sterkere absorptie van humaten.

ADELSHUIZEN IN LEEUWARDEN EN DE KLOKSLAG

A. JAGER

Grote Kerkstraat 224, 8911 EG Leeuwarden, Netherlands

ABSTRACT: During the 13th century Leeuwarden became a town. In the 15th century the surrounding agricultural area, the so-called Middentrimdeel, was placed under the municipal law. Afterwards this area was called De Klokslag. During the pre-urban stage a few houses of noblemen can be pointed out in this area. It is suggested that one of those houses, the Camminghaburg, belonged to an important landowner. The other one, the Papingastins, belonged to a person who played a role in the reclamation of polders along the Middelzee. During the urbanization of Leeuwarden the nobility built several fortified stone houses in this town. One of these, the Amelandshuis, has been archaeologically investigated. The owners used these houses to express their ownership of a large plot. They allowed townsmen to built houses along the edges of these plots in order to collect rents. In the period 1496-1498 the houses of the noblemen lost their defensive value. From c. 1490 on building in stone became more common. In this period the noblemen built large mansions to insure that their status was made clear. One of those mansions, the Kapittelhuis, was also archaeologically investigated.

KEYWORDS: Friesland, Middle Ages, urbanization, stone built houses, nobility.

1. INLEIDING

In de Klokslag, het plattelandsgebied rond Leeuwarden, dat sinds de 15e eeuw onder het stadsrecht viel, en in de stad Leeuwarden kunnen drie typen adelshuizen worden onderscheiden:
– In de Klokslag stinzen, woontorens op zogenaamde hoge wieren uit de 13e eeuw;
– In de stad Leeuwarden verdedigbare steenhuizen uit de 14e/15e eeuw;
– Eveneens in de stad Leeuwarden zogenaamde complexe huizen, uit de laatste jaren van de 15e, en uit de eerste helft van de 16e eeuw.

In dit artikel zal de verschillende rol van deze typen adelshuizen worden beschreven. Verder zal aandacht worden besteed aan de opgravingen van het Amelandshuis, een 14e-eeuws steenhuis, en het Kapittelhuis, een rond 1500 gebouwd 'complex huis'.

2. DE KLOKSLAG

2.1. Het kwelderland

De nederzetting Leeuwarden viel aanvankelijk onder het plattelandsgerecht van Leeuwarderadeel, dat in drie (trim)delen was onderverdeeld, het Noorder-, Midden- en Zuidertrimdeel. Leeuwarden was gelegen in het Middentrimdeel. Rond 1400 maakte de stedelijke kern zich los van het plattelandsgerecht van Leeuwarde-

radeel. Vervolgens werden in de eerste helft van de 15e eeuw aanzienlijke delen van het Middentrimdeel onder het stadsrecht van Leeuwarden geplaatst. Nadat in 1456 nagenoeg het gehele Middentrimdeel onder de jurisdictie van Leeuwarden viel, werd het als Klokslag aangeduid.

In de 13e eeuw bestond de latere Klokslag uit een strook oud kwelderland met een tweetal noord-zuid verlopende terprijen en een strook ingepolderd land (fig. 1). De oude kwelder werd door die twee terprijen met bijbehorende landerijen in twee blokken verdeeld. Het polderland vormde een apart blok. Het cultuurlandschap van de Klokslag bestond dus uit een drietal landschappelijke blokken. Het middeleeuws grondgebied van Leeuwarden raakte alle drie blokken. Het polderland werd na 1270 aan de Klokslag toegevoegd (Halbertsma, 1955: pp. 100-102; Halbertsma, 1963: p. 165). In het laatste kwart van de 13e eeuw werd de Tjessingadijk, die de Middelzee ten noordwesten van Leeuwarden afsnoerde, aangelegd.

In het oude kwelderland lagen nederzettingen op terpen. Deze laten zich dus eenvoudig opsporen. De westelijke terprij bestaat uit de terpen Vierhuis, Taniaburg, Bilgaard/Taniaburen, Fiswerd en Oldehove. De oostelijke terpreeks bestaat uit de terpen Blitzaard, Hoogterp/Harmswerd en Aesterterp. Tot de oostelijke reeks zal ook Wilaard worden gerekend, al ligt deze flink uit de koers. De meeste van deze terpen hebben vondsten opgeleverd die van rond de jaartelling dateren. Hier gaan we niet in op de problematiek ten aanzien van de bewoningsgeschiedenis van deze terpen vóór

Fig. 1. Kaart van de Klokslag. 1. Vierhuis; 2. Taniaburg; 3. Bilgaard/Taniaburen; 4. Fiswerd; 5. Oldehove; 6. Blitzaard; 7. Harmswerd/Hoogterp; 8. Aesterterp/Camminghaburg; 9. Wilaard; 10. Papingastins; A. Burmaniafenne; B. Saecklemafenne; C. Papingafenne.

ca. 1200. Ons interesseert of er vanaf de 13e eeuw permanente bewoning is geweest. Hoewel van de terpen op de kaart van Eekhoff uit 1858 een globale grootte-indicatie is gegeven, zijn de afmetingen van de terpen onbekend, en kunnen we deze slechts schatten. De juist ten zuiden van de Klokslag gelegen terp Goutum-Noord, die thans bij Leeuwarder grondgebied hoort, heeft een oppervlak van ca. 1,5 ha. Waarschijnlijk zijn ook de terpen in de Klokslag van die orde van grootte geweest.

Het grootste deel van de terp van Goutum-Noord kwam in de late ijzertijd/Romeinse tijd tot stand. In de vroege middeleeuwen werd deze terp slechts gedeeltelijk uitgebreid. Te oordelen naar losse vondsten kan deze terp in de 13e eeuw nog bewoond zijn geweest. Harde bewijzen hiervoor zijn er niet; lagen jonger dan de 6e/7e eeuw bleken te zijn afgegraven. De terpen in de Klokslag zijn in onze en de vorige eeuw allemaal afgegraven. Tijdens die afgravingen zijn geen observaties gedaan. De tijdens de afgravingen van de terpen in de Klokslag geborgen vondsten, aanwezig op het Fries Museum, duiden op incidentele bewoning in de 11e/12e eeuw en op waarschijnlijk permanente bewoning vanaf de 13e eeuw.

Er kon te Goutum-Noord uiteraard geen informatie worden verkregen omtrent het aantal hoeven dat in de 13e eeuw op de terp gevestigd was. Van de Klokslagterpen bestaat die informatie evenmin. Met gebruikmaking van het model van Miedema kan het aantal boerderijen geëxtrapoleerd worden (Miedema, 1983: pp. 344-352). Hoewel het door Miedema gehanteerde

model toegepast is op ijzertijdbewoning en in de 13e eeuw bedijking vergevorderd is, kan het model een indicatie voor het minimum aantal boerderijen verschaffen. De Klokslag beslaat totaal 1500 ha (Schroor, 1991). Minstens een derde daarvan bestaat uit polderland. Voor de 9 terpen was dus ruim 1000 ha land beschikbaar, gemiddeld meer dan 100 ha. De gemiddelde behoefte aan land voor het theoretisch aantal mensen dat op één hoeve woonde, 6 Vollpersonen, is berekend op 35 ha (zie Miedema, 1983: noot 51). Wanneer ingecalculeerd wordt dat lang niet al het land zich voor exploitatie leende, dan kunnen 2 à 3 boerderijen per terp aanwezig zijn geweest.

Al in de 11e eeuw, en misschien al daarvoor, treedt bevolkingsdruk op en wordt de rand van het kleigebied ontgonnen (de Langen, 1992). Voor de bewoners van de Klokslag betekende dit een oostwaartse uitbreiding van het cultuurgebied. Dit was uiteraard een aangelegenheid voor bewoners van de oostelijke buurtschappen. Voor de bewoners in de westelijke buurtschappen eindigden hun landerijen aan de westzijde aan de Middelzee, een op dat moment nog onneembare barrière. De boorden van de Middelzee werden weliswaar vanaf de 11e eeuw bedijkt, maar inpoldering was pas vanaf de 13e eeuw mogelijk. De inpoldering was onder andere mogelijk doordat de zeearm rond 1270 verlandde (Halbertsma, 1963: p. 165). Deze zeeëngte, met hoofdzakelijk een noord-zuidas, werd door verschillende oost-west verlopende dijken telkens een stuk ingekort. Ten noordwesten van Leeuwarden vormde de Tjessingadijk zo'n afsluiting. Deze dijk was een deel van de begrenzing van de Klokslag, en werd als gezegd in het laatste kwart van de 13e eeuw aangelegd, waarna de ontginning spoedig volgde. Voor het einde van de 13e eeuw kan de ontginning van de Middelzeestrook voltooid zijn.

Om de invloed van de adel in deze landschapsgeschiedenis na te gaan zijn toponiemen tot dusver de enige hulpmiddelen. Het zijn indicatoren die globaal aangeven welke buurtschap over welke landerijen beschikte. Door deze benadering wordt de indeling in drie blokken van het Middentrimdeel duidelijk.

2.2. De opdeling van het land

De landschappelijke elementen van de te onderscheiden blokken werden door natuurlijke grenzen, in dit geval waterlopen, gevormd. De 4 terpen in het oostelijk blok, met hun ommeland, werden van elkaar gescheiden door oost-west verlopende (water)grenzen. In het lage oostelijke terrein waren de hemrikken van de oostelijke terprij gelegen (Schroor, 1991). In het middelste blok, met de westelijke terprij, waren de 5 woonheuvels met hun ommeland eveneens door waterlopen met oostwestelijke richting van elkaar gescheiden. Het polderland bestond uit een drietal blokken die een zuidnoord oriëntatie hadden. De begrenzingen der nederzettingsarealen in het oude kwelderland werden mede bepaald door de afwatering van het gebied naar de Middelzee toe. Wanneer niet aanwezig groeven de bewoners de waterlopen zelf. In het polderland begon de ontginning in het zuiden, dat het eerst verland was, en vervolgens schoof de cultuurgrond noordwaarts op. Toponymisch laten zich in het polderland drie stroken onderscheiden, die apart van elkaar ontgonnen werden. Van west naar oost waren dit de ontginningsstroken van de Burmania's, de Saecklema's en de pastoor van Oldehove (Schroor, 1991). Waarschijnlijk startte de ontginning van iedere strook vanuit één punt. Hier moet een boerderij gevestigd zijn geweest. De pastoor van Oldehove woonde op een stins genaamd de Papingastins. Waar de boerderijen van de Burmania's en de Saecklema's, met eventuele steenhuizen, gestaan hebben is onbekend. De Saecklema's hadden overigens (ook?) een stins op de hoek van de Grote en Kleine Kerkstraat, tussen de terp van Oldehove en de stedelijke kern (Visscher, 1934).

Hoewel we hier spreken over de periode der ontginningen hebben we pas zicht op de eigendomsverhoudingen in dit gebied vanaf ca. 1300, dus op het moment wanneer de ontginningen ongeveer voltooid moeten zijn geweest. De personen of families die de gronden dan beheren hoeven niet per se verwant te zijn geweest aan de ontginners. We kunnen niet aantonen dat de ontginning van het polderland een aangelegenheid was van de bewoners van de westelijke terprij. Het is mogelijk dat het klooster Corvey bij Verden aan de Weser een groot aandeel in de ontginning heeft gehad. We vernemen in 1148 van de kerk te Oldehove, die door dit klooster gesticht werd (Schuur, 1979: p. 119). Deze

kerk was een tufstenen kruiskerk, die in 1969 werd opgegraven (Karstkarel, 1987). Het gebruik van tufsteen geeft aan dat een datering van de kerk in de 12e eeuw geaccepteerd kan worden. Waarschijnlijk vestigde het klooster zich in deze periode hier om deel te nemen aan de ontginning van het drooggevallen Middelzeegebied ten zuidwesten van Leeuwarden. In de 13e eeuw nam het klooster deel aan de ontginning van het noordwaarts daarvan gelegen Middelzeevak, ten zuiden van de Tjessingadijk. Het klooster liet het beheer van de poldergrond waarschijnlijk over aan een lokale familie. Aan het begin van de 14e eeuw waren dat de Burmania's, die dit mogelijk van oudsher hebben gedaan. Misschien hebben de Burmania's ook een aandeel gehad in de ontginningen. Na de voltooiing hiervan gingen de Burmania's een leenverband aan met het klooster en beheerden ze de kloostergronden. Uit deze goederen werd de Oldehovekerk onderhouden (Beelaerts van Blokland, 1990: pp. 419-420).

Of de Saecklema's een met de Burmania's vergelijkbare positie innamen is onbekend. Misschien waren het ook zetbazen van het klooster, of ze hadden hier eigen grond. De relatie tussen de pastoor van de door het klooster Corvey zelf gestichte kerk te Oldehove is duidelijk. Uit de relatie tussen het klooster en de Burmania's blijkt dat de Burmania's waarschijnlijk van adel waren. In 1300 staan de broers Renaldus en Altatus Burmania het patronaatsrecht af aan de abt van het klooster Mariëngaarde te Hallum. Onder dit patronaatsrecht was het benoemingsrecht van de pastoors van de kerk te Oldehove begrepen (Eekhoff, 1846: pp. 26-27). In werkelijkheid hield dit recht in dat kandidaten voor dit ambt mochten worden voorgesteld aan de bisschop (Beelaerts van Blokland, 1990: p. 419). Deze functie wijst desondanks op de bijzondere status van de Burmania's. Verder veroorloofden de Burmania's het zich de kloostergoederen aan het begin van de 14e eeuw toe te eigenen. Op gelijke wijze eigenden de Dekema's zich aan het begin van de 13e eeuw kloostergrond te Weidum toe (Halbertsma, 1969: 161). Dergelijk eigenmachtig optreden kon alleen de adel zich veroorloven. De Burmania's waren dus waarschijnlijk van adel en hadden bij hun boerderij in de Middelzeepolder mogelijk een stins gevestigd.

In de landschapsblokken van het oude kwelderland kan in de 13e eeuw slechts één adelshuis worden aangewezen: de Camminghaburg (Halbertsma, 1963: pp. 132-145). Deze 'burg' was gelegen in het oostelijke blok. In het middelste blok was de Taniaburg gelegen. Hoewel dit adelshuis middeleeuws was, zijn er geen aanwijzingen dat het al in de 13e eeuw bestond. De datering van de al even gememoreerde Papingastins is eveneens onzeker. Gezien het feit dat het hier om een hoge wier gaat (Meijer, 1985) kan in ieder geval een 13e-eeuwse ouderdom worden aangenomen. Deze stins is verdwenen en de locatie is slechts bij benadering bekend. De Camminghaburg was gelegen op de noordflank van de Aesterterp. Deze burg was van oorsprong

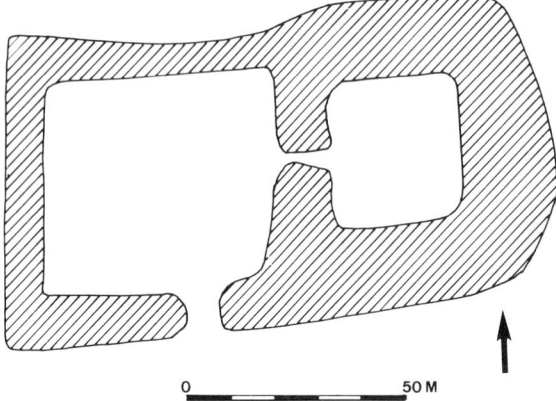

Fig. 2. Plattegrond van de Camminghaburg op het kadastraal minuut-plan uit 1832.

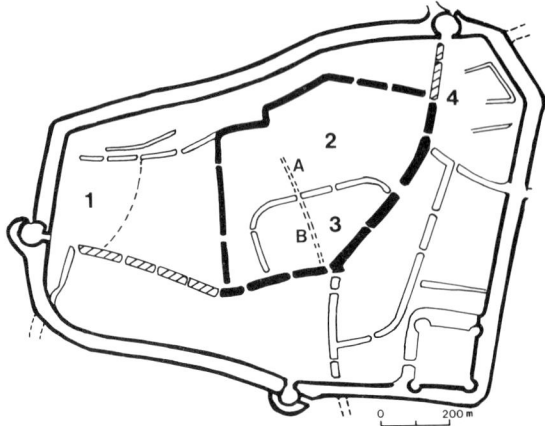

Fig. 3. Plattegrond van Leeuwarden naar een tekening van omstreeks 1570 door Jacob van Deventer. 1. Oldehove; 2. De noordelijke Eeterp; 3. De zuidelijke Eeterp; 4. Hoek; A. Kleine Hoogstraat; B. Grote Hoogstraat. De in massief zwart aangegeven gracht is de laat-14e-eeuwse stadsgracht.

een hoge wier. Net als de Papingastins is de hoge wier van Camminghabuur verdwenen, maar het grachten-systeem van de adelswoning der Cammingha's is op de kadastrale minuut uit 1832 ingemeten. Het stinsterrein mat ca. 30 bij 32 m. Het verschil tussen de stinsgracht en de gracht van de nederhof, de boerderij, komt goed naar voren (fig. 2). De Taniaburg was te Bilgaard gevestigd. Dit adelshuis was aan het eind van de 15e eeuw eigendom van de familie Camstra (Sipma, 1927: p. 328; Schroor, 1991: p. 191). De locatie van de Aesterterp was ten opzichte van de overige terpen in het oostelijke blok niet bijzonder. Hieruit kan niet worden opgemaakt dat de bewoners van Camminghaburg belangrijker waren dan de bewoners van de overige buurtschappen. Het elitaire karakter van de Cammingha's kwam in de 13e eeuw tot uiting in het feit dat ze grootgrondbezitters waren, zich een steenhuis konden veroorloven en doordat ze de stichting van een Jacobijnerklooster in Leeuwarden begunstigden (Schuur, 1979: pp. 124-130). Aanwijzingen voor een bijzondere positie, voor zover dit op te maken is uit landschappelijke elementen, blijkt evenmin uit de si-tuering van de Papingastins, hoewel deze als gezegd slechts globaal te bepalen is. De Papingastins was stellig het startpunt van een ontginningsstrook, waarbij eigendomsrechten op de gewonnen grond onder andere door dit adelshuis tot uitdrukking werden gebracht.

3. DE STAD LEEUWARDEN TOT CA. 1400

3.1. Het ontstaan van de stad

Vanaf de 13e eeuw ontwikkelde zich ter plaatse van het huidige centrum van Leeuwarden een stedelijke neder-zetting. Bewoning ter plaatse was al in de 9e eeuw aanwezig, hetgeen afgeleid kan worden uit enkele bij recente opgravingen aangetroffen 9e-eeuwse Badorf-scherven (de Langen, 1989: p. 16). Ten tijde van die eerste bewoning stroomde de Middelzee nog voorbij

Leeuwarden. Aangezien grondgebied in de stadskern van Leeuwarden vóór de dijkbouw voor bewoning werd uitgekozen en de plaats in het kleigebied ligt, waren hier waarschijnlijk kwelderruggen aanwezig. Doordat als woonlocatie de uitmonding van het riviertje de Ee werd uitgekozen kunnen deze kwelders door de Middelzee of door de Ee zijn gevormd. Ter weerszijde van de Ee ontstonden twee woonkernen. Door bewo-ning werden deze woonlokaties gestaag opgehoogd. De zee behield vóór 1000 zeker nog invloed op het areaal en spoelde soms nog woonlagen weg (de Langen, 1989: p. 21).

De bewoners van de Eeterpen hadden tot het midden van de 13e eeuw zelf geen godshuis en kerkten te Oldehove (fig. 3). De grootte van het bewoonde areaal is vanaf de kolonisatiefase tot de 14e eeuw door gebrek aan gegevens nog niet te bepalen. In ieder geval groei-den de Eeterpen in de 13e eeuw uit tot stad. Een stimulans voor de verstedelijking werd ontleend aan de ontplooiing van een regionale markt, waarbij de plaats lang een agrarische component behield (de Langen, 1992). Op de rechtshistorische en economische ontwik-keling van de nederzetting gaan we hier niet in. Hoe was de stedelijke kern ingedeeld? Op de noordflank van de noordelijke Eeterp werd rond 1200 een kerk, de Sint Marie opgetrokken (Karstkarel & Terpstra, 1987: p. 49), waarna de pre-stedelijke nederzetting zich klerikaal van Oldehove afscheidde (Schuur, 1979). Omstreeks 1260 werd iets ten noordoosten van de St. Marie een Jacobijner klooster gesticht (Karstkarel, 1985: pp. 47-51). Hoe de nederzetting verder was ingedeeld is tot dusver grotendeels onbekend, wel kan de hoofdinde-ling worden achterhaald door een reconstructie van de waterlopen.

3.2. De waterlopen

De waterlopen waren in belangrijke mate bepalend geweest voor de ruimtelijke indeling van Leeuwarden. De waterlopen bleven echter in de loop der eeuwen niet ongewijzigd. Voor Leeuwarden was de Ee het belangrijkste water. Deze rivier stroomde vanuit het noorden. Oorspronkelijk was de loop ten noorden van de Eeterpen meer westwaarts. Hiervan was rond 1850 nog een deel over. Dit deel lag tussen de Breedstraat en de Voorstreek en was als open riool in gebruik (Schuur, 1979: p. 61). Het restant van de oude loop van de Ee heette in de 16e en 17e eeuw nog de 'olde Ee' (Dolk, 1969: p. 17). De Ee mondde tussen de St. Jacobsstraat en de Beijerstraat uit in de Middelzee (Jager, in voorb.). In de late 14e eeuw werd een zuidelijke afsplitsing van de Ee gegraven welke een beloop had langs de Voorstreek, de Kelders en het Naauw (van Lennep, 1956; de Langen, 1992: p. 223). In de 14e eeuw werden gedeelten van de waterlopen gewijzigd. Toen werd de loop van de Ee, ten noorden van de Eeterpen, oostwaarts verlegd. Langs de Wortelhaven werd een verbinding tussen de zuidelijke en noordelijke Eetak gegraven. Ter ontwatering van het lage gebied ten oosten van Leeuwarden werd de Vliet gegraven. Deze werd verbonden met de Ee. De noordelijke Eetak kreeg toen een tweede uitmonding in de Middelzee, namelijk langs het Heerenwaltje (van Lennep, 1956).

3.3. Houten bebouwing

Tot de late 15e eeuw moeten de woonhuizen nog veelal van hout zijn geweest. Net als andere bouwkundige onderdelen van de nederzetting, zoals steigers, bruggen en utilitaire gebouwen. Restanten van die houtbouw zijn door het gehele gebied van de stedelijke kern aangetroffen. De gegevens zijn evenwel te gering om inzicht te verschaffen in de typologie van de houten huizen of andere bouwwerken, al werden wel enkele constructieve aspecten belicht. Zo zijn wanden van houten huizen teruggevonden met enkelvoudige en dubbele plankenwanden, ingeklemd tussen verticale balken (Elzinga, 1985: pp. 11-12). In Leeuwarden moeten ook huizen met vakwerkwanden geweest zijn. In 1545 werd aan de Nieuweburen nog een vakwerkhuis met lemen wanden en een rieten dak vermeld: "in leem gelecht ende met riet zeer armelicken gedect, sulex dat de mueren dicwils zwinters invallen".[1] Een aanwijzing dat houten huizen tot ver in de 15e eeuw talrijk zijn geweest blijkt ook uit de keuren in het Leeuwarder stadboek. Hierin waren diverse bepalingen opgenomen welke dienden om brandgevaar zoveel mogelijk te beteugelen (Telting, 1883). Door latere stenen bebouwing is veel van de kwetsbare houten huisrestanten verdwenen. De houten huizen moeten in rijen gebouwd zijn. Te Staveren werd zo'n rij houten huizen in 1963 en 1964 opgegraven (Halbertsma, 1964). Vanaf de late 15e eeuw werden stenen huizen algemeen in Leeuwarden. In hoeverre de verkaveling van de

stenen huizen teruggaat op die van de houten huizen is onbekend.

4. LEEUWARDEN TOT CA. 1450

4.1. De bevestiging en de uitbreiding van het stadsgebied

Omstreeks 1400 groef men rond de stedelijke kern een bescheiden gracht (Schroor, 1991: p. 162). In de hoge middeleeuwen liep de as van dit stadje over de beide Hoogstraten (de Langen, 1989) en beide Sint Jacobsstraten. Thans is er nog slechts één Sint Jacobsstraat, maar de noordwaarts hiervan in het verlengde liggende Beijerstraat, welke parallel loopt aan de Kleine Hoogstraat, heette oorspronkelijk de Kleine Sint Jacobsstraat (Dolk, 1969: p. 15). De 'Grote' Sint Jacobsstraat loopt parallel aan de Grote Hoogstraat.

Om de stedelijke status te verwerven diende de landelijke nederzetting zich los te maken uit het plattelandsgerecht van Leeuwarderadeel. Uit oorkonden, daterend uit 1392 en 1426 wordt duidelijk dat de plaats zich afscheidde van het omringende platteland (Schuur, 1979; Schroor, 1992). Vanaf 1426 deed de stad pogingen verschillende uitburen, met name Oldehove en Hoek, onder haar jurisdictie te brengen. In 1435 slaagde de stad hierin, ondanks verzet van Leeuwarderadeel (Schuur, 1979: pp. 11-21). In 1456 vond een verdere uitbreiding plaats, tot de gehele Klokslag onder het stadsrecht van Leeuwarden viel (Schroor, 1991).

4.2. De stinsen en steenhuizen

De aanwezigheid van adel in Leeuwarden in de 14e/15e eeuw blijkt duidelijk uit de particuliere stenen huizen. Hoewel voor Friesland geen beperkende maatregel bekend is, kon alleen de adel zich financieel en maatschappelijk een stenen huis veroorloven. Stinsen op een hoge wier werden niet in een stad gevestigd. Ze kwamen soms wel voor in de stad. Door uitbreiding van Leeuwarden in de late 15e eeuw werd de Uniastins, een plattelandsstins, geïncorporeerd in de stedelijke bebouwing (fig. 4).

Nu vormen stinsen, zoals we ze in Friesland algemeen kennen, typologisch de oudste groep in de categorie steenhuizen, huizen met massieve stenen muren. In de 11e en 12e eeuw is uit de Eifel afkomstige tufsteen in gebruik voor kerkbouw en enkele particuliere bouwwerken in Friesland. Uit Leeuwarden kennen we geen toepassing van tufsteen bij particuliere bouwwerken, wèl uit Workum. De Inthiemastins moet muren van tufsteen hebben gehad: "een vast Casteel Stens, ofte Huys gehadt heeft, opgetimmert van grauwen Duyfsteen [vernederlandst Fries voor tufsteen] binnen en buyten, met Vlinten ende gegoten Kalck opgefullet, de muyren wel omtrent een vadem [ca. 1,70 m] dick zijnde, 't welck int viercant seer Hoogh is geweest, zijnde seer

526 A. JAGER

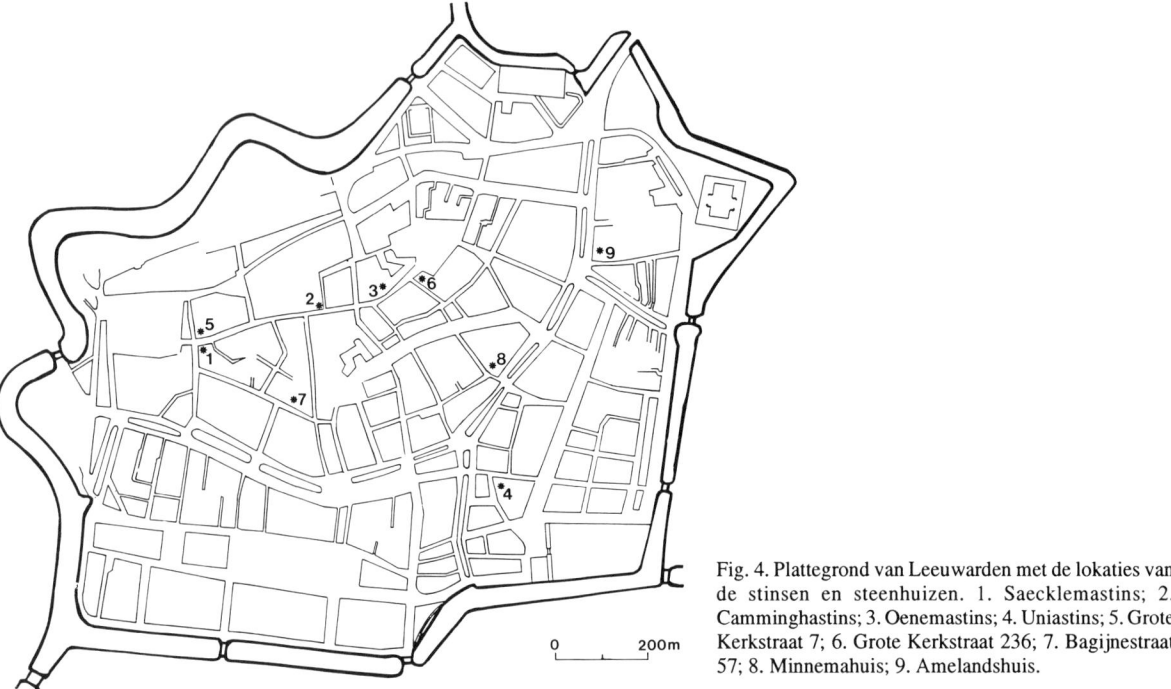

Fig. 4. Plattegrond van Leeuwarden met de lokaties van de stinsen en steenhuizen. 1. Saecklemastins; 2. Camminghastins; 3. Oenemastins; 4. Uniastins; 5. Grote Kerkstraat 7; 6. Grote Kerkstraat 236; 7. Bagijnestraat 57; 8. Minnemahuis; 9. Amelandshuis.

vast ende geweldigh, waer mede den gantschen Stadt konde gedwongen worden" (Schotanus, 1664: p. 268). In Leeuwarden werd bij de eerste stenen kerk te Oldehove, een kruiskerk, tufsteen als bouwmateriaal gebruikt. Aan het eind van de 12e eeuw wordt in Friesland baksteen gangbaar. Eerst wordt de steen gebakken in een formaat van 32x16x9 cm, de zogenaamde reuzenmop. Te Leeuwarden zijn deze alleen van een uitbreidingsfase van de Sint Vitus bekend (Karstkarel, 1987). Vanaf ca. 1200 wordt de reuzenmop vervangen door de kloostermop (30x15x8 cm). Hiervan worden zowel kerken gebouwd, bijvoorbeeld de Sint Marie van Nijehove en de Catharinakerk, en het kloostercomplex van de Jacobijners alsook steenhuizen.

Voor het onderzoek naar de indeling van de middeleeuwse stad staan ons nauwelijks historische bronnen ter beschikking. De weinige stenen bebouwing beperkt zich, buiten de particuliere stenen huizen, tot kerken en kloostergebouwen. Doordat de steenhuizen het onderdeel vormden van het erf van een adellijk of anderszins belangrijke persoon kan iets van de indeling van het 14e- en 15e-eeuwse Leeuwarden worden gereconstrueerd. Het erf van een adellijk persoon was gewoonlijk een forse lap grond. Er bestaat geen enkele stins meer in Leeuwarden, behalve misschien in het bodemarchief. Onderzoek hierna is nog niet verricht. We gaan er vanuit dat de Leeuwarder stinsen niet afweken van de overige Friese. Er kunnen vier stinsen worden getraceerd in het Leeuwarder centrum. De locatie van de Saecklemastins noemden we al: op de hoek van de Grote en de Kleine Kerkstraat. De hof van dit huis strekte zich waarschijnlijk uit tussen de Kleine Kerk-

straat-oostzijde en de Grote Kerkstraat-zuidzijde, de Bagijnestraat-noordzijde en iets ten westen van de Bollemanssteeg. Aan de Grote Kerkstraat stonden nog twee stinsen, de Camminghastins en de Oenemastins, beide in de noordelijke rooilijn van de straat. De hof van de Oenemastins besloeg waarschijnlijk een terrein tussen de Grote Kerkstraat, de Pijlsteeg-oostzijde, het Perkswaltje en het terrein van de St. Marie van Nijehove. De omvang van de hof van de Camminghastins is onbekend. De Saecklemastins was gesitueerd tussen het grondgebied van Oldehove en de stedelijke kern. De Camminghastins en de Oenemastins waren gelegen in en georiënteerd op de stedelijke kern. Ten opzichte van deze stinsen neemt de Uniastins, de geïncorporeerde plattelandsstins een afwijkende positie in.

De aanwezigheid van stinsen in Leeuwarden was een poging van de adel profijt te trekken van de stedelijke bewoning. We moeten er vanuit gaan dat de bij de stinsen behorende erven voor de koop- en ambachtslieden aantrekkelijke lokaties waren. Langs de randen van de stinserven werden bouwpercelen verhuurd, zodat de eigenaars van inkomsten verzekerd waren. De aanwezigheid van het weerbare stenen huis benadrukte de eigendomspositie en demonstreerde een zekere onafhankelijkheid ten opzichte van de stad. Alleen de Uniastins was waarschijnlijk niet gepland als een hofsysteem met randbebouwing. Later kan het dit wel geworden zijn. Historisch vernemen we van de erfrandbebouwing van de Camminghastins, Saecklemastins en de Oenemastins pas in de late 16e eeuw.[2] De erven van deze stinsen behoorden toen tot de achteraf gelegen buurten. De as van de stad had zich namelijk na ca. 1480

Fig. 5. Tekening van het Amelandshuis door J. Sems uit 1603.

door bebouwing langs de Nieuwestad en het intensievere gebruik van de gracht langs de Nieuwestad-Naauw-Kelders-Voorstreek, zuid- en zuidwestwaarts verplaatst. Bovendien werden na ca. 1550 de adellijke erven verkleind (zie onder). In de tweede helft van de 16e eeuw waren er nog slechts kamers op de stinserven gevestigd. Het belang van de stinsen was voorbij en in deze periode werden ze dan ook gesloopt (Visscher, 1934; Meijer, 1988).

In Leeuwarden kennen we een zestal steenhuizen, waarvan er nog drie over zijn; van twee verdwenen steenhuizen bestaat uitgebreide onderzoeksdocumentatie. Eén steenhuis, Eminga's *steenhuus*, bestaat alleen in de archieven.[3] Zelfs de locatie is onbekend, al vermoedt Mulder-Radetzky (1992) dat dit steenhuis is opgenomen in Grote Kerkstraat 13, een complex middeleeuws huis (Temminck Groll, 1963: pp. 113-120). De toegepaste steen bij het betreffende deel van Grote Kerkstraat 13 heeft echter bakstenen van een te klein formaat om van een steenhuis te kunnen spreken. Twee steenhuizen, Grote Kerkstraat 7 en 236, waren in de middeleeuwen in gebruik als pastoorshuis. Grote Kerkstraat 236 was van oudsher een pastoorshuis. Op basis van het oorspronkelijk metselwerk van het huis, Vlaams verband, is het in de eerste helft van de 14e eeuw gedateerd (Karstkarel & Terpstra, 1987: pp. 48-49). Dit huis had een hofje tussen de Grote Kerkstraat-zuid-

zijde, de Bontepapesteeg-oostzijde, het Crommejat-westzijde en de Speelmansstraat-zuidzijde. Grote Kerkstraat 7, het Heer Ivohuis, is waarschijnlijk 15e-eeuws (Jager, in voorbereiding). Het werd pas na 1511 als pastoorshuis in gebruik genomen (Eekhoff, 1846: p. 201). Daarvoor kan het de woning van een edelman zijn geweest. Of ooit een hof tot het Heer Ivohuis heeft behoord is onbekend. Grote Kerkstraat 236 had in ieder geval geen randerfbebouwing. Slechts een van de steenhuizen, Bagijnestraat 57, was kloosterbezit. De Grauwe Bagijnen hadden dit steenhuis in gebruik als patershuis. Oorspronkelijk kan dit huis van de familie Roorda zijn geweest, al kan dit niet met feiten gestaafd worden (Mol, 1992). Het huis moet in de 14e eeuw gebouwd zijn. De hof van Bagijnestraat 57 strekte zich uit tussen de Bagijnestraat-noordzijde en de stadsgracht langs de St. Anthonystraat. De noordelijke en westelijke grenzen zijn moeilijker te bepalen. De hof eindigde waarschijnlijk iets ten westen van de Bollemanssteeg en noordwaarts ongeveer tussen de Bagijnestraat en de Grote Kerkstraat. Het steenhuis werd rond 1500 aan het klooster der Grauwe Bagijnen toegevoegd. Door de restauratie van de aangrenzende Bagijnekerk (Bagijnestraat 59) in 1991 werd de westelijke muur van het patershuis ontbloot. Het in wild verband gemetselde, maar keurig gevoegde muurwerk bestond uit kloostermoppen met een lengte van 29-31,5 cm, 10 lagen meten

94 cm. In de muur tekenden zich een poort en een venster af. Aan deze zijde stond het huis vrij, totdat de Bagijnekerk, rond 1500, werd gebouwd. Het beeld van de erfbebouwing van Bagijnestraat 57 wordt vertroebeld door de bouwgeschiedenis van het klooster.

De twee overige steenhuizen, het Minnemahuis en het Amelandshuis, waren in handen van invloedrijke adellijke families. Hiervan is erfbebouwing bekend, zodat ze vergeleken kunnen worden met de op stedelijke bebouwing georiënteerde stinsen. Het Minnemahuis stond op de oostelijke flank van zuidelijke Eeterp. De Minnema's hadden in 1511 veel percelen in de stedelijke kern (Schuur, 1984) en moeten hier vanouds veel grond hebben bezeten. Het Minnemahuis werd gesloopt in 1960 (Keikes, 1972: p. 88). Ook bij het Amelandshuis behoorde een zeer grote hof. Van het Amelandshuis zelf dat naar de heren van Ameland, de Cammingha's, werd genoemd (Elward & Karstkarel, 1990: pp. 135-136), bestaan dankzij een opgraving enige gegevens. Het werd pas in 1869 afgebroken (Eekhoff, 1875: p. 180).

4.3. Het Amelandshuis

4.3.1. *Historische gegevens*

Onder de middeleeuwse huizen in Leeuwarden neemt het Amelandshuis een bijzondere plaats in. De kaart van Johannes Sems en Pieter Bast uit 1603 toont het Amelandshuis als een gebouw, dat een weergang met kanteling en arkeltorens had (fig. 5). Arkel- of hoektorens zijn als bouwkundige elementen afkomstig uit Vlaanderen. Het omstreeks 1200 gebouwde huis 'Groote Ameede' te Gent bood dit soort torens (Klück, 1985). Waarschijnlijk was het gehele terrein tussen de Ee en de Vliet in handen van de Cammingha's te Aesterterp. Dit terrein moet dan de westelijke rand van hun erf zijn geweest. De Cammingha's gaven hier bouwpercelen uit. Om de eigendom op deze grond te benadrukken, lieten ze op deze plek een steenhuis oprichten, dat strategisch gesitueerd werd in de bocht tussen beide waterlopen. Het huis bezat een zekere weerbaarheid. In de periode vóór 1500 waren er wapens in het huis aanwezig. In 1487 werden *bussen* en *armbursten* (kanonnen en hand- en voetbogen) vermeld (Sipma, 1927: p. 425). De defensieve waarde blijkt verder uit het feit dat het huis in dat jaar met succes een belegering doorstond (Dirks, 1868). Het huis werd in 1492 nadrukkelijk als *huus* en *husinge* vermeld en was ondanks de weerbaarheid geen stins (Sipma, 1927: p. 440).

De bebouwing op de erfrand, waarvan het Amelandshuis het middelpunt was, werd uitgebouwd tot een dorp, dat de naam Hoek kreeg. Uit de stichting van een kerk, die aan de Heilige Catharina was gewijd, blijkt dat de Cammingha's Hoek als een 'eigen' nederzetting beschouwden (fig. 6). Hoek werd een aparte parochie, afgesplitst van de stedelijke kern, of van Oldehove. In 1541 werd vermeld dat de Cammingha's deze kerk

Fig. 6. Het voormalige dorp Hoek op een uitsnede van de kadastrale kaart van Leeuwarden uit 1832. A. Amelandshuis; B. Catharinakerk.

gesticht hadden (Schuur, 1979: p. 185). De bouwdatum van de kerk is in de 14e eeuw gesteld (Karstkarel, 1987).

Er zijn geen middeleeuwse afbeeldingen van het Amelandshuis. In 1603 had de zuidelijke muur kruisvensters, terwijl de noordelijke muur waarschijnlijk gesloten was, te oordelen naar een tekening uit 1781 van H. Wenzel (fig. 7). Uit de 18e-eeuwse prent blijkt dat het huis uit een hoofdvleugel en een bijgebouw bestond. Zowel op de 17e- als de 18e-eeuwse prent werd de hoofdvleugel van het Amelandshuis voorgesteld als een huis met twee bouwlagen en een langskap. Het bijgebouw, dat afgebeeld werd op de 18e-eeuwse prent, stond ten noorden van de hoofdvleugel en was waarschijnlijk een entreepartij.

4.3.2. *De opgraving van de fundamenten van het Amelandshuis*

Door de in 1985, 1986 en 1987 met onderbrekingen uitgevoerde opgraving van het Amelandshuis konden verschillende vragen betreffende de occupatiefase, situering, bouwdatum, verbouwfasen, indeling en weerbaarheid van het huis opgelost worden.[4] Hoewel het Amelandshuis na de middeleeuwen nog geruime tijd heeft bestaan, besteden we hier geen aandacht aan de

Fig. 7. Tekening van het Amelandshuis door H. Wenzel uit 1781.

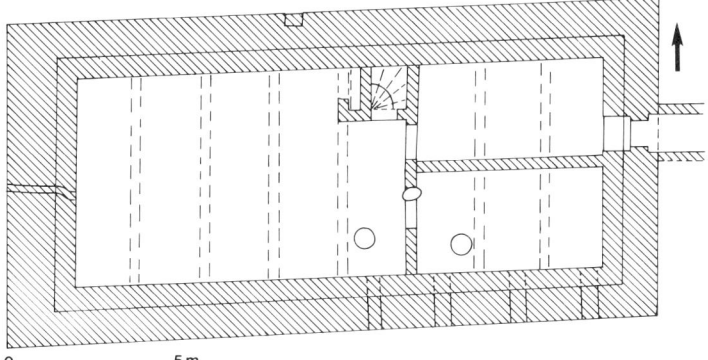

Fig. 8. Plattegrond van het Amelandshuis.

post-middeleeuwse veranderingen van het huis.

Het huis was 18,8 m lang en 9,1 m breed (fig. 8). Alle muren waren 100 cm dik, behalve de muur aan de straatzijde die 140 cm mat. Uit de dikte van deze muur spreekt duidelijk het defensieve aspect van het huis. Aan deze zijde was men kennelijk het meest beducht op gevaar. De muren bestonden overwegend uit brokken van 32-30 cm lange en 14-15 cm brede moppen. Er viel geen regelmaat in het metselwerk te bekennen; slechts in de achtermuur tekende zich één koppenlaag af. Direct hierboven was het middeleeuwse metselwerk gesloopt. In het oostelijk deel van de zuidelijke buitenmuur waren een viertal rechthoekige openingen, waar-

schijnlijk lichtspleten. Deze hadden een tussenafstand van ca. 2 m. In de noordgevel was een privaat dat ook na de middeleeuwen in gebruik bleef. Het middeleeuwse riool, dat hierop aangesloten moet hebben was verdwenen; het aansluitend riool dateerde uit de 17e eeuw of was nog jonger.

Na de bouw van het huis moet een verzakking zijn opgetreden. Mogelijk ter corrigering of stabilisering van de muren werd een kelder aangelegd, waarvoor men de vloer uitdiepte, waarna langs de zijmuren ca. 60 cm brede funderingen werden aangelegd. In het westelijke deel van de noordelijke muur kon worden vastgesteld dat de kelderfundering over de versnijdingen van de buitenmuur heen liep. Uit vier boogaanzetten in het westelijke deel van de zuidelijke keldermuur bleek dat hier een overwelving van gordel- of muraalbogen was. De bogen waren hart op hart 2 m van elkaar geplaatst, waardoor de kelder in acht vakken was verdeeld. De bogen rustten op zijmuren. Muraalbogen zijn ook aanwezig in de kelder van het steenhuis Bagijnestraat 57, waar ze te niet lopen op de zijmuren, al worden deze bogen halverwege door zuiltjes ondersteund. In de kelder van het vicarishuis (Eewal 59), waar ook muraalbogen aanwezig zijn, maken de bogen een volledige overspanning, maar eindigen ze vóór de zijmuren.

Onder de vijfde gordelboog, gerekend vanaf de voorgevel, was een scheidsmuur, waarop een trapkoker aansloot. De koker was opgebouwd van gemetselde muurtjes. De trap zelf was waarschijnlijk van hout. In het zuidelijke deel van de scheidsmuur was een deurportaal. Dit kon afgeleid worden uit de vondst van een granieten zwerfsteen met draaiholte. We denken dat in die holte de pin van een deur heeft gedraaid. De scheidsmuur deelde de kelder in een voor- en achterkelder in. De achterkelder werd door een oost-west verlopend muurtje in twee vertrekken verdeeld. Deze muur sloot koud aan op de scheidsmuur en de oostelijke buitenmuur. Zowel in de voor- als de achterkelder waren restanten van bevloering bewaard gebleven. Deze vloer werd gevormd door brokken van rode moppen. In de voorkelder waren slechts enkele vloerrestanten tegen zowel de noordelijke als de zuidelijke zijmuur overgebleven. Meer vloerdelen kwamen in de achterkelder te voorschijn. Hier was ook nog een deel van een afvoergoot aanwezig. De kelder was slechts vanuit het huis zelf of via een deur in de achtergevel toegankelijk. Hoewel op de prent van Wenzel een kelderingang in de voorgevel lijkt te zijn afgebeeld, is hiervan niets teruggevonden. De achteringang leidde naar het noordelijke vertrek van de achterkelder. De goot in de achterkelder moet een afvoer via de achteruitgang hebben gehad.

Hoe die afvoer precies geregeld was is onbekend, want het stuk van de goot dat naar de uitgang toe leidde was verdwenen. Ondanks de constructie van de kelder bleef het huis verder zakken. Pas in de 17e eeuw kwam een eind aan de verzakking. De middeleeuwse keldervloer zal toen onbruikbaar zijn geworden, zodat nieuwe vloeren werden aangelegd. De totale verzakking bedroeg, gemeten aan de noordmuur, ca. 4,5 cm per 1 m, dus ca. 70 cm over de lengte van het huis.

Het Amelandshuis kreeg bij aanleg aan de noordoostzijde een kleine stenen aanbouw. De aard van dit gebouw is onbekend vanwege een entreevleugel die hier in 1563 werd geplaatst (Jager & Meijer, 1990: pp. 18-19). Waarschijnlijk was de aanbouw van vóór 1563 eveneens een entreepartij. Ook in 1563 werd op het noordwestelijke deel van het erf een poortje of misschien een poortgebouwtje aangelegd. Misschien was hier langs de straat al een muur, welke dan nog middeleeuws kan zijn geweest.

Tussen de zijmuren van het poortje werd bij het archeologisch onderzoek een profielsleuf gegraven om de opbouw van de grond vast te stellen (fig. 9). Hoewel de grondsoort van een aantal lagen vanwege de documentatiewijze niet meer na te gaan is (Jager & Meijer, 1990), weten we wel dat de bodem hier tamelijk mestrijk was. Dit wijst op agrarisch gebruik van het terrein. De lagen leverden vondsten op vanaf de 11e tot en met de 16e eeuw. Uit de 11e eeuw dateert een enkele Pingsdorfscherf (Janssen, 1983: p. 192). De jongste vondsten zijn enkele roodaardewerken schotelfragmenten met slibversiering van omstreeks 1550 (Renaud, 1976: pp. 21-24). De meeste scherven dateren uit de 12e-14e eeuw. Dit zijn scherven van proto-steengoed, bijna-steengoed en Siegburgsteengoed (Janssen, 1983: p. 192). Waarschijnlijk zijn de jongste vondsten door een verstoring in de grond geraakt. Aangezien de lagen veel botresten bevatten werd hier stellig stadsafval gestort. De afvallagen werden afgewisseld met mest-

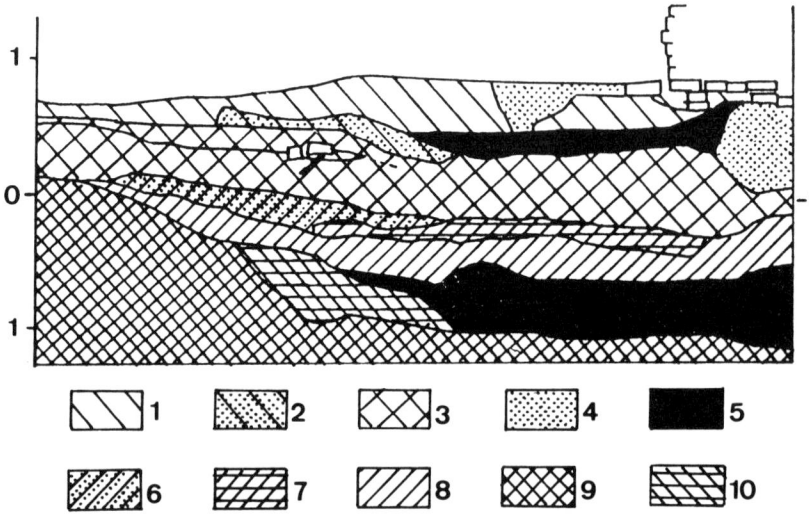

Fig. 9. Profiel op het terrein van het Amelandshuis. 1. Bruingrijze klei; 2. Blauwgrijze klei; 3. Zwartbruine grond; 4. Puin; 5. Zwarte grond; 6. Losse mestlaag; 7. Dichte mest; 8. Verstoorde vuile mestlaag; 9. Grijze klei; 10. Grijszwarte klei. De hoogte is ten opzichte van NAP. Tek. A. Jager naar een opmeting van G. Elzinga. De legenda is grotendeels naar de benaming van de lagen op de opmetingstekening.

lagen. De ondergrond waarop de lagen rustten was zavelige grond, mogelijk afgezet door de Ee. De grond was bij de aanleg van het Amelandshuis nog niet goed gestabiliseerd, zodat het huis richting de Ee, in de slappe mest- en afvallagen verzakte. Uit de bodem onder de hoofdvleugel kwamen 13e en 14e eeuwse scherven.

Met behulp van de vondsten en historische bronnen kan de bouwtijd van het Amelandshuis bepaald worden. Vondsten van na 1400 zijn er overvloedig maar dit zijn vondsten uit aanvullagen van na de bouwtijd. We gaan ervan uit dat de 16e-eeuwse schotelfragmenten uit het profiel verstoringen zijn. Het huis moet er al in het eerste kwart van de 15e eeuw geweest zijn, hetgeen opgemaakt kan worden uit de bronnen. Een datering in het laatste kwart van de 14e eeuw is derhalve het meest aannemelijk. Bij aanleg kreeg het huis stellig de vorm zoals het werd afgebeeld door Sems, twee bouwlagen en een langskap. De belangrijkste middeleeuwse verbouwing was de aanleg van de kelder. Te oordelen naar de baksteen, moppen, moet de kelder voor 1500 zijn aangelegd. Het overwelvingstype kan ook bouwhistorisch gedateerd worden. Bij het Elisabeth Gasthuis te Utrecht (Achter Clarenburg 25-27) wordt een kelder met een soortgelijke overwelving in de 15e eeuw gedateerd (Klück, 1989: p. 104). In Leeuwarden kwam dit keldertype ook bij 16e-eeuwse huizen voor, zoals het vicarishuis dat in 1546 voor het eerst genoemd werd[5], maar omstreeks 1525 gebouwd zal zijn. De kelder van het Amelandshuis werd echter waarschijnlijk in de tweede helft van de 15e eeuw aangelegd. Om de hoogte in de twee bouwlagen te behouden werd voor de kelderruimte de bodem uitgediept. Naar de bedekking van het dak kunnen we alleen gissen. Op de afbeelding van Wenzel zijn leien afgebeeld, die waarschijnlijk echter pas in de 18e eeuw zijn aangebracht. Voordien had het dak waarschijnlijk een bedekking met holle en bolle pannen, waarvan fragmenten zijn opgegraven.

5. LEEUWARDEN IN DE PERIODE 1490-1550

5.1. De uitbreiding van de stad

In de late 15e eeuw werd de vergrote stad omgeven door een vestinggracht, die in 1481-1496 gegraven werd (Eekhoff, 1846: pp. 80-90). In de late 16e eeuw omgaf men Leeuwarden met een gebastioneerde gracht (Schroor, 1992: p. 124), maar het stadsgebied werd toen niet wezenlijk uitgebreid. De laat-16e-eeuwse vestinggracht bleef grotendeels bewaard. Waarschijnlijk waren niet alle binnen de gracht gelegen terreinen bebouwd; de gracht werd op de groei aangelegd. Hierdoor werd de mogelijkheid gecreëerd voor een hoge bouwactiviteit die mede mogelijk werd door emancipatie van de gegoeden onder de burgerij, het patriciaat. De aanzetten van die emancipatie zien we al vanaf de verstedelijking, de eerste stadsgracht en de uitbreidingsfasen.

Een tijdelijke terugslag was de bezetting van Leeuwarden door de adelsgezinde Schieringer partij in 1487, waardoor het patriciaat tijdelijk uitgeschakeld werd (Dirks, 1868). Het doorslaan van de machtsbalans in het stedelijk bestuur ten gunste van het stadspatriciaat in 1492 (Schroor, 1993), had een belangrijk effect op de huizenbouw. De magistratuur streefde aan het eind van de 15e eeuw naar de verstening van de woonhuizen. In het stadboek van Leeuwarden, dat keuren bevat die in de periode 1531-1537 moeten zijn opgetekend, maar waarvan diverse bepalingen ouder zijn (Schuur, 1979: p. 149), zijn niet veel bepalingen te vinden die ons inlichten omtrent de verstening. De verstening kunnen we echter vaststellen dankzij bouwhistorisch onderzoek (Jager, in voorbereiding).

5.2. Zestiende-eeuwse baksteen

Tegen het einde van de middeleeuwen is de algemene verstening voltooid. De einddatum van de middeleeuwen in deze bijdrage wordt op ca. 1550 gezet. Dit tijdstip is gekozen in verband met diverse bouwkundige en historische ontwikkelingen. Zo stellen Blijdenstijn & Stenvert (1994: p. 18) de einddatum van de Nederlandse gotiek op 1560. In Leeuwarden kennen we bovengronds overigens geen oudere dan gotische gebouwen. Gedurende het begin van de algemene verstening werd de kloostermop toegepast, zoals blijkt uit verschillende huizen langs de Kelders. Vanaf ca. 1500 werd in Leeuwarden baksteen met een kleiner formaat algemeen. Dit is de rooswinkel die gemiddeld 26x12,5x6,5 cm groot is. Gelijktijdig met de rooswinkels werden na het eerste kwart van de 16e eeuw klinkers van 20x12x4 cm geproduceerd. Het eerst werden deze bij de bouw van adelshuizen gebruikt, met name bij de in 1524-1528 gebouwde hoofdvleugel van het Burmaniahuis (Beelaerts van Blokland, 1990: p. 424). Na ca. 1550 werden rooswinkels uit de produktie genomen en werden alleen nog klinkers gebezigd. Archeologisch onderzoek naar gebouwen met muren van rooswinkels is in 1978 verricht aan huisfunderingen in de Grote Hoogstraat en in 1991 aan de Bagijnekerk.[6] Het onderzoek uit 1978 laten we hier buiten beschouwing omdat hieruit geen gegevens betreffende de datering van rooswinkels verkregen werden.

5.3. De Bagijnekerk

Omstreeks het midden van de 15e eeuw werd op de terp te Fiswerd, ten noordwesten van Leeuwarden, een Bagijneklooster gesticht. Om veiligheidsredenen werd het klooster in 1498 naar het centrum van Leeuwarden overgebracht. Het meest prominente gebouw van het kloostercomplex was de aan Sint Anna gewijde kapel. Deze kerk is een van de drie kloosterkerken die in deze periode in Leeuwarden werden gebouwd. De andere zijn die van het klooster Galilea, die omstreeks 1500 gebouwd werd, en die van het Witte Nonnenklooster, welke in de periode 1525-1530 tot stand kwam (Eekhoff, 1846: pp. 122-131, 316-320; Karstkarel, 1987: pp. 74-91).

Ondanks de ingrijpende wijzigingen die de Bagijnekerk na de secularisatie in 1580 heeft ondergaan, zijn onderdelen van de oorspronkelijke kapel bewaard gebleven. Tijdens de restauratie van de kapel, die van 1990 tot 1992 duurde, kon een indruk worden verkregen van de bouwgeschiedenis van de kerk. Hier zal alleen aandacht besteed worden aan de oudste delen. De kapel moet tussen 1498 en 1511 tot stand zijn gekomen (Mol, 1992: p. 92), na de vestiging van het klooster en vóór de brand van 1511 (Eekhoff, 1846: pp. 125-127). De kloosterkapel werd tegen de oostelijke zijmuur van het patershuis (Bagijnestraat 57) opgetrokken, die ca. 1 m dik is. Het godshuis heeft aan deze zijde geen eigen muur, maar maakt gebruik van die van het steenhuis. De zuidelijke muur van de kerk staat dan ook met een naad tegen het patershuis.

De oostelijke en zuidelijke muren van de Bagijnekerk zijn opgebouwd van rooswinkels, met afmetingen van 26,5x12,5x7 cm. De noordmuur is in 1694 verdwenen, maar de fundering is nog over. Deze is opgebouwd van stenen met hetzelfde formaat. Een datering in het eerste decennium van de 16e eeuw kan geaccepteerd worden, temeer ook het verband in het metselwerk, staand verband, dit niet tegenspreekt (Jager & Kramer, 1993: pp. 7-36).

5.4. Zestiende-eeuwse adelshuizen

In de periode 1490-1550 is er een sterke differentiatie in de typen woonhuizen. De adel woonde in de duurste huizen, maar het patriciaat had ook voorname huizen terwijl de overige stadsbewoners een modaal huis of een kamer hadden (fig. 10).

Een kamer is een eenlaagshuis met een dwarskap. We kennen hiervan twee voorbeelden: Grote Kerkstraat 75 en Ossekop 1. Door de dakhelling had dit huistype een bescheiden diepte. Omdat dwarsgeplaatste eenlaagswoningen slechts drie of vier traveeën breed waren, waren de kamers nederige huisjes. Niettemin werd de kamer als een volwaardig 'huis' beschouwd. Modale huizen konden een enkele bouwlaag of twee bouwlagen hebben. Dwarshuizen zoals Grote Kerkstraat 228 zijn qua oppervlak nauwelijks groter dan kamers, maar verschillen hiervan door de aanwezigheid van een verdieping. Modale huizen met een langskap konden een enkele bouwlaag, zoals Voorstreek 91, hebben of een verdieping, zoals Voorstreek 53. Modale huizen en kamers werden gewoonlijk in serie gebouwd, van elkaar gescheiden door een steeg, een regendrup of een tussenmuur. Zowel bij de aanwezigheid van een steeg of een regendrup hadden de aangrenzende huizen eigen muren. De regendrup werd in 1531-1537 *oesdroopten* (osendrup) genoemd en had de breedte van een houtvoet (Telting, 1883: p. 235). Zo'n osendrup was aanwezig tussen Heerestraat 3 en 5, maar werd in 1978 ook bij een opgraving tussen Grote Hoogstraat 27 en 29 gevonden.

Veel dwarsgeplaatste modale huizen kennen we in Leeuwarden niet. De weinige waren drie (Grote Kerkstraat 228) of vier (Vegelinhuis) traveeën breed. Een groep van zeer brede dwarsgeplaatste huizen behoorde

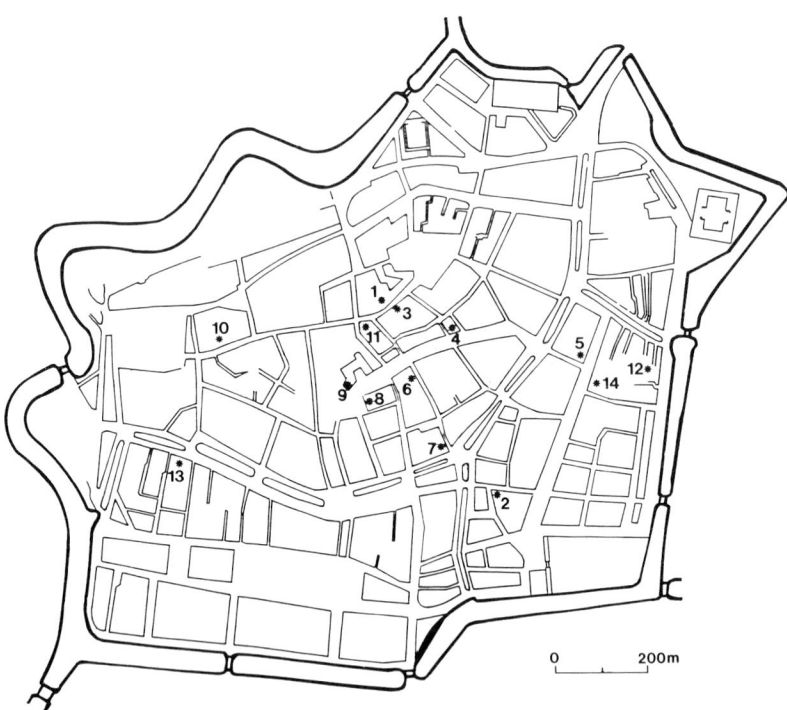

Fig. 10. Plattegrond van Leeuwarden met de lokaties van de in de tekst genoemde 16e-eeuwse huizen. 1. Grote Kerkstraat 75; 2. Ossekop 1; 3. Grote Kerkstraat 228; 4. Vicarishuis; 5. Vegelinhuis; 6. Buygershuis; 7. Heenthiamahuis; 8. Auckemahuis; 9. Dekemahuis; 10. Camminghahuis; 11. Julius van Gheelhuis; 12. Martenahuis aan de Tuinen; 13. Martenahuis aan de Nieuwestad; 14. Kapittelhuis.

toe aan leden van het stadspatriciaat, het Buygershuis (achterhuis van Gouverneursplein 44), het Heenthiamahuis (Naauw 17, 19 en 21), het vicarishuis (Eewal 59) en het Auckemahuis (Hofplein 36). Deze patriciërshuizen zijn onderkelderd, afgezien van het Buygershuis waar de aanwezigheid van een kelder onbekend is. De bovenbouw van het Auckemahuis en vicarishuis is verdwenen, maar alle patriciërshuizen hadden of hebben een verdieping. Twee patriciërshuizen namen ten opzichte van de overige bebouwing een bijzondere positie in. Het Buygershuis was van oorsprong waarschijnlijk vrijstaand op een terrein dat tot aan de Ee reikte. Ook het Auckemahuis stond vrij. Dit huis had een opvallend groot achterterrein. Het vicarishuis en Heenthiamahuis waren in een rij geprojecteerd.

Feitelijk begonnen het Auckemahuis en het Buygershuis qua opzet en bijbehorend terrein te lijken op de steenhuizen van de adel. In Leeuwarden stonden rond 1550 zeven huizen met twee haaks op elkaar staande vleugels met een traptoren, zogenaamde complexe huizen (Temminck Groll, 1963: pp. 113-120): Camminghahuis (Grote Kerkstraat 13), Julius van Gheelhuis (Grote Kerkstraat 212), Martenahuis aan de Tuinen, Martenahuis aan de Nieuwestad, het Burmaniahuis, Dekemahuis en het Kapittelhuis. Twee huizen waren niet in handen van de adel: het Julius van Gheelhuis en het Kapittelhuis. Slechts beide huizen aan de Grote Kerkstraat bestaan nog, zij het in gewijzigde vorm. Van het Kapittelhuis bleken in 1986 nog flink wat restanten in de grond aanwezig te zijn (zie onder). Het complexe huis verschilde met de overige 16e-eeuwse adelshuizen van de stinsen en steenhuizen doordat het geen defensieve functie meer vervulde. Nadat de vestinggracht rond de stad in 1496 gereed was gekomen en nadat in Friesland, en daarmee in Leeuwarden, in de periode 1498-1500 centraal gezag was gevestigd door Albrecht van Saksen (Eekhoff, 1846: pp. 104-112; Vries, 1986), verviel de noodzaak van eventuele weerbaarheid van afzonderlijke huizen. De adel bleef tot ver in de eerste helft van de 16e eeuw nog wel huur innen voor de percelen op haar erven en kon naar believen de huur verhogen. Middels dit erfpachtsysteem bracht de adel nog nadrukkelijk haar eigendom en status tot uitdrukking. Door Karel V werd in 1518 en 1545 aan die willekeurige verhoging een eind gemaakt en werden de stadsbewoners in staat gesteld de erfpacht af te kopen (Eekhoff, 1846: p. 147).

5.5. Het Kapittelhuis

5.5.1. *Historische gegevens*

Het, voor zover bekend, grootste complexe huis in Leeuwarden was het aan de Turfmarkt gelegen Kapittelhuis, dat deel uitmaakte van het Franciscaner klooster Galilea, meestal het Minderbroederklooster genoemd (Verbeek, 1951). Dit in 1456 gestichte klooster stond aanvankelijk ten noordoosten van de stad, op Olde

Galileën (Verbeek 1951: pp. 27-30). Vanwege de dreigende oorlog met de Saksers in 1498, kreeg het convent grond binnen de twee jaar daarvoor voltooide vestinggracht. De bronnen zijn niet scheutig met gegevens over dit klooster; slechts af en toe wordt een gebouw van het kloostercomplex aan de Turfmarkt vermeld. Het meest noordelijke gebouw was ''t muncke washuijs'.[7] Opvallend is dat enkele gebouwen nog voor 1580, het jaar van confisquering van de kloostergoederen in de stad, een overheidsfunctie kregen. Zo werd het meest zuidelijke kloostergebouw, de infirmerie, gedurende de periode 1545-1571 als Kanselarij gebruikt (Eekhoff, 1846: pp. 122-123). In 1547 werd bij de verkoop van een kamer op de 'Melckmarckt', een gedeelte van de huidige Tweebaksmarkt, dan ook vermeld: "tegenover waar de cancelrie nu gehouden wordt bij de minnebroeders".[8] Ook het Kapittelhuis kreeg op den duur een overheidsfunctie, maar pas na de kloostertijd (Sjoerds, 1765-1768: pp. 89-130). Afgezien van een enkele vermelding delen de bronnen niets mee over dit gebouw tijdens de kloostertijd (1498-1580). Van de bouwgeschiedenis van het huis zijn echter, dankzij een opgraving in 1986, gegevens verzameld (Jager & Kramer, 1993).[9]

De enige tekening van het Kapittelhuis is die op de kaart van Sems (fig. 11). Het huis had een diepe vleugel voor aan de straat, met daarachter een dwarsvleugel, en een traptoren in de binnenhoek. Voor het huis was een plein. Een vrijwel identieke opzet hebben thans nog het Camminghahuis en het Julius van Gheelhuis.

5.5.2. *Het huis*

De buitenmuren van de hoofdvleugels van het Kapittelhuis waren tweesteens dik en in kruisverband gemetseld (fig. 12). De gebruikte steen was rood en mat gemiddeld 25x12x6 cm. Het voorhuis was door een tweesteens dikke tussenmuur verdeeld in twee kelders. Aan de zuidzijde ging de achterste kelder over in de traptoren. Buitenwerks bedroeg de totale grootte van het voorhuis 15,1x8,4 m. De in de binnenhoek van het voorhuis en het achterhuis gebouwde traptoren had muren van anderhalfsteens dikte. Het dwarse achterhuis mat buitenwerks 18,9x6,1 m. In het noordwestelijke deel vormde de muur van het achterhuis de scheiding waartegen het voorhuis was aangeklampt. Hieruit blijkt dat het voorhuis het eerst werd gebouwd. Het achterhuis was doorsneden door een drietal oost-westelijke-steens dikke tussenmuren van rooswinkels. Twee van deze muren sloten aan op de traptoren en moeten een gang hebben gevormd.

De toegang tot het gebouw bevond zich in de traptoren. De indeling van het voorhuis is onbekend. Het achterhuis werd ontsloten door de overdwarse gang. Zowel het voor- als het achterhuis hadden van oorsprong geen kelder. Het achterhuis had waarschijnlijk een plankenvloer op balken welke op stiepen rustten. Een zo'n stiep werd teruggevonden. De oorspronkelijke vloer van het voorhuis was opgeruimd tijdens de

534 A. JAGER

Fig. 11. Tekening van het Kapittelhuis door J. Sems uit 1603.

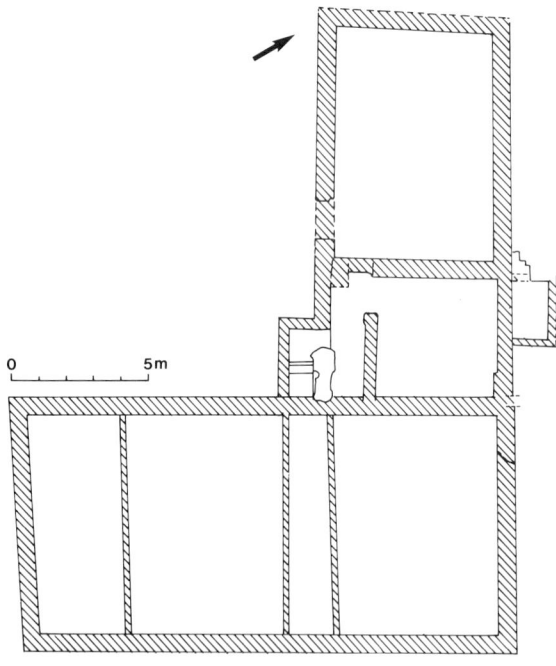

Fig. 12. Plattegrond van het Kapittelhuis.

aanleg van een kelder. Aangezien het huis in 1616 verbouwd is (Visscher, 1908: p. 195), zal toen de kelder zijn aangebracht. Het loopvlak van de toren was ongeveer even hoog als dat van het achterhuis. Waarschijnlijk was oorspronkelijk ook de vloer van het voorhuis even hoog. In de 17e eeuw werden de vloerniveau's van het voorhuis en de traptoren gewijzigd. Het Kapittelhuis had in de oostelijke muur van het voorhuis een muurprivaat. Omdat slechts een gedeelte van het aansluitende riool werd aangetroffen, kon niet worden uitgemaakt hoe de afvoer was geregeld. Het monumentale pand moet sinds de middeleeuwen enkele malen zijn verbouwd, maar bleef in opzet behouden tot 1848, het jaar van afbraak (Visscher, 1908: p. 17).

Het voorplein van het complexe huis werd aan de Turfmarkt afgesloten door een muur. Misschien werd de kloosterhof aan de westzijde geheel afgesloten door een muur, die dan aangesloten moet hebben op die van het Kapittelhuis. Na de hervorming moet deze muur doorbroken zijn, want toen werd ten zuiden van het Kapittelhuis een straat, het Droevendal, aangelegd (Dolk, 1969: p. 41). Na 1580 kreeg het Kapittelhuis ook langs het Droevendal een muur. De hoofdtoegang bevond zich aan de Turfmarkt.

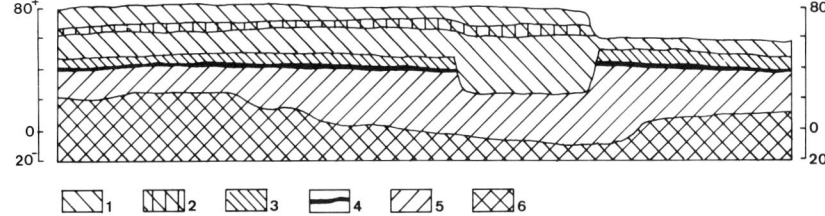

Fig. 13. Profiel op het voorplein van het Kapittelhuis. 1. Grijze aanvullaag; 2. Rood baksteenpuin; 3. Bruine humeuze laag; 4. Schelpenlaag; 5. 14e/15e-eeuwse laag; 6. Blauwe zeeklei. Tek. A. Jager naar een opmeting van J.H. Zwier. De hoogte is ten opzichte van NAP.

Om een indruk van de bodemopbouw te krijgen werd op het voorplein een profielsleuf gegraven (fig. 13). Net als bij het terrein van het Amelandshuis was hier stadsafval gestort, maar in dit geval pas vanaf de 13e eeuw. De oudste geborgen scherf was namelijk van een Andennepot (Janssen, 1983: 192). Hier werden geen duidelijke mestlagen aangetroffen, desondanks zal ook dit terrein aanvankelijk een agrarische bestemming hebben gehad. Resten van houten of stenen bebouwing uit de tijd voor het Kapittelhuis werden niet aangetroffen, zodat het Kapittelhuis de eerste bebouwing ter plaatse vertegenwoordigd. In de funderingssleuven van het huis werden geen scherven aangetroffen. De jongste scherven uit het profiel zijn 15e-eeuwse scherven van grijs aardewerk. Deze scherven en het gebruik van rooswinkels voor de muren van het Kapittelhuis maken een bouwtijd in 1498 of kort daarna aannemelijk.

6. SAMENVATTING

Leeuwarden had in de 13e eeuw een stedelijke kern. De omvang die deze stedelijke kern aan het einde van de 14e eeuw had, kan worden vastgesteld aan de hand van een toen gegraven gracht. Hieruit blijkt dat de stedelijke kern slechts een klein gedeelte besloeg van het huidige stadscentrum. In de 15e eeuw, vooral in de periode 1481-1496 werd het stadsgebied uitgebreid waarbij ongeveer de huidige grenzen van het centrum bereikt werden. Pas in de late 16e eeuw verkreeg de stad een gebastioneerde vestinggracht, die thans nog grotendeels bestaat. In de 15e eeuw vond niet alleen een belangrijke uitbreiding van het stadsgebied plaats, tevens werd een fors stuk van het omringende platteland, de zogenaamde Klokslag, onder de jurisdictie van de stad gebracht.

De Klokslag bestond uit een strook oud kwelderland waarin de nederzettingen in de 13e eeuw op terpen waren gevestigd. Na ca. 1270 werd aan het gebied van de Klokslag, door ontginning, een strook polderland toegevoegd. In de Klokslag waren aan het eind van de 13e eeuw enkele adelshuizen aanwezig. De eigenaren daarvan waren weliswaar boeren, maar zij onderscheidden zich van de andere boeren door succesvolle ontginning en/of grootgrondbezit. In de 14e eeuw werden adelshuizen in de stedelijke kern van Leeuwarden gevestigd. Deze adelshuizen waren niet geïntegreerd in een plattelandseconomie, maar vormden het middel-

punt van erven met randbebouwing. De verhuur van de percelen, waarop koop- en ambachtslieden huizen bouwden, leverde de adel inkomsten op. De adelshuizen behielden een zekere weerbaarheid tot de stadsgracht in 1496 werd voltooid en twee jaar later centraal gezag gevestigd werd. In de eerste helft van de 16e eeuw liet de adel huizen bouwen, die door forse afmetingen en ruimtelijke opzet met een voorplein, zeer afstaken tegen de overige particuliere huizen in Leeuwarden. Deze gebouwen hadden onder de woonhuizen weliswaar het meest voorname karakter maar het waren geen machtsmiddelen meer zoals de adelshuizen van vóór 1500. De machtspositie van de adel in Leeuwarden brokkelde in de eerste helft van de 16e eeuw verder af doordat hun erfpachtsysteem toen werd doorbroken.

7. NOTEN

1. Gemeentearchief Leeuwarden, Decreetboek 1545-145.
2. Gemeentearchief Leeuwarden, Decreetboek 1563-311; Proclamatieboek 1578-187; Groot Consentboek 1595-62.
3. Register van den aanbreng uit 1511.
4. De opgraving van het Amelandshuis stond onder leiding van G. Elzinga en D.M. Visser, als voorgraver was J.K. Boschker aanwezig. Er is gegraven van 6-3-1985 tot 9-9-1985 en van 23-7-1986 tot 28-7-1986. Verder is nog op enkele niet nader aangegeven zaterdagen in 1987 gegraven. Het opgravingscoördinaat is 6C 182.67/ 579.76.
5. Gemeentearchief Leeuwarden, Klein Consentboek 1546-51.
6. Het coördinaat van de opgravingslocatie in de Grote Hoogstraat is: 6C 182.37/ 579.60. De waarnemingen aan de Bagijnekerk zijn uitgevoerd in de periode van 3 tot 7 februari 1991 door de auteur. Hulp hierbij is verkregen van J.B. Huizenga. Het coördinaat van de Bagijnekerk is: 6C 182.18/ 579.31.
7. Gemeentearchief Leeuwarden, Klein Consentboek 1550-168.
8. Gemeentearchief Leeuwarden, Decreetboek 1547-497.
9. De opgraving van het Kapittelhuis stond onder leiding van E. Kramer en de auteur. De veldtechnicus was G.P. Alders. Er is gegraven van 9-6-1986 tot 11-7-1986. Het coördinaat van de opgraving is 6C 182.70/ 579.62.

8. LITERATUUR

BLIJDENSTIJN, R.K.M & R. STENVERT, 1994. *Bouwstijlen in Nederland (1040-1940)*. Kosmos, Utrecht/Antwerpen.

BRUIJN, A., 1960-1961. Die mittelalterliche keramische Industrie in Schinveld. *Berichten van de Rijksdienst voor het Oudheidkundig Bodemonderzoek* 12-13, pp. 356-459.

DIRKS, J., 1868. Het Bieroproer te Leeuwarden in het jaar 1487, in zijne oorzaken en gevolgen. *De Vrije Fries* 11, pp. 350-376.

DOLK, W., 1969. *Leeuwarder straatnamen*. Miedema Pers, Leeuwarden.

EEKHOFF, W., 1846. *Geschiedkundige beschrijving van Leeuwarden*, 1. W. Eekhoff, Leeuwarden.

EEKHOFF, W., 1875. *De stedelijke kunstverzameling van Leeuwarden*. W. Eekhoff, Leeuwarden.

ELWARD, R. & P. KARSTKAREL, 1990. *Stinsen en states. Adellijk wonen in Friesland*. Friese Pers Boekerij, Drachten/Leeuwarden.

ELZINGA, G., 1962. Wetenschappelijk graafwerk in de binnenstad van Leeuwarden. *Leeuwarder Gemeenschap*, pp. 12-14.

ELZINGA, G., 1985. *Leeuwarden laag voor laag*. Stadsarcheologisch onderzoek in Leeuwarden, Leeuwarden.

ES, W.A. VAN & M. MIEDEMA, 1970-1971. Leeuwarden, small terp under the Oldehove cemetary. *Berichten van de Rijksdienst voor het Oudheidkundig Bodemonderzoek*. 20-21, pp. 89-117.

HALBERTSMA, H., 1963. *Terpen tussen Vlie en Eems*. J.B. Wolters, Groningen.

HALBERTSMA, H., 1964. Staveren. *Bulletin van de Koninklijke Nederlandse Oudheidkundige Bond* 63, *176.

JAGER, A. & M.W. MEIJER, 1992. Het Amelandshuis te Leeuwarden. Verslag van het archeologisch onderzoek. *Leeuwarder Historische Reeks* 3, pp. 7-61.

JAGER A. & E. KRAMER, 1993. Van Kapittelhuis tot Landschapshuis. Archeologisch onderzoek naar de grondresten van een complex huis in Leeuwarden. *Leeuwarder Historische reeks* 3, pp. 7-36.

JANSSEN, H.L., 1983. Het middeleeuwse aardewerk: ca. 1200- ca. 1550. In: H.L. Janssen (red.), *Van Bos tot stad*. Hecht, 's-Hertogenbosch, pp. 188-222.

KARSTKAREL, G.P., 1985. *Leeuwarden, 700 jaar bouwen*. Terra, Zutphen.

KARSTKAREL, G.P., 1987. De H.H. Vitus, Maria en Catharina. De verdwenen middeleeuwse parochiekerken in Leeuwarden. *Stichting Alde Fryske Tsjerken* 4, pp. 74-91.

KARSTKAREL, G.P. & R. TERPSTRA, 1987. *De late middeleeuwen aan de Grote Kerkstraat. Monument van de Maand*. Wielsma, Leeuwarden.

KEIKES, H.W., 1972. *Och heden ja*, 3. Leeuwarder Courant, Leeuwarden.

KLÜCK, B.J.M., 1985. "Oude Gracht 113". In: Fresenburg. *Archeologische en bouwhistorische Kroniek van de Gemeente Utrecht*, pp. 197-204

KLUCK, B.J.M., 1989. "Oude Gracht 222". *Archeologische en bouwhistorische Kroniek van de Gemeente Utrecht*, pp. 103-104.

LANGEN, G.J. DE, 1989. Tussen Ee en Grote Hoogstraat. *Jaarverslagen van de Vereniging voor Terpenonderzoek* 66-72, pp. 112-136.

LANGEN, G.J. DE, 1992. Middeleeuwse Friesland. De economische ontwikkeling van het gewest Oostergo in de vroege en volle middeleeuwen. Diss. Groningen.

LENNEP, M.J. VAN, 1956. Strijdvragen in de geschiedenis van Leeuwardens plattegrond. *It Beaken* 18, pp. 100-107.

MEIJER, M.W., 1985. Van Papingastins tot Popmafenne. De lokalisatie van een Oldehoofster pastoorsgoed te Leeuwarden. *De Vrije Fries* 65, pp. 29-39.

MEIJER, M.W., 1988. De stinsen in Leeuwarden. In: H.M. van den Berg et al. (red.), *De stenen droom*. De Walburg Pers, Zutphen, pp. 161-169.

MIEDEMA, M., 1983. Vijfentwintig eeuwen bewoning in het terpenland ten noordoosten van Groningen. Diss. Amsterdam

MOL, J.A., 1992. De grauwe bagijnen van Leeuwarden. *Leeuwarder Historische reeks* 3, pp. 61-107.

MULDER-RADETSKY, R.L.P., 1992. Van stadhouderlijk hof tot het Princessehof. In: R.L.P. Mulder-Radetsky & J.A. Mulder, *Museum het Princessehof. Nederlands Keramiekmuseum*. Wielsma, Leeuwarden, pp. 39-68.

RENAUD, J.G.N., 1976. *Middeleeuwse ceramiek. Enige hoofdlijnen uit de ontwikkeling in Nederland* (= A.W.N.-monografie, 3). De Residentie, Den Haag.

SCHOTANUS, C., 1664. *Beschryvinge van de Heerlyckheydt van Frieslandt etc*. Johannes Wellens, Franeker.

SCHROOR, M., 1991. De laat-middeleeuwse namen van de klokslag van Leeuwarden. Een historisch-geografische verkenning. *It Beaken* 53, pp. 161-200.

SCHROOR, M., 1992. "Eene jonghe aencommende lantstadt". Een poging tot reconstructie van de bevolkingsomvang en de bevolkingsgroei van Leeuwarden in de zestiende eeuw (1511-1506). *Leeuwarder Historische Reeks* 3, pp. 107-143.

SCHROOR, M., 1993. Een lijst met Leeuwarder burgers uit 1492. *De Vrije Fries* 73, pp. 63-103.

SCHUUR, J.R.G., 1979. *Leeuwarden voor 1435*. De Walburg Pers, Zutphen.

SCHUUR, J.R.G., 1984. Peilingen naar de sociale stratigrafie van het laat-middeleeuwse Leeuwarden. *It Beaken* 46, pp. 15-57.

SIPMA, S., 1927. *Oudfriesche oorkonden*, 1. Martinus Nijhoff, 's-Gravenhage.

SJOERDS, F., 1765-1768. *Algemene beschryvinge van Oud en Nieuw Friesland*. Pieter Koumans, Leeuwarden.

TELTING, M., 1883. *De Friese Stadrechten*. Martinus Nijhoff, 's-Gravenhage.

VERBEEK, B., 1951. *Oud en Nieuw Galilea. De kloosters der minderbroeders in Leeuwarden* (= Frisia Catholica, 14). M.J. Ydema, Joure.

VISSCHER, R., 1908. *Leeuwarden van 1846 tot 1906*. Martinus Nijhoff, 's-Gravenhage.

VISSCHER, R., 1934. Iets over eenige huizen in de Groote Kerkstraat te Leeuwarden. *De Vrije Fries* 32, pp. 57-74.

VRIES, O., 1986. *Het Heilig Roomse Rijk en de Friese vrijheid*. De Tille, Leeuwarden.